教育部职业教育与成人教育司推荐教材
高等职业技术教育土建类专业“十四五”规划教材

建筑制图与识图

（第 5 版）

主　编　李甲君　孙嘉惠　吴运华
副主编　郭振超　张亚光

武汉理工大学出版社
·武　汉·

内 容 提 要

全书共3模块10单元，主要包括制图工具、仪器及用品，制图的基本规定，正投影原理，基本体的投影，组合体，立体的截断与相贯，剖面与断面，建筑施工图基本知识，建筑施工图，结构施工图等内容。

本书可作为高等职业教育建筑工程技术、工程造价、建筑工程管理等专业的教材，亦可供有关的工程技术人员参考或自学。

图书在版编目(CIP)数据

建筑制图与识图 / 李甲君，孙嘉惠，吴运华主编. 5版. -- 武汉 ：武汉理工大学出版社，2025. 5. -- ISBN 978-7-5629-7406-2

Ⅰ. TU204.21

中国国家版本馆 CIP 数据核字第 2025H21Q41 号

项目负责人：戴皓华　　**责 任 编 辑**：戴皓华

责 任 校 对：余士龙　　**排 版 设 计**：正风图文

出 版 发 行：武汉理工大学出版社

地　　　址：武汉市洪山区珞狮路122号

邮　　　编：430070

网　　　址：http://www.wutp.com.cn

邮　　　箱：33925682@qq.com

印　　　刷：荆州市精彩印刷有限公司

经　　　销：各地新华书店

开　　　本：787×1092　1/16

印　　　张：16.5

插　　　页：10

字　　　数：454千字

版　　　次：2025年5月第5版

印　　　次：2025年5月第1次印刷

定　　　价：49.00元

凡购本书，如有缺页、倒页、脱页等印装质量问题，请向出版社发行部调换。

本书购书热线电话：(027)87785758　87391631　87165708(传真)

第5版前言

《建筑制图与识图》为高等职业教育建设类专业系列教材之一，是根据住房城乡建设部教学指导委员会颁布的高等职业教育建筑工程技术专业培养目标、专业教学计划而编写的。

本书在总体结构和内容安排上力求做到从高等职业教育的教学特点和学生的实际情况出发，在保证制图的基本知识、基础理论和基本技能的学习与训练的前提下，按照教学计划的要求和“少而精”的原则进行编写。对现行教材中某些理论性较强，且与专业制图联系不大的内容进行了删减，增加了计算机制图基本知识及装饰施工图等内容，以兼顾不同专业的需要。同时，本书还加强了识图的系统训练和专业图识读，注重教材的系统性和实用性。

本书在编写过程中还注意到总结教学经验，遵循教学规律，在图例及文字处理上注重简明形象，直观通俗，有较强的专业针对性；内容由浅入深，循序渐进，难度适中，易于自学。根据最新颁布的《房屋建筑制图统一标准》和《建筑制图标准》、《混凝土结构施工图平面整体表示方法制图规则和构造详图》(22G101 系列图集)等有关国家标准，结合高等职业教育的教学特点和1+X 建筑工程识图职业技能等级考试标准，对第 4 版教材的内容和难易程度作了适当的调整和设计，在每单元前增加了教学目标和思政要点，每章末附有本章小结和复习思考题，以便教师和学生使用，书中还配了动画数字资源，学生可扫书中二维码观看。

本书可作为高等职业教育建筑工程技术、工程造价、建筑工程管理等专业的教材，同时，还可供有关的工程技术人员参考或自学，也可作为各类相近专业的培训教材。本书内容包括制图基本知识、投影作图、专业制图三大部分，书后附有全套施工图供练习和参考，另编有《建筑制图与识图习题集》与本书配套使用。

本书由内蒙古机电职业技术学院李甲君、黄冈科技职业学院孙嘉惠、湖北第二示范学院吴运华任主编，林州建筑职业技术学院郭振超、中建三局集团有限公司张亚光任副主编。具体的编写分工为：吴运华编写绪论，孙嘉惠编写单元 1、单元 2 和单元 8，郭振超编写单元 3 和单元4，张亚光编写单元 5、单元 6 和单元 7，李甲君编写单元 9、单元 10 和附录。

由于时间仓促，业务水平和教学经验有限，书中难免存在错误和疏漏，恳切希望读者批评指正，我们将不胜感谢。

1+X 及识图
大赛试题下载

编　者

2025 年 4 月

目　录

模块 2 投影作图

模块3　专业制图

0 绪　　论

0.1 概　　述

把具体或想象的建筑物的形状和尺寸根据投影方法并遵照国家标准的规定绘制成的用于建筑工程施工的图纸叫做工程图样，简称图样。在任何一项建筑工程中，设计者要通过图样来表达设计意图和内容；施工者要通过图样来了解设计要求，以指导工程施工；使用者和维修者也要通过图样来了解房屋的结构、性能和质量要求。此外，在工程预算、材料准备、竣工验收和技术交流活动中，图样也是不可缺少的重要文件。由此可见，图样是表达设计意图、交流技术思想的重要手段，是工程界的技术语言，是生产施工中的重要技术文件。建筑工程图就是表达房屋的建筑、结构、设备等内容的工程图样，是建筑施工中重要的技术依据。

0.2 本课程的任务

《建筑制图与识图》是一门既有理论又有实践的建筑工程技术及相关专业必修的技术基础课程，它的主要任务是：

(1)了解现行房屋建筑制图标准和有关的专业制图标准。

(2)研究投影的基础理论及基本原理，主要是正投影法的基本原理及应用。

(3)掌握绘制和阅读建筑工程图样的基本知识、基本方法和技能。

(4)培养空间想象、空间构思及其分析表达能力。

(5)培养严肃认真的工作态度和耐心细致的工作作风。

0.3 本课程的主要内容

0.3.1 制图基本知识

介绍绘图工具及用品的使用与维护、制图标准及基本规定、几何作图方法及绘图的一般步骤。

0.3.2 投影作图

介绍投影的基本知识和基本理论，包括正投影和轴测投影。主要学习正投影原理，这是制图的理论基础，也是本课程的重点内容。

0.3.3 专业制图

专业制图包括房屋施工图、给排水施工图、采暖电气施工图及装饰施工图等。主要介绍各专业施工图的种类、特点、识读与绘制方法。

0.4　学习本课程的要求

(1)掌握各种投影法的基本理论和作图方法，主要是以正投影法为主。

(2)能正确地使用绘图仪器和工具，掌握正确的绘图方法，提高绘图的速度和质量。

(3)会运用投影关系及投影规律进行投影图与空间物体的转换，能正确地识读和绘制建筑形体的投影图和专业施工图。

0.5　学习方法

本课程是一门专业基础课，实践性很强，其主要内容应通过绘图和看图的反复实践来掌握，学习时应做到：

(1)认真听讲，及时复习。除弄懂基本理论、基本知识和基本方法外，还要多做练习，独立完成作业。

(2)有意识地培养空间想象能力。利用模型(可用橡皮泥或瓜果制作)、轴测图进行由物画图和由图想物的反复训练，掌握物体与投影图之间的转换规律，逐步培养空间想象和空间构思能力。

(3)正确处理好看图和画图的关系。画图可以加深对图样的理解，提高识图能力；看图则是画图的基础，只有看懂了图样，才能又快又好地将图画出。对于职业技术院校的学生来说，看图能力的培养尤为重要。

(4)图样是工程施工的技术依据，图样上的任何一点差错将会直接影响工程质量，甚至给国家建设事业带来巨大的经济损失，因而应培养耐心细致的工作作风和严肃认真的工作态度。

(5)平时注意多观察周围的建筑物，积累一定的感性认识，适当地阅读一些与本专业课程有关的参考书，以拓宽自己的知识面，培养自学能力。

模块1　制图基本知识

单元1　制图工具、仪器及用品

教学目标

1. 了解常用制图工具、仪器及用品的使用和维护方法；
2. 掌握计算机制图基本知识。

思政要点

具备工程技术人员严谨细致、一丝不苟的工作态度和精益求精的工作作风。

学习建筑制图，必须掌握制图工具、仪器的正确用法，并通过练习逐步熟练起来，这样才能保证绘图质量、提高绘图速度。

1.1　制图的工具、仪器

1.1.1　图板、丁字尺和三角板

图板是用来安放图纸及配合丁字尺、三角板等进行作图的工具。图板面要平整，相邻边要平直。图板有多种规格，学习时多用A2或A1图板。

丁字尺用于画水平线，其尺头必须紧靠图板左边缘，尺头沿图板的左边缘上、下移动到所需画线的位置，然后左手压紧尺身，右手执笔自左向右画线，如图1.1(a)所示。应当注意，图1.1(b)所示的方法是错误的。

三角板可配合丁字尺画铅垂线，但应自下而上地画，如图1.1(c)所示；也可配合画与水平线成30°、45°、60°、75°及15°的斜线，这些斜线都应自左向右地画出，以保证自己的眼睛看得到画线的情况，如图1.1(d)所示。用两块三角板配合，也可画出任意直线的平行线或垂直线，如图1.1(e)所示。

注意：切勿用丁字尺的尺头贴住图板的上下长边画铅垂线，也不能用丁字尺的非工作边画线。

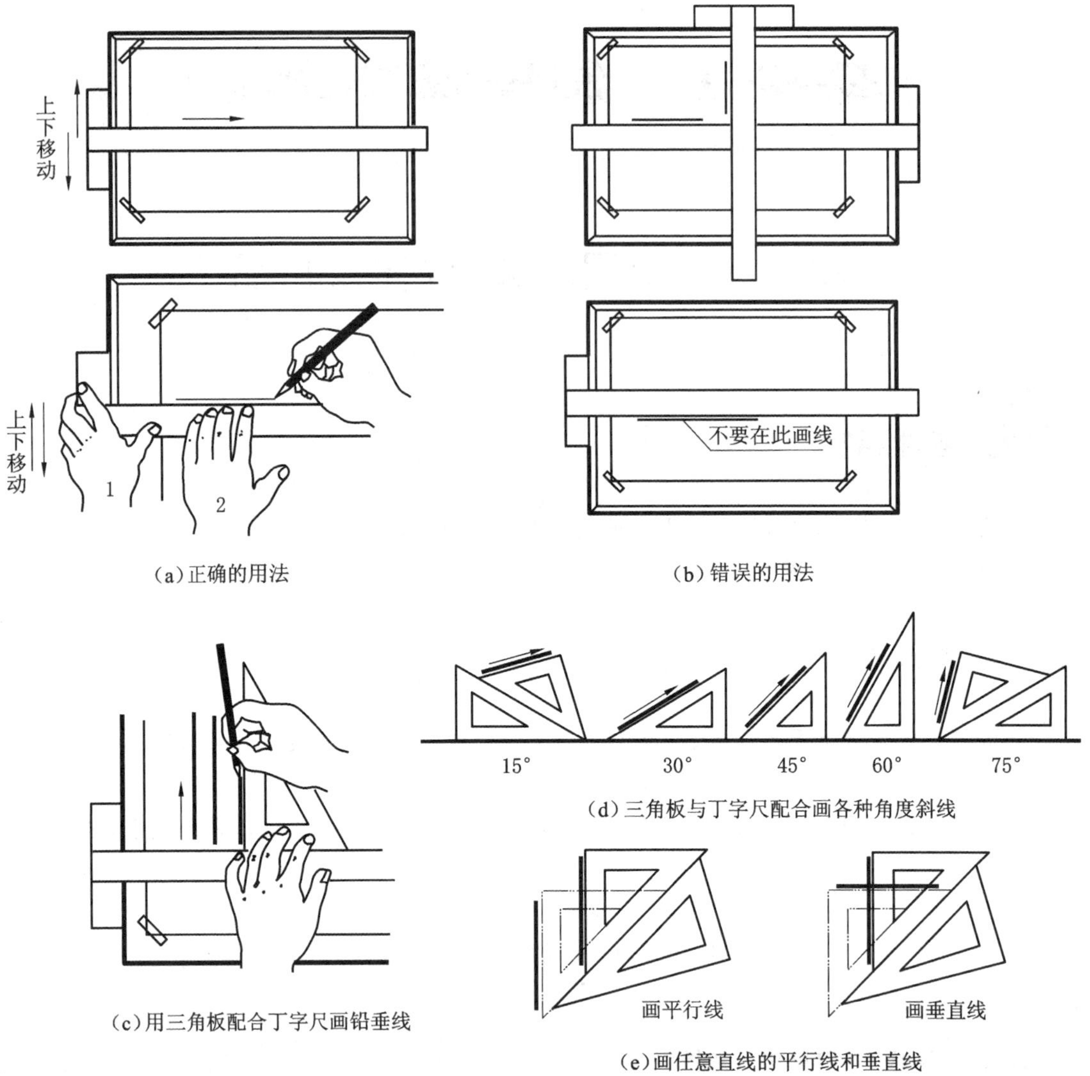

图 1.1　丁字尺与三角板的使用方法

1.1.2　比例尺

动画:斜直线的平行线

比例尺是直接用来放大或缩小图形用的绘图工具。目前常用的比例尺有两种:一种是外形呈三棱柱体,上有六种不同比例(1 ∶ 100、1 ∶ 200、1 ∶ 300、1 ∶ 400、1 ∶ 500、1 ∶ 600)的三棱比例尺,如图 1.2(a)所示;另一种是有机玻璃材料,上有三种不同比例的比例直尺,如图 1.2(b)所示。三棱比例尺用于量度相应比例的尺寸,不能用于画线。

1.1.3　圆规和分规

圆规是画圆及圆弧的主要工具。常用的是三用圆规。定圆心的钢针,选用有台肩一端的针尖扎在圆心处,否则易将圆心孔扎深和扩大,影响画圆及圆弧的质量。圆规的另一条腿上有

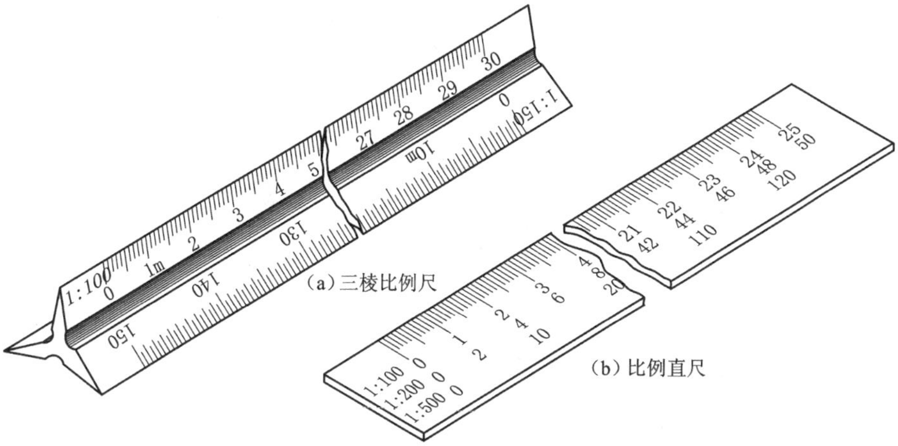

(a) 三棱比例尺

(b) 比例直尺

图 1.2 比例尺

插接构造，可插接铅芯插腿、墨线笔插腿及带有钢针的插腿等，分别用于绘制铅笔及墨线的圆，或当作分规使用，如图 1.3(a)、(b)所示。在画圆或圆弧前，应将定圆心的钢针的台肩调整到与铅芯或墨线笔头的端部平齐。当用铅芯画圆时，铅芯应伸出铅芯夹套 6～8mm，并将铅芯削磨成 75°的斜面，如图 1.3(c)所示。在用圆规画线时，应使圆规按顺时针转动，并略向画线方向倾斜，如图 1.3(d)、(e)所示。在画较大圆或圆弧时，应使圆规的针尖和笔尖垂直于纸面，如图 1.3(e)所示。

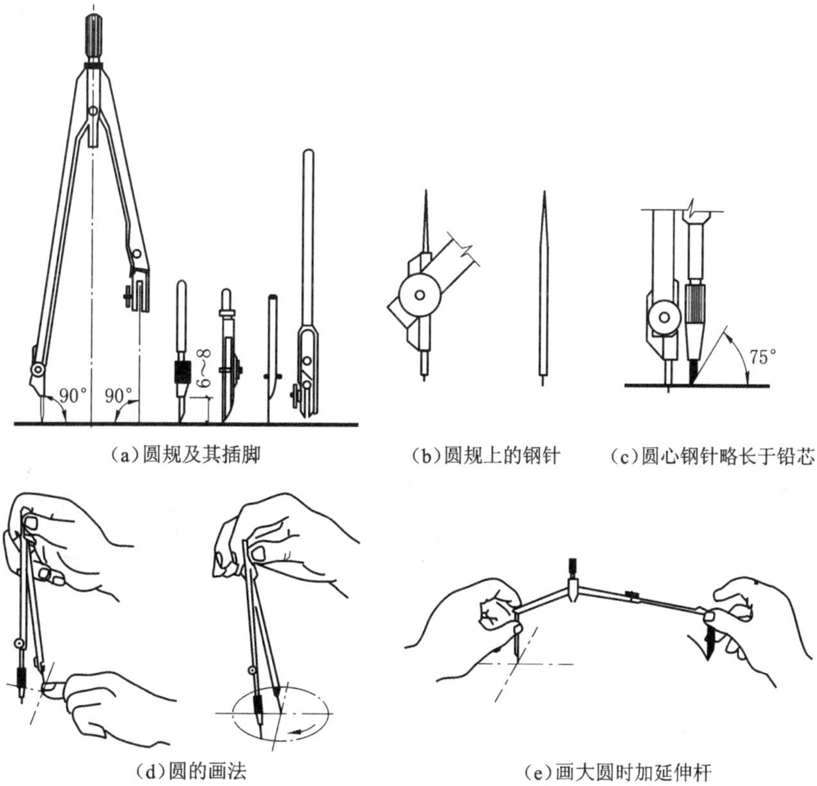

(a) 圆规及其插脚　(b) 圆规上的钢针　(c) 圆心钢针略长于铅芯

(d) 圆的画法　(e) 画大圆时加延伸杆

图 1.3 圆规的使用

分规的形状与圆规相似，只是两腿均装有尖锥形钢针，既可用它量取线段的长度，也可用它等分直线段或圆弧，如图1.4所示。分规的两针尖合拢时，应能对齐。

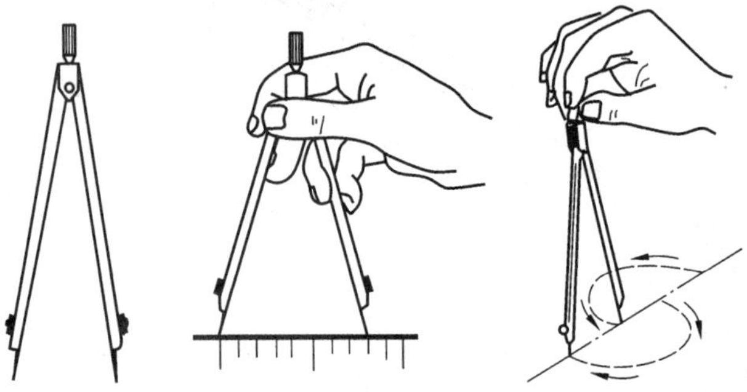

(a)分规　　(b)量取长度　　(c)等分线段

图1.4　分规的用法

1.1.4　曲线板

曲线板是绘制非圆曲线的工具之一。单式曲线板一套共十二块，每块都由许多不同曲率的曲线组成。画一般曲线时，用复式曲线板(一块)基本能满足使用要求，如图1.5(a)所示。

画曲线时，先要定出曲线上足够的点并徒手将各点轻轻地连成光滑的曲线，然后在曲线板上找出相应的线段，从起点到终点按顺序分段描绘，描绘时每段至少要通过曲线上的三个点，而且在画后一段时，曲线板必须与前一段中的两点或一定的长度相吻合，如图1.5(b)所示。

(a)复式曲线板

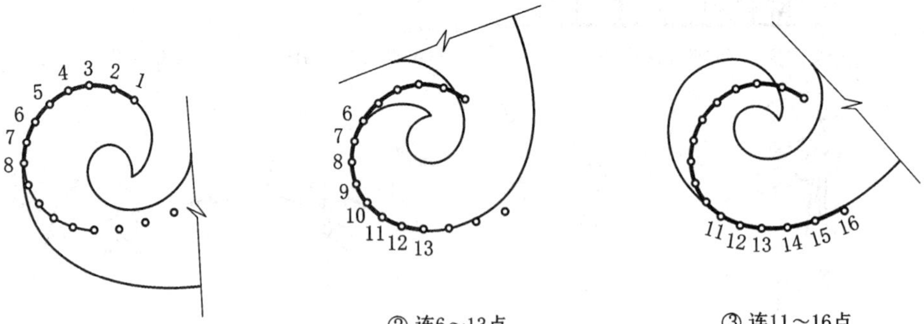

① 连1～8点　　② 连6～13点　　③ 连11～16点

(b)用曲线板连线

图1.5　曲线板的使用

1.2 制图用品

1.2.1 图纸

图纸有绘图纸和描图纸两种。绘图纸用于画铅笔图或墨线图，要求纸面洁白、质地坚实，并以橡皮擦拭不起毛、画墨线不洇为好。

描图纸(也称硫酸纸，现已不常用)是专门用于墨线笔或绘图笔等描绘作图的，并以此复制蓝图，所以要求其透明度好、表面平整挺括。但这种纸易吸湿变形，故使用和保存时要注意防潮。

1.2.2 绘图铅笔

绘图铅笔有多种不同的硬度，H 表示硬芯铅笔，H～3H 通常用于画底稿；B 表示软芯铅笔，B～3B 用于加深图线的色泽；HB 表示中等软硬铅笔，用于注写文字及加深图线等。

铅笔应从没有标记的一端开始使用，以利辨别软硬。铅笔要削成圆锥形，长 20～25mm，铅芯露出 6～8mm，用刀片或细砂纸削磨成尖锥或楔形，如图 1.6 所示。尖锥形铅芯用于画稿线和注写文字等，楔形铅芯用于加深图线用。

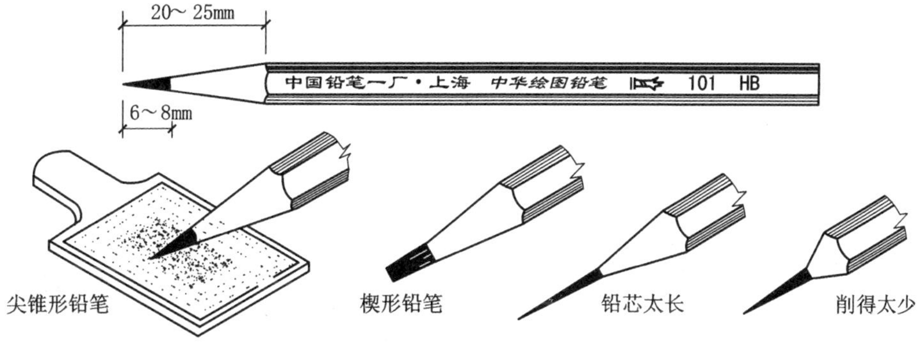

图 1.6 绘图铅笔

画线时握笔要自然，速度、用力要均匀。用锥形铅芯画较长的线段时，应边前进边缓慢地旋转，且始终与尺的边缘保持一定的角度。

1.2.3 其他制图用品

(1)擦图片

擦图片是用于修改图线的，形状如图 1.7 所示，其材质多为不锈钢片。

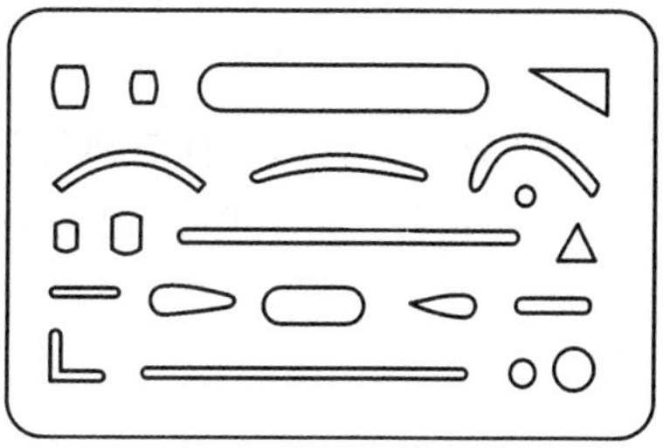

图 1.7 擦图片

(2)制图模板

为了提高制图的质量和速度，把图样上常用的图例、符号、比例等刻画在有机玻璃的薄板上，作为模板使用。目前有很多专业型的模板，如建筑模板

(图 1.8)、结构模板、轴测图模板、数字模板等。

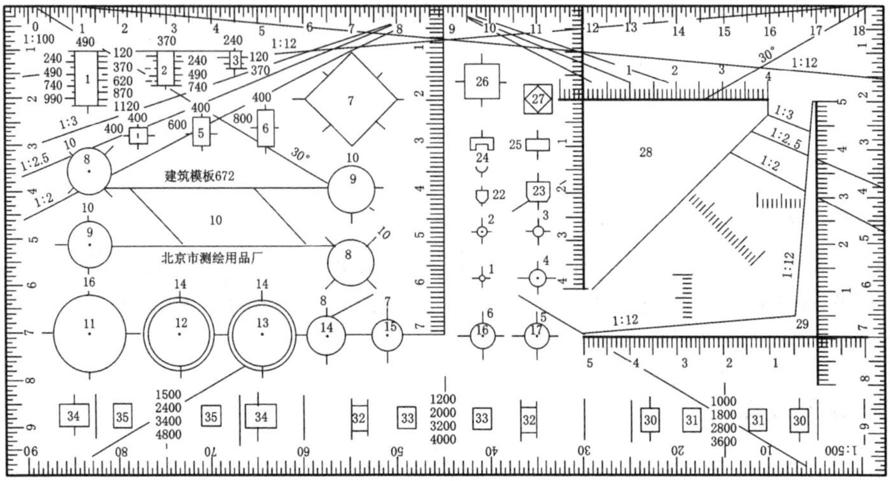

图 1.8　建筑绘图模板

(3)橡皮

橡皮有软硬之分,修整铅笔线多用软质的,修整墨线则多用硬质的,如图 1.9 所示。

(4)砂纸

铅笔用小刀削去木头部分,然后再用细砂纸将铅芯磨成所需形状。砂纸可固定在一块薄木板或硬纸板上,做成图 1.10 所示的形状。

(5)排笔(或板笔)

用橡皮擦拭图纸会产生很多橡皮屑,要用排笔(图 1.11)及时地清除干净。

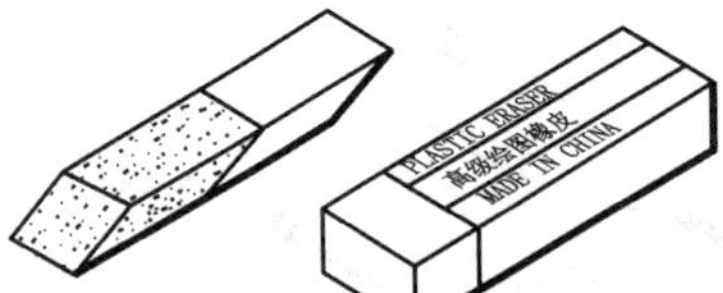

(a)硬橡皮　(b)塑料软橡皮

图 1.9　橡皮

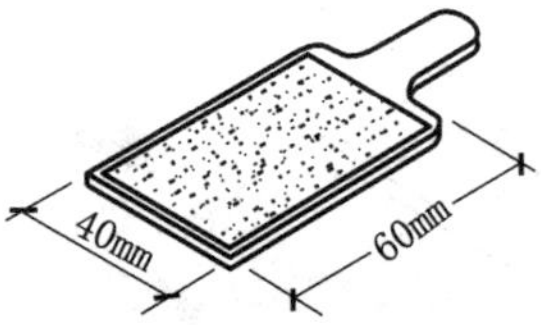

图 1.10　砂纸板

图 1.11　排笔

另外,绘图时还需用胶带纸(或绘图钉)、小刀、双面刀片等用品。

1.3　计算机辅助制图基本知识

20 世纪 70 年代以来,计算机图形学、计算机辅助设计(CAD)、计算机绘图在我国得到迅猛发展,除了国外一批先进的图形、图像软件如 AutoCAD 等得到广泛使用外,我国自主开发的一批国产绘图软件,如中望 CAD、天正建筑 CAD 等也在设计、教学、科研、生产单位得到广泛使用。

1.3.1 计算机辅助制图文件

计算机辅助制图文件可分为工程图库文件和工程计算机辅助制图文件。工程图库文件可在一个以上的工程中重复使用;工程计算机辅助制图文件只能在一个工程中使用。为了对计算机辅助制图文件及文件夹进行有效的管理和利用,必须建立合理的文件目录结构,按规定对图纸进行编号、命名,并自始至终保持不变。

协同设计的计算机制图文件组织应符合下列规定:

(1)协同设计文件宜采用服务器集小存储、共享的管理模式。

(2)应根据工程性质、建设规模、复杂程度和专业需要,确定协同设计方式,并宜据此确定设计团队成员的任务分工。

(3)计算机制图文件应减少或避免设计内容的重复创建和编辑,条件许可时,宜使用计算机制图文件参照方式。

(4)专业之间的协同设计文件宜按功能划分为以下类型:

①各专业共用的公共图纸文件;

②向其他专业提供的资料文件;

③仅供本专业使用的图纸文件。

(5)专业内部的协同设计,宜将本专业的一个计算机制图文件中可多次复用的部分分解为若干零件图文件,并利用参照方式建立部件图文件与组装图文件之间的联系。部件图文件名的命名宜按《房屋建筑制图统一标准》(GB/T 50001—2017)附录 A 选取。

(6)采用数据级协同时,应根据设计团队成员的分工提前设定读取和写入参照文件的权限。

1.3.2 计算机辅助制图文件图层

图层命名应符合下列规定:

(1)图层宜根据不同的用途、设计阶段、专业属性和使用对象等进行组织,但在工程上应具有明确的逻辑关系,便于识别、记忆、软件操作和检索;

(2)图层名称可使用汉字、英文字母、数字和连字符“-”的组合,但汉字与英文字母不得混用;

(3)在同一工程中,应使用统一的图层命名格式,图层名称应自始至终保持不变,且不得同时使用中文和英文的命名格式。

1.3.3 计算机辅助制图规则

(1)计算机辅助制图的方向与指北针应符合下列规定:

①平面图与总平面图的方向宜保持一致;

②绘制正交平面图时,宜使定位轴线与图框边线平行(图 1.12);

③绘制由几个局部正交区域组成且各区域相互斜交的平面图时,可选择其中任意一个正交区域的定位轴线与图框边线平行(图 1.13);

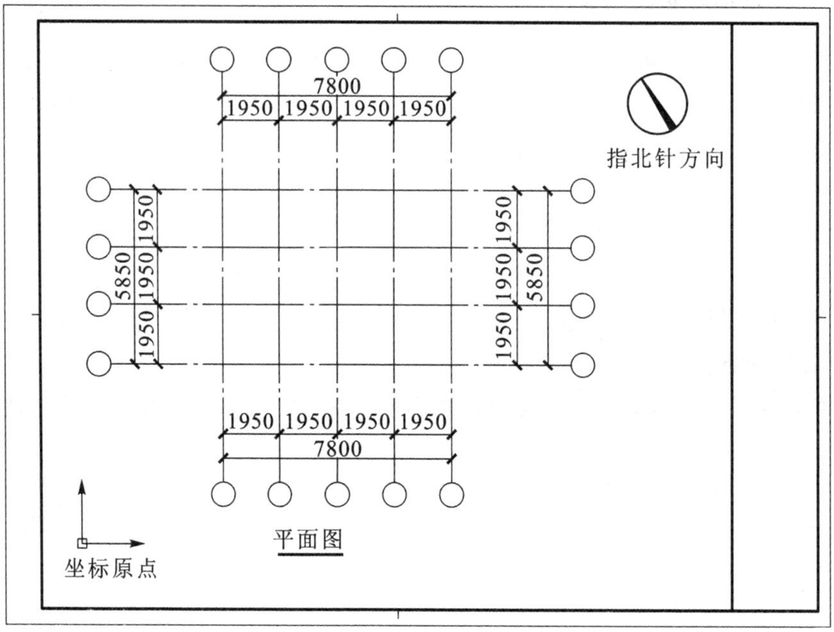

图 1.12　正交平面图方向与指北针方向示意

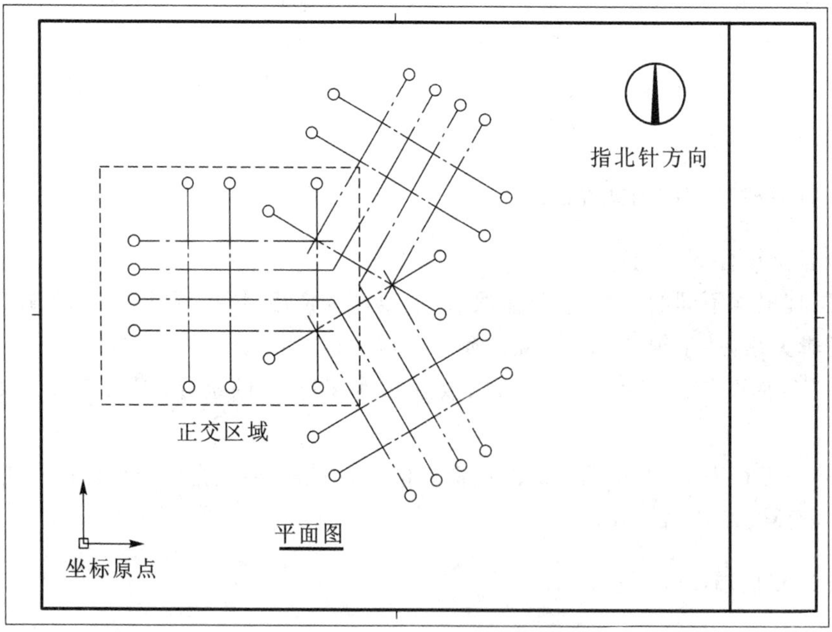

图 1.13　正交区域相互斜交的平面图方向与指北针方向示意

④指北针应指向绘图区的顶部(图1.12),并在整套图纸中保持一致。

(2)计算机辅助制图的坐标系与原点应符合下列规定:

①计算机辅助制图时,宜选择世界坐标系或用户定义坐标系;

②绘制工程总平面图中有特殊要求的图样时，也可使用大地坐标系；

③坐标原点的选择，宜使绘制的图样位于横向坐标轴的上方和纵向坐标轴的右侧并紧邻坐标原点；

④在同一工程中，各专业应采用相同的坐标系与坐标原点。

(3)计算机辅助制图的布局应符合下列规定：

①计算机辅助制图时，宜按照自下而上、自左至右的顺序排列图样；宜优先布置主要图样(如平面图、立面图、剖面图)，再布置次要图样(如大样图、详图)。

②表格、图纸说明宜布置在绘图区的右侧。

(4)计算机辅助制图的比例应符合下列规定：

①计算机辅助制图时，采用 1∶1 的比例绘制图样时，应按照图中标注的比例打印成图；

②计算机辅助制图时，宜采用适当的比例书写图样及说明中文字，但打印成图时应符合《房屋建筑制图统一标准》(GB/T 50001—2017)关于字体的规定。

表 1.1 为常用工程图纸编号与计算机辅助制图文件名称举例。

表 1.1 常用工程图纸编号与计算机辅助制图文件名称举例

(a)常用专业代码列表

专业	专业代码名称	英文专业代码名称	备注
通用		C	
总图	总	G	含总图、景观、测量/地图、土建
建筑	建	A	
结构	结	S	
给水排水	给水排水	P	
暖通空调	暖通	H	含采暖、通风、空调、机械
	动力	D	
电气	电气	E	
	电讯	T	
室内设计	室内	I	
园林景观	景观	L	园林、景观、绿化
消防	消防	F	
人防	人防	R	

续表 1.1

(b)常用阶段代码列表

设计阶段	阶段代码名称	英文阶段代码名称	备注
可行性研究	可	S	含预可行性研究阶段
方案设计	方	C	
初步设计	初	P	含扩大初步设计阶段
施工图设计	施	W	
专业深化设计	深	D	
竣工图编制	竣	R	
设施管理阶段	设	F	物业维护及设施运行管理

(c)常用类型代码列表

工程图纸文件类型	类型代码名称	数字类型代码
图纸目录	目录	0
设计总说明	说明	0
平面图	平面	1
立面图	立面	2
剖面图	剖面	3
大样图(大比例视图)	大样	4
详图	详图	5
清单	清单	6
简图	简图	6
用户定义类型一	—	7
用户定义类型二	—	8
三维视图	三维	9

单元小结

“工欲善其事,必先利其器。”有好的制图工具、仪器是画好图的基本条件。本章主要学习制图常用工具、仪器的使用方法及计算机制图的相关规定,旨在使学习者掌握使用和维护它们的要领和方法,为准确绘制各种投影图打好基础。

复习思考题

1.1 制图的常用工具有哪些？在使用中有哪些要求？

1.2 试述丁字尺在使用中的注意事项。

1.3 绘图铅笔的选用有什么要求？画线时应注意什么？

1.4 其他绘图用品有哪些？怎样使用？

1.5 《房屋建筑制图统一标准》(GB/T 50001—2017)在计算机辅助制图方面增加了哪些技术内容？

单元 2　制图的基本规定

教学目标

1. 了解房屋建筑制图标准的基本内容，如图幅、图线、字体、比例、尺寸标注等的要求及注意事项；

2. 掌握工程图绘制的基本方法。

思政要点

具有自觉遵守国家、行业标准及规范的意识。注重文化传承、追求真理、推动绿色发展。

建筑工程图是表达建筑工程设计意图的重要手段，也是建筑施工的重要依据。为使工程技术人员或建筑技术工人都能看懂建筑工程图，或用图纸来交流表达技术思想，就必须有一个统一的基本规定作为制图或识图的依据。因此，为做到建筑工程图制图统一、简明清晰，提高制图效率，满足设计、施工、存档等要求，以适应工程建设的需要，国家制定了全国统一的建筑工程制图标准。其中《房屋建筑制图统一标准》(GB/T 50001—2017)，是建筑工程制图的基本规定，是各专业制图的通用部分。除此之外，分别还有总图、建筑、结构、给排水和暖通空调等专业的制图标准。在应用《房屋建筑制图统一标准》(GB/T 50001—2017)的同时，还必须与各专业制图标准配合使用。

2.1　图纸幅面规格与图纸编排顺序

为了便于使用和保管，《房屋建筑制图统一标准》(GB/T 50001—2017)对图纸的幅面格式、标题栏及图纸的编排顺序做了统一的规定。

2.1.1　图纸幅面及图框尺寸

(1)基本幅面

绘图时，图样的大小和规格应符合表 2.1 中规定的图纸幅面及图框尺寸。

表 2.1　图纸幅面及图框尺寸(mm)

尺寸代号	幅面代号				
	A0	A1	A2	A3	A4
$b \times l$	841×1189	594×841	420×594	297×420	210×297
c	10			5	
a	25				

各号图纸基本幅面的尺寸关系是：沿上一号图纸的长边对裁，即为下一号图纸的幅面大小。

(2)加长幅面

必要时，也可以加长图纸。但图纸的短边尺寸不应加长，A0～A3 幅面长边尺寸可加长，但应符合表 2.2 的规定。

表 2.2 图纸长边加长尺寸(mm)

幅面代号	长边尺寸	长边加长后的尺寸
A0	1189	1486(A0+1/4l) 1783(A0+1/2l) 2080(A0+3/4l) 2378(A0+l)
A1	841	1051(A1+1/4l) 1261(A1+1/2l) 1471(A1+3/4l) 1682(A1+l) 1892(A1+5/4l) 2102(A1+3/2l)
A2	594	743(A2+1/4l) 891(A2+1/2l) 1041(A2+3/4l) 1189(A2+l) 1338(A2+5/4l) 1486(A2+3/2l) 1635(A2+7/4l) 1783(A2+2l) 1932(A2+9/4l) 2080(A2+5/2l)
A3	420	630(A3+1/2l) 841(A3+l) 1051(A3+3/2l) 1261(A3+2l) 1471(A3+5/2l) 1682(A3+3l) 1892(A3+7/2l)

注：有特殊需要的图纸，可采用 $b \times l$ 为 841mm×891mm 与 1189mm×1261mm 的幅面。

2.1.2 标题栏

图纸中应有标题栏、图框线、幅面线、装订边线和对中标志，如图 2.1、图 2.2 所示。

图纸分横式和立式两种幅面。以短边作垂直边称为横式，如图 2.1 所示；以短边作水平边称为立式，图 2.2 所示。一般 A0～A3 幅面的图纸宜采用横式幅面，也可采用立式幅面；A4 幅面的图纸宜采用立式幅面。

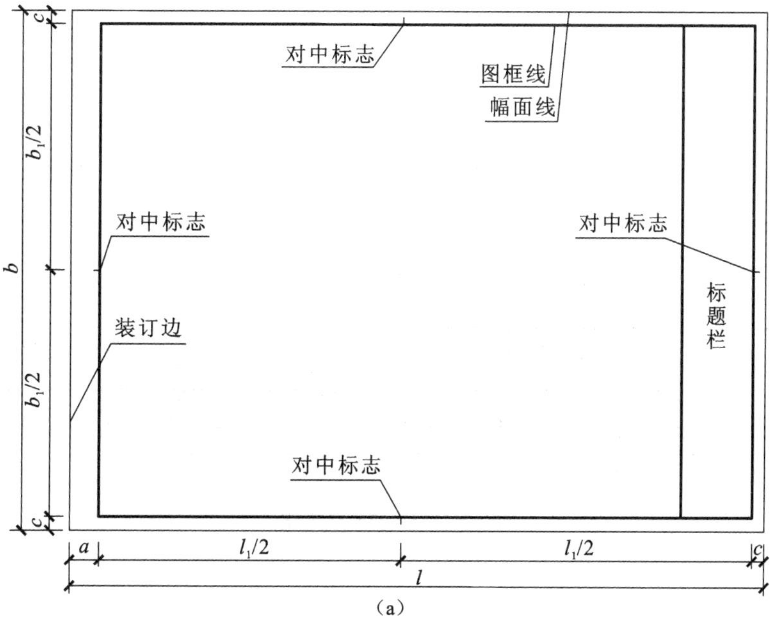

(a)

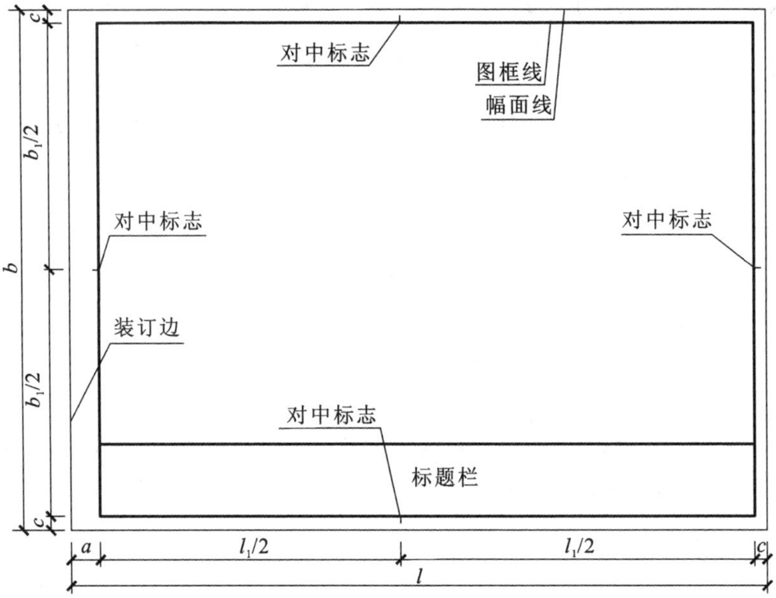

（b）

图 2.1　A0～A3 **幅面**

(a)A0～A3 横式幅面(一);(b)A0～A3 横式幅面(二)

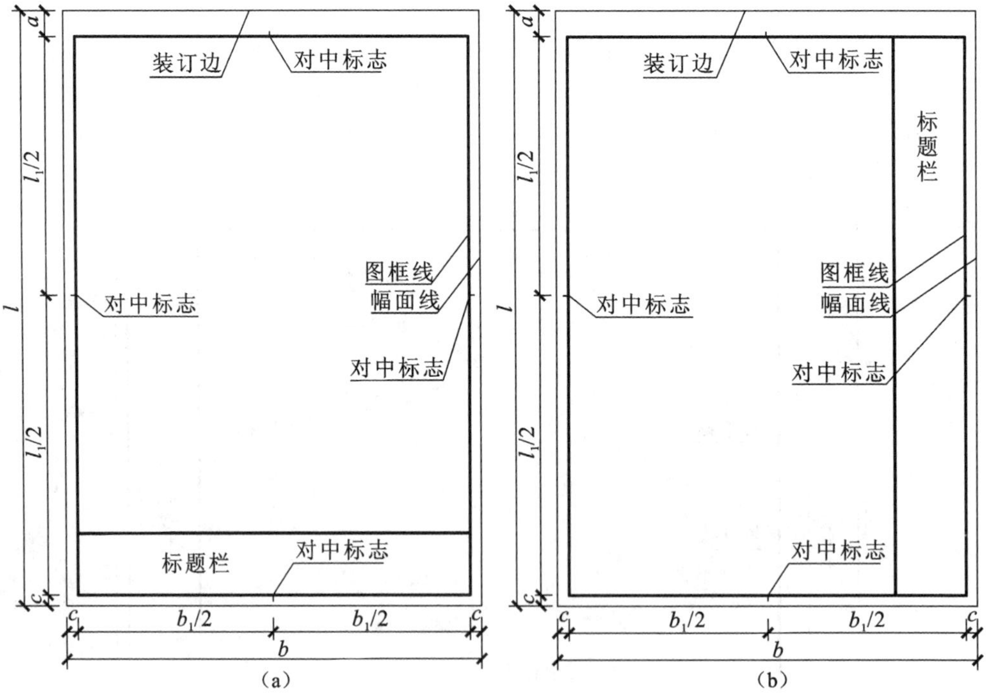

图 2.2　A0～A4 **立式幅面**

(a)A0～A4 立式幅面(一);(b)A0～A4 立式幅面(二)

一个工程设计中,每个专业所使用的图纸一般不宜多于两种幅面,不含目录及表格所采用的 A4 幅面。

标题栏的绘制应符合《房屋建筑制图统一标准》(GB/T 50001—2017)的规定。如图 2.3 所示,根据工程的需要选择其尺寸、格式及分区。签字栏应包括实名列和签名列。

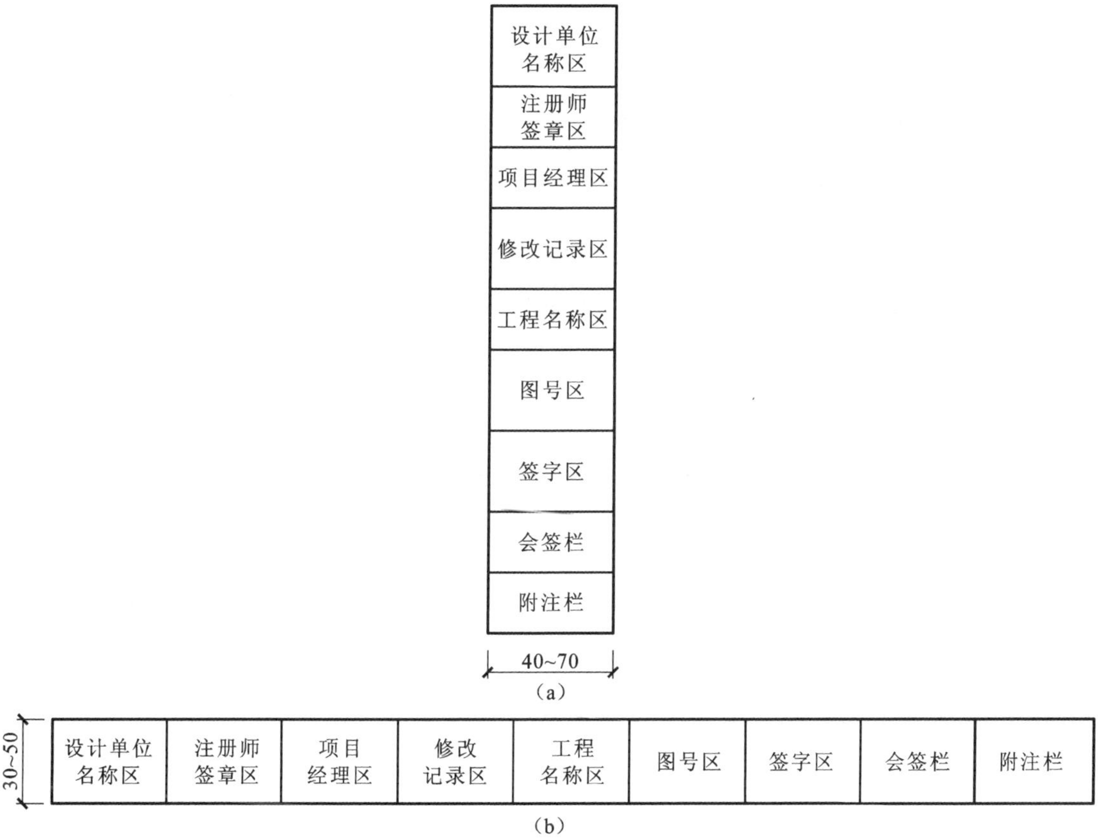

图 2.3　标题栏

(a)标题栏(一);(b)标题栏(二)

2.2 图　　线

2.2.1 图线的宽度

图线有粗、中粗、中、细之分,线宽比应符合表 2.3 的规定。每个图样应根据形体的复杂程度和比例大小,先确定基本线宽 b,再选用表 2.3 中的线宽组。

表 2.3　线宽组(mm)

线宽比	线宽组			
b	1.4	1.0	0.7	0.5
$0.7b$	1.0	0.7	0.5	0.35
$0.5b$	0.7	0.5	0.35	0.25
$0.25b$	0.35	0.25	0.18	0.13

注:①需要缩微的图纸,不宜采用 0.18 及更细的线宽。

②同一张图纸内,各不同线宽中的细线,可统一采用较细的线宽组的细线。

同一张图纸内,相同比例的各图样应选用相同的线宽组。

图纸的图框和标题栏线宽,可采用表 2.4 所规定的宽度。

表 2.4　图框和标题栏线的宽度(mm)

幅面代号	图框线	标题栏外框线对中标志	标题栏幅面线分格线
A0、A1	b	$0.5b$	$0.25b$
A2、A3、A4	b	$0.7b$	$0.35b$

2.2.2　图线的类型和用途

《房屋建筑制图统一标准》(GB/T 50001—2017)中对图线的名称、线型、线宽、用途做了明确的规定,如表 2.5 所示。

表 2.5　图线

名称		线型	线宽	一般用途
实线	粗		b	主要可见轮廓线
	中粗		$0.7b$	可见轮廓线、变更云线
	中		$0.5b$	可见轮廓线、尺寸线
	细		$0.25b$	图例填充线、家具线
虚线	粗		b	见各有关专业制图标准
	中粗		$0.7b$	不可见轮廓线
	中		$0.5b$	不可见轮廓线、图例线
	细		$0.25b$	图例填充线、家具线
单点长画线	粗		b	见各有关专业制图标准
	中		$0.5b$	见各有关专业制图标准
	细		$0.25b$	中心线、对称线、轴线等

续表 2.5

名称		线型	线宽	一般用途
双点长画线	粗		b	见各有关专业制图标准
	中		$0.5b$	见各有关专业制图标准
	细		$0.25b$	假想轮廓线、成型前原始轮廓线
折断线	细		$0.25b$	断开界线
波浪线	细		$0.25b$	断开界线

2.2.3 图线的画法

(1)相互平行的图例线,其净间隙或线中间隙不宜小于 0.2mm。

(2)虚线、单点长画线或双点长画线的线段长度和间隔,宜各自相等。

(3)单点长画线或双点长画线,当在较小图形中绘制有困难时,可用实线代替。

(4)单点长画线或双点长画线的两端,不应采用点。点画线与点画线交接或点画线与其他图线交接时,应是线段交接。

(5)虚线与虚线交接或虚线与其他图线交接时,应是线段交接。虚线为实线的延长线时,不得与实线连接。

(6)图线不得与文字、数字或符号重叠、混淆,不可避免时,应首先保证文字的清晰,如图 2.4 所示。

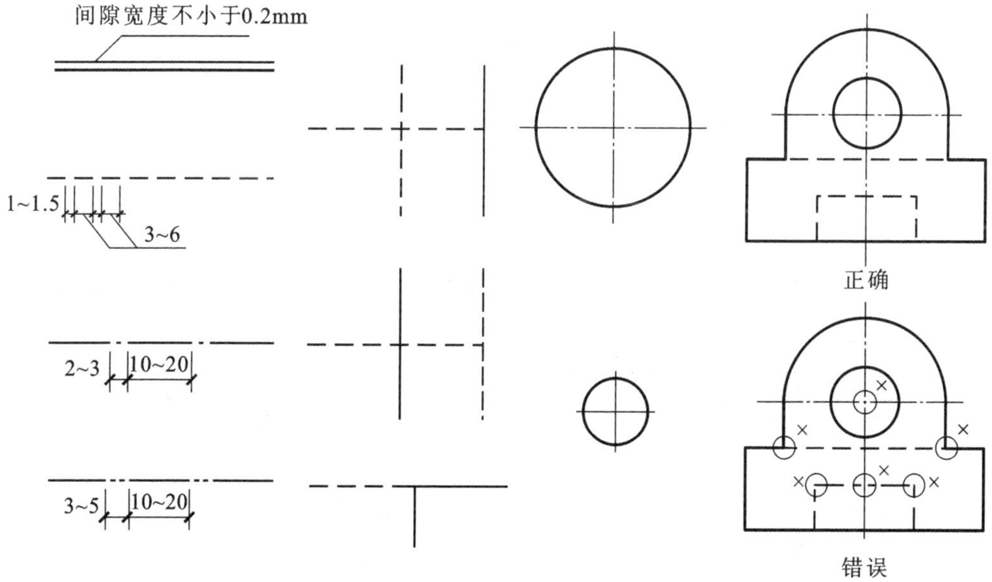

(a) (b) (c) (d)

图 2.4 图线的画法

(a)线的画法;(b)交接;(c)圆的中心线画法;(d)举例

2.3　字　　体

在建筑工程图样上，除了用图线画出图形外，还会使用不同的字体进行描述。图样上常用的字体有汉字、阿拉伯数字、拉丁字母，有时也会出现罗马数字、希腊字母等。例如：用汉字注写图名、建筑材料；用数字标注尺寸；用数字和字母表示轴线的编号等。

在图样和技术文件中，书写的字体应笔画清晰、字体端正、排列整齐、间隔均匀、标点符号清楚正确。

文字的字高应从表 2.6 中选用。字高大于 10mm 的文字宜采用 True type 字体，当需书写更大的字时，其高度应按$\sqrt{2}$的倍数递增。

表 2.6　文字的字高(mm)

字体种类	中文矢量字体	True type 字体及非中文矢量字体
字高	3.5、5、7、10、14、20	3、4、6、8、10、14、20

2.3.1　汉字

图纸上的汉字宜采用长仿宋体(矢量字体)或黑体，同一图纸字体种类不应超过两种。长仿宋字的高宽关系应符合表 2.7 的规定，黑体字的宽度与高度应相同。大标题、图册封面、地形图等的汉字，也可书写成其他字体，但应易于辨认。

表 2.7　长仿宋字的高宽关系(mm)

字高	20	14	10	7	5	3.5
字宽	14	10	7	5	3.5	2.5

在实际应用中，汉字的字高应不小于 3.5mm，长仿宋体字的示例见图 2.5。

图 2.5　长仿宋体字示例

长仿宋体字的书写要领是：横平竖直，注意起落，结构匀称，填满方格。

横平竖直，横笔基本要平，可顺运笔方向稍许向上倾斜 2°～5°。

注意起落，横、竖的起笔和收笔，撇、钩的起笔，钩折的转角等，都要顿一下笔，形成小三角和出现字肩。几种基本笔画的写法如表 2.8 所示。

表 2.8　仿宋体字基本笔画的写法

名称	横	竖	撇	捺	挑	点	钩
形状							
笔法							

结构匀称，笔画布局要均匀，字体构架要中正疏朗、疏密有致，如图 2.6 所示。

平 面 基 土 木　术 审 市 正 水　直 垂 四 非 里

柜 轴 孔 抹 粉　棚 械 缝 混 凝　砂 以 设 纵 沉

图 2.6　长仿宋体字的布局

2.3.2　数字和字母

图样及说明中的拉丁字母、阿拉伯数字与罗马数字，宜采用单线简体或 ROMAN 字体。拉丁字母、阿拉伯数字与罗马数字的书写规则应符合表 2.9 的规定。

表 2.9　拉丁字母、阿拉伯数字与罗马数字的书写规则

书写格式	字体	窄字体
大写字母高度	h	h
小写字母高度(上下均无延伸)	$7/10h$	$10/14h$
小写字母伸出的头部或尾部	$3/10h$	$4/14h$
笔画宽度	$1/10h$	$1/14h$
字母间距	$2/10h$	$2/14h$
上下行基准线的最小间距	$15/10h$	$21/14h$
词间距	$6/10h$	$6/14h$

(1)字母、阿拉伯数字与罗马数字，当需写成斜体字时，其斜度应是从字的底线逆时针向上倾斜 75°。斜体字的高度和宽度应与相应的直体字相等。

(2)拉丁字母、阿拉伯数字与罗马数字的字高，不应小于 2.5mm。

(3)数量的数值注写，应采用正体阿拉伯数字。各种计量单位凡前面有量值的，均应采用国家颁布的单位符号注写。单位符号应采用正体字母。

(4)分数、百分数和比例数的注写，应采用阿拉伯数字和数学符号。

(5)当注写的数字小于 1 时，应写出各位的“0”，小数点应采用圆点，齐基准线书写。

(6)长仿宋汉字、拉丁字母、阿拉伯数字与罗马数字示例应符合国家现行标准《技术制图 字体》(GB/T 14691)的有关规定。

2.4　比　　例

当工程形体与图幅尺寸相差太大时，需要按比例缩小或放大绘制在图纸上。图样的比例是图形与实物相对应的线性尺寸之比。

（1）比例的符号应为“∶”，比例应以阿拉伯数字表示。

（2）比例宜注写在图名的右侧，字的基准线应取平；比例的字高宜比图名的字高小一号或两号，如图 2.7 所示。

平面图　1∶100　　　　⑥　1∶20

图 2.7　比例的注写

（3）绘图时所用的比例，应根据图样的用途与被绘对象的复杂程度，从表 2.10 中选用，并应优先选用表中的常用比例。

表 2.10　绘图选用的比例

常用比例	1∶1，1∶2，1∶5，1∶10，1∶20，1∶30，1∶50，1∶100，1∶150，1∶200，1∶500，1∶1000，1∶2000
可用比例	1∶3，1∶4，1∶6，1∶15，1∶25，1∶40，1∶60，1∶80，1∶250，1∶300，1∶400，1∶600，1∶5000，1∶10000，1∶20000，1∶50000，1∶100000，1∶200000

一般情况下，一个图样应选用一种比例。根据专业制图的需要，同一图样可选用两种比例。特殊情况下也可自选比例，这时除应注出绘图比例外，还必须在适当位置绘制出相应的比例尺。

图 2.8 所示为用不同比例绘制的门立面图。

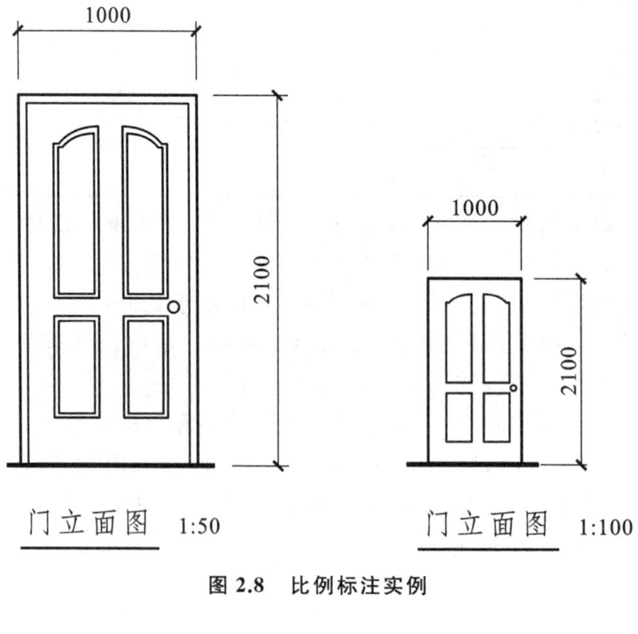

图 2.8　比例标注实例

2.5 尺寸标注

2.5.1 尺寸的组成及一般标注方法

尺寸是构成图样的一个重要组成部分，是建筑施工的重要依据，因此尺寸标注要准确、完整、清晰。图样上的尺寸由尺寸界线、尺寸线、尺寸起止符号和尺寸数字四部分组成，如图 2.9 所示。

(1)尺寸界线应用细实线绘制，一般与被注长度垂直，其一端离开图样轮廓线不应小于 2mm，另一端宜超出尺寸线 2～3mm。图样轮廓线可用作尺寸界线，如图 2.10 所示。

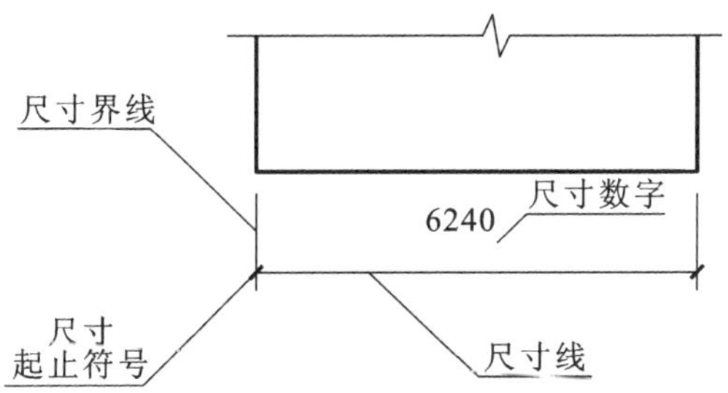

图 2.9 尺寸的组成

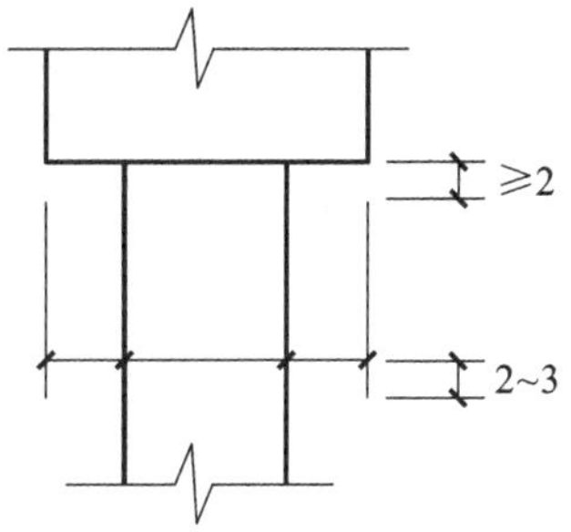

图 2.10 尺寸界线

(2)尺寸线应用细实线绘制，应与被注长度平行，两端宜以尺寸界线为边界，也可超出尺寸界线 2～3mm。图样本身的任何图线均不得用作尺寸线，如图 2.11 所示。

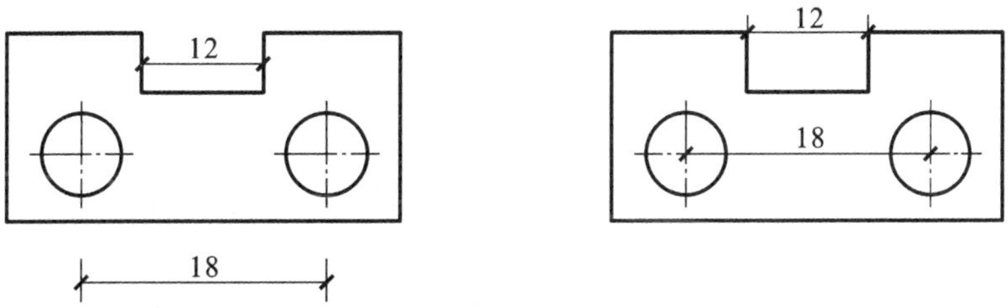

正确　　错误

图 2.11 尺寸标注示例

(3)尺寸起止符号用中粗斜短线绘制，其倾斜方向应与尺寸界线成顺时针 45°角，长度宜为 2～3mm。半径、直径、角度与弧长的尺寸起止符号宜用箭头表示，箭头宽度 b 不宜小于 1mm，如图 2.12 所示。

(4)图样上的尺寸应以尺寸数字为准，不得从图上直接量取。

(5)图样上的尺寸单位，除了标高及总平面以米(m)为单位外，其他必须以毫米(mm)为单位。

(6)尺寸数字的方向，应按图 2.13(a)的规定注写。若尺寸数字在 30°斜线区内，也可按图 2.13(b)的形式注写。

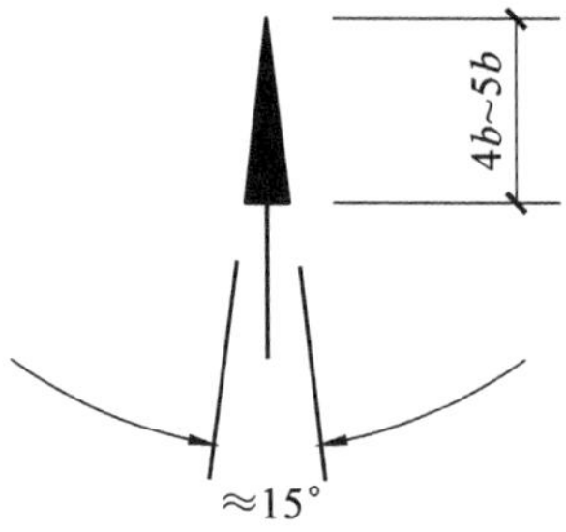

图 2.12　箭头尺寸起止符号

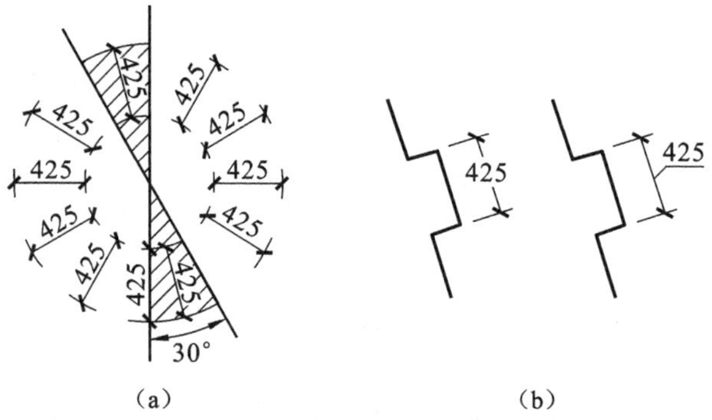

图 2.13　尺寸数字的注写方向

(7)尺寸数字一般应依据其方向注写在靠近尺寸线的上方中部。如果没有足够的注写位置,最外边的尺寸数字可注写在尺寸界线的外侧,中间相邻的尺寸数字可上下错开注写,引出线端部用圆点表示标注尺寸的位置,如图 2.14 所示。

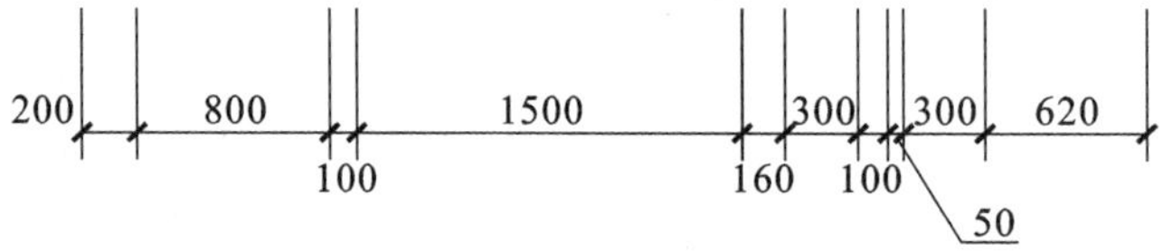

图 2.14　尺寸数字的注写位置

(8)尺寸线与图样最外轮廓线的间距不宜小于 10mm,平行排列的尺寸线的间距宜为 7~10mm,并保持一致,较小尺寸应离轮廓线较近,较大尺寸应离轮廓线较远,如图 2.15 所示。

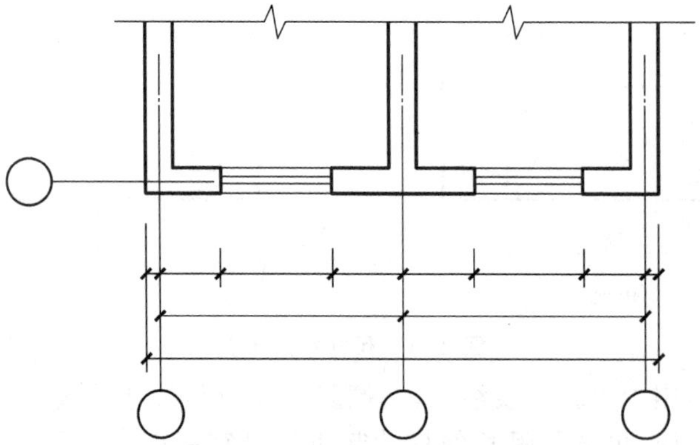

图 2.15　平行排列的尺寸标注

2.5.2　半径、直径和球的尺寸标注

半径的尺寸线应一端从圆心开始,另一端画箭头指向圆弧。半径数字前加注半径符号"*R*",如图 2.16 所示。较大圆弧的半径可按图 2.17 的形式标注,较小圆弧的半径可按图2.18 的形式标注。

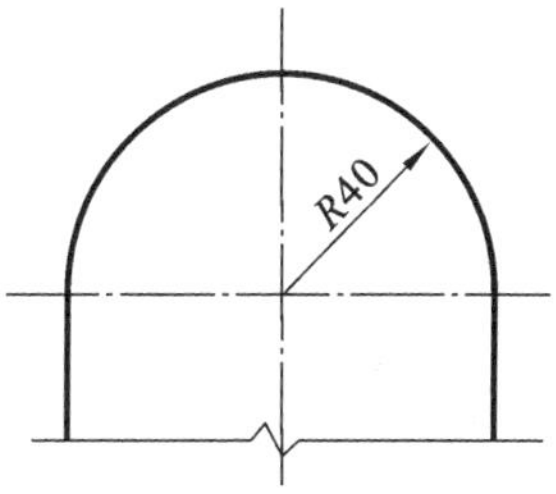

图 2.16 半径的标注方法

图 2.17 大圆弧半径的标注方法

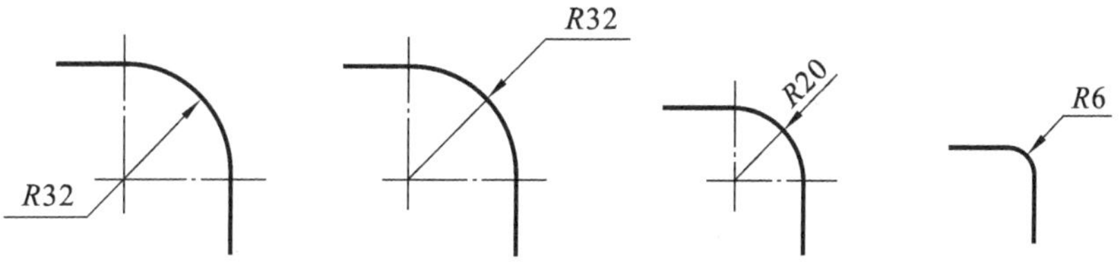

图 2.18 小圆弧半径的标注方法

标注圆的直径尺寸时，直径数字前标注直径符号“ϕ”，圆内标注的尺寸线应通过圆心，两端画箭头指至圆弧，如图 2.19 所示。较小的圆的直径尺寸，可以标注在圆外，如图 2.20 所示。

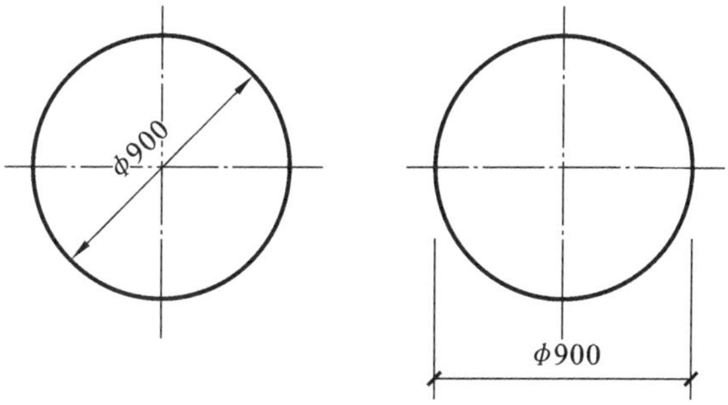

图 2.19 圆直径的标注方法

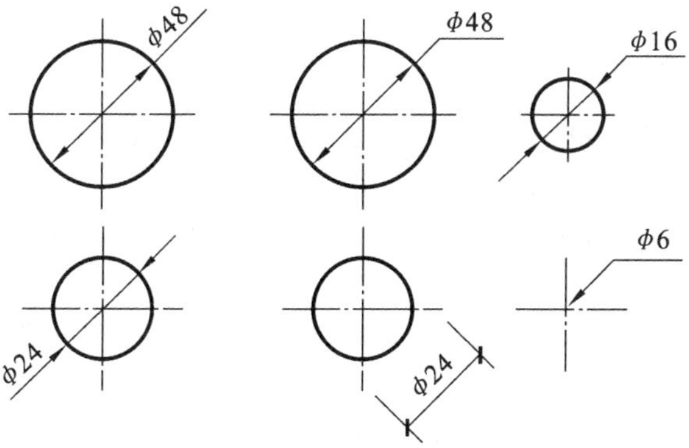

图 2.20 小圆直径的标注方法

标注球的半径、直径时，应在尺寸前加注符号“S”，即“SR”、“$S\phi$”，注写方法同圆弧半径和圆直径,如图 2.21 所示。

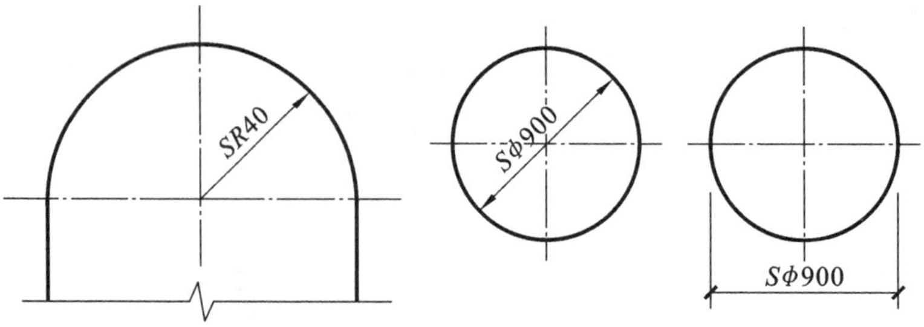

图 2.21　球的半径、直径的标注方法

2.5.3　角度、圆弧的尺寸标注

(1)角度的尺寸线应以圆弧表示。此圆弧的圆心应是该角的顶点,角的两条边为尺寸界线。起止符号用箭头,若没有足够位置画箭头,可用圆点代替。角度数字应按水平方向注写,如图 2.22 所示。

(2)标注圆弧的弧长时,尺寸线应以与该圆弧同心的圆弧线表示,尺寸界线应指向圆心,起止符号用箭头表示,弧长数字上方应加注圆弧符号“⌒”,如图 2.23 所示。

(3)标注圆弧的弦长时,尺寸线应以平行于该弦的直线表示,尺寸界线应垂直于该弦,起止符号用中粗斜短线表示,如图 2.24 所示。

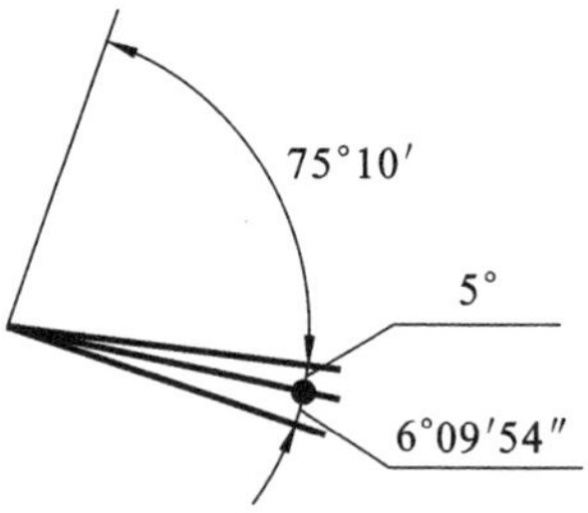

图 2.22　角度标注方法

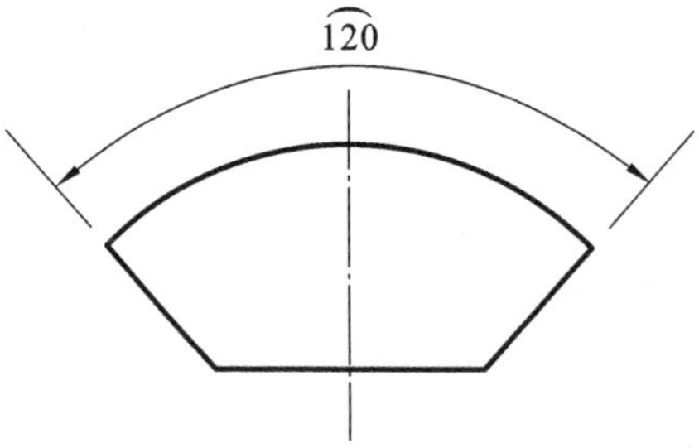

图 2.23　弧长标注方法

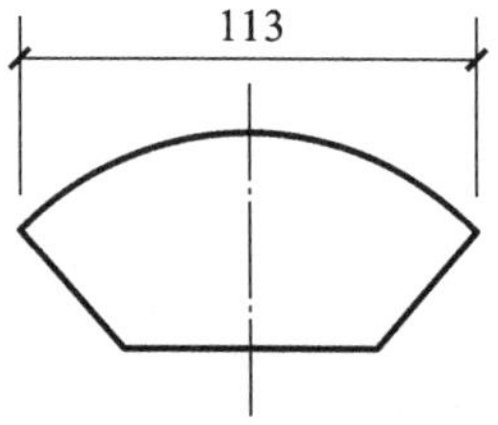

图 2.24　弦长标注方法

2.5.4　尺寸的简化标注

(1)杆件或管线的长度,在单线图(桁架简图、钢筋简图、管线简图)上,可直接将尺寸数字沿杆件或管线的一侧注写,如图 2.25。

(2)连续排列的等长尺寸,可用“等长尺寸×个数=总长”或“总长(等分个数)”的形式标注,如图 2.26 所示。

(3)构配件内的构造图案(如孔、槽等)如相同,可仅标注其中一个要素的尺寸,如图 2.27 所示。

(4)对称构配件采用对称省略画法时,该对称构配件的尺寸线应略超过对称符号,仅在尺寸线的一端画尺寸起止符号,尺寸数字应整体全尺寸注写,其注写位置与对称符号对齐,如图 2.28 所示。

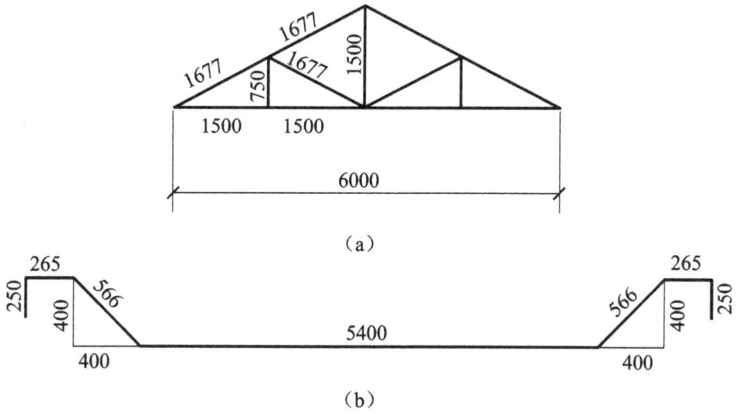

图 2.25 单线图尺寸标注方法

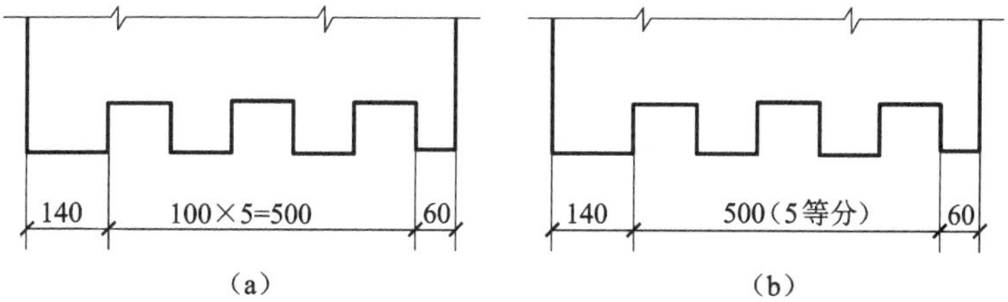

图 2.26 等长尺寸简化标注方法

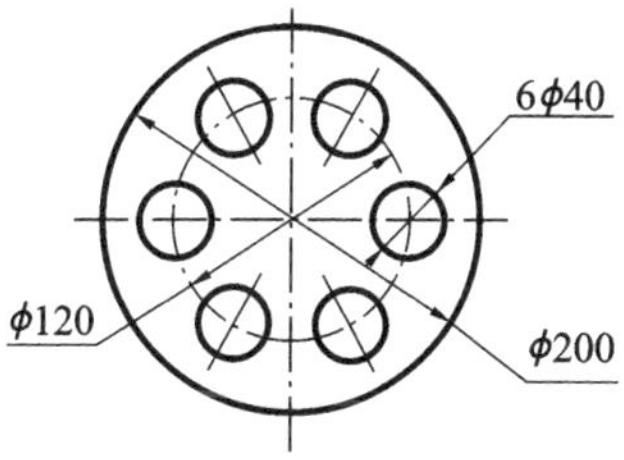

图 2.27 相同要素尺寸标注方法

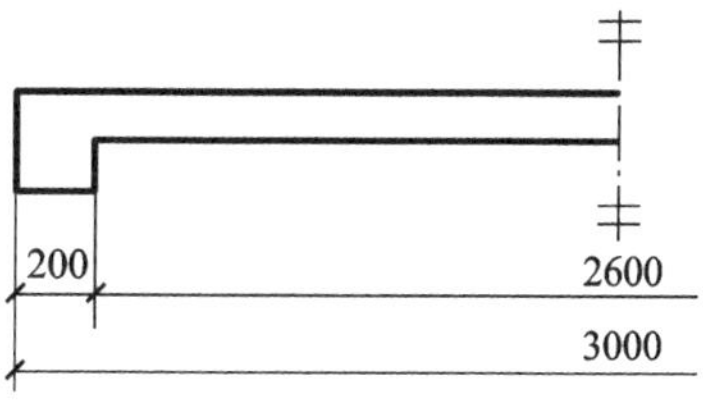

图 2.28 对称构件尺寸标注方法

(5)两个构配件,如个别尺寸数字不同,可在同一图样中将其中一个构配件的不同尺寸数字注写在括号内,该构配件的名称也应注写在相应的括号内,如图 2.29 所示。

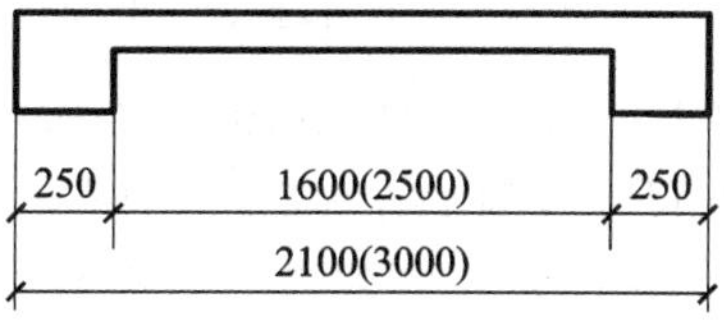

图 2.29 相似构件尺寸标注方法

(6)数个构配件,如仅某些尺寸不同,这些有变化的尺寸数字可用拉丁字母注写在同一图样中,另列表格写明其具体尺寸,如图 2.30 所示。

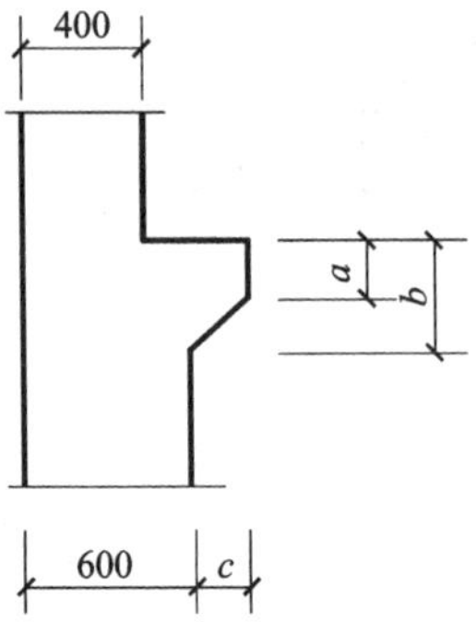

构件编号	*a*	*b*	*c*
Z-1	200	200	200
Z-2	250	450	200
Z-3	200	450	250

图 2.30　相似构配件尺寸表格式标注方法

2.5.5　尺寸标注的注意事项

(1)轮廓线、中心线可用作尺寸界线,但不能用作尺寸线,如图 2.31 所示。

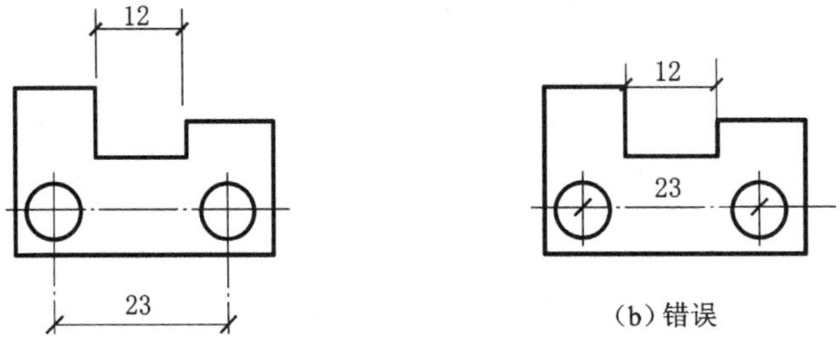

(a)正确　　(b)错误

图 2.31　尺寸标注(一)

(2)不能用尺寸界线作尺寸线,如图 2.32 所示。

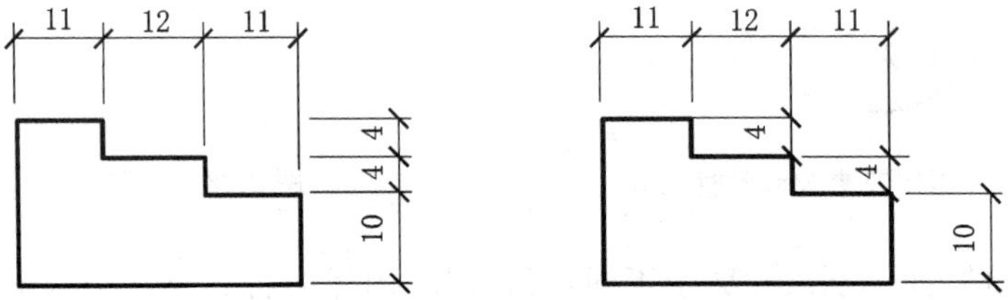

(a)正确　　(b)错误

图 2.32　尺寸标注(二)

(3)应将大尺寸标在外侧,小尺寸标在内侧,如图 2.33 所示。

(4)水平方向的尺寸,注写在尺寸线的上方中部,字的头部应朝正上方。竖直方向的尺寸,注写在竖直尺寸线的左方中部,字的头部应朝左。所有注写的尺寸数字应离开尺寸线约 1mm,如图 2.34 所示。

(5)建筑工程图上的尺寸单位,除标高和总平面图以米(m)为单位外,一般以毫米(mm)为单位。因此,图样上的尺寸数字都不再注写单位。

(6)任何图线不能穿交尺寸数字。无法避免时,需将图线断开,如图 2.35 所示。

(7)同一张图纸所标注的尺寸数字字号应大小统一,通常选用 3.5 号字,如图 2.36 所示。

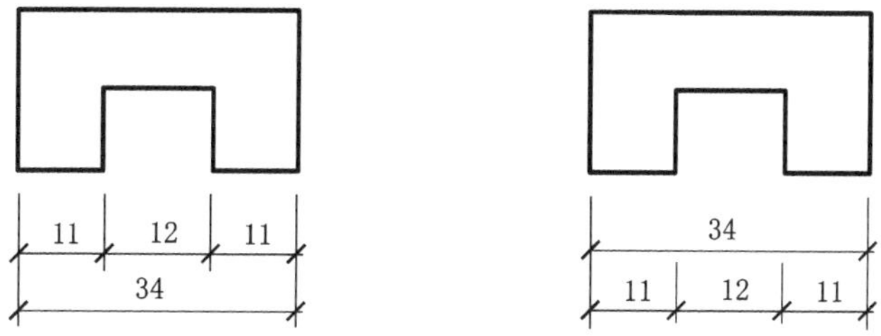

（a）正确　　　　（b）错误

图 2.33　尺寸标注（三）

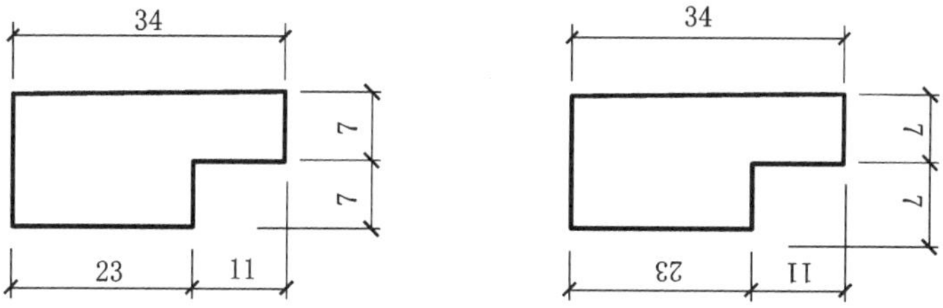

（a）正确　　　　（b）错误

图 2.34　尺寸标注（四）

（a）正确　　　　（b）错误

图 2.35　尺寸标注（五）

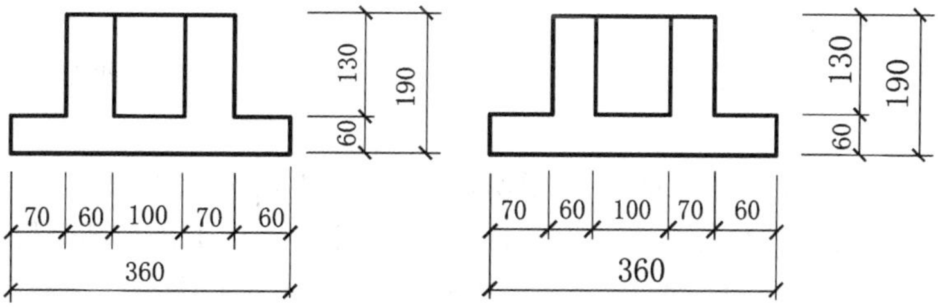

（a）正确　　　　（b）错误

图 2.36　尺寸标注（六）

2.6　工程图绘制方法

2.6.1　绘图的一般步骤

2.6.1.1　准备工作

为了提高绘图的速度，保证绘图的质量，应做好下述准备：

(1)对所绘图样进行阅读了解，在绘图前尽量做到心中有数。

(2)准备好必需的绘图仪器、工具、用品，并且把图板、丁字尺、三角板、比例尺等擦洗干净，把绘图工具、用品放在桌子的右边，但不能影响丁字尺的上下移动。

(3)选好图纸，将图纸用胶带纸固定在图板的适当位置，此时必须使图纸的上边对准丁字尺的上边缘，然后下移使丁字尺的上边缘对准图纸的下边。

2.6.1.2　画底稿

(1)根据制图标准的要求，首先把图框线以及标题栏的位置画好。

(2)依据所画图形的大小、多少及复杂程度选择好比例，然后安排各个图形的位置，定好图形的中心线，图面布置要适中、匀称，以便获得良好的图面效果。

(3)首先画图形的主要轮廓线，其次由大到小，由外到里，由整体到局部，画出图形的所有轮廓线。

(4)画出尺寸线以及尺寸界线等。

(5)最后检查修正底稿，改正错误，补全遗漏，擦去多余线条。

2.6.1.3　铅笔加深

(1)加深图线时，必须是先曲线，其次直线，最后为斜线，各类线型的加深顺序为：细单点长画线、细实线、中实线、粗实线、粗虚线。

(2)同类图线要保持粗细、深浅一致，按照水平线从上到下、垂直线从左到右的顺序一次完成。

(3)最后画出起止符，注写尺寸数字、说明，填写标题栏，加深图框线。

注意：随着计算机技术在各行各业得到普遍应用，建筑设计工作全部采用AutoCAD(或专业绘图软件)完成，大大提高了绘图速度和绘图质量，改变了原有手工绘图的工作方式，但手工绘图方法仍很重要，是计算机绘图的基础。

2.6.1.4　注意事项

(1)画底稿的铅笔用2H或3H，所有的线应轻而细，不可反复描绘，能看清就可以了。

(2)加深粗实线的铅笔用HB或B、2B，加深细实线的铅笔用H或HB，加深圆弧时所用的铅芯，应比加深同类直线所用的铅芯软一号。

(3)修正时，如果是铅笔加深图，可用擦图片配合橡皮进行，尽量缩小擦拭的面积，以免损坏图纸。

2.6.2 简单几何作图方法

如图 2.37 所示，以一简单的平面图为例，说明几何作图方法。

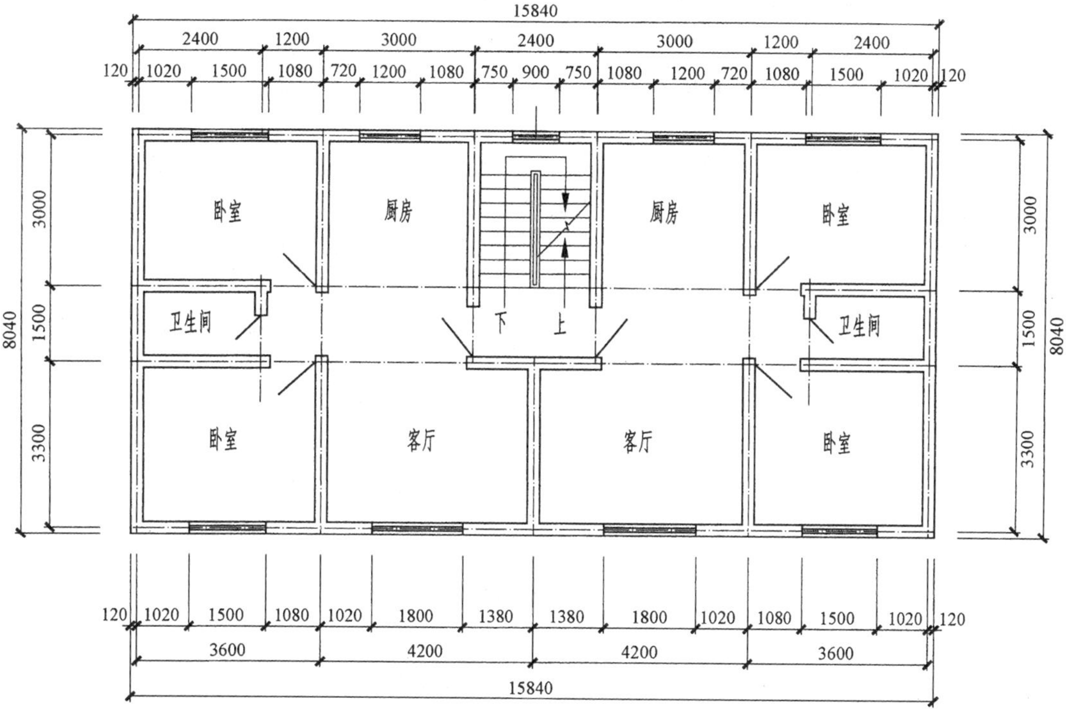

图 2.37 平面图

(1)根据图形的尺寸及所用的比例，选择合适的图幅。图 2.37 所示的平面图选用 1∶100 的比例，选择 A4 图幅，并将图纸固定在图板上。

(2)打底稿，用 H 型或 HB 型铅笔，首先按照 A4 图幅的尺寸要求，用细实线轻轻地画好图纸幅面线、图框线、图纸标题栏。

(3)大致计算一下，留出尺寸标注的位置，将图大致布置在图纸中部。

(4)按照顺序，依次画出轴线网格、内外墙线等建筑物的轮廓线，门、窗、阳台、楼梯等建筑物的细部。

(5)检查底稿图是否有误，经过查漏补缺、修改后，进行图线加深。对于粗实线要使用 2B 型铅笔，例如墙线、图框线、标题栏框线的加粗；中实线使用 B 型铅笔，例如门、窗、阳台、楼梯等的加粗；最后用细实线绘制尺寸线、尺寸界线、折断线、标题栏内部细实线及文字的标注，然后再用中实线画出尺寸起止符号和箭头。

特别提示：图形的比例要选择恰当，在图纸上的布局要合理、适中；线型、线宽、文字要正确且符合制图标准的要求；尺寸布置清晰，尺寸标注正确且符合规定；标注完整不遗漏，不重复。

单元小结

建筑制图必须遵守《房屋建筑制图统一标准》(GB/T 50001—2017)的要求。了解基本内容，掌握其中关于图幅、图线、字体、比例、尺寸标注等的要求。

图幅共有五种，A0、A1、A2、A3 和 A4，分横式和竖式两种，A4 只可竖式使用。在制图作业中常用 A2、A3 图幅，应熟记其尺寸。注意图幅、图框、标题栏的绘制要求。

图线线型有六种，即实线、虚线、单点长画线、双点长画线、折断线和波浪线。应掌握各种线型及其交接的画法。熟悉线宽和线宽组的概念，粗、中粗、中、细线的代号分别为 b、$0.7b$、$0.5b$ 和 $0.25b$，粗线线宽确定后其他线宽随之而定。线宽有八种规格：0.18，0.25，0.35，0.5，0.7，1.0，1.4 和 2.0(单位：mm)。

图中字体应按制图标准注写，汉字宜写长仿宋字，字宽、字高之比宜为 2/3。要练好长仿宋字。西文字有直立和倾斜 75°书写两种，同一图幅上应统一。

图样的比例是指图形与实物对应的线性尺寸之比。建筑工程图样常用缩小的比例，如 1∶100、1∶50 等，比例尺可用于量度常用比例下的各种尺寸。

尺寸标注有四项内容：尺寸界线、尺寸线、尺寸起止符号和尺寸数字。熟练掌握尺寸标注中各项内容的绘制和标注要求。

复习思考题

2.1　建筑制图的图幅规格有哪些？如何裁切？A2、A3 的图幅尺寸各是多少？图纸加长时有哪些要求？

2.2　什么是横式、竖式图幅？各式图幅的图框线在绘制时有哪些规定？

2.3　线型、线宽各有哪些种类？绘制各种线型以及各种线型的图线交接绘制有哪些要求？

2.4　工程图中的汉字宜写何种字体？书写要领是什么？

2.5　什么是图样的比例？如何注写比例？

2.6　尺寸由哪些部分组成？在绘制和标注中有哪些要求和注意事项？

2.7　直径、半径、角度、弧长、弦长尺寸如何标注？

2.8　试述绘图的一般步骤。

模块 2　投影作图

单元 3　正投影原理

教学目标

1. 了解投影的基本知识。
2. 掌握点、直线和平面的投影特点及投影变换规律。

思政要点

提高辩证思维和空间思维能力，养成胸怀国家的大志。

3.1　投影基本知识

3.1.1　投影的概念与分类

当有光线照射物体时，在地面或墙面上便会出现影子，影子的位置、形状随光线的照射角度或距离的改变而改变，这是日常生活中常见的投影现象。人们从这些现象中认识到光线、物体和影子之间的关系，归纳总结出在平面上表达物体形状和大小的投影原理及作图方法。

在制图中，把光源称为投影中心，光线称为投射线，光线的射向称为投射方向，落影的平面（如地面、墙面等）称为投影面，影子的轮廓称为投影。用投影表示物体的形状和大小的方法称为投影法。用投影法画出的物体图形称为投影图，如图 3.1 所示。

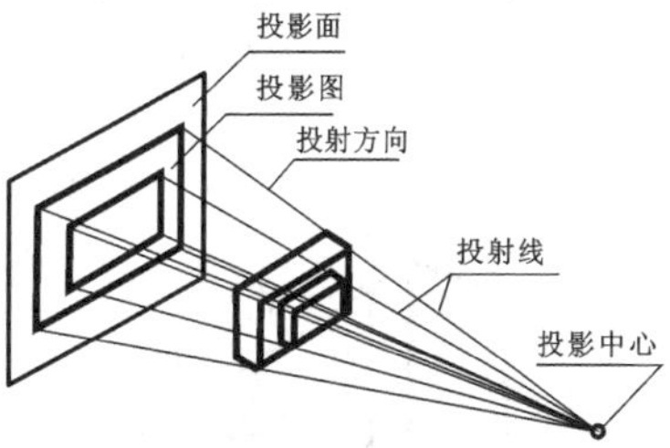

图 3.1　投影图的形成

为了能在投影图中同时反映物体的内部形状，我们假设投射线能透过物体，并用虚线表示那些看不见的轮廓线，这样就可将物体的某些内部形状表示出来。

投影可分为中心投影和平行投影两大类。由一点放射的投射线所产生的投影称为中心投影，如图 3.2(a)所示。由相互平行的投射线所产生的投影称为平行投影。根据投射线与投影面的角度不同，平行投影又可分为两种：平行投射线倾斜于投影面的称为斜投影，如图 3.2(b)所示；平行投射线垂直于投影面的称为正投影，如图 3.2(c)所示。正投影能反映出物体的真实形状和大小，故一般工程图样都按正投影原理绘制。通常把用正投影法绘制出的图形称为正投影图，如图3.3所示。

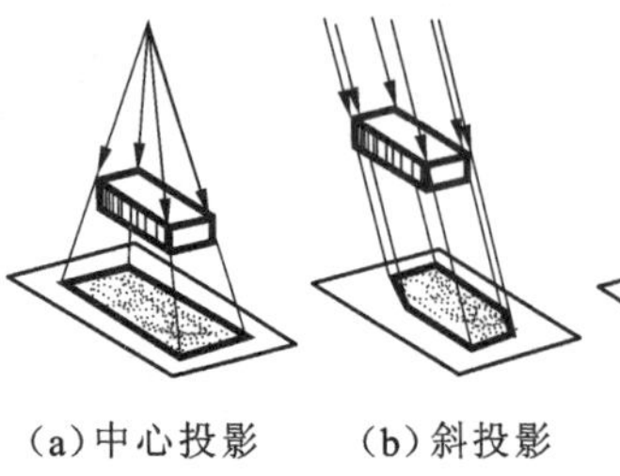

图3.2　投影法

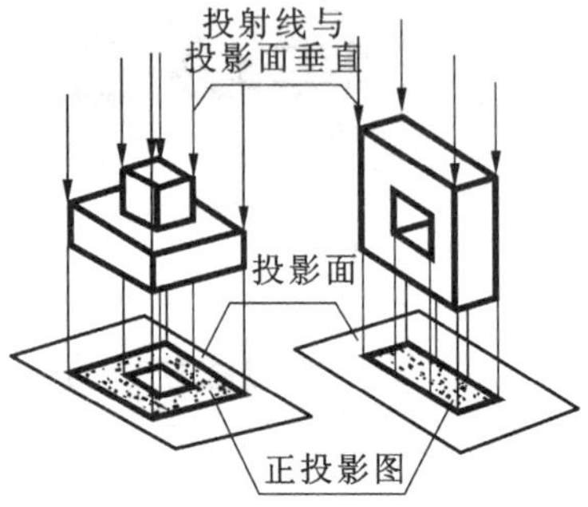

图3.3　正投影图

3.1.2　工程中常用的四种图示法

根据不同的需要，可应用以上所述的各种投影方法得到工程中常见的四种投影图。

3.1.2.1　透视投影图

图3.4是按中心投影法画出的透视投影图，只需一个投影面。其优点是图形逼真，直观性强。但作图复杂，形体的尺寸不能直接在图中度量，故不能作为施工依据，仅用于建筑设计方案的比较及工艺美术和宣传广告等。

3.1.2.2　轴测投影图

图3.5所示是轴测投影图(也称立体图)，它是平行投影的一种，画图时只需一个投影面。这种投影图的优点是立体感强，非常直观，但作图较复杂，表面形状在图中往往失真，度量性差，只能作为工程上的辅助图样。

3.1.2.3　正投影图

采用相互垂直的两个或两个以上的投影面，按正投影方法在每个投影面上分别获得同一物体的正投影，然后按规则展开在一个平面上，便得到物体的多面正投影图，如图3.6所示。

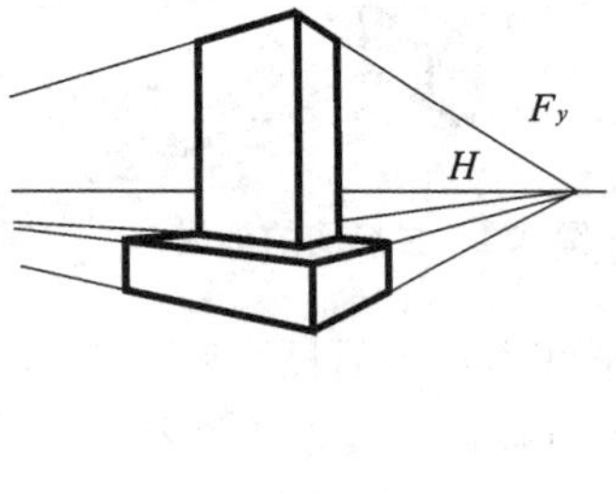

图3.4　形体的透视投影图

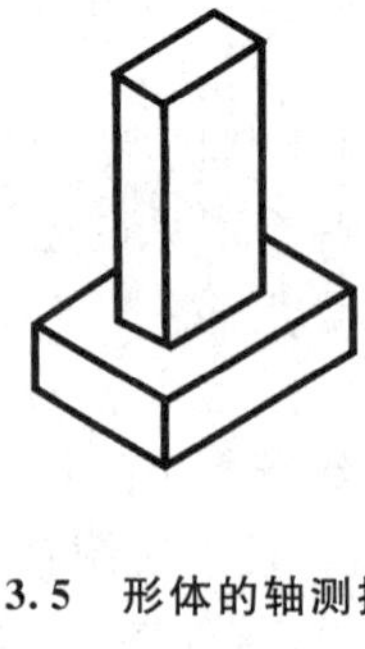

图3.5　形体的轴测投影图

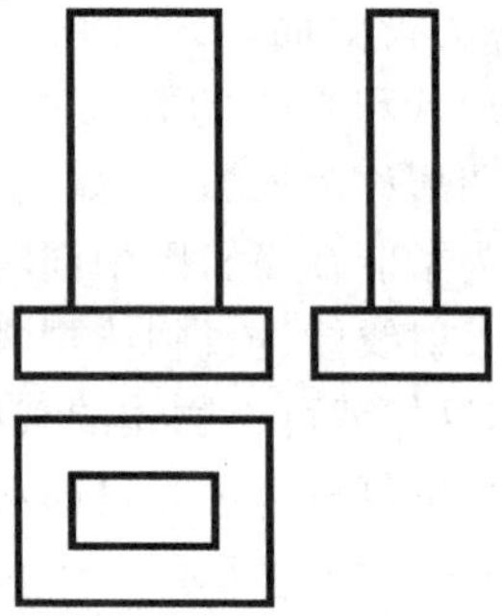

图3.6　形体的正投影图

正投影图的优点是作图较其他方法简便，便于度量，工程上应用最广，但缺乏立体感。

3.1.2.4 标高投影图

标高投影是一种带有数字标记的单面正投影。在建筑工程上，常用它来表示地面的形状。作图时，用一组等距离的水平面切割地面，其交线为等高线。将不同高程的等高线投影在水平投影面上，并注出各等高线的高程，即为等高线图，也称标高投影图，如图 3.7 所示。

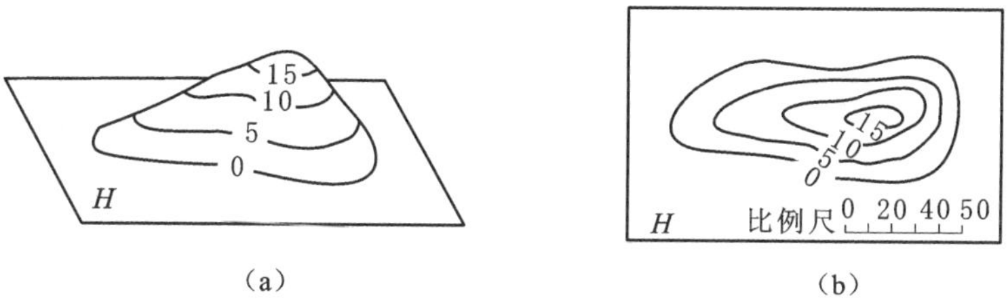

图 3.7 标高投影图

3.1.3 三面正投影图

动画：三面投影体系的建立

3.1.3.1 三投影面体系的建立

图 3.8 中空间四个不同形状的物体在同一个投影面上的正投影却是相同的，由此可见，物体的一个正投影图是不能全面反映空间物体的形状的。

那么，需要几个投影才能确定空间物体的形状呢？通常，采用三个相互垂直的平面作为投影面，构成三投影面体系，如图 3.9 所示。水平位置的平面称作水平投影面（简称水平面），用字母 H 表示；与水平投影面垂直相交呈正立位置的平面称为正立投影面（简称正面），用字母 V 表示；位于右侧并与 H、V 面均垂直相交的平面称为侧立投影面（简称侧面），用字母 W 表示。三个投影面的交线称为投影轴，其中 H 面与 V 面的交线称为 OX 轴，H 面与 W 面的交线称为 OY 轴，V 面与 W 面的交线称为 OZ 轴。三个投影轴 OX、OY、OZ 的交点 O 称为原点。

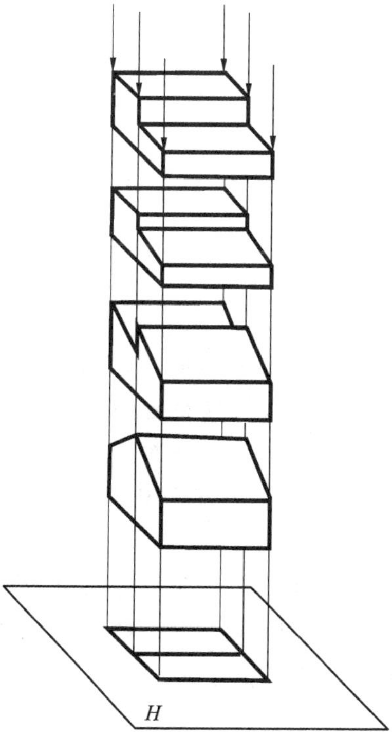

图 3.8 物体的一个正投影不能确定其空间的形状

3.1.3.2 三面正投影图的形成

将物体置于 H 面之上，V 面之前，W 面之左的空间，如图 3.10 所示，按箭头所指的投影方向分别向三个投影面作正投影，由上往下在 H 面上得到的投影称为水平投影图（简称平面图），由前往后在 V 面上得到的投影称作正立投影图（简称正面图），由左往右在 W 面上得到的投影称作侧立投影图（简称侧面图）。

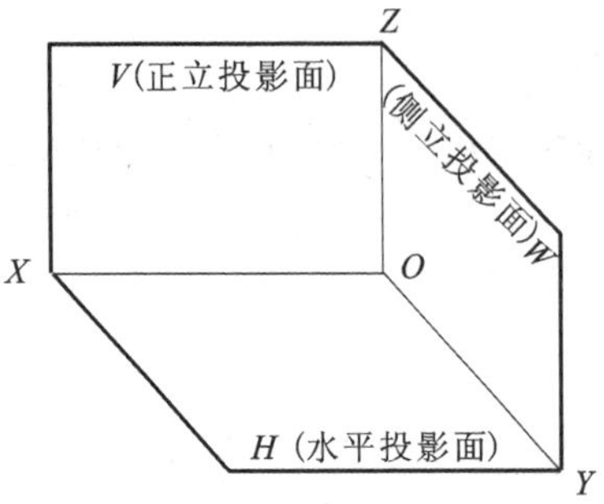

图 3.9　三投影面的建立

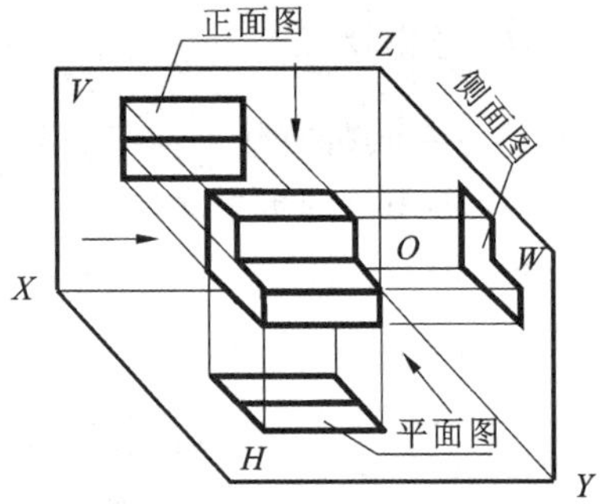

图 3.10　投影图的形成

3.1.3.3　三个投影面的展开

为了把空间三个投影面上所得到的投影画在一个平面上，需将三个相互垂直的投影面展开摊平成为一个平面。即 V 面保持不动，H 面绕 OX 轴向下翻转 90°，W 面绕 OZ 轴向右翻转 90°，使它们与 V 面处在同一平面上，如图 3.11(a)。

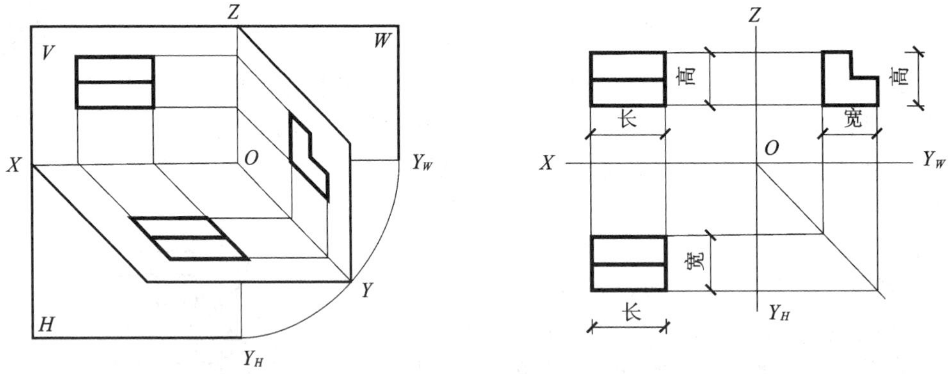

(a) 展开　　(b) 投影图

图 3.11　投影面展开

三个投影面展开后，三条投影轴成为两条垂直相交的直线，原 OX、OZ 轴的位置不变，OY 轴则分成两条，在 H 面上的用 OY_H 表示，在 W 面上的用 OY_W 表示。

从展开后的三面正投影图的位置来看，水平投影图在正立投影图的正下方，侧立投影图在正立投影图的正右方。按照这种位置画投影图时，在图纸上可以不注投影面、投影轴和投影图的名称。

由于投影面是我们设想的，并无固定的大小和边界，且投影图与投影面的大小无关，所以作图时也可以不画投影面的边界，在工程图样中投影轴一般也不画出来。但在初学投影作图时，最好将投影轴保留，并用细实线画出，如图 3.11(b)。

3.1.3.4　三面正投影图的投影规律

空间形体都有长、宽、高三个方向的尺度，在作投影图时，对形体的长度、宽度、高度方向统一按下述方法确定。如一个四棱柱，当它的正面确定之后，其左右两个侧面之间的垂直距离称为长度，前后两个侧面之间的垂直距离称为宽度，上下两个平面之间的垂直距离称为高度，如图 3.12 所示。三面正投影图是从三个不同方向投影而得到的。对于同一形体，其三面投影图之间既有区别，又有联系。从图 3.11(b)中可以看出三面正投影图具有下述投影规律：

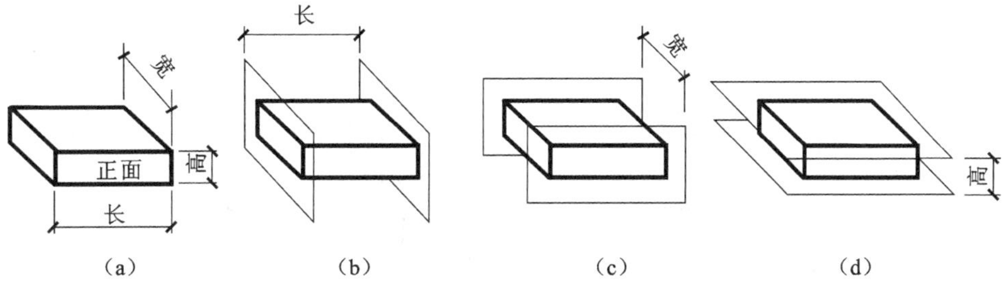

图 3.12 形体的长、宽、高

(1)投影对应规律

投影对应规律是指各投影图之间在量度方向上的相互对应。

由图 3.11(b)可知，V 面、H 面上的两个投影都同时反映物体的左右方向(即长度)，展开后这两个投影的长度相等且左右对齐，这种尺寸关系称为“长对正”；V 面、W 面两个投影都同时反映物体的上下方向(即高度)，展开后这两个投影的高度相等且上下平齐，这种关系称为“高平齐”；H 面、W 面两个投影都同时反映物体的前后方向(即宽度)，展开后这两个投影的宽度相等，这种关系称为“宽相等”。因此可以归纳为：

正面、平面长对正(等长)；

正面、侧面高平齐(等高)；

平面、侧面宽相等(等宽)。

“长对正、高平齐、宽相等”的三等关系反映了三面正投影图之间的投影对应规律，这是绘图和识图时都要遵循的准则。

(2)方位对应规律

方位对应规律是指各投影图之间在方向位置上相互对应。

任何一个物体都有上、下、左、右、前、后六个方位。在三面投影图中，每个投影图各反映其中四个方位的情况，即平面图反映物体的左右和前后，正面图反映物体的左右和上下，侧面图反映物体的前后和上下，如图 3.13 所示。

熟练地掌握在投影图上识别物体的方位，对识图将有很大的帮助。

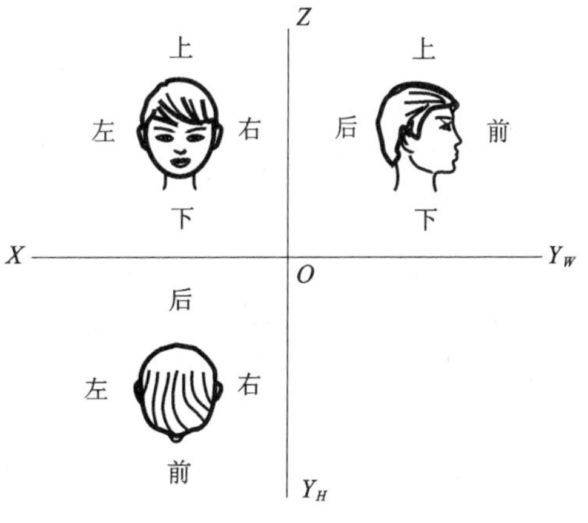

图 3.13 投影图与物体的方位关系

3.1.3.5 三面正投影图的画法

(1)作图方法与步骤

①先画出水平和垂直十字相交线表示投影轴，如图 3.14(a)所示；

②根据"三等"关系，把正面图和平面图的各个相应部分用铅垂线对正（等长）把正面图和侧面图的各个相应部分用水平线拉齐（等高），如图3.14(b)所示；

③利用平面图和侧面图的等宽关系，从O点作一条向右下斜的45°线，然后在平面图上向右引水平线，与45°线相交后再向上引铅垂线，把平面图中的宽度反映到侧面投影中去，如图3.14(c)所示。

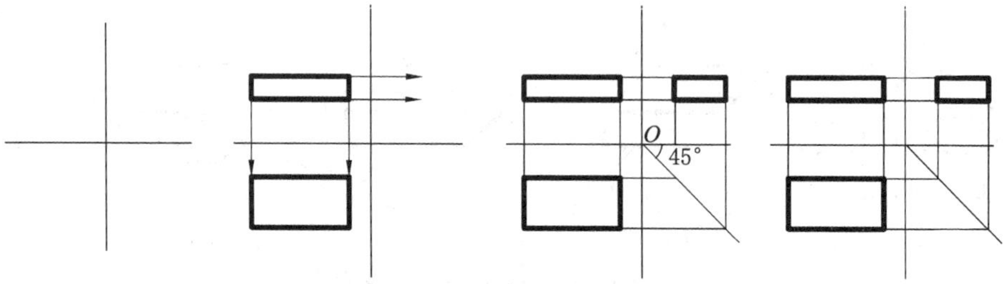

(a)　(b)　(c)

图3.14　三面正投影图画图步骤

由于在制图时只要求各投影图之间的"长、宽、高"关系正确，因此，在实际工程中，一般不画投影轴，各投影图的位置也可以灵活安排，有时各投影图还可以不画在同一张图纸上。

(2)三面正投影图中的点、线、面符号

为了作图准确和便于校核，作图时可把所画物体上的点、线、面用符号来标注，图3.15所示。

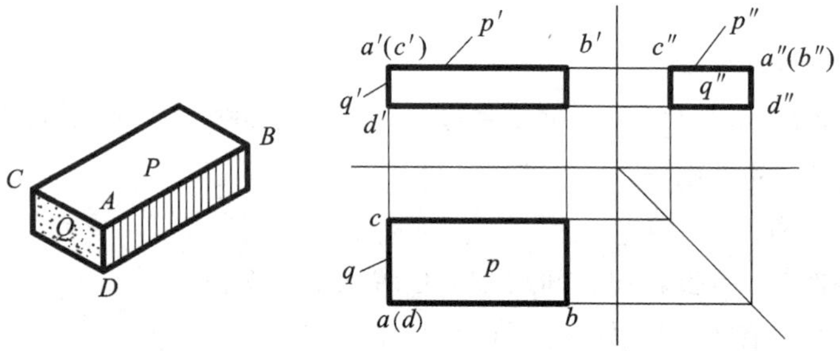

图3.15　正投影图中常用的符号

一般规定空间物体上的点用大写字母A、B、C、D…和Ⅰ、Ⅱ、Ⅲ、Ⅳ…表示，面用P、Q、R…表示。

点或面的投影用相应的小写字母表示。如点的水平投影用a、b、c、d…和1、2、3、4…表示，面的水平投影用p、q、r…表示；点的正面投影用a'、b'、c'、d'…和1′、2′、3′、4′…表示，面的正面投影用p'、q'、r'…表示；点的侧面投影用a''、b''、c''、d''…和1″、2″、3″、4″…表示，面的侧面投影用p''、q''、r''…表示。

直线用两个端点的符号表示，如AB直线的正面投影是$a'b'$。

3.2 点的投影

点是构成线、面、体最基本的几何元素，因此，掌握点的投影是学习线、面、体投影的基础。

动画：点的三面投影

3.2.1 点的三面投影

将空间点 A 置于三投影面体系中，自 A 点分别向三个投影面作垂线(即投射线)，三个垂足就是点 A 在三个投影面上的投影。用相应的小写字母 a、a'、a''表示，如图 3.16(a)所示。将点 A 移走，把三个投影面展开[图 3.16(b)]，去掉边框线，即为 A 点的三面投影图[图 3.16(c)]。

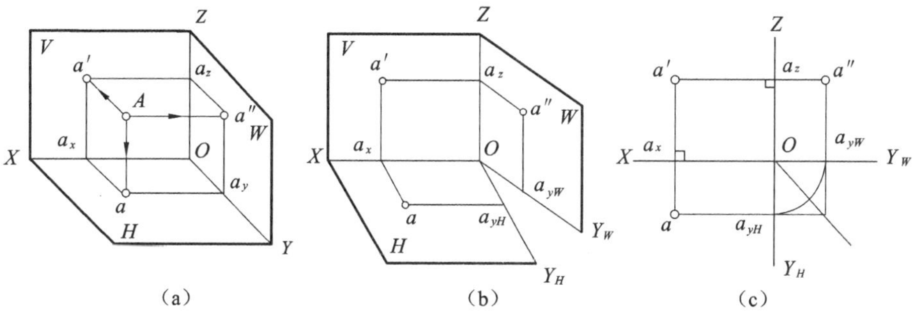

图 3.16 点的三面投影

为便于投影分析，用细实线将点的相邻投影连起来，如 aa'、$a'a''$称为投影连线，分别与 OX 轴交于 a_x，与 OZ 轴交于 a_z。水平投影 a 与侧面投影 a''不能直接相连，作图时常以图 3.16(c)所示的借助斜角线或圆弧来实现这个联系。

3.2.2 点的投影规律

(1)点的正面投影 a'和水平投影 a 的连线必垂直于 X 轴，即 $aa' \perp OX$；

(2)点的正面投影 a'与侧面投影 a''的连线必垂直于 Z 轴，即 $a'a'' \perp OZ$；

(3)点的水平投影 a 到 OX 轴的距离等于其侧面投影 a''到 OZ 轴的距离，即 $aa_x = a''a_z$；

(4)点在任何投影面上的投影仍然是点[图 3.16(c)]。

不难看出，点的三面投影也符合"长对正、高平齐、宽相等"的投影规律。这个规律说明，在点的三面投影中，任何两个投影都能反映出点到三个投影面的距离。因此，只要给出点的任意两个投影，就可以求出它的第三个投影。

【例 3.1】 已知点 A 的两面投影 a'、a，求作点 A 的侧面投影 a''。

【解】 根据点的投影规律，a''的求作方法如图 3.17 所示。

若已知点 B 的水平投影和侧面投影，该如何求正面投影呢？请读者自行考虑(图 3.18)。

3.2.3 点的坐标

在三投影面体系中，空间点及其投影的位置，可以用坐标来确定。我们把三投影面体系看

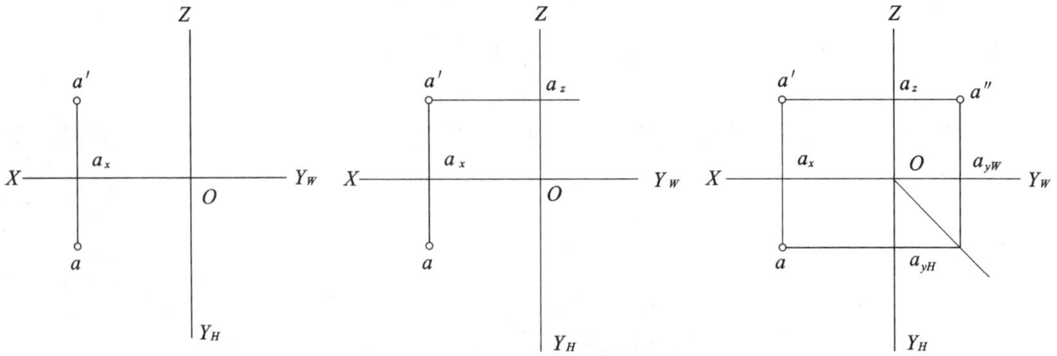

(a) 已知点A的两投影a、a′。　(b) 过a′作OZ轴的垂直线$a'a_z$　(c) 在$a'a_z$的延长线上截取$a''a_z=aa_x$，a″即为所求。

图 3.17　已知点的两投影，作第三投影

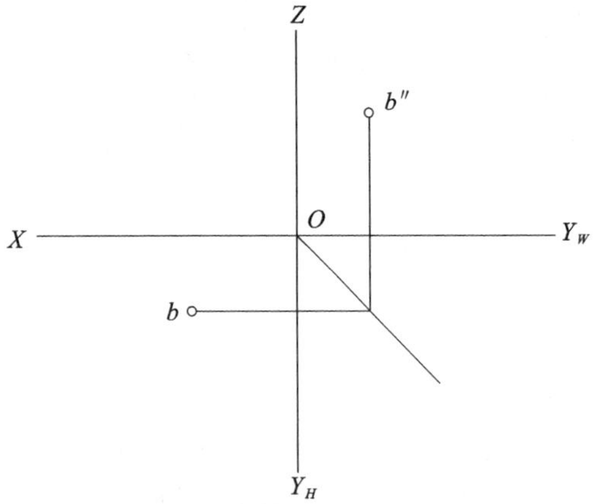

图 3.18　已知点的两投影作第三投影

作空间直角坐标系，投影轴 OX、OY、OZ 相当于坐标轴 X、Y、Z 轴，投影面 H、V、W 相当于坐标平面，投影轴原点 O 相当于坐标系原点。

如图 3.19(a)所示，空间一点到三投影面的距离就是该点的三个坐标（用小写字母 x、y、z 表示），即：

空间点 A 到 W 面的距离为 x 坐标，即 $Aa''=a'a_z=aa_y=x$ 坐标；

空间点 A 到 V 面的距离为 y 坐标，即 $Aa'=aa_x=a''a_z=y$ 坐标；

空间点 A 到 H 面的距离为 z 坐标，即 $Aa=a'a_x=a''a_y=z$ 坐标。

由于空间点可用坐标表示，如空间点 A 的坐标为 $A(x,y,z)$；点 A 在三个投影面上的投影可分别用坐标 $a(x,y)$、$a'(x,z)$和 $a''(y,z)$表示。于是，利用点的坐标就能较容易地求作点的投影及确定空间点的位置，如图 3.19(b)所示。

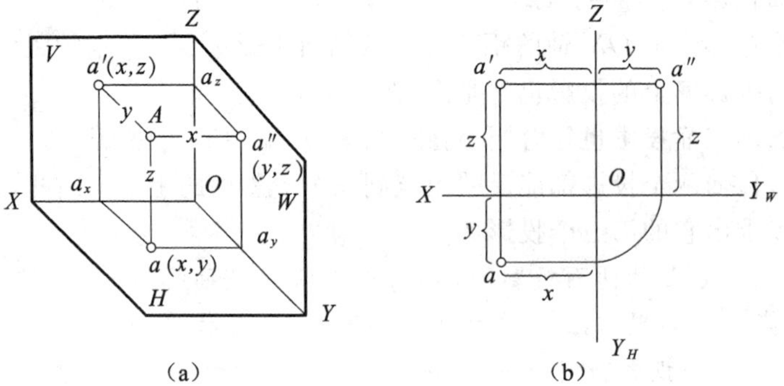

(a)　　　　(b)

图 3.19　点的坐标

【例 3.2】　已知点 A 的坐标 $x=18$，$y=10$，$z=15$，即 $A(18,10,15)$，求作点 A 的三面投影图。

【解】 作法见图 3.20。

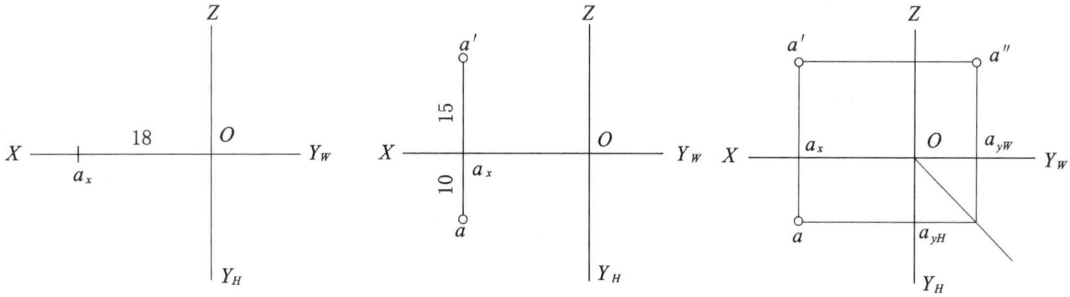

(a) 在OX轴上取Oa_x=18mm。　(b) 过a_x作OX轴的垂直线，使aa_x=10mm、$a'a_x$=15mm，得a和a'。　(c) 根据a和a'求出a''。

图 3.20　根据点的坐标作投影图

特殊位置的点：

当点在某一投影面上时，它的坐标必有一个为零，三个投影中必有两个投影位于投影轴上；

当点在某一投影轴上时，它的坐标必有两个为零，三个投影中必有两个投影位于投影轴上，另一个投影则与坐标原点重合；

当点在坐标原点上时，它的三个坐标均为零，其三个投影有何特点，请读者自行分析。

【例 3.3】 已知点 B 的坐标 $x=20, y=0, z=10$，即 $B(20,0,10)$，求作点 B 的三面投影图。

【解】 作法见图 3.21。注意点 B 的 y 坐标为零，即表示该点离 V 面的距离为零，也即点 B 在 V 面上。

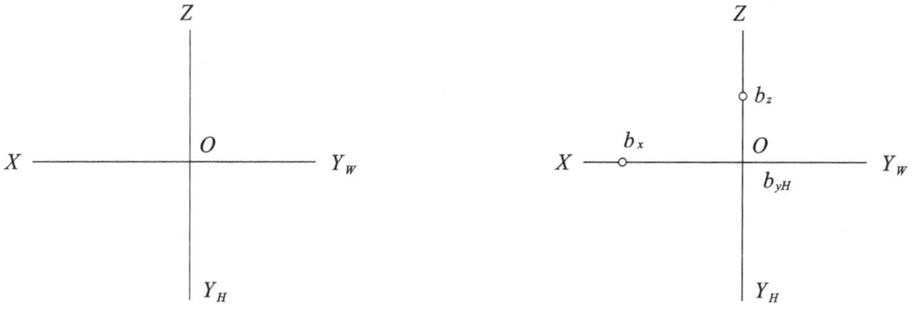

(a) 画出投影轴。　(b) 量取$Ob_x = x$=20；$Ob_z = z$=10；$Ob_{yH} = y$=0。

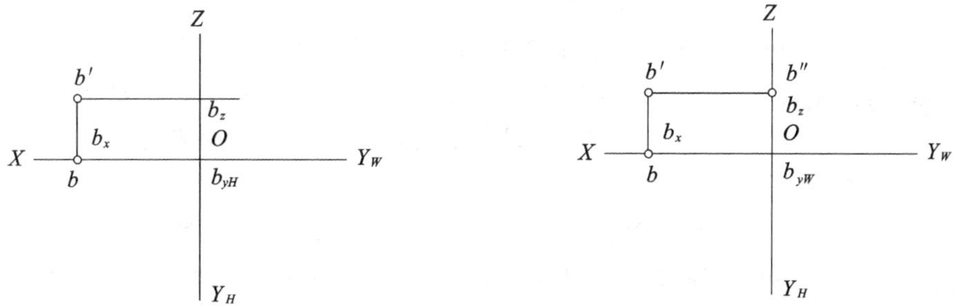

(c) 过b_x作OX轴垂线，过b_z作OZ轴垂线，得交点b、b'。　(d) 因$Ob_{yH} = Ob_{yW}$=0，所以b''与b_z重合。

图 3.21　根据坐标求点的三面投影

上述位于投影面或投影轴上的点统称为特殊位置的点。

3.2.4 两点的相对位置

空间两点的相对位置可以用三面正投影图来表示；反之，根据点的投影也可以判断出空间两点的相对位置。掌握这些规律对培养空间想象力是有很大帮助的。

在三面投影中，规定 OX 轴向左、OY 轴向前、OZ 轴向上为正方向。而在投影图中，x 坐标可确定点在三投影面体系中的左右位置，y 坐标可确定点的前后位置，z 坐标可确定点的上下位置。只要将两点同面投影的坐标值加以比较，就可判断出两点的前后、左右、上下位置关系。

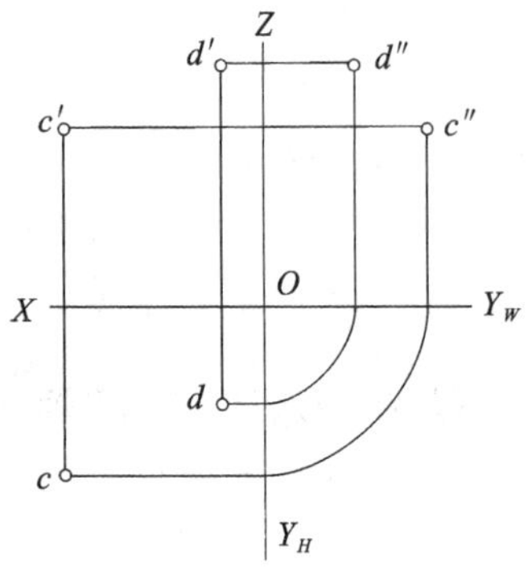

图 3.22 判别两点的相对位置

【例 3.4】 试判断 C、D 两点的相对位置。

【解】 如图 3.22 所示，从 V、H 面投影看出，C 点的 x 坐标比 D 点的 x 坐标大，即 $x_C>x_D$，说明 C 点距 W 面远，故 C 点在左，D 点在 C 点右方。

从 V、W 面投影看出，D 点的 z 坐标比 C 点的 z 坐标大，即 $z_D>z_C$，说明 D 点距 H 面远，故 D 点在上，C 点在 D 点下方。

从 H、W 面投影看出，C 点的 y 坐标比 D 点的 y 坐标大，即 $y_C>y_D$，说明 C 点距 V 面远，故 C 点在前，D 点在 C 点后方。

总的说来，C 点在 D 点的左、前、下方，或 D 点在 C 点的右、后、上方。

3.2.5 重影点及可见性

由正投影特性可知，如果两点位于同一投射线上，则此两点在相应投影面上的投影必重叠。重叠的投影称为重影，重影的空间两点称为重影点。

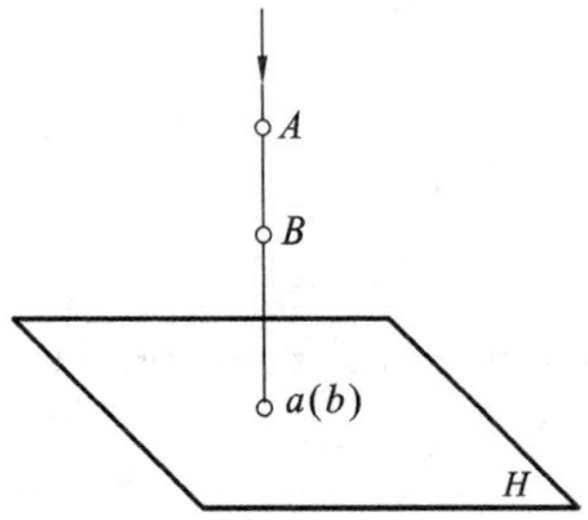

图 3.23 重影点

如图 3.23 中，A、B 是位于同一投射线上的两点，它们在 H 面上的投影 a 和 b 相重叠。我们沿着投射线方向朝投影面观看，离投影面较近的 B 点被较远的 A 点所遮挡，故点 A 在 H 面上为可见点，点 B 为不可见点。在投影图中规定，重影点中不可见点的投影用字母加一括号表示，如图中的(b)。

【例 3.5】 已知点 C 的三面投影如图 3.24(a)所示，且点 D 在点 C 的正右方 5mm，点 B 在点 C 的正下方 10mm，求作 D、B 两点的投影，并判别重影点的可见性。

【解】 作法如下：

(1)由于 D 点在 C 点的正右方，故两点的 z 坐标和 y 坐标相同，即 $z_D=z_C$、$y_D=y_C$。过 c' 作水平线，向右量出 5mm 即为 d'。过 c 向右作水平线，由 d' 作垂线交于 d 即为所求。显然 d'' 与 c'' 重合，如图 3.24(b)所示。

(2)由于 B 点在 C 点的正下方，故两点的 x 坐标和 y 坐标相同，即 $x_B=x_C$、$y_B=y_C$。过 c' 作 OX 轴的垂线，向下量取 10mm 即为 b'。过 c'' 向下作垂线，由 b' 作水平线交于 b'' 即为所求。显然，两点的水平投影 b、c 重合，如图 3.24(c)所示。

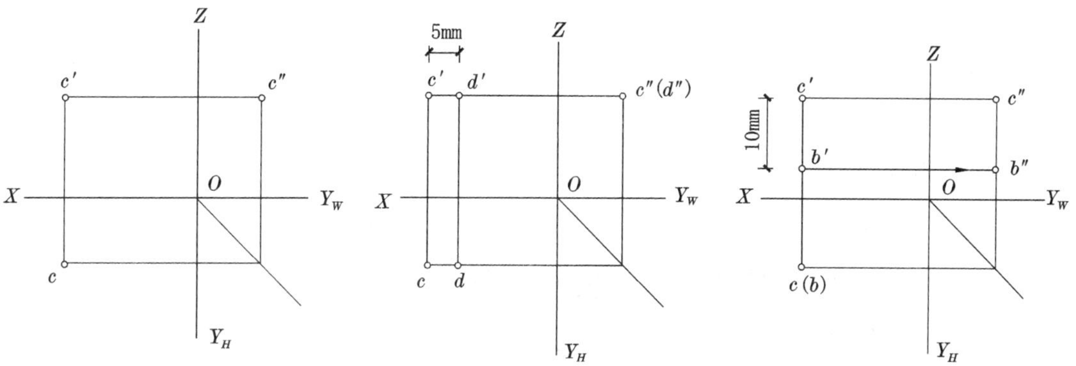

(a) (b) (c)

图 3.24 求作点的投影并判别可见性

(3)判别重影点的可见性，从图 3.24(b)可知，C、D 两点的侧面投影 c''、d''重合在一起，为重影点。因 $x_C > x_D$，从左向右投影时，C 点在左，D 点在右，故 c''可见，d''不可见，d''加上括号以示区别。由图 3.24(c)可知，C、B 两点的水平投影 c、b 重合在一起，为重影点。因 $z_C > z_B$，故 C 点在上，B 点在下，从上向下投影时，c 可见，b 不可见，不可见的投影 b 加括号以示区别。

3.3 直线的投影

3.3.1 直线的投影规律

空间直线相对于一个投影面来讲有三种位置关系，即平行、垂直、倾斜，如图 3.25 所示，三种不同的位置关系具有不同的投影规律。

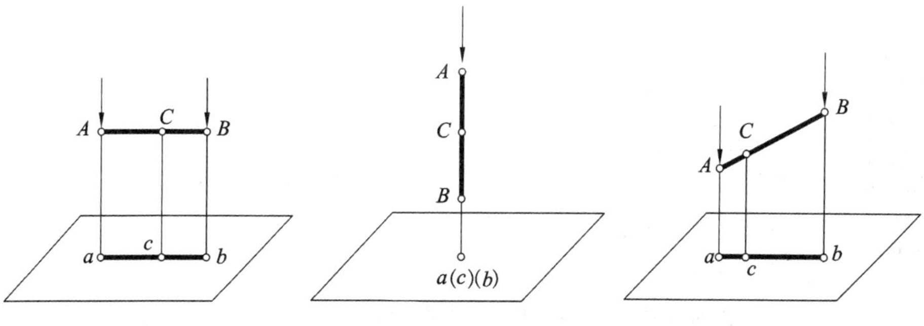

(a) (b) (c)

图 3.25 直线的投影

(1)真实性

直线平行于投影面时，其投影仍为直线，并且反映实长，这种性质称为真实性，如图 3.25(a)所示。

(2)积聚性

直线垂直于投影面时，其投影积聚为一点，这种性质称为积聚性，如图 3.25(b)所示。

(3)收缩性

直线倾斜于投影面时，其投影仍是直线，但长度缩短，不反映实长，这种性质称为收缩性，如图 3.25(c)所示。

3.3.2　直线的三面投影

作直线的三面投影，应该首先作出直线上两端点在三个投影面上的各个投影，然后分别连接这两个端点的同面投影即为该直线的投影，如图 3.26 所示。

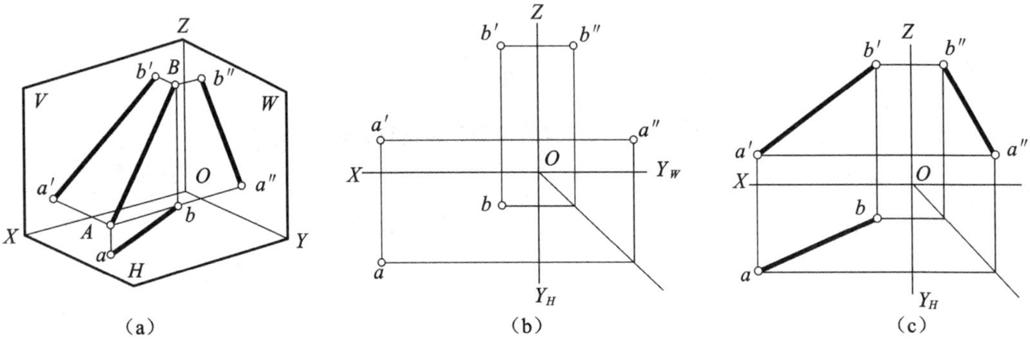

(a)　(b)　(c)

图 3.26　作直线的三面正投影图(投影面的倾斜线)

在直线的三面投影中，若其中任意两个投影为已知时，则第三个投影根据点的投影规律即可求出。

3.3.3　各种位置直线及其投影特性

空间直线按其相对于三个投影面的不同位置关系可分为三种：投影面平行线、投影面垂直线和投影面倾斜线。前两种称为特殊位置直线，后一种称为一般位置直线。

动画：水平线、正平线、侧平线的投影

3.3.3.1　投影面平行线

(1)定义

投影面平行线是指平行于一个投影面而倾斜于另外两个投影面的直线。

(2)分类及投影图

投影面平行线可分为：

①正平线　平行于 V 面而倾斜于 H、W 面的直线；

②水平线　平行于 H 面而倾斜于 V、W 面的直线；

③侧平线　平行于 W 面而倾斜于 V、H 面的直线。

这三种平行线的投影图如表 3.1 所示。

(3)投影特性

①直线在所平行的投影面上的投影反映实长，并且该投影与投影轴的夹角(α、β、γ)等于直线对其他两个投影面的倾角。

表 3.1 投影面平行线

<table>
<tr><td>名称</td><td>水平线(平行于 H,倾斜于 V、W)</td><td>正平线(平行于 V,倾斜于 H、W)</td><td>侧平线(平行于 W,倾斜于 V、H)</td></tr>
<tr><td>直观图</td><td>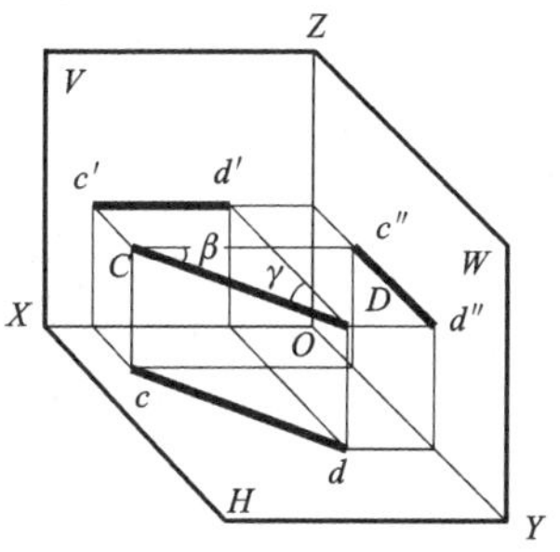
</td><td>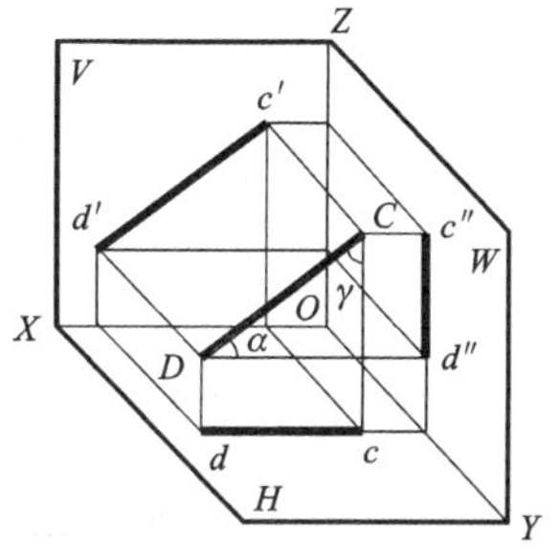
</td><td>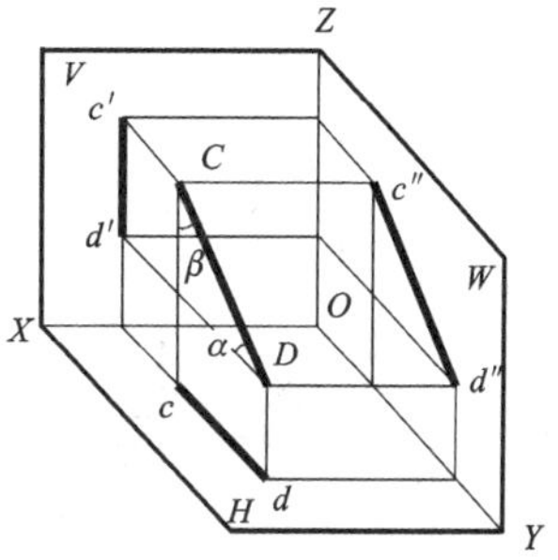
</td></tr>
<tr><td>投影图</td><td>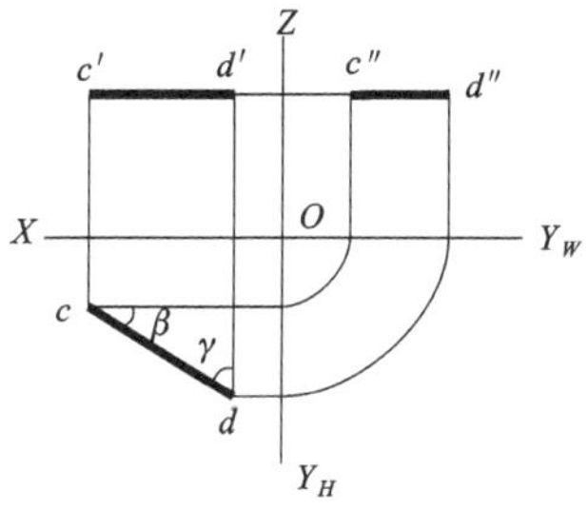
</td><td>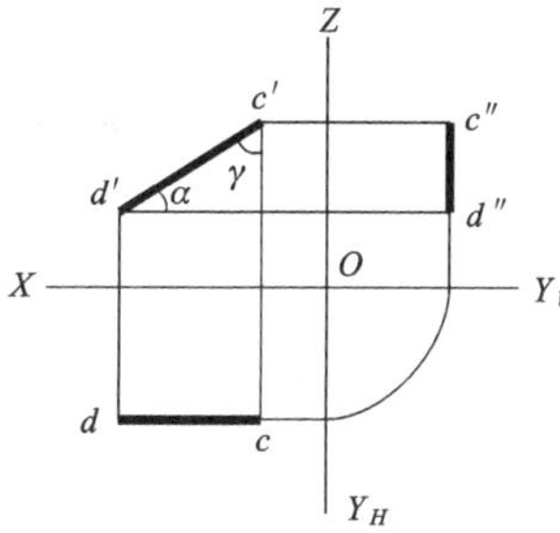
</td><td>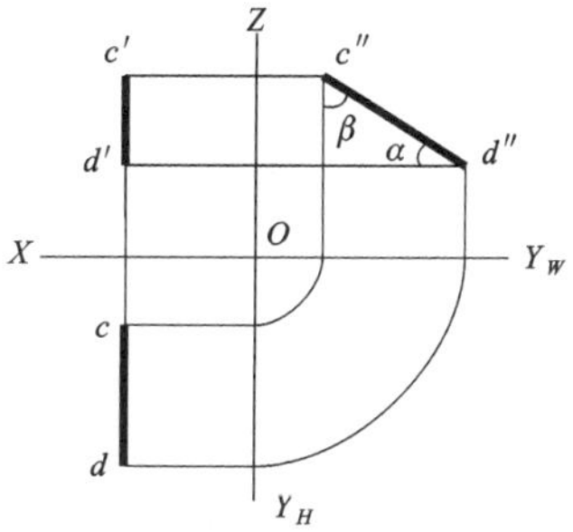
</td></tr>
<tr><td>投影特性</td><td colspan="3">在所平行的投影面上的投影反映实长,在另外两个投影面上的投影分别平行于相应的投影轴,但其投影长度缩短</td></tr>
<tr><td>判别</td><td colspan="3">一斜两直线,定是平行线;
斜线在哪面,平行哪个面(投影面)</td></tr>
</table>

②直线在另外两个投影面上的投影分别平行于相应的投影轴,但其投影长度缩短。

(4)平行线空间位置的判别

根据平行线的投影特性,可判别直线与投影面的相对位置。在一条直线的三个投影中,若一个投影为斜直线,另外两个投影为平直或竖直线,则该直线必定是投影面的平行线,且平行于斜直线所在的投影面。归纳为:"一斜两直线,定是平行线;斜线在哪面,平行哪个面。"

3.3.3.2 投影面垂直线

(1)定义

投影面垂直线是指垂直于一个投影面而平行于另外两个投影面的直线。

动画:铅垂线、正垂线、侧垂线的投影

(2)分类及投影图

投影面垂直线可分为:

①正垂线　垂直于 V 面,平行于 H、W 面的直线;

②铅垂线　垂直于 H 面,平行于 V、W 面的直线;

③侧垂线　垂直于 W 面,平行于 V、H 面的直线。

这三种垂直线的投影图如表 3.2 所示。

表 3.2　投影面垂直线

名称	铅垂线（垂直于 H，平行于 V、W）	正垂线（垂直于 V，平行于 H、W）	侧垂线（垂直于 W，平行于 V、H）
直观图	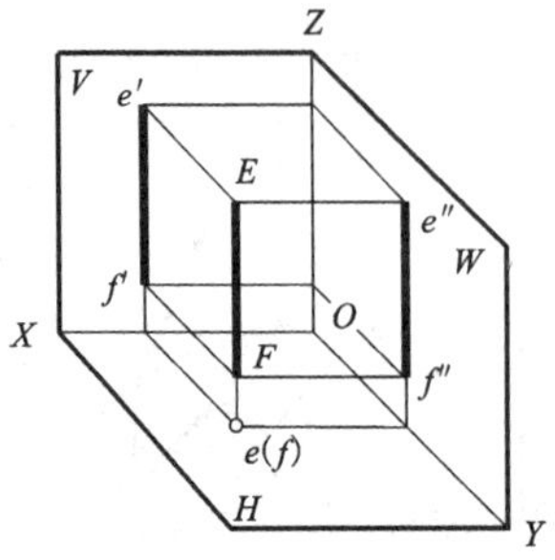	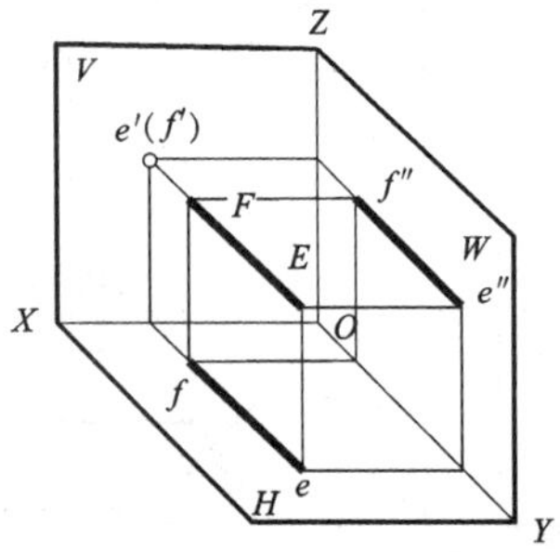	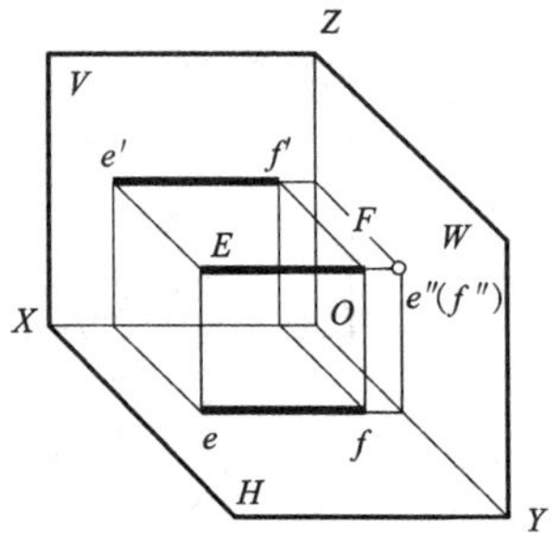
投影图	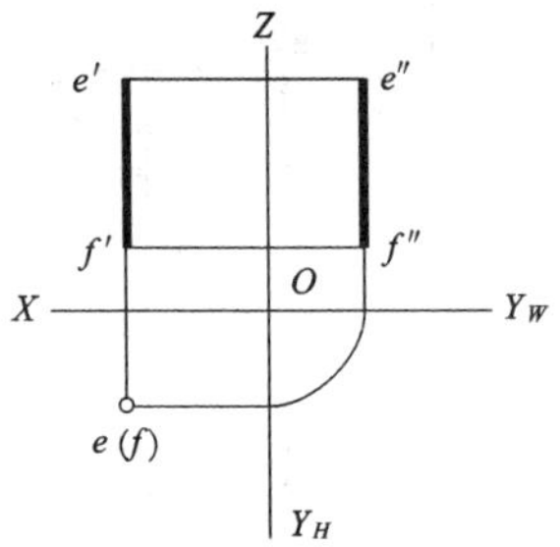	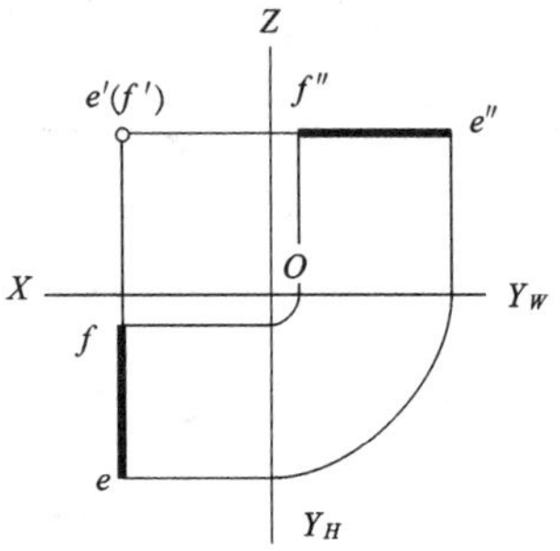	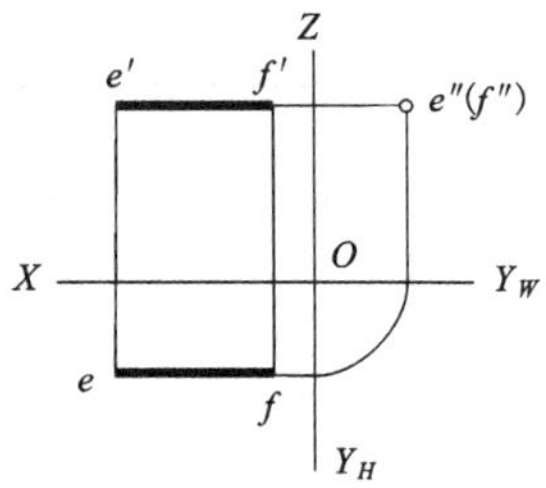
投影特性	在所垂直的投影面上的投影积聚成一点，在另外两个投影面上的投影都反映线段实长，且平行于相应的投影轴		
判别	一点两直线，定是垂直线；点在哪个面，垂直哪个面（投影面）		

（3）投影特性

①直线在所垂直的投影面上的投影积聚成一点。

②直线在另外两个投影面上的投影同时平行于一条相应的投影轴且均反映实长。

（4）垂直线空间位置的判别

根据垂直线的投影特性，可判别直线与投影面的相对位置。在一条直线的三个投影中，若一个投影积聚成点，另外两个投影为直线且反映实长，则该直线必定是投影面垂直线，且垂直于点所在的投影面。归纳为："一点两直线，定是垂直线；点在哪个面，垂直哪个面。"

3.3.3.3　一般位置线

（1）定义

与三个投影面均倾斜的直线，称为一般位置线。

（2）投影图

一般位置线在 H、V、W 三个投影面上的投影如图 3.26 所示。

（3）投影特性

①直线的三个投影仍为直线，但不反映实长；

②直线的各个投影都倾斜于投影轴，并且各个投影与投影轴的夹角（α、β、γ）都不反映该

直线对投影面倾角的真实大小。

(4)一般位置线的判别

一般位置线的三个投影均为与投影轴倾斜的直线,即:“三个投影三个斜,定是一般位置线。”

3.3.4 直线上点的投影特性

(1)点在直线上,则点的各个投影必定在该直线的同面投影上,并且符合点的投影规律,如图 3.27 中的 K 点。如果点有一个投影不在直线的同面投影上,则点一定不在该直线上,如图 3.27 中的 G 点。

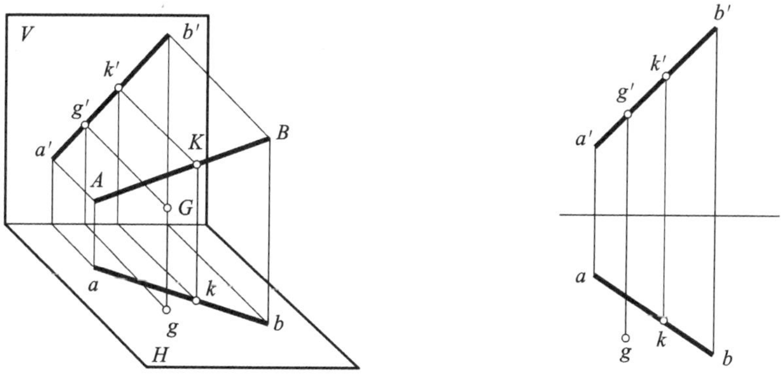

(a) (b)

图 3.27 直线上的点

(2)若直线上的点分线段成比例,则该点的各投影也相应分线段的同面投影成相同的比例。

在图 3.27 中,K 点把直线 AB 分为 AK、KB 两段,则有:

$$\frac{AK}{KB}=\frac{a'k'}{k'b'}=\frac{ak}{kb}=\frac{a''k''}{k''b''}\text{(证明从略)}$$

【例 3.6】 已知直线 AB 的投影 ab 及 $a'b'$,如图 3.28(a)所示,求作直线上一点 C 的投影,使 $AC:CB=3:2$。

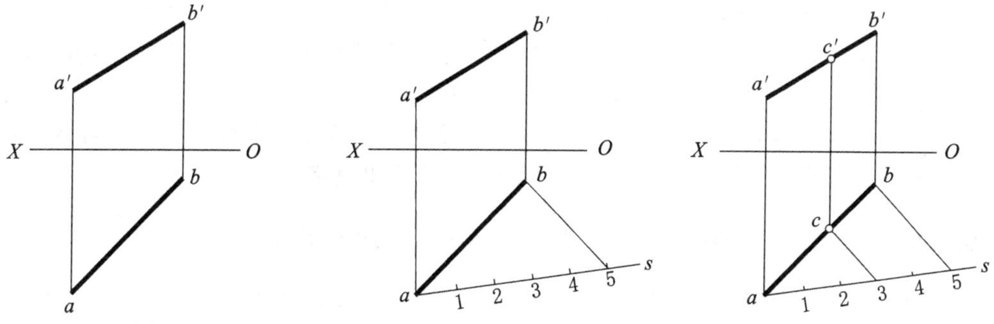

(a) (b) (c)

图 3.28 利用定比性作直线上点的投影

【解】 作法如下：

(1)过 a 点作辅助线 as，量取 5 个单位，得分点 1、2、3、4、5，连接 $b5$，如图 3.28(b)所示；

(2)过 3 点作 $b5$ 的平行线，交 ab 于 c，然后过 c 作投影轴 OX 的垂线并延长交 $a'b'$ 于 c'，则 c、c' 即为所求，如图 3.28(c)所示。

【例 3.7】 已知侧平线 AB 的 V、H 投影及线上一点 K 的 V 面投影 k'，试求点 K 的 H 投影，如图 3.29(a)所示。

【解】 此题有两种解法：

(1)侧平线的 V、H 投影 $a'b'$ 和 ab 在同一铅垂线上，不能利用点的投影规律由 k' 直接求出 k。此时，可先求出直线 AB 的 W 投影 $a''b''$，然后由 k' 求出 k''，再由 k'' 求出 k，如图 3.29(b)所示。

(2)应用定比关系求出 k。其作图步骤见图 3.29(c)，过 b 作一任意直线，在线上截取 $b1=b'k'$，$12=k'a'$，然后连 $2a$，并过 1 点作直线平行于 $2a$，交 ab 于 k 即为所求。

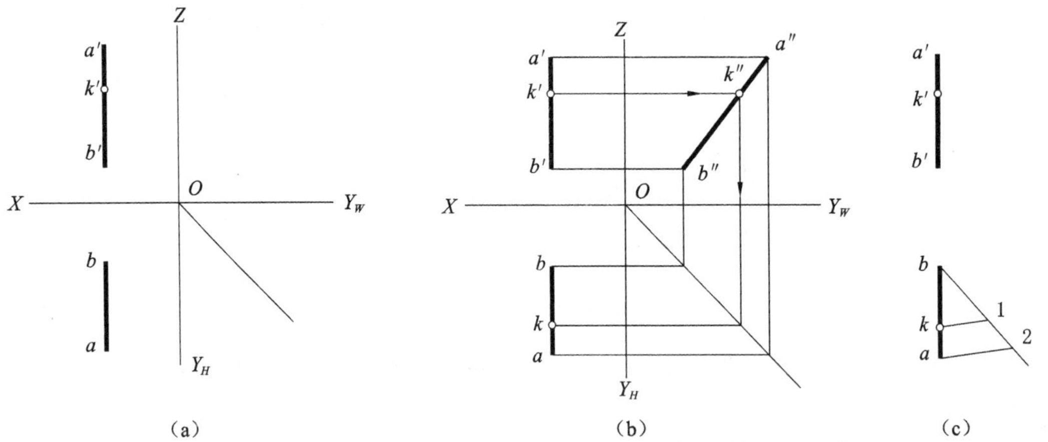

图 3.29　求作直线上点的投影

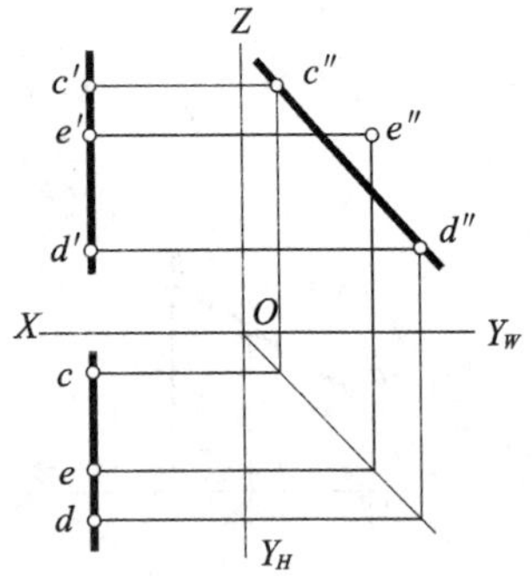

图 3.30　判断点是否在直线上

【例 3.8】 已知侧平线 CD 和点 E 的 H、V 面投影，试判断点 E 是否在直线 CD 上，如图 3.30 所示。

【解】 判断：观察 V、H 投影，虽然 e 和 e' 落在 cd 和 $c'd'$ 上，但求出了它们的第三个投影后发现 e'' 和 $c''d''$ 不重合，即 E 点的 W 投影不在直线 CD 的同面投影上，故可判定点 E 不在直线 CD 上。

此例说明，若判断一个点是否在投影面平行线上，必须根据三面投影方可作出决定。

3.3.5　两直线的相对位置

空间两直线有三种不同的相对位置，即相交、平行和交叉。两相交直线或两平行直线都在同一平面上，所以称为共面线。两交叉直线不在同一平面上，所以称为异面线。

3.3.5.1　两相交直线

两直线相交时，如图 3.31 的 AB 和 CD，它们的交点 E 既是 AB 线上的一点，又是 CD 线上的一点。由于线上一点的投影必然落在该线的同面投影上，因此 e 应既在 ab 上，又在 cd 上，即 e 是 ab 和 cd 的交点。同理，e' 必然是 $a'b'$ 和 $c'd'$ 的交点，e'' 是 $a''b''$ 和 $c''d''$ 的交点。由于 e'、e 是空间点 E 的两面投影，所以必在同一竖直投影连线上，同理 e'、e'' 也必在同一水平投影连线上。值得注意的是，如果其中有一直线是侧平线，可作出两直线的侧面投影来判断它们是否相交。如图 3.31 所示，作出来的 W 投影交点 2 与 V 投影的交点 1 不在同一水平连线上，说明虽然 AB 和 CD 的 V、H 投影都相交，但实际上它们不是两相交直线，而是两交叉直线。

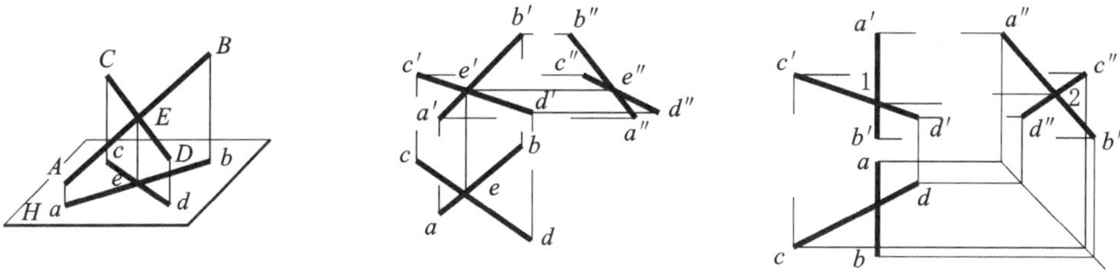

(a)　　(b)　　(c)

图 3.31　两相交直线的投影

【例 3.9】　给出平面四边形 $ABCD$ 的 V 投影及其两条边的 H 投影，试完成整个 H 投影。

【解】　平面四边形的四个顶点在同一平面上，它的对角线 AC 和 BD 必相交于点 K。因此，可在投影图上作出对角线及其交点 K 的 H 投影来确定点 d 的位置，作图步骤如图 3.32 所示。

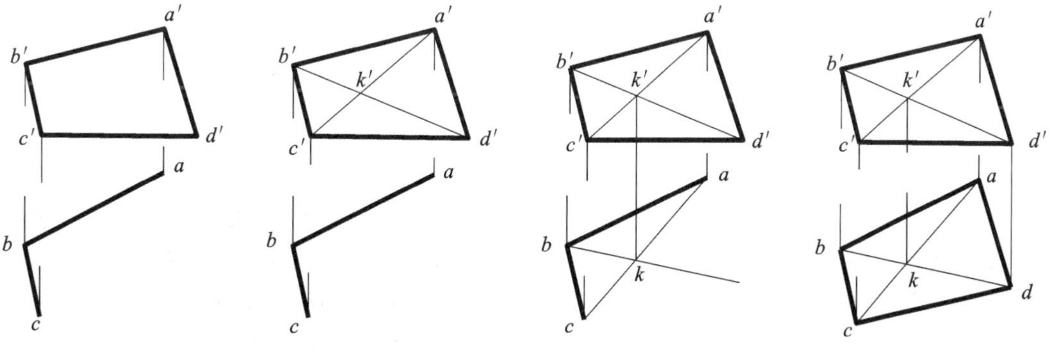

(a) 给出四边形的 V 投影 $a'b'c'd'$ 和两条边的 H 投影 ab、bc。　(b) 连 $a'c'$ 和 $b'd'$，得交点 k'，即两对角线交点 K 的 V 面投影。　(c) 交点 K 的 H 投影 k 必在对角线 AC 的投影 ac 上，点 D 的 H 投影必在 bk 的延长线上。　(d) 过 d' 作铅垂线交 bk 延长线于 d，连 da、dc，$abcd$ 即为所求。

图 3.32　求四边形的 H 投影

3.3.5.2　两平行直线

根据平行投影的特性可知，两平行直线在同一投影面上的投影相互平行。由于 AB //

CD，则 $ab // cd$，$a'b' // c'd'$，$a''b'' // c''d''$，如图 3.33(a)、(b)所示。值得注意的是，如果两直线都是侧平线，虽然它们的 V 投影和 H 投影都相互平行，但还要看它们的侧面投影，才能判断两直线是否平行，例如在图 3.33(c)中 $a''b''$ 不平行于 $c''d''$，所以虽然 $a'b' // c'd'$、$ab // cd$，但 AB 不平行于 CD。

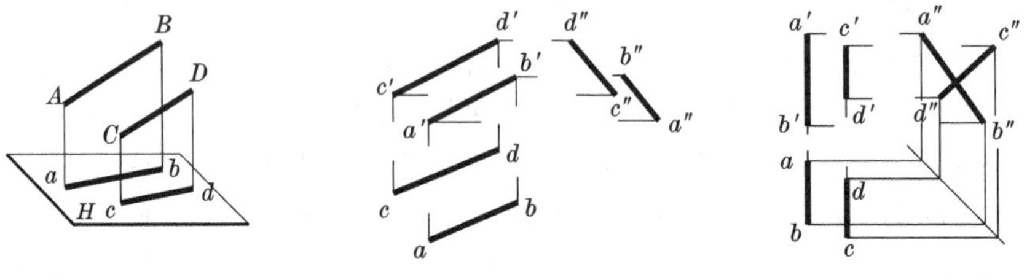

(a)　　(b)　　(c)

图 3.33　两平行直线的投影

【例 3.10】 给出平行四边形 $ABCD$ 的两边 AB 和 AC 的投影，试完成 $ABCD$ 的投影。

【解】 作图步骤如图 3.34 所示。

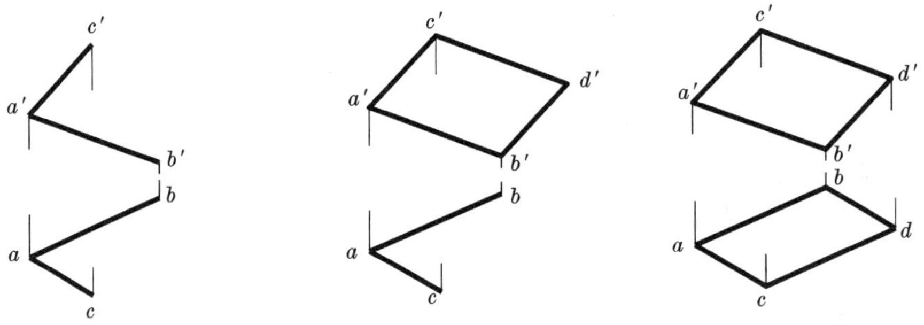

(a)给出AB、AC两边的V、H投影。　(b)作 $c'd' // a'b'$，$b'd' // a'c'$，得 d'。　(c)作 $cd // ab$，$bd // ac$，d 与 d' 应在同一连线上。

图 3.34　作平行四边形的投影

3.3.5.3　两交叉直线

两交叉直线既不平行，也不相交。虽然两交叉直线的某一同面投影有时可能平行，但所有同面投影不可能同时都相互平行。两交叉直线的同面投影也可能相交，但这个交点只不过是两直线的一对重影点的重合投影。例如图 3.35 有一对交叉直线 AB 和 CD，它们的 V 投影交点 $g'(j')$ 只是 CD 线上的点 G 和 AB 线上的点 J 这对重影点在 V 面的重合投影，AB 和 CD 的 H 投影交点 $e(f)$ 也只是 AB 线上的点 E 和 CD 线上的点 F 在 H 面的重合投影。在投影图上，V 投影的交点和 H 投影的交点不在同一竖直投影连线上，说明空间两直线不是相交而是交叉。

两交叉直线有一个可见性问题。从图 3.35 中可以看出，点 E 和点 F 是对 H 面的一对重影点，点 E 在上，点 F 在下。向 H 面投射时，直线 AB 在点 E 处挡住 CD 上的点 F，因此点 E 可见，点 F 不可见。在投影图中，可根据两直线 H 投影的交点 $e(f)$ 向上引一竖直投影连线，先遇 $c'd'$ 于 f'，后遇 $a'b'$ 于 e'，即 CD 上的点 F 在下，AB 上的点 E 在上，点 E 可见，点 F 不可见。同理，向 V 面投射时，CD 在点 G 处挡住 AB 上的点 J，点 G 可见，点 J 不可见。

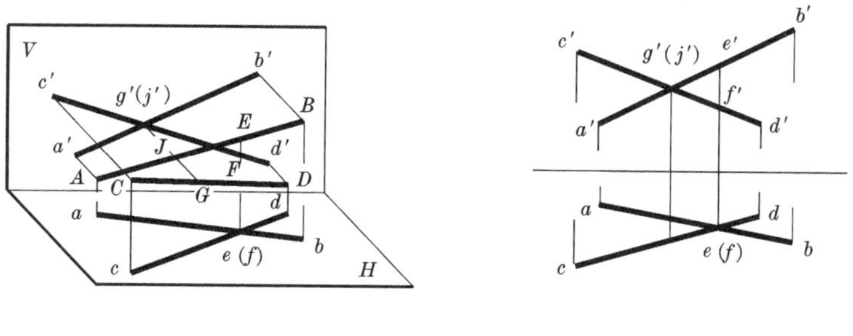

(a) (b)

图 3.35 两交叉直线

【例 3.11】 给出一个三棱锥各侧棱的 V、H 投影,试判断轮廓线内的两条交叉侧棱的可见性。

【解】 三棱锥锥底的每一条边与所对的侧棱共同组成一对交叉直线。如图 3.36 所示,BC 与 AD,CD 与 AB,BD 与 AC 都是两交叉直线。作三棱锥的各投影时,常有一对交叉直线的投影落在轮廓线之内,例如图 3.36(b)中的 ad 和 bc,需要解决它们的可见性问题。

在图 3.36(c)上,过 ad 与 bc 的交点 1 向上引投影连线,此线先遇 $b'c'$,后遇 $a'd'$,说明该点处 AD 在上,BC 在下。向 H 投射时 ad 可见,应画成实线;bc 不可见,应画成虚线。再从 $b'c'$ 与 $a'd'$ 的交点 2 向下引投影连线[图 3.36(d)],此线先遇 ad,后遇 bc,说明该点处 BC 在前,AD 在后。向 V 投射时,$b'c'$ 可见,应画实线,$a'd'$ 不可见,应画虚线。

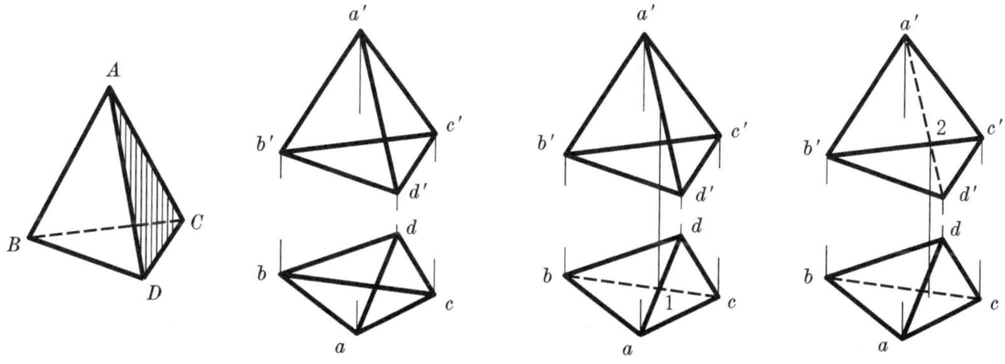

(a) (b) (c) (d)

图 3.36 三棱锥的可见性问题

3.3.5.4 两相互垂直直线

两直线的夹角,其投影有下列三种情况:

(1)当两直线都平行于某投影面时,其夹角在该投影面上的投影反映实形。

(2)当两直线都不平行于某投影面时,其夹角在该投影面上的投影一般不反映实形。

(3)当两直线中有一直线平行于某投影面时,如果夹角是直角,则它在该投影面上的投影仍然是直角。

如图 3.37 所示，直线 AB 垂直于 BC，其中 AB 是水平线。由于 AB 垂直于投射线 Bb，因此必然垂直于 BC 和 Bb 所决定的平面 $BCcb$。ab 平行于 AB，所以 ab 也垂直于平面 $BCcb$，因而必然垂直于面内的 bc 线，所以 $\angle abc = 90°$。

两交叉直线也有相互垂直的。和两相交垂直直线一样，两交叉垂直直线中，只要有一直线平行于某投影面，则两直线在该投影面上的投影的夹角仍是直角。在图 3.37(d)中，正平线 AB 与一般直线 CD 是两交叉直线，延长 $a'b'$ 和 $c'd'$，如果它们的夹角是直角，则 $CD \perp AB$。

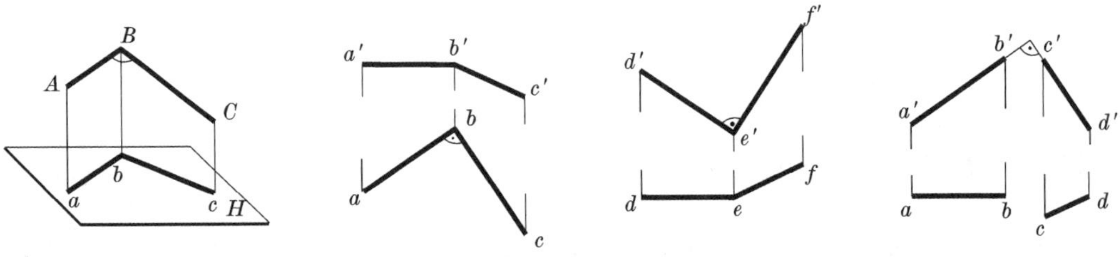

(a)　　(b)　　(c)　　(d)

图 3.37　两相互垂直的直线

【例 3.12】 求点 A 到水平线 BC 的距离(图 3.38)。

【解】 一点到一直线的距离，即由该点到该直线所引的垂线之长。因此解题应分两步进行。一是过已知点 A 向水平线 BC 引一垂线，二是求垂线的实长。作图步骤如图 3.38 所示。

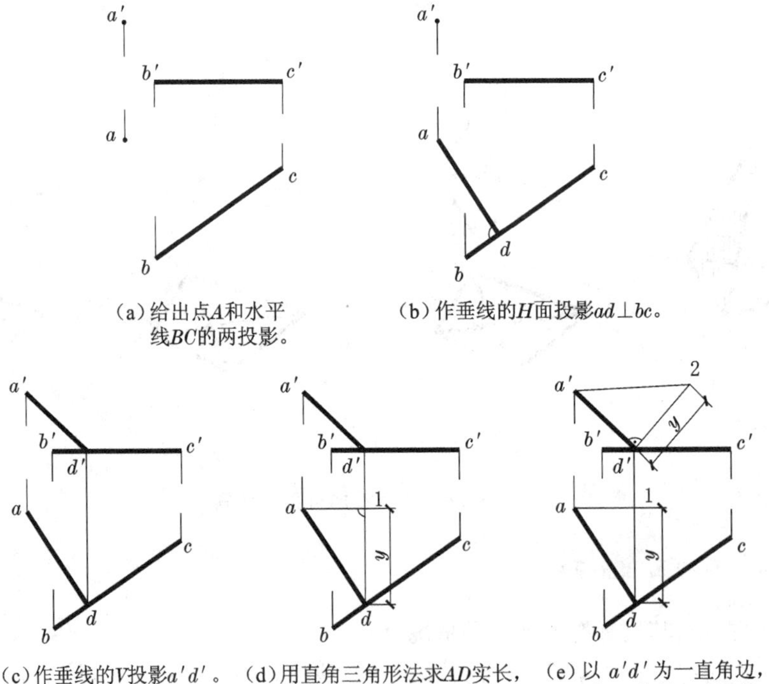

(a)给出点A和水平线BC的两投影。

(b)作垂线的H面投影$ad \perp bc$。

(c)作垂线的V投影$a'd'$。

(d)用直角三角形法求AD实长，先求A、D两点的Y坐标差y。

(e)以 $a'd'$ 为一直角边，$d'2=y$为另一直角边，斜边 $a'2$ 即所求距离实长。

图 3.38　求一点到水平线的距离

3.4　平面的投影

3.4.1　平面表示法

平面是广阔无边的，它在空间的位置可用下列的几何元素来确定和表示。

(1)不在同一直线的三个点，例如图 3.39(a)的点 A、B、C。

(2)一直线和线外一点，例如图 3.39(b)的点 A 和直线 BC。

(3)两相交直线，例如图 3.39(c)的直线 AB 和 AC。

(4)两平行直线，例如图 3.39(d)的直线 AB 和 CD。

(5)平面图形，例如图 3.39(e)的△ABC。

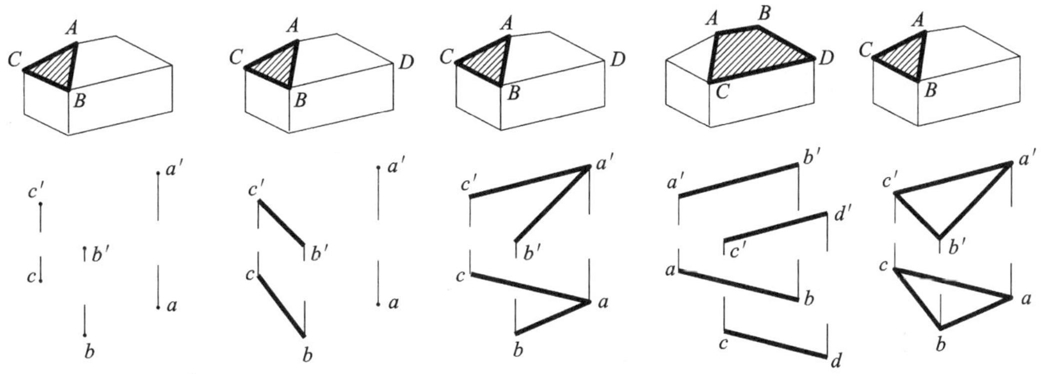

图 3.39　平面的表示法

所谓确定位置，就是说通过上列每一组元素，只能作出唯一的一个平面。为了明显起见，我们通常用一个平面图形(例如平行四边形或三角形)来表示一个平面。如果说平面图形 ABC，则只是指在三角形 ABC 范围内的那一部分平面。如果说平面 ABC，则应该理解为通过三角形 ABC 的一个广阔无边的平面。

3.4.2　平面的投影规律

空间平面相对于一个投影面来讲有三种位置关系，即平行、垂直和倾斜，如图 3.40 所示。三种位置关系具有不同的投影规律。

(1)真实性

平面平行于投影面时，其投影仍为一个平面，且反映该平面的实际形状，这种性质称为真实性，如图 3.40(a)所示。

(2)积聚性

平面垂直于投影面时，其投影积聚为一直线，这种性质称为积聚性，如图 3.40(b)所示。

(3)收缩性

平面倾斜于投影面时，其投影为不反映实形且缩小了的类似形线框，这种性质称为收缩性，如图 3.40(c)所示。

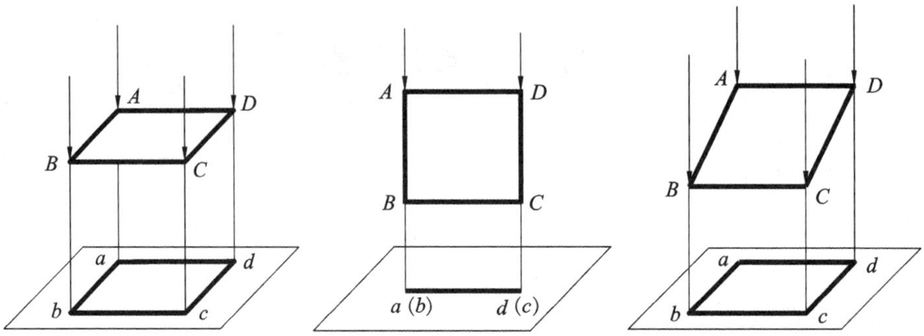

（a）　　　　（b）　　　　（c）

图 3.40　平面的投影

3.4.3　平面的三面投影

平面通常是由点、线或线、线所围成。因此，求作平面的投影，实质上也是求作点和线的投影。

如图 3.41 所示，空间一平面△*ABC*，若将其三个顶点 *A*、*B*、*C* 的投影作出，再将各同面投影连接起来，即为三角形 *ABC* 平面的投影。

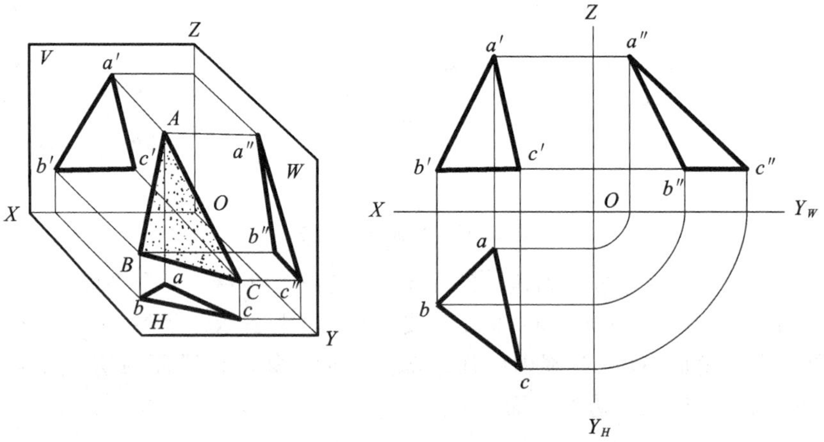

（a）　　　　（b）

图 3.41　一般位置面

3.4.4　各种位置平面及其投影特性

空间平面按其相对三个投影面的不同位置关系可分为三种，即投影面平行面、投影面垂直面和投影面倾斜面。前两种称为特殊位置平面，后一种称为一般位置平面。

动画：水平面、正平面、侧平面的投影

3.4.4.1　投影面平行面

(1)定义

投影面平行面是指平行于一个投影面，同时垂直于另外两个投影面的平面。

(2)分类及投影图

投影面平行面可分为：

①正平面　平行于 V 面而垂直于 H、W 面的平面。

②水平面　平行于 H 面而垂直于 V、W 面的平面。

③侧平面　平行于 W 面而垂直于 V、H 面的平面。

这三种平行面的投影图如表 3.3 所示。

(3)投影特性

①平面在所平行的投影面上的投影反映实形。

表 3.3　投影面平行面

名称	水平面(平行于 H，垂直于 V、W)	正平面(平行于 V，垂直于 H、W)	侧平面(平行于 W，垂直于 V、H)
直观图	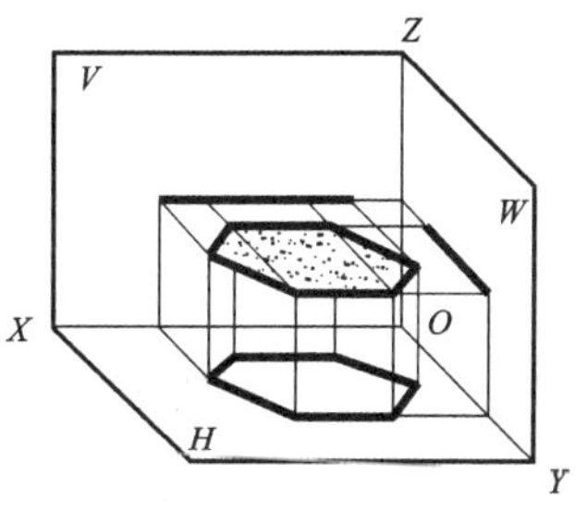	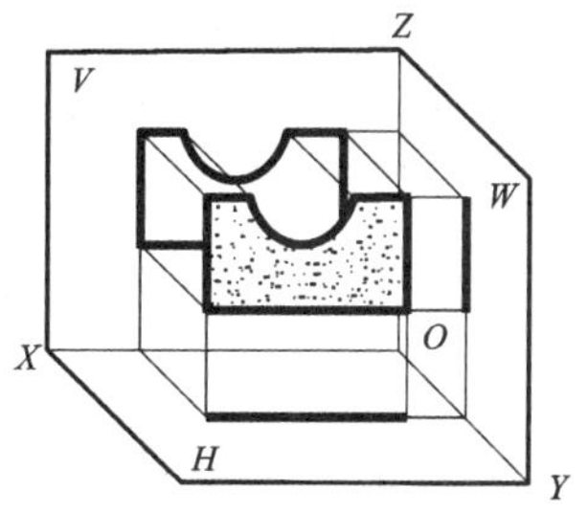	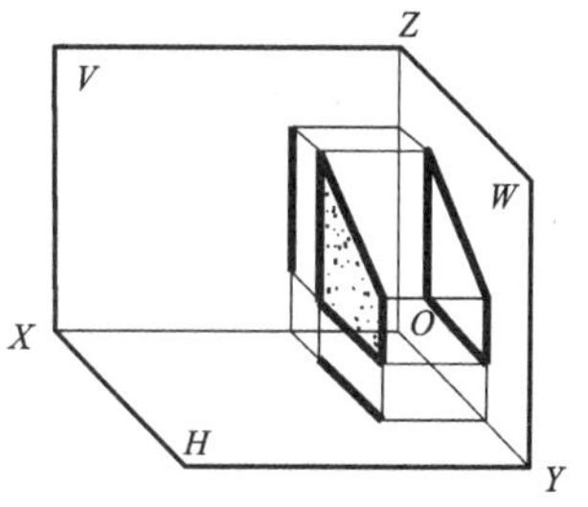
投影图	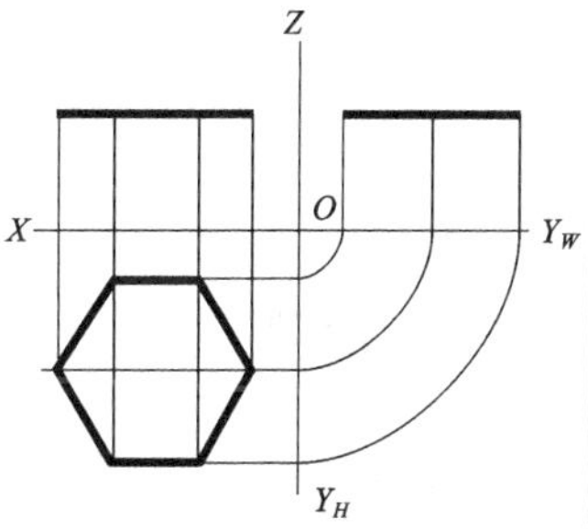	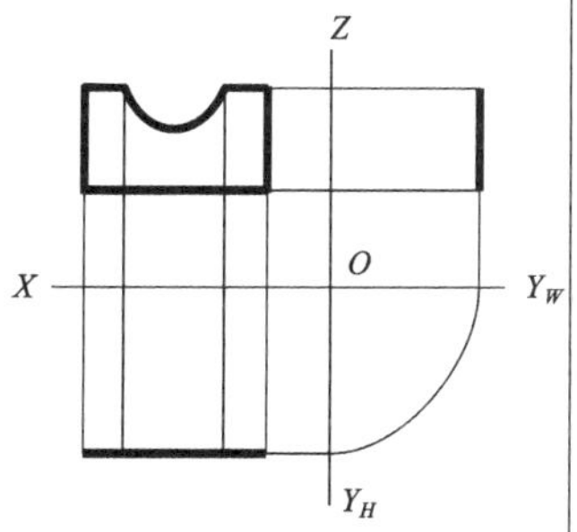	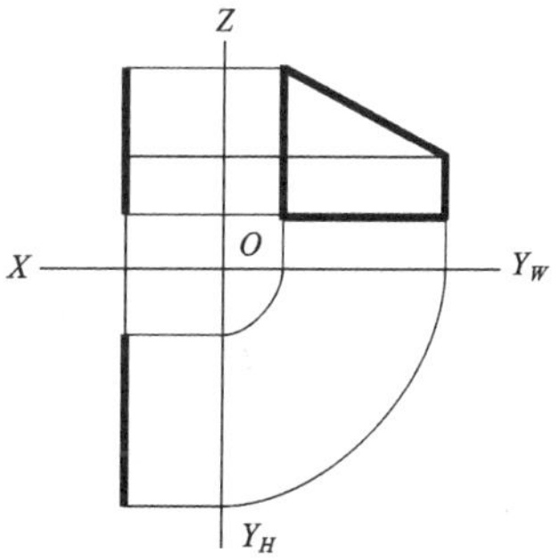
投影特性	在所平行的投影面上的投影反映实形；另外两个投影面上的投影积聚成直线，且分别平行于相应的投影轴		
判别	一框两直线，定是平行面；框在哪个面，平行哪个面(投影面)		

②平面在另外两个投影面上的投影积聚成直线，且分别平行于相应的投影轴。

(4)平行面空间位置的判别

根据平行面的投影特性，可判别平面与投影面的相对位置。在一个平面的三个投影中，若一个投影为线框(反映面的实形)，另外两个投影为平直线(平行相应的投影轴)，则该平面必定是投影面平行面，且平行于线框所在的投影面。归纳为：“一框两直线，定是平行面；框在哪个面，平行哪个面。”

动画：铅垂面、正垂面、侧垂面的投影

3.4.4.2　投影面垂直面

(1)定义

投影面垂直面是指垂直于一个投影面，同时倾斜于另外两个投影面的平面。

(2)分类及投影图

投影面垂直面可分为：

①正垂面　垂直于 V 面，倾斜于 H、W 面的平面。

②铅垂面　垂直于 H 面，倾斜于 V、W 面的平面。

③侧垂面　垂直于 W 面，倾斜于 V、H 面的平面。

这三种垂直面的投影图如表 3.4 所示。

表 3.4　投影面垂直面

<table>
<tr><td>名称</td><td>铅垂面(垂直于 H，倾斜于 V、W)</td><td>正垂面(垂直于 V，倾斜于 H、W)</td><td>侧垂面(垂直于 W，倾斜于 V、H)</td></tr>
<tr><td>直观图</td><td>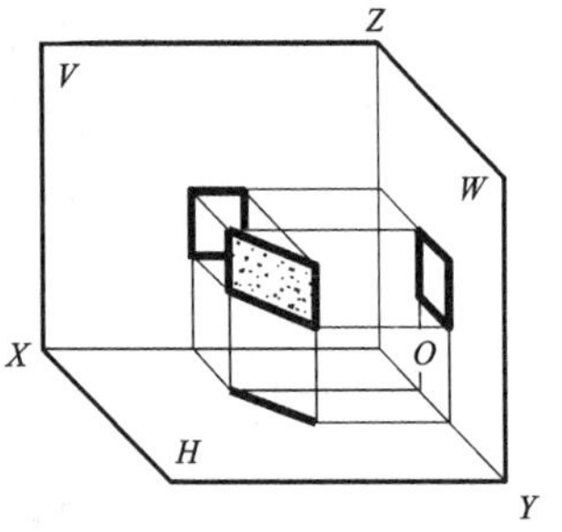
</td><td>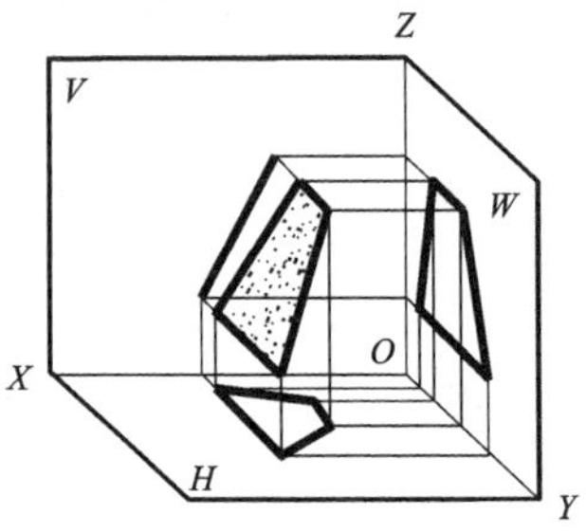
</td><td>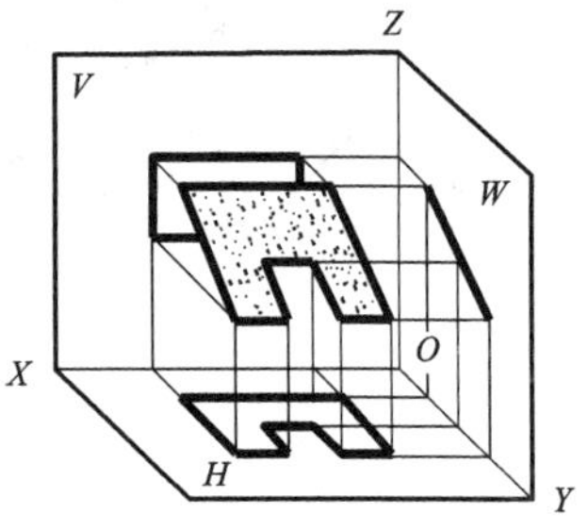
</td></tr>
<tr><td>投影图</td><td>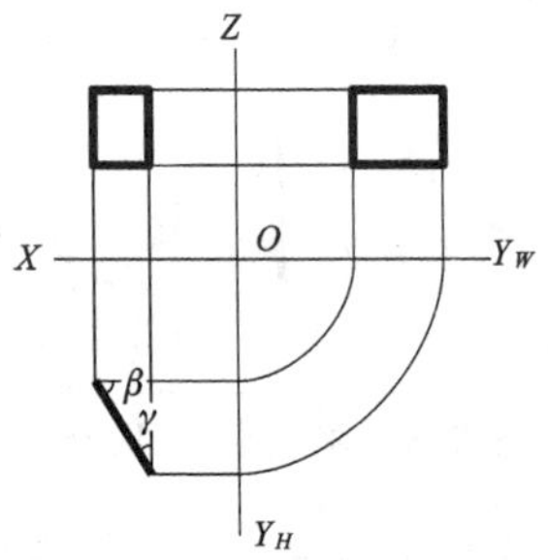
</td><td>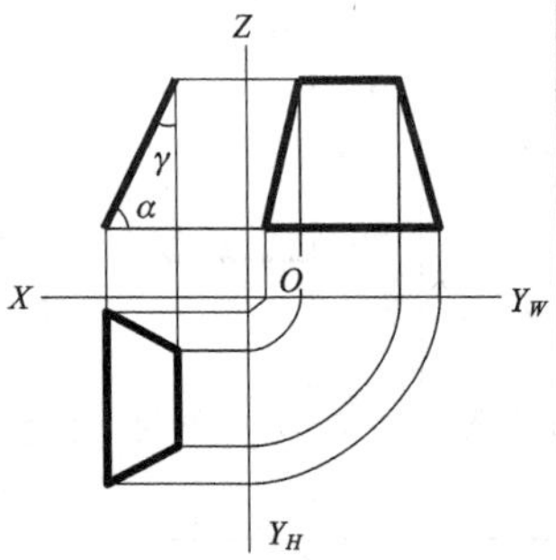
</td><td>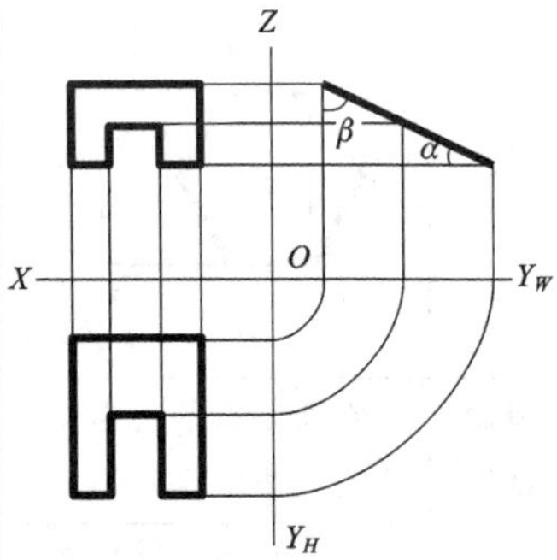
</td></tr>
<tr><td>投影特性</td><td colspan="3">在所垂直的投影面上的投影积聚成一斜直线，另外两个投影面上的投影为与该平面类似的封闭线框</td></tr>
<tr><td>判别</td><td colspan="3">两框一斜线，定是垂直面；
斜线在哪面，垂直哪个面(投影面)</td></tr>
</table>

(3)投影特性

①平面在所垂直的投影面上的投影，积聚成一条倾斜于投影轴的直线，且此直线与投影轴之间的夹角等于空间平面对另外两个投影面的倾角。

②平面在与它倾斜的两个投影面上的投影为缩小了的类似线框(如四边形的投影仍为四

边形,三角形的投影仍为三角形,等等)。

(4)垂直面空间位置的判别

根据垂直面的投影特性,可判别平面与投影面的相对位置关系。在一个平面的三个投影中,若两个投影为类似的封闭线框,另一个投影为斜直线,则该平面必定是投影面的垂直面,且垂直于斜直线所在的投影面。归纳为:"两框一斜线,定是垂直面;斜线在哪面,垂直哪个面。"

3.4.4.3 一般位置面

(1)定义

与三个投影面均倾斜的平面,称为一般位置面。

(2)投影图

一般位置面的三个投影都呈倾斜位置,如图 3.41 所示。

(3)投影特性

平面的三个投影既没有积聚性,也不反映实形,而是原平面图形的类似形。

(4)一般位置面空间位置的判别

一般位置面的三个投影均为不反映实形的封闭线框,即:"三个投影三个框,定是一般位置面。"

【例 3.13】 试判断图 3.42 所示的立体表面上平面、直线的空间位置。

【解】 由前述直线、平面的投影特性可以判定:

(1)V 面上的斜直线 $a'b'$,它的另两个对应投影 ab 和 $a''b''$,一个为平直线,一个为竖直线,符合"一斜两直线,定是平行线"的规律,且斜线在 V 面,故直线 AB 平行于 V 面,为正平线。

(2)W 面上的积聚投影 $f''(g'')$,它的另两个对应投影 fg 和 $f'g'$ 均为平直线,符合"一点两直线,定是垂直线"的规律,且点在 W 面,故直线 FG 垂直于 W 面,为侧垂线。

(3)V 面中的斜直线 $f'b'$,对应另外两个投影为 fb 和 $f''b''$,它们也是倾斜的直线,符合"三个投影三个斜,定是一般位置线"的规律,故直线 FB 为一般位置线。

(4)W 面投影中的斜直线 $f''(g'')b''$,对应的另两个投影 $f'(g')b'$ 和 $fg(b)$,都是三角形线框,符合"两框一斜线,定是垂直面"的规律,且斜线在 W 面,故该平面垂直于侧面,即平面 FGB 为侧垂面。

(5)V 面投影中的$\triangle a'b'f'$,它所对应的另两个投影 $a(b)f$ 和 $a''b''f''$ 都是三角形线框,符合"三个投影三个框,定是一般位置面"的规律,故三角形平面 ABF 为一般位置面。

对于图 3.42(b)中的直线 GB、CB,平面 GBC、$ABCDE$ 各为什么位置的直线或平面,留作读者自行分析。

上述直线、平面的投影特性及规律,在单元 5 组合体的看图和运用线面分析法补图、补线中,将起到非常重要的作用。

3.4.5 平面上的直线和点

(1)平面上的直线

一直线若通过平面内的两点,则此直线必位于该平面上,由此可知,平面上直线的投影必

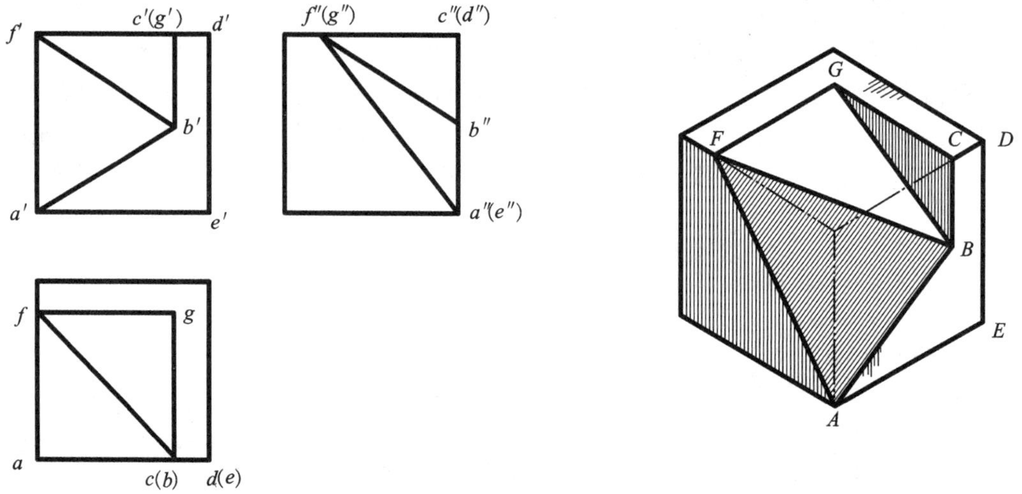

(a) 投影图　　(b) 正等测图

图 3.42　立体表面平面、直线的空间位置

定是过平面上两已知点的同面投影的连线。

(2)平面上的点

若点在直线上，直线在平面上，则点必定在平面上。

(3)在平面上取点、取线

根据上述投影特性，可以图解在平面上取点、取线的问题。

在平面上取点，首先要在平面上取线。而在平面上取线，又离不开在平面上取点。因此，在平面上取点、取线互为作图条件。

【例 3.14】 已知一平行四边形 $ABCD$ 和 K 点的两面投影，如图 3.43(a)所示，试判断 K 点是否在平面上。

【解】 判断：连接 $c'k'$ 两点并延长使其与 $a'b'$ 交于 f'，作 CF 的水平投影 cf。如果 K 点在 CF 上，则 K 点的水平投影必在直线 CF 的水平投影 cf 上。从作图中得出 k 点不在 cf 上，所以空间点 K 就不在四边形 $ABCD$ 上，如图 3.43(b)所示。

【例 3.15】 已知四边形 $ABCD$，求作过 A 点且在该平面上的一条水平线。

【解】 作法如下：

(1)过 a' 作水平线与 $c'd'$ 交于 e'，自 e' 向下引垂线交 cd 于 e；

(2)连接 ae。则 $a'e'$ 与 ae 即为所求，如图 3.44 所示。

【例 3.16】 已知三角形 ABC 及其上一点 K 的正面投影 k'，如图 3.45(a)所示，求作 K 点的水平投影 k。

【解】 作法如下：

(1)连 $a'k'$ 并延长交 $b'c'$ 于 d'，自 d' 向下引垂线交 bc 于 d，如图 3.45(b)所示。

(2)连接 ad，自 k' 向下引垂线，交 ad 于 k，则 k 即为所求，如图 3.45(c)、(d)所示。

【例 3.17】 已知五边形 $ABCDE$ 的 V 面投影及一边 AB 的 H 面投影，如图 3.46(a)所示，并知 AC 为正平线，试完成其 H 面投影。

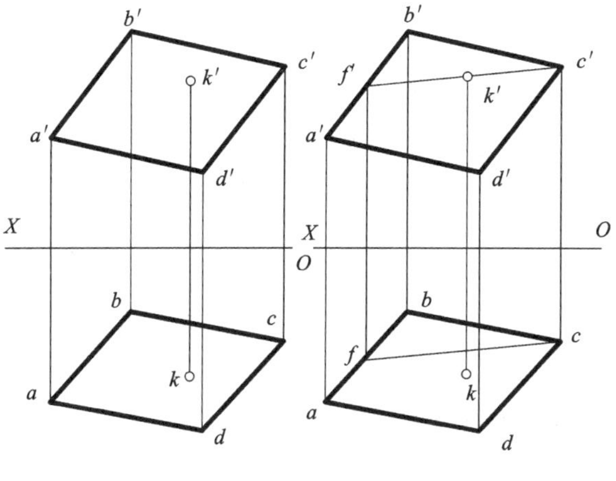

（a）已知　　（b）判断

图 3.43　点和平面相对位置判断

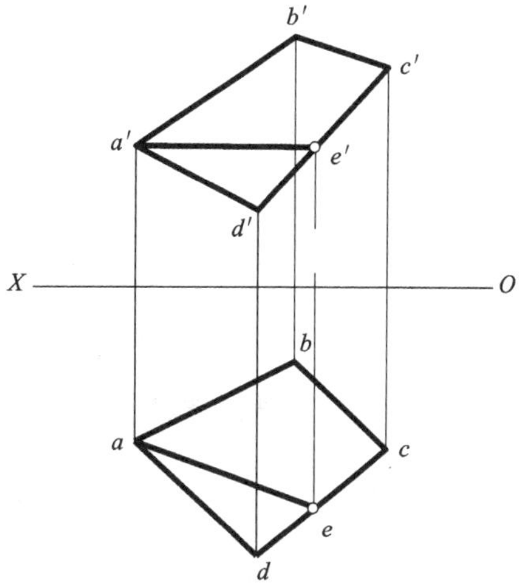

图 3.44　求作平面上水平线的投影

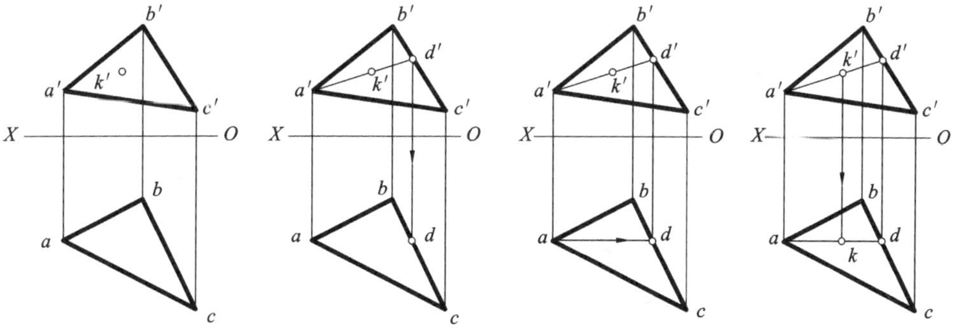

（a）　（b）　（c）　（d）

图 3.45　作平面上点的投影

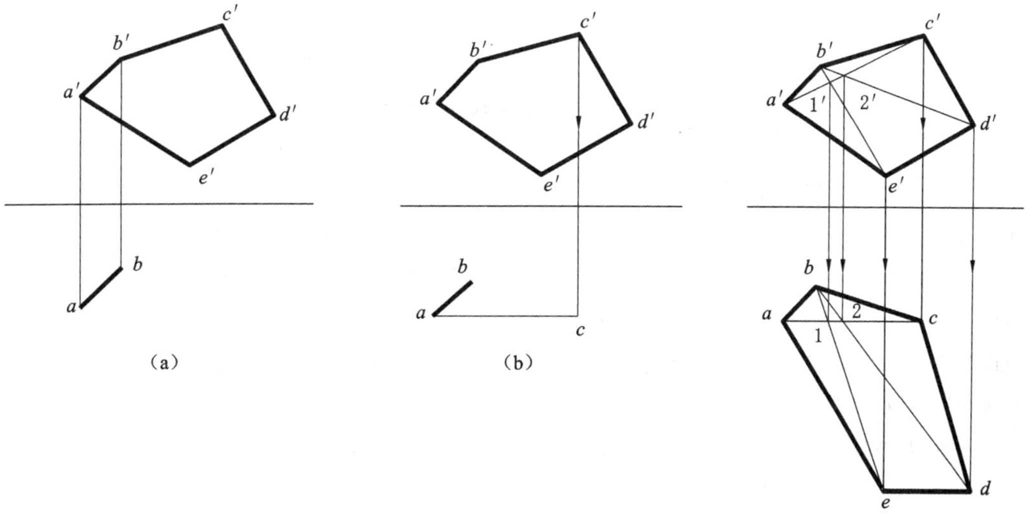

（a）　（b）　（c）

图 3.46　作平面的投影

【解】 作法如下：

(1)因 AC 为正平线，其水平投影必与 OX 轴平行且过 a 点。过 a 作直线平行于 OX 轴，自 c' 向下引垂线交直线于 c，即为 c 点的水平投影，如图 3.46(b)所示。

(2)连 $a'c'$，连 $b'e'$ 交 $a'c'$ 于 $1'$，连 $b'd'$ 交 $a'c'$ 于 $2'$。过 $1'$、$2'$ 向下引垂线交 ac 于 1、2。

(3)连 $b1$、$b2$ 并延长，由 e'、d' 向下引垂线交 $b1$ 的延长线于 e，交 $b2$ 的延长线于 d，如图 3.46(c)所示。

(4)连接水平投影 a、b、c、d、e 即为所求。

3.4.6 平面上的特殊直线

在平面上有两种特殊位置的直线，它们是平面上的投影面平行线(图 3.47)和最大斜度线(图 3.48)。

3.4.6.1 平面上的投影面平行线

常用的平面上的特殊平行线有正平线和水平线。要在一般平面 ABC 上作一条正平线，可根据正平线的 H 投影是水平的这个投影特点，先在 ABC 的水平投影上作一任意水平线(为作图简单起见，一般通过一已知点)，作为所求正平线的 H 投影，然后作出它的 V 投影。在 ABC 上作水平线，也要抓住它的 V 投影一定水平的投影特点，作图步骤如图 3.47 所示。

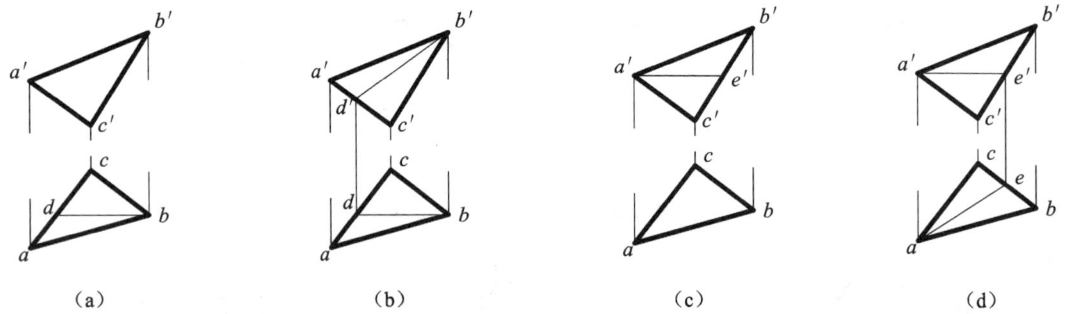

图 3.47　面上作正平线和水平线

3.4.6.2 平面上的最大斜度线

平面上对某投影面的最大斜度线，就是在该面上对该投影面倾角最大的一条直线。它必然垂直于平面上平行于该投影面的所有直线，包括该平面与该投影面的交线(迹线)。如图 3.48(a)所示，平面 P 上的直线 AB 是平面 P 上对 H 面倾角最大的直线，它垂直于水平线 DE 和 H 面迹线 P_H，AB 对 H 面的倾角 α 就是平面 P 对 H 面的倾角。该平面 P 上过点 A 有另一条任意直线 AC，它对 H 面的倾角为 δ，不难看出，在直角三角形 ABa 和 ACa 中，$Aa=Aa$，$AC>AB$，所以 $\delta<\alpha$，证明 AB 对 H 面的倾角比面上任何直线的倾角都大。

要作△ABC 对 H 面的最大斜度线，如图 3.48(b)所示，可先作△ABC 上的水平线 CD，再作垂直于 CD 的直线 AE。AE 即所求的对 H 面的最大斜度线。同理，平面上对 V 面的最大斜度线必然垂直于该平面上任一正平线。图 3.48(c)中 AG 垂直于正平线 BF，所以它就是面

上对 V 面的最大斜度线。对 H、V 面最大斜度线的倾角 α、β,可用直角三角形法求出。

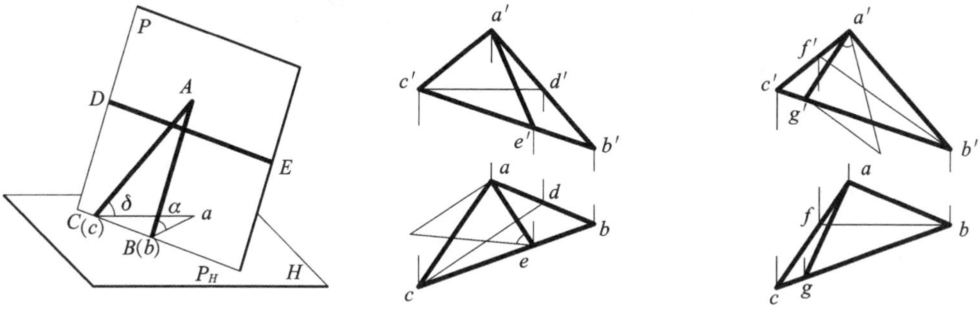

(a) (b) (c)

图 3.48 作面上的最大斜度线

单元小结

学习本单元后,应了解投影的基本概念,掌握正投影的原理,利用点、直线、平面的投影规律,求解各种几何元素的投影,并判断其空间位置。

复习思考题

3.1 投影是怎样分类的?投影法有哪几种?

3.2 正投影的特点是什么?它有哪些优点?

3.3 基本几何元素的正投影规律及其特性是什么?

3.4 试述三面投影图的特征。

3.5 各种位置直线、平面的三面投影图的特征是怎样的?用图示和文字表述。

3.6 两直线的相对位置有哪些?它们的投影各有什么特征?

3.7 平面的表示法有几种?各有什么特点?

3.8 如何确定平面内的点和直线?

3.9 平面内的特殊直线有哪些?如何确定?

单元 4　基本体的投影

教学目标

1. 掌握基本体中平面体、曲面体的形成、分类及其投影作图方法；
2. 掌握基本体轴测投影的形成、分类和作图方法；
3. 能够识读基本体投影图和进行尺寸标注；
4. 会在基本体表面取点、取线的空间分析和投影作图。

思政要点

提高空间思维能力，具有大局观和工匠精神。坚持创新精神，倡导绿色消费，推动形成绿色低碳的生产、生活方式。

分析一般的房屋形状，不难看出，都是由一些几何体组成。如图 4.1 所示的房屋是由棱柱、棱锥等组成；如图 4.2 所示的水塔是由圆柱、圆台等组成。我们把这些组成建筑形体的最简单但又规则的几何体，叫做基本体。

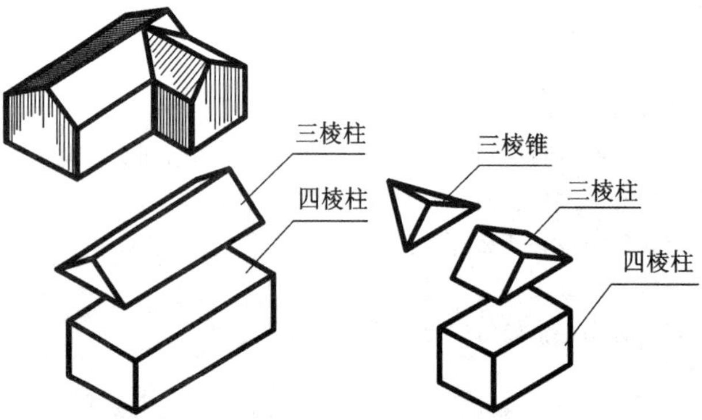

图 4.1　房屋形体的分析

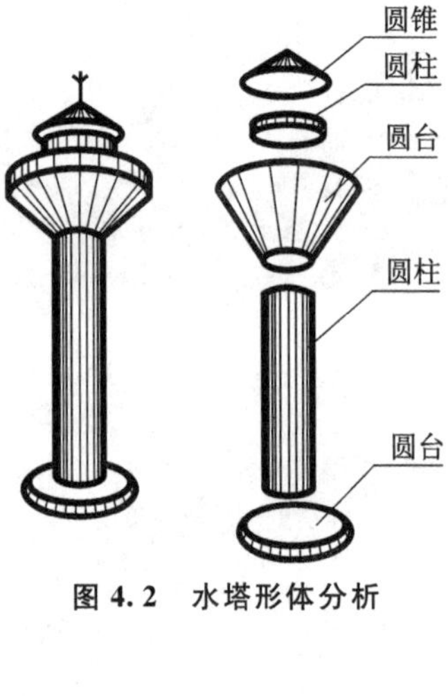

图 4.2　水塔形体分析

根据表面的组成情况，基本体可分为平面体和曲面体两种，任何复杂形体都是由它们所组成，这些基本体是组成复杂形体的基础。下面将在点、直线、平面投影理论的基础上，讲述基本体的投影。

4.1 平面体的投影

动画:正三棱柱的投影

表面由若干平面围成的基本体,叫做平面体。作平面体的投影,就是作出组成平面体的各平面的投影。因此,分析组成立体各表面对投影面的相对位置及其投影特性,对正确作图是很重要的。平面体有棱柱、棱锥、棱台等。

4.1.1 棱柱的投影

如图 4.3 所示,有两个三角形平面互相平行,其余各平面都是四边形,并且每相邻两个四边形的公共边都互相平行,由这些平面所围成的基本体称为棱柱。两个互相平行的平面称为底面,其余各面称为侧面,两侧面的公共边称为侧棱,两底面间的距离为棱柱的高。当底面为三角形、四边形、五边形等形状时,所组成的棱柱分别为三棱柱、四棱柱、五棱柱等。

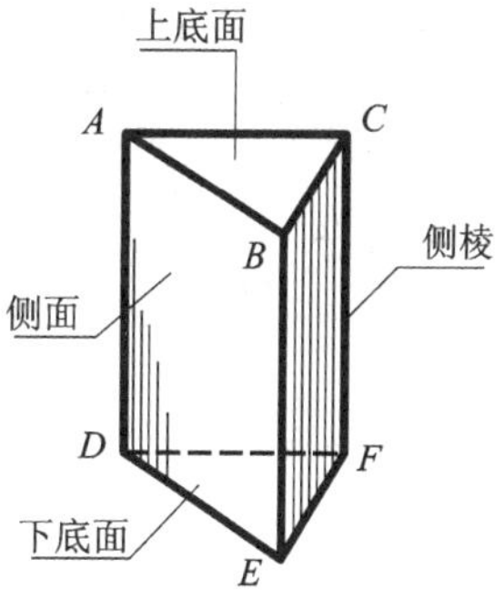

图 4.3 三棱柱

现以正三棱柱为例来进行分析。图 4.4 所示为一横放的正三棱柱,即我们常见的两坡面屋顶。

图 4.4 中的正三棱柱由下列几个平面围成:

平面 BB_1C_1C 为水平面,它在水平面上的投影反映实形,在正立面和侧立面上的投影都分别积聚成为一条平行于 OX 轴和 OY 轴的直线。

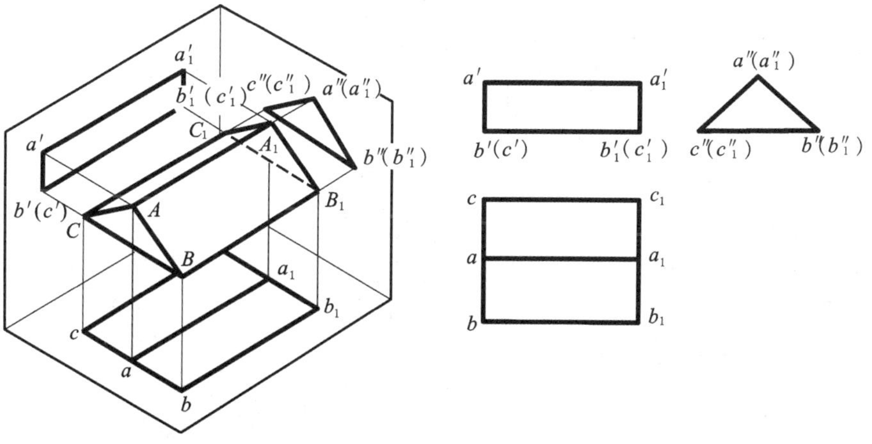

(a) 直观图　　(b) 投影图

图 4.4 正三棱柱的投影

平面 ABC 和 $A_1B_1C_1$ 为侧平面,它们在侧立面上的投影反映实形,并且重影;在正立面和水平面上的投影分别积聚成为平行于 OY 轴和 OZ 轴的直线。

平面 ABB_1A_1 和平面 ACC_1A_1 为侧垂面,它们在侧立面上的投影都积聚为一直线;在水平面上的投影是两个矩形,不反映实形,两个矩形并列连接,与水平面 BB_1C_1C 重影。在正立面上的投影是矩形,不反映实形,且二者重影。

同样,也可以用直线的投影特点来分析,图中 AA_1、BB_1、CC_1 和 BC、B_1C_1 都是投影面垂直线，它们在与其垂直的投影面上的投影积聚为一点，在另两个投影面上的投影反映实长；图中 AB、A_1B_1 和 AC、A_1C_1 都是投影面平行线，它们在侧立面上的投影都反映实长，在另两个投影面上的投影都比实长短。

从以上投影分析可知，作棱柱体（或基本体）的投影实质上是作点、线、面的投影。为了使图面清晰，投影轴可以省略。但必须注意，作出的投影图必须符合三面投影规律。

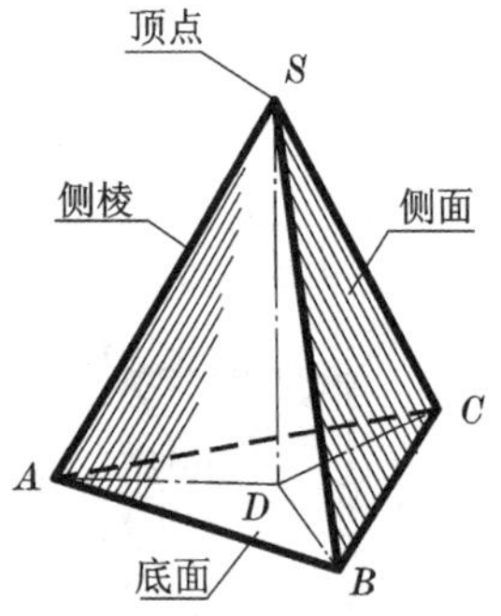

图 4.5　正三棱锥

4.1.2　棱锥的投影

由一个多边形平面与多个有公共顶点的三角形平面所围成的几何体称为棱锥。这个多边形称为棱锥的底面，其余各平面称为棱锥的侧面，相邻侧面的公共边称为棱锥的侧棱，各侧棱的公共点称为棱锥的顶点，顶点到底面的距离称为棱锥的高。根据不同形状的底面，棱锥有三棱锥、四棱锥和五棱锥等。如图 4.5 所示为三棱锥。

现以正五棱锥为例来进行分析，如图 4.6 所示。

正五棱锥的特点是：底面为正五边形，侧面为五个相同的等腰三角形。通过顶点向底面作垂线（即高），垂足在底面正五边形的中心。

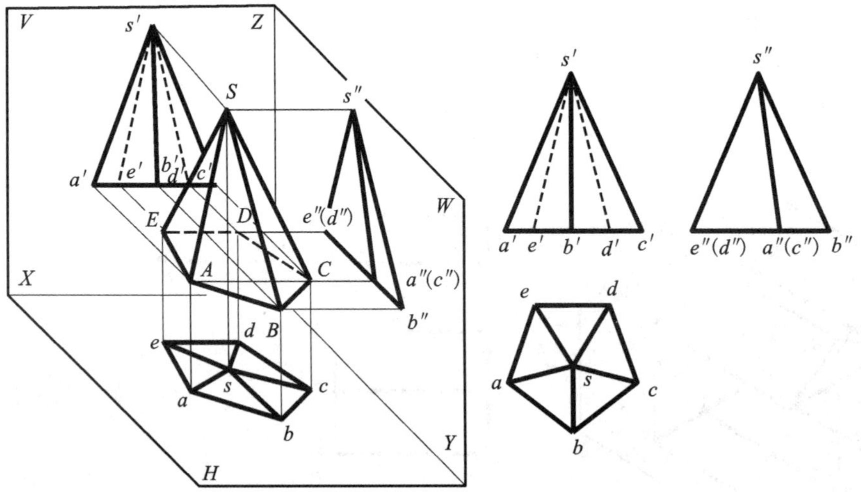

（a）直观图　　（b）投影图

图 4.6　正五棱锥的投影

正五棱锥底面即正五边形 $ABCDE$ 平行于水平面，在水平面上的投影反映实形。为了作图方便，使底面五边形的 DE 边平行于正立投影面，正五边形的正面投影和侧面投影都积聚为一直线。正五棱锥的五个侧面除三角形 SDE 是侧垂面外，其余都为一般位置平面。SDE 的侧面投影积聚为一直线，正面投影和水平投影均为三角形，但不反映实形。其余各侧面在三个投影面上的投影都为三角形，也不反映实形。

为方便作图，我们可以根据五棱锥的特点，在作出底面投影的基础上，先作出顶点 S 的水平投影，s 在 $abcde$ 的中心，再根据五棱锥的高度作出顶点 S 的正面投影 s'，即可求出侧面投

影 s''。将顶点 S 的三面投影分别与底面五边形 $ABCDE$ 三面投影的各角点连线，即为五棱锥的三面投影。由于平面 SAE 和平面 SCD 的正面投影不可见，因此，$s'e'$ 和 $s'd'$ 为虚线。侧面投影 $s''d''$、$s''c''$ 分别与 $s''e''$、$s''a''$ 重合在一起，d'' 和 c'' 加括号。

用平行于棱锥底面的平面切割棱锥，底面和截面之间的部分称为棱台，如图 4.7 所示。棱台体是棱锥体的特例。原棱锥的底面和截面分别称为棱台的下底面和上底面，其他各平面称为棱台的侧面，相邻侧面的公共边称为棱台的侧棱，上下底面之间的距离称为棱台的高。

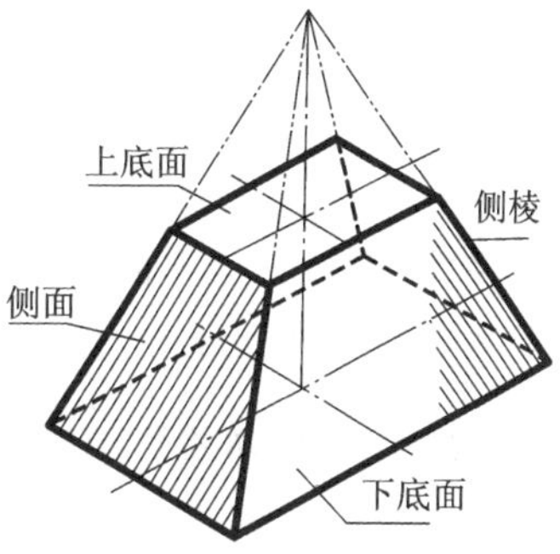

图 4.7 四棱台

由三棱锥、四棱锥、五棱锥……切得的棱台，分别称为三棱台、四棱台、五棱台……。

现以正四棱台为例进行分析，如图 4.8 所示。

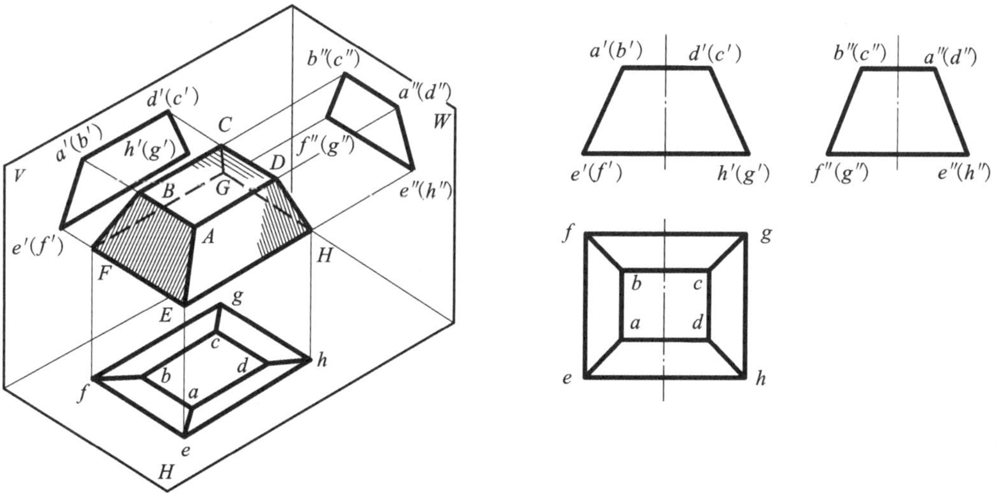

(a) 直观图　　(b) 投影图

图 4.8 四棱台的投影

底面 $ABCD$ 和 $EFGH$ 分别为两个水平面，它们在水平面上的投影 $abcd$ 和 $efgh$ 均反映实形，在正立投影面和侧立投影面上的投影则分别积聚成为直线。侧面 $ADHE$ 和 $BCGF$ 均为侧垂面，在侧立面上的投影积聚为一条直线，在正立面上的投影是四边形且重合在一起。另两个侧面 $ABFE$ 和 $DCGH$ 均为正垂面，在正立面上的投影分别积聚为一条直线，在侧立面上的投影是四边形且重合在一起。由于四棱台前、后、左、右对称，中心线用细单点长画线表示。

同样，棱锥、棱台的投影也可以用直线的投影来分析，这里省略。

以上三个例子说明，平面体的投影实质上就是其各个侧面的投影，而各个侧面的投影实际上是用其各个侧棱投影来表示，侧棱的投影又是其各顶点投影的连线。因此平面体的投影特点是：

(1)平面体的投影，实质上就是点、直线和平面投影的集合。

(2)投影图中的线条，可能是直线的投影，也可能是平面的积聚投影。

(3)投影图中线段的交点，可能是点的投影，也可能是直线的积聚投影。

(4)投影图中任何一封闭的线框都表示立体上某平面的投影。

(5)当向某投影面作投影时,凡看得见的直线用实线表示,看不见的直线用虚线表示。当两条直线的投影重合,一条看得见而另一条看不见时,仍用实线表示。

(6)在一般情况下,当平面的所有边线都看得见时,该平面才看得见。平面的边线只要有一条是看不见的,该平面就是不可见的。

注意:判断一个几何体是不是棱台,既要判断两个底面的对应边是否相互平行,又要判断侧棱延长线是否交于一点。

4.1.3　平面体投影图的画法

(1)已知四棱柱的底面为等腰梯形,梯形两底边长为 a、b,高为 h,四棱柱高为 H,作四棱柱投影图的方法如图 4.9 所示。

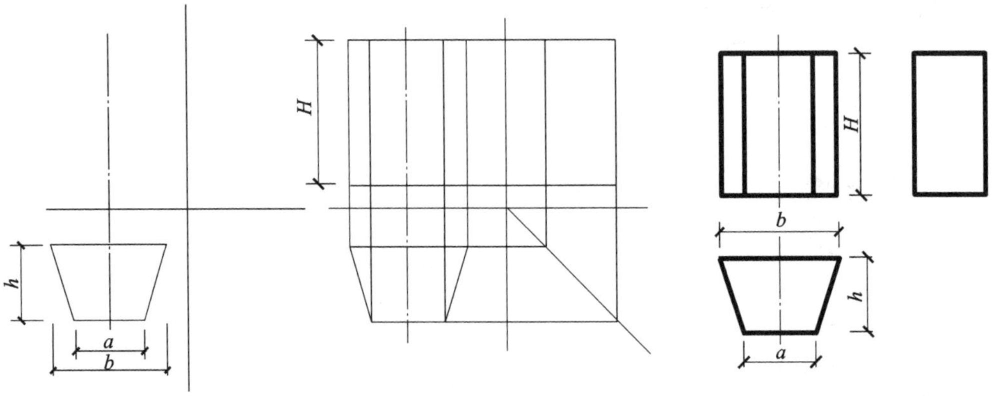

(a) 画基准线及反映底面实形的水平投影。　(b) 按投影关系,作出正面投影和侧面投影,使高等于H。　(c) 检查整理底图,加深图线,并标注尺寸。

图 4.9　四棱柱投影图的画法

(2)已知六棱锥的底边长为 L,高为 H,作六棱锥投影图的方法如图 4.10 所示。

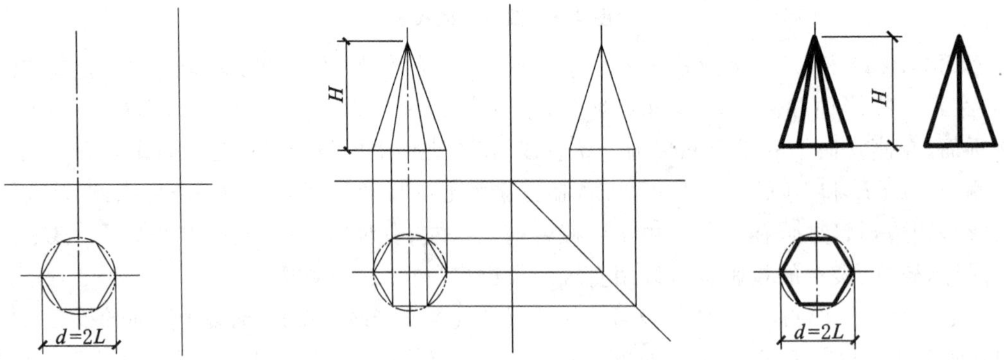

(a) 画基准线及反映底面实形的水平投影。　(b) 按投影关系,作出正面投影和侧面投影,使高等于H。　(c) 检查整理底图,加深图线,并标注尺寸。

图 4.10　六棱锥投影图的画法

(3)已知三棱台的底边为等边三角形,其中上底边长为 b,下底边长为 a,高为 H,作三棱台的投影图如图 4.11 所示。

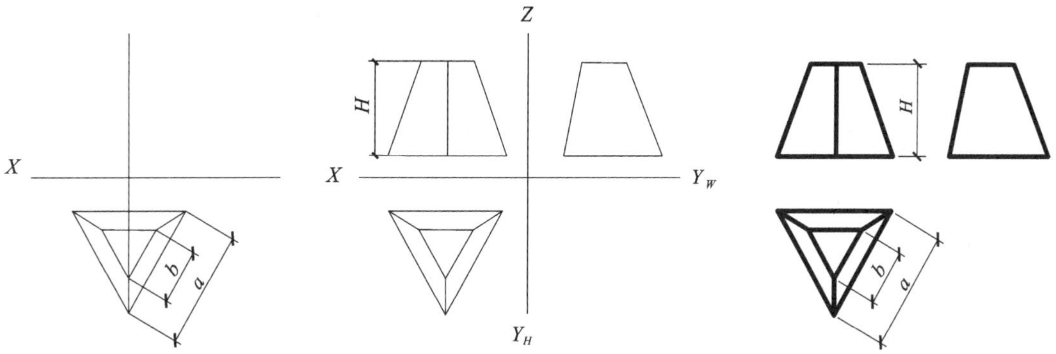

(a) 画基准线及反映上、下底面实形的水平投影。　(b) 按投影关系及三棱台的高作其他两个投影。　(c) 检查底图,整理并描深图线,并标注尺寸。

图 4.11 三棱台投影图的画法

4.1.4 平面体投影图的识读

动画:简单平面体的投影特性

从以上棱柱、棱锥和棱台的投影,可以得出平面体投影图的识读方法。

(1)棱柱的三个投影,其中一个投影为多边形,另两个投影分别为一个或若干个矩形,满足这样条件的投影图为棱柱体的投影。

(2)棱锥的三个投影,一个投影外轮廓线为多边形,另两个投影为一个或若干个有公共顶点的三角形,满足这样条件的投影是棱锥体的投影。

(3)棱台的三个投影,一个投影为两个相似的多边形,另两个投影为一个或若干个梯形,满足这样条件的投影为棱台的投影。

4.1.5 平面体表面上的点和直线

平面体表面上点和直线的投影实质上就是平面上的点和直线的投影,不同之处是平面体表面上的点和直线的投影存在着可见性的判断问题。

4.1.5.1 棱柱体表面上的点和直线

如图 4.12 所示,在五棱柱(双坡屋面建筑)上有 M 和 N 两点,其中点 M 在前平面 $ABCD$ 上,点 N 在平面 $EFGH$ 上。$ABCD$ 平面是正平面,它在正立面上的投影反映实形,为一矩形线框,在水平面和侧立面上的投影是积聚在水平投影和侧面投影的最前端的直线。因此,点 M 的水平投影和侧面投影都在这两条积聚线上,而正面投影在 $ABCD$ 正面投影的矩形线框内。

平面 $EFGH$ 为侧垂面,其侧面投影积聚成直线,水平投影和正面投影分别为一矩形线框。所以,点 N 的侧面投影应在 $EFGH$ 侧面投影的积聚线上,水平投影和正面投影分别在矩形线框内。由于 $EFGH$ 的正面投影不可见,所以点 N 的正面投影也不可见,加括号。

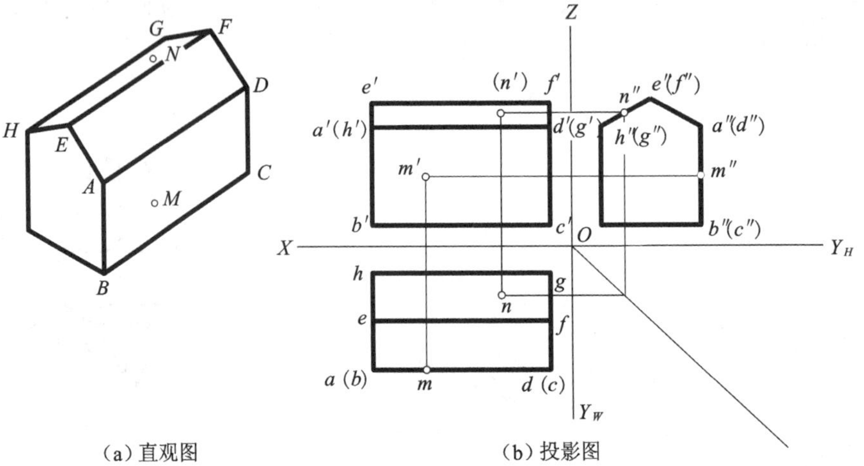

(a) 直观图　　　　(b) 投影图

图 4.12　棱柱体表面上的点

以上两点所在的平面都具有积聚性，所以在已知点的一面投影，求其余两投影时，可利用平面的积聚性求得。

如图 4.13 所示，在三棱柱体侧面 $ABED$ 上有直线 MN。该侧面 $ABED$ 为铅垂面，其水平投影积聚为一直线，正面投影和侧面投影分别为一矩形。因此，直线 MN 的水平投影 mn 在三棱柱侧面 $ABED$ 的水平投影——积聚线上，正面投影和侧面投影在 $ABED$ 的正面投影和侧面投影内。由于平面 $ABED$ 的侧面投影不可见，MN 的侧面投影也不可见，用虚线表示。

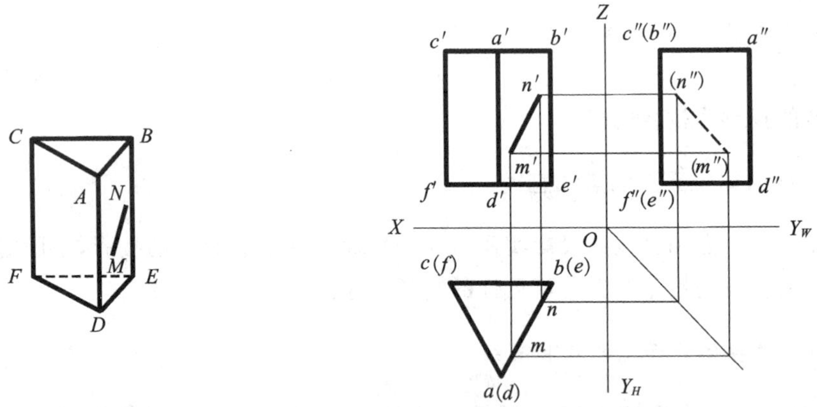

(a) 直观图　　　　(b) 投影图

图 4.13　三棱柱体表面上直线的投影

已知 MN 的一个投影，求其余两个投影时，可先按棱柱体表面上的点作出 MN 的其余两投影，再用相应的图线连起来即可。

4.1.5.2　棱锥体表面上的点和线

如图 4.14(a)所示，在三棱锥体侧面 SAC 上有一点 K。侧面 SAC 为一般位置的平面，其三面投影为三个三角形。由于点 K 在侧面 SAC 上，因此点 K 的三面投影必定在侧面 SAC 的三个投影上。作图时，为了方便，过点 K 作一直线 SE，则点 K 为直线 SE 上的点。点 K 的三面投影应该在直线 SE 的三面投影上，如图 4.14(b)所示。这种作图方法叫做辅助线法。

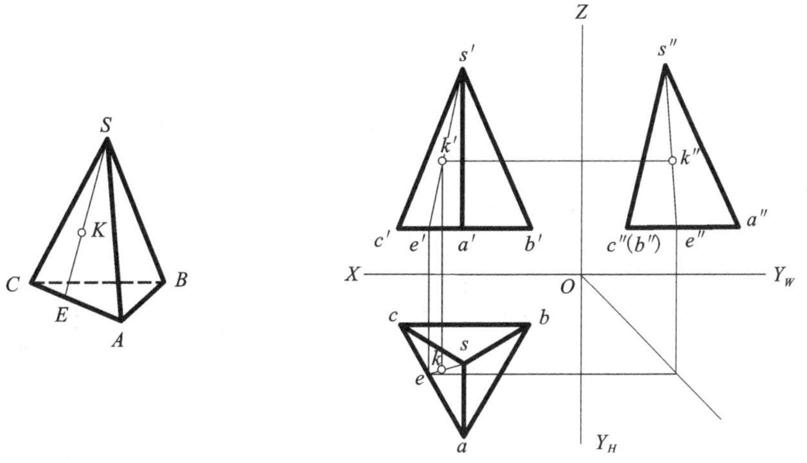

(a) 直观图　　　　　　　　　　　　(b) 投影图

图 4.14　三棱锥体表面上点的投影

当已知点 K 的一个投影，求作另两个投影时，可先作出辅助线的三个投影，再作点 K 的另两个投影。

如图 4.15 所示，在四棱锥体侧面 SAB 上有一直线 MN。四棱锥侧面 SAB 为一般位置的平面，其三面投影为三个三角形。直线 MN 的投影在平面 SAB 的同面投影内。由于点 M 在侧棱 SA 上，点 M 可按直线上求点的方法求得。点 N 的投影按一般位置平面上求点的投影方法求得(辅助线法)。然后将 M、N 点的同面投影连起来即可。由于 SAB 的侧面投影不可见，直线 MN 的侧面投影 $m''n''$ 也不可见，用虚线表示。

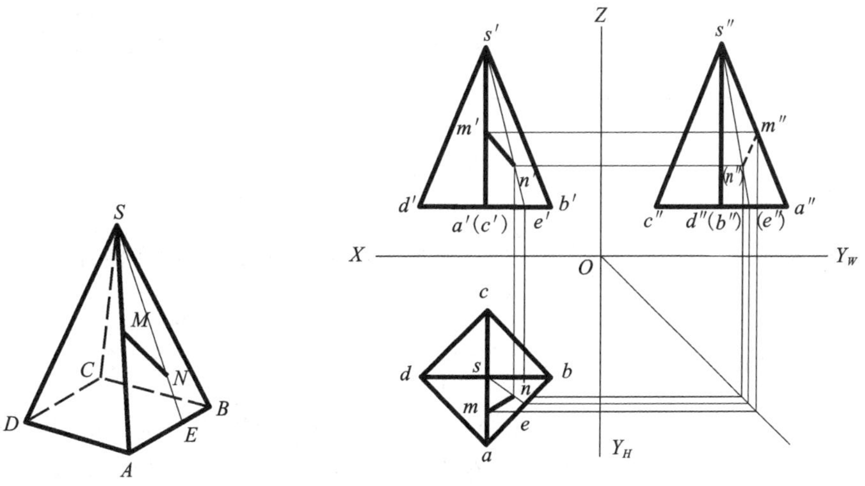

(a) 直观图　　　　　　　　　　　　(b) 投影图

图 4.15　四棱锥体表面上直线的投影

4.1.6　平面体的尺寸标注

平面体只要标注出它的长、宽和高的尺寸，就可以确定它的大小。尺寸一般注在反映实形的投影上，尽可能集中标注在一两个投影的下方和右方，必要时才注在上方和左方。一个尺寸只需要标注一次，尽量避免重复。正多边形(正五边形、正六边形等)的大小，可标注其外接圆周的直径。平面体的尺寸标注如表 4.1 所示。

表 4.1　平面体的尺寸标注

四棱柱体	三棱柱体	四棱柱体
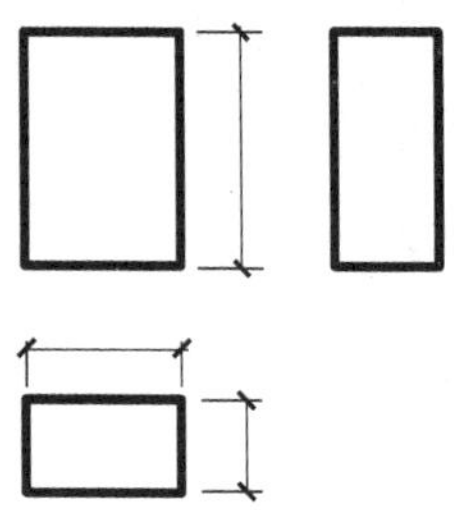	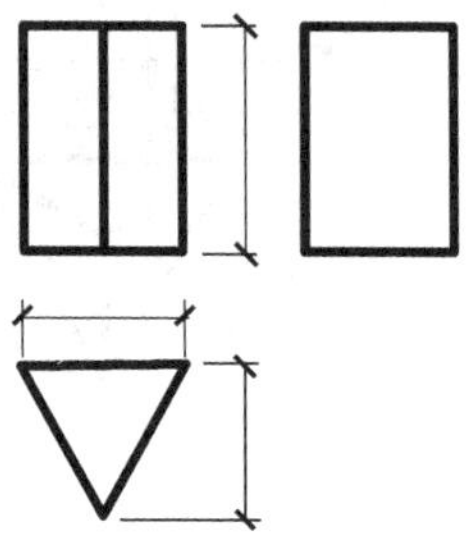	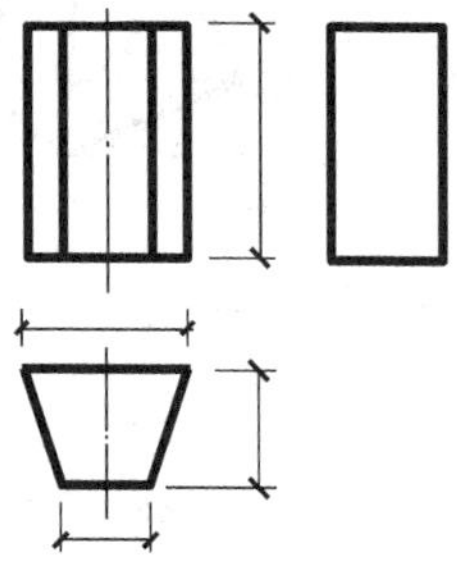
三棱锥体	五棱锥体	四棱台
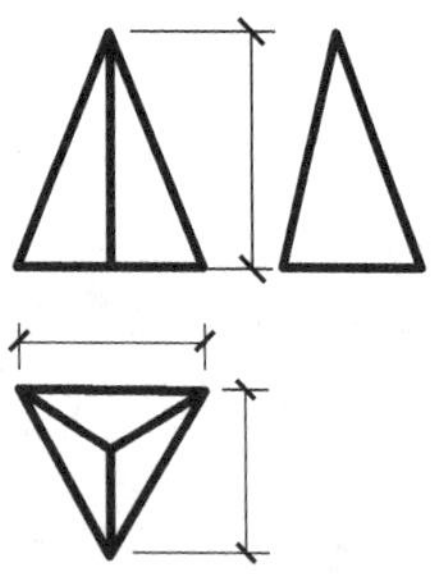	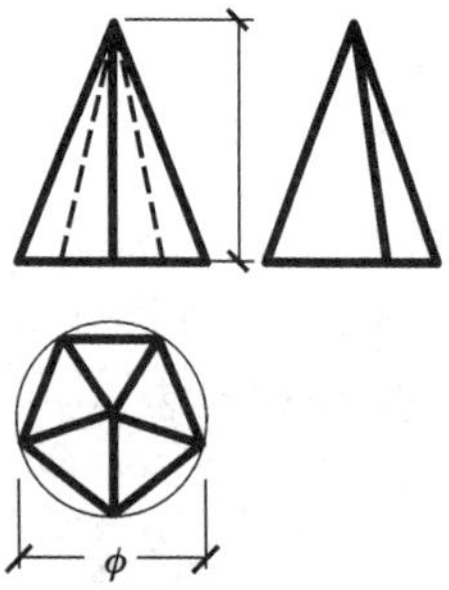	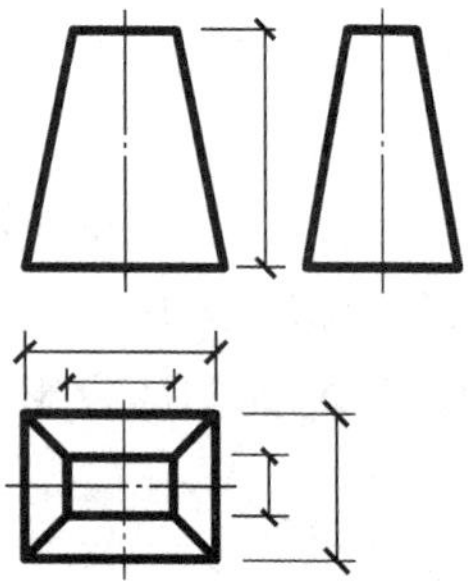

4.2　曲面体的投影

基本体的表面是由曲面或由平面和曲面围成的体叫做曲面体。曲面体有圆柱、圆锥、圆台和球体等。

4.2.1　圆柱体的投影

如图 4.16 所示，直线 AA_1 绕着与它平行的直线 OO_1 旋转，所得轨迹是一圆柱面。直线 OO_1 称为导线，AA_1 称为母线，母线 AA_1 在旋转过程中任一位置留下的轨迹称为素线，因此，圆柱面也可以看作是由无数条与轴平行且等距的素线的集合。如果把 AA_1 和轴 OO_1 连成一矩形平面，该矩形平面绕 OO_1 轴旋转的轨迹就是圆柱体。矩形上下两边 AO 和 A_1O_1 绕 OO_1

旋转时所成的轨迹是圆平面。因此,圆柱体是由两个互相平行且相等的平面圆(即顶面和底面)和一圆柱面所围成。顶面和底面之间的距离为圆柱体的高。

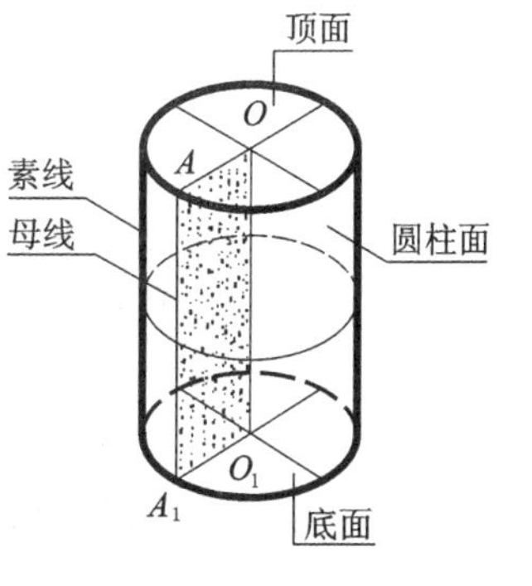

图 4.16 圆柱体

图 4.17 所示为一圆柱体,该圆柱的轴线垂直于水平投影面,顶面与底面平行于水平投影面。作其投影如下:

由于顶面和底面平行于水平投影面,因此它们在水平面上的投影为圆,反映顶面和底面的实形,且两底面的投影重合在一起。顶面和底面在正立面和侧立面上的投影都积聚为平行于 OX 轴和 OY 轴的直线,其长度为圆柱的直径。在同一投影面上两个积聚投影之间的距离为该圆柱体的高。

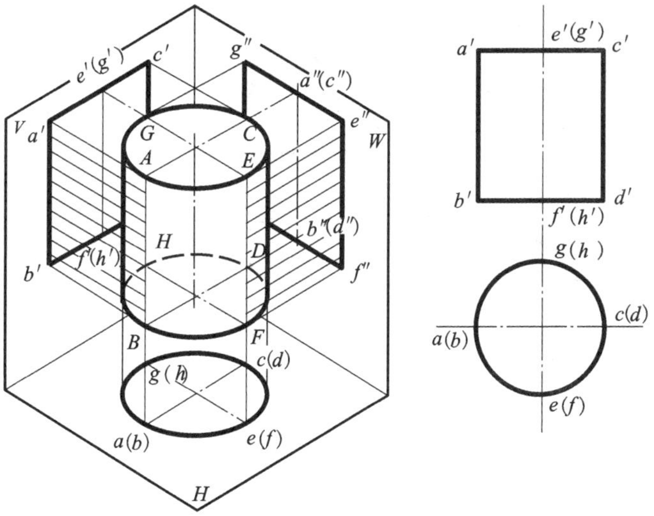

(a) 直观图 (b) 投影图

图 4.17 圆柱体的投影

圆柱面是光滑的曲面,其上所有素线都为铅垂线,因此圆柱面也垂直于水平面,其水平投影为与顶面和底面水平投影全等且同心的圆。作正立面投影时,圆柱面上最左和最右两条素线的投影构成圆柱体在正立面上投影的左右两条轮廓线,与顶面和底面在正立面上的投影构成矩形。

圆柱体的侧面投影作图方法与正面投影相同,但侧面投影左、右两条轮廓线为圆柱面的最后、最前两条素线的投影。

4.2.2 圆锥体的投影

如图 4.18 所示,直线 SA 绕与它相交的另一直线 SO 旋转,所得轨迹是圆锥面,SO 称为导线,SA 称为母线,母线在圆锥面上任一位置的轨迹为圆锥面的素线,如 SB。圆锥面也可看作由无数条相交于一点并与导线 SO 保持一定角度的素线的集合。如果把母线 SA 和导线 SO 连成一直角三角形 SOA,该平面绕直角边

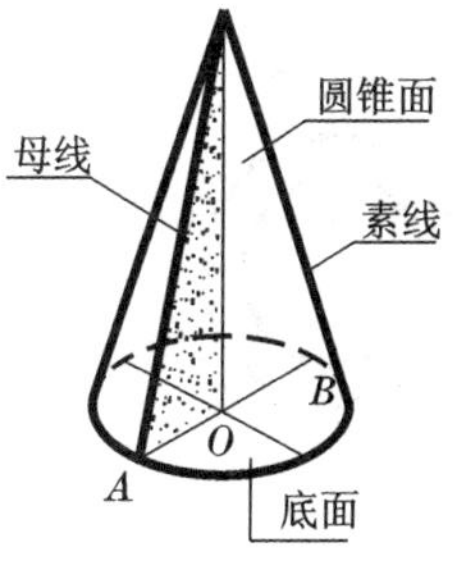

图 4.18 圆锥体

SO 旋转，它的轨迹就是正圆锥体。正圆锥体的底面为直线 AO 绕 O 点旋转所形成的平面圆。从顶点 S 到底面圆的距离为圆锥体的高。

如图 4.19 所示，正圆锥体的轴与水平投影面垂直，即底面平行于水平投影面，作其投影如下：

因为该圆锥体的底面平行于水平投影面，它在水平面上的投影反映实形，在正立投影面和侧立投影面上都积聚为平行于 OX 轴和 OY 轴的直线，其长度等于底圆的直径。

圆锥面是光滑的曲面，作正面投影时，锥面上最左、最右两条素线即 SA 和 SC 都是正平线，其投影分别为 $s'a'$ 和 $s'c'$，即为圆锥面在正立投影面上最左、最右的两条轮廓线。与底面圆在正立投影面上的投影构成圆锥体的正面投影，为等腰三角形。

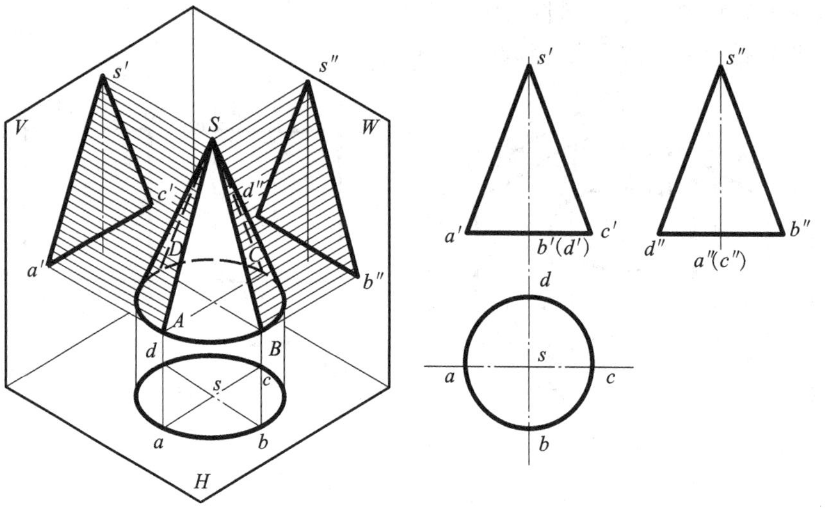

(a) 直观图　　(b) 投影图

图 4.19　圆锥体的投影

圆锥体在侧立投影面上的投影与其在正立投影面上的投影相同，为等腰三角形，但该等腰三角形左、右两条轮廓线为圆锥体最后、最前两条素线的投影。

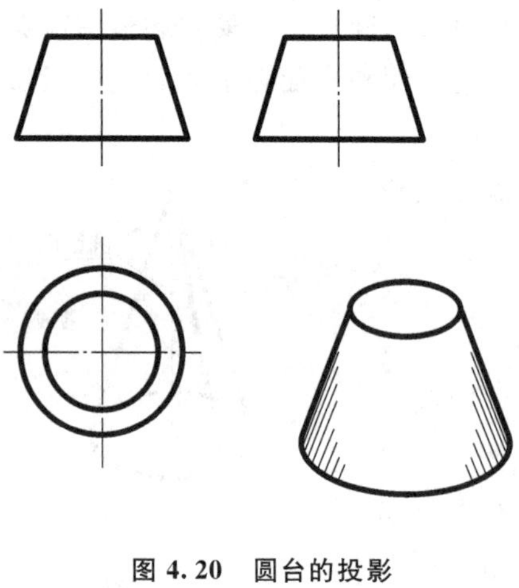

图 4.20　圆台的投影

圆锥体的顶点 S 的投影也可采用如下的方法求得。自圆锥体底面的正面投影的中点作垂线，并在垂线上量取圆锥的高度，即得 s'，其水平投影 s 与底圆投影的圆心重合。同样的方法可求得侧面投影 s''。

圆锥被垂直于轴线的平面所截，所得截面为一圆，该圆与底面圆之间的部分称为圆台，圆台是圆柱体的特例。如图 4.20 所示，该圆台轴线与水平投影面垂直，其投影如下：

由于顶面圆与底面圆平行于水平投影面，故其水平投影反映实形，它们的水平投影为两个直径不等的同心圆，它们的正面投影和侧面投影都积聚为平行于 OX 轴和 OY 轴的直线，直线的长度分别等于上底圆和下底圆的直径。

被截去的圆锥面的正面投影为原圆锥面左、右两条素线被截去后剩余部分(正平线)在正立投影面上的投影。这两条线的投影为圆台正面投影的左、右两条素线,与顶面圆和底面圆的正面投影构成等腰梯形。

圆台的侧面投影与正面投影相同,只是侧面投影左、右两条素线为圆台最后、最前两条素线的投影。

作圆台正面投影时,可从圆台底面圆的正面投影的中点向上作垂线,量取圆台的高,过该点作 OX 轴平行线,长度为顶面圆的直径。将这两条平行线的两端点分别连起来即为圆台的投影。

4.2.3 球体的投影

如图 4.21(a)所示,圆周曲线绕着它的直径旋转,所得轨迹为球面,该直径为导线,该圆周为母线,母线在球面上任一位置时的轨迹称为球面的素线,球面所围成的立体称为球体。

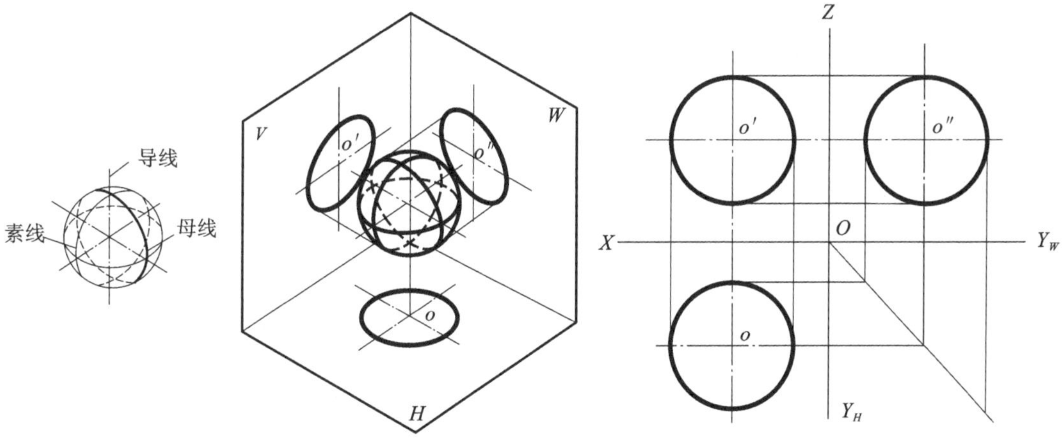

(a) 球的形成 (b) 直观图 (c) 投影图

图 4.21 球的投影

球体的投影为三个直径相等的圆。

水平投影是看得见的上半个球面和看不见的下半个球面投影的重合。该水平投影也是球面上平行于水平面的最大圆周的投影,该圆周的正面投影和侧面投影分别为平行于 OX 轴和 OY 轴的线,长度为球体的直径,构成正面投影和侧面投影的中心线,用单点长画线表示。

正面投影是看得见的前半个球面和看不见的后半个球面投影的重合。正面投影的圆周是球面上平行于正立面最大圆周的投影,与其对应的水平投影和侧面投影分别与圆的水平中心线和铅垂中心线重合,仍然用单点长画线表示。

侧面投影是看得见的左半个球面和看不见的右半个球面投影的重合。侧面投影的圆周是球面上平行于侧立面最大圆周的投影,与其对应的水平投影和正面投影分别与圆的铅垂中心线重合,仍然用单点长画线表示。

4.2.4 曲面体投影图的画法

作曲面体的投影图时,应先用细单点长画线作出曲面体的中心线和轴线,再作其投影。

(1)圆柱体投影图的画法,如图 4.22 所示。

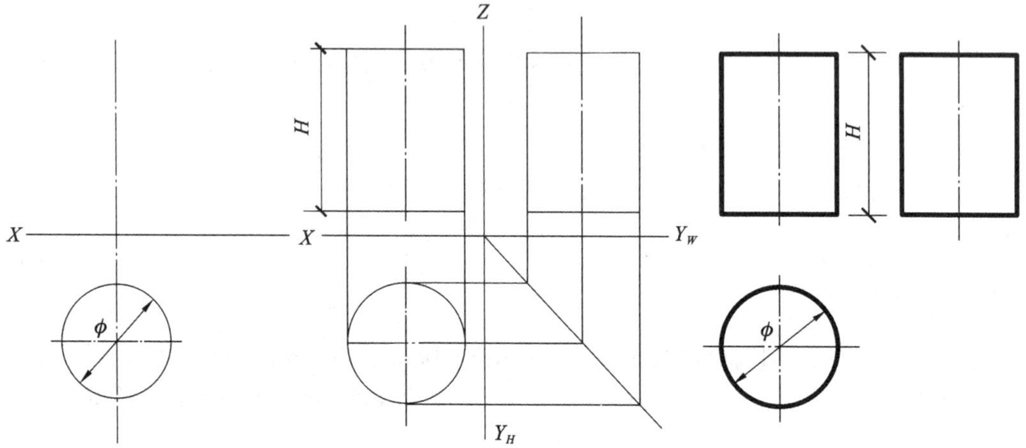

(a)画中心线及反映底面实形的投影。　(b)按投影关系作其他两投影,并使高等于H。　(c)检查整理底图,加深图线,并标注尺寸。

图 4.22　圆柱投影图的画法

(2)圆锥体投影图的画法,如图 4.23 所示。

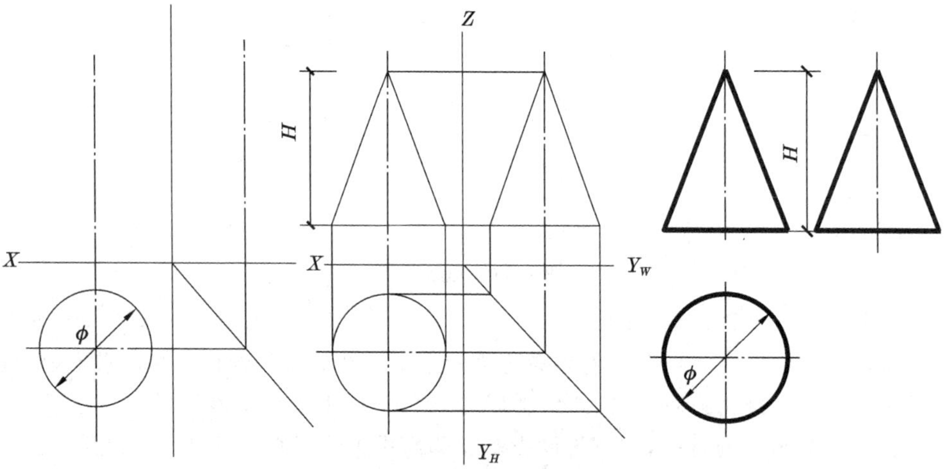

(a)画中心线及反映底面实形的投影。　(b)按投影关系作其他两投影,并使高等于H。　(c)检查整理底图,加深图线,并标注尺寸。

图 4.23　圆锥投影图的画法

动画:简单曲面体的投影特性

(3)圆台投影图的画法,如图 4.24 所示。

(4)球体投影图的画法,如图 4.25 所示。

4.2.5　曲面体投影图的识读

(1)圆柱体的三个投影图分别是一个圆和两个全等的矩形,且矩形的长度等于

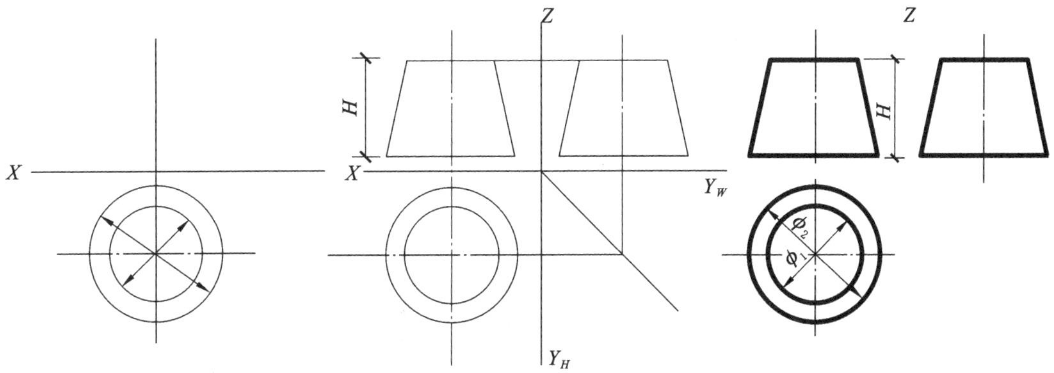

(a) 画中心线及反映底面实形的投影。 (b) 按投影关系作其他两投影，并使高等于H。 (c) 检查整理底图，加深图线并标注尺寸。

图 4.24 圆台投影图的画法

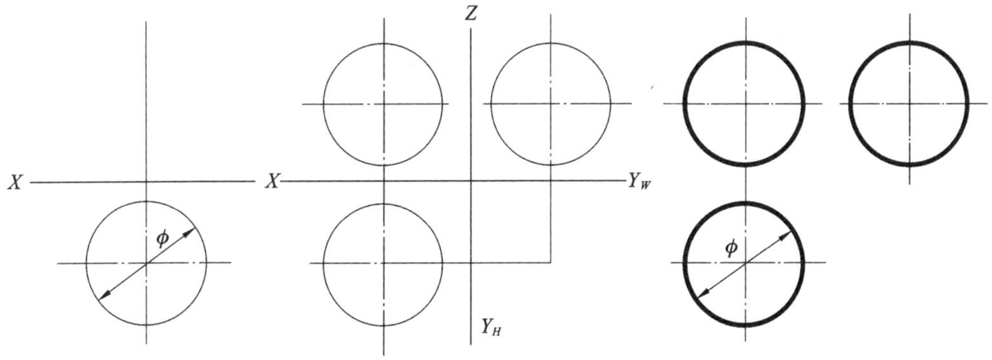

(a) 画水平投影的中心线及水平投影。 (b) 按照投影关系作其他两投影。 (c) 检查底图，加深图线并标注尺寸。

图 4.25 球体投影图的画法

圆的直径。满足这样三个投影图的立体是圆柱。

(2)圆锥体的三个投影图分别是一个圆和两个全等的等腰三角形，且三角形的底边长等于圆的直径，满足这样要求的投影图是圆锥体的投影图。

(3)球体的三个投影都是圆，如果满足这样的要求或者已知一个投影是圆且所注直径前加注字母“$S\phi$”则为球体的投影。

4.2.6 曲面体表面上的点和线

曲面体表面上的点和平面体表面上的点相似。为了作图方便，在求曲面体表面上的点时，可把点分为两类：

(1)特殊位置的点，如圆柱和圆锥的最前、最后、最左、最右、底边及球体上平行于三个投影面的最大圆周等位置上的点，可直接利用线上点的方法求得。

(2)其他位置的点,可利用曲面体投影的积聚性、辅助素线法和辅助圆等方法求得。

4.2.6.1　圆柱体表面上的点和线

如图 4.26 所示,在圆柱体表面上有 A、B 两点,点 A 在圆柱体的右前方,该点的水平投影 a 在圆柱面水平投影积聚圆周上,正面投影在圆柱正面投影矩形的右半边,为可见。侧面投影在圆柱侧面投影的右半边,不可见。

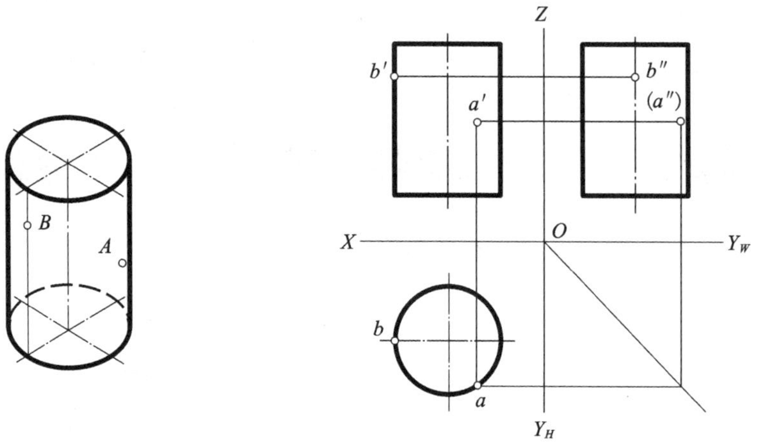

(a)直观图　　(b)投影图

图 4.26　正圆柱体表面上点的投影

点 B 在圆柱的最左边素线上,因此点 B 的三面投影在该素线三面投影上,即水平投影在圆柱水平投影圆周的最左边,正面投影在圆柱正面投影矩形的左边线上,侧面投影在圆柱侧面投影的中心线上。

如果已知圆柱体表面上点 A 和点 B 的正面投影,其作图方法如图 4.26(b)所示。

作圆柱体表面上线段投影时,可先作出线段首尾点和中间若干点的三面投影,再用光滑曲线连接起来,分析可见性即可。

【例 4.1】　已知圆柱体上线段 MKN 的正面投影,求作 MKN 的其他投影(如图 4.27 所示)。

4.2.6.2　圆锥体表面上的点和线

圆锥体表面上的点可利用素线法和辅助圆法求得。

(1)素线法

圆锥体上任一素线都是通过顶点的直线,已知圆锥体上一点时,可过该点作素线,先作出该素线的三面投影,再利用线上点的投影求得。

【例 4.2】　如图 4.28 所示,已知圆锥体表面上点 M 和点 N 的正面投影 m' 和 n',作出 M、N 点的其他投影。

【解】　点 N 在圆锥的最右素线上,其另外两个投影应在该素线的同面投影上。点 M 在一般位置上,另两个投影用素线法求得。

过点 M 作素线 SB 的正面投影 $s'b'$,并作出 SB 的另两个投影 sb 和 $s''b''$。过 m' 分别作

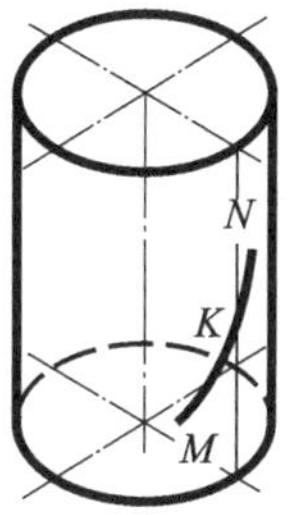

(a)直观图

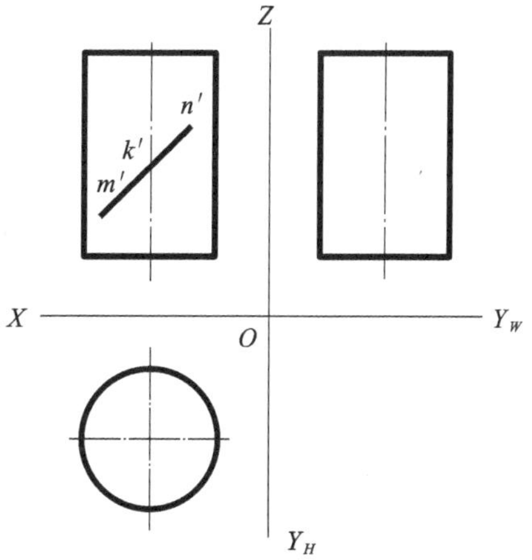

(b)已知曲线*MKN*正面投影

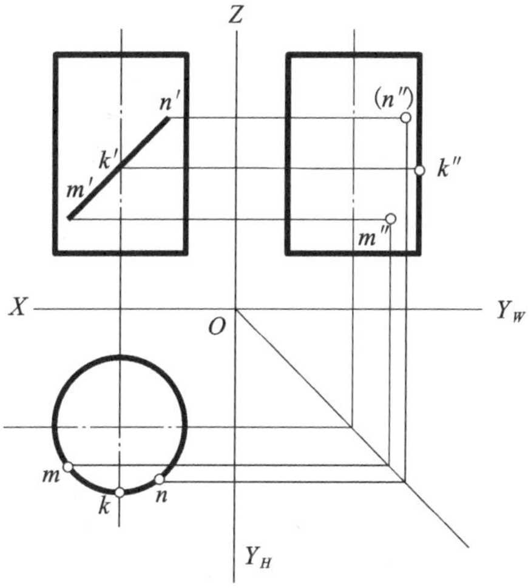

(c)作出点*M*、*K*、*N*的另两个投影

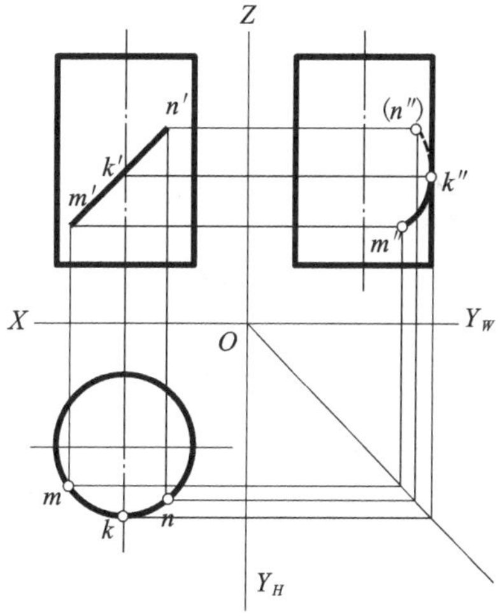

(d)用光滑曲线将*m''*、*k''*与*n''*连起来

图 4.27 圆柱体表面上线段的投影

OX 轴和 OZ 轴的垂线交 sb 和 $s''b''$ 于 m 和 m''，m、m' 和 m'' 即为点 M 的三面投影，这种方法称为素线法，如图 4.28(d)所示。

(2)辅助圆法(纬圆法)

如图 4.28(c)所示，圆锥体母线上任一点的运动轨迹是垂直于圆锥轴线的圆，该圆平行于水平投影面，其水平投影为与圆锥水平投影同心的圆，正面投影是平行于 OX 轴的线。当已知点 M 的正面投影，求其他两个投影时，可过 m' 作平行于 OX 轴的线与圆锥左、右轮廓线交于 c'、d'，$c'd'$ 即为辅助圆的正面投影。以 $c'd'$ 为直径，以 s 为圆心在圆锥的水平投影中作圆，即为辅助圆的水平投影。过 m' 作 OX 轴的垂线交辅助圆水平投影于 m，再利用点的投影规律作出点 M 的侧面投影 m''。

求圆锥体表面上线段的投影与圆柱体表面上线段的方法相同。

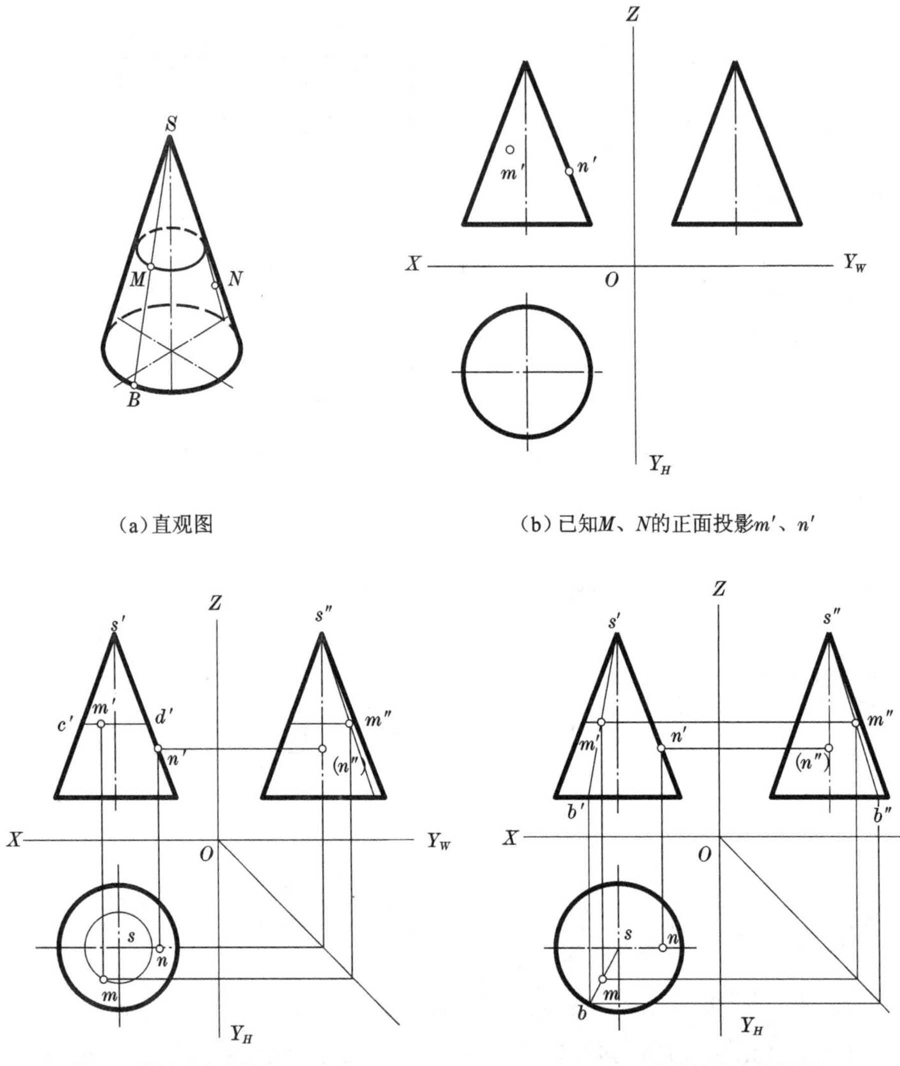

(a)直观图　　(b)已知M、N的正面投影m′、n′

(c)纬圆法求点的投影　　(d)素线法求点的投影

图 4.28　圆锥体表面上点的投影

如图 4.29 所示，在圆锥体上有曲线 $ABCD$，当已知 $ABCD$ 的正面投影，求作另两个投影时，可先求出 A、B、C、D 四点的另两个投影，再用光滑曲线连起来即可。

4.2.6.3　球体表面上的点和线

球体表面上点和线投影的作图方法可以利用辅助圆法求得。

【例 4.3】 如图 4.30 所示，已知球体表面上点 A 和点 B 的正面投影，作点 A 和点 B 的另两个投影。

【解】 过点 A 作辅助圆的三面投影。过 a' 作 OX 轴平行线与球的正面投影交于 $1'$、$2'$ 两点，$1'2'$ 线为辅助圆的正面投影，其线段长度为辅助圆的直径。以 O 为圆心，以 $1'2'$ 为直径作圆，该圆为辅助圆的水平投影。延长 $1'2'$ 与球的侧面投影交于 $3''$、$4''$，$3''4''$ 为辅助圆的侧面投影。

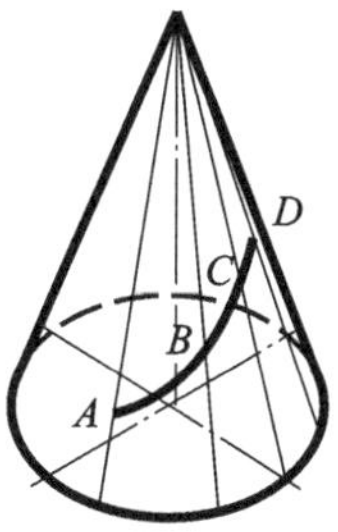

（a）直观图

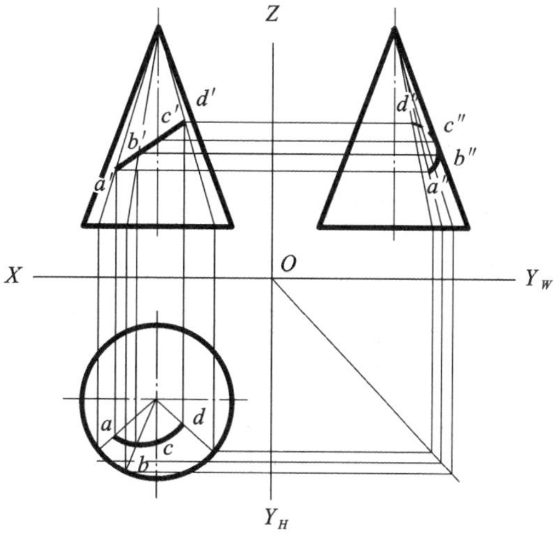

（b）投影图

图 4.29　正圆锥体表面上曲线的投影

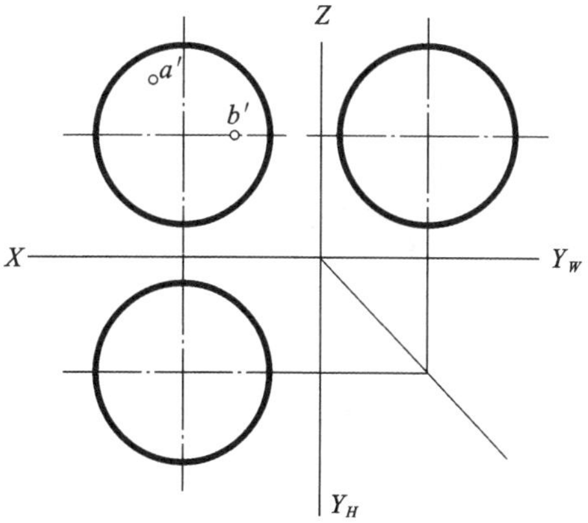

（a）已知A、B的正面投影a'、b'

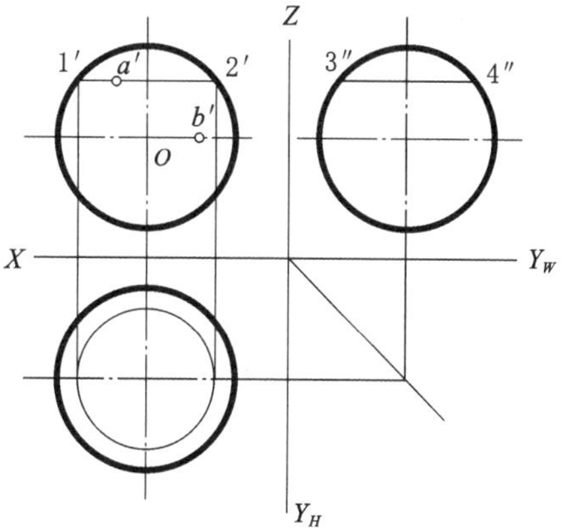

（b）过a'作纬圆的正面投影$1'2'$和水平投影

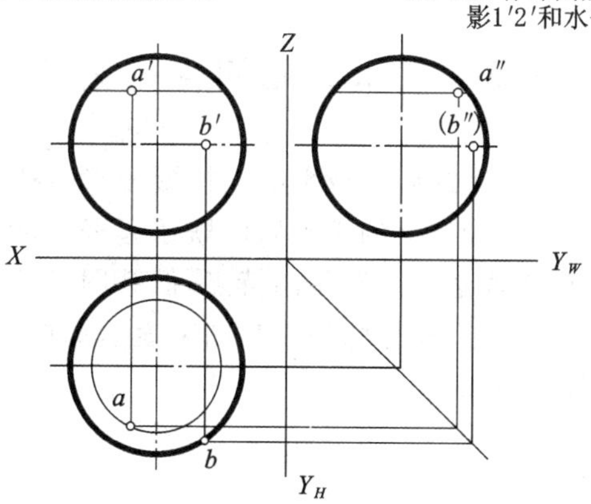

（c）作出A、B的水平投影
a、b与侧面投影a''、b''

图 4.30　球体表面上点的投影

作点 A 的另两个投影。过 a' 作 OX 轴垂线与辅助圆的前半部分交于 a，点 a 即为点 A 的水平投影。最后求出点 A 的侧面投影 a''。

点 B 在平行于水平面的最大圆周上，其另两个投影仍在该圆周的另两个投影上，点 B 的 W 面投影为不可见，如图 4.30(c)所示。

4.2.7　曲面体的尺寸标注

曲面体的尺寸标注和平面体相同，只要注出曲面体圆的直径和高即可，如表 4.2 所示。

表 4.2　曲面立体的尺寸标注

圆柱体	圆锥体
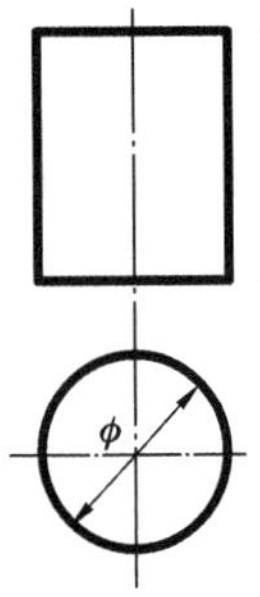	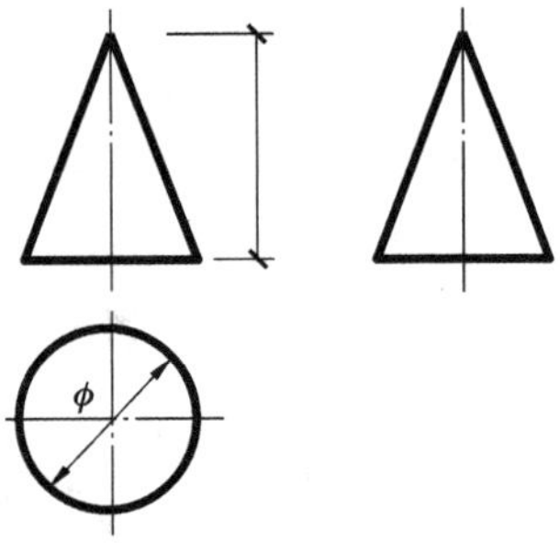
圆台	球体
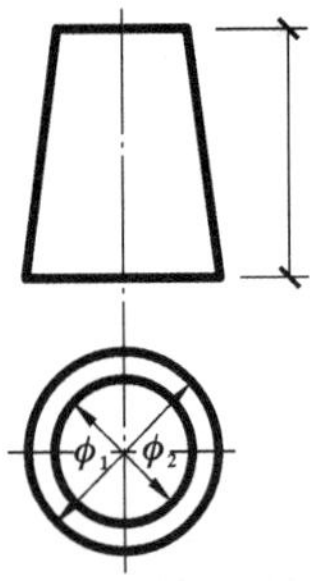	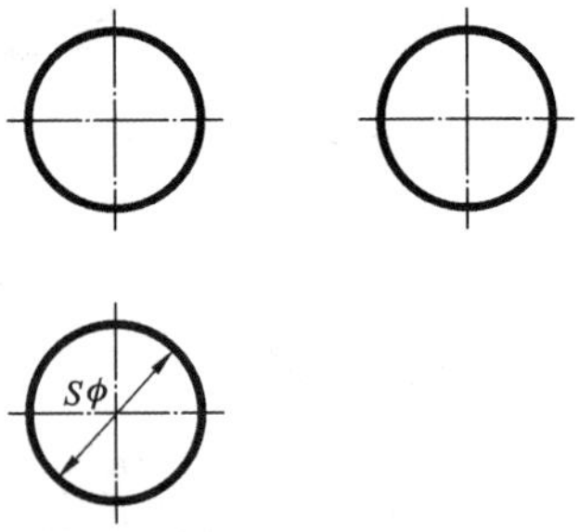

4.3　基本体轴测图的画法

基本体的正投影一般要用两个或两个以上的正投影图来表达其形状，每个投影图只反映两个尺度，识读时，须把两个或两个以上的正投影图联系起来才能想象出空间形状。所以，正投影虽然具有能够完整、准确地表达形体形状的特点，但其图形的直观性差，识读较难。为了便于读图，在工程图中常用一种富有立体感的投影图来表示形体，作为辅助图样，这样的图称为轴测投影图，简称轴测图，如图 4.31 所示。

4.3.1　轴测投影概述

4.3.1.1　轴测投影的概念

如图 4.32 所示，在作形体投影图时如果选取适当的投影方向将物体连同确定物体长、宽、

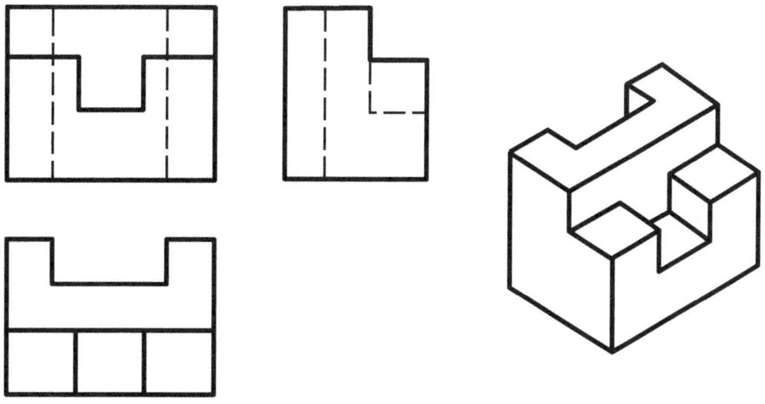

(a)正投影图　　　　(b)轴测图

图 4.31　垫座的正投影图和轴测图

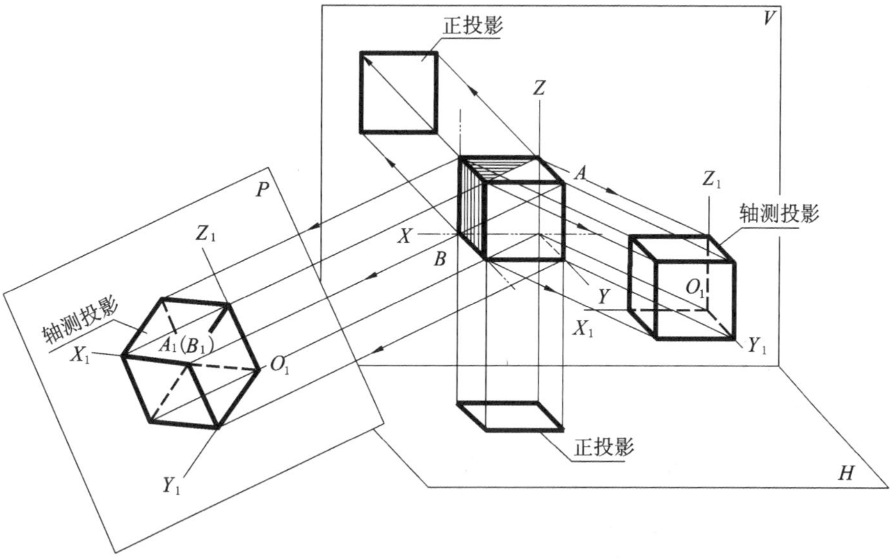

图 4.32　正方体的正投影和轴测投影

高三个尺度的直角坐标轴，用平行投影的方法一起投影到一个投影面（轴测投影面）上所得到的投影，称为轴测投影。应用轴测投影的方法绘制的投影图叫做轴测图。

4.3.1.2　轴测投影的分类

将物体的三个直角坐标轴与轴测投影面倾斜，投影线垂直于投影面，所得的轴测投影图称为正轴测投影图，简称正轴测图。当物体两个坐标轴与轴测投影面平行，投影线倾斜于投影面时，所得的轴测投影图称为斜轴测投影图，简称斜轴测图。

由于轴测投影属于平行投影，因此其特点符合平行投影的特点。

（1）空间平行直线的轴测投影仍然互相平行。所以与坐标轴平行的线段，其轴测投影也平行于相应的轴测轴。

(2)空间两平行直线线段之比，等于相应的轴测投影之比。

4.3.1.3　轴测投影的术语

确定物体长、宽、高三个尺度的直角坐标轴 OX、OY、OZ 在轴测投影面上的投影分别用 O_1X_1、O_1Y_1、O_1Z_1 来表示，叫做轴测轴。轴测轴之间的夹角 $\angle X_1O_1Y_1$、$\angle Y_1O_1Z_1$、$\angle Z_1O_1X_1$ 称为轴间角，且三个轴间角之和为 360°。

在轴测投影中，平行于空间坐标轴方向的线段，其投影长度与其空间长度之比，称为轴向变形系数，分别用 p、q、r 表示。

$$p=\frac{O_1X_1}{OX}\quad q=\frac{O_1Y_1}{OY}\quad r=\frac{O_1Z_1}{OZ}$$

轴测投影的种类很多，这里介绍最常用的几种轴测投影。

(1)正等测图

当三条坐标轴与轴测投影面夹角相等时，所作的正轴测投影图称为正等测轴测图，简称正等测图，如图 4.33 所示。

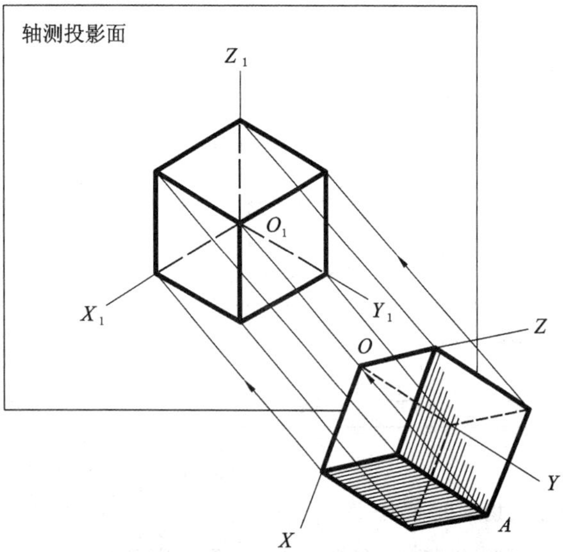

(a) 正等测轴测投影的形成

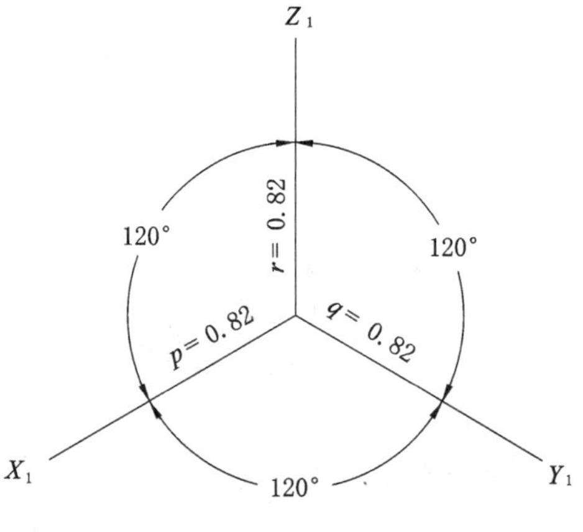

(b) 轴间角和轴向缩短系数

图 4.33　正等测轴测投影

由于三个直角坐标轴与轴测投影面夹角相等，所以正等测图的三个轴间角相等，即为 120°，其轴向变形系数约等于 0.82。为了作图方便，常用 $p=q=r=1$，称为简化系数。用简化系数作出的轴测图比实际的轴测图大，约为实际轴测投影图的 1.22 倍。

(2)斜二测图

斜二测图也叫做正面斜轴测图。当形体的 OX 轴和 OZ 轴所确定的平面平行于轴测投影面，投影线方向与轴测投影面倾斜成一定角度时，所得到的轴测投影称为斜二测图，如图 4.34 所示。

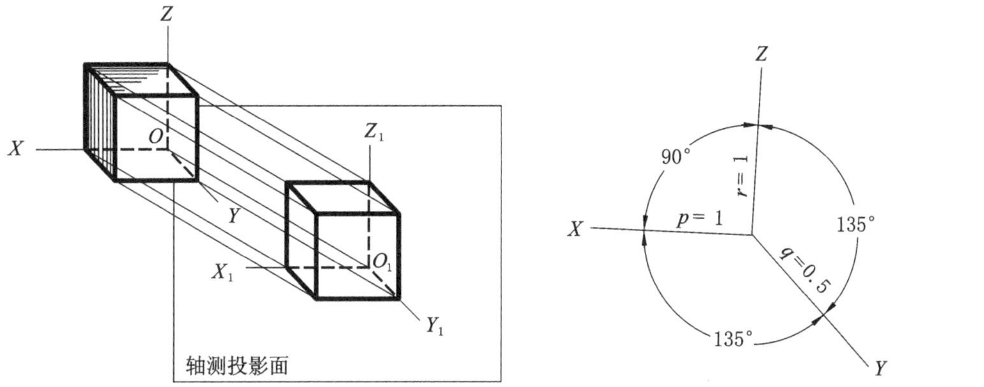

(a)斜二测轴测投影的形成 (b)斜二测轴测投影的轴间角和轴向缩短系数

图 4.34 斜二测轴测投影

斜二测图的轴间角$\angle X_1O_1Z_1=90°$,$\angle X_1O_1Y_1$与$\angle Y_1O_1Z_1$常取135°。由于OX与OZ平行于轴测投影面,所以其轴测投影O_1X_1与O_1Z_1的长度不发生变化,即$p=r=1$,q取0.5。

(3)斜等测图

斜等测投影图的形成与斜二测投影图的形成一样,只是$q=1$,即沿OY轴的方向不变。

4.3.2 基本体轴测投影图的画法

画基本体轴测投影图的方法主要采用坐标法。

坐标法是根据物体表面上各点的坐标画出各点的轴测图,然后依次连接各点,即得该物体的轴测图。同时,在作图过程中利用轴测投影的特点,作图的速度会更快,更简捷。

4.3.2.1 平面体轴测图的画法

(1)正等测图

画正等测图时,应先用丁字尺配合三角板作出轴测轴。一般将O_1Z_1轴画成铅垂线,再用丁字尺画一条水平线,在其下方用30°三角板作出O_1X_1轴和O_1Y_1轴,如图4.35所示。

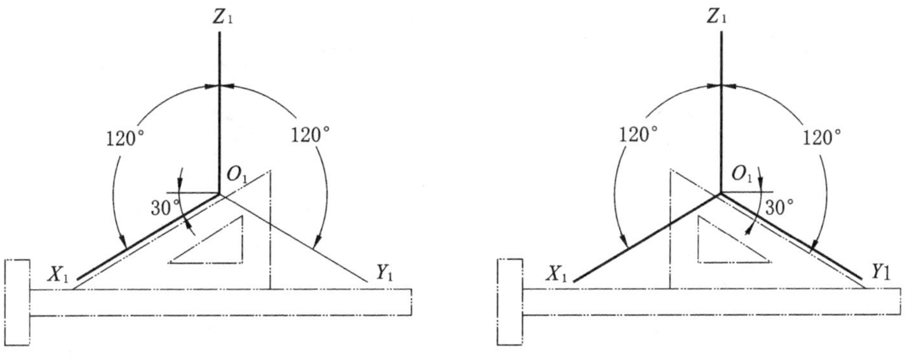

图 4.35 正等测轴测轴的画法

【例 4.4】 用坐标法作长方体的正等测图，如图 4.36 所示。

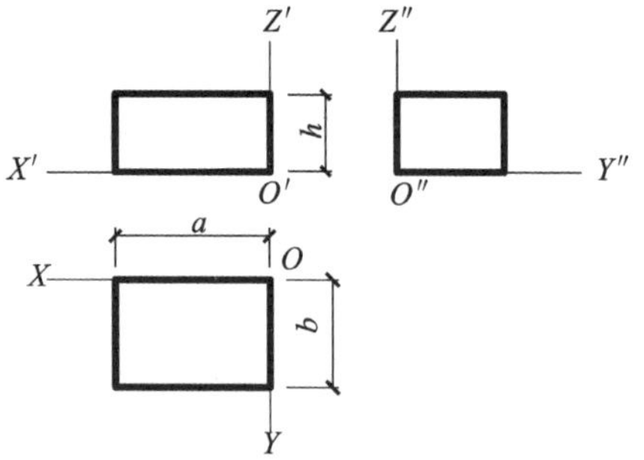

(a) 在正投影图上定出原点和坐标轴的位置。

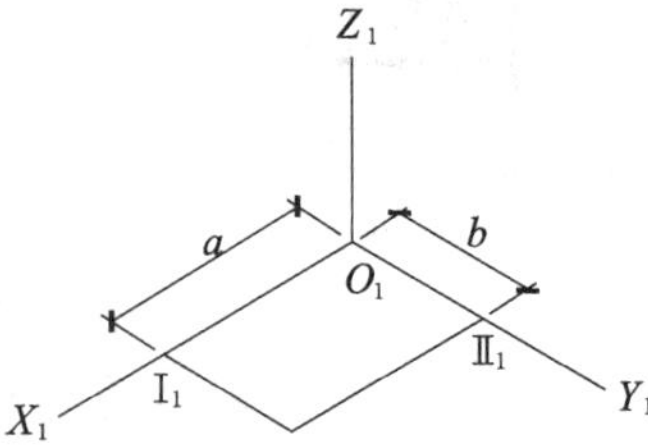

(b) 画轴测轴，在O_1X_1和O_1Y_1上分别量取a和b，过Ⅰ$_1$、Ⅱ$_1$作O_1X_1和O_1Y_1的平行线，得长方体底面的轴测图。

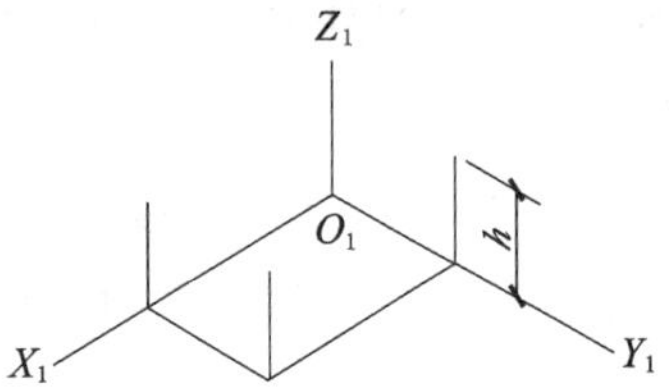

(c) 过底面各角点作O_1Z_1轴的平行线，量取高度h，得长方体顶面各角点。

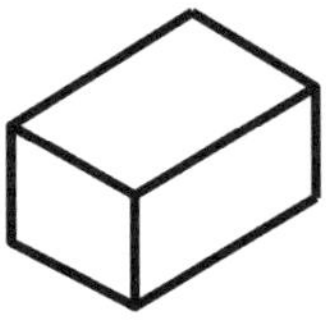

(d) 连接各角点，擦去多余的线，并描深，即得长方体的正等测图，图中虚线可不必画出。

动画:长方体的正等测

图 4.36　长方体正等测图的画法

【例 4.5】 作四棱台的正等测图，如图 4.37 所示。

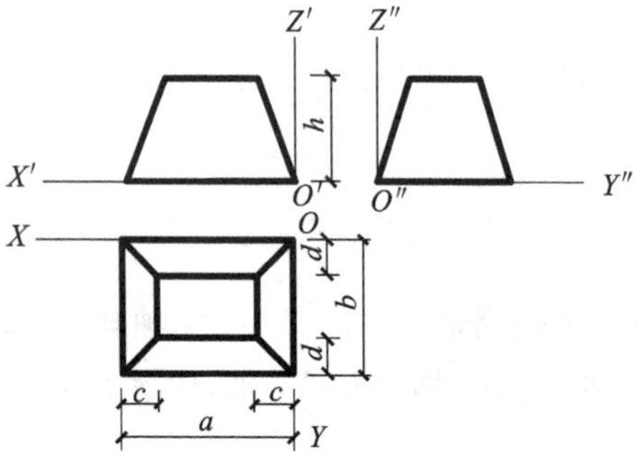

(a) 在正投影图上定出原点和坐标轴的位置。

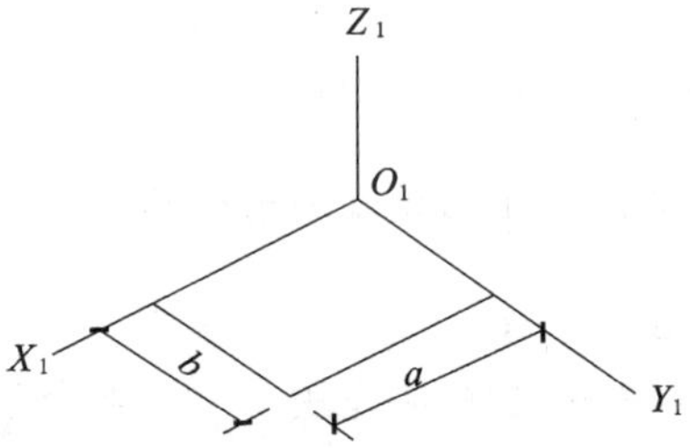

(b) 画轴测轴，在O_1X_1和O_1Y_1上分别量取a和b画出四棱台底面的轴测图。

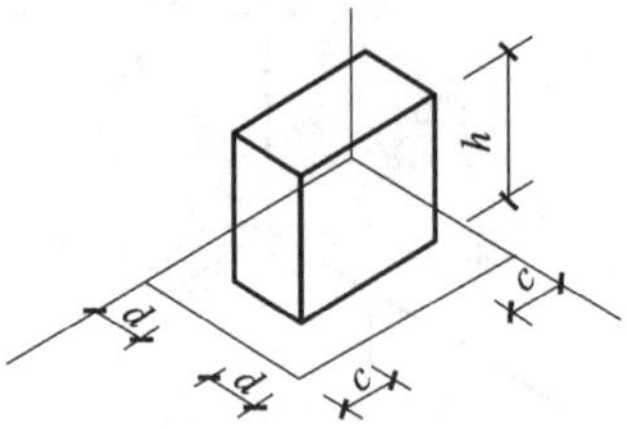

(c) 在底面上用坐标法根据尺寸c、d和h作棱台各角点的轴测图。

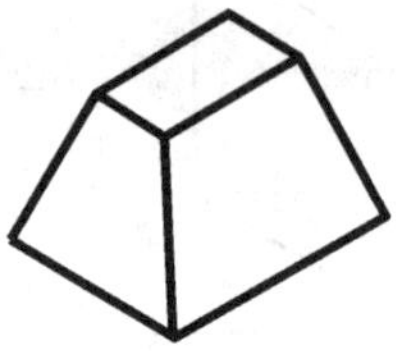

(d) 依次连接各点，擦去多余的线并描深，即得四棱台的正等测图。

图 4.37　四棱台正等测图的画法

(2)斜二测图

画斜二测图时，一般仍将 O_1Z_1 轴画成铅垂线，用丁字尺和 45°三角板画出 O_1X_1 轴和 O_1Y_1 轴，如图 4.38 所示。

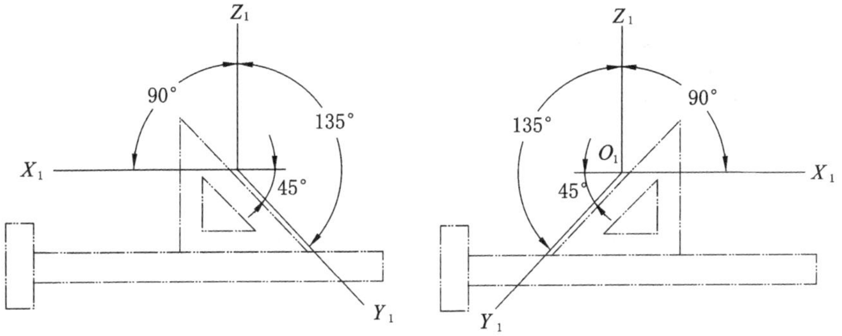

图 4.38　斜二测轴测轴的画法

斜二测图的画法和正等测图的画法基本相同，但应注意 O_1Y_1 轴的轴向变形系数为 0.5。

【例 4.6】 作六棱锥的斜二测图，如图 4.39 所示。

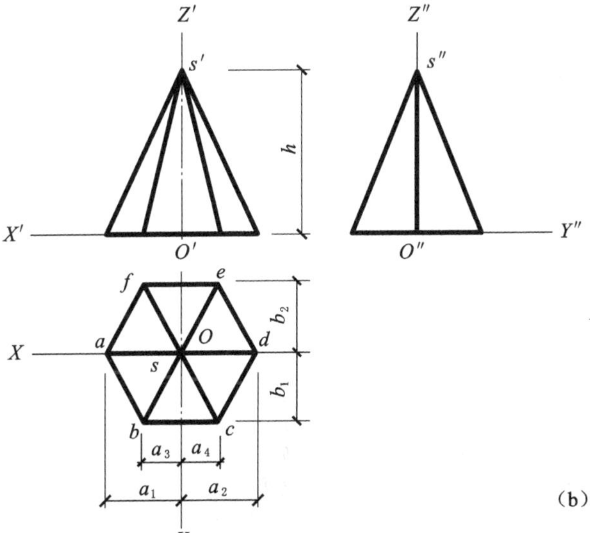

(a) 在正投影图上定出原点和坐标轴的位置。

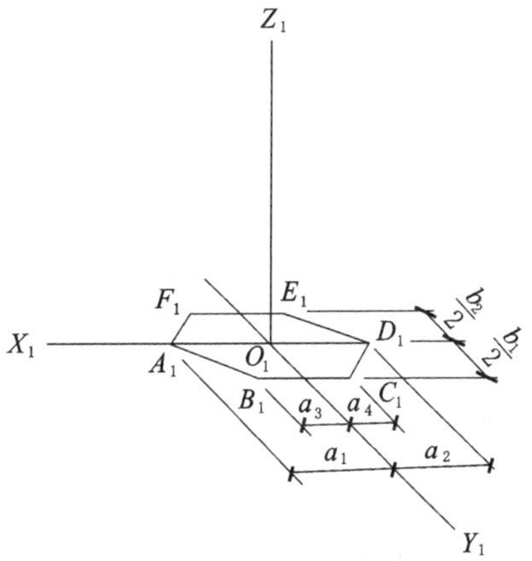

(b) 作斜二测图的轴测轴，沿O_1X_1量取a_1、a_2得A_1、D_1，沿O_1X_1量取a_3、a_4，并作O_1Y_1轴平行线，沿此线量取$b_1/2$、$b_2/2$得B_1、C_1、E_1、F_1。

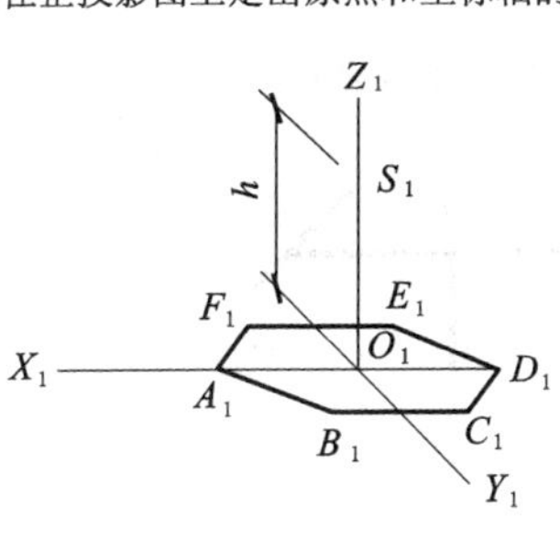

(c) 在O_1Z_1轴上量取h得S_1。

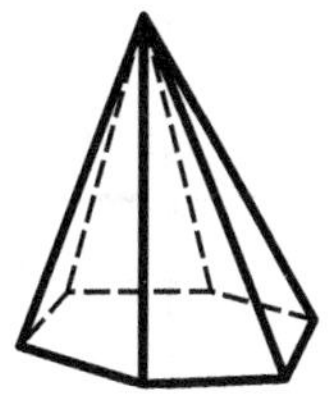

(d) 依次连接各点，擦去多余的线条并加深，即得六棱锥体的斜二测图。

图 4.39　六棱锥体斜二测图的画法

【例 4.7】 利用轴测投影的特点，作垫块的斜二测图，如图 4.40 所示。

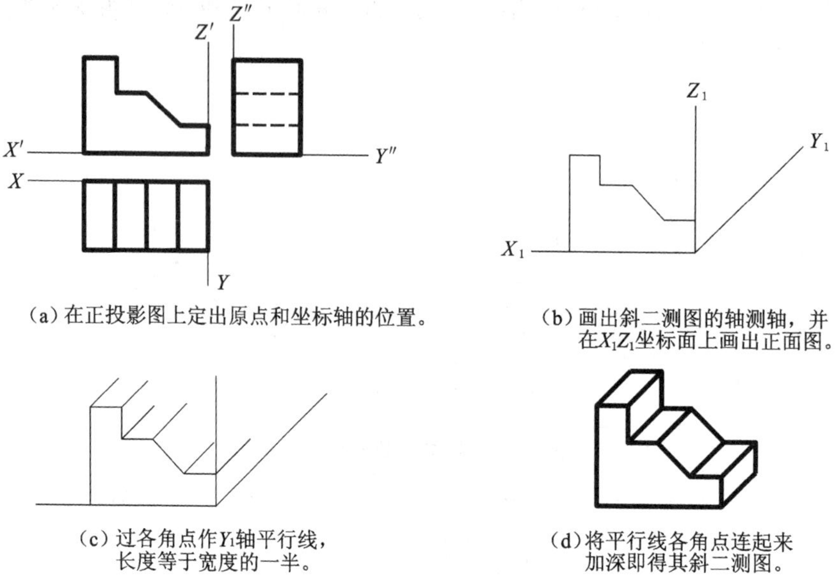

(a) 在正投影图上定出原点和坐标轴的位置。

(b) 画出斜二测图的轴测轴，并在X_1Z_1坐标面上画出正面图。

(c) 过各角点作Y_1轴平行线，长度等于宽度的一半。

(d) 将平行线各角点连起来加深即得其斜二测图。

图 4.40　垫块斜二测图的画法

(3)斜等测图

斜等测图的画法与斜二测图的画法完全相同，但此时 $p=q=r=1$。

【例 4.8】 作图 4.41 所示直线 AB、CD、EF、GH 的斜等测图。

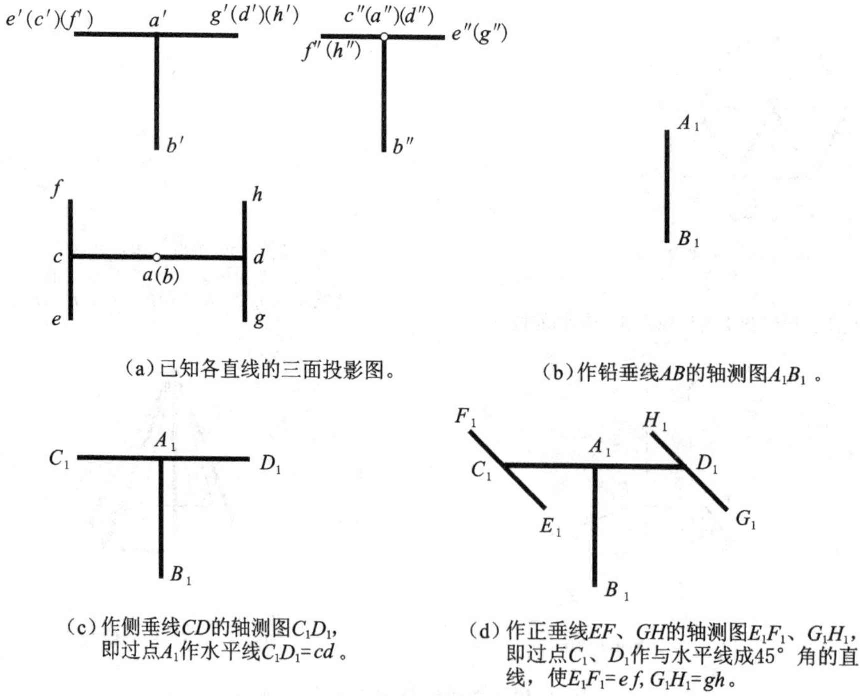

(a) 已知各直线的三面投影图。

(b) 作铅垂线AB的轴测图A_1B_1。

(c) 作侧垂线CD的轴测图C_1D_1，即过点A_1作水平线$C_1D_1=cd$。

(d) 作正垂线EF、GH的轴测图E_1F_1、G_1H_1，即过点C_1、D_1作与水平线成45°角的直线，使$E_1F_1=ef$, $G_1H_1=gh$。

图 4.41　直线的斜等测图画法

4.3.2.2 曲面体轴测图的画法

在正投影中,当圆所在的平面平行于投影面时,其投影仍是圆;而当圆所在的平面倾斜于投影面时,它的投影是椭圆。在轴测投影中除斜二测投影中一个面不发生变形外,一般情况下,圆的轴测投影是椭圆。

(1)正等测图

当曲面体上圆平行于坐标面时,作正等测图,通常采用近似的作图方法——“四心法”,如图 4.42 所示。

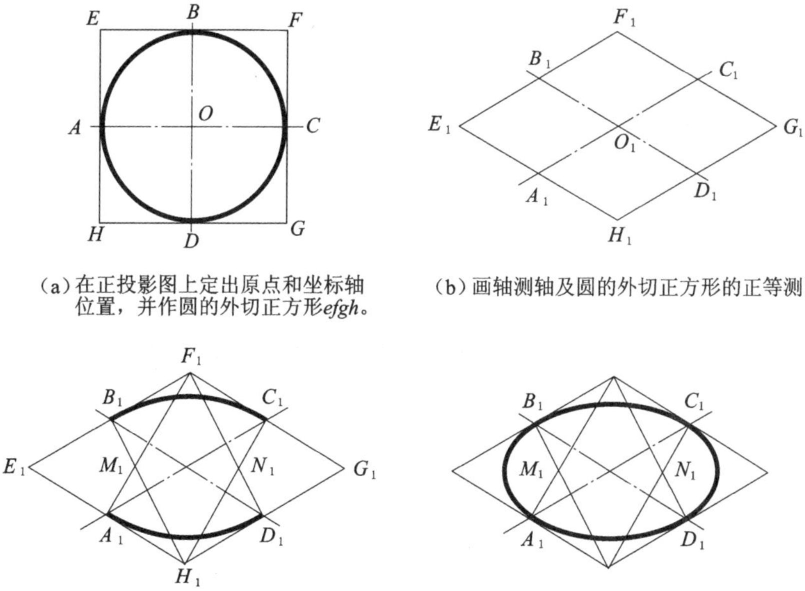

(a)在正投影图上定出原点和坐标轴位置,并作圆的外切正方形efgh。

(b)画轴测轴及圆的外切正方形的正等测图。

(c)连接F_1A_1、F_1D_1、H_1B_1、H_1C_1,分别交于M_1、N_1,以F_1和H_1为圆心,F_1A_1或H_1C_1为半径作大圆弧$\widehat{B_1C_1}$和$\widehat{A_1D_1}$。

(d)以M_1和N_1为圆心,M_1A_1或N_1C_1为半径作小圆弧$\widehat{A_1B_1}$和$\widehat{C_1D_1}$,即得平行于水平面的圆的正等测图。

动画:圆形的正等测

图 4.42 用四心法画圆的正等测图——椭圆

【例 4.9】 作圆柱体的正等测图,如图 4.43 所示。

【例 4.10】 作圆台的正等测图,如图 4.44 所示。

圆角的正等测图,也可按上述近似法求作。如图 4.45 所示,实际上是作 1/4 椭圆,所以,作图时可先延长与圆角相切的两边线使之成直角,并按直角作出它的正等测图。由于直角所处的位置不同,其正等测投影可能是锐角或钝角。以钝角或锐角的顶点为起点,在两边量取圆角半径 r 的长度,得 a_1 及 d_1 两点,过 a_1、d_1 点作所在边的垂线,两垂线的交点即为轴测圆角的圆心,再作圆弧与两边相切,得圆角的正等测图。

【例 4.11】 作平板上圆角的正等测图,如图 4.46 所示。

(2)斜二测图

当圆平面平行于由 OX 轴和 OZ 轴决定的坐标面时,其斜二测图仍是圆。当圆平行于其他两个坐标面时,由于圆外切四边形的斜二测图是平行四边形,圆的轴测图可采用近似的作

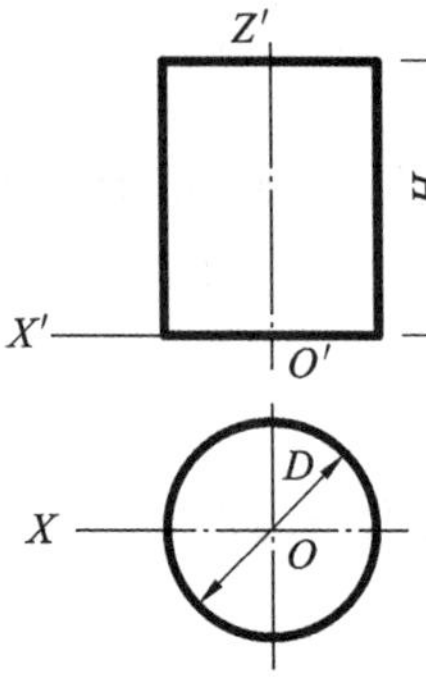

（a）在正投影图上定出原点和坐标轴位置。

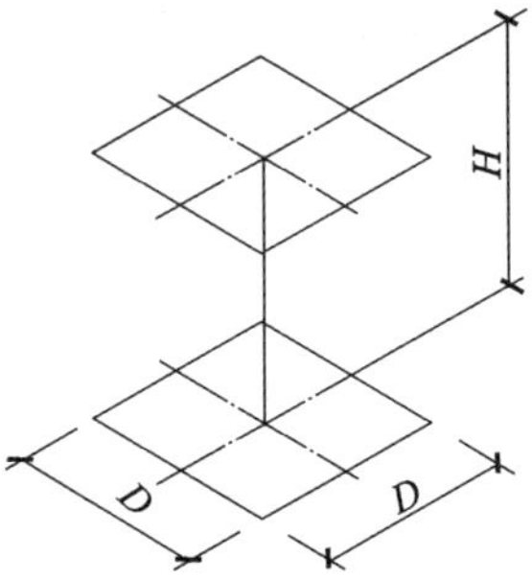

（b）根据圆柱的直径D和高H，作上下底圆外切正方形的轴测图。

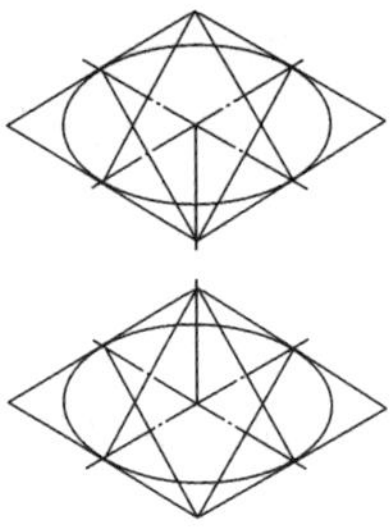

（c）用四心法画上下底圆的轴测图。

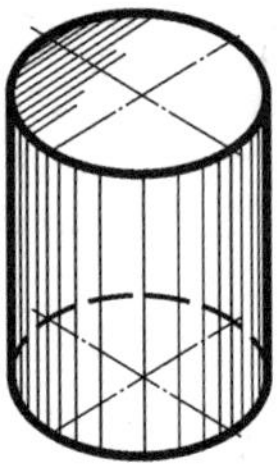

（d）作两椭圆公切线，擦去多余线条并描深，即得圆柱体的正等测图。

图 4.43　圆柱体的正等测图画法

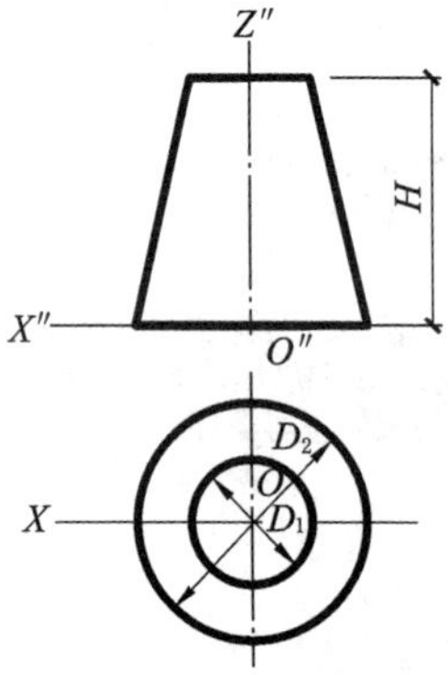

（a）在正投影图上定出原点和坐标轴的位置。

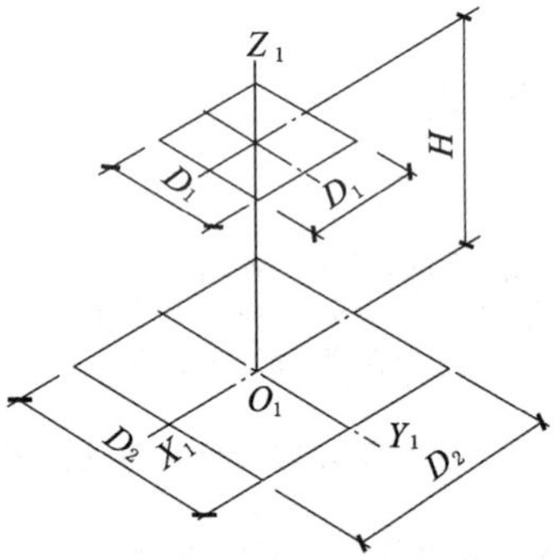

（b）根据上下底圆直径D_1、D_2和高H作圆的外切正方形的轴测图。

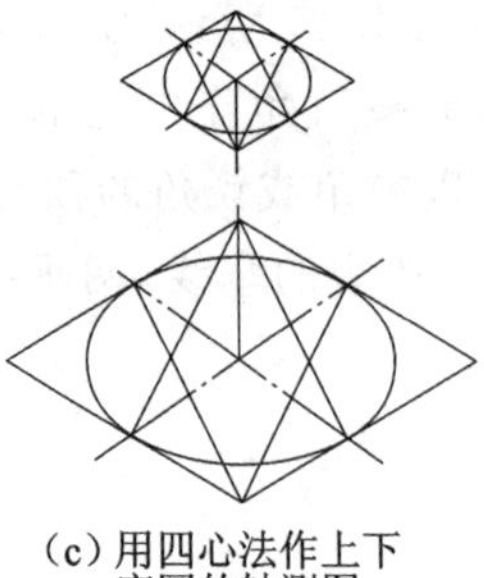

（c）用四心法作上下底圆的轴测图。

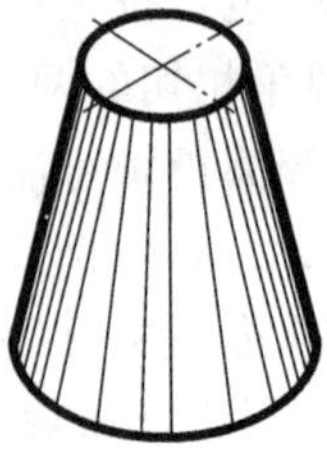

（d）作两椭圆的公切线，擦去多余线条，加深，即得圆台的正等测图。

图 4.44　圆台的正等测图画法

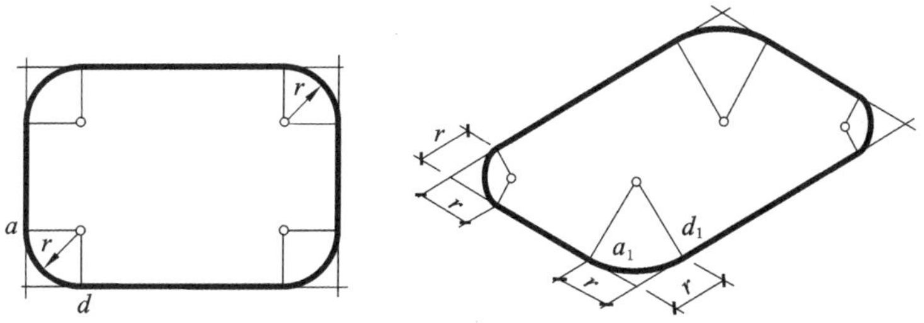

(a) (b)

图 4.45 圆角的正等测图

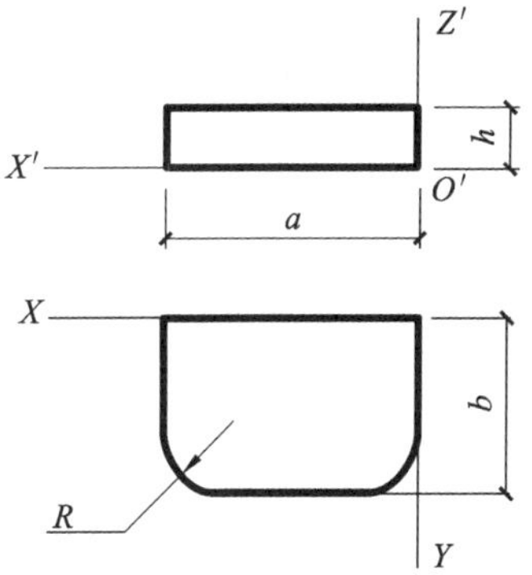

(a) 在正投影图中定出原点和坐标轴的位置。

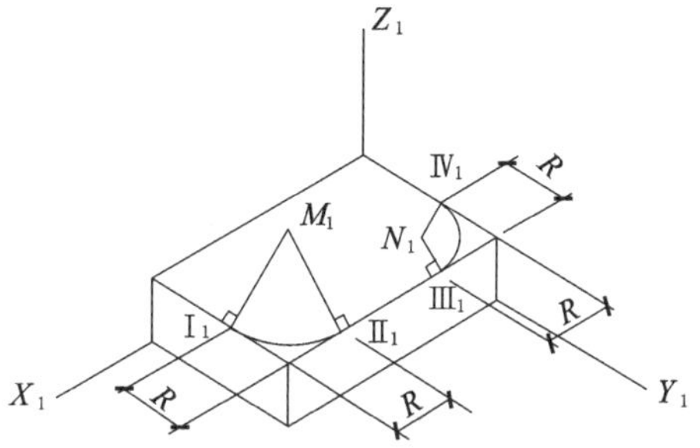

(b) 先根据尺寸a、b、h作平板的轴测图，由角点沿两边分别量取半径R得Ⅰ$_1$、Ⅱ$_1$、Ⅲ$_1$、Ⅳ$_1$点，过各点作直线垂直于圆角的两边，以交点M_1、N_1为圆心，M_1Ⅰ$_1$、N_1Ⅲ$_1$为半径作圆弧。

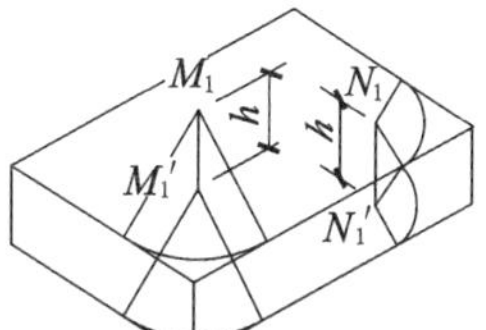

(c) 过M_1、N_1沿O_1Z_1方向作直线量取$M_1M_1'=N_1N_1'=h$，以M_1'、N_1'为圆心分别以M_1Ⅰ$_1$、N_1Ⅲ$_1$为半径作弧得底面圆弧。

(d) 作右边两圆弧切线，擦去多余线条并描深，即得有圆角平板的正等测图。

图 4.46 平板圆角的正等测图画法

法——“八点法”作图，如图 4.47 所示。

【例 4.12】 作带孔圆台的斜二测图，如图 4.48 所示。

【例 4.13】 作圆锥的斜二测图，如图 4.49 所示。

(3)斜等测图

平行于坐标面 ZOY 和 XOY 的圆外切正方形的轴测投影为菱形，作椭圆时仍可用四心法，其作图方法如图 4.50 所示。

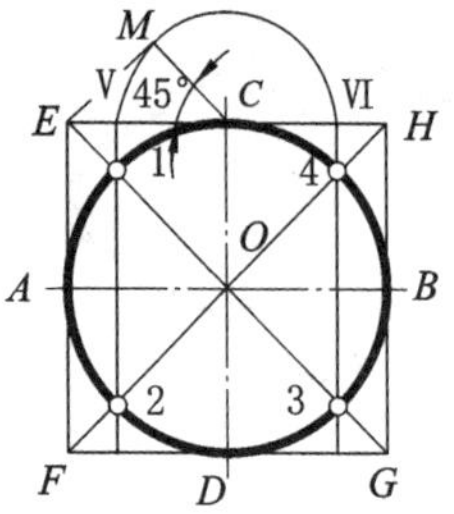

(a) 作圆的外切正方形$EFGH$，并连接对角线EG、FH交圆周于1、2、3、4点。

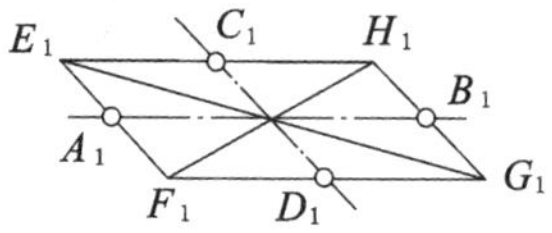

(b) 作圆外切正方形的斜二测图，切点A_1、B_1、C_1、D_1即为椭圆上的四个点。

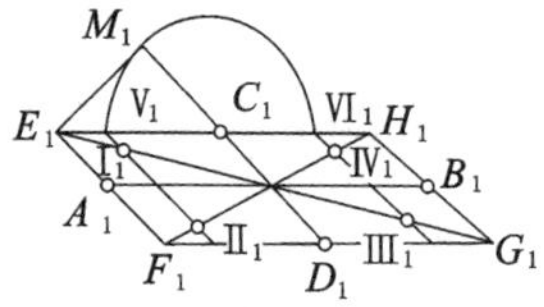

(c) 以E_1C_1为斜边作等腰直角三角形，以C_1为圆心，腰长C_1M_1为半径作弧，交E_1H_1于V_1、VI_1，过V_1、VI_1作C_1D_1的平行线与对角线交I_1、II_1、III_1、IV_1四点。

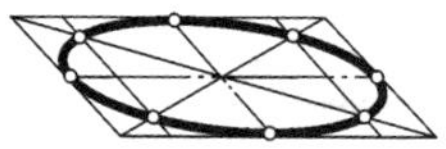

(d) 依次用曲线板连接A_1、I_1、C_1、IV_1、B_1、III_1、D_1、II_1、A_1各点即得平行于水平面的圆的斜二测图。

图 4.47　用八点法作圆的斜二测图——椭圆

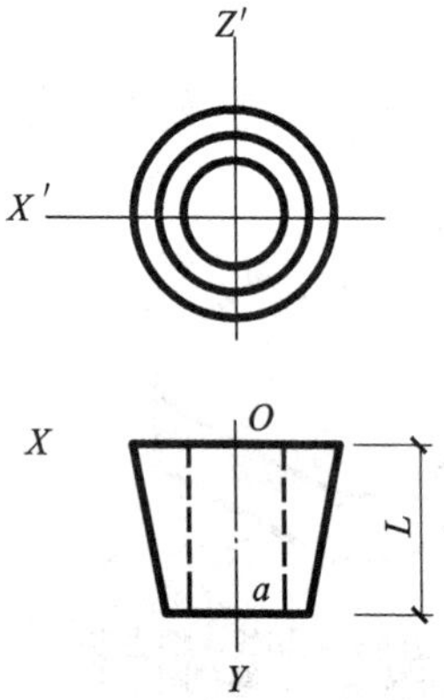

(a) 在正投影图中定出原点和坐标轴的位置。

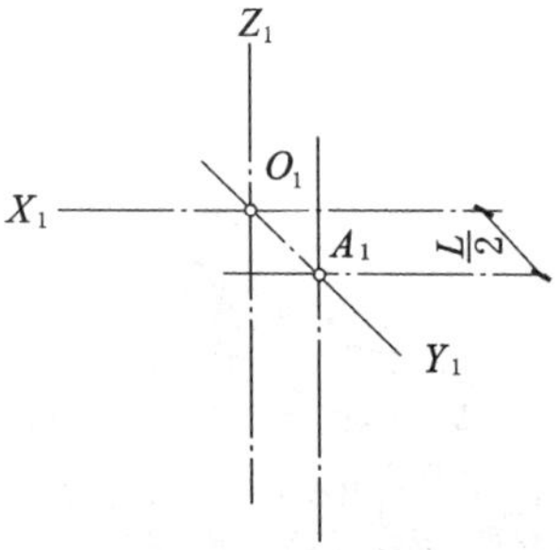

(b) 画轴测轴，在O_1Y_1轴上取$O_1A_1=L/2$。

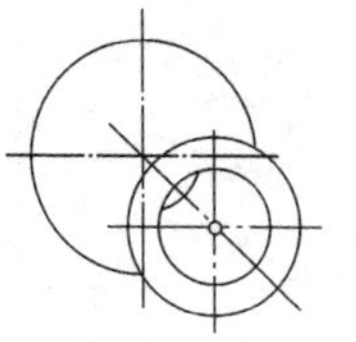

(c) 分别以O_1、A_1为圆心，相应半径的实长为半径画两底圆及圆孔。

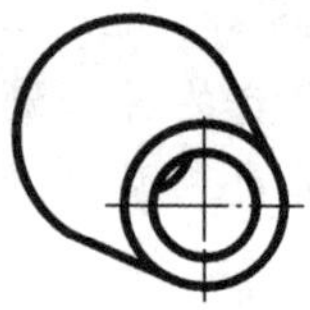

(d) 作两底圆公切线，擦去多余线条并描深，即得带通孔圆台的斜二测图。

图 4.48　带孔圆台的斜二测图画法

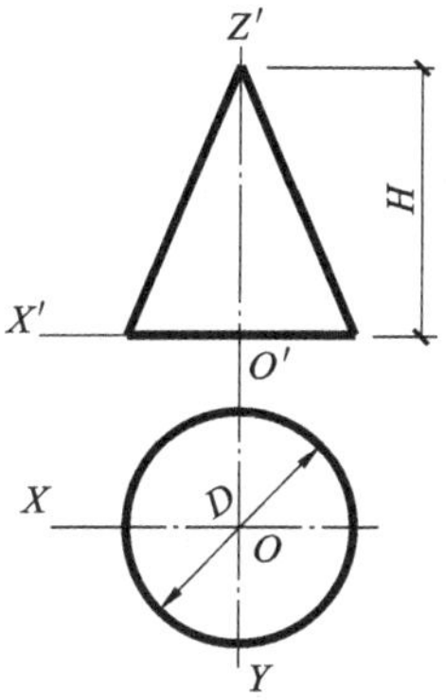

(a)在正投影图上定出原点和坐标轴的位置。

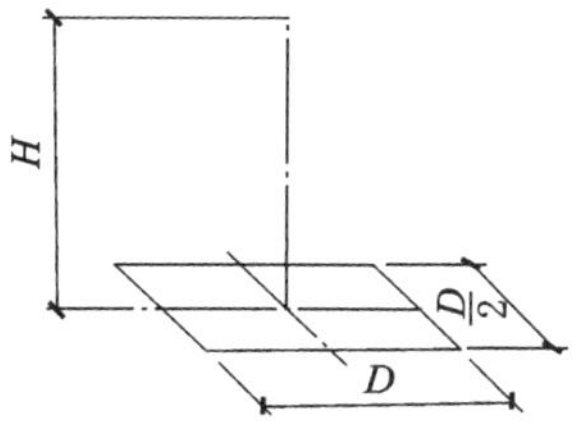

(b)根据圆锥底圆直径D和圆锥的高H，作底圆外切正方形的轴测图，并在中心定出高。

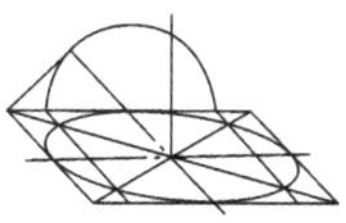

(c)用八点法作圆锥底圆的轴测图。

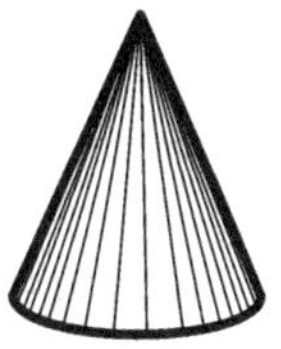

(d)过顶点向椭圆作切线，最后检查整理，加深图线或描墨，即为所求。

图 4.49　圆锥的斜二测图

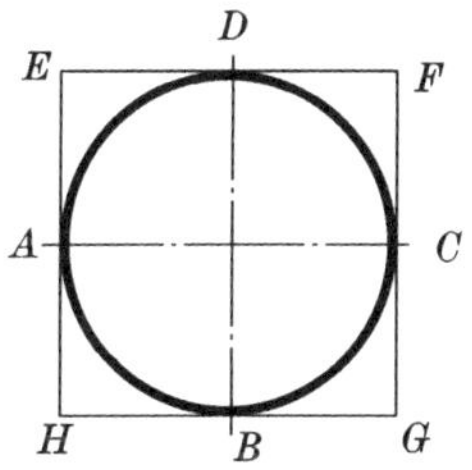

(a)作圆的外切正方形$EFGH$与圆相切于点A、B、C、D。

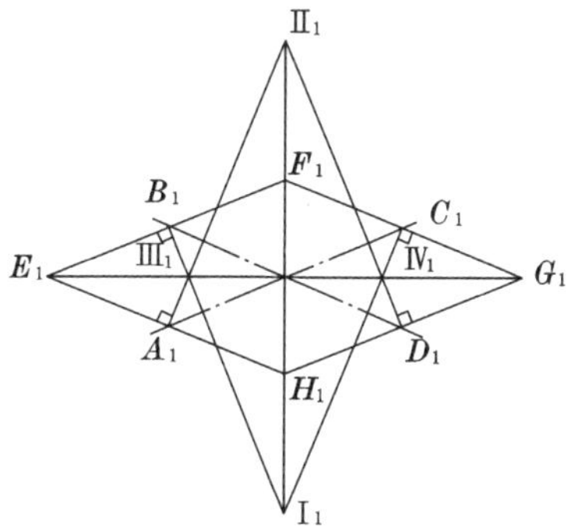

(b)作圆外切正方形及直径A_1C_1、B_1D_1，过A_1、B_1、C_1、D_1分别作各边的垂直线交菱形对角线或其延长线上于Ⅰ$_1$、Ⅱ$_1$、Ⅲ$_1$、Ⅳ$_1$点。

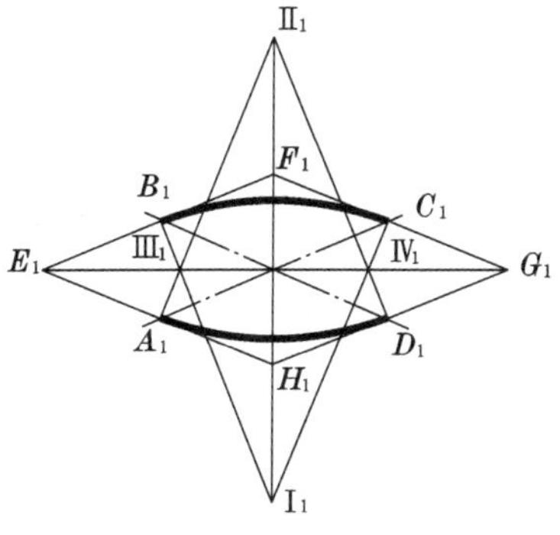

(c)以Ⅰ$_1$和Ⅱ$_1$为圆心，Ⅰ$_1B_1$和Ⅱ$_1A_1$为半径作圆弧$\widehat{B_1C_1}$和$\widehat{A_1D_1}$。

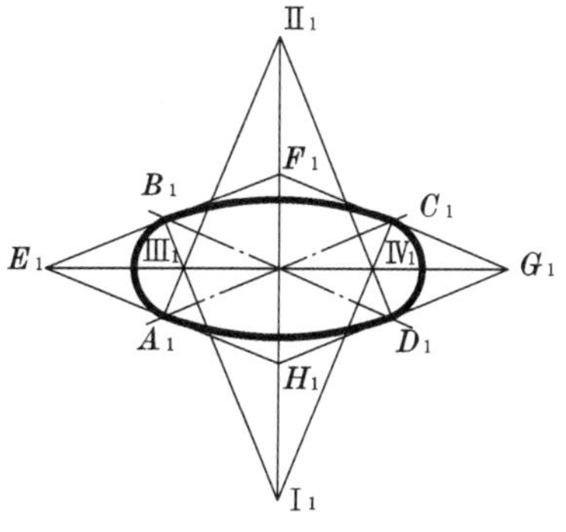

(d)以Ⅲ$_1$和Ⅳ$_1$为圆心，Ⅲ$_1A_1$和Ⅳ$_1C_1$为半径，作圆弧$\widehat{A_1B_1}$和$\widehat{C_1D_1}$，连成椭圆即为所求。

图 4.50　用四心法作圆的斜等测图

单元小结

基本体分平面体、曲面体两类。常见平面体有棱柱体、棱锥体、棱台体等。常见曲面体有圆柱体、圆锥体、圆台体、球体等。

学习基本体投影是学习建筑形体投影的基础。要理解基本体投影图中每条线和每个线框的空间意义，并掌握轴测投影的形成和画法。轴测投影是平行投影，正等测、斜二测、斜等测是常见的轴测投影。在基本体表面取点、取线作图时，必须分析其所在的空间位置和投影可见性，然后选用相应方法作图。平面体的作图方法有积聚投影法、辅助线法，曲面体的作图方法有素线法和纬圆法。

复习思考题

4.1　什么是基本体？它们是如何分类的？

4.2　简述平面体投影图的画法。

4.3　简述曲面体投影图的画法。

4.4　如何标注基本体投影图的尺寸？

4.5　什么是素线法和纬圆法？在形体表面取点、取线时应注意哪些内容？

4.6　轴测投影是怎样形成的？分类如何？

4.7　简述平面体、曲面体轴测投影的画法。

单元5　组 合 体

教学目标

1. 掌握组合体的组合方式及表面连接关系,并进行位置关系的分析;
2. 掌握组合体及其投影的形体分析和线面分析;
3. 掌握组合体投影图的画法和步骤;
4. 掌握组合体轴测投影的画法。
5. 掌握组合体投影图的尺寸标注及其注意事项。
6. 掌握组合体投影图在识读及求解中的一般方法和步骤。

思政要点

丰富对建筑美的体验,陶冶情操。实施创新驱动发展,实现高水平科技自立自强。

我们日常见到的建筑物或其他工程形体,都是由简单的基本形体所组成。图5.1所示的现代风格的高层建筑是由四棱台、圆柱体、长方体、球体等组合而成。本单元主要介绍组合体投影图的画法及识图。

图5.1　某高层建筑

5.1　组合体投影图的画法

5.1.1　组合体的组合方式

组合体从空间形态上看，要比前面所学的基本形体复杂。但是，经过观察也能发现它们的组成规律，它们一般由三种组合方式组合而成。

(1)叠加式

把组合体看成由若干个基本形体叠加而成，如图 5.2(a)所示。

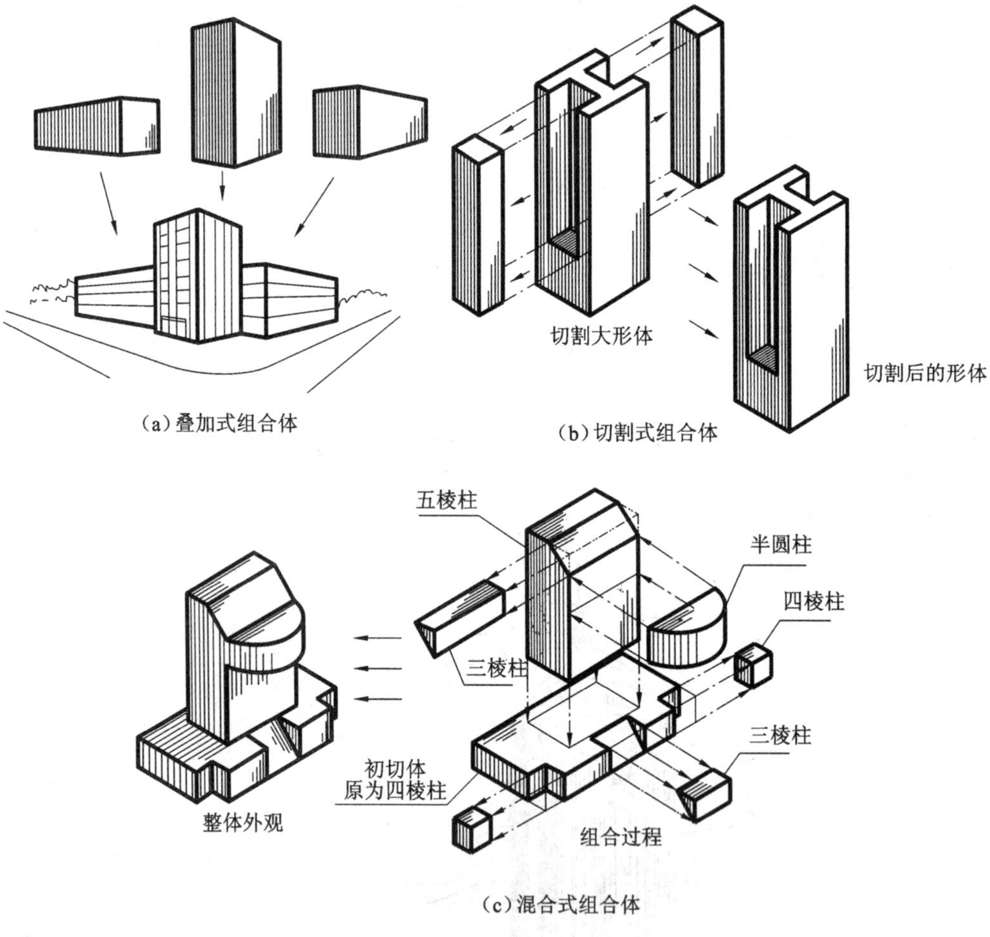

图 5.2　组合方式

(2)切割式

组合体是由一个大的基本形体经过若干次切割而成，如图 5.2(b)所示。

(3)混合式

把组合体看成既有叠加又有切割所组成，如图 5.2(c)所示。

5.1.2　组合体的表面连接关系

组合体的组合方式都是人为假想的，在作图 5.2 所示形体的投影图时，都要归结到一个完整形体来考虑，而不能割裂开来。如图 5.3 是图 5.2(c)所示组合体的三面投影图，其 W 投影中1/2圆柱与五棱柱侧面相连处应是相切的关系，故在实际物体中不应有棱线存在，所以不应画线。这一例子说明，人们主观地将组合体分析成相应的组合方式，有一些连接关系应予注意。所谓连接关系，就是指基本形体组合成组合体时，各基本形体表面间真实的相互关系。如两表面相互平齐、相切、相交和不平齐，如图 5.4 所示。

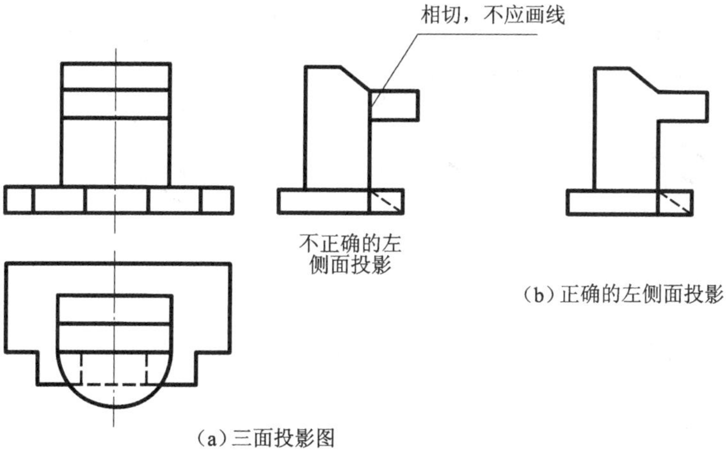

(a)三面投影图　　(b)正确的左侧面投影

图 5.3　半圆柱与平面体相切

总之，如果组合体表面连接关系是相切的，在画投影图时这一位置就不能画线；如果是相交的就要画线；如果表面连接关系是平齐的，就不能画线；如果不平齐时，则要画线。否则与实物的空间状态不符。这一点初学者应注意。

组合体是由基本形体组合而成的，所以基本形体之间除表面连接关系以外，还有相互之间的位置关系。如果以某一基本形体为参照，另一基本形体在组合体的位置就有前后、上下、左右及中间等位置关系。图 5.5 所示为叠加式组合体组合过程中的几种位置关系。

认识和注意基本体之间的表面连接关系和相互位置，对组合体投影的识图和画图是很有帮助的。

5.1.3　组合体投影图的画法

画组合体投影图也有规律可循，通常先对组合体进行形体分析，然后从基本体的作图出发，逐步完成组合体的投影图。

5.1.3.1　形体分析

一个组合体可以看作由若干个基本形体所组成。对组合体中基本形体的组合方式、表面连接关系及相互位置等进行分析，弄清各部分的形状特征，这种分析过程称为形体分析。作图前需要对组合体进行形体分析。如图 5.6 所示为房屋的简化模型，可见它是叠加式的组合体，

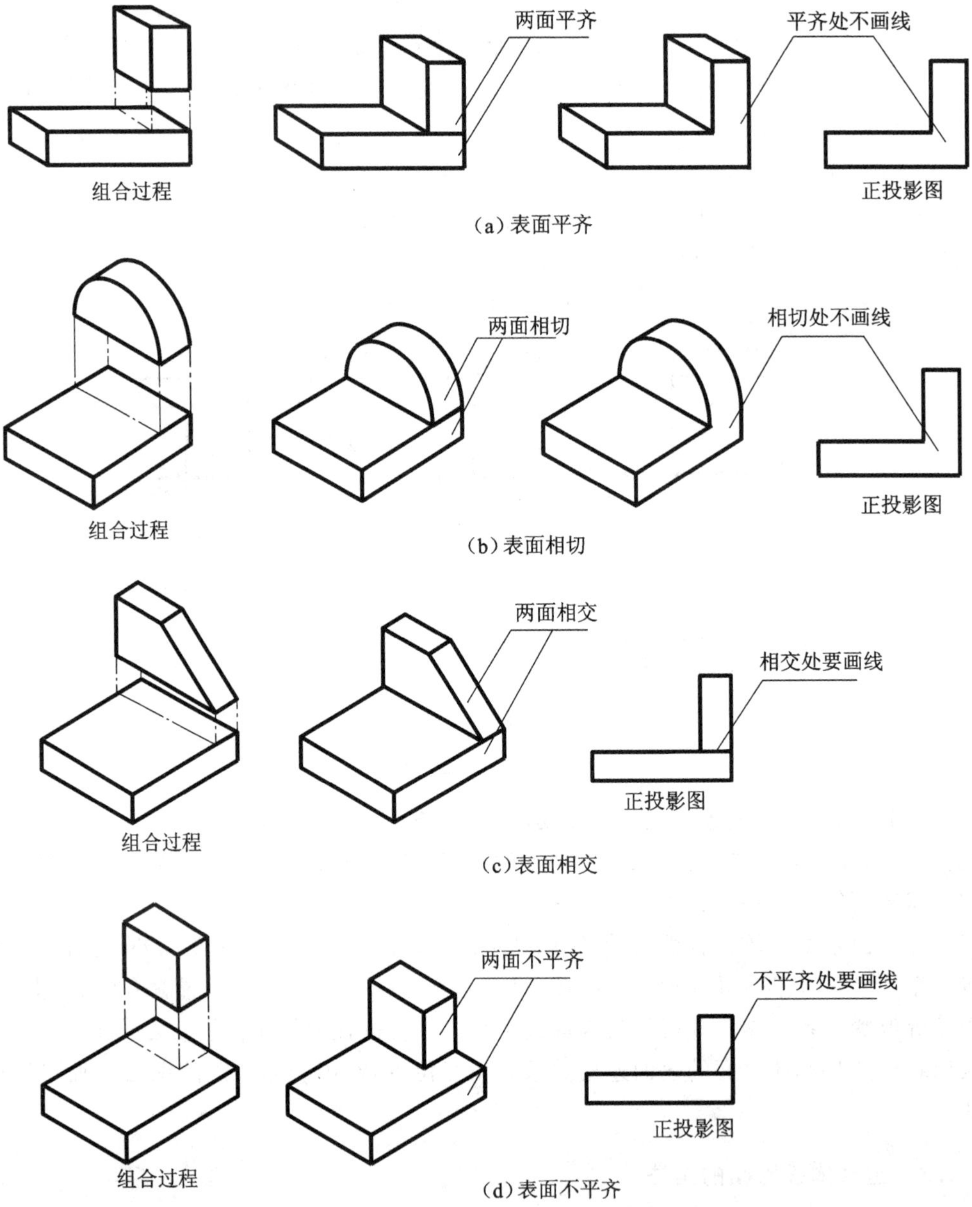

图 5.4　形体表面的几种连接关系

是由屋顶的三棱柱体、屋身和烟囱的长方体以及左侧小房的四棱柱体(顶部有斜面)组合而成。位置关系也很明确:小房及烟囱位于大房子的左侧,烟囱又位于小房的前面。表面连接关系:大房子的正面墙身与烟囱及小房在这一方向的墙面不平齐、有错落;屋顶三棱柱的两个三角形侧面与大房子的左右侧面之间是平齐的关系;同时,大房子的底面与小房及烟囱的底面均位于同一地平面上。

5.1.3.2　确定组合体在投影体系中的安放位置

在作图之前，需对组合体在投影体系中的安放位置进行选择、确定，以便清晰、完整地反映形体。

(1)符合平稳原则

形体在投影体系中的位置应重心平稳、不歪不斜，使其在各投影面上的投影尽量反映实形，符合日常的视觉习惯和构图的平稳要求。如图 5.6 所示的组合体，其体位为上小下大，并使其底面平行于 H 面，显得平稳自然。

(2)符合工作位置

有些组合体类似于工程形体，比如像建筑物、水塔等，那么在画这些形体的投影图时，应使其符合正常的工作位置，以利于理解。如图 5.7 所示为水塔的两面投影。

(3)摆放的位置要显示尽可能多的特征轮廓

形体在投影体系中摆放的位置很多，但最好使其主要的特征面平行于基本投影面，这样不仅使该投影图的形状反映出特征面的实形，而且还能得出合适的其他投影方向的投影图。一般我们都把组合体上特征最明显(或特征最多)的那个面平行于正立投影面摆放，使正立面投影反映特征轮廓。如建筑物的正立面图，一般都用于反映建筑物主要出入口墙面的情况，以表达建筑物的主要造型特征、功能及风格。如图 5.6(c)所示的正

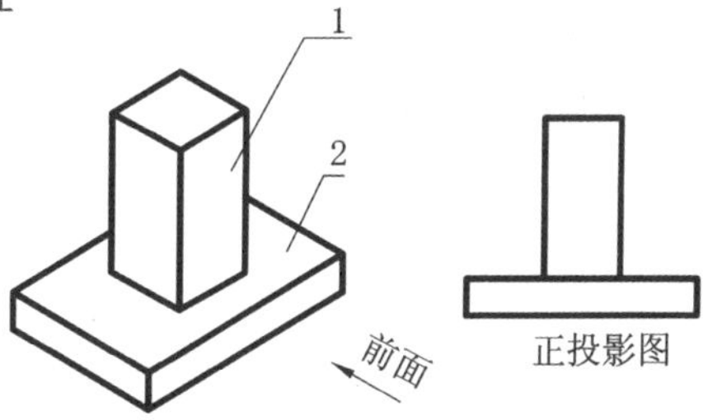

(a)1号形体在2号形体的上方中部

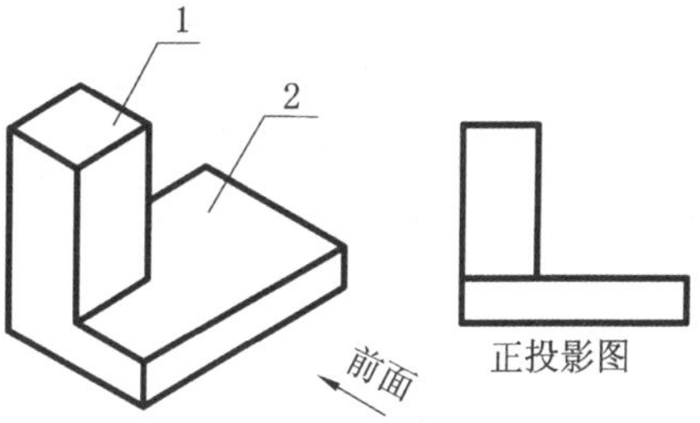

(b)1号形体在2号形体的左后上方

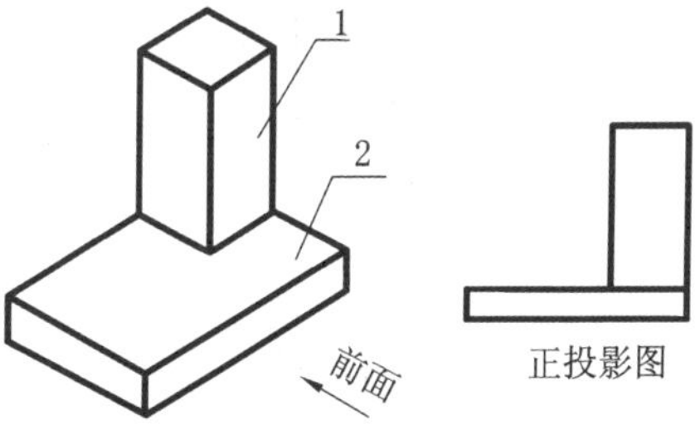

(c)1号形体在2号形体的右后上方

图 5.5　基本形体间的几种位置关系

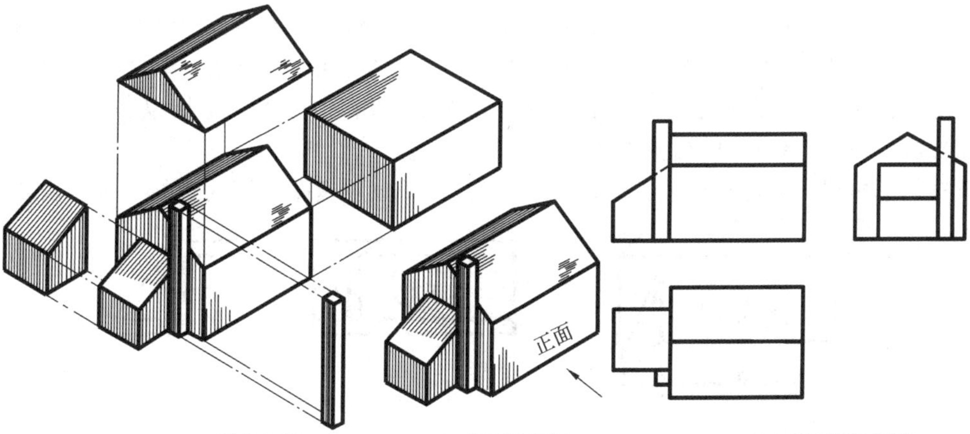

(a)形体分析　　(b)房屋轴测图　　(c)三面正投影图

图 5.6　房屋的形体分析及三面正投影

面投影，较好地反映了房屋正立面的主要特征，其他投影也相应地反映了房屋的其他特征。对于较抽象的形体，则应将最能区别于其他形体的那个面作为特征来确定，如三棱柱的三角形侧面、圆柱的圆形底面等。

5.1.3.3　确定组合体的投影图数量

确定的原则是：以最少的图，反映尽可能多的内容。具体做法是：

(1)根据表达基本形体所需的投影图来确定组合体的投影图数量

图5.8所示为混合式组合体，它的两端由半圆柱和四棱柱叠加，中间挖去圆孔，上方中部叠加挖有半圆槽的长方体所组成，底板和上部形体前后表面平齐。我们知道，对圆柱、圆孔形体一般只需两个投影图即可表达清楚，但是对于某些平面体，则需三个投影图。而对于该组合体来说，上部长方体上已挖有半圆槽，所以具有了区别一般长方体的特征，所以该组合体只需两个投影图即可表达。否则，需用三个或更多的投影图来表达。

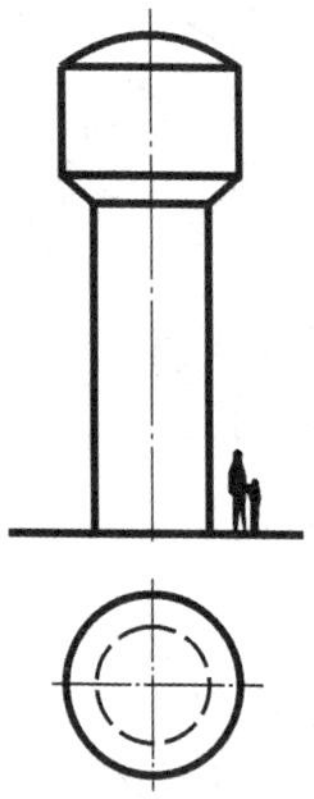

图5.7　水塔的两面投影图

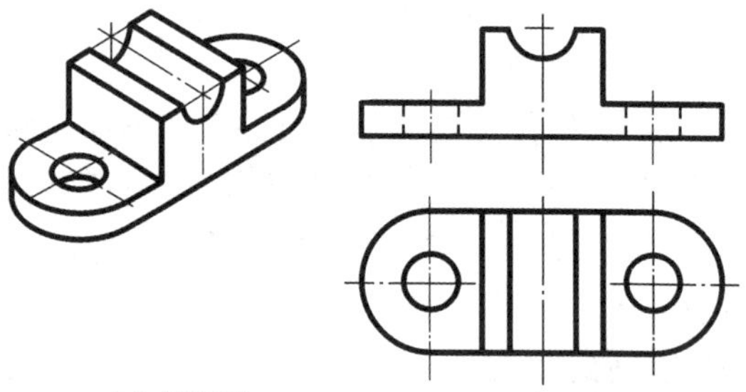

(a)轴测图　　(b)投影图

图5.8　混合式组合体投影图

(2)抓住组合体的总体轮廓特征或其中某基本体的明显特征来选择投影图数量

图5.9所示为一连接件，当较长的一面(上面有圆孔)选为正立面图之后，则考虑选用平面图还是左侧立面图。如果选用平面图，则Z形板和两个三角形肋板的特征轮廓在正立面图和平面图上都没有反映出来，因此它们的形状还是不能肯定。如图选用了左侧立面图，则Z形板、圆孔、两个三角形肋板等组成部分均能表达清楚，特征清晰可辨，用两个投影图就可以了。

(3)选择投影图与减少虚线相结合

投影图上虚线内容较实线内容的识读要困难，画图也较繁杂。因为虚线均表示看不见的

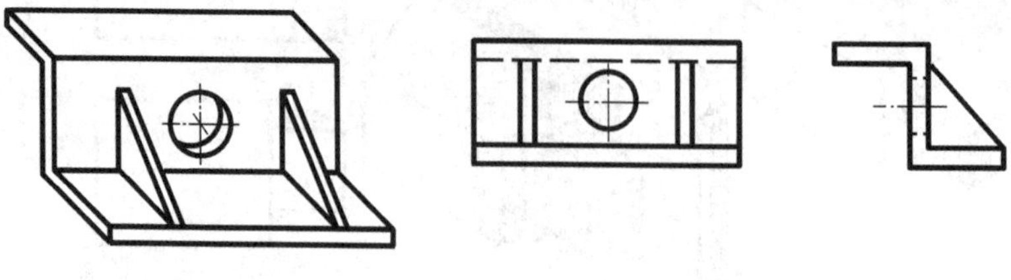

(a)轴测图　　(b)两面投影图

图5.9　连接件的投影图

棱线(或转向轮廓线)、积聚位置的平面等,所以投影图的选择,要在反映形体的前提下,尽量避免选用虚线多的投影图;若投影图不能减少,则选虚线少的一组。如图 5.10(a)所示为一个阳榫两种不同摆放位置的正等测图,而图 5.10(b)、(c)为两种不同摆放的三面投影图,图 5.10(c)左侧面图中虚线较多,显然选图 5.10(b)比较合理。

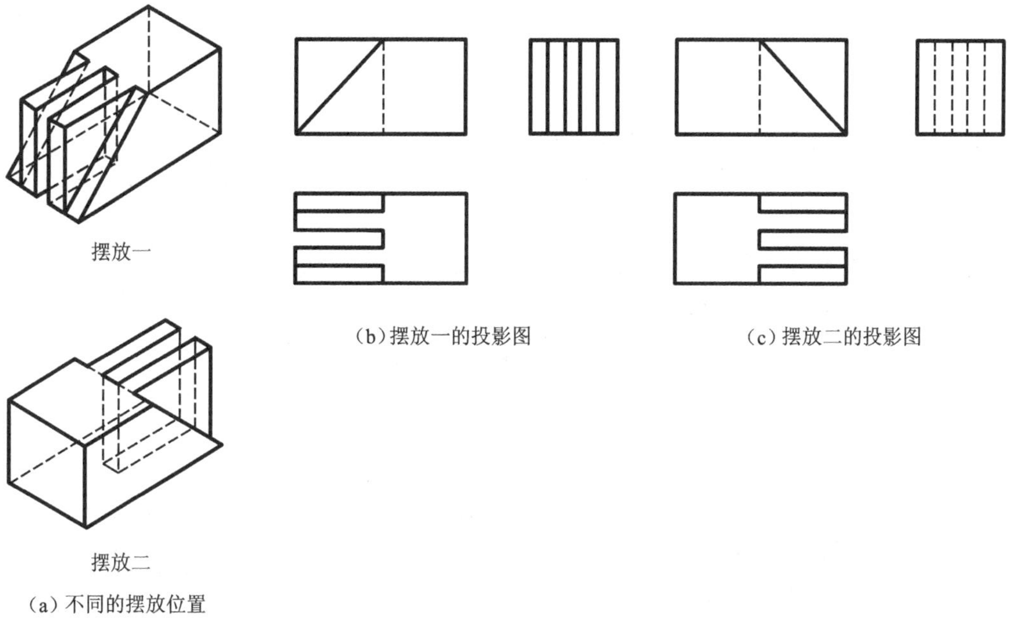

图 5.10 阳榫的不同摆放及其投影

5.1.3.4 选择作图的比例和图幅

为了绘图和读图的方便,本书配套习题集的组合体图练习一般都采用 1∶1 的比例作图。但工程形体有大有小,无法按实际大小作图,所以必须选择适当的比例作图。当比例选定以后,再根据投影图所需数量及面积大小选用合理图幅。

5.1.3.5 作投影图

画组合体投影图的已知条件有两种:一种是给出组合体的实物或模型;另一种是给出组合体的直观图(即轴测图)。不论哪一种已知条件,在作组合体投影图时,一般应按以下步骤进行:

(1)对组合体进行形体分析。

(2)选择摆放位置,确定投影图数量。

(3)作投影图

①画底稿。首先选定比例及图纸幅面,其次计算每个图的大小,均衡、匀称地布置图位。如果投影图上要求标注尺寸,则应留出标注尺寸的位置。

在画底稿时,底稿线要轻细、准确。

画底稿的顺序以形体分析的结果进行。一般为:先主体后局部、先外形后内部、先曲线后直线。

画完底稿后应认真校核,并使各投影图之间符合“长对正、高平齐、宽相等”的投影关系。

②加深加粗图线，完成所作投影图。底稿经校核无误后，即可加深图线色泽和加粗图线，使图形清晰、图线黑亮。如果是画墨线图，上墨则按第2章所述要求进行。

③注写尺寸（组合体尺寸注法见后），做到详尽、准确。

一幅好的投影图作业应做到图样准确、线型分明、布图均衡、字体工整、图面整洁，符合制图标准。

5.1.3.6　由轴测图画正投影图

第4章介绍了基本几何体投影图的画法，同时介绍了几何体轴测图的画法。下面所举例题的轴测图均为正等测轴测图。画组合体投影图的方法有叠加法、切割法、坐标法等。

（1）叠加法

叠加法是根据叠加式组合体中基本形体的叠加顺序，由下而上或由上而下地画出各基本体的三面投影，进而画出整体投影图的方法。

【例5.1】 已知图5.11(a)所示的组合体，画出它的三面正投影图。

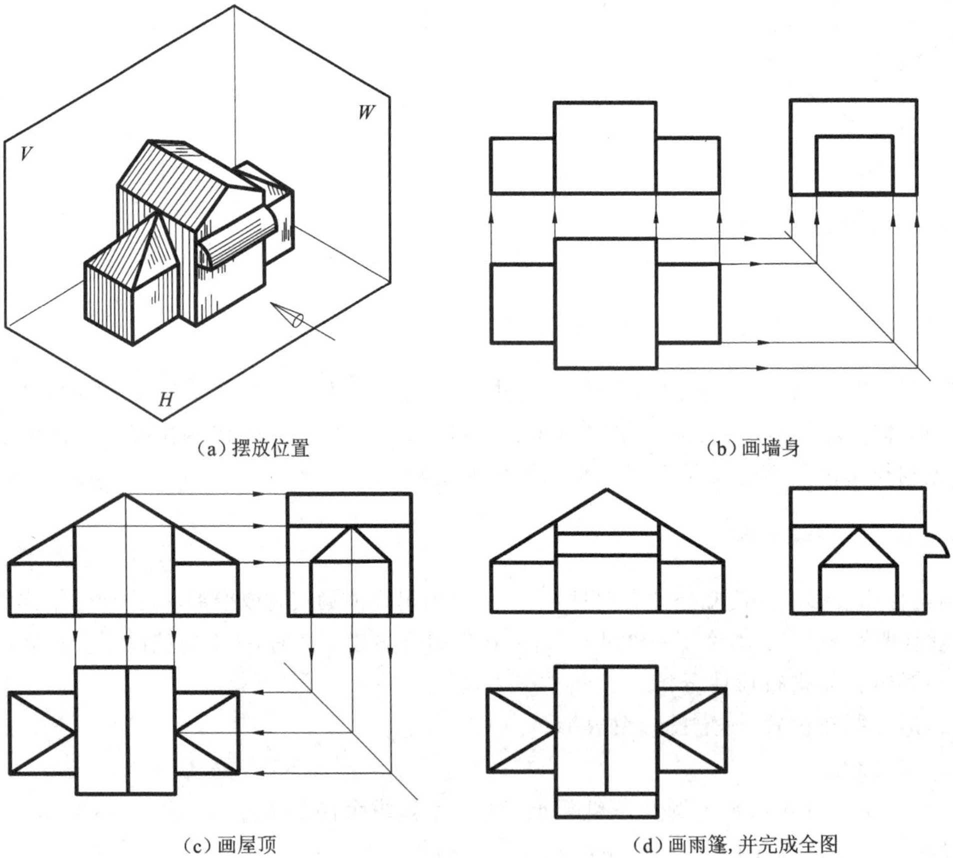

(a)摆放位置　(b)画墙身

(c)画屋顶　(d)画雨篷，并完成全图

图5.11　叠加法画组合体投影图

【解】 作图方法：

Ⅰ.形体分析

该组合体类似于一座建筑物，它由左中右三部分墙身的长方体、中间屋顶的三棱柱以及左右屋顶的斜四棱锥体叠加而成；门口雨篷为一个 1/4 圆柱体，1/4 圆柱的左右侧面与中间墙身的两侧面平齐。

Ⅱ.选择摆放位置及正立投影的方向

摆放位置如图 5.11(a)所示，正立投影方向如长箭头所示。因为该方向显示了中间建筑的雨篷位置、屋顶的三角形特征以及左右两个屋顶的三角形特征，故该方向反映的特征最多，也最明显。

Ⅲ.作投影图

①按形体分析，画出三个墙身长方体的三面投影图。一般来讲，先从反映实形最多的那个投影开始画起。对于本例，先画它们的 H 投影，然后再画其他两面投影，如图 5.11(b)所示。

②叠加屋顶的三面投影图，从反映实形最多的 V 面投影开始，然后画 H 和 W 面投影，如图 5.11(c)所示。

③画雨篷形体的三面投影，先从 W 面投影开始，因为该投影反映 1/4 圆柱的特征。

④检查图稿有无错误和遗漏。

⑤加深加粗图线，完成作图，如图 5.11(d)所示。

(2)切割法

当形体分析为切割式组合体时，先画出形体未被切割前的三面投影，然后按分析的切割顺序画出切去部分的三面投影，最后画出组合体整体投影的方法称为切割法。

【例 5.2】 画出图 5.12(a)所示组合体的三面投影图。

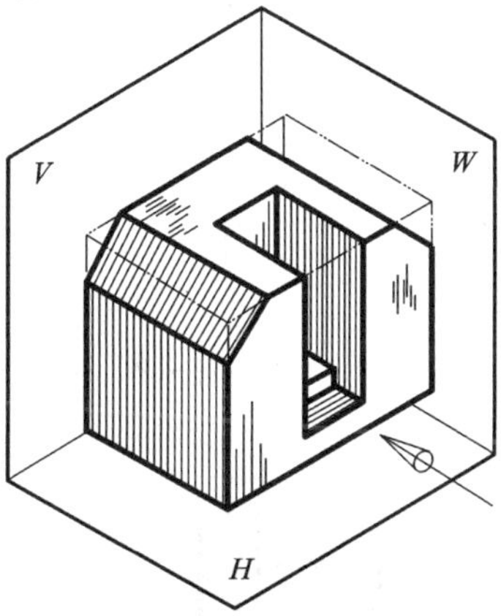

(a)轴测图

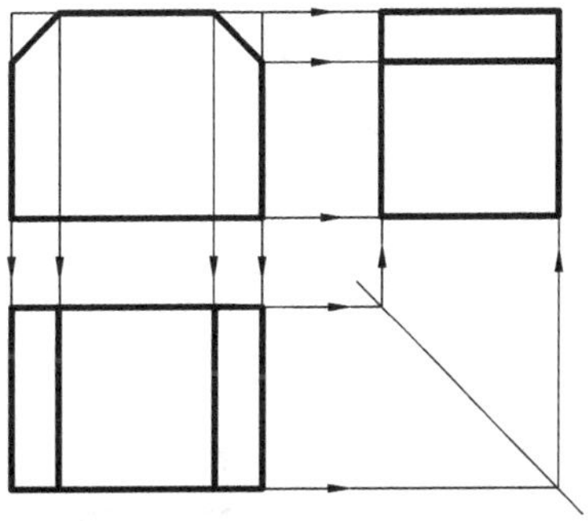

(b)画长方体及切去的三棱柱

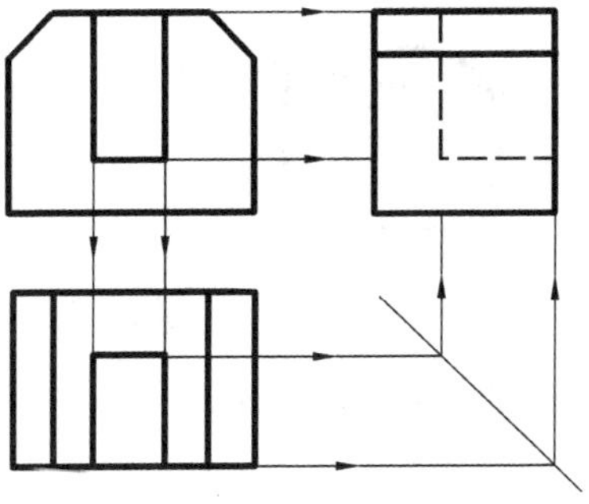

(c)画切去的中间长方体

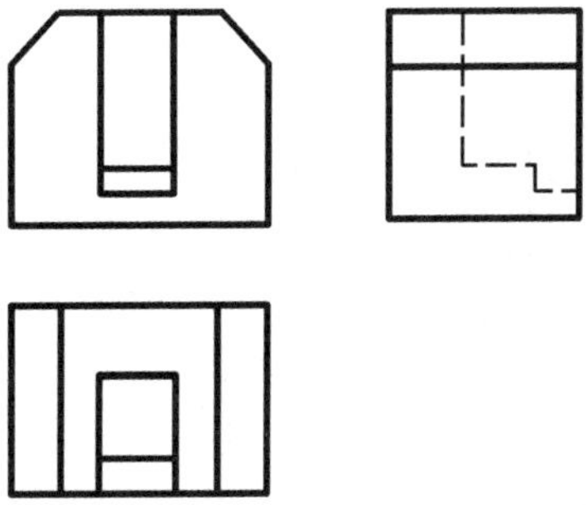

(d)画前下方的台阶，并完成全图

图 5.12 切割法画组合体的投影图

【解】 作图方法：

Ⅰ.形体分析

从图5.12(a)可见，该形体为切割式组合体。它是由长方体切去左、右两角(三棱柱)，再切去中间的长方体，最后又切去前下方的小长方体而成。

Ⅱ.选择摆放位置及正立投影方向

摆放位置如图5.12(a)所示，并使切去两角的特征反映在正立投影图上，如箭头所指方向。

Ⅲ.作投影图

①按形体分析的过程先画被切的长方体的三面投影。然后画出切去左、右两角的投影，如图5.12(b)所示。

②画切去中间长方体的三面投影，如图5.12(c)所示。

③最后画切去前下方长方体的三面投影。

组合体除有叠加和切割方式组成之外，还有混合式的组合方式。对于混合式组合体投影图的画法，是以上两种方法的综合，现举例说明。

【例5.3】 画出图5.13(a)所示形体的三面投影图。

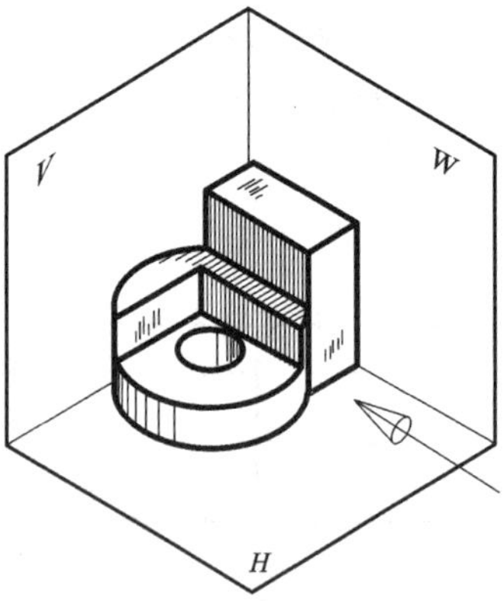

(a) 轴测图

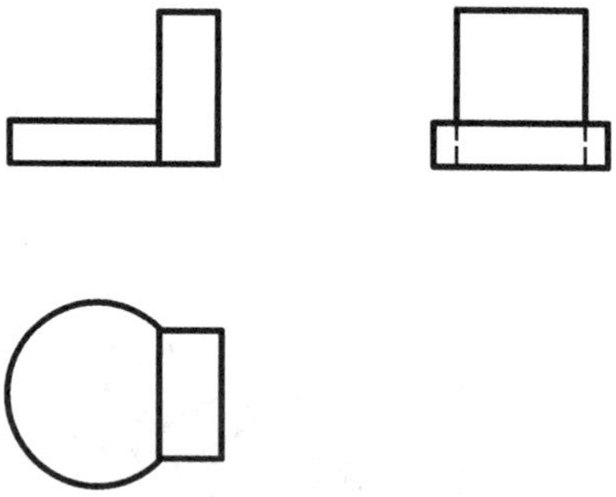

(b) 画下方圆柱体和右方长方体

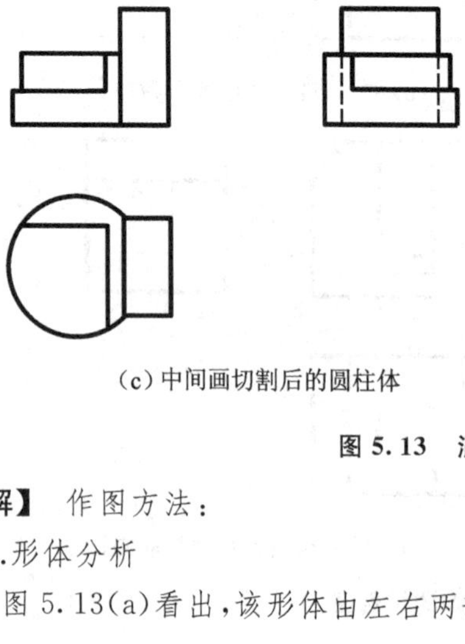

(c) 中间画切割后的圆柱体

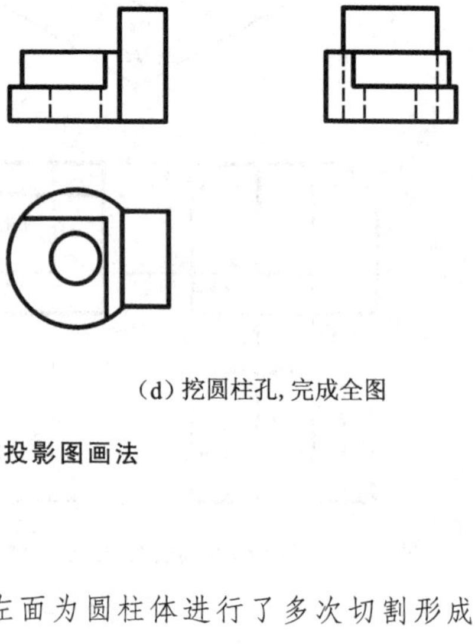

(d) 挖圆柱孔，完成全图

图5.13　混合式组合体投影图画法

【解】 作图方法：

Ⅰ.形体分析

从图5.13(a)看出，该形体由左右两部分组成，左面为圆柱体进行了多次切割形成了圆孔和圆孔上的台阶面，右侧为长方体。故该形体为混合式的组合体。

Ⅱ.摆放位置和正立投影的选择

摆放位置如图 5.13(a)所示。

Ⅲ.作图

①根据形体分析，先画出左侧圆柱和右侧长方体的三投影图，作图时注意 W 面投影长方体下方与圆柱有重叠的部分为虚线。

②作中间切割后圆柱体的三投影（切割的特征反映在 H 面上，为倒 L 形线框）。

③画出圆柱孔的三面投影。

④检查并加深加粗图线，完成作图。

5.2 组合体投影图的尺寸标注

在实际工作中，没有尺寸的投影图是不能用于施工生产和制作的。组合体投影图也只有标注了尺寸，才能明确它的大小。

5.2.1 组合体尺寸的组成

组合体尺寸由三部分组成：定形尺寸、定位尺寸和总体尺寸。

(1)定形尺寸

用于确定组合体中各基本体自身大小的尺寸称为定形尺寸。它通常由长、宽、高三项尺寸来反映，这部分内容在第 4 章前两节已有介绍。

(2)定位尺寸

用于确定组合体中各基本形体之间相互位置的尺寸称为定位尺寸。定位尺寸在标注之前需要确定定位基准。所谓定位基准，就是某一方向定位尺寸的起止位置。

对于由平面体组成的组合体，通常选择形体上某一明显位置的平面或形体的中心线作为基准位置。通常选择形体的左(或右)侧面作为长度方向的基准；选择前(或后)侧面作为宽度方向的基准；选择上(或下)底面作为高度方向的基准。对于土建类工程形体，一般选择底面作为高度方向的定位基准，若形体是对称形，还可选择对称中心线作为标注长度和宽度尺寸的基准。

对于有回转轴的曲面体的定位尺寸，通常选择其回转轴线(即中心线)作为定位基准，不能以转向轮廓线作为定位的依据。

(3)总体尺寸

总体尺寸即是确定组合体总长、总宽、总高的外包尺寸。

5.2.2 组合体的尺寸标注

组合体尺寸标注之前也需进行形体分析，弄清反映在投影图上的有哪些基本形体，然后注意这些基本形体的尺寸标注要求(如表 4.1 和表 4.2 所示)，做到简洁合理。各基本形体之间的定位尺寸一定要先选好定位基准，再进行标注，做到心中有数且不遗漏。总体尺寸标注时注意核对其是否等于各分尺寸之和，做到准确无误。

由于组合体形状变化多，定形、定位和总体尺寸有时可以相互兼代。

组合体各项尺寸一般只标注一次。

【例 5.4】 画出图 5.14 所示盥洗台的三面投影，并标注尺寸。

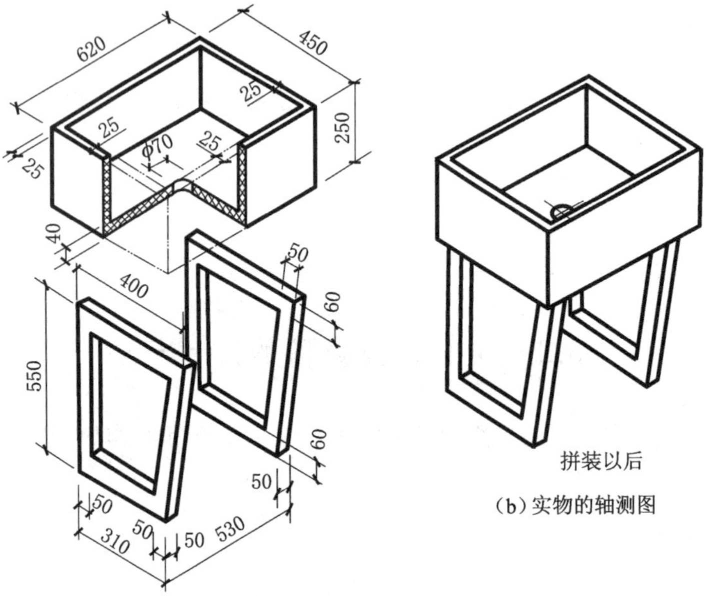

(b)实物的轴测图

(a)形体分析及尺寸情况

图 5.14　盥洗台的组成及尺寸

【解】 Ⅰ.作图方法

(1)形体分析

该盥洗台由池体与支撑体两大部分组成。而池体是由一个大长方体切去一个略小的长方体，同时在其正下方又切去一个小圆柱体而得；下方支撑体是由厚度为 50mm 的四棱柱实体，在中间切去一个小四棱柱而成，如图 5.14(a)、(b)所示。

(2)画三投影图

具体步骤略，画出的三投影图如图 5.15 所示。

Ⅱ.标注尺寸

(1)标注定形尺寸

尺寸标注一般按从小到大的顺序进行标注，并把一个基本体的长、宽、高尺寸依次标注完之后，再标注其他形体的尺寸，以防遗漏。如 *H* 投影上标注了圆孔直径 ϕ70mm，接着应标注其 *V* 投影的孔深 40mm(它也是水池底板的厚度)，然后再标池壁的定形尺寸……属于池壁的定形尺寸有：*H* 面的厚度尺寸 25mm，*V* 面的竖向尺寸 210mm(即水池的深度)。属于池体的定形尺寸有：*H* 面的长 620mm、宽 450mm 以及 *V* 面的池体高度 250mm。属于支撑体的定形尺寸有：*W* 面的 400mm 和 310mm，以及支撑柱的宽度 50mm，还有 *V* 面上的竖向尺寸 550mm(支撑体的高度)，60mm(上下横梁的高度)和 430mm(挖去小四棱柱部分的高度)，还有水平方向的尺寸 50mm(表示支撑体的厚度)。

(2)标注定位尺寸

先定基准：长度方向以池体的右侧面作为定位基准；宽度方向以池体的后侧面作为定位基

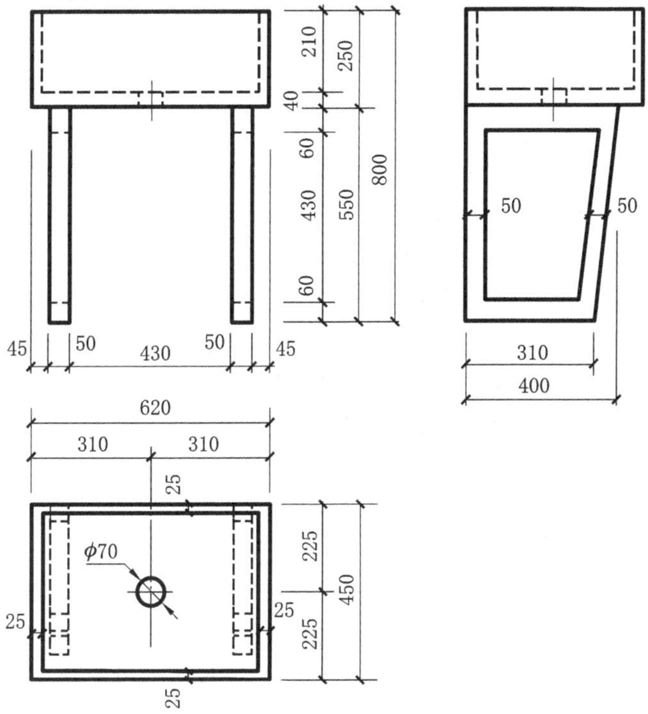

图 5.15 盥洗台的三面投影图及尺寸标注

准;高度方向以地面作为定位基准。

从图 5.15H 投影可见,排水孔的长度方向的定位尺寸为 310mm,宽度方向的定位尺寸为 225mm,在 V 投影上排水孔高度方向的定位尺寸为 550mm。

因为水池在长、宽方向的定位基准与其侧面重合,故长、宽两方向的定位尺寸不需标注。高度方向的定位尺寸为 550mm(标注在 V 面上)。

因为支撑体在水池底部左右对称的位置上,所以,支撑体长度方向的定位基准选在池体的左侧或者是右侧都是一样的。所以在 V 面投影下方均标出了两个 45mm 的长度方向定位尺寸。因为支撑体的后侧面与宽度基准重合,支撑体的底面与地面重合,因此宽度、高度方向的定位尺寸不需标注。V 面投影下方的 430mm 是两支撑体之间的位置尺寸,在施工制作时需要参照该尺寸进行支撑体定位。

(3)标注组合体的总体尺寸

如图 5.15 所示,H 面标注了总长 620mm,总宽 450mm(该两尺寸实为水池在水平方向的定形尺寸,已经标注),在 V 面上标注了总高 800mm。

(4)检查尺寸是否标全、布置是否合理,最后完成全图。

5.2.3 尺寸标注中的注意事项

尺寸标注及布置的合理、清晰,对于识图和施工制作都会带来方便,从而提高工作效率,避免错误发生,所以,意义十分重大。在布置组合体尺寸时,除应遵守单元 2 的基本规定外,还应做到以下几点:

(1)尺寸一般应布置在图形之外,以免影响图形清晰。所以在画组合体投影图时,应注意适当拉大两投影图间的距离,具体视尺寸的多寡而定。但有些小尺寸,为了避免引出标注的距离过远,也可标注在图内。如图5.15中的尺寸25、ϕ70、50等,但尺寸数字尽量不与图线相交。

(2)尺寸排列要注意大尺寸在外、小尺寸在内,并在不出现尺寸重复的前提下,尽量使尺寸构成封闭的尺寸链。如V面图中竖向的三道尺寸,应符合建筑工程图中尺寸的标注习惯。

(3)反映某一形体的尺寸,最好集中标在反映这一基本形体特征轮廓的投影图上。如图中支撑体的定形尺寸,除板厚50外,都集中注在W投影图上。

(4)两投影图相关的尺寸应尽量注在两图之间,以便对照识读。如图中的大部分尺寸都注在相关的投影图之间。

(5)为使尺寸清晰、明显,尽量不在虚线图形上标注尺寸。如支撑体间的距离430,注在了V面实线投影图上,而不注在H面的虚线位置上。

5.3　组合体投影图的识读

组合体投影是点、线、面、体投影的综合,所以对于组合体投影图的识读,需用到前几章学过的知识。而组合体又有自身所固有的特点,如组合方式、表面连接和组成部分的相对位置关系等。所以在识读组合体投影图之前,一定要掌握三面投影的投影规律,熟悉形体的长、宽、高三个向度和上下、左右、前后六个方向在投影图上的反映,会应用点、直线、平面的投影特性及基本体投影特性,分析投影图中的线和线框的意义,从而联想组合体的整体形状。

组合体形状千变万化,由投影图想象空间形状往往比较困难,所以掌握组合体投影图的识读规律,对于培养空间想象力、提高识图能力,以及今后识读专业图,都有很重要的作用。

5.3.1　识读的方法

识读组合体投影图的方法有形体分析法、线面分析法和画轴测图法等。

形体分析法分析形体投影图

5.3.1.1　形体分析法

形体分析法就是在组合体投影图上分析其组合方式、组合体中各基本体的投影特性、表面连接以及相对位置关系,然后综合起来想象组合体空间形状的分析方法。一般来说,一组投影图中总有某一投影反映形体的特征相对多些,比如正立面投影通常用于反映物体的主要特征。所以从正立面投影(或其他有特征的投影)开始,结合另两面投影进行形体分析,就能较快地想象出形体的空间形状。但有时特征投影并不集中在一个投影上,而是散落在几个投影中,这时就需要一个一个地抓特征,注意相互间的位置,运用形体分析法来想象。

如图5.16所示的投影图,特征比较明显的是V面投影,结合观察W、H面投影可知,该形体是由下部两个长方体上叠加一个中间偏后位置的长方体(后表面与下部长方体的后表面平齐),然后再在其上叠加一个宽度与中间长方体相等的半圆柱体组合而成。在W面投影上主要反映了半圆柱、中间长方体与下部长方体之间的前后位置关系;在H面投影上主要反映下部两个长方体之间的位置关系。综合起来就很容易地想象出该组合体的空间形状。

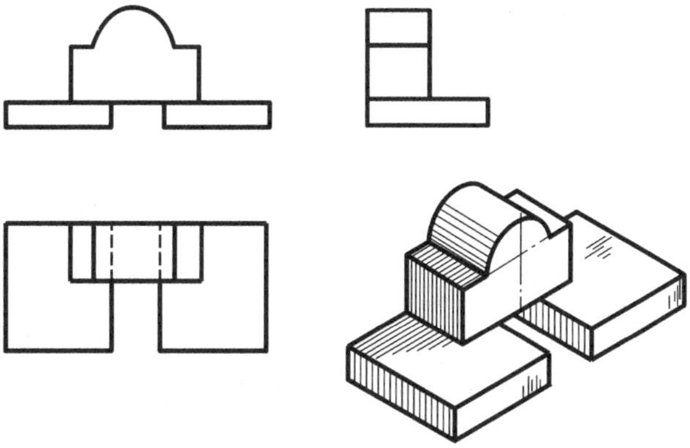

(a) 投影图　　(b) 轴测图

图 5.16　形体分析法

5.3.1.2　线面分析法

为了读懂较复杂组合体的投影图，还需用另一种方法——线面分析法。它是由直线、平面的投影特性，分析投影图中某条线或某个线框的空间意义，从而想象其空间形状，最后联想出组合体整体形状的分析方法。这种方法在运用时，需用到第 3 章所学直线、平面的投影特性。

观察图 5.17(a)所示投影图，并注意各图的轮廓特征，可知该形体为切割体。因为 V、H 面投影有凹角，且 V、W 投影中有虚线。那么 V、H 投影中的凹形线框代表什么意义呢？经"高平齐"、"宽相等"对应 W 投影，可得一斜直线如图 5.17(b)。根据投影面垂直面的投影特性可知，该凹字形线框代表一个垂直于 W 投影面的凹字形平面(即侧垂面)。结合 V 面、W 面的虚线投影，可想象出该形体为一个有侧垂面的四棱柱切去一个小四棱柱后所得的组合体，如图 5.17(b)所示。

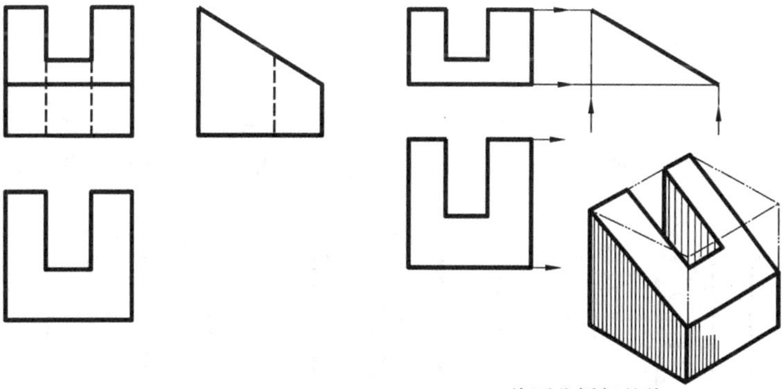

(a) 投影图　　(b) 线面分析想整体

图 5.17　线面分析法

5.3.1.3　画轴测图法

画轴测图法就是利用画出正投影图的轴测图来想象和确定组合体的空间形状的方法。有关轴测图的基本画法，已在第 4 章中介绍。实践证明，此法是初学者容易掌握的辅助识图方法，同时也是一种常用的图示形式。在以下内容中，将结合例题叙述叠加、切割、混合式组合体轴测图的画法。

5.3.2　识读要点

识读投影图除注意运用以上方法外，还需明确以下几点内容，以提高识图速度和准确性。

5.3.2.1　联系各个投影想象形体

要把已知条件中所给的几个投影图全部联系起来识读，不能只注意其中的一部分。如图 5.18 所示，若只把视线注意在 V、H 面投影上，则至少可得出右下方所列的三个答案，甚至更多。

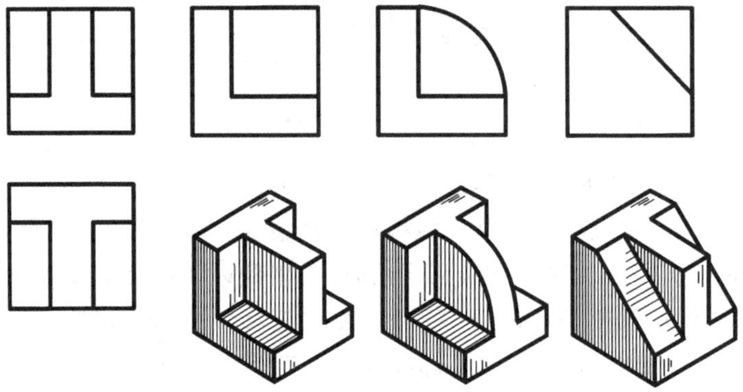

(a)　(b)　(c)　(d)

图 5.18　把已知投影图联系起来看

由于答案没有唯一性，显然不能用于施工制作。只有把 V、H 面投影和图 5.18(b)、(c)、(d)中任何一个(作为 W 面投影)联系起来识读，才能有唯一准确的答案。

5.3.2.2　注意找出特征投影

图 5.19 中的 H 面投影均为各自形体的特征投影。能使某一形体区别于其他形体的投影，称为该形体的特征投影(或特征轮廓)。找出特征投影后，就能有助于形体分析和线面分析，进而想象出组合体的形状。

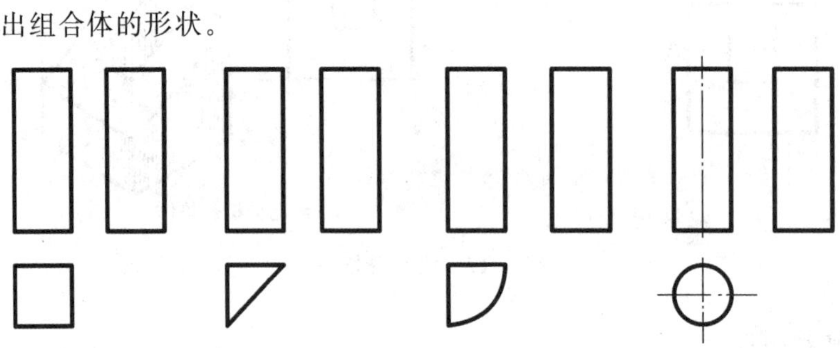

(a) 长方体　(b) 三棱柱体　(c) 1/4圆柱体　(d) 圆柱体

图 5.19　H 面投影均为特征投影

5.3.2.3 明确投影图中直线和线框的意义

在一组投影图中，每一条线、每一个线框都有具体的意义。如一条直线表示一条棱线还是一个平面？一个线框表示一个曲面还是平面？这些问题在识读过程中是必须弄清的，这是识图的主要内容之一，必须予以足够的重视。

(1)投影图中直线的意义

由图 5.20(a)的 V、H 面投影可知，该形体为一个三棱锥体，在 V 面三角形投影的两条腰线中，左边一条表示锥体的左侧棱，而右边一条表示锥体的右侧面(或表示右前及右后侧棱)。图 5.20(b)的 V 面投影也为三角形投影，但对照 H 面的圆形投影可知，该形体为圆锥体，V 面三角形投影的两条腰线表示圆锥曲面左右转向素线的投影，它既不是棱线也不是平面。

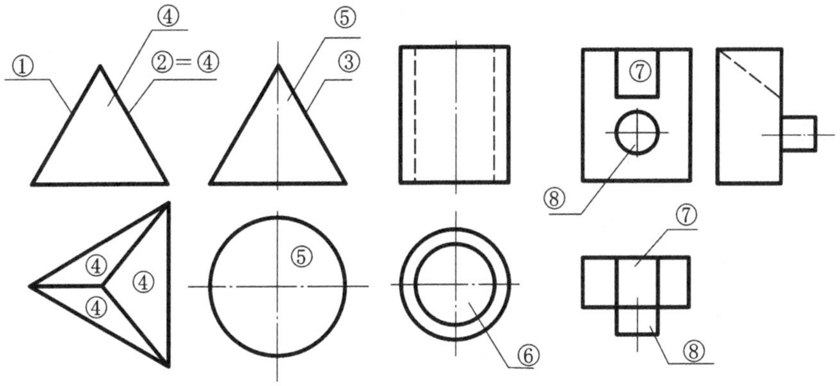

(a)三棱锥体 (b)圆锥体 (c)圆筒体 (d)带有槽口的长方体

图 5.20 投影图中线和线框的意义

①—棱线的投影；②—平面的投影；③—曲面体转向线的投影；④—平面投影的线框；
⑤—曲面投影的线框；⑥—孔洞投影的线框；⑦—槽口投影的线框；⑧—凸出体投影的线框

由上述可知，投影图中的一条直线，一般有三种意义：

①可表示形体上一条棱线的投影；

②可表示形体上一个面的积聚投影；

③可表示曲面体上一条轮廓素线(转向线)的投影，但在其他投影中，必有一个具有曲线图形的投影。

然而，一条图线的具体意义，尚需联系具体投影图来分析，才能得出。但按此三种意义去选择，必有一个正确的答案。

(2)投影图中线框的意义

图 5.20(a)、(b)中 V 面投影的线框均为三角形，可前者表示平面(前侧面及后侧面)，而后者则表示圆锥曲面；再对应 H 面投影可知，图上有曲线的，则其对应的 V 面线框肯定是圆锥曲面，反之则其对应的 V 面线框只能是平面。

再观察图 5.20(c)的两面投影，H 面投影的内圆表示圆柱上有圆孔的投影，圆孔在 V 面投影上不可见，故用虚线表示；图 5.20(d)表示有斜槽和正前方叠加有圆柱的组合体的投影图。

由上述可知，投影图中的一个线框，一般也有三种意义：

①可表示形体上一个平面的投影；

②可表示形体上一个曲面的投影，但其他投影图上必有一曲线形的投影与之对应；

③可表示形体上孔、洞、槽或叠加体的投影。对于孔、洞、槽，其他投影上必对应有虚线的投影。

然而，一个线框的具体意义，仍需联系具体投影图来分析，才能得出。但按此三种意义去选择，必有一个正确答案。

5.3.3　识图步骤

(1)认识投影抓特征

大致浏览已知条件有几个投影图，并注意找出其中的特征投影。如图5.21所示，柱头的投影有三个，V面投影反映了柱头构造的主要特征，上部为大梁、下部为柱子，梁下的凸出部分为梁托，H、V面投影反映了这些构件之间的位置关系。

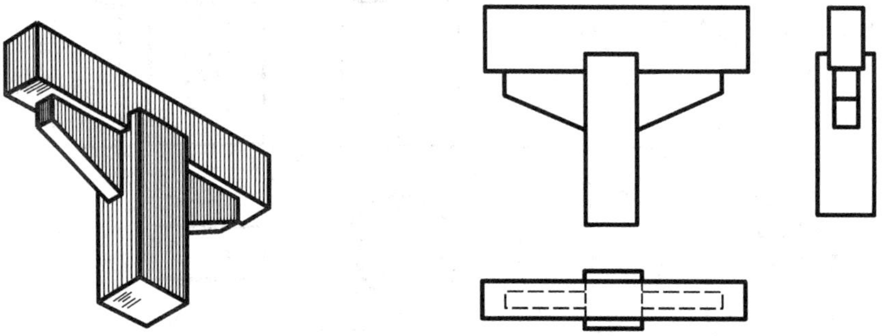

(a)轴测图　　　　(b)投影图

图5.21　柱头的投影

(2)形体分析对投影

注意特征投影后，就着手形体分析。首先注意组合体中各基本体的组成、位置及表面连接关系怎样。图5.21所示柱头各构件均为四棱柱体，叠加时以柱子为中心，上部为大梁，左右为托梁，柱子与其他构件的前后表面不平齐，所以在H、V面上梁托与大梁前后表面投影与柱身的投影之间有错落、不重合，H面上梁托不可见，用虚线表示。然后利用“三等关系”对投影，检查分析结果是否正确。

(3)综合起来想整体

对于图5.21的投影图经过上述两步的分析，即可想象出图中所给的立体形状了。

形体的投影图比较复杂、较难理解时，就需进行线面分析。

(4)线面分析攻难点

即用线面分析法对难理解的线和线框，根据其投影特点进行分析，同时根据本节中提出的线和线框的意义进行判断和选择，然后想象出形体细部或整体的形状。如图5.17所示的分析过程就是一个例子。

对线的意义的确定，有时可以按下列顺序进行：首先把此线的投影暂定为平面的积聚投影，然后对投影，看是否符合平面的投影特性。如果不符合，则可能此线为棱线的投影；如果对投影也不符合棱线的投影特性，则必为转向线的投影。

综上所述，线的意义的确定顺序为：平面的积聚投影→棱线的投影→曲面体上转向线的投影。答案必为其一。

对线框的意义的确定也可按顺序进行：首先把线框定为平面的投影，然后去对应其他投影，看是否符合平面的投影特性。如果不符合，则可能是曲面的投影；如果对投影也不符合曲面的投影特性，则必为孔、洞、槽或凸出体的投影。

下面结合轴测图的画法，举例说明。

【例 5.5】 识读图 5.22 的三面投影，并画出形体的正等测图。

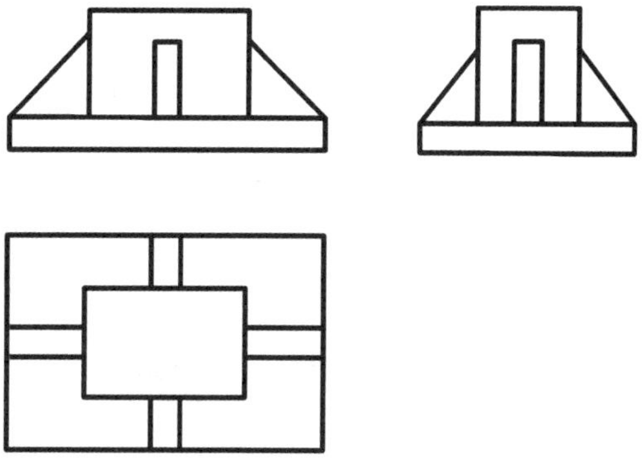

图 5.22 组合体投影图

【解】 Ⅰ.识读

(1)认识投影抓特征

图中 V、W 投影有斜直线，所以估计形体上有斜平面，在 V 和 W 投影的中间和下方都有长方形线框，则估计有叠加在一起的长方体，而 H 面上反映的两个矩形线框，与上面所分析的两个长方体能够对应。

(2)分析形体对投影

进一步分析可知，V、W 面上的三角形所对 H 面投影为小矩形，实际对应空间形体为三棱柱，H 面上有四个小矩形，说明有四个三棱柱。而 H 面上还有两个矩形线框，对应 V、W 面投影亦为长方形线框，所以表示下方为高度小些但长、宽度大的长方体，在其上方叠加的是一个高度大些，但长、宽度小些的长方体。四个小三棱柱围绕两个长方体叠加后形成的台阶面，左右、前后四面对称放置。所以，该形体是由底板、中间长方体和四个小三棱柱叠加而成。

(3)综合起来想整体

由以上分析很容易想象出该形体的空间形状。

Ⅱ.根据投影图画正等测图——叠加法

根据以上识读过程，已知该形体为叠加式的组合体，所以在画其轴测图时亦采用叠加法，即先画底板，然后再画中间长方体，最后再画三棱柱。具体步骤如下：

(1)在投影图上确定坐标原点，并画出正等测轴，如图 5.23(a)所示。同时注意正等测的轴向变形系数都是 1。

(2)画底板的轴测图稿线，并在其顶面上画出上部长方体及四个三棱柱体与该顶面相交的交线的轴测图稿线，如图 5.23(b)所示。

(3)叠加画出中间长方体及三棱柱体的稿线，先立高，再封顶，如图 5.23(c)所示。其中有两个三棱柱体被中间的长方体遮挡。

(4)检查是否画全、有无错误，擦去多余图线。

(5)加深加粗可见轮廓线(不可见部分不画)，完成作图。图 5.23(d)即为该形体的空间形状。

【例 5.6】 识读图 5.24 所示三投影图，并画出其正等测图。

【解】 Ⅰ.识读

(1)认识投影抓特征

从三面投影图的外轮廓来看，形体没有明显的特征，三个投影的外轮廓均为矩形线框。所

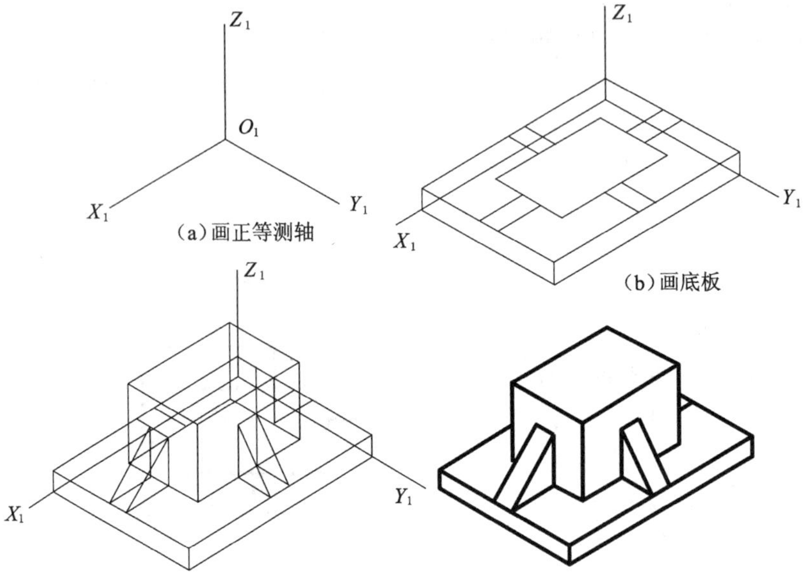

(a)画正等测轴　　(b)画底板

(c)叠加画出长方体和三棱柱体　　(d)加深加粗,完成作图

图 5.23　用叠加法画正等测图

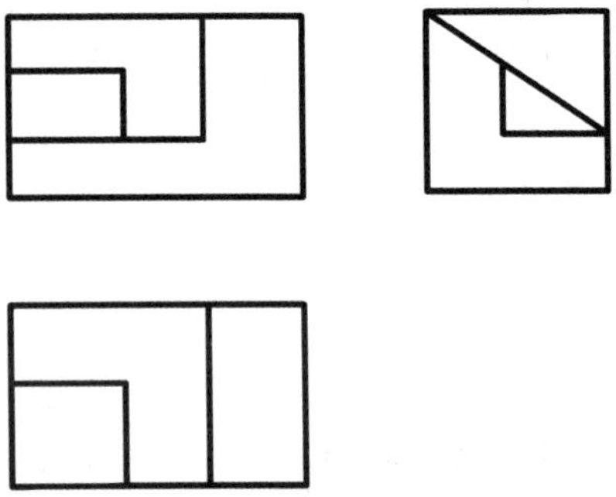

图 5.24　组合体投影图

以,由此能联想的形体只能是长方体,如图 5.25(a)所示。然而各投影图内部还有很多线框,这些尚需经过形体分析、线面分析才能确定。

(2)分析形体对投影

各已知投影图内部均有不同形状的线框,而外轮廓线框却平直规则,无凸出的线框,由这些特征可以判断,该形体应是一个切割式的组合体。它是由矩形外轮廓所反映的长方体,经过若干次切割而形成的。

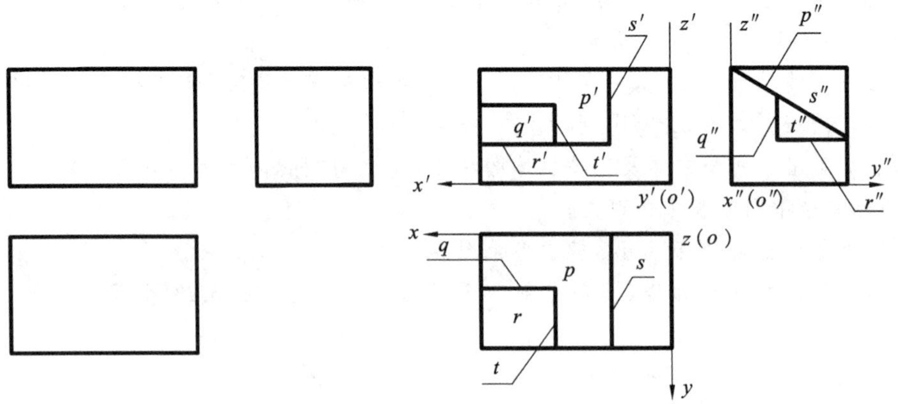

(a)外轮廓反映长方体的投影　　(b)线面分析及坐标

图 5.25　形体分析、线面分析及坐标选择

(3)线面分析解难点

细看投影图中各内部线框可以发现,W 面上的斜直线及与它相连的两个三角形投影是内部线框的主要特征。由上面分析已知,该形体为切割式的组合体,所以 W 面上的两个三角形线框,很可能是切去两个三棱柱或切去两个三棱锥或切去一个三棱柱和一个三棱锥的投影。看来,切去三棱锥的情况是不可能的,因为在 V、H 面投影内无三角形线框的投影与之对应。所以,形体最终只能是切去两个三棱柱(长度小于长方体的长度),W 面投影上的两个三角形线框,即为其特征投影,如图 5.25(b)所示的 s''、t''。

具体线面分析如下[见图 5.25(b)中标注]:

W 面上的斜直线投影(记作 p'')是形体切去一个三棱柱后形成的一个表面的积聚投影,那么该表面是一个什么形状的平面呢?由 W 面向 V 面对投影,可见其上有一个┓形线框(记作 p')能与之“高平齐”;再由 W 面向 H 面对投影,可见其上也有一个倒┓形线框(记作 p)能与之“宽相等”;而 V、H 面上┓形线框之间,也符合“长对正”的对应关系。所以根据平面的投影特性可知,W 面上的斜直线投影表示的是一个┓形的侧垂平面 P。

W 面内的短直线 q'',向 V 面对投影,有矩形线框 q' 与之对应,符合“高平齐”;q'' 向 H 面对投影,也有横直线 q 与之符合“宽相等”;而 H 面上的横直线 q 和 V 面上的 q' 线框也符合“长对正”。所以,由投影特性可知,W 面的短直线 q'' 代表的是一个正平面 Q,它是切去第二个三棱柱后留下的一个侧表面。

W 面内的横直线 r'' 向 V 面对投影,有一条横直线 r' 能与之平齐;经 r'' 向 H 面对投影,则有一矩形线框 r 与之“宽相等”;而 r 和 r' 之间也能“长对正”。所以 W 面内 r'' 也代表一个平面,根据平面的投影特性可知,该平面是一个水平面。它也是形体上切去第二个三棱柱后形成的一个水平位置的侧表面。

W 面内的两个三角形线框,经过对投影,也都符合侧平面的投影特性,读者可自行对应。其中 s'' 线框是切去第一个大三棱柱后留下的端面的实形投影,t'' 线框是切去第二个三棱柱后留下的端面的实形投影。

(4)综合起来想整体

立体状况如图 5.26(d)所示。

Ⅱ.画正等测图——用切割法

根据以上的分析,已知该组合体为纯切割式的组合体,所以画其轴测图时就可按分析的切割顺序进行。

(1)在投影图上确定坐标原点,画出轴测轴,如图 5.26(a)所示;

(2)按形体分析,先画出未切割以前长方体的轴测图,如图 5.26(b)所示;

(3)画出切去第一个大三棱柱的轴测图,然后再画出切去第二个三棱柱的轴测图,如图 5.26(c)所示;

(4)检查有无遗漏和错画,擦去多余和不可见图线;

(5)加深、加粗图线,完成作图,如图 5.26(d)所示。

【例 5.7】 识读图 5.27 所示的三面投影图,并画出其正等测图。

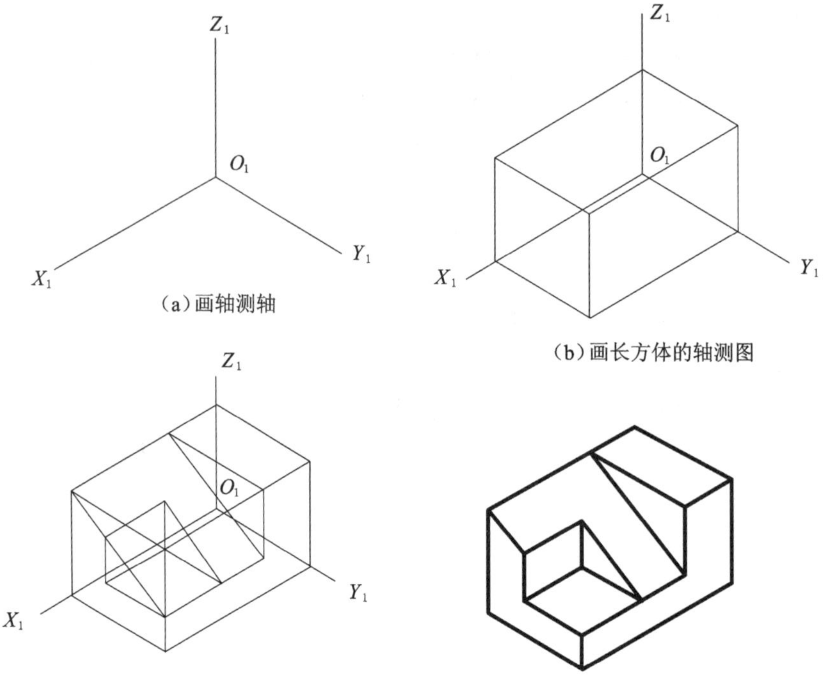

(a)画轴测轴

(b)画长方体的轴测图

(c)画切去的两个三棱柱

(d)擦去多余图线,加深加粗,完成作图

图 5.26 切割式组合体轴测图画法

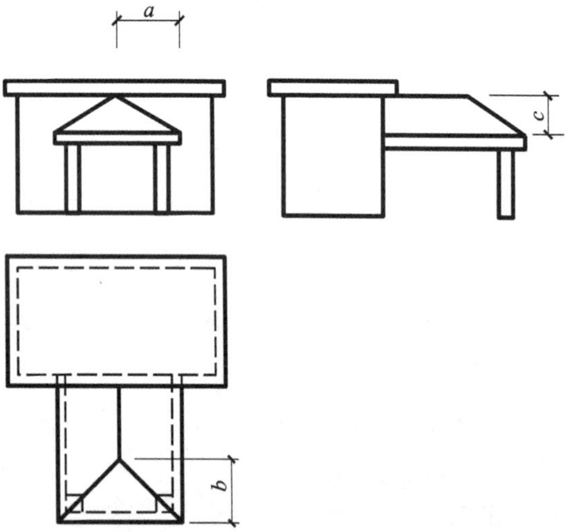

图 5.27 组合体投影图

【解】 Ⅰ.识读

(1)抓住特征

这组图中 W 投影特征较明显。对照其他投影可知,该形体为叠加式的组合体,像一座带有雨篷的建筑物。

(2)形体分析

该组合体类似由雨篷及后部建筑形体两部分所组成。雨篷是由顶部的三棱柱(在前上方已切去一角)和长方体,以及下方的两根长方体柱叠加而成,建筑形体是由墙身及屋顶两个长方体所组成。

(3)线面分析

H、V 面均有一个三角形投影,经高平齐、宽相等对应 W 投影,得一斜直线。根据平面的投影特性,可知该三角形平面为侧垂面,即由切去雨篷三棱柱上一角后形成的斜平面(它垂直于 W 面,所以有积聚性)。

(4)联想整体

如图 5.28(f)所示。

Ⅱ.画轴测图

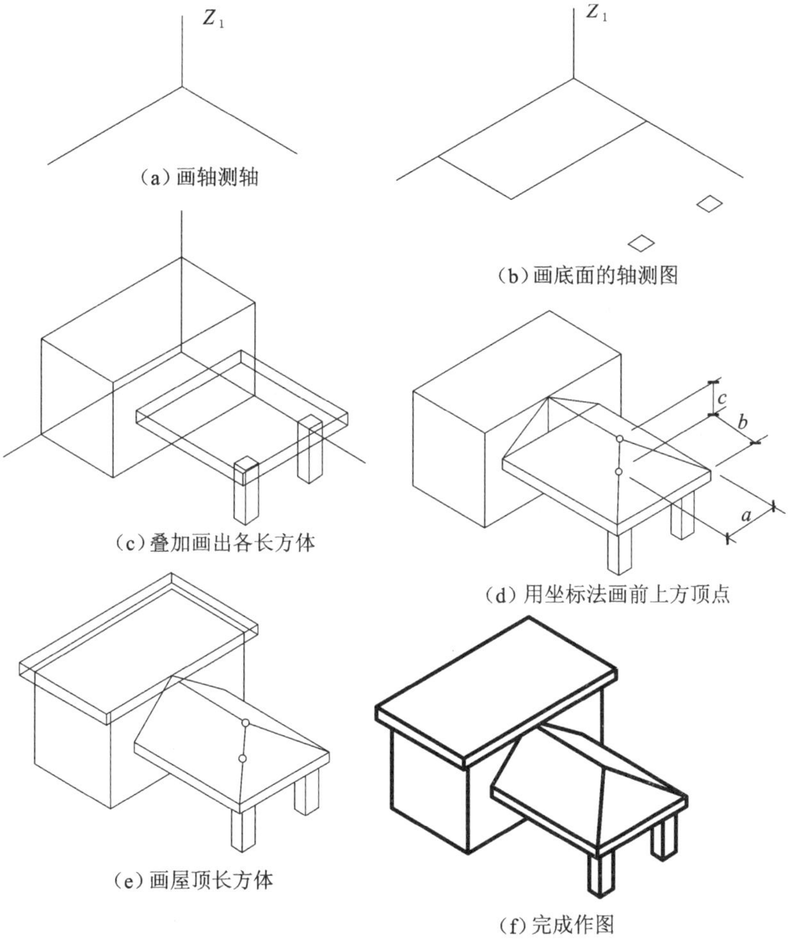

(a) 画轴测轴

(b) 画底面的轴测图

(c) 叠加画出各长方体

(d) 用坐标法画前上方顶点

(e) 画屋顶长方体

(f) 完成作图

图 5.28　组合体轴测图的画法

(1)选择坐标原点于形体的右后下角，并画出轴测轴，如图 5.28(a)所示。

(2)画出建筑形体、雨篷柱与地面相交的交线的轴测图，如图 5.28(b)所示。

(3)画出建筑形体、雨篷柱的轴测图，并在两部分形体之间叠加画出雨篷长方体的轴测图，如图 5.28(c)所示。

(4)用坐标法画出三棱柱前上方顶点的轴测图。先画顶点落在雨篷长方体平面上的正投影的轴测图(也称该点为轴测次投影)，该平面上顶点的位置距雨篷平面的右前角沿 X_1 轴方向为 a、沿 Y_1 轴方向为 b。再画顶点的轴测图，即在该点的轴测次投影处立高为 c 而得，由该点向雨篷的左前和右前两角连线及向平行 Y_1 轴方向画线与后面长方体前棱线相交，再过此交点作与雨篷长方体后方两点的连线，即完成了雨篷三棱柱的轴测图，如图 5.28(d)所示。图中前上方顶点的作图方法，读者应注意掌握。

(5)在后方大长方体上叠画屋顶长方体，如图 5.28(e)所示。

(6)检查图线是否完整、准确，擦去多余图线。

(7)加深加粗，完成作图，如图 5.28(f)所示。

5.4　组合体投影图的补图、补线

识读组合体投影图，是识读专业施工图的基础。由三投影图联想空间形体是训练识图（包括画轴测图）能力的一种有效方法。但也可通过已给两面投影补画第三面投影；或给出不完整、有缺线的三面投影，补全图样中图线的方法来训练画图和识图能力。这两种方法中，前者简称补图（也称知二求三），后者简称补线。当然还有对照投影图切割肥皂、泥块做模型等方法辅助识图，帮助提高空间想象和构形能力。

补图或补线过程中所用的基本方法，仍是前述的形体分析、线面分析及通过轴测图帮助构思的方法。但它们与给出三投影图的识图过程比较，在答案的多样性、解题的灵活性以及投影知识的综合应用上，都将有所加大。

无论是补图还是补线，都是基于点、直线、平面及基本形体投影特性的熟练掌握基础上的，尤其是直线和平面。所以有必要从识读的角度来认识该两元素在投影图上的表达规律，详见单元 3 直线、平面投影。

5.4.1　补图

【例 5.8】 根据已知的两面投影补出第三面投影，两面投影如图 5.29(a)所示。

【解】 Ⅰ.识读

(1)认识投影抓特征

由这两个已知投影可知，形体的主要特征体现在 V 面投影上。从两投影的外轮廓上看，形体是由底板长方体上叠加一个竖向放置的长方体所组成，它们的右侧面平齐。

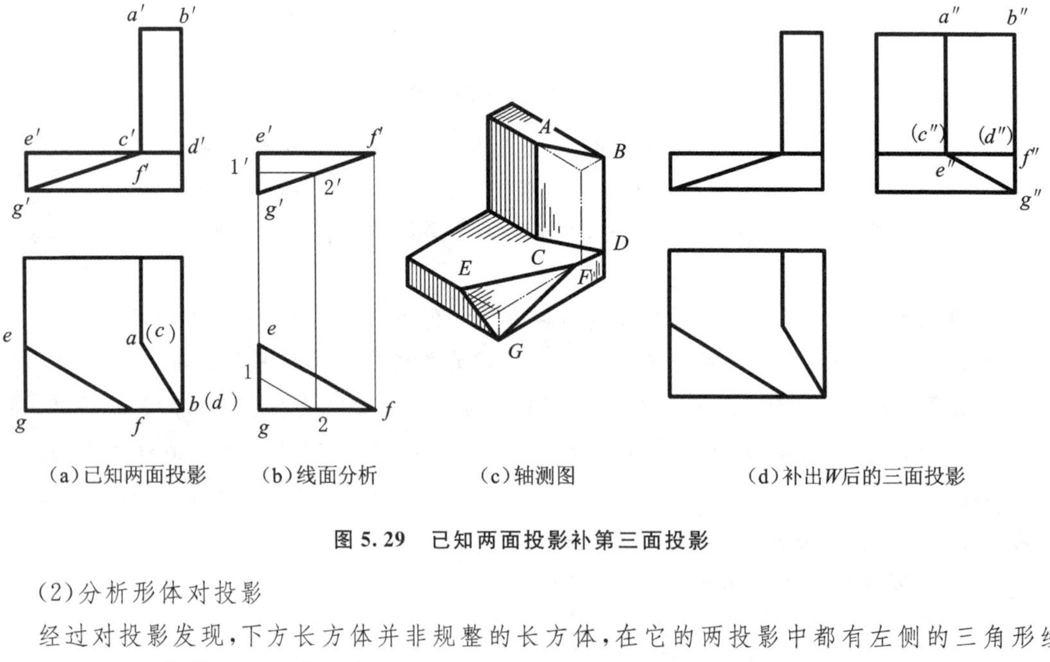

(a)已知两面投影　(b)线面分析　(c)轴测图　(d)补出W后的三面投影

图 5.29　已知两面投影补第三面投影

(2)分析形体对投影

经过对投影发现，下方长方体并非规整的长方体，在它的两投影中都有左侧的三角形线框，这说明该长方体已被切去一角；而叠加的上部形体由 V 面矩形线框对 H 面投影可知是梯形线框，这说明该长方体也被切去一角。经上面的分析可知该形体为混合式的组合体。

(3)线面分析解难点

在 V 面矩形线框 $a'b'd'c'$ 对 H 面投影可得一斜直线投影 $a(c)b(d)$，由前述我们知道该线框为平面，根据平面的投影表达规律，包含有“一斜”特征的平面是垂直面，即“两框一斜线”，而现在已知的是一框一斜线，所以在要求的第三面投影——W 面上，必定是与 V 面边数相同的四边形线框，根据平面的投影特性：“两框一斜线，定是垂直面，斜线在哪面，垂直哪个面。”可知该平面一定是铅垂面。

再由 V 面$\triangle e'f'g'$线框对 H 面投影可得$\triangle efg$ 线框，故$\triangle EFG$ 肯定也是一个平面，根据平面的投影表达规律有“两框一斜线”(垂直面)和“三个投影三个框”(倾斜面)之分，那么本题的两个三角形线框到底代表什么位置的平面呢？对于这样的问题，可以采用推证法来判断：如图 5.29(b)所示，假设三角形平面 EFG 为侧垂面，则可在 V 面$\triangle e'f'g'$中取一条侧垂线 $1'2'$，因为侧垂面上必定有侧垂线，但求出 H 面的投影 12 可知，其为斜直线，不是平行于 $1'2'$的平直线，所以$\triangle EFG$ 上的 ⅠⅡ 直线是水平线而不是假定的侧垂线，即$\triangle EFG$ 上无侧垂线，所以该平面不是侧垂面，而是一般位置平面。那么根据这一分析，在 W 面上补出应画的三角形线框 $e''f''g''$，便完成了这一部分的投影作图。

(4)综合起来想整体

综合以上分析，便可想出该形体的完整形状，如图 5.29(c)所示。

Ⅱ.补出第三面投影——W 投影

(1)先画出没有切割前的 W 面投影——“日”字形线框；

(2)画切去上方形体一角后的投影 $a''b''d''c''$；

(3)画切去下方形体左前上一角后的投影 $e''f''g''$；

(4)检查后加深加粗，如图 5.29(d)W 面投影。

【例 5.9】 已知形体的 V、H 面投影[图 5.30(a)]，求其 W 面投影。

【解】 Ⅰ.识读

(1)根据 V、H 面投影的外形轮廓，可想象出图 5.30(b)所示的形体，它是由长方体切去左前一角而成，但这仅仅还是外部特征。

(2)进一步对投影、分析形体，可知其为混合式的组合体。在该组合体的下方，放置着一个有斜面(反映在 V 面上的斜线)、缺左角(反映在 H 面上斜线)的平面体；后部上方叠放着一个长方体；组合体右前部又叠放着一个既像三棱柱又像长方体，或者还可能是带圆柱曲面的三棱柱体，如图 5.30(c)所示。三棱柱、带圆柱曲面的三棱柱体是正确的，对于这部分，至少有两个答案。对于多种答案的形体，一般选择常人容易联想的、尽量简单的那个答案。所以，对于该部形体则选三棱柱为最终答案。

(3)进行线面分析。由 H 面中的斜线对 V 面投影的相应线框，可知 H 面上的斜线代表一个六边形铅垂面。由于铅垂面应有“两框一斜线”的三面投影特性，现已知投影上的一条斜线和一个六边形线框，所以该平面在 W 面对应位置上，也应有一个六边形线框的投影。同理，由 V 面上的斜线对应 H 面投影，可知该斜线代表一个梯形的正垂面，所以该平面在 W 面对应位置上，也应画出一个梯形线框的投影。立体的想象过程如图 5.30(d)、(e)所示。这种想象过程，相当于把某个投影面的正投影图平移后画到了形体的外轮廓轴测图上，然后按已知投影及分析得到的结

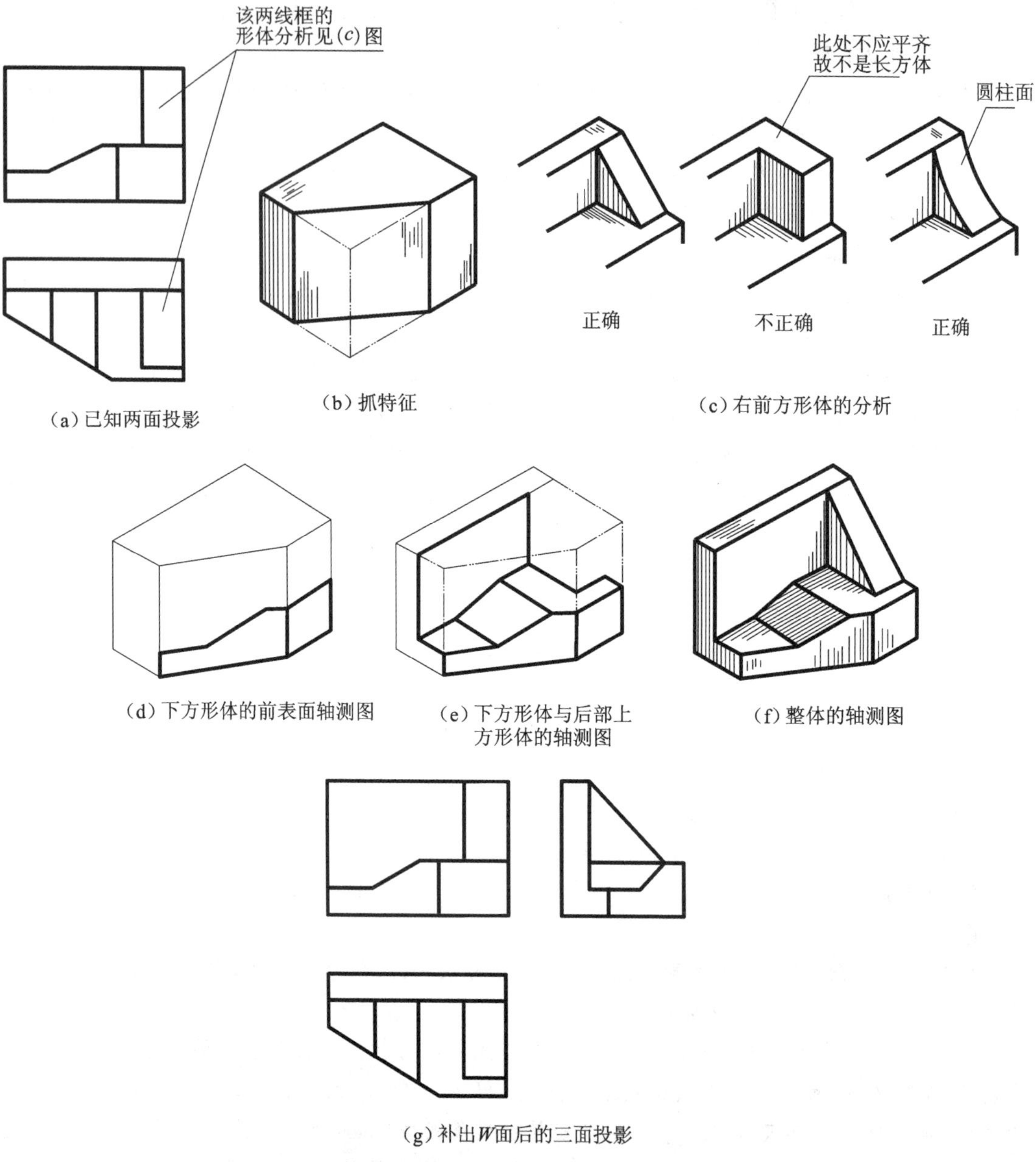

图 5.30　已知两面投影求第三面投影

论，向内切割或向外叠加，帮助在较快时间内想出或画出立体的形状。如图 5.30(d)，是把 H 面的部分投影移到了外轮廓轴测图上，然后根据 V 面投影上反映的上、下两形体前表面不平齐的连接关系，向内切割(画线)而得到图 5.30(e)。这种画图(或用于联想)的方法称为移图法。

(4)结合图 5.30(c)中的选择，可想出该组合体的整体形状，如图 5.30(f)所示。

Ⅱ.补图——画出 W 面投影

(1)先画出图 5.30(b)外轮廓形体的 W 面投影；

(2)再由下向上画出六边形和梯形线框；

(3)最后画出前右上方的三棱柱的三角形线框；

(4)检查后加深加粗、完成作图。如图 5.30(g)所示的 *W* 面投影。

【例 5.10】 识读图 5.31(a)的两面投影，补出 *H* 面投影。

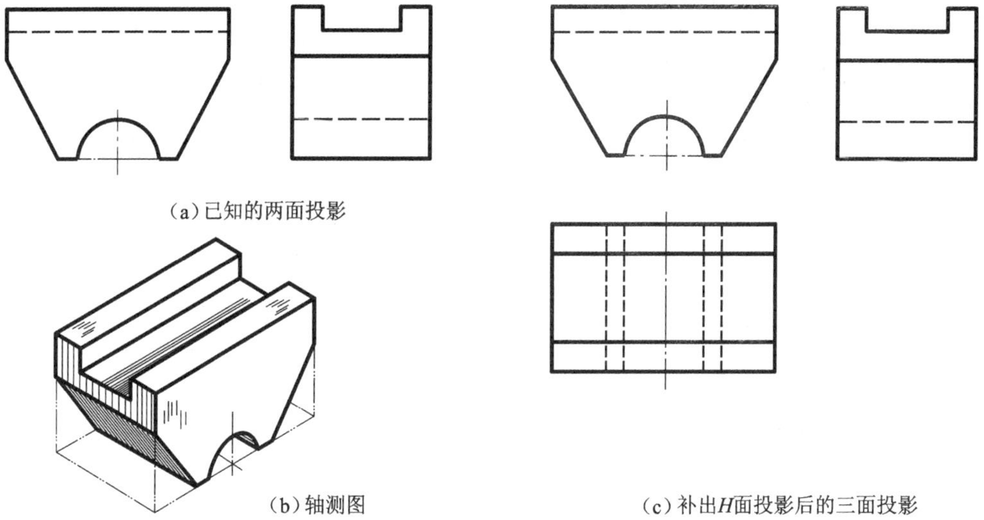

图 5.31 由两面投影求第三面投影

【解】 Ⅰ.识读

(1)粗看已知投影图，最醒目的是在 *V* 面上有半圆曲线。结合 *W* 面虚线可知，其为形体底部所挖半圆槽。再注意看其他外轮廓，可知形体是由长方体切去左、右两个三棱柱及底部的半圆槽，然后又在上方叠加一前一后的两个长方体而成，如图 5.31(b)所示。

(2)在线面分析时，一般先从斜线、曲线等有显著特征的投影开始。本题 *V* 面上的斜直线，是切去长方体左、右两角以后侧面的积聚投影，该平面的形状，经对 *W* 面投影可得一矩形线框。所以，*V* 面两条斜直线代表两个矩形正垂面。根据正垂面的三面投影是“两框一斜线”的特性，还需在 *H* 面上对应位置画出矩形线框。*V* 面半圆周曲线，代表正垂位置的半圆柱曲面的积聚投影。所以，在 *H* 面的对应位置上还需画圆柱面的矩形投影(最内两条虚线)。上方两长方体的位置特征在 *W* 面上反映，在 *H* 面上作出的将是一个“目”字形实线线框，如图 5.31(c)所示。

Ⅱ.补图——画出 *H* 面投影

(1)先画未切割时长方体的 *H* 投影；

(2)再画切去左、右两角后正垂面的两个矩形线框，以及底部半圆槽的矩形线框；

(3)最后画出上部叠加的两长方体的 *H* 投影——“目”字形线框；

(4)检查后加深加粗，画半圆柱面的中心线，如图 5.31(c)所示。

由以上例子可知，由两面投影求第三面投影，答案有时不止一个。如图 5.32 所示由 *V*、*W* 两面投影求 *H* 面投影时，图中列出了三种答案。根据前面学习的知识可知，图形中直线的意义可以有三种：一是棱线的投影，二是平面的积聚投影，三是曲面体转向线的投影。由于图中线的意义有多种选择，所以自然也就有了多种答案。对于多解题目的处理原则是：

(1)只要符合投影关系(长对正、高平齐、宽相等)，任何一种答案均可。

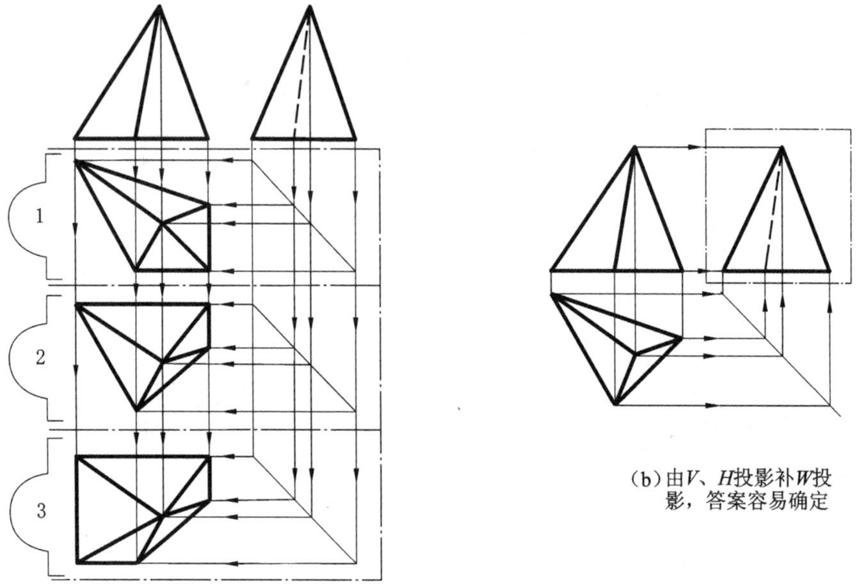

(a) 棱锥体的多种答案

(b) 由V、H投影补W投影，答案容易确定

图 5.32　棱锥体的知二求三

(2)土建类的形体优先考虑。

(3)线的意义按平面的积聚投影→棱线的投影→曲面体转向线的投影的顺序考虑，答案在三者中必居其一。

(4)如果两已知投影都是平面的积聚投影时，往往其形状的确定成了难点。如图 5.32(a) V、W 投影中三角形的底边线，无疑是代表一个水平面，但它的答案至少可想出三种，一般以选择简单的为好。如图 5.32(b) 给出 V、H 面投影时，求 W 面投影比较容易并且答案也是唯一的。

知二求三是识图的练习方法，故局部多解的情况是时常遇到的。如无特殊要求，一般只答一解。

作知二求三的练习时，首先要根据已知条件，读懂形体。在作所求投影图时要侧重分析斜直线所表示的意义。

5.4.2　补线

【例 5.11】　补出图 5.33(a)所示 H 面投影图上缺画的图线。

【解】　Ⅰ.分析

观察 V 面外轮廓可知，形体是带有正垂面(斜直线表示)的四棱柱体，再看 W 面外轮廓可知，在四棱柱前，还有一个高度较小的长方体，中间横向有一条虚线。再对应 V 面，可见该长方体中间上方切去一个小长方体，形成一个凹字形槽口，故 W 投影上有虚线。

由此可知，V 面的斜直线是代表一个矩形的正垂平面，因为 W 面上对应的投影是一个矩形线框，所以在 H 面投影上也应对应地画出一个类似的矩形线框。前方长方体顶面的 V 投影，为凹字形的折线，所以 H 面对应位置一定是三个并排的矩形线框，呈“四”字形，立体图形如图 5.33(b)所示。

Ⅱ.补线

(1)根据以上分析,先画后方四棱柱上正垂面的 H 面投影,它是一个矩形线框。

(2)画出前方开槽长方体的 H 面投影,它是一个“四”字形线框的投影。

(3)检查后加深加粗,完成补图,如图 5.33(c)所示。

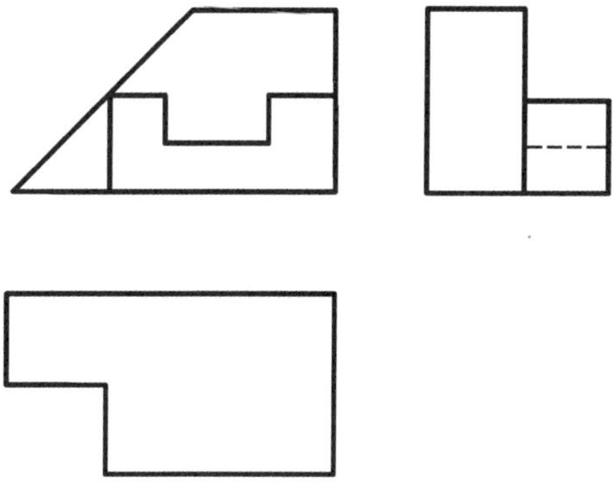

(a)已知条件

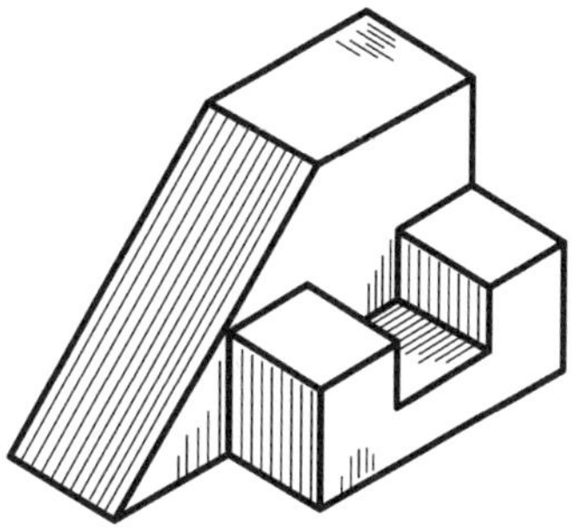

(b)轴测图

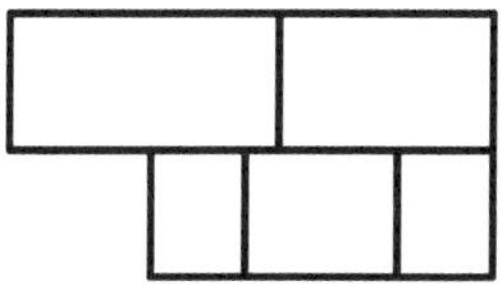

(c)在H面上补出的图线

图 5.33　补出 H 面缺画的图线

【例 5.12】 补出图 5.34(a)所示三面投影图中缺画的图线。

【解】 Ⅰ.分析

由于未说明具体哪个投影图上缺线,所以每个已知投影图都需认真阅读,抓住各自的特征,如有无凸出、凹进或折角圆弧。然后根据这些特征,检查其他投影上有无这些特征所对应的投影图线,如果没有,就补上这些图线。

看 V 面投影外轮廓可知,该形体是长方体挖去中间下方一个小长方体而得,对应 H、W 投影可见都没有这一内容的相应投影,故需补上。而看 H 面投影形体,像是一个右前方叠加有半圆柱的“T”形立体,半圆柱的高度在 W 面上反映。同时,我们还注意到 H 面投影的左下角有一条斜虚线,根据“长对正”对应到 V 面上,可知其为矩形线框,所以此虚线代表的是铅垂面。再回到 H 面来看,包括刚才所提到的斜虚线,还可构成一个三角形线框,对投影到 V 面,可见相应位置也是三角形线框。由于 V、H 两投影都有三角形线框,我们根据平面的投影特性知道,两个投影都是线框的投影图,所代表的可能是一般位置平面,也可能代表一个投影面垂直面,那么具体代表哪个平面呢?这是本题的难点。现在用推证法来分析,假设 H 面中横直线 ab 为侧垂线,那么作为侧垂线的 $a'b'$ 也应为横直线投影,但实际 $a'b'$ 为斜直线投影,所以与假设矛盾,即 $\triangle ABC$ 没有侧垂线,AB 只是正平线,故 $\triangle ABC$ 为一般位置平面。

综合以上分析，想出的形体如图 5.34(b)所示。

Ⅱ.补线

(1)先画挖去长方体以后 W、H 面上的缺线：H 面为两条竖向平行虚线，W 面为一条横向的短虚线。

(2)画出形体右前方叠加半圆柱体的 V、H、W 面上缺画的图线。

(3)画左方形体在 W 面上的缺线。

(4)画出形体左前下缺角处矩形铅垂面的 W 面投影。

(5)画出矩形铅垂面上方的一般位置平面△ABC 的 W 面投影，完成作图，如图 5.34(c)所示。

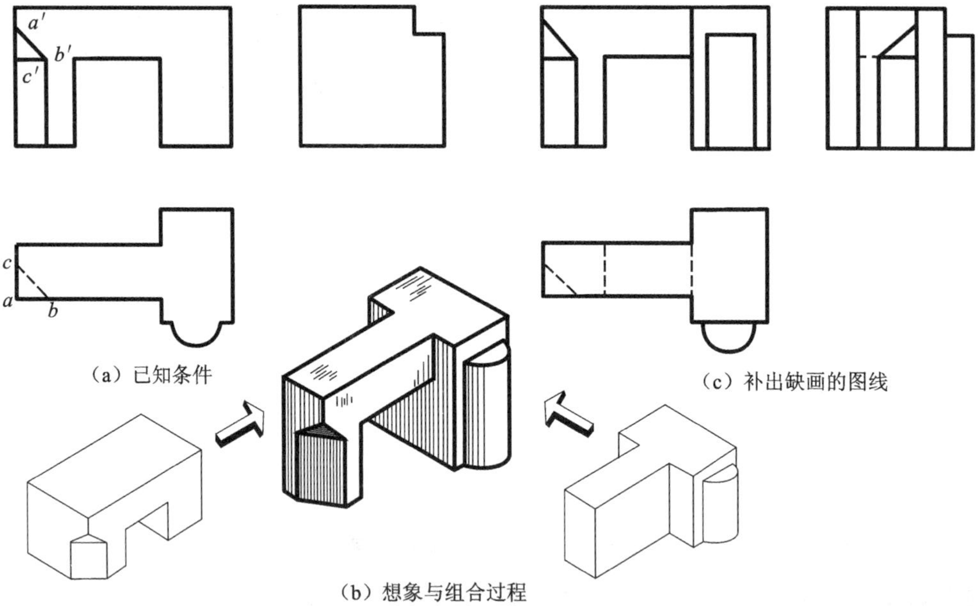

(a) 已知条件　(b) 想象与组合过程　(c) 补出缺画的图线

图 5.34　补投影图中缺画的图线

通过以上两个例题我们知道，对于补线的练习，首先应注意每个投影图外轮廓的特征，然后由这些特征去检查、核对其他投影图形的完整性，即有无缺线；同时运用线面分析法分析图形内部的斜线、线框的意义，当一条斜直线投影对应一个线框的投影时，该斜直线肯定代表一个垂直面；当两个对应投影都是线框时，一定要慎重地分析：看是一般位置平面还是投影面垂直面？方法有两种：一种是例 5.11 中△ABC 平面的判断方法——推证法；一种就是由两个投影求第三个投影，作出后进行判断。补线出现多解时，处理的原则同补图。

单元小结

组合体是由基本形体组合而成的类似于工程形体的形体。

在绘制组合体投影图时首先要明确组合体的组合方式、表面连接关系及位置关系，进行形体分析后再对组合体进行特征投影的选择、注意投影图选择中的平稳性等，使组合体以最少的投影图反映其尽可能多的内容。

组合体投影图的画法有叠加法和切割法两种。组合体的轴测图以正等测为重点。

组合体尺寸是由定形尺寸、定位尺寸和总体尺寸三部分组成。

标注定位尺寸时应选好定位基准:对于平面体通常选取最左或最右端面作为长度方向的定位基准,选取最前或最后端面作为宽度方向的定位基准,选取最上或最下端面作为高度方向的定位基准(对建筑类形体通常选择最下端面作为高度方向的定位基准);对于回转型曲面体,如圆柱、圆锥和球体等,选择回转轴线作为定位基准。

标注组合体尺寸时要做到大尺寸在外、小尺寸在内,小尺寸之和应等于大尺寸。相关尺寸应标注在两个投影图之间,并尽量标注在特征投影上。尺寸标注做到不重复。

组合体投影图的识读是学习中的难点,注意识读投影图的一般方法和步骤,注意形体分析法和线面分析法在识读中的应用。

对于组合体投影的学习,必须多画、多读、多想,有时需结合画轴测图来帮助理解。

复习思考题

5.1 组合体的组合方式、表面连接关系有哪些?

5.2 什么是形体分析法?

5.3 什么是线面分析法?

5.4 简述组合体投影图的画法、步骤。

5.5 什么是组合体的定形、定位和总体尺寸?

5.6 简述组合体尺寸标注的一般方法。

5.7 组合体投影图的识图要点有哪些?

5.8 简述组合体投影图的识图步骤。

单元 6　立体的截断与相贯

教学目标

1. 了解平面体、曲面体截交线的形成原理及作图的基本方法；
2. 掌握平面体和平面体相贯的类型、空间分析以及求相贯线的方法、步骤；
3. 掌握平面体和曲面体相贯的类型、空间分析以及求相贯线的方法、步骤；
4. 掌握曲面体和曲面体相贯的类型、空间分析以及求相贯线的方法、步骤；
5. 了解建筑形体中同坡屋面的作图方法。

思政要点

具有团队协作、优势互补的职业素养。

6.1　平面体的截交线

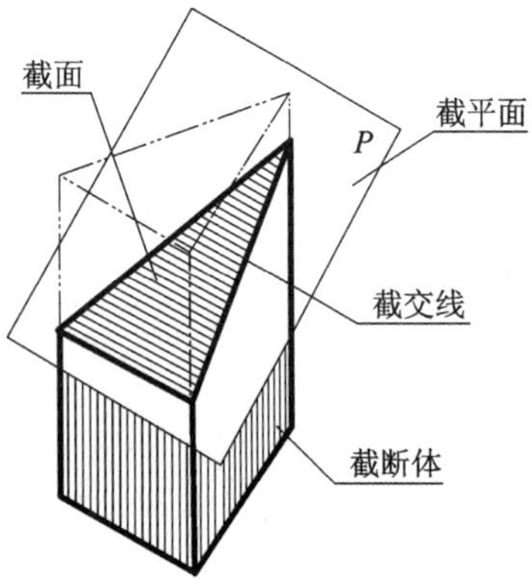

图 6.1　体的截断

平面立体的截交线是由平面立体被平面切割后所形成的。如图 6.1 所示，三棱柱被平面 P 切割，平面 P 称为截平面，截平面与形体表面的交线称为截交线，截交线所围成的图形称为截面，被平面切割后的形体称为截断体。

平面立体的截交线一般是一个平面图形，它是由平面立体各棱面和截平面的交线所组成，也可以说是由立体上各棱线与截平面的交点连接而成。因此，求平面立体的截交线，应先求出立体上各棱线与截平面的交点，为了清楚起见，通常把这些交点加以编号，然后将同一侧面上的两交点用直线段连接起来，即为所求的截交线。

立体被截断后，截去的部分如要在投影图中绘出，应用双点长画线表示。立体的截交线在投影图中如可见则用实线表示，反之为虚线，作图时一定要注意判别截交线的可见性。下面举例说明平面与棱柱体或棱锥体的截交线作法。

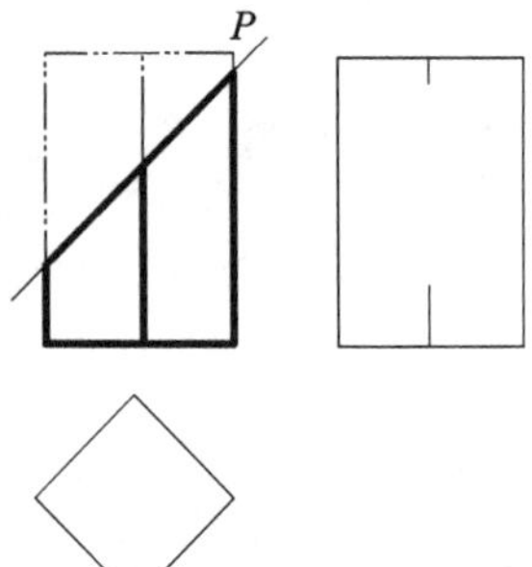

图 6.2　四棱柱被截断已知条件

【例 6.1】　已知正四棱柱被一正垂面 P 所截断，求作截交线的投影，如图 6.2 所示。

【解】　求截交线的具体步骤：

(1)从图 6.3(a)中可知，该正四棱柱垂直于 H 投影面。

因此，各个棱面在 H 面上的投影积聚成直线，所以截交线的 H 面投影，也就是四棱柱体各侧棱面的 H 面投影。设各棱线与截平面 P 的交点为 A、B、C、D，它们的 H 面投影为 a、b、c、d，如图 6.3(b)所示。

(2)截平面 P 为正垂面，因此在 V 投影面具有积聚性，此时截交线的 V 面投影与截平面 P_V 重合，交点 A、B、C、D 的 V 面投影 a'、b'、c'、d' 可直接求得，如图 6.3(b)所示。

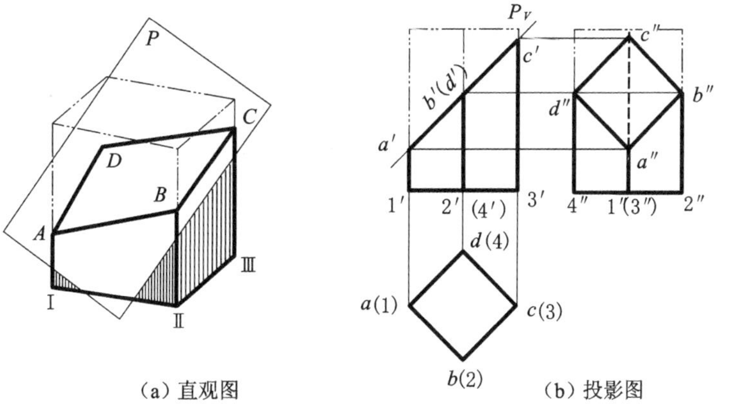

(a) 直观图　　(b) 投影图

图 6.3 作正四棱柱的截交线

(3)求截交线的 W 面投影时，可根据点的投影规律，通过 V 面投影 a'、b'、c'、d' 各点分别作水平线，与四棱柱的 W 面投影中对应的各棱线相交得到 a''、b''、c''、d'' 各点，依次相连，即得截交线的 W 面投影。检查形体在 W 面上的棱线的投影可知，中间还有一条虚线，它表示右侧棱线的投影，如图 6.3(b)所示。

【例 6.2】 已知三棱锥被一正垂面 Q 所切割，求作截交线的投影，如图 6.4 所示。

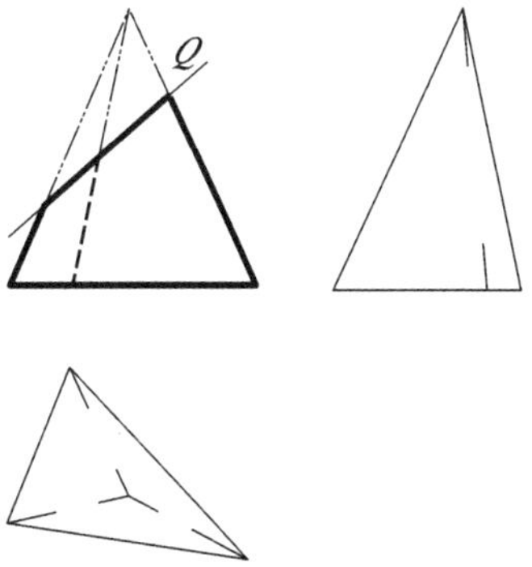

图 6.4 三棱锥被截断已知条件

【解】 求截交线的具体步骤：

(1)从图 6.5 中分析可知，截平面 Q 为正垂面，在 V 面投影中具有积聚性，所以各棱线与截平面 Q 的交点 A、B、C 的 V 面投影 a'、b'、c' 可直接求得，即截平面 Q_V 与截交点 A、B、C 的 V 面投影重合。

(2)根据平面体表面求点的方法(此时 A 点在三棱锥的 SⅠ棱线上，B 点在 SⅡ棱线上，C 点在 SⅢ棱线上)，分别自 a'、b'、c' 作竖直线，得到水平投影 a、b、c，作水平直线得到侧面投影 a''、b''、c''，如图 6.5(b)所示。

(3)依次连接各点的同面投影，可求得截交线的 H 面、W 面投影，如图 6.5(b)所示。

【例 6.3】 已知三棱锥被两个平面截断，作出其截交线的投影，如图 6.6 所示。

【解】 作截交线的具体步骤：

(1)从图 6.7 中分析可知，三棱锥被两个正垂面切割，第一个截平面截出一个四边形 $ABDE$，其中 A、B 点是截平面与棱线 SⅠ、SⅡ的交点，第二个截平面截出一个三角形 CDE，其中 C 点是截平面与棱线 SⅢ的交点，而直线 DE 则是两截平面的交线，如图 6.7(a)中所示。

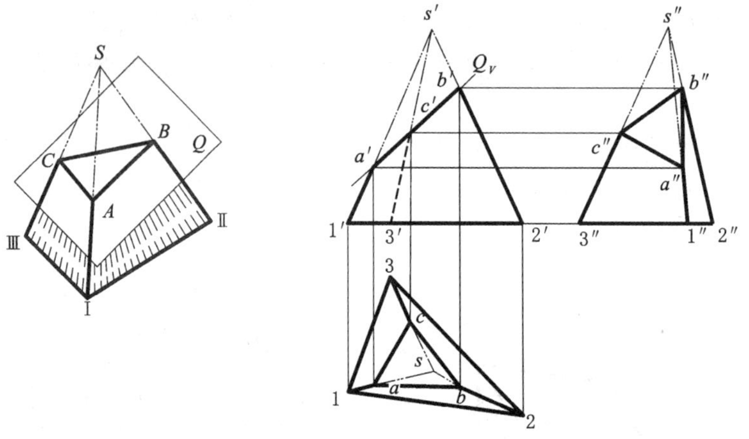

(a) 直观图　　(b) 投影图

图 6.5　作三棱锥的截交线

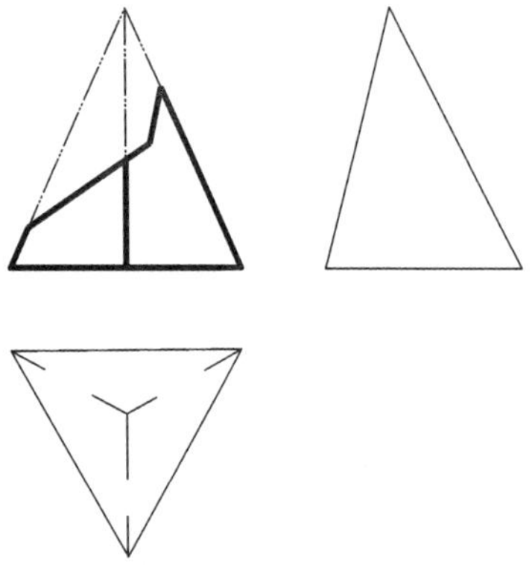

图 6.6　三棱锥被两平面截断已知条件

在 V 面投影中，由于两个截平面均为正垂面，所以截交线的投影为两段直线，直接可以求得，而在 H 面投影和 W 面投影中，截交线为类似的四边形和三角形。

(2) A、B、C 点是截平面与三棱锥棱线的交点，所以根据点的投影规律，可直接求得 H 面投影 a、b、c 和 W 面投影 a''、b''、c''。而 DE 直线实际上是一条正垂线，其两个端点 D、E 在三棱锥表面上，D、E 的 V 面投影为重影点 $d'(e')$，H 面投影可用辅助线求解，如图 6.7(b) 所示。过 $d'(e')$ 作一水平线交 $s'3'$ 为 m' 点，过 m' 点作竖直线得 H 面投影 m，在 H 面投影上过 m 点分别作平行三棱锥底边 13 和 23 的线段，然后过 $d'(e')$ 作竖直线与前所作平行底边的线相交得 H 面投影 d、e。根据点的投影规律，可求得 W 面投影 d''、e''。

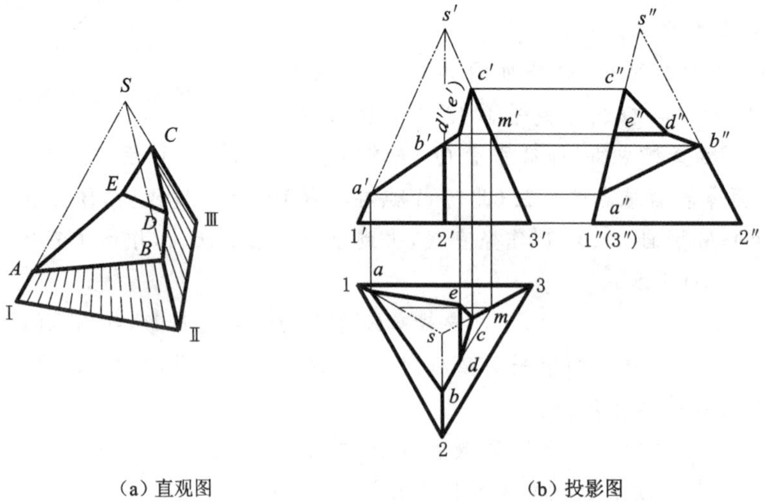

(a) 直观图　　(b) 投影图

图 6.7　截头三棱锥的截交线

(3)按顺序分别将 H、W 面投影上的各点相连。由于有两个截平面,而截交线又是两个封闭多边形,所以必须指出,两个多边形的公共边,即为两个截平面的交线。

6.2 曲面体的截交线

曲面立体的截交线一般是封闭的平面曲线,有时是曲线和直线组成的平面图形,如图 6.8 所示。而截交线上的点一定是截平面与曲面体的公共点,只要求得这些公共点,将同面投影依次相连即得截交线。

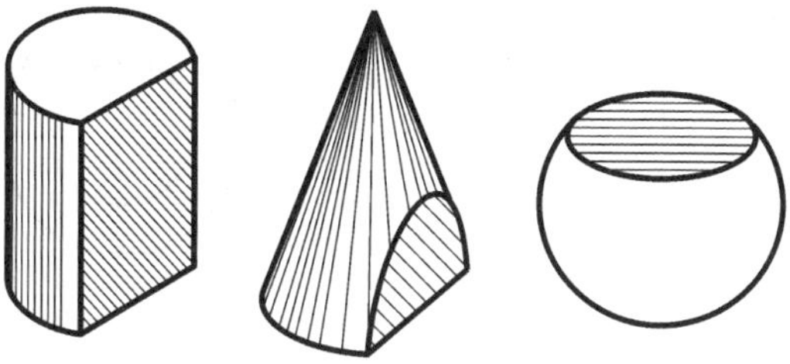

图 6.8 曲面立体截交线的形状

当截平面切割圆柱体和圆锥体时,由于截平面与圆柱体轴线的相对位置不同,圆柱体的截交线出现圆、椭圆、矩形三种情况,如表 6.1 所示。当截平面与圆锥体轴线的相对位置不同时,圆锥体的截交线出现圆、椭圆、抛物线、双曲线、三角形五种情况,如表 6.2 所示。当截平面切割圆球体时,无论截平面与圆球体的相对位置如何,截交线的形状都是圆,如图 6.8 所示。此时当截平面平行某一投影面时,截交线在该投影面上的投影,反映圆的实形;当截平面倾斜某一投影面时,截交线在该投影面上的投影为椭圆。这里只介绍平面切割圆柱体、圆锥体截交线的作法。

表 6.1 圆柱体截交线

截平面垂直轴线	截平面倾斜轴线	截平面平行轴线
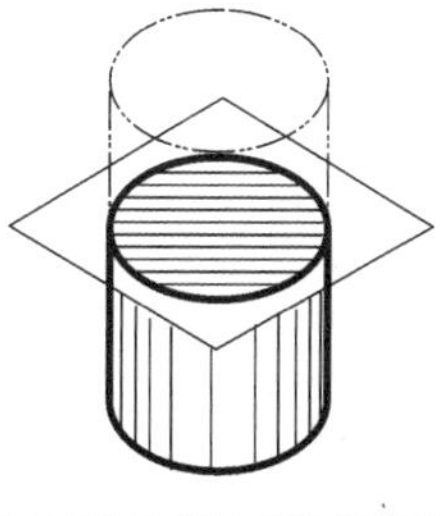	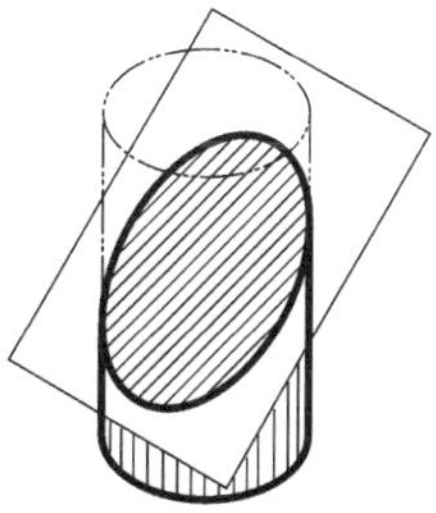	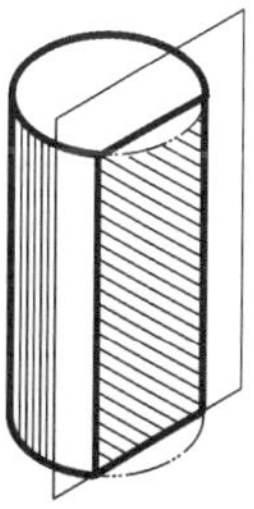
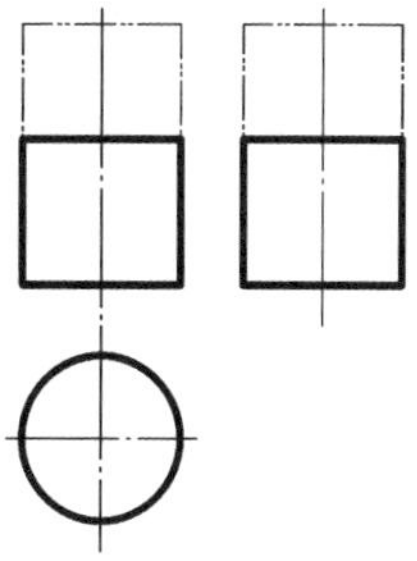	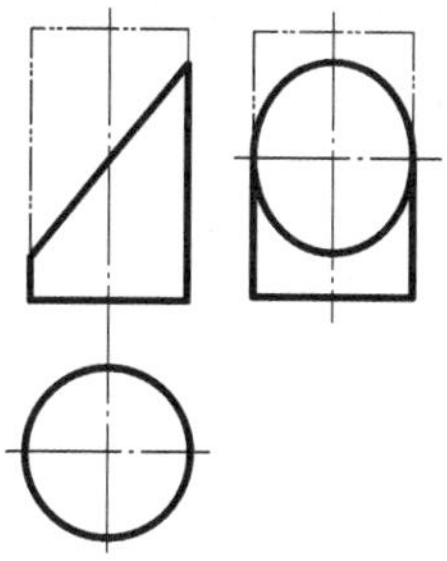	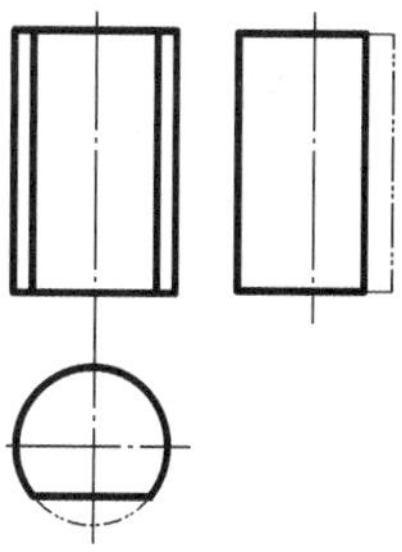
截交线为圆	截交线为椭圆	截交线为矩形

表 6.2　圆锥体截交线

截平面垂直圆锥轴线	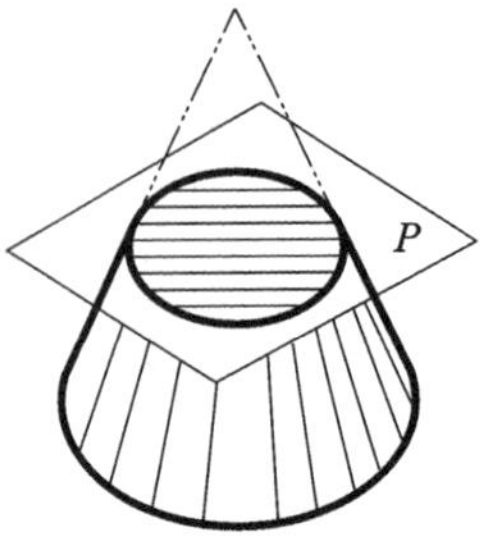	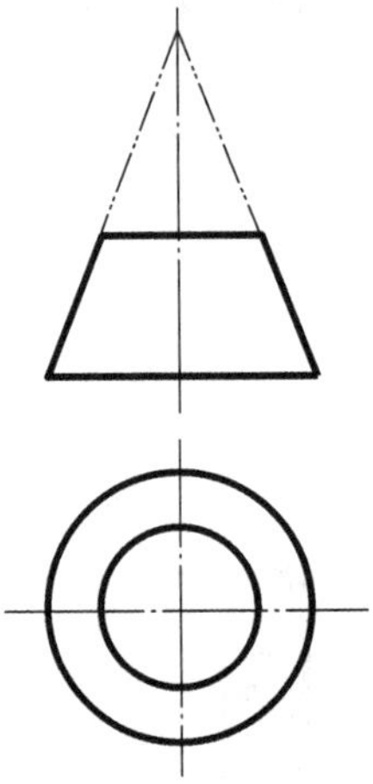	截交线为圆
截平面与圆锥上所有素线相交(倾斜轴线)	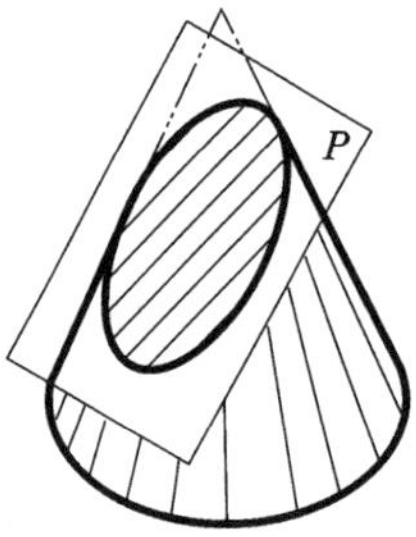	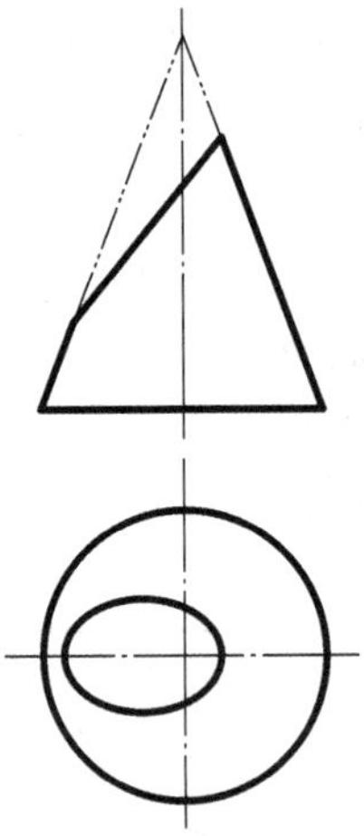	截交线为椭圆
截平面平行于一素线	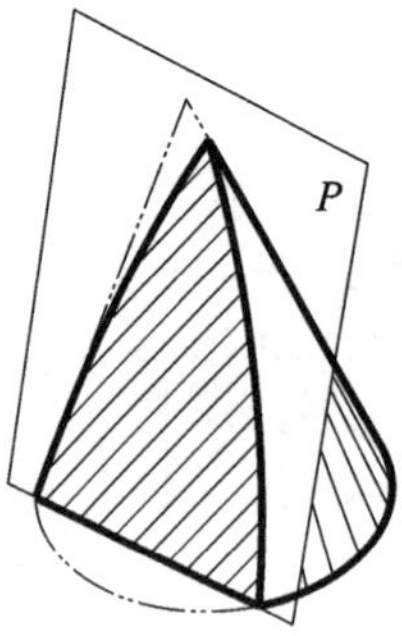	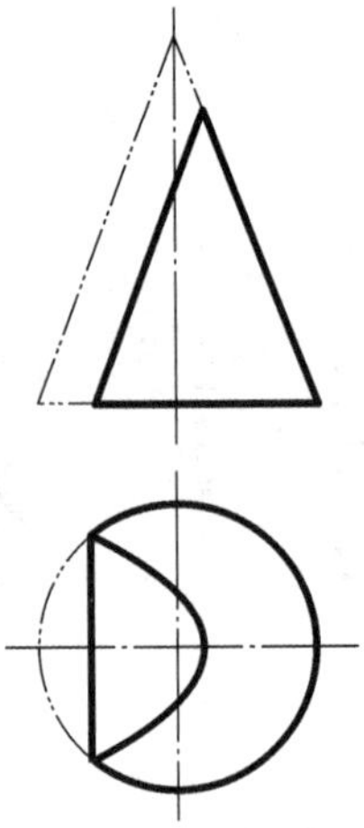	截交线为抛物线

续表 6.2

截平面平行圆锥上的两素线	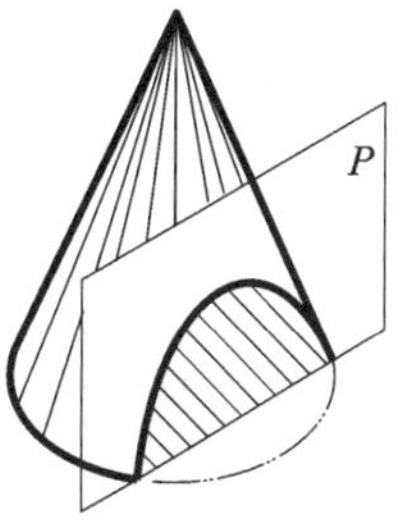	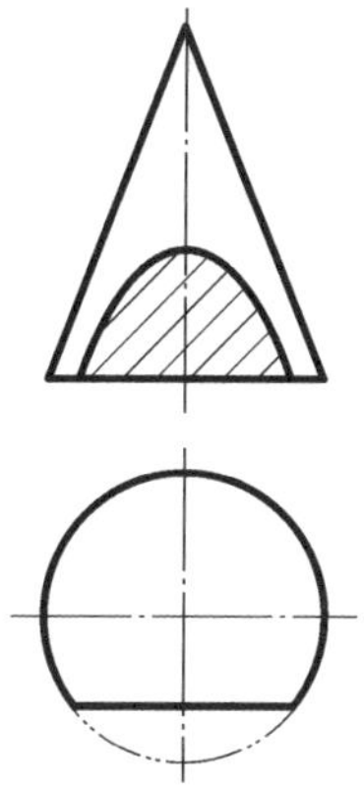	截交线为双曲线
截平面通过圆锥锥顶	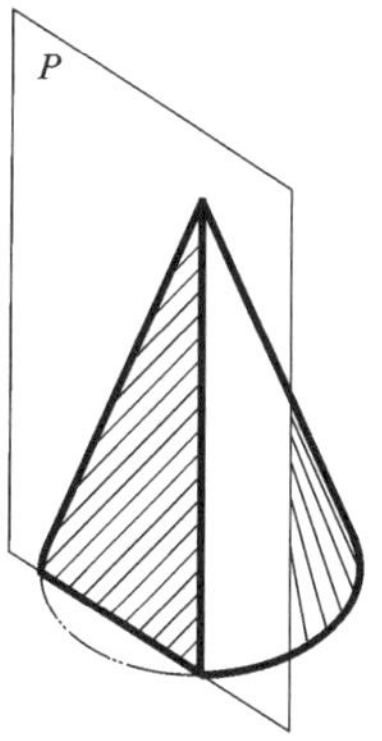	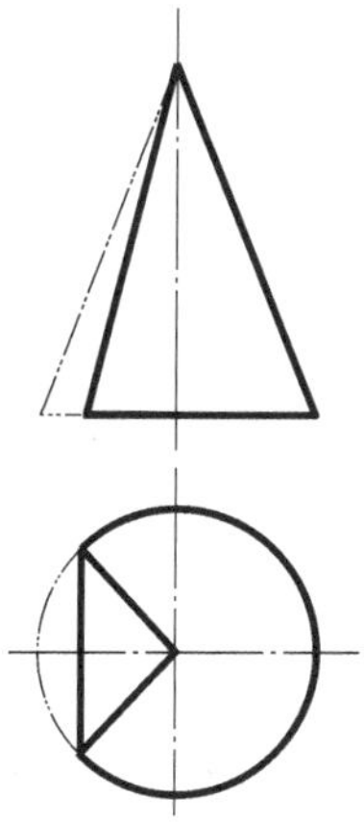	截交线为三角形

【例 6.4】 已知正圆柱体被正垂面 P 切割，求截交线的投影，如图 6.9(a)所示。

【解】 分析：由于截平面 P 倾斜圆柱的轴线切割，所以截交线为椭圆。截交线的 V 面投影与正垂面 P_V 重合为一直线，水平投影根据圆柱体的投影特性可知，积聚在圆柱体的水平投

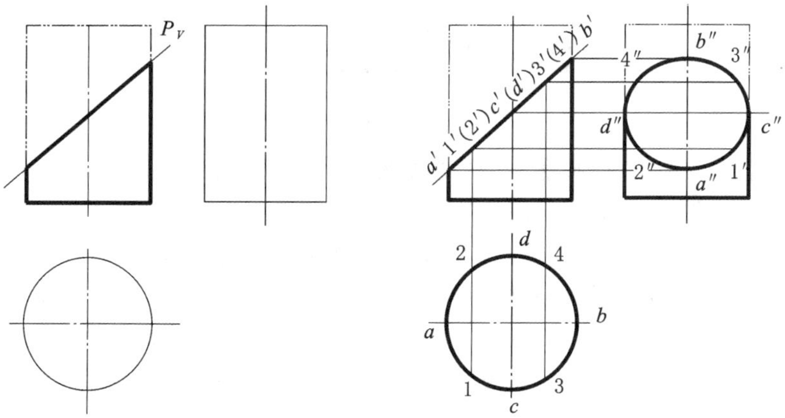

(a) 已知条件　　　　(b) 作图

图 6.9　正圆柱体被切割

影上。因此，截交线的正面投影、水平投影均为已知，侧面投影为椭圆，可根据圆柱体上表面求点的方法，求得截交线，如图 6.9(b)所示。具体作图步骤：

(1)先求椭圆上的特殊点，即椭圆长短轴的投影。此时可先在 H 面、V 面定出 A、B、C、D 的各面投影，自 V 面投影 a'、b'、c'、d' 作水平线，可在 W 面圆柱体的转向轮廓线上求得相应的点 a''、b''、c''、d''。

(2)再求椭圆上的一般点。首先在 H 面上定出一般点 1、2、3、4，找出 V 面上的对应投影点 $1'$、$2'$、$3'$、$4'$。据点的投影规律，可在 W 面求得 $1''$、$2''$、$3''$、$4''$。依次光滑连接 a''、$1''$、c''、$3''$、b''、$4''$、d''、$2''$、a''，即求得截交线的侧面投影。

图 6.10 是工程上常见木屋架端节点下弦杆的截口，该截口是由两个正垂面截割圆柱而成，截交线是两个部分椭圆。

作图时根据截交线的 V 面投影已知，可求出它的 H、W 面的投影。即先求作特殊点 A、B、C、D，再求些中间点 1、2、3、4。

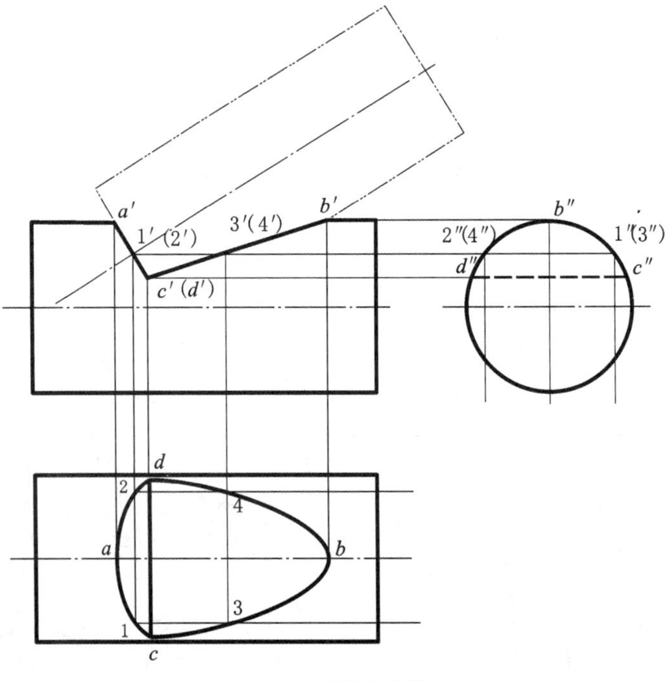

图 6.10　下弦杆的截口

讨论：如图 6.11 在 W 面投影中，截交线椭圆的投影将随着截平面与水平线的夹角而变化，投影椭圆的长短轴与截面线椭圆的长短轴并不一定对应，但投影椭圆的二轴之间必有一轴的长度等于圆柱的直径。当 $\alpha<45°$时，在 W 面投影上长轴等于圆柱直径；$\alpha=45°$时，长、短轴相等，且都等于圆柱直径，此是投影椭圆变成圆；$\alpha<45°$时，短轴等于圆柱直径。

【例 6.5】　已知正圆锥体被正垂面 P 切割，求截交线的投影，如图 6.12(a)所示。

【解】　分析：由于截平面 P 倾斜圆锥体的轴线切割，所以截交线为椭圆，又因截平面 P 为正垂面，故截交线的 V 面投影与 P_V 重合，在 V 面积聚为一直线。截交线的水平投影、侧面投影均为椭圆，可根据圆锥体上表面求点的纬圆法或素线法求得，如图 6.12(b)所示。具体作图步骤：

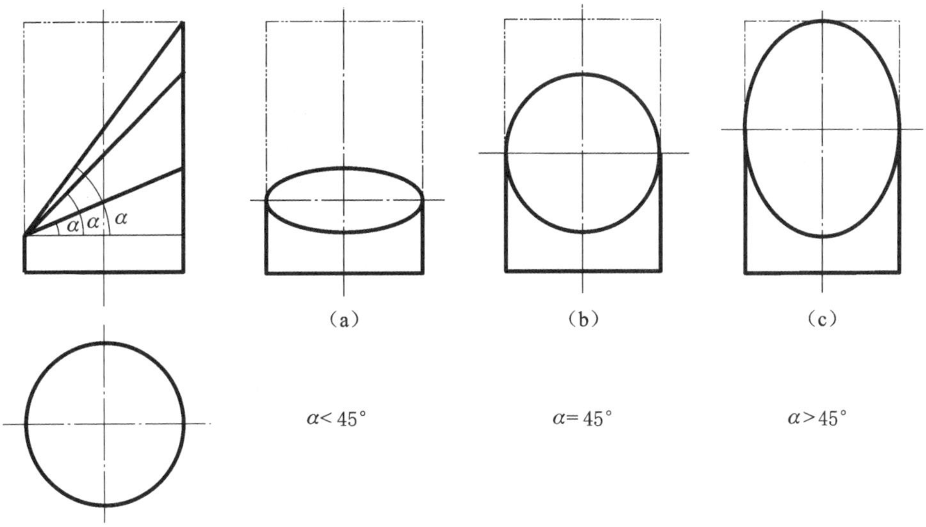

图 6.11　截交线椭圆与夹角 α 的关系

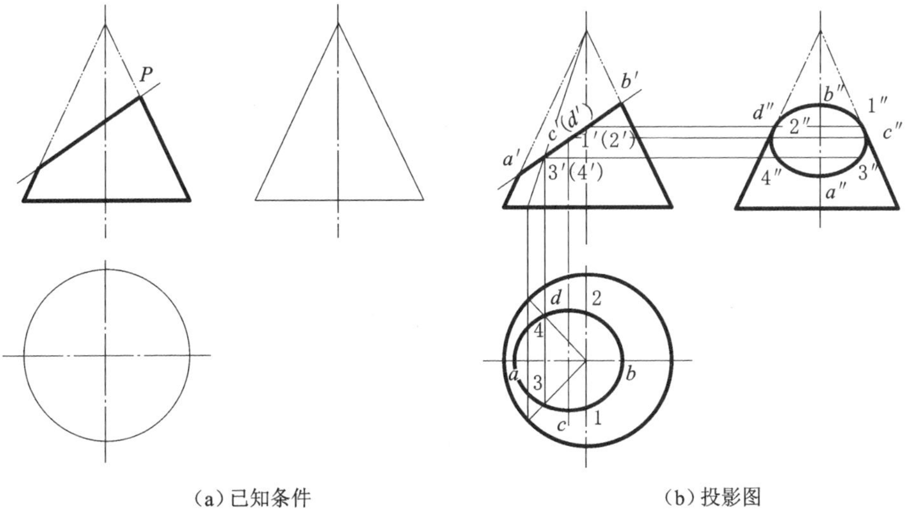

(a) 已知条件　　(b) 投影图

图 6.12　正圆锥被切割

(1)求椭圆上的特殊点。即椭圆长短轴 A、B、C、D 点，以及圆锥左右转向轮廓线上的点Ⅰ、Ⅱ。这些点的 V 面投影均为已知。从椭圆长轴的端点 A、B 的 V 面投影 a'、b'，向下作竖线可得 A、B 的 H 面投影 a、b，向右作水平线可得 A、B 的 W 面投影 a''、b''。椭圆短轴的端点 C、D 的 V 面投影 c'、d' 必在 a'、b' 的中点处，利用纬圆法可求得 c'、d' 的 H 面投影 c、d，W 面投影 c''、d''。圆锥体转向轮廓线上的点Ⅰ、Ⅱ的 V 面投影 $1'$、$(2')$ 在轴线上，H 面投影 1、2 在圆铅垂的中心线上，W 面投影 $1''$、$2''$ 为两轮廓线与椭圆的切点，即转向点。据圆锥表面取点的方法直接求得。

(2)求椭圆上的一般点。在椭圆上的 V 面投影任取 $3'$、$(4')$ 点，据 $3'$、$(4')$ 点利用素线法(或纬圆法)求得 H 面投影 3、4，W 面投影 $3''$、$4''$。一般点取得越多，作出的图形越准确。

(3)光滑地依次连接各点的同面投影，即得截交线的投影。

【例 6.6】　已知正圆锥体被正平面 Q 切割，求其截交线的投影，如图 6.13(a)所示。

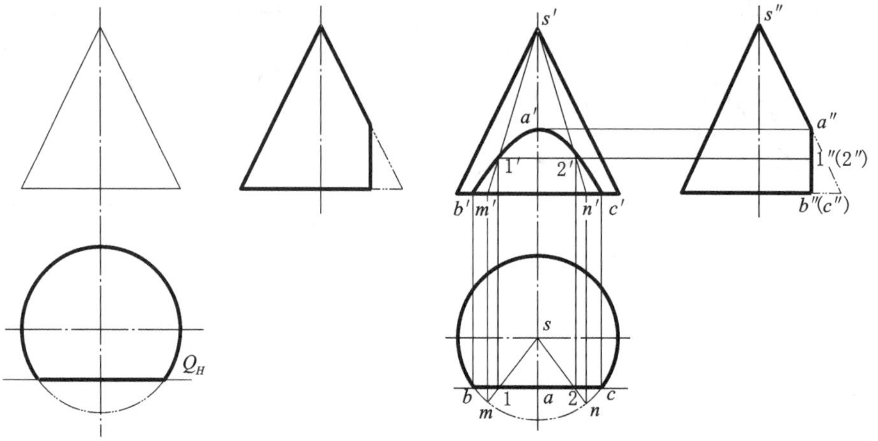

(a) 已知条件　　　　(b) 作图

图 6.13　正圆锥体被切割

【解】 分析：由于截平面 Q 平行圆锥体的轴线切割，所以截交线为双曲线，截交线的 H 面投影与 W 面投影均与截平面 Q 重合，故为一直线，图中已知，只需求截交线的正面投影即可，如图 6.13(b)所示。具体作图步骤：

(1)求双曲线上的特殊点，即是双曲线上的最高点 A，最低点 B、C 的 V 面投影 a'、b'、c'，这些点可根据已知点的两投影求第三投影的方法直接求得。

(2)求双曲线上的一般点。在双曲线的 H 面投影中任取中间点 1、2，用素线法求得 V 面投影 $1'$、$2'$。

(3)依次光滑连接 b'、$1'$、a'、$2'$、c' 即得截交线的 V 面投影。

注意：在求上例中一般点Ⅰ、Ⅱ的 V 面投影时，也可用纬圆法求得。

图 6.14(a)是圆锥体被三个平面切割，截交线由三段组成，第一个截平面截圆锥为圆，第二个截平面截圆锥为双曲线，第三个截平面截圆锥为椭圆，截交线的 V 面投影均已知，故据圆锥体表面求点的方法，可求得截交线的 H、W 面投影，如图 6.14(b)所示。

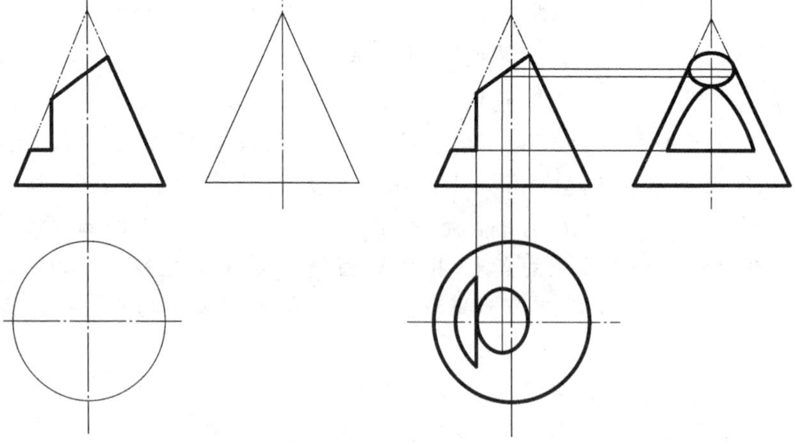

(a) 已知条件　　　　(b) 作图

图 6.14　三个平面截圆锥

6.3 两平面体相贯

两个相交的立体，称为相贯体，两立体表面的交线称为相贯线。当一立体全部贯穿另一个立体时，则产生两组相贯线，称为全贯，如图 6.15(a)所示。当两个立体相互贯穿时，则产生一组相贯线，称为互贯，如图 6.15(b)所示。

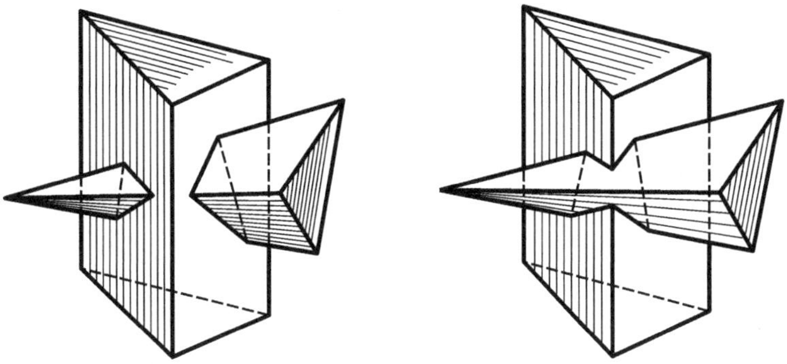

(a) 全贯　　(b) 互贯

图 6.15　两平面立体相贯

两平面立体的相贯线，一般为闭合的空间折线，如图 6.15(b)所示，特殊情况为平面折线，如图 6.15(a)所示。相贯线上的每一条直线，都是两个平面立体相交棱面的交线，相贯线的转折点，必为一立体的棱线与另一立体棱面或棱线的交点，即贯穿点。

因此，求两个平面立体的相贯线的方法可归纳为：

(1)求出各个平面立体的有关棱线与另一个立体的贯穿点。方法是先把甲(或乙)立体的棱线对乙(或甲)立体各棱面的交点全部求出后，再求乙(或甲)立体的棱线对甲(或乙)立体各棱面的全部交点。

(2)将位于两立体各自的同一棱面上的贯穿点(相贯点)依次相连，即为相贯线。

(3)判别相贯线各段的可见性。当两个棱面在同一个投影面上的投影均为可见时，则其交线在该投影面上的投影可见；当两个棱面在同一投影面上的投影有一个为不可见时，或两个棱面在同一投影面上的投影均为不可见时，则其交线在该投影面上的投影为不可见，应画为虚线。

(4)如果相贯的两立体中有一个是侧棱垂直于投影面的棱柱体，且相贯线全部位于该棱柱体的侧面上，则相贯线的一个投影必为已知，故可由另一立体表面上按照求点和直线未知投影的方法，求作出相贯线的其余投影。

注意：相贯体是一个整体，所以一个立体穿入另一个立体内部的棱线不必画出。

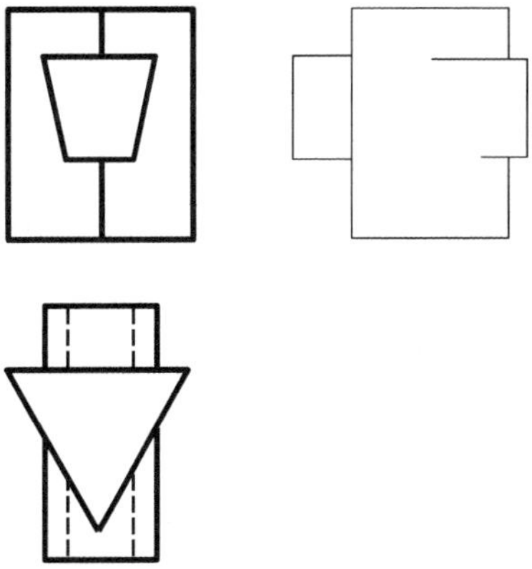

图 6.16　四棱柱与三棱柱相贯已知条件

【例 6.7】　求作四棱柱与三棱柱的相贯线(见图 6.16)。

【解】 分析：已知四棱柱与正三棱柱相交，且知正三棱柱的左、右两侧面为铅垂面，后侧面为正平面，三条侧棱均为铅垂线，所以三棱柱在水平面上具有积聚性。又知四棱柱的上、下两侧面为水平面，左、右两侧面为正垂面，其四条侧棱为正垂线，所以四棱柱在正面投影上具有积聚性；又由于相贯线是两立体所共有，因此相贯线的 H 面投影、V 面投影可直接求得，如图 6.17(a) 所示。具体作图步骤为：

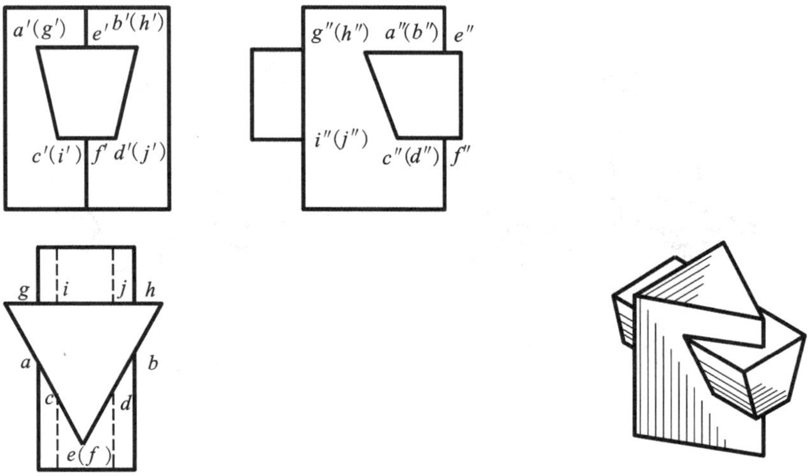

(a) 投影图　　　　(b) 直观图

图 6.17　四棱柱与三棱柱相贯

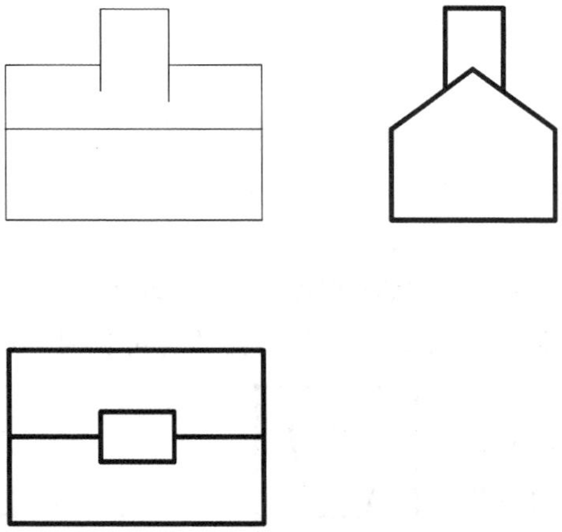

图 6.18　求烟囱与屋面相贯线已知条件

(1) 在 V 面投影中，据积聚性定出相贯点 a'、b'、c'、d'、e'、f'、g'、h'、i'、j'。

(2) 在 H 面投影中，据投影规律定出相应的相贯点 a、b、c、d、e、f、g、h、i、j。

(3) 在 W 面投影中，因正三棱柱的后侧面为积聚投影，故其后一组相贯线的投影在其积聚投影上直接求得点 g''、h''、i''、j''，前一组的相贯线，可据 V 面投影、H 面投影求得 a''、b''、c''、d''、e''、f''。

(4) 在 W 面投影中，依次相连各点可得相贯线的投影，由于相贯线左、右对称，左半部分为可见而右半部分遮挡成为重影。

【例 6.8】 求烟囱与屋面的相贯线(见图 6.18)。

【解】 分析：此题实际上是求垂直于 H 面的四棱柱(烟囱)与垂直于 W 面的三棱柱(屋顶)的相贯线，如图 6.19(a)。具体作图步骤为：

(1) 相贯线的 H 面投影与烟囱的 H 面投影重合，定出相贯点 1、2、3、4。

(2) 根据屋顶在 W 面投影的积聚性，可求得烟囱的四根棱线对屋顶各贯穿点的 W 面投影 $1''$、$2''$、$3''$、$4''$，其中 $2''$、$3''$ 为不可见点。

(3) 据 W 面投影 $1''$、$2''$、$3''$、$4''$ 作水平线，与烟囱的 V 面投影相交，得到 $1'$、$2'$、$3'$、$4'$ 点，连接

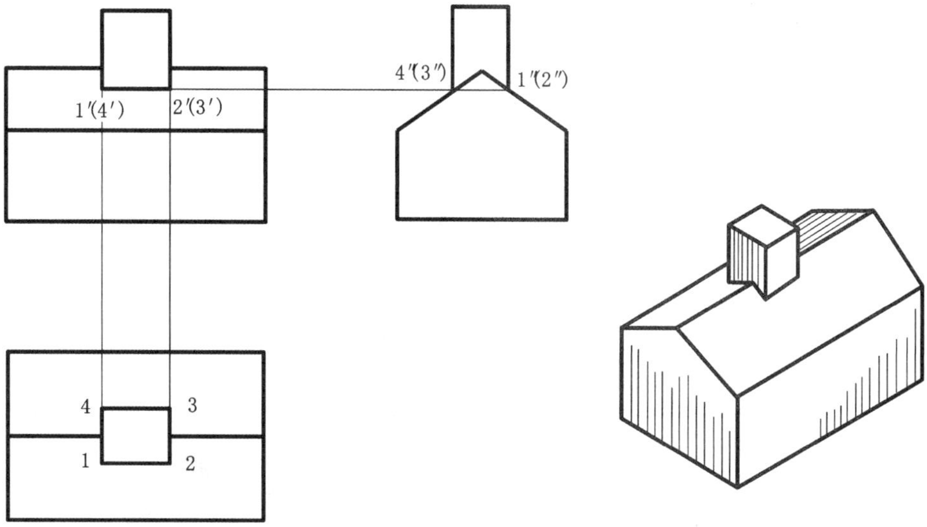

(a) 投影图　　(b) 直观图

图 6.19 烟囱与屋面相贯线作法一

1′2′(或 4′3′),其中 3′、4′点为不可见点,即得到相贯线。

若没有给出相交两立体的 W 面投影时,可利用在立体上定点加辅助线的方法求得相贯线,如图 6.20 所示。具体作图步骤为:

(1)在 H 面投影中过点 1 在屋面上作辅助线,它与屋脊线和檐口线的交点为 *a*、*b*,再自 *a*、*b* 向上作垂线,得到 V 面投影 *a*′*b*′直线。

(2)*a*′*b*′直线与烟囱棱线的交点 1′为烟囱与屋顶面相贯点 Ⅰ 的 V 面投影。

(3)由于本例前后对称,相贯线为水平线可得 2′,连接 1′、2′,即得相贯线ⅠⅡ的 V 面投影。

【例 6.9】 求作四棱柱体与四棱锥体的相贯线,如图 6.21 所示。

【解】 分析:从 W 面投影中可以看出,四棱柱的 W 面投影具有积聚性。因此,相贯线的 W

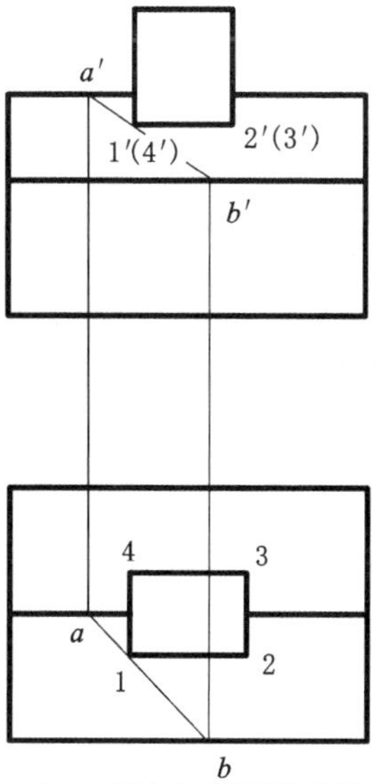

图 6.20 烟囱与屋面相贯线作法二

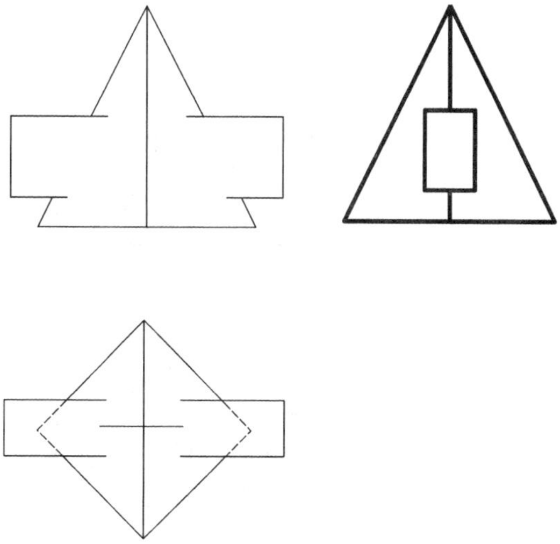

图 6.21 求四棱柱体与四棱锥体相贯线已知条件

面投影与四棱柱的 W 面投影重合，需要求的是相贯线的 V 面和 H 面投影。

从图 6.22(b)可知，求相贯线的水平投影时，可应用辅助平面法，过四棱柱 W 面投影的上、下两侧棱作辅助平面 P_1 和 P_2，在 H 面投影中求出两辅助平面切割四棱锥所对应的截交线(截交线为两个大小不等的菱形)，截交线与四棱柱各棱线水平投影的交点即为相贯点，依次连接各相贯点，即得相贯线的 H 面投影。

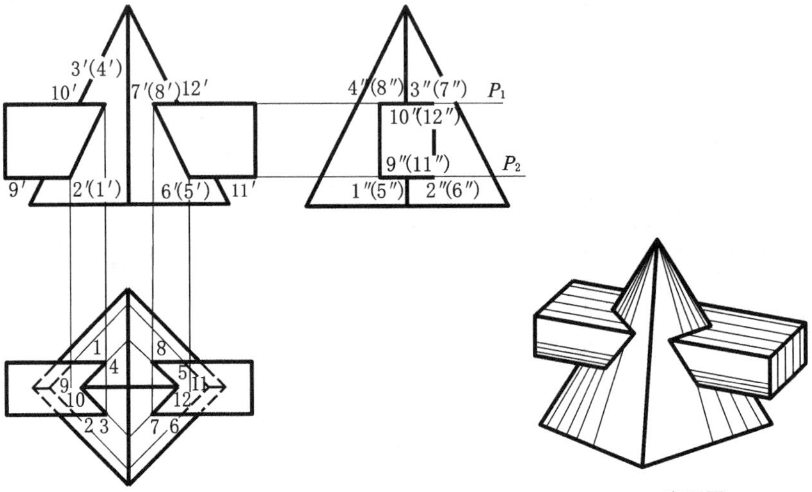

(a) 投影图　　(b) 直观图

图 6.22　四棱柱体与四棱锥体的相贯线作法一

相贯线的 V 面投影，可据点的投影规律求得。

相贯线作出后，应判别可见性，不可见的相贯线用虚线表示。在 H 面投影中，由于四棱柱将四棱锥底面的轮廓线遮挡不可见，所以投影中被遮挡的部分也应该用虚线表示。

上面介绍的方法称为辅助平面法。作此类相贯线的投影还可以利用辅助直线法。

如图 6.23 所示，由于相贯线的 W 面投影已知，因此，在 W 面投影中，连接 s''、$3''$ 并延长与四棱锥底也相交得 a''。此时，$s''a''$ 即为所作的一条辅助线。按投影规律，求得 sa、$s'a'$，由于点Ⅲ

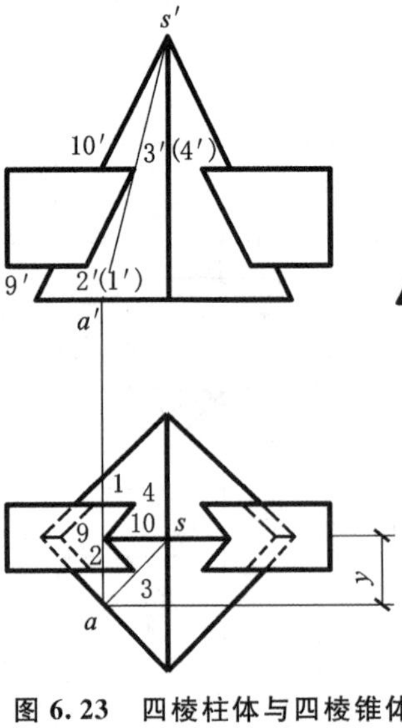

图 6.23　四棱柱体与四棱锥体的相贯线作法二

为四棱柱一棱线与辅助线 SA 的交点，所以在 H 面和 V 面投影中容易得到 3 点和 3′点。用同样的方法可得到其他点，连线后即得到相贯线的各面投影。

6.4 同坡屋面交线

坡屋面的交线是两平面立体相贯在房屋建筑中常见的一种实例。在一般情况下，屋顶檐口的高度在同一水平面上，各个坡面与水平面的倾角相等，所以称为同坡屋面，如图 6.24 所示。

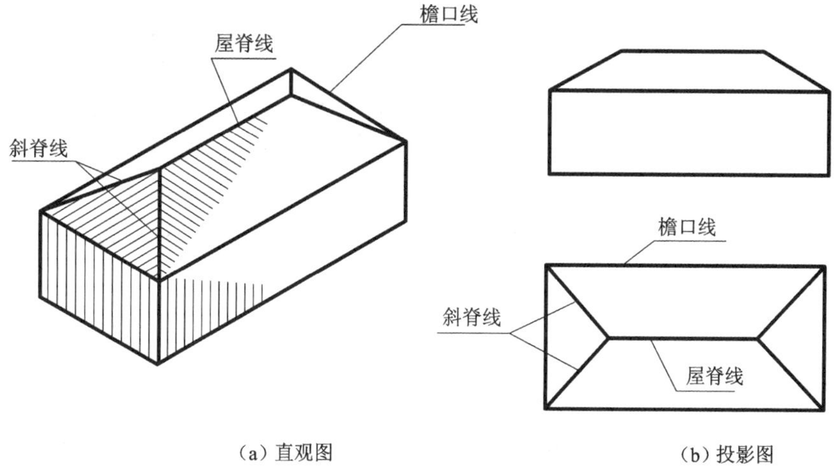

图 6.24 同坡屋面的投影

已知屋檐的 H 面投影和屋面的倾角，求作屋面交线的问题，可看作特殊形式的平面立体相贯问题来解决。作同坡屋面的投影图，可根据同坡屋面的投影特点，直接求得水平投影，再根据各坡面与水平面的倾角求得 V 面投影以及 W 面投影。

同坡屋面的交线有以下特点：

(1)当檐口线平行且等高时，前后坡面必相交成水平的屋脊线。屋脊线的 H 面投影，必平行檐口线的 H 面投影，并且与两檐口线距离相等，如图 6.24(b)所示。

(2)檐口线相交的相邻两个坡面，必然相交于倾斜的斜脊线或天沟线，它们的 H 面投影为两檐口线 H 面投影夹角的角平分线，如图 6.24(b)所示。

(3)当屋面上有两斜脊线，两斜沟线或一斜脊线、一斜沟线交于一点时，必然会有第三条屋脊线通过该交点，这个点就是三个相邻屋面的公有点，如图 6.25(c)中的 g 点、m 点所示。

【例 6.10】 已知同坡屋面的倾角 $\alpha=30°$及檐口线的 H 面投影，求屋面交线的 H 面投影及 V 面投影，如图 6.25(a)所示。

【解】 从图中可知，此屋顶的平面形状是一倒凹形，有三个同坡屋面两两垂直相交的屋顶，具体作图步骤是：

(1)将屋面的 H 面投影划分为三个矩形块，1234、4567 和 789 10，如图 6.25(b)所示。

(2)分别作各矩形顶角的角平分线和屋脊线得点 a、b、c、d、e、f，分别过同坡屋面的各个凹角作角平分线，得斜脊线 gh、mn，如图 6.25(c)所示。

(3)根据屋面交线的特点及倾角 α 的投影规律，分析去掉不存在的线条可得屋面的 V 面、H 面投影，如图 6.25(d)所示。同理也可求得 W 面投影。

图 6.25(e)是该屋顶的直观图。

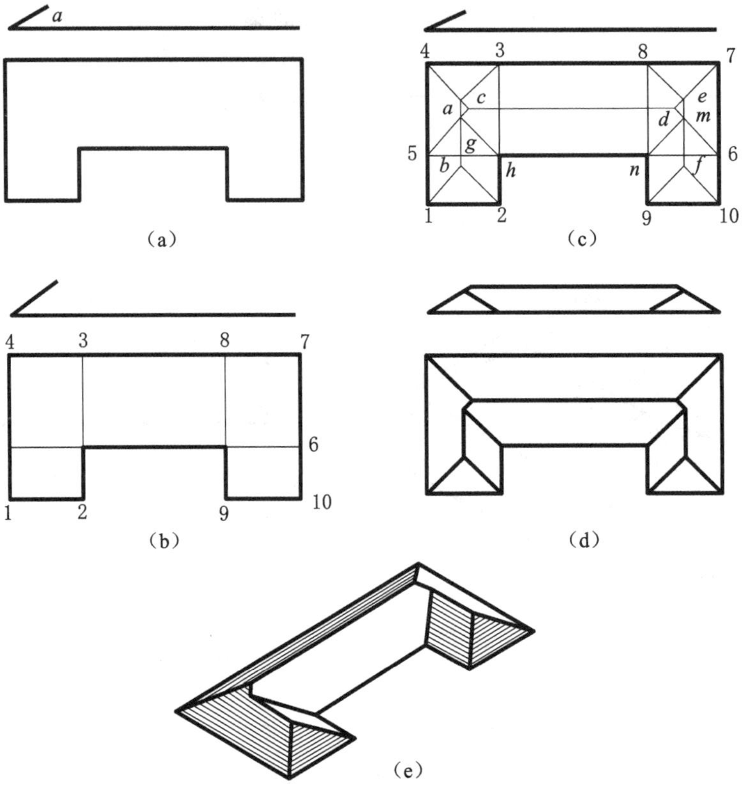

图 6.25　同坡屋面的交线

【例 6.11】　已知同坡屋面的倾角是 30°及檐口线的 H 面投影，如图 6.26(a)所示。求屋面交线的 H 面投影和屋顶的 V 面、W 面投影图。

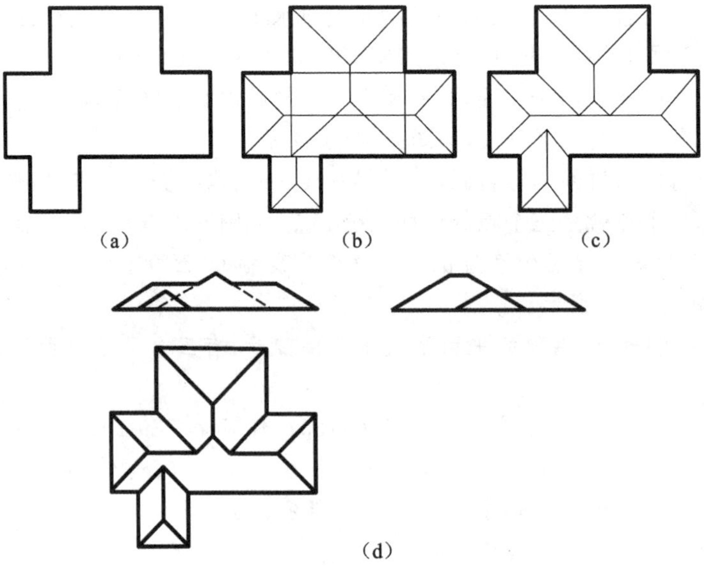

图 6.26　同坡屋面的投影图

【解】 具体作图方法为：

从檐口线的 H 面投影可知，檐口各边尺寸左右相等，其他不等，可划分为三个矩形，分别求出各斜脊线的投影，如图 6.26(b)所示，其次再求出凹角斜脊线或天沟线的投影，如图 6.26(c)所示。分析去掉多余线条，完成 H 面投影，根据屋顶倾角 $\alpha=30°$ 及投影关系，可得到屋顶的 V 面及 W 面投影，如图 6.26(d)所示。

6.5　曲面体的相贯线

曲面体的相贯分为平面体与曲面体相贯、曲面体与曲面体相贯两种。

6.5.1　平面体与曲面体相贯

平面体与曲面体相贯，相贯线是由若干平面曲线或平面曲线和直线所组成。图 6.27 所示是建筑上常见构件柱梁楼板连接的直观图，从图中可知，梁为方梁即四棱柱体，柱为圆柱体，此例实质是平面体四棱柱与曲面体圆柱相贯，各段平面曲线或直线，就是平面体上各侧面切割曲面体所得的交线，其转折点是平面体的侧棱与曲面体的交点。作图时，只要求出这些交点，按实际情况依次光滑连接，可得平面体与曲面体的相贯线。

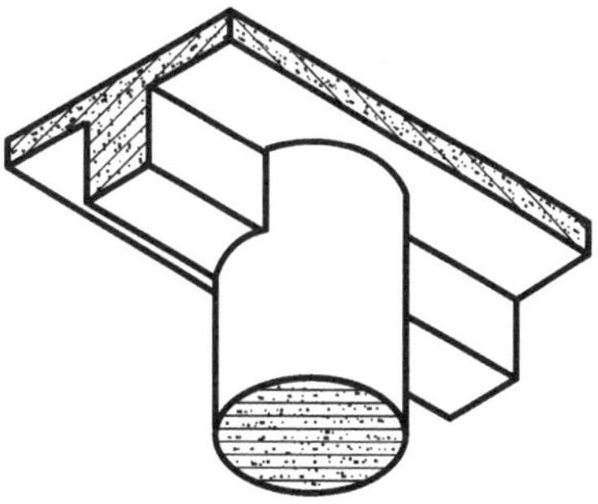

图 6.27　方梁与圆柱相贯直观图

【例 6.12】 求方梁与圆柱的相贯线(见图 6.28)。

【解】 分析：从图中可知，求方梁与圆柱相贯实质是求平面体与曲面体相贯，四棱柱方梁在 W 面具有积聚性，而圆柱在 H 面具有积聚性，所以相贯线的 W 面、H 面已知，只求 V 面投影即可，具体作图步骤，如图 6.29 所示。

(1)根据立体表面的积聚性在 W 面标出相贯线的投影点 $1''$、$2''$、$3''$、$4''$、$5''$、$6''$、$7''$、$8''$，在 H 面标出相应点 1、2、3、4、5、6、7、8，注意不可见点的标注。

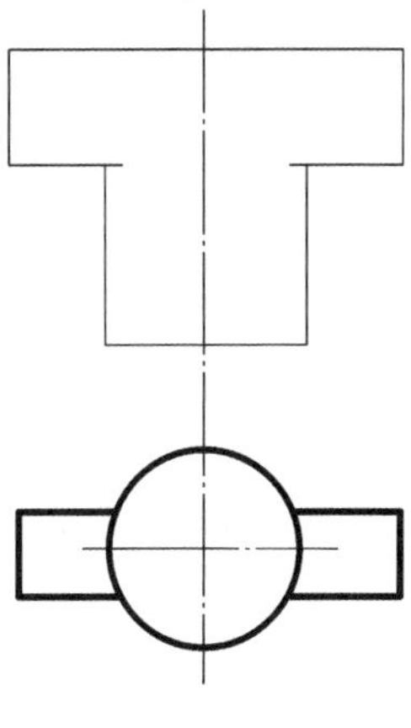

图 6.28　方梁与圆柱相贯已知条件

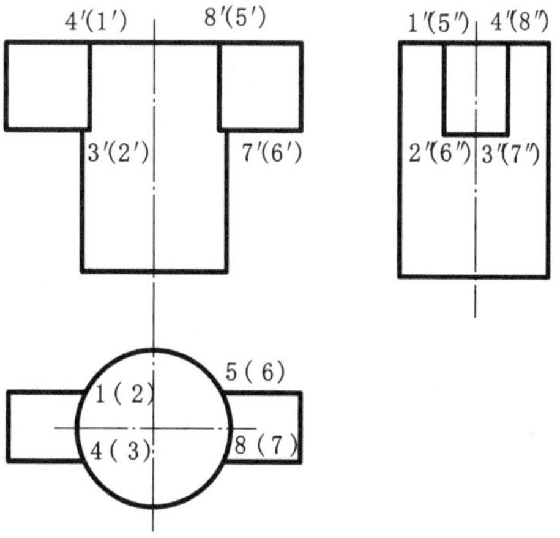

图 6.29　方梁与圆柱相贯投影图

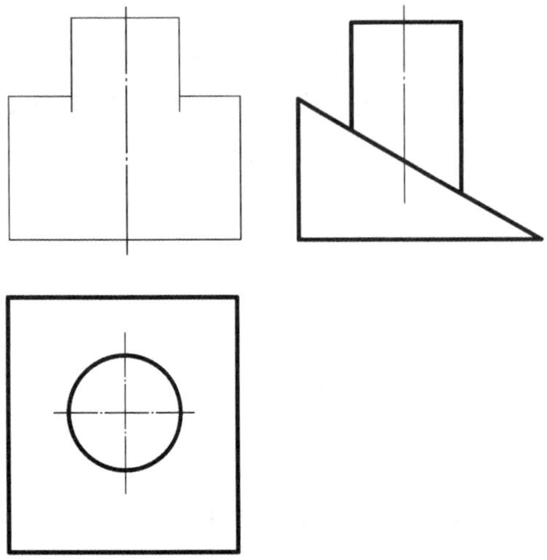

图 6.30　坡屋顶上装一圆柱形烟囱已知条件

(2)根据点的投影规律,求得相贯线上点的 V 面投影 1′、2′、3′、4′、5′、6′、7′、8′,然后依次相连得到所求相贯线。

【例 6.13】　已知坡屋顶上装有一圆柱形烟囱(见图 6.30),求其交线。

【解】　分析:从图中可知,坡屋顶上装一圆柱形烟囱,实质是一个三棱柱与一个圆柱相交,三棱柱各侧棱垂直于 W 面,圆柱垂直于 H 面,因此相贯线的 H、W 面投影已知,只求 V 面投影即可,作图方法如图6.31(a)所示。

(1)求相贯线上的特殊点,最前、最后、最左、最右的 V 面投影,即 2′、4′、1′、3′点。

(2)求相贯线上的一般点,在 H 面上任取中间点 5、6、7、8,根据点的投影规律求出 V 面投影 5′、6′、7′、8′点。

(3)依次光滑连接各点,可得相贯线投影图。

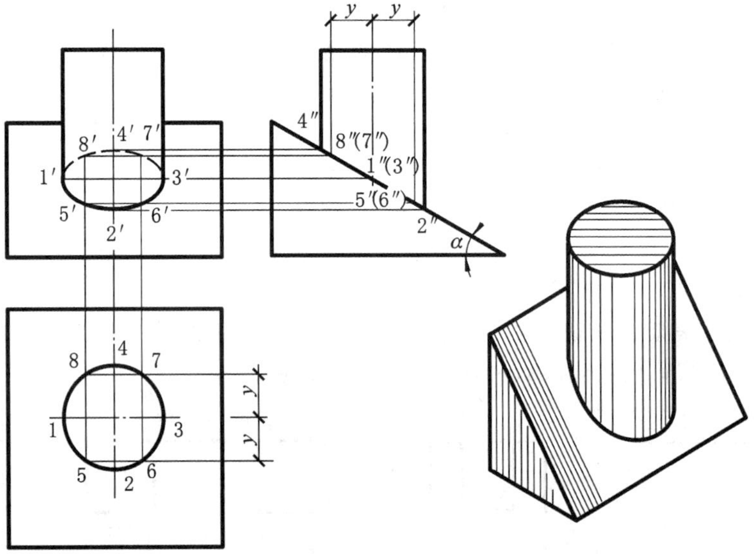

(a) 投影图　　　　(b) 直观图

图 6.31　坡屋顶上装圆柱形烟囱作法一

若没有给出 W 面投影,可用在立体上定点加辅助线的方法求得相贯线,如图 6.32 所示。

在图 6.31 中,当 α=45°时,相贯线的 V 面投影又会是怎样呢? 留作读者自行分析。

【例 6.14】　已知圆锥薄壳基础的轮廓线(见图 6.33),求其相贯线。

【解】　分析:从图中可知,求圆锥薄壳基础的相贯线,实际上是求平面体四棱柱与曲面体圆锥体的相贯线,而图中的四棱柱在 H 面上具有积聚性,所以相贯线的 H 面投影为已知,只要求得 V 面、W 面投影即可。

由于四棱柱的四个侧面平行于圆锥的轴线,据圆锥截交线的形式,此时的相贯线是由四条

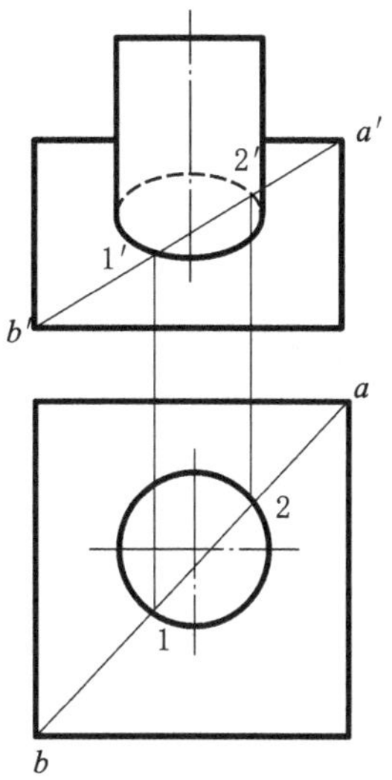

图 6.32 坡屋顶上装圆柱形烟囱作法二

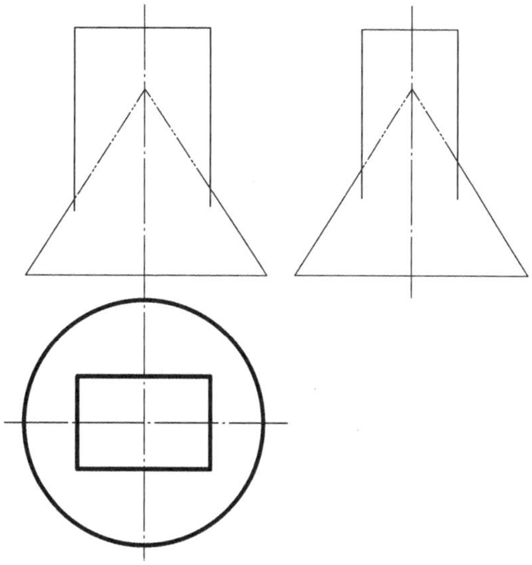

图 6.33 求圆锥薄壳基础相贯线已知条件

双曲线组成的空间闭合曲线，而且前后左右对称，四条双曲线的连接点，即四棱柱的四条侧棱与圆锥的交点。如图 6.34 所示，只要利用素线法或纬圆法，在 V 面投影作出前后双曲线的投影，在 W 面投影作出左右双曲线的投影即可。具体作图步骤：

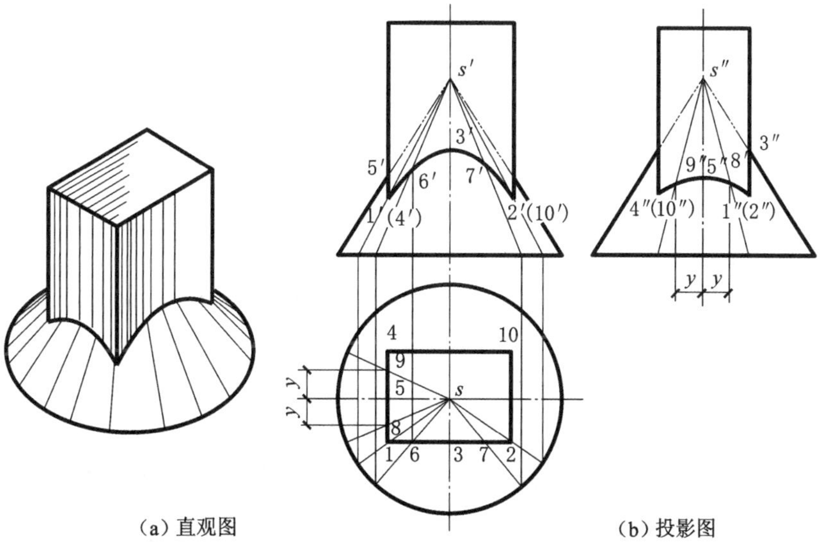

(a) 直观图　(b) 投影图

图 6.34 圆锥薄壳基础相贯线

(1)求相贯线上的特殊点，先在 H 面投影中定出前后双曲线的最高点 3，最低点 1、2，左右双曲线的最高点 5，最低点 1、4，利用素线法求得 V 面投影的相应点 3′、1′、2′、5′、4′，W 面投影的相应点 3″、1″、2″、5″、4″。

(2)求相贯线上的一般点，先在 H 面投影中任意定出中间点 6、7、8、9，利用素线法求得 V 面投影的相应点 6′、7′、8′、9′，W 面投影的相应点 6″、7″、8″、9″。

(3)依次光滑连接同面投影上的各点，即得所求相贯线的投影。

6.5.2　曲面体与曲面体相贯

两曲面体相贯，其相贯线一般是封闭的空间曲线，特殊情况下为封闭的平面曲线，如图 6.35 所示。

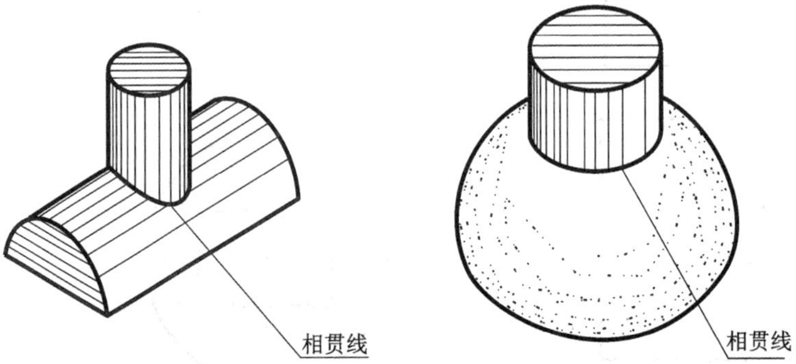

(a) 相贯线为封闭的空间曲线　　(b) 相贯线为封闭的平面曲线

图 6.35　两曲面立体表面的相贯线

两曲面立体的相贯线，是两曲面立体的共有线，可以通过求一些共有点后连线而成。相贯线的形状随着立体的形状、两曲面体的相对关系的不同而不同，通常把圆柱和圆锥的轴线放置成投影面垂直线，因此，圆柱的投影在该垂直面上具有积聚性。

求相贯线的作图步骤：

(1) 分析

分析两立体之间以及它们与投影面的相对位置，确定相贯线形状。

(2) 求点

相贯线上的点是两曲面立体的共有点，其作法介绍两种。

①利用立体表面的积聚性直接求解。若相贯的两立体是圆柱，且轴线垂直于投影面，可利用立体具有的积聚性，在表面上取点而求得相贯线。

②利用辅助平面法求解。取一个适当的平面让其切割两立体，同时与两立体各得一截交线，两截交线的交点便是两立体的共有点，即相贯线上的点。但要注意切平面的选取位置，一定要使两立体的投影图中得到最简单的截交线(圆或直线)。

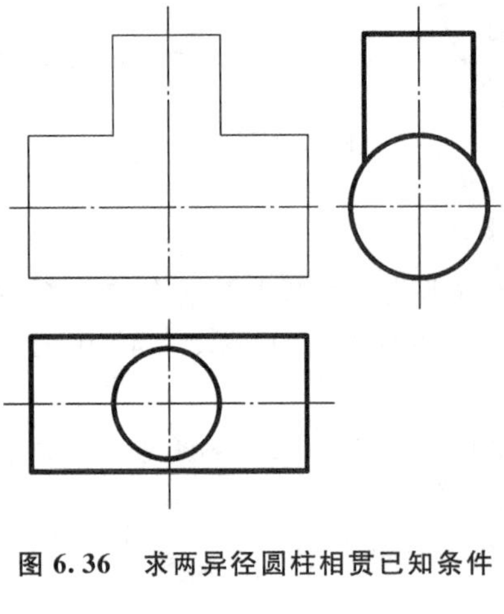

图 6.36　求两异径圆柱相贯已知条件

(3) 连线

依次光滑连接各共有点，并判别相贯线的可见性。

6.5.2.1　直接利用积聚性法求解

【例 6.15】　两异径圆柱相交(见图 6.36)，求其相贯线。

【解】　分析：两圆柱轴线垂直相交，整个立体前后、左右对称，相贯线也前后、左右对称。从图中可知，两圆柱体分别在 H 面、W 面有积聚性，所以相贯线的 H 面投影、W 面投影为已知，只要求得 V 面投影即可，具体作图步骤，如图 6.37(b)所示。

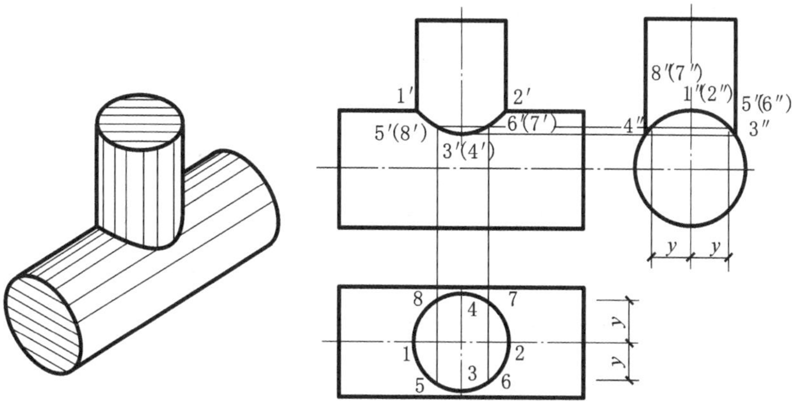

(a) 直观图　　　　(b) 投影图

图 6.37　两异径圆柱相贯作法一

(1)求相贯线上的特殊点，根据圆柱体的积聚性在 H 面求得最左点 1，最右点 2，最前点 3，最后点 4，同理得到 W 面上的特殊点 1″、2″、3″、4″的投影，据点的投影规律，求得 V 面投影 1′、2′、3′、4′点，注意不可见点的标注。

(2)求相贯线上的一般点，在 H 面投影上任取一般点 5、6、7、8，根据点的投影规律，先在 W 面投影求得相应点 5″、6″、7″、8″，再求得 V 面投影 5′、6′、7′、8′。

(3)依次光滑连接相邻两点，即得两异径圆柱正交的相贯线。

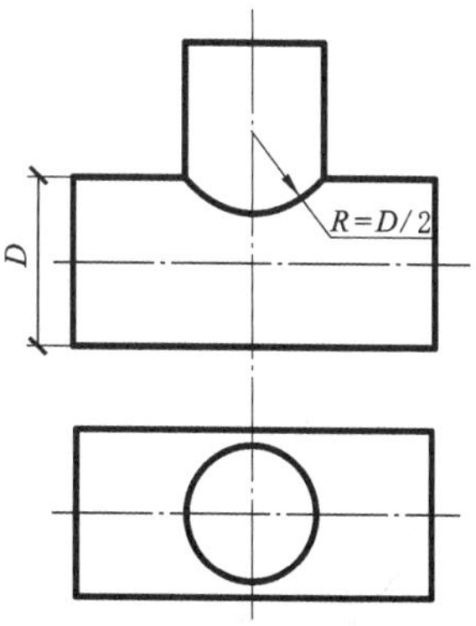

图 6.38　两异径圆柱相贯的简化画法(作法二)

求两异径圆柱相交的相贯线，也可用辅助平面法求解。

在工程上为了简化作图，两异径圆柱正交的相贯线，当直径相差比较大时，在相贯线没有积聚的投影面，可用圆弧代替。圆弧的半径等于大圆柱的半径。如图 6.38 所示 $R=D/2$。

【例 6.16】　求圆拱形屋顶的相贯线(见图 6.39)。

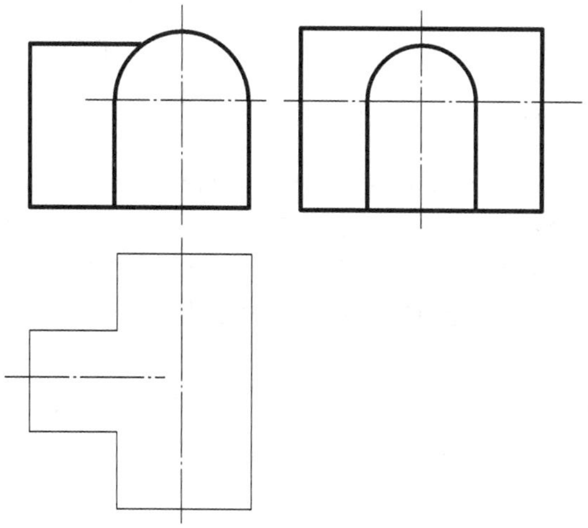

图 6.39　求圆拱形屋顶相贯线已知条件

【解】 分析：从图中可知，圆拱形屋顶的投影实质仍是两异径圆柱正交，而两圆柱在 V 面、W 面均具有积聚性，因此，相贯线的 V 面、W 面为已知，只要求得 H 面即可，具体作图如图 6.40 所示。

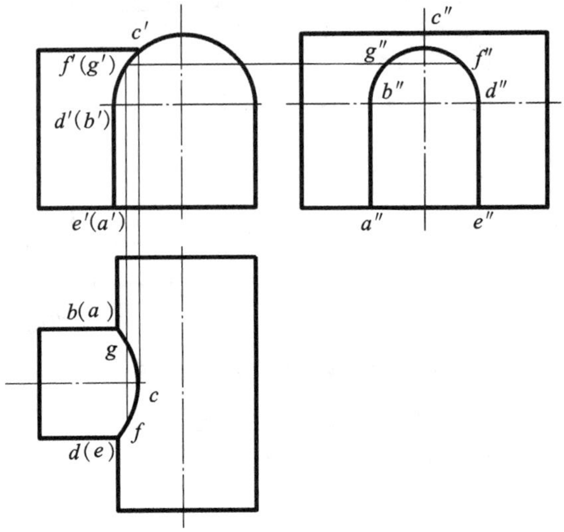

图 6.40　圆拱形屋顶的相贯线

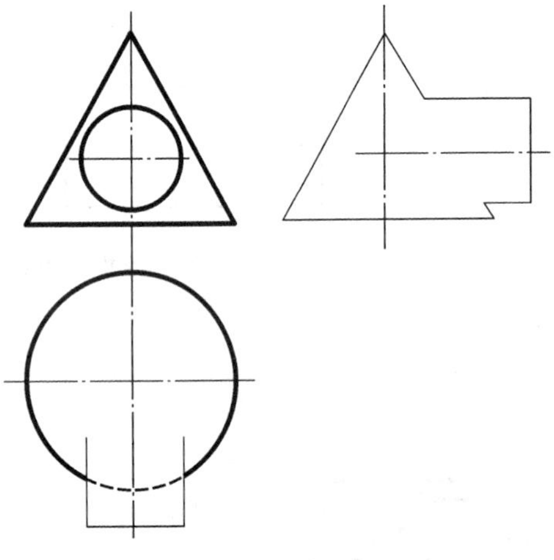

图 6.41　求圆柱体与圆锥体相贯已知条件

首先根据积聚性，先在 W 面标出特殊点的投影 a''、b''、c''、d''、e''，再在 V 面找出相应点 a'、b'、c'、d'、e'，并求得 H 面投影 a、b、c、d、e。然后，在 W 面投影上任取一般点 f''、g''，求得 V 面投影 f'、g'，H 面投影 f、g，最后依次光滑连接各点可得相贯线的投影。

此例也可根据简化画法直接求得。

6.5.2.2　利用辅助平面法求解

【例 6.17】 已知圆柱体与圆锥体相交（见图 6.41），求其相贯线。

【解】 分析：从图中可知，圆柱体与圆锥体全贯，相贯线为一条封闭的空间曲线，而圆柱体的轴线垂直于 V 面，所以圆柱体在 V 面具有积聚性，因此相贯线在 V 面的投影可直接求得，求相贯线的 H 面投影、W 面投影利用辅助平面法即可，如图 6.42 所示。具体作图步骤：

(1)作相贯线上的特殊点，从积聚投影 V 面上直接标出特殊点 1′、2′、3′、4′，即相贯线上的最左点、最右点、最高点、最低点的 V 面投影，据点的投影规律求得 H 面投影 1、2、3、4，W 面投影 1″、2″、3″、4″。

(2)求相贯线上的一般点，假设用一水平面 P 作辅助平面，同时切割圆柱体与圆锥体，切圆柱体得截交线为矩形，切圆锥体得截交线为圆，如图 6.42(b)所示，两截交线的投影按投影规律可在 H 面求得截交线的交点 a、b，即为相贯线上的点。同理又可得到 c、d 点。据点的投影规律求得 W 面投影 a''、b''、c''、d''点。

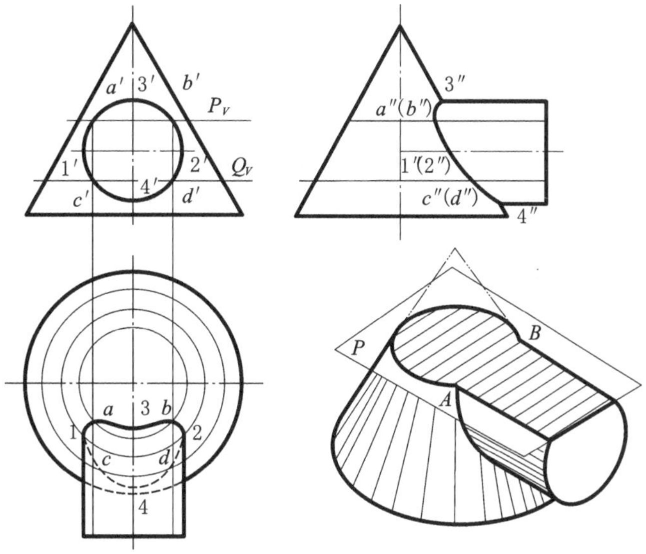

(a) 投影图　　(b) 直观图

图 6.42　圆柱体与圆锥体相贯

(3)依次光滑连接各点，并判别可见性，得到所求的相贯线，在 H 面投影中，由于圆柱体遮挡了圆锥底圆的部分轮廓线，所以也画成了虚线。

如图 6.36 所示，求两异径圆柱相贯，也可以应用辅助平面法，具体作图步骤如图 6.43 所示。

(1)作出相贯线上的特殊点，即最上、最下、最前、最后点(方法同上例)。

(2)作平行于 V 面的辅助平面 P 同时切割两圆柱体，如图 6.43(a)所示。

(3)分别作出两圆柱体的截交线 AB 和 CD 的 V 面投影 $a'b'$ 和 $c'd'$。

(4)两截交线的交点 5′、6′即为相贯线上的点。

如果相贯线比较复杂，可多设几个辅助截平面，点求得越多所得出的相贯线越准确。

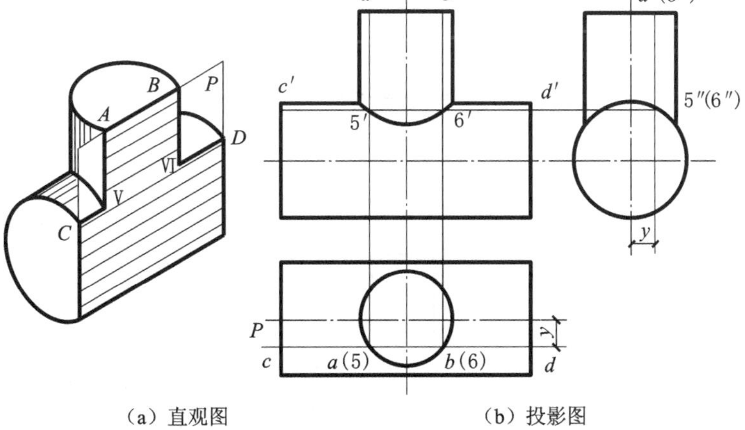

(a) 直观图　　(b) 投影图

图 6.43　两异径圆柱相贯作法三

6.5.2.3　两曲面体相贯的特殊情况

在一般情况下，两曲面体的交线为空间曲线，但在下列情况下，可能是平面曲线或直线。

(1)当两曲面体相贯具有公共的内切球时，其相贯线为椭圆。

(2)当两曲面体相贯轴线平行或相交时，其相贯线为直线。

(3)当两曲面体相贯且同轴时，相贯线为垂直于该轴的圆。

具体情况见表 6.3。

表 6.3　相贯线的特殊情况

情况	投影图	直观图
两等径圆柱相交，相贯线是平面曲线（椭圆垂直面）	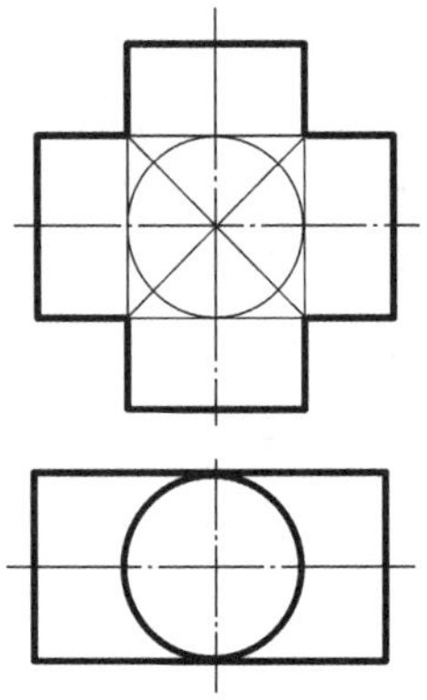	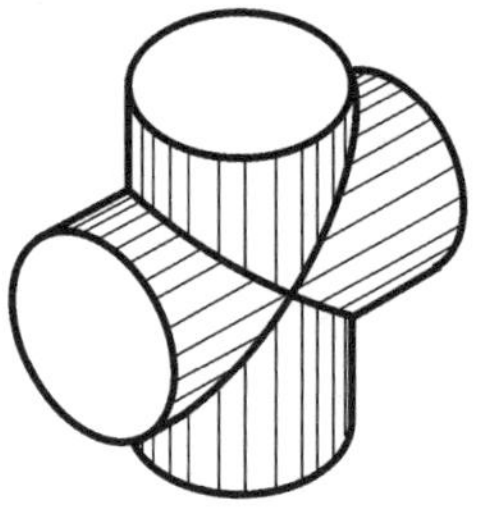
当圆柱与圆锥相交，具有公共内切球时，相贯线是平面曲线	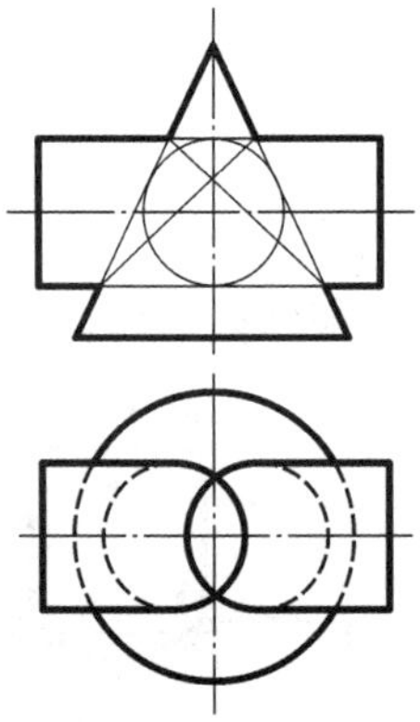	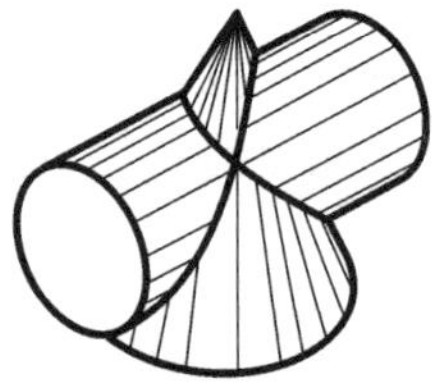
轴线平行的两圆柱相交，相贯线为二平行素线	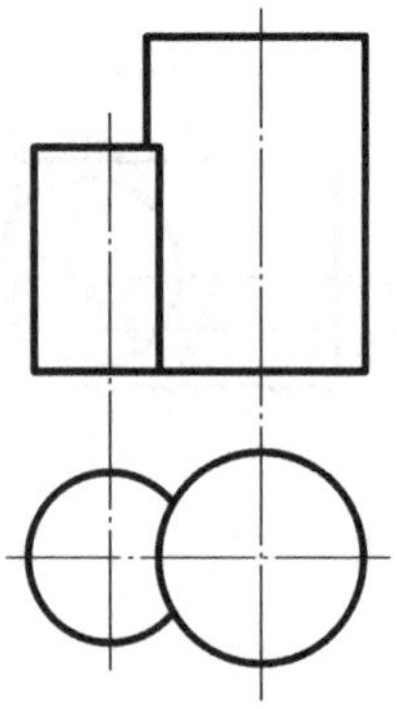	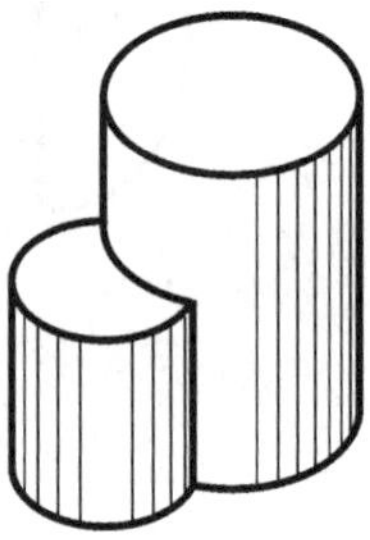

续表 6.3

情况	投影图	直观图
两圆锥共一顶点相交,相贯线为过锥顶的二素线	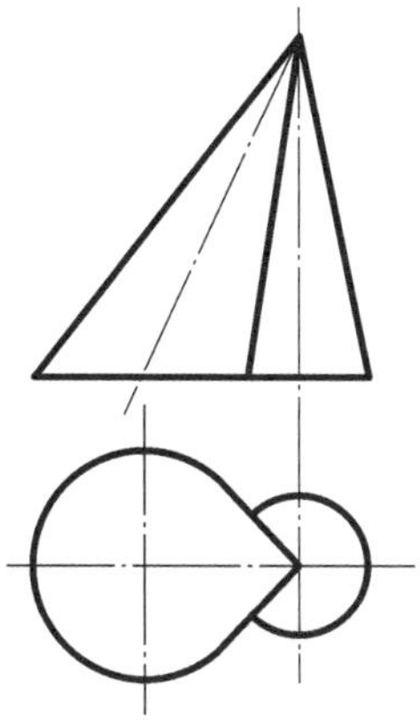	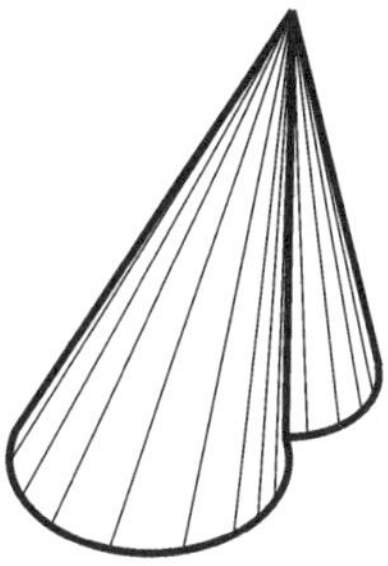
圆柱与圆球同轴相贯,相贯线为圆	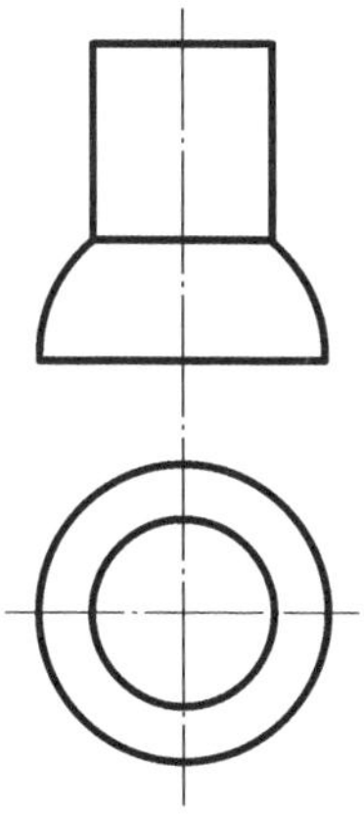	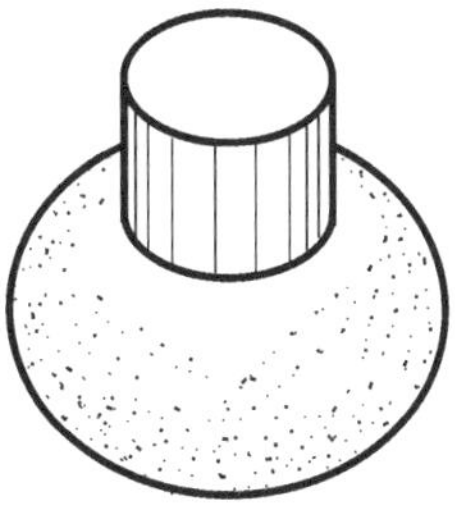
圆锥与圆球同轴相贯,相贯线为圆	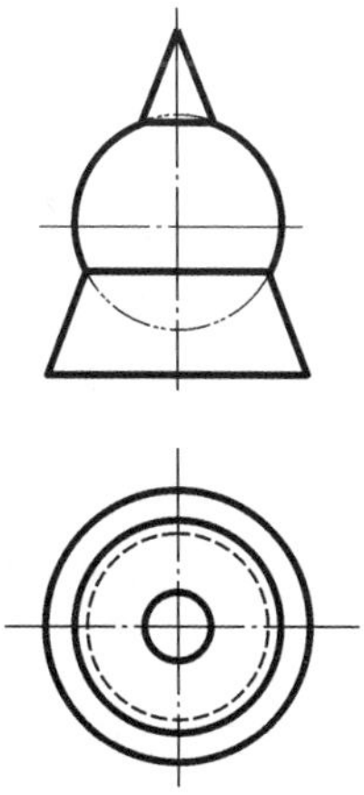	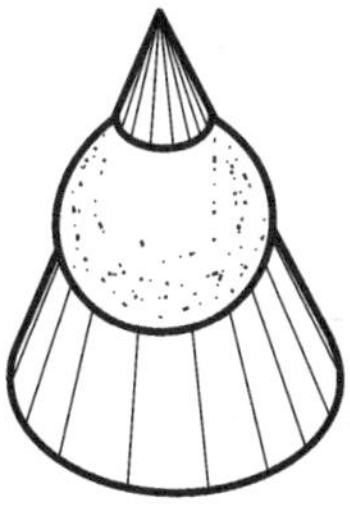

6.5.2.4　贯通孔

凡是一立体被另一立体贯穿后的空洞部分称为贯通孔。贯通孔线的作图，可归结为相贯线的作图，与相贯体不同的是贯通孔应画出其孔内不可见的虚线投影。

图 6.44 所示为一个正四棱锥被一个正四棱柱贯穿后所形成的贯通孔。该孔口线是图 6.22 中四棱柱与四棱锥的相贯线，应注意的是，由于四棱柱被去掉，孔口线全为实线，孔口内不可见线为虚线。

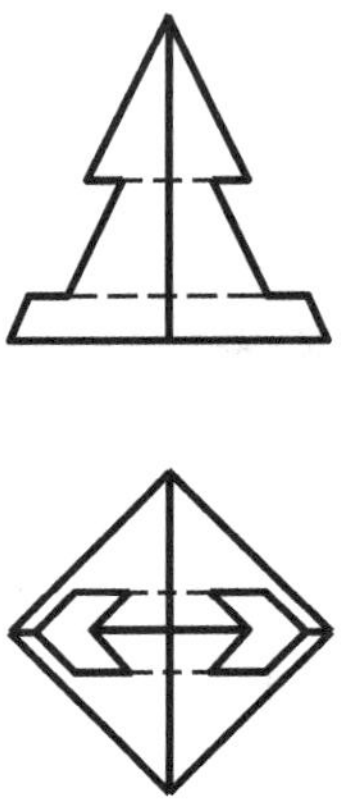

图 6.44　四棱锥被四棱柱贯穿

图 6.45 所示为一个水平圆柱被一个垂直圆柱体贯穿后所形成的贯通孔，该孔口线相当于图 6.37 中两异径圆柱正交的相贯线。

图 6.46 所示为一个正圆锥被一个水平圆柱体贯穿后形成的贯通孔，该孔口线是图 6.42 圆柱体与圆锥体相贯的相贯线。

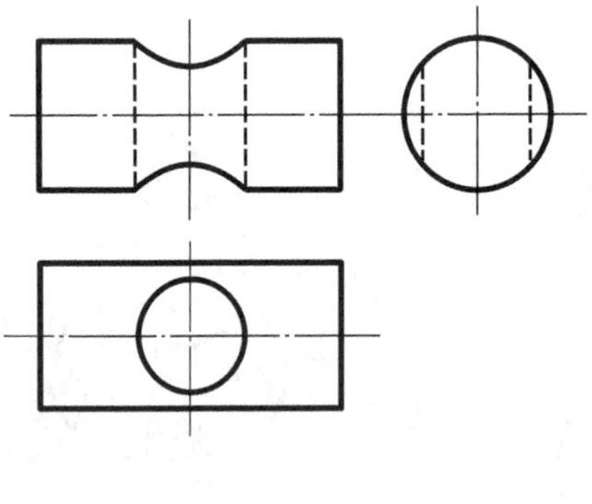

图 6.45　水平圆柱被垂直圆柱贯穿

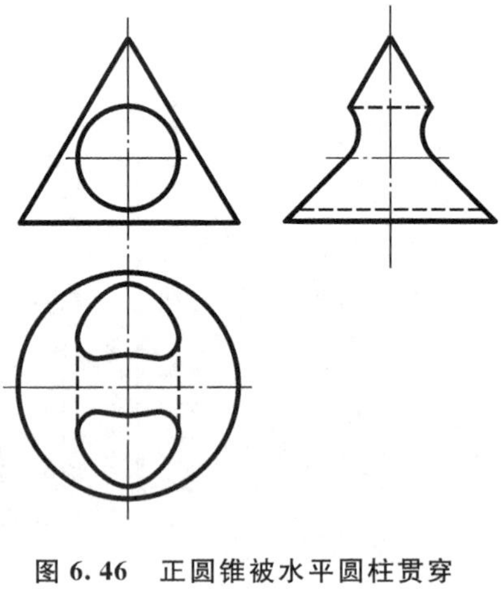

图 6.46　正圆锥被水平圆柱贯穿

单元小结

形体的截交线是由截平面截割形体而得。截交线一般是封闭的，截交线围成的平面图形称为截面。被平面截割后的形体称为截断体。

要求平面体的截交线，应先求出平面体各棱线与截平面的交点（注意截平面所处的位置），然后将位于平面体同一侧面上的两点用直线段连接起来，即为所求得的截交线。位于形体可见表面的截交线可见，否则不可见。

曲面体截交线应重点理解圆柱体、圆锥体、球体被平面所截的截交线的空间类型和作图原理，会用素线法或纬圆法求解截交线，作曲面体截交线时应注意特殊点（截交线上最高、最低、最左、最右、最上、最下和转向线上的点）的求作，为了提高作图精度，还需作相应的中间点，描点连线后注意可见性的判断。

两形体的相交称为相贯。相贯线是两形体表面的共有线。两平面体的相贯线一般为空间折线，特殊情况为平面折线。平面体和曲面体相贯的相贯线一般是由若干平面曲线或平面曲线和直线所组成。两曲面体相贯的相贯线一般是封闭的空间曲线，特殊情况下是封闭的平面曲线，求出相贯线后应注意可见性的判别。求解相贯线的方法有辅助线法、积聚性法、辅助平面法等。

复习思考题

6.1 平面体截交线如何求作？有哪些要求？

6.2 曲面体截交线如何求作？有哪些要求？

6.3 圆柱体、圆锥体被截平面所截各有几种截交线情况？

6.4 什么是贯穿点？它有哪些性质？

6.5 试述求解两平面体相贯线的作图方法。

6.6 试述求解平面体和曲面体相贯线的作图方法。

6.7 试述求解两曲面体相贯线的作图方法。

单元 7　剖面与断面

教学目标

1. 了解剖面图、断面图的形成和表示方法；
2. 了解剖面图、断面图的分类及画法；
3. 熟悉剖面图与断面图的区别；
4. 掌握轴测剖面图的画法。

思政要点

建立整体与局部、内在与外在辩证统一的思维方式。

7.1　剖　面　图

7.1.1　剖面图的概念

在画形体投影图时，形体上不可见的轮廓线在投影图上需用虚线画出。这样，对于内部形状复杂的形体，例如一幢房屋，内部有各种房间、走廊、楼梯、门窗、基础等，如果用虚线来表示这些看不见的部分，必然形成图面虚实线交错，混淆不清，既不利于标注尺寸，也不容易进行读图。为了解决这个问题，可以假想地将形体剖开，让它的内部构造显露出来，使形体的不可见部分变为可见部分，从而可用实线表示其形状。

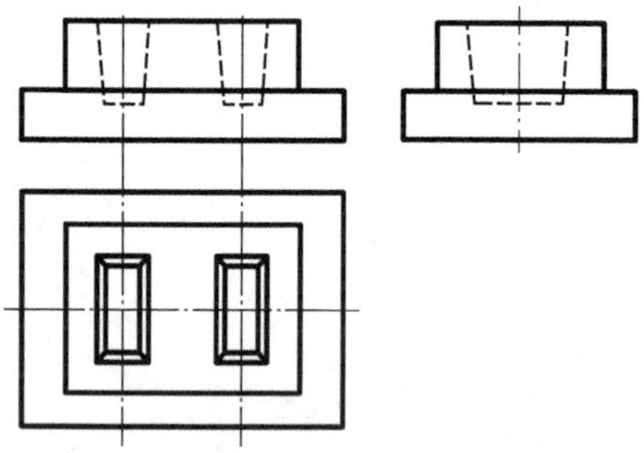

图 7.1　双柱杯形基础

如图 7.1 所示，双杯基础的三面投影图，其正面投影和侧面投影都出现了虚线，从而使图面不清楚。

假想用两个平面 P 和 Q 将基础剖开，如图 7.2 和图 7.3 所示。然后将平面 P、Q 和 P、Q 前面的形体移走，将留下部分的半个基础再作正面和侧面投影图，则投影图全部变成实线。用一个假想的剖切平面将形体剖切开，移去观察者和剖切平面之间的部分，作出剩余部分的正投影，叫做剖面图。

7.1.2　剖面图的画法

(1)确定剖切平面的位置和数量

画剖面图时，应选择适当的剖切平面位置，使剖切后画出的图形能确切、全面地反映所要

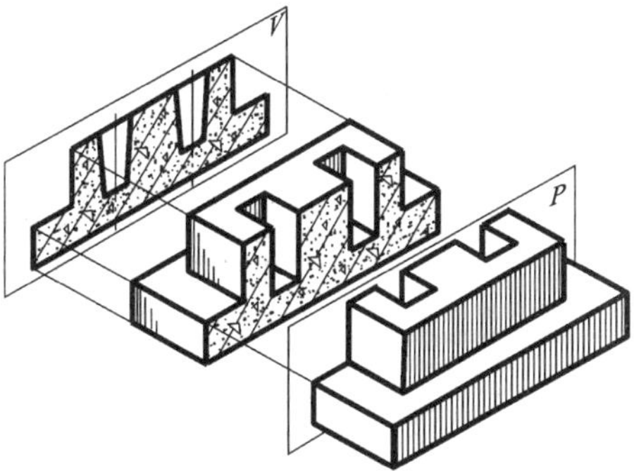

（a）假想用剖切平面P剖开基础并向V面进行投影

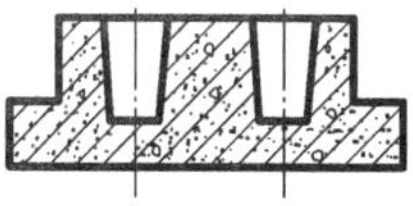

（b）基础的V向剖面图

图 7.2 V 向剖面图的产生

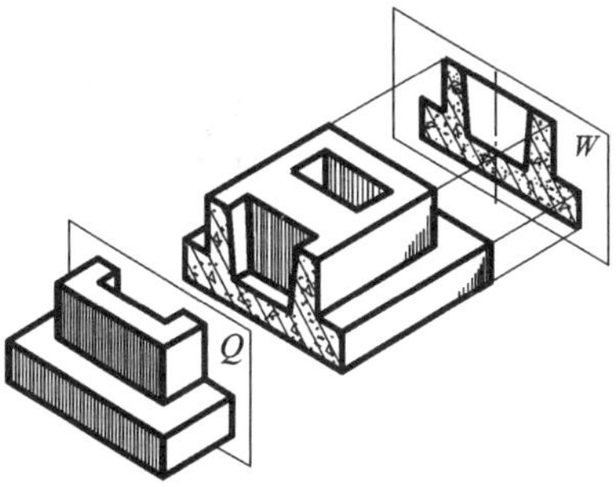

（a）假想用剖切平面Q将基础剖开并向W面进行投影

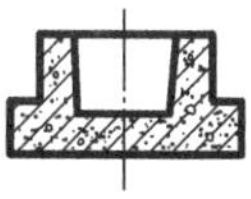

（b）基础的W向剖面图

图 7.3 W 向剖面图的产生

表达部分的真实形状。例如，作房屋的水平剖面图时，剖切平面从窗台略上一点的位置剖切房屋得到的投影图不仅知道墙体的厚度，而且还知道门窗洞口的位置和大小。而如果剖切位置在窗台下部，则从剖面图中看不到窗洞的位置和大小（如图 7.8 所示）。当剖切平面平行于投影面时，其被剖切的面在投影面上的投影反映实形，所以，选择的剖切平面应平行于投影面，并且通过形体的对称面或孔的轴线。

一个形体，有时需画几个剖面图，但应根据形体的复杂程度而定。一般较简单的形体可不画或少画剖面图，而较复杂的形体则应多画几个剖面图来反映其内部的复杂形状。

(2)画剖面图

剖面图除应画出剖切面剖切到部分的图形外，还应画出沿投射方向看到的部分，被剖切面切到部分的轮廓线用粗实线绘制，剖切面没有切到，但沿投射方向可以看到的部分，用中实线绘制。在专业制图中，当画房屋或房屋的一个局部时，也可如表 2.3 所示，可见的轮廓线按主次顺序画粗、中、细三档线宽的实线。

画剖面图时要注意：剖面图是被剖开物体留下部分所作的投影图，但剖切是假想的，所以画其他图样时，仍应画出完整的形体，不受剖切的影响。

(3)画材料图例

为区分形体的空腔和实体，剖切平面与物体接触部分应画出材料图例，同时表明建筑物是用什么材料建成的。

材料图例按国家标准《房屋建筑制图统一标准》(GB/T 50001—2017)规定。在房屋建筑工程图中应采用表 7.1 规定的建筑材料图例。

表 7.1　建筑材料图例

序号	名　称	图　例	说　明
1	自然土壤		包括各种自然土壤
2	夯实土壤		
3	砂、灰土		靠近轮廓线画较密的点
4	砂、砾石、碎砖、三合土	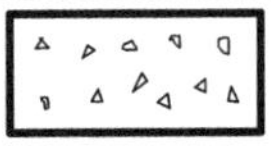	
5	天然石材	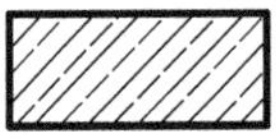	包括岩层、砌体、铺地、贴面等材料
6	毛　石	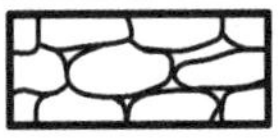	
7	普通砖	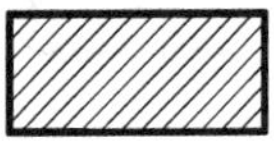	1. 包括砌体、砌块； 2.断面较窄，不易画出图例线、可涂红
8	耐火砖	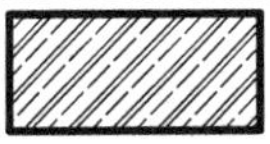	包括耐酸砖等
9	空心砖		包括各种多孔砖
10	饰面砖		包括铺地砖、马赛克、陶瓷锦砖、人造大理石等
11	混凝土	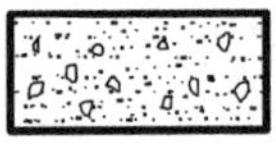	1. 本图例仅适用于能承重的混凝土及钢筋混凝土； 2. 包括各种标号、骨料、添加剂的混凝土； 3. 在剖面图上画出钢筋时不画图例线； 4. 如断面较窄，不易画出图例线，可涂黑
12	钢筋混凝　土	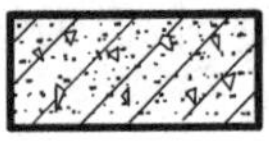	
13	焦渣、矿渣	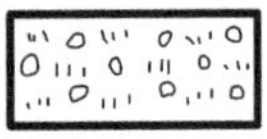	包括与水泥、石灰等混合而成的材料
14	多孔材料	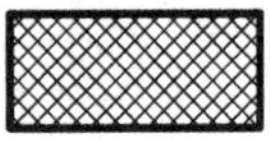	包括水泥珍珠岩、沥青珍珠岩、泡沫混凝土、非承重加气混凝土、泡沫塑料、软木等
15	纤维材料		包括麻丝、玻璃棉、矿渣棉、木丝板、纤维板等
16	泡沫塑料材料	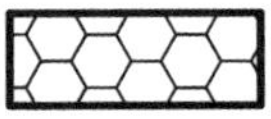	包括聚苯乙烯、聚乙烯、聚氨酯等多聚物材料
17	木　　材		1. 上图为横断面，左上图为垫木、木砖、木龙骨； 2. 下图为纵断面
18	胶合板	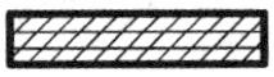	应注明胶合板的层数
19	石膏板	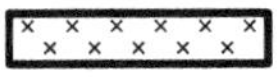	
20	金　属	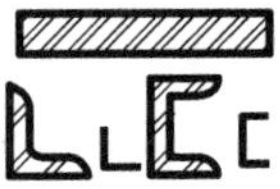	1. 包括各种金属； 2. 图形小时可涂黑
21	网状材料		1. 包括金属、塑料等网状材料； 2. 注明材料
22	液　体	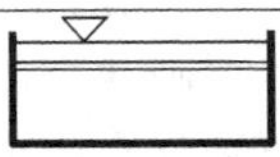	注明名称
23	玻　璃		包括平板玻璃、磨砂玻璃、夹丝玻璃、钢化玻璃等
24	橡　胶		
25	塑　料		包括各种软、硬塑料，有机玻璃等
26	防水卷材		构造层次多和比例较大时采用上面图例
27	粉　刷		本图例画较稀的点

如未注明该形体的材料，应在相应位置画出同向、同间距并与水平线成 45°角的细实线，也叫剖面线。画剖面线时，同一形体在各个剖面图中剖面线的倾斜方向和间距要一致。

在钢筋混凝土中，当剖面图主要用于表达钢筋分布时，构件被切开部分不画材料符号，而改画钢筋。

(4)省略不必要的虚线

为了使图形更加清晰，剖视图中应省略不必要的虚线。如图 7.1 所示，基础底板厚度及形状在剖面图中并未用虚线画出，可结合投影图读出底板的形状及厚度。

(5)剖面图的标注

剖面图本身不能反映剖切平面的位置，在其他投影图上必须标注出剖切平面的位置及剖切形式。剖切位置及投影方向用剖切符号表示，剖切符号由剖切位置线及剖视方向线组成。这两种线均用粗实线绘制。剖切位置线的长度一般为 6～10mm。剖视方向线应垂直于剖切位置线，长度为 4～6mm。剖切符号应尽量不穿越图面上的图线。为了区分同一形体上的几个剖面图，在剖切符号上应用阿拉伯数字加以编号，数字应写在剖视方向线的一边。在剖面图的下方应写上相应的编号，如×—×剖面图，如图 7.4 所示。

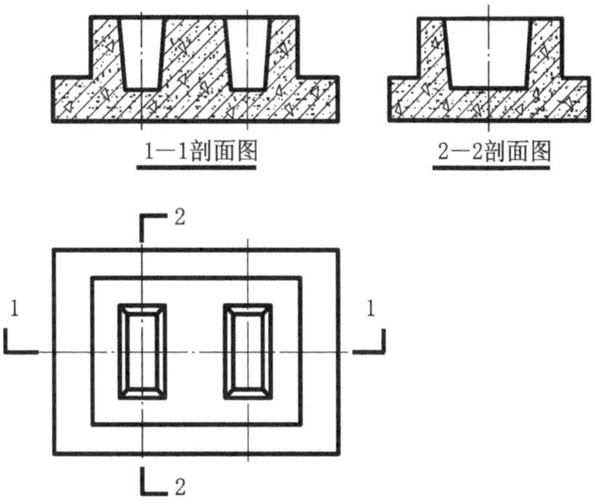

图 7.4 剖面图的标注

7.1.3 画剖面图应注意的问题

(1)由于剖面图的剖切是假想的，所以除剖面图外，其他投影图仍应完整画出。

(2)当剖切平面通过肋、支撑板时，该部分按不剖绘制。如图 7.5 所示，正投影图改画剖面图时，肋部按不剖画出。

(3)剖切平面应避免与形体表面重合，不能避免时，重合表面按不剖画出，如图 7.6 所示。

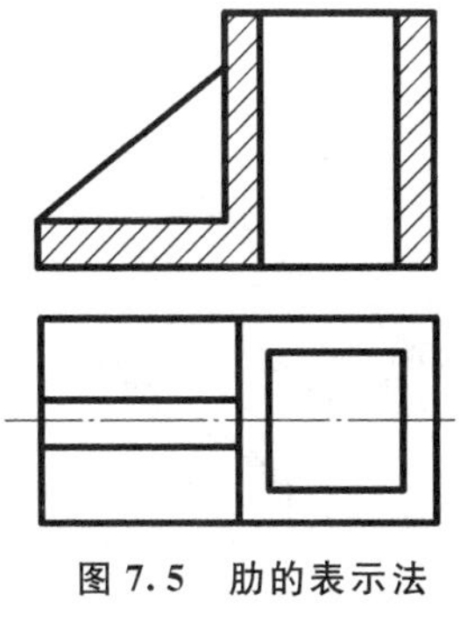

图 7.5 肋的表示法

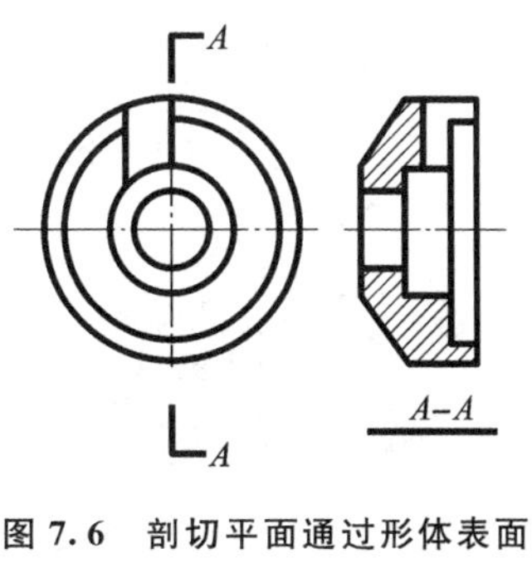

图 7.6 剖切平面通过形体表面

7.1.4 剖面图的种类及应用

由于形体的形状不同，对形体作剖面图时所剖切的位置和作图方法也不同，通常所采用的剖面图有全剖面图、半剖面图、阶梯剖面图、局部剖面图(分层剖面图)和展开剖面图五种。

7.1.4.1　全剖面图

不对称的建筑形体,或虽然对称但外形比较简单,或在另一个投影中已将它的外形表达清楚时,可假想用一个剖切平面将形体全部剖开,然后画出形体的剖面图,该剖面图称为全剖面图。如图 7.7 所示,该形体虽然对称,但比较简单,分别用正平面、侧平面和水平面剖切形体,得到 1—1 剖面图、2—2 剖面图和 3—3 剖面图。再如图 7.8 所示,作建筑物的水平剖面图,图

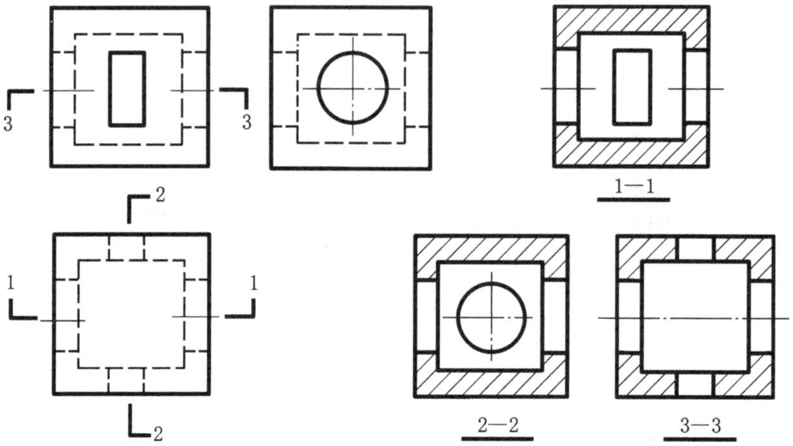

图 7.7　全剖面图

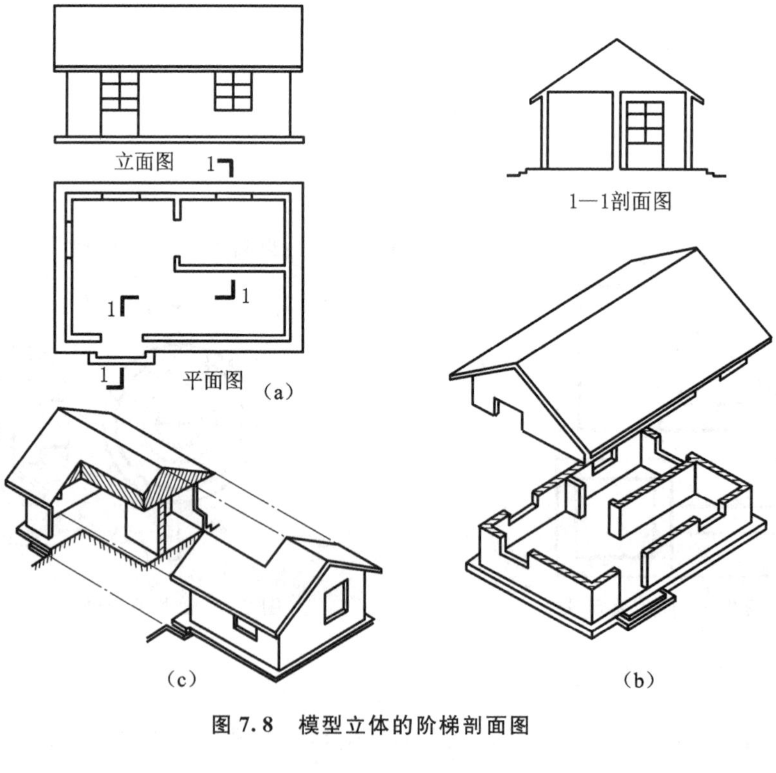

图 7.8　模型立体的阶梯剖面图

(b)为直观剖切图,图(a)为水平剖面图,上方为立面图。

【例 7.1】 作出水池的1—1、2—2剖面图,如图7.9所示。

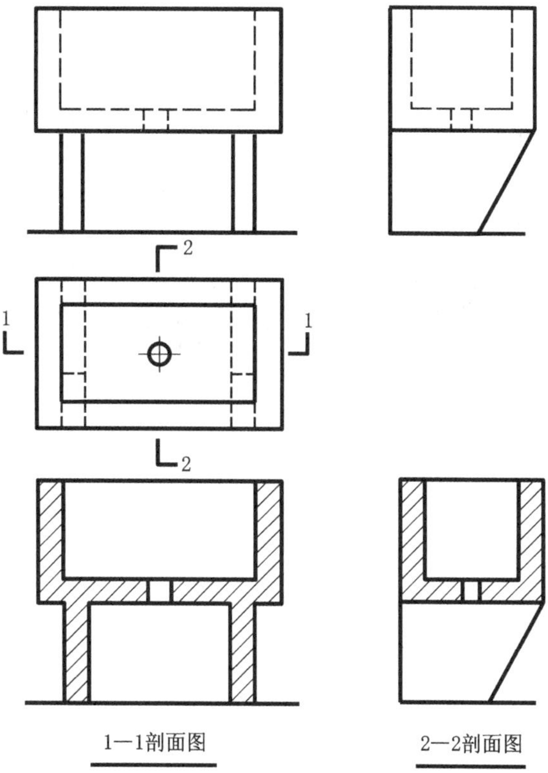

图 7.9 作水池的 1—1、2—2 全剖面图

【解】 该水池上部是池体,在池体底板中部有一泄水口,下部是两个支撑板。

1—1剖切平面是正平面,并通过池底板泄水孔的轴线,将水池壁、底板和支撑板全部剖切开,其剖面图见1—1剖面图。

2—2剖切平面是侧平面,也通过池底板泄水孔的轴线,但支撑板未剖切到,其剖面图见2—2剖面图。

7.1.4.2 半剖面图

如果被剖切的形体是对称的,画图时常把投影图的一半画成剖面图,另一半画形体的外形图,这个组合而成的投影图叫半剖面图。这种画法可以节省投影图的数量,从一个投影图可以同时观察到立体的外形和内部构造。

如图7.10所示为一个杯形基础的半剖面图。在正面投影和侧面投影中,都采用了半剖面图的画法,以表示基础的内部构造和外部形状。

在画半剖面图时,应注意以下几点:

(1)半剖面图与半外形投影图应以对称轴线作为分界线,即画成细单点长画线。

(2)半剖面图一般应画在水平对称轴线的下侧或垂直对称轴线的右侧。

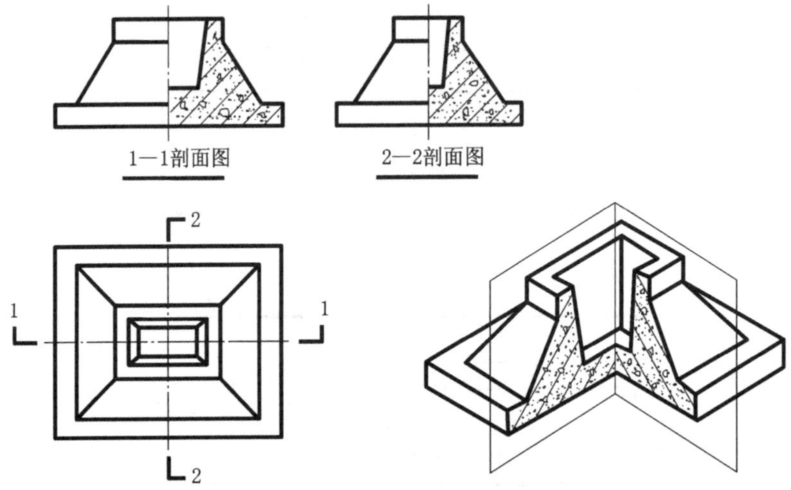

(a) 投影图　　　　(b) 直观图

图 7.10　杯形基础的半剖面图

(3)半剖面图一般不画剖切符号。

【例 7.2】 画出形体的水平半剖面图,如图 7.11 所示。

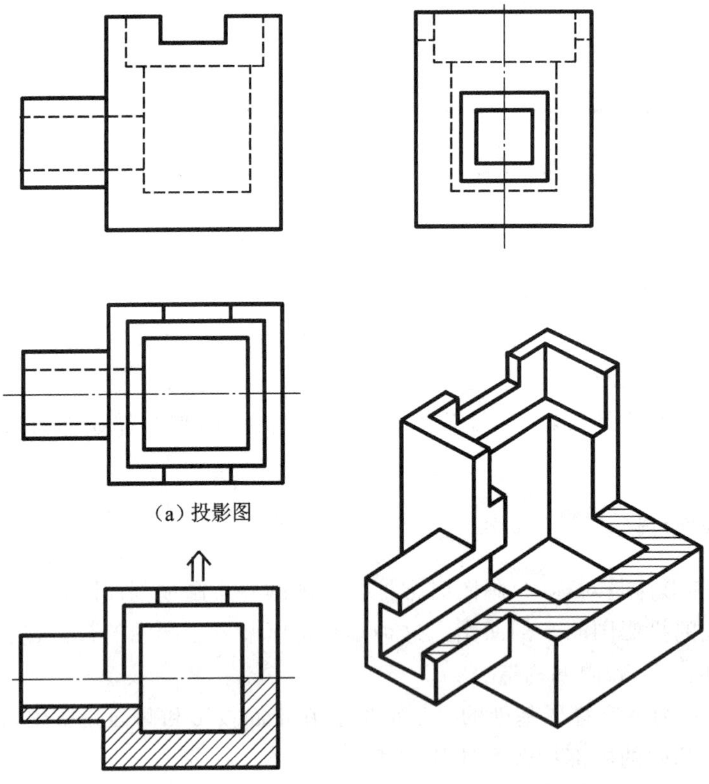

(b) 半剖面图　　　　(c) 直观图

图 7.11　作形体的半剖面图

【解】 该形体由于前后对称，所以其水平投影图可作半剖面图，剖切位置从直观图中可知，剖面图如图 7.11(b)所示，在实际作图中，可用图(b)代替图(a)的水平投影图。

7.1.4.3 阶梯剖面图

如图 7.12(a)所示，形体具有两个孔洞，但这两个孔洞不在同一轴线上，如果仅作一个全剖面图，势必不能同时剖切到两个孔洞。因此，可以考虑用两个相互平行的平面通过两个孔洞剖切，如图 7.12(b)，这样画出来的剖面图，叫做阶梯剖面图。其剖切位置线的转折处用两个端部垂直相交的粗实线画出，并应在转角的外侧加注与剖切符号相同的编号。需注意，这样的剖切方法可以是两个或两个以上的平行平面剖切。其剖切平面转折后由于剖切而使形体产生的轮廓线不应在剖面图中画出，如图 7.12(c)。再如图 7.8 作的 1—1 剖面图，为了将门和内屋窗户同时剖开，作出的 1—1 阶梯剖面图解决了这个问题。

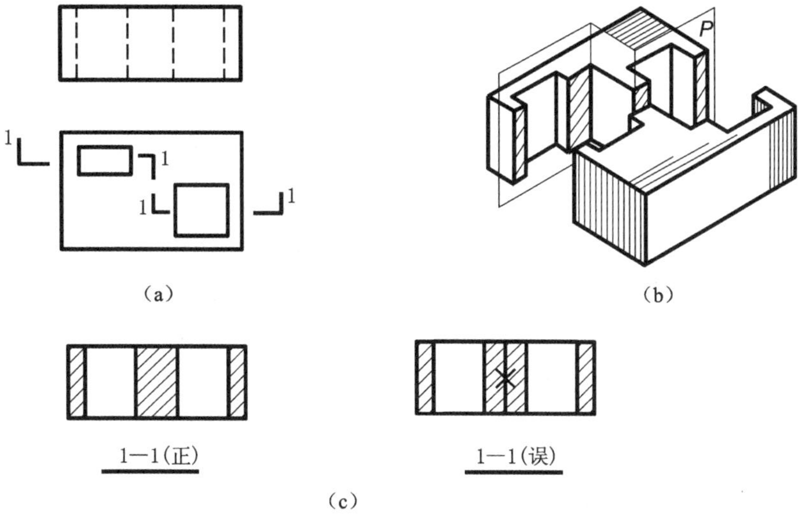

图 7.12 阶梯剖面图

7.1.4.4 展开剖面图

有些形体，由于发生不规则的转折或圆柱体上的孔洞不在同一轴线上，采用以上三种剖切方法都不能解决，可以用两个或两个以上相交剖切平面将形体剖切开，所画出的剖面图，称为展开剖面图。如图 7.13 所示为一个楼梯的展开剖面图。由于楼梯的两个梯段相互之间在水平投影图上成一定夹角，如用一个或两个平行的剖切平面都无法将楼梯表示清楚。因此，可以用两个相交的剖切平面进行剖切。展开剖面图的图名后应加注“展开”字样，剖切符号的画法如图 7.13 所示。

【例 7.3】 如图 7.14 所示的过滤池形体的两个投影图，作出其 1—1 剖面图。

【解】 通过剖切符号可以看到该剖切是用两个相交的铅垂剖切平面，沿 1—1 位置将池壁上不同位置的孔洞剖开，然后使其中右半个剖切面绕两剖切平面的交线旋转到左半个剖面图形所在的平面(一般为投影面平行面)上，然后向正立投影面上投影，如图 7.14 所示。

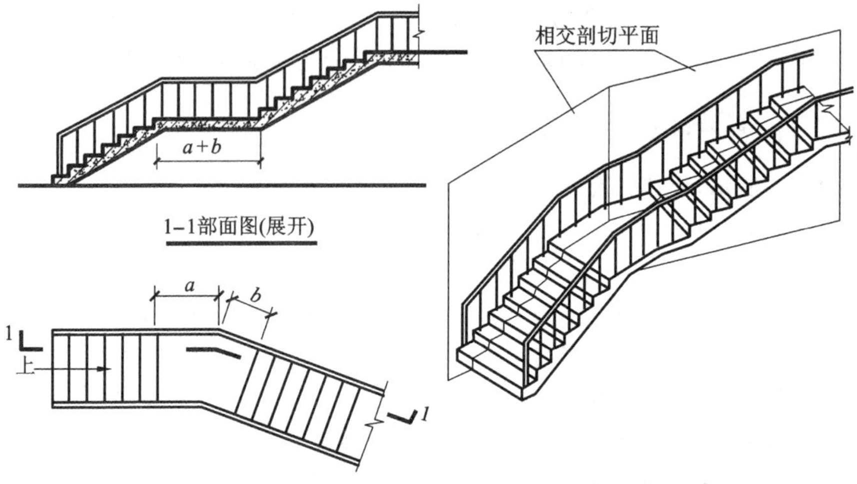

(a) 投影图　　　　(b) 直观图

图 7.13　楼梯的展开剖面图

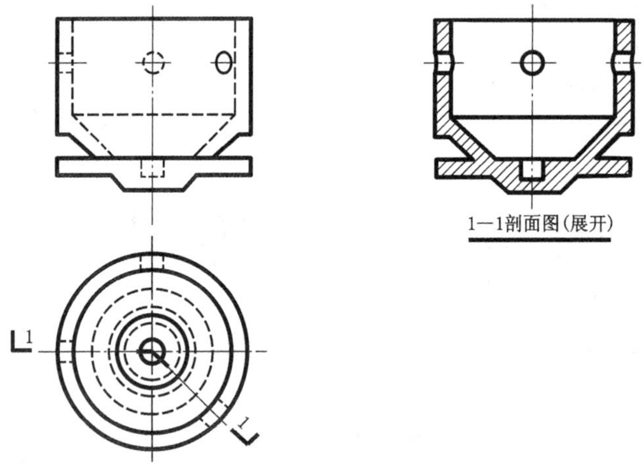

图 7.14　过滤池展开剖面图

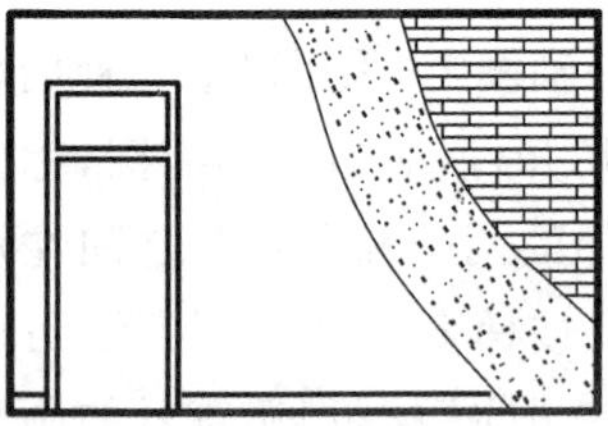

图 7.15　分层剖切剖面图

7.1.4.5　分层剖面图或局部剖面图

有些建筑的构件,其构造层次较多或只有局部构造比较复杂,可用分层剖切或局部剖切的方法表示其内部的构造,用这种剖切方法所得的剖面图,称为分层剖面图或局部剖面图。如图 7.15 所示为分层剖面图,图 7.16 所示为局部剖面图。

【例 7.4】　如图 7.17 所示,作出窨井的 1—1、2—2 剖面图,并将侧面投影改成半剖面图。

【解】　从投影图中可知,窨井是由底板(四棱柱体)、井身(四棱柱体)、盖板(四棱台)和两个圆柱状的管子组成。它的内部,井身是四棱柱体的空腔,底部比底板高,盖板中间是圆柱状的孔。

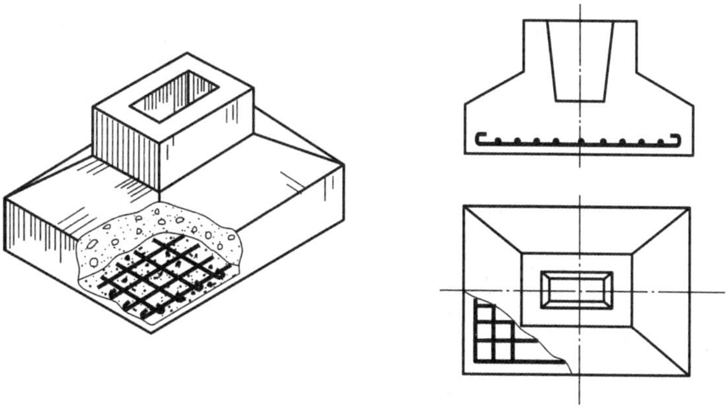

图 7.16 局部剖面图

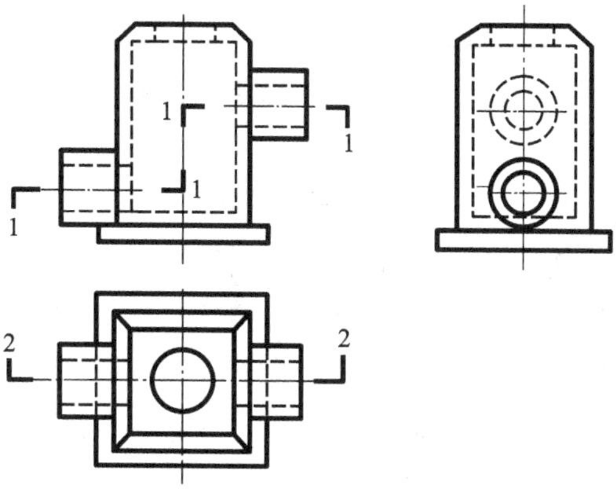

图 7.17 窨井的投影图

从剖切位置可知，1—1 剖面图为阶梯剖面图，剖切平面为两个水平面，分别通过两个圆柱管子的中心线，又因窨井前后对称，阶梯剖面图画成半剖面图。

从 2—2 剖切位置可知，2—2 剖面图为全剖面图，且剖切平面为正平面，通过整个窨井的前后对称面。

侧面投影改为半剖面图时，剖切平面为侧平面，通过井身的中心线，被剖切到的是井壁左侧，左井管被剖去一半。

窨井剖面图如图 7.18 所示，直观图如图 7.19 所示。

7.1.4.6 轴测剖面图的画法

用轴测投影来表示的剖面图叫轴测剖面图。其画法与一般形体轴测图的画法相同，只是在截面轮廓范围内要加画剖面线。轴测剖面图中的剖面线不再是 45°斜线，而应按轴测投影方向来画，这样才能使图形逼真。常用的各种轴测投影中的剖面线画法如图 7.20 所示。

画轴测剖面图的方法有两种：

(1)先画好物体外形的轴测图，再在要求的位置画剖切部分的图线，最后擦掉被剖去的外形轮廓线，补画剖面线。

如图 7.21 所示，已知杯形基础的正投影图，画出其剖切 1/4 后的剖面轴测图，如图 7.22 所示。

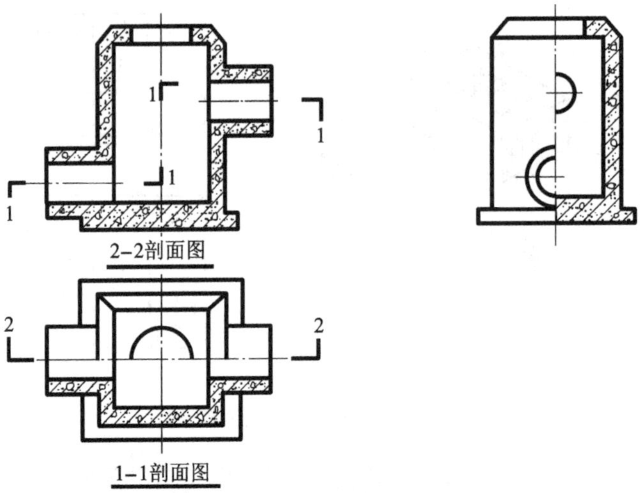

图 7.18　窨井的投影图

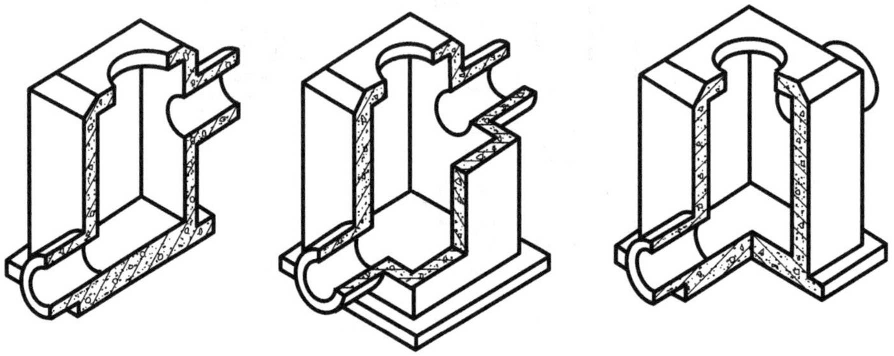

(a) 全剖　　　(b) 阶梯剖　　　(c) 半剖

图 7.19　窨井各剖面图的剖切位置

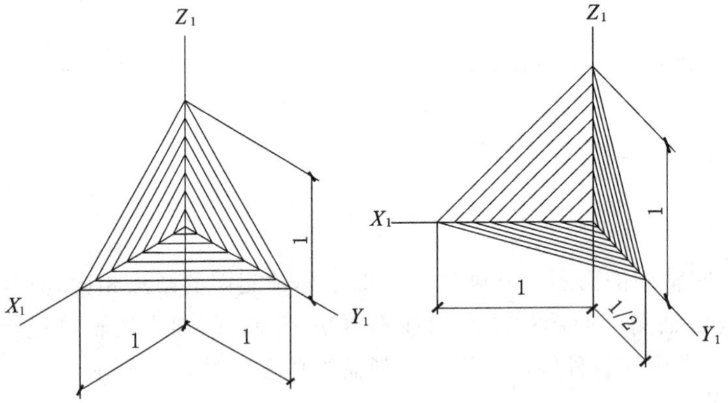

(a) 在正等测轴测图中，材料符号上斜线的方向。

(b) 在斜二测轴测图中，材料符号上斜线的方向。

图 7.20　轴测剖面图剖面符号画法

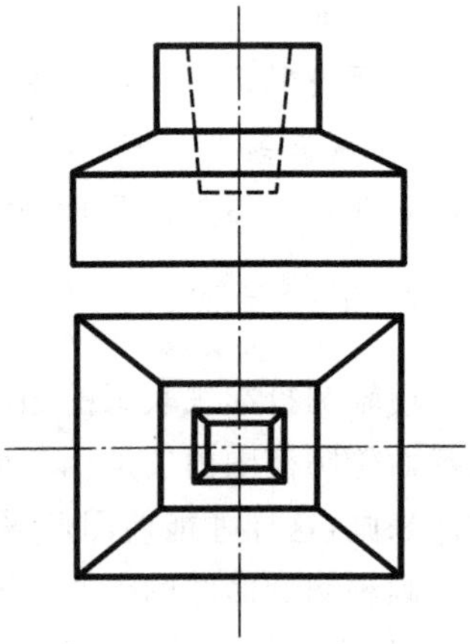

图 7.21　杯形基础正投影图

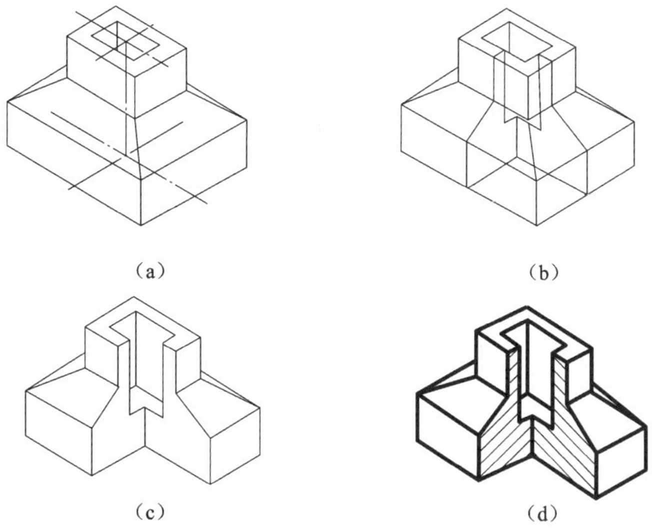

图 7.22 杯形基础剖面轴测图画法(一)

动画:杯形基础半剖面图

(2)先在轴测图中画出剖切平面上的截面形状,再由近而远地完成主要轮廓和内部的形状,如图 7.23 所示。

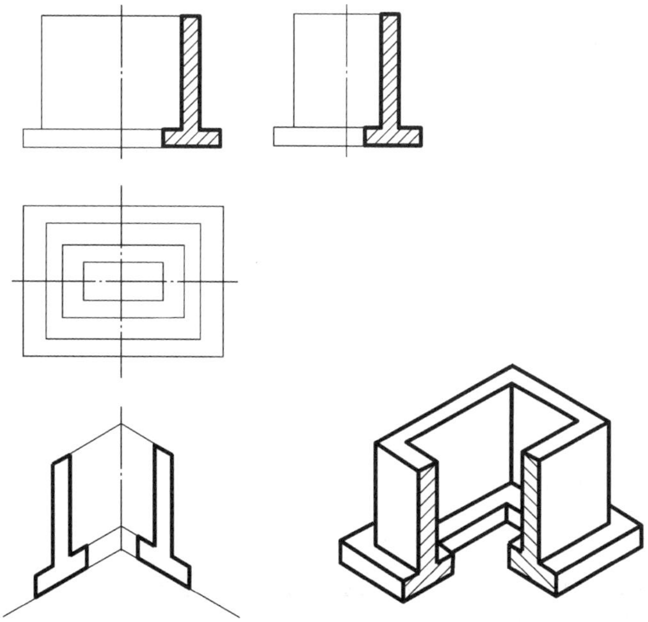

(a)先在轴测图中画出剖切平面上的截面形状。

(b)由近而远,画出轮廓线和内部形状。

图 7.23 轴测剖面图的画法(二)

7.2 断面图

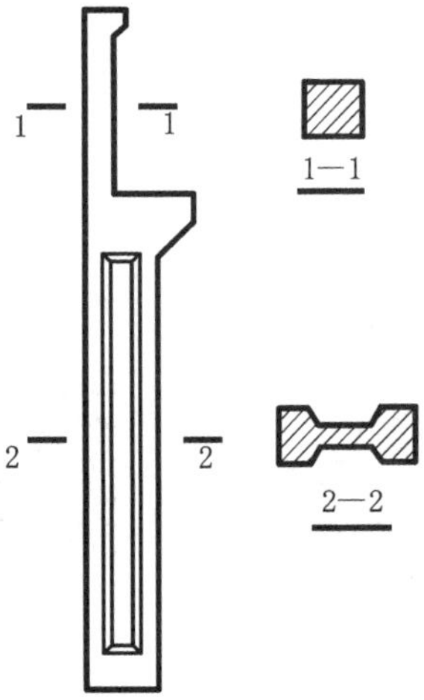

图7.24　断面图

对于某些单一的杆件或需要表示某一部位的截面形状时，可以只画出形体与剖切平面相交的那部分图形，即假想用剖切平面将物体剖切后，仅画出断面的投影图称为断面图，简称断面。如图7.24所示为带牛腿的工字形柱子的1—1、2—2断面图。

7.2.1　断面图与剖面图的区别

断面图和剖面图的区别有两点：

(1)断面图只画出物体被剖切后剖切平面与形体接触的那部分，即只画出截断面的图形，而剖面图则画出被剖切后剩余部分的投影，如图7.25所示。

(2)断面图和剖面图的符号也有不同，断面图的剖切符号只画长度6～10mm的粗实线作为剖切位置线，不画剖视方向线，编号写在投影方向的一侧。

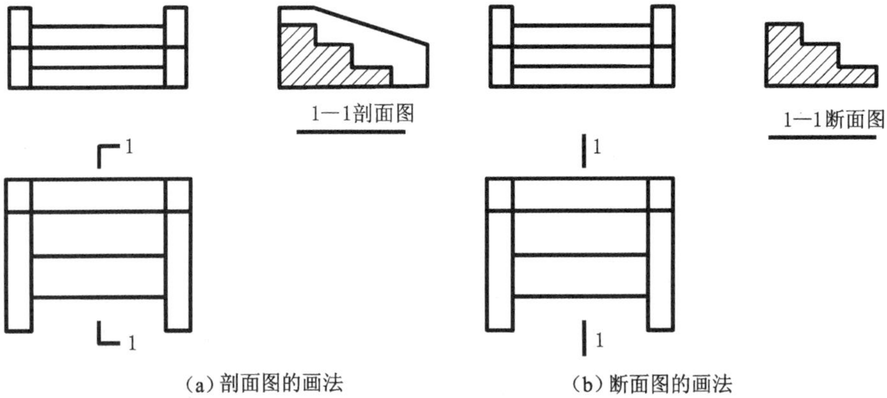

图7.25　断面图与剖面图的区别

7.2.2　断面图的配置方法

(1)移出断面

将形体某一部分剖切后所形成的断面图移画于主投影图的一侧，称为移出断面，如图7.26和图7.27所示。

断面图移出的位置，应与形体的投影图靠近，以便识读。断面图也可用适当的比例放大画出，以利于标注尺寸和清晰地显示其内部构造。

(2)重合断面

将断面图直接画于投影图中，二者重合在一起的称为重合断面，如图7.28所示。

重合断面图的比例应与原投影图一致。断面轮廓线可能是闭合的(如图7.29所示)，也可

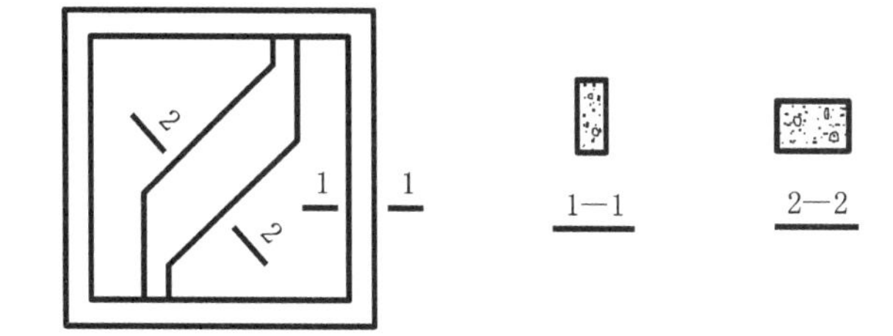

图 7.26 移出断面图的画法(一)

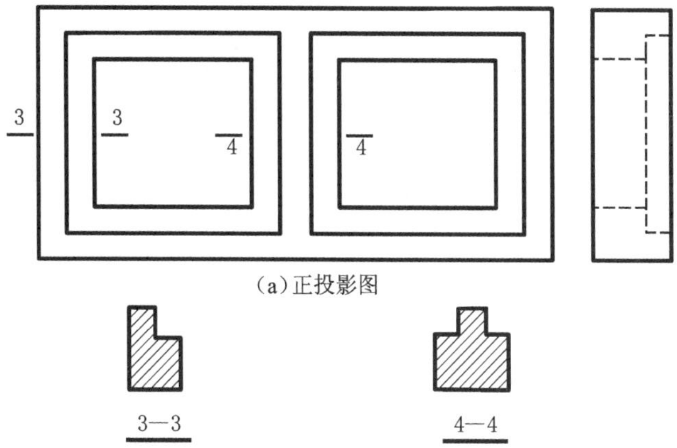

(a)正投影图

(b)断面图

图 7.27 移出断面图的画法(二)

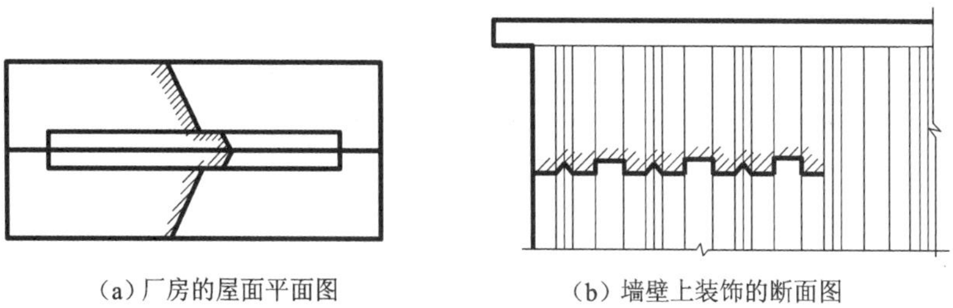

(a)厂房的屋面平面图 (b) 墙壁上装饰的断面图

图 7.28 断面图与投影图重合

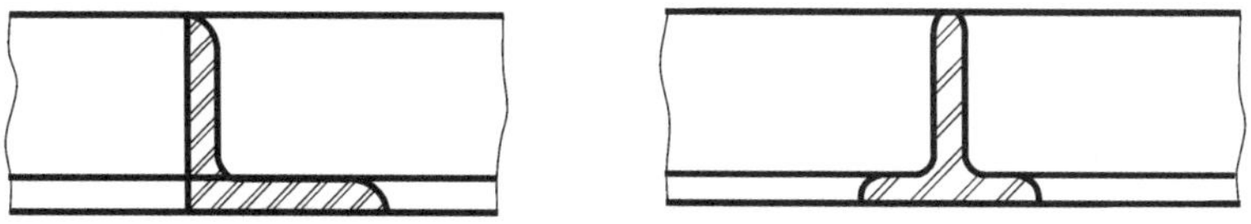

(a) (b)

图 7.29 断面图是闭合的

能是不闭合的(如图 7.28 所示),此时应于断面轮廓线的内侧加画图例符号。

(3)中断断面

对于单一的长向杆件,也可在杆件投影图的某一处用折断线断开,然后将断面图画于其中,如图 7.30 所示。同样,钢屋架的大样图也采用断开画法,如图 7.31 所示。

【例 7.5】 作钢筋混凝土梁的 1—1、2—2、3—3 断面图,如图 7.32 所示。

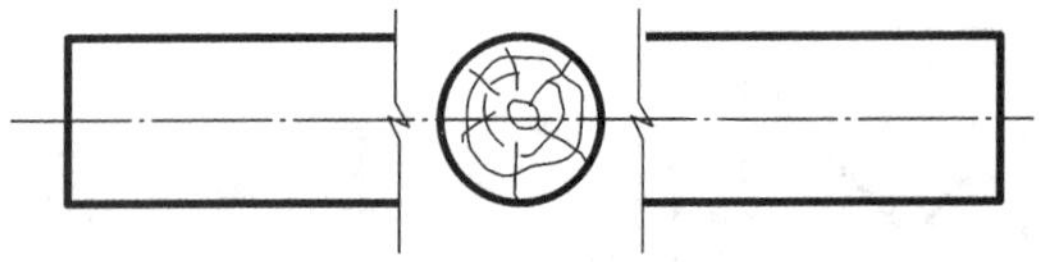

图 7.30　中断断面图的画法

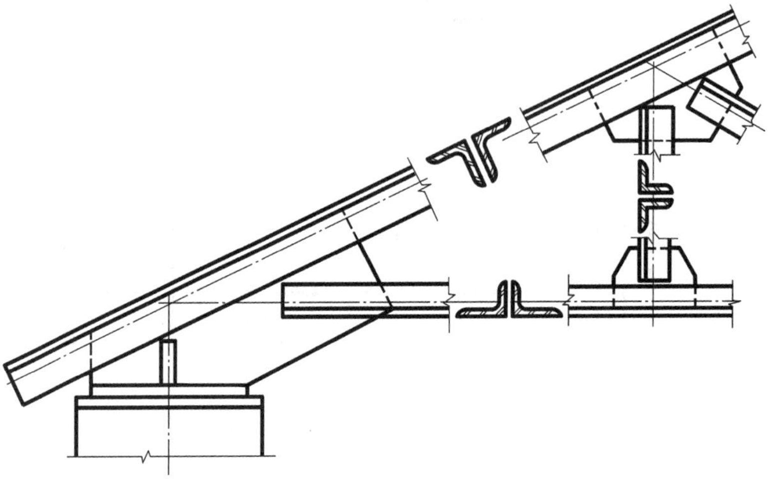

图 7.31　断面图画在杆件断开处

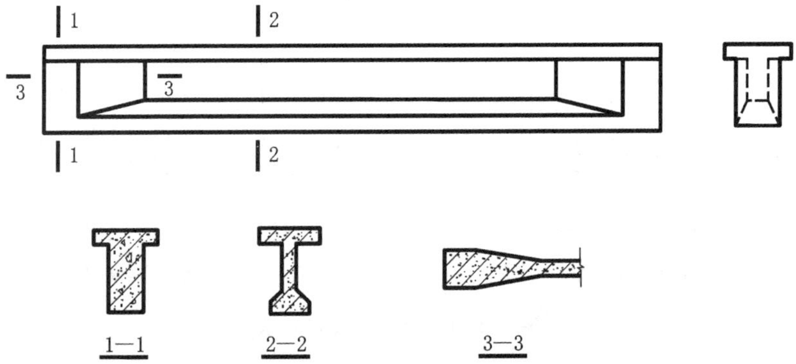

(a)投影图

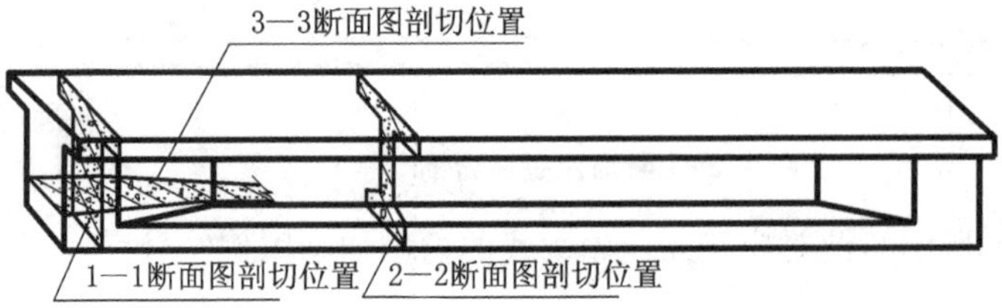

(b)直观图

图 7.32　钢筋混凝土梁的投影图

【解】 从投影图中可知，该梁的两端为T形，中部为工字形，从T形到工字形有一过渡段，其中部从厚变薄，其形状如图7.32(b)直观图。

在直观图中，按断面图的剖切位置相应地作出断面图，其形状如图7.32(b)直观图中的三个断面图。

将这三个断面图移到 V 面投影图的下方，得到1—1、2—2、3—3断面图。在各个断面图下注明相应的编号，并在编号下画一粗实线。

【例7.6】 根据现浇板的正投影图(如图7.33所示)在平面图上作出重合断面图，并作正等测图。

【解】 该形体是梁、板、柱的投影图，各构件位置如图中所示，其重合断面图如图7.33所示，正等轴测图如图7.34所示。

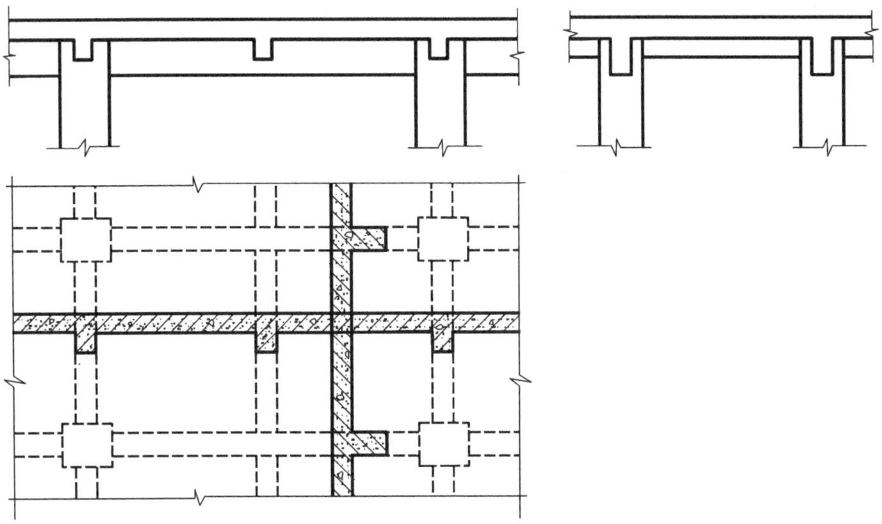

图7.33 现浇板的重合断面图画法

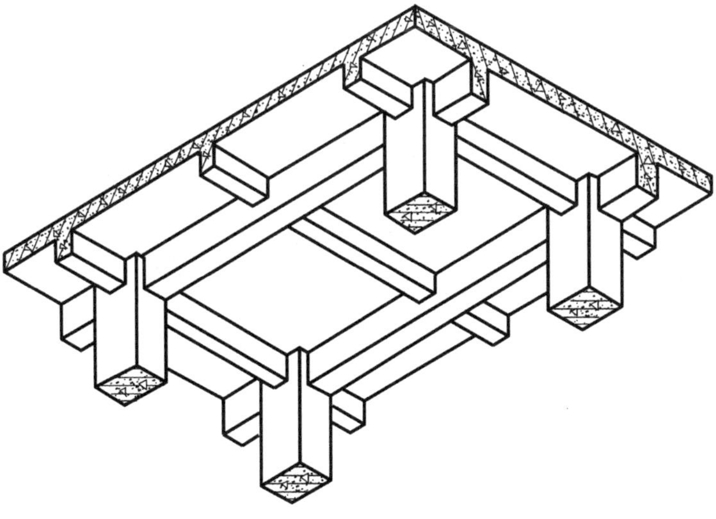

图7.34 现浇板的剖面轴测图

单元小结

剖面图、断面图是建筑工程图中常用的图示形式，必须熟练掌握。

假想用一个剖切平面沿形体的孔、洞、槽进行剖切，移去介于剖切平面和观察者之间的部分，作出剩余部分的正投影称为剖面图。剖面图是形体的投影。剖面图有全剖面图、半剖面图、阶梯剖面图、局部剖面图、展开剖面图等，适用于各种不同的场合。

对于某些单一杆件或需要表示某一部分截面形状时，可以采用断面图。断面图是假想用剖切平面将物体切开后，仅画出截断面的正投影图。断面图有移出断面图、重合断面图、中断断面图。

剖面图、断面图都是假想的，每一次剖切都是在完整形体上的剖切。剖面图、断面图上一般不画虚线，剖切到的形体断面轮廓应画粗实线，材料图例线画细线。

复习思考题

7.1 剖面图是怎样形成的？画剖面图应注意什么？

7.2 剖面图有哪几种？各适用于哪些场合？

7.3 画剖面图剖切符号时有哪些要求？

7.4 断面图是怎样形成的？画断面图应注意什么？

7.5 断面图有几种？各适用于哪些场合？

7.6 画断面图剖切符号时有哪些要求？

7.7 剖面图和断面图有哪些区别？

7.8 简述轴测图剖面的画法。

模块 3　专业制图

将一幢房屋的内外形状和大小以及各部分的结构、构造、装修、设备等内容，按照“国标”的规定，用正投影方法详细准确地表达出来的图样，称为“房屋建筑图”。它是用以指导工程施工的图纸，所以又称为“房屋施工图”。本篇将着重介绍房屋建筑工程各专业施工图的形成、作用、图示内容、表示方法及专业施工图的识读，为熟练地看懂专业施工图和绘制房屋施工图打下一定的基础。

单元 8　建筑工程施工图基本知识

教学目标

1. 了解建筑工程的基本组成；
2. 了解建筑工程施工图的分类及特点；
3. 熟悉建筑工程施工图的有关规定。

思政要点

准确把握建筑设计意图，建设现代化产业体系，推进新型工业化，加快建设数字中国。

8.1　一般民用建筑的组成及作用

建筑物按其使用功能和使用对象的不同分为很多种，但一般可分为民用建筑和工业建筑两大类。一般民用建筑的组成分为主要部分和附属部分。主要部分包括基础、柱、梁、内外墙、楼板、屋面板和楼梯；附属部分包括门、窗、走道、台阶、花池、散水、勒脚、屋檐、雨篷等细部构造，如图 8.1 所示。

1. 基础

基础位于墙或柱的下部，作用是承受上部荷载（重力），并将荷载传递给地基（地球）。

2. 柱、墙

柱、墙的作用是承受梁或板传来荷载，并将荷载传递给基础，它是房屋的竖向传力构件。

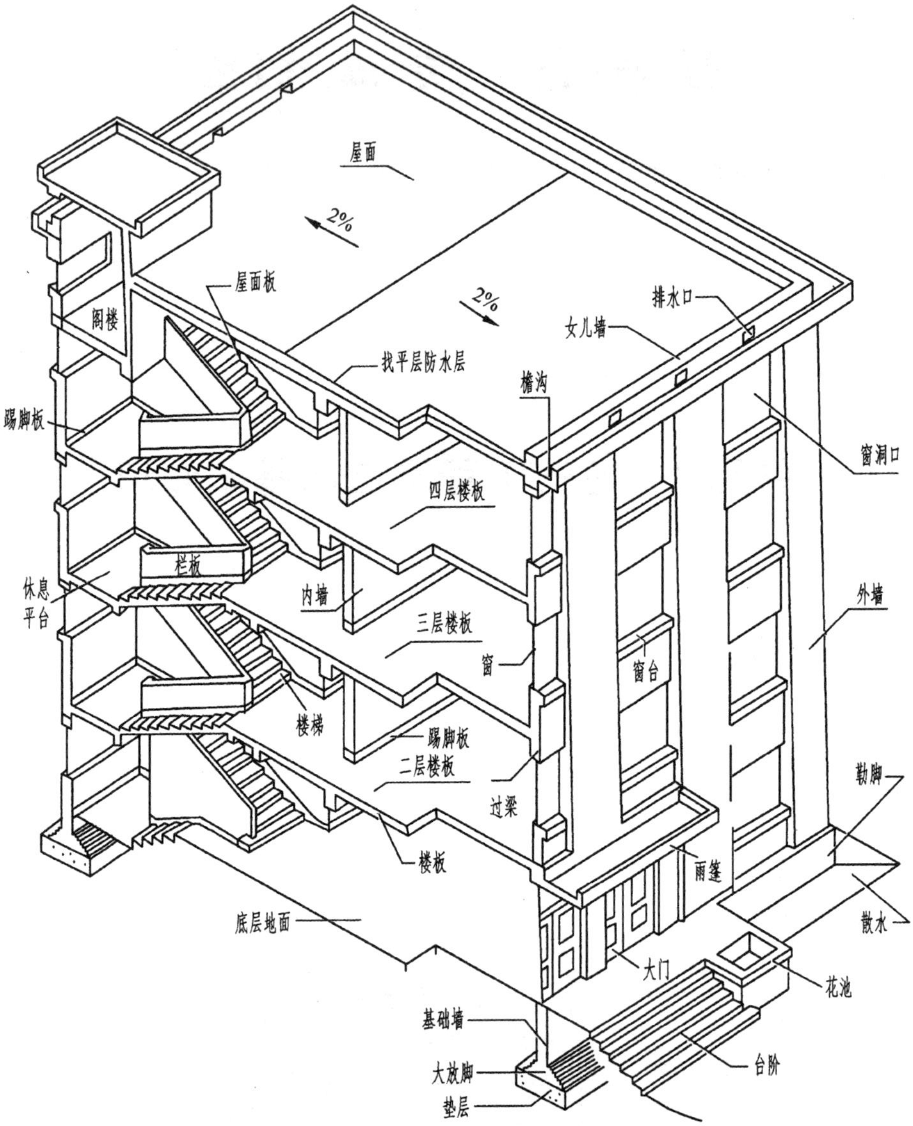

图 8.1　民用建筑的组成

墙还起到围成房屋空间和内部的水平分隔作用。墙按受力情况分为承重墙和非承重墙(也称隔墙),按位置分为内墙和外墙,按方向分为纵墙和横墙。

3. 梁

梁的作用是承受板传来的荷载,并将荷载传递给柱或墙,它是房屋的水平传力构件。

4. 楼板和屋面板

楼板和屋面板是划分房屋内部空间的水平构件,同时又承受板上荷载作用,并把荷载传递给梁。

5. 门、窗

门的主要功能是交通和联系，窗的主要功能是通风和采光，同时还具有分隔和围护的作用。

6. 楼梯

楼梯是各楼层之间的垂直交通设施，为上下楼层用。

7. 其他建筑配件

其他建筑配件包括走道、台阶、花池、散水、勒脚、屋檐、雨篷等。

8.2 建筑工程施工图的产生、分类及特点

8.2.1 建筑工程施工图的产生

房屋的建造一般需经过设计和施工两个过程，而设计工作一般又分为两个阶段，即初步设计阶段和施工图设计阶段。

8.2.1.1 初步设计阶段

初步设计的主要任务是根据建设单位提出的设计任务和要求，进行调查研究、搜集资料，提出设计方案，其内容包括：简略的总平面布置图及房屋的平、立、剖面图；设计方案的技术经济指标；设计概算和设计说明等。

初步设计的工程图和有关文件只是在提供研究方案和报上级审批时用，不能作为施工的依据，所以初步设计图也称为方案图。

8.2.1.2 施工图设计阶段

施工图设计的主要任务是满足工程施工各项具体技术要求，提供一切准确可靠的施工依据，其内容包括：指导工程施工的所有专业施工图、详图、说明书、计算书及整个工程的施工预算书等。全套施工图将为施工安装、编制预算、安排材料、设备和非标准构配件的制作提供完整、准确的图纸依据。

对于大型的、技术复杂的工程项目，也有采用三个设计阶段的，即在初步设计的基础上，增加一个技术设计阶段，以初步统一协调建筑、结构、设备和各工种间的主要技术问题，为施工图设计提供更为详细的资料。

8.2.2 建筑工程施工图的分类

根据专业分工的不同，一套施工图可分为：

(1)建筑施工图(简称建施)

建筑施工图主要表达建筑物的外部形状、内部布置、装饰构造、施工要求等。这类基本图有：首页图、建筑总平面图、平面图、立面图、剖面图以及墙身、楼梯、门、窗详图等。

(2)结构施工图(简称结施)

结构施工图主要表达承重结构的构件类型、布置情况以及构造做法等。这类基本图有:基础平面图、基础详图、楼层及屋盖结构平面图、楼梯结构图和各构件(梁、柱、板)的结构详图等。

(3)设备施工图(简称设施)

设备施工图主要表达房屋各专用管线和设备布置及构造等情况。这类基本图有:给水排水、采暖通风、电气照明等设备的平面布置图、系统图和施工详图。

8.2.3 建筑工程施工图的编排顺序

一套建筑工程施工图的数量,少则几张、十几张,多则几十张甚至几百张。为方便看图、易于查找,对这些图纸要按一定的顺序进行编排。

整套建筑工程施工图的编排顺序是:首页图(包括图纸目录、设计总说明、汇总表等)、建筑施工图、结构施工图、设备施工图。

各专业施工图的编排顺序是:基本图在前、详图在后;总体图在前、局部图在后;主要部分在前、次要部分在后;先施工的图在前、后施工的图在后等。

8.2.4 建筑工程施工图的特点

(1)按正投影原理绘制

建筑工程施工图一般按三面正投影图的形成原理绘制。通常在水平投影面上绘制建筑平面图,在正立投影面上绘制建筑立面图,在侧立投影面上绘制建筑剖面图或侧立面图。在同一张图纸上绘制时,要符合正投影的特征和相互间的投影对应关系。

(2)绘制建筑工程施工图采用的比例

建筑工程施工图一般采用缩小的比例绘制,同一图纸上的图形最好采用相同的比例。绘制构件或局部构造详图时,允许采用与基本图不同的比例,但在图样下方图名的右侧应注明比例大小,以便对照阅读。

(3)建筑工程施工图图例符号应严格按照国家标准绘制

由于房屋建筑是由多种建筑材料和繁多的构配件组成,为了作图简便,方便识图,国家制定了《房屋建筑制图统一标准》《建筑制图标准》等多种标准,在这些标准中规定了一系列图例符号以表示建筑材料、建筑构配件等,见表7.1、表9.2。

8.3 建筑工程施工图的有关规定

为确保图面质量,提高制图和识图的效率,在绘制施工图时,必须严格遵守国家标准中的有关规定。

在本书单元2中叙述了制图的基本规定,现进一步说明房屋建筑制图中的几项规定和表示方法。

8.3.1 图线

绘图时,首先按所绘图样选用的比例选定基本线宽“b”,然后再确定其他线型的宽度,见表 2.3。

8.3.2 定位轴线及编号

建筑工程施工图中的定位轴线是设计和施工中定位、放线的重要依据。凡承重的墙、柱、梁、屋架等构件,都要画出定位轴线并对轴线进行编号,以确定其位置。对于非承重的分隔墙、次要构件等,有时用附加轴线(分轴线)表示其位置,也可注明它们与附近轴线的相关尺寸以确定其位置。

8.3.2.1 定位轴线的画法

定位轴线应用细单点长画线绘制,轴线末端画细实线圆圈,直径为 8～10mm。定位轴线圆的圆心应在定位轴线的延长线或延长线的折线上,且圆内应注写轴线编号,如图 8.2 所示。

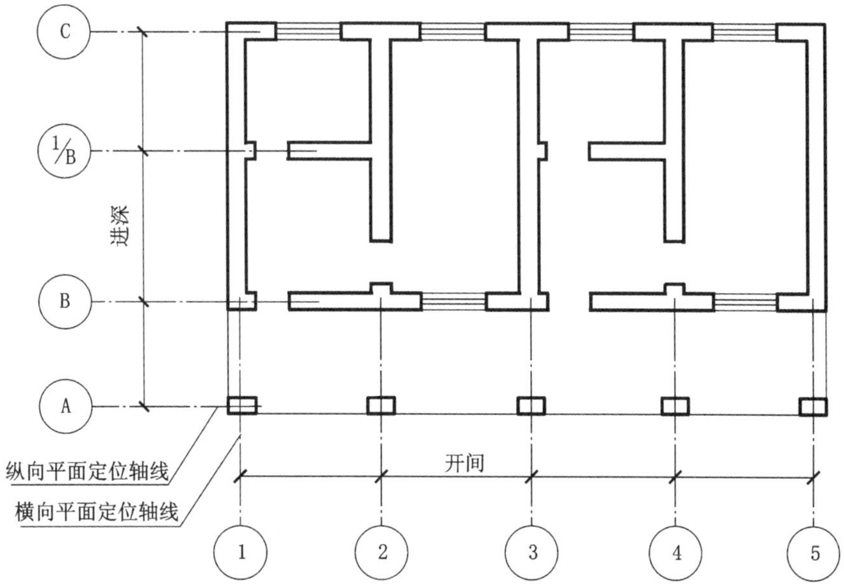

图 8.2 定位轴线及编号方法

8.3.2.2 定位轴线的编号

平面图上定位轴线的编号,宜标注在图样的下方与左侧。横向编号应用阿拉伯数字按从左至右的顺序编写,竖向编号应用大写拉丁字母从下至上顺序编写(图 8.2)。拉丁字母中的 I、O、Z 不得用作轴线编号,以免与阿拉伯数字 1、0、2 混淆。

在两轴线之间,有的需要用附加轴线表示,附加轴线用分数编号,分母表示前一主轴线的编号,分子以阿拉伯数字表示附加轴线的编号,如图 8.3 所示。

对于详图上的轴线编号,若该详图同时适用多根定位轴线,则应同时注明各有关轴线的编号,如图 8.4 所示。通用详图的定位轴线只画圆,不注写编号。

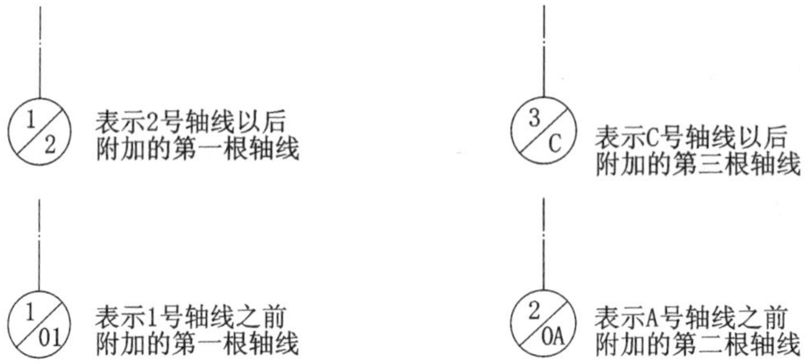

图 8.3　附加轴线的编号

图 8.4　详图的轴线编号

8.3.3　索引符号和详图符号

施工图中某一部位或某一构件无法表达清楚时，通常将这些部位和构件用较大的比例放大画出，这种放大后的图样就称为详图。为便于查找及对照阅读，可通过索引符号和详图符号来反映基本图与详图之间的对应关系。

8.3.3.1　索引符号

索引符号由直径为 8～10mm 的圆和其水平直径组成，圆及其水平直径均应以细实线绘制。当索引出的详图与被索引的图(基本图)在同一张图纸内时，在上半圆中用阿拉伯数字注出该详图的编号，在下半圆中间画一段水平细实线；当索引出的详图与被索引的图不在同一张图纸内时，则在下半圆中用阿拉伯数字注出该详图所在图纸的编号；当索引出的详图采用标准图时，在圆的水平直径的延长线上加注标准图册的编号，见表 8.1；当索引出的是局部剖视详图时，应在被剖切的部位绘制剖切位置线，然后再用引出线引出索引符号。引出线所在的一侧表示剖切后的投影方向，见表 8.1。

8.3.3.2　详图符号

详图符号用粗实线圆圈表示，直径为 14mm。当详图与被索引的图样在同一张图纸内时，圆内用阿拉伯数字注明详图的编号；当详图与被索引的图样不在同一张图纸内时，可用细实线在详图符号内画一水平直径，上半圆内注明详图的编号，下半圆中注明被索引的图样所在的图纸编号，见表 8.1。

表 8.1 索引符号与详图符号

名称	符号	说明
详图的索引符号	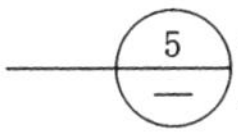 —— 详图的编号 —— 详图在本张图纸上 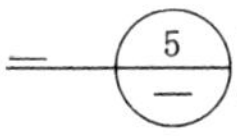 —— 局部剖面详图的编号 —— 剖面详图在本张图纸上	细实线单圆圈直径应为 10mm 详图在本张图纸上 剖开后从上往下投影
	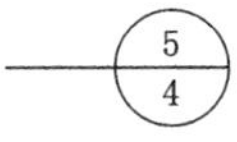 —— 详图的编号 —— 详图所在的图纸编号 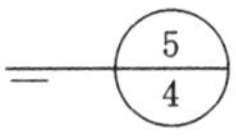 —— 局部剖面详图的编号 —— 剖面详图所在的图纸编号	详图不在本张图纸上 剖开后从下往上投影
	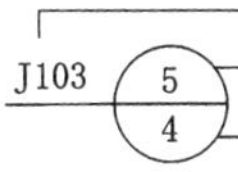 标准图册编号 标准详图编号 详图所在的图纸编号	标准详图
详图的符号	 —— 详图的编号	粗实线单圆圈直径应为 14mm 被索引的图样在本张图纸上
	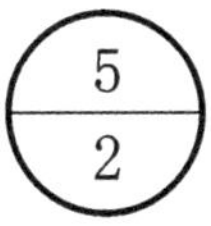 —— 详图的编号 —— 被索引的图样所在图纸编号	被索引的图样不在本张图纸上

8.3.4 标高

(1)标高符号应以直角等腰三角形表示,按图 8.5(a)所示形式用细实线绘制;当标注位置不够,也可按图 8.5(b)所示形式绘制。标高符号的具体画法应符合图 8.5(c)、(d)的规定。

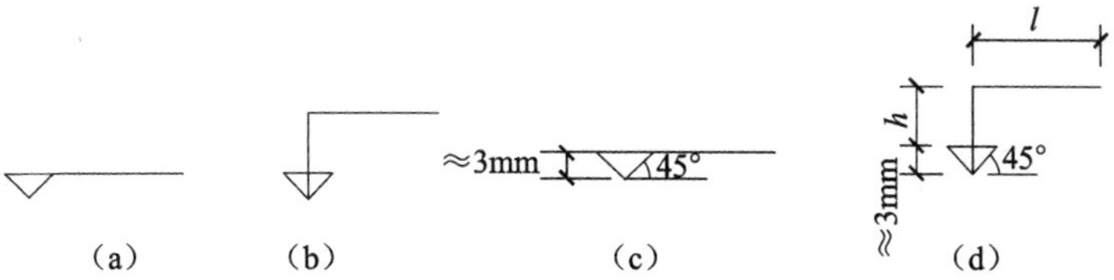

图 8.5 标高符号

l—取适当长度注写标高数字;h—根据需要取适当高度

(2)总平面图室外地坪标高符号宜用涂黑的三角形表示,具体画法应符合图 8.6 的规定。

(3)标高符号的尖端应指至被注高度的位置。尖端宜向下,也可向上。标高数字应注写在标高符号的上侧或下侧，如图 8.7 所示。

(4)标高数字应以米为单位，注写到小数点以后第三位。在总平面图中，可注写到小数点以后第二位。

(5)零点标高应注写成 ±0.000，正数标高不注“+”，负数标高应注“-”，例如 3.000、-0.600。

(6)在图样的同一位置需表示几个不同标高时，标高数字可按图 8.8 所示的形式注写。

图 8.6　总平面图室外地坪标高符号

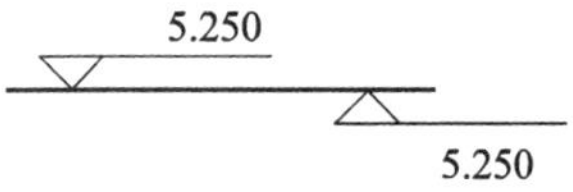

图 8.7　标高的指向

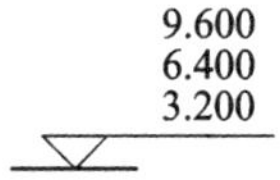

图 8.8　同一位置注写多个标高数字

(7)标高按其基准面的选定情况分为相对标高和绝对标高。

①相对标高。凡标高的基准面是根据工程需要，自行选定而引出的，称为相对标高。在一般房屋建筑中，大都取底层室内地面作为相对标高的基准面(±0.000)。

②绝对标高。根据我国的规定，凡是以青岛的黄海平均海平面作为标高基准面而引出的标高，称为绝对标高。在总平面图上，若某一位置的高度比这个基准面高出 25m，那么这一位置的绝对标高为 25.00。

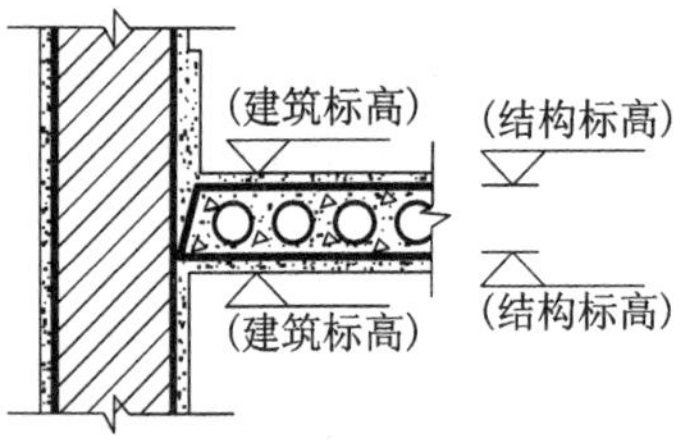

图 8.9　建筑标高和结构标高

(8)标高按其所注的部位分为建设标高和结构标高。

①建筑标高。建筑标高是指标注在建筑物装饰面层处的标高。

②结构标高。结构标高是指标注在建筑物结构部位(例如注在梁底、板底处)的标高。

建筑标高和结构标高的标注，如图 8.9 所示。

8.3.5　引出线

对图样中某些部位由于图形比例较小，其具体内容或要求无法标注时，常用引出线注出文字说明或详图索引符号。

(1)引出线用细实线绘制，并宜用与水平方向成 30°、45°、60°、90°的直线或经过上述角度再折为水平的折线，文字说明宜注写在水平线的上方或端部，如图 8.10 所示。索引详图的引出线应对准索引符号的圆心。

(2)同时引出几个相同部分的引出线，宜相互平行，如图 8.11(a)、(c)所示，也可画成集中于一点的放射线，如图 8.11(b)所示。

(3)房屋建筑中，有些部位是由多层材料或多层做法构成的，如屋面、地面、楼面以及墙体等。为了对多层构造部位加以说明，可以用引出线表示。引出线必须通过需引的各层并用圆点示意对应各层次，其文字说明编排次序应与构造层次保持一致(即垂直引出时，由上而下注写；水平引出时，从左到右注写)，并注写在引出横线的上方或一侧，如图 8.12 所示。

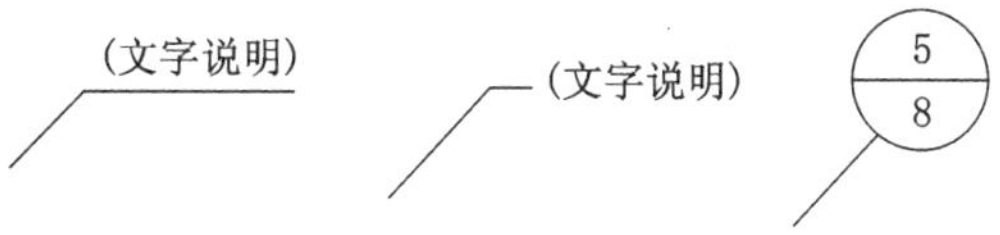

(a) (b) (c)

图 8.10 引出线

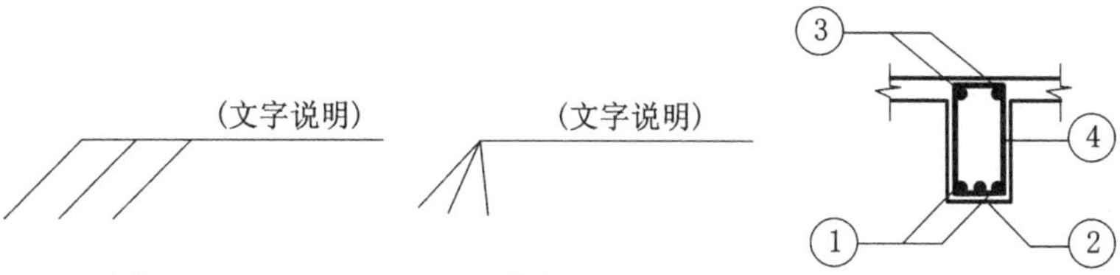

(a) (b) (c)

图 8.11 共用引出线

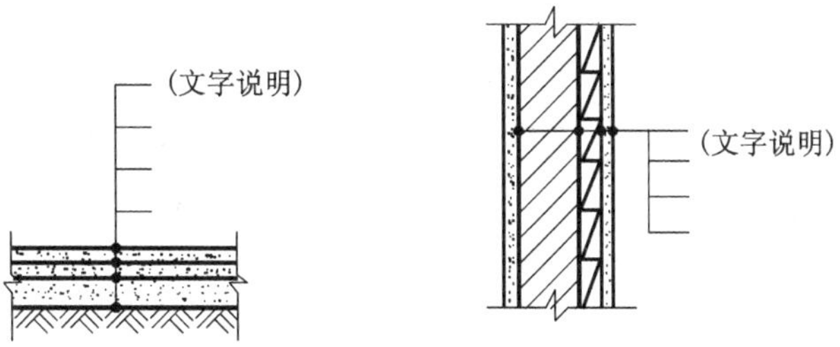

(a) (b)

图 8.12 多层构造引出线

8.3.6 图形折断符号

在工程图中，为了将不需要表明或可以节缩的部分图形删去，可采用折断符号画出。

(1)直线折断

当图形采用直线折断时，其折断符号为折断线，它经过被折断的图面。图 8.13(a)所示为某一建筑平面图采用直线折断时的实例。

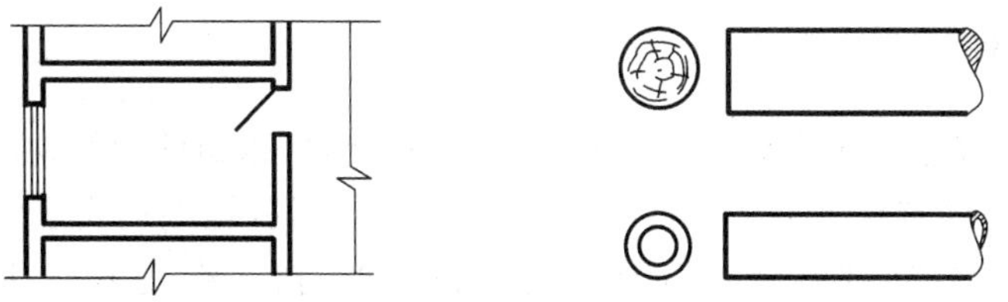

(a) 直线折断 (b) 曲线折断

图 8.13 图形的折断

(2)曲线折断

对圆形构件的图形折断,其折断符号为曲线。图 8.13(b)为圆木和金属空心管的折断表示方法。

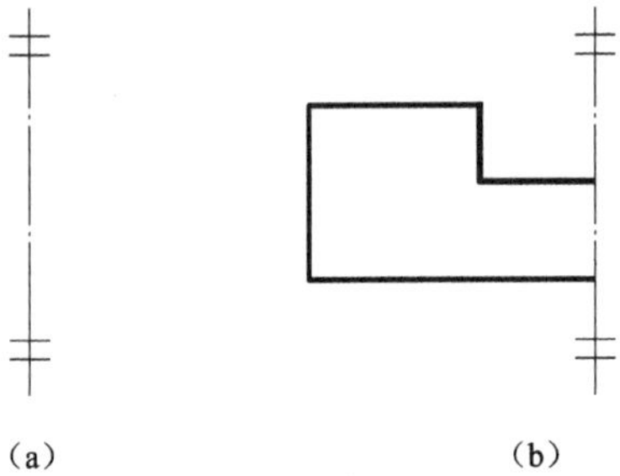

图 8.14　对称符号

8.3.7　对称符号

当房屋施工图的图形完全对称时,可只画该图形的一半,并画出对称符号,以节省图纸篇幅。对称符号即是在对称中心线(细单点长画线)的两端画出两段平行线(细实线)。平行线长度为 6～10mm,间距为 2～3mm,且对称线两侧长度对应相等,如图 8.14所示。

8.3.8　坡度标注

在房屋施工图中,其倾斜部分通常加注坡度符号,一般用单面箭头表示。箭头应指向下坡方向,坡度的大小用数字注写在箭头上方,如图 8.15(a)、(b)所示。

对于坡度较大的坡屋面、屋架等,可用直角三角形的形式标注它的坡度,如图 8.15(c)所示。

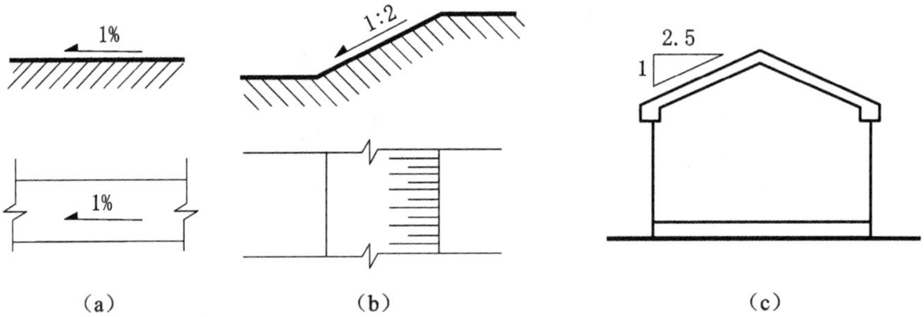

图 8.15　坡度标注方法

8.3.9　连接符号

对于较长的构件,当其长度方向的形状相同或按一定规律变化时,可断开绘制,断开处应用连接符号表示。连接符号为折断线(细实线),并用大写拉丁字母表示连接编号,如图 8.16所示。

8.3.10　指北针

在总平面图及底层建筑平面图上,一般都画有指北针,以指明建筑物的朝向。指北针形状如图 8.17 所示。圆的直径宜为 24mm,用细实线绘制。指针尾端的宽度为 3mm;需用较大直径绘制指北针时,指针尾部宽度宜为圆的直径的 1/8。指针涂成黑色,针尖指向北方,并注"北"或"N"。

8.3.11 变更云线

对图纸中局部变更部分宜采用云线,并应注明修改版次,如图 8.18 所示。

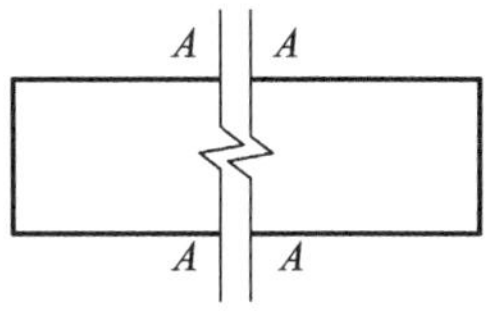

图 8.16 连接符号

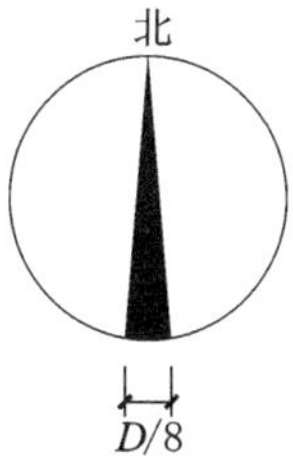

图 8.17 指北针

图 8.18 变更云线

注:1 为修改次数。

单元小结

学习本单元后,应了解一般民用建筑的基本组成及建筑工程施工图的产生。知道施工图的分类和编排顺序。了解施工图的特点,掌握建筑工程施工图中的规定画法。

复习思考题

8.1 一般民用建筑由哪几部分组成?各部分的作用是什么?

8.2 一套完整的建筑工程施工图由哪几部分组成?其编排顺序如何?

8.3 什么叫建筑工程施工图?它有何特点?

8.4 什么叫绝对标高?什么叫相对标高?建筑工程施工图中常采用哪一种标高?

单元9　建筑施工图

教学目标

1. 熟悉首页图和建筑总平面图；
2. 熟悉建筑平面图、立面图、剖面图；
3. 了解建筑详图(外墙剖面详图、楼梯详图、门窗节点详图等)；
4. 掌握建筑施工图的绘制方法。

思政要点

培养对建筑的浓厚兴趣，具有爱岗敬业的职业精神。

9.1　首页图和建筑总平面图

9.1.1　首页图

首页图是建筑施工图的第一页，它的内容一般包括图纸目录、设计总说明、建筑装修及工程做法、门窗表等(见图9.1、图9.2)。

现以湖北省工业学校6＃、7＃学生公寓楼施工图为例，介绍各图的内容及识读。

9.1.2　建筑总平面图

建筑总平面图简称总平面图。

9.1.2.1　总平面图的形成

建筑总平面图是假设在建设区的上空向下投影所得的水平投影图。

9.1.2.2　总平面图的作用

总平面图主要表达拟建房屋的位置和朝向，与原有建筑物的关系，周围道路、绿化布置及地形地貌等内容。它可作为拟建房屋定位、施工放线、土方施工以及施工总平面布置的依据。

9.1.2.3　总平面图的识读

下面以图9.3为例，说明总平面图的识读步骤。

(1)看图名、比例、图例及有关的文字说明

总平面图因包括的地方范围大，所以绘制时采用较小的比例，如1∶2000、1∶1000、1∶500

中煤国际工程集团
武汉设计研究院

湖北省工业学校
6#、7#学生公寓楼

图 纸 总 目 录

第 1 页 共1页

建 筑 分 院

建施6、7

序号	图幅	图 纸 名 称	图 纸 编 号	
			新 制 图 图 号	采 用 图 图 号
1	1	建筑施工图设计说明及门窗表 平面位置图	建施 6 、 7-01	
2	2+	一层平面图	建施 6 、 7-02	
3	2+	二层平面图	建施 6 、 7-03	
4	2+	三～七层平面图	建施 6 、 7-04	
5	2+	屋顶平面图	建施 6 、 7-05	
6	2+	①～⑪立面图	建施 6 、 7-06	
7	2	⑪～①立面图	建施 6 、 7-07	
8	2	Ⓐ～Ⓓ立面图	建施 6 、 7-08	
9	2	1—1剖面图	建施 6 、 7-09	
10	2	楼梯平面图、宿舍平面图布置 及详图	建施 6 、 7-10	

图 9.1 首页图纸目录

建筑施工图设计说明

一、设计依据：
1. 武汉市规划管理局对总平面规划的审批意见。
2. 本工程是依据建设单位确定的方案及设计委托书进行设计的。
3. 国家规范、规定及有关文件。

二、平面位置及设计标高：
1. 平面位置详见学生公寓楼平面布置图。
2. 设计标高：6# ±0.000相当于绝对标高23.30，7# ±0.000相当于绝对标高22.92。

三、本建筑防火等级为二级，本建筑合理使用年限为50年，采用砖混结构，按7级抗震设防。

四、本建筑屋面防水等级为Ⅱ级，建筑高度为22.9m，总建筑面积：6#为4296m²，7#为4296m²。

五、在标高-0.060处设墙身防潮层，做法为30厚1：2水泥砂浆内拌5%防水剂。

六、卫生间、盥洗间均涂刷防水剂二遍，周边返高1200。

七、在内墙阳角处均做1：2水泥砂浆护角，宽每边80，高2000。

八、凡需找坡的地方，找坡厚度大于30时，用C20细石混凝土找坡；厚度小于30时用1:2水泥砂浆找坡，坡度为4%。

九、凡外露铁件均涂红丹一遍，银粉油漆两遍，预埋木砖均涂水柏油防腐，所有木门及木构件均采用本色树脂清漆三遍。

十、凡各类设备管道：如穿钢筋混凝土、预制构件、墙身均需预留孔洞或预埋套管，不应临时开凿，并密切配合各工种图纸施工，遇有问题请会同本工程设计人员共同商定，不得任意更改。

十一、电扇钩：每间宿舍设φ16电扇钩两个，室内设吸顶式摇头扇两个，位置由建设单位确定。

十二、楼梯：栏杆选用98ZJ401P6大样W，扶手选用98ZJ401P27扶手2。

十三、凡本工程图中未详之处，均严格按国家有关现行规范、规程、规定执行。

门窗明细表

编号	洞口尺寸 宽	洞口尺寸 高	数量	采用图集	采用图号	备注
M-1	1000	2100	236	GJM305-1021	98ZJ681	
M-2	800	2100	238	GJM308-0821	98ZJ681	镶板门
M-3	1920	2600	236	铝合金门		铝合金组合隔断见详图
M-4	2400	2600	2	铝合金门	订做	
M-5	1500	2700	14	铝合金门	订做	
FM-1	1500	2700	12	乙级防火门		
C-1	1920	1700	136	厂家定制		塑钢推拉窗，窗台高900
C-1a	1740	1700	88	厂家定制		塑钢推拉窗，窗台高900
C-2	600	1400	236	厂家定制		塑钢推拉窗，窗台高900
C-3	1800	1700	26	厂家定制		塑钢推拉窗，窗台高900
C-4	1500	1700	2	厂家定制		塑钢推拉窗，窗台高900

建筑装修及工程做法一览表

项目	类别	工程做法（采用图集）	采用部位	附注
外墙面	涂料外墙面	详98ZJ001P41外墙22	详见立面	详见立面或者建设单位统一考虑
	面砖外墙面	详98ZJ001P43外墙12	详见立面	详见立面或者建设单位统一考虑
内墙面	面砖墙面（一）	详98ZJ001P31内墙10	卫生间、盥洗间	满墙
	混合砂浆内墙面(一)	详98ZJ001P30内墙4	所有内墙	面层涂料为白色乳胶漆
顶棚	水泥砂浆顶棚	详98ZJ001P47顶棚4	所有顶棚	面层同内墙面
楼地面	陶瓷地砖卫生间楼面	详98ZJ001P15楼10	卫生间、盥洗间	规格大小为300×300 或者建设单位统一考虑
	陶瓷地砖楼面	详98ZJ001P15楼10	其余所有楼面	规格大小为600×600 或者建设单位统一考虑
	陶瓷地砖卫生间地面	详98ZJ001P11地50	卫生间、盥洗间、淋浴间	水泥砂浆掺入防水剂 规格大小为300×300
	陶瓷地砖地面	详98ZJ001P6地19	其余所有楼面	水泥砂浆掺入防水剂 规格大小为600×600
屋面	高聚物改性沥青涂膜防水屋面	详98ZJ001P85屋20	楼梯间屋面	
	刚性防水和高聚物改性沥青卷材防水屋面	详98ZJ001P78屋6	其余所有屋面	刚性防水屋面分格缝做法 见98ZJ201P25大样②④⑥
散水	水泥砂浆散水	详98ZJ901P4		散水宽1200
墙裙	釉面砖墙裙	详98ZJ001P37裙5	内走廊	墙裙高1500
踢脚	面砖踢脚(一)	详98ZJ001P24踢22		
雨篷		详98ZJ901P20详图2		
楼梯		栏杆选用98ZJ401P6大样W，扶手选用98ZJ401P27扶手2		

附注：
1. 底层全部外窗，阳台均加设φ14@110防盗护栏或者建设单位另行定做。
2. 所有门窗玻璃用无色透明平板玻璃（规格5 mm厚）。
3. 门窗的围梁及过梁依结构施工图施工。

图 9.2　建筑施工图设计说明

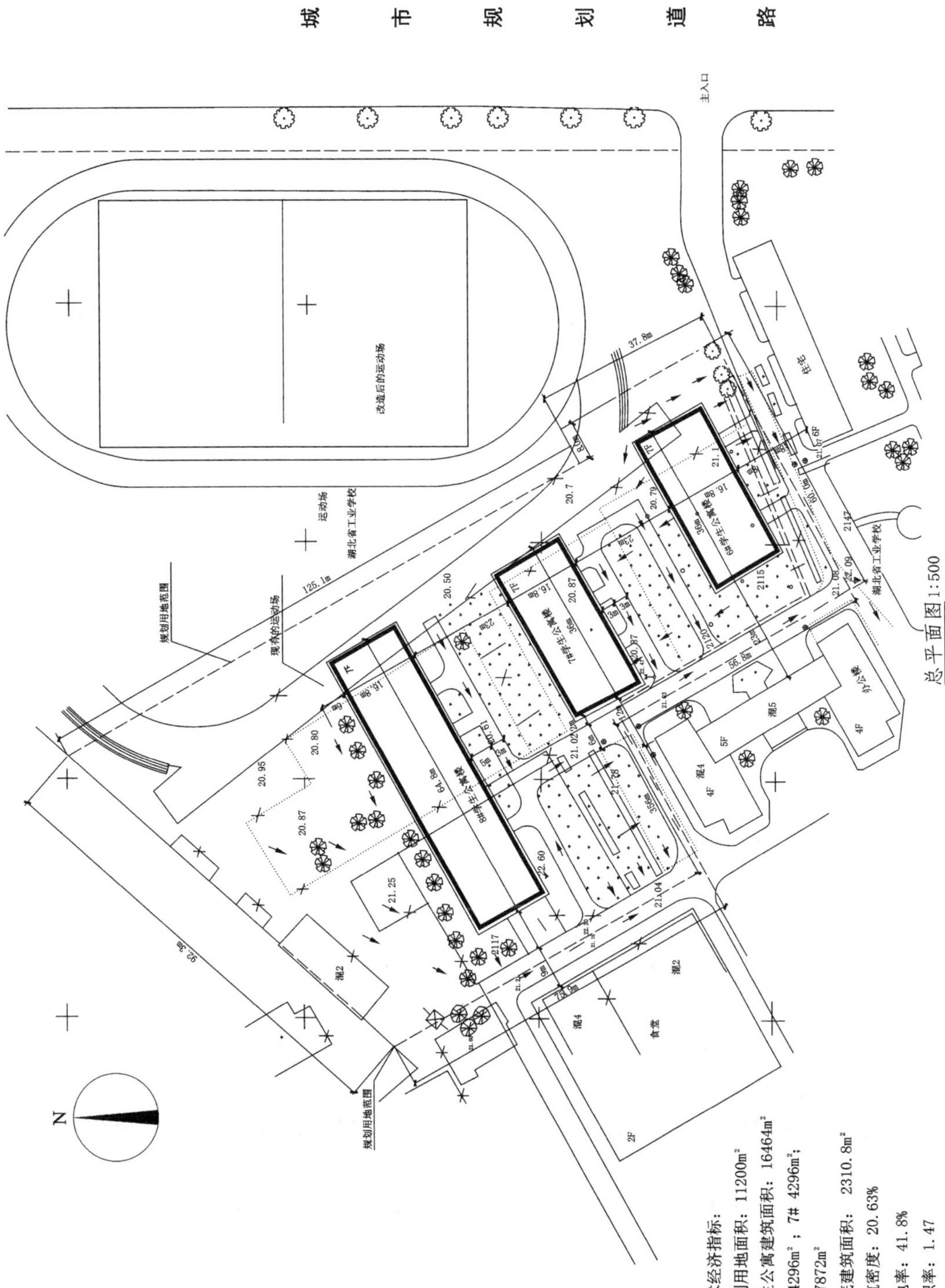

技术经济指标:

规划用地面积: 11200m²

学生公寓建筑面积: 16464m²

6# 4296m²; 7# 4296m²;

8# 7872m²

基底建筑面积: 2310.8m²

建筑密度: 20.63%

绿地率: 41.8%

容积率: 1.47

建筑高度 h: 22.90m

图 9.3　总平面图

等。总平面图中标注的尺寸，一律以米为单位。由于总平面图的绘制比例较小，许多物体不能按原状画出，故使用较多的图例符号表示。常用的图例符号见表 9.1。

表 9.1　总平面图图例

图　例	名　称	图　例	名　称
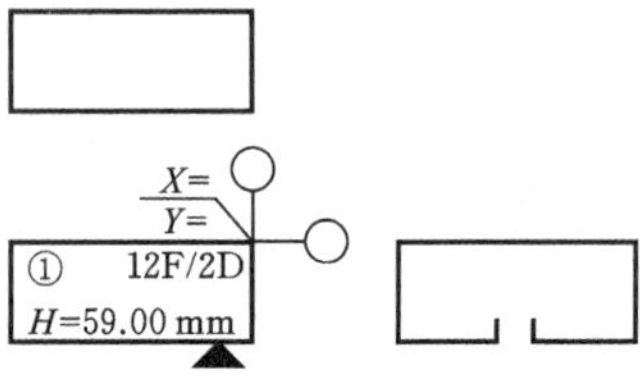	新建建筑物	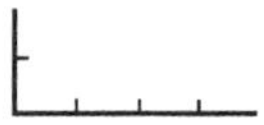	表示砖石、混凝土及金属材料围墙
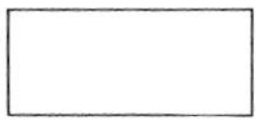	原有的建筑物	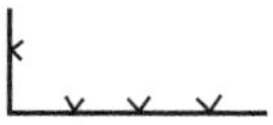	表示镀锌铁丝网、篱笆等围墙
	计划扩建的建筑物或预留地	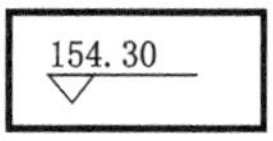	室内地坪标高
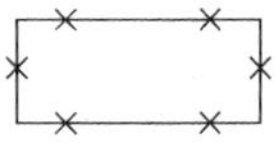	拆除的建筑物		室外地坪标高
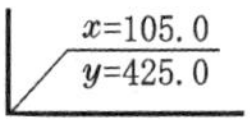	地形测量坐标系	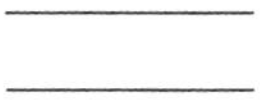	原有的道路
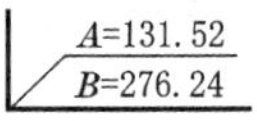	自设坐标系	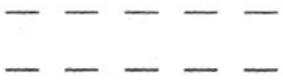	计划的道路
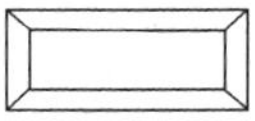	散状材料露天堆场	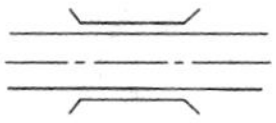	公路桥
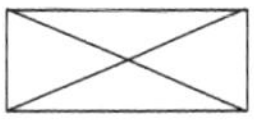	其他材料露天堆场或露天作业场		铁路桥
	地下建筑物或构筑场	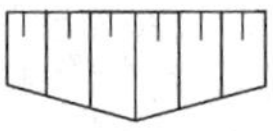	护坡

从图 9.3 可看出，拟建房屋为三栋学生公寓，编号为 6＃、7＃、8＃，比例为 1∶500。从图中的文字说明还可了解到这三栋公寓楼的用地面积、建筑面积、基底面积、建筑密度、容积率、建筑高度等。

(2)了解工程的用地范围、地形地貌和周围环境情况

图中粗实线表示拟建工程是三栋学生公寓楼，层数为 7 层。其中 6＃、7＃学生公寓楼长 36m，宽 16.8m。8＃学生公寓楼长 64.8m，宽 16.8m。均呈矩形平行布置。公寓楼左侧原有的建筑物有办公楼、食堂，前面有教工住宅，右侧有改造后的运动场。此外，图中还用虚线绘出了拟建工程的规划用地范围及城市规划道路等。

(3)了解拟建房屋的平面位置和定位依据

把房屋从图纸“搬”到地面上，叫房屋的定位。图 9.3 中拟建房屋 6＃学生公寓楼左侧距原有办公楼 23m，前方距原有的 6 层住宅楼 18m，这两个尺寸就确定了该房屋的位置。其他两栋

学生公寓的定位尺寸可从图中找到。

(4)了解拟建房屋的朝向和主要风向

总平面图上一般画有指北针或风向频率玫瑰图，以指明该地区的常年风向频率和建筑物的朝向。从图 9.3 中的道路布置可知三栋公寓楼的主要出入口位置，从指北针的方位可判断出该公寓楼的朝向为南偏东。

(5)了解道路交通及管线布置情况。

(6)了解绿化、美化的要求和布置情况。

9.2 建筑平面图

建筑平面图简称平面图。

9.2.1 建筑平面图的形成

假想用一个水平的剖切平面沿房屋窗台以上的部位剖开，移去上部后向下投影所得的水平投影图，称为建筑平面图，如图 9.4 所示。

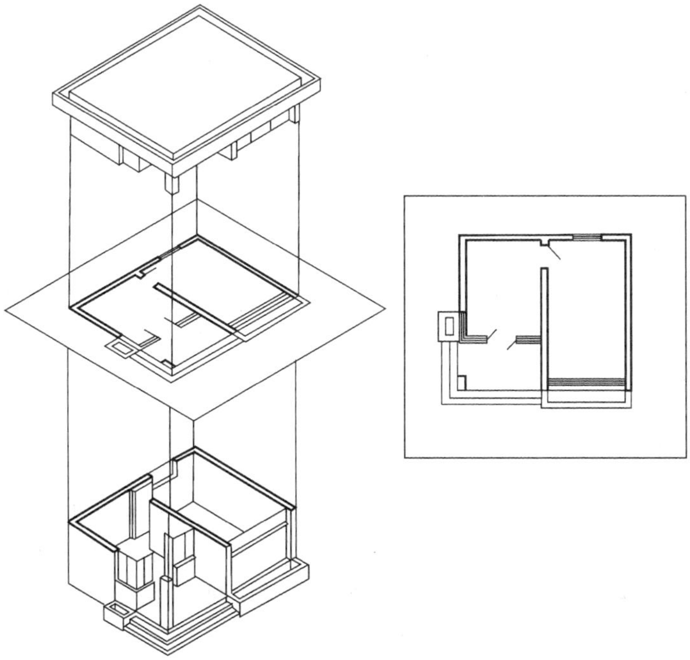

图 9.4 平面图的形成

建筑平面图实质上是房屋各层的水平剖面图。一般地说，房屋有几层，就应画出几个平面图，并在图形的下方注出相应的图名、比例等。沿房屋底层门窗洞口剖切所得的平面图称底层平面图，最上面一层的平面图称为顶层平面图。中间各层如果房间的数量、大小和布置都一样时，可用同一个平面图表示，称为标准层平面图。此外，还有屋顶平面图和局部平面图等。

平面图虽然是房屋的水平剖面图，但按习惯不必标注其剖切位置，也不称为剖面图。

9.2.2　建筑平面图的作用

建筑平面图主要反映房屋的平面形状、大小和房间布置，墙（或柱）的位置、厚度和材料，门窗的位置、开启方向等。可作为施工放线，砌筑墙、柱，门窗安装和室内装修及编制预算的重要依据。

9.2.3　建筑平面图的图示内容及表示方法

9.2.3.1　底层平面图

图 9.5 是某学生公寓楼底层平面图。从图中可以看出该建筑物底层的平面形状，各房间的平面布置情况，出入口、走廊、楼梯的位置和各种门、窗的布置等。

底层平面图上还须反映室外可见的台阶、散水（或明沟）、花台、花池及雨水管等。

对于房屋的楼梯，由于底层平面图是底层窗台上方的一个水平剖面图，故只画出第一个梯段的下半部分楼梯，并按规定用倾斜折断线断开。

9.2.3.2　楼层平面图

楼层平面图的图示方法与底层平面图相同。因为室外的台阶、花池、明沟、散水和雨水管的形状及位置已在底层平面图中表达清楚了，所以中间各层平面图除要表达本层室内情况外，只需画出本层的室外阳台和下一层室外的雨篷、遮阳板等。此外，因剖切情况不同，标准层和顶层平面图中楼梯部分表达梯段的情况与底层平面图也不同（图 9.6）。

9.2.3.3　屋顶平面图

屋顶平面图主要表明屋顶的形状，屋面排水方向及坡度，檐沟、女儿墙、屋脊线、落水口、上人孔、水箱及其他构筑物的位置和索引符号等。屋顶平面图比较简单，可用较小的比例绘制，见图 9.7。

9.2.3.4　局部平面图

当某些楼层的平面布置大部分相同，仅有局部差异时，可用局部平面图表示那些差异处。局部平面图的图示方法与底层平面图相同。为了清楚表明局部平面图所处的位置，必须标注与平面图一致的轴线及编号。常见的局部平面图有卫生间、盥洗室、楼梯间等，见图 9.8。

9.2.3.5　建筑平面图的表示方法

（1）定位轴线

凡是承重的墙、柱，都必须标注定位轴线，并按顺序予以编号。

（2）图线

凡被剖切到的墙、柱断面轮廓线用粗实线画出，没有剖到的可见轮廓线，如墙身、窗台、台阶、梯段等用中实线画出。尺寸线、尺寸界线、引出线、图例线、索引符号、标高符号等用细实线画出，轴线用细单点长画线画出。

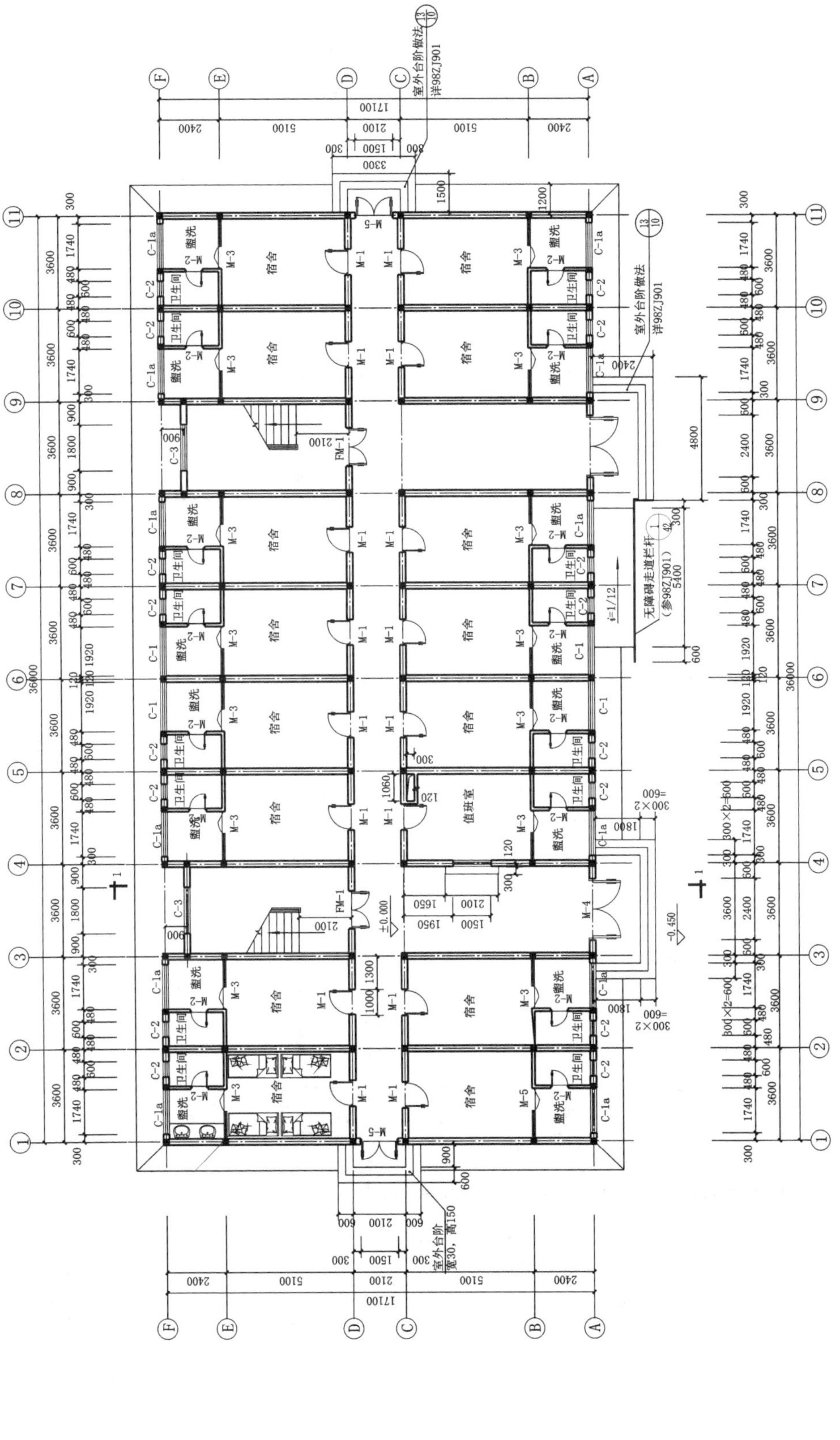

一层平面图 1:100

说明：1. 未注明的墙体厚度均为240，轴线居中。
2. 盥洗、卫生间的标高见建施⑩。
3. 无障碍做法参见98ZJ901P40②。

图 9.5 底层平面图

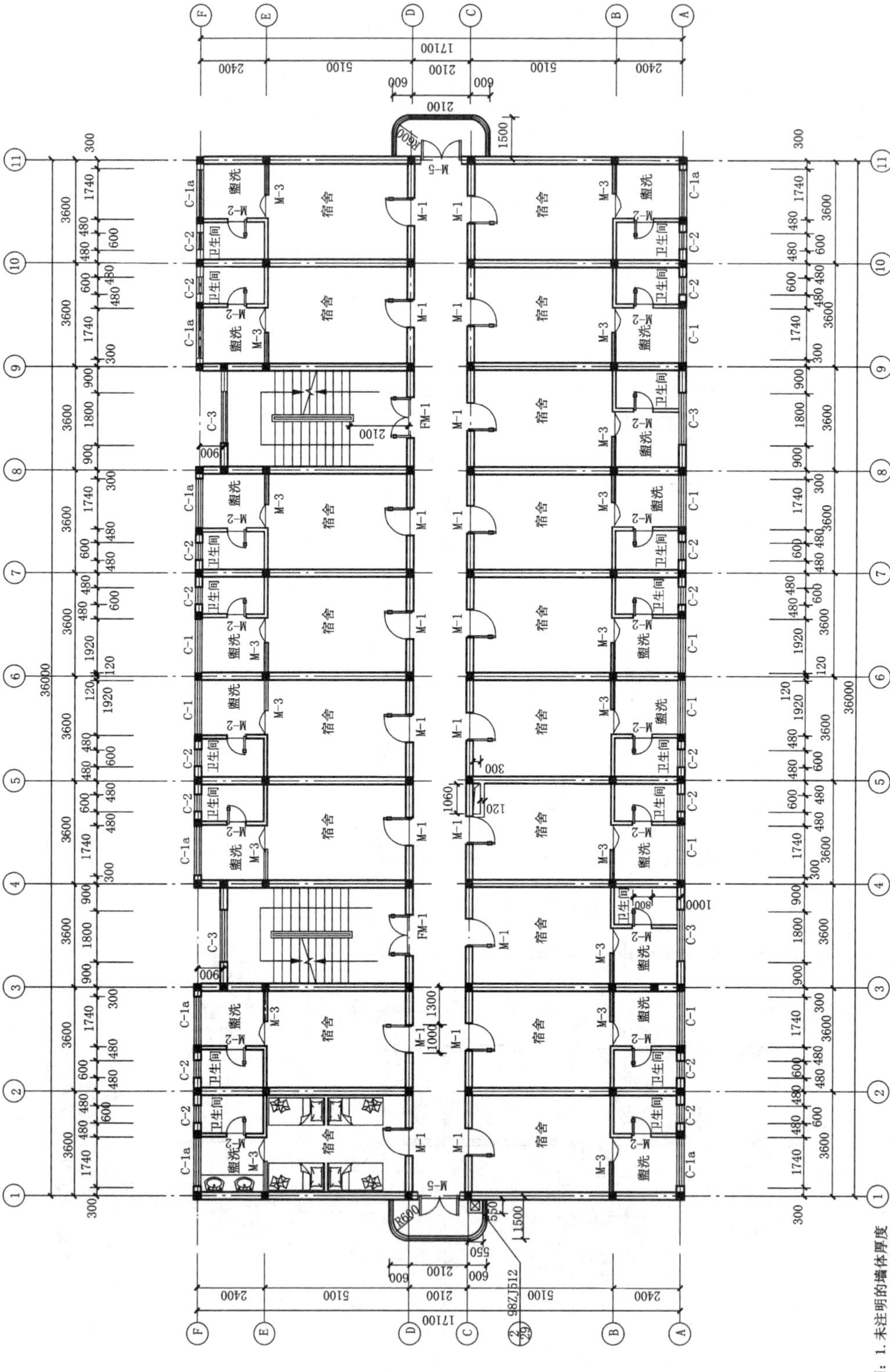

二～七层平面图 1:100

说明：1. 未注明的墙体厚度均为240，轴线居中。
2. 盥洗、卫生间的标高见建施⑩。
3. 阳台标高比楼层低30。

图 9.6　标准层平面图

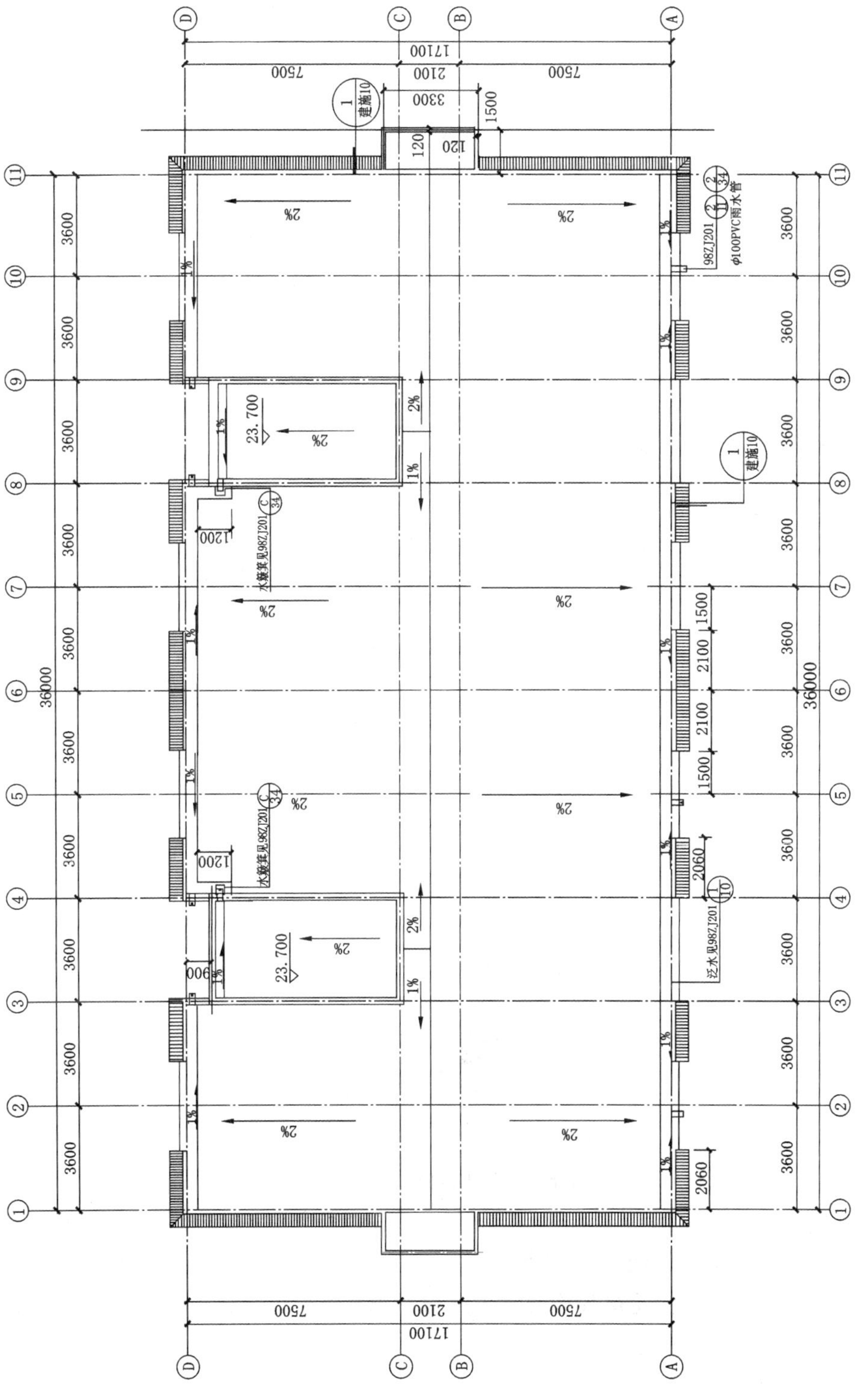

屋顶平面图 1:100

说明:刚性防水屋面防水层与女儿墙交接处做法见98ZJ201P23大样①。

图9.7 屋顶平面图

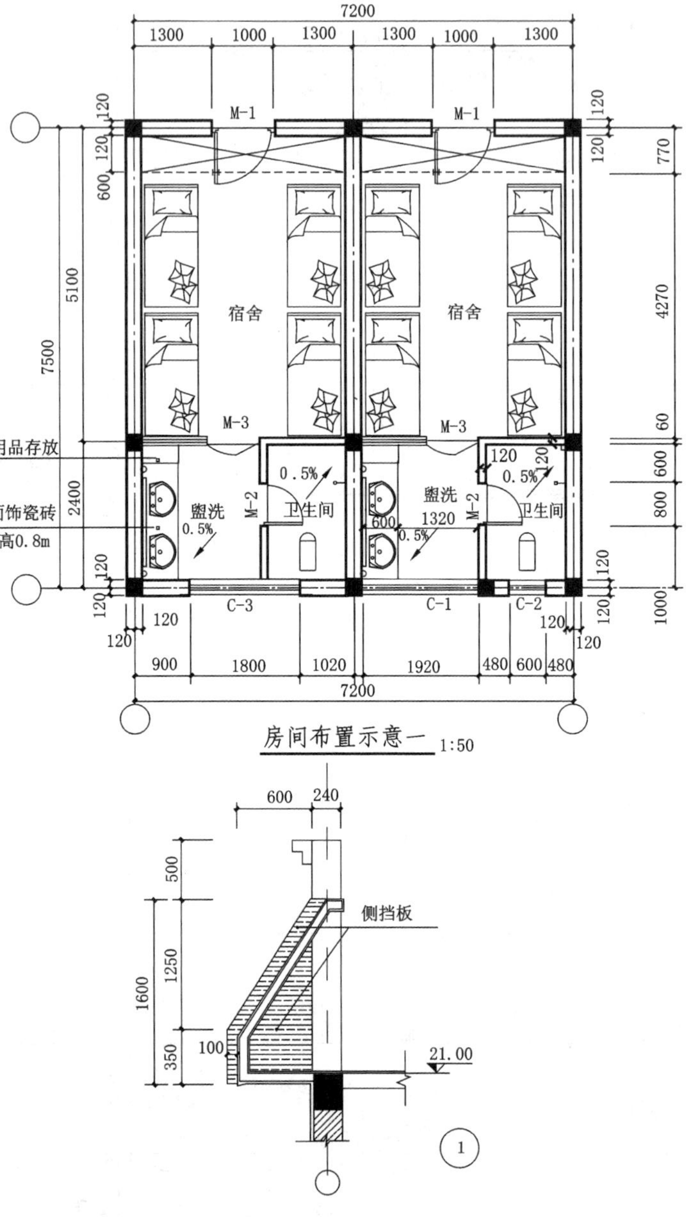

图 9.8 局部平面图

(3)比例与图例

平面图常用 1∶50、1∶100、1∶200 的比例绘制。由于比例较小,故在平面图中,门、窗、污水池、小便槽、卫生间、孔洞、烟道、花格等构造与配件均不按真实投影绘制,而是按规定的图例表示(见表 9.2)。

(4)剖切符号与索引符号

一般在底层平面图中应标注剖面图的剖切位置线和投影方向,并注出编号;凡套用标准图集或另有详图表示的构配件、节点,均需画出详图索引符号,以便对照阅读。

表 9.2　建筑构造及配件常用图例

图　例	名　称	图　例	名　称
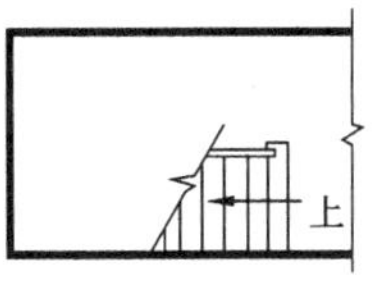	底层楼梯		空门洞
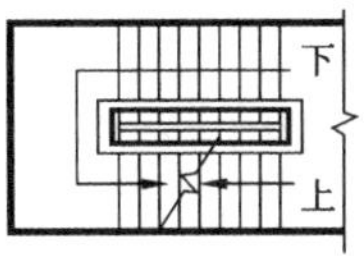	中间层楼梯		单面开启单扇门
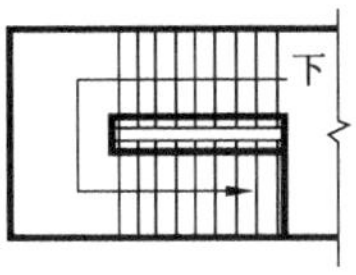	顶层楼梯	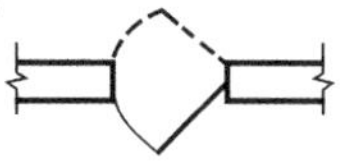	双面开启单扇门
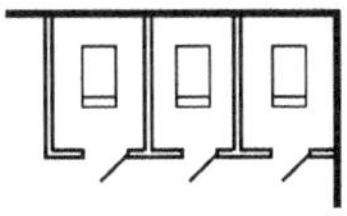	厕所间		单面开启双扇门
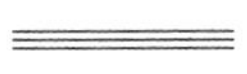	玻璃幕墙		折叠门
	栏杆		双面开启双扇门
	检查口 左图为可见检查口， 右图为不可见检查口	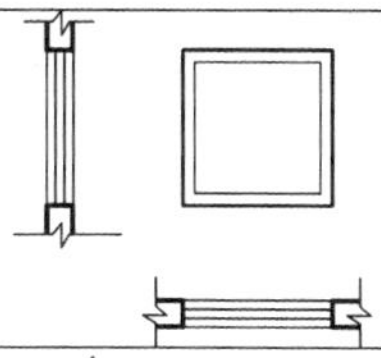	固定窗
	孔洞 阴影部分亦可 填充灰度或 涂色代替	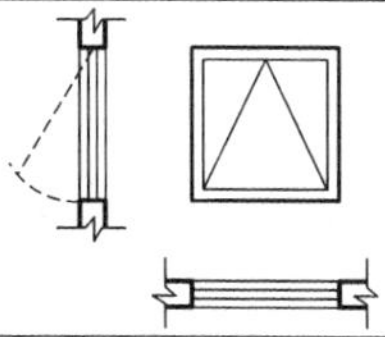	上悬窗
	坑槽	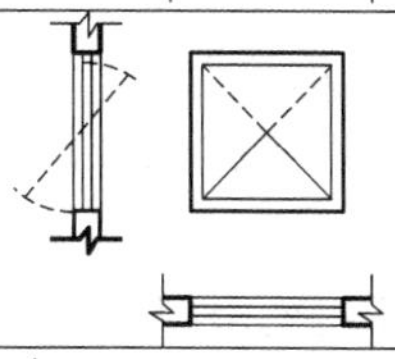	中悬窗
		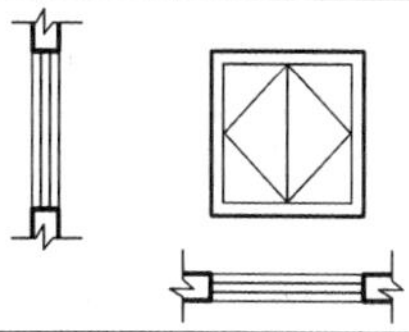	单层外开平开窗

(5)平面图的尺寸标注

①外部尺寸

如果平面图的上下、左右是对称的,一般外部尺寸标注在平面图的下方及左侧。如果平面图不对称,则四周都要标注尺寸。外部尺寸一般分三道标注:最外一道是外包尺寸,表示房屋的总长度和总宽度;中间一道尺寸,表示定位轴线间的距离,说明房屋的“开间”及“进深”;最里面一道,表示门窗洞口、墙垛、墙厚等细部尺寸。底层平面图中还应注出室外台阶、花台、散水等尺寸。

三道尺寸之间应留有适当距离(7～10mm),以便注写数字。

②内部尺寸

为了说明室内的门窗洞、孔洞、墙厚和固定设备的大小与位置,在平面图上应注写出有关的内部尺寸。

此外,在底层平面图中,还应注写室内外地面的标高。

(6)指北针

一般在底层平面图的下侧要画出指北针符号,以表明房屋的朝向。

9.2.4　建筑平面图的识读

下面以图 9.5 为例,说明平面图的识读步骤。

(1)了解图名、比例及文字说明

由图 9.5 可知,这是学生公寓楼的一层平面图,比例为 1∶100。该图的左下角注明轴线位置、墙体厚度、盥洗间、卫生间的标高及无障碍做法等。

(2)了解纵横定位轴线及编号

从图 9.5 中可看出该公寓为砖混结构,墙体承重。其纵墙有 6 道,轴线编号为Ⓐ～Ⓔ,横墙有 11 道,轴线编号为①～⑪。

(3)了解房屋的平面形状和总尺寸

该公寓楼平面形状为矩形,总长 36m,总宽 17.1m,由此可计算出房屋的用地面积。

(4)了解房间的布置、用途及交通联系

该公寓楼为内廊式平面组合,两个主要出入口在房屋的南向,位于③、④和⑧、⑨轴线之间,内走廊两端分别设有出入口。每层设两个楼梯间作垂直方向的交通联系,每间宿舍内设盥洗间和卫生间。

(5)了解门窗的布置、数量及型号

门的名称代号是 M,窗的名称代号是 C,不同型号和尺寸的门窗,在代号后面用不同的阿拉伯数字编号,如 M-1、M-2…和 C-1、C-2…。一般施工图中还配有门窗明细表,以注明门窗的编号、洞口尺寸、数量、型号和采用图集号等(见图 9.2)。

(6)了解房屋的开间、进深、细部尺寸和室内外标高

本例中的学生公寓底层共有 16 个房间,每个房间的开间是 3.6m,进深 5.1m。中间内走廊宽 2.1m,楼梯间进深 5.7m。细部尺寸主要有:门窗宽度及位置,楼梯起步距轴线尺寸,值班室窗洞口、窗台尺寸及其定位尺寸,室外散水宽度,台阶尺寸等。底层室内标高±0.000,室外地面标高为−0.450。

(7)了解房屋细部构造和设备配置等情况

如房屋内部的楼梯、搁板、洗面盆、大便器及家具布置,房屋外部的台阶、花池、散水、明沟、雨水管及无障碍走道等的布置。

(8)了解剖切位置及索引符号

图 9.5 在③、④轴线间注有 1—1 剖切符号,剖开后从右向左投影。在图形的下方及两侧还注有室外台阶、无障碍坡道等表明细部做法的索引符号及相应的标准图集号,由此可知道这些部位的构造做法。

9.3 建筑立面图

建筑立面图简称立面图。

9.3.1 建筑立面图的形成

以平行于房屋外墙面的投影面,用正投影的原理绘制出的房屋投影图,称为立面图(见图 9.9)。有定位轴线的建筑物,宜根据两端定位轴线号编注立面图名称(如:①~⑪立面图,Ⓐ~Ⓕ立面图等)。无定位轴线的建筑物,可按平面图各面的朝向确定名称(如:南立面图、北立面图、东立面图、西立面图等)。

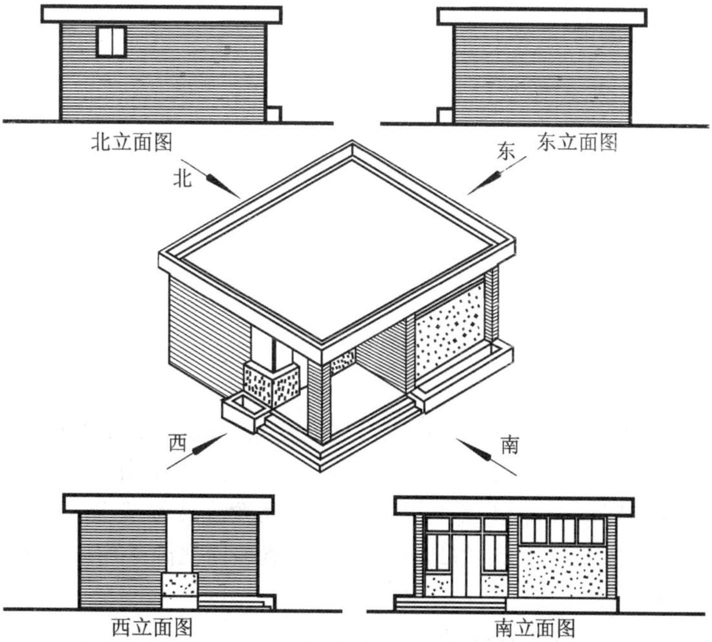

图 9.9 立面图的形成

9.3.2 建筑立面图的作用

建筑立面图主要反映房屋的体型和外貌、门窗的形式和位置、墙面的材料和装修做法等,是施工的重要依据。

9.3.3　建筑立面图的表示方法

(1)定位轴线

在立面图中一般只画出两端的轴线及其编号,以便与平面图对照识读。

(2)图线

为使图面清晰,层次感强,便于识读,立面图中应采用各种线型画出。建筑立面的外轮廓线用粗实线画出;立面上凹进或凸出墙面的轮廓线、门窗洞口、较大的建筑构配件的轮廓线用中实线画出;较小的建筑构配件或装修线如门窗扇、雨水管、墙面引条线、文字说明的引出线均用细实线绘制。

(3)比例与图例

立面图的绘制比例同平面图一样,常用 1∶50、1∶100、1∶200 的比例绘制。对门窗、阳台、栏杆及墙面复杂的装修可按规定的图例绘制(见表 9.2)。

(4)立面图上外墙面的装修做法一般用文字加以说明。

(5)详图索引符号的要求同平面图。

(6)尺寸标注

立面图上一般应在室外地坪、室内地面、各层楼面、屋顶、檐口、窗台、窗顶、雨篷底、阳台面等处注写标高,并宜沿高度方向注写各部分的高度尺寸(见图 9.10)。

9.3.4　建筑立面图的识读

下面以图 9.10 为例,说明建筑立面图的内容及识读步骤。

(1)了解图名及比例

从图名可知,该图是①～⑪立面图,对照平面图(图 9.5)可看出此图表示房屋南向立面,比例为 1∶100。

(2)了解立面图与平面图的对应关系

本图左端轴线编号为①,右端轴线编号为⑪,与平面图南外墙轴线①～⑪对应。据此可知该立面图是反映房屋主要出入口的正立面图。

(3)了解房屋的外貌特征

由图 9.10 知,该公寓为七层平顶对称式立面造型。底层有两个主要出入口,上设宝石蓝灰色筒板瓦雨篷,东西两端各有台阶连通室外,二层以上每层设阳台。屋顶女儿墙高 1.6m,墙外挂宝石蓝灰色筒板瓦作装饰用,檐口处做白色成品欧式装饰线条。底层室外还设有残疾人专用的无障碍通行坡道及扶手,室内地面与室外自然地面之间采用麻灰色外墙喷砂饰面。

(4)了解房屋的竖向标高

从图中所注标高知,房屋室外地坪比室内地面低 0.45m,每层层高为 3m,檐口处标高 21m,女儿墙顶标高 23.1m,楼梯间屋顶标高 24.5m。各窗洞底部和顶部标高及尺寸在图中均已注出。

(5)了解房屋外墙面的装修做法

从立面图的文字说明可知,女儿墙外侧及雨篷外侧均挂宝石蓝灰色筒板瓦,檐口和一、二层分界处装白色成品欧式装饰线条。外墙用浅蓝灰色面砖饰面,室外勒脚采用麻灰色外墙喷砂饰面。

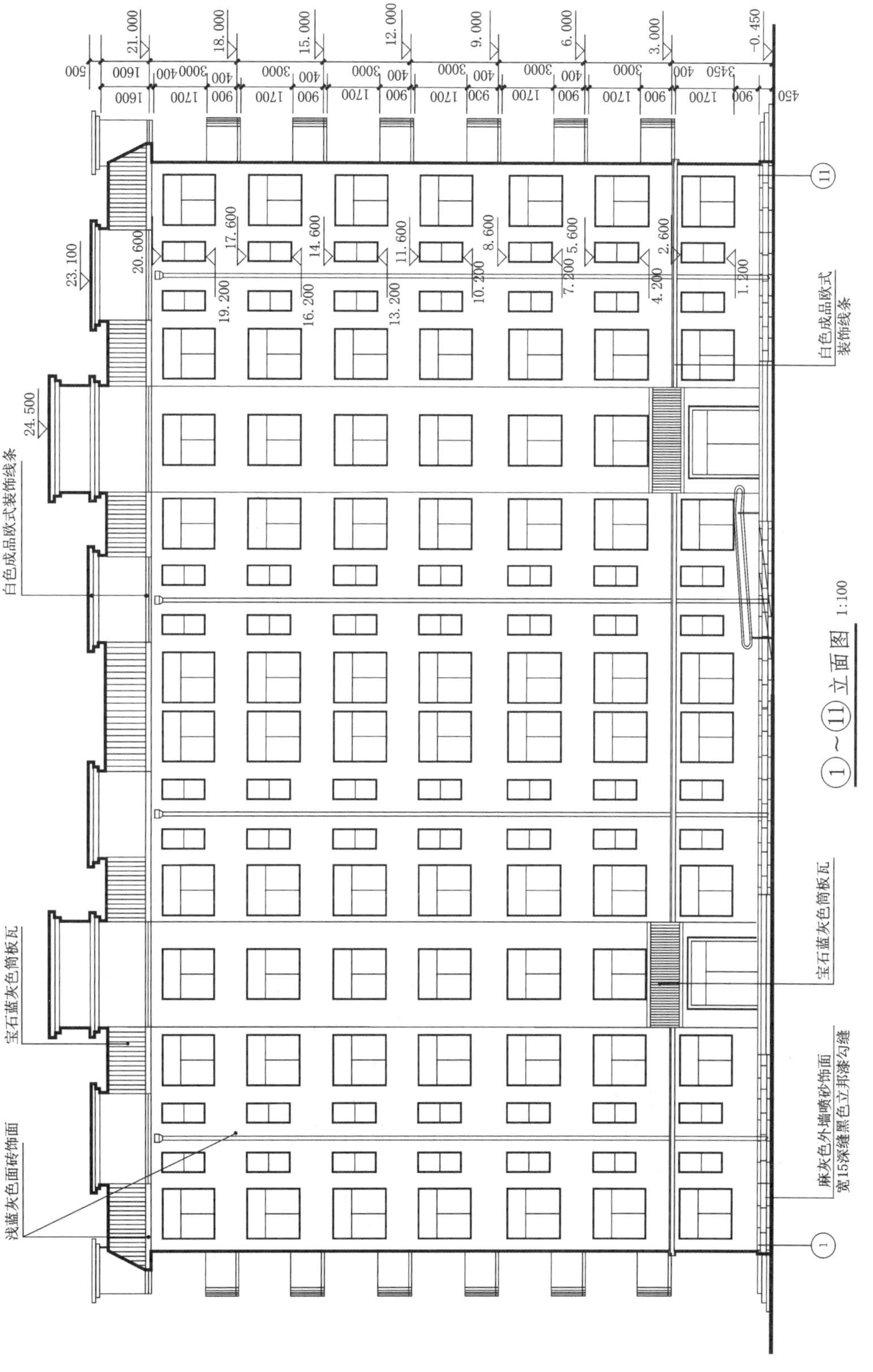
浅蓝灰色面砖饰面
宝石蓝灰色筒板瓦
白色成品欧式装饰线条
白色成品欧式装饰线条
宝石蓝灰色筒板瓦
麻灰色外墙喷砂饰面
宽15深缝黑色立邦漆勾缝
①～⑪立面图 1:100

图 9.10 建筑立面图

9.4　建筑剖面图

建筑剖面图简称剖面图。

9.4.1　建筑剖面图的形成

假想用一个或多个垂直于外墙轴线的铅垂剖切平面将房屋剖开，移去靠近观察者的部分，对留下部分所作的正投影图称为建筑剖面图。建筑剖面图是整幢建筑物的垂直剖面图。

剖面图的图名应与底层平面图上标注的剖切符号编号一致，如Ⅰ—Ⅰ剖面图、Ⅱ—Ⅱ剖面图、A—A 剖面图等。

9.4.2　建筑剖面图的作用

建筑剖面图主要用来表达房屋内部垂直方向的高度、楼层分层情况及简要的结构形式和构造方式。它与建筑平面图、立面图相配合，是建筑施工中不可缺少的重要图样之一。

9.4.3　建筑剖面图的表示方法

(1)定位轴线

剖面图中的定位轴线一般只画两端的轴线及其编号，以便与平面图对照。

(2)图线

室外地坪线用加粗实线表示。剖切到的墙身、楼板、屋面板、楼梯段、楼梯平台等轮廓线用粗实线表示。未剖切到的可见轮廓线如门窗洞、楼梯段、楼梯扶手和内外墙轮廓线用中实线表示。较小的建筑构配件与装修面层线等用细实线表示。尺寸线、尺寸界线、引出线、索引符号和标高符号按规定画成细实线。

(3)比例

剖面图的绘制比例与平面图、立面图相同，常用的有 1∶50、1∶100、1∶200 三种。

(4)图例

剖面图中，被剖切到的构、配件断面材料图例，根据不同的绘图比例，而采用不同的表示方法：图形比例大于 1∶50 时，应画材料图例，常用的建筑材料图例如表 7.1 所示；比例为1∶100～1∶200 时，材料图例可采用简化画法，如砖墙涂红，钢筋混凝土涂黑，但宜画出楼地面的面层线；比例小于 1∶200 时，剖面图可不画材料图例。按习惯画法，剖面图不包括基础部分。

(5)剖切位置与数量的选择

剖面图的剖切位置，应选择在房屋内部构造比较复杂、有代表性的部位，如门窗洞口和楼梯间等位置。剖切平面一般为横向，即平行于侧面，必要时也可为纵向，即平行于正面。剖面图的数量应根据房屋的复杂程度和施工实际需要而定。

(6)尺寸标注

建筑剖面图中，必须标注垂直尺寸和标高。

外墙的高度尺寸一般也注三道：最外侧一道为室外地面以上的总高尺寸；中间一道为层高尺寸；里面一道为门、窗洞及窗间墙的高度尺寸。此外，还应标注某些局部尺寸，如室内门窗洞、窗台的高度及有些不另画详图的构配件尺寸等。

在建筑剖面图上，还应注出室内外地面、各层楼面、楼梯平台面、檐口或女儿墙顶面、高出屋面的水箱顶面、烟囱顶面、楼梯间顶面等处的标高。

注写标高及尺寸时，注意与立面图和平面图相一致。

(7)楼、地面各层构造做法

剖面图中一般可用引出线指向所说明的部位，并按其构造层次的顺序，逐层加以文字说明，以表示各层的构造做法。

(8)详图索引符号

剖面图上有时还须表示画详图之处的索引符号。

9.4.4 建筑剖面图的识读

下面以图 9.11 为例，说明剖面图的内容及识读步骤。

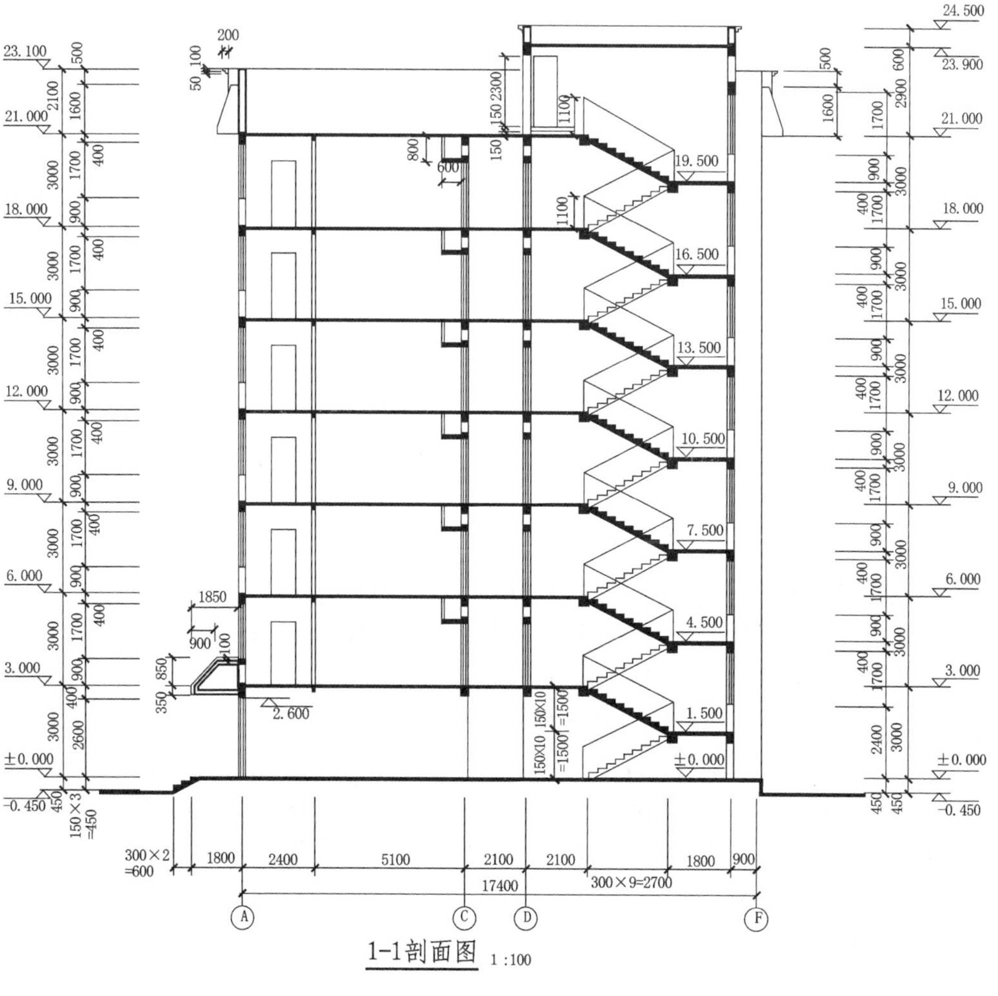

图 9.11 建筑剖面图

(1)了解图名及比例

由图名知，这是 1—1 剖面图，比例为 1∶100，与平面图相同。

(2)了解剖面图与平面图的对应关系

将图名和轴线编号与底层平面图(图 9.5)的剖切符号对照，可知 1—1 剖面是过③、④轴线之间剖切后从右向左投影得到的横剖面图，该图剖到了房屋的主要出入口及楼梯间。剖面图的宽度应与平面图宽度相等，剖面图高度应与立面图保持一致。

(3)了解房屋的结构形式

从 1—1 剖面图上的材料图例可以看出，该房屋的楼板、屋面板、各种梁、楼梯、雨篷、室内搁板等水平承重构件均用钢筋混凝土制作，墙体用砖砌筑，属砖混结构。

(4)了解主要标高和尺寸

在 1—1 剖面图中，注出了房屋主要部位的标高，即底层室内外地坪、各层楼面、屋面、楼梯休息平台、檐口、屋顶等处均注出了标高数值。从楼面标高可推算出该房屋的层高为 3.0m。除标高外，图中还注出了门窗洞口等细部尺寸和高度尺寸。楼梯因另有详图，其尺寸不必在此图中注出。

(5)了解屋面、楼面、地面的构造层次及做法

在剖面图中，常用多层构造引出线和文字注出屋面、楼面、地面的构造层次及各层的材料、厚度和做法。

(6)了解屋面的排水方式

结合屋顶平面图，可了解房屋的排水方式及排水坡度。

(7)了解索引详图所在的位置及编号。

9.5　建筑详图

9.5.1　建筑详图的形成

由于画平面图、立面图、剖面图时所用的比例较小，房屋上许多细部的构造无法表示清楚，为了满足施工的需要，必须分别将这些部位的形状、尺寸、材料、做法等用较大的比例详细画出图样，这种图样称为建筑详图，简称详图。

9.5.2　建筑详图的特点及作用

建筑详图一是比例大，二是图示内容详尽清楚，三是尺寸标注齐全、文字说明详尽，所以，它是建筑细部的施工图，是对建筑平面图、立面图、剖面图等基本图样的深化和补充，是建筑工程细部施工、建筑构配件制作及编制预算的依据。

9.5.3　建筑详图的种类

建筑详图可分为节点构造详图和构配件详图两类。凡表达房屋某一局部构造做法和材料组成的详图称为节点构造详图(如檐口、窗台、勒脚、明沟等)。凡表明构配件本身构造的详图，

称为构件详图或配件详图(如门、窗、楼梯、花格、雨水管等)。

9.5.4 建筑详图的表示方法

(1)详图的数量。详图的数量和图示内容与房屋的复杂程度及平面图、立面图、剖面图的内容和比例有关。有的只需一个剖面详图就能表达清楚(如墙身剖面详图),有的则需另加平面详图(如楼梯平面详图、卫生间平面详图等)或立面详图(如门窗、阳台详图等)。有时还要在详图中再补充比例更大的详图。还有一些构配件详图除画平面、立面、剖面详图外,还需要画一些构配件的断面图,如门窗断面图。

(2)对于套用标准图或通用图的建筑构配件和节点,只需注明所套用图集的名称、型号或页次(索引符号),可不必另画详图。

(3)对于节点构造详图,除了要在平面图、立面图、剖面图等基本图样中的有关部位注出索引符号外,还应在详图上注出详图符号或名称,以便对照查阅。而对于构配件详图,可不注索引符号,只在详图上写明该构配件的名称或型号即可。

9.5.5 建筑详图的内容

一幢房屋施工图通常需绘制以下几种详图:外墙剖面详图、楼梯详图及室内外一些构配件的详图,如室外的台阶、花池、散水、明沟、阳台等,室内的厕所、盥洗间、壁柜、搁板等。各详图的主要内容有:

(1)图名(或详图符号)、比例;

(2)表达出构配件各部分的构造连接方法及相对位置关系;

(3)表达出各部位、各细部的详细尺寸;

(4)详细表达构配件或节点所用的各种材料及其规格;

(5)有关施工要求、构造层次及制作方法说明等。

9.5.6 外墙剖面详图

外墙剖面详图实质上是建筑剖面图中外墙部分的局部放大,主要表达房屋的屋面、楼面、地面、檐口的构造、楼板与墙的连接,以及门窗顶、窗台、勒脚、散水、明沟等处的尺寸、材料、做法等构造情况,它是砌墙、室内外装修、门窗安装、编制施工预算以及材料估算的重要依据。

外墙剖面详图一般采用 1∶20 的较大比例绘制,为节省图幅,通常采用折断画法,往往在窗洞中间处断开,成为几个节点详图的组合,如图 9.12 所示。如果多层房屋中各层的构造情况一样时,可只画底层、顶层或加一个中间层来表示。

外墙剖面详图上标注尺寸和标高,与建筑剖面图基本相同,线型也与剖面图一样,剖到的轮廓线用粗实线,粉刷线则为细实线,断面轮廓线内应画上材料图例。

现以图 9.12 为例,说明外墙剖面详图的内容。

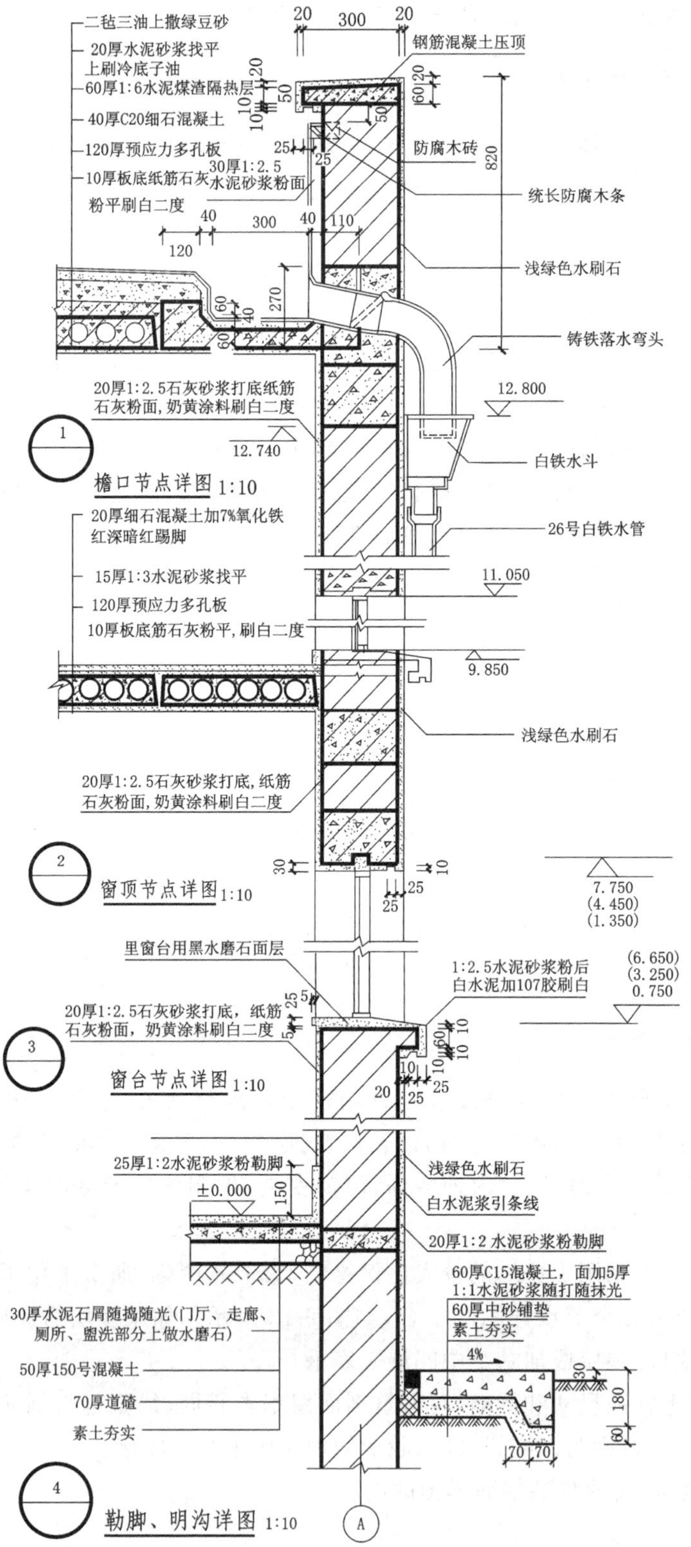
二毡三油上撒绿豆砂
20厚水泥砂浆找平
上刷冷底子油
60厚1:6水泥煤渣隔热层
40厚C20细石混凝土
120厚预应力多孔板
10厚板底纸筋石灰
粉平刷白二度
30厚1:2.5
水泥砂浆粉面
钢筋混凝土压顶
防腐木砖
统长防腐木条
浅绿色水刷石
铸铁落水弯头
12.800
20厚1:2.5石灰砂浆打底纸筋
石灰粉面，奶黄涂料刷白二度
12.740
白铁水斗
檐口节点详图 1:10
20厚细石混凝土加7%氧化铁
红深暗红踢脚
26号白铁水管
15厚1:3水泥砂浆找平
11.050
120厚预应力多孔板
10厚板底筋石灰粉平，刷白二度
9.850
浅绿色水刷石
20厚1:2.5石灰砂浆打底，纸筋
石灰粉面，奶黄涂料刷白二度
窗顶节点详图 1:10
7.750
(4.450)
(1.350)
里窗台用黑水磨石面层
1:2.5水泥砂浆粉后
白水泥加107胶刷白
(6.650)
(3.250)
0.750
20厚1:2.5石灰砂浆打底，纸筋
石灰粉面，奶黄涂料刷白二度
窗台节点详图 1:10
25厚1:2水泥砂浆粉勒脚
±0.000
浅绿色水刷石
白水泥浆引条线
20厚1:2 水泥砂浆粉勒脚
60厚C15混凝土，面加5厚
1:1水泥砂浆随打随抹光
60厚中砂铺垫
素土夯实
4%
30厚水泥石屑随捣随光(门厅、走廊、
厕所、盥洗部分上做水磨石)
50厚150号混凝土
70厚道碴
素土夯实
勒脚、明沟详图 1:10
A

图 9.12　外墙剖面详图

(1)外墙剖面详图采用的比例为 1∶10,从轴线符号可知为Ⓐ轴线外墙身。

(2)图中表明明沟、勒脚的做法。如勒脚为 20mm 厚 1∶2 水泥砂浆粉勒脚。

(3)窗台为砖砌,挑出 60mm,厚度 60mm。1∶2.5 水泥砂浆粉后用白水泥加 107 胶刷白。

(4)由图中的材料图例可知,墙体采用普通砖砌筑,窗过梁、压顶、防潮层、天沟、楼板等均为钢筋混凝土制作。

(5)图中反映出楼板与墙体、天沟板与墙体、雨水管与墙体、过梁与墙体等相互间的位置关系。底层地坪、楼层、屋顶的构造做法和内外墙面、踢脚、明沟、勒脚、窗台、女儿墙等处的材料、尺寸及做法均用文字注明。

此外,图中还注出了室外设计地面、室内地面、窗台、过梁底面、雨水斗等处的标高。

9.5.7 楼梯详图

楼梯是多层房屋垂直方向的主要交通设施,应满足行走方便、人流疏散畅通,有足够的坚固耐久性,目前多采用预制或现浇钢筋混凝土楼梯。楼梯由梯段(包括踏步和斜梁)、平台(包括平台板和平台梁)和栏板(或栏杆)等部分组成。

楼梯的构造比较复杂,一般需另画详图,以表示楼梯的类型、结构形式、各部位尺寸及装修做法,是楼梯施工放样的主要依据。

楼梯详图一般包括楼梯平面图、剖面图及踏步、栏杆、扶手等处的节点详图。这些详图应尽可能画在同一张图纸内。平面、剖面详图比例要一致(如 1∶20、1∶30、1∶50),以便对照阅读。踏步、栏杆、扶手详图比例要大些(如 1∶5 或 1∶10),以便更详细、清楚地表达该部分构造情况。楼梯详图分建筑详图与结构详图,并分别绘制,编入“建施”和“结施”中。但对一些构造和装修较简单的现浇钢筋混凝土楼梯,其建筑和结构详图可合并绘制,编入“建施”或“结施”均可。

下面介绍楼梯详图的内容及识读步骤。

9.5.7.1 楼梯平面图

楼梯平面图是楼梯某位置上的一个水平剖面图。它的剖切位置与建筑平面图的剖切位置相同。楼梯平面图主要反映楼梯的外观、结构形式、楼梯中的平面尺寸及楼层和休息平台的标高等。

在一般情况下,楼梯平面图应绘制三张,即楼梯底层平面图、中间层平面图(梯段从第二层至顶层楼梯平面无变化时)和顶层平面图。

底层平面图的剖切位置在第一跑梯段上,因此在底层平面图中只画半个梯段,梯段断开处画 45°折断线[见图 9.13(c)]。

中间层平面图的剖切位置在某楼层向上的梯段上,所以在中间层平面图上既有向上的梯段,又有向下的梯段,在向上梯段断开处画 45°折断线[见图 9.13(b)]。

顶层平面图的剖切位置在顶层楼层平台一定高度处,没有剖切到楼梯段,因而在顶层平面图中只有向下梯段,平面图中没有折断线[见图 9.13(a)]。

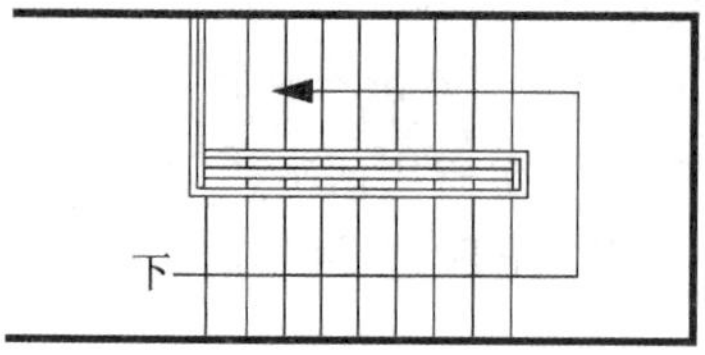

(a)楼梯顶层平面图

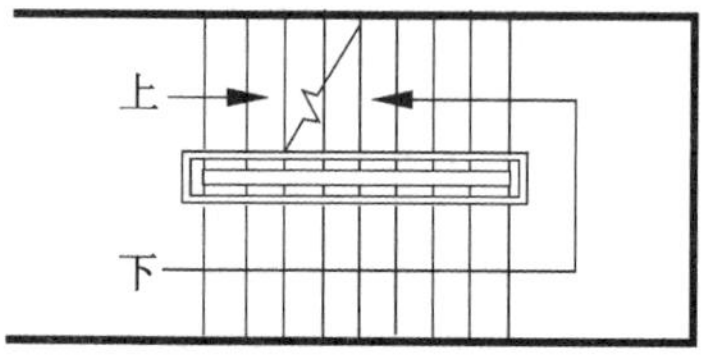

(b)楼梯中间层平面图

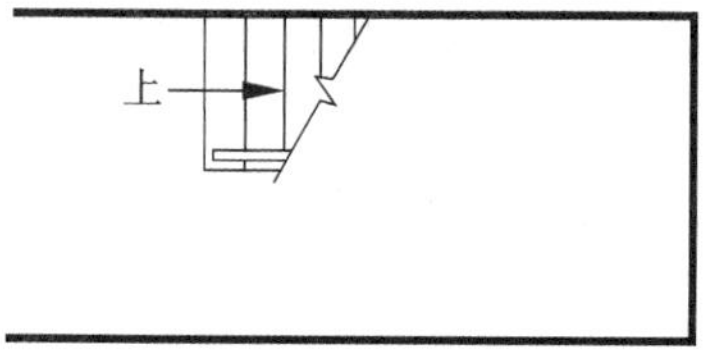

(c)楼梯底层平面图

图 9.13　楼梯各层平面图

下面以图 9.14 为例,说明楼梯平面图的识读步骤:

(1)了解楼梯在建筑平面图中的位置及有关轴线的布置

对照图 9.5 底层平面图可知,此楼梯位于横向③～④轴线、纵向Ⓓ～Ⓕ轴线之间,每层平面共设两部相同的楼梯。

(2)了解楼梯的平面形式和踏步尺寸

该楼梯间平面为矩形,每层设两个梯段。其开间尺寸 3600mm,进深尺寸 6600mm,中间休息平台宽 1800mm,梯井宽 180mm,每层踏步数有 20 级。

(3)了解楼梯间各楼层平台、休息平台面的标高。

(4)了解中间层平面图中三个不同梯段的投影

中间层平面图既要画出剖切后往上走的上行梯段,还要画出该层往下走的下行完整梯段,继续往下的另一个梯段有一部分投影可见,用 45°折断线作为分界,与上行梯段组合成一个完整的梯段。各层平面图上梯段处所画的每一分格,表示一级踏面,由于梯段的踏步最后一级踏面与平台面或楼面重合,因此平面图中梯段踏面投影数总是比梯段的步级数少 1。图 9.14 标准层平面图中梯段的踏步分格为 9,表示该梯段实际踏步数为 10(9＋1)步,每层两个梯段共 20 个踏步。

(5)了解楼梯间墙、柱、门、窗的平面位置、编号和尺寸。

(6)了解楼梯剖面图在楼梯底层平面图中的剖切位置。

9.5.7.2　楼梯剖面图

楼梯剖面图是楼梯垂直剖面图的简称,其剖切位置应通过各层的一个梯段和门窗洞口,向另一未剖到的梯段方向投影所得到的剖面图,如图 9.15 所示。

楼梯剖面图主要表达楼梯的梯段数、踏步数、类型及结构形式,表示各梯段、平台、栏杆等的构造及它们的相互关系。习惯上,若楼梯间屋面没有特殊之处,可用折断线断开不必画出。在多层房屋中,若中间各层的楼梯构造相同时,剖面图可只画出底层、中间层和顶层,中间层用折断线分开。

楼梯剖面图中应注明地面、楼面、平台面等处的标高,还应注出梯段、栏杆的高度尺寸及窗洞、窗间墙等处的细部尺寸。

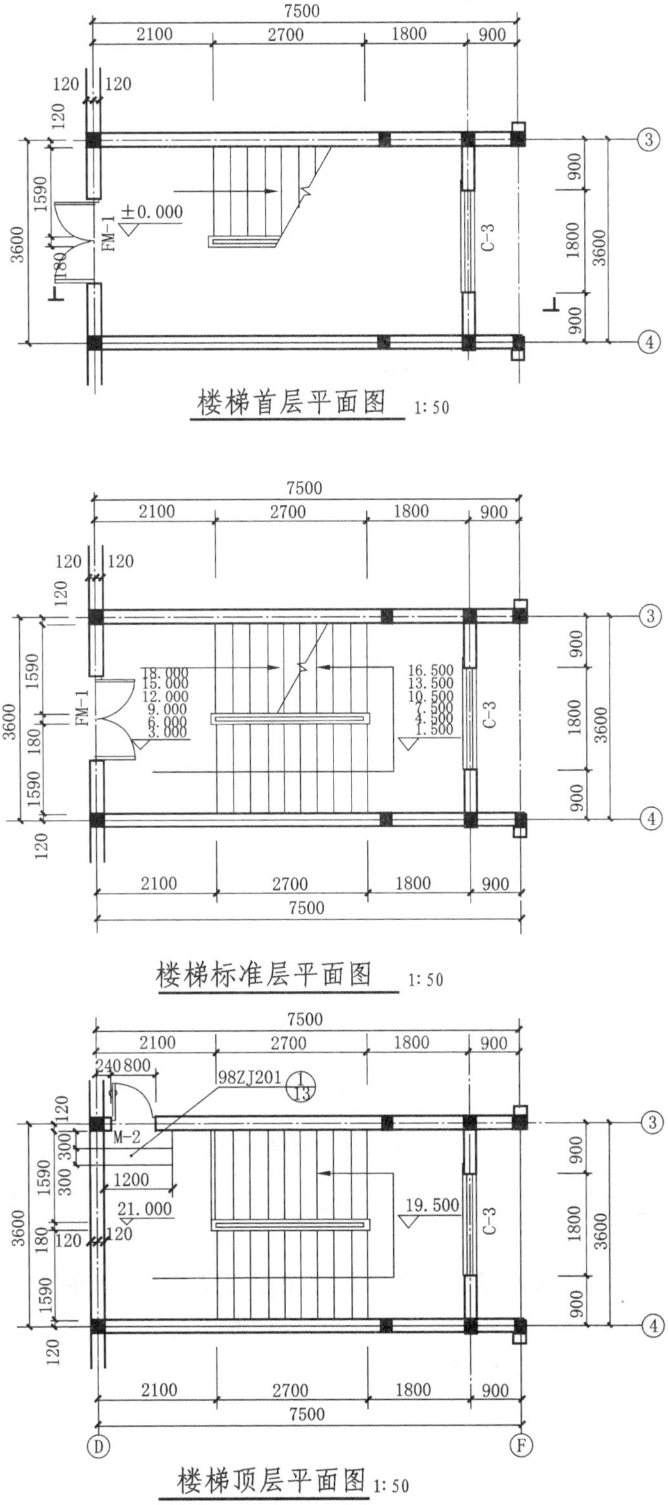
7500
2100
2700
1800
900
120
±0.000
FM-1
C-3
1590
180
3600
③
④
楼梯首层平面图 1:50
18.000
15.000
12.000
9.000
6.000
3.000
16.500
13.500
10.500
7.500
4.500
1.500
楼梯标准层平面图 1:50
98ZJ201
M-2
240
800
300
1200
21.000
19.500
Ⓓ
Ⓕ
楼梯顶层平面图 1:50

图 9.14 楼梯平面图

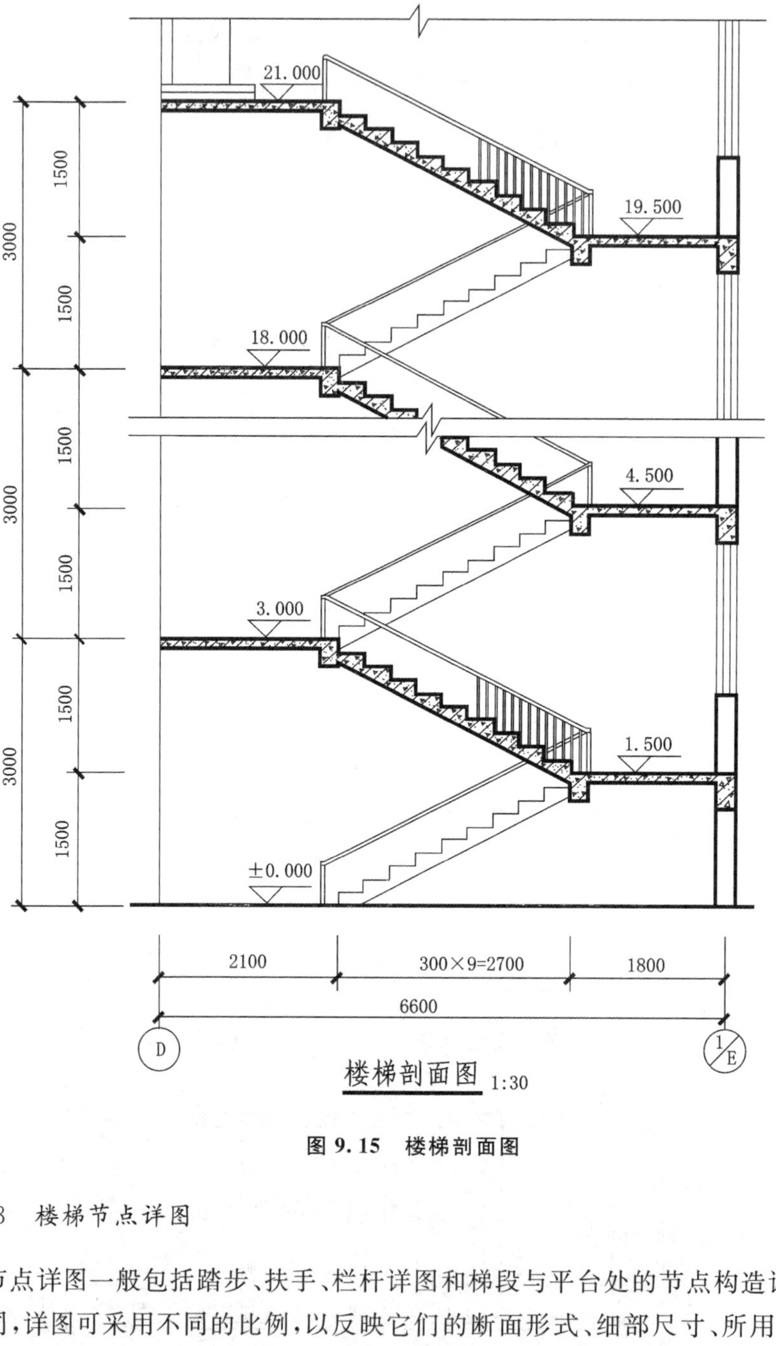

图 9.15 楼梯剖面图

9.5.7.3 楼梯节点详图

楼梯节点详图一般包括踏步、扶手、栏杆详图和梯段与平台处的节点构造详图。依据所画内容的不同，详图可采用不同的比例，以反映它们的断面形式、细部尺寸、所用材料、构件连接及面层装修做法等，如图 9.16 所示。

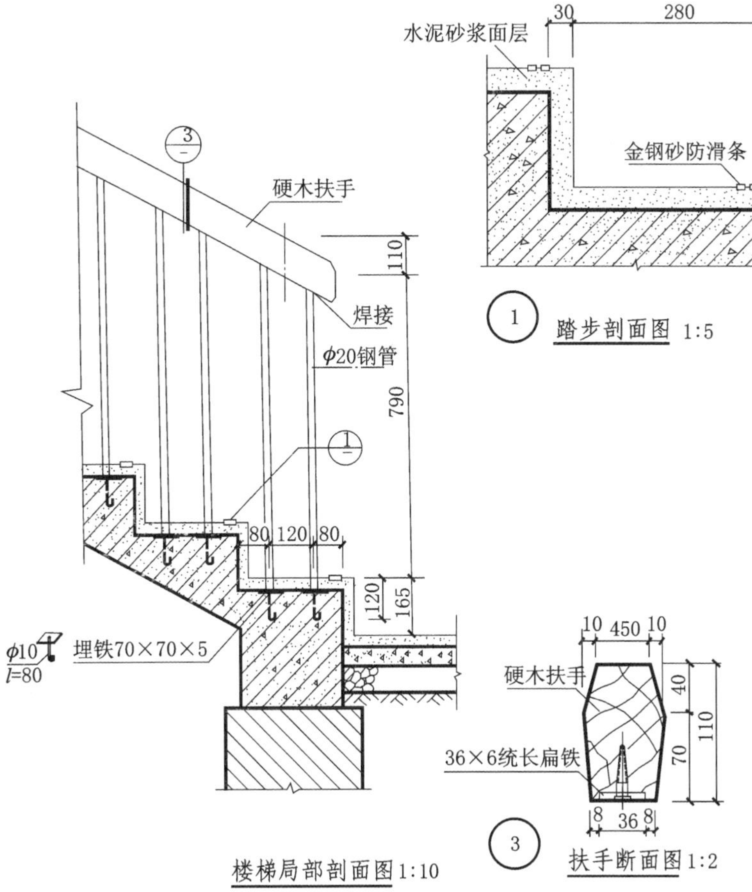

图 9.16 楼梯节点详图

9.6 建筑施工图的绘制

9.6.1 绘制建筑施工图的目的和要求

通过前面各单元的学习，我们基本掌握了建筑施工图的内容、图示原理及识读方法，但还必须学会绘制施工图，才能把房屋的内容及设计意图正确、清晰、明了地表达出来。同时，通过施工图的绘制，还能帮助我们进一步认识房屋的构造，提高识读建筑施工图的能力。

绘制施工图时，要认真细致，做到投影正确、表达清楚、尺寸齐全、字体工整、图样布置紧凑、图面整洁清晰、符合制图规定。

9.6.2 绘制建筑施工图的步骤及方法

(1)绘图工具、图纸的准备

绘图工具一般要有圆规、分规和建筑模板。一字尺、丁字尺和三角板要根据图幅的大小选用。图板一般选用 1# 或 2#。绘图铅笔一般选用 2B、HB、H 和 2H 四种。图纸型号由绘制的比例及图形复杂程度而定，绘图练习以2#、3#图纸为宜。

(2)熟悉房屋的概况、确定图样比例和数量

根据房屋的外形、层数、每层的平面布置和内部构造的复杂程度，确定图样的比例和数量，做到表达内容既不重复，也不遗漏。图样的数量在满足施工要求的条件下以少为好。另外，对于房屋的细部构造如墙身剖面、门、窗、楼梯等，凡能选用标准图集的可不必另外绘制详图。

(3)合理布置图面

当平、立、剖面图画在同一张图纸内时，应使图样保持对应关系，即平面图与正立面图长对正，平面图与剖面图和侧立面图宽相等，立面图和剖面图应高平齐。当详图与被索引图样画在同一张图纸内时，应使详图尽量靠近被索引位置，以便于读图。如不画在同一张图纸上时，它们相互对应的尺寸均应相同。

此外，各图形安排要匀称，图形之间要留有足够的位置注写尺寸、文字及图名。总之，要根据房屋的不同复杂程度来进行合理的安排和布置，使得每张图纸上主次分明，排列均匀紧凑，表达清晰，布置整齐。

(4)打底稿

为了图纸的准确与整洁，任何图纸都应该先用较硬的铅笔(如H、2H)画出轻淡的底稿线。画底稿的顺序是：平面图—剖面图—立面图—详图。

(5)检查加深

把底稿全部内容互相对照、反复检查，做到图形、尺寸准确无误后方可加深，正式出图。加深可选用针管笔或较软铅笔(B、2B)，并按国标规定的线型加深图线。图线加深的一般顺序与下面所述习惯画法一致。

(6)注写尺寸、图名、比例和各种符号(剖切符号、索引符号、标高符号等)。

(7)填写标题栏。

(8)清洁图面，擦去不必要的作图线和脏痕。

9.6.3 绘图中的习惯画法

(1)相同方向、相同线型尽可能一次画完，以免三角板、丁字尺来回移动。描图时，同一粗细的线型一次画完，这样可使线型一致，并能减少换笔次数。

(2)相等的尺寸尽可能一次量出，如平面图中同样宽度尺寸的门窗洞，立面图中同样高度尺寸的门窗洞、阳台、雨篷等，可以用分规一次量出。

(3)同一方向的尺寸一次量出。如画平面图时一次量出纵向尺寸和横向尺寸；画剖面图时，一次量出从地坪到檐口的垂直方向尺寸。

(4)铅笔加深时，一般顺序是：先画上部，后画下部；先画左边，后画右边；先画水平线，后画垂直线或倾斜线；先画曲线，后画直线。

绘图方式没有固定的模式，只要把以上几点有机地结合起来，就会获得满意的效果。

9.6.4 建筑施工图画法举例

现以本单元学生公寓为例，说明建筑平面图、剖面图、立面图、详图的画法步骤。

9.6.4.1 平面图的画法步骤

(1)画定位轴线,墙、柱轮廓线,如图 9.17(a)。

(2)定门窗洞的位置,画细部。如楼梯、台阶、卫生间、散水、明沟、花池等,如图 9.17(b)。

(3)按前述绘图方法中的要求检查、加深图线(平面图中的图线规定见本章第 2 节中平面图的表示方法)。

(4)画剖切位置线、尺寸线、标高符号、门的开启线,并标注定位轴线、尺寸、门窗编号,注写图名、比例及其他文字说明,如图 9.17(c)。

完成后的平面图见图 9.5。

9.6.4.2 剖面图的画法步骤

(1)画定位轴线、室内外地坪线、各层楼面线和顶棚线,并画墙身,如图 9.18(a)。

(2)定门窗和楼梯位置,画细部。如门窗洞、楼梯、梁板、雨篷、檐口、屋面、台阶等如图 9.18(b)。

(3)经检查无误后,擦去多余线条,按施工图要求加深图线。画材料图例,注写标高、尺寸、图名、比例及有关的文字说明,如图 9.18(c)。

剖面图的图线规定见本单元第 4 节剖面图的表示方法。完成后的剖面图见图 9.11。

9.6.4.3 立面图的画法步骤

(1)从平面图中引出立面的长度,从剖面图高平齐对应出立面的高度及各部位的相应位置。

(2)画室外地坪、屋面线和外墙轮廓线,如图 9.19(a)。

(3)定门窗位置,画细部。如檐口、门窗洞、窗台、雨篷、阳台、花池、栏杆、台阶、雨水管等,如图 9.19(b)。

(4)检查后加深图线,画出少量门窗扇,装饰、墙面分格线、定位轴线,并注写标高、图名、比例及有关文字说明,如图 9.19(c)。

立面图的图线规定见本单元第 3 节立面图的表示方法。完成后的立面图见图 9.10。

9.6.4.4 楼梯详图的画法

(1)楼梯平面图画法步骤

①先定轴线,根据楼梯开间和进深尺寸绘制纵横两根轴线,定梯段的长度和平台宽度,楼梯井的宽度,如图 9.20(a)。

②定墙厚、踏面宽度、门窗洞口宽度,如图 9.20(b)。

③画细部,标注尺寸。绘制楼梯上的栏杆或栏板、楼梯的上下方向及踏步数、楼层标高和平台标高,标注平面图中的尺寸,如图 9.20(c)。

经核对无误后,根据规定描深图线,注写标高、尺寸、图名、比例等。完成后的平面图如图 9.14 所示。

(2)楼梯剖面图的画法步骤

①定轴线、定楼面、定休息平台的位置

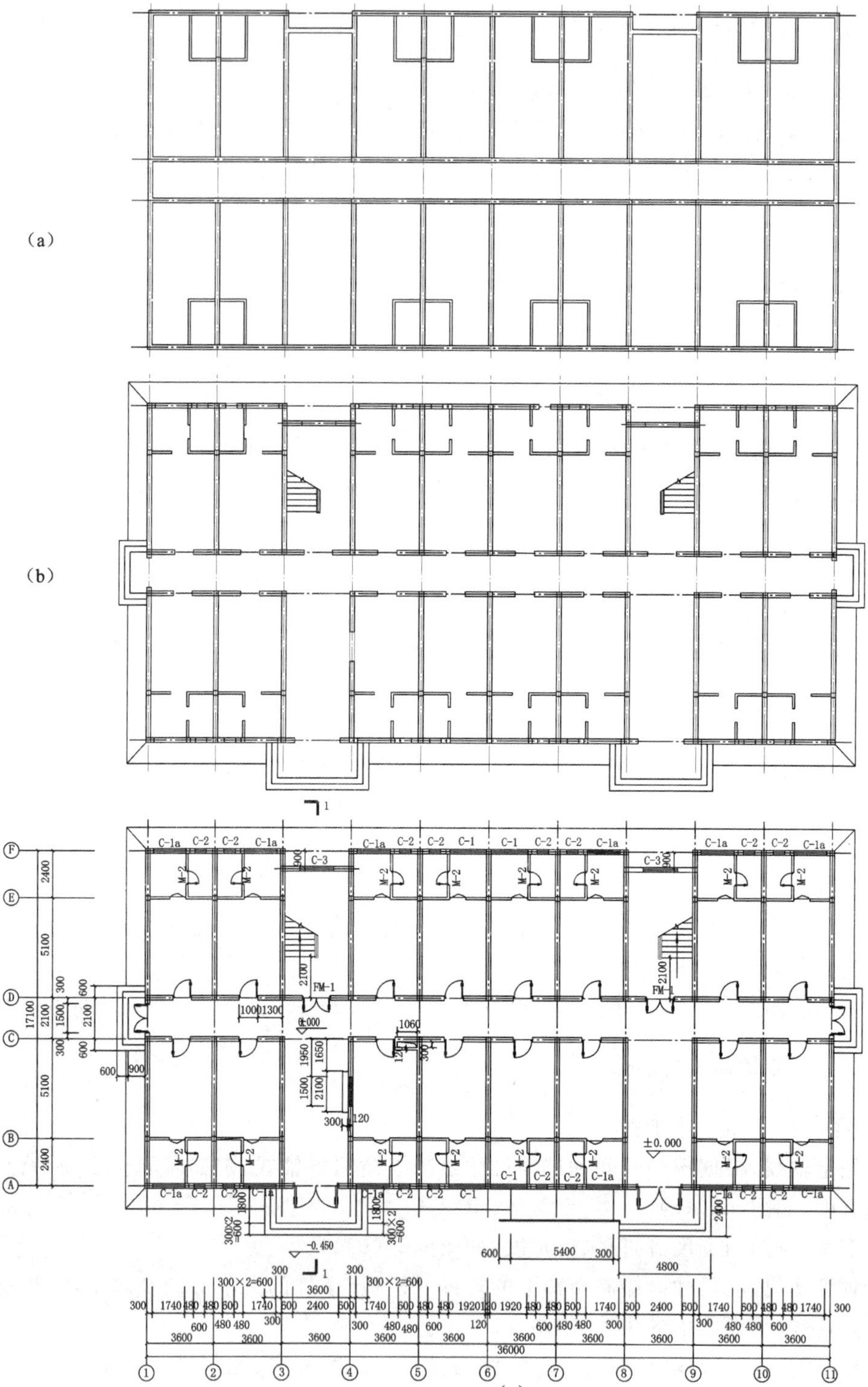

一层平面图 1:100

图 9.17　平面图画法步骤

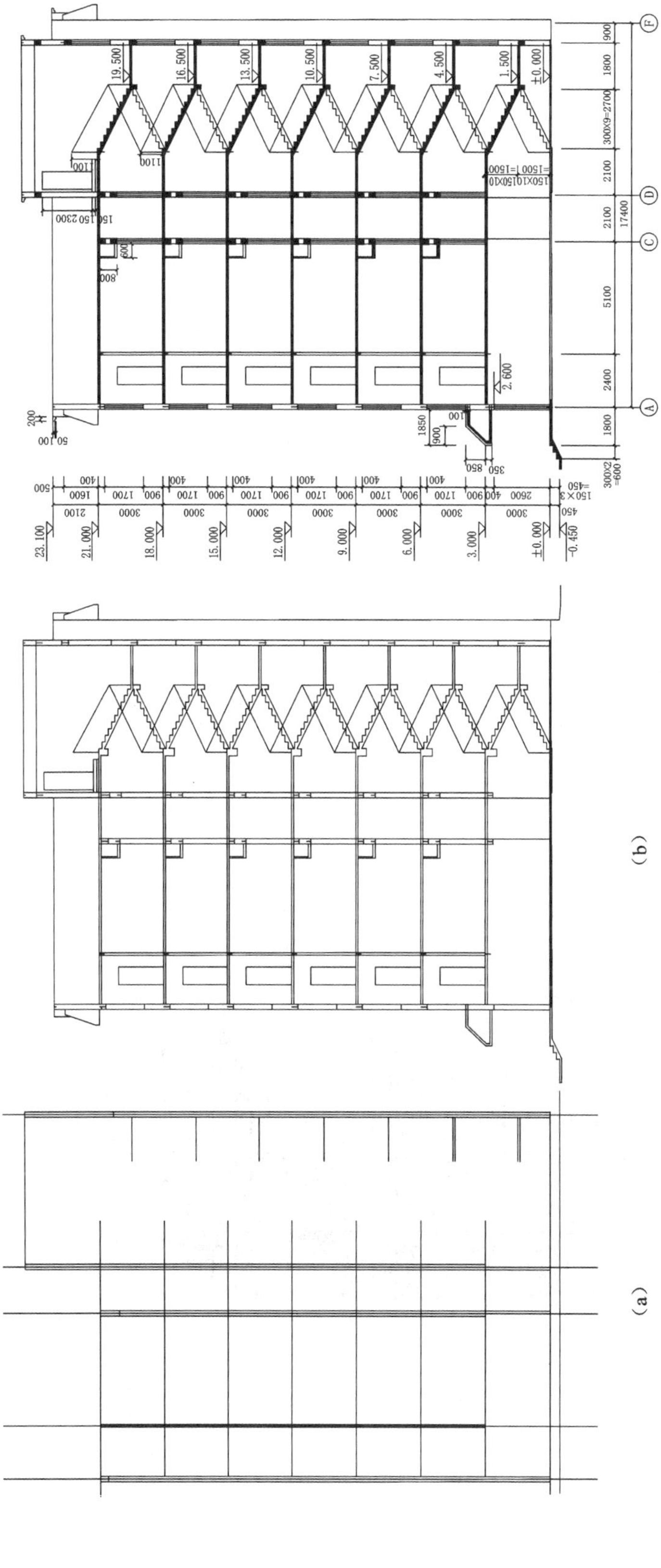

1-1剖面图 1:100

(c)

第三步，按施工图要求加深图线，画材料图例，注写标高、尺寸、图名、比例及有关文字说明。

(b)

第二步，定门窗和楼梯位置，画细部，如门洞、楼梯、梁板、雨篷、檐口、屋面、台阶等。

(a)

第一步，定轴线、室内外地坪线、楼面线和顶棚线，并画墙身。

图 9.18 剖面图画法步骤

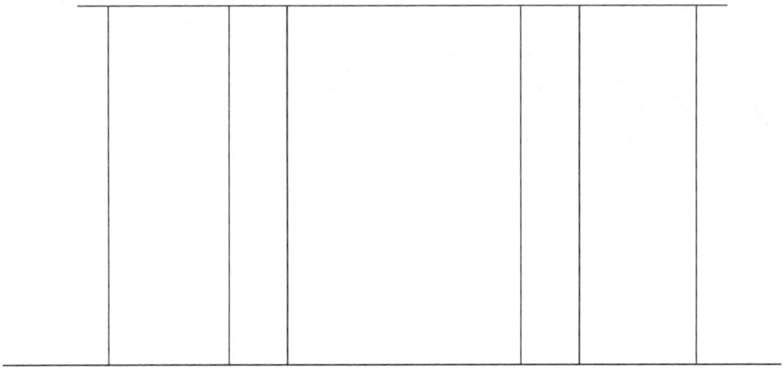

（a）

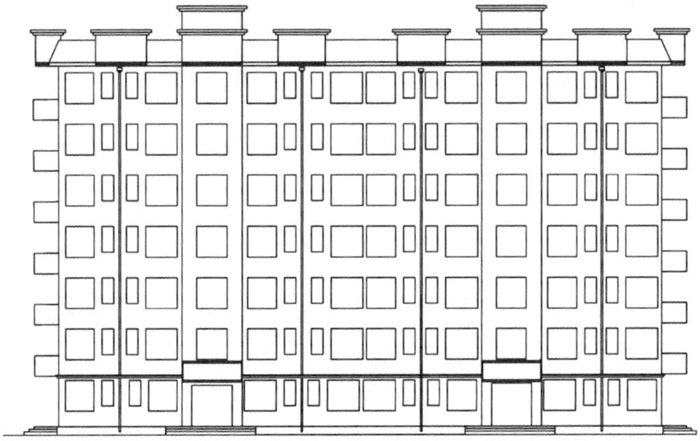

（b）

（c）

①-⑪立面图 1:100

图 9.19　立面图画法步骤

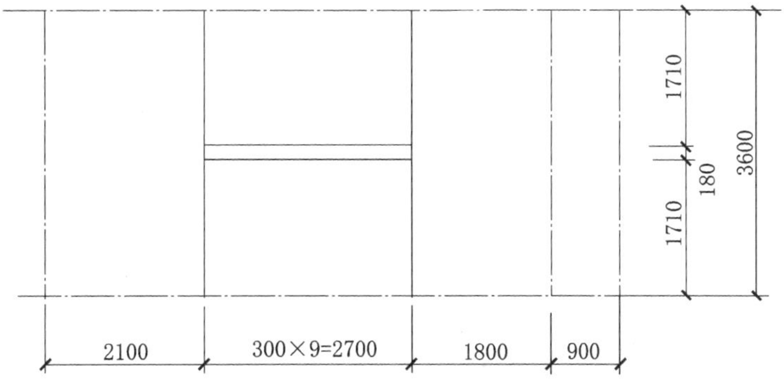

(a)定轴线、梯段宽、平台宽、梯段长

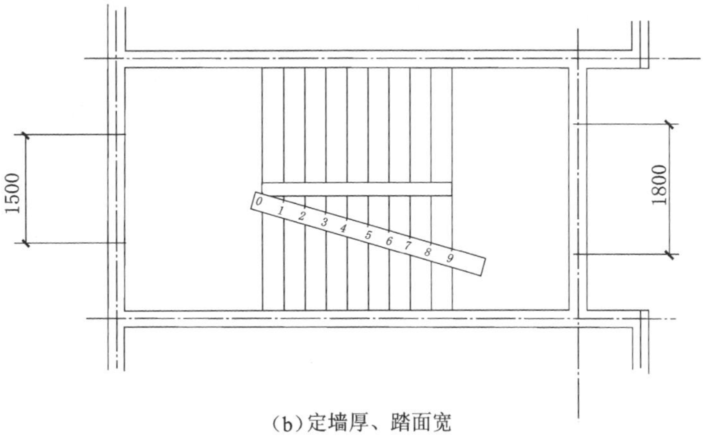

(b)定墙厚、踏面宽

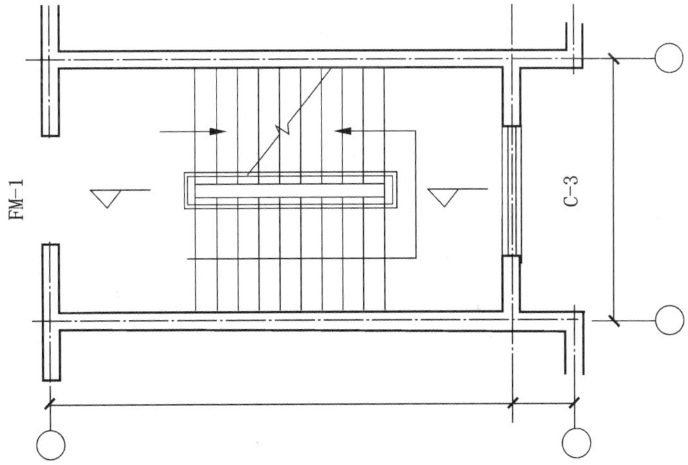

(c)绘出栏杆等细部

图 9.20 楼梯平面图画法步骤

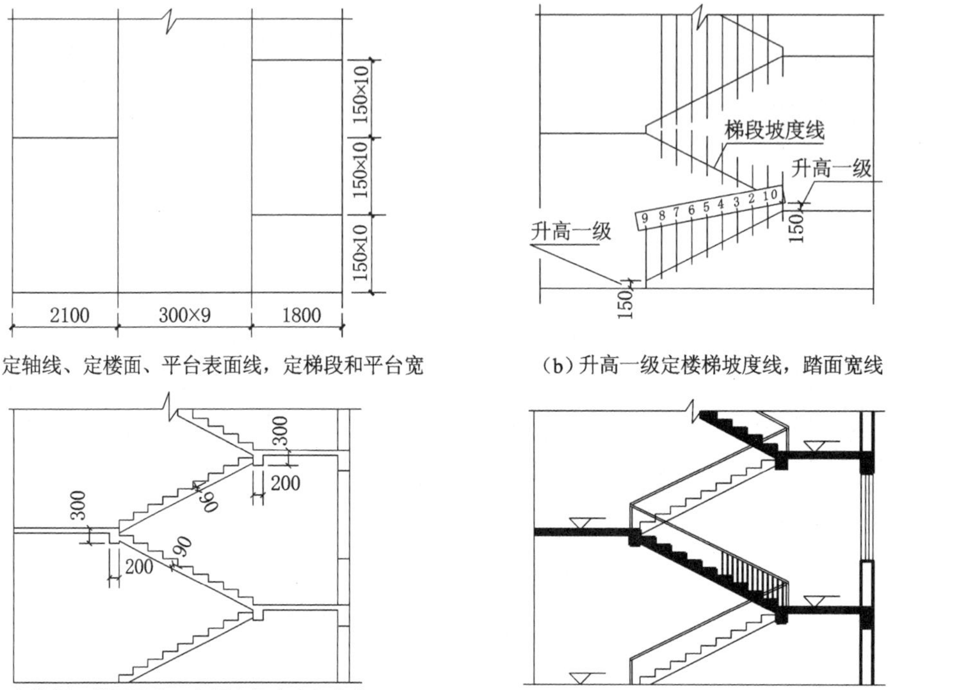

(a)定轴线、定楼面、平台表面线，定梯段和平台宽

(b)升高一级定楼梯坡度线，踏面宽线

(c)定墙厚、楼面厚度，定平台梁高度和宽度，定墙面、踏面、梯板厚度，定窗洞高度

(d)绘栏杆、扶手等细部，画材料图例，绘标高符号

图 9.21　楼梯剖面图画法步骤

根据平面图中的轴线位置和编号画出对应的楼梯剖面图的定位轴线，根据标高定出楼层和平台的位置线，见图 9.21(a)。

②定踏步

根据踏步数和楼层与平台的距离先画出梯段的坡度线，再根据直线等分的方法在坡度线上定出等分点，然后过等分点作水平线和垂直线，形成每一级踏步，见图 9.21(b)。

③定墙体、楼板和平台板的厚度

根据平面图中墙体厚度尺寸在剖面图中画出墙身线、楼板和平台板及梯段板的厚度线，见图 9.21(c)。

④画细部

画平台梁、窗过梁、门窗洞口和栏杆、扶手等。扶手的坡度应该与梯段的坡度一致。画尺寸线、材料图例、标高符号，见图 9.21(d)。

经检查无误后，根据规定加深、加粗图线，标注尺寸、标高，注写图名、比例和文字说明等，完成楼梯剖面图。

单元小结

学习本单元后，应了解建筑施工图的形成、作用和内容，弄清建筑施工图的图示方法，初步掌握阅读和绘制专业施工图的方法，具有绘制和阅读有关专业施工图的能力。

复习思考题

9.1 建筑总平面图是如何形成的？它表达了哪些内容？

9.2 在建筑总平面图上，用什么方法确定拟建房屋的位置？

9.3 建筑平面图是怎样形成的？一幢房屋常需画出哪些建筑平面图？

9.4 建筑平面图上的尺寸标注有何规定？如何识读建筑平面图？

9.5 建筑立面图是怎样形成的？它有哪些命名方法？

9.6 建筑立面图主要表达哪些内容？如何识读建筑立面图？

9.7 建筑剖面图是如何形成的？它与建筑平面图有何关系？

9.8 建筑剖面图的剖切位置如何选择？它主要表达哪些内容？

9.9 建筑剖面图的表示方法有哪些？如何识读建筑剖面图？

9.10 什么叫建筑详图？建筑详图有哪几种？对建筑详图有何要求？

9.11 外墙节点详图表达了哪些节点构造？

9.12 楼梯详图该如何识读？

9.13 建筑平、立、剖面图之间有什么联系？

单元10　结构施工图

教学目标

1. 了解结构施工图的内容、构件代号、钢筋名称、符号及标注；
2. 了解基础平面图及基础详图；
3. 熟悉结构平面布置图；
4. 熟悉梁、柱、板等构件详图；
5. 掌握现浇钢筋混凝土结构施工图平面整体表示方法。

思政要点

牢固树立安全意识和责任意识，具有脚踏实地、责任担当、锐意进取的职业精神。

10.1　概　　述

结构施工图是表达房屋受力构件(如基础、柱、梁、板及其他构件)的布置、形状、大小、材料、构造及其相互关系的图样，主要用来作为施工放线、开挖基槽、支模板、绑扎钢筋、设置预埋件、浇筑混凝土和安装或浇筑梁、板、柱等构件及编制预算和施工组织设计等的依据。因此在房屋的设计中，必须要进行结构设计，绘制出详细的结构施工图。

10.1.1　结构施工图的内容

10.1.1.1　结构设计说明

结构设计说明是带全局性的文字说明，它包括：新建建筑的结构类型、耐久年限、地震设防烈度、防水要求、地基状况，钢筋混凝土各种构件、砖砌体、施工缝等部分材料类型、规格、强度等级，施工注意事项，选用的标准图集，新结构与新工艺及特殊部位的施工顺序、方法及质量验收标准等。

10.1.1.2　结构平面布置图

结构平面布置图是表示房屋中各承重构件总体平面布置的图样。它包括：

(1)基础平面图；

(2)楼层结构布置平面图；

(3)屋盖结构平面图。

10.1.1.3　构件详图

构件详图包括：

(1)基础、柱、梁、板等结构详图；
(2)楼梯结构详图；
(3)屋架结构详图；
(4)其他详图，如天窗、雨篷、过梁等。

10.1.2 结构施工图中的有关规定

房屋建筑是由多种材料组成的结合体，目前房屋结构中采用较普遍的是混合结构和钢筋混凝土结构。由于房屋结构中的构件繁多，布置复杂，为了图示简明，方便识图，《建筑结构制图标准》(GB/T 50105—2010)对结构施工图的绘制有明确的规定，现将有关规定介绍如下：

10.1.2.1 常用构件代号

常用构件代号用各构件名称汉语拼音的第一个字母表示，详见表10.1。

表10.1 常用构件代号

序号	名称	代号	序号	名称	代号	序号	名称	代号
1	板	B	19	圈梁	QL	37	承台	CT
2	屋面板	WB	20	过梁	GL	38	设备基础	SJ
3	空心板	KB	21	连系梁	LL	39	桩	ZH
4	槽形板	CB	22	基础梁	JL	40	挡土墙	DQ
5	折板	ZB	23	楼梯梁	TL	41	地沟	DG
6	密肋板	MB	24	框架梁	KL	42	柱间支撑	ZC
7	楼梯板	TB	25	框支梁	KZL	43	垂直支撑	CC
8	盖板或沟盖板	GB	26	屋面框架梁	WKL	44	水平支撑	SC
9	挡雨板或檐口板	YB	27	檩条	LT	45	梯	T
10	吊车安全走道板	DB	28	屋架	WJ	46	雨篷	YP
11	墙板	QB	29	托架	TJ	47	阳台	YT
12	天沟板	TGB	30	天窗架	CJ	48	梁垫	LD
13	梁	L	31	框架	KJ	49	预埋件	M一
14	屋面梁	WL	32	刚架	GJ	50	天窗端壁	TD
15	吊车梁	DL	33	支架	ZJ	51	钢筋网	W
16	单轨吊车梁	DDL	34	柱	Z	52	钢筋骨架	G
17	轨道连接	DGL	35	框架柱	KZ	53	基础	J
18	车挡	CD	36	构造柱	GZ	54	暗柱	AZ

注：①预制钢筋混凝土构件、现浇钢筋混凝土构件、钢构件和木构件，一般可直接采用本表中的构件代号。在绘图中，当需要区别上述构件的材料种类时，可在构件代号前加注材料代号，并在图纸中加以说明。
②预应力钢筋混凝土构件的代号，应在构件代号前加注“Y-”，如Y-DL表示预应力钢筋混凝土吊车梁。

10.1.2.2　钢筋

(1)钢筋的名称

配置在混凝土中的钢筋,按其作用和位置可分为以下几种,如图 10.1 所示。

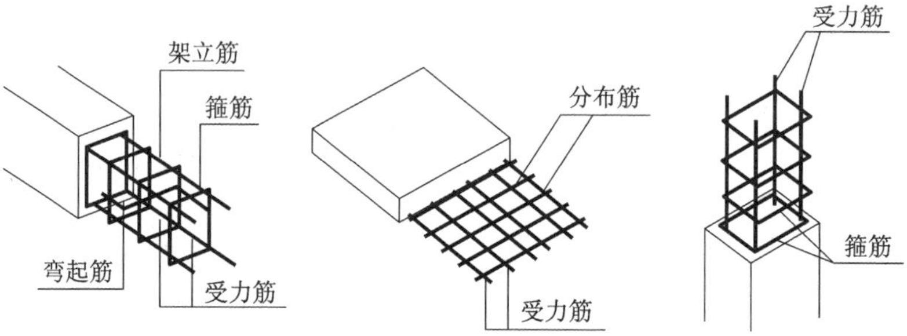

(a) 梁中的钢筋　　(b) 板中的钢筋　　(c) 柱中的钢筋

图 10.1　钢筋在构件中的作用

①受力筋　它是根据计算确定的主要受力钢筋。配置在受拉区时叫受拉钢筋,配置在受压区时叫受压钢筋。受力筋分直筋和弯起筋两种。

②箍筋　用于梁柱中,主要承受剪力或扭力作用,并对纵向钢筋进行定位,使之形成钢筋骨架。

③架立筋　在梁内与受力筋、箍筋一起共同形成钢筋骨架。

④分布筋　用于板内,其方向与板内受力筋垂直,并固定受力筋的位置。

⑤构造筋　因构造和施工的需要在构件内设置的钢筋,如预埋锚固筋、吊环等。

(2)钢筋的强度

在钢筋混凝土中常用的是热轧钢筋。普通钢筋按强度可分为四级:HPB300,其屈服强度标准值为 300MPa;HRB400、HRBF400、RRB400,其屈服强度标准值为 400MPa;HRB500、HRBF500,其屈服强度标准值为 500MPa。钢筋的强度标准值应具有不小于 95%的保证率。

①纵向受力普通钢筋宜采用 HRB400、HRB500、HRBF400、HRBF500 钢筋,但 RRB400 钢筋不宜用做重要部位的受力钢筋,也不应用于直接承受疲劳荷载的构件。

②箍筋宜采用 HRB400、HRBF400、HPB300、HRB500、HRBF500 钢筋。

③预应力筋宜采用预应力钢丝、钢绞线和预应力螺纹钢筋。

在《混凝土结构设计标准》(GB/T 50010—2010)2024 版中,对国产建筑用钢筋,按其产品种类、等级不同分别给予不同代号,以便标注及识别,如表 10.2 所示。

表 10.2　钢筋种类代号与强度标准值

牌号	符号	公称直径 d(mm)	屈服强度标准值 f_{yk}(N/mm^2)	极限强度标准值 f_{stk}(N/mm^2)
HPB300	Φ	6～14	300	420
HRB400 HRBF400 RRB400	Φ $Φ^F$ $Φ^R$	6～50	400	540
HRB500 HRBF500	Φ $Φ^F$	6～50	500	630

(3)钢筋的标注

钢筋的直径、根数及相邻钢筋中心距在图样上一般采用引出线方式标注,其标注形式有下面两种:

①标注钢筋的根数和直径(如梁内受力筋和架立筋)

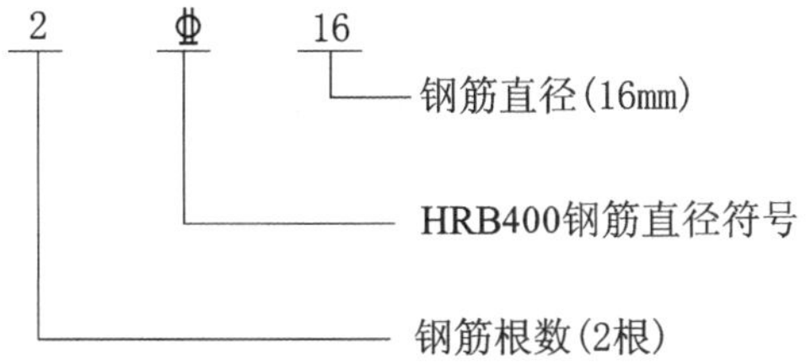

②标注钢筋的直径和相邻钢筋中心距(如梁内箍筋和板内钢筋)

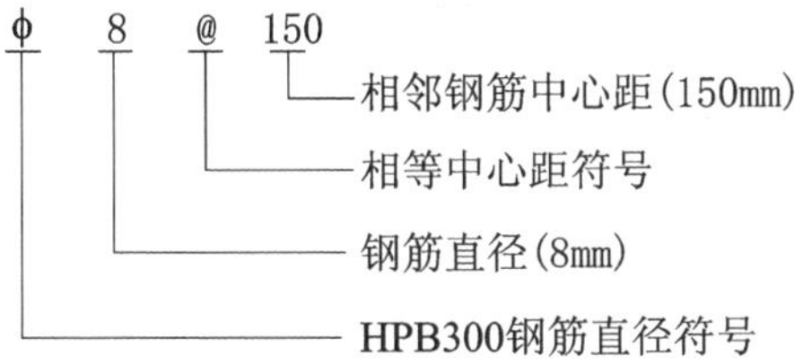

(4)一般钢筋图例

常用钢筋图例见表 10.3。

表 10.3　一般钢筋图例

序号	名　　称	图　　例	说　　明
1	钢筋横断面		
2	无弯钩的钢筋端部		下图表示长、短钢筋投影重叠时,短钢筋的端部用 45°斜画线表示
3	带半圆形弯钩的钢筋端部		
4	带直钩的钢筋端部		
5	带丝扣的钢筋端部		
6	无弯钩的钢筋搭接		

续表10.3

序号	名　　称	图　　例	说　　明
7	带半圆弯钩的钢筋搭接		
8	带直钩的钢筋搭接		
9	花篮螺丝钢筋接头		
10	机械连接的钢筋接头		用文字说明机械连接的方式（或冷挤压或锥螺纹等）

(5)保护层

钢筋外缘到构件表面之间的混凝土层称为钢筋混凝土保护层。其作用是保护钢筋免受锈蚀，提高钢筋与混凝土的黏结力。保护层的厚度应符合表 10.4 的规定。

表 10.4　钢筋混凝土保护层的最小厚度(mm)

环境等级	板、墙	梁、柱
一	15	20
二 a	20	25
二 b	25	35
三 a	30	40
三 b	40	50

注：①表中混凝土保护层厚度指最外层钢筋外边缘至混凝土表面的距离，适用于设计工作年限为 50 年的混凝土结构。
②构件中受力钢筋的保护层厚度不应小于钢筋的公称直径。
③一类环境中，设计工作年限为 100 年的结构最外层钢筋的保护层厚度不应小于表中数值的 1.4 倍；二、三类环境中，设计工作年限为 100 年的结构应采取专门的有效措施。四类和五类环境类别的混凝土结构，其耐久性要求应符合国家现行有关标准的规定。
④混凝土强度等级为 C25 时，表中保护层厚度数值应增加 5mm。
⑤基础底面钢筋的保护层厚度，有混凝土垫层时应从垫层顶面算起，且不应小于 40mm。

(6)钢筋混凝土构件图示方法

钢筋混凝土构件只能看见其外形，内部的钢筋是不可见的。为了清楚地表明构件内部的钢筋，可假设混凝土为透明体，这样构件中的钢筋在施工图中便可看见。在结构图中，其长度方向用单根粗实线表示，断面钢筋用黑圆点表示，构件的外形轮廓线用中实线绘制。

10.2　基 础 图

基础是建筑物地面以下承受房屋全部荷载的构件，其形式取决于上部承重结构的形式和地基情况。在民用建筑中，常见的形式有条形基础（即墙基础）、独立基础（即柱基础）（图 10.2）桩基础、筏板基础、箱形基础等。

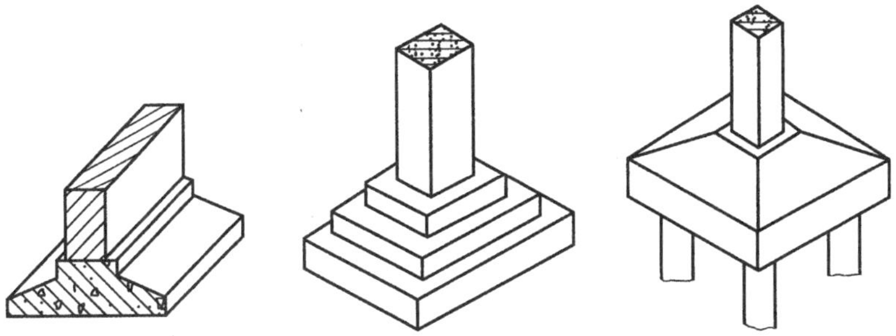

（a）条形基础　　（b）独立基础　　（c）桩基础

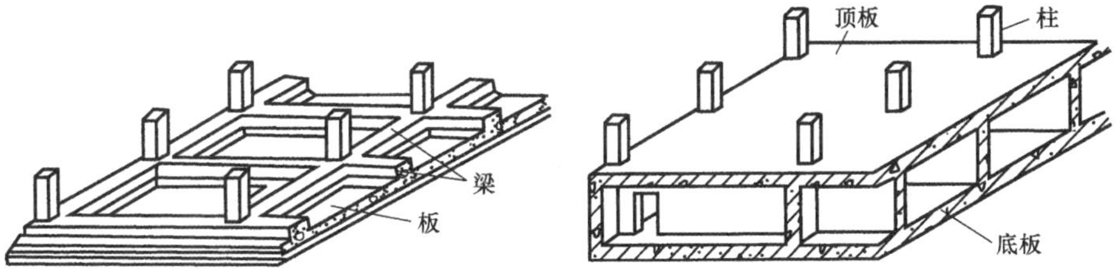

（d）筏板基础　　（e）箱形基础

图 10.2　常见基础类型

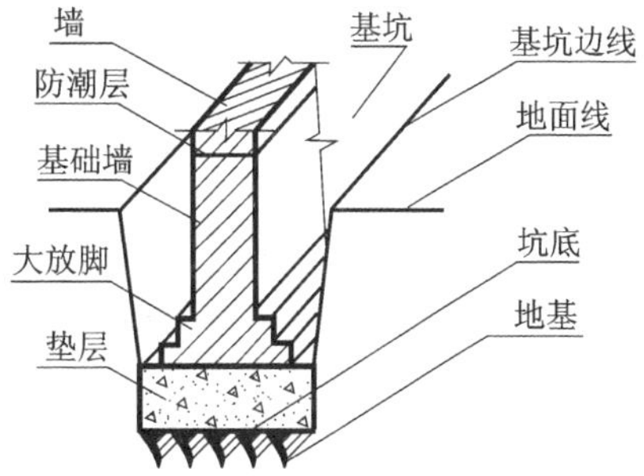

图 10.3　基础的组成

条形基础埋入地下的墙称为基础墙。当采用砖墙和砖基础时，在基础墙和垫层之间做成阶梯形的砌体，称为大放脚。基础底下天然的或经过加固的土壤叫地基。基坑（基槽）是为基础施工而在地面上开挖的土坑。坑底就是基础的底面，基坑边线就是放线的灰线。基础的埋置深度指从±0.000 到基础底面的垂直距离。防潮层是防止地下水对墙体侵蚀而铺设的一层防潮材料，如图 10.3。

基础图主要是表示建筑物在相对标高±0.000 以下基础结构的图纸，一般包括基础平面图和基础详图。它是施工时在基地上放灰线、开挖基槽、砌筑基础的依据。

10.2.1　基础平面图

10.2.1.1　基础平面图的形成

基础平面图是假想用一个水平面沿房屋底层室内地面附近将整幢建筑物剖开后，移去上层的房屋和基础周围的泥土向下投影所得到的水平剖面图。

10.2.1.2　基础平面图的表示方法

(1)在基础平面图中，只画出基础墙、柱及基础底面的轮廓线，基础的细部轮廓（如大放脚）可省略不画。

(2)凡被剖切到的基础墙、柱轮廓线应画成中实线,基础底面的轮廓线应画成细实线。
(3)基础平面图中采用的比例及材料图例与建筑平面图相同。
(4)基础平面图应注出与建筑平面图相一致的定位轴线编号和轴线尺寸。
(5)当基础墙上留有管洞时,应用虚线表示其位置,具体做法及尺寸另用详图表示。
(6)当基础中设基础梁和地圈梁时,用粗单点长画线表示其中心线的位置。

10.2.1.3 基础平面图的尺寸标注

基础平面图的尺寸标注分内部尺寸和外部尺寸两部分。外部尺寸只标注定位轴线的间距和总尺寸。内部尺寸应标注各道墙的厚度、柱的断面尺寸和基础底面的宽度等。平面图中的轴线编号、轴线尺寸均应与建筑平面图相吻合。

10.2.1.4 基础平面图的剖切符号

凡基础宽度、墙厚、大放脚、基底标高、管沟做法不同时,均以不同的断面图表示,所以在基础平面图中还应注出各断面图的剖切符号及编号,以便对照查阅。

10.2.1.5 基础平面图的主要内容

(1)图名、比例。
(2)纵横向定位轴线及编号、轴线尺寸。
(3)基础墙、柱的平面布置,基础底面形状、大小及其与轴线的关系。
(4)基础梁的位置、代号。
(5)基础的编号、基础断面图的剖切位置线及其编号。
(6)施工说明,即所用材料的强度等级、防潮层做法、设计依据以及施工注意事项等。

10.2.1.6 基础平面图的识读

图 10.4 为某基础平面布置图,条形基础用两条平行的粗实线表示剖切到的墙厚,基础墙两侧的中实线表示基础外形轮廓,基础断面位置用○——表示。基础平面布置绘图比例一般为 1∶100。图中横向轴线为①～⑬,纵向轴线为Ⓐ～Ⓕ,图中构造柱涂黑。

10.2.2 基础详图

10.2.2.1 基础详图的形成

在基础的某一处用铅垂剖切平面切开基础所得到的断面图称为基础详图。常用 1∶10、1∶20、1∶50 的比例绘制。基础详图表示了基础的断面形状、大小、材料、构造、埋深及主要部位的标高等。

10.2.2.2 基础详图的数量

同一幢房屋,由于各处有不同的荷载和不同的地基承载力,下面就有不同的基础。对于每一种不同的基础,都要画出它的断面图,并在基础平面图上用 1—1、2—2、3—3……剖切位置线

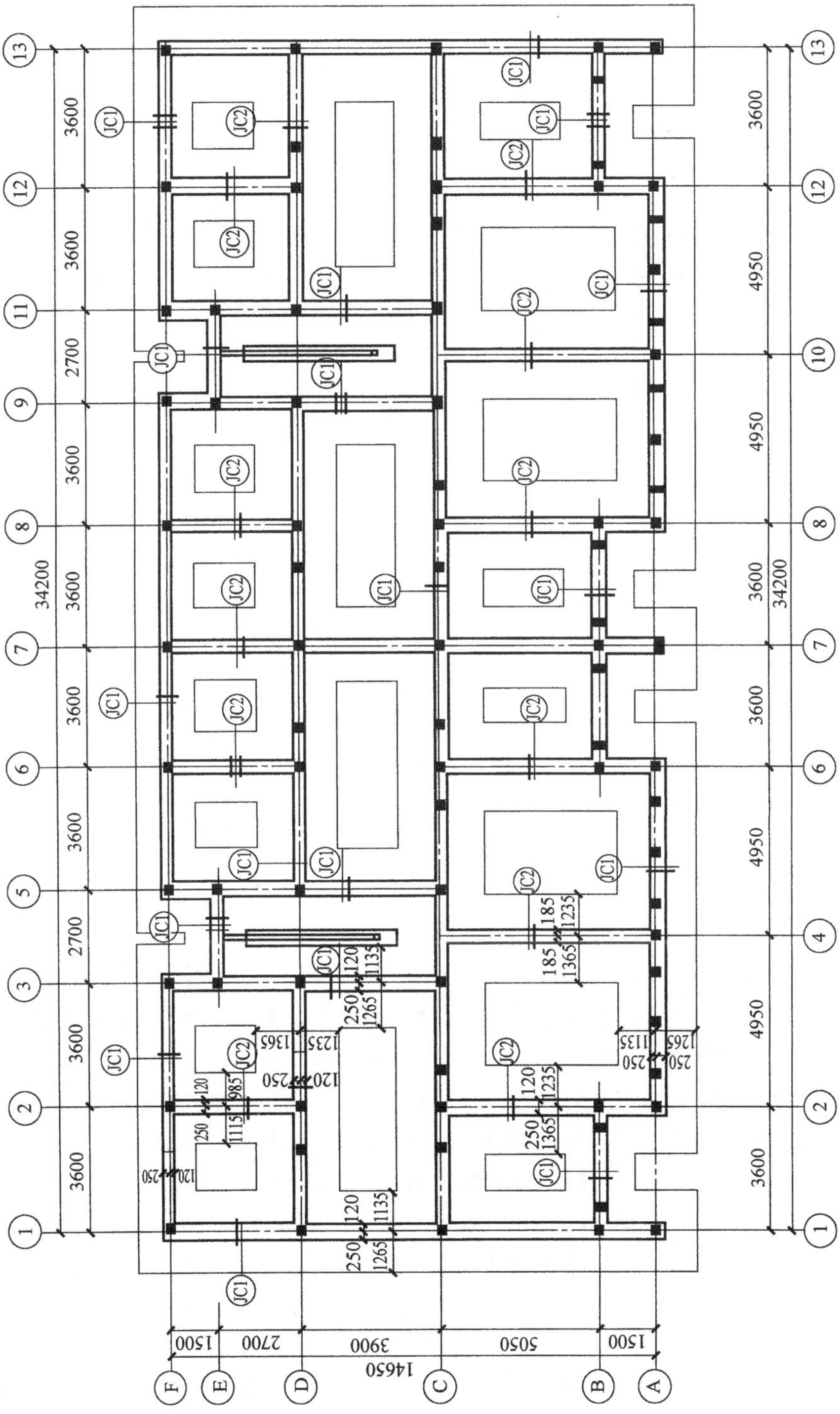

图 10.4 某基础平面布置图

表明该断面的位置。

10.2.2.3　基础详图的表示方法

(1)基础断面形状的细部构造按正投影法绘制,如垫层、砖基础的大放脚、钢筋混凝土基础的杯口等。

(2)基础断面除钢筋混凝土材料外,其他材料宜画出材料图例符号。

(3)钢筋混凝土独立基础除画出基础的断面图外,有时还要画出基础的平面图,并在平面图中采用局部剖面表达底板配筋。

(4)基础详图的轮廓线用中实线表示,钢筋符号用粗实线绘制(见图 10.5)。

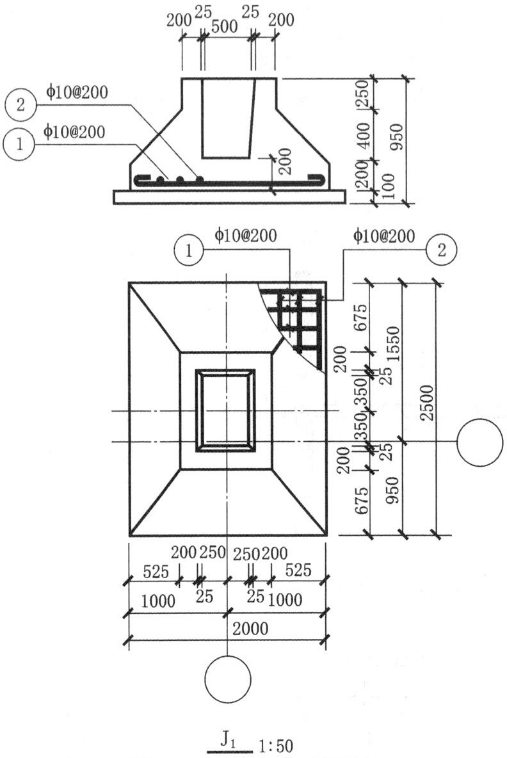

图 10.5　独立基础详图

10.2.2.4　基础详图的主要内容

(1)图名(或详图的代号、独立基础的编号、剖切号)、比例。

(2)轴线及其编号(若为通用图,则轴线圆圈内不予编号)。

(3)基础断面形状、大小、材料以及配筋。

(4)基础断面的详细尺寸和室内外地面标高及基础底面的标高。

(5)防潮层的位置和做法。

(6)施工说明等。

10.2.2.5　基础详图的识读

图 10.6 列举了某条形基础和独立基础的基础详图。图 10.6(a)为某基础 JC1 详图,此基础为钢筋混凝土条形基础,它包括基础、基础圈梁和基础墙三部分。从地下室室内地坪 −2.400到 −3.500 为基础墙体,它是 370mm 厚的砖墙(−3.500 以上 120mm 范围内的墙厚为 490mm)。在距室内地坪 −2.400 以下 60mm 处有一道粗实线表示防潮层。从 −3.500 到 −4.000为基础大放脚,高度为 500mm,宽度为 2400mm。在基础底板配有一层ф12@100 的受力钢筋和一层ф8@200 的分布筋。基础圈梁 JQL 与基础大放脚浇筑在一起,顶面标高为 −3.500,其截面尺寸为宽 450mm、高 500mm,配筋为上下各 4 ф14 钢筋,箍筋为ф8@250 的四肢箍。基础下有 100mm 厚的 C20 素混凝土垫层。

图 10.6(b)为一锥形的独立基础。它除了画出垂直剖视图外还画出了平面图。垂直剖视图清晰地反映了基础柱、基础及垫层三部分。基础底部为 2000mm×2200mm 的矩形,基础为高 600mm 的四棱台形,基础底部配置了ф8@150、ф8@100 的双向钢筋。基础下面是 C15 素混凝土垫层,高 100mm。基础柱尺寸为 400mm×350mm,预留插筋 8 ф16,钢筋下端直接插入基础内部,上端与柱中的钢筋搭接。

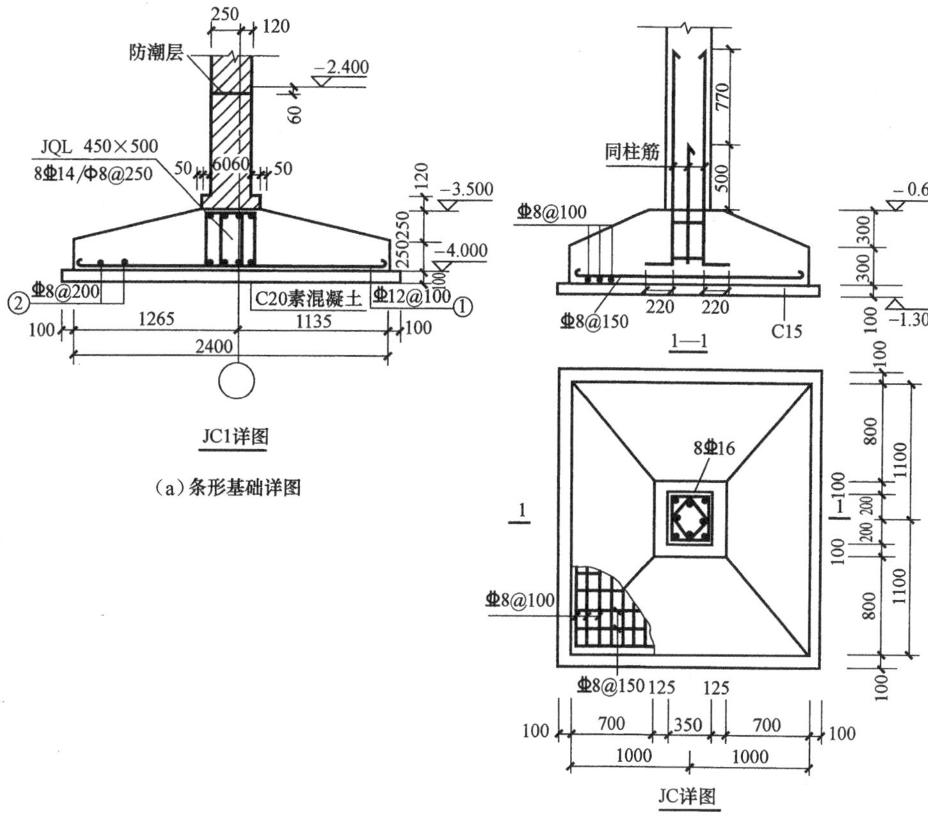

(b)独立基础详图

图 10.6 某基础详图

10.3 结构平面图

结构平面图是表示建筑物室外地面以上各层平面承重构件(如梁、板、柱、墙、门窗过梁、圈梁等)布置的图样,一般包括楼层结构平面图和屋顶结构平面图。

10.3.1 楼层结构平面图

10.3.1.1 楼层结构平面图的形成

楼层结构平面图是假想用一个水平的剖切平面沿楼板面将房屋剖开后所作的楼层水平投影。它是用来表示每层的梁、板、柱、墙等承重构件的平面布置,说明各构件在房屋中的位置以及它们之间的构造关系,是现场安装或制作构件的施工依据。

10.3.1.2 楼层结构平面图的表示方法

(1)对于多层建筑,一般应分层绘制楼层结构平面图。如各层构件的类型、大小、数量、布置均相同时，可只画出标准层的楼层结构平面图。

(2)如平面对称，可采用对称画法，一半画屋顶结构平面图，另一半画楼层结构平面图。楼梯间和电梯间因另有详图，可在平面图上用相交对角线表示。

(3)当铺设预制楼板时，可用细实线分块画出板的铺设方向。如板的数量太多，可采用简化画法，即用一条对角线(细实线)表示楼板的布置范围，并在对角线上(或下)写明预制楼板的数量及型号。

(4)当现浇板配筋简单时，直接在结构平面图中表明钢筋的弯曲及配置情况，注明编号、规格、直径、间距。当配筋复杂或不便表示时，用对角线表示现浇板的范围，注写代号如 LB1、LB2 等，然后另画详图表示。

(5)梁一般用单点粗点画线表示其中心位置，并注明梁的代号，如 L-2、L-3、KL1、KL2 等。

(6)圈梁、门窗过梁等应编号注出，如 GL1、GL2、GL3 等，若在结构平面图中不能表达清楚时，则需另绘其平面布置图。

(7)楼层、屋顶结构平面图的比例同建筑平面图，一般采用 1∶100 或 1∶200 的比例绘制。

(8)楼层、屋顶结构平面图中一般用中实线表示剖切到或可见的构件轮廓线，图中虚线表示不可见构件的轮廓线(如被遮盖的墙体、柱子等)。若柱子被剖到，均涂成黑色，并标注代号 Z。门窗洞一般可不画出。

(9)楼层结构平面图的尺寸，一般只注开间、进深、总尺寸及个别地方容易弄错的尺寸。定位轴线的画法、尺寸及编号应与建筑平面图一致。

10.3.1.3　楼层结构平面图的主要内容

(1)图名、比例。

(2)与建筑平面图相一致的定位轴线及编号。

(3)墙、柱、梁、板等构件的位置及代号和编号。

(4)预制板的跨度方向、数量、型号或编号和预留洞的大小及位置。

(5)轴线尺寸及构件的定位尺寸。

(6)详图索引符号及剖切符号。

(7)文字说明。

10.3.1.4　楼层结构平面图的识读

下面以图 10.7 所示某住宅二层结构平面图(局部)为例，说明结构平面的内容和示图要求。

(1)了解图名与比例。楼层结构平面图的比例一般与建筑平面图、基础平面布置图的比例一致。

(2)与建筑平面图对照，了解楼层结构平面图的定位轴线。在本图中只表示①～⑤轴的结构平面图。

(3)通过结构构件代号了解该楼层中结构构件的位置与类型。如图中的 L-1、L-2 等表示梁的编号。

(4)了解现浇板的配筋情况及板的厚度。在楼层结构平面图中，将所有的现浇板进行编号，形状、大小、配筋相同的楼板，编号相同，只在每种楼板的一块楼板中进行配筋，为了突出钢

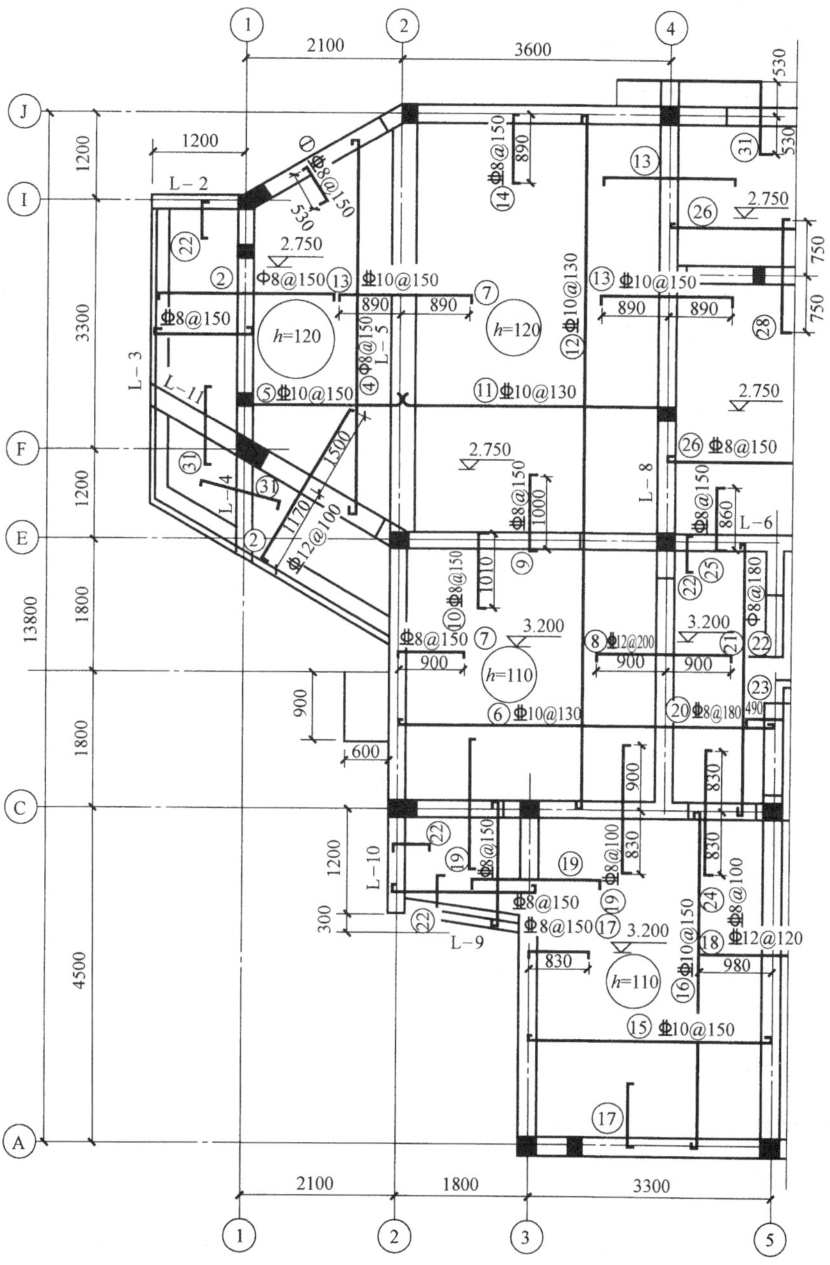

图 10.7 某住宅二层结构平面图(局部)

筋的位置和规格，钢筋用粗实线表示。在②～④轴线的房间中，前面的房间，现浇板的厚度为110mm，双向板，两个方向的钢筋都是ф10@150；在后面房间的板中配置的钢筋为横向纵筋ф10@130(⑪号钢筋)，竖向纵筋ф10@130(⑫号钢筋)。

(5)了解各部位的标高情况，并与建筑标高对照，了解装修层的厚度。一般情况下用建筑标高减去本层的结构标高，即为楼板层装修的厚度。本图中，板顶的标高为2.750m，与建筑施工图相比较可知，将来的装饰面层厚度为 50mm。

(6)如有预制板，应了解预制板的规格、数量、等级和布置情况。

10.3.2　屋顶结构平面图

屋顶结构平面图是表示屋面承重构件平面布置的图样，其图示内容和表达方法与楼层结构平面图基本相同。

对于混合结构的房屋，根据抗震和整体刚度的需要，应在适当位置设置圈梁。圈梁一般设置在楼板及屋面板的底部，也有设置在门窗洞顶，用圈梁来代替过梁。对于设置圈梁的房屋，且在楼层结构平面图中又没有表达清楚时，可单独画出其圈梁布置平面图。圈梁用粗实线表示，并在适当位置画出断面的剖切符号，以便与圈梁断面图对照阅读。圈梁平面图的比例可小些(1：200)，图中要求注出定位轴线间的距离尺寸。

10.4　楼梯结构图

楼梯结构图包括楼梯结构平面图、楼梯结构剖面图和楼梯构件详图。

10.4.1　楼梯结构平面图

楼梯结构平面图主要表示楼梯的类型、尺寸、结构及梯段在水平投影上的位置、编号，以及休息平台板配筋和标高等。

图 10.8 为楼梯结构平面图，从图中看出楼梯位于Ⓒ～Ⓔ与③～⑤轴线间，从地下室上到第一个休息平台(标高−1.070m)共有 9 级踏步，每步宽 300mm；TB1、TB2 分别是踏步板 1、踏步板 2 的编号，从图 10.8(c)中看到 TB1、TB2 的长为 2400mm，宽均为 1170mm，其中 TB1 只在中间 670mm 范围内有踏步，两边为斜平板。TL-1 表示支撑楼梯平台板的平台梁。图 10.8(c)中的 XB1、XB2 表示两个休息平台板，其标高分别为−1.070m、−0.020m，板厚 $h=80$mm。在图 10.8(b)中画出了平台板 XB1、XB2 的配筋情况。

10.4.2　楼梯结构剖面图

楼梯结构剖面图主要表示各楼梯段、休息平台板的立面投影的位置、标高，以及楼梯板配筋详图。

图 10.9(a)是 1—1 楼梯剖面，主要表示了 TB、TL、XB 在竖向的位置、标高、结构情况由图中看出 TB1、TB2 各一块，TB3、TB4 各 5 块。TL-1 有 12 根，各构件在空间的位置一目了然。图 10.9(b)、图 10.9(c)、图 10.9(d)、图 10.9(e)分别为 TB1、TB2、TB3、TB4 的剖面图；图 10.9(f)为平台梁 TL-1 的剖面图。从图 10.9(b)可以看出，从地下室−2.420m 到−1.070m 共有 9 步，每步高 150mm。

10.4.3　楼梯构件详图

在楼梯结构剖面图中，由于比例较小，构件连接处钢筋重影，无法详细表示各构件配筋时，可用较大的比例画出每个构件的配筋图，即楼梯构件详图。

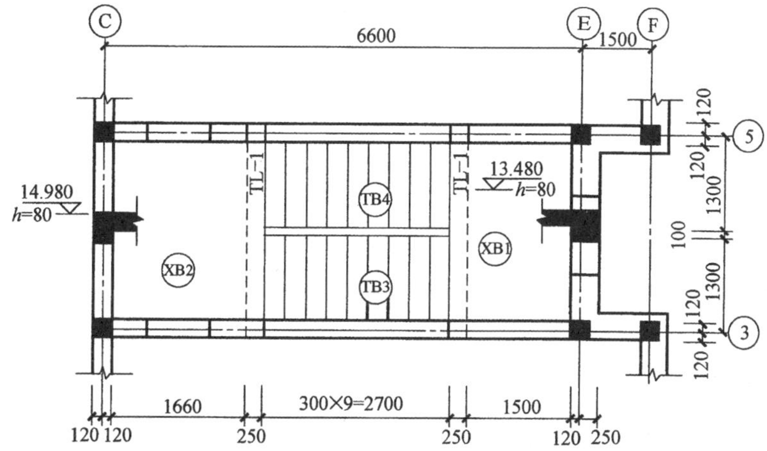

(a) 顶层楼梯结构平面图

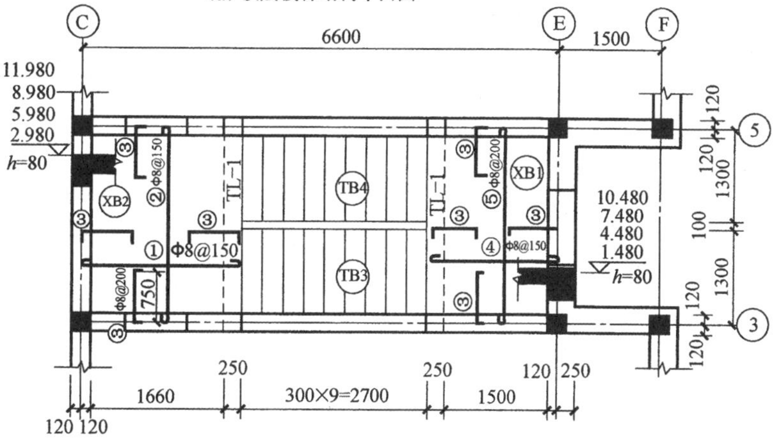

(b) 标准层楼梯结构平面图

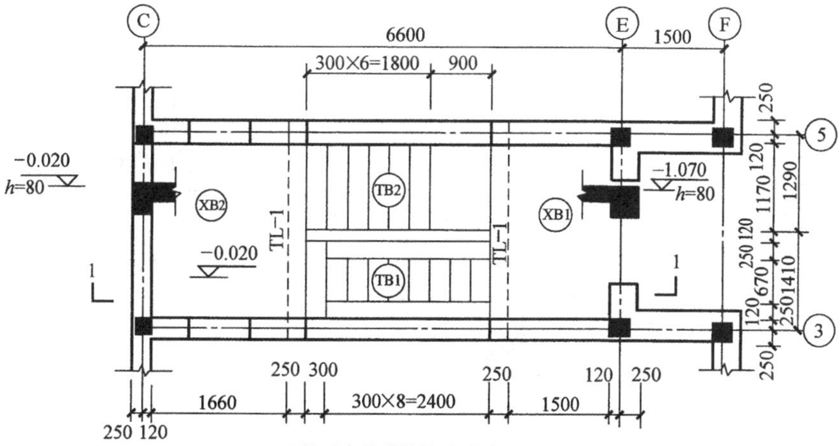

(c) 地下室楼梯结构平面图

图 10.8 楼梯结构平面图

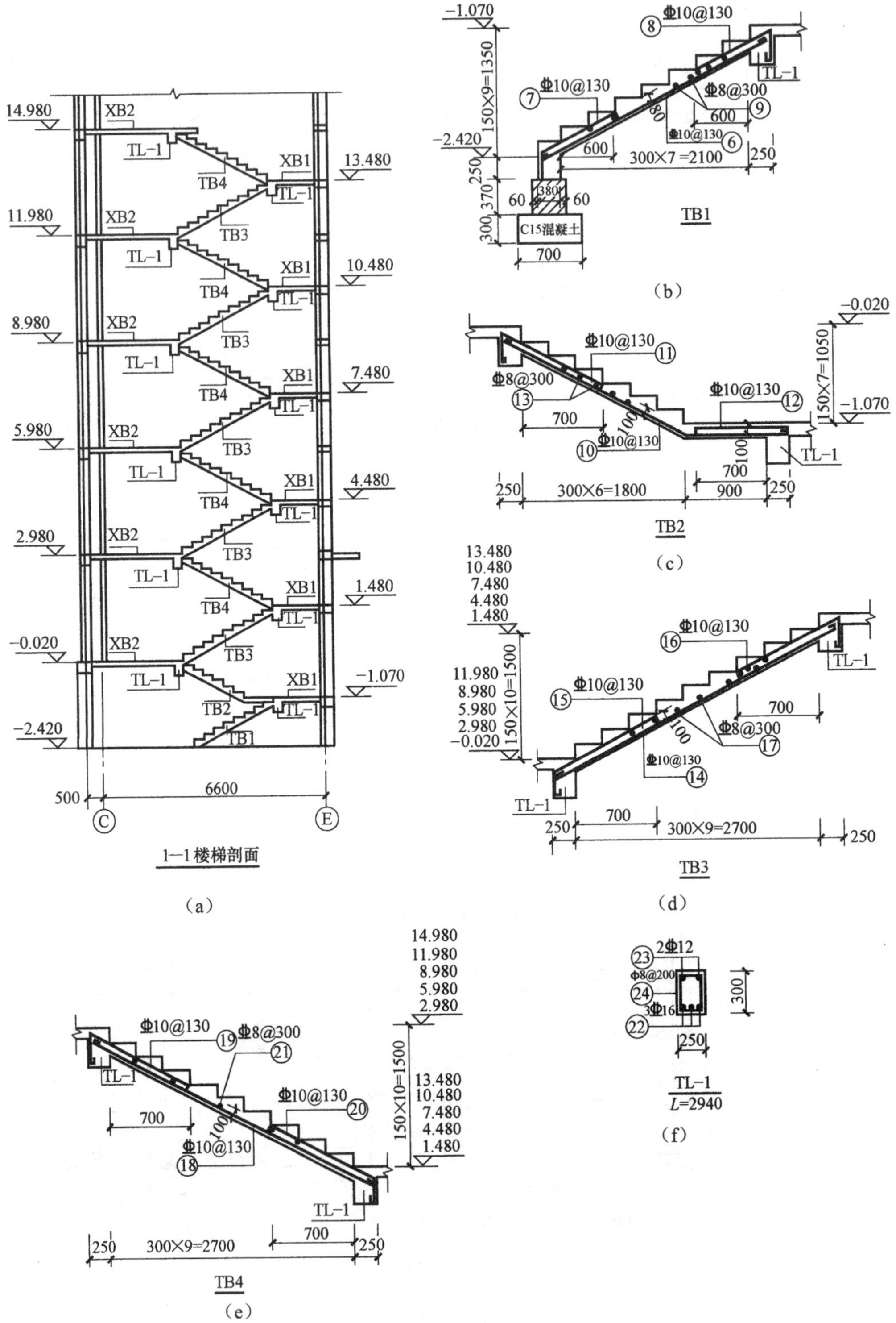

图 10.9　楼梯结构剖面图

图 10.9(b)、(c)、(d)、(e)、(f)为楼梯构件详图,也就是楼梯配筋详图。从图中可知,TB1 踏步板厚 80mm 并与平台梁 TL-1 直接相连,梯板中的配筋⑥ф10@130 为纵向受力筋,布置在板底;⑨号分布筋横向布置在受力筋上面;⑦号、⑧号为构造筋,布置在板两端的上方,两端深入平台梁内。TB2、TB3、TB4 的构造形式与 TB1 基本相同,不同之处是踏步板厚改为 100mm,TB2 为折板。图 10.9(f)为平台梁 TL-1 断面图,梁宽 250mm,梁高 300mm,长 2940mm,左右两侧分别与踏步板、平台梁相连,它的标高见 1—1 楼梯剖面图,梁中受力筋㉒为 3ф16,架力筋㉓为 2ф12,箍筋为ф8@200mm。

10.5 构件详图

结构平面图只能表示建筑物各承重构件的平面布置情况,许多承重构件的形状、大小、材料、构造和连接情况等则需要单独用结构详图来表示。由于建筑物中的大部分承重构件是用钢筋混凝土制作的,所以,首先介绍有关钢筋混凝土材料的基本知识。

10.5.1 钢筋混凝土材料基本知识

混凝土是由水泥、砂子、石子和水按一定比例拌和,经浇捣、养护硬化后而形成的一种人造材料。它的抗压能力强而抗拉能力差。对于混凝土构件,为了提高其承载能力,往往在构件的受拉区域内配置一定数量的钢筋,使之与混凝土黏结成一个整体而共同承受外力。这种配有钢筋的混凝土称为钢筋混凝土。没有配置钢筋的混凝土称为素混凝土。混凝土结构中使用的混凝土强度等级有 C20、C25、C30、C35、C40、C45、C50、C55、C60、C65、C70、C75、C80 共 13 个。

用钢筋混凝土制成的梁、板、柱、基础等构件称为钢筋混凝土构件,它分定型构件和非定型构件两种。定型构件可直接引用标准图或通用图,只要在图纸上写明选用构件所在标准图集或通用图集的名称、代号即可。自行设计的非定型构件,则必须绘制其构件详图。此外,钢筋混凝土构件还分现浇钢筋混凝土构件和预制钢筋混凝土构件、普通钢筋混凝土构件和预应力钢筋混凝土构件等。

10.5.2 钢筋混凝土构件详图种类及表示方法

10.5.2.1 钢筋混凝土构件详图种类

钢筋混凝土构件详图一般包括模板图、配筋图及钢筋表。

(1)模板图

模板图也称外形图,它主要表明钢筋混凝土构件的外形,预埋铁件、预留钢筋、预留孔洞的位置,各部位尺寸和标高,构件以及定位轴线的位置关系等。模板图适用于较复杂的构件,以便于模板的制作和安装。

(2)配筋图

配筋图包括立面图、断面图和钢筋详图,主要表示构件内部各种钢筋的位置、直径、形状和数量等。

(3)钢筋表

为便于编制预算，统计钢筋用料，对配筋较复杂的钢筋混凝土构件应列出钢筋表，以计算钢筋用量(表 10.5)。

表 10.5　钢筋表

构件名称	构件数	钢筋编号	钢筋规格	简　图	长度(mm)	每件支数	总支数	累计质量(kg)
L_1	1	1	Φ12		3640	2	2	7.41
		2	Φ12		4204	1	1	4.45
		3	Φ6		3490	2	2	1.55
		4	Φ6		650	18	18	2.60

10.5.2.2　钢筋混凝土构件详图表示方法

(1)采用正投影并视构件混凝土为透明体，以重点表示钢筋的配置情况，如图 10.9 所示。

(2)断面图的数量应根据钢筋的配置而定，凡是钢筋排列有变化的地方，都应画出其断面图。

(3)为防止混淆，方便看图，构件中的钢筋都要统一编号，在立面图和断面图中要注出一致的钢筋编号、直径、数量、间距等。

(4)单根钢筋详图按其在立面图中的位置由上而下，用同一比例排列在梁立面图的下方，并与之对齐，如图 10.10 所示。

10.5.3　钢筋混凝土构件详图的内容

(1)构件名称或代号、比例。

(2)构件的定位轴线及其编号。

(3)构件的形状、尺寸和预埋件代号及布置。

(4)构件内部钢筋的布置。

(5)构件的外形尺寸、钢筋规格、构造尺寸以及构件底面标高。

(6)施工说明。

10.5.4　钢筋混凝土构件详图的识读

10.5.4.1　钢筋混凝土梁结构详图

钢筋混凝土梁结构详图主要包括立面图、断面图，为便于下料还可以把各号钢筋抽出来绘成钢筋详图，列钢筋表。识图时先看图名，再看立面图和断面图。图 10.10 是单跨梁的配筋图，立面图比例是 1∶25，从立面图上看出梁位于Ⓑ轴和Ⓒ轴之间，梁长 8480mm，中间虚线部分表示板和两个次梁的外轮廓，两个次梁距Ⓑ轴柱边距离分别是 2630mm、5370mm。②号弯起钢筋，弯起点距柱边 50mm；④号为梁两端上部附加钢筋，长度为 2240mm；⑤号箍筋采用的

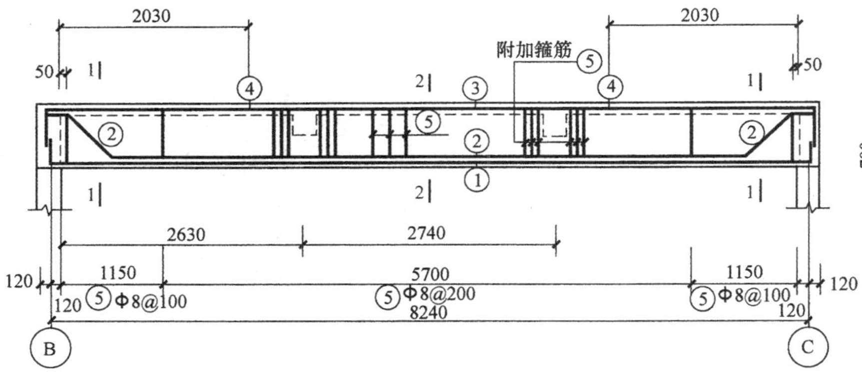

梁L-1配筋立面图 1:25

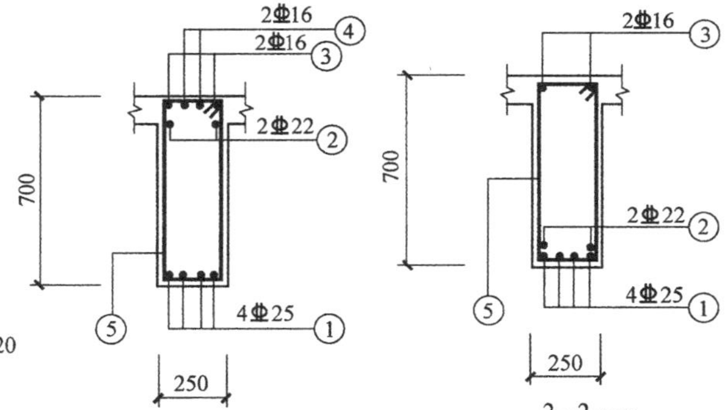

1—1 1:10

2—2 1:10

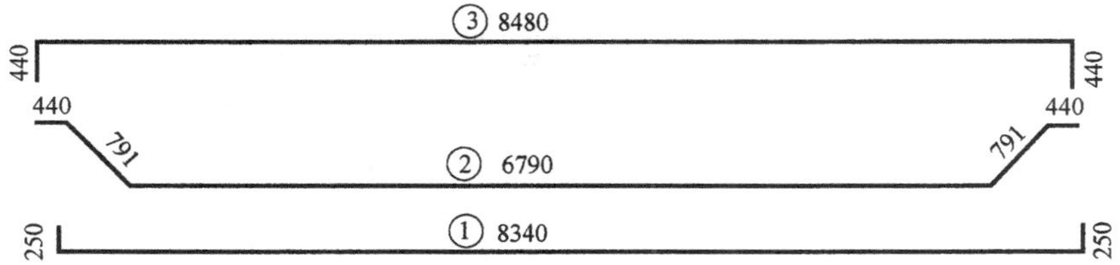

钢筋详图 1:25

梁L-1钢筋表

编号	钢筋简图	规格	实际长度	根数	质量
①	250 8340 250	Φ25	8840	4	136
②	440 791 6790 791 440	Φ22	9260	2	55
③	440 8420 440	Φ16	9300	2	29
④	440 2240	Φ16	2680	4	17
⑤	200 625	Φ8	1890	59	44

图 10.10 单跨梁的配筋图

是简画法，只画出其中几个，实际在中间部位箍筋的中心距是 200mm，两端靠近Ⓑ、Ⓒ轴处的中心距为 100mm；次梁两端加密箍筋各 3 道，间距一般为 50mm。断面图比例是 1∶10，从 1—1、2—2 断面图中可看出梁高 700mm、宽 250mm，梁上部配③号筋（2 根直径 16mm 的Ⅲ级钢筋）；梁两端各附加 2 根④号筋（直径 16mm 的Ⅲ级钢筋）；下部第一排配①号受力钢筋（4 根直径 25mm 的Ⅲ级钢筋），第二排配②号弯起钢筋（2 根直径 22mm 的Ⅲ级钢筋）。1—1 断面图还表示梁端部②号钢筋弯起后的位置及④号附加钢筋的放置位置。从钢筋详图和钢筋表中可看出钢筋的实际长度、形状和数量。

10.5.4.2　钢筋混凝土柱结构详图

钢筋混凝土柱结构详图主要包括立面图和断面图。如果柱的外形变化复杂或有预埋件，则还应增画模板图，模板图即构件的外形图，一般用细实线绘制。

图 10.11 是一个现浇钢筋混凝土柱（Z1）的结构图，该柱从标高为 −0.030m 起直通顶层标

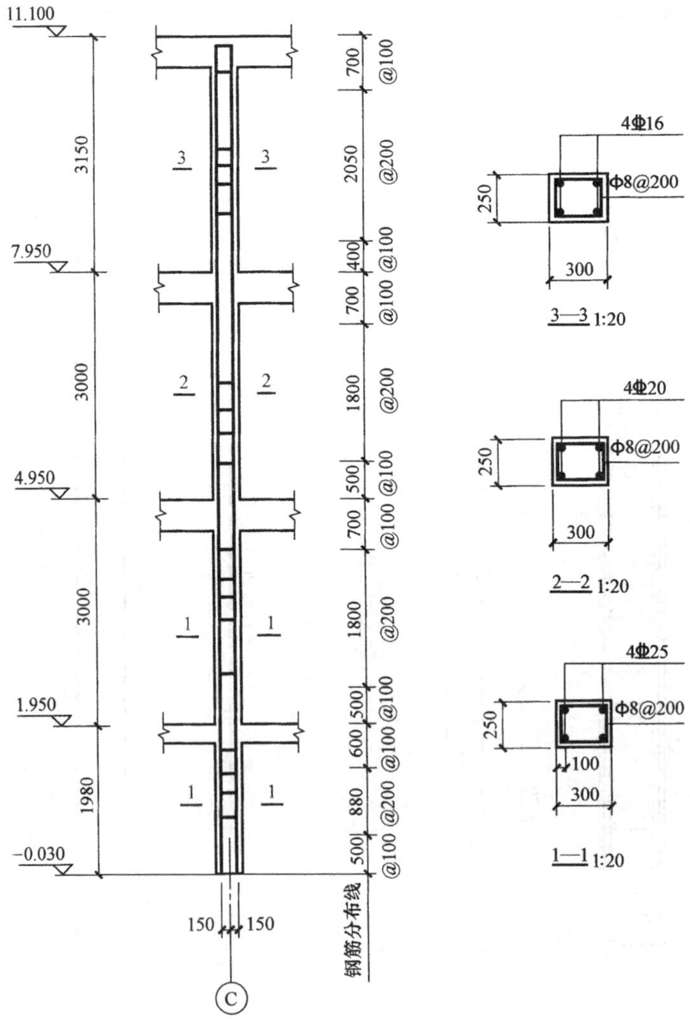

图 10.11　现浇钢筋混凝土柱的结构图

高 11.100m 处。柱为长方形断面，长 300mm、宽 250mm，1—1 断面处的受力筋是 4 根直径 25mm 的Ⅲ级钢筋，2—2 断面处的受力筋是 4 根直径 20mm 的Ⅲ级钢筋，3—3 断面处是 4 根直径 16mm 的Ⅲ级钢筋，越向上断面所需受力筋面积越小。箍筋用直径为 8mm 的Ⅰ级钢筋，柱 Z1 上不同位置，箍筋的疏密程度不同，可在 Z1 边上画出一条箍筋分布线明确表示箍筋的分布情况，其中"@200"表示箍筋间距为 200mm，"@100"表示箍筋加密间距为 100mm。

10.5.4.3　钢筋混凝土板结构详图

钢筋混凝土板结构详图包括配筋平面图和断面图。通常板的配筋用平面图来表示即可，必要时也可加画断面图。每种规格的钢筋只需画一根并标出其规格、间距。断面图反映板的配筋形式、钢筋位置及板厚。板的配筋有分离式和弯起式两种：如果板的上部和下部钢筋分别单独配置，称为分离式；如果支座附近的上部钢筋是由下部钢筋弯起得到的，就称为弯起式。图 10.12 中的配筋即为分离式配筋。

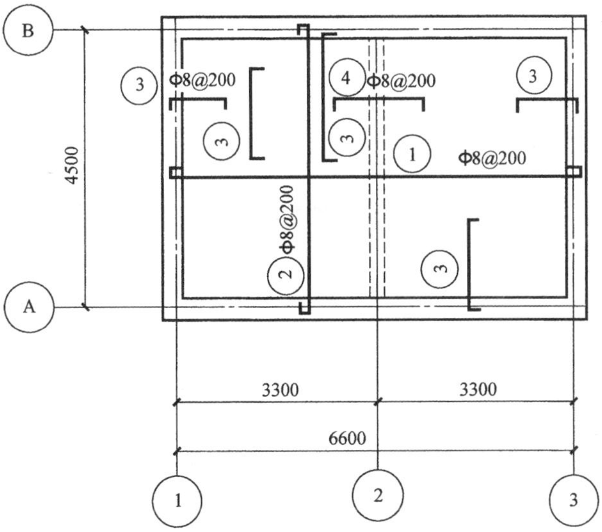

图 10.12　钢筋混凝土板结构详图

10.6　混凝土结构施工图平面整体表示方法简介

10.6.1　平法设计的意义

混凝土结构施工图平面整体表示方法（简称平法）是把结构构件的尺寸和配筋等，按照平面整体表示方法制图规则，整体直接表达在各类构件的结构平面布置图上，再与标准构造详图相配合，即构成一套新型完整的结构设计。它改变了传统的那种将构件从结构平面布置图中索引出来，再逐个绘制配筋详图的繁琐方法。

混凝土结构施工图平面整体表示方法的国家建筑标准设计图集为《混凝土结构施工图平面整体表示方法制图规则和构造详图》G101 系列图集，包括：22G101—1（现浇混凝土框架、剪力墙、梁、板)、22G101—2(现浇混凝土板式楼梯)、22G101—3(独立基础、条形基础、筏形基础、桩基础)。此外,还有与之配套使用的《混凝土结构施工钢筋排布规则与构造详图》G901 系列图集。

10.6.2　平法设计的注写方式

在平面布置图上表示各构件尺寸和配筋的方式,分平面注写方式、列表注写方式和截面注写等方式。

按平法绘制结构施工图时,应将所有柱、墙、梁构件进行编号,并用表格或其他方式注明各结构层楼(地)面标高、结构层高及相应的结构层号。常见柱梁的代号如下:

框架柱	KZ	非框架梁	L
转换柱	ZHZ	悬挑梁	XL
芯　柱	XZ	井字梁	JZL
楼层框架梁	KL	楼层框架扁梁	KBL
屋面框架梁	WKL	托柱转换梁	TZL
框支梁	KZL		

10.6.3　柱平法施工图的制图规则

柱平法施工图系在柱平面布置图上采用列表方式或截面注写方式表达。这里仅介绍柱平法施工图中的截面注写方式。

截面注写方式系在分标准层绘制的柱平面布置图上,分别在同一编号的柱中选择一个截面,并将此截面在原位放大,以直接注写截面尺寸和配筋具体数值,如图 10.13 所示。

柱钢筋截面注写的信息为:柱编号、柱截面尺寸、纵筋信息、箍筋信息等。

(1)柱编号

柱编号由柱代号和序号组成。柱的代号是指框架柱 KZ、芯柱 XZ、梁上柱 LZ、剪力墙上柱 QZ、转换柱 ZHZ 等,序号是指柱代码后的数字 1、2、3 等。图 10.12 中所示的柱编号为 KZ1、KZ2、KZ3、XZ1、LZ1。

(2)柱截面尺寸

矩形柱截面的尺寸标注为 $b\times h$。其中,b 为柱截面的横向尺寸,h 为柱截面的纵向尺寸。图 10.12 所示的柱均为矩形柱。KZ1、KZ2 和 KZ3 的截面尺寸均为 650×600,LZ1 的截面尺寸为 250×300。

(3)纵筋信息

纵筋信息包括纵筋根数、钢筋种类和钢筋直径。

柱截面转角处布设的纵筋称为角筋,除角筋外的所有纵筋称为边筋。其中,在柱截面 b 边一侧布设的纵筋称为 b 边中部筋;在柱截面 h 边一侧布设的纵筋称为 h 边中部筋。

①纵筋直径相同时,所有纵筋的信息集中标注。

②纵筋直径不相同时,角筋的信息集中标注,边筋的信息原位标注。

在图 10.13 中,KZ1 集中标注的纵筋信息为 4 ⌀22,即 4 根角筋的信息;边筋的信息分别在一侧 b 边标注为 5 ⌀22,在一侧 h 边标注 4 ⌀20。纵筋总数量为 $4+(5+4)\times 2=22$ 根。

层号	标高(m)	层高(m)
屋面2	65.670	
塔层2	62.370	3.30
屋面1(塔层1)	59.070	3.30
16	55.470	3.60
15	51.870	3.60
14	48.270	3.60
13	44.670	3.60
12	41.070	3.60
11	37.470	3.60
10	33.870	3.60
9	30.270	3.60
8	26.670	3.60
7	23.070	3.60
6	19.470	3.60
5	15.870	3.60
4	12.270	3.60
3	8.670	3.60
2	4.470	4.20
1	-0.030	4.50
-1	-4.530	4.50
-2	-9.030	4.50

结构层楼面标高
结 构 层 高
上部结构嵌固部位:
-0.030

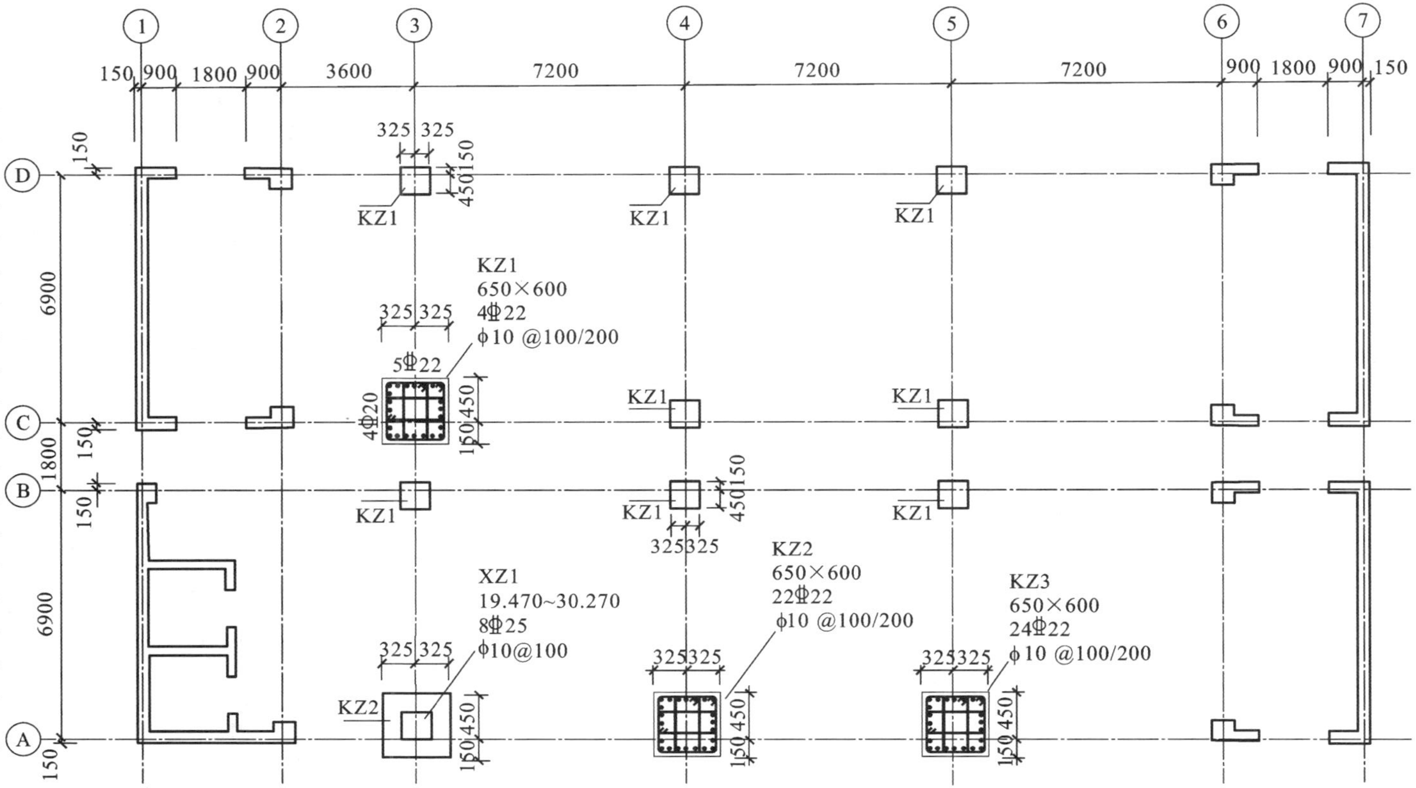

19.470~37.470柱平法施工图(局部)

图 10.13 柱平法施工图截面注写方式示例

(4)箍筋信息

箍筋信息包括钢筋种类、直径和间距。

在图 10.13 中，KZ1、KZ2、KZ3 的箍筋信息均为ϕ10@100/200；LZ1 的箍筋信息为ϕ8@100/200；XZ1 的箍筋信息为ϕ10@100。

10.6.4　梁平法施工图的制图规则

梁平法施工图系在梁平面布置图上采用平面注写方式或截面注写方式表达。这里仅介绍梁的平面注写方式。

平面注写方式系在梁平面布置图上，分别在不同编号的梁中各选一根梁，在其上注写截面尺寸和配筋具体数值的方式来表达梁平法施工图。

平面注写包括集中标注和原位标注，集中标注表达梁的通用数值，原位标注表达梁的特殊数值。当集中标注中的某项数值不适用于梁的某部位时，则将该项数值原位标注，施工时，原位标注取值优先(如图 10.14 所示)。

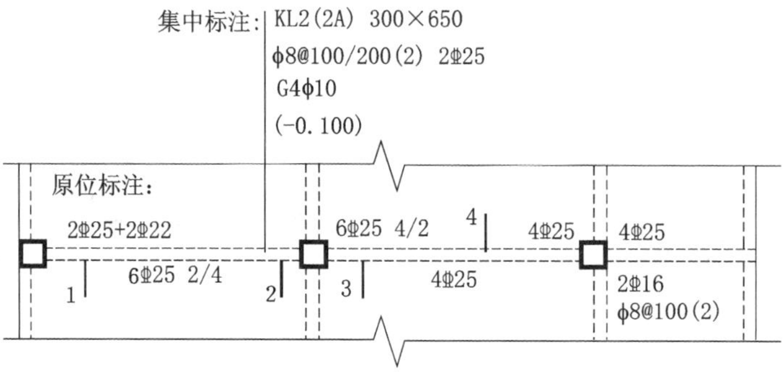

图 10.14　梁平面注写方式示例

图 10.15 四个梁截面系采用传统表示方法绘制，用于对比按平面注写方式表达的同样内容。实际采用平面注写方式表达时，不需绘制梁截面配筋图和图 10.14 中的相应截面号。

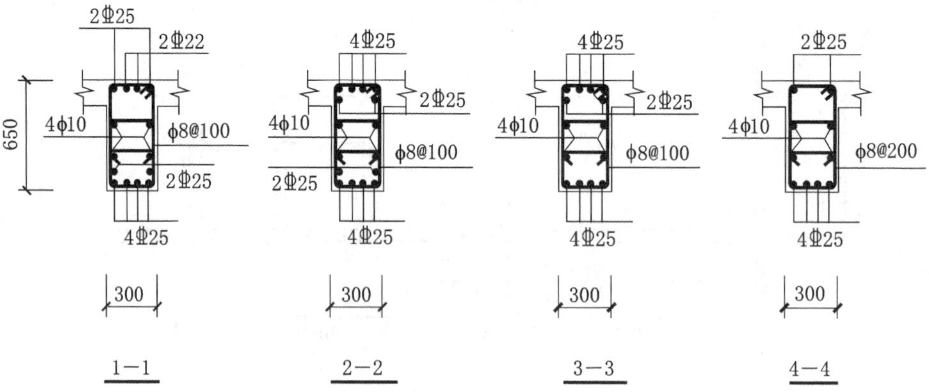

图 10.15　梁的截面配筋图

梁编号由梁类型代号、序号、跨数及有无悬挑代号几项组成，应符合表 10.6 的规定。

表 10.6 梁编号

梁类型	代号	序号	跨数及是否带有悬挑
楼层框架梁	KL	××	(××)、(××A)或(××B)
楼层框架扁梁	KBL	××	(××)、(××A)或(××B)
屋面框架梁	WKL	××	(××)、(××A)或(××B)
框支梁	KZL	××	(××)、(××A)或(××B)
托柱转换梁	TZL	××	(××)、(××A)或(××B)
非框架梁	L	××	(××)、(××A)或(××B)
悬挑梁	XL	××	
井字梁	JZL	××	(××)、(××A)或(××B)

注:(××A)为一端有悬挑,(××B)为两端有悬挑,悬挑不计入跨数。

例:KL7(5A)表示第 7 号框架梁,5 跨,一端有悬挑;L9(7B)表示第 9 号非框架梁,7 跨,两端有悬挑。

10.6.4.1 梁集中标注

梁集中标注的内容,有五项必注值及一项选注值(集中标注可从梁的任意一跨引出),规定如下:

第一项:梁编号。

第二项:梁截面尺寸。等截面梁用 $b \times h$ 表示,竖向加腋梁用 $b \times h$ $\mathrm{Y}c_1 \times c_2$ 表示(c_1 为腋长,c_2 为腋高),水平加腋梁用 $b \times h$ $\mathrm{PY}c_1 \times c_2$ 表示,悬挑梁根部和端部高度不同时用 $b \times h_1/h_2$ 表示。

第三项:梁箍筋,包括钢筋级别、直径、加密区与非加密区间距及肢数。箍筋加密区与非加密区的不同间距及肢数用斜线"/"分隔;当梁箍筋为同一种间距及肢数时,则不需用斜线;当加密区与非加密区的箍筋肢数相同时,则将肢数注写一次;箍筋肢数应注写在括号内。

例:φ10@100/200(4),表示箍筋为 HPB300 钢筋,直径为 10mm,加密区间距为 100mm,非加密区间距为 200mm,均为四肢箍。

又例:φ8@100(4)/150(2),表示箍筋为 HPB300 钢筋,直径 8mm,加密区间距为 100mm,四肢箍;非加密区间距为 150mm,两肢箍。

第四项:梁上部通长筋或架立筋。所注规格与根数应根据结构受力要求及箍筋肢数等构造要求而定。当同排纵筋中既有通长筋又有架立筋时,应用加号"+"将通长筋和架立筋相连。注写时须将角部纵筋写在加号的前面,架立筋写在加号后面的括号内,以示不同直径及与通长筋的区别。当全部采用架立筋时,则将其写入括号内。

例:2⏀22 用于双肢箍;2⏀22+(4φ12)用于六肢箍,其中 2⏀22 为通长筋,4φ12 为架立筋。

当梁的上部纵筋和下部纵筋均为通长筋且多数跨配筋相同时,此项可加注下部纵筋的配筋值,用分号";"将上部与下部纵筋的配筋值分隔开来。

例:"3⏀22;3⏀20"表示梁的上部配置 3⏀22 的通长筋,梁的下部配置 3⏀20 的通长筋。

第五项:梁侧面纵向构造钢筋或受扭钢筋。当梁腹板高度 $h_w \geqslant 450\mathrm{mm}$ 时,须配置纵向构造钢筋,所注规格与根数应符合规范规定。此项注写值以大写字母 G 打头,接续注写设置在梁两个侧面的总配筋值,且对称配置。

例:G4φ12,表示梁的两个侧面共配置 4 根直径为 12mm 的 HPB300 纵向构造钢筋,每侧各配置 2φ12。

当梁侧面需配置受扭纵向钢筋时,此项注写值以大写字母 N 打头,接续注写配置在梁两个侧面的总配筋值，且对称配置。受扭纵向钢筋应满足梁侧面纵向构造钢筋的间距要求，且不再重复配置纵向构造钢筋。

例：N6Φ22，表示梁的两个侧面共配置 6Φ22 的受扭纵向钢筋，每侧各配置 3Φ22。

第六项：梁顶面标高高差。

梁顶面标高高差，系指相对于结构层楼面标高的高差值。有高差时，必将其写入括号内，无高差时不注。当某梁的顶面高于所在结构层的楼面标高时，其标高高差为正值，反之为负值。

以上六项中，前五项为必注值，第六项为选注值。现以图 10.13 中的集中标注为例，说明各项标注的意义：

KL2(2A)——表示第 2 号楼层框架梁，两跨，一端有悬挑。

300×650——表示梁的截面尺寸，宽度为 300mm，高度为 650mm。

φ8@100/200(2)——表示梁内箍筋采用 HPB300 钢筋，直径 8mm，加密区间距为 100mm，非加密区间距为 200mm，两肢箍。

2Φ25——表示梁上部通长筋有两根，直径 25mm，HRB400 钢筋。

G4φ10——表示梁的两个侧面共配置 4φ10 的纵向构造钢筋，每侧各配置 2φ10。

(−0.100)——表示该梁顶面低于所在结构层的楼面标高 0.100m。

10.6.4.2　梁原位标注

梁原位标注的内容如下：

(1)梁支座上部纵筋

①当上部纵筋多于一排时，用斜线“/”将各排纵筋自上而下分开。

例：梁支座上部纵筋注写为 6Φ25 4/2，则表示上一排纵筋为 4Φ25，下一排纵筋为 2Φ25。

②当同排纵筋有两种直径时，用加号“+”将两种直径相连，注写时将角部纵筋写在前面。

例：梁支座上部有四根纵筋，2Φ25 放在角部，2Φ22 放在中间，在梁支座上部应注写为 2Φ25+2Φ22。

③当梁中间支座两边的上部纵筋不同时，须在支座两边分别标注；当梁中间支座两边的上部纵筋相同时，可仅在支座的一边标注配筋值，另一边省去不注(见图 10.13)。

(2)梁下部纵筋

①当下部纵筋多于一排时，用斜线“/”将各排纵筋自上而下分开。

例：梁下部纵筋注写为 6Φ25 2/4，则表示上一排纵筋为 2Φ25，下一排纵筋为 4Φ25，全部伸入支座。

②当同排纵筋有两种直径时，用加号“+”将两种直径的纵筋相连，注写时角筋写在前面。

③当梁下部纵筋不全部伸入支座时，将梁支座下部纵筋减少的数量写在括号内。

例：梁下部纵筋注写为 6Φ25 2(−2)/4，则表示上排纵筋为 2Φ25，且不伸入支座；下一排纵筋为 4Φ25，全部伸入支座。

又例：梁下部纵筋注写为 2Φ25+3Φ22(−3)/5Φ25，则表示上排纵筋为 2Φ25 和 3Φ22，其中 3Φ22 不伸入支座；下一排纵筋为 5Φ25，全部伸入支座。

④当梁的集中标注中已按上述规定分别注写了梁上部和下部均为通长的纵筋值时，则不需在梁下部重复做原位标注。

(3)附加箍筋或吊筋

附加箍筋和吊筋可直接画在平面图中的主梁上，用线引注总配筋值(见图 10.16)。当多数附加箍筋或吊筋相同时，可在梁平法施工图上统一注明，少数与统一注明值不同时，再原位引注。

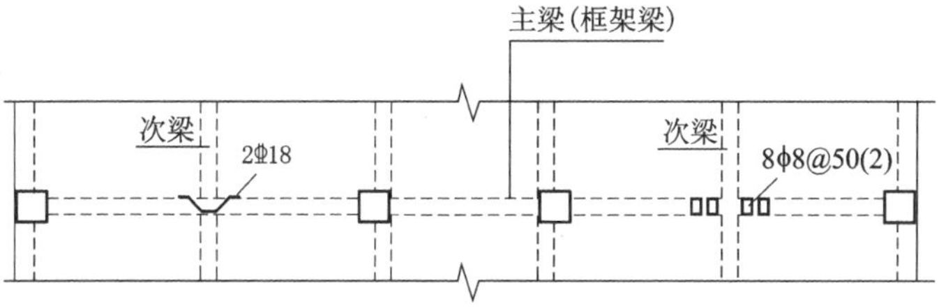

图 10.16 附加箍筋和吊筋的画法示例

(4)当在梁上集中标注的内容不适用于某跨或某悬挑部分时，则将其不同数值原位标注在该跨或该悬挑部位，施工时应按原位标注数值取用。

梁的原位标注和集中标注的识读见图 10.14。图中第一跨梁上部原位标注代号 2Φ25+2Φ22，表示梁上部配有一排纵筋，角部为 2Φ25，中间为 2Φ22。下部代号 6Φ25 2/4，表示该梁下部纵筋有两排，上一排为2Φ25，下一排为 4Φ25。图中第一、二跨梁内箍筋配置见集中标注，第三跨梁内箍筋有所不同，见原位标注ϕ8@100(2)，表示该跨箍筋间距全部为 100mm，双肢箍。

井字梁平面注写方式见图 10.17。

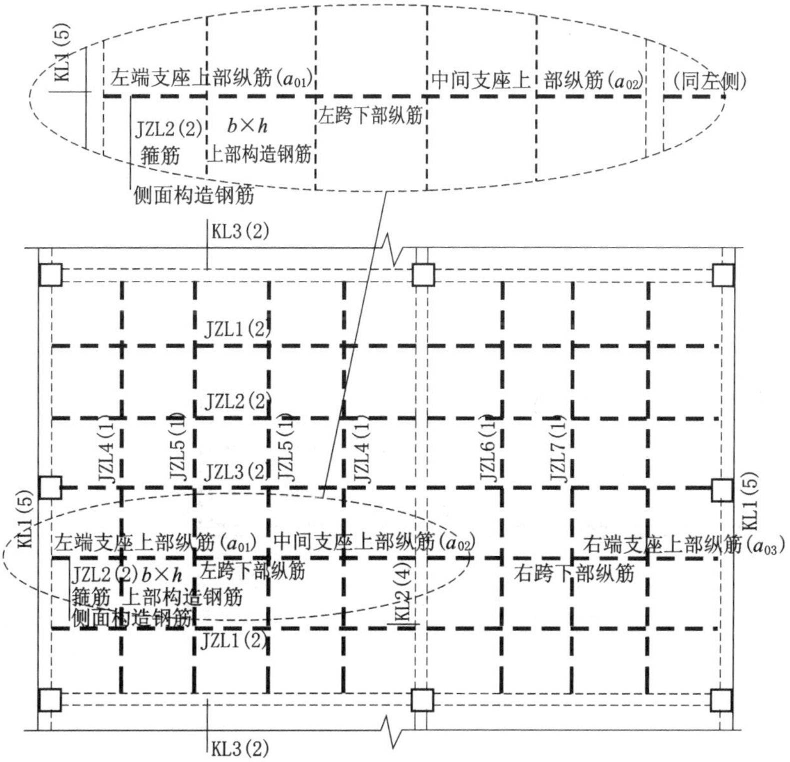

图 10.17 井字梁平面注写方式示例

梁平法施工图平面注写方式示例见图 10.18，读者可根据上述制图规则，识读施工图中各标注符号的意义。

层号	标高(m)	层高(m)
屋面2	65.670	
塔层2	62.370	3.30
屋面1(塔层1)	59.070	3.30
16	55.470	3.60
15	51.870	3.60
14	48.270	3.60
13	44.670	3.60
12	41.070	3.60
11	37.470	3.60
10	33.870	3.60
9	30.270	3.60
8	26.670	3.60
7	23.070	3.60
6	19.470	3.60
5	15.870	3.60
4	12.270	3.60
3	8.670	3.60
2	4.470	4.20
1	-0.030	4.50
-1	-4.530	4.50
-2	-9.030	4.50

结构层楼面标高
结 构 层 高

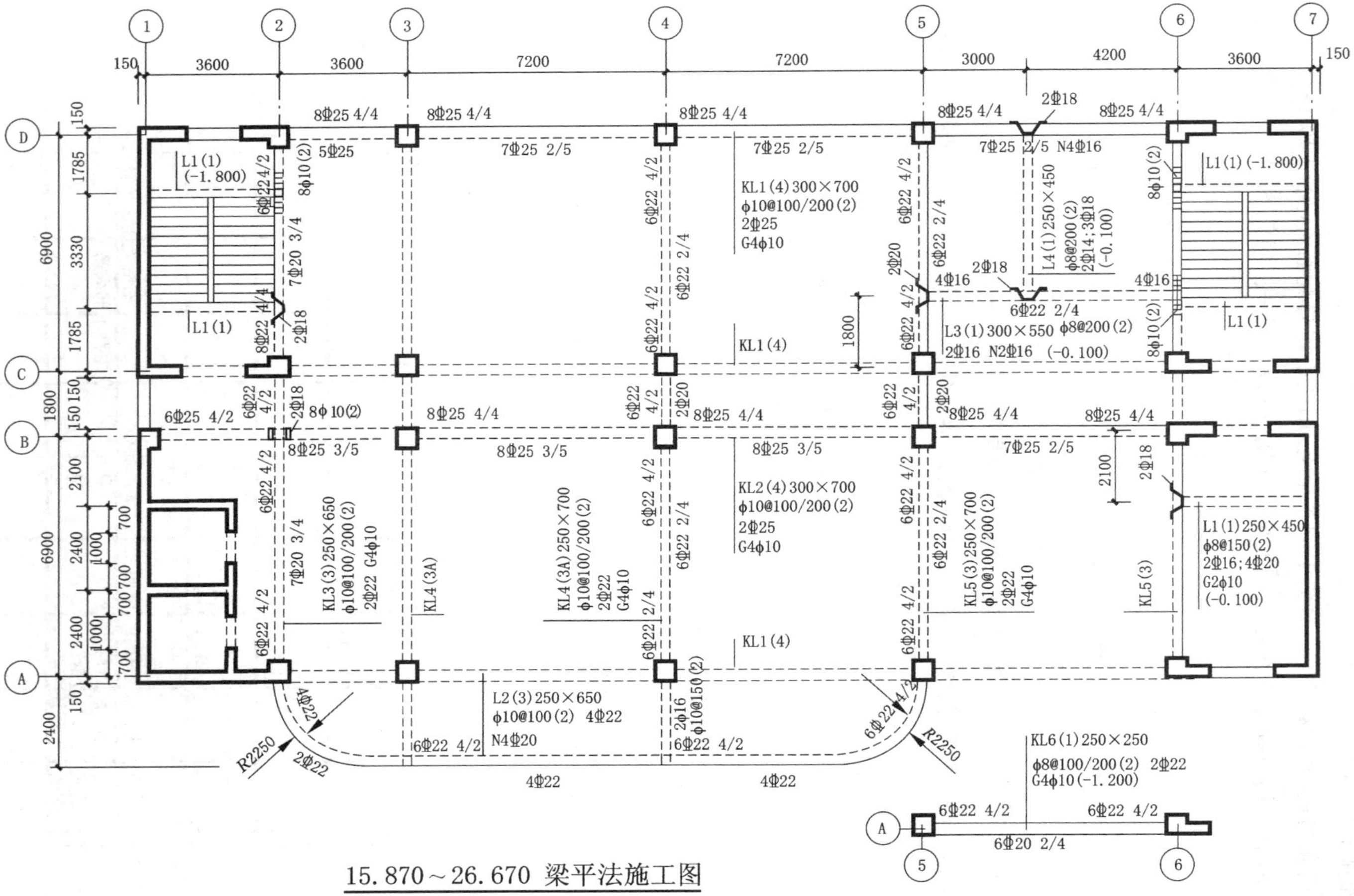

图10.18　梁平法施工图平面注写方式示例

10.6.5 剪力墙平法施工图的制图规则

剪力墙平法施工图在剪力墙的平面布置图上采用列表注写方式或截面注写方式。

10.6.5.1 列表注写方式

列表注写方式，是指分别在剪力墙柱表、剪力墙身表和剪力墙梁表中对应于剪力墙平面布置图上的编号，在截面配筋图上注写几何尺寸和配筋的具体数值，如图 10.19 所示。

剪力墙按剪力墙柱、剪力墙身、剪力墙梁（简称为墙柱、墙身、墙梁）分别进行编号，编号由类型代号和序号组成，见表 10.7、表 10.8 所示；墙身编号由墙身代号、序号及墙身所配置的水平与竖向分布钢筋的排数组成，且排数注写在括号内，如 Q××（×排）。

表 10.7 墙柱编号

墙柱类型	代　　号	序　　号
约束边缘构件	YBZ	××
构造边缘构件	GBZ	××
非边缘暗柱	AZ	××
扶　壁　柱	FBZ	××

表 10.8 墙梁编号

墙梁类型	代　　号	序　　号
连　梁	LL	××
连梁（对角暗撑配筋）	LL(JC)	××
连梁（对角斜筋配筋）	LL(JX)	××
连梁（集中对角斜筋配筋）	LL(DX)	××
连梁（跨高比不小于 5）	LLK	××
暗　梁	AL	××
边框梁	BKL	××

10.6.5.2 截面注写方式

截面注写方式，是指在分标准层绘制的剪力墙平面布置图上直接在墙柱、墙身、墙梁上注写截面尺寸和配筋的具体数值，如图 10.20 所示。

10.6.5.3 剪力墙洞口的表示方法

剪力墙上洞口均在剪力墙平面布置图上原位表达，如图 10.19、图 10.20 所示。

在洞口的中心位置引注以下内容：

(1)洞口编号：矩形洞口为 JD××（××为序号）；圆形洞口为 YD××（××为序号）。

(2)洞口几何尺寸：矩形洞口为洞宽×洞高（$b\times h$）；圆形洞口为洞口直径 D。

(3)洞口中心相对标高：指相对于结构层楼（地）面标高的洞口中心高度。

(4)洞口每边补强钢筋。

层号	标高(m)	层高(m)
屋面2	65.670	
塔层2	62.370	3.30
屋面1(塔层1)	59.070	3.30
16	55.470	3.60
15	51.870	3.60
14	48.270	3.60
13	44.670	3.60
12	41.070	3.60
11	37.470	3.60
10	33.870	3.60
9	30.270	3.60
8	26.670	3.60
7	23.070	3.60
6	19.470	3.60
5	15.870	3.60
4	12.270	3.60
3（底部加强部位）	8.670	3.60
2（底部加强部位）	4.470	4.20
1（底部加强部位）	-0.030	4.50
-1	-4.530	4.50
-2	-9.030	4.50

结构层楼面标高
结构层高

上部结构嵌固部位：
-0.030

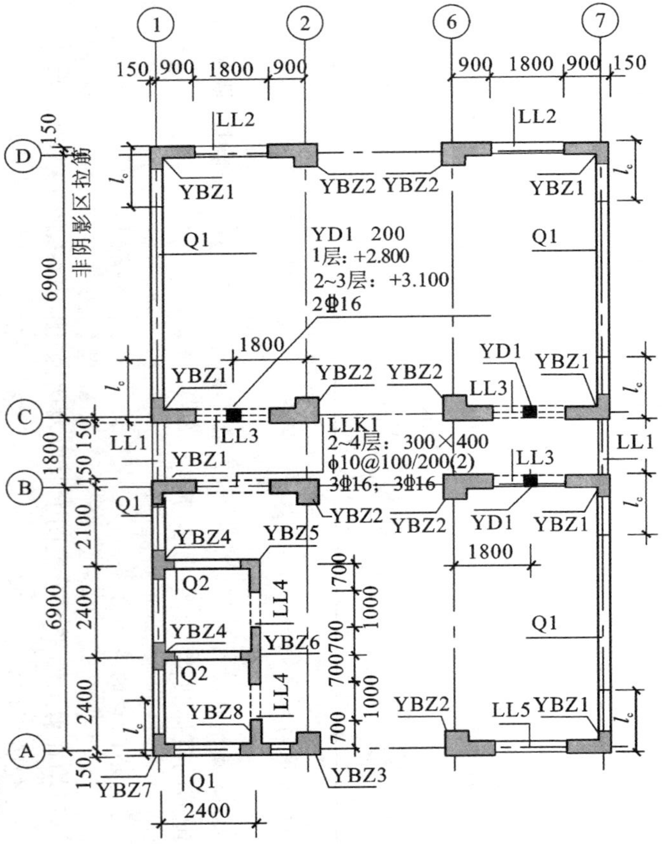

-0.030~12.270剪力墙平法施工图

编号	所在楼层号	梁顶相对标高高差	梁截面 $b\times h$	上部纵筋	下部纵筋	侧面纵筋	箍筋
LL1	2~9	0.800	300×2000	4Φ22	4Φ22	同墙体水平分布筋	ϕ10@100(2)
	10~16	0.800	250×2000	4Φ20	4Φ20		ϕ10@100(2)
	屋面1		250×1200	4Φ20	4Φ20		ϕ10@100(2)
LL2	3	-1.200	300×2520	4Φ22	4Φ22	22Φ12	ϕ10@150(2)
	4	-0.900	300×2070	4Φ22	4Φ22	18Φ12	ϕ10@150(2)
	5~9	-0.900	300×1770	4Φ22	4Φ22	16Φ12	ϕ10@150(2)
	10~屋面1	-0.900	250×1770	3Φ22	3Φ22	16Φ12	ϕ10@150(2)
LL3	2		300×2070	4Φ22	4Φ22	18Φ12	ϕ10@100(2)
	3		300×1770	4Φ22	4Φ22	16Φ12	ϕ10@100(2)
	4~9		300×1170	4Φ22	4Φ22	10Φ12	ϕ10@100(2)
	10~屋面1		250×1170	3Φ22	3Φ22	10Φ12	ϕ10@100(2)
LL4	2		250×2070	3Φ20	3Φ20	18Φ12	ϕ10@120(2)
	3		250×1770	3Φ20	3Φ20	16Φ12	ϕ10@120(2)
	4~屋面1		250×1170	3Φ20	3Φ20	10Φ12	ϕ10@120(2)
AL1	2~9		300×450	3Φ20	3Φ20	同墙体水平分布筋	ϕ8@150(2)
	10~16		250×450	3Φ18	3Φ18		ϕ8@150(2)
BKL1	屋面1		500×750	4Φ22	4Φ22	4Φ16	ϕ10@150(2)

剪力墙身表

编号	标高	墙厚	水平分布筋	垂直分布筋	拉筋双向
Q1	-0.030~30.270	300	Φ12@200	Φ12@200	ϕ6@600@600
	30.270~59.070	250	Φ10@200	Φ10@200	ϕ6@600@600
Q2	-0.030~30.270	250	Φ10@200	Φ10@200	ϕ6@600@600
	30.270~59.070	200	Φ10@200	Φ10@200	ϕ6@600@600

注：当剪力墙厚度发生变化时，连梁LL宽度随墙厚变化。

(a) 剪力墙梁、剪力墙身

层号	标高(m)	层高(m)
屋面2	65.670	
塔层2	62.370	3.30
屋面1(塔层1)	59.070	3.30
16	55.470	3.60
15	51.870	3.60
14	48.270	3.60
13	44.670	3.60
12	41.070	3.60
11	37.470	3.60
10	33.870	3.60
9	30.270	3.60
8	26.670	3.60
7	23.070	3.60
6	19.470	3.60
5	15.870	3.60
4	12.270	3.60
3（底部加强部位）	8.670	3.60
2（底部加强部位）	4.470	4.20
1（底部加强部位）	-0.030	4.50
-1	-4.530	4.50
-2	-9.030	4.50

结构层楼面标高
结　构　层　高

上部结构嵌固部位：
-0.030

剪力墙柱表

截面	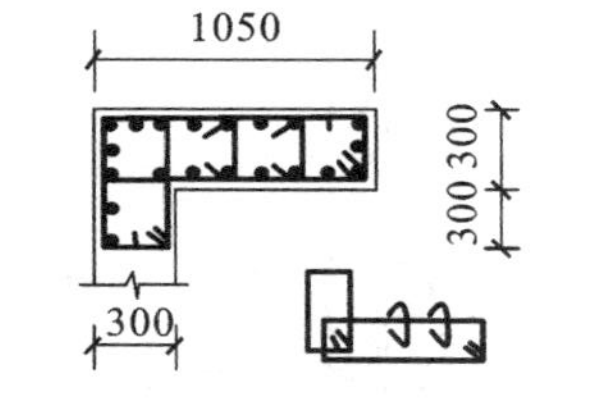	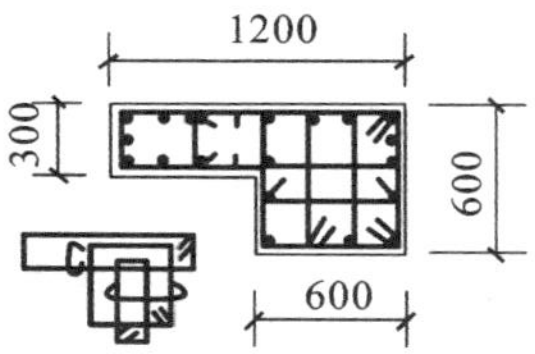	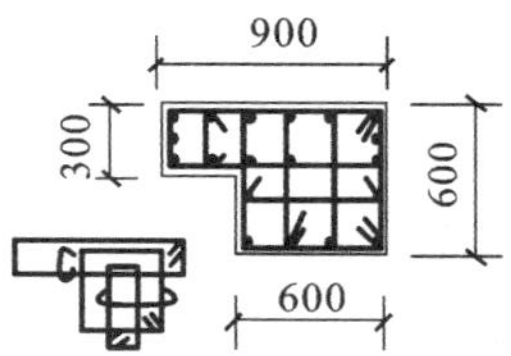	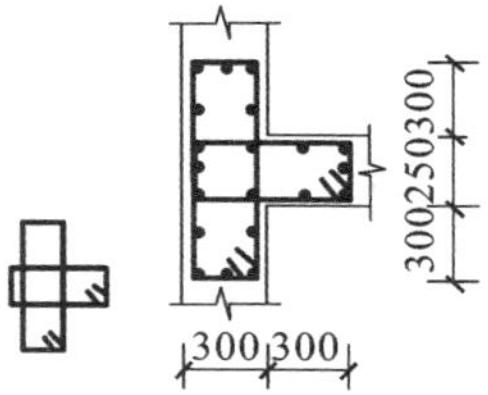
编号	YBZ1	YBZ2	YBZ3	YBZ4
标高	-0.030~12.270	-0.030~12.270	-0.030~12.270	-0.030~12.270
纵筋	24Φ20	22Φ20	18Φ22	20Φ20
箍筋	ϕ10@100	ϕ10@100	ϕ10@100	ϕ10@100
截面	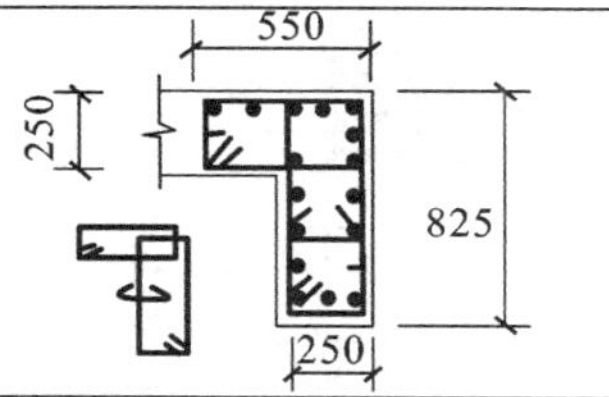	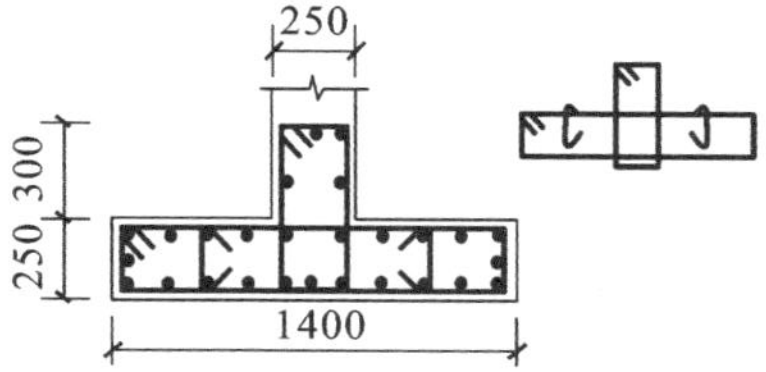		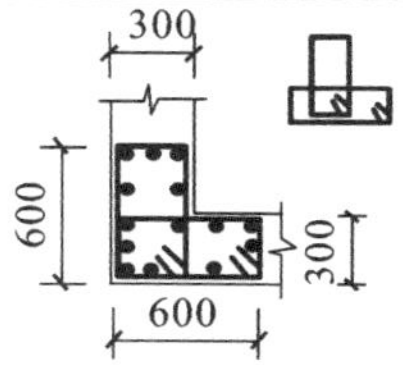
编号	YBZ5	YBZ6		YBZ7
标高	-0.030~12.270	-0.030~12.270		-0.030~12.270
纵筋	20Φ20	28Φ20		16Φ20
箍筋	ϕ10@100	ϕ10@100		ϕ10@100

-0.030~12.270剪力墙平法施工图(部分剪力墙柱表)

(b) 剪力墙柱

图 10.19　剪力墙平法施工图列表注写方式示例

层号	标高(m)	层高(m)
屋面2	65.670	
塔层2	62.370	3.30
屋面1(塔层1)	59.070	3.30
16	55.470	3.60
15	51.870	3.60
14	48.270	3.60
13	44.670	3.60
12	41.070	3.60
11	37.470	3.60
10	33.870	3.60
9	30.270	3.60
8	26.670	3.60
7	23.070	3.60
6	19.470	3.60
5	15.870	3.60
4	12.270	3.60
3	8.670	3.60
2	4.470	4.20
1	-0.030	4.50
-1	-4.530	4.50
-2	-9.030	4.50

底部加强部位

结构层楼面标高
结构层高

上部结构嵌固部位：
-0.030

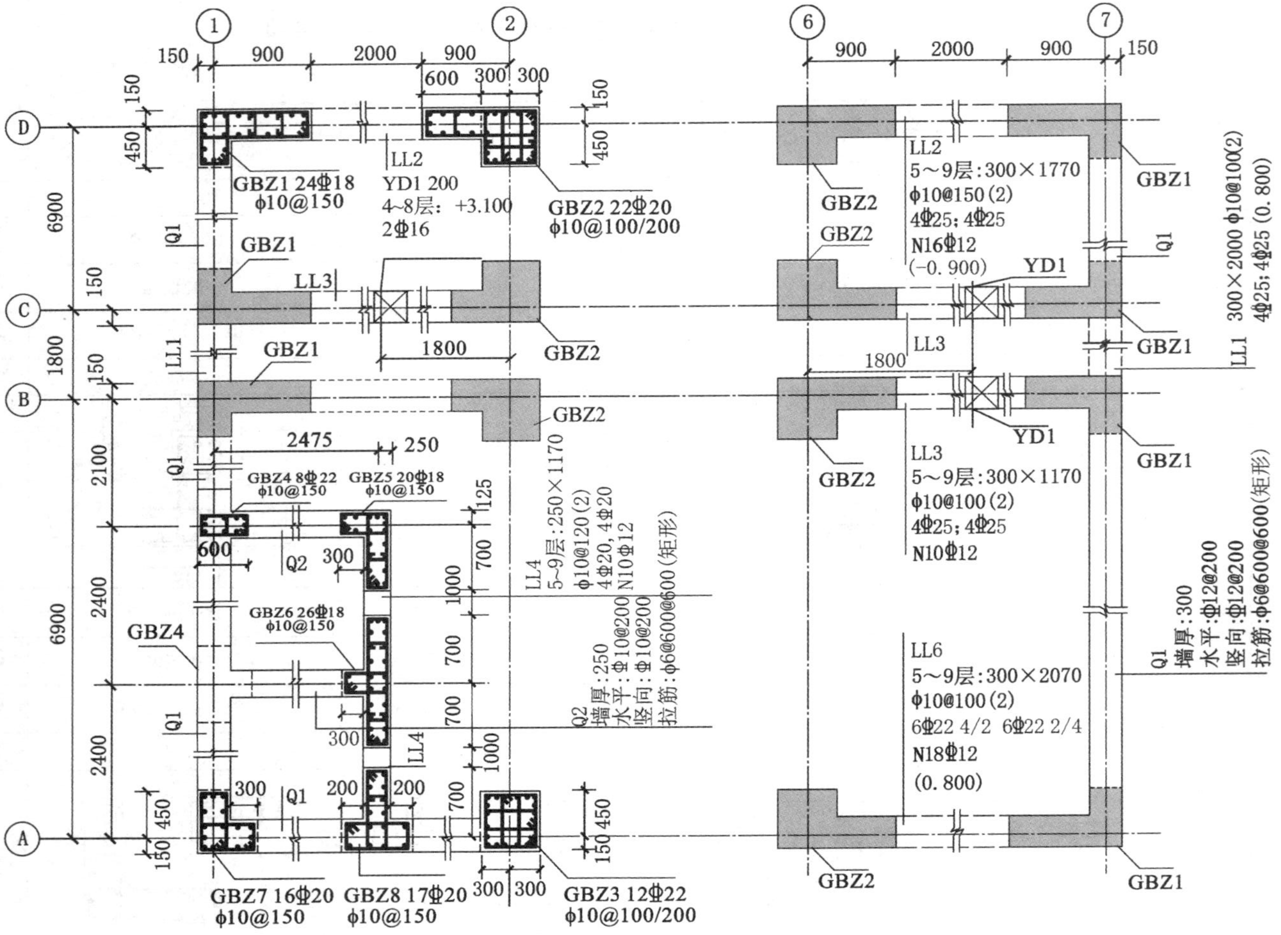

12.270~30.270剪力墙平法施工图

图 10.20　剪力墙平法施工图截面注写方式示例

10.6.6 现浇混凝土板式楼梯平法施工图的制图规则

板式楼梯平法施工图有平面注写、剖面注写和列表注写三种表达方式，这里介绍平面注写方式。

平面注写方式是在楼梯平面布置图上注写截面尺寸和配筋具体数值来表达楼梯平法施工图。

平面注写内容包括集中标注和外围标注。集中标注表达楼梯的类型代号及序号、梯板厚度、踏步段总高度和踏步级数、梯板支座上部纵筋和下部纵筋、梯板分布筋。

板式楼梯类型见表 10.9。

表 10.9 板式楼梯类型

楼板代号	适用范围		是否参与结构整体抗震计算
	抗震构造措施	适用结构	
AT	无	剪力墙、砌体结构	不参与
BT			
CT	无	剪力墙、砌体结构	不参与
DT			
ET	无	剪力墙、砌体结构	不参与
FT			
GT	无	剪力墙、砌体结构	不参与
ATa	有	框架结构、框剪结构中框架部分	不参与
ATb			不参与
ATc			参与
BTb	有	框架结构、框剪结构中框架部分	不参与
CTa	有	框架结构、框剪结构中框架部分	不参与
CTb			
DTb	有	框架结构、框剪结构中框架部分	不参与

注：ATa、CTa 低端带滑动支座支承在梯梁上；ATb、BTb、CTb、DTb 低端带滑动支座支承在挑板上。

楼梯平面注写方式如图 10.21 所示。其中，集中注写的内容有 5 项：第 1 项为梯板类型代号与序号，如 AT××；第 2 项为梯板厚度 h，当为带平板的梯板且踏段厚度和平板厚度不同时，可在梯板厚度后面括号内以字母 P 开头注写平板厚度；第 3 项为踏步段总高度和踏步的级数，之间以"/"分隔；第 4 项为梯板上部纵向钢筋(纵筋)、下部纵向钢筋(纵筋)，之间以"；"分隔；第 5 项为梯板分布筋，以 F 开头注写分布筋具体数值，该项也可在图中统一说明。

楼梯钢筋构造如图 10.22 所示。

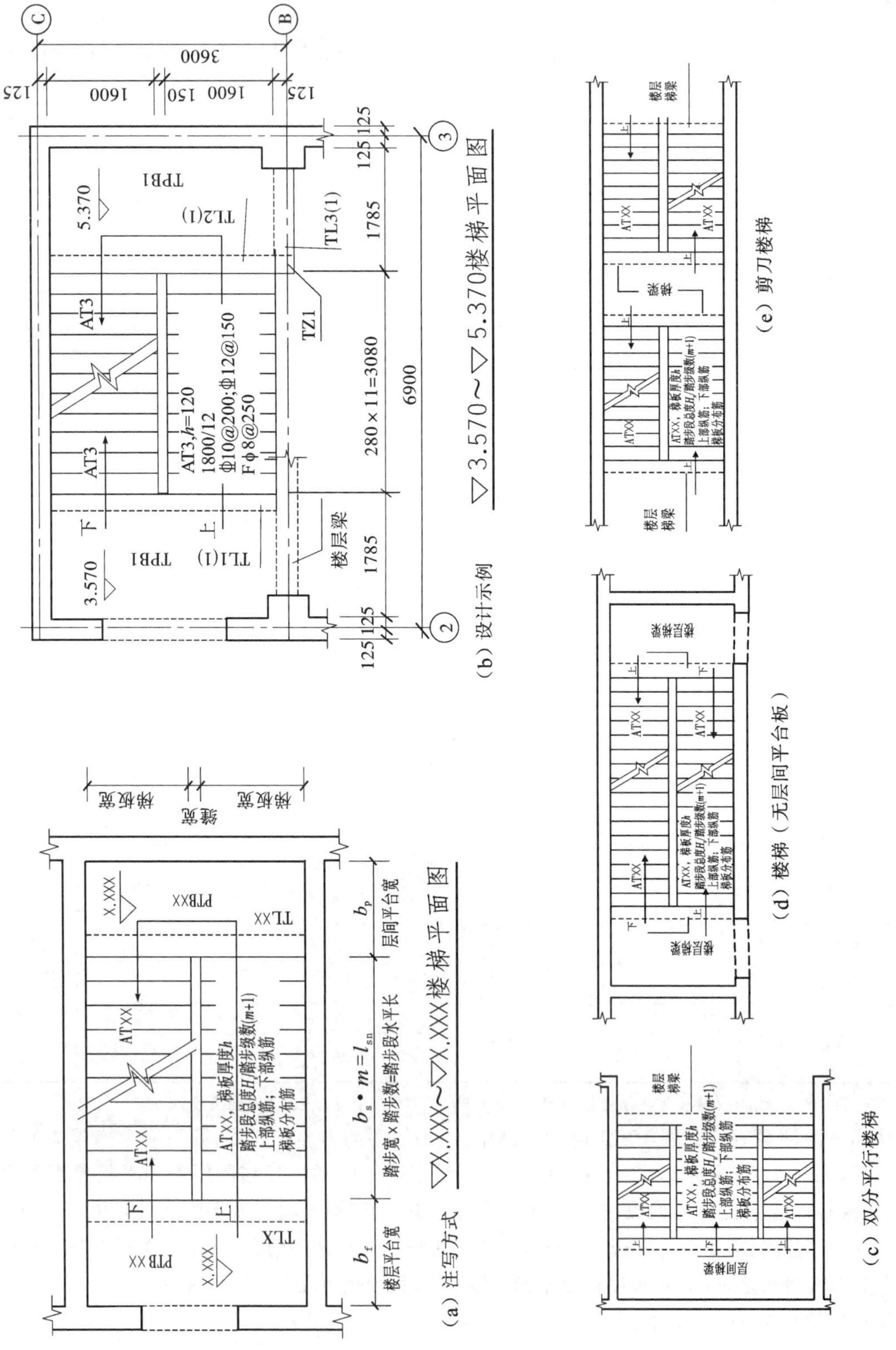

图 10.21 AT型楼梯平面注写方式

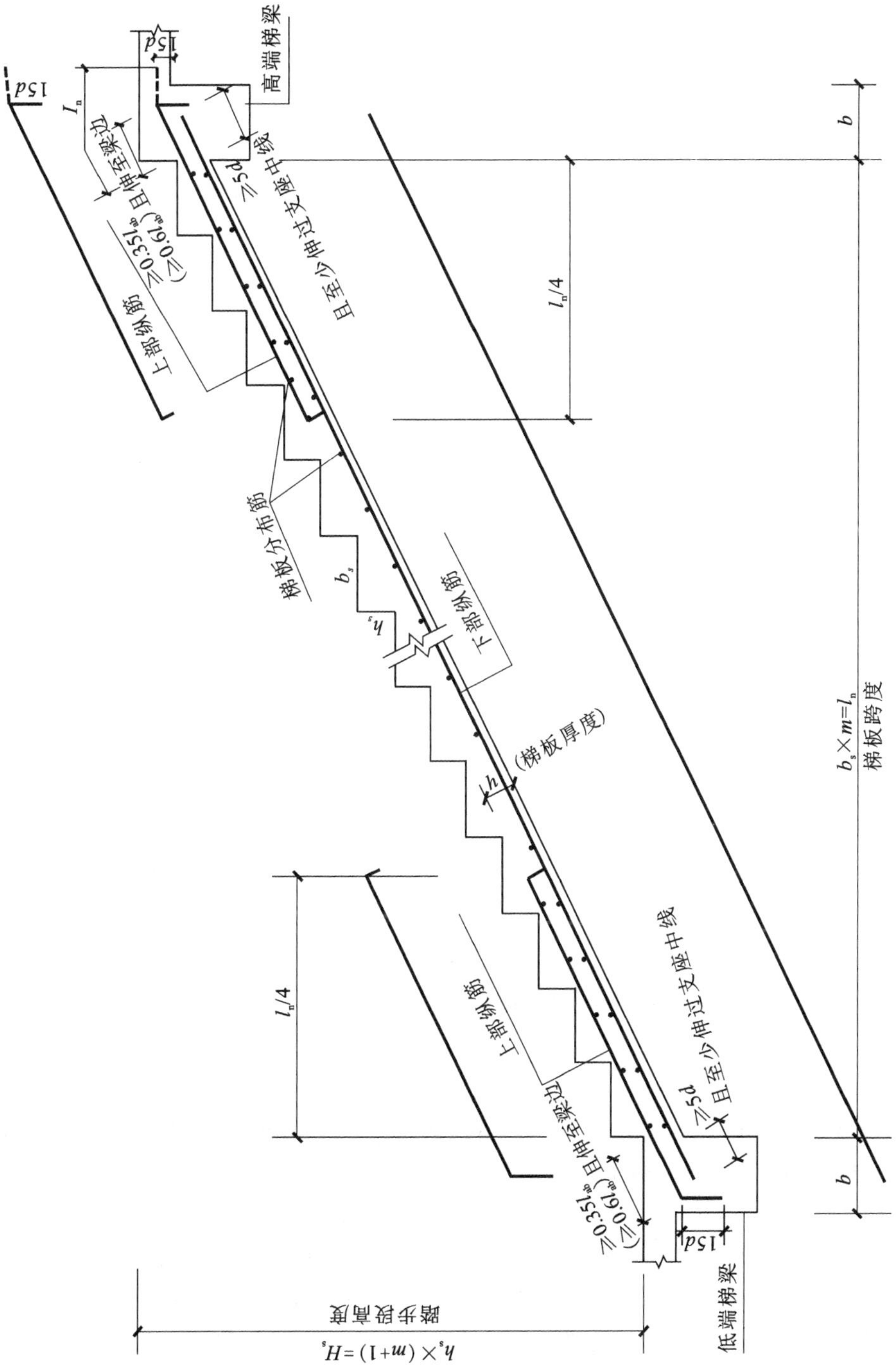

图 10.22 AT型楼梯钢筋构造

10.6.7　现浇混凝土楼面与屋面板

现浇混凝土楼面与屋面板平法施工图是在楼面板和屋面板布置图上采用平面注写的表达方式。

10.6.7.1　有梁楼盖板

板平面注写主要包括板块集中标注和板支座原位标注。当两向轴网正交布置时，图面从左向右为 x 向，从下至上为 y 向。

(1)板块集中标注

板块集中标注的内容包括板块编号、板厚、上部贯通纵筋、下部纵筋以及板面标高不同时的标高高差。

板块编号按表 10.10 的规定。

表 10.10　板块编号

板类型	代号	序号
楼面板	LB	××
屋面板	WB	××
悬挑板	XB	××

注:延伸悬挑板的上部受力钢筋应与相邻跨内板的上部纵筋连通配置。

板厚注写为 h=×××(为垂直于板面的厚度)；当悬挑板的端部改变截面厚度时，用斜线分隔根部与端部的高度值，注写为 h=×××/×××。

纵筋按板块的下部纵筋和上部贯通纵筋分别注写，以 B 代表下部纵筋、T 代表上部贯通纵筋；B&T 代表下部与上部；x 向纵筋以 X 开头，y 向纵筋以 Y 开头。在某些板内配置构造钢筋时，x 向以 X_C 开头注写，y 向以 Y_C 开头注写。

板面标高高差是指相对于结构层楼面标高的高差，将其注写在括号内。

如

LB5　h=110

B:X ⌀12@120;Y ⌀10@110　表示 5 号楼面板，板厚 110mm，板下部配置贯通纵筋 x 向为⌀12@120，y 向为⌀10@110，板上部未配置贯通纵筋。

(2)板支座原位标注

板支座原位标注的内容为:板支座上部非贯通纵筋和悬挑板上部受力钢筋。

如图 10.23 所示，图中一段适宜长度、垂直于板支座的中粗实线代表支座上部非贯通纵筋，线段上方注写钢筋编号、配筋值及横向连续布置的跨数(当为一跨时可不注)。板支座上部非贯通筋自支座边线向跨内的伸出长度注写在线段的下方。若为向支座两侧对称伸出时，可仅在支座一侧线段下方标注伸出长度，如图 10.23(a)所示；若为向支座两侧非对称伸出时，应分别在支座两侧线段下方注写伸出长度，如图 10.23(b)所示；贯通全跨或延伸至全悬挑一侧的长度值不注，只注明非贯通筋另一侧的延伸长度值，如图 10.23(c)所示。

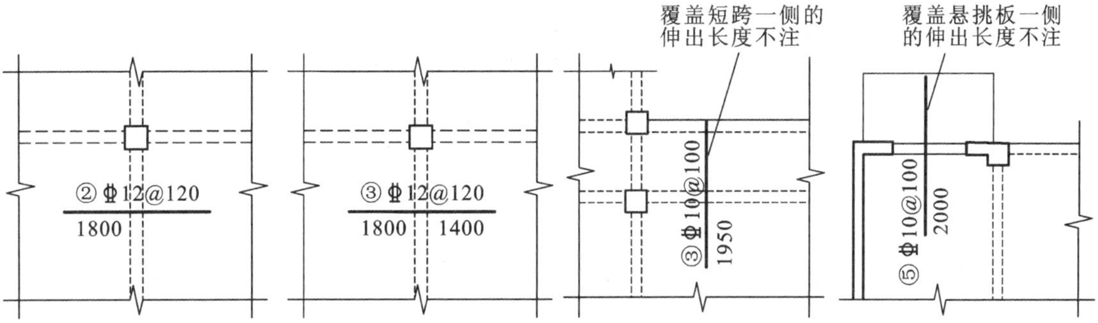

(a) 板支座上部非贯通筋对称伸出　(b) 板支座上部非贯通筋非对称伸出　(c) 板支座非贯通筋贯通全跨或伸出至悬挑端

图 10.23　板支座原位标注

图 12.24 为楼面板平法施工图示例。

10.6.7.2　无梁楼盖板

板平面注写主要包括板带集中标注和板带支座原位标注。

(1)板带集中标注

板带集中标注的内容包括板带编号、板带厚及板带宽和贯通纵筋。

板带编号按表 10.11 的规定。

表 10.11　板带编号

板类类型	代号	序号	跨数及有无悬挑
柱上板带	ZXB	××	(××)、(××A)或(××B)
跨中板带	KZB	××	(××)、(××A)或(××B)

板带厚注写为 $h=$×××，板带宽注写为 $b=$×××。

如

ZSB2(5A)$h=300$　$b=3000$

B ф16@100；T ф18@200 表示 2 号柱上板带，有 5 跨且一端悬挑；板带厚 300mm，宽 3000mm；板带配置贯通纵筋下部为 16 ф@100，上部为ф18@200。

(2)板带支座原位标注

板带支座原位标注的内容为板带支座上部非贯通纵筋。

如图 10.25 所示，图中一段与板带同向的中粗实线段表示板带支座上部非贯通纵筋，在线段上方注写钢筋编号和配筋值，在线段的下方注写自支座中线向两侧跨内的伸出长度。若为向两侧对称伸出时，可仅在一侧线段下方标注伸出长度。

10.6.7.3　楼板相关构造

楼板相关构造编号按表 10.12 的规定。

层号	标高(m)	层高(m)
屋面2	65.670	
塔层2	62.370	3.30
屋面1(塔层1)	59.070	3.30
16	55.470	3.60
15	51.870	3.60
14	48.270	3.60
13	44.670	3.60
12	41.070	3.60
11	37.470	3.60
10	33.870	3.60
9	30.270	3.60
8	26.670	3.60
7	23.070	3.60
6	19.470	3.60
5	15.870	3.60
4	12.270	3.60
3	8.670	3.60
2	4.470	4.20
1	-0.030	4.50
-1	-4.530	4.50
-2	-9.030	4.50

结构层楼面标高
结构层高

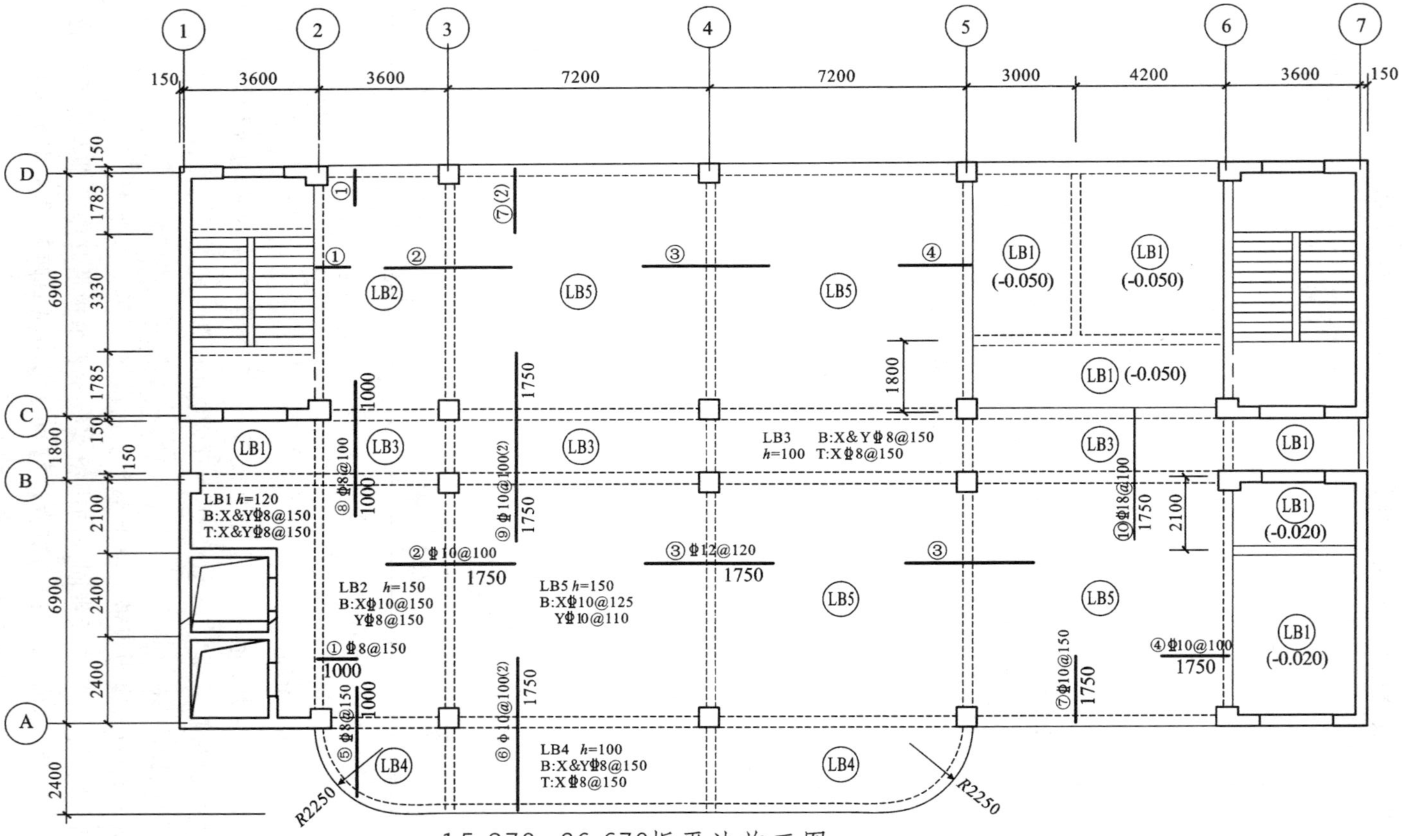

15.870~26.670板平法施工图

(未注明分布筋为Φ8@250)

图 10.24　现浇混凝土有梁楼盖平法施工图示例

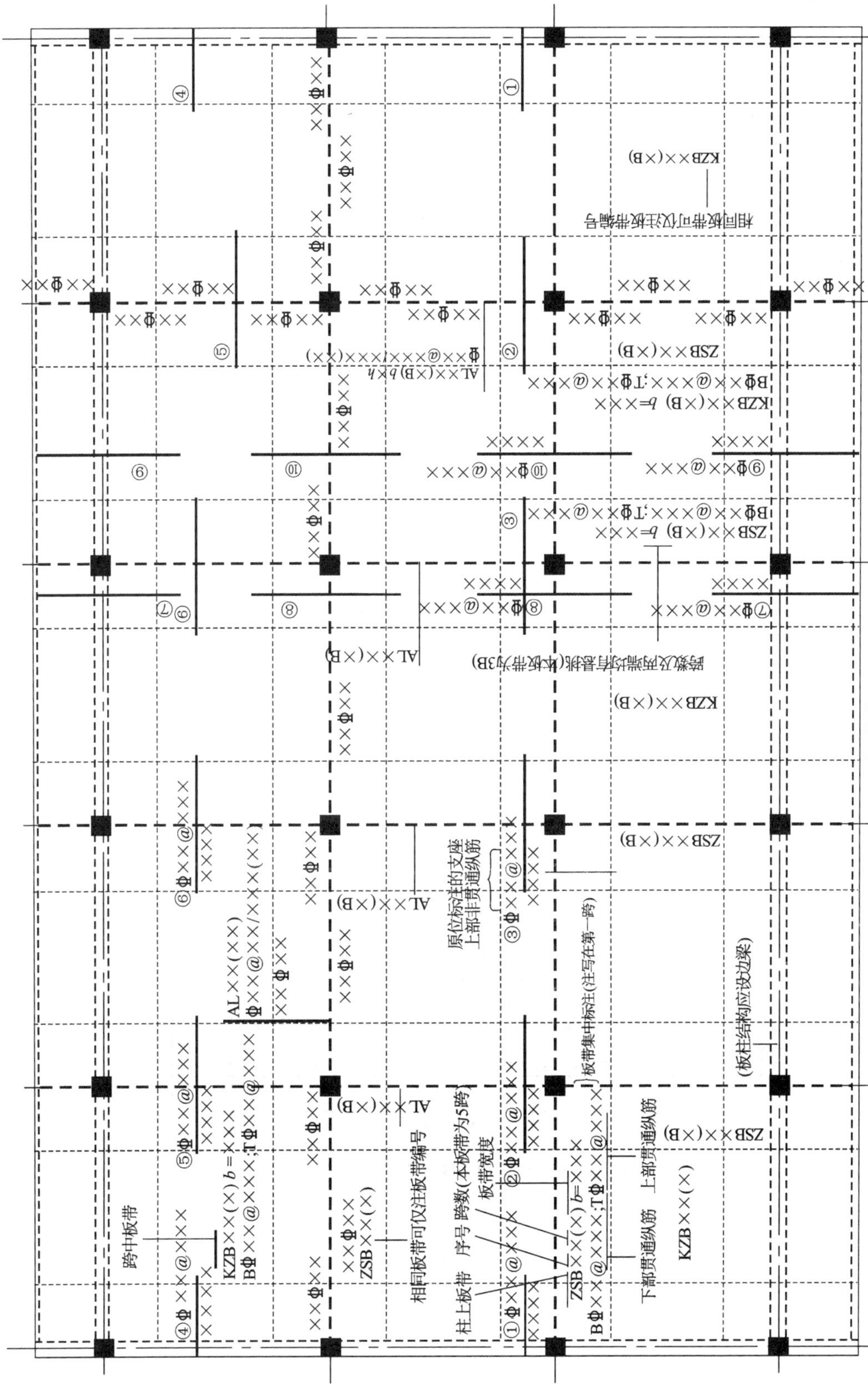

(板厚均为×××)

图 10.25 无梁楼盖平法施工图示例

表 10.12　楼板相关构造类型与编号

构造类型	代号	序号	说　明
纵筋加强带	JQD	××	以单向加强纵筋取代原位置配筋
后浇带	HJD	××	有不同的留筋方式
柱帽	ZM×	××	适用于无梁楼盖
局部升降板	SJB	××	板厚及配筋与所在板相同，构造升降高度≤300mm
板加腋	JY	××	腋高与腋宽可选注
板开洞	BD	××	最大边长或直径<1000mm；加强筋长度有全跨贯通和自洞边锚固两种
板翻边	FB	××	翻边高度≤300mm
角部加强筋	Crs	××	以上部双向非贯通加强钢筋取代原位置的非贯通配筋
悬挑板阴角附加筋	Cis	××	板悬挑阴角上部斜向附加钢筋
悬挑板阳角放射筋	Ces	××	板悬挑阳角上部放射筋
抗冲切箍筋	Rh	××	通常用于无柱帽无梁楼盖的柱顶
抗冲切弯起筋	Rb	××	通常用于无柱帽无梁楼盖的柱顶

楼板相关构造在板平法施工图上采用直接引注方式表达。

图 10.26 为纵筋加强带 JQD 引注图示。

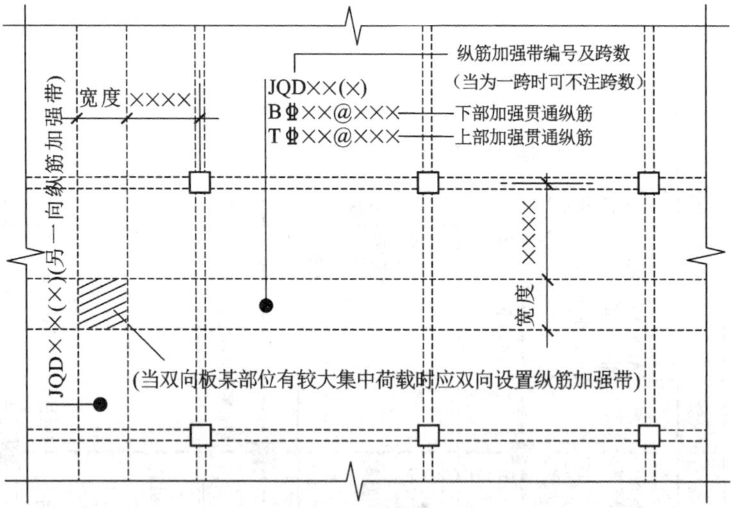

图 10.26　纵筋加强带 JQD 引注图示

图 10.27 为后浇带 HJD 引注图示。

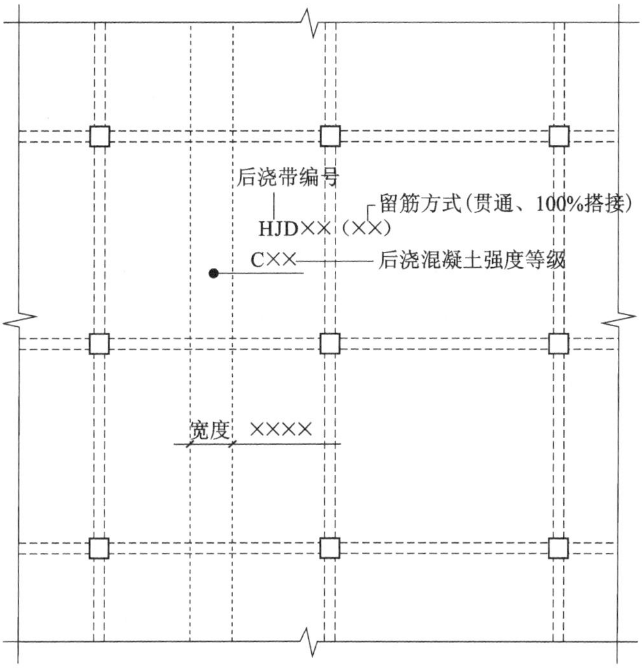

图 10.27 后浇带 HJD 引注图示

单元小结

学习本单元后,应了解结构施工图的内容和图示方法,初步掌握阅读和绘制专业施工图的方法,具有绘制和阅读中等复杂程度专业施工图的能力。同时,基本了解混凝土结构中基础柱、梁板剪力墙、楼梯等构件在结构施工图中的平面整体表示方法及制图规则,初步看懂框架结构中构件的平法施工图。

复习思考题

10.1 什么叫结构施工图?结构施工图有哪些内容?

10.2 基础平面图表达哪些内容?基础详图表达哪些内容?两者在施工中各起什么作用?

10.3 结构平面图主要表达哪些内容?它在施工中起什么作用?在表达上有哪些规定?

10.4 钢筋混凝土构件详图由哪些图组成?在施工中起何作用?其图示方法有何规定?

10.5 平法设计的意义是什么?它与传统的结构设计表示法有什么不同?

10.6 平法设计的注写方式有哪几种?

10.7 柱平法施工图中截面注写方式的制图规则有哪些?

10.8 识读图 10.13 中构件代号注写的意义。

10.9 梁平法施工图中平面注写方式的制图规则有哪些?

10.10 什么叫集中标注?什么叫原位标注?各表达什么内容?

10.11 梁的原位标注和集中标注的注写位置如何?

10.12 识读图 10.18 中各构件代号注写的意义。

参考文献

1 住房和城乡建设部.房屋建筑制图统一标准:GB/T 50001—2017[S].北京:中国建筑工业出版社,2017.

2 住房和城乡建设部.总图制图标准:GB/T 50103—2010[S].北京:中国建筑工业出版社,2010.

3 住房和城乡建设部.建筑制图标准:GB/T 50104—2010[S].北京:中国建筑工业出版社,2010.

4 住房和城乡建设部.建筑结构制图标准:GB/T 50105—2010[S].北京:中国建筑工业出版社,2010.

5 住房和城乡建设部.给水排水制图标准:GB/T 50106—2010[S].北京:中国建筑工业出版社,2010.

6 住房和城乡建设部.混凝土结构施工图平面整体表示方法制图规则和构造详图:22G101[S].北京:中国标准出版社,2022.

7 乐荷卿.土木建筑制图[M].武汉:武汉理工大学出版社,2003.

8 全国职业高中建筑类专业教材编写组.建筑制图与识图[M].北京:高等教育出版社,2003.

9 朱浩.建筑制图[M].北京:高等教育出版社,2003.

10 颜金樵.建筑制图[M].北京:高等教育出版社,2003.

11 危道军.土木建筑制图[M].北京:高等教育出版社,2002.

12 居义杰,李思丽.建筑识图[M].2 版.武汉:武汉理工大学出版社,2017.

13 付秀艳,邱培虎.结构施工图识读[M].武汉:武汉理工大学出版社,2012.

14 王强,张小平.建筑工程制图与识图[M].4 版.北京:机械工业出版社,2022.

15 白丽红,闫小春.建筑工程制图与识图[M].4 版.北京:北京大学出版社,2023.

内容提要

本书是哈尔滨工业大学"十一五"规划教材，以轿车结构为主，货车结构为辅，结合现代汽车的新结构、新技术、新工艺，系统阐述现代汽车的构造和原理。突出介绍现代汽车中电子控制汽油喷射系统、柴油机高压共轨喷射系统、微机控制的无分电器点火系统、电控自动变速器、ABS防抱死制动系统和驱动防滑系统等先进的汽车结构及技术。全书共分二十四章，包括总论、汽车发动机、汽车传动系统、汽车行驶系统、汽车转向系统、汽车制动系统和汽车车身与附属设备等主要内容。

本书可作为高等院校汽车运输类专业（汽车运用与维修、汽车服务工程等）的本科生教材，也可作为高职高专、成人教育等汽车工程类专业教材，并可供汽车检测和维修部门的工程技术人员参考。

责任编辑：陆彩云

封面设计：臧磊设计　　　　**责任出版**：卢运霞

图书在版编目（CIP）数据

汽车构造/李松龄主编．—北京：知识产权出版社，2010．10

高等院校交通运输专业教材

ISBN 978-7-5130-0173-1

Ⅰ．①汽…　Ⅱ．①李…　Ⅲ．①汽车-构造-高等学校-教材　Ⅳ．①U463

中国版本图书馆 CIP 数据核字（2010）第 173805 号

高等院校交通运输专业教材

汽车构造

李松龄　主编

出版发行：知识产权出版社

社　　址：北京市海淀区马甸南村1号	邮　　编：100088
网　　址：http://www.ipph.cn	邮　　箱：bjb@cnipr.com
发行电话：010-82000860 转 8101/8102	传　　真：010-82005070/82000893
责编电话：010-82000860 转 8110	责任邮箱：lcy@cnipr.com
印　　刷：北京市兴怀印刷厂	经　　销：新华书店及相关销售网点
开　　本：787mm×1092mm　1/16	印　　张：23.75
版　　次：2010 年 10 月第 1 版	印　　次：2010 年 10 月第 1 次印刷
字　　数：640 千字	定　　价：45.00 元

ISBN 978-7-5130-0173-1/U・010(3116)

高等院校交通运输专业教材

汽 车 构 造

李松龄 主编

知识产权出版社

前　　言

本书是为了适应近年来汽车工业及交通运输行业的快速发展，满足高等院校汽车运输类专业人才培养的需求，解决交通运输类专业的教材短缺问题，参考高等院校交通运输专业本科教学大纲而编写的规划教材，本书是哈尔滨工业大学“十一五”规划教材。

随着科学技术的高速发展，越来越多的高新技术不断地应用于汽车中，使得现代汽车与传统汽车相比在结构及原理上具有一定变化。本书本着除旧出新的原则，以轿车结构为主，货车结构为辅，结合现代汽车的新结构、新技术、新工艺，系统阐述现代汽车的构造和工作原理。对现代汽车中电子控制汽油喷射系统、柴油机高压共轨喷射系统、微机控制的无分电器点火系统、电控自动变速器、四轮驱动系统、ABS 防抱死制动系统等先进的汽车结构及技术做了较详细的阐述。本书力求做到语言简练、流畅，插图清晰、正确，文稿和图稿配合准确，内容阐述条理清晰，富有启发性，便于读者自学。

全书共分二十四章，由李松龄主编，全书由李松龄统稿。编写成员有：李松龄（总论、第八章、第十一章、第十二章、第十三章、第十四章、第十五章、第十六章、第二十二章）、孙荆芒（第十七章、第十九章、第二十章、第二十一章）、王绍增（第四章、第五章、第六章、第九章、第二十四章）、李奎（第二章、第三章、第二十三章）、王晓娟（第七章、第十八章）、朱宝全（第一章）、范东溟（第十章）。

由于水平有限，在编写过程中，难免会出现误漏之处，真诚希望使用本书的高校师生及广大读者批评指正。

目　录

总　　论

一、汽车工业发展概况

1885 年德国工程师卡尔·本茨设计制造了一辆装有单缸汽油机的三轮汽车(图 0-1a),并在 1886 年 1 月 29 日申请了专利。同年德国人哥德里普·戴姆勒设计制造出第一辆汽油机的四轮汽车(图 0-1b)。从此,人们将这一年作为世界上第一辆汽车的诞生年。二人被誉为汽车之父。

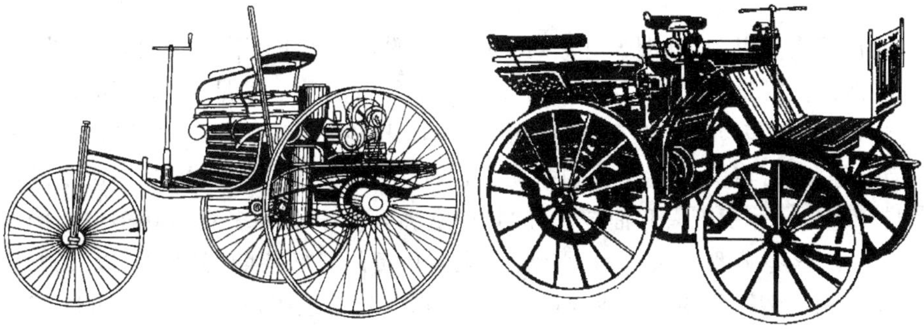

(a)　　(b)

图 0-1　世界汽车诞生

(a)世界上第一辆三轮汽车　(b)世界上第一辆四轮汽车

1892 年,德国工程师鲁道夫·狄赛尔提出了压燃式柴油机理论,并于 1897 年成功地试制出世界上第一台柴油机。后人为纪念这位发明家,把柴油机命名为"狄赛尔发动机"。

德国人本茨和戴姆勒发明了汽车之后,接着欧洲便出现了生产汽车的公司。最早成立的汽车公司有德国的奔驰公司、戴姆勒公司,法国的标致公司、雷诺公司,英国的奥斯汀公司、罗浮公司,以及意大利的菲亚特公司等,欧洲是世界汽车工业的摇篮。虽然德国人发明了汽车,而促进汽车最初发展的是法国人。1891 年,法国人阿尔芒·标致首次采用前置发动机后驱动形式,奠定了汽车传动系统的基本构造。1898 年,法国人路易斯·雷诺将万向节首先应用在汽车传动系中,并发明了锥齿轮式主减速器。尽管以法国为主的欧洲汽车公司占据了当时世界汽车工业的统治地位,但都是以手工方式生产汽车,讲究豪华,价格昂贵,限制了汽车工业的发展。

1903 年亨利·福特创立了美国福特汽车公司。1908 年,福特汽车公司推出了著名的 T 型车(图 0-2a),并于 1913 年在汽车行业率先采用流水生产线大批生产,使 T 型车成为大批量生产的开端,汽车装配时间从 12.5h 缩短到 1.5h。从 1908 年到 1927 年的 20 年间,T 型车共生产了 1500 多万辆,这一车型累计产量记录直到 1972 年才被德国的波尔舍博设计的甲壳虫型汽车(图 0-2b)打破。1915 年,福特一个公司的汽车年产量就占美国汽车公司总产量的 70%,而当时生产汽车历史较长的德、英、法等欧洲各国的汽车总产量也不过是美国产量的 5%。但是,由于亨利·福特仅注重生产成本,不重视产品改进,使多年生产的 T 型车显得单调、简陋。到1927年,带有豪华饰件的通用公司的雪佛兰型汽车赢得了用户普遍欢迎,终于击败了垄断汽车市场20年的福特T型车,使它最终退出了汽车舞台。

(a) (b)

图0-2 汽车发展

(a)福特T型车 (b)甲壳虫型汽车

第二次世界大战以前,欧洲人开始对美国汽车的一统天下不满。但是,由于当时欧洲的汽车公司尚不能以大批量生产、降低售价与美国汽车公司竞争。于是,以新颖的汽车产品,例如发动机前置前驱动、发动机后置后驱动、承载式车身、微型节油车等,尽量适应不同的道路条件、国民爱好等要求,与美国汽车公司抗衡。因此,形成了由汽车产品单一到多样化的变革。针对美国车型单一、体积庞大和油耗高等弱点,欧洲开发了多姿多彩的新车型。例如:严谨规范的奔驰、宝马,轻盈典雅的法拉利、雪铁龙,雍容华贵的劳斯莱斯、美洲虎,以及神奇的甲壳虫等车型纷纷亮相。多样化的产品成为最大优势,规模效益也得以实现。到1966年,欧洲汽车产量突破1000万辆,比1955年产量增长5倍,超过北美汽车产量,成为世界第二个汽车工业发展中心。到1973年,欧洲汽车产量提高到1500万辆。世界汽车工业又由美国转回欧洲。

1933年日本创建了第一大汽车公司(即丰田汽车公司)和第二大汽车公司(即日产汽车公司)。第二次世界大战前夕,日本政府颁布了《汽车制造业企业法》,表明对发展汽车工业给予支持。二战中,日本政府关闭了美国在日本所建立的汽车制造厂。二战后,日本不允许外国到日本建厂造车。尽管如此,在20世纪50年代,日本的汽车工业仍然发展缓慢。进入20世纪60年代以后,日本各汽车公司及时推出物美价廉的汽车,经济型轿车的生产在日本逐年增加,于是日本出现了普及汽车的高潮。1973年,因中东战争引发了全球石油危机,各国对汽车的需求立即由豪华、气派型转向轻小、节油型。这一天赐良机,给日本汽车工业带来好运,他们生产的小型节油车成为全世界的畅销产品。1973年,日本汽车出口量达到200万辆;1977年,日本汽车出口量达到400万辆;1980年,日本汽车出口量猛增到600万辆。

由于日本实现了汽车国内销售量和出口量双高速增长,迎来了日本汽车工业的发展,创造了世界汽车工业发展的奇迹。1960年,日本汽车产量仅为16万辆,远远低于当时美国和西欧各主要汽车生产国的水平。但到1967年,汽车产量达到300万辆,超过欧洲各主要汽车生产国的产量,居世界第二位。到1980年,汽车产量达到1100万辆,超过美国汽车产量,跃居世界第一位,日本成为继美国、欧洲之后的世界上第三个汽车工业发展中心,即世界汽车工业又发生了从欧洲到日本的第三次转移。

一百多年的汽车发展史表明:汽车诞生于德国,成长于法国,成熟于美国,兴旺于欧洲,挑战于日本。

我国汽车工业发展较晚,1953年7月第一汽车制造厂开始在长春兴建,1956年7月15日正式投产，生产出新中国第一辆解放CA10B型载货汽车(图0-3)。1975年中国第二汽车制造厂在湖北省十堰建成并投产，生产东风140载货汽车。我国轿车生产是从1958年开始的，生产第一辆轿车——东风牌轿车，接着又开始小批量生产红旗牌轿车。

图0-3 新中国第一辆解放CA10B型载货汽车

从1953～1978年改革开放之前，这一段时间初步奠定了我国汽车工业发展的基础，相继建设了一批汽车制造厂及相应的产品，见表0-1。在发展中，我国汽车工业也曾一度陷于"散、乱、差"的局面，车型结构也是"缺重少轻，轿车几乎空白"。中国的汽车产业曾被称为"弱质产业"，拥有113家整车厂，总产量不及国外一家大汽车厂。

表0-1 建国初期我国的主要汽车企业及其产品

企业	产品	企业	产品
第一汽车制造厂	解放CA10中型载货汽车(4t) 解放CA30中型越野汽车(2.5t) 红旗CA770高级轿车(7人)	北京汽车制造厂 北京第二汽车制造厂 上海汽车制造厂	北京BJ212轻型越野汽车(5人) 北京BJ130轻型载货汽车(2t) 上海SH760中级轿车(5人)
第二汽车制造厂	东风EQ240中型越野汽车(2.5t) 东风EQ140中型载货汽车(5t)	上海客车厂	上海SK640中型客车(80人) 上海SK660铰接式客车(145人)
南京汽车制造厂	跃进NJ130轻型载货汽车(2.5t) 跃进NJ230轻型越野汽车(1.5t)	北京市客车总厂 四川汽车制造厂	北京BK650大型客车(100人) 红岩CCP60重型越野汽车(10t)
济南汽车制造厂	黄河JN150重型载货汽车(8t)	陕西汽车制造厂	攀登5X250重型越野汽车(10t)

从1978年到20世纪末是改革开放阶段，我国的汽车工业得到了长足的发展，形成了完整的汽车工业发展体系。中共十四大和全国人大八届四次会议确定将汽车工业列为国民经济支柱产业，1994年国家颁布《汽车工业产业政策》。经过多年来艰难的产业结构调整，通过大规模的兼并重组，实现了规模化生产的格局。世界汽车的六大集团(通用、福特、丰田、大众、戴姆勒·克莱斯勒、雷诺)和三大公司(BMW宝马、本田、PSA标致—雪铁龙)纷纷以各种方式进入我国汽车市场，极大地加快了汽车的技术进步。1998年汽车产量为162.8万辆，列世界排名第十位。轿车产量为50.7万辆，世界排名第十四位。

1999年至今，是我国汽车工业高速发展时期，每年基本保持2位数以上的增长率。2002年是我国加入世贸组织后的第二年，我国生产汽车325余万辆、销售324余万辆，2003年生产450万辆，销售420余万辆，某些紧俏车辆已出现供不应求的现象，2004年生产汽车507.05万辆，销售507.11万辆，生产轿车231.63万辆。在轿车生产领域，除一汽、二汽和上汽外，还有广州本田、重庆长安、安徽奇瑞、浙江吉利、沈阳华晨、北京现代等。随着我国人民生活水平的提高，轿车正在加速进入家庭。2004年年底，全国汽车保有量已经超过2500万辆，私家车700

万辆。预计2010年达到7167万辆，轿车达到2070万辆，中国汽车市场良好的发展势头和前景为世界各国所重视和认可。中国汽车工业从引进项目、与国外联合开发为主走向成熟的自主开发。展望未来，我国汽车工业已全面融入国际汽车工业体系，将步入世界汽车工业强国的行列。

汽车制造工业涉及众多的工业门类。一辆汽车由多种材料、上万个零件组成，应用冶金、铸造、锻压、焊接、机械加工、装配和涂装等许多工艺技术，涉及冶金、机械制造、化工、电力、石油、轻工和建筑等部门，汽车销售与营运还涉及金融、商业、运输、旅游和服务等第三产业。可见，汽车工业的发展将带动整个国民经济的发展。发达国家汽车工业产值约占国民经济总产值的8%，占机械工业产值的30%，汽车工业是代表一个国家工业水平的重要标志。世界各个发达国家无一例外地把汽车工业作为国民经济的支柱产业。

2007年全球排名前十四位国家的汽车总产量为6321余万辆，其中轿车产量4545多万辆，商务车产量1776多万辆。2006～2008年国际主要汽车生产国汽车产量及排名见表0-2。

表0-2　2006～2008年国际主要汽车生产国汽车产量及排名

排名	2006年		2007年		2008年	
	国别	总产量	国别	总产量	国别	总产量
1	日本	11 484 233	日本	11 596 327	日本	11 563 629
2	美国	11 263 986	美国	10 780 729	中国	9 345 101
3	中国	7 188 708	中国	8 882 456	美国	8 705 239
4	德国	5 819 614	德国	6 213 460	德国	6 040 582
5	韩国	3 840 102	韩国	4 086 308	韩国	3 806 682
6	法国	3 169 219	法国	3 019 144	巴西	3 220 475
7	西班牙	2 777 435	巴西	2 970 818	法国	2 568 978
8	巴西	2 611 034	西班牙	2 889 703	西班牙	2 541 644
9	加拿大	2 572 292	加拿大	2 578 238	印度	2 314 662
10	墨西哥	2 045 518	印度	2 306 768	墨西哥	2 191 230
11	印度	2 019 808	墨西哥	2 095 245	加拿大	2 077 589
12	英国	1 648 388	英国	1 750 253	俄罗斯	1 790 301
13	俄罗斯	1 508 358	俄罗斯	1 660 120	英国	1 649 515
14	意大利	1 211 594	意大利	1 284 312	泰国	1 393 742

二、汽车的类型

汽车是借助于自身的动力装置驱动，通常具有4个(或4个以上)车轮的非轨道、无架线车辆。汽车的主要用途是运输。

根据《汽车和半挂车的术语和定义　车辆类型》(GB/T3730.1—88)，按照汽车的用途将汽车分为7类。

1. 轿车

轿车是载送少量乘员的汽车。按照发动机的排量将轿车划分为：微型轿车(小于或等于1L)；普通轿车(大于1L且小于或等于1.6L)；中级轿车(大于1.6L且小于或等于2.5L)；中高级轿车(大于2.5L且小于或等于4L)；高级轿车(大于4L)。

2. 客车

主要用于载送较多乘员及其随身行李物品的汽车。客车按照其全长的尺寸划分为：微型客车（小于或等于3.5m）；轻型客车（大于3.5m且小于或等于7m）；中型客车（大于7m且小于或等于10m）；大型客车（大于10m）；特大客车（铰接客车或双层客车）。

3. 载货汽车

主要用于运送货物，有的也可牵引全挂车的汽车。载货汽车按照公路运行时其厂定最大总质量划分为：微型货车（小于或等于1.8t）；轻型货车（大于1.8t且小于或等于1.6t）；中型货车（大于6t且小于或等于14t）；重型货车（大于14t）。

4. 越野汽车

主要用于坏路或无路地区的全轮驱动、具有高通过性的汽车。越野汽车按照越野运行时其厂定最大总质量划分为：轻型越野汽车（小于或等于5t）；中型越野汽车（大于5t且小于或等于13t）；重型越野汽车（大于13t且小于或等于24t）；超重型越野汽车（大于24t）。

5. 自卸汽车

以运送货物为主且具有可倾卸货箱的汽车。自卸汽车按照公路运行时厂定最大总质量划为：轻型自卸汽车（小于或等于6t）；中型自卸汽车（大于6t且小于或等于14t）；重型自卸汽车（大于14t且厂定最大轴载质量小于公路许用轴载质量），矿用自卸汽车（主要用于矿区或工地的自卸汽车）。

6. 牵引汽车

专门或主要用于牵引挂车的汽车。牵引汽车按照牵引挂车的种类划分为半挂牵引车和全挂牵引车。

7. 专用汽车

装有专用设备、具有专用功能和用于承担专门运输任务或特种作业的汽车。

根据《机动车辆分类》(GB/T 15089—94)标准规定，机动车辆分为M类、N类、O类和L类。我国关于汽车排放污染物限值和测量方法等国家标准已经采用这种分类方法。

1. M类

至少有4个车轮的载客机动车辆；或有2个车轮，且厂定最大总质量超过1t的载客机动车辆。

M类又分为M1类、M2类和M3类。

(1) M1类。除驾驶员座位外，乘客座位不超过8个的载客车辆；

(2) M2类。除驾驶员座位外，乘客座位超过8个，且厂定最大总质量不超过5t的载客车辆；

(3) M3类。除驾驶员座位外，乘客座位超过8个，且厂定最大总质量超过5t的载客车辆。

2. N类

至少有4个车轮的载货机动车辆；或有3个车轮，且厂定最大总质量超过1t的载货机动车辆。N类又分为N1类、N2类和N3类。

(1) N1类。厂定最大总质量不超过3.5t的载货车辆；

(2) N2类。厂定最大总质量超过3.5t，但不超过12t的载货车辆；

(3) N3类。厂定最大总质量超过12t的载货车辆。

另外，O类为挂车（包括半挂车），L类是少于4个车轮的机动车辆。

三、汽车总体组成

汽车通常由发动机、底盘、车身和电气设备等部分组成。典型轿车总体构造如图 0-4 所示。

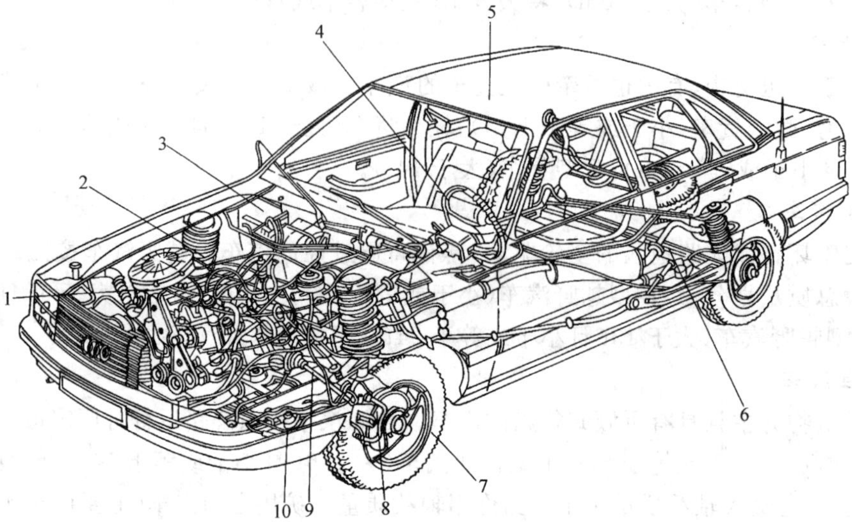

图 0-4 轿车总体构造

1—发动机 2—悬架 3—空调 4—转向盘 5—车身 6—后梁 7—驱动轮 8—制动器 9—半轴 10—副车架

1. 发动机

发动机是汽车的动力装置，它的作用是将进入气缸内的燃料燃烧而发出动力。一般由曲柄连杆机构、配气机构、燃料供给系统、冷却系统、润滑系统、点火系统（汽油机采用）、起动系统等组成。

2. 底盘

底盘接受发动机的动力，使汽车产生运动，并保证汽车按照驾驶员的操纵正常行驶。底盘由下列部分组成：

(1) 传动系统。将发动机的动力传给驱动车轮。它主要由离合器、变速器、万向传动装置和驱动桥组成。

(2) 行驶系统。使汽车各总成及部件安装在适当位置，对全车起支承作用，缓和道路冲击和振动，保证汽车正常行使。它由车架、车桥、车轮和悬架等组成。

(3) 转向系统。使汽车按驾驶员选定的方向行驶。它由转向操纵机构、转向器及转向传动机构组成。

(4) 制动系统。使汽车减速或停车，并能保证汽车可靠地停驻。它主要由制动器及制动传动装置组成。

3. 车身

车身是驾驶员工作和装载乘客（轿车和客车）或货物（货车）的场所。车身既要保护全体成员的安全，又要保证所运货物完好无损。它包括车前板制件（俗称车头）、车身本体，还包括货车的驾驶室和货箱以及某些汽车上的专用作业设备。

4. 电气设备

汽车电气设备由电源组、汽油发动机起动系统和点火系统、汽车照明和信号装置、仪表、导航系统等组成。

四、汽车行驶基本原理

汽车行驶必须具备两个基本行驶条件，即驱动条件和附着条件。

1. 驱动条件

汽车必须有足够的驱动力以克服各种阻力。发动机发出的转矩经传动系统传到驱动车轮上的转矩 M_t，力图使车轮旋转。由此在驱动轮与地面接触处向地面施加一个力 F_0，其数值为 M_t 与车轮半径 r 之比：

$$F_0=\frac{M_t}{r}$$

与此同时，地面对车轮施加一个与 F_0 数值相等、方向相反的反作用力 F_t（图 0-5），F_t 称为驱动力。为便于说明问题。将 F_0 和 F_t 分别画在不同物体上，其实它们应在同一直线上。

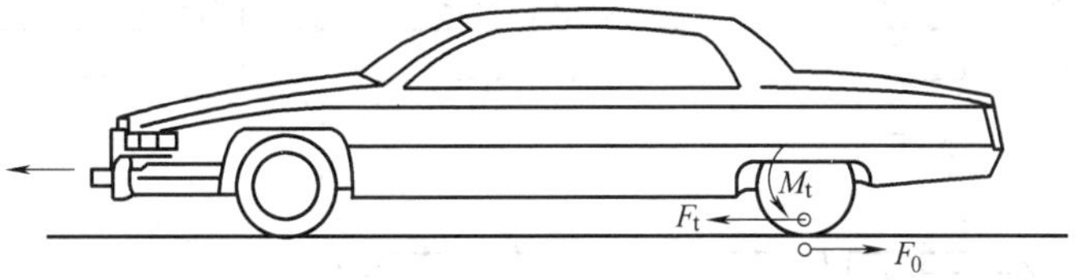

图 0-5 驱动力产生

汽车的行驶总阻力 $\sum F$，包括滚动阻力 F_f、空气阻力 F_w 和上坡阻力 F_i：

$$\sum F=F_f+F_w+F_i$$

滚动阻力 F_f 主要是由于车轮滚动时轮胎与路面变形而产生的；空气阻力 F_w 是由于汽车行驶时与其周围的空气相互作用而产生的；上坡阻力 F_i 是汽车重力沿坡道上的分力。

汽车行驶的驱动条件为： $F_t\geqslant\sum F$

当 $F_t=\sum F$ 时，汽车匀速行驶；当 $F_t>\sum F$ 时，汽车加速行驶；当 $F_t<\sum F$ 时，汽车减速乃至停车。

2. 附着条件

驱动力的最大值一方面取决于发动机可能发出的最大转矩和变速器换入最低挡时的传动比，另一方面又受轮胎与地面的附着作用限制。

当汽车在平整干燥的硬路面上行驶时，车轮的附着作用取决于轮胎与路面间的摩擦力。这个摩擦力阻碍车轮的滑动，使车轮能够正常地向前滚动并承受路面的反作用力——驱动力。如果驱动力大于摩擦力，车轮与路面之间就会发生滑动。在松软地面上，除了轮胎与地面的摩擦之外，还加上嵌入轮胎花纹凹部的软地面凸起部所起的抗滑作用。由附着作用所决定阻碍车轮滑动的力的最大值称为附着力，用 F_φ 表示。附着力与车轮所承受垂直于地面的法向力 G（称为附着重力）成正比：

$$F_\varphi=G\varphi$$

式中 φ——附着系数。

可见，附着力是汽车所能发挥驱动力的极限。汽车行驶的附着条件为：$F_t\leqslant F_\varphi$。

因此，汽车行驶的驱动与附着条件为：$\sum F\leqslant F_t\leqslant F_\varphi$。上式表明汽车行驶一方面要满足驱动条件，另一方面还要满足附着条件。

五、汽车主要技术参数

汽车主要技术参数如图 0-6 所示。

1. 汽车质量参数

(1) 整车整备质量(kg) 汽车完全装备好的质量。除了整车质量外,还包括燃料、润滑油、冷却液、随车工具、备用车轮及备品等的质量,但不包括人员和货物。

(2) 最大总质量(kg) 汽车满载时的总质量。

(3) 最大装载质量(kg) 最大总质量和整车整备质量之差。

(4) 最大轴载质量(kg) 汽车单轴所承载的最大总质量。

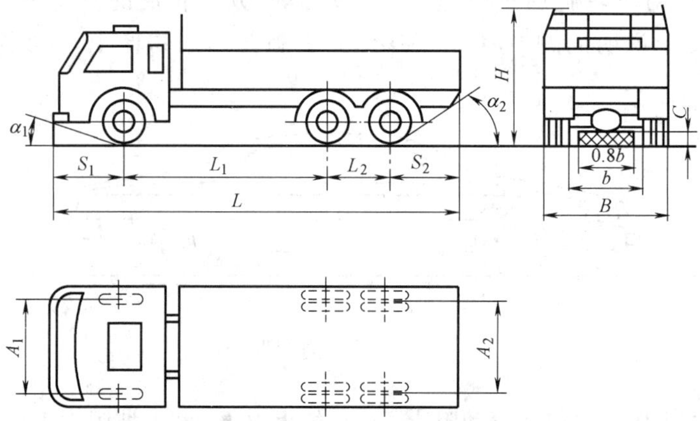

图 0-6 汽车常用结构参数

L—车长 B—车宽 H—车高 L_1、L_2—轴距 A_1、A_2—轮距

S_1—前悬 S_2—后悬 α_1—接近角 α_2—离去角 C—最小离地间距

2. 汽车尺寸参数

(1) 车长 L(mm) 垂直于车辆纵向对称平面并分别抵靠在汽车前、后最外端突出部位的两垂面间的距离。

(2) 车宽 B(mm) 平行于车辆纵向对称平面并分别抵靠车辆两侧固定突出部位(除后视镜、侧面标志灯、方位灯和转向指示灯等)的两平面之间的距离。

(3) 车高 H(mm) 车辆支承平面与车辆最高突出部位相抵靠的水平面之间的距离。

(4) 轴距 L_1、L_2(mm) 汽车直线行驶位置时,同侧相邻两轴的车轮落地中心点到车辆纵向对称平面的两条垂线间的距离。

(5)轮距 A_1、A_2(mm) 在支承平面上,同轴左、右车轮两轨迹中心间的距离(轴两端为双轮时,为左、右两条双轨迹的中线间的距离)。

(6)前悬 S_1(mm) 直线行驶位置时,汽车前端刚性固定件的最前点到通过两前轮轴线的垂面间的距离。

(7)后悬 S_2(mm) 汽车后端刚性固定件的最后点到通过最后车轮轴线的垂面间的距离。

3. 汽车几何参数

(1) 最小离地间隙 C(mm) 满载时,车辆支承平面与车辆最低点之间的距离。

(2) 接近角 α_1 汽车前端突出点向前轮引的切线与地面的夹角。

(3) 离去角 α_2 汽车后端突出点向后轮引的切线与地面的夹角。

(4) 转弯直径(mm)　外转向轮(转向盘转到极限位置)的中心平面在车辆支承平面上的轨迹圆直径。

(5)最高车速(km/h)　汽车在平坦公路上行驶时能达到的最高速度。

(6)最大爬坡度(%)　汽车满载时的最大爬坡能力。

(7)平均燃料消耗量(L/100km)　汽车在公路上行驶时平均的燃料消耗量。

思考题

1. 汽车由哪几部分组成？各组成部分的功用是什么？

2. 按汽车的用途进行划分，汽车是如何进行分类的？

第一章　发动机工作原理及总体构造

第一节　概　　述

一、发动机定义、分类和特点

发动机是将某一种形式的能量转换为机械能的机器，是汽车的动力来源。

将燃料燃烧所产生的热能转变为机械能的发动机统称为热力发动机（简称热机）。热力发动机又可分为内燃机与外燃机。内燃机是将液体燃料或气体燃料和空气混合后直接输入机器内部燃烧产生热能，进而将热能转变为机械能；外燃机则是将燃料在机器外部燃烧以加热水，并将产生的高温、高压的水蒸气输送到机器内部，使热能转变为机械能。

与外燃机相比，内燃机热效率一般可以达到30%～46%，是热机中效率最高的一种；内燃机的功率覆盖范围为$0.59 \sim 4\times10^4$ kW，转速范围为90～10000r/min，故适用范围宽广；结构紧凑，比质量（发动机质量与其标定功率的比值）较小，便于移动；启动迅速，操作简便，机动性强；运行维护比较简便。但是其对燃料要求高，主要燃用汽油或轻柴油，对燃油的品质要求较高，不能直接燃用劣质燃料和固体燃料；间歇换气以及制造上的困难使单机功率的提高受到限制；在低速运转时输出转矩较小，往往不能适应被带负载的转矩特性；不能反转，故在许多场合下需设置离合器和变速机构；一般热力发动机都存在污染，而发动机的噪声和排气中的有害成分对环境污染十分突出。

内燃机热效率高、功率范围大、适应性好，已广泛应用于交通运输业、工农业和军事装备等领域。其中往复活塞式发动机（内燃机）在汽车上应用得最为广泛。本书以后对发动机若无特殊说明，均指该种发动机。

二、往复活塞式发动机的分类

汽车用活塞式发动机种类繁多，可以根据不同的特点进行分类，见表1-1。

表1-1　发动机的分类

分类方法	类　别	含　义
冲程数	二冲程发动机	活塞经过两个行程完成一个工作循环的发动机
	四冲程发动机	活塞经过四个行程完成一个工作循环的发动机
着火方式	点燃式发动机	压缩气缸内的可燃混合气，并用外源点火燃烧的发动机
	压燃式发动机	压缩气缸内的空气或可燃混合气，产生高温，引起燃料着火的发动机
使用燃料种类	液体燃料发动机	燃烧液体燃料（汽油、柴油、醇类等）的发动机
	气体燃料发动机	燃烧气体燃料（液化石油气、天然气等）的发动机
	多种燃料发动机	能够使用着火性能差异较大的两种或两种以上燃料的发动机

续表

分类方法	类　别	含　义
进气状态	非增压发动机	进入气缸前的空气或可燃混合气未经压缩的发动机。对于四冲程发动机亦称自吸式发动机
	增压发动机	进入气缸前的空气或可燃混合气先经过压气机压缩，以增大充量密度的发动机
冷却方式	水冷式发动机	用水冷却气缸和气缸盖等零件的发动机
	风冷式发动机	用空气冷却气缸和气缸盖等零件的发动机
气缸数及布置	单缸发动机	只有一个气缸的发动机
	多缸发动机	具有两个或两个以上气缸的发动机
	立式发动机	气缸布置于曲轴上方且气缸中心线垂直于水平面的发动机
	卧式发动机	气缸中心线平行于水平面的发动机
	直列式发动机	具有两个或两个以上直立气缸，并呈一列布置的发动机
	V形发动机	具有两个或两列气缸，其中心线夹角呈V形，并共用一根曲轴输出功率的发动机
	对置气缸式发动机	两个或两列气缸分别排列在同一曲轴的两边呈180°夹角的发动机
	斜置式发动机	气缸中心线与水平面呈一定角度(不是直角)的发动机
用途	有汽车用、机车用、拖拉机用、船用、坦克用、摩托车用、发电用、农用和工程机械用等发动机	

第二节　四冲程发动机工作原理

一、基本术语

单缸往复活塞式发动机基本结构如图1-1所示，它主要由气缸盖6、气缸体2、活塞4、连杆3、曲轴1、排气门9和进气门12等组成。

气缸体内有一个圆筒形气缸，活塞装在气缸内，活塞通过连杆与曲轴相连接，构成曲柄连杆机构。活塞在气缸内作上下往复运动，通过连杆推动曲轴作旋转运动。

气缸体上有气缸盖，气缸盖、气缸和运动的活塞构成了一个容积变化的空间，在此进行燃料的燃烧和气体的膨胀。为了吸入新鲜空气和排出废气，在气缸盖上设有进气门和排气门，由曲轴通过传动机构驱动。

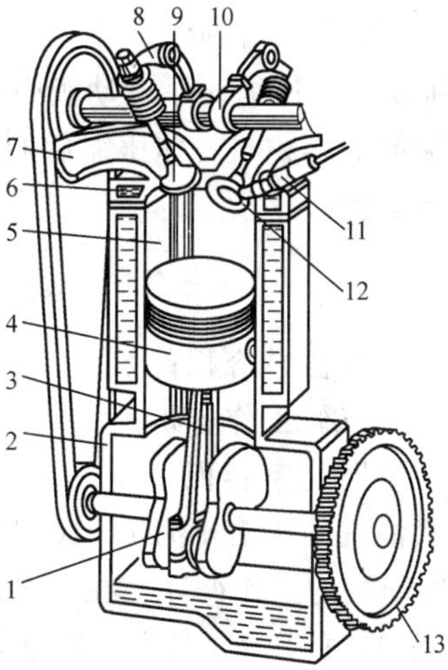

图1-1　单缸往复活塞式内燃机基本结构

1—曲轴　2—气缸体　3—连杆　4—活塞　5—气缸　6—气缸盖　7—排气道　8—摇臂　9—排气门　10—凸轮　11—火花塞　12—进气门　13—飞轮

发动机专业常用到以下结构术语：

(1) 上止点　活塞在气缸里作往复直线运动时，当活塞向上运动到最高位置，即活塞顶部距离曲轴旋转中心最远的极限位置，称为上止点。

(2) 下止点　活塞在气缸里作往复直线运动时，当活塞向下运动到最低位置，即活塞顶部距离曲轴旋转中心最近的极限位置，称为下止点。

(3) 活塞行程　活塞从一个止点到另一个止点移动的距离，即上、下止点之间的距离称为活塞行程)。一般用 s 表示,对应一个活塞行程,曲轴旋转 180°。

(4) 曲柄半径 曲轴旋转中心到曲柄销中心之间的距离称为曲柄半径(图 1-2),一般用 R 表示。通常活塞行程为曲柄半径的两倍,即 $s=2R$ 。

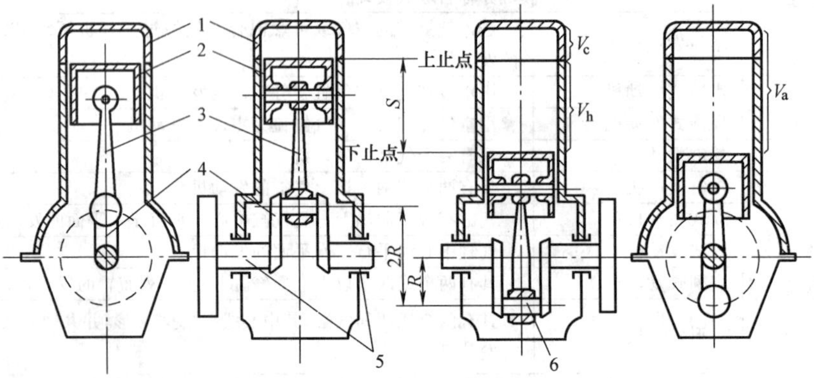

图 1-2 发动机基本术语

1—气缸 2—活塞 3—连杆 4—曲柄 5—曲轴主轴颈 6—曲柄连杆轴颈

(5) 气缸工作容积(V_h) 活塞运行一个行程所扫过的容积,称为气缸工作容积(图 1-2)。

$$V_h=\frac{\pi D^2}{4\times10^6}s$$

式中 D——气缸直径,mm;

s——活塞行程,mm。

(6) 发动机排量 多缸发动机各气缸工作容积的总和(L)称为发动机排量。

$$V_L=V_h i$$

式中 V_h——气缸工作容积;

i——气缸数目。

(7) 燃烧室容积 活塞位于上止点时,其顶部与气缸盖之间的容积称为燃烧室容积(图 1-1)。一般用 V_c 表示。

(8) 压缩比 压缩比是发动机中一个非常重要的概念,压缩比表示了气体的压缩程度,它是气体压缩前的容积与气体压缩后的容积之比值,即气缸总容积与燃烧室容积之比称为压缩比。一般用 ε 表示。

$$\varepsilon=\frac{V_a}{V_c}=\frac{V_h+V_c}{V_c}=1+\frac{V_h}{V_c}$$

式中 V_a——气缸总容积;

V_h——气缸工作容积;

V_c——燃烧室容积。

通常汽油机的压缩比为 7~10,柴油机的压缩比较高,一般为 15~22。

(9) 发动机的工作循环 在气缸内进行的每一次将燃料燃烧的热能转化为机械能的一系列连续过程(进气、压缩、作功、排气)称为一个工作循环。

二、四冲程汽油机工作原理

四行程汽油机的运转是按进气行程、压缩行程、作功行程和排气行程的顺序不断循环反复的。

1. 进气行程

在惯性力作用下，曲轴旋转，活塞在曲轴的带动下从上止点向下止点运动，这时排气门关闭，进气门开启。进气过程开始时，活塞位于上止点，气缸内残存有上一循环未排净的废气，因此，气缸内的压力稍高于大气压力。随着活塞下移，气缸内容积增大，压力减小，当压力低于大气压时，在气缸内产生真空吸力，空气和汽油的可燃混合气通过进气门被吸入气缸，并在气缸内进一步混合均匀，直至活塞向下运动到下止点。在进气过程中，受进气系统阻力的影响，进气终了时，气缸内气体压力略低于大气压，为 0.075～0.09MPa，同时受到残余废气和高温机件加热的影响，温度达到 370～400K。实际汽油机的进气门是在活塞到达上止点之前打开，并且延迟到下止点之后关闭，以便吸入更多的可燃混合气（图 1-3a）。

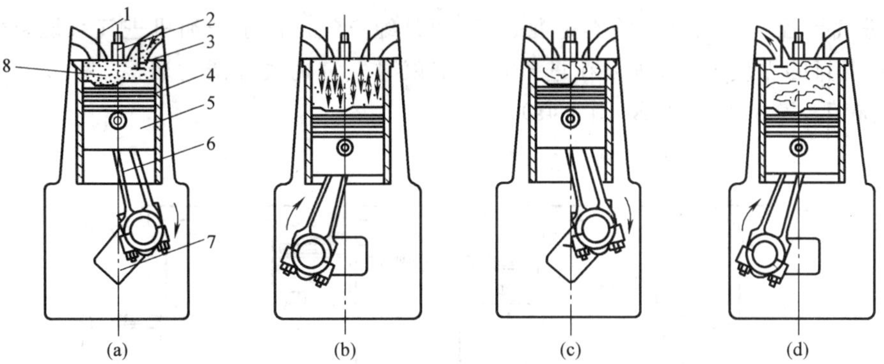

图 1-3　四冲程汽油机工作原理

1—排气门　2—火花塞　3—进气门　4—气缸　5—活塞　6—连杆　7—曲轴　8—可燃混合气

2. 压缩行程

曲轴继续旋转，活塞从下止点向上止点运动，这时进、排气门均关闭，气缸内成为封闭容积，可燃混合气受到压缩，压力和温度不断升高，当活塞到达上止点时压缩行程结束。此时气体的压力和温度主要与压缩比的大小相关，可燃混合气压力可达 0.6～1.2MPa，温度可达 600～700K。压缩比越大，压缩终了时气缸内的压力和温度越高，则燃烧速度越快，发动机功率也越大，汽油机的压缩比一般为 $\varepsilon=7\sim10$，但是压缩比太大容易导致不正常燃烧（图 1-3b）。

3. 作功行程

作功行程包括燃烧过程和膨胀过程，在这一行程中，进、排气门仍然保持关闭。当活塞位于压缩行程接近上止点（即点火提前角）位置时，火花塞产生电火花点燃可燃混合气，可燃混合气燃烧后放出大量的热使气缸内气体温度和压力急剧升高，最高压力可达 3～5MPa，最高温度可达 2200～2800K，高温高压气体膨胀，推动活塞从上止点向下止点运动，通过连杆使曲轴旋转并输出机械功，除了用于维持发动机本身继续运转外，其余用于对外作功。随着活塞向下运动，气缸内容积增加，气体压力和温度降低，当活塞运动到下止点时，作功行程结束，气体压力降低到 0.3～0.5MPa，气体温度降低到 1300～1600K（图 1-3c）。

4. 排气行程

可燃混合气在气缸内燃烧后生成的废气必须从气缸中排出去，以便进行下一个进气行程。当作功接近终了时，排气门开启，进气门仍然关闭，靠废气的压力先进行自由排气，活塞到达下止点再向上止点运动时，继续把废气强制排出到大气中去，活塞越过上止点后，排气门关闭，排气行程结束。实际汽油机的排气行程也是排气门提前打开，延迟关闭，以便排出更多的废气。由于燃烧室容积的存在，不可能将废气全部排出气缸。受排气阻力的影响，排气终止时，气体压力仍高于大气压力，为0.105～0.115MPa，温度为900～1200K。曲轴继续旋转，活塞从上止点向下止点运动，又开始了下一个新的循环过程。可见四冲程汽油机经过进气、压缩、作功、排气四个行程完成一个工作循环，这期间活塞在上、下止点往复运动了四个行程，相应地曲轴旋转了两圈(图1-3d)。

三、四冲程柴油机工作原理

四冲程柴油机也是由进气、压缩、作功和排气四个行程组成，以下主要介绍与汽油机工作原理不同之处。

(1) 进气行程　进入气缸的不是混合气，而是纯空气。由于柴油机进气系统阻力较汽油机小，残余废弃的温度较低，所以在进气行程结束时气缸内气体压力较高，为0.085～0.095 MPa，温度较低，为310～340 K(图1-4a)。

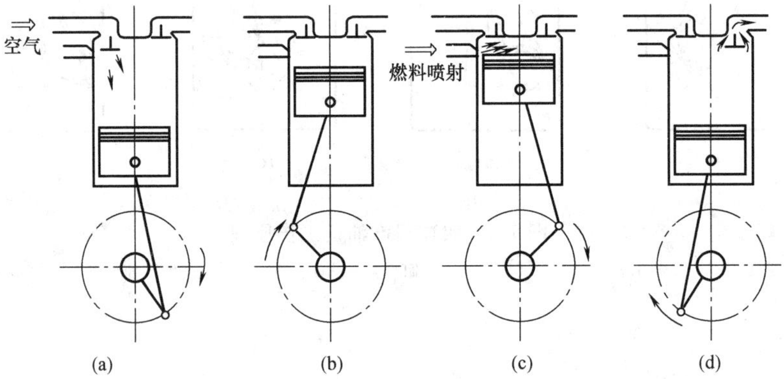

图1-4　四冲程柴油机工作原理

(a)进气　(b)压缩　(c)作功　(d)排气

(2) 压缩行程　压缩的是纯空气，但由于柴油机压缩比大，压缩终了的温度和压力都较汽油机高，压力可达3～5MPa，气体温度为750～1000K(图1-4b)。

(3) 作功行程　此过程与汽油机有很大不同。在压缩行程末，喷油泵将高压柴油经喷油器呈雾状喷入气缸内的高温空气中，迅速汽化并与空气形成可燃混合气。此时的气缸温度远高于柴油的自燃温度(约500K)，柴油自行着火燃烧，且边喷边燃烧，气缸内的温度急剧升高，推动活塞下行作功，带动曲轴旋转，此时压力可达6～9MPa，温度可达2000～2500K(图1-4c)。

(4) 排气行程　与汽油机排气行程基本相同，排气终了时气缸压力为105～125kPa，温度为800～1000K(图1-4d)。

总之，四冲程柴油机与汽油机工作原理不同之处主要体现在可燃混合气的形成和点火方式上。柴油机与汽油机比较，柴油机的压缩比高，热效率高，燃油消耗率低，同时柴油价格较低，因此，柴油机的燃料经济性能好，而且柴油机的排气污染少，排放性能较好。但它的主要缺点是转速低，质量大，噪声大，振动大，制造和维修费用高。在其发展过程中，柴油机不断发扬其优点，克服缺点，提高速度，有望得到更广泛的应用。

第三节　二冲程发动机工作原理

一、二冲程汽油机工作原理

二冲程汽油机的工作循环也是由进气、压缩、燃烧膨胀、排气过程组成，但它是在曲轴旋转一圈(360°)，活塞上下往复运动的两个行程内完成的。因此，二冲程发动机与四冲程发动机的工作原理不同，结构也不一样。

以曲轴箱换气式二冲程汽油机为例，气缸上有三排孔，利用这三排孔在一定时刻被活塞打开或关闭来进行进气、换气和排气。工作原理如下：图 1-5a 表示活塞向上运动，将三排孔都关闭，活塞上部开始压缩；当活塞继续上行时，活塞下方打开了进气孔，可燃混合气进入曲轴箱(图 1-5b)；活塞接近上止点时(图 1-5c)，火花塞点燃混合气，气体燃烧膨胀，推动活塞向下运动，进气孔关闭，曲轴箱内的混合气受到压缩；当活塞接近下止点时，排气孔打开，排出废气，活塞再向下运动，换气孔打开，受到压缩的混合气便从曲轴箱经进气孔流入气缸内，并扫除废气(图 1-5d)。

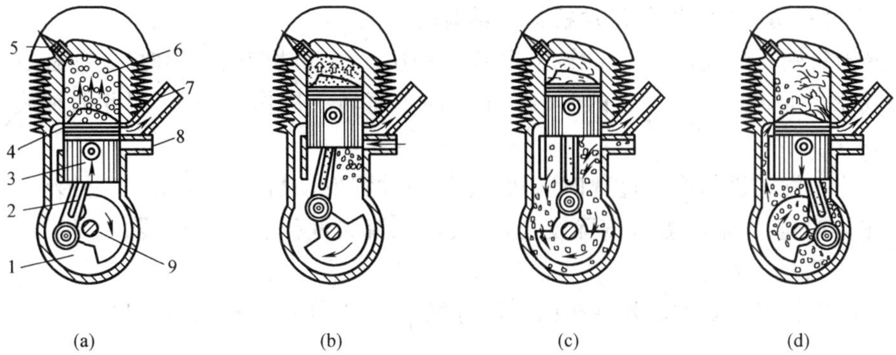

图 1-5　二冲程汽油机工作原理

(a)压缩　(b)进气　(c)作功　(d)排气扫气

1—曲轴箱　2—连杆　3—活塞　4—扫气孔　5—火花塞　6—气缸　7—排气孔　8—进气孔　9—曲轴

第一行程：活塞从下止点向上止点运动，事先已充满活塞上方气缸内的混合气被压缩，新的可燃混合气又从化油器被吸入活塞下方的曲轴箱内。

第二行程：活塞从上止点向下止点运动，活塞上方进行作功过程和换气过程，而活塞下方则进行可燃混合气的预压缩。

二、二冲程柴油机工作原理

二冲程柴油机和二冲程汽油机工作类似，所不同的是，柴油机进入气缸的不是可燃混合气，而是纯空气。

第一行程：活塞从下止点向上止点运动，行程开始前不久，进气孔和排气门均以开启，利用从扫气泵流出的空气使气缸换气。当活塞继续向上运动时进气孔被关闭，排气门也关闭，空气受到压缩；当活塞接近上止点时，喷油器将高压柴油以雾状喷入燃烧室，燃油和空气混合后燃烧，使气缸内压力增大。

第二行程：活塞从上止点向下止点运动，开始时气体膨胀，推动活塞向下运动，对外作功，当活塞下行到大约 2/3 行程时，排气门开启，排出废气，气缸内压力降低，进气孔开启，进行换气，换气一直延续到活塞向上运动 1/3 行程、进气孔关闭时结束。

三、汽油机与柴油机、四冲程发动机与二冲程发动机的比较

以上叙述了各类往复活塞式发动机的简单工作原理，从中可以看出汽油机与柴油机、四冲程发动机与二冲程发动机的异同。

1. 四冲程汽油机与四冲程柴油机的共同点

(1) 每个工作循环都包含进气、压缩、作功和排气四个活塞行程，每个行程各占曲轴转角 180°，即曲轴每旋转两周完成一个工作循环；

(2) 四个活塞行程中，只有一个作功行程，其他三个是耗功行程。

2. 四冲程汽油机与四冲程柴油机的区别

(1) 汽油机的可燃混合气在气缸外部形成，并延续到进气和压缩行程结束时，时间较长。柴油机的可燃混合气在气缸内部形成，从压缩行程接近结束时开始，并占小部分作功行程，时间很短。

(2) 汽油机的可燃混合气用电火花点燃，柴油机则是自燃，所以又称汽油机为点燃式发动机，称柴油机为压燃式发动机。

3. 二冲程发动机与四冲程发动机相比具有的特点

(1) 曲轴每转一周完成一个工作循环，作功一次。当曲轴转速相同时，二冲程发动机单位时间的作功次数是四冲程发动机的两倍。由于曲轴每转一周作功一次，因此曲轴旋转的角速度比较均匀。

(2) 二冲程发动机的换气过程时间短，仅为四冲程发动机的 1/3 左右。另外，它的进、排气过程几乎同时进行，利用新气扫除废气，新气可能流失，废气也不易清除干净。因此二冲程发动机的换气质量较差。

(3) 曲轴箱换气式二冲程发动机因为没有气门机构，所以结构大为简化。

第四节 发动机的总体构造

发动机是一种由许多机构和系统组成的复杂机器，不同类型或即使同一类型的发动机，其具体结构也不尽相同。但就总体构造而言，汽油机由曲柄连杆机构、配气机构及燃料供给系统、冷却系统、润滑系统、起动系统、点火系统等两大机构五大系统组成，柴油机较汽油机少点火系统。此外，增压发动机还包括增压系统。下面分别就两大机构五大系统进行介绍。

1. 曲柄连杆机构

曲柄连杆机构是发动机实现工作循环和完成能量转换的主要运动零件。它由机体组、活塞连杆组和曲轴飞轮组等组成。在作功行程中，活塞承受燃气压力在气缸内作直线运动，通过连杆转换成曲轴的旋转运动，并从曲轴对外输出动力。而在进气、压缩和排气行程中，飞轮释放能量，又把曲轴的旋转运动转化成活塞的直线运动。

2. 配气机构

配气机构的功用是根据发动机的工作顺序和工作过程，定时开启和关闭进气门和排气门，使可燃混合气或空气进入气缸，并使废气从气缸内排出，实现换气过程。配气机构大多采用顶置气门式配气机构，一般由气门组、气门传动组和气门驱动组组成。

3. 燃料供给系统

汽油机燃料供给系统的功用是，根据发动机的要求配制出一定数量和浓度的混合气，供入

气缸，并将燃烧后的废气从气缸内排到大气中去；柴油机燃料供给系的功用是，把柴油和空气分别供入气缸，在燃烧室内形成混合气并燃烧，最后将燃烧后的废气排出。

4. 点火系统

在汽油机中，气缸内的可燃混合气是靠电火花点燃的，为此在汽油机的气缸盖上装有火花塞，火花塞头部伸入燃烧室内。能够按时在火花塞电极间产生电火花的全部设备称为点火系统，点火系统通常由蓄电池、发电机、分电器、点火线圈和火花塞等组成。

5. 冷却系统

冷却系统的功用是将受热零件吸收的部分热量及时散发出去，保证发动机在最适宜的温度状态下工作。水冷发动机的冷却系通常由冷却水套、水泵、风扇、水箱和节温器等组成。

6. 润滑系统

润滑系统的功用是向作相对运动的零件表面输送定量的清洁润滑油，以实现液体摩擦，减小摩擦阻力，减轻机件的磨损，并对零件表面进行清洗和冷却。润滑系统通常由润滑油道、机油泵、机油滤清器和一些阀门等组成。

7. 起动系统

要使发动机由静止状态过渡到工作状态，必须先用外力转动发动机的曲轴，使活塞作往复运动，气缸内的可燃混合气燃烧膨胀作功，推动活塞向下运动使曲轴旋转。发动机才能自行运转，工作循环才能自动进行。因此，曲轴在外力作用下开始转动到发动机开始自动地怠速运转的全过程，称为发动机的起动。完成起动过程所需的装置，称为发动机的起动系统。

第五节 发动机产品名称和型号编制规则

为了便于发动机的生产管理和使用，我国对发动机名称和型号编制方法重新审定，并颁布了国家标准 GB 725—1991。该标准的主要内容如下：

(1) 发动机产品名称均按所采用的燃料命名，例如柴油机、汽油机、煤气机、沼气机及双(多种)燃料发动机等；

(2) 发动机型号由阿拉伯数字和汉语拼音字母组成；

(3) 发动机型号由下列四部分组成：

首部 产品特征代号，制造厂自定		中部				后部		尾部 同一系列产品，制造厂自定
系列代号	换代符号	缸数	气缸布置	冲程	缸径	结构特征	用途特征	区分符号

符号	含义
无符号	多缸列及单缸卧式
V	V形
P	平卧形

E表示二冲程，四冲程不标符号

符号	结构特征
无符号	水冷
F	风冷
N	凝气冷却
S	十字头式
Dz	可倒转
Z	增压
Z_L	增压中冷

符号	用途
无符号	通用型及固定动力
T	拖拉机
M	摩托车
G	工程机械
Q	车用
J	铁路机车
D	发电机组
C	船用主机，右机基本型
Cz	船用主机，左机基本型
Y	农用运输车
L	林业机械

示例：

1. 柴油机

(1) 165F——单缸、四冲程、缸径 65mm，风冷、通用型；

(2) R175A——单缸、四冲程、缸径 75mm，水冷、通用型(R 表示 175 产品换代符号，A 为系列产品改进的区分符号)；

(3) R175ND——单缸、四冲程、缸径 75mm，凝汽冷却、发电机组用(R 含义同上)；

(4) 495T——四缸、直列、四冲程、缸径 95mm，水冷、拖拉机用；

(5)12V135ZG——12 缸、V 形、四冲程、缸径 135mm，水冷增压、工程机械用；

(6) 6E135C——6 缸、二冲程、缸径 135mm，水冷、船用主机、右机基本型；

(7) 12VE230ZCz——12 缸、V 形、二冲程、缸径 230mm，水冷、增压、船用主机、左机基本型；

(8) 6E430SDzZCz——6 缸、二冲程、缸径 430mm，水冷、十字头式、可倒转增压、船用主机、左机基本型；

(9) G6300DzC——G 系列、6 缸、四冲程、缸径 300mm，可倒转、船用主机、右机基本型。

2. 汽油机

(1) 1E65F——单缸、二冲程、缸径 65mm，风冷、通用型；

(2) 4100Q——四缸、四冲程、缸径 100mm，水冷、汽车用。

思 考 题

1. 四冲程往复活塞式发动机通常由哪些机构或系统组成，各有什么功用？
2. 四冲程汽油机和柴油机在基本原理上有何异同？
3. 二冲程和四冲程发动机相比有何特点？

第二章　曲柄连杆机构

第一节　概　　述

一、功用与组成

1. 功用

曲柄连杆机构是发动机实现工作循环，完成能量转换的传动机构，用来传递力和改变运动方式。工作中，曲柄连杆机构在作功行程中把活塞的往复运动转变成曲轴的旋转运动，对外输出动力，而在其他三个行程中，即进气、压缩、排气行程中又把曲轴的旋转运动转变成活塞的往复直线运动。总的来说曲柄连杆机构是发动机借以产生并传递动力的机构。通过它把燃料燃烧后发出的热能转变为机械能。

2. 组成

曲柄连杆机构主要由机体组、活塞连杆组和曲轴飞轮组三部分组成。

(1) 机体组包括气缸体、曲轴箱、油底壳、气缸套、气缸盖和气缸垫等；

(2) 活塞连杆组包括活塞、活塞环、活塞销和连杆等；

(3) 曲轴飞轮组包括曲轴、飞轮和扭转减振器、平衡轴等。

二、工作条件及受力分析

(一) 工作条件

发动机工作时，曲柄连杆机构直接与高温高压气体接触，曲轴的旋转速度又很高，活塞往复运动的线速度相当大，同时与可燃混合气和燃烧废气接触，曲柄连杆机构还受到化学腐蚀作用，并且润滑困难。可见，曲柄连杆机构的工作条件相当恶劣，它要承受高温、高压、高速和化学腐蚀作用。

(二)受力分析

1. 气体作用力

在每个工作循环的四个行程中，气体压力始终存在。但由于进气和排气两个行程中气体压力较小，对机体影响不大，故这里主要研究作功和压缩行程中的气体作用力。

在作功行程中，气体压力是推动活塞向下运动的力。这时，燃烧气体产生的高压直接作用在活塞的顶部(图 2-1a)。设活塞所受总力 F_p 传到活塞销上，可分为解为 F_{p1}

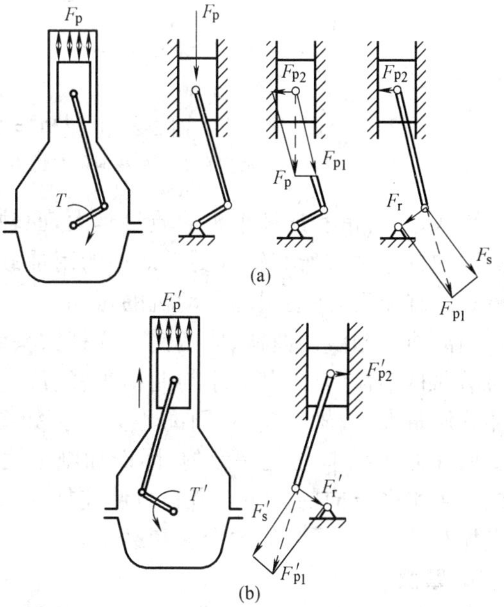

图 2-1　气体压力作用情况示意图
(a)作功行程　(b)压缩行程

和 F_{p2}，分力 F_{p1} 通过活塞销传给连杆，并沿连杆方向作用在曲柄销上；还可分解为分力 F_R 和 F_S，分力 F_R 沿曲柄方向使曲轴主轴颈与主轴承间产生压紧力；与曲柄垂直的分力 F_S 除了使主轴颈和主轴承之间产生压紧力外，还对曲轴形成了转矩 T，推动曲轴旋转；力 F_{p2} 把活塞压向气缸壁，形成活塞与缸壁间的侧压力，有使机体翻倒的趋势，故机体下部的两侧应支撑在车架上。

在压缩行程中，气体压力是阻碍活塞向上运动的阻力。这时作用在活塞顶的气体总压力 F'_p 也可以分解为两个分力 F'_{p1} 和 F'_{p2}（图 2-1b），而 F'_{p1} 又分解为 F'_R、F'_S，使曲轴主轴颈与主轴承间产生压紧力，F'_S 对曲轴造成一个旋转阻力矩 T'，企图阻止曲轴旋转，而 F'_{p2} 则将活塞压向气缸的另一侧壁。在工作循环的任何行程中，气体作用力的大小都是随着活塞的位移而变化的，再加上连杆在左右摇摆，因而作用在活塞销和曲柄轴颈的表面以及两者的支撑表面上的压力和作用点不断变化，造成各处磨损不均匀。同样，气缸壁沿圆周方向的磨损也不均匀。

2. 往复惯性力与离心力

往复运动的物体，当运动速度变化时就要产生往复惯性力。物体绕某一中心作旋转运动时就会产生离心力。这两种力在曲轴连杆机构的运动中都是存在的。

活塞和连杆小头在气缸中作往复直线运动时速度很高，而且数值在不断变化。当活塞从上止点向下止点运动时，其速度变化规律是：从零开始，逐渐增大，临近中间达到最大值，然后又逐渐减小至零。也就是说，当活塞向下运动时，前半行程是加速运动，惯性力向上，以 F_j 表示（图 2-2a）；后半行程是减速运动，惯性力向下，以 F'_j 表示（图 2-2b）。同理，当活塞向上时，前半行程惯性力向下，后半行程惯性力向上。

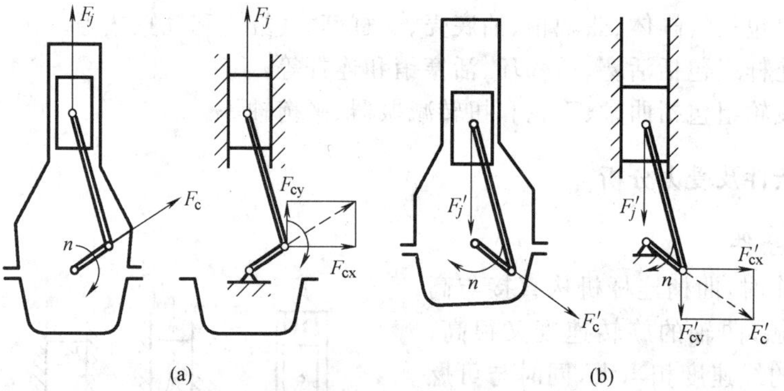

图 2-2　往复惯性力和离心力作用情况

(a)活塞在上行半程时的惯性力　(b)活塞在下行半程时的惯性力

活塞、活塞销和连杆小头的质量越大，曲轴转速越高，则往复惯性力也越大。它使曲柄连杆机构的各零件和所有轴颈受周期性的附加载荷，加快轴承的磨损；未被平衡的变化着的惯性力传到气缸体后，还会引起发动机的振动。

偏离曲轴轴线的曲柄、曲柄销和连杆大头绕曲轴轴线旋转，产生旋转惯性力，即离心力，其方向沿曲柄半径向外，其大小与曲柄半径、旋转部分的质量及曲轴转速有关。曲柄半径长，旋转部分质量大，曲轴转速高，则离心力大。如图 2-2 所示，离心力 F_c 在垂直方向的分力 F_{cy} 与往复惯性力 F_j 方向总是一致的，因而加剧了发动机的上、下振动；而水平方向分力 F_{cx} 则使发动机产生水平方向的振动。离心力使连杆大头的轴瓦和曲柄销、曲轴主轴颈及其轴承受到又一附加载荷，增加了它们的变形和磨损。

3. 摩擦力

在任何一对互相压紧并作相对运动的零件表面之间必定存在摩擦力，其大小取决于上述各种力对摩擦面形成的正压力和摩擦系数。

上述各种力作用在曲柄连杆机构和机体的各有关零件上，使它们受到压缩、拉伸、弯曲和扭转等不同形式的载荷。为了减轻振动，减小摩擦，在结构上必须采取相应的措施，详见后续章节。

第二节　机　体　组

机体是构成发动机的骨架，是发动机各机构和各系统的装配基体，其内、外安装着发动机的所有主要零件和附件，承受各种载荷。因此，机体必须要有足够的强度和刚度。如图 2-3 所示，机体组主要由气缸体、气缸盖、气缸垫、曲轴箱和油底壳等零件组成。

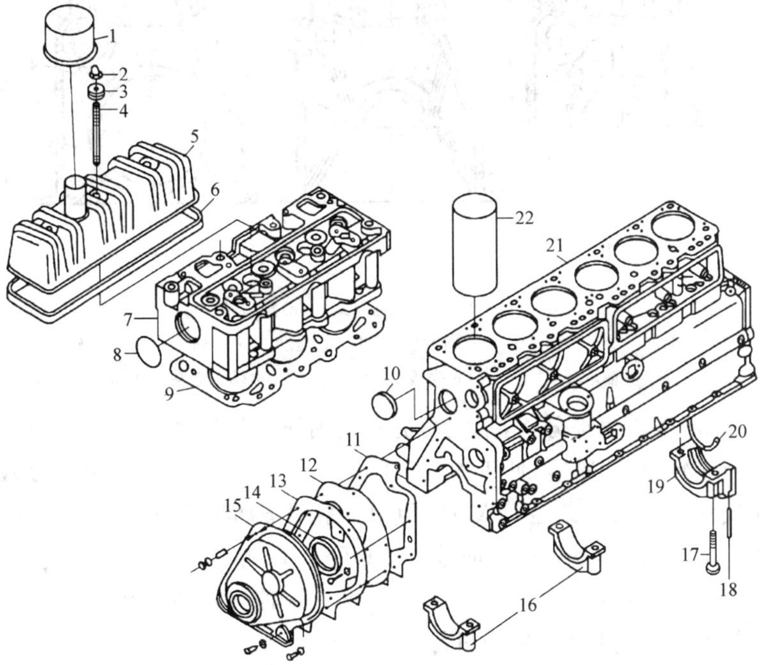

图 2-3　机体组(EQ6100-1)

1—曲轴箱通风管盖　2—螺母　3—垫片　4—螺栓　5—气缸盖罩　6—密封垫　7—气缸盖　8、10—水堵　9—气缸垫　11、13—衬垫　12—垫板　14—曲轴前油封　15—正时齿轮室盖　16—主轴承盖　17—主轴承螺栓　18、20—密封条　19—后主轴承盖　21—机体　22—干式气缸套

一、气缸体

水冷发动机的气缸体和上曲轴箱常铸成一体，总称为气缸体-曲轴箱(简称气缸体)(图 2-4)。气缸体一般用灰铸铁或铝合金铸成，上半部的圆柱形空腔称为气缸，下半部为支承曲轴的曲轴箱，其内腔为曲轴运动空间。在气缸体内部铸有许多加强筋、冷却水套和润滑油道等。

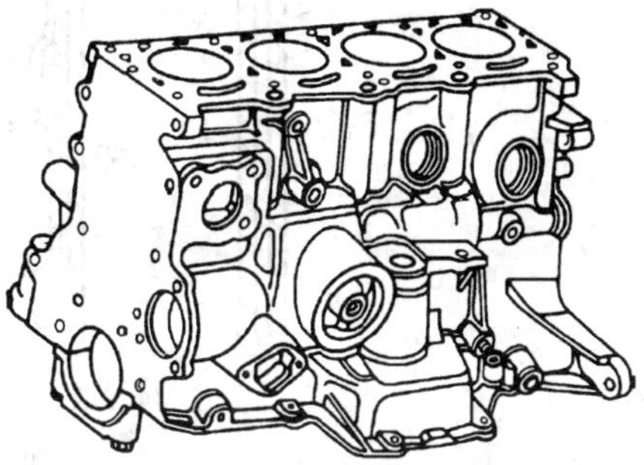

图 2-4　气缸体(audi100)

气缸体是发动机运动机构和各组成系统的安装基体，用来保持发动机各运动零部件的相互位置关系。

气缸工作表面由于经常与高温、高压燃气相接触，且活塞在其中作高速往复运动，同时还要承受各种力的作用,所以气缸材料要有足够的强度和刚度,导热性、耐磨性要好,质量要轻,同时从气缸体的加工工艺上也应采取措施满足发动机的要求。

根据气缸体与油底壳安装平面的位置不同,如图 2-5 所示,通常把气缸体分为一般式、龙门式和隧道式三种结构形式。

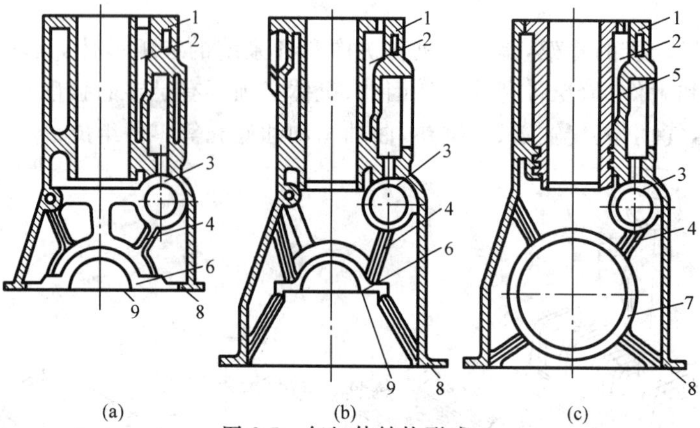

图 2-5　气缸体结构形式

(a)一般式　(b)龙门式　(c)隧道式

1—气缸体　2—水套　3—凸轮轴孔座　4—加强肋　5—湿缸套　6—主轴承座
7—主轴承座孔　8—油底壳安装加工面　9—主轴承盖安装加工面

一般式(图 2-5a)也称为平分式,指发动机曲轴轴线与气缸体下表面在同一平面上。该构型机体高度小,质量轻,结构紧凑,便于加工和曲轴拆装方便;但其刚度和强度较差。多用于中小型发动机,如夏利 372Q、马自达 MAZDAB6、90 系列柴油机型发动机等。

龙门式(图 2-5b)气缸体下表面在曲轴轴线以下。该构型强度和刚度较好,可承受较大的机械负荷;但其工艺性较差,结构笨重,加工较困难。这种气缸体多用于需强化的轿车汽油机和柴油机,如 CA6102、EQ6100 型发动机等。

隧道式(图 2-5c)主轴承座孔不分开,其优点是结构紧凑,刚度和强度最好;但其结构笨重,加工精度要求高,工艺性较差,曲轴拆装不方便。这种气缸体多用于主轴承采用滚动轴承的负荷较大的柴油机,如 6135Q 型发动机。

为了保证发动机能在高温下正常工作,应对气缸体和气缸盖进行冷却。按冷却介质的不

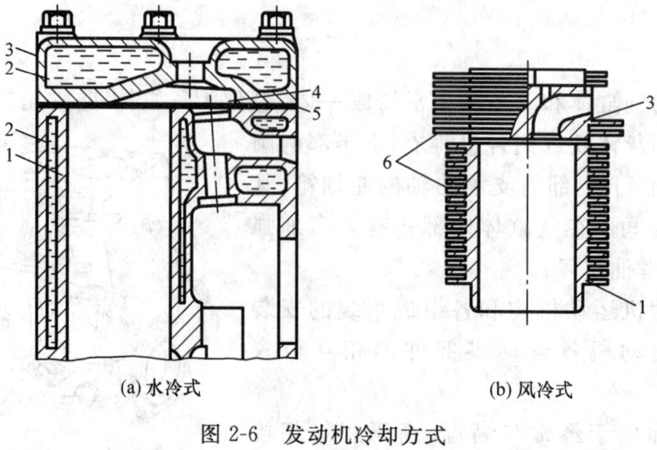

图 2-6　发动机冷却方式

1—气缸体　2—水套　3—气缸盖　4—燃烧室　5—气缸垫　6—散热片

同，可分为水冷和风冷两种冷却方式。汽车发动机多采用水冷的方式，即利用水套中的冷却水流过高温零件的周围面带走多余的热量，结构如图 2-6a 所示。风冷发动机在气缸体和气缸盖外表面铸有散热片，空气通过散热片时带走部分热量，实现散热，增加散热面积可保证充分散热，结构形式如图 2-6b 所示。

多缸发动机气缸的排列形式决定了发动机外形尺寸和结构特点，也影响发动机机体的刚度、强度和汽车的总体布置。汽车发动机气缸排列基本上是直列式和双列式。

直列式发动机各个气缸排成一列(图 2-7a)，一般垂直布置，有时为了降低发动机的高度，可将气缸布置成倾斜或水平的。直列式发动机气缸体结构简单，加工容易；但其长度和高度较大。6 缸以下发动机多采用直列式，如一汽奥迪 100 等。

双列式发动机根据左、右两列气缸中心线的夹角 γ 不同分为 V 形发动机气缸体($\gamma<180°$)(图 2-7b)和对置式发动机气缸体($\gamma=180°$)(图 2-7c)。V 形发动机气缸体缩短了机体的长度和高度，增加了刚度，减轻了发动机的重量；但其形状复杂，加工困难。这种气缸体多用于 8 缸以上大功率发动机上，轿车 6 缸发动机也多采用这种形式的气缸体，如凯迪拉克 8 缸发动机。对置式发动机的高度比其他形式的发动机更小，使发动机总体布置方便，特别是轿车和大型客车，同时风冷发动机采用对置气缸更有利，如富士重工 SUBARU BOXER6 型发动机。

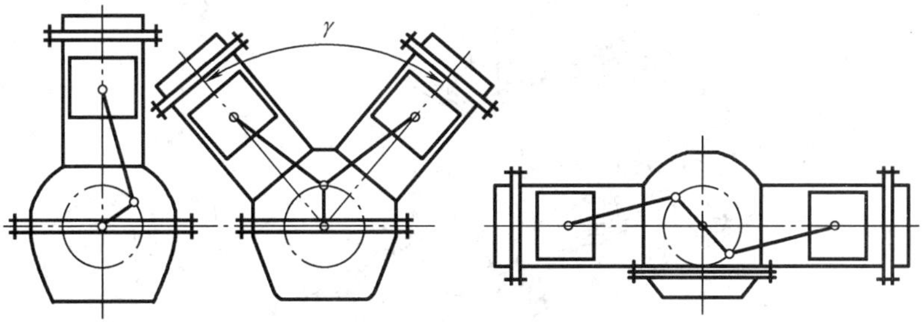

图 2-7　多缸发动机气缸排列形式示意图

(a)直列式　(b)V 形　(c)水平对置式

目前广泛采用镶缸套气缸体，即将气缸套镶入气缸体形成工作面。气缸套采用耐磨的优质材料制成，以延长气缸的使用寿命，而气缸体可用价格较低的一般材料制造，从而降低了制造成本。同时，气缸套可以从气缸体中取出，便于修理和更换，可延长气缸体的整体使用寿命。由于铝合金耐磨性较差，铝合金气缸体必须镶嵌气缸套。气缸套有干式气缸套和湿式气缸套两种(图 2-8)。

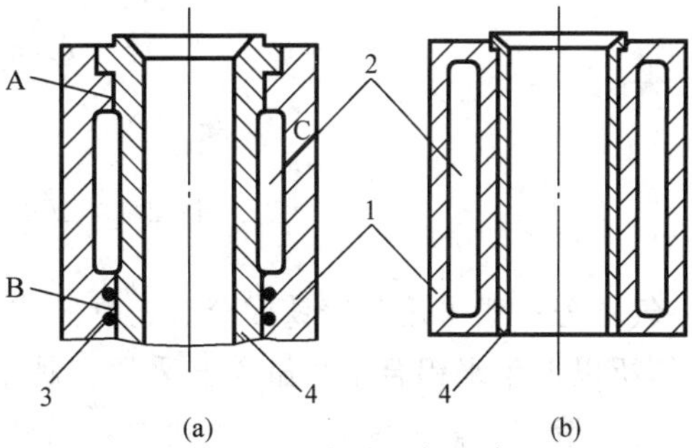

图 2-8　发动机气缸套

(a)湿式气缸套　(b)干式气缸套

1—气缸体　2—冷却水套　3—阻水圈　4—气缸套

湿缸套(见图 2-8a)外圆面与冷水直接接触，壁厚一般为 5～9mm。湿缸套冷却效果较好，加工容易，强度和刚度不如干缸套，易漏气漏水，多用于柴油机。

干缸套(见图 2-8b)外圆面不直接与冷水接触，壁厚一般为 1～3mm。缸套的外表面与气缸体孔的内表面应采用过盈配合。干缸套强度和刚度都较好，但其加工复杂，拆装不便，散热不良。负荷较小、缸径不大的汽油机为使结构紧凑，多使用干缸套。

缸套径向定位靠两个圆环带 A、B,轴向定位靠上部凸缘的下平面 C(见图 2-8)。湿缸套通常采用 1～3 道橡胶密封圈来封水。

二、气缸盖与气缸垫

1. 气缸盖

气缸盖安装在气缸体的上方,用来密封气缸的上部,与活塞、气缸等共同构成燃烧室。气缸盖直接受高温、高压的燃气和缸盖螺栓预紧力的作用,热应力和机械应力都很大。

缸盖的结构取决于发动机的冷却方式,燃烧室形状以及配气机构的布置形式等因素。通常气缸盖上装有进、排气门座和气门导管孔,用于安装进、排气门,还布置有进气道、排气道、冷却水道和润滑油道等。汽油机的气缸盖上加工有安装火花塞的孔,而柴油机的气缸盖上加工有安装喷油器的孔。顶置凸轮轴式发动机的气缸盖上还加工有凸轮轴轴承孔,用以安装凸轮轴,见图 2-9。

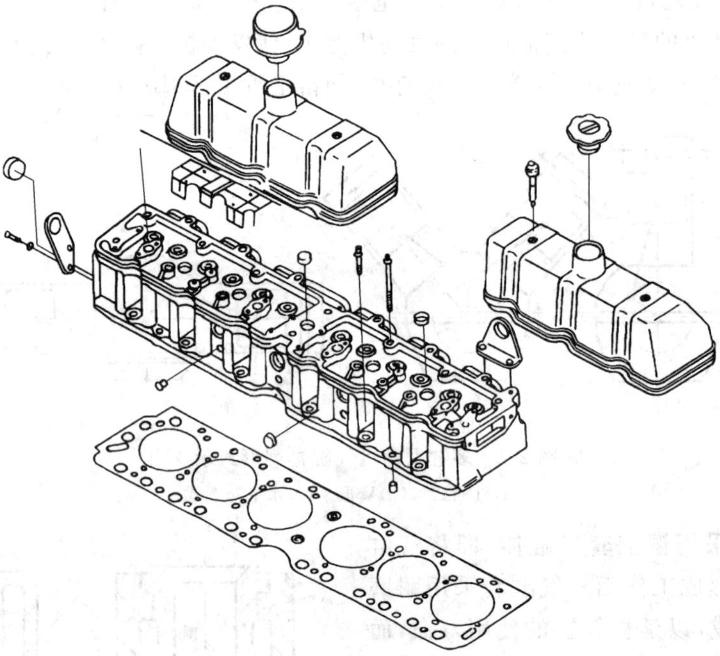

图 2-9 CA6102 型发动机气缸盖

气缸盖一般采用灰铸铁或合金铸铁铸成,由于铝合金导热性好,有利于提高压缩比,且质量轻,所以近年来铝合金气缸盖被采用得越来越多,但铝合金缸盖刚度小,使用中易变形。

为制造和维修方便以及减小变形对气缸密封的影响,功率较大的柴油机多采用分开式气缸盖,即一缸、二缸或三缸一盖。而汽油机因缸径较小、缸盖负荷较轻,多采用整体式气缸盖。

2. 燃烧室

燃烧室是由活塞顶部及缸盖上相应的凹部空间组成,燃烧室的形状对发动机的工作影响很大,由于汽油机和柴油机的燃烧方式不同,其气缸盖上组成燃烧室的部分差别较大。汽油机的燃烧室主要在气缸盖上,而柴油机的燃烧室主要在活塞顶部的凹坑上,故主要针对汽油机进行介绍。

汽油机燃烧室的形状和位置主要和气门布置、火花塞安装位置、活塞顶形状、冷却方式等相关。在设计时一是要保证结构尽可能紧凑，冷却面积要小，以减少热量损失及缩短火焰传播行程；二是使混合气在压缩终了时具有一定的涡流运动，以提高空燃混合气的燃烧速度，从而保证空燃混合气能及时和充分地燃烧。汽油机常见的燃烧室形状有以下几种，如图 2-10 所示。

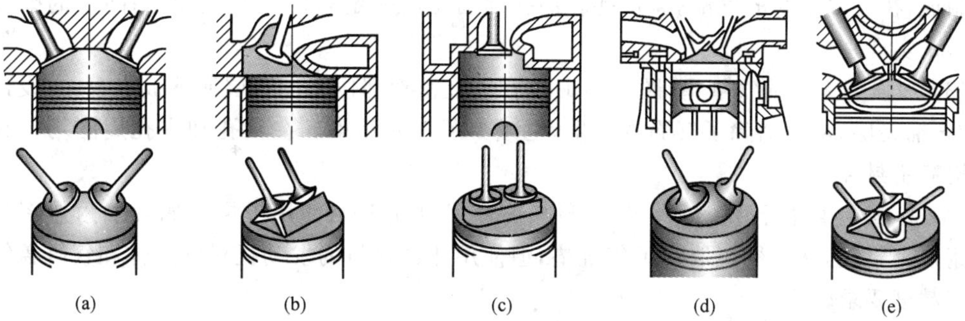

图 2-10 汽油机燃烧室类型

(a)半球形燃烧室 (b)楔形燃烧室 (c)盆形燃烧室 (d)多球形燃烧室 (e)篷形燃烧室

(1) 半球形(Semi-spherical Type)燃烧室(图 2-10a)的结构紧凑；火花塞多位于燃烧室的中部，火焰行程短，故燃烧速率高，不宜产生爆燃；面容比小，散热损失少，热效率高；激冷区小，HC 排放低，排气品质好；气门成横向 V 形排列，可通过增大气门直径来提高发动机充气效率，动力性、经济性较好；配气机构比较复杂。轿车用发动机多采用半球形燃烧室，如富康 TU 型汽油机。

(2) 楔形(Wedge Type)燃烧室(图 2-10b)的横截面呈楔形，结构简单、紧凑，散热面积小，气门斜置，在压缩终了时能形成挤气涡流，燃烧速度高，安排激冷区，防止爆燃，但噪声、振动大，工作易粗暴。

(3) 盆形(Bathtub Type)燃烧室(图 2-10c)的形状如倒置的浴盆，气门平行于气缸轴线，能形成挤气涡流，结构较简单，工艺性好，制造成本低，但气门尺寸受到限制，充气效率不如半球形燃烧室。捷达轿车发动机、奥迪轿车发动机、北京 492QG2 型发动机等采用盆形发动机。

(4) 多球形(Multi-spherical Type)燃烧室(图 2-10d)是在半球形燃烧室的基础上演变而成的，由两个以上半球形凹坑组成的，结构紧凑，面容比小，火焰行程短，气门直径较大，气道较平直，容易产生压缩涡流，但燃烧室形状复杂，散热面积较大，经济性差。如夏利 TJ376Q 型汽油机。

(5) 篷形(Pent Roof Type)燃烧室(图 2-10e)的断面呈篷形，由半球形发展而成。该燃烧室结构紧凑，可采用多气门布置形式提高发动机充气效率；火花塞亦布置在燃烧室中央，缩短了火焰传播行程，降低爆燃趋势，可采用较高压缩比。近年来高性能多气门轿车发动机多采用该形式燃烧室，如欧宝 V6、奔驰 320E、富士 EJ20、三菱 3G81 等。

3. 气缸垫

气缸盖与气缸体之间置有气缸衬垫，以弥补加工误差，保证燃烧室的密封，防止燃气、冷却液和润滑油互窜。因此，要求气缸垫在高温、高压燃气作用下有足够的强度，不易损坏；耐热、耐腐蚀，即在高温、高压或有压力的机油和冷却水的作用下不烧坏或变质；具有一定的弹性，能补偿结合面的不平度，以保证密封；拆装方便，能重复使用，寿命长。

目前在汽车发动机上使用的气缸垫主要有以下几种：

(1) 金属-石棉垫(图 2-11a、c、e、f) 这种气缸垫是在石棉中间夹有金属丝或金属屑，外覆铁皮或铜皮，自由状态下厚度为 3mm，压紧厚度为 1.5～2mm，在水孔、油孔和燃烧室孔周围另用铜皮镶边增强，防止被高温燃气烧坏。此种气缸垫弹性好，但厚度和质量均较差，易黏结，一般只能使用一次。

(2) 纯金属垫(图 2-11b) 一些强化发动机采用纯金属气缸垫，它由单块光整冷轧的低碳钢板制成，在需要密封的气缸孔、水孔和油孔周围压出一定高度的凸纹，利用凸纹的弹性和塑性变形来实现密封。

(3) 加强型无石棉气缸垫(图 2-11d) 在气缸密封部位采用五层薄钢板组成，并设计成圆形，无石棉夹层，从而消除了气囊的产生，也减少了工业污染。在油孔和水孔周围均包有钢护圈以提高密封性。

(4) 其他 随着新型密封材料的研制，一些发动机开始使用单层金属片加耐热密封胶或只用耐热密封胶，从而彻底取代了气缸垫，但使用此种材料的发动机对气缸体和气缸盖结合面的加工精度要求较高。

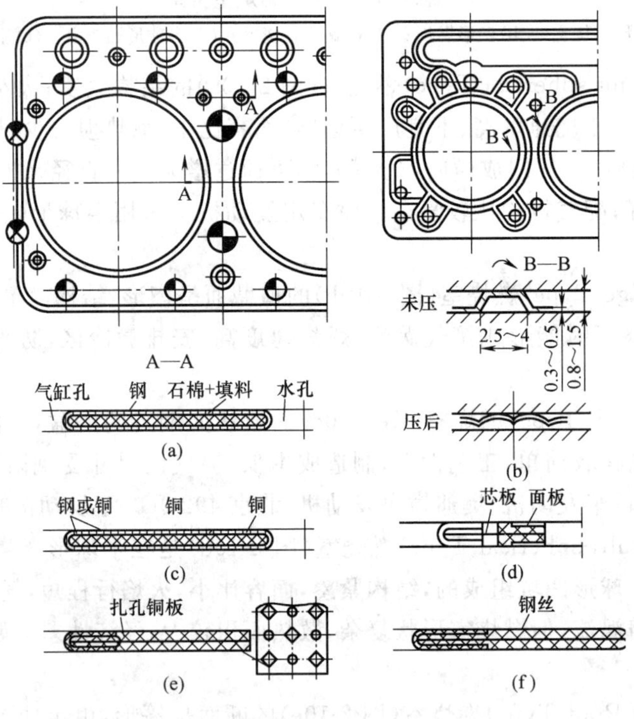

图 2-11 气缸垫

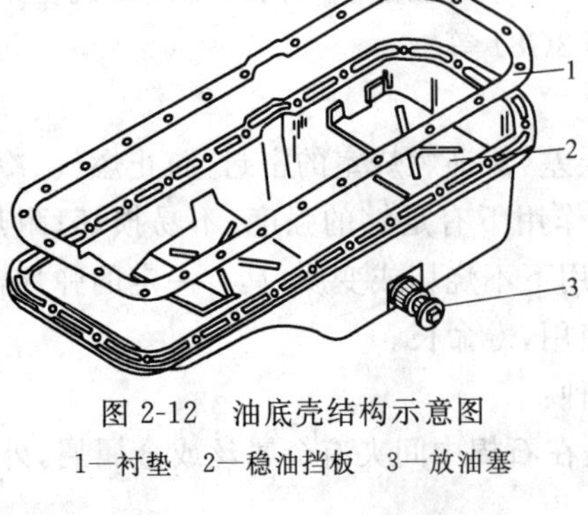

图 2-12 油底壳结构示意图

1—衬垫 2—稳油挡板 3—放油塞

三、油底壳

油底壳的功用主要是储存机油并封闭曲轴箱。一般采用薄钢板冲压而成，也有采用铝合金制造的。

油底壳受力很小，一般采用薄钢板冲压而成，其形状取决于发动机的总体布置和机油的容量。油底壳内装有稳油挡板，以防止汽车颠簸时油面波动过大。油底壳底部还装有放油螺塞，通常放油螺塞上装有永久磁铁，以吸附润滑油中的金属屑，减少发动机的磨损。在上、下曲轴箱接合面之间装有衬垫，防止润滑油泄漏，见图 2-12。

四、发动机的支承

发动机一般通过气缸体和飞轮壳或变速器壳上的支撑支承在车架上。支承方法有三点支承和四点支承两种方法，见图 2-13。

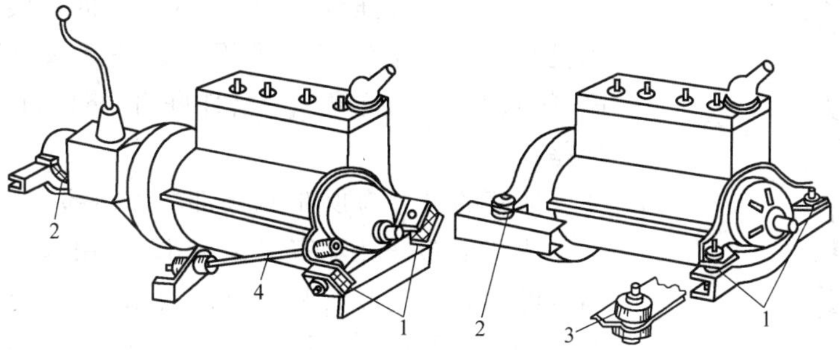

图 2-13　发动机的支撑

(a)三点支撑　(b)四点支撑

1—前支撑　2—后支撑　3—橡胶垫圈　4—拉杆

第三节　活塞连杆组

活塞连杆组由活塞、活塞环、活塞销、连杆、连杆螺栓、连杆轴承和连杆盖等主要机件组成(图 2-14)。

一、活塞

活塞用以承受气缸中气体压力，并将此力通过活塞销传给连杆，以推动曲轴旋转。活塞顶部还与气缸盖及气缸壁共同组成燃烧室。

活塞顶部直接和高温燃气接触，燃气温度可达 2500K 以上；由于散热条件差，其顶部温度可达 600～700K，且分布不均匀，从上到下温度下降。高温一方面使活塞材料强度和硬度下降，另一方面使活塞热膨胀量增大，破坏与相关零件的配合关系，且温度不均匀使活塞产生热应力。

活塞顶部在做功行程中承受高达 3～5MPa(汽油机)或 6～9MPa(柴油机)的气体压力，增压发动机会更大，可达 8～12MPa。高压易使活塞变形，运动副径向、活塞侧压力均加大，润滑条件差，加速配合表面的摩擦磨损。

汽车用汽油机转速高达 4000～6000r/min，因而活塞在气缸内运动平均线速度在 8～15m/s，由于速度的大小和方向不断变化，产生很大的惯性力。周期性变化的气压力和惯性力，使活塞受到交变的拉伸、压缩和弯曲载荷，产生交变机械应力，缩短活塞使用寿命；同时也增加了曲柄连杆机构各零件和轴承的附加载荷，使发动机产生振动。

此外，燃气的化学腐蚀作用也进一步缩短了活塞的使用寿命。

因此要求活塞要有足够的强度和刚度，传力可靠；质量尽量小，以减少惯性力；导热性要好，有充分的散热能力；要耐高温、耐高压和耐磨损；活塞与气缸壁间应有较小的摩擦系数和合

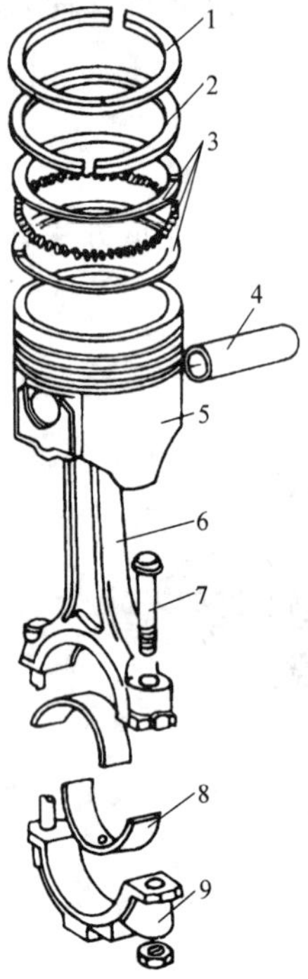

图 2-14 奥迪 100 型轿车发动机的活塞连杆组

1—第一道气环 2—第二道气环 3—组合油环 4—活塞销 5—活塞 6—连杆 7—连杆螺栓 8—连杆轴瓦 9—连杆盖

适的配合间隙。

汽油机和高速柴油机多采用铸造铝合金活塞。它具有质量轻(约为同样结构铸铁活塞的 50%～70%)、导热性好(约为铸铁的 3 倍)的优点;缺点是机械强度差,热膨胀系数大,耐磨、耐腐蚀性差。通过合理的结构设计、机械加工和热处理可以弥补一些缺点。通过采用铸造铝合金和液态模锻铝合金可提高其强度,但是成本高。低速柴油机、二冲程发动机和高增压柴油机多采用灰铸铁活塞,优点是机械强度高,热胀系数小,抗腐蚀耐磨性好,价格低;但是比重大、导热性差。

活塞的可分为顶部 1、头部 2 和裙部 3 三部分。

活塞顶部是燃烧室的组成部分,用来承受气体压力,为满足可燃混合气形成和燃烧的要求,其顶部形状有平顶(图 2-15 a)、凹顶(图 2-15b、c、d、e)和凸顶(图 2-15f)。平顶活塞制造工艺简单,吸热面积小,顶部应力分布较均匀,一般用于汽油机。凹顶活塞常用于柴油机,有双涡流凹坑、球形凹坑、U 形凹坑和 ω 形凹坑等,合理的凹坑形状和位置有利于可燃混合气的形成和燃烧,凹坑还可用来调整发动机的压缩比。凸顶活塞顶部起气流导向作用,二冲程汽油机常采用凸顶活塞。

活塞头部是最下面一道活塞环槽以上的部分。头部的主要作用是承受气体压力,与活塞环一起实现对高温、高压燃气的密封,将活塞顶部所吸收的热量通过活塞环传给气缸壁,再传给冷却液,所以头部又称为防漏部。

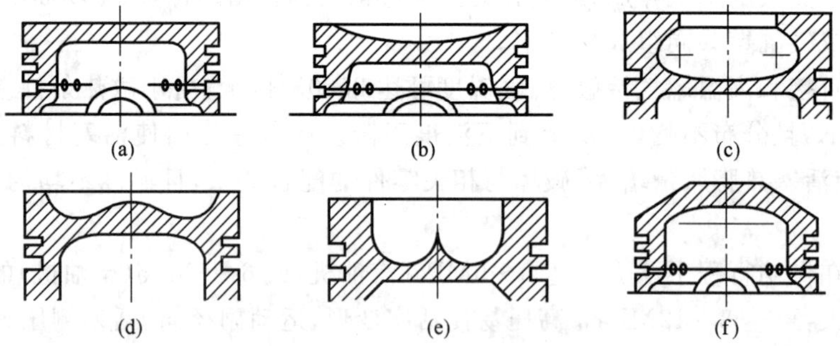

图 2-15 活塞顶部形状

(a)平顶 (b)凹顶 (c)凹顶 (d)凹顶 (e)凹顶 (f)凸顶

活塞头部切有若干道用以安装活塞环的环槽,有两道或三道气环槽和一道油环槽。第一道环槽工作温度最高,一般应离顶部较远些,使环的温度低一些。有的汽油机活塞第一道环槽上面开一道隔热槽,如图 2-16 所示,用来割断从活塞顶流下来的部分热流通道,迫使热流方向折转,减少第一道环槽的散热量,消除第一道环过热后产生积碳和卡死在环槽中的可能性。

活塞环槽的磨损是制约活塞寿命的一个重要因素,特别是第一道环槽,为了提高环槽的寿命，在第一、二道环槽部位镶铸耐磨、耐热的奥氏体铸铁护圈。在高强度直喷式柴油机中，有时在燃烧室喉口处镶嵌耐热护圈，以保证喉口不会因过热而开裂。高速发动机也有在铝合金的头部镶嵌纤维增强合金圆环，以增强活塞的强度和提高第一道环槽的耐磨性。

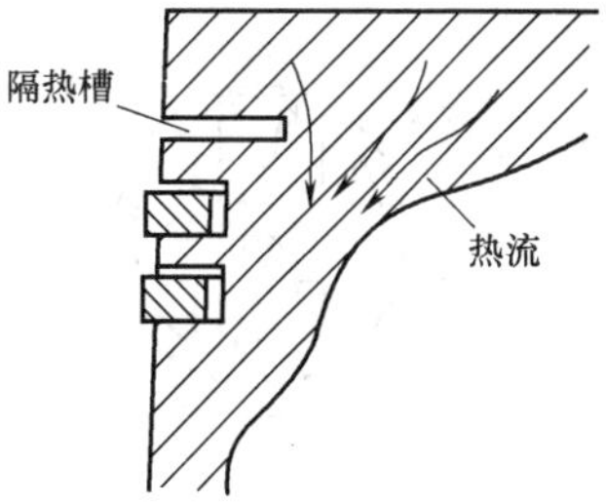

图 2-16　活塞隔热槽

活塞裙部是指最后一道油环槽下端面至活塞底面的部分，主要用来为活塞导向和承受侧压力，并将头部传下来的气体力通过活塞销座和活塞销传给连杆。

活塞裙部的形状应与气缸相适应，它们之间的间隙应适当，同时具有一定的长度，以保证足够的承压面积和较小的比压。但裙部较长时会使活塞高度、质量和发动机整机高度都较大。因此通常在满足允许比压下取最小长度，现代发动机常用活塞裙部有 3 种类型，如图 2-17 所示。

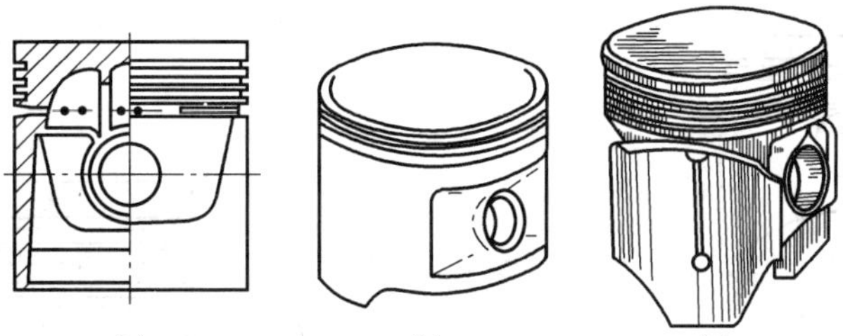

图 2-17　不同裙部类型的活塞

(a)全裙活塞　(b)半托板式活塞　(c)托板式活塞

现代轿车发动机多采用托板式或半托板式活塞。托板式活塞重量小，裙部具有一定弹性，在下止点时不会与曲轴平衡块产生运动干涉，从而可减短发动机连杆长度，降低整机高度。而一些载货车汽油机或柴油机则常采用全裙式，主要目的是保证活塞的强度。

活塞裙部承受侧压力的两个侧面称为推力面，它们处于与活塞销轴线相垂直的方向上。侧压力使活塞裙部直径在活塞销轴线方向上增大，如图 2-18a 所示。

活塞工作时燃气压力均匀分布在活塞顶上，而活塞销给予的支反力作用在销座处，因此产生的变形也使裙部沿销孔轴线方向增大，如图 2-18b 所示。

销座孔处材料较多，受热后膨胀量大，使活塞裙部沿销孔轴线方向变长，如图 2-18c 所示。

若将活塞裙部加工成圆形，发动机工作时，活塞的机械变形和热变形会使其裙部变成椭圆形，如图 2-18d 所示(长轴在活塞销轴线方向)。

活塞一旦产生椭圆变形，就破坏了和气缸壁之间的正常配合，使发动机工作异常。因此常采取以下一些措施来预防和控制裙部的椭圆变形：

(1) 尽量减少活塞的受热。如使用平顶活塞，采用传热型活塞，以及加工隔热槽等。

(2) 采用椭圆锥裙。将裙部断面制成椭圆形，椭圆的长轴在垂直活塞销轴线方向，短轴在活塞销方向。裙部轴向呈锥形，上小下大，如图 2-19 所示。这样，活塞在工作过程中，受力受热膨胀变形时形成圆柱形，以保证活塞和气缸壁之间的正常配合。

(3) 对汽油机活塞，在裙部开 T 形槽或 Π 形槽，达到“横槽隔热，纵槽防胀”的目的，如图 2-20 所示。纵向槽一般不开到底，以免强度削弱太大。对于柴油机，则不能开纵向槽，以免过

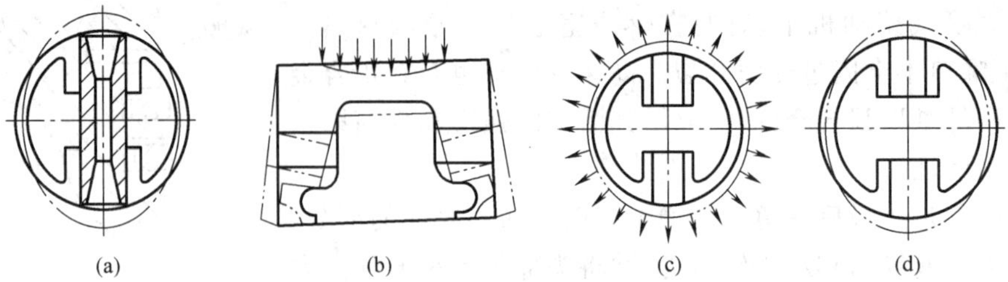

图 2-18 活塞裙部的变形

(a)挤压变形 (b)弯曲变形 (c)销座热变形 (d)裙部综合变形

度削弱其强度。

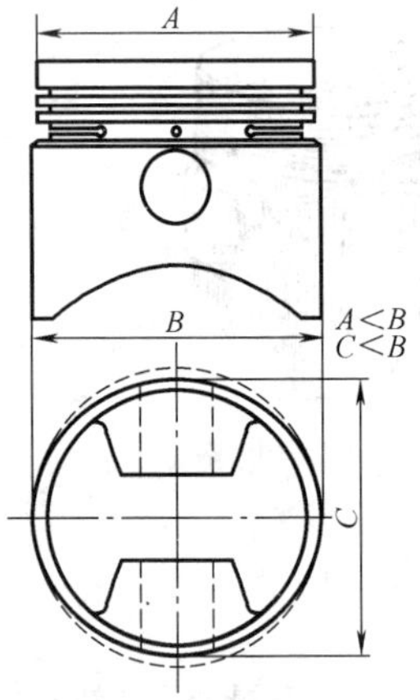

图 2-19 活塞裙部形状

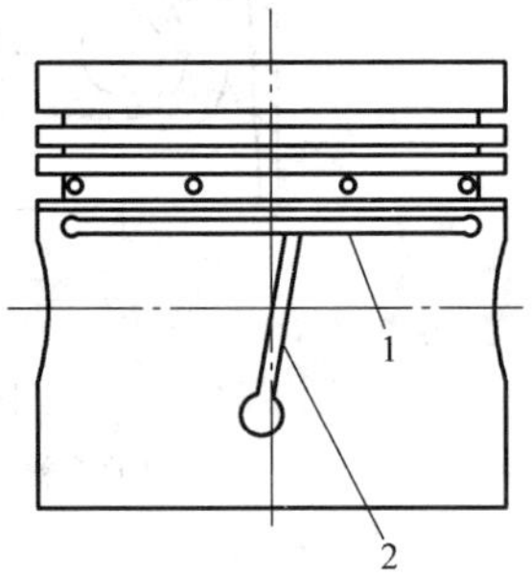

图 2-20 活塞裙部的绝热槽和膨胀槽

1—绝热槽 2—膨胀槽

(4) 在铝合金活塞上镶铸恒范钢片等，限制活塞的变形量。钢片的材料用含镍 33%～36%(质量分数)的低碳钢制成，受热后的线膨胀系数均为铸铝合金的 1/10。

(5) 在保证活塞强度的前提下，削掉销座周围的一些金属，或者采用托板式活塞。这种方法主要适用于汽油机。对于柴油机，在保证强度的前提下可以适当削掉销座处的金属。

活塞销座是活塞通过活塞销与连杆的连接部分，位于活塞裙部的上部，活塞所受的气体压力和惯性力都是通过销座传给活塞销的，然后再传递到连杆和曲轴。因此，销座与活塞销必须有足够的强度、足够的承压面积和耐磨性。

销座孔的中心线一般位于活塞中心线的平面内。但也有些高速汽油机的活塞销孔中心线偏离活塞中心线平面，如图 2-21 所示。销座孔中心线向作功行程中受侧压力的一面(主推力面)偏离活塞中心线平面 1～2mm。若活塞销对中布置(图 2-21a)，当活塞越过上止点时侧压力的作用方向改变，会使活塞敲击气缸壁面发出噪声。如果把活塞销偏移布置(图 2-21b)，则可使活塞较平稳地从压向气缸的一面过渡到另一面，而且过渡时刻早于达到最高燃烧压力的时刻，可以减轻活塞“敲缸”，减小噪声，改善发动机工作的平顺性。但这种活塞销偏置的结构，使活塞裙部两端的尖角负荷增大，容易刮伤气缸壁。这种活塞的偏心量不易观察出来，一般都有标记，安装时方向不能搞错。对于柴油机，考虑到改善磨损状况，销座孔通常向压缩行程中受侧压力的一面(次推力面)偏移。

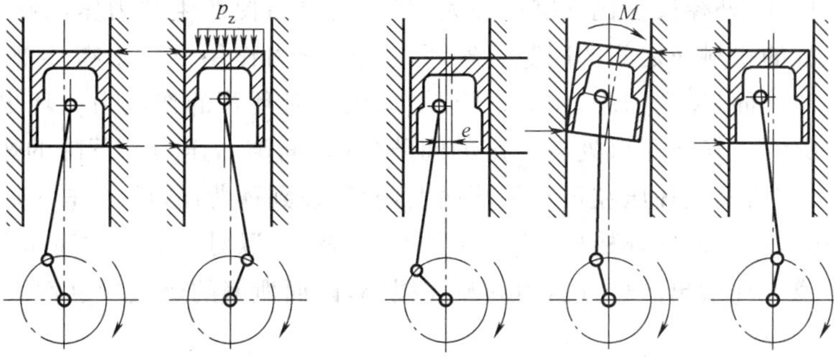

图 2-21　活塞销位置与活塞的换向过程

(a)活塞销对称布置　(b)活塞销偏移布置

二、活塞环

活塞环是具有弹性的开口环,有气环和油环之分,见图 2-22。

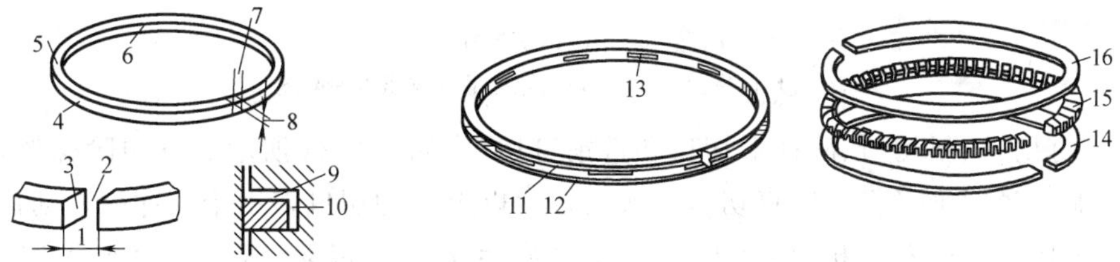

图 2-22　活塞环

(a)气环　(b)槽孔式油环　(c) 钢带组合油环

1—端隙　2—开口　3—开口端面　4—外圆面　5—侧面　6—内圆面　7—径向厚度　8—环高　9—侧隙　10—径向间隙　11—上刮油唇　12—下刮油唇　13—回油孔　14—下刮片　15—撑掌　16—上刮片

1. 气环

气环是保证活塞与气缸壁间的密封,防止气缸内的高温、高压燃气窜入曲轴箱,并将活塞头部的热量传给气缸壁,再由冷却水或空气带走热量,同时辅助油环控制气缸壁上的润滑油。其中密封是主要作用,是传热的前提。若密封不良,不仅发动机的动力性和经济性能下降,同时活塞的传热也会受到破坏,导致活塞和活塞环烧坏,环与气缸壁之间的磨损加剧。

气环是发动机中磨损最快的零件之一。工作时受到气缸中高温、高压燃气的作用,温度很高(特别是第一道环,温度可高达 600K),活塞环随活塞一起作高速运动,加之润滑条件不好,因而磨损严重。由于气缸壁的锥度和椭圆度,活塞环随活塞往复运动时,沿径向会产生一张一缩运动,使环受到交变应力作用而容易折断。因此要求活塞环弹性好、耐热和耐磨损。

为了提高气环的耐磨性,常对气环进行镀锡、磷化、喷石墨及硫化处理。对于工作环境最恶劣的第一环,则进行表面镀铬,镀铬后的环硬度高、熔点高、摩擦系数小、耐腐蚀和导热性好,环的寿命可提高 2～3 倍。

气环漏气的通道只有三条：环面与气缸壁之间、环与环槽之间和切口间隙处。气环在自由状态下是一个开口环，外径尺寸比气缸内径大，装入气缸后便产生弹力紧贴在气缸壁上，燃气不能通过环与气缸的接触面之间的间隙。气环在燃气压力作用下压紧在环槽下端面上，于是燃气便绕流到环的背面，发生膨胀，压力下降，燃气压力对环背的作用力使环更紧地贴在气缸壁上，如图 2-23 所示。气环开口处有一定的间隙（开口间隙），压力已下降的燃气从切口漏到下道气环的上平面时，又把环压在环槽下端面上，燃气绕到环背面，压力进一步下降，如此继续下去，几道切口相互错开的气环构成“迷宫式”封气装置，足以对气缸中的高压燃气进行有效的密封。从最后一道气环漏出的燃气压力和流速很小，因而泄漏的燃气量也就很少，一般仅为进气量的 0.2%～1.0%。

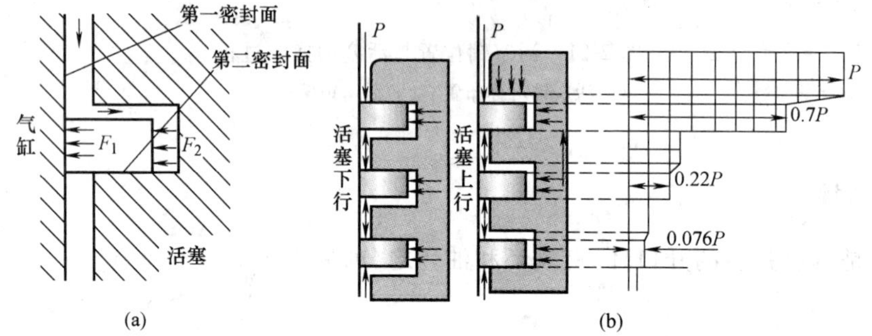

图 2-23 气环的密封原理

（a）气环的密封 （b）各环间隙处的气体压力递减图

气环有直切口、斜切口、阶梯形切口和带销钉切口，如图 2-24 所示。其中阶梯形切口密封性最好，但加工最困难，斜切口、直切口依次次之。以上三种切口多用于四冲程发动机，而带销钉切口多用于二冲程发动机，防止环在工作时绕活塞中心转动，避免切口卡入进排气口而折断。

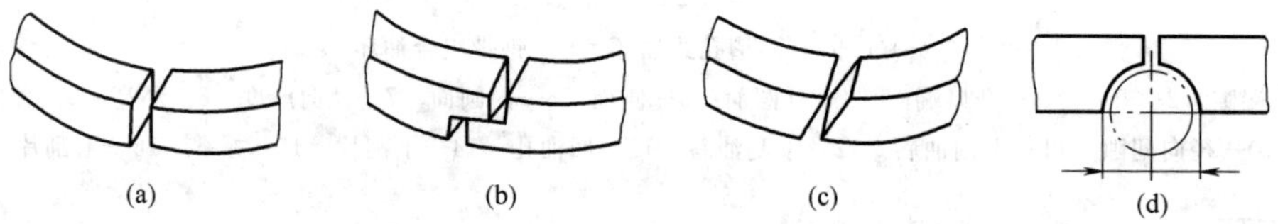

图 2-24 气环的开口形状

（a）直切口 （b）阶梯形切口 （c）斜切口 （d）带销钉切口

活塞环切口的形状和装入气缸后切口间隙的大小对漏入曲轴箱的燃气量有一定的影响，切口间隙太大，漏气严重，功率下降；而切口间隙太小，活塞环受热膨胀后会卡死或折断。第一道气环因所受温度高，其切口间隙较其他环大些。

气环的断面形状多种多样，根据发动机的结构特点和强化程度，选择不同断面形状的气环组合，可以得到最好的密封效果和使用性能，常见的气环断面形状如图 2-25 所示。

(1) 矩形环（图 2-25a）结构简单、制造方便和散热性好，但有泵油作用（泵油作用如图 2-26 所示）。

(2) 锥面环（图 2-25b）与缸壁为线接触，有利于密封和磨合，该环在活塞下行时有刮油作用，上行时有布油作用，并可形成楔形油膜以改善润滑，但其传热性差，不宜用于第一道气环。

(3) 扭曲环(图 2-25c、d)除具有锥面环的优点外，还能减小泵油作用、减轻磨损和提高散热能力，目前在发动机上得到广泛的应用。

(4) 梯形环(图 2-25e)的主要优点是能使沉积在环槽中的结焦被挤出，避免了活塞环被黏结在环槽中而被折断，同时其密封作用强，使用寿命长，但上、下两面的精磨工艺较复杂。

(5) 桶面环(图 2-25f)上、下行都可形成楔形油膜从而改善润滑，对活塞在气缸内摆动的适应性好，接触面积小，有利于密封；但凸圆弧表面的加工较困难。

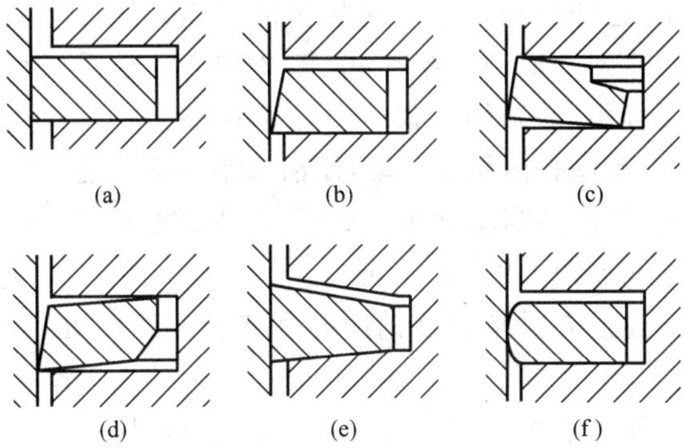

图 2-25　气环的断面形状

(a)矩形环　(b)锥面环　(c)正扭曲内切环

(d)反扭曲锥面环　(e)梯形环　(f)桶面环

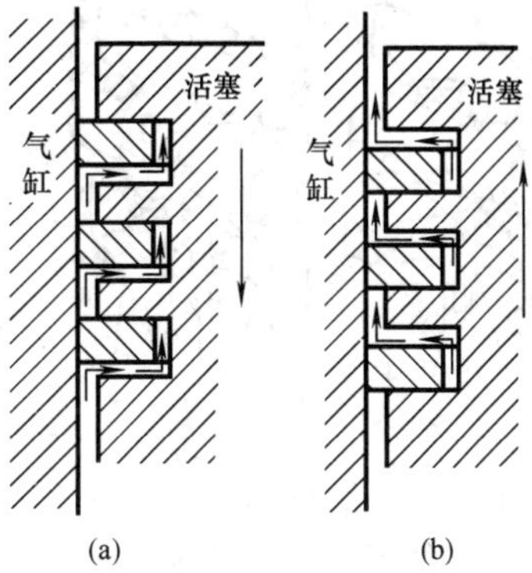

图 2-26　矩形断面气环的泵油作用

(a)活塞下行　(b)活塞上行

2. 油环

油环的主要功用是刮走气缸壁上多余的机油，并在气缸壁均匀分布机油膜，防止机油窜入燃烧室燃烧，辅助气环密封。

目前汽车发动机常用的油环有两种：

(1) 普通油环(图 2-27a)其断面与矩形气环相似。为增强刮油效果，提高对缸壁的压力，在其外圆上切有环形槽，槽低开有若干回油用的小孔或狭缝。

(2) 组合油环(图 2-27b)由刮油钢片 1 和产生径向、轴向弹力作用的衬环 2、3 组成。其刮油能力强，对缸套变形的适应性好，回油通路大。因此，组合油环的应用广泛。但油环需要用优质钢制造，成本高。

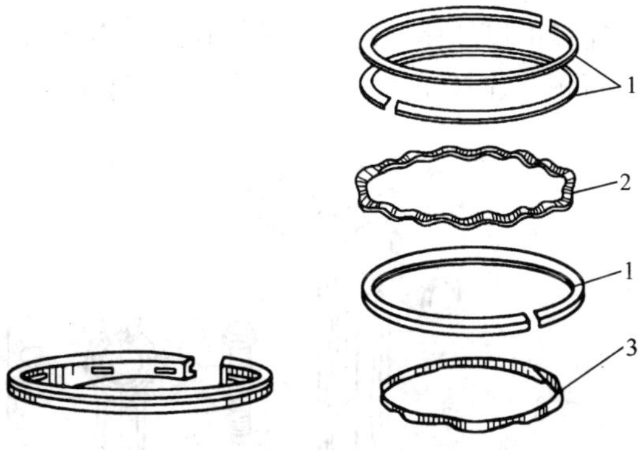

图 2-27　油环

(a)整体式　(b)组合式

1—刮油钢片　2—轴向衬环　3—径向衬环

三、活塞销

活塞销用来连接活塞和连杆小头，并把活塞所受的力传给连杆。活塞销工作温度高，承受很大的周期性冲击载荷，润滑条件差(靠飞溅润滑)，因而要求有足够的刚度和强度，表面耐磨，质量尽可能小，一般采用低碳钢或低碳合金钢，如 20 号、20Mn、15Cr、20Cr 等。先经渗碳处理提高表面硬度，并保证心部有一定的冲击韧性，然后进行精磨和抛光，多采用空心轴以减小质量，如图 2-28 所示。

圆柱形孔(图 2-28a)最容易加工，但质量较大，往复惯性力大；两段截锥形孔(图 2-28 b)接近等强度梁的要求，质量较小，但孔的加工较复杂；组合形孔(图 2-28c)的结构介于前两者

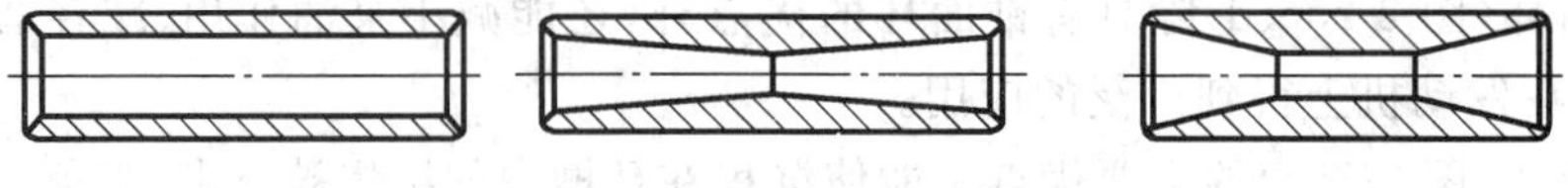

图 2-28 活塞销的结构

(a)圆柱形孔 (b)两段截锥形孔 (c)组合形孔

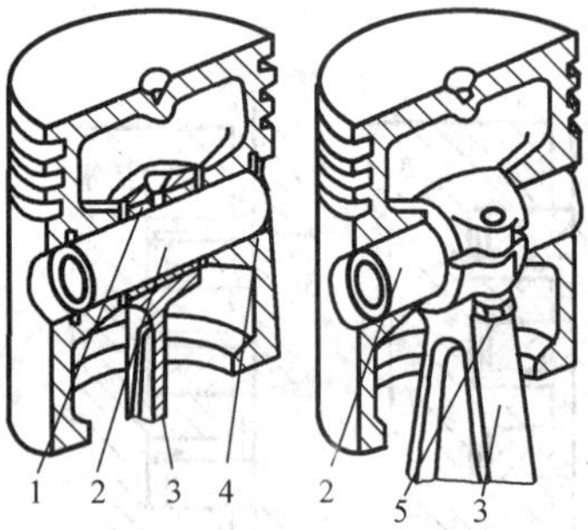

图 2-29 活塞销的连接

(a)全浮式 (b)半浮式

1—连杆衬套 2—活塞销 3—连杆

4—活塞销卡环 5—紧固螺栓

之间。

活塞销、连杆小头衬套孔和活塞销座孔的连接形式有两种:全浮式(图 2-29a)和半浮式(图 2-29b)。全浮式在发动机运转过程中,活塞销不仅可以在连杆小头衬套孔内转动,还可以在销座孔内缓慢转动,使活塞销各部分磨损比较均匀,为防止销轴向窜动刮伤气缸壁,在活塞销座两端用卡环嵌在销座凹槽中加以轴向定位。

半浮式连接方式指的是销座孔和连杆小头两处,一处固定,一处浮动,销座孔内无卡环,连杆小头处无衬套。多数采用销与连杆小头固定的方式,一种是用螺栓将活塞销夹紧在连杆小头孔内,另一种是销与小头孔以过盈配合的方式固定。

四、连杆

连杆由连杆体(杆身、大头、小头)、连杆盖、连杆轴瓦、连杆衬套和连杆螺栓等组成,如图 2-30 所示。连杆小头通过活塞销与活塞相连,连杆大头与曲轴的连杆轴颈相连,将活塞受到

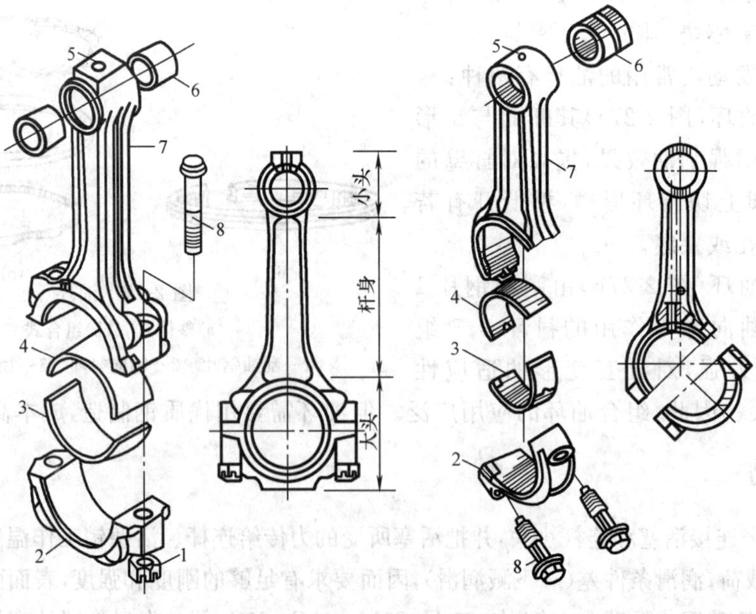

图 2-30 连杆

(a)平切口连杆 (b)斜切口连杆

1—螺母 2—连杆盖 3—下轴瓦 4—上轴瓦 5—集油孔 6—连杆衬套 7—连杆体 8—连杆螺栓

的气体压力传给曲轴，使活塞的往复运动变成曲轴的旋转运动。

连杆承受活塞销传来的气体作用力以及本身的惯性力，这些力的大小和方向都是周期性变化的，因此连杆受到的是压缩、拉伸和弯曲等交变载荷。一般用中碳钢或合金钢经模锻或辊锻而成，如 45 号、42CrMo、40Cr、40MnB 等。

连杆杆身通常做成"工"字形断面，以求在强度和刚度足够的前提下减少质量，采用压力润滑的连杆，杆身中部有连通大、小头的油道。连杆大头与曲柄销相连，为了便于安装，除一些二冲程汽油机采用整体式大头外，一般做成分体式的，被分开的部分称为连杆盖，借特制的连杆螺栓紧固在连杆大头上，连杆盖与大头是配对镗孔的，一般大头孔上铣有连杆轴瓦的定位凹坑。为了保证连接的可靠性，必须对连接螺栓施加相当高的预紧力。

连杆大头按剖分面的方向可分为垂直于连杆中心线的平切口（图 2-30a）和相对于连杆中心线倾斜 30°～60°的斜切口（图 2-30b）。汽油机和小功率柴油机的连杆大头尺寸小于气缸直径，常用平切口形式；平切口连杆的切口面多为平面，由杆身与连杆盖分别加工而成。由于现代技术与工艺的进步，连杆锻成整体毛坯，用冷胀的方法将杆身与连杆盖分开。这样的切口将不再是平面，而是不规则的像山峦式的犬牙交错的表面，可提高杆身与连杆盖的定位精度。一汽捷达轿车五气门发动机便采用此种结构。平切口连杆盖和连杆的定位，采用螺栓上精加工出来的圆柱凸台或光圆柱部分与精加工的螺栓孔来保证，如图 2-31a 所示。

斜切口连杆在往复惯性力作用下受拉时，在切口方向作用有较大的横向力，因此要有定位装置，以使螺栓免受附加的剪切应力作用。常见的定位方法如下：

（1）销钉定位　如图 2-31b 所示，基本相似于下面介绍的套筒定位；

（2）止口定位　利用连杆盖和连杆体大端的止口进行定位，如图 2-31c 所示。特点是工艺简单，只能单向定位，不大可靠，无法保证连杆盖向外变形和连杆大头止口向内变形。

（3）锯齿定位　在连杆盖和连杆体大端的结合面上拉削出锯齿进行横向定位，如图 2-31d 所示。锯齿接触面大，贴合紧密，结构紧凑，定位可靠，但齿节距公差要求严格，否则连杆盖装在连杆大头上时，若有定位齿配合不上，连杆大头孔会失圆。如果能采用拉削工艺保证齿距公差，则这种定位方式还是较好的。

（4）套筒定位　在连杆盖各螺栓孔中压配刚度大和剪切强度高的同心短套筒（如图 2-31e 所示），连杆盖拆装方便，和连杆大头有很高精度的配合间隙。但连杆大头横向尺寸变大，定位套筒孔加工工艺要求高，若孔距不准确，会产生定位干涉，使大头孔失圆。

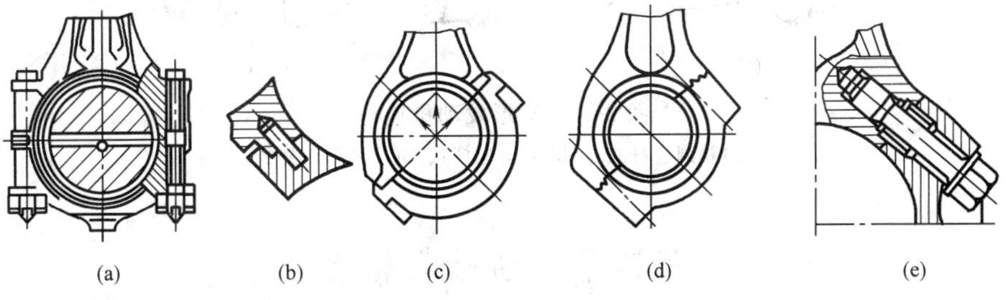

图 2-31　连杆盖的定位方式

(a)螺栓圆柱定位　(b)销钉定位　(c)止口定位　(d)锯齿定位　(e)套筒定位

连杆轴承是安装在连杆大头孔中的剖分成两半的滑动轴承，以使连杆轴颈和连杆大头间保持良好的油膜，减少摩擦阻力。如图 2-32 所示，轴瓦分上、下两个半片，目前多采用薄壁钢

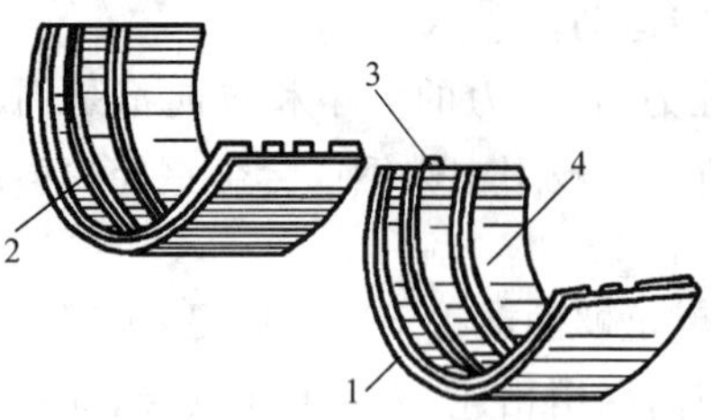

图 2-32 连杆轴瓦
1—钢背 2—油槽 3—定位凸键 4—耐磨合金层

背轴瓦，在其内表面浇铸有耐磨合金层。耐磨合金层具有质软、容易保持油膜、磨合性好、摩擦阻力小和不易磨损等特点。耐磨合金常采用的有巴氏合金、铜铝合金和高锡铝合金。

连杆轴瓦的背面有很高的光洁度。半个轴瓦在自由状态下不是半圆形，当它们装入连杆大头孔内时又有过盈，故能均匀地紧贴在大头孔壁上，具有很好的承受载荷和导热的能力，并可以提高工作可靠性和延长使用寿命。连杆轴瓦上制有定位凸键，供安装时嵌入连杆大头和连杆盖的定位槽中，以防轴瓦前后移动或转动，有的轴瓦上还制有油孔，安装时应与连杆上相应的油孔对齐。

V 形发动机左、右两侧置对应的两个气缸的连杆是共同连接在一个曲柄销上的，它有三种形式：

(1) 并列连杆式(图 2-33a) 相对应左、右两缸的连杆一前一后地安装在同一个曲柄销上。优点是连杆可以通用，两列气缸的活塞连杆组的运动规律相同；缺点是两列气缸轴线沿曲轴轴向要错开一段距离，因而使曲轴的长度增加和刚度降低。

(2) 主副连杆式(图 2-33b) 一列气缸的连杆为主连杆，其大头直接安装在曲柄销全长上；另一列气缸的连杆是福连杆，其大头与对应的连杆大头上的两个凸耳作铰链连接。优点是不需要增加曲轴长度；缺点是主、副连杆不能互换，左、右两列气缸的活塞连杆组的运动规律和受力都不一样。

(3) 叉形连杆式(图 2-33c) 左、右两列气缸的对应两个连杆中，一个连杆的大头做成叉形的，跨于另一个连杆的厚度较小的片形大头两端。优点是两列气缸中的活塞连杆组的运动规律相同，左、右对应的两气缸轴线不需要错位；缺点是叉形连杆大头结构和制造工艺比较复杂，而且大头的刚度也不高。

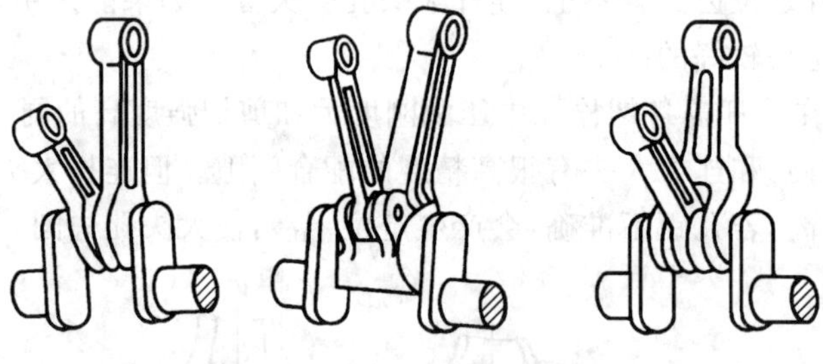
(a) (b) (c)

图 2-33 V 形发动机连杆
(a)并列连杆式 (b)主副连杆式 (c)叉形连杆式

第四节 曲轴飞轮组

如图 2-34 所示，曲轴飞轮组主要由曲轴 1、飞轮 8 和扭转减振器等组成。

一、曲轴

曲轴是发动机中最重要的一个零部件，主要用来承受连杆传来的力，并产生绕其本身轴线

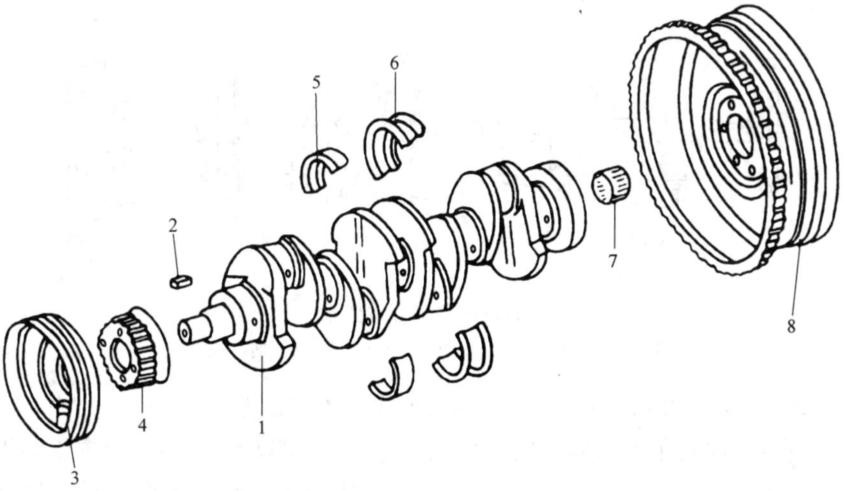

图 2-34　上海桑塔纳轿车曲轴飞轮组

1—曲轴　2—键　3—带轮　4—正时齿轮　5—轴瓦　6—组合止推轴瓦　7—滚针轴承　8—飞轮

的力矩，并且还驱动发动机的配气机构及诸如风扇、水泵、发电机等其他各种辅助装置。

曲轴在工作中，要承受周期性变化的气体压力、往复惯性力、离心力及由此而产生的扭矩和弯矩的共同作用。因此要求曲轴有足够的刚度和强度，各工作表面润滑良好和耐磨，并需要很好的平衡。

目前，曲轴多采用优质中碳钢或铬镍钢(18CrNi5)、铬铝钢(34CrAl16)模锻而成，轴颈再经表面淬火或氮化处理以提高耐磨性。

如图 2-35 所示，曲轴主要由曲轴前端 1(自由端)、若干个曲拐 7、曲轴后端 6(功率输出端)三部分组成。曲拐数取决于发动机气缸数和排列方式。直列式发动机曲轴的曲拐数等于气缸数；形发动机曲轴的曲拐数等于气缸数的一半。

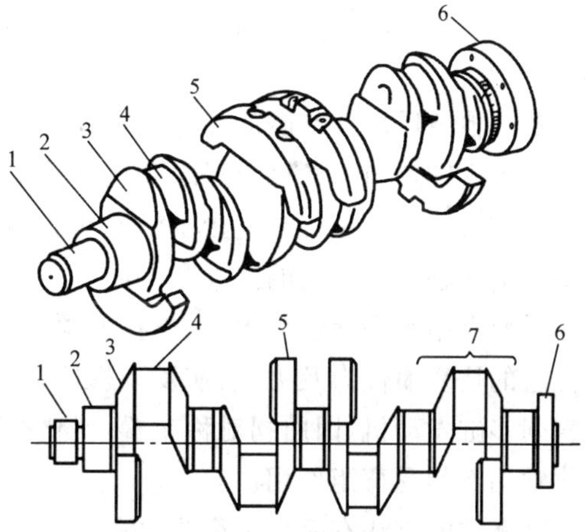

图 2-35　整体式曲轴

1—曲轴前端　2—主轴颈　3—曲柄臂　4—曲柄销　5—平衡重　6—曲轴后端　7—曲拐单元

按结构形式曲轴可分为整体式曲轴(图 2-35)和组合式曲轴(图 2-36)。整体式曲轴的优点是结构简单、紧凑，强度、刚度高，质量小，加工面少，以及成本低。组合式曲轴各段分段加工，然后组装成整体，相应气缸体为隧道式的，主轴承为滚动轴承。其优点是方便制造和更换；缺点是结构复杂，拆装不便，质量大，成本高，滚动轴承噪声大。

按主轴颈的数目划分，曲轴可分为全支承曲轴和非全支承曲轴。在相邻的两个曲拐之间都设置一个主轴颈的曲轴称为全支承曲轴，否则称为非全支撑曲轴。全支撑曲轴的刚度和强度较好，主轴承的负荷相对较小，但曲轴的加工表面增多，主轴承增多，使机体加长，多用于柴油机和负荷较大的汽油机。非全支撑曲轴长度小，结构和制造工艺简单，多用于中小负荷的汽油机。

为了润滑曲轴，曲轴上钻有贯穿主轴颈、曲柄和连杆轴颈的通道，有的连杆轴颈做成中空

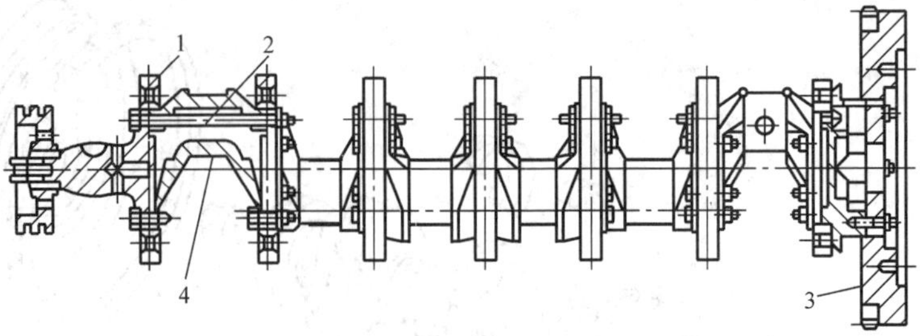

图 2-36 组合式曲轴

1—滚动轴承 2—紧固螺栓 3—飞轮 4—曲拐单元

式，一方面减少了曲轴质量和离心力，另一方面也构成了积污腔。

如图 2-37 所示，曲拐单元由曲柄销、两曲柄臂和平衡块以及前、后两个主轴颈组成。

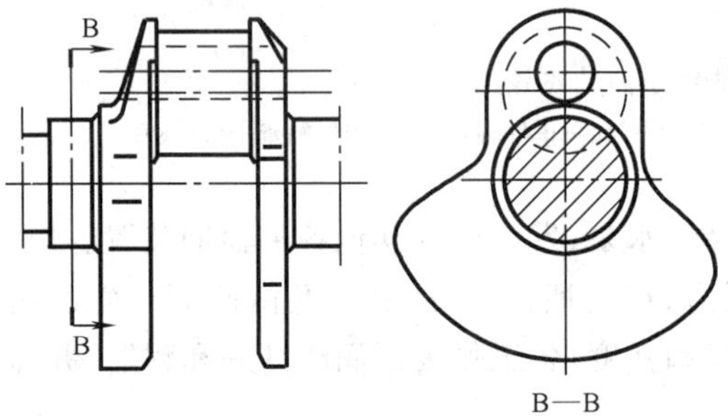

图 2-37 曲拐单元

主轴颈和曲柄销都是尺寸精度高和粗糙度低的圆柱体，主轴颈支撑在缸体和主轴承内，曲轴绕主轴承中心线高速旋转，连杆轴颈与连杆大头轴承相连。

主轴承和连杆轴承都采用压力润滑。为了减少质量和离心力，连杆轴颈做成中空的，作为润滑油离心滤清的空腔。主轴承中压力油通过曲柄中的斜油道送到曲柄销空腔中，在旋转离心力的作用下将机油中比重大的金属磨屑及其他杂质甩到空腔的外壁上，中心干净的机油通过油管流到曲柄销和轴承工作表面上。

如果主轴颈与曲柄销半径之和比回转半径大时，就有一定的重叠度，重叠度越大，则曲轴的刚度越大。曲柄是用来连接主轴颈和曲柄销的，形状通常做成椭圆形或圆形，它的厚度和宽度要保证曲轴具有足够的强度和刚度。

平衡重用来平衡连杆大头、连杆轴颈和曲柄等产生的离心惯性力及力矩，有时也平衡活塞连杆组的往复惯性力及力矩，使发动机运转平稳，并减小曲轴主轴承的负荷。对于四缸和六缸等直列多缸发动机，因曲拐对称布置，就整机而言其惯性力、离心力及所产生的力矩是平衡的，但曲轴局部却受弯矩作用。

平衡重的方法有完全平衡法（图 2-38a）和分段平衡法（图 2-38b）。完全平衡法就是在每个曲柄臂上设有平衡重，平衡重数量多则曲轴质量增加、工艺性变差；分段平衡法指部分曲柄臂设有平衡重。有的平衡重与曲柄是一体的，有的则单独制造，并用螺钉安装在曲柄上，平衡重安装在与曲柄销相对的一侧，加平衡重会导致曲轴质量和材料消耗增加，锻造工艺复杂。所

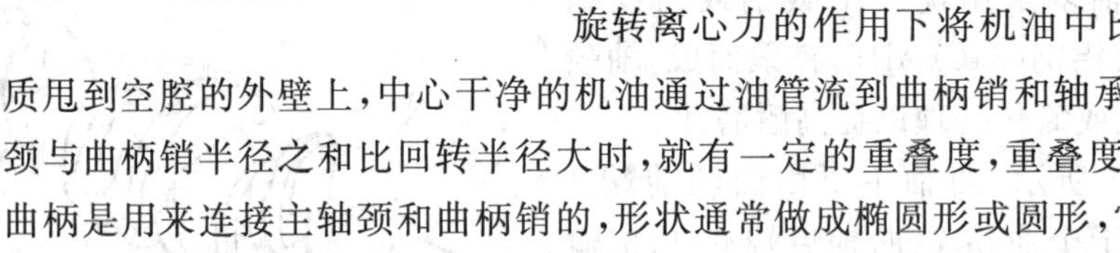

图 2-38 曲轴平衡方法

(a)安全平衡法 (b)分段平衡法

以是否加平衡重要视具体情况而定。有的发动机采用全支承，本身刚度大，不需设平衡重。平衡重形状多为扇形，使其重心远离曲轴回转中心，以较小质量获得较大旋转惯性力。

曲拐的布置取决于气缸数、气缸排列方式及各缸工作顺序。

多缸发动机的发火顺序应使连续作功的两缸相距尽可能远，以减轻主轴承的载荷，同时避免可能发生的进气重叠现象。各缸的作功间隔角要尽量均衡，即发动机每完成一个工作循环，各缸都应发火一次，对于缸数为 i 的四行程发动机而言，其发火间隔角为 720°/i；V 形发动机左、右两排气缸尽量交替作功。

四缸四冲程发动机的发火间隔角为 720°/4＝180°，曲轴每转半圈（180°）作功一次，四个缸的作功行程是交替进行的，并在 720°内完成，因此，可使曲轴获得均匀的转速，工作平稳柔和。对于每一个气缸来说，其工作过程和单缸机的工作过程完全相同，只不过是要求它按照一定的顺序工作，即为发动机的工作顺序，也叫做发动机的发火顺序。可见，多缸发动机的工作顺序（发火顺序）就是各缸完成同名行程的次序。如图 2-39 所示，四缸发动机四个曲拐布置在同一平面内。1、4 缸在上，2、3 缸在下，互相错开 180°，其发火顺序的排列只有两种可能，即 1-3-4-2 或 1-2-4-3，两种工作顺序的发动机工作循环分别见表 2-1 和表 2-2。

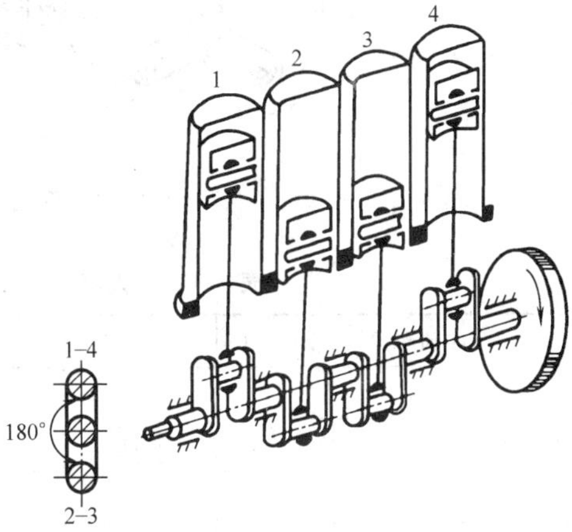

图 2-39　直列四缸发动机的曲拐布置

表 2-1　发火顺序为 1-3-4-2 工作循环表

曲轴转角	第一缸	第二缸	第三缸	第四缸
0～180°	作功	排气	压缩	进气
180°～360°	排气	进气	作功	压缩
360°～540°	进气	压缩	排气	作功
540°～720°	压缩	作功	进气	排气

表 2-2　发火顺序为 1-2-4-3 工作循环表

曲轴转角	第一缸	第二缸	第三缸	第四缸
0～180°	作功	压缩	排气	进气
180°～360°	排气	作功	进气	压缩
360°～540°	进气	排气	压缩	作功
540°～720°	压缩	进气	作功	排气

四冲程直列六缸发动机的发火间隔角为 720°/6＝120°，六个曲拐分别布置在三个平面内，如图 2-40 所示。一种发火顺序是 1-5-3-6-2-4，国产汽车的六缸直列发动机都采用这种发火顺序，其工作循环见表 2-3。另一种发火顺序是 1-4-2-6-3-5。

四冲程 V 形八缸发动机的发火顺序，四冲程 V 形八缸发动机的发火间隔角为 720°/8＝90°，V 形发动机左、右两列中对应的一对连杆共用一个曲拐，所以 V 形八缸发动机只有四个曲拐。如图 2-41 所示，曲拐布置可以与四缸发动机相同，四个曲拐布置在同一平面内，也可以布置在两个互相错开 90°的平面内，使发动机得到更好的平衡。发火顺序为 1-8-4-3-6-5-7-2。其工作循环见表 2-4。

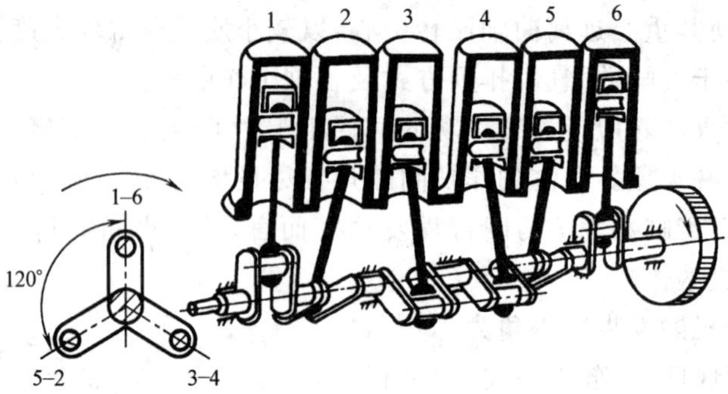

图 2-40 直列六缸发动机的曲拐布置

表 2-3 发火顺序为 1-5-3-6-2-4 发动机工作循环表

<table>
<tr><th colspan="2">曲轴转角</th><th>第一缸</th><th>第二缸</th><th>第三缸</th><th>第四缸</th><th>第五缸</th><th>第六缸</th></tr>
<tr><td rowspan="3">0～180°</td><td>60°</td><td rowspan="3">作功</td><td rowspan="2">排气</td><td>进气</td><td>作功</td><td rowspan="2">压缩</td><td rowspan="3">进气</td></tr>
<tr><td>120°</td><td rowspan="3">压缩</td><td rowspan="3">排气</td></tr>
<tr><td>180°</td><td rowspan="3">进气</td><td rowspan="3">作功</td></tr>
<tr><td rowspan="3">180°～360°</td><td>240°</td><td rowspan="3">排气</td><td rowspan="3">压缩</td></tr>
<tr><td>300°</td><td rowspan="3">作功</td><td rowspan="3">进气</td></tr>
<tr><td>360°</td><td rowspan="3">压缩</td><td rowspan="3">排气</td></tr>
<tr><td rowspan="3">360°～540°</td><td>420°</td><td rowspan="3">进气</td><td rowspan="3">作功</td></tr>
<tr><td>480°</td><td rowspan="3">排气</td><td rowspan="3">压缩</td></tr>
<tr><td>540°</td><td rowspan="3">作功</td><td rowspan="3">进气</td></tr>
<tr><td rowspan="3">540°～720°</td><td>600°</td><td rowspan="3">压缩</td><td rowspan="3">排气</td></tr>
<tr><td>660°</td><td rowspan="2">进气</td><td rowspan="2">作功</td></tr>
<tr><td>720°</td><td></td><td></td></tr>
</table>

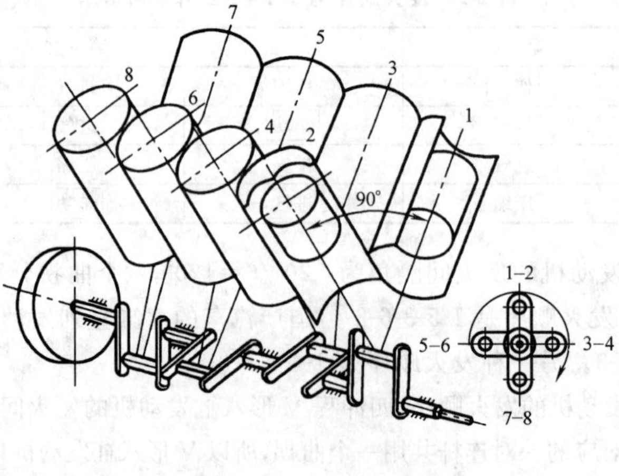

图 2-41 V形八缸发动机空间曲拐布置简图

表 2-4　发火顺序为 1-8-4-3-6-5-7-2V 形八缸四行程发动机循环表

<table>
<tr><th colspan="2">曲轴转角</th><th>第一缸</th><th>第二缸</th><th>第三缸</th><th>第四缸</th><th>第五缸</th><th>第六缸</th><th>第七缸</th><th>第八缸</th></tr>
<tr><td rowspan="2">0°～180°</td><td>90°</td><td rowspan="2">作功</td><td>作功</td><td>进气</td><td rowspan="2">压缩</td><td>排气</td><td rowspan="2">进气</td><td rowspan="2">排气</td><td>压缩</td></tr>
<tr><td>180°</td><td rowspan="2">排气</td><td rowspan="2">压缩</td><td rowspan="2">进气</td><td rowspan="2">作功</td></tr>
<tr><td rowspan="2">180°～360°</td><td>270°</td><td rowspan="2">排气</td><td rowspan="2">作功</td><td rowspan="2">压缩</td><td rowspan="2">进气</td></tr>
<tr><td>360°</td><td rowspan="2">进气</td><td rowspan="2">作功</td><td rowspan="2">压缩</td><td rowspan="2">排气</td></tr>
<tr><td rowspan="2">360°～540°</td><td>450°</td><td rowspan="2">进气</td><td rowspan="2">排气</td><td rowspan="2">作功</td><td rowspan="2">压缩</td></tr>
<tr><td>540°</td><td rowspan="2">压缩</td><td rowspan="2">排气</td><td rowspan="2">作功</td><td rowspan="2">进气</td></tr>
<tr><td rowspan="2">540°～720°</td><td>630°</td><td rowspan="2">压缩</td><td rowspan="2">进气</td><td rowspan="2">排气</td><td rowspan="2">作功</td></tr>
<tr><td>720°</td><td>作功</td><td>进气</td><td>排气</td><td>压缩</td></tr>
</table>

曲轴前端指第一道主轴颈之前的部分，装有驱动配气机构凸轮轴的正时齿轮、驱动风扇和水泵的皮带轮等，在正时齿轮前装有甩油盘，其外斜面向后可防止机油沿曲轴轴颈外漏。随着曲轴旋转，被齿轮挤出或甩出的机油落在盘上，在离心力的作用下，被甩到齿轮室的壁面上，再沿壁面流回到油底壳中，即使有少量机油落到甩油盘前面的曲轴上，也会被压在齿轮室盖上的油封挡住。

此外，中小型发动机的曲轴前端还有起动爪，必要时用人力转动曲轴来起动发动机，高速发动机前面装有扭转减振器。工程机械发动机前面装有动力输出装置。

曲轴的后端是指最后一道主轴颈之后的部分，一般安装飞轮的凸缘。为了防止机油外漏，在曲轴后端通常切出回油螺纹或设有其他密封装置。回油螺纹可以是梯形或矩形的，螺旋方向为右旋。

二、曲轴扭转减振器

固装在曲轴上的飞轮转动惯量大，其瞬时角速度基本上可看作是均匀的，这样，曲拐便会比飞轮转的忽快忽慢，形成相对于飞轮的扭转摆动，这就是曲轴的扭转振动。当曲轴自振频率与连杆传来的呈周期性变化的激振力频率成整数倍数关系时，曲轴就会发生共振。从而引起功率损失，曲轴扭转变形甚至断裂，正时齿轮磨损严重和产生冲击噪声等后果。为此，在有些发动机(特别是那些曲轴刚度较小、旋转质量大、缸数多及转速高的发动机)的曲轴前端都装有曲轴扭转减振器。

汽车发动机常用的曲轴扭转减振器为摩擦式扭转减振器，其工作原理是将曲轴扭转振动的能量逐渐消耗于减振器内部的摩擦，使振幅逐渐减小。常见的摩擦式扭转减振器有以下几种：

1. 橡胶扭转减振器

如图 2-42 所示，减振器圆盘 3 用螺栓与皮带轮 6 的轮毂 2 紧固在一起，橡胶层 4 与圆盘及惯性盘 5 硫化在一起。当曲轴发生扭转振动时，力图保持等速转动的惯性盘便与橡胶层发生了内摩擦，从而消耗了扭转振动的能量，消减了扭振。橡胶扭转减振器的主要优点是结构简单、质量小和工作可靠，但橡胶对曲轴扭转振动的衰减作用不够强，而且橡胶易因摩擦生热而老化。

2. 干摩擦式扭转减振器

如图 2-43 所示，两个惯性盘松套在风扇带轮的轮毂上(之间有衬套)，两盘可轴向相对

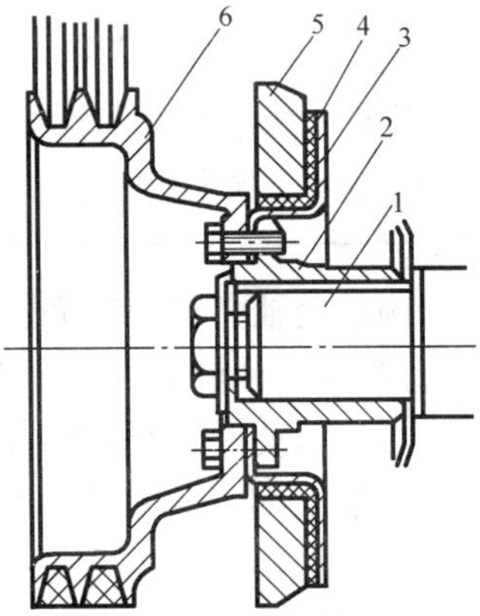

图 2-42 橡胶扭转减振器

1—曲轴前端 2—轮毂 3—减振器圆盘
4—橡胶层 5—惯性盘 6—皮带轮

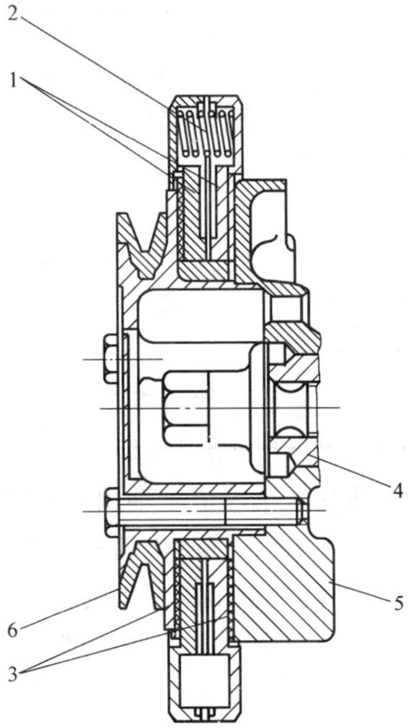

图 2-43 干摩擦式扭转减振器

1—惯性盘 2—弹簧 3—摩擦片 4—曲轴
5—曲轴前端凸缘 6—带轮

移动，但不能相对转动。在带轮与一惯性盘之间以及平衡重与另一惯性盘之间各有一摩擦片。装在两个惯性盘之间的弹簧使惯性盘压紧摩擦片。当曲轴带动带轮和平衡重发生扭转振动时，由于惯性盘、带轮、平衡重与摩擦片之间的摩擦消耗了曲轴扭转振动的能量，所以振幅减小。

3. 硅油扭转减振器

如图 2-44 所示，钢板冲压而成的减振器壳体与曲轴连接，侧盖与减振器壳体组成封闭腔，其中滑套着扭转振动惯性质量。惯性质量与封闭腔之间留有一定的间隙（0.5～0.7mm），其中充满高黏度硅油。当发动机工作时，减振器壳体与曲轴一起旋转和振动，惯性质量则被硅油的黏性摩擦阻尼和衬套的摩擦力所带动。由于惯性质量相当大，因此它近似做匀速转动，于是在惯性质量与减振器壳体间产生相对运动。曲轴的振动能量被硅油的内摩擦阻尼吸收，使扭振消除或减轻。硅油扭转减振器的减振效果好，性能稳定，工作可靠，结构简单，维修方便，所以在汽车发动机上的应用日益普遍。但它需要良好的密封和较大的惯性质量，致使减振器尺寸较大；当摩擦使硅油温度升高后，硅油黏度下降，对曲轴的扭振衰减作用减弱。

4. 硅油-橡胶式扭转减振器

如图 2-45 所示，硅油-橡胶扭转减振器在封闭腔内注满高黏度硅油，橡胶环作为弹性体，并密封硅油和支撑惯性质量。硅油-橡胶扭转减振器集中了硅油扭转减振和橡胶扭转减振器两者的优点，即体积小、质量轻和减振性稳定等。

三、飞轮

飞轮是一个转动惯量很大的圆盘。其主要将作功行程的一部分能量储存起来，用在其他

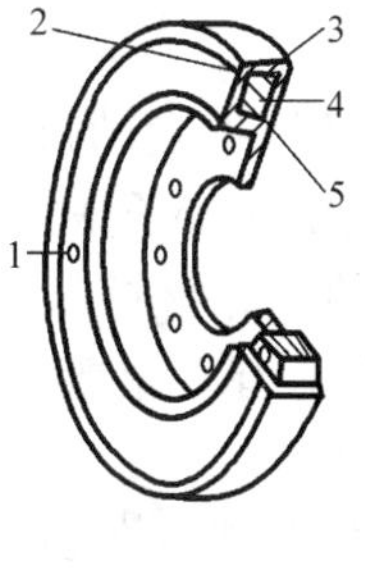

图 2-44　硅油扭转减振器

1—注油螺栓　2—侧盖　3—减振器壳

4—扭转振动惯性质量　5—衬套

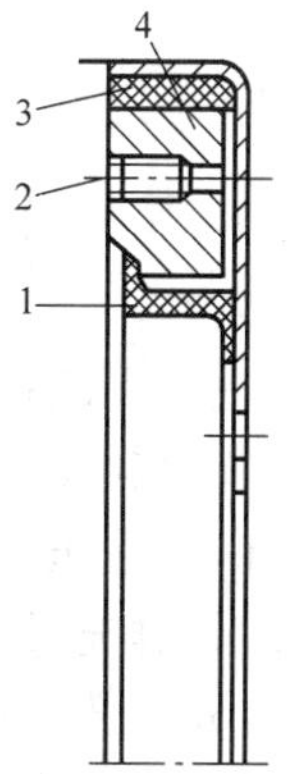

图 2-45　硅油-橡胶式扭转减振器

1、3—橡胶环　2—注油螺栓

4—扭转振动惯性质量

行程中克服阻力，带动曲柄连杆机构越过上、下止点，保证曲轴的旋转角速度和输出转矩尽可能均匀，并使发动机有可能克服短期的超载荷；此外，在结构上飞轮又可用作汽车传动系统中摩擦离合器的驱动件。

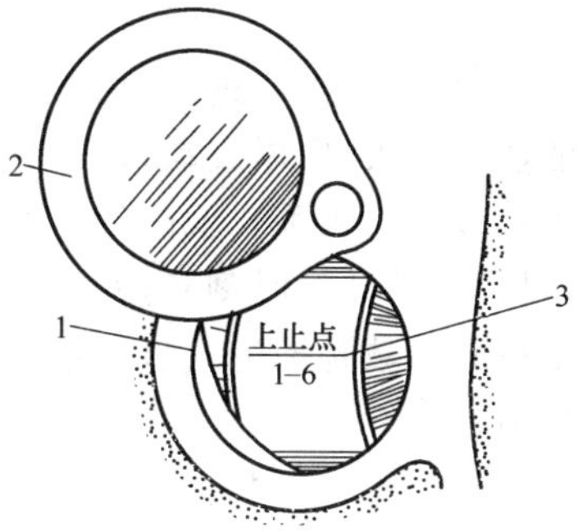

图 2-46　正时记号

1—飞轮壳上的记号　2—观察孔盖板

3—飞轮上的记号

飞轮应具有大的转动惯量，但质量应尽可能小，所以飞轮的大部分质量都集中在轮缘上，轮缘做得宽且厚。多采用灰铸铁，当圆周速度超过 50m/s 时，采用强度较高的铸钢或球铁。飞轮外缘上压有齿环，可与起动机的驱动齿轮啮合，供起动发动机用。飞轮外缘上的齿圈是热压配的，齿圈磨损失效后可以更换，但拆装齿圈时应注意在加热后进行。

飞轮上标有第一缸点火正时记号，以便校准点火时间，见图 2-46。

思　考　题

1. 曲柄连杆机构由哪些零件组成？其作用是什么？
2. 试述气缸体的三种形式及特点。
3. 为什么铝合金活塞预先作成椭圆形、锥形或阶梯形？
4. 什么是矩形环的泵油作用？有什么危害？
5. 什么是发动机的点火顺序？什么是发动机的作功间隔角？
6. 曲轴扭转减振器起什么作用？

第三章　配 气 机 构

目前，四冲程汽车发动机均采用气门式配气机构。其作用是根据发动机工作循环和着火次序的要求，定时开启和关闭各缸进、排气门，以保证新鲜充量定时充入气缸，燃烧废气及时以最大限度排出气缸，并在压缩和作功行程中保证气门与气门座的良好密封。

进入气缸内的新鲜充量和气缸内的残余废气量对发动机性能有着重要影响，两者分别用充量系数和残余废弃系数表征。

充量系数(充气效率、容积效率)ϕ_c是指发动机单缸每循环实际进入气缸的空气量与该进气状态充满气缸工作容积的理论充量的比值，即

$$\phi_c=\frac{M}{M_0}$$

式中　M——进气过程中，实际充入气缸的充量；

M_0——进气状态下，充满气缸工作容积的理论充量。

充气系数越高，表明进入气缸内的新鲜空气或可燃混合气的质量越多，可燃混合气燃烧时所放出的热量越大，所以发动机发出的功率越大。影响发动机充量系数的因素很多，故提高充量系数可从多方面入手。就配气机构而言，主要是要求其结构有利于减小进气和排气的阻力，而且进、排气门的开启时刻和持续开启时间比较适当，使进气和排气都尽可能充分。

残余废弃系数是指进气过程结束时，单缸每循环气缸内残余的废气量与进入气缸的新鲜充量的比值。

$$\phi_r=\frac{m_r}{m_2}$$

式中　ϕ_r——残余废气系数；

m_r——进气过程结束时，单缸每循环气缸内的残余废气质量；

m_2——单缸每循环实际进入气缸的新鲜充量质量。

残余废气系数越小，残留在气缸内的废气量就越少，发动机也会表现出更佳的性能。

第一节　气门式配气机构的布置及传动

气门式配气机构由气门组和气门传动组组成，各组的零件组成与气门位置、凸轮轴位置和气门驱动形式等因素有关。配气机构可以从不同角度分类，按气门的布置形式划分，主要有气门顶置式和气门侧置式；按凸轮轴的布置位置划分，可分为凸轮轴下置式、凸轮轴中置式和凸轮轴上置式；按曲轴和凸轮轴的传动方式划分，可分为齿轮传动式、链传动式和带传动式；按每气缸气门数目划分，有二气门式、四气门式和五气门式等。

一、气门的布置形式

1. 气门顶置式配气机构

气门顶置式配气机构是应用最广泛的一种配气机构型式，其进、排气门均倒装在气缸盖内，如图 3-1 所示。主要由气门导管 2、气门 3、气门弹簧 4 和 5、气门弹簧座 6、锁片 7、摇臂轴

9、摇臂 10、推杆 13、挺柱 14、凸轮轴 15 以及正时齿轮 16 等组成。发动机工作时，曲轴通过正时齿轮驱动凸轮轴旋转，当凸轮轴转到凸轮的凸起部分顶起挺柱 14 时，通过推杆 13 和调整螺钉 12 使摇臂 10 绕摇臂轴 9 摆动，压缩气门弹簧，使气门离座，即气门开启。当凸轮凸起部分离开挺柱后，气门便在气门弹簧力的作用下上升而落座，气门关闭。四冲程发动机每完成一个工作循环，曲轴旋转两周，各缸进、排气门各开启一次，此时凸轮轴只旋转一周，因此曲轴与凸轮轴的转速传动比为 2∶1。气门顶置式发动机，由于燃烧室结构紧凑，充气阻力小，具有良好的抗爆性和高速性，易于提高发动机的动力性和经济性指标。因此，目前国内外汽车发动机中绝大多数都采用气门顶置式配气机构。

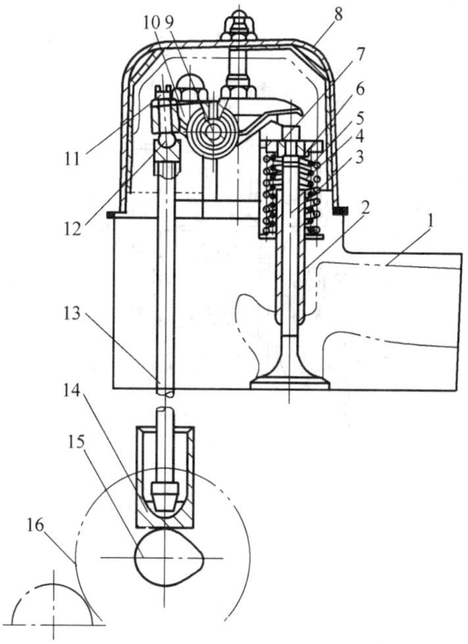

图 3-1　气门顶置式配气机构

1—气缸盖　2—气门导管　3—气门　4—气门主弹簧　5—气门副弹簧　6—气门弹簧座　7—锁片　8—气门室罩　9—摇臂轴　10—摇臂　11—锁紧螺母　12—调整螺钉　13—推杆　14—挺柱　15—凸轮轴　16—正时齿轮

2. 气门侧置式配气机构

进、排气门直立于气缸体侧面称为气门侧置式配气机构，该机构形式由于综合性能不佳，所以已被淘汰，故不做讲解。

二、凸轮轴的布置形式

按凸轮轴的布置位置可分为凸轮轴下置式、中置式和上置式三种。三者都可以用于气门顶置式配气机构。

1. 凸轮轴下置式配气机构

如图 3-2 所示，凸轮轴下置式配气机构的主要部件包括凸轮轴 3、挺柱 4、气门推杆 5、气门间隙调整螺钉 6、摇臂轴 8 和气门组。该形式配气机构将凸轮轴置于气缸体内，凸轮轴与曲轴之间距离较小，动力传递结构简单，一般采用安装于曲轴和凸轮轴上的一对正时齿轮驱动凸轮轴。对于四冲程发动机，曲轴齿轮的齿数与凸轮轴齿轮的齿数之比为 1∶2，即曲轴旋转两周，凸轮轴运转一周。为了满足配气正时的需要，曲轴齿轮和凸轮轴齿轮上均有正时标记（如图 3-3 所示），凸轮轴在安装时应旋转曲轴，使发动机第一缸的活塞处于上止点位置，按两齿轮上的正时标记安装凸轮轴，以保证准确地配气正时。

发动机在运行时，曲轴通过正时齿轮驱动凸轮轴旋转，当凸轮的上升段顶起挺柱时，挺柱推动推杆，经气门间隙调整螺钉推动摇臂绕摇臂轴摆动，从而压缩气门弹簧使气门开启。当凸轮下降段与挺柱接触时，在气门弹簧的弹力作用下，气门传动组按相反过程运动逐渐关闭气门。

凸轮轴下置式配气机构凸轮轴易于布置，缸盖结构简单。但该配气机构的传动环节多、整个机构刚度低，在发动机高速运动时，其运动件的惯性力大，细长推杆弹性大，易引起严重的振动和噪声，可能破坏气门的运动规律和气门的定时启闭，所以它不适用于高速车用发动机。该形式的配气机构多用于 CA6102、EQ6100-Ⅰ、BJ492Q 和 6135Q 等转速较低的发动机。

2. 凸轮轴中置式配气机构

如图 3-4 所示，凸轮轴中置式配气机构凸轮轴位于气缸体的上部，凸轮轴经过挺柱直接驱

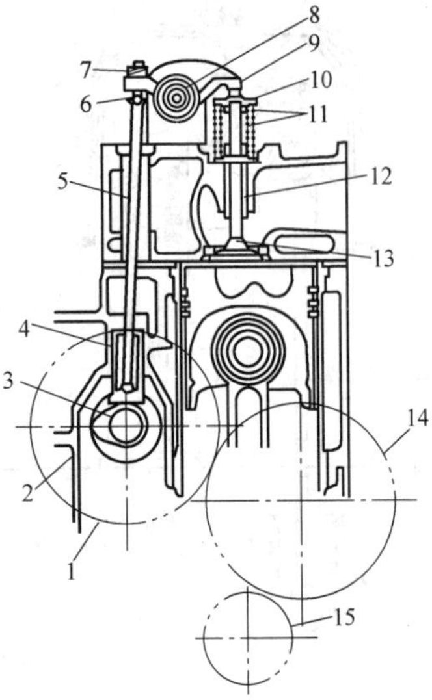

图 3-2 凸轮轴下置式配气机构的结构简图

1—凸轮轴正时齿轮 2—气缸体 3—凸轮轴 4—挺柱 5—气门推杆 6—气门调整螺钉 7—锁紧螺母 8—摇臂轴 9—摇臂 10—气门弹簧座 11—气门弹簧 12—气门导管 13—气门 14—惰轮 15—曲轴正时齿轮

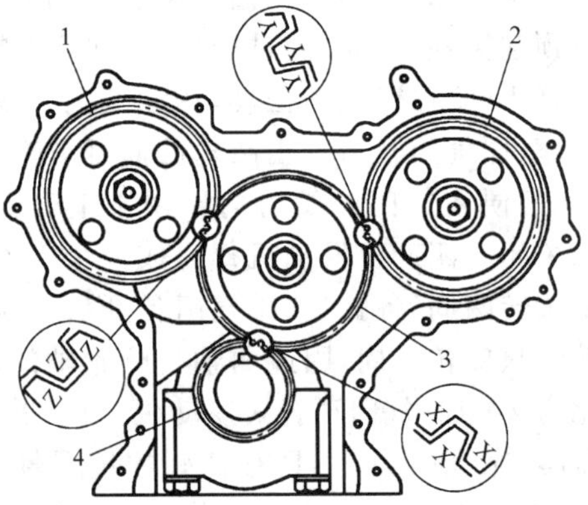

图 3-3 正时齿轮

1—凸轮轴正时齿轮 2—喷油泵齿轮 3—惰轮 4—曲轴正时齿轮

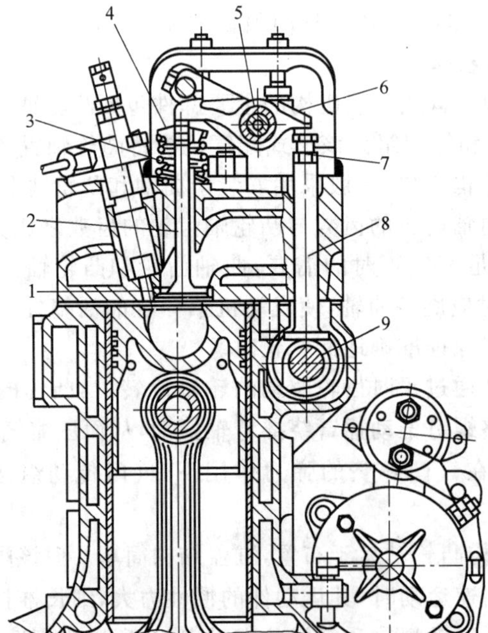

图 3-4 凸轮轴中置式配气机构结构简图

1—气门座圈 2—气门 3—气门弹簧 4—气门弹簧座 5—摇臂轴 6—摇臂 7—气门间隙调整螺钉 8—挺柱 9—凸轮轴

动摇臂，省去推杆，故配气机构的往复运动件质量相对较小，机构刚度较高，可以满足较高转速发动机的需要。

某些凸轮轴中置式配气机构的组成与凸轮轴下置式配气机构的组成没有太大区别，只是推杆较短，如 YC6105、6110A 和依维柯 8210-22S 等发动机均采用了这种结构形式。

由于该机构的凸轮轴相距曲轴较远，不能用一对正时齿轮直接驱动凸轮轴，因此凸轮轴的动力传递一般采用一对正时链轮或者一对正时齿形带轮传动，如图 3-5 所示，凸轮轴的安装类似于凸轮轴下置式配气机构。

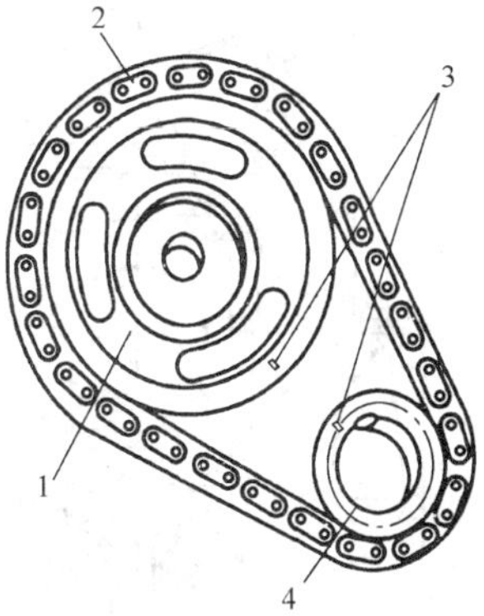

图 3-5　正时链轮

1—凸轮轴链轮　2—传动链
3—正时标记　4—曲轴链轮

3. 凸轮轴上置式配气机构

凸轮轴上置式配气机构是现代轿车用发动机最常见的一种结构形式。将凸轮轴布置在气缸盖内，主要有两种结构形式，一种是凸轮轴直接通过摇臂来驱动气门，这样既无挺柱，又无推杆，往复运动质量大大减小，此结构适于高速发动机，如图 3-6 所示。另一种是凸轮轴直接驱动气门或带液力挺柱的气门，此种配气机构的往复运动质量更小，特别适应于高速发动机，如图 3-7 所示。

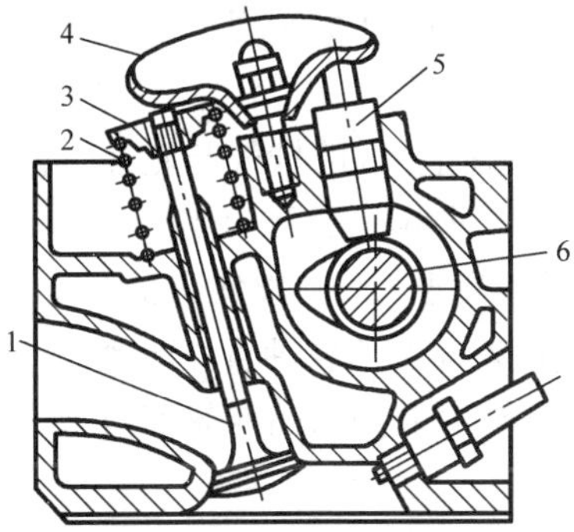

图 3-6　摇臂驱动的凸轮轴上置式配气机构

1—气门　2—气门弹簧　3—气门弹簧座　4—摇臂
5—挺杆　6—凸轮轴

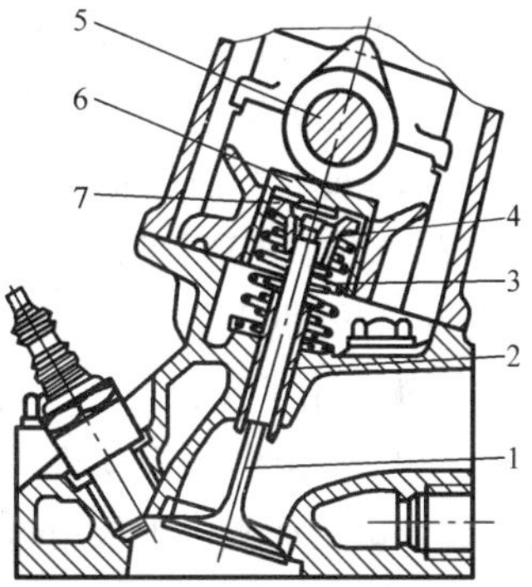

图 3-7　凸轮轴直接驱动的凸轮轴上置式配气机构

1—气门　2—气门导管　3—气门弹簧　4—气门锁片
5—凸轮轴　6—吊杯形机械挺柱　7—气门弹簧座

为使发动机气缸内得到更多的新鲜充量，应尽量增大进气门口的流通面积，采用多气门技术是提高流通面积的良好手段，尤其是小缸径发动机。现代发动机的单缸气门数量不局限于 2 气门，3、4、5 气门，甚至 6 气门也被许多发动机采用。单缸气门数量不同，气门传动组的机构就存在一定差异。因此，凸轮轴上置式配气机构又可分为单上置凸轮轴配气机构和双上置凸轮轴配气机构。

(1) 单上置凸轮轴配气机构　单上置凸轮轴配气机构是指气缸盖内只有一根凸轮轴来完成进、排气门的开闭。该形式的配气机构因凸轮轴位置和燃烧室形状的不同，气门传动组的结构存在一定差异。如图 3-8 所示为 2 气门发动机凸轮轴直接驱动的单上置凸轮轴配气机构简图，凸轮轴上的进、排气凸轮直接驱动气门的开闭。

(2) 双上置凸轮轴配气机构　双上置凸轮轴配气机构是指气缸盖内布置有两根凸轮

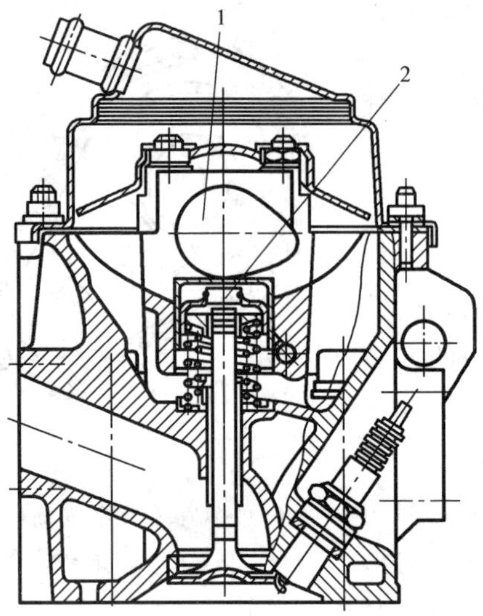

图 3-8 2 气门发动机凸轮轴直接驱动的单上置凸轮轴配气机构简图

1—凸轮组 2—气门组

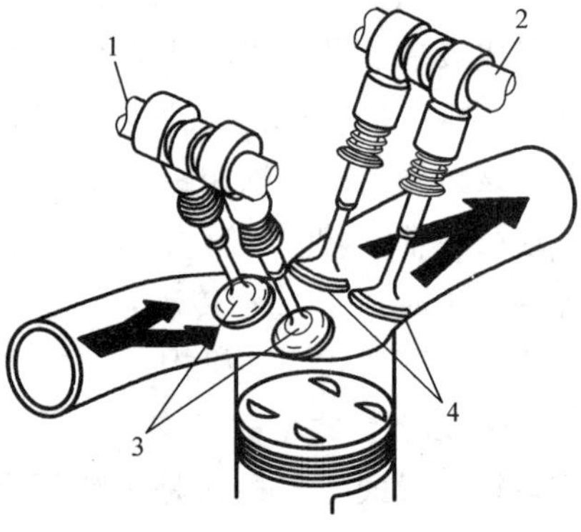

图 3-9 4 气门发动机凸轮轴直接驱动的双上置凸轮轴配气机构立体图

1—进气门凸轮轴 2—排气门凸轮轴

3—进气门 4—排气门

轴——进气门凸轮轴和排气门凸轮轴，凸轮轴通过摇臂或直接驱动气门，实现气门的开启和闭合。这种形式的配气机构主要用于多气门(3 气门以上)发动机。图 3-9 所示为 4 气门发动机凸轮轴直接驱动的双上置凸轮轴配气机构的立体图，两根凸轮轴上的进、排气凸轮经过液力挺柱直接驱动气门，马自达 FE 发动机采用了这种配气机构形式。图 3-10 所示为 4 气门发动机摇臂驱动的双上置凸轮轴配气机构的立体图，两根凸轮轴通过摇臂驱动进、排气门的运动，日产 SR18DE 发动机就采用了这种配气机构。图 3-11 所示为 5 气门发动机凸轮轴直接驱动的双上置凸轮轴配气机构的立体图，该发动机每缸有 3 个进气门和 2 个排气门，两根凸轮轴经过液力挺柱直接驱动气门，本田发动机多机采用这种结构形式。

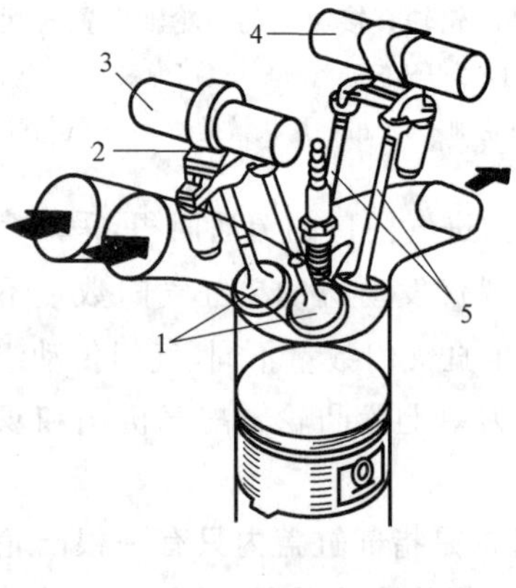

图 3-10 4 气门发动机摇臂驱动的双上置凸轮轴配气机构立体图

1—进气门 2—Y 形摇臂 3—进气门凸轮轴

4—排气门凸轮轴 5—排气门

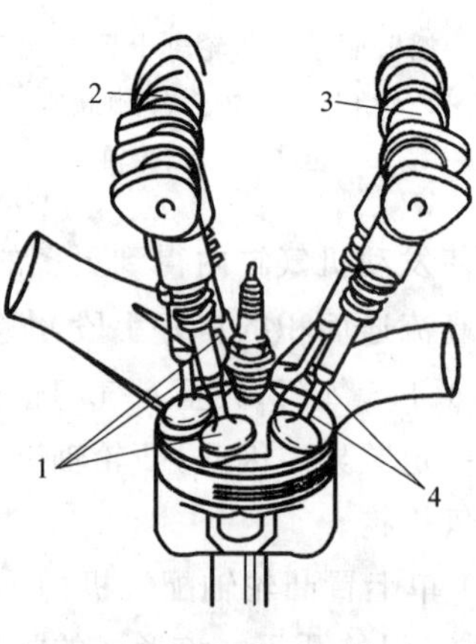

图 3-11 5 气门发动机凸轮轴直接驱动的双上置凸轮轴配气机构立体图

1—进气门 2—进气门凸轮轴

3—排气门凸轮轴 4—排气门

三、凸轮轴的传动方式

曲轴和凸轮轴的传动方式可分为齿轮传动、链传动和带传动等几种形式。

1. 齿轮传动

凸轮轴下置式和中置式的配气机构多采用圆柱正时齿轮传动。一般曲轴与凸轮轴之间的传动只需一对正时齿轮，必要时可加装中间齿轮。为了啮合平稳，减小噪声和磨损，正时齿轮多采用斜齿轮，并采用不同材料制成。曲轴正时齿轮用中碳钢制造，凸轮轴正时齿轮则采用铸铁或夹布胶木。为保证正确的配气正时和喷油正时，在传动齿轮上刻有正时标记，在装配时必须对正记号，如图 3-12 所示。

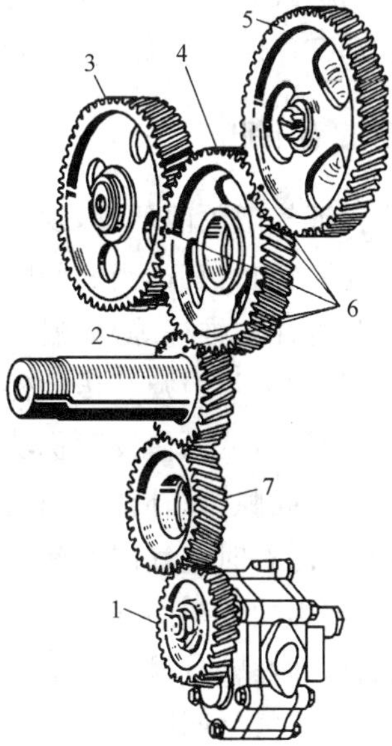

图 3-12　齿轮传动机构
1—机油泵传动齿轮　2—曲轴正时齿轮
3—凸轮轴正时齿轮　4、7—中间齿轮
5—喷油泵正时齿轮　6—正时记号

解放 CA1091 和东风 EQ1090E 型载货汽车的配气机构采用齿轮传动。

2. 链传动和齿形带传动

链传动和齿形带传动适用于凸轮轴中置式和上置式的配气机构。

链传动在上置式凸轮轴的高速汽油机中使用得很多。如图 3-13 所示，链条一般为滚子链，在工作时应保持一定的张紧度，以减少或抑制振动和噪声，为此加装导链板和上、下链条张紧轮。

齿形带传动机构与齿轮和链传动机构相比具有噪声小、质量轻、成本低、工作可靠和不需要润滑等优点。另外，齿形带伸长量小，适合于有精确定时要求的传动。因此，越来越多的汽车(特别是轿车)发动机采用这种传动形式。齿形带用氯丁橡胶制成，中间夹有玻璃纤维以增加强度。齿形带轮由钢或铁基粉末冶金制造。为确保传动可靠，齿形带需保持一定的张紧力，为此在齿形带传动机构中也设置有张紧轮与张紧弹簧组成的张紧器，如图 3-14 所示。

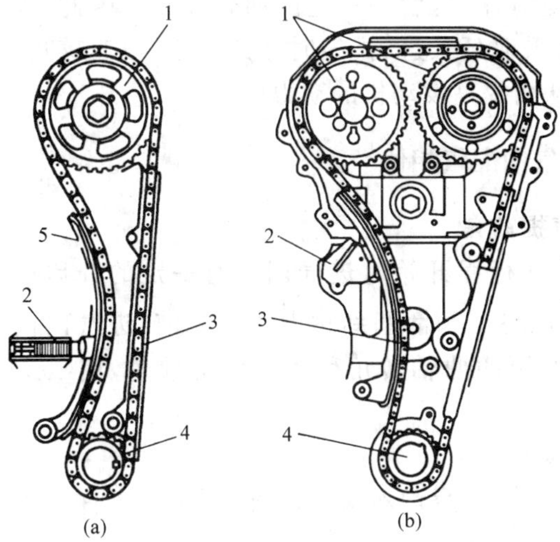

图 3-13　链传动机构
1—曲轴正时链轮　2—张紧器　3—链条
4—曲轴正时链轮　5—导链板

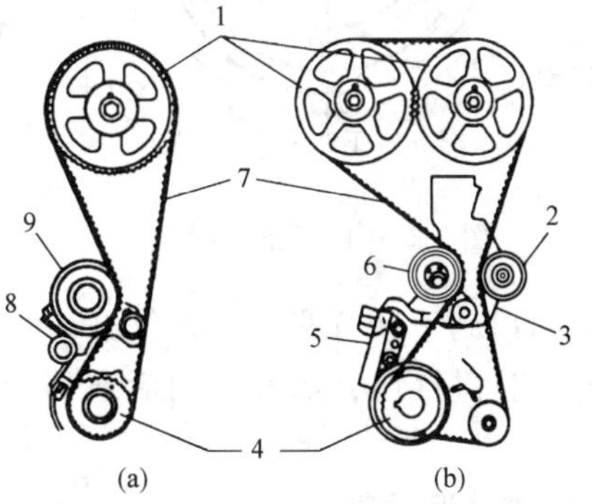

图 3-14　齿形带传动机构
1—凸轮轴正时同步带轮　2—右张紧轮　3—张紧轮支架
4—曲轴正时同步带轮　5—张紧器　6—左张紧轮
7—同步带　8—张紧器弹簧　9—张紧轮

广州标致 505 型轿车配气机构采用链条传动；一汽奥迪 100 和捷达高尔夫、上海桑塔纳及天津夏利 TJ7100 型轿车配气机构均采用齿形带传动。

四、气门间隙

为保证气门关闭严密，发动机在冷态装配时，通常在气门杆尾端与气门驱动零件（摇臂、挺柱和凸轮）之间留有适当的间隙，这一间隙称为气门间隙。发动机在工作时，配气机构各零件（如气门、挺柱和推杆等）因温度升高而膨胀。若气门及其传动件之间冷态时无间隙或间隙过小，则在热态下气门及其传动件的受热膨胀势必会引起气门关闭不严，造成发动机在压缩和作功行程中漏气，从而使发动机功率下降，严重时甚至不易起动。为了消除这种现象，通常留有适当的气门间隙，以补偿气门受热后的膨胀量。气门间隙的大小由发动机制造厂根据试验确定，一般在冷态时进气门的间隙为 0.20～0.30mm，排气门的间隙为 0.30～0.40mm。气门间隙过大，将影响气门的开启量，同时在气门开启时会产生较大的冲击响声。为了能对气门间隙进行调整，在摇臂（或挺住）上装有调整螺钉及其锁紧螺母。一些中、高级轿车由于采用液力挺住，故不预留气门间隙。

第二节 配气相位

配气相位就是进、排气门的实际开闭时刻和开启持续时间，通常用相对于上、下止点曲拐位置的曲轴转角的环形图来表示，这种图形称为配气相位图，见图 3-15。

理论上，四冲程发动机的进气门当曲拐处在上止点时开启，下止点时关闭；排气门则当曲拐在下止点时开启，上止点时关闭。进气时间和排气时间各占 180°曲轴转角。但实际上由于发动机转速很高，活塞每一行程历时很短。在这样短的时间内换气，势必会造成进气不足和排气不净，从而导致发动机功率下降，故发动机气门实际开闭时刻不是恰好在上、下止点，而是提前开、迟后关一定的曲轴转角。因此，现代发动机都采取延长进、排气时间的方法，以改善进、排气状况，从而提高发动机的动力性。

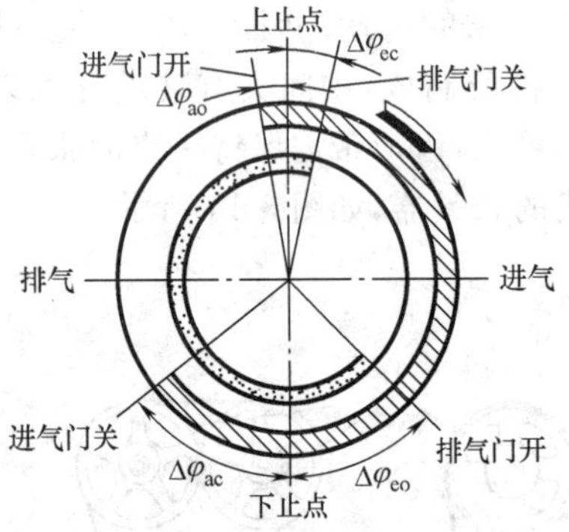

图 3-15 配气正时图

一、进气门配气相位

1. 进气提前角

为使进气行程开始时进气门已有一定的开启通路面积，以利于新鲜充量充入气缸，在排气行程接近终了和活塞到达上止点之前，进气门便开始开启，进气门开始开启到活塞移至上止点所经历的曲轴转角称为进气提前角，用 $\Delta\varphi_{ao}$ 表示。

2. 进气迟后角

为充分利用进气气流惯性，增大气缸内的新鲜充量，进气门在活塞到达下止点后关闭。活塞到达下止点到进气门完全关闭所经历的曲轴转角称为进气迟后角，用 $\Delta\varphi_{ac}$ 表示。

可见，由于进气门提前开启、迟后关闭，所以进气门开启持续时间内的曲轴转角，即进气持续角为 $\Delta\varphi_{ao}+180°+\Delta\varphi_{ac}$。

二、排气门配气相位

1. 排气提前角

为了充分利用气缸内高压，实现超临界和亚临界的自由排气，以减小压缩功损失，排气门在活塞到达下止点前提前开启。排气门开始开启到活塞到达下止点所历经的曲轴转角称为排气提前角，用 $\Delta\varphi_{eo}$ 表示。

2. 排气迟后角

为利用排气气流惯性来排出更多的废气，排气门在活塞到达上止点后关闭。活塞到达上止点到排气门关闭所历经的曲轴转角称为排气迟后角，用 $\Delta\varphi_{ec}$ 表示。

可见，排气门开启持续时间内的曲轴转角，即排气持续角为 $\Delta\varphi_{eo}+180°+\Delta\varphi_{ec}$。

从理论上讲，发动机每个运行工况对应着各自不同的最佳配气正时角，方能使之发挥良好的性能，但一般发动机的配气正时是固定不变的，因此不变配气正时的发动机只有在个别工况下配气正时才具有较佳值。为了使所有工况下都能获得最佳的配气正时，现代发动机采用了可变配气正时机构，拓宽了最佳配气正时的工况范围。发动机常用配气正时角见表 3-1。

表 3-1　发动机的配气正时角

	$\Delta\varphi_{ao}$/℃A	$\Delta\varphi_{ac}$/℃A	$\Delta\varphi_{eo}$/℃A	$\Delta\varphi_{ec}$/℃A
自然吸气发动机	0～40	20～60	30～80	10～35
增压发动机	70～80	30～45	45～55	55～65

三、气门叠开

由于进气门在上止点前即开启，而排气门在上止点后才关闭，这就出现了一段时间内排气门和进气门同时开启的现象，这种现象称为气门重叠，重叠时期的曲轴转角称为气门叠开角，即（$\Delta\varphi_{ao}+\Delta\varphi_{ec}$）。由于新鲜气流和废气流的流动惯性都比较大，在短时间内是不会改变流向的，因此只要气门叠开角选择适当，就不会有废气倒流入进气管和新鲜气体随同废气排出的可能性。相反，由于废气气流周围有一定的真空度，对排气速度有一定影响，从进气门进入的少量新鲜气体可对此真空度加以填补，还有助于废气的排出。但应注意，如气门叠开角过大，当发动机小负荷运转时，进气管内压力很低时，就可能出现废气倒流，使进气量减少。

对于不同发动机，由于结构形式和转速各不相同，因此配气定时也不相同。合理的配气定时应根据发动机性能要求通过反复试验确定。

第三节　配气机构的零件和组件

配气机构由气门组和气门传动组组成。气门组主要包括气门、气门导管、气门座及气门弹簧等零部件。气门传动组主要包括凸轮轴、正时齿轮、挺柱、推杆、摇臂及摇臂轴等。

一、气门组

为了实现气门的导向，气门弹簧的两端面与气门杆的中心线垂直，以保证气门头部在气门座上不偏斜；气门弹簧的弹力足以克服气门及其传动件的运动惯性力，使气门能及时关闭，并保证气门紧压在气门座上。具体结构组成如图 3-16 所示。气缸的密封，要求气门头部与气门座贴合紧密；气门导管对气门杆的上下运动导向良好。

1. 气门

发动机气门均为菌形，由气门头和气门杆两部分组成，杆部与头部制成一体，杆身与头部采用圆滑过渡连接，见图 3-17。

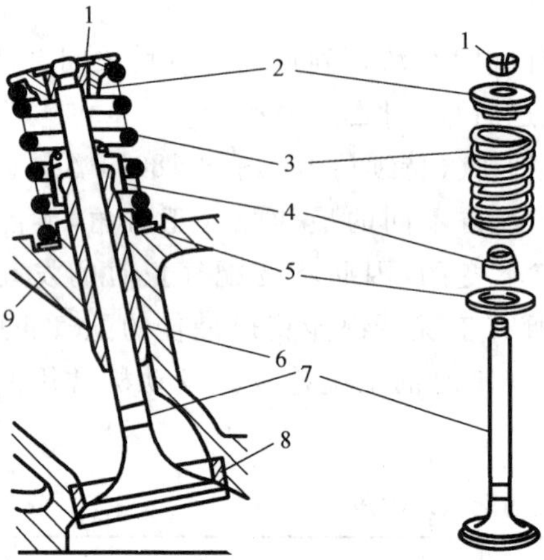

图 3-16 气门组

1—气门锁片 2—气门弹簧座 3—气门弹簧 4—气门油封 5—气门弹簧垫 6—气门导管 7—气门 8—气门座 9—气缸盖

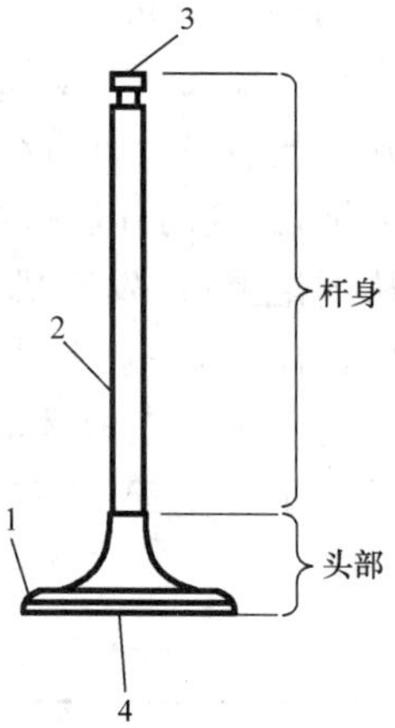

图 3-17 气门的结构

1—气门密封锥面 2—气门杆 3—气门杆端面 4—气门顶

气门的作用是与气门座相配合对气缸进行密封，并按工作循环的需要定时开启和关闭，使新鲜充量进入气缸，并排出废气。头部用来封闭气缸的进、排气通道，杆部则主要为气门的运动导向。气门的工作条件非常恶劣。气门头部受高温作用，承受高压及气门弹簧和传动组惯性力的作用，气门杆在气门导管中作高速直线往复运动，其冷却和润滑条件差，因此，要求气门必须具有足够的强度、刚度、耐热和耐磨能力。进气门材料常采用合金钢，排气门则采用耐热合金钢。另外，为了改善气门的导热性能，在气门内部充注金属钠，钠在 970℃时为液态，液态钠可将气门头部的热量传给气门杆，冷却效果十分明显。捷达王轿车发动机排气门即采用钠冷却气门。

(1) 气门头部

如图 3-18 所示，气门头部的形状有平顶、凹顶和凸顶等形状。目前使用最多的是平顶气门。平顶气门结构简单，制造容易，吸热面积较小，进、排气门均可采用，只是平顶气门头部和杆部的过渡圆弧较小，当用于进气门时，进气阻力相对偏大。凹顶气门头部与杆部的过渡圆弧

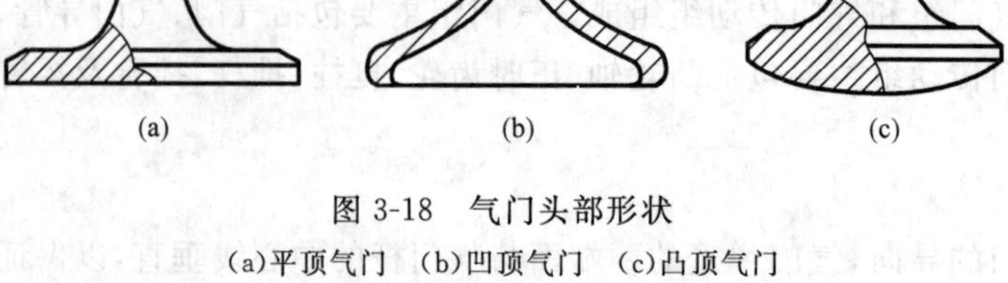

图 3-18 气门头部形状

(a)平顶气门 (b)凹顶气门 (c)凸顶气门

较大，进气流动阻力较小，且具有较大的弹性变形，可以较好地适应气门座的形变，因此，该形状的气门多用作进气门，但因该形状气门头部的受热面积较大，不宜用作排气门，且机械加工工艺性不良。凸顶气门头部强度高、气体流动阻力小和废气清除效果好，适用于排气门，但是其受热面积大，质量和惯性力也大，加工较困难。

选择什么形状的气门，应视发动机的具体结构和热负荷而定。

气门与气门座之间采用锥面配合，如图 3-19 所示。为保证良好密封，装配前应将气门头与气门座间的密封锥面互相研磨。气门密封锥面并非全宽接触，从降低热负荷的角度看，希望接触带宽些，但接触带过大，工作面比压就会下降，不能有效清除工作面之间的积炭等杂物，影响密封。因此，密封带的宽度应在 1～2mm 之间。气门与气门座属于研磨偶件，气门不能互换。

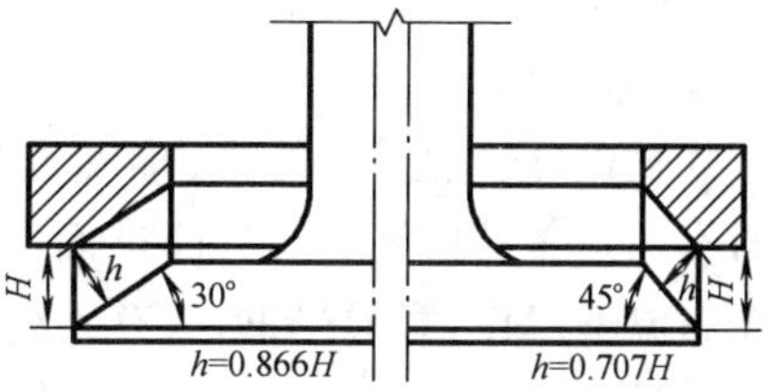

图 3-19 气门密封锥面

气门头部直径越大，气门口通道截面积就越大，进、排气阻力就越小。由于最大尺寸受燃烧室结构限制，考虑到进气阻力比排气阻力对发动机性能的影响大得多，为尽量减小进气阻力，进气门直径往往大于排气门直径。此外，采用小直径的排气门可以有效防止热变形。

气门锥面与气门顶面之间的夹角称为气门锥角，如图 3-19 所示，一般做成 30°或 45°。在气门升程 H 和气门头部直径相同的情况下，气门口流通面积的大小取决于 h。显然，当气门锥角较小时，气门通过断面较大，流动阻力较小。但是，如果气门锥角小，气门头部边缘较薄，刚度较差，容易变形，导致气门与气门座圈之间的密封性变差。较大的气门锥角可提高气门头部边缘的刚度，气门落座时有较好的自动对中作用，与气门座圈有较大的接触压力等。这些都有利于气门与气门座之间的密封和传热，清除密封锥面上的积炭。

(2) 气门杆部

气门杆是圆柱形，在气门导管中不断进行上、下往复运动。气门杆部应具有较高的加工精度和较小的表面粗糙度，与气门导管保持正确的配合间隙，以减小磨损和起到良好的导向、散热作用。气门杆尾部结构取决于气门弹簧座的固定方式，如图 3-20 所示。常用的结构是用部分或两半的锥形锁片 4 来固定气门弹簧座 3(图 3-20a)，这时气门杆 1 的尾部可切出环形槽来安装锁片。也可以用锁销 5 来固定气门弹簧座 3(图 3-20b)，对应的气门杆尾部应有一个用来安装锁销的径向孔。

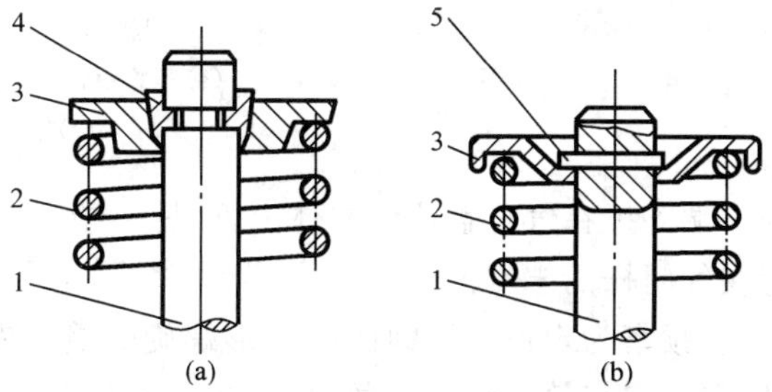

图 3-20 弹簧座的固定方式

1—气门杆 2—气门弹簧 3—气门弹簧座 4—锥形锁片 5—锁销

2. 气门导管

气门导管的功用是给气门的运动导向，保证气门作往复直线运动，使气门与气门座能正确贴合，此外，还在气门杆与气缸盖之间起到传热作用，以实现气门的散热。气门杆与气门导管之间的间隙一般为0.05～0.12mm。

气门导管的工作温度较高，而且仅靠配气机构工作时飞溅起来的机油来润滑气门杆和气门导管孔，润滑条件较差，为改善润滑，气门导管一般采用含石墨较多的铸铁或粉末冶金制成。气门导管的外表面一般为圆柱形，无台阶，便于使用无心磨床高效率生产。导管内、外圆面加工后压入气缸盖的气门导管孔内，然后再精铰内孔。为了防止气门导管在使用过程中松脱，有的发动机对气门导管用卡环定位，见图3-21。

3. 气门座

气缸盖(或气缸体)的进、排气道与气门锥面相结合的部位称为气门座，见图3-21。气门座的作用是靠其内锥面与气门锥面的紧密贴合密封气缸，并接受气门传来的热量。因为气门座在高温下工作，磨损严重，故有不少发动机的气门座是用耐热钢材或合金铸铁单独制成气门座圈，然后镶嵌入气缸盖或气缸体的气门座圈孔中，以便提高其使用寿命，同时便于更换。

4. 气门弹簧

气门弹簧借其张力克服气门关闭过程中气门及传动件因惯性力而产生的间隙，保证气门及时落座并紧密贴合，同时也可防止气门在发动机振动时因跳动而破坏密封。因此要求气门弹簧具有足够的刚度和安装预紧力。

气门弹簧多采用中碳铬钒钢丝或硅铬钢丝制成的圆柱形螺旋弹簧，如图3-22所示。气门弹簧在工作时承受着频繁的交变载荷，为保证其可靠地工作，气门弹簧应有合适的弹力、足够的刚度和抗疲劳强度。加工后应对气门弹簧进行热处理，钢丝表面要磨光、抛光或喷丸处理，借以提高疲劳强度，增强气门弹簧的工作可靠性。

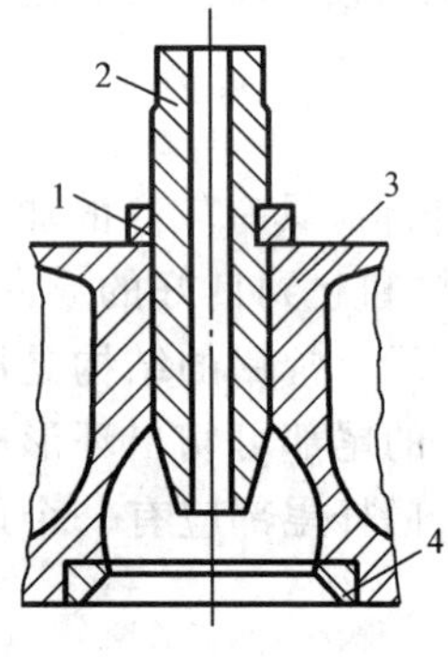

图3-21 气门导管的固定

1—卡环 2—气门导管

3—气缸盖 4—气门座

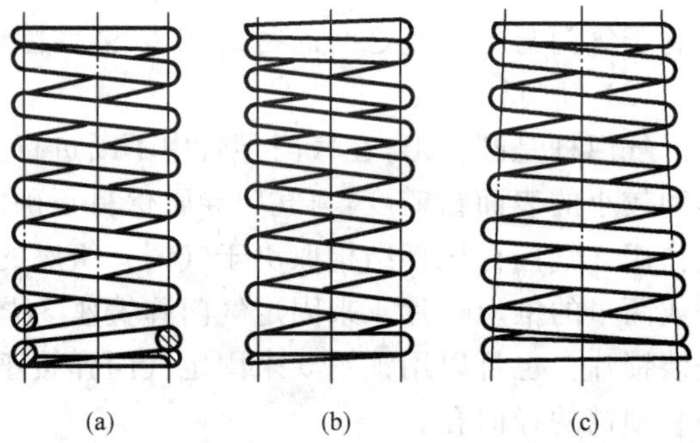

图3-22 气门弹簧

(a)等螺距弹簧 (b)变螺距弹簧

(c)锥形弹簧

安装时，气门弹簧的一端支撑在气缸盖或气缸体上，而另一端则压靠在气门杆尾端的弹簧座上，弹簧座用锁片固定在气门杆的末端。

气门弹簧一般采用固有频率为定值的等螺距圆柱形螺旋弹簧。发动机运行时，当气门弹簧的工作频率与弹簧的固有频率相等或者为整数倍时，气门弹簧就会发生共振。共振会使气门发生反跳和冲击，破坏配气正时，甚至导致弹簧折断。为了防止弹簧发生共振，可采用变螺距的圆柱形弹簧或者锥形弹簧，由于该类型弹簧的固有频率不是定值，可以较好地避免共振现象的发生。有的发动机采用固有频率不同的双等螺距弹簧结构，该类型气门的内、外弹簧旋向相反，固有频率不同，当一个弹簧发生共振时，另一个弹簧可起到阻尼作用，当一个弹簧折断时，另一个弹簧可以继续维持气门工作，另外，弹簧旋向相反，可以防止折断的弹簧圈卡入另一个弹簧中，影响弹簧工作。

5. 气门旋转机构

许多发动机的配气机构中设置有能使气门相对于气门座旋转的装置，称为气门旋转机构，如图3-23所示。其作用是使气门在工作时能产生缓慢的旋转运动，气门的旋转可以使气门头部的周向温度分布更加均匀，减小因温度不均造成的气门热变形，同时，气门的旋转，可以在密封锥面上产生轻微摩擦，清除锥面上的积炭等沉积物。另外，对于气门导管，气门的旋转不仅可以改善气门杆的润滑条件，还可以清除气门杆上形成的沉积物。

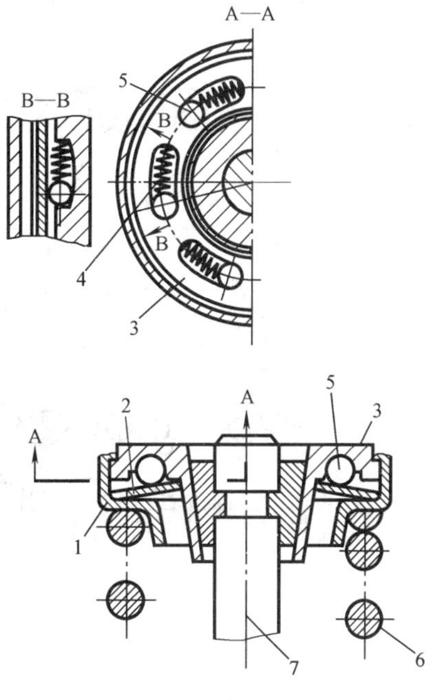

图 3-23 气门旋转机构

1—气门弹簧座 2—蝶形弹簧 3—壳体 4—复位弹簧 5—钢球 6—气门弹簧 7—气门

在气门旋转机构中，壳体3上有6个变深度的凹槽，凹槽中装有钢球5和复位弹簧4，在壳体3和气门弹簧座1之间安装有蝶形弹簧2。当气门关闭时，气门弹簧6的弹力通过弹簧座1作用于蝶形弹簧2的外缘上，此时的气门弹簧力不足以克服蝶形弹簧2的张力，蝶形弹簧2保持蝶形原状，弹簧座槽中的钢球5在复位弹簧的作用下处于凹槽的最浅处。在气门开启的过程中，由于弹簧被逐渐压缩，弹力逐渐增大，蝶形弹簧2被逐渐压平，迫使钢球5克服复位弹簧的弹力沿凹槽的斜面向凹槽的深处滑动，钢球的运动带动气门弹簧座1、气门锁片连同气门7一起转过一定角度。当气门关闭时，蝶形弹簧2上的压力减小，自身弹力使之恢复蝶形原状，钢球5在复位弹簧的作用下重归原位。气门旋转机构也可以安置在气门弹簧的另一端。

二、气门传动组

气门传动组的作用是使气门按配气正时规定的时刻开、闭，并保证规定的开启时间和开启高度。气门传动组主要包括凸轮轴、正时齿轮、挺柱、推杆、摇臂及摇臂轴等。由于凸轮轴外置和气门驱动方式不同，气门传动组的零件组成存在较大差别。

1. 凸轮轴

凸轮轴用来驱动和控制各缸气门的开启和关闭，使其符合发动机的工作顺序，配气相位及气门开度的变化规律等要求；多数汽油机还用来驱动汽油泵、机油泵和分电器等。

如图3-24所示，凸轮轴主要由凸轮1、凸轮轴轴颈2等组成。对于下置凸轮轴的汽油机还具有用以驱动机油泵、分电器的螺旋齿轮4和用以驱动汽油泵的偏心轮3。根据发动机的总体布置，在一根凸轮轴上，可以单独配置进气凸轮或单独配置排气凸轮，也可以同时配置进、排气凸轮。凸轮轴受到气门间歇性开启的周期性冲击载荷作用，因此要求凸轮表面耐磨，凸轮轴要有足够的韧性和刚度。凸轮轴一般用优质锻钢或特种铸铁制成，凸轮和轴颈的工作表面经热处理后精磨和抛光，以提高其硬度和耐磨性。

凸轮轴的轴颈数取决于凸轮轴承受的载荷和轴本身的刚度。一般发动机每隔两个气缸设

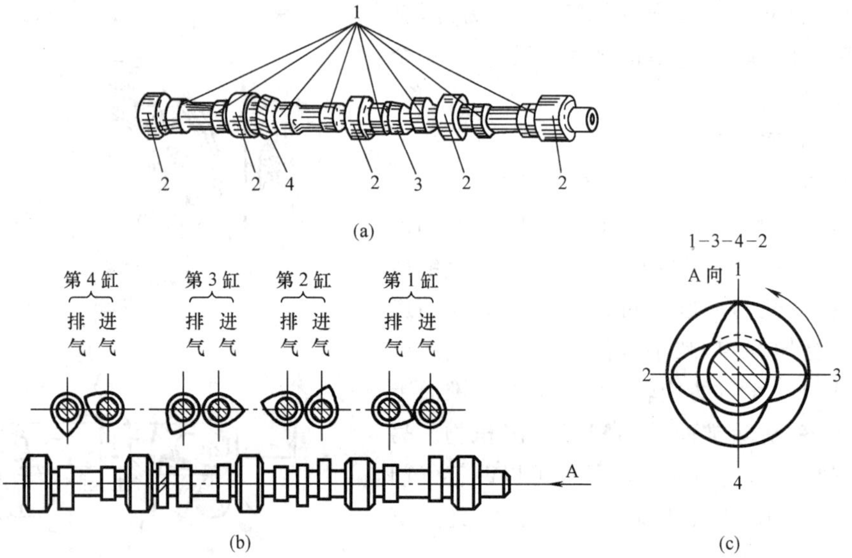

图 3-24　四缸四冲程汽油机凸轮轴

(a)凸轮轴　(b)各凸轮的相对角位置图　(c)排(或进)气凸轮投影

1—凸轮　2—凸轮轴轴颈　3—驱动汽油泵的偏心轮　4—驱动分电器等的螺旋齿轮

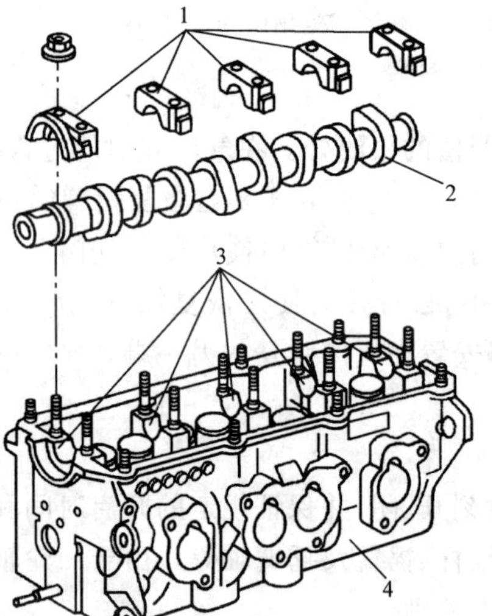

图 3-25　上置式凸轮轴的剖分式轴承

1—轴承盖　2—凸轮轴　3—轴承座　4—气缸盖

置一个轴颈，对于缸径较大、气门数多、转速高及凸轮轴负荷较大的发动机，每隔一个气缸设置一个轴颈，以增加支承刚度。凸轮轴的轴承形式有两种：一种是整体式轴承，用于置于气缸体内的下置凸轮轴，其轴颈的半径大于凸轮尺寸，以便把凸轮轴由一端装入，有时为便于安装，常把支承轴颈制成前大后小的结构；另一种凸轮轴轴承形式是剖分式轴承，一般用于顶置凸轮轴(图 3-25)。

由图 3-24 可以看出，同一气缸的进、排气凸轮的相对角位置是与既定的配气相位相适应的。发动机各个气缸的进、排气凸轮的相对角位置应符合发动机各缸的点火次序和点火间隔时间的要求。因此，根据凸轮轴的旋转方向以及各缸进、排气和凸轮的工作顺序就可以判定发动机的点火次序。

图 3-24 所示的四缸四冲程发动机，每完成一个工作循环，曲轴旋转两周而凸轮轴只旋转一周，在这期间内，每个气缸都要进行一次进气或排气，且各缸进气或排气的时间间隔相等，即各缸进或排气凸轮彼此间的夹角均为 360°/4=90°。由图 3-24c 可见，汽车发动机的点火次序为 1-3-4-2(凸轮轴旋转方向，从前端向后看，如图所示)。若六缸四冲程发动机的凸轮轴逆时针旋转，其点火次序为 1-5-3-6-2-4，任何两个相继点火的气缸进或排气凸轮间的夹角均为 360°/6=60°

各缸的进气凸轮(或排气凸轮)称为同名凸轮。同名凸轮的相对角位置与凸轮轴的旋转方向、各缸的工作顺序和作功间隔角有关。同一气缸的进、排气凸轮称为异名凸轮。异名凸轮的相对角位置是由配气相位及凸轮轴的转向决定的。

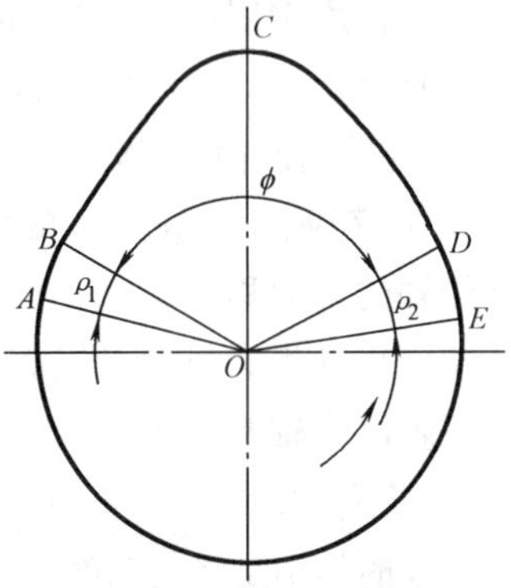

图 3-26 凸轮轮廓的形状

凸轮的形状影响气门的开闭时刻及高度，凸轮的排列影响气门的开闭时刻和工作顺序。凸轮的形状应保证气门开启和关闭的持续时间，符合配气相位的要求，且使气门有合适的升程及其升降过程的运动规律。凸轮轮廓的形状如图 3-26 所示。O 点为凸轮轴的轴心，EA 为凸轮的基圆。当凸轮按图示方向转过 EA 段时，挺柱处于最低位置不动，气门处于关闭状态。当凸轮转过 A 点后挺柱开始上移，至 B 点气门间隙消除，气门开始开启，凸轮转到 C 点气门开度达到最大，之后逐渐关小，至 D 点气门关闭。此后，挺柱继续下落，出现气门间隙，至 E 点挺柱又处于最低位置。φ 对应着气门开启持续角，ρ_1、ρ_2 分别对应消除和恢复气门间隙所需的转角。凸轮轮廓段 BCD 为凸轮的工作段，其形状决定了气门的升程及气门的运动规律。由于气门开始开启和关闭落座时均在凸轮升程变化缓慢的缓冲阶段内，所以运动速度较低，可以防止气门和挺柱的强烈冲击。

凸轮轴由曲轴通过传动装置驱动，通常采用一对正时齿轮传动。由于凸轮轴的驱动齿轮通常为斜齿轮，有的大型发动机还采用锥齿轮驱动，因此凸轮轴存在轴向力。为防止凸轮轴轴向窜动，凸轮轴必须设有轴向定位装置。常用的凸轮轴轴向定位形式有止推板式（见图 3-27a、c）和推力轴承式（见图 3-27b）。

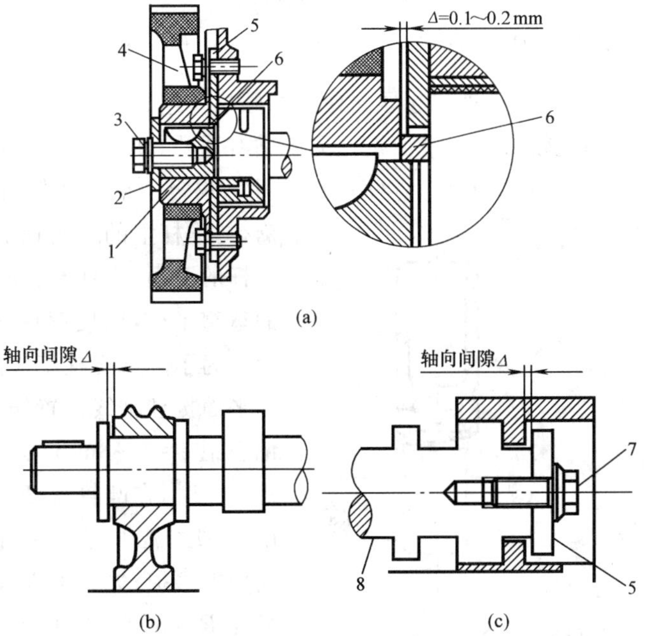

图 3-27 凸轮轴轴向定位方式

（a）止推板式 1 （b）推力轴承式 （c）止推板式 2

1—正时齿轮轮毂 2—垫圈 3—正时齿轮固定螺钉 4—正时齿轮

5—止推板 6—调整环 7—螺钉 8—凸轮轴

止推板用钢制成，套在正时齿轮轮毂与凸轮轴第一轴颈的端面之间，止推板两端用螺钉固定在缸体上。正时齿轮与凸轮轴之间装有调节环，因调节环比止推板厚，所以留有 0.1～0.2mm 的轴向间隙，从而限制了凸轮轴的轴向移动量。

图 3-27c 所示为止推板的另一种形式，止推板安装在凸轮轴的一端，通过缸盖上的凸肩限制凸轮轴的轴向移动量。止推板式的定位装置既能限制凸轮轴的轴向窜动，又能使凸轮轴自由转动。止推板磨损后可以更换。

顶置凸轮轴常利用支承轴承作为推力轴承限制凸轮轴的轴向位移。

2. 挺柱

挺柱的作用是将凸轮的推力传给推杆或气门，并承受凸轮轴旋转时所施加的侧向力。挺柱有多种形式，大体可分为机械挺柱和液力挺柱(或液压挺柱)两种，液力挺柱的使用越来越广泛。

(1) 机械挺柱

机械挺柱有平面挺柱和滚子挺柱两种形式，如图 3-28 所示。

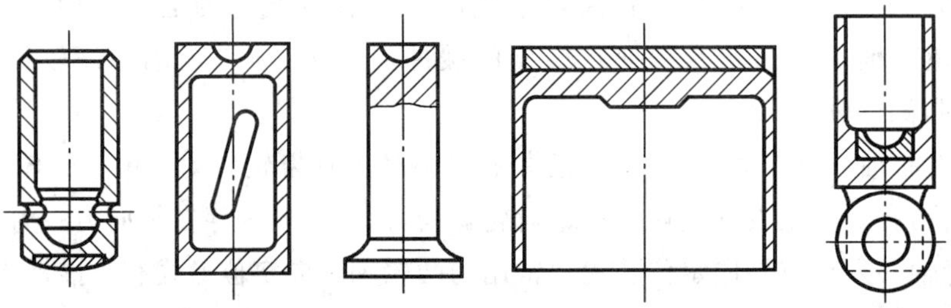

(a) (b) (c) (d) (e)

图 3-28 机械挺柱

(a)平面挺柱 1 (b)平面挺柱 2 (c)平面挺柱 3 (d)平面挺柱 4 (e)滚子挺柱

平面挺柱由作为工作面的圆盘和起导向作用的圆柱体组成，平面挺柱结构简单和质量轻，在中、小型发动机中应用比较广泛。平面挺柱周围钻有通孔，便于筒内收集的机油流出对挺柱底面及凸轮加以润滑；另外挺柱中间为空心，其质量可减轻。在挺柱的内部或顶部加工有球窝，与推杆上的球头相配合。为降低挺柱与推杆的磨损，推杆球头的半径略大于挺柱上的球窝半径，以便存储润滑油，实现良好润滑。为了降低挺柱工作面的磨损，一种方法是平面挺柱轴线设置偏离凸轮的对称轴线，偏心距 $e=1\sim3$mm，如图 3-29a 所示。发动机工作时，在凸轮与挺柱底面间的摩擦力作用下，挺柱会围绕自身轴线旋转，使挺柱底面均匀磨损；另一种方法是将挺柱底面做成半径 $R=500\sim1000$mm 的球面，凸轮工作面支撑锥角很小的锥面，如图3-29b所示，即使挺柱轴线与凸轮对称轴线发生重合时，由于凸轮与挺柱的接触点偏离挺柱轴线，所以配气机构工作时凸轮与挺柱接触点处的摩擦力也可使挺柱绕其自身轴线转动，以达到减小摩擦的目的。

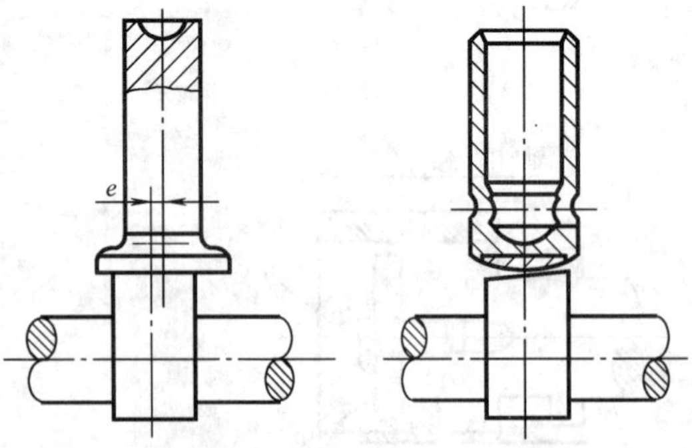

(a) (b)

图 3-29 筒式挺柱与凸轮的接触

(a)偏心凸轮 (b)锥体凸轮

滚子挺柱可以减少磨损，但结构较复杂，质量较大，多用于大缸径柴油机的配气机构上。

(2) 液力挺柱

前面阐述过，热膨胀造成的气门关闭不严的问题用预留气门间隙的方法来解决。但由于气门间隙的存在，配气机构在工作时将产生冲击而发出响声。为了解决这一问题，有的发动机上采用了液力挺柱。目前绝大多数轿车均采用液力挺柱。

图 3-30 所示为液力挺柱结构图，液力挺柱可分为平面液力挺柱和滚子液力挺柱，这两种挺柱形式均具有球窝半径，以便有相同的液力工作原理。

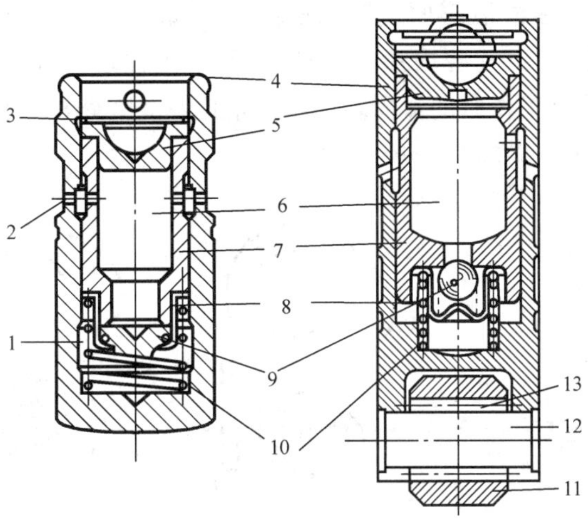

图 3-30　液力挺柱结构图

(a)筒式液力挺柱　(b)滚子液力挺柱

1—高压腔　2—进油孔　3—卡环　4—挺柱体　5—推杆支座　6—内油腔　7—柱塞　8—单向阀保持架　9—单向阀　10—柱塞弹簧　11—滚轮　12—滚轮销　13—滚轮轴承

图 3-31 为桑塔纳和奥迪发动机液力挺柱结构示意图，由图 3-30 和图 3-31 可以看出，液力挺柱主要由挺柱体、柱塞、球座、弹簧、卡簧、单向阀架、蝶形弹簧及单向阀等零件组成。

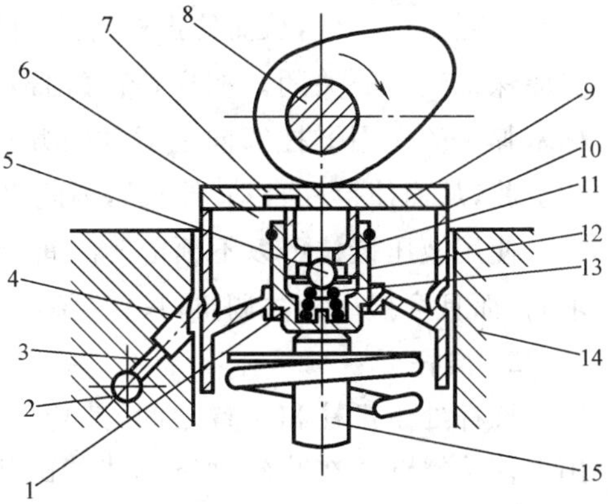

图 3-31　桑塔纳和奥迪发动机液力挺柱

1—高压油腔　2—气缸盖油道　3—量油孔　4—斜油孔　5—球阀　6—低压油腔　7—键形槽　8—凸轮轴　9—挺柱体　10—挺柱焊缝　11—柱塞　12—油缸　13—补偿弹簧　14—气缸盖　15—气门杆

发动机工作时，机油沿主油道供到气门挺柱。如图 3-32c，当气门关闭时，机油经挺柱体和柱塞上的油孔压进低压油腔 3 内，并推开单向阀充入高压油腔 6 内。柱塞便在挺柱体腔内油压及弹簧 8 的作用下下行，与气门推杆压紧。但此压力远小于气门弹簧张力，气门不会被打开，只是消除了整个配气机构中的间隙。与此同时，高压油腔 6 内油液也已充满，单向阀 10 关闭。

如图 3-32a 所示，当凸轮转到工作面使挺柱上推时，气门弹簧张力便通过推杆作用在柱塞上，由于单向阀 10 已关闭，柱塞 4 便推压高压油腔 6 内油液使压力升高，而液体具有不可压缩性，挺柱便像一个钢体一样推动气门开启。在此过程中，由于挺柱体腔内油压较高，在柱塞与挺柱体的间隙处将有少许油液泄露而使"挺柱缩短"。如图 3-32 所示，当凸轮转到非工作面时，解除了对推杆的推力，使挺柱腔内油压降低。于是，主油道的油压将再次推开单向阀 10，向挺柱体腔内充油，以补充工作时的泄露，并且此油压又和弹簧 8 一起使柱塞上推，如此始终保持了配气机构无间隙传力。

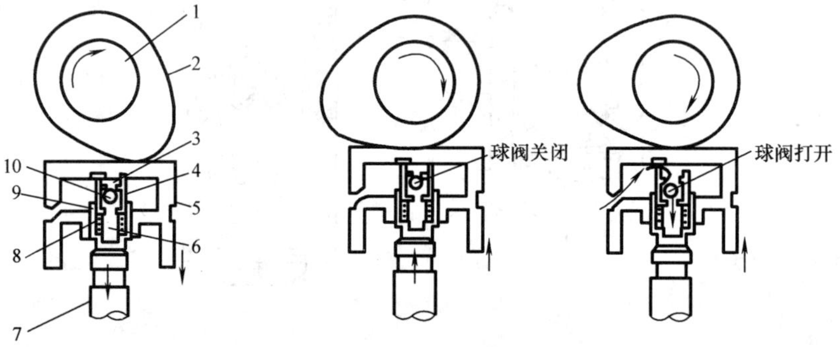

图 3-32 液力挺柱的工作原理

(a)气门打开过程 (b)气门关闭过程 (c)气门关闭以后

1—凸轮轴 2—凸轮 3—低压油腔 4—柱塞 5—挺柱体 6—高压油腔 7—气门 8—弹簧 9—油缸 10—单向阀

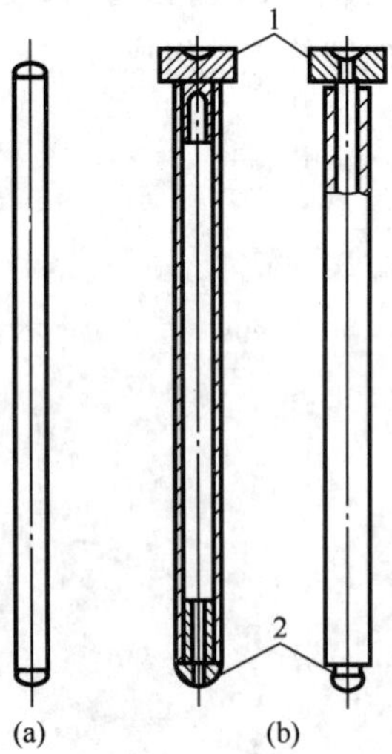

图 3-33 推杆

(a)实心推杆 (b)空心推杆

1—球座 2—球头

由液力挺柱的工作过程可以看出，若气门受热膨胀，柱塞因受压而与挺柱作轴向相对移动，使挺柱内油液从柱塞与挺柱体的间隙中泄漏出一部分，从而使挺柱自动"缩短"，因此可不留气门间隙仍能保证气门的关闭。相反，若气门冷却收缩，柱塞受力减小，在柱塞弹簧的作用下柱塞向上运动吸开单向阀，油液流入柱塞下部的空腔，从而使挺柱自动"伸长"，因此仍能保持配气机构无间隙。

使用液压挺柱可以不预留气门间隙，但结构复杂，加工精度要求高，而且磨损后无法调整，只能更换。

3. 推杆

推杆处于挺柱和摇臂之间，其功用是将挺柱传来的运动和作用力传给摇臂。在凸轮轴下置式的配气机构中，推杆是一个细长杆件，加上传递的力很大，所以极易弯曲。因此，要求推杆有较好的纵向稳定性和较大的刚度。推杆一般用冷拔无缝钢管制造，两端焊上球头和球座(图 3-33b)。也可以用中碳钢制成实心推杆，这时两端的球头或球座与推杆锻成一个整体(图 3-33a)。

4. 挺柱导管

挺柱导管的作用是为挺柱运动进行导向，它可分为可拆卸式和不可拆卸式。图 3-34 所示为 CA6102 发动机使用的可拆卸式挺柱导管架，导管架用螺钉固定在气缸体上。在装配可拆卸式挺柱导管架时应特别注意，前、后导管架不可互换使用，以保证挺柱与气门的正确配合。不可拆卸式挺柱导管架直接加工在气缸体上。

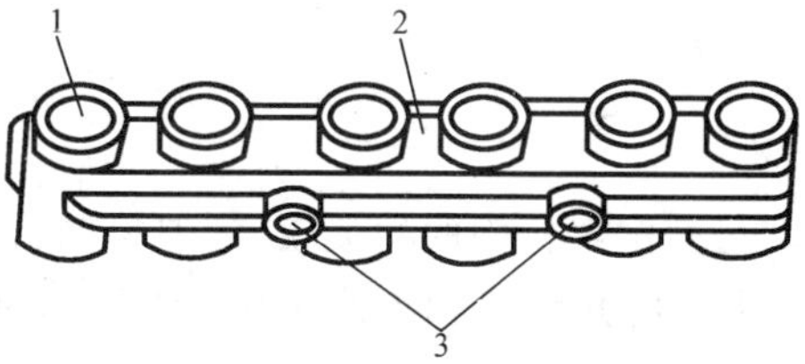

图 3-34 可拆式挺柱导管架

1—导管孔 2—导管架 3—固定螺钉孔

5. 摇臂

摇臂是一个中间带有圆孔的不等长双臂杠杆，其作用是将推杆或凸轮传来的力改变方向，作用到气门杆尾部使其推开气门。摇臂可分为普通摇臂和无噪声摇臂两种。

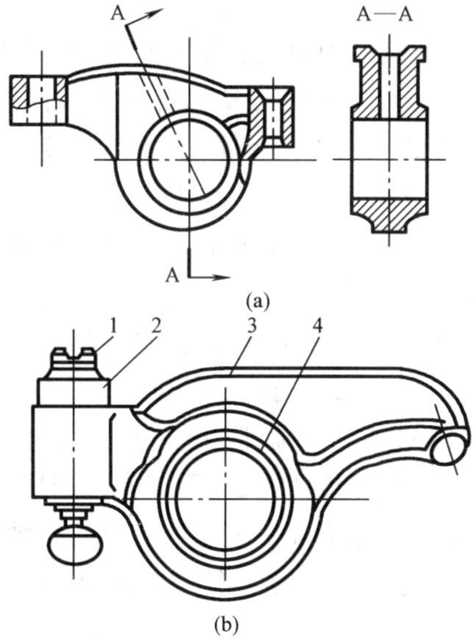

图 3-35 摇臂

1—气门间隙调节螺钉 2—锁紧螺母 3—摇臂 4—摇臂轴套

（1）普通摇臂

普通摇臂的长臂端部以圆弧形的工作面与气门尾端接触，用以推动气门。如图 3-35 所示，短臂的端部有螺孔，用来安装调整螺钉及锁紧螺母，以调整气门间隙。螺钉的球头与推杆顶端的凹球座相连接。由于靠气门一端的臂长，所以在一定的气门升程下可减小推杆、挺柱等运动件的运动距离和加速度，从而减小了工作中的惯性力。

（2）无噪声摇臂

为了消除气门间隙，减小由此而产生的冲击噪声，常采用无噪声摇臂。如图 3-36 所示，凸环以摇臂的一端为支点，并靠在气门杆部的端面上，当气门处在关闭位置时，在弹簧的作用下，柱塞推动凸环向外摆动，消除了气门间隙。当气门开启时，推杆便向上运动推动摇臂，由于摇臂已经通过凸环和气门杆处在接触状态，从而消除了气门间隙。

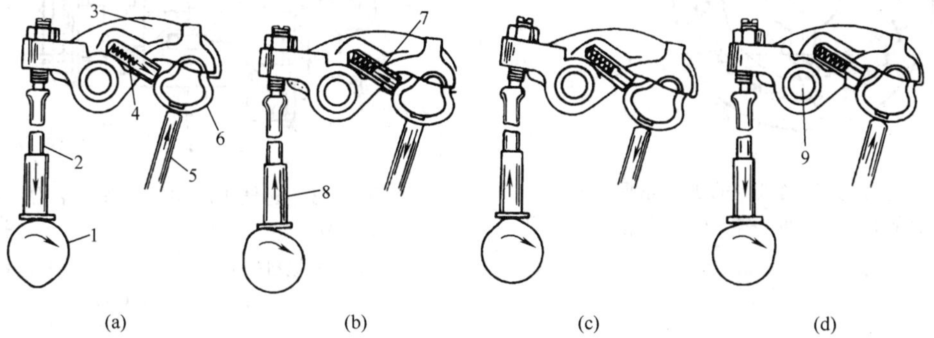

图 3-36 无噪声摇臂的工作原理

(a)气门关闭 (b)气门正在开启 (c)气门开启 (d)气门正在关闭

1—凸轮轴 2—推杆 3—摇臂 4—弹簧 5—气门 6—凸环 7—柱塞 8—挺柱 9—摇臂轴

第四节　可变配气机构

可变配气机构的种类较多，但控制目的均是控制气门配气正时 VVT(Variable Valve-timing)和气门升程 VVL(Variable Valve-lifting)。

一、可变凸轮轴的相位机构

这种机构是将气门的开启持续角保持不变，仅利用整个凸轮轴相对于正时齿轮旋转一个角度来改变配气正时。其结构简单、便于制造和工作可靠，但由于它不能改变气门叠开角，效果受到限制。其结构形式可分为机械式、电磁式和液压式。

1. 机械式谐波传动可变配气正时机构

机械式谐波传动可变配气正时机构由相位调节装置和电控系统组成。用传动比为100：1的谐波齿轮传动机构实现配气正时的调节，如图 3-37 所示。谐波齿轮传动机构由内齿刚轮、外齿柔轮及波发生器组成。波发生器位于柔轮之内，沿椭圆的主轴方向使柔轮变形，该变形使柔轮与刚轮仅在两处啮合。当波发生器不转动时，机构不工作。由于柔轮比刚轮少两个齿，所以当波发生器在柔轮内转动，相对于刚轮转动一周时，柔轮则沿相反方向相对于刚轮转过两个齿。

图 3-38 所示为配气正时调节装置的结构示意图。谐波齿轮传动机构的壳体、刚轮、正时带轮与步进电动机的定子通过螺栓固定；柔轮通过输出刚轮用半圆键与凸轮轴固定；步进电动机的转子通过圆柱销同波发生器固定。这样，步进电动机通过波发生器驱动凸轮轴。当电控系统无信号输出时，步进电动机不输出动力，其转子相对于定子不转动，机构不工作，此时步进电动机处于制动状态，并与谐波齿轮传动机构、正时带轮及凸轮轴组成一体，一起随凸轮轴转动。当电控系统发出控制信号时，步进电动机则带动谐波齿轮传动机构工作，使凸轮轴相对于正时带轮转动，产生角位移，从而实现发动机配气正时的变化。

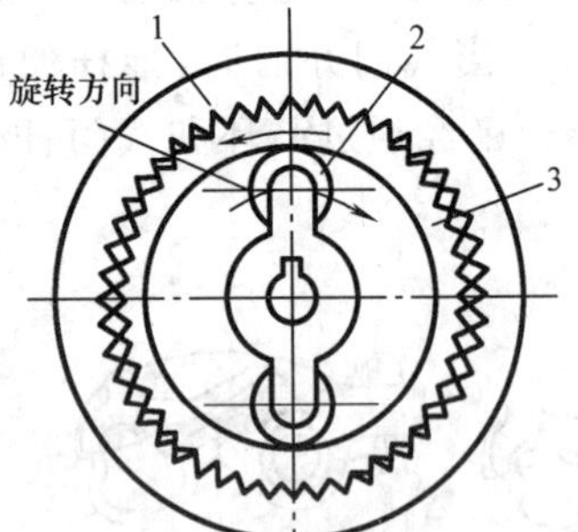

图 3-37　谐波传动机构的工作原理

1—内齿刚轮　2—波发生器　3—外齿柔轮

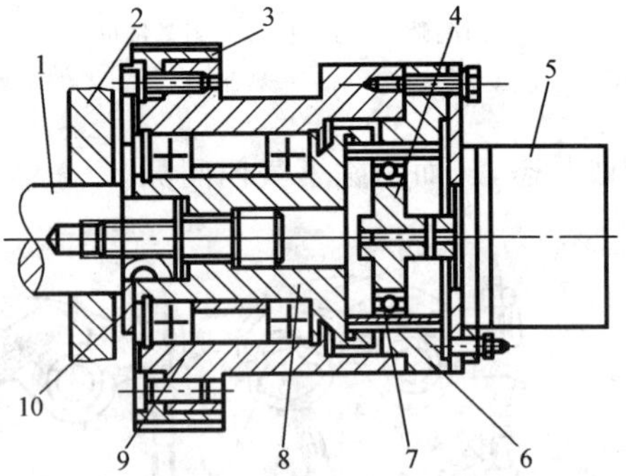

图 3-38　配气正时调节装置的结构示意图

1—凸轮轴　2—气缸盖　3—正时齿轮　4—波发生器　5—步进电动机　6—刚轮　7—柔轮　8—输出刚轮　9—壳体　10—限位垫片

图 3-39 所示为可变配气正时机构电控系统工作原理图。电控系统主要包括控制单元、信号采集系统、步进电动机驱动电路、故障显示和数字显示电路。电控系统接通电源后立即开始工作，控制单元接收到由信号采集系统监测到的工作参数(如发动机转速和负荷等)后，对工作参数

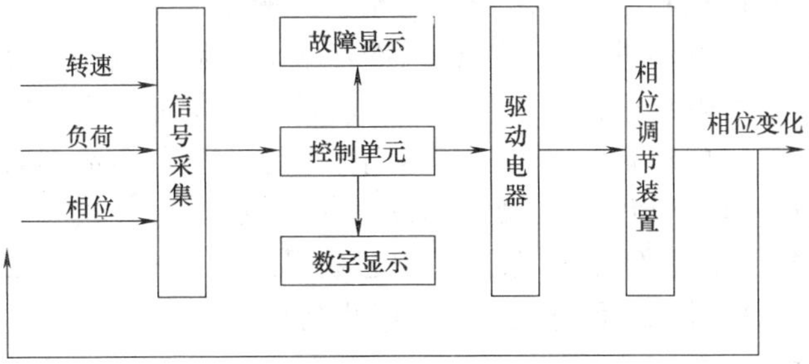

图 3-39 可变配气正时机构电控系统工作原理图

信号进行运算处理，判断发动机的工作状态，再从预先由大量台架试验测出的不同转速和不同负荷下的最佳配气正时数据表、脉谱中读出该工况下的最佳配气正时值，并根据该值做出控制决策，发出相应的控制信号，驱动步进电动机做出响应。

CA488 发动机采用了这种可变配气正时机构，其低速转矩明显提高，并有效地降低了燃油消耗率和废气排放。

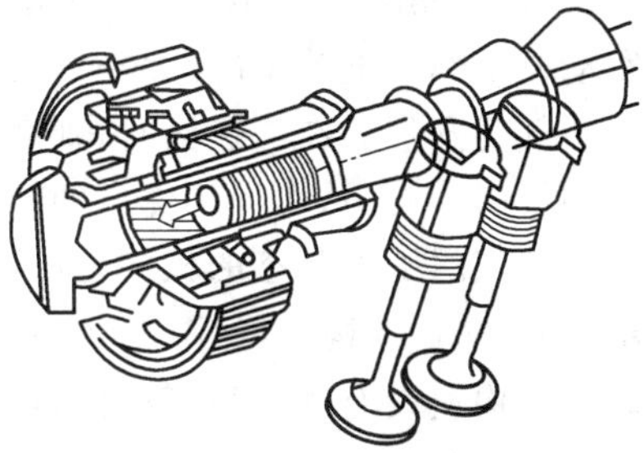

图 3-40 菲亚特汽车公司的配气正时可变系统结构简图

2. 电磁、液压控制可变配气正时机构

图 3-40 所示为菲亚特汽车公司的配气正时可变系统结构简图，该机构也是利用凸轮轴相对于正时齿轮旋转一个角度来改变配气正时。机构中在凸轮轴正时同步齿形带轮（或链轮）与凸轮轴之间利用螺旋形花键的导向作用，随着发动机的转速和负荷的变化，利用液压使凸轮轴沿轴向移动。由于螺旋形花键的导向作用，凸轮轴在沿轴向移动的同时转动一定角度，从而改变了配气正时。这种机构相对比较简单，但也只能移动配气正时。

图 3-41 所示为配气正时可变系统控制图。用于本系统控制的液压，是由气缸体主油道的专用油道通过轴颈供向凸轮轴，再通过正时同步齿形带轮螺栓内的油道供给正时齿形传动带

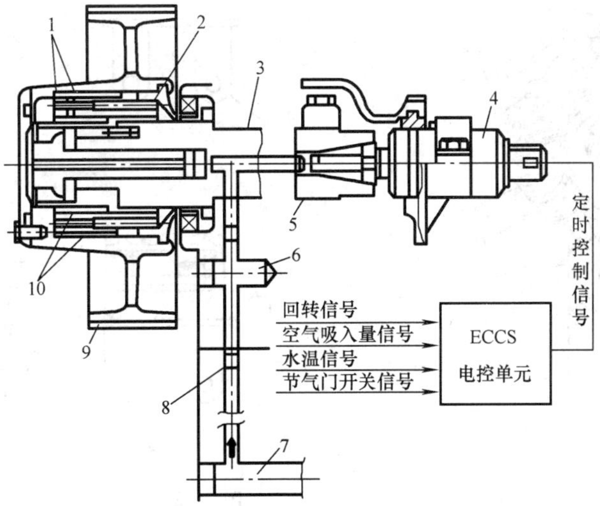

图 3-41 配气正时可变系统控制图

1—活塞 2—回位弹簧 3—凸轮轴 4—电磁阀 5—控制阀 6—气缸盖油道 7—气缸体主油道 8—节流孔 9—凸轮轴同步齿形带轮 10—螺旋形花键

轮的内活塞部分，并用控制阀和电磁阀来控制凸轮轴内液压的变化。控制阀和电磁阀的控制信号，是控制单元根据反映发动机转速、进气量、冷却液温度和节气门开度等变化的传感器信号，判断出发动机的工况后发出的控制信号。当发动机处于高速大负荷时，可变配气正时机构处于关闭状态，这时凸轮轴的位置是大的进气迟闭角和小的气门重叠角，以保证高动力性、中小负荷经济性及低速稳定性。当发动机处于低中速大负荷时，可变配气正时机构处于开启状态，气门迟闭角减小，气门重叠角增大，保证低中速获得最大转矩。日产公司的 V6 双上置凸轮轴的 VG30DE 发动机采用了这种可变配气正时机构形式。

二、可变配气正时和气门升程机构

为解决发动机高速动力性和低速经济性的矛盾，全面提高发动机性能，国外有些公司开发了可变配气正时和气门升程机构 VTEC(Variable Valve Timing and Valve Life Electronic Control System)。这类机构在一根凸轮轴上设计有高速和低速两种不同正时和升程的凸轮，当发动机工作在低速工况区域时，由低速凸轮控制进气门工作，实现对应于低速的配气相位及较小的气门升程。在高速区时，则由高速凸轮控制进气门，实现对应于高速的气门配气相位及较大的气门升程，从而得到优良的转矩特性。

改变气门工作状态的机构是由具有 3 个不同凸轮的凸轮轴、主摇臂、中间摇臂、副摇臂及同步活塞 A、B 等构成，如图 3-42 所示。中间为高速用凸轮和摇臂，而两侧为低速用凸轮和摇臂。该机构上设有气动弹簧组件，用于低速时消除间隙，高速时使气门工作圆滑。

VTEC 的工作原理如图 3-43 所示。当发动机低速运行时，同步活塞 A、B 上没有液压作用，活塞处于左侧位置，3 个摇臂处于各自独立状态。中间摇臂利用气动弹簧与中间凸轮一起作用，并不能控制进气门，而只由左、右两侧的低速凸轮通过主、副摇臂控制两个气门，实现低速对配气相位及气门升程的要求。当发动机进入高速区域运行时，电控单元发出控制指令，液

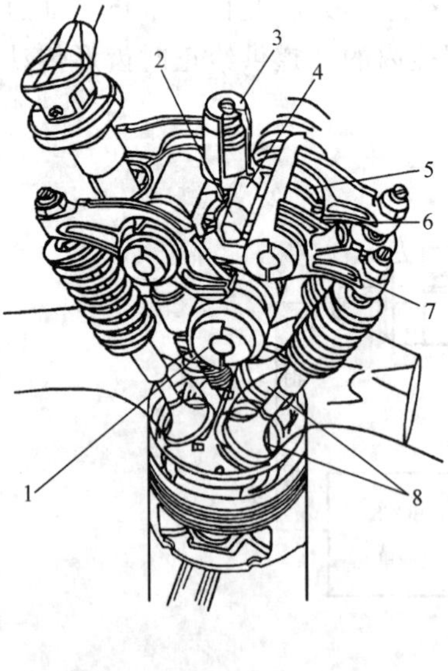

图 3-42 ZC 型的 VTCE 系统

1—凸轮轴 2—同步活塞 A 3—气门组件 4—同步活塞 B 5—中间摇臂 6—主摇臂 7—副摇臂 8—进气门

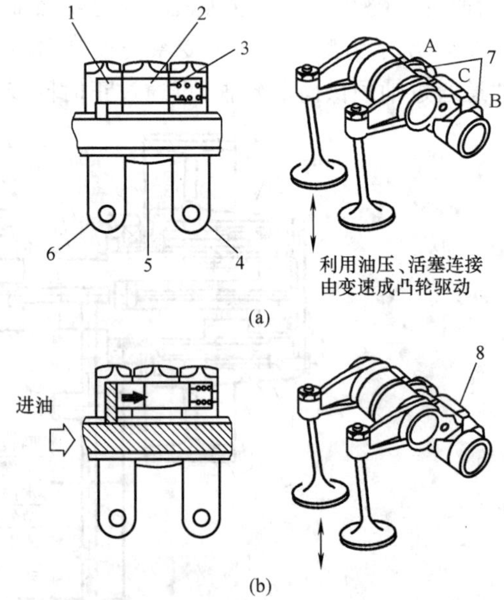

图 3-43 ZC 型 VTEC 系统的工作原理

(a)低速时 (b)高速时

1—同步活塞 A 2—同步活塞 B 3—定位活塞 4—副摇臂 5—中间摇臂 6—主摇臂 7—低速凸轮 8—高速凸轮

压将摇臂中的同步活塞 A、B 推向右边，使 3 个摇臂连成一体，于是中间的高速凸轮 C 通过中间摇臂带动左、右两侧的主、副摇臂，从而使两个进气门获得大功率的配气相位及升程。

电控单元根据发动机的转速、负荷、冷却液温度及车速进行计算处理后，将信号输出给电磁阀来控制液压，进行高、低速的切换。ZC 型 VTEC 配气机构的转速切换点在 4800r/min 以上；冷却液温度在 60℃以上。对于自动变速器汽车，车速在 10km/h 以上；而对于手动变速器汽车，车速在 25km/h 以上。负荷用进气管真空度来判断。其高、低速配气相位如图 3-44 所示。

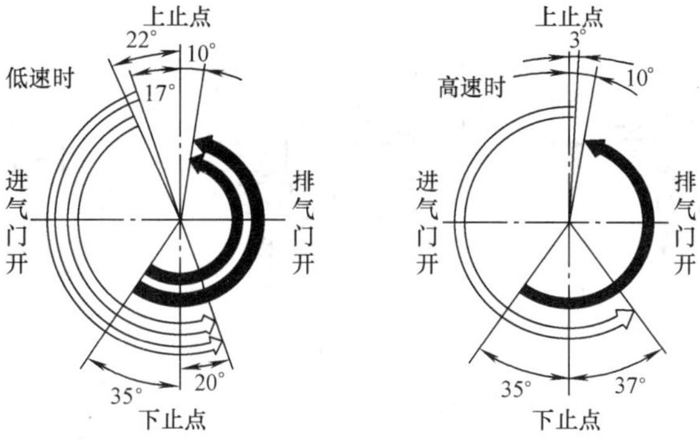

图 3-44　ZC 型 VTEC 的配气正时图

三、电磁控制全可变配气机构

电磁控制全可变配气机构的特点是没有凸轮轴和节气门，而是用电磁机构直接控制气门，以实现对配气正时、气门升程和负荷的调节控制。

图 3-45 所示为德国 FEV 公司的无凸轮电磁控制的配气机构。其中有上、下两个磁极，一个衔铁固定在气门上，磁极和衔铁之间的距离是气门最大升程的 1/2。当电磁线圈不通电时，气门处于静止状态而位于最大气门升程的一半。当下面的磁极通电时，气门开到最大升程；当上面的磁极通电时，气门被关闭。下面磁极的位置可以移动，以此来改变气门的升程。这种机构简单和耗能低，除了可以改变进气正时以外，还可以改变进气门的最大升程和升程规律。另外，该电磁机构通过控制进气门的开启时间来控制发动机的进气量，而不需要节气门，大大降低了换气损失。

电磁控制全可变配气机构可以使发动机性能良好和污染物排放较低，但该类控制机构在操纵时需要消耗较高的能量。如何降低能量消耗是这类机构必须解决的问题。

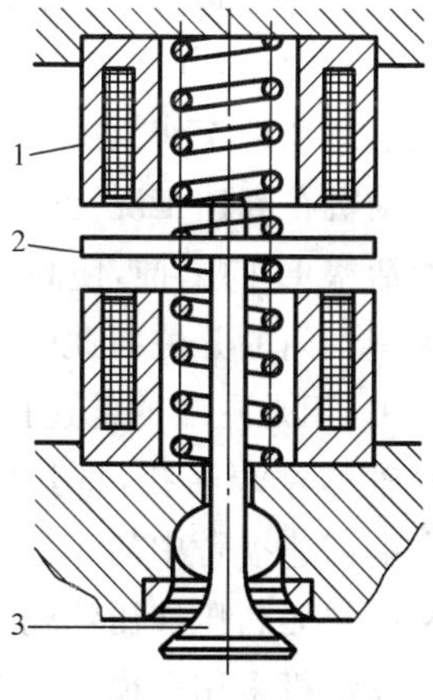

图 3-45　FEV 电磁控制配气机构

1—电磁铁　2—衔铁　3—气门

四、多模式可变配气正时机构

为减少换气损失，更多地提高汽车的动力性能及降低燃油消耗率，日本三菱公司研制开发了多模式可变配气相位机构 MIVEC(Mitsubishi Innovative Valve Timing and Lift Electronic Control System)，如图 3-46 所示。

4 缸发动机的 3 种可变模式如下：

(1) 停止 1 号气缸和 4 号气缸的进、排气门工作，选用低速凸轮，只让 2 号气缸和 3 号气

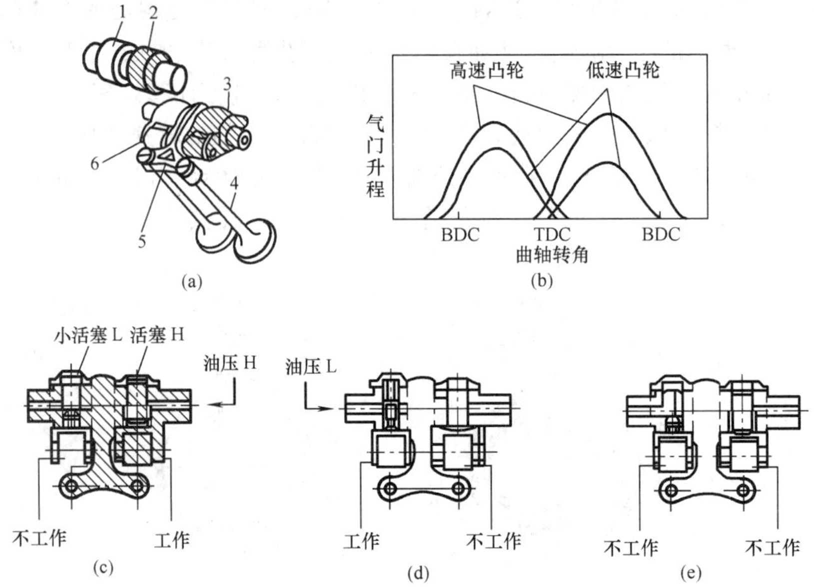

图 3-46 MIVEC 的凸轮和摇臂机构

(a)结构图 (b)工作特性图 (c)高速凸轮模式 (d)低速凸轮模式 (e)气门不工作模式

1—低速凸轮 2—高速凸轮 3—高速摇臂 4—气门 5—T 形臂 6—低速摇臂

缸工作；

(2) 选择低速凸轮，实现适度的升程及短的换气周期，各气缸都工作；

(3) 选择高速凸轮，实现较大的升程及长的换气周期，各气缸都工作。

多模式可变配气相位机构采用两根顶置凸轮轴，凸轮的外形轮廓设计分高速及低速两种，控制两个进气门及两个排气门的开关。由电控单元根据发动机工况的需要发出指令给专用液压泵及液压电磁阀，使液压油进入对应凸轮的摇臂液压活塞，将摇臂卡紧在摇臂轴上，使摇臂能跟随凸轮动作，分别实现上述 3 种工作模式。设置专用液压油泵是为了根据发动机的工况需要在上述 3 种工作模式中进行迅速而稳定的切换。

发动机在高速工况运行时，压力高的液压油进入摇臂轴的右端油道，如图 3-46c 所示，将其中的活塞 H 向上推，使高速摇臂与摇臂轴卡紧在一起，于是高速凸轮通过高速摇臂及 T 形臂来控制气门的开关。此时摇臂轴的左端并无压力高的液压油进入，其中液压小活塞 L 并未被压上去，于是左端的低速摇臂并未起作用。发动机在低速工况运行时，压力高的液压油则进入摇臂轴的左端油孔，将其中的小活塞 L 向上压，使低速凸轮能带动左端的低速摇臂工作。此时右端高速摇臂中的小活塞并无液压油将其压上去，因此不工作，如图 3-46d 所示。当摇臂轴的两端都无高压液压油输入时，于是两个气门都不工作，如图 3-46e 所示。

该发动机采用多模式可变配气相位机构后，当两个气缸都停止工作时，发动机的换气损失减少了约一半，能合理控制进气涡流，并充分利用高速工况下进气门关闭前后形成的较高进气脉冲波等。与采用常规的配气机构相比，按日本典型的试验循环，发动机的最大功率增加了 21%，燃油消耗率降低了 16%。

思 考 题

1. 什么是充量系数、残余废气系数和气门间隙？

2. 配气机构的作用是什么？主要由哪些部件组成？

3. 配气机构有哪几类？各有什么特点？

4. 为什么在冷机状态要留有气门间隙？气门间隙过大或过小对发动机性能有什么影响？气门间隙的调整范围一般为多大？如何调整气门间隙？

5. 发动机为什么要采用可变配气正时技术？

6. VTEC 系统的基本结构和工作原理是什么。

7. 什么是配气相位？画出配气相位图,并标出气门重叠角。

第四章　汽油机燃油供给系统

第一节　汽油及可燃混合气的形成

一、汽油

汽油机使用的燃料是汽油。汽油是从石油中提炼出来的多种烃的混合物，其主要化学成分是碳(C)和氢(H)，它是一种无色或淡黄色、易挥发和易燃的液体，具有特殊臭味。汽油使用性能的好坏对发动机的动力性、经济性、可靠性和使用寿命都有很大的影响，主要性能指标为抗爆性、蒸发性和热值。

汽油的抗爆性是指汽油在气缸中避免产生爆燃的能力，用辛烷值评定。辛烷值越高，抗爆性越好。汽油的辛烷值有马达法辛烷值(*MON*)和研究法辛烷值(*RON*)之分，同一种汽油的*RON*比其*MON*高6～10个单位。目前，在我国国家标准中用*RON*划分车用汽油牌号，市售的汽油标号有90号、93号和97号等。

近年来美国及其他一些国家采用抗爆指数这一新指标来评定汽油的抗爆性。抗爆指数被定义为*RON*和*MON*的平均数。即：

抗爆指数
$$A_i=\frac{1}{2}(MON+RON)$$

汽油的蒸发性表示汽油蒸发的难易程度，取决于汽油炼制中形成的分子的质量大小。蒸发性过高的汽油，在气温较高时容易在油路中形成蒸气，阻碍汽油流通，即形成"气阻"；蒸发性过低的汽油，由于一部分汽油可能未蒸发和燃烧，并滞留在气缸壁上，不仅使燃油消耗量增加，而且会稀释润滑油，导致气缸和活塞磨损加剧。

汽油的热值指单位质量或体积的汽油燃烧时所发出的热量，一般汽油的热值为43000～46000kJ/kg。汽油的热值越高，发动机发出的有效功越大，汽油机性能越好。

二、可燃混合气的形成

1. 可燃混合气的形成方式

汽油机的燃烧是预混合燃烧，即在点火之前混合气就已经形成。汽油机混合气主要有两种形成方式：化油器式和汽油喷射式。

化油器式汽油机混合气形成过程如图4-1所示。在进气过程中，进气门开启，空气经空气滤清器1、化油器2、进气歧管10和进气门11流进气缸12。在整个空气流道中，喉管4的喉部截面积较小，空气流过时流速增大，静压力减小，从而造成喉部压力低于大气压力。浮子室6与大气相通，故浮子室液面上的压力基本上是大气压力。主喷管8的出口位于喉管4的喉部，因此其出口压力等于喉部压力。在大气压力与喉部压力之差(即喉管真空度)的作用下，汽油从浮子室6经主量孔7和主喷管8喷入喉管4中，并受到流经喉管的高速空气流的冲击，分散成细小的油滴。这些细小的油滴在随空气流动的过程中不断蒸发汽化并与空气混合，其中粒径较大的油滴将沉积在进气歧管 10 的内壁上形成油膜。油膜在气流的推动下缓慢地流向气缸。为了促使油膜在流进气缸之前蒸发殆尽，在进气歧管 10 外壁附设进气预热套 9，利用发动机排气或循环冷却液对进气歧管 10 加热，以加速油膜蒸发。汽油蒸发并与空气混合形成均匀可燃混合气的过程将一直持续到压缩过程结束。

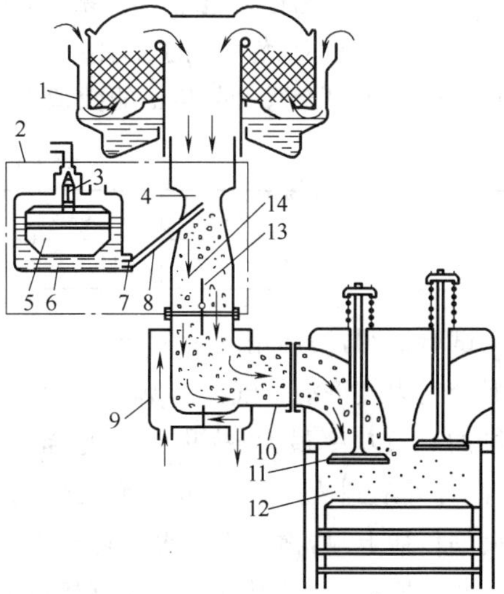

图 4-1　可燃混合气的形成过程

1—空气滤清器　2—化油器　3—进油针阀　4—喉管　5—浮子　6—浮子室　7—主量孔　8—主喷管　9—进气预热套　10—进气歧管　11—进气门　12—气缸　13—节气门　14—化油器混合室

汽油喷射式汽油机混合气形成过程如图 4-2 所示，汽油机的电控单元控制喷油器按时将适量汽油喷入进气道，在进气道内汽油雾化并蒸发，与空气混合形成混合气，进入气缸。

虽然两种方式在结构与供油方法上有所不同，但它们都属于在气缸外部形成混合气方式，都是依靠控制节流阀开闭来调节混合气数量的，其特点是燃料与空气的混合时间较长，进入气缸的混合气比较均匀。

化油器方式是一种被动共有方式，因不能满足日益严格的排放法规要求而被淘汰，现在出厂的汽油机都是电控汽油喷射式汽油机，并向缸内喷射方向发展。

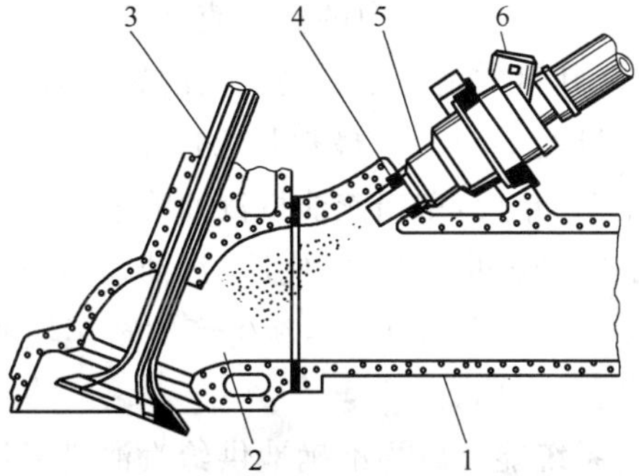

图 4-2　汽油喷射式汽油机混合气形成示意图

1—进气歧管　2—进气道　3—进气门　4—密封圈　5—喷油器　6—接线柱

2. 可燃混合气成分的表示方法

可燃混合气中空气与燃油的比例称为可燃混合气成分或可燃混合气浓度，通常用空燃比和过量空气系数表示。

(1) 空燃比　将可燃混合气中空气的质量与燃料的质量比值称为空燃比，用符号 α 表示，即

$$\alpha=\frac{\text{空气质量}}{\text{燃料质量}}$$

理论上，1kg 汽油完全燃烧需 14.8kg 空气。故对汽油机而言，将 $\alpha=14.8$ 的可燃混合气称为理论混合气；$\alpha<14.8$ 的为浓混合气；$\alpha>14.8$ 的为稀混合气。

(2) 过量空气系数　将燃烧 1kg 燃料实际供给的空气质量与理论上 1kg 燃料完全燃烧所

需的空气质量之比称为过量空气系数，用符号 ϕ_a 表示。

根据上述定义，$\phi_a=1$ 的可燃混合气为理论可燃混合气；$\phi_a<1$ 的为浓可燃混合气；$\phi_a>1$ 的则为稀可燃混合气。ϕ_a 与 α 的数值对应关系见表 4-1。

表 4-1　ϕ_a 与 α 数值对应关系

ϕ_a	0.6	0.7	0.8	0.9	1.0	1.1	1.2	1.3	1.4
α	8.9	10.4	11.8	13.3	14.8	16.3	17.8	19.2	20.7

试验证明，当燃用 $\phi_a=1.05\sim1.15$ 的可燃混合气时，燃烧完全，燃油消耗率最低，故称这种混合气为经济混合气。当 $\phi_a=0.85\sim0.95$ 时，混合气燃烧速度最快，热损失最少。这时发动机的有效功率最大，故称此种混合气为功率混合气，其混合比为功率混合比。在一般情况下，混合气浓到 $\phi_a=0.4\sim0.5$ 或混合气稀到 $\phi_a=1.3\sim1.4$ 时，火焰便不能传播。通常称前者为火焰传播上限，称后者为火焰传播下限。

如上所述，可燃混合气成分直接影响发动机的性能及发动机能否正常运转，而且使用同一种成分的混合气不可能同时获得最大功率和最低燃油消耗率。

第二节　电控燃油喷射汽油机的燃油供给系统

一、汽油喷射系统的分类

汽油喷射是用喷油器将一定数量和压力的汽油直接喷射到气缸或进气歧管中，与进入的空气混合而形成可燃混合气。其目的是为了提高汽油的雾化质量，改进燃烧，以改善汽油机的性能。汽油喷射技术始于 20 世纪 30 年代，最初是为航空发动机而设计的，50 年代开始应用到汽车发动机上。到 20 世纪 70 年代，车用汽油机汽油喷射系统得到了较快的发展，并逐渐发展成为电控汽油机的基本配置。20 世纪 90 年代后，汽油喷射系统在汽油机燃油供给系统上已占据统治地位。我国从 2000 年 1 月 1 日起，新生产的轿车均要求采用电子喷射装置，并安装排气净化装置。

与化油器相比，汽油喷射系统能够较为准确地供给汽油机工作所需的燃油量，燃油供给系统能根据发动机工况的变化供给最佳空燃比；供入各气缸的混合气空燃比和数量均匀；由于没有进气管道中狭窄的喉管，进气阻力小，充气性能好。因此，汽油喷射式汽油机具有较高的动力性、经济性、良好的排放性和加速性等。

常见的汽油喷射系统的分类方法有以下几种：

1. 按汽油喷射系统的控制方法划分

按汽油喷射系统的控制方法可分为机械控制式、电子控制式及机电混合控制式 3 种。近十年来电子控制汽油喷射系统（以下简称为电控汽油喷射系统）得到了迅速而又充分的发展，成本大幅度下降，使用可靠性和可维修性都达到了相当高的水平。

2. 按喷射部位划分

（1）缸外喷射　喷油器安装在进气总管或进气支管上，以 0.20～0.35MPa 的喷射压力将汽油喷入进气管或进气道内，成本低，工作效果好。四冲程汽油机多采用此喷射系统。按喷油器安装位置可分为如下两种：

1）单点喷射系统 SPI　如图 4-3 所示，喷油器安装在进气总管的节气门段，通常用一个喷油器将燃油喷入进气流，形成混合气进入进气歧管，并分配到各缸，英文缩写为 SPI(Single Point Injection)。因其喷油器设在节气门体上，因而又称节气门体喷射，英文缩写为 TBI (Throttle Body Injection)。

2）多点喷射系统 MPI　如图 4-2 所示，每一个气缸设置一个喷油器，各个喷油器分别向各缸进气道(进气门前方)喷油，英文缩写为 MPI(Multi Point Injection)。

(2) 缸内喷射　缸内喷射是通过安装在气缸盖上的喷油器将汽油直接喷入气缸内，可实现均质燃烧、分层燃烧和弱分层燃烧等不同的燃烧方式，如图 4-4 所示。这种喷射系统需要较高的喷射压力，为 3～5MPa，因而喷油器的结构和布置都比较复杂。

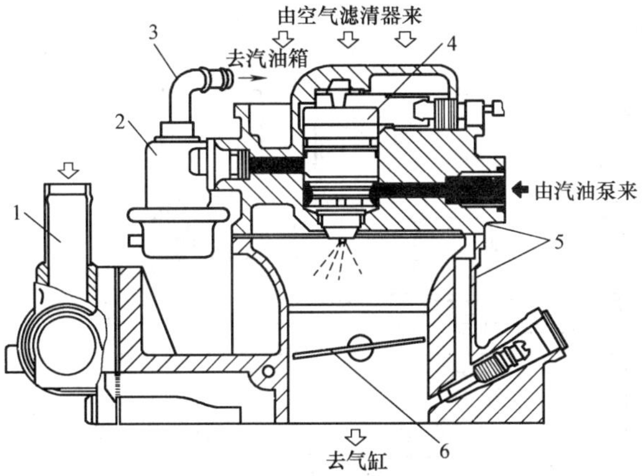

图 4-3　节气门体喷射

1—空气阀　2—油压调节器　3—回油管
4—喷油器　5—节气门体　6—节气门

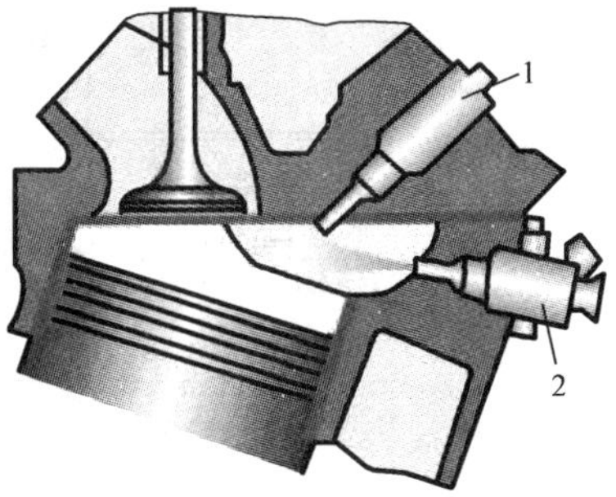

图 4-4　缸内喷射

1—火花塞　2—喷油器

3. 按喷射连续性划分

(1) 连续喷射　在发动机工作期间，喷油器连续不断地向进气系统内喷油，这种喷射方式大多用于机械控制式、机电混合控制式和单点喷射式等汽油喷射系统。

(2) 间歇式喷射　在发动机工作期间，汽油被间歇地喷入进气道或缸内。电子控制的多点喷射系统 MPI 都采用间歇喷射方式。按各缸喷射时间划分，间歇喷射分为如下三种形式：

1）同时喷射　电控单元发出同一指令使各缸喷油器同时喷油的方式称为同时喷射。

2）分组喷射　各缸喷油器分成两组，每一组喷油器共用一根导线与电控单元连接，电控单元在不同时刻先后发出两个喷油指令，分别控制两组喷油器交替喷射的方式称为分组喷射。

3）顺序喷射　电控单元根据曲轴位置传感器信号，辨别各缸的进气行程，适时发出各缸喷油指令，使喷油器按发动机各缸的工作顺序进行喷射的方式称为顺序喷射。

二、汽油喷射系统的组成及工作原理

电控汽油喷射系统(EFI 系统)是以电控单元(ECU)为控制中心，并利用安装在发动机上的各种传感器测出发动机的各种运行参数，再按照电控单元中预存的控制程序精确地控制喷油器的喷油量，使发动机在各种工况下都能获得最佳空燃比的可燃混合气。

目前，汽油喷射系统有多种不同的产品，但就其组成和工作原理而言却大同小异。各种汽油喷射系统的组成均可分为进气流量检测与调节系统、喷油系统和控制系统三部分。各种电子控制汽油喷射系统的区别主要是电控单元的控制方式、控制范围和控制程序、传感器和执行元件的构造、原理和数量。下面介绍最有代表性的和典型的电控汽油喷射系统。

1. 博世 L 型(L-叶特朗尼克)汽油喷射系统

L 型汽油喷射系统是在 20 世纪 70 年代发展起来的多点间歇式汽油喷射系统。它以发动机的进气量和发动机转速作为基本控制参数，从而提高了喷油量的控制精度。

L 型汽油喷射系统的组成如图 4-5 所示。汽油箱 1 内的汽油被电动汽油泵 2 吸出并加压至 0.35MPa 左右，经汽油滤清器 3 滤除杂质后被送至燃油分配管 4。燃油分配管 4 与安装在各缸进气歧管上的喷油器 7 相通。在燃油分配管的末端装有油压调节器 5，用来调节油压，使其保持稳定，多余的汽油经回油管返回汽油箱。

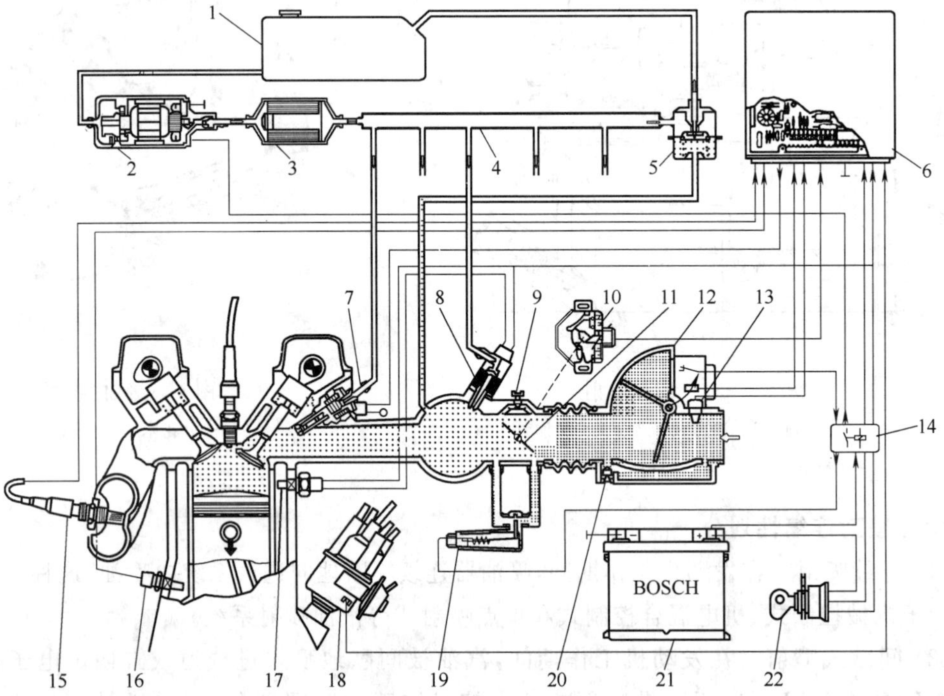

图 4-5　博世 L 型汽油喷射系统

1—汽油箱　2—电动汽油泵　3—汽油滤清器　4—燃油分配管　5—油压调节器　6—电控单元　7—喷油器　8—冷起动喷嘴　9—怠速调节螺钉　10—节气门位置传感器　11—节气门　12—空气流量传感器　13—进气温度传感器　14—继电器组　15—氧传感器　16—发动机温度传感器　17—热时间开关　18—分电器　19—补充空气阀　20—怠速混合气调节螺钉　21—蓄电池　22—点火开关

发动机的进气量由汽车驾驶员通过加速踏板操纵节气门 11 来控制。节气门开度越大，进气量就越多，进气管压力也越大。安装在进气管上的空气流量传感器 12 将进气量转变为电信号传输给电控单元 6。

喷油器 7 的喷油量和喷油时刻由电控单元控制。电控单元首先根据分电器中的曲轴转角传感器信号确定发动机转速，再根据转速和进气流量计算出相应的喷油量，并通过控制喷油持续时间来控制喷油量。电控单元还根据曲轴转角传感器发出的第一缸上止点信号，控制各缸喷油器在进气行程开始之前进行喷油。由于每个喷油器在发动机一个循环中只喷油一次，每次喷油的持续时间仅为 2～10ms，即喷油是间断进行的，故属间歇式喷射。

电控单元根据进气量和发动机转速计算出的喷油量是基本喷油量，尚须根据发动机的运行状况加以修正，以满足发动机各种运行工况对混合气成分的要求。

当发动机在怠速工作时，节气门接近关闭，节气门位置传感器 10 中的怠速触点闭合，这时电控单元指令喷油器增加喷油量，供给发动机较浓的混合气，以维持怠速运转的稳定性，并将怠速的有害气体排放控制在最低水平。

发动机在中小负荷下运转时，电控单元根据发动机温度传感器 16 和进气温度传感器 13 传输来的发动机温度和进气温度信号对基本喷油量进行修正，修正后的喷油量满足向发动机供给经济混合气的要求。

发动机在全负荷下工作时，节气门全开，节气门位置传感器中的全负荷触点闭合。电控单元按照供给发动机功率混合气的要求增加喷油量，实现全负荷加浓，以使发动机发出最大功率。

发动机起动时，点火开关置于起动位置，同时输送给电控单元一个起动信号。电控单元根据这个信号增加每次喷油的持续时间，以增加喷油量、提供起动所需的浓混合气。在发动机起动之后再逐渐减少喷油量。

当发动机在低温下起动时，利用装在进气管上的冷起动喷嘴 8 向进气管喷入一定数量的汽油，以加浓混合气，使发动机在低温下能够顺利起动。

2. 博世 M 型(莫特朗尼克)汽油喷射系统

M 型汽油喷射系统将 L 型汽油喷射系统与电子点火系统结合起来，用一个由大规模集成电路组成的数字式微型计算机同时对这两个系统进行控制，从而实现了汽油喷射与点火的最佳配合，进一步改善了发动机的起动性、怠速稳定性、加速性、经济性和排放性。M 型汽油喷射系统的组成如图 4-6 所示。

M 型汽油喷射系统中的点火子系统包括点火线圈 8、分电器 9、火花塞 10 和高压导线等。点火线圈 8 的初级端经点火开关与蓄电池 24 的正极连接。当初级绕组中有电流流过时，点火线圈通过电控单元 7 中的输出晶体管搭铁。点火提前角的调节和触点闭合角的控制完全由电控单元完成。预先将发动机在各种工况下的最佳点火提前角制成点火特性脉谱图，并以数字形式存储在电控单元内。在发动机工作时，电控单元根据运行工况以及冷却液温度、进气温度和节气门位置等信息确定一个最佳点火提前角，使发动机在最佳经济性、动力性和排放性的状况下运行。

第三节　电控燃油喷射汽油机的燃油供给系统的主要部件

一、进气流量检测及控制装置

各类电控汽油喷射系统的进气流量检测及控制装置主要包括空气流量传感器(或进气管压力传感器)、补充空气阀、怠速控制阀、节气门及空气滤清器等。空气经滤清器滤清后，由空气流量传感器(或进气管压力传感器)进行检测，再通过节气门进入各缸进气歧管。节气门由驾驶员通过加速踏板操纵，控制进气量的大小。在节气门旁通空气道上装有怠速空气阀，控制怠速进气量的大小，从而实现怠速控制。

1. 空气流量传感器

空气流量传感器的功用是测量进入发动机的空气流量，并将测量的结果转换为电信号传

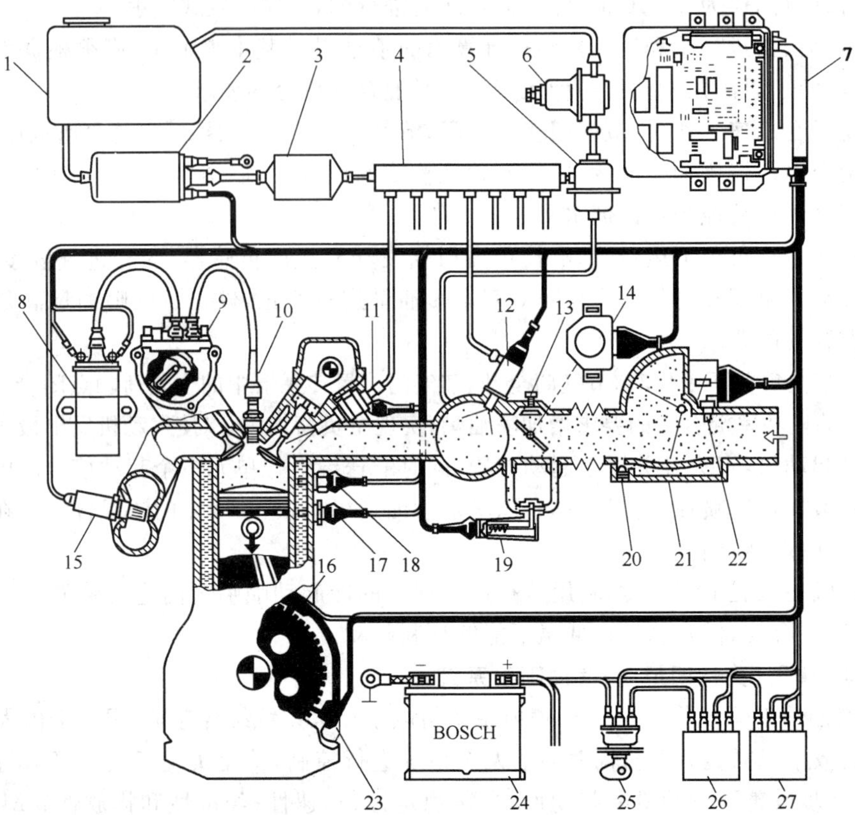

图 4-6 博世 M 型汽油喷射系统

1—汽油箱 2—电动汽油泵 3—汽油滤清器 4—燃油分配管 5—油压调节器 6—油压脉动缓冲器 7—电控单元 8—点火线圈 9—分电器 10—火花塞 11—喷油器 12—冷起动喷嘴 13—怠速调节螺钉 14—节气门及节气门位置传感器 15—氧传感器 16—曲轴位置传感器 17—发动机温度传感器 18—热时间开关 19—补充空气阀 20—怠速混合气调节螺钉 21—空气流量计 22—进气温度传感器 23—发动机转速传感器 24—蓄电池 25—点火开关 26—主继电器 27—电动汽油泵继电器

输给电控单元。常见的空气流量传感器可分为两种:一种是直接测量空气体积流量的传感器,如叶片式空气流量传感器和卡门涡流式空气流量传感器;另一种是直接测量空气质量流量的传感器,如热线式空气流量传感器和热膜式空气流量传感器。

(1) 叶片式空气流量传感器

叶片式空气流量传感器在进气道中有一个可绕轴摆动的叶片 3(图 4-7),作用在轴上的卷簧 1 弹力可使叶片关闭。发动机工作时,进气气流经过空气流量传感器并推动叶片偏转,使其开启。叶片开启角度的大小取决于进气流对叶片的推力与叶片轴上卷簧弹力的平衡状况。进气量的大小由驾驶员操纵节气门来改变。进气量越大,气流对叶片的推力越大,叶片的开启角度也就越大,叶片上装有电位计 2,它把叶片开启角度的变化(即进气量的改变)转变成电阻值大小的变化。电位计与电控单元相连,电控单元根据电位计电阻的变化或作用在电位计上电压的变化测出发动机进气管空气量的多少。

空气流量传感器进气通道旁还设有一个旁通空气道 7。经此空气道进入发动机的气流不对叶片产生推力,即不经过叶片的计量就进入发动机,在发动机怠速运转时,叶片处于接近关闭的状态,此时经旁通空气道进入发动机的气流占很大比例。

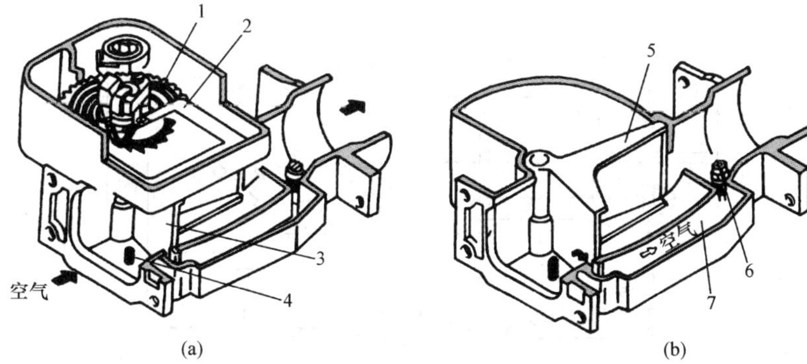

图 4-7 叶片式空气流量传感器

1—卷簧 2—电位计 3—叶片 4—温度传感器 5—缓冲挡板 6—怠速调节螺钉 7—旁通空气道

在空气流量传感器空气道上还设置一个怠速调节螺钉 6。该螺钉可以调整怠速时旁通空气道的空气量的大小，从而调整怠速工况时的可燃混合气浓度。旋出该螺钉时，空气流量增加。反之，空气流量减少。

叶片式空气流量传感器的优点是工作可靠，但增加了的进气阻力，使换气损失增大。因为有运动件，所以容易磨损。

(2) 热线式空气流量传感器

热线式空气流量传感器是一种测量空气质量型传感器，它不需要校正“海拔高度、大气温度、大气压力对测量精度”的影响。

如图 4-8 所示，在进气道内套有一个小管 5，小管架有一根极细的铂丝(直径约为 0.07mm)，铂丝被电流加热至 120℃左右，成为热线 8。热线是惠斯顿电桥的一臂(图 4-9)，空气流过时，热线受到一定冷却，其电阻值随之减少，同时使电桥电路的电压也发生变化，这一信号输入电控单元，用来指示通过空气流量传感器的空气量。控制热线的热电流可以使热线的温度始终比空气流温度高出一定数值。因此，加热电流就是检测的空气质量流量大小的度量。

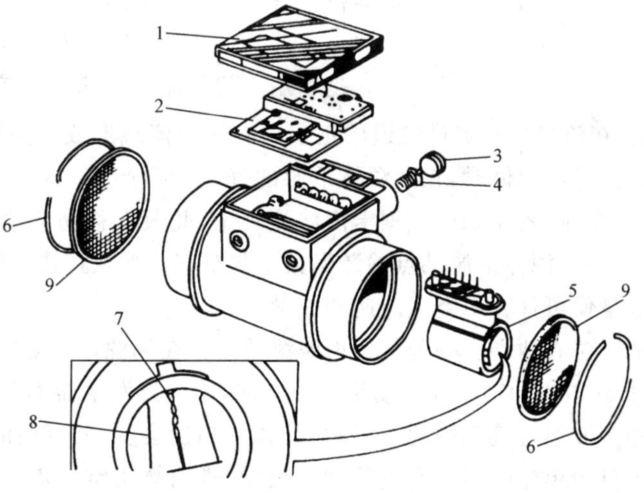

图 4-8 热线式空气流量传感器

1—密封盖 2—电路板 3—塞子 4—调节螺钉 5—小管 6—卡环 7—冷线 8—热线 9—网状格栅

由于热线的冷却效果随着进入空气温度变化是不同的，因此需要进行温度补偿，图 4-9 中的 R_C 就是温度补偿用的电阻(也称为冷线)，其阻值随进气温度不同而发生变化，起到一个参

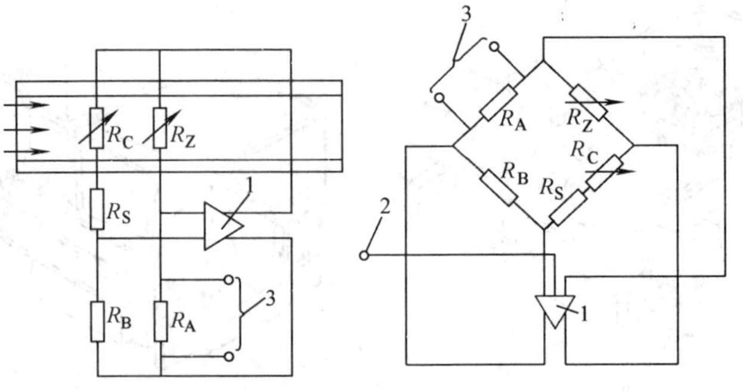

图 4-9　热线式空气流量传感器工作原理

1—放大器　2—电源　3—输出信号

照标准的作用，使进气温度的变化不至于影响进气量的测量精度。

热线式空气流量传感器测量精度高，响应特性较好，而且没有运动件，不会磨损，进气阻力小；缺点是热线表面污染的尘埃影响测量精度。为克服上述缺点，可在电控单元中设计自洁电路，在发动机熄火后 4s 内，控制电路发出电流，使热线通电，迅速升温高达 1000℃左右（约 1s），烧掉黏附在热线上的污物。

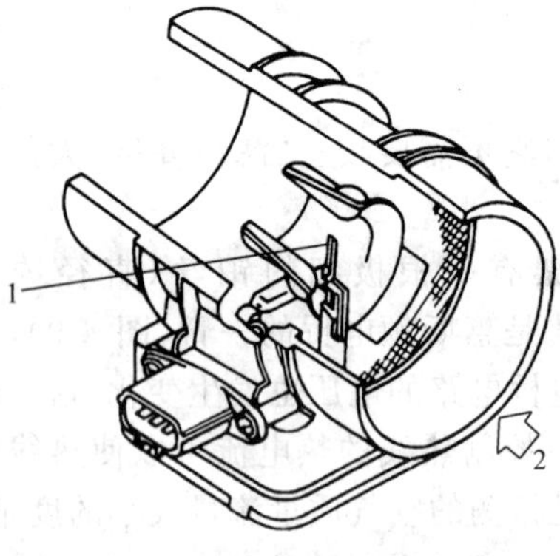

图 4-10　热膜式空气流量传感器

1—热膜电阻　2—进气气流

(3) 热膜式空气流量传感器

热膜式空气流量传感器与热线式空气流量传感器的结构和工作原理基本相同，结构如图 4-10 所示。它是利用热膜和空气之间的热传递现象来测量空气流量的。热膜是由铂金属片固定在树脂薄膜上构成的。用热膜代替热线提高了空气流量计的可靠性和耐用性，并且热膜不会被空气中的灰尘黏附。

(4) 卡门涡流式空气流量传感器

它是利用卡门涡流理论来测量空气流量的装置，其结构如图 4-11 所示。在流量传感器进气道的正中央有一个流线形或三角形的立柱 2，称作涡源体。当均匀的气流流过涡源体时，在涡源体下游的气流中会产生一列不对称却十分规则的空气漩涡，即所谓卡门涡流（图 4-11a）。据卡门涡流理论，此漩涡移动的速度与空气流速成正比，即在单位时间内流过涡源体下游某点的漩涡数量与空气流速成正比。因此，通过测量单位时间内流过的漩涡数量便可计算出空气流速和流量。

测量漩涡数量的方法有两种。一种是超声波测量法。在涡源体下游的两侧设置一对超声波发生器 3 和接收器 5（图 4-11a）。在发动机工作期间，超声波发生器不断向接收器发出一定频率的超声波。当超声波通过气流中的漩涡时，其频率相位会受到干扰而发生变化。电控单元根据这一变化便可算出单位时间内产生的漩涡数量，进而算出空气流速和流量。另一种是光学测量法。在空气流量传感器内设置一对发光二级管 7 和光敏三极管 9（图 4-11b）。发光二极管发出的光束被反射镜 6 反射到光敏三极管上，使光敏三极管导通。若光束没有被反射到光敏三极管上，则光敏三极管截止。反射镜安装在很薄的簧片 8 上，簧片在气流漩涡的压力作用下发生振动，其振动频率与单位时间内产生的漩涡数量相同。由于反射镜随簧片一起振

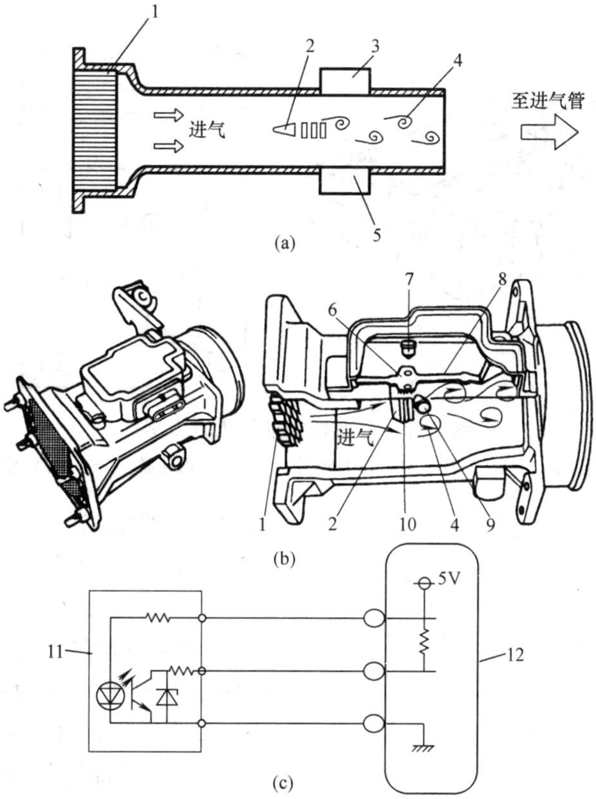

图 4-11　卡门涡流式空气流量传感器

1—整流网　2—涡源体　3—超声波发生器　4—漩涡　5—超声波接收器　6—反射镜　7—发光二极管　8—簧片　9—光敏三极管　10—压力传递孔　11—流量传感器电路　12—电控单元

动，因此被反射的光束方向也以相同的频率变化，最终是使光敏三极管以簧片的振动频率导通和截止。电控单元根据光敏三极管导通和截止的频率算出空气流量。

卡门涡流式空气流量传感器响应速度快，几乎能同步反映出空气流速的变化。此外，还有测量精度高、进气阻力小和无磨损等优点，但其成本较高。

2. 进气歧管压力传感器

进气歧管压力传感器（以下简称进气压力传感器）可根据发动机的负荷状态测出进气歧管内绝对压力的变化，并转换成电压信号与转速信号一起输送给微机控制装置，作为喷油器基本喷油量的依据。进气压力传感器种类较多，下面以电子控制燃油喷射系统用得较多的应变仪式进气压力传感器为例介绍其结构与工作原理。

如图 4-12 所示，该传感器主要元件是一个很薄的硅片 1，其外围较厚，中间最薄。硅片上、下两面各有一层 0.03mm 的二氧化硅膜 5。在膜层中沿硅片四边有四个传感器电阻 6。在硅片四角各有一个金属块 7，通过导线与电阻相连。

在硅片底面黏结了一块硼硅酸玻璃片 4，使硅膜片中部形成一个真空腔。硅片装在一个密封容器内，通过一根橡胶管与进气歧管相通，使进气歧管压力作用在硅片周围。硅片上的四个传感电阻以惠斯顿电桥方式连接，由稳压电源供电（图 4-13）。由于硅片一面是真空腔，另一面即进气歧管内绝对压力较高，硅片变形较大，其应变与应力成正比，附在硅片上的应变电阻的阻值随应变成正比变化，这样即可利用惠斯顿电桥将硅片的变形变成电信号，经放大器放

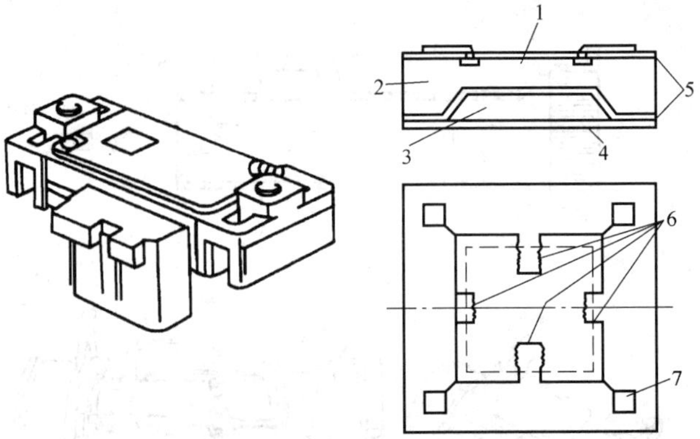

图 4-12 应变仪式进气压力传感器

1—硅片 2—硅 3—真空腔 4—硼硅酸玻璃片 5—二氧化硅膜 6—传感器电阻 7—金属块

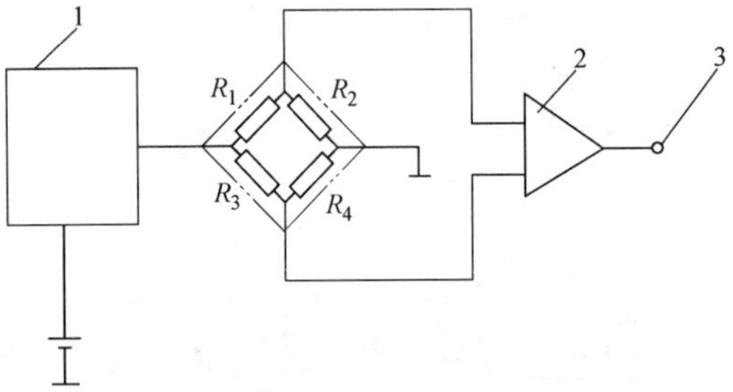

图 4-13 应变仪式进气压力传感器工作原理图

1—稳压电源 2—放大器 3—输出端

大后输送给电控单元。

3. 进气温度传感器

进气温度传感器通常安装在空气流量计上，用来测量进气温度，并将温度变化的信息传输给电控单元作为修正喷油量的依据之一。最常见的进气温度传感器是热敏电阻式的，其构造和特性如图 4-14 所示，热敏电阻由两根引出线引出到电路接头上。半导体热敏电阻的特点是阻值随温度的增大而减小，因此可根据检测到的热敏电阻的阻值确定进气温度。

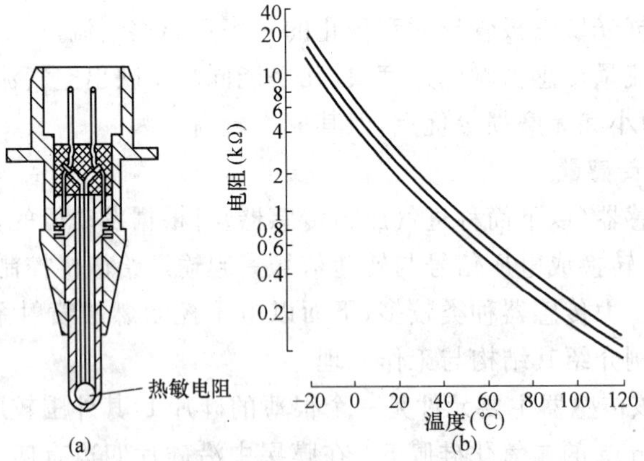

图 4-14 进气温度传感器

(a)进气温度传感器结构 (b)电阻-温度特性

4. 怠速控制阀

怠速控制阀的功用是自动调节发动机的怠速转速，使发动机在设定的怠速转速下稳定运转。怠速控制阀通常安装在汽油喷射系统的节气门体上，如图 4-15 所示。常见的怠速控制阀是步进电机式，主要由步进电机、螺旋机构和锥面控制阀等组成。螺旋机构中的螺母和步进电机的转子制成一体，而螺杆和锥面控制阀制成一体。步进电机中有几组励磁线圈，改变励磁线圈的通电顺序，可以改变电机的旋转方向。步进电机由电控单元控制。电控单元从发动机转速传感器获得发动机实际转速的信息，并将实际转速与预编程序中设定的转速相比较，根据两者偏差的大小向励磁线圈输出不同的控制脉冲电流。这时步进电机或正转或反转一定的角度，并驱动螺杆和锥面控制阀或向前或向后移动一定的距离，使旁通空气道的通过断面或减小或增大，从而改变了进气量，达到控制怠速转速的目的。

5. 补充空气阀

补充空气阀的功用是实现发动机快怠速的装置，即在发动机冷起动时，使部分空气经补充空气阀进入发动机，以增加发动机的进气量，缩短暖车时间。汽油喷射系统较为普遍采用的补充空气阀有蜡式补充空气阀和双金属片式两类。

蜡式补充空气阀如图 4-16 所示，主要由蜡盒、推杆、弹簧和锥阀等组成。发动机冷起动时，冷却液的温度低，蜡盒内的石蜡凝固收缩，锥阀 4 在弹簧的作用下开启，打开旁通空气道。随着发动机逐渐热起来，冷却液的温度升高，蜡盒内的石蜡受热熔化膨胀，使推杆伸出，推动锥阀将旁通空气道关闭。

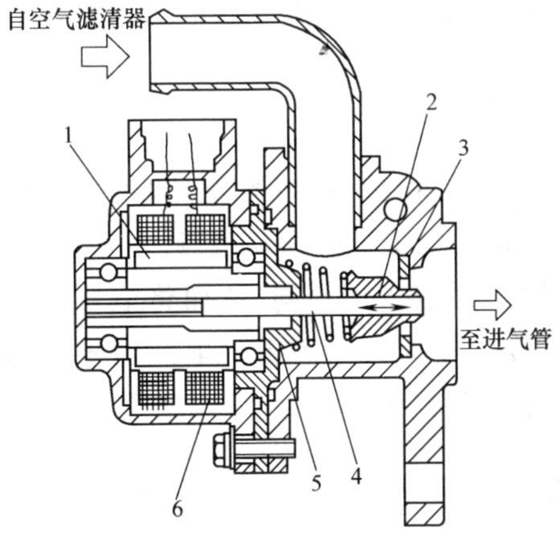

图 4-15　步进电机式怠速控制阀

1—步进电机转子　2—锥面控制阀　3—阀座
4—螺杆　5—挡板　6—励磁线圈

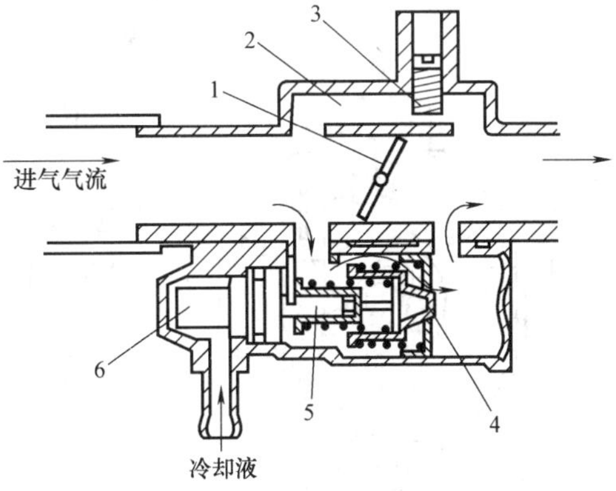

图 4-16　蜡式补充空气阀

1—节气门　2—旁通气道　3—怠速调整螺钉
4—锥阀　5—推杆　6—蜡盒

双金属片式补充空气阀由双金属片 1、阀片 3 及电热丝 4 等组成，如图 4-17 所示。发动机冷起动时，阀片上的孔将补充空气道的进、出口连通，补充空气进入发动机，使怠速转速增高。随着发动机的运行，电流流过电热丝，使双金属片受热弯曲，在弹簧 2 的作用下，阀片逐渐将补充空气道的进、出口遮断，补充空气量随之逐渐减少直至为零，发动机也逐渐恢复到正常怠速。

6. 节气门位置传感器

节气门位置传感器安装在节气门轴上与节气门联动。其功用是将节气门的位置或开度转换成电信号传输给电控单元，作为电控单元判定发动机运行工况的依据。

节气门位置传感器有开关型和线性输出型两种。

开关型节气门位置传感器内有两个触点，分别为怠速触点和全负荷触点，如图 4-18 所示。与节气门同轴的接触凸轮控制两个触点的闭合或断开。当发动机在怠速时，节气门接近关闭，怠速触点闭合，这时电控单元将指令喷油器增加喷油量以加浓混合气。全负荷时，节气门全开，接触凸轮使全负荷触点闭合，这时电控单元将输出脉冲宽度最长的电脉冲，以实现全负荷

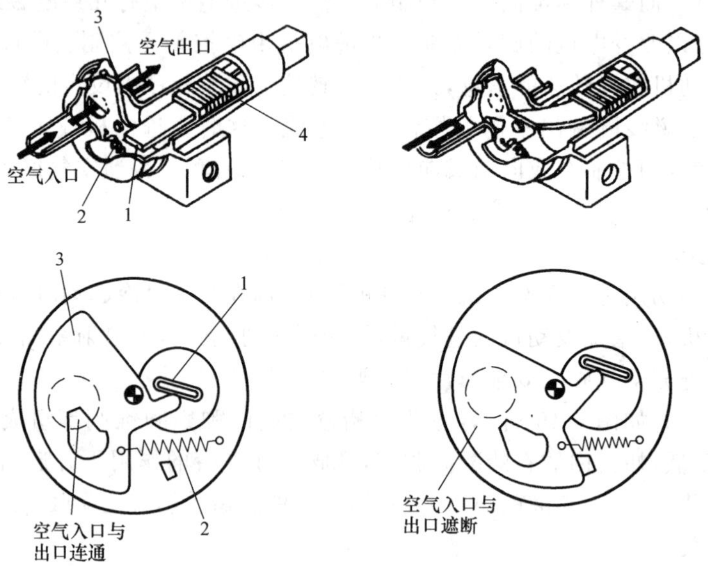

图 4-17 双金属片式补充空气阀

1—双金属片 2—弹簧 3—阀片 4—电热丝

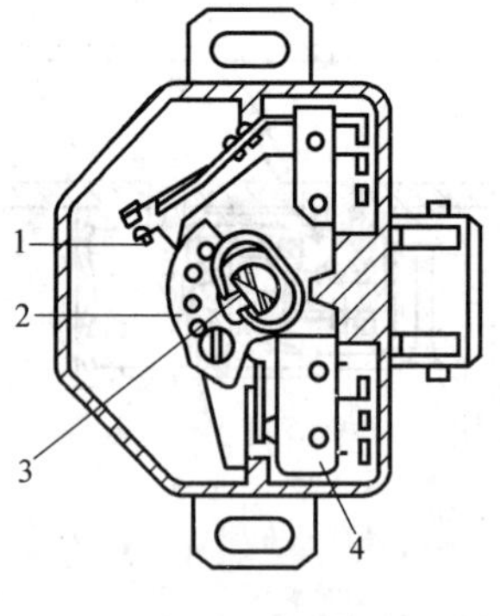

图 4-18 开关型节气门位置传感器

1—全负荷触点 2—接触凸轮

3—节气门轴 4—怠速触点

加浓。

线性输出型节气门位置传感器(图 4-19)是一个线性电位计,由节气门轴带动电位计的滑动触点。当节气门开度不同时,电位计输出的电压也不同,从而将节气门由全闭到全开的各种开度转换为大小不等的电压信号传输给电控单元,使其精确地判定发动机的运行工况。

二、燃油供给装置

电控汽油喷射系统的燃油供给装置由汽油箱、电动汽油泵、汽油滤清器、燃油分配管、油压调节器、喷油器、冷起动喷嘴和输油管等组成,有的还有油压脉动缓冲器。

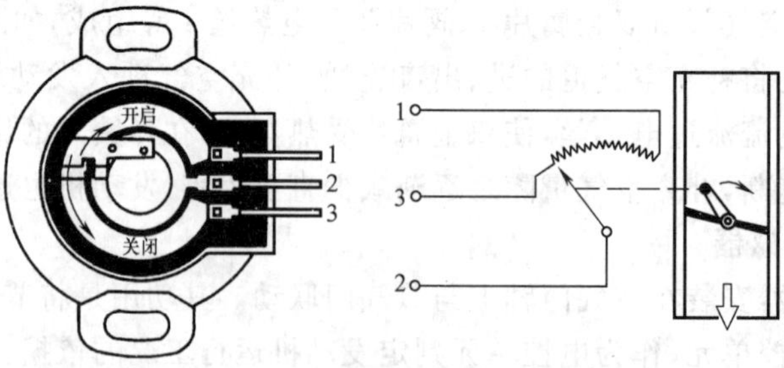

图 4-19 线性输出型节气门位置传感器

1—基准电压 2—输出电压 3—搭铁

1. 电动汽油泵

在电控汽油喷射系统中应用的电动汽油泵通常有两种类型,即滚柱式电动汽油泵和叶片式电动汽油泵。

滚柱式电动汽油泵是一个永磁电动机驱动的带滚柱的转子泵，其结构如图 4-20a 所示。其泵油的工作原理如图 4-20b 所示，装有滚柱的转子 9 被偏心地安装在泵体 7 内，转子旋转时，位于凹槽内的滚柱 8 在离心力的作用下压靠在泵体的内表面上，对周围起密封作用。相邻两个滚柱之间形成了一个空腔，在汽油泵运转过程中，一部分空腔的容积不断增大成为低压吸油腔，而另一部分空腔容积不断减小成为高压泵油腔，受压的燃油通过出油口 6 压出。电动汽油泵供给的燃油量要比发动机要求的最大喷油量大，以便在各种使用工况下保持输油压力。

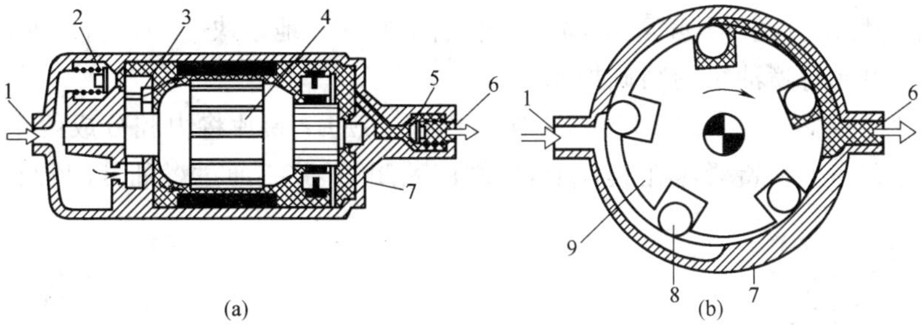

图 4-20 滚柱式电动汽油泵

1—进油口 2—限压阀 3—汽油泵 4—电动机 5—单向止回阀

6—出油口 7—泵体 8—滚柱 9—转子

限压阀 2 的作用是当油压超过 0.45MPa 时开启，使汽油回流到进油口，以防止油压过高损坏汽油泵。在出油口处装设单向止回阀 5，当发动机停机时，止回阀关闭，防止管路中的汽油倒流回汽油泵，借以保持管路中有一定的油压，目的是再起动发动机时比较容易。

叶片式电动汽油泵结构如图 4-21 所示。叶轮 3 是一个圆形平板，在平板的圆周上加工有小槽，开成泵油叶片。叶轮旋转时，小槽内的汽油随同叶轮一同高速旋转。由于离心力的作用，使出口处油压增高，而在进口处产生真空，从而使汽油从进口吸入，从出口排出。叶片式电动汽油泵运转噪声小，油压脉动小，泵油压力高，叶片磨损小，使用寿命长。

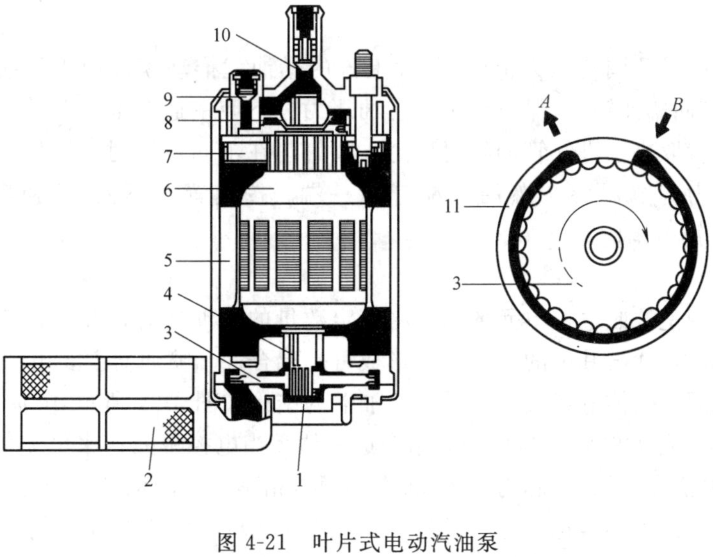

图 4-21 叶片式电动汽油泵

1—橡胶缓冲垫 2—滤网 3—叶轮及叶片 4、8—轴承 5—永久磁铁

6—电枢 7—炭刷 9—限压阀 10—单向止回阀 11—泵体

2. 燃油分配管

燃油分配管(图 4-22)的功用是将燃油均匀和等压地分配给各个喷油器。分配管还具有贮油蓄压的作用,其容积油量相对于发动机的循环喷油量要大得多,以防止燃油压力的波动,这样可供给各喷油器以等量的燃油。此外,燃油分配管的结构应使喷油器的安装不致复杂。

3. 油压调节器

油压调节器的功用是调节至喷油器的燃油压力,使油路中的燃油压力与进气管压力之差即喷油压力保持恒定。这样从喷油器喷出的燃油量便唯一地取决于喷油持续时间或电脉冲宽度,以实现电控单元对喷油量的精确控制。

油压调节器的结构如图 4-23 所示,金属壳内有一膜片,膜片将内腔分成两个腔室:下腔室为真空气室,内有一个弹簧紧压在膜片上,使阀门关闭;上腔室通过燃油分配管和燃油箱相通。

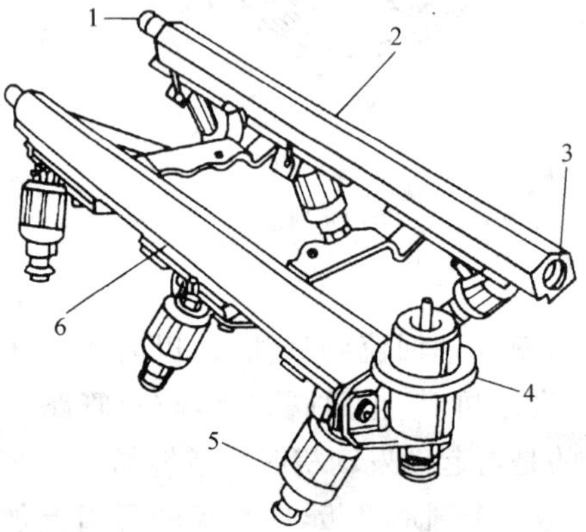

图 4-22 燃油分配管

1—燃油压力测试口 2、6—油道 3—进油口

4—燃油压力调节器 5—喷油器

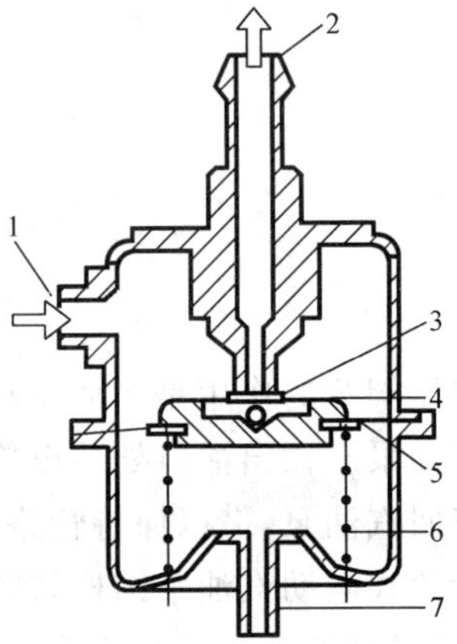

图 4-23 油压调节器

1—通向燃油分配管 2—通向燃油箱

3—回油阀 4—回油阀支撑板

5—膜片 6—弹簧 7—通向进气管

当燃油压力超过预调的压力值时,膜片上方的燃油就推动膜片向下压缩弹簧,打开回油阀,超压的燃油流回燃油箱,以保持一定的燃油压力。下腔室通向节气门下方的进气管,这样燃油系统的压力就取决于进气管的绝对压力。节气门在不同位置时,通过喷油器的降压将是相同的。燃油压力调节器装在燃油分配管的一端。按装置的不同,可使燃油压力调节在 0.25～0.30MPa 的范围内。

4. 喷油器

喷油器的功用是按照电控单元的指令将一定数量的汽油适时地喷入进气系统(进气管内或进气道)或气缸内,并与其中的空气混合形成可燃混合气。喷油器主要由针阀、回位弹簧、柱塞、滤网、电磁线圈和壳体等组成。轴针式喷油器的结构如图 4-24 所示,喷油器体内有一个电磁线圈 3,喷油器头部的针阀 6 与衔铁 5 结合成一体。当电控单元送来电流信号时,电磁线圈通电励磁,产生电磁力,吸起铁芯与针阀,将燃油通过精确设计的轴针头部环形间隙喷出,在喷油器头部前端将燃油粉碎雾化,与空气混合,在发动机进气行程中被吸入气缸。电控单元利用电脉冲的宽度来控制喷油器每次打开喷油的时间,从而控制喷油量。一般喷油器每次打开喷油的时间为 2～10ms,喷油时间越长,喷油量就越大。

5. 油压脉动缓冲器

当汽油泵泵油、喷油器喷射及油压调节器的回油平面阀开闭时，都将引起燃油管路中油压的脉动和脉动噪声。燃油压力脉动太大会使油压调节器的工作失常。油压脉动缓冲器的作用就是减小燃油管路中油压的脉动和脉动噪声，并能在发动机停机后保持油路中有一定的压力，以利于发动机重新起动。

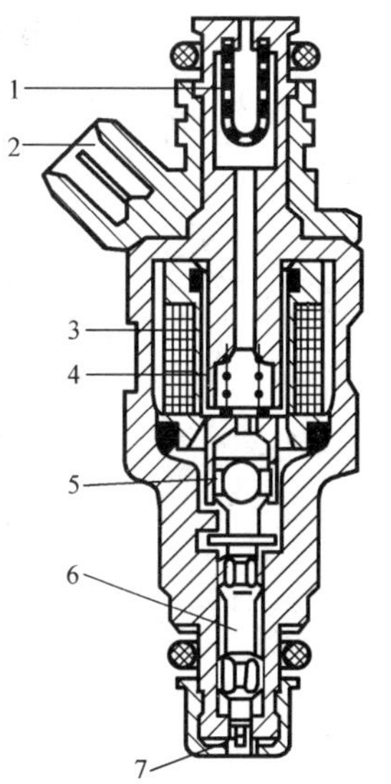

图 4-24　喷油器的结构

1—燃油滤阀　2—电接头　3—电磁线圈　4—弹簧　5—衔铁　6—针阀　7—轴针

油压脉动缓冲器的结构如图 4-25 所示，膜片 3 将缓冲器分成空气室 6 和燃油室 7 两部分。当发动机工作时，燃油从进油口 1 流进燃油室，由出油口 8 流出。压力脉动的燃油使弹簧 4 或张或弛，燃油室的容积则或增或减，从而消减了油压的脉动。发动机停机后，弹簧 4 推动膜片向上，将燃油挤出燃油室，以保持管路中有一定的油压。

6. 冷起动喷油器及热时间开关

冷起动喷油器的功用是当发动机低温起动时，向进气管喷入一定数量附加的汽油，以加浓混合气。冷起动喷油器也是一个电磁阀，故又称冷起动阀。冷起动喷油器及热时间开关的原理图如图 4-26 所示。

冷起动喷油器的开启和持续喷油的时间取决于发动机的温度，并由热时间开关控制。冷起动喷油器安装在进气管上，热时间开关装在机体上并与冷却液接触。

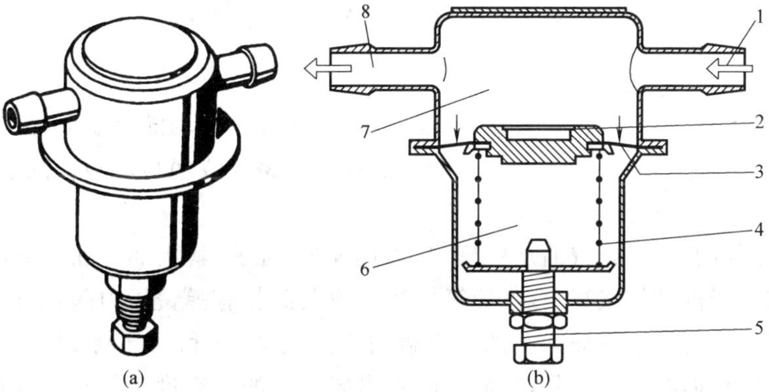

图 4-25　油压脉动缓冲器

1—进油口　2—膜片座　3—膜片　4—弹簧　5—调节螺钉　6—空气室　7—燃油室　8—出油口

当点火开关置于起动位置，且当发动机循环冷却液的温度低于设定温度（如 14℃）时，热时间开关中的白金触点 8 闭合，冷起动喷油器中的电磁线圈 4 有电流流过并产生磁场，可动铁芯 1 连同平面阀 3 一起被吸下。汽油经进油口 2 和涡流式喷嘴 6 喷入进气管。当冷却液温度高于设定温度（如 25℃）时，热时间开关中的双金属片 7 发生弯曲，白金触点 8 断开，电磁线圈断电，磁场消失，可动铁芯 1 连同平面阀 3 一起被弹簧 5 推到上面将进油口堵住，冷起动喷油器停止喷油。若点火开关长时间置于起动位置或反复起动发动机时，由于热时间开关中的电热丝 9 发热，使双金属片保持弯曲，断电触点始终断开，冷起动喷油器不喷油。

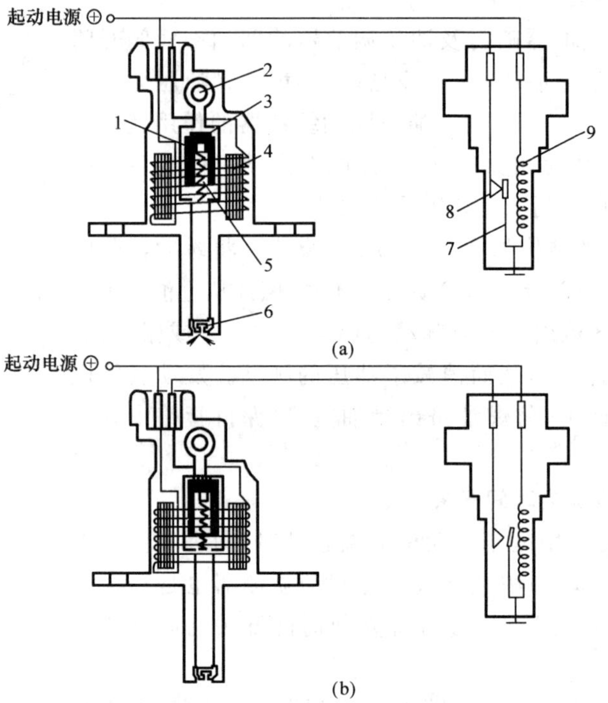

图 4-26 冷起动喷油器和热时间开关工作原理图

(a)冷起动喷油器喷油 (b)冷起动喷油器停油

1—可动铁芯 2—进油口 3—平面阀 4—电磁线圈 5—弹簧 6—涡流式喷嘴 7—双金属片 8—白金触点 9—电热丝

7. 汽油箱

汽油箱的功用是储存汽油，其数目、容量、形状及安装位置均随车型而异。汽油箱的容量应使汽车的续驶里程达 300～600km。汽油箱的材料为钢板或塑料。塑料汽油箱的优点是质量轻、强度高和密封性好，并可制成任意形状。

汽油箱是密封的，以防止汽油从中溅出，如图 4-27 所示，其上部有加油口 12 和加油口盖 7。在专门使用无铅汽油的汽车上，汽油箱加油口的上部装有弹簧压力阀，在向汽油箱内加油时，只能使无铅汽油的加油嘴插入。加油口盖内有空气阀 13 和蒸气阀 14。随着汽油的不断消耗，汽油箱内的油面将逐渐下降，汽油箱内将出现一定的真空度。若真空度过大，汽油不可能被汽油泵吸出。这时，空气阀 13 开启，使汽油箱与大气相通以消除汽油箱内的真空度。如果气温很高，汽油蒸发太快，将使汽油箱内压力过大。这时蒸气阀 14 开启，使汽油蒸气逸出以保持汽油箱内的压力基本稳定。

为减轻汽车行驶时汽油的振荡，内部通常装有挡油板 9。此外，在汽油箱上还装有油面指示表传感器 3、出油开关 5 和放油螺塞 6 等。

8. 汽油滤清器

汽油滤清器的功用是除去汽油中的杂质和水分，防止其堵塞汽油供给系统，减少机械磨损，确保发动机稳定行驶，提高可靠性。以减少汽油泵和化油器等部件的故障。

采用膜片泵的化油器式汽油机的汽油滤清器一般安装在汽油泵的入口一侧，而采用电动泵的汽油机的汽油滤清器一般安装在汽油泵的出口一侧。图 4-28 所示为国产 282 型汽油滤

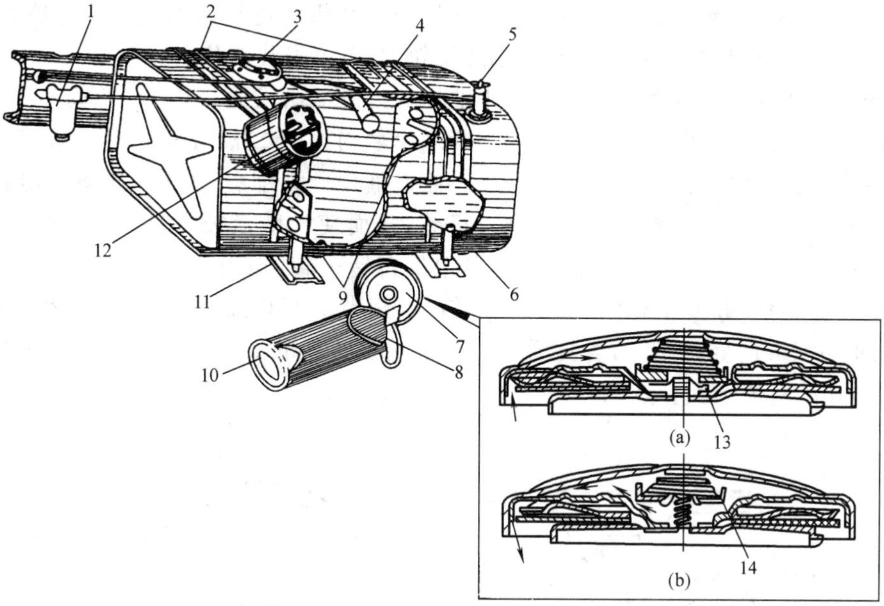

图 4-27　汽油箱及加油口盖

1—汽油滤清器　2—固定箍带　3—油面指示表传感器　4—传感器浮子　5—出油开关　6—放油螺塞　7—加油口盖　8—加油延伸管　9—挡油板　10—滤网　11—支架　12—加油口　13—空气阀　14—蒸气阀

清器。在滤清器盖 1 上有进油管接头 2 和出油管接头 11，滤芯 5 用中心螺栓 7 紧固在滤清器盖上。由锌合金制成的沉淀杯 8 也用螺栓紧固在滤清器盖上。滤芯密封垫 3、6 的作用是防止汽油不经滤芯滤清直接从滤芯两端进入滤芯内腔。沉淀杯密封垫 4、9 的作用是防止汽油外漏。

发动机工作时，汽油在汽油泵的作用下，经进油管接头 2 流入沉淀杯 8。水及较重的杂质沉淀于杯底，较轻的杂质悬浮在汽油中并在通过滤芯 5 时被阻隔在滤芯之外。汽油则通过滤芯的微孔进入滤芯内腔，再经出油管接头 11 流出。

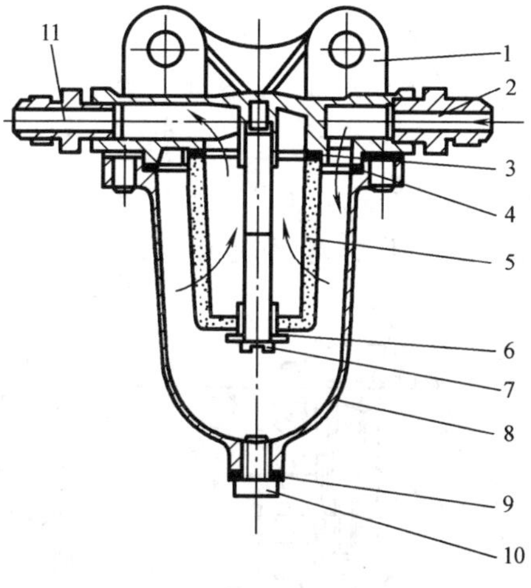

图 4-28　282 型汽油滤清器

1—滤清器盖　2—进油管接头　3、6—滤芯密封垫　4、9—沉淀杯密封垫　5—滤芯　7—中心螺栓　8—沉淀杯　10—放油螺塞　11—出油管接头

滤芯多用多孔陶瓷或微孔滤纸制造。陶瓷滤芯结构简单，不消耗金属，滤清效果较好，但滤芯不易清洗干净，使用寿命短。纸质滤芯滤清效果好，结果简单，使用方便。现代轿车发动机多采用一次性使用、不可拆式纸质滤芯汽油滤清器。一般每行驶 30000km 整体更换一次。

三、电子控制系统

1. 转速与曲轴位置传感器

转速与曲轴位置传感器的功用是检测发动机转速、曲轴转角以及作为控制点火和喷射信号源的第一缸和各缸压缩行程上止点信号。常见的发动机转速与曲轴位置传感器有光电式、电磁式和霍尔式等多种形式，可安装在曲轴或飞轮上，也可安装在分电器上。

(1) 光电式曲轴位置传感器。光电式曲轴位置传感器由发光二极管、光敏三极管和转盘等组成，并安装在分电器底板上，如图 4-29 所示。两对发光二极管和光敏三极管组成信号发生器。在转盘的边缘均匀地开有 360 个小细缝和 6 个大细缝。当转盘随分电器轴转动时，发光二极管通过细缝将光线射向光敏三极管，从而使光敏三极管导通，光线被转盘遮断时，光敏三极管截止，由此产生脉冲信号。分电器每转一转，输出 360 个相间 1°的脉冲信号(相当于 2°曲轴转角)和 6 个相间 60°的脉冲信号(相当于 120°曲轴转角)。前者作为发动机转速信号，也称 Ne 信号；后者为各缸活塞位于上止点的基准信号，也称 G 信号，其中较宽的一个为第一缸活塞位于上止点的信号。

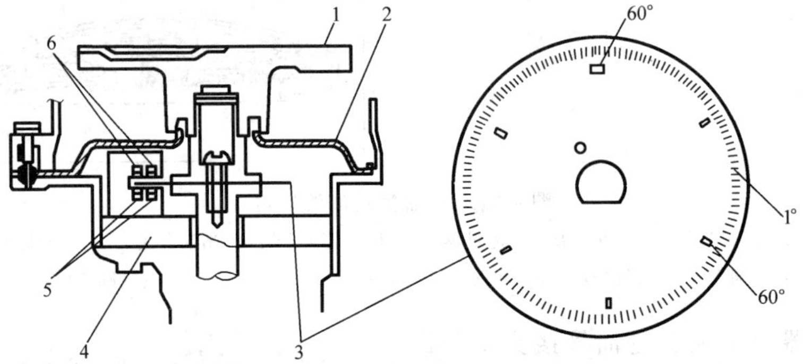

图 4-29 光电式曲轴位置传感器

1—分火头 2—防尘罩 3—转盘 4—分电器底板 5—光敏三极管 6—发光二极管

(2) 磁脉冲式曲轴位置传感器。磁脉冲式曲轴位置传感器是一种安装在曲轴上的电磁感应式曲轴位置传感器，其工作原理如图 4-30 所示。它主要由永久磁铁 1、感应线圈 5 和信号齿盘 6 等组成。信号齿盘由曲轴带动旋转，利用轮齿靠近和离开感应线圈时通过感应线圈的磁通量变化，从而在线圈中产生感应电压。信号齿盘不停旋转，在感应线圈中就产生交变电压信号，发动机电控单元可以从电压交变的变化频率计算出发动机的转速。另外，在信号齿盘上缺 2 个齿，用于识别曲轴位置(第一缸上止点位置)，作为点火正时信号的参考基准。

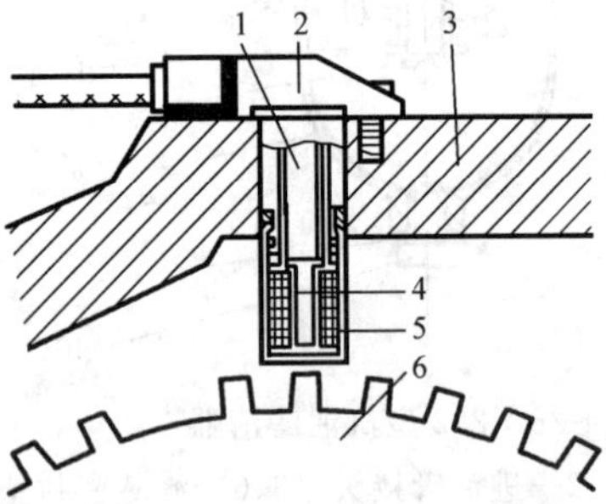

图 4-30 磁脉冲式曲轴位置传感器

1—永久磁铁 2—插头 3—发动机壳体 4—铁芯 5—感应线圈 6—信号齿盘

(3) 霍尔效应式曲轴位置传感器。霍尔效应式曲轴位置传感器由触发叶轮和霍尔信号发生器组成，如图 4-31 所示。触发叶轮 3 由导磁材料制成，其上的叶片数与发动机气缸数相同。霍尔信号发生器由霍尔元件 1、永久磁铁 4 等组成，两者之间留有一个空隙，以便叶轮的叶片 5 能在空隙内转动。发动机工作时，分电器轴带动触发叶轮旋转，当触发叶轮的叶片经过霍尔信号发生器的缝隙时，霍尔信号发生器便产生一个曲轴位置信号。

2. 氧传感器

氧传感器是电控汽油喷射系统进行反馈控制的传感器，安装在排气管上，反馈控制也

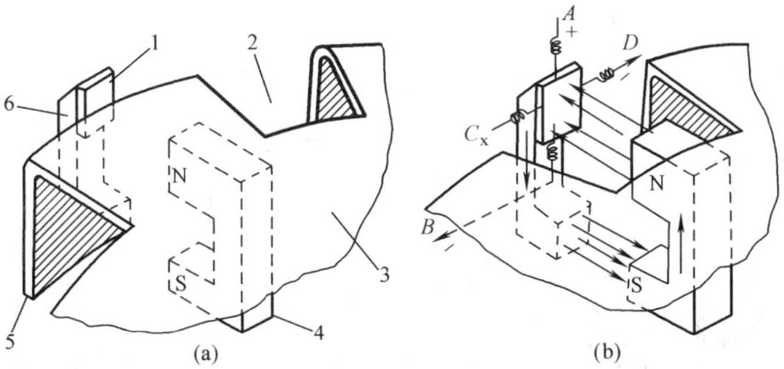

图 4-31 霍尔效应式曲轴位置传感器工作原理图

(a)叶片将磁场旁路,霍尔传感器不输出电压信号 (b)磁场通过霍尔元件,霍尔传感器输出电压信号

1—霍尔元件 2—叶轮缺口 3—触发叶轮 4—永久磁铁 5—叶轮的叶片 6—陶瓷支座

称闭环控制。在这种控制方式中,利用氧传感器检测排气中氧分子的浓度,并将其转换成电压信号输入电控单元。排气中氧分子的浓度与进入发动机的混合气成分有关。当混合气太稀时,排气中氧分子的浓度较高,氧传感器便产生一个低电压信号;当混合气太浓时,排气中氧分子的浓度低,氧传感器将产生一个高电压信号。电控单元根据氧传感器的反馈信号,不断地修正喷油量,使混合气成分始终保持在最佳范围内。通常氧传感器和三元催化转换器同时使用,由于后者只有在混合气的空燃比接近理论空燃比的狭小范围内净化效果才最好,因此,在这种情况下,电控单元必须根据氧传感器的反馈信号控制混合气的空燃比更接近于理论空燃比。

目前应用最多的是氧化锆氧传感器,如图 4-32 所示。氧化锆是具有传导氧离子能力的固体电解质,它能在氧分子浓度差的作用下产生电动势。在传感器壳体 5 内有一个由氧化锆陶瓷体制成的一端封闭的锆管 11,锆管的内、外表面均覆盖一层多孔性薄铂导电层作为电极。锆管的内电极 10 与大气相通,外电极与排气接触。在锆管外部套有带细长孔的耐热金属保护管 7,以保护锆管不损坏。

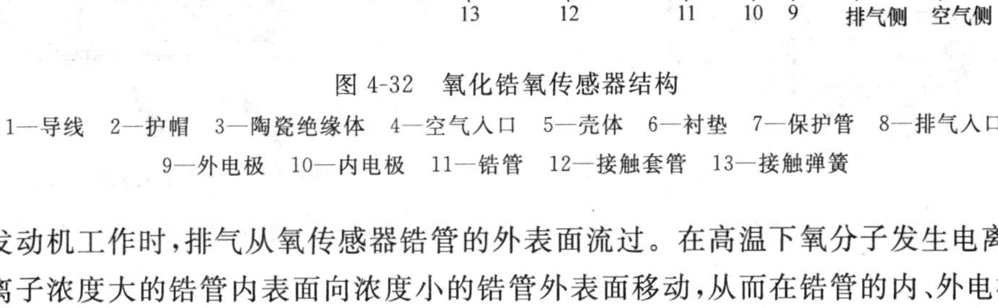

图 4-32 氧化锆氧传感器结构

1—导线 2—护帽 3—陶瓷绝缘体 4—空气入口 5—壳体 6—衬垫 7—保护管 8—排气入口 9—外电极 10—内电极 11—锆管 12—接触套管 13—接触弹簧

在发动机工作时,排气从氧传感器锆管的外表面流过。在高温下氧分子发生电离,而且总是从氧离子浓度大的锆管内表面向浓度小的锆管外表面移动,从而在锆管的内、外电极之间产生微小的电压。当发动机燃用浓混合气时,排气中无氧,锆管中氧离子移动强烈,产生 0.8～1V 的电压;当发动机燃用稀混合气时,排气中氧分子较多,锆管中氧离子移动能力减弱,只产生约 0.1V 的电压。因此,氧传感器输出的电压信号随混合气成分的不同而变化,并以理论空

燃比为界发生突变，如图 4-33 所示。

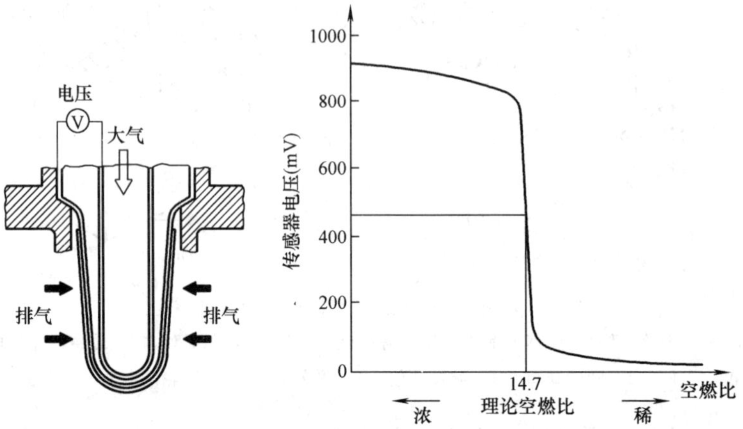

图 4-33　氧传感器输出特性

3. 爆震传感器

爆震传感器作为点火定时控制的反馈元件用来检测发动机的爆燃强度，借以实现点火定时的闭环控制，以便有效地抑制发动机爆燃的发生。

通常使用的爆震传感器安装在发动机的机体上，它能将发动机发生爆燃而引起的机体振动信号转换为电压信号，且当机体的振动频率与传感器的固有振动频率一致而发生共振时，传感器将输出最大电压信号。ECU 将根据此最大电压信号判定发动机是否发生爆燃。

爆震传感器有多种，其中应用最早的当属磁致伸缩式爆震传感器，它主要由磁芯、永久磁铁及感应线圈等组成(图 4-34)。当机体振动时，磁心受振偏移，使感应线圈内的磁通量发生变化，而在感应线圈内产生感生电动势。

4. 电控单元

电控单元是电子控制单元(Electronic Control Unit，ECU)的简称，如图 4-35 所示，它是发动机的管理核心。其中有微型计算机(电脑)，还有输入输出接口及控制电路等。电控单元的功用是根据其内存的程序和数据对空气流量计及各种传感器输入的信息进行运算、处理和判断，然后输出指令，向喷油器提供一定宽度的电脉冲信号(点火控制)以控制喷油量。

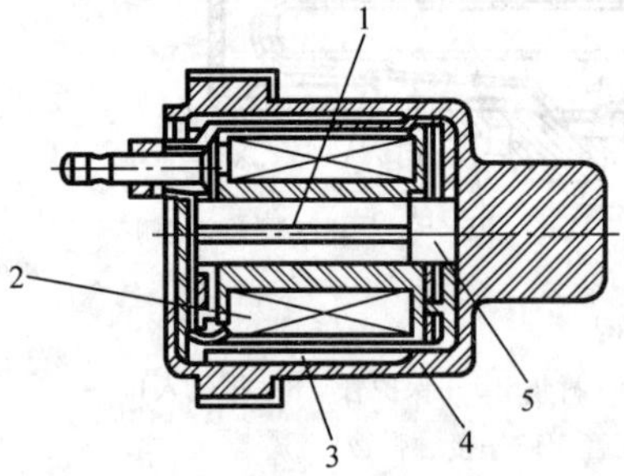

图 4-34　磁致伸缩式爆震传感器

1—磁芯　2—感应线圈　3—内盖
4—外壳　5—永久磁铁

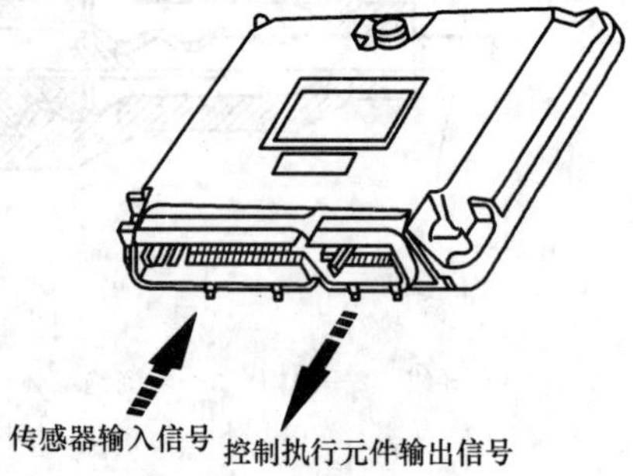

图 4-35　电子控制单元

随着电子技术和数控技术的发展，电子控制系统的功能不断扩展。从单一的汽油喷射控制发展为对汽油喷射、点火定时、怠速及排气再循环等进行综合控制的发动机管理系统

（图 4-36）。

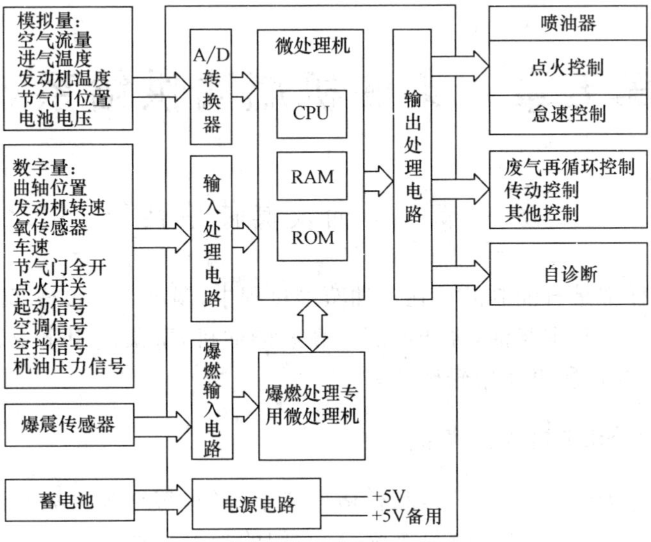

图 4-36　电子控制系统框图

电控汽油喷射系统中的电子控制系统可完成以下主要功能：

(1) 汽油喷射控制。发动机各种运行工况的基本喷油持续时间存放在电子控制单元的存储器中，电子控制单元根据空气流量计或绝对压力传感器提供的负荷信号，转速传感器提供的转速信号，在电子控制单元中获得基本喷油量，并通过检测到的冷却水温度传感器、空气温度传感器、蓄电池电压等信号对基本喷油量进行修正，计算出最佳喷油持续时间。

(2) 点火提前控制。发动机各种运行工况下的基本点火定时数据也存放在电子控制单元的存储器中，电子控制单元根据来自各种传感器的信号控制点火正时，使点火时刻保持在最佳值。

(3) 怠速控制。电子控制单元根据发动机怠速运行工况的要求控制发动机转速。在电子控制单元存储器中存储了不同工况的怠速控制目标值，电子控制单元根据发动机转速、冷却水温度、空调开关和动力转向等信号控制怠速，使怠速接近目标值。

(4) 诊断功能。电子控制单元不断地检测各种传感器的输入信号，若任何一个信号出现不正常现象时，电子控制单元即将不正常的现象用数据形式存入存储器，需要时可通过数据或灯光闪烁来显示。

(5) 安全保险功能。如果电子控制单元检测到输入的信号不正常，将以内存中存储的固定值(缺省值)代替，以便控制发动机，使发动机能够继续维持工作。

(6) 发动机的其他控制。在一些发动机中，还有进气旋流阀控制、增压器压力控制、废气再循环、气门正时和进气管长度等电子控制功能。

思　考　题

1. 何谓汽油的抗爆性？汽油的抗爆性用何种参数评价？
2. 装有电控燃油喷射系统的发动机具有哪些优点？
3. 博世 L 型电控燃油喷射系统组成及工作原理是什么？
4. 试述卡门涡流式空气流量传感器的工作原理。
5. 油压调节器的功用是什么？

第五章　柴油机燃油供给系统

第一节　柴油及其使用性能

柴油和汽油一样都是石油制品。在石油蒸馏过程中，温度在200～350℃之间的馏分即为柴油。柴油分为轻柴油和重柴油，轻柴油用于高速柴油机，重柴油用于中、低速柴油机。汽车柴油机均为高速柴油机，所以使用轻柴油。

一、轻柴油的牌号和规格及其使用性能

轻柴油按质量分为优等号、一等号和合格号三个等级，每个等级按柴油凝点分为10号、0号、－10号、－20号、－35号和－50号等牌号，它们的凝点分别为10℃、0℃、－10℃、－20℃、－35℃和－50℃。

二、轻柴油的使用性能

为了保证高速柴油机正常、高效地工作，轻柴油应具有良好的发火性、低温流动性、蒸发性、化学安定性、防腐性和适当的黏度等诸多的使用性能。

1. 发火性

发火性是指柴油的自燃能力。柴油机工作时，柴油被喷入燃烧室后，并非立即着火燃烧，而要经过一段时间的物理和化学准备，这个准备时间称为备燃期。备燃期过长，在燃烧开始前燃烧室内积存的柴油过多，致使燃烧开始后气缸内压力升高过快，使柴油机工作粗暴；反之，备燃期短，会使发动机工作柔和，而且可在较低温度下发火，有利于启动。柴油的发火性用十六烷值表示，十六烷值越高，发火性越好。但十六烷值过高的柴油喷入燃烧室后，还来不及与空气充分混合就着火，使柴油在高温下裂解分离出大量的游离碳，造成油耗、烟度上升。因此，一般汽车用柴油的十六烷值应在40～50范围内。

2. 蒸发性

蒸发性是指柴油汽化的能力，用柴油馏出某一百分比的温度范围（馏程）表示。柴油蒸发性通过蒸馏试验来确定的。可测量馏程为50%、90%及95%蒸发温度。50%蒸发温度越低，越有利于可燃混合气的形成与燃烧，越有利于启动，但同时也会使柴油机工作粗暴。90%和95%蒸发温度越低，表明燃料中重馏分含量少，可燃混合气燃烧完全，油耗降低。

3. 黏度

黏度是评定柴油稀稠度的一项指标，与柴油的流动性有关。黏度过大的柴油，流动阻力也过大，难以沉淀和滤清，影响喷雾质量；反之，黏度过小的柴油，将增加精密偶件工作表面间的柴油漏失量，并加剧这些表面的磨损。因此应选用黏度合适的柴油。

4. 凝点

凝点表示柴油冷却到开始失去流动性的温度。柴油的凝点应比柴油机最低工作温度低5℃以上。凝点过高将造成油路堵塞。

为降低柴油的凝点，改善其低温流动性，使用时可在其中掺入裂化煤油或添加降凝剂。此

外，对柴油中的有害成分，如灰分、硫的含量、机械杂质、水分、酸度、水溶性酸和碱、实际胶质等也必须严格控制《国产轻柴油规格》(GB/T 252—1994)对这方面均有明确的规定。

第二节　柴油机燃油系统的功用及组成

一、柴油机混合气形成特点

柴油机以柴油为燃料。由于柴油的蒸发性和流动性都比汽油差，因此柴油机不能像汽油机那样在气缸外部形成可燃混合气。柴油机的混合气只能在气缸内部形成，即在接近压缩行程终点时，通过喷油器把柴油喷入气缸内。柴油油滴在炽热的空气中受热、蒸发和扩散，并与空气混合形成可燃混合气，最终自行发火燃烧。因此其混合气的形成和燃烧的主要特点是：

(1)燃料的混合和燃烧是在气缸内进行的。

(2)混合与燃烧的时间很短，为 0.0017～0.004s(气缸内)。

(3)柴油黏度大，不易挥发，必须以雾状喷入。

(4)可燃混合气的形成和燃烧过程是同时、连续和重叠进行的，即边喷射、边混合、边燃烧。

为了改善柴油机的混合气形成与燃烧，燃油系统、燃烧室以及它们之间的相互匹配起着重要的作用。燃烧室的形式对柴油机的经济性、动力性、排放性和噪声水平都有直接的影响。

柴油机的燃烧室的形状一般均按其结构形式分为直喷式燃烧室和分隔式燃烧室两大类。直喷式燃烧室的容积集中于气缸之中，且其大部分集中于活塞顶上的燃烧室凹坑内(图 5-1)。分隔式燃烧室的容积则一分为二，一部分位于气缸盖中，另一部分则在气缸内(图 5-2)。在气缸内的部分称为主燃烧室，位于气缸盖中的部分称为副燃烧室，主、副燃烧室之间用通道连通。分隔式燃烧室又有涡流燃烧室(图 5-2a)和预燃燃烧室(图 5-2b)之分。涡流燃烧室的副燃烧室又称涡流室，预燃燃烧室的副燃烧室则称为预燃室。

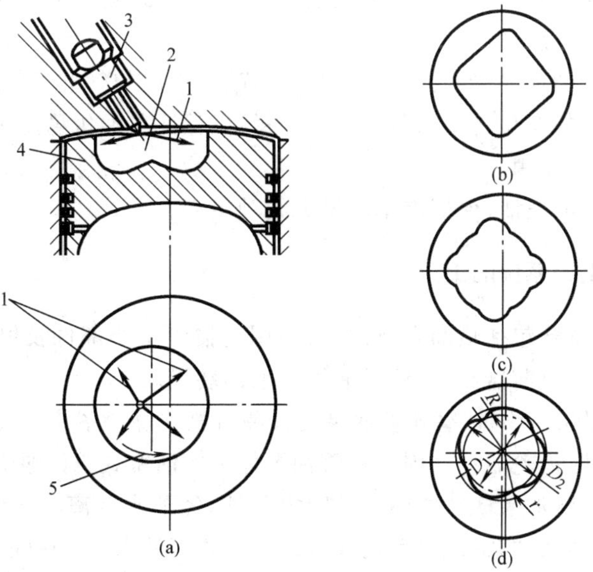

图 5-1　直喷式燃烧室

(a)回转体燃烧室凹坑　(b)四角形燃烧室凹坑　(c)四角圆弧形燃烧室凹坑　(d)花瓣形燃烧室凹坑

1—燃油喷柱　2—燃烧凹坑　3—喷油器　4—活塞　5—空气涡流

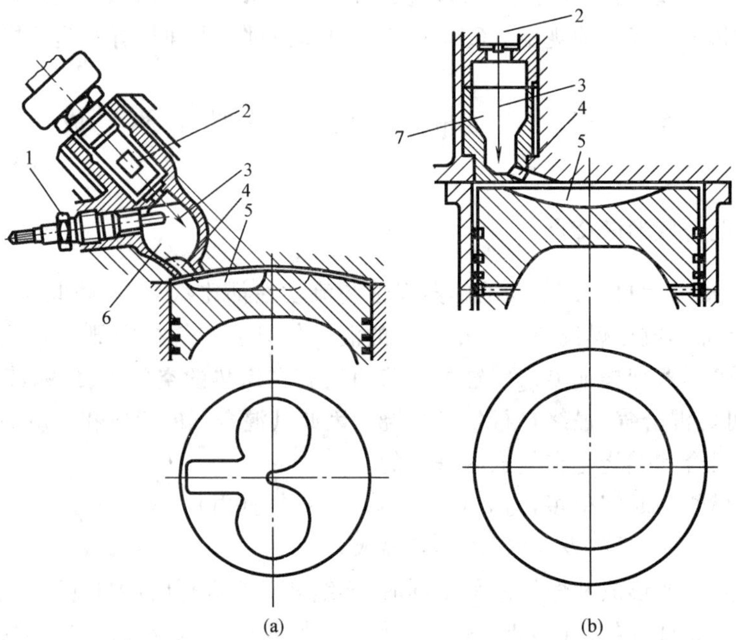

图 5-2 分隔式燃烧室

(a)涡流燃烧室 (b)预燃燃烧室

1—电热塞 2—喷油器 3—燃油喷柱 4—通道 5—主燃烧室 6—涡流室 7—预燃室

二、柴油机燃油供给系统的功用

(1)在适当的时刻,将一定数量的洁净燃油增压后以适当的规律喷入燃烧室。各缸的喷油定时和喷油量相同,且与柴油机运行工况相适应。喷油压力、喷柱雾化质量及其在燃烧室内的分布与燃烧室类型相适应。

(2)在每一个工作循环内,各气缸均喷油一次,喷油次序与气缸工作顺序一致。

(3)根据柴油负荷的变化自动调节循环供油量,以保证柴油机稳定运转,尤其是稳定怠速,同时还具有限制超速的作用。

(4)储存一定数量的柴油,保证汽车的最大续驶里程。

三、柴油机燃油供给系统的组成

柴油机燃油供给系统包括喷油泵、喷油器和调速器等主要部件及燃油箱、输油泵、油水分离器、燃油滤清器、喷油提前器和高、低压油管等辅助装置。

如图 5-3 所示为装有直列柱塞式喷油泵的柴油机燃油供给系统。直列柱塞式喷油泵 3 一般由柴油机曲轴的定时齿轮驱动。固定在喷油泵体上的活塞式输油泵 5 由喷油泵的凸轮轴驱动。当柴油机工作时,输油泵 5 从燃油箱 8 吸出柴油,经油水分离器 7 除去柴油中的水分,再经燃油滤清器 2 滤去柴油的杂质,然后送入直列柱塞式喷油泵 3。在喷油泵内,柴油经过增压和计量后,经高压油管 9 供入喷油器 1,最后通过喷油器将柴油喷入燃烧室。喷油泵前端装有喷油提前器 4,后端与调速器 6 组成一体。输油泵供给的多余柴油及喷油器顶部的回油均经回油管 10 返回油箱。

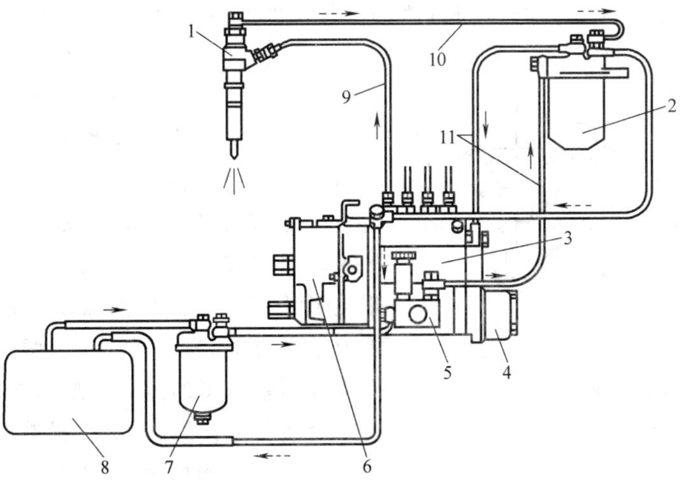

图 5-3　柱塞式喷油泵柴油机燃油供给系统示意图

1—喷油器　2—燃油滤清器　3—直列柱塞式喷油泵　4—喷油提前器　5—输油泵　6—调速器　7—油水分离器　8—燃油箱　9—高压油管　10—回油管　11—低压油管

第三节　喷　油　器

喷油器是柴油机燃油供给系统中实现燃油喷射的重要部件，其功用是根据柴油机混合气形成的特点，将燃油雾化成细微的油滴，并将其喷射到燃烧室特定的部位。

喷油器分为开式和闭式两种，开式喷油器的高压油腔通过喷孔直接与燃烧室相通，而闭式喷油器则在其之间加装针阀隔断。车用柴油机绝大多数采用闭式喷油器，其常见的形式有两种：孔式喷油器和轴针式喷油器。孔式喷油器用在直喷式燃烧室柴油机中，而轴针式喷油器则用在分隔的预燃室式和涡流室式燃烧室的柴油机中。

一、孔式喷油器

孔式喷油器主要用于直接喷射式燃烧室中，燃油的喷射状况主要由针阀体下部喷孔的大小、方向和数目来控制，并与燃烧室的形状、大小及空气涡流情况相适应。

喷孔数目一般为 1～8 个，喷孔直径为 0.2～0.8mm，它可以喷出一个或几个锥角不大、射程较远的油束。喷孔越多则孔径越小，燃油雾化越好，分布越均匀。但小孔径使用中易积炭堵塞，同时需要较高的喷油压力。

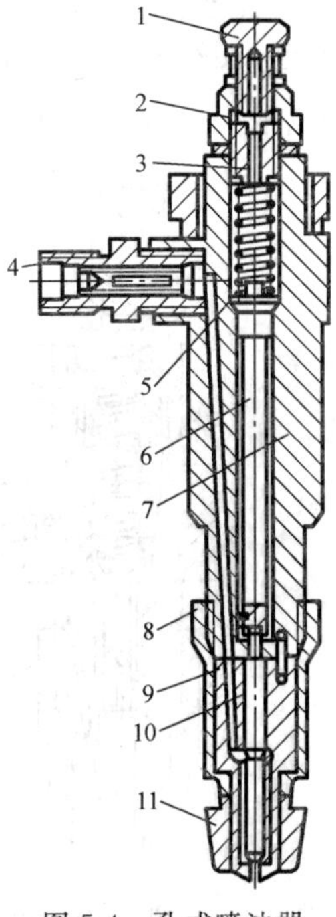

图 5-4　孔式喷油器

1—回油管螺栓　2—调压螺钉护帽　3—调压螺钉　4—进油管接头　5—调压弹簧　6—顶杆　7—喷油器体　8—紧固螺套　9—针阀体　10—针阀　11—喷油器锥体

孔式喷油器的结构与工作原理如图 5-4 所示。主要由针阀 10、针阀体 9、顶杆 6、调压弹簧 5 及喷油器体 7 等零件组成。针阀中部的锥面位于针阀体的环形油腔内以承受油压，称为承压锥面，针阀下端的锥面与针阀体上相应的内锥面配合，起密封作用，称为密封锥面。调压弹簧 5 通过顶杆 6 将针阀的密封锥面压紧在针阀体的内锥面上，使喷孔关闭。

柴油机工作时，喷油泵供给的柴油经进油管接头 4、油道进入针阀体 9 下部的环形油腔内。当油压升高到作用在针阀承压锥面上的轴向力大于调压弹簧 5 的预紧力时，针阀 10 开始向上移动，喷油器喷孔被打开，高压柴油通过喷孔喷入燃烧室(图 5-5a)。当喷油泵停止供油时，油压突然下降，针阀在调压弹簧 5 的作用下及时回位，将喷孔关闭(图 5-5b)。喷油器的喷油压力与调压弹簧的预紧力有关，预紧力越大，喷油压力越高。调压弹簧的预紧力可通过调压螺钉 3 来调整。

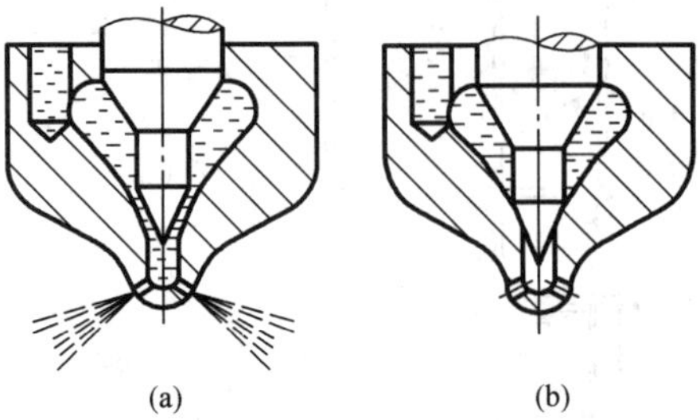

图 5-5 孔式喷油器工作原理
(a)喷油 (b)关闭

喷油器工作时，会有少量柴油从针阀和针阀体的配合表面之间的间隙漏出。这部分柴油对针阀起密封作用，并沿顶杆周围的空隙上升，最后通过回油管螺栓 1 进入回油管，流回柴油箱。

针阀和针阀体是喷油器中最关键的零件，两者合称为针阀偶件。为保证喷油压力且能自由滑动，两者的配合间隙要求很严，应控制在 0.002～0.003mm 之间。针阀偶件是经过研磨配对的，拆装和维修过程中应特别注意，不能互换。

二、轴针式喷油器

轴针式喷油器如图 5-6 所示，其构造和工作原理与孔式喷油器基本相同。其不同点是针阀 12 下端的密封锥面以下还延伸出一个倒锥形或圆柱形的轴针，轴针伸出喷孔外，使喷孔成为圆环状的狭缝。这样，喷油时喷柱将呈空心的锥状或柱状(图 5-7b)。喷孔的通过截面与喷柱锥角的大小取决于轴针的形状与升程。

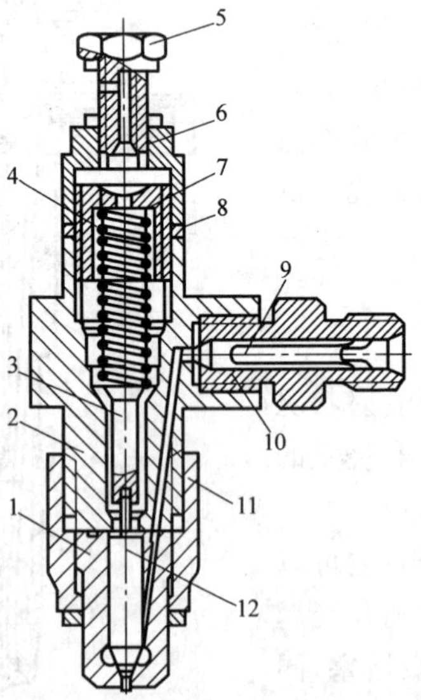

图 5-6 轴针式喷油器
1—针阀体 2—喷油器体 3—顶杆 4—调压弹簧
5—回油管螺栓 6—调压螺钉护帽 7—调压螺钉
8—垫圈 9—滤芯 10—进油管接头
11—紧固螺套 12—针阀

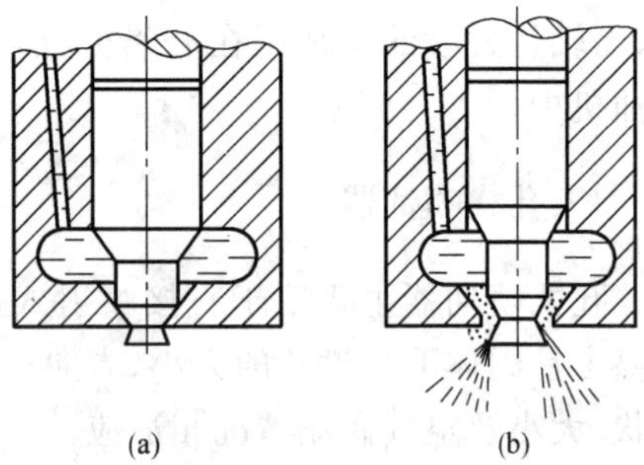

图 5-7 轴针式喷油器工作原理
(a) 关闭 (b)喷油

轴针式喷油器一般只有一个喷孔(孔径为 1～3mm),喷孔与轴针之间有微小的间隙(0.02～0.06mm)。当轴针刚升起时,由于轴针仍在喷孔中,喷出油量较少,直到轴针完全离开喷孔时,喷油量才达到最大;当喷油快结束时,情况正好相反。这样在备燃期内喷入燃烧室的油量较少,从而使发动机工作比较平稳。圆锥形轴针的喷油器在开始喷油时的喷油量比圆柱形轴针的喷油量更少,同时,不同角度的轴针还可以改变喷雾锥角的大小,以满足与燃烧室相配合的要求。因此,它适用于对喷雾质量要求不高的涡流室式燃烧室和预燃室式燃烧室。

轴针式喷油器由于喷孔直径较大,孔内又有轴针上下移动,故喷孔不易积炭,且可以自行清除积炭。

第四节　喷　油　泵

喷油泵的功用是提高柴油压力,按照柴油机的负荷需要,定时、适量和均匀地向柴油机供给柴油,并按柴油机的发火顺序,通过高压油管和喷油器完成燃油向燃烧室的喷射。

多缸车用柴油机的喷油泵应满足下列要求:

(1)按发动机工作顺序供油,并且各缸供油量力求均匀,在标定工况下各缸供油量相差不超过 3%～4%。

(2)各缸供油提前角和供油延续时间应相等,误差小于 0.5°～1°曲轴转角。

(3)油压的建立和供油的停止都必须迅速,以防出现滴漏现象。

车用柴油机的喷油泵按其工作原理不同可分为柱塞式喷油泵、喷油泵-喷油器和转子分配式喷油泵三类。国产系列泵有 A 型泵、B 型泵、P 型泵、PDA 型泵和 VE 泵等,前三种为柱塞式喷油泵,后两种为转子式喷油泵。

一、A 型喷油泵

1. A 型喷油泵结构

柱塞式喷油泵由泵油机构、供油量调节机构、驱动机构和喷油泵体等部分组成。A 型喷油泵结构如图 5-8 所示。

(1)泵油机构

泵油机构由柱塞套 7、柱塞 10、柱塞弹簧 14、上、下柱塞弹簧座 13 和 15、出油阀 5、出油阀座 6、出油阀弹簧 4 和出油阀紧座 3 等零件组成。

柱塞和柱塞套构成喷油泵中最精密的偶件,称做柱塞偶件(图 5-9)。正是由于柱塞偶件的精密配合及柱塞的高速运动,才得以实现对燃油的增压。一般柱塞偶件用优质合金钢制造,经配对研磨后不能互换,要求有高的精度、光洁度和好的耐磨性,其径向间隙为 0.0015～0.0025mm。

柱塞头部圆柱面上切有斜槽,并通过径向孔、轴向孔与顶部相通,其目的是改变循环供油量;柱塞套上制有进、回油孔,均与泵上体内低压油腔相通,柱塞套装入泵上体后,应用定位螺钉定位。

出油阀和出油阀座也是一对精密偶件(图 5-10),称出油阀偶件。出油阀是一个单向阀,在弹簧压力作用下,阀上部圆锥面与阀座严密配合,其作用是在停止供油时将高压油管与柱塞上端空腔隔绝,防止高压油管内的油倒流入喷油泵内。

出油阀的下部呈十字断面,既能导向,又能通过柴油。出油阀的锥面下有一个小的圆柱面,称为减压环带,其作用是在供油终了时使高压油管内的油压迅速下降,避免喷孔处产生滴油现象。当环带落入阀座内时则使上方容积很快增大,压力迅速减小,停喷迅速。

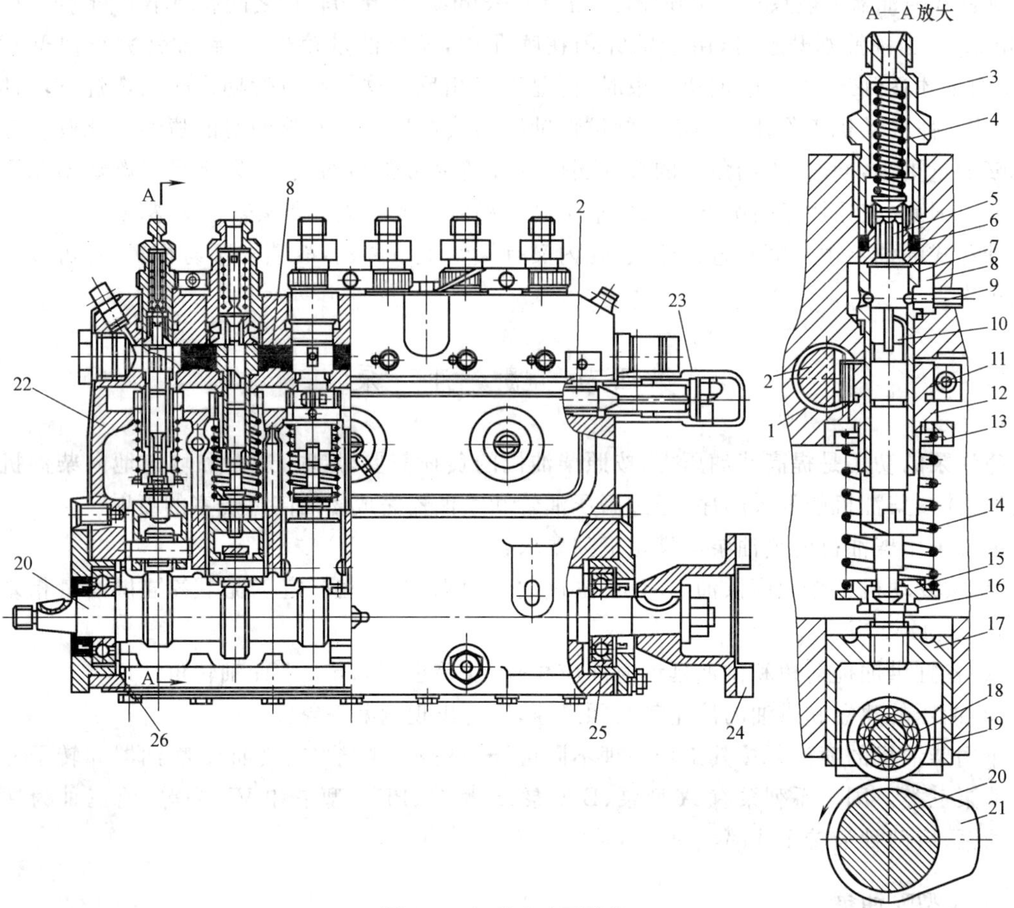

图 5-8 A 型喷油泵结构

1—齿圈 2—供油量调节齿杆 3—出油阀紧座 4—出油阀弹簧 5—出油阀 6—出油阀座 7—柱塞套 8—低压油腔 9—定位螺钉 10—柱塞 11—齿圈夹紧螺钉 12—油量调节套筒 13、15—上、下柱塞弹簧座 14—柱塞弹簧 16—供油定时调节螺钉 17—挺柱 18—滚轮销 19—滚轮 20—喷油泵凸轮轴 21—凸轮 22—喷油泵体 23—供油量调节齿杆保护螺母 24—联轴器从动盘 25、26—轴承

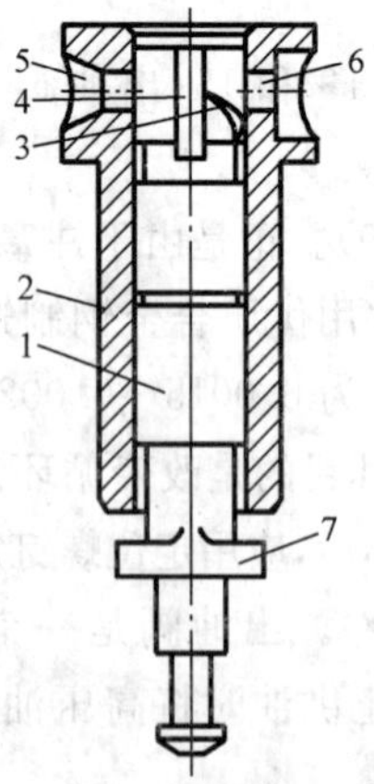

图 5-9 柱塞偶件

1—柱塞 2—柱塞套 3—螺旋槽 4—直槽 5、6—油孔 7—榫舌

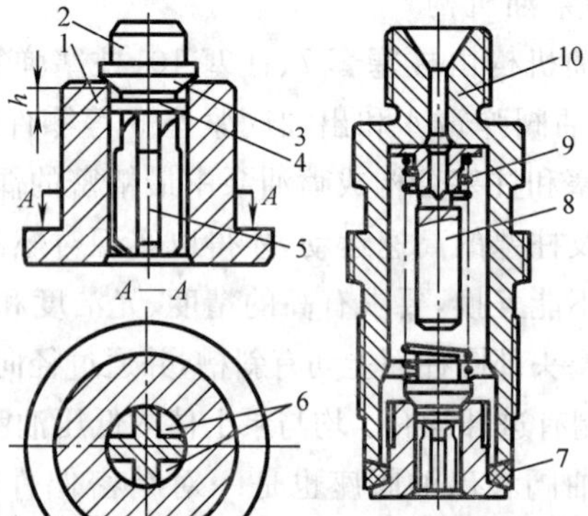

图 5-10 出油阀偶件

1—出油阀座 2—出油阀 3—密封锥面 4—减压环带 5—导向面 6—切槽 7—密封衬垫 8—减容器 9—出油阀弹簧 10—出油阀紧座

(2)供油量调节机构

供油量调节机构的功用是，根据柴油机负荷的变化，通过转动柱塞来改变循环供油量。供油量调节机构由驾驶员直接操纵或由调速器自动控制。多缸柴油机还要注意各缸供油均匀性的调整。A 型泵采用齿杆式油量调节机构(图 5-11)。它包括调节齿杆 1、调节齿圈 2 和控制套筒 3 等零件。喷油泵柱塞 4 下端的榫舌嵌入控制套筒 3 的豁口中。控制套筒松套在柱塞套 5 上，其上端装有调节齿圈 2，并用螺钉夹紧。调节齿圈与调节齿杆相啮合。当驾驶员或调速器拉动齿杆时，调节齿圈连同控制套筒带动柱塞相对柱塞套转动，以达到调节供油量的目的。

齿杆式供油量调节机构工作可靠，传动平稳，但制造成本较高，且柱塞偶件之间的中心距较大。

(3)驱动机构

喷油泵的驱动机构包括喷油泵凸轮轴 20 和挺柱 17 组件(图 5-8)。凸轮轴的前后端通过滚动轴承 25 和 26 支承在喷油泵体 22 上。凸轮轴上凸轮 21 的数目与喷油泵的柱塞偶件数相同，各凸轮间夹角与配套柴油机的气缸数有关，并与气缸工作顺序相适应。凸轮轴一般由曲轴定时齿轮驱动，四冲程柴油机喷油泵凸轮轴的转速是曲轴转速的一半，以实现在凸轮轴一转之内向各气缸供油一次。

挺柱体部件安装在喷油泵体上的挺柱孔内，其结构如图 5-12 所示。加长的滚轮销 2 的两端插入挺柱孔 6 的定位长槽 5 中，使挺柱在挺柱孔中只能作上下往复运动，而不能绕其自身的轴线旋转，以避免滚轮与凸轮卡死。滚轮 3 在滚轮销 2 上转动。在滚轮与滚轮销之间镶有滚针轴承 4，也可镶衬套。在挺柱的顶端拧入供油定时调整螺钉 7 和锁紧螺母 8。

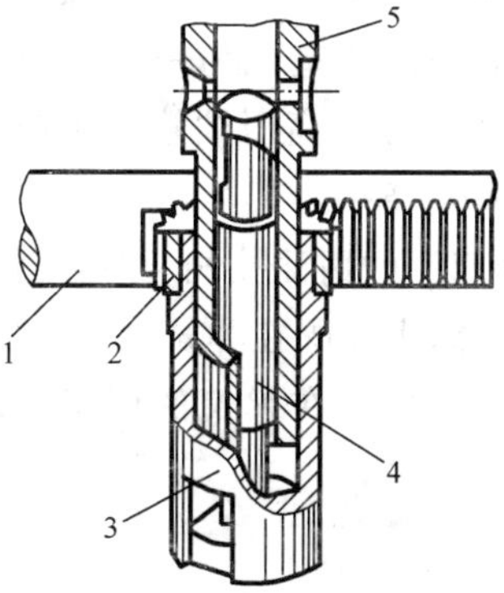

图 5-11　齿杆式供油量调节机构

1—调节齿杆　2—调节齿圈　3—控制套筒　4—柱塞　5—柱塞套

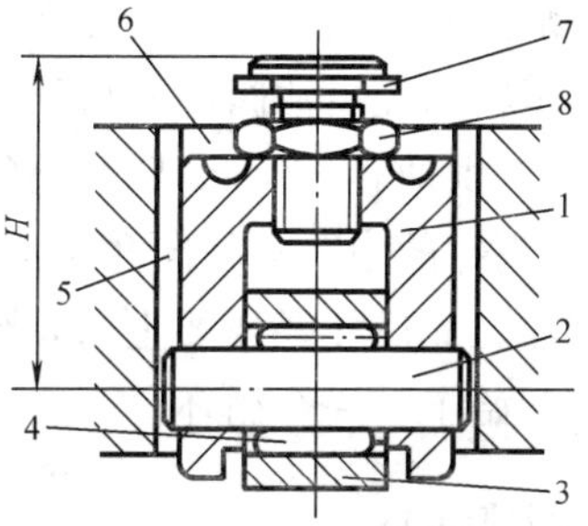

图 5-12　挺柱体部件

1—挺柱体　2—滚轮销　3—滚轮　4—滚针轴承　5—定位长槽　6—挺柱孔　7—调整螺钉　8—锁紧螺母

(4)喷油泵体

泵体是喷油泵的基础零件，泵油机构、供油量调节机构和驱动机构等都安装在喷油泵体上，它在工作中承受较大的作用力。因此，泵体应有足够的强度、刚度和良好的密封性。此外，还应该便于拆装、调整和维修。

2. A 型喷油泵工作原理

A 型喷油泵工作原理见图 5-13。

当凸轮的凸起部分转过去后，在弹簧力的作用下，柱塞向下运动，柱塞上部空间(称为泵油室)产生真空度，当柱塞上端面把柱塞套上的进油孔打开后，充满在油泵上体油道内的柴油经

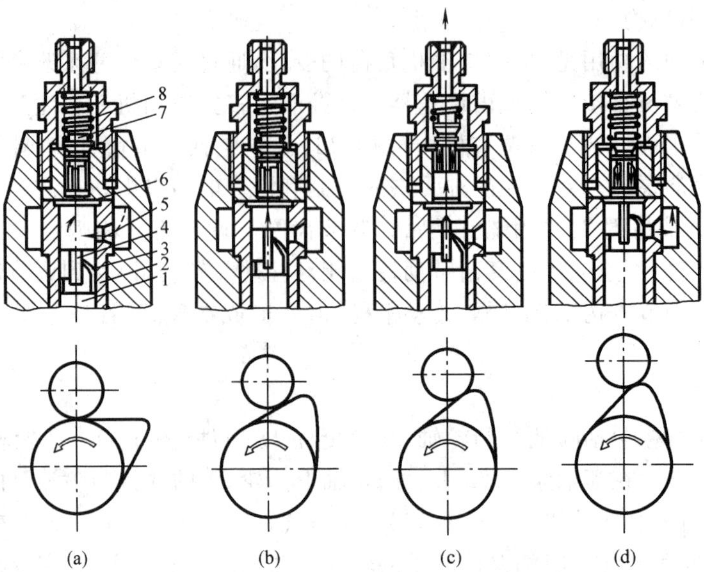

图 5-13 柱塞式喷油泵泵油原理示意图

1—柱塞 2—柱塞套 3—螺旋槽 4—直槽 5—柱塞套油孔 6—出油阀座 7—出油阀 8—出油阀弹簧

油孔进入泵油室，柱塞运动到下止点，进油结束。

当凸轮轴转到凸轮的凸起部分顶起滚轮体时，柱塞弹簧被压缩，柱塞向上运动，燃油受压，一部分燃油经油孔流回喷油泵上体油腔。当柱塞顶面遮住套筒上进油孔的上缘时，由于柱塞和套筒的配合间隙很小(0.0015～0.0025mm)使柱塞顶部的泵油室成为一个密封油腔，柱塞继续上升，泵油室内的油压迅速升高，泵油压力＞出油阀弹簧力＋高压油管剩余压力时，推开出油阀，高压柴油经出油阀进入高压油管，通过喷油器喷入燃烧室。

柱塞向上供油，当上行到柱塞上的斜槽(停供边)与套筒上的回油孔相通时，泵油室低压油路便与柱塞头部的中孔和径向孔及斜槽沟通，油压骤然下降，出油阀在弹簧力的作用下迅速关闭，停止供油。此后柱塞还要上行，当凸轮的凸起部分转过去后，在弹簧的作用下，柱塞又下行，此时便开始了下一个循环。

二、P 型喷油泵

P 型喷油泵(图 5-14)的工作原理与 A 型喷油泵基本相同，但在结构上却脱离了柱塞式喷油泵的传统结构，具有一些明显的特点。

1. 全封闭式喷油泵体

P 型喷油泵采用不开侧窗口的箱形全封闭式喷油泵体，大大提高了喷油泵体的刚度，可以防止泵体在较高的泵油压力作用下产生变形而加剧柱塞偶件的磨损，同时还可起到防尘的作用。

2. 悬挂式柱塞套

喷油泵柱塞 5 和出油阀偶件 3 都装在有连接凸缘的柱塞套 4 内，当拧紧柱塞套顶部的出油阀紧座 1 之后，构成一个独立的组件。然后用柱塞套紧固螺栓 14 将柱塞套凸缘紧固在泵体的上端面上，形成悬挂式结构。供油提前角或供油间隔角是利用在柱塞套凸缘下面增减调节垫片 15 的方法来进行调节的。

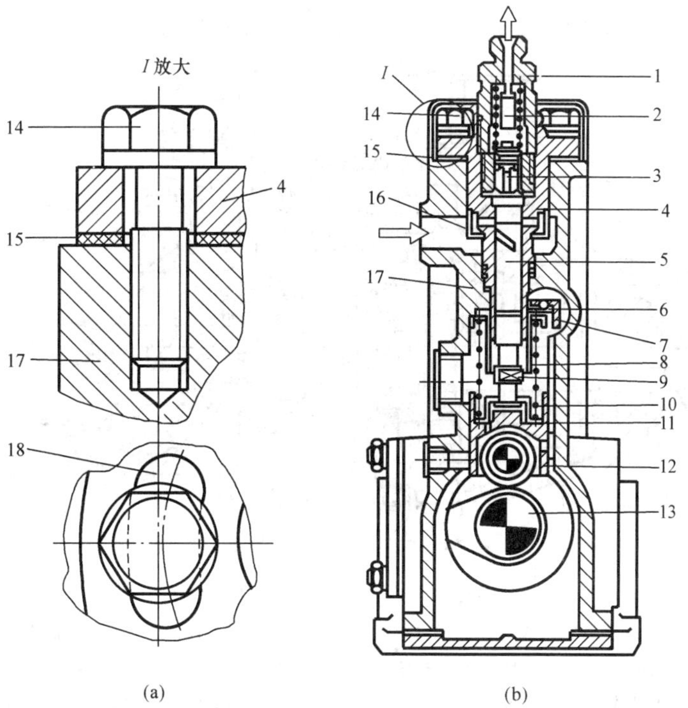

图 5-14 P 型喷油泵

1—出油阀紧座 2—减容器 3—出油阀偶件 4—柱塞套 5—柱塞 6—钢球 7—调节拉杆 8—控制套筒 9—柱塞榫舌 10—柱塞弹簧 11—弹簧座 12—挺柱 13—凸轮轴 14—柱塞套紧固螺栓 15—调节垫片 16—导流罩 17—喷油泵体 18—柱塞套凸缘上的螺栓孔

3. 钢球式油量调节机构

P 型喷油泵的油量调节机构包括调节拉杆 7、控制套筒 8 和嵌入调节拉杆凹槽中的钢球 6。柱塞上的榫舌 9 嵌入控制套筒的豁口中。移动调节拉杆，通过钢球带动控制套筒使柱塞转动，从而改变供油量。

4. 压力润滑

利用柴油机润滑系统主油道内的机油对各润滑部位施行压力式润滑。

三、分配式喷油泵

分配式喷油泵简称分配泵，有转子式和单柱塞式两大类。英国 CAV 公司的 DPA 型分配泵和法国 SIGMA 公司的 PRS 型分配泵均属转子式，也称径向压缩式。德国博世公司的 VE 型分配泵则为单柱塞式，又称轴向压缩式。

1. VE 型分配泵结构

VE 型分配泵由驱动机构、二级滑片式输油泵、高压分配泵头和电磁式断油阀等部分组成。此外，机械式调速器和液压式喷油提前器也安装在分配泵体内(图 5-15)。

驱动轴 19 由柴油机曲轴定时齿轮驱动。驱动轴带动二级滑片式输油泵 1 工作，并通过调速器驱动齿轮 2 带动调速器轴旋转。在驱动轴的右端通过联轴器 21(图 5-16)与平面凸轮盘 4 连接，利用平面凸轮盘上的传动销带动分配柱塞 7(图 5-15)。柱塞弹簧 6 将分配柱塞压紧在平面凸轮盘上，并使平面凸轮盘压紧滚轮 22(图 5-16)。滚轮轴嵌入静止不动的滚轮架 20 上。当驱动轴 19 旋转时，平面凸轮盘与分配柱塞同步旋转，而且在滚轮、平面凸轮和柱塞弹簧的共

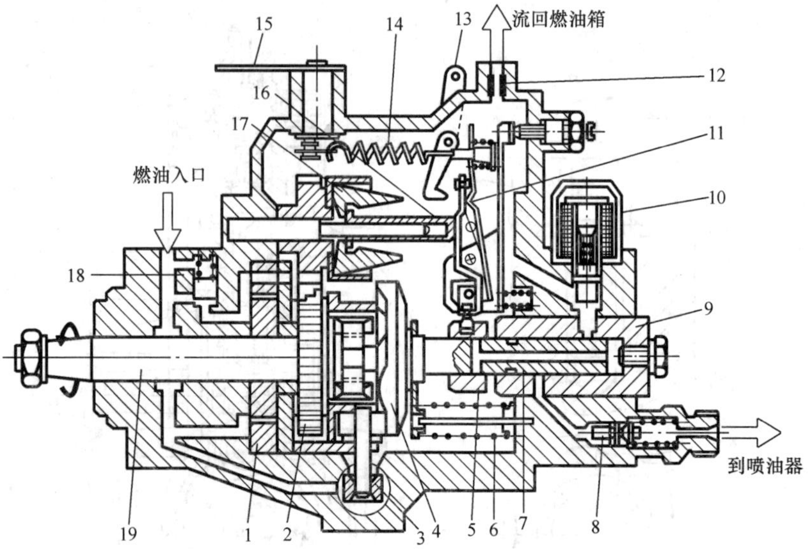

图 5-15 VE 型分配泵

1—二级滑片式输油泵 2—调速器驱动齿轮 3—液压式喷油提前器 4—平面凸轮盘 5—油量调节套筒 6—柱塞弹簧 7—分配柱塞 8—出油阀 9—柱塞套 10—断油阀 11—调速器张力杠杆 12—溢流节流孔 13—停车手柄 14—调速弹簧 15—调速手柄 16—调速套筒 17—飞锤 18—调压阀 19—驱动轴

同作用下，凸轮盘还带动分配柱塞在柱塞套 9 内作往复运动。往复运动使柴油增压，旋转运动进行柴油分配。

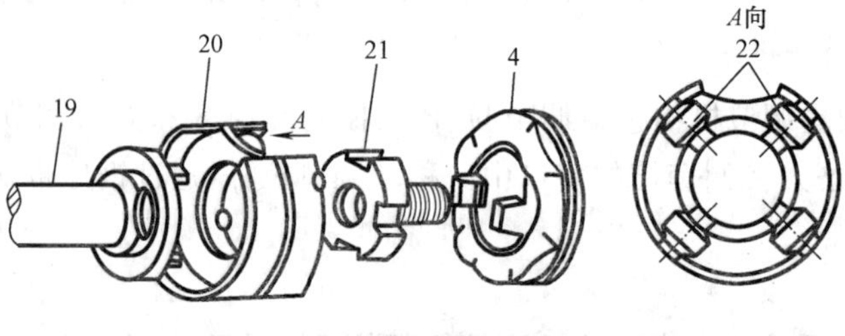

图 5-16 滚轮、联轴器及平面凸轮

20—滚轮架 21—联轴器 22—滚轮(其余图注同图 5-15)

凸轮盘上平面凸轮的数目与柴油机气缸数相同。分配柱塞的结构如图 5-17 所示。在分配柱塞 1 的中心加工有中心油孔 3，其右端与柱塞腔相通，而左端与泄油孔 2 相通。分配柱塞上还加工有燃油分配孔 5、压力平衡槽 4 和数目与气缸数相同的进油槽 6。

柱塞套 9(图 5-15)上有一个进油孔和数目与气缸数相同的分配油道，每个分配油道都连接一个出油阀 8 和一个喷油器。

2. VE 型分配泵工作过程

VE 型分配泵的工作过程如图 5-18 所示。

(1)进油过程(图 5-18a) 当平面凸轮盘 12 的凹下部分转至与滚轮 13 接触时，柱塞弹簧将分配柱塞 14 由右向左推移至柱塞下止点位置，这时分配柱塞上的进油槽 3 与柱塞套 20 上的进油孔 2 连通，柴油自喷油泵体 19 的内腔经进油道 17 进入柱塞腔 4 和中心油孔 10 内。

(2)泵油过程(图 5-18b) 当平面凸轮盘由凹下部分转至凸起部分与滚轮接触时，分配柱塞在凸轮盘的推动下由左向右移动。在进油槽转过进油孔的同时，分配柱塞将进油孔封闭，这

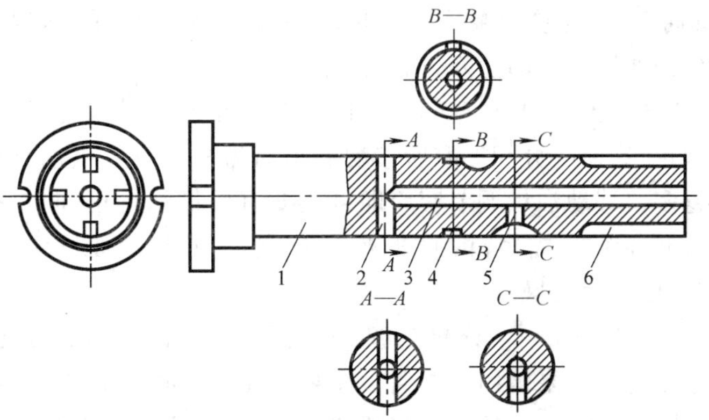

图 5-17　分配柱塞

1—分配柱塞　2—泄油孔　3—中心油孔　4—压力平衡槽　5—燃油分配孔　6—进油槽

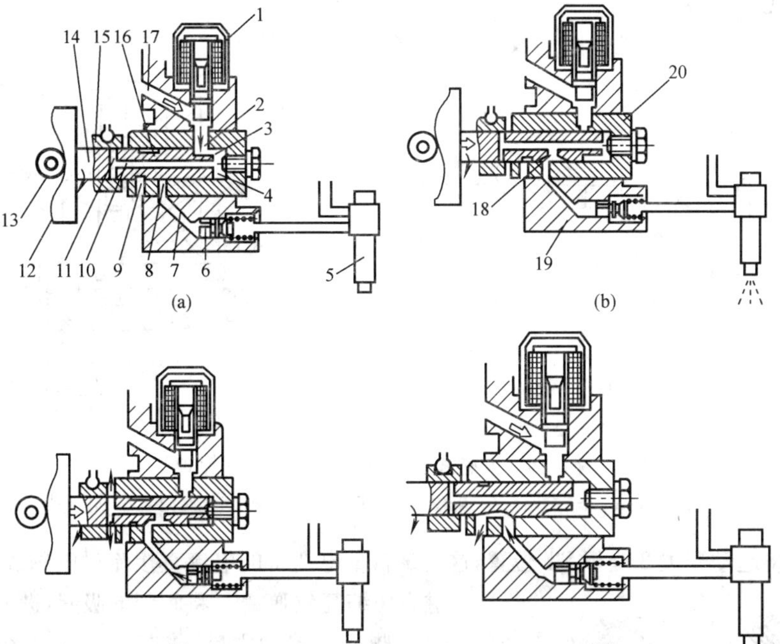

图 5-18　VE 型分配泵的工作过程

(a)进油过程　(b)泵油过程　(c)停油过程　(d)压力平衡过程

1—断油阀　2—进油孔　3—进油槽　4—柱塞腔　5—喷油器　6—出油阀　7—分配油道　8—出油孔　9—压力平衡孔　10—中心油孔　11—泄油孔　12—平面凸轮盘　13—滚轮　14—分配柱塞　15—油量调节套筒　16—压力平衡槽　17—进油道　18—燃油分配孔　19—喷油泵体　20—柱塞套

时柱塞腔 4 内的柴油开始增压。与此同时，分配柱塞上的燃油分配孔 18 转至与柱塞套上的一个出油孔 8 相通，高压柴油从柱塞腔经中心油孔、燃油分配孔和出油孔进入分配油道 7，再经出油阀 6 和喷油器 5 喷入燃烧室。

平面凸轮盘每转一周，分配柱塞上的燃油分配孔依次与各缸分配油道接通一次，即向柴油机各缸喷油器供油一次。

(3)停油过程(图 5-18c)　分配柱塞在平面凸轮盘的推动下继续右移，当柱塞上的泄油孔

11 移出油量调节套筒 15 并与喷油泵体内腔相通时，高压柴油从柱塞腔经中心油孔和泄油孔流进喷油泵体内腔，柴油压力立即下降，供油停止。

从柱塞上的燃油分配孔 18 与柱塞套上的出油孔 8 相通的时刻起，至泄油孔 11 移出油量调节套筒 15 的时刻止，这期间分配柱塞所移动的距离为柱塞有效供油行程。显然，有效供油行程越大，供油量越多。移动油量调节套筒即可改变有效供油行程，向左移动油量调节套筒，停油时刻提早，有效供油行程缩短，供油量减少；反之，向右移动油量调节套筒，供油量增加。油量调节套筒的移动由调速器操纵。

(4)压力平衡过程(图 5-18d)　分配柱塞上设有压力平衡槽 16，在分配柱塞旋转和移动过程中，压力平衡槽始终与喷油泵体内腔相通。在某一气缸供油停止之后，且当压力平衡槽转至与相应气缸的分配油道连通时，分配油道与喷油泵体内腔相通，于是两处的油压趋于平衡。在柱塞旋转过程中，压力平衡槽与各缸分配油道逐个相通，致使各分配油道内的压力均衡一致，从而可以保证各缸供油的均匀性。

3. 电磁式断油阀

VE 型分配泵装有电磁式断油阀，其电路和工作原理如图 5-19 所示。

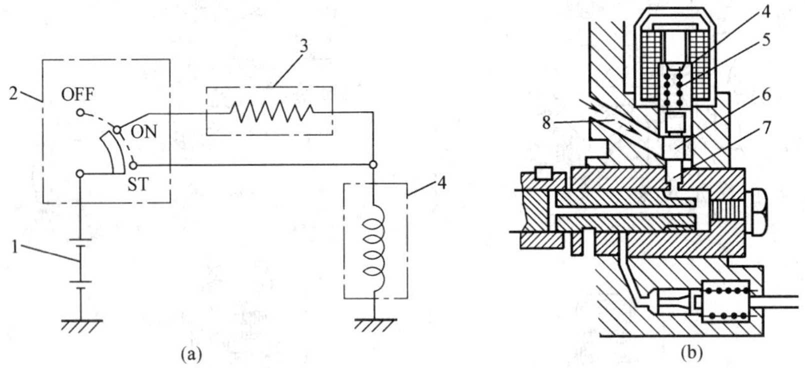

图 5-19　电磁式断油阀电路及其工作原理

1—蓄电池　2—起动开关　3—电阻　4—电磁线圈　5—复位弹簧　6—阀门　7—进油孔　8—进油道

起动时，将起动开关 2 旋至 ST 位置，这时来自蓄电池 1 的电流直接流过电磁线圈 4，产生的电磁力压缩复位弹簧 5，将阀门 6 吸起，进油孔 7 开启。

柴油机起动之后，将起动开关旋至 ON 位置，这时电流经电阻 3 流过电磁线圈，电流减小，但由于有油压的作用，阀门仍然保持开启。

当柴油机停机时，将起动开关旋至 OFF 位置，这时电路断开，阀门在复位弹簧的作用下关闭，从而切断油路，停止供油。

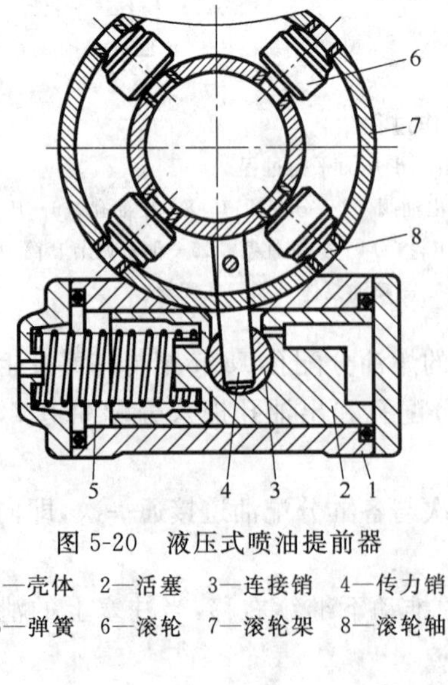

图 5-20　液压式喷油提前器

1—壳体　2—活塞　3—连接销　4—传力销
5—弹簧　6—滚轮　7—滚轮架　8—滚轮轴

4. 液压式喷油提前器

在 VE 型分配式喷油泵体的下部安装有液压式喷油提前器，其结构如图 5-20 所示。

在喷油提前器壳体 1 内装有活塞 2，活塞左端与二级滑片式输油泵的入口相通，并有弹簧 5 压在活塞上。活塞右端与喷油泵体内腔相通，其压力等于二级滑片式输油泵的出口压力。当柴油机在某一转速下稳定运转时，作用在活塞左、右端的力相等，活塞处于某一平衡位置。若柴油机转速升高，二级滑片式输油泵的出口压力增大，作用于活塞右端的力随之增加，推动活塞向左移动，并通过连接销 3 和传力销 4 带动滚轮架 7 绕其轴线转动一定的角度，直至活塞两端的力重新达到平衡为止。滚轮架的转动方向与平面凸轮盘的旋转方向正好相反，使平面凸轮提前一定角度与滚轮接触，供油相应提前，即供油提前角增大。反之，若柴油机转速降低，则二级滑片式输油泵的出口压力也随之降低，作用于活塞右端的力减小，活塞向右移动，并带动滚轮架向着平面凸轮盘旋转的同一方向转过一定的角度，使供油提前角减小。

第五节 调 速 器

一、调速器的功用

调速器是一种自动调节装置，它根据柴油机负荷的变化，自动增减喷油泵的供油量，使柴油机能够以稳定的转速运行。

喷油泵每个工作循环的供油量主要取决于调节拉杆的位置。此外，还受到发动机转速的影响。在调节拉杆位置不变时，随着发动机曲轴转速增大，柱塞有效行程略有增加，供油量也略有增大；反之，供油量略有减少。这种供油量随转速变化的关系称为喷油泵的速度特性。喷油泵的速度特性对工况多变的柴油机是非常不利的。当发动机负荷稍有变化时，导致发动机转速变化很大。当负荷减小时，转速升高，转速升高导致柱塞泵循环供油量增加，循环供油量增加又导致转速进一步升高，这样不断地恶性循环，造成发动机转速越来越高，最后飞车；反之，当负荷增大时转速降低，导致柱塞泵循环供油量减少，循环供油量减少又导致转速进一步降低，这样不断地恶性循环，造成发动机转速越来越低，最后熄火。

要改变这种恶性循环，就要求有一种能根据负荷的变化自动调节供油量，使发动机在规定的转速范围内稳定运转的自动控制机构。移动供油拉杆可以改变循环供油量，使发动机的转速基本不变。因此，柴油机要满足使用要求就必须安装调速器。

按调速器起作用的转速范围不同划分，可分为两极式调速器和全程式调速器。

二、两极式调速器

两极式调速器只在柴油机的最高转速和怠速时起自动调节作用，而在所有中间转速范围内则由驾驶员控制。

德国 Bosch 公司生产的 RQ 型调速器是典型的两极式调速器，与 A、B、P 型等直列柱塞式喷油泵配套。

RQ 型调速器的结构分为感应部件、传动部件和附加装置三部分，其结构如图 5-21 所示。感应部件用来感知柴油机转速的变化，并发出相应的信号；传动部件则根据此信号进行供油量的调节。感应部件由飞锤 3 等组成，而传动部件则包括角形杠杆 18、调速套筒 22、调速杠杆 15 和连接杆 2 等杠杆系统组成。

RQ 型调速器工作主要分为以下几个阶段：

(1)起动工况　如图 5-22 所示，将调速手柄 2 从停车挡块 1 移至最高速挡块 4 上。调速手柄 2 带动摇杆 3 和滑块 5，使调速杠杆 6 以其下端的铰接点为支点向右摆动，并推动喷油泵供油量调节齿杆 7 克服供油量限制弹性挡块 9 的阻力，向右移到起动油量的位置。

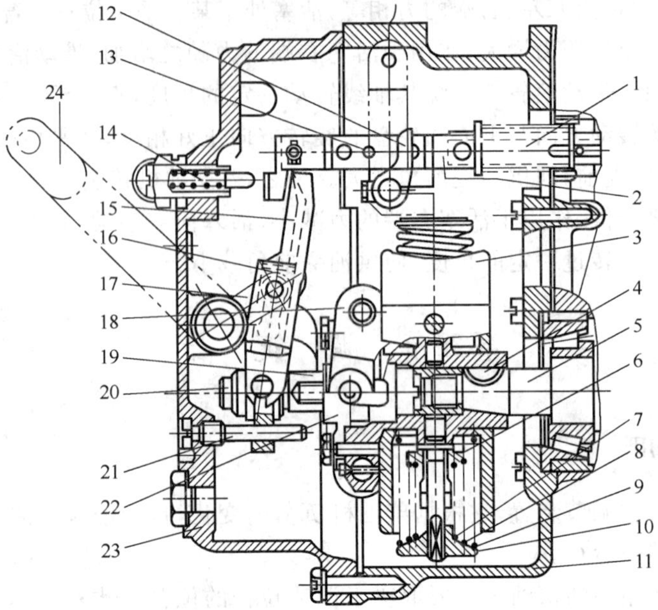

图 5-21 RQ 型两极式调速器

1—供油量调节齿杆 2—连接杆 3—飞锤 4—半圆键 5—喷油凸轮轴 6—内弹簧座 7—内弹簧 8—中间弹簧 9—外弹簧 10—外弹簧座 11—调速器壳体 12—停油臂 13—挡销 14—怠速稳定弹簧 15—调速杠杆 16—滑块 17—摇杆 18—角形杠杆 19—转矩平稳装置 20—滑动销 21—导向销 22—调速套筒 23—调速器盖 24—调速手柄

(2)怠速工况　柴油机起动后，将调速手柄 2 置于怠速位置。这时调速手柄通过摇杆 3 和滑块 5 使调速杠杆向左摆动，并拉动供油量调节齿杆 7 左移至怠速油量的位置。

(3)中速工况　柴油机转速较高，飞锤 11 外移直到飞锤底部与内弹簧座接触为止。柴油机在中等转速范围内工作时，飞锤的离心力不足以克服怠速弹簧和高速弹簧的共同作用力，飞锤始终紧靠在内弹簧座上而不能移动，不起调节供油量的作用。但驾驶员可以根据需要改变调速手柄 2 的位置，使供油量调节齿杆 7 增加或减少供油量。

(4)最高转速工况　此时，飞锤 11 的离心力相应增大，并克服全部调速弹簧的作用力，飞锤离心力与弹簧作用力达到新的平衡。若柴油机转速超过规定的最高转速，则飞锤 11 的离心力便超过调速弹簧 12 的作用力，使供油量调节齿杆 7 向减油方向移动。

(5)停车工况　将调速手柄置于停车挡块 1 上，调速杠杆 6 以其下端的铰接点为支点向左摆动，并带动供油量调节齿杆 7 向左移到停油位置，柴油机停车。

三、全程式调速器

机械离心式全程调速器的结构形式很多，有与柱塞式喷油泵配套的，也有装在分配式喷油泵体内的，但其工作原理却基本相同。下面仅以 VE 型分配泵的调速器为例，说明机械离心式全程调速器的基本结构及工作原理。

1. VE 型分配泵调速器结构

如图 5-23 所示，在飞锤支架 2 上装有 4 个飞锤 3，飞锤通过上推片推动调速套筒 4 移动。张力杠杆 12、起动杠杆 15 和导杆 16 组成调速器杠杆系统。这三个杠杆通过销轴 N 连在一

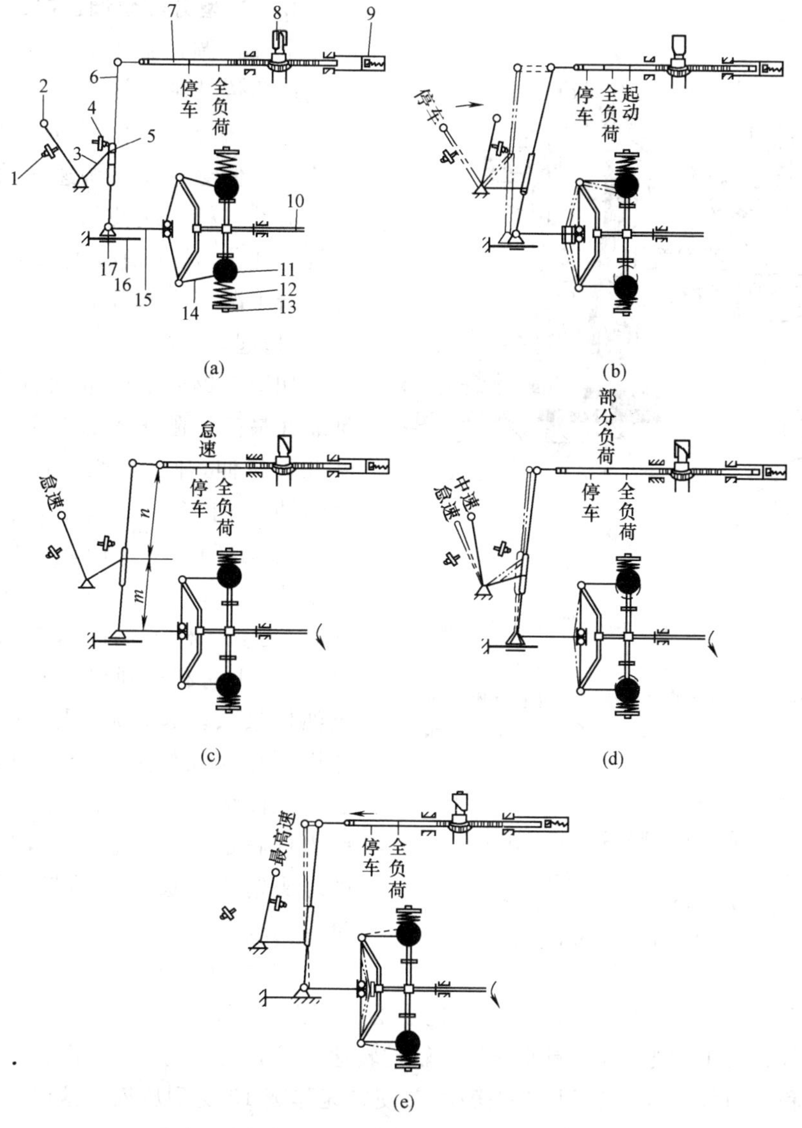

图 5-22　RQ 型调速器工作原理示意图

(a)停车工况　(b)起动工况　(c)怠速工况　(d)中速工况　(e)最高转速工况

1—停车挡块　2—调速手柄　3—摇杆　4—最高速挡块　5—滑块　6—调速杠杆　7—供油量调节器齿杆　8—喷油泵柱塞　9—供油量限制弹性挡块　10—喷油泵凸轮轴　11—飞锤　12—调速弹簧　13—调节螺母　14—角形杠杆　15—调速套筒　16—导向销　17—铰接点

起，并可分别绕销轴 N 摆动。导杆 16 通过销轴 M 固定在分配泵体上。起动杠杆 15 的下端是球头销，嵌入供油量调节套筒 21 的凹槽中，当起动杠杆摆动时，球头销将拨动供油量调节套筒，改变其与分配柱塞 19 上的泄油孔 20 的相对位置，从而改变分配柱塞的有效行程。张力杠杆 12 上端通过怠速弹簧 10 与调速弹簧 8 连接，调速弹簧的另一端挂在调速手柄 5 的销轴上。导杆 16 的下端受复位弹簧 17 的推压，使其上端靠在最大供油量调节螺钉 11 上。

此外，在 VE 型分配泵调速器上还装有一些附加装置，诸如增压补偿器和转矩校正装置等。

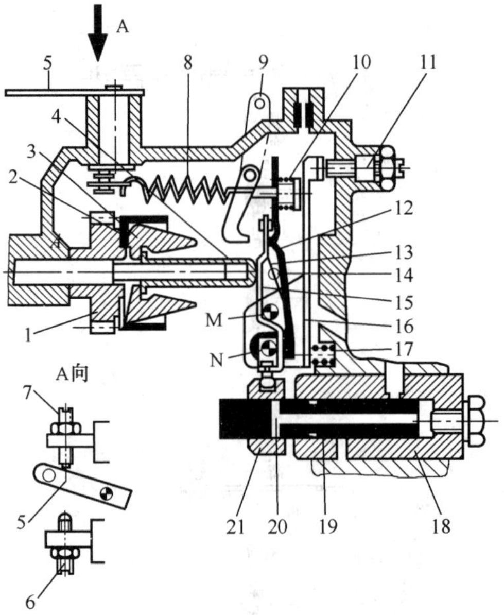

图 5-23 VE 型分配泵调速器结构示意图
1—调速器传动齿轮 2—飞锤支架 3—飞锤 4—调速套筒 5—调速手柄 6—怠速调节螺钉 7—最高速限止螺钉 8—调速弹簧 9—停车手柄 10—怠速弹簧 11—最大供油量调节螺钉 12—张力杠杆 13—起动弹簧 14—张力杠杆挡销 15—起动杠杆 16—导杆 17—复位弹簧 18—柱塞套 19—分配柱塞 20—泄油孔 21—供油量调节套筒 M—导杆支承销轴(固定) N—起动杠杆、张力杠杆及导杆支承销轴(可动)

2. VE 型分配泵调速器工作原理

全程式调速器的基本调速原理是，由于调速器传动轴旋转所产生的飞锤离心力与调速弹簧力相互作用，如果两者不平衡，调速套筒便会移动。调速套筒的移动通过调速器的杠杆系统使供油量调节套筒的位置发生变化，从而增减供油量，以适应柴油机运行工况变化的需要。

(1)起动工况

如图 5-24a 所示，起动前，将调速手柄 5 推靠在最高速限止螺钉 7 上。这时调速弹簧 8 被拉伸，弹簧的张力拉动张力杠杆 12 绕销轴 N 向左摆动，并通过板形起动弹簧 13 使起动杠杆 15 压向调速套筒 4，从而使静止的飞锤 3 处于完全闭合的状态。与此同时，起动杠杆下端的球头销将供油量调节套筒 21 向右拨到起动加浓供油位置 C，供油量最大。起动后，飞锤的离心力克服作用在起动杠杆上的起动弹簧的弹力，使起动杠杆绕销轴 N 向右摆动，直到抵靠在张力杠杆的挡销上。此时，起动杠杆下端的球头销向左拨动供油量调节套筒，供油量自动减少。

(2)怠速工况

如图 5-24b 所示，柴油机起动后，将调速手柄 5 移至怠速调节螺钉 6 上。在这个位置，调速弹簧 8 的张力几乎为零，即使调速器传动轴的转速很低，飞锤也会向外张开，推动调速套筒，使起动杠杆和张力杠杆绕销轴 N 向右摆动，并使怠速弹簧 10 受到压缩。这时，飞锤离心力对调速套筒的作用力与怠速弹簧及起动弹簧对调速套筒的作用力平衡，供油量调节套筒 21 处于怠速供油位置 *D*，柴油机在怠速下运转。

若由于某种原因使柴油机转速升高，则飞锤离心力增大，上述的平衡被打破，飞锤推动调速套筒、起动杠杆和张力杠杆进一步压缩怠速弹簧而向右摆动，供油量调节套筒则向左移，供油量减少，转速回落复原。若柴油机转速降低，飞锤离心力减小，怠速弹簧推动张力杠杆和起动杠杆向左摆动，供油量调节套筒则向右移，增加供油量，使转速回升。

(3)中速和最高速工况

如图 5-24c 所示，欲使柴油机在高于怠速而又低于最高转速的任何中间转速工作时，则需将调速手柄 5 置于怠速调节螺钉 6 与最高速限止螺钉 7 之间某一位置。这时，调速弹簧 8 被拉伸，同时拉动张力杠杆 12 和起动杠杆 15 绕销轴 N 向左摆动，而起动杠杆下端的球头销则向右拨动供油量调节套筒 21，使供油量增加，柴油机由怠速转入中速状态。由于转速升高，飞锤离心力增大。当其向右作用于调速套筒上的推力与调速弹簧向左作用于张力杠杆和起动杠杆上的拉力平衡时，供油量调节套筒便稳定在某一中等供油量位置，柴油机也就在某一中间转

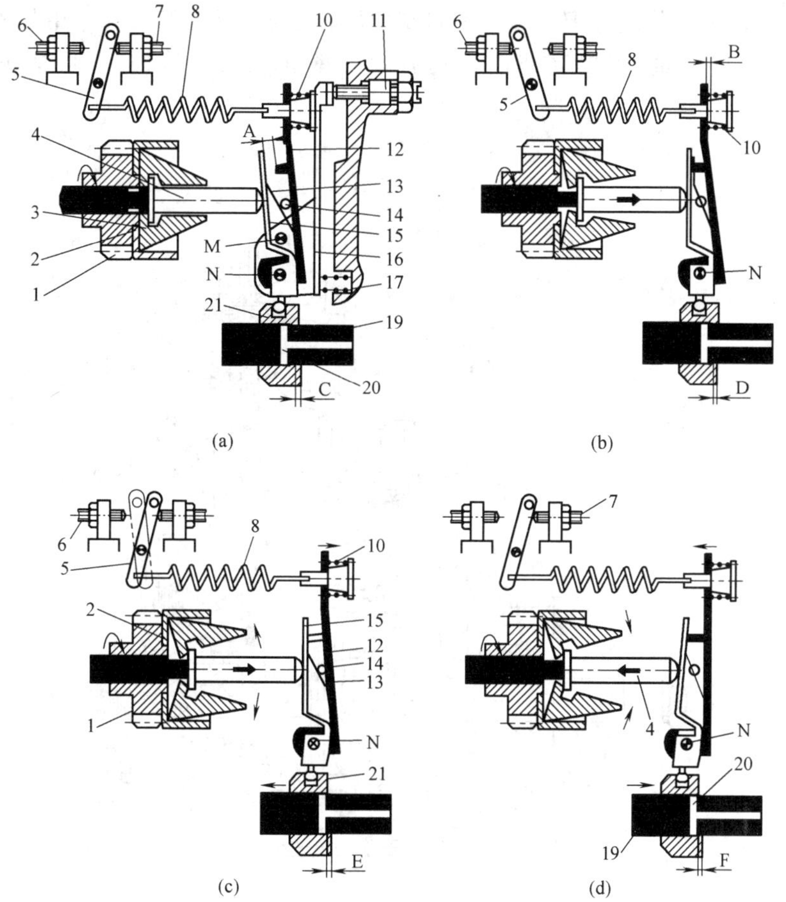

图 5-24 VE 型分配泵调速器工作原理图

A—起动弹簧压缩量 B—怠速弹簧压缩量 C—起动加浓供油位置 D—怠速供油位置

E—部分负荷最高转速供油位置 F—全负荷最高转速供油位置 N—起动杠杆、

张力杠杆及导杆支承销轴(可动)(图注同图 5-23)

速稳定运转。

当把调速手柄 5 置于最高速限止螺钉 7 上时,调速弹簧 8 的张力达到最大,供油量调节套筒 21 也相应地移至最大供油量位置,柴油机将在最高转速或标定转速下工作。

不论柴油机在中速或最高速工作,若由于负荷发生变化而引起转速改变时,则飞锤离心力与调速弹簧力的平衡遭到破坏,调速器将立即动作,通过增减供油量使转速复原。如果突然全部卸掉柴油机负荷,调速器将把供油量减至最小,以防止柴油机超速。其调速过程与稳定怠速的过程相同。

(4)最大供油量的调节

若拧入最大供油量调节螺钉 11,则导杆 16 绕销轴 M 逆时针方向转动,销轴 N 也随之转动,并带动球头销向右拨动供油量调节套筒 21,这时最大供油量增加。反之,旋出最大供油量调节螺钉 11,则最大供油量减少。改变最大供油量,可以改变柴油机的最大输出及最高转速或标定转速。

3. 增压补偿器

在增压柴油机上安装的分配式喷油泵附有增压补偿器(图 5-25),其作用是根据增压压力的大小,自动增减供油量,以提高柴油机的有效功率和燃油经济性,并可减少有害气体的排放。

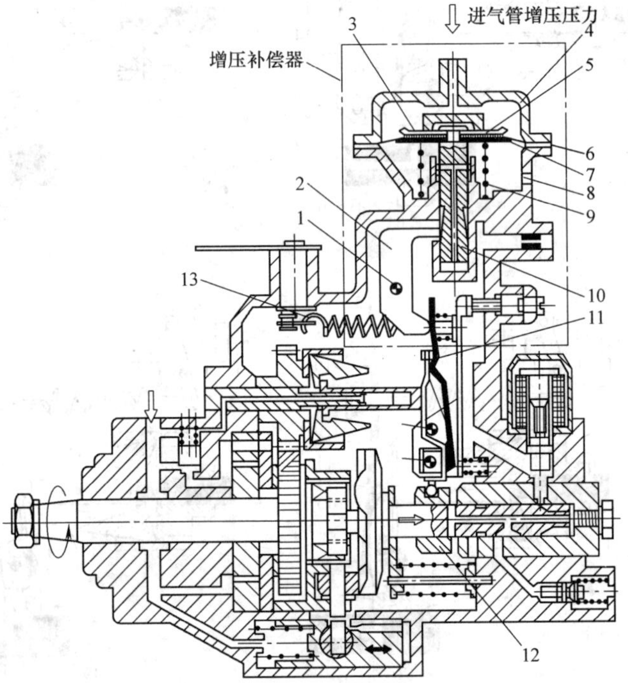

图 5-25 增压补偿器

1—销轴 2—补偿杠杆 3—膜片上支承板 4—补偿器盖 5—膜片
6—补偿器体 7—膜片下支承板 8—通气孔 9—弹簧 10—补偿器阀杆 11—张力杠杆 12—供油量调节套筒 13—调速弹簧

在补偿器盖 4 和补偿器体 6 之间装有膜片 5,膜片把补偿器分成上、下两个腔。上腔与进气管相通,其中的压力即为增压压力。下腔经通气孔 8 与大气相通,膜片下面装有弹簧 9。补偿器阀杆 10 与膜片 5 相连,并与膜片一起运动。阀杆的中下部加工成上细下粗的锥体,补偿杠杆 2 的上端与锥体相靠。在阀杆上还钻有纵向长孔和横向孔,以保证阀杆在补偿器体内移动时不受气体阻力的作用。补偿杠杆可绕销轴 1 转动,其下端靠在张力杠杆 11 上。

当进气管中的增压压力增大时,膜片 5 带动补偿器阀杆 10 向下运动,与阀杆锥体相接触的补偿杠杆 2 绕销轴 1 顺时针方向转动,张力杠杆 11 在调速弹簧 13 的作用下绕销轴 N 逆时针方向转动,从而使起动杠杆下端的球头销向右拨动供油量调节套筒 12,供油量增加。

VE 型分配泵上还装备正转矩校正装置或负转矩校正装置。

正转矩校正装置可以改善柴油机高速范围内的转矩特性。当柴油机转速升高到校正转速时,随着转速的继续升高,起动杠杆下端的球头销向左拨动供油量调节套筒,供油量减少。相反,当转速降低时,供油量增加。

负转矩校正装置可以防止柴油机低速时冒黑烟。当柴油机转速升高时,起动杠杆下端的球头销向右拨动供油调节套筒，增加供油量，从而实现柴油机在低速范围内随着转速增加而自动增加供油量的负转矩校正。

第六节　电子控制柴油喷射系统

为了改善柴油机运转性能和降低燃油消耗率，同时也为了适应严格的柴油机排放标准的需要，从 20 世纪 80 年代初期开始，电子控制柴油喷射系统（以下简称电控柴油喷射系统）进入应用阶段。

与传统的机械控制柴油喷射系统相比，电控柴油喷射系统的供油量控制更加精确和灵敏，供油定时更加准确，而且可扩展性更好，只通过改变输入装置的程序和数据，不需要机械加工，就可以改变控制特性，从而缩短了产品的开发周期，起到了降低成本的作用。

一、电控柴油喷射系统的基本类型

1. 位置控制型

在位置控制型电控柴油喷射系统中，喷油泵和喷油器与机械控制的柴油喷射系统相同，只是用电磁式供油量控制阀和电磁式供油定时控制阀来代替机械式调速器和液压式喷油提前器。电控单元根据柴油机转速传感器和加速踏板位置传感器等各种传感器输入的柴油机运行状态信息，计算出适合于柴油机运行状态的最佳控制量，并向两个电磁阀发出指令，改变供油量调节套筒的位置和喷油提前器活塞的位置，实现柴油机喷油量和喷油定时的控制。

与机械控制柴油喷射系统相比，控制精度和响应速度都有所提高。将机械控制柴油喷射系统改造为位置控制型电控系统时，柴油机的结构不需要改动，生产继承性好。但是，这种系统的控制频率低，喷油压力和喷油规律不能独立控制。

2. 时间控制型

时间控制型电控柴油喷射系统可以保留原来的喷油泵—高压油管—喷油嘴系统，也可以采用电磁阀直接控制的高压燃油的喷射。喷油始点取决于电磁阀关闭时刻，喷油量则取决于电磁阀关闭时间的长短。

到了 20 世纪 90 年代，燃油分配管式（共轨）时间控制型电控柴油喷射系统得到了快速发展。该系统对于喷油量及喷油定时的控制完全由喷油器按照电控单元的指令完成，不仅可以更加精确地控制喷油量和喷油定时，还能实现对喷油规律和喷油压力的独立控制。燃油分配管式（共轨）电控柴油喷射系统是第二代电控柴油喷射系统，其与电控汽油喷射系统相似。系统中的喷油泵不同于机械控制柴油喷射系统中的喷油泵，其功用只有一个，即对燃油增压，一般称做供油泵。系统中的喷油器的动作由电磁和液压联合控制。

燃油分配管式（共轨）电控柴油喷射系统的优点是喷油压力与供油泵转速无关，且可任意调节。因此，可以实现按照需要控制喷油压力和喷油速率。另外，这种控制系统是在恒定压力下控制喷油定时和喷油量的，因此可以避免传统喷油泵由于脉动供油而引起的输出峰值转矩过大和小喷油量难于稳定控制等问题

二、燃油分配管式（共轨）电控柴油喷射系统

1. 系统的组成

燃油分配管式（共轨）电控柴油喷射系统从功能上分析，可以分成控制和燃油供给两大系

统。其基本组成如图 5-26 所示。

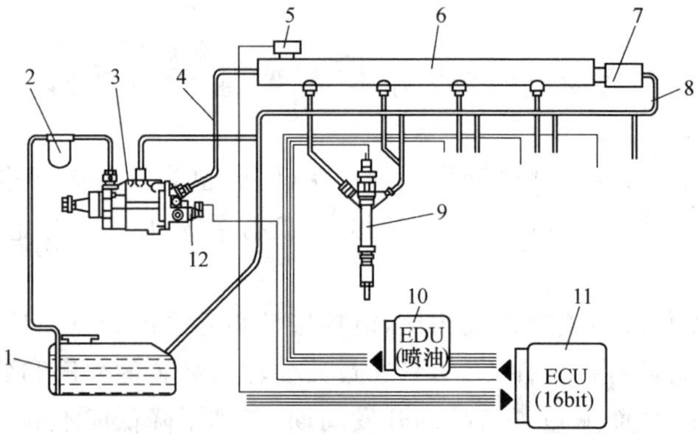

图 5-26 燃油分配管式(共轨)电控柴油喷射系统

1—柴油箱 2—柴油滤清器 3—供油泵 4—高压油管 5—燃油压力传感器 6—燃油分配管 7—限压阀 8—回油管 9—喷油器 10—EDU 11—ECU 12—供油量控制阀

(1)控制系统 控制系统的功能是根据各个传感器的信息,由 ECU 进行计算、完成各种处理后求出最佳喷油时间和最合适的喷油量,并且计算出在什么时刻、在多长的时间范围内向喷油器发出开启电磁阀或关闭电磁阀的指令,从而精确控制发动机的工作。

(2)燃油供给系统 燃油供给系统主要由供油泵、燃油分配管和喷油器组成。供油泵将燃油加压成高压供入燃油分配管内。共轨实际上是一个燃油分配管。储存在共轨内的燃油在适当的时刻通过喷油器喷入发动机气缸内。共轨系统中的喷油器是由电磁阀控制的喷油阀,电磁阀的开启和关闭由 ECU 控制。

2. 系统的控制功能

(1)喷油压力的控制 喷油压力等于燃油分配管内的燃油压力。利用燃油压力传感器 5(图 5-26)测量燃油分配管内的燃油压力,从而调整供油泵的供油量,控制喷油压力。限压阀 7 用来防止燃油分配管内油压过高。

(2)喷油量的控制 ECU 根据柴油机转速和负荷确定基本喷油量,再按进气管压力和燃油温度等传感器及起动开关输入的信息进行修正,最后计算出最佳喷油量。ECU 通过控制通向喷油器的电脉冲宽度(通电时间)来控制喷油量。

(3)喷油定时的控制 ECU 根据柴油机转速和负荷确定基本喷油时刻,再根据进气管压力和冷却液温度等传感器以及起动开关输入的信号进行修正,最后确定出最佳喷油时刻,ECU 按此时刻控制喷油器的开启。

(4)喷油规律的控制 喷油规律是指喷油速率随时间或曲轴转角的变化关系,而喷油速率则是单位时间的喷油量。ECU 通过对喷油器通电脉冲的控制即可实现对预喷射、主喷射和多段喷射等的控制,从而改善柴油机的燃烧效果,降低 NOx 等的排放。

3. 主要组件的结构与工作原理

(1)喷油器

喷油器的主要功用是按照电控单元的指令在既定时刻以一定的规律将一定数量的燃油喷入气缸。图 5-27 所示为二通阀式喷油器的结构。

二通阀式喷油器的工作原理如图 5-28 所示。二通阀由内阀 8 和外阀 7 组成，内阀不动，外阀可动。外阀在 ECU 未向喷油器通电时被弹簧力和燃油压力压紧在外阀座面 6 上，回油口 9 被封闭。来自燃油分配管的高压燃油从进油口 3 向上经进油量孔 4 进入控制室 10，向下进入喷油嘴压力室 11。控制室内的燃油压力经油压活塞 2 作用到喷油嘴针阀 1 上，这时针阀处于关闭状态(图 5-28a)。当 ECU 对喷油器通电时，外阀被电磁力吸引向上提起，回油口被打开。控制室内的高压燃油经回油量孔 5 和回油口流回柴油箱，控制室内的燃油压力下降。这时喷油嘴压力室仍为高压，于是在高压燃油的作用下针阀开启并向气缸内喷油(图 5-28b)。当 ECU 对喷油器断电时，电磁力消失，外阀在弹簧力的作用下重新压在外阀座面上，回油口被封闭，控制室内的燃油压力升高，使针阀回落，喷油结束(图 5-28c)。

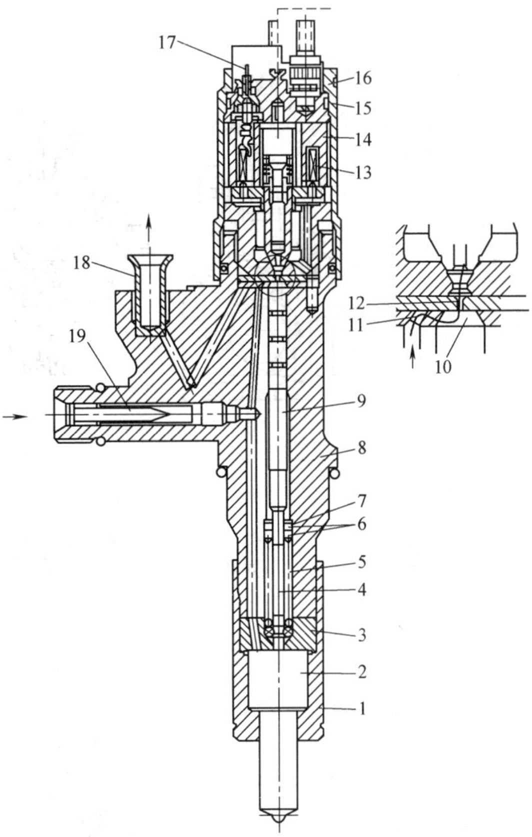

图 5-27　二通阀式喷油器结构

1—拧紧螺母　2—喷油嘴　3—垫块　4—顶杆　5—调压弹簧　6—调压垫片　7—导向套　8—喷油器下体　9—油压活塞　10—控制室　11—进油量孔　12—回油量孔　13—电磁线圈　14—二通阀　15—O 形圈　16—喷油器上体　17—电气接头　18—回油管接头　19—喷油器滤芯

(2)供油泵

在燃油分配管式电控柴油喷射系统中所应用的供油泵多为柱塞式泵，其中包括直列柱塞式(图 5-29a)和径向柱塞式(图 5-29b、c)。

图 5-30 为三柱塞单作用径向柱塞式供油泵的结构简图。3 个柱塞互成 120°夹角。凸轮轴每转一圈有 3 个供油行程。此外，在供油泵上还装有断油阀 3 和调压阀 1。由于供油泵是按最大供油量设计的，因此在怠速或小负荷工作时，将有部分燃油经调压阀流回柴油箱，以保持燃油分配管的燃油压力不变。但这部分燃油由于被柱塞压缩而消耗了部分压缩功。为了消除这部分能量损失特装置了电磁式断油阀。当柴油机在怠速或小负荷工作时，ECU 对断油阀通电，断油阀中的可动铁芯向下顶开进油阀 4，使柱塞腔内的燃油在柱塞压油行程中经进油阀返回低压油道 9 而不受压缩，从而减少了功率损失。

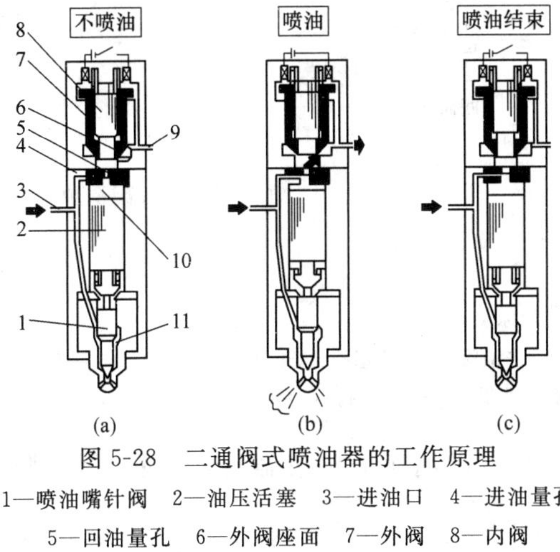

图 5-28　二通阀式喷油器的工作原理

1—喷油嘴针阀　2—油压活塞　3—进油口　4—进油量孔　5—回油量孔　6—外阀座面　7—外阀　8—内阀　9—回油口　10—控制室　11—喷油嘴压力室

(3)燃油分配管

燃油分配管的功用是存储高压油，保持

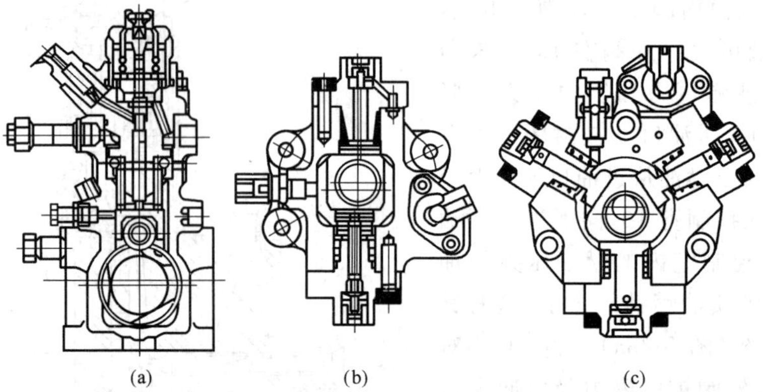

图 5-29 供油泵类型

(a)双柱塞三作用直列柱塞式 (b)双柱塞四作用径向柱塞式

(c)三柱塞三作用径向柱塞式

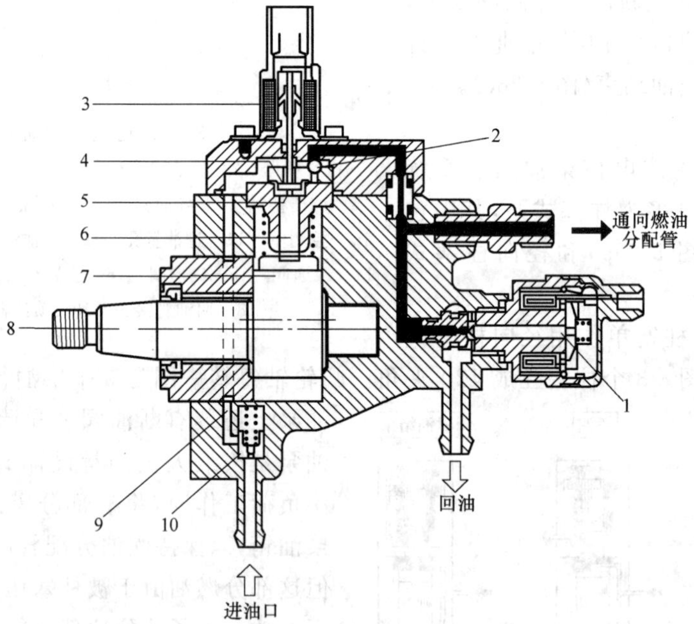

图 5-30 供油泵

1—调压阀 2—出油阀 3—断油阀 4—进油阀 5—柱塞腔 6—柱塞

7—凸轮 8—驱动轴 9—低压油道 10—单向阀

压力稳定。结构如图 5-31 所示，燃油分配管上安装有燃油压力传感器、流量限制器和限压阀等。

(4)燃油压力传感器

燃油压力传感器的功用是测量燃油分配管中的实时压力，并将测量结果传输给 ECU 作为燃油分配管内油压的反馈控制信号。燃油压力传感器由膜片 2、求值电路板 4、电器接头 5 和外壳 3 等构成，其结构如图 5-32 所示。燃油分配管内的燃油压力经燃油压力传递孔 1 作用于由半导体压电敏感元件制成的膜片 2，膜片因受压而变形，从而使膜片表面涂层的电阻值发生改变，并在电阻电桥中转换为电压信号，此电压信号经求值电路放大后传输给 ECU。

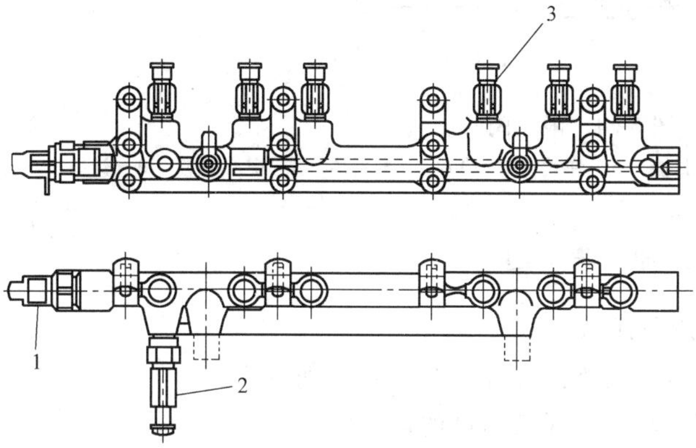

图 5-31　燃油分配管

1—燃油压力传感器　2—限压阀　3—流量限制器

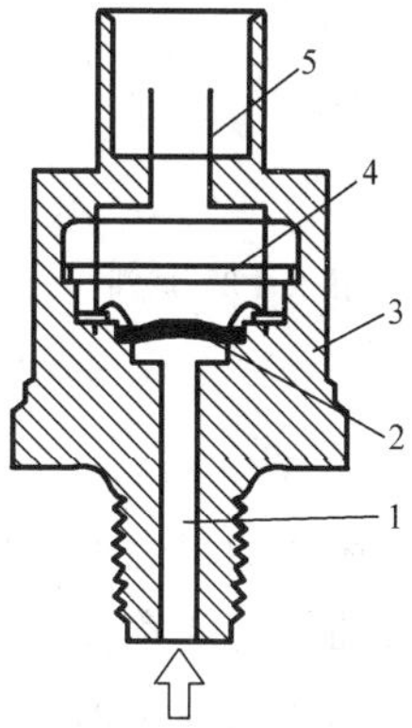

图 5-32　燃油压力传感器

1—燃油压力传递孔　2—膜片　3—外壳

4—求值电路板　5—电器接头

(5)流量限制器

流量限制器的功用是防止喷油器可能出现的超常喷油现象。流量限制器一端连接燃油分配管，另一端连接喷油器，其结构如图 5-33a 所示。

在正常流量的情况下，活塞 6 和球阀 4 在燃油压力的推动下向右移动，并停驻在流量限制器内的某一中间位置上(图 5-33b)。若由于某种原因流量突然加大时，活塞和球阀被燃油推到最右端，球阀压在阀座上，将出油孔封闭，终止向喷油器供油(图 5-33c)。

(6)限压阀

限压阀的功用相当于安全阀，用来限制燃油分配管中的油压过高。限压阀的结构如图 5-34 所示。当燃油分配管中的油压为正常值时，弹簧 5 通过弹簧座 3 将球阀 2 压紧在阀座上。当燃油压力超过正常值时，燃油克服弹簧力将球阀顶开，部分燃油从燃油分配管经球阀 2、弹簧座 3 的边缘和空心螺栓 8 流回柴油箱，使燃油分配管中的油压下降。当油压恢复正常后，球阀又被弹簧压紧在阀座上，终止回油。

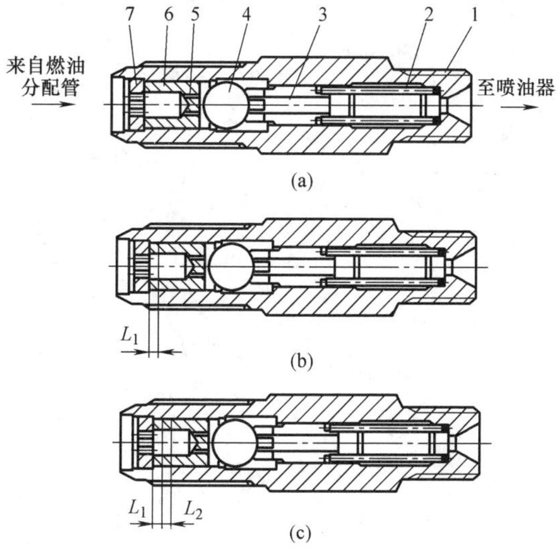

图 5-33　流量限制器

1—壳体　2—弹簧　3—弹簧座　4—球阀

5—量孔　6—活塞　7—垫块

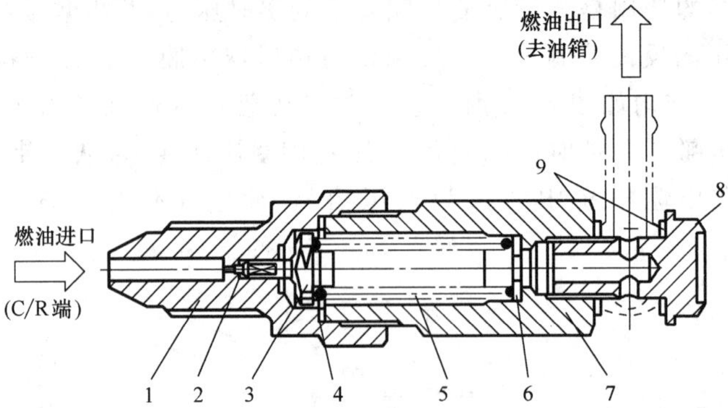

图 5-34 限压阀

1—接头 2—球阀 3—弹簧座 4—密封圈 5—弹簧 6—垫片 7—壳体 8—空心螺栓 9—衬垫

思 考 题

1. 简述柴油机燃油供给系统的功用及组成。
2. 柴油机燃烧室按结构形式分为哪两大类？各种燃烧室各有何特点？
3. 柱塞式喷油泵的工作原理如何？如何实现供油量的调节？
4. 调速器的分类和功用如何？
5. 喷油器的功用和工作原理如何？
6. 分配式喷油泵的组成和工作原理如何？

第六章　进排气系统及排气净化装置

第一节　进 气 系 统

进气系统的功用是尽可能多和尽可能均匀地向各气缸供给可燃混合气或纯净的空气。

一般进气系统主要包括空气滤清器和进气歧管。在化油器式和节气门体汽油喷射式发动机上通常还装有进气预热装置。为了增强进气效果，有的进气系统还装有谐振器。在汽油喷射式发动机的进气系统中还包括空气计量装置。

一、空气滤清器

1. 空气滤清器的功用

燃油燃烧需要大量的空气。以普通轿车为例，每消耗 1L 汽油需要消耗 5000～10000L 空气。大量的空气进入气缸，若不将其中的杂质或灰尘滤除，必然加速气缸的磨损，从而缩短发动机使用寿命。实践证明，发动机不安装空气滤清器，其寿命将缩短 2/3。

空气滤清器的功用主要是滤除空气中的杂质或灰尘，让洁净的空气进入气缸。另外，空气滤清器也有降低进气噪声的作用。

2. 空气滤清器的结构

空气滤清器一般由进气导流管、空气滤清器盖、空气滤清器外壳和滤芯等组成。现在广泛用于汽车发动机上的空气滤清器有多种结构形式。

(1)纸质干式空气滤清器

纸质干式空气滤清器是通过用树脂处理的纸质滤芯对空气进行过滤，如图 6-1 所示。过滤的效果与滤纸的筛孔大小有关，0.001mm 的筛孔可将绝大多数灰尘隔离，其滤清效率可达 99.5%以上。纸质滤芯的寿命取决于纸面大小(通常制成波折状以提高过滤面积)及空气本身的清洁程度，一般可连续使用 10000～50000km 的行驶里程。纸质滤芯不能清洁，可用压缩空气吹去积灰，严重玷污时必须更换。该滤清器重量轻、结构简单、安装及保养容易、滤清效率高，但对油类的污染十分敏感。

(2)油浴式空气滤清器

油浴式空气滤清器的滤芯多用金属网卷成圆筒形，或将金属丝填塞在有孔眼的滤芯外壳中，如图 6-2 所示。在滤芯下面的壳底有一油池，所吸入的空气碰到油面，颗粒较大的尘粒被机油所黏附，而细小的尘粒则随空气穿过黏有机油的滤芯时被滤芯所黏附。

空气的高速流动能将沉淀于滤芯中的油滴吹掉，落到油池中。通过滤芯的这个自动清洗过程，可延长其使用寿命。当油池中的机油因含尘量的增加而变得稠厚并呈深色时，应更换机油并清洗滤芯和壳体。

对某些大吨位的载货汽车而言，在空气滤清器的吸气过程中会产生高达 100dB 的噪声，为此，常在空气滤清器上预装一个短管作为消声部件，如图 6-3 所示。

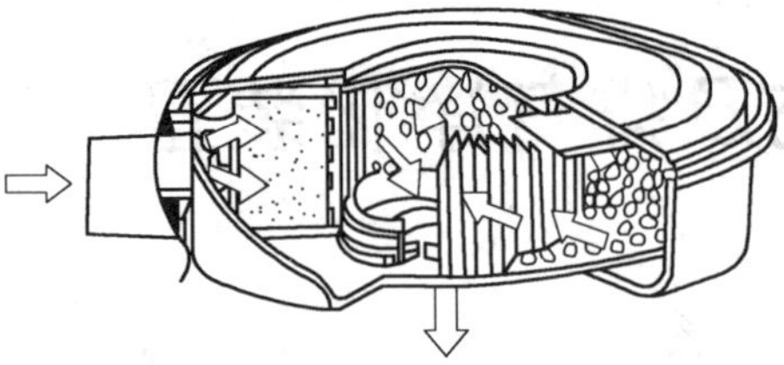

图 6-1 纸质干式空气滤清器

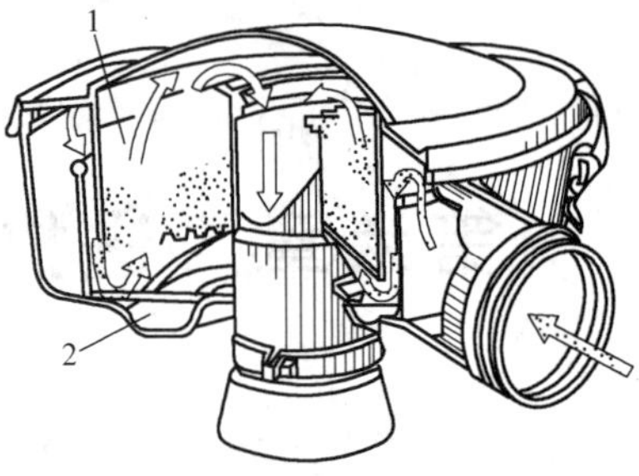

图 6-2 油浴式空气滤清器
1—滤芯 2—油池

3. 空气滤清器进气导流管

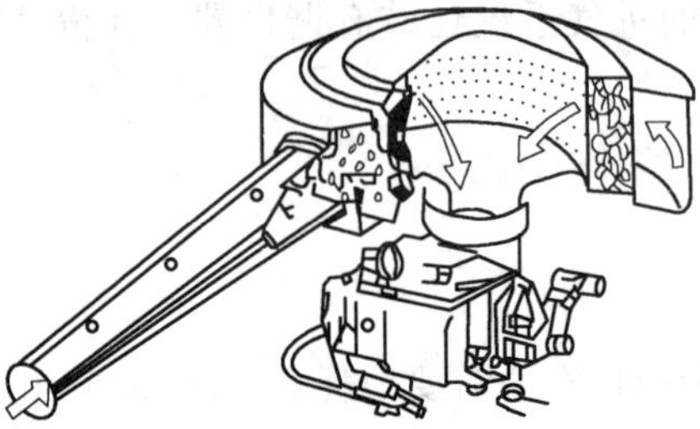

图 6-3 带进气消声器的空气滤清器

在现代轿车上，为了增强发动机的谐振进气效果，空气滤清器进气导流管需要有较大的容积。但是导流管不能太粗，以保证空气在导流管内有一定的流速。因此，进气导流管只能做得很长，如图 6-4 所示。较长的进气导流管有利于实现从车外吸气。因为车外空气温度一般比发动机罩下的温度低 30℃左右，所以从车外吸入的空气密度可增大近 10%，燃油消耗率可降低 3%。

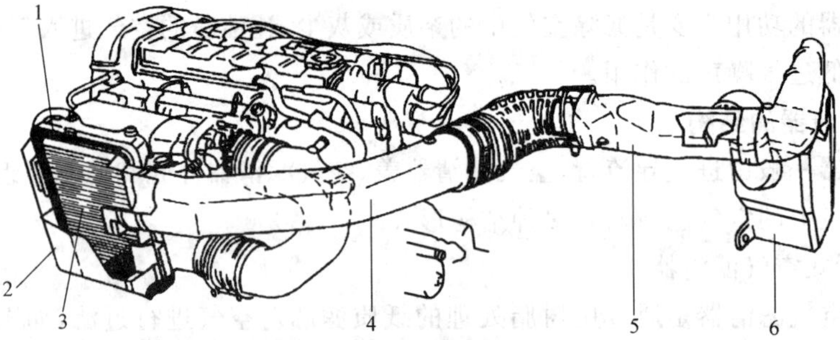

图 6-4 空气滤清器进气导流管
1—空气滤清器外壳 2—空气滤清器 3—滤芯 4—后进气导流管
5—前进气导流管 6—谐振室

二、进气歧管

1. 进气歧管的结构

对于化油器式或节气门体汽油喷射式发动机，进气歧管指的是化油器或节气门体之后到气缸盖进气道之前的进气管路。它的功用是将空气燃油混合气由化油器或节气门体分配到各缸进气道。对于气道燃油喷射式发动机或柴油机，进气歧管只是将洁净的空气分配到各缸进气道。进气歧管必须将空气燃油混合气或洁净空气尽可能均匀地分配到各个气缸，为此进气歧管内气体流道的长度应尽可能相等。为了减小气体流动阻力，提高进气能力，进气歧管的内壁应该光滑。

一般化油器式或节气门体燃油喷射式发动机的进气歧管由合金铸铁制造，轿车发动机多用铝合金制造。铝合金进气歧管质量轻和导热性好。气道燃油喷射式发动机除应用铝合金进气歧管外，近几年来采用复合塑料进气歧管的发动机日渐增多。这种进气歧管质量极轻，内壁光滑，不需要加工。图 6-5 所示的是气道喷射式发动机的进气歧管。

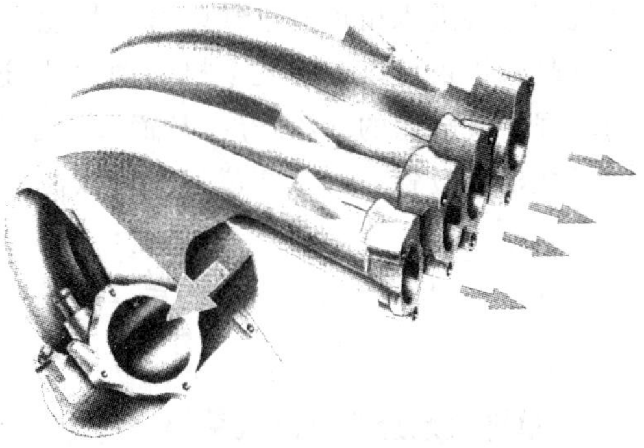

图 6-5　气道喷射式发动机的进气歧管

2. 谐振进气系统

由于进气过程具有间歇性和周期性，致使进气歧管内产生一定幅度的压力波。此压力波以当地声速在进气系统内传播和往复反射。如果利用一定长度和直径的进气歧管与一定容积的谐振室组成谐振进气系统(图 6-4、图 6-6)，并使其固有频率与气门的进气周期调谐，那么在特定的转速下，就会在进气门关闭之前在进气歧管内产生大幅度的压力波，使进气歧管的压力增高，从而增加进气量。这种效应称做进气波动效应。

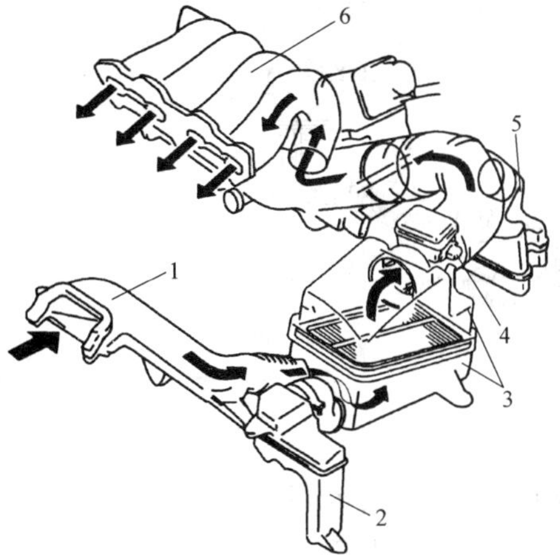

图 6-6　谐振进气系统

1—进气导流管　2—副谐振室　3—空气滤清器
4—空气流量计　5—主谐振室　6—进气歧管

谐振进气系统的优点是没有运动件，工作可靠，成本低。但只能增加特定转速下的进气量和发动机转矩。

3. 可变进气歧管

为了充分利用进气波动效应和尽量缩小发动机在高、低速运转时进气速度的差别，从而达到改善发动机经济性及动力性特别是改善中、低速和中、小负荷时的经济性、动力性的目的，要求发动机在高转速和大负荷时装备粗短的进气歧管；而在中、低转速和中、小负荷时配用细长的进气歧管。可变进气歧管就是为适应这种要求而设计的。

一种能根据发动机转速和负荷的变化而自动改变有效长度的进气歧管如图 6-7 所示。当发动机低速运转时，发动机电子控制装置 5 指令转换阀控制机构 4 关闭转换阀 3，这时空气经空气滤清器 1 和节气门 2 沿着弯曲而又细长的进气歧管流进气缸。细长的进气歧管提高了进气速度，增强了气流的惯性，使进气量增多。当发动机高速运转时，转换阀开启，空气经空气滤清器

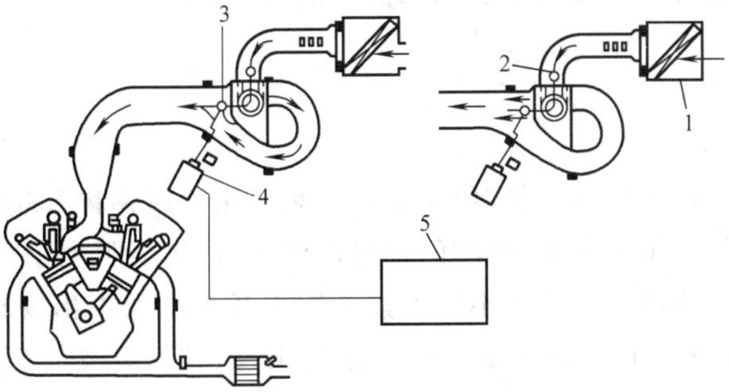

图 6-7　可变长度进气歧管

1—空气滤清器　2—节气门　3—转换阀　4—转换阀控制机构
5—发动机电子控制装置

和节气门直接进入粗短的进气歧管。粗短的进气歧管进气阻力小,也使进气量增多。可变长度进气歧管不仅可以提高发动机的动力性,还由于它提高了发动机在中、低速运转时的进气速度而增强了气缸内的气流强度,从而改善了燃烧过程,使发动机中、低速的燃油经济性有所提高。可变进气歧管在所有转速下都可以使发动机转矩平均提高 8%。

第二节 排 气 系 统

一、单排气系统及双排气系统

直列型发动机在排气行程期间,气缸中的废气经排气门进入排气歧管,再由排气歧管进入排气管、催化转换器和消声器,最后由排气尾管排到大气中。这种排气系统称做单排气系统(图 6-8)。

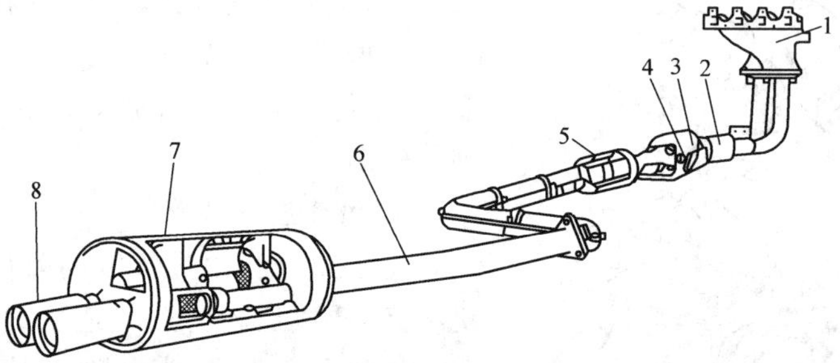

图 6-8 单排气系统的组成

1—排气歧管 2—前排气管 3—催化转换器 4—排气温度传感器
5—副消声器 6—后排气管 7—主消声器 8—排气尾管

V 形发动机有两个排气歧管,在大多数装配 V 形发动机的汽车上仍采用单排气系统,即通过一个叉形管将两个排气歧管连接到一个排气管上。来自两个排气歧管的废气经同一个排气管、同一个消声器和同一个排气尾管排出(图 6-9a)。但有些 V 形发动机采用两个单排气系统,即每个排气歧管各自都连接一个排气管、催化转换器、消声器和排气尾管(图 6-9b)。这种布置形式称做双排气系统。

双排气系统降低了排气系统内的压力,使发动机排气更为顺畅,气缸中残余的废气较少,因而可以充入更多的空气——燃油混合气或洁净的空气,发动机的功率和转矩都相应地有所提高。

二、排气歧管

一般排气歧管由铸铁或球墨铸铁制造,近些年来采用不锈钢排气歧管的汽车越来越多,其原因是不锈钢排气歧管质量轻和耐久性好,同时内壁光滑、排气阻力小。

排气歧管的形状十分重要。为了不使各缸排气相互干扰及不出现排气倒流现象,并尽可能地利用惯性排气,应该将排气歧管做得尽可能的长,而且各缸支管应该相互独立和长度相等。图 6-10 所示的不锈钢排气歧管的结构较好地满足了上述要求。相互独立的各个支管都很长,而且 1、4 缸排气歧管汇合在一起,2、3 缸汇合在一起,可以完全消除排气干扰现象。图 6-11 所示为铸铁排气歧管结构图。

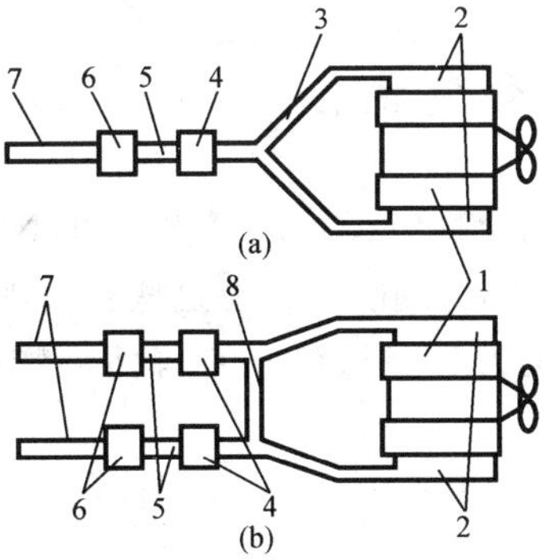

图 6-9　V形发动机排气系统示意图

(a)单排气系统　(b)双排气系统

1—发动机　2—排气歧管　3—叉形管　4—催化转换器

5—排气管　6—消声器　7—排气尾管　8—连通管

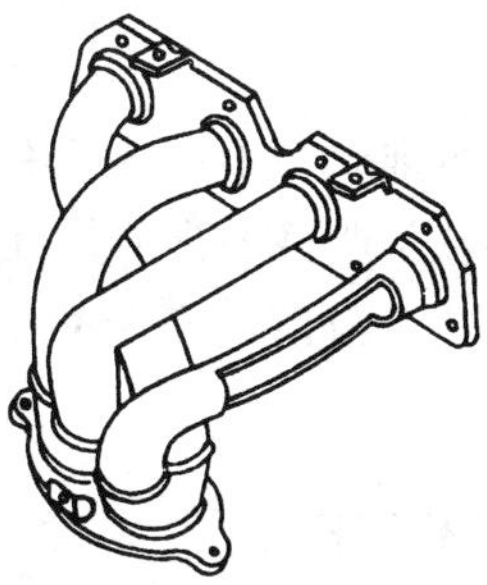

图 6-10　不锈钢排气歧管

三、消声器

发动机的排气压力为0.3～0.5MPa,温度为500～700℃,这表明排气有一定的能量。同时,由于排气的间歇性,在排气管内引起排气压力的脉动。若将发动机排气直接排放到大气中,将产生强烈的和频谱比较复杂的噪声,其频率从几十赫兹到几万赫兹。

排气消声器的功用是降低排气噪声。消声器通过逐渐降低排气压力和衰减排气压力的脉动,使排气能量耗散殆尽。

消声器有四种基本结构形式,如图 6-12 所示。实际应用的消声器多为这些基本形式的组合,如图 6-13 所示。

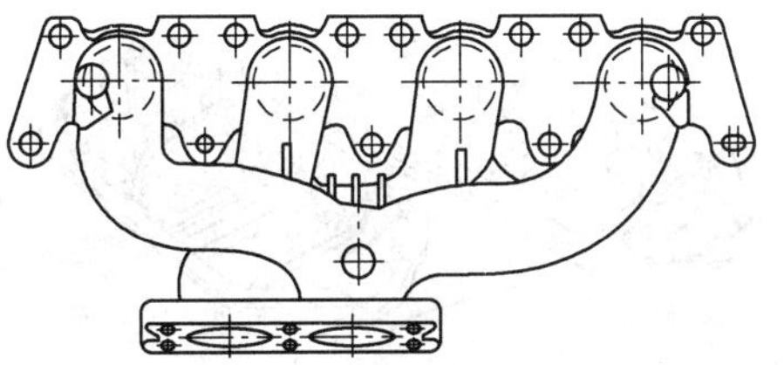

图 6-11　铸铁排气歧管

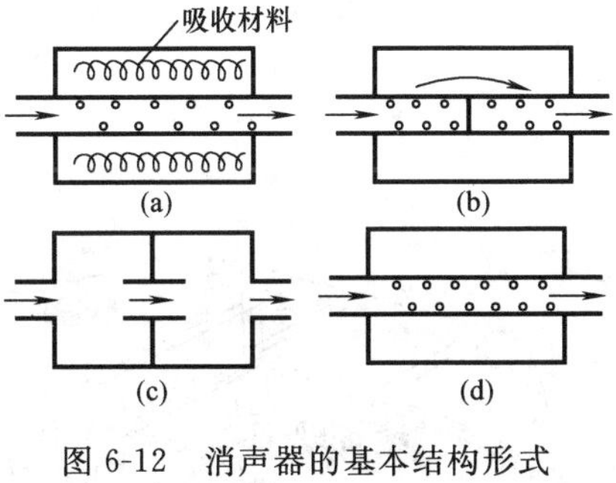

图 6-12　消声器的基本结构形式

(a)吸收式　(b)干涉式　(c)扩张式　(d)共振式

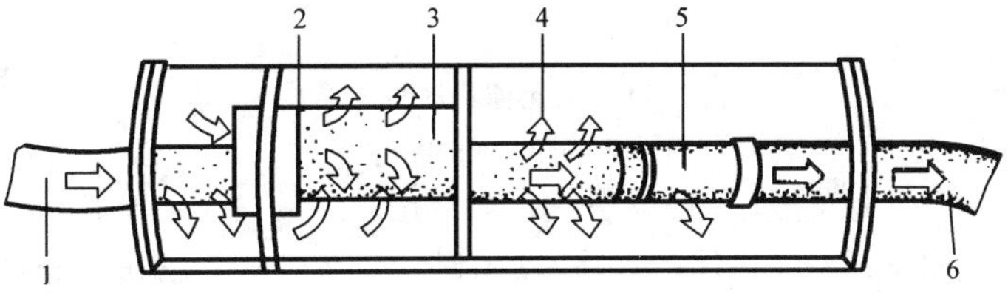

图 6-13　组合式消声器

1—排气管　2—节流管　3—反射管　4—吸收材料　5—干涉管　6—尾管

第三节 排气净化装置

汽车的排放污染物主要有一氧化碳(CO)、碳氢化合物(HC)、氮氧化合物(NOx)和微粒。为了达到日益严格的排放标准,必须对发动机的排气进行净化,以期将这些有害排放物控制在较低的水平。当前汽车上的各种排气净化装置就是为了降低汽车有害污染物的排放而装备的。

一、催化转换器

催化转换器是利用催化剂的作用将排气中的CO、HC和NOx转换为对人体无害的气体的一种排气净化装置,也称做催化净化转换器。

催化转换器有氧化催化转换器和三元催化转换器,以贵金属铂、钯或铑作为催化剂。氧化催化转换器只将排气中的CO和HC氧化为CO_2和H_2O,因此这种催化转换器也称做二元催化转换器,反应需要富氧环境。三元催化转换器可同时减少CO、HC和NOx的排放,它以排气中的CO和HC作为还原剂,把NOx还原为氮(N_2)和氧(O_2),而CO和HC在还原反应中被氧化为CO_2和H_2O。

催化转换器有两种结构形式(图6-14)。一种是颗粒型催化转换器(图6-14a),其内部由100个直径为2～3mm的多孔性陶瓷小球构成反应床,排气从反应床流过。另一种是整体型催化转换器(图6-14b),其内部是一个有很多蜂窝状小孔的陶瓷块,排气从蜂窝状小孔流过。转换器内的陶瓷小球或陶瓷块小孔表面有一层薄薄的铂、钯或铑的镀层。小球或陶瓷块均装在不锈钢外壳内。与颗粒型催化转换器相比,整体型催化转换器有体积小、与排气接触的表面积大和排气阻力小等优点。

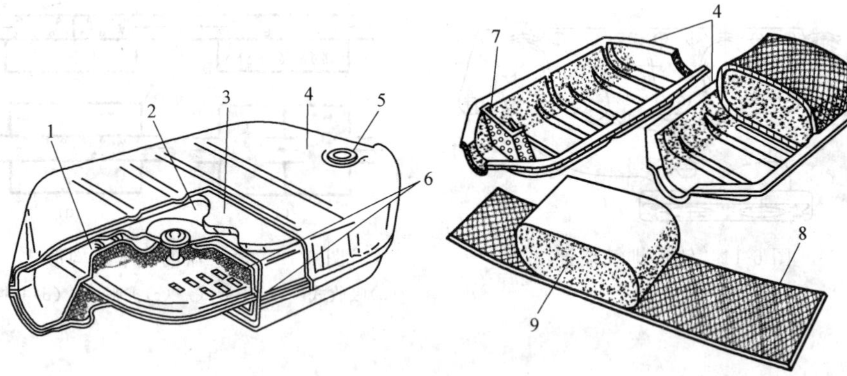

图6-14 三元催化转换器结构
(a)颗粒型 (b)整体型
1—陶瓷小球保持架 2—内壳 3—隔热层 4—外壳 5—填料孔螺塞
6—陶瓷小球 7—分流管 8—金属网 9—带蜂窝状小孔的陶瓷块

催化转换器的使用条件相当严格。首先,装用催化转换器的发动机只能使用无铅汽油。如果使用加铅汽油,铅覆盖在催化剂表面将使催化剂失效。其次,当温度超过350℃时,催化转换器才起催化反应。温度较低时，转换器的转换效率急剧下降。因此，催化转换器都安装在温度较高的排气歧管后面。第三，必须向装有三元催化转换器的发动机供给理论混合比的混合气，才能保证三元催化转换器有较好的转换效果。如果混合气成分不是理论混合比，那么CO和HC的氧化反应或NOx的还原反应不可能进行得很完全。另外，发动机调节不当，如混合气过浓或气缸缺火，都将引起转换器严重过热。

二、柴油机微粒过滤器

微粒是柴油机排放的突出问题。对车用柴油机排气微粒的处理主要采用过滤法。微粒过滤器的滤芯由多孔陶瓷制造，它有较高的过滤效率。排气穿过多孔陶瓷滤芯进入排气管，而微粒则滞留在滤芯上。过滤器工作一段时间后，需及时清除积存在滤芯上的微粒，以恢复过滤器的工作能力和减小排气阻力。为此，在过滤器入口处设置一个燃烧器，通过喷油器向燃烧器内喷入少量燃油，并供入二次空气，利用火花塞或电热塞将其点燃，将滞留在滤芯上的微粒烧掉（图6-15）。

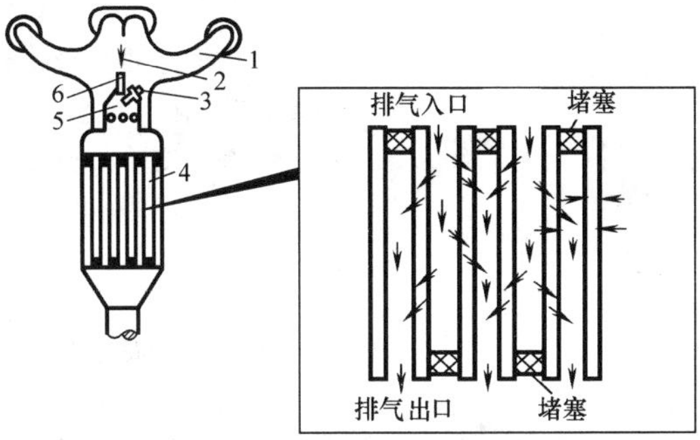

图6-15　柴油机微粒过滤器

1—排气歧管　2—燃油　3—电热塞　4—滤芯　5—燃烧器　6—喷油器

三、排气再循环(EGR)系统

排气再循环是指把发动机排出的部分废气回送到进气歧管，并与新鲜混合气一起再次进入气缸。由于废气中含有大量的CO_2，而CO_2不能燃烧却吸收大量的热，使气缸中混合气的燃烧温度降低，从而减少了NOx的生成量。排气再循环是净化排气中NOx的主要方法。

在新鲜的混合气中掺入废气之后，混合气的热值降低，致使发动机的有效功率下降。为了作到既能减少NOx的排放，又能保持发动机的动力性，必须根据发动机运转的工况对再循环的废气量加以控制。NOx的生成量随发动机负荷的增大而增多，因此再循环的废气量也应随负荷而增加。在暖机期间或怠速时，NOx生成量不多，为了保持发动机运转的稳定性，不进行排气再循环。在全负荷或高转速下工作时，为了使发动机有足够的动力性，也不进行排气再循环。

再循环的废气量由排气再循环(EGR)阀自动控制，EGR阀一般由真空或电磁驱动。图6-16所示的是带排气背压控制的真空EGR阀。在膜片10的上方设有通气阀3，在膜片上加工有通气孔6，当通气阀开启时，膜片室2与大气连通。在通气阀下面装有通气阀弹簧5，使通气阀保持常开。发动机工作时，排气再循环通道内的排气压力经膜片推杆7的中心孔作用在膜片上。当发动机转速较低或节气门开度很小时，排气压力不大，不足以使通气阀关闭。这时由于膜片室与大气连通，致使传到膜片室的真空度被减弱或消除，锥阀8保持关闭（图6-16a）。当排气压力增大时，膜片被推动向上并将通气阀关闭，使膜片室与大气的通路隔断，这时进气管真空度传到膜片室，吸引膜片、膜片推杆和锥阀一起向上提起，使排气再循环通道开启（图6-16b）。

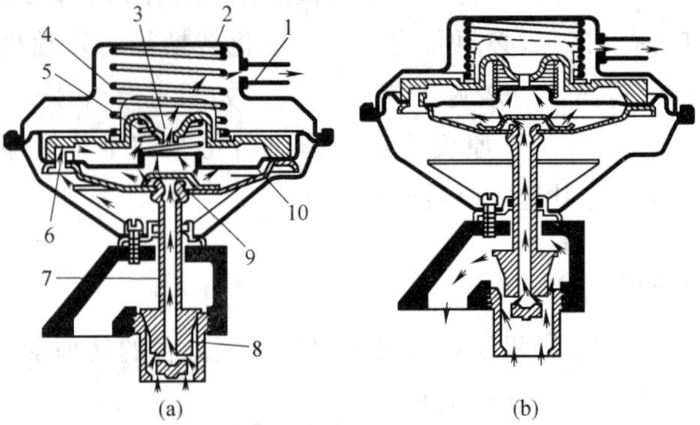

图 6-16 正背压 EGR 阀

1—真空传送管 2—膜片室 3—通气阀 4—膜片弹簧

5—通气阀弹簧 6—通气孔 7—膜片推杆 8—锥阀

9—导流板 10—膜片

第四节 强制式曲轴箱通风系统

在发动机工作时，会有部分可燃混合气和废气经活塞环窜入曲轴箱内。当发动机在低温下运行时，还可能有液态燃油漏入曲轴箱。这些物质如不及时清除，将加速机油变质并使机件受到腐蚀或锈蚀。现代汽车发动机所采用的强制式曲轴箱通风系统就是防止曲轴箱气体排放到大气中的净化装置。

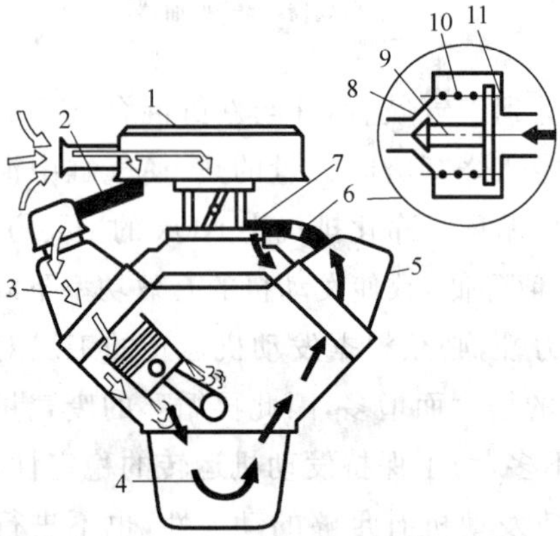

图 6-17 强制式曲轴箱通风系统

1—空气滤清器 2—空气软管 3—新鲜空气 4—曲轴箱气体

5—气缸盖罩 6—PCV 阀 7—曲轴箱气体软管 8—阀体

9—锥形阀 10—弹簧 11—阀座

强制式曲轴箱通风系统又称 PCV 系统，其组成如图 6-17 所示。当发动机工作时，进气管真空度作用到 PCV 阀 6，此真空度还吸引新鲜空气经空气滤清器 1 和空气软管 2 进入气缸盖罩 5 内，再由气缸盖和机体上的孔道进入曲轴箱。在曲轴箱内新鲜空气与曲轴箱气体混合后经气缸盖罩 5、PCV 阀 6 和曲轴箱气体软管 7 进入进气管，最后进入燃烧室烧掉。

PCV 阀在强制通风系统中具有重要的作用，它根据发动机工况的变化自动调节进入气缸的曲轴箱气体的数量。

(1)发动机不工作时，PCV 阀中的弹簧 10 将锥形阀 9 压在阀座 11 上，关闭了曲轴箱与进气歧管的通路。

(2)发动机怠速或减速时，进气管真空度很大，真空度克服弹簧力把锥形阀 9 吸向右端，使锥形阀 9 与阀体 8 之间只有很小的缝隙。因为发动机在怠速或减速工作时，窜入曲轴箱的气体很少，所以 PCV 阀开度虽小，但足以使曲轴箱气体进入进气管。

(3)节气门部分打开时,进气管真空度比怠速时小,在弹簧的作用下锥形阀9与阀体8之间的缝隙增大。因为此时发动机的负荷增大,窜入曲轴箱的气体较多,所以较大的PCV阀开度可以使所有的曲轴箱气体被吸入进气管。

(4)发动机在大负荷工作时,节气门大开,进气管真空度较小,弹簧将锥形阀9进一步向左推移,使PCV阀的开度更大,以通过大负荷时产生的大量曲轴箱窜气。

(5)进气管回火时,进气管压力增高,锥形阀9落在阀座11上,如同发动机不工作时一样,以防止回火进入曲轴箱而引起发动机爆炸。

当活塞或气缸严重磨损时,将有过多的气体窜入曲轴箱,这时即使PCV阀开度最大也不足以使这些气体都流入进气管。在这种情况下,曲轴箱压力将会升高,部分曲轴箱气体经空气软管进入空气滤清器,再随同新鲜空气一起流入气缸。

思　考　题

1. 空气滤清器有哪几种结构形式？各有何特点？

2. 为什么发动机在大负荷和高转速时应装备粗短的进气歧管,而在低转速和中、小负荷时应装备细长的进气歧管?

3. 内燃机常用的排气净化措施有哪些?

4. 催化转换器对排气是如何净化的?

5. 在什么情况下不进行排气再循环,为什么?

第七章　冷却系统

第一节　冷却系统的功用及分类

一、冷却系统的功用

发动机工作时，气缸内燃烧气体的温度可高达2200～2800K（汽油机），使发动机的零件温度升高，如果对发动机不及时地进行冷却，将不能保证其正常工作，发动机过热或过冷都会给发动机带来危害。

若冷却不足，会使发动机过热，将造成：(1)气缸充气量减少，使发动机功率下降；(2)早燃和爆燃的倾向加大，使零件承受额外冲击而降低其寿命；(3)运动件受热膨胀，其正常间隙被破坏，磨损加剧，甚至卡死；(4)润滑油黏度减小，润滑油膜易破裂从而加剧零件的磨损。

若冷却过度，会使发动机过冷，将导致：(1)热量散失过多，使转变成有用功的热量减少，导致发动机功率下降；(2)润滑油黏度增大，造成润滑不良而加剧零件的磨损；(3)由于混合气与温度较低的气缸壁接触，使其中原已气化的燃油又重凝结而流入曲轴箱内，不仅增加燃油消耗，而且使机油变稀从而影响润滑，结果导致发动机功率下降，零件磨损加剧。

因此，发动机冷却要适度。发动机冷却系统的功用就是保证发动机在适宜的温度下工作。

二、冷却系统的分类

发动机的冷却系统按冷却介质的不同可分为两类：

1. 水冷系统

水冷系统是以冷却液为冷却介质，通过冷却液在发动机水套中强制循环流动而吸收多余的热量，再将此热量散入大气而进行冷却的一系统列装置。水冷系统因冷却强度大，便于冬季汽车启动而广泛应用于汽车发动机。

2. 风冷系统

风冷系统是将发动机中高温零件的热量，通过装在气缸体和气缸盖表面的散热片直接散入大气中而进行冷却的一系列装置。风冷系统冷却效果差、噪声大和功率消耗大，因此仅有少数汽车发动机采用风冷系统。

第二节　水冷系统的构造和工作原理

一、冷却系统的组成

目前汽车发动机上多采用强制循环式水冷却系统，即利用水泵提高冷却液压力，强制冷却液在发动机冷却系统中循环流动。如图7-1所示，强制循环水冷却系统一般由水泵5、散热器13、冷却风扇4、补偿水桶1、水套7和9、百叶窗12、节温器6等组成。

二、冷却系统的工作原理

冷却系统的工作过程如图 7-1 所示。冷却液在水泵 5 中加压后，经分水管 10 进入气缸体水套 9 内，冷却液从水套壁周围流过并从水套壁吸热而升温，然后向上流入气缸盖水套 7，从气缸盖水套壁吸热之后经节温器 6 及散热器进水软管流入散热器 13，由于风扇的强力抽吸，空气流从前向后高速流过散热器，不断地将流经散热器的冷却液的热量带走。冷却后的冷却液由水泵从散热器底部重新泵入水套，实现冷却液在冷却系统中的不断循环。从而保证了发动机高温零部件的温度得以控制。

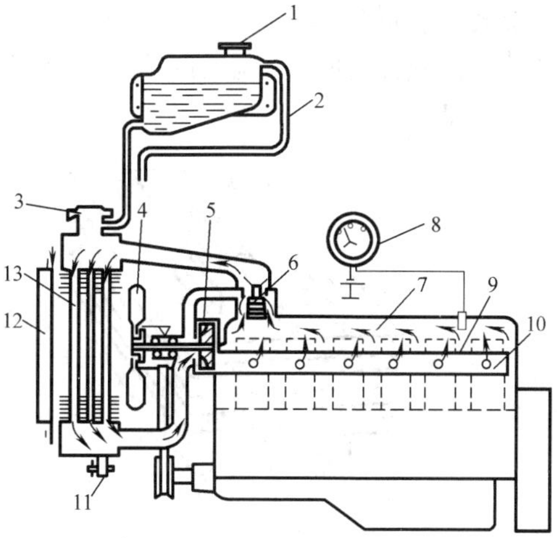

图 7-1　水冷却系统的组成与水路

1—补偿水桶　2—通气管　3—散热器盖　4—冷却风扇　5—水泵　6—节温器　7—气缸盖水套　8—水温表　9—气缸体水套　10—分水管　11—放水阀　12—百叶窗　13—散热器

第三节　水冷系统主要零部件的构造和工作原理

一、散热器

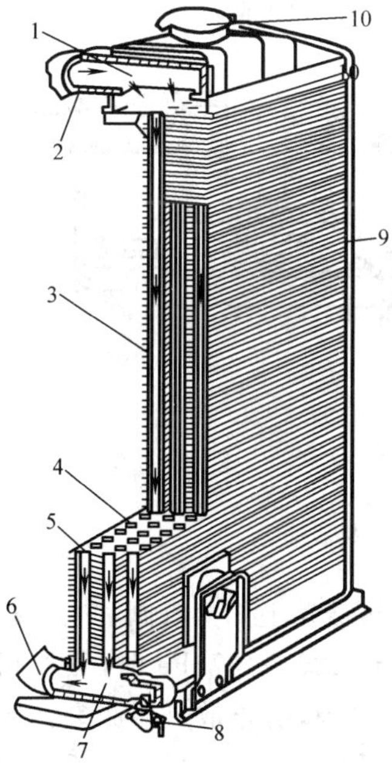

图 7-2　散热器结构

1—上贮水室　2—冷却液进口管　3—散热器芯部　4—散热管　5—散热片　6—冷却液出口管　7—下贮水室　8—放水阀　9—框架　10—散热器盖

散热器的主要功用是将水套出来的热的冷却液自上而下或横向分成许多小股，并将其热量散发到大气中，使冷却液温度降低。为此，散热器必须有足够的散热面积。

散热器通常置于车辆前端横梁上，装在风扇前面，散热器的构造如图 7-2 所示，由上、下两个贮水室 1、7 和框架 9、散热器芯部 3、散热器盖 10 以及冷却液进、出口管 2、6 和放水阀 8 等组成。上贮水室装有散热器的进水管，通过橡胶管与气缸盖出水管连接。来自气缸的高温冷却液进入上贮水室后经芯部的散热管冷却到达下贮水室，由出水软管流出，吸入水泵。上、下贮水室与散热器芯部焊接在一起，在上贮水室设有加水口，冷却液由此注入整个冷却系统，平时用散热器盖盖住，防止冷却液溅出。

散热器芯部是散热器的主要散热部分，常用的结构形式有两种：

(1)管片式芯部(图 7-3a)　其散热器芯由若干扁形冷却管 1 构成，也有使用圆管的，如桑塔纳轿车和依维柯轻型汽车就采用了全铝合金圆形冷却管散热器。

散热片 3 套装在扁形冷却管周围以增大散热面积及增加整个散热器的刚度和强度。空气吹过扁形冷却管和散热片，使管内流动的冷却液得到冷却。管片式散热器因结构刚度较好而广泛应用于汽车发动机上。

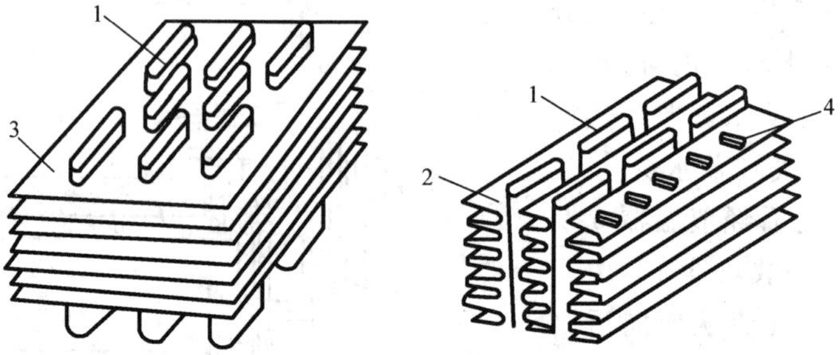

图 7-3 散热器芯示意图

(a)管片式 (b)管带式

1—冷却管 2—散热带 3—散热片 4—孔

(2)管带式芯部(图 7-3b) 管带式芯部是由扁平冷却管 1 与呈带状并折叠成波纹形的散热带 2 焊接而成，冷却管与散热带相间排列，在散热带上常开有形似百叶窗的孔 4，以破坏气流在散热带表面上的附面层，提高散热能力。管带式散热器芯的优点是散热能力强、制造工艺简单和质量小。由于散热带与冷却管是靠装在一起而不是套装成一个整体，因此其整体刚度不如管片式芯部的好。空气流动阻力稍大，一般在使用条件比较好的轿车上使用。但随着路况的不断改善，其应用将日益增多，如解放 CA1091 型载货汽车散热器芯即采用管带式的。

如图 7-4 所示，散热器盖由蒸汽阀 2、空气阀 3、蒸汽排出管 1 等组成。

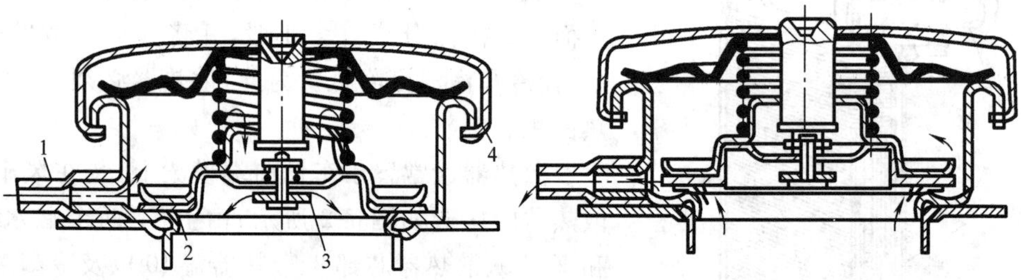

图 7-4 带蒸汽—空气阀的散热器盖

(a)空气阀开启 (b)蒸汽阀开启

1—蒸汽排出管 2—蒸汽阀 3—空气阀 4—散热器盖

发动机工作时，当冷却系统内的压力在规定范围内时，散热器盖上的蒸汽阀和空气阀均处于关闭状态，冷却系统与外界大气不通。当散热器内压力达到 126～137kPa 时，蒸汽阀开启(图 7-4b)，高温、高压的蒸汽及冷却液顺蒸汽排出管排入补偿水桶，防止散热器胀裂。压力达到规定值以内时，蒸汽阀在压力弹簧的作用下重新关闭。当冷却液温度下降，冷却系统内部的压力低于 10～20kPa 时，空气阀开启，补偿水桶中的冷却液部分流回散热器，空气从蒸汽排出管进入冷却系统(图 7-4a)，防止散热器被大气压力压坏，当散热器内的压力恢复至接近大气压力时，空气阀在弹簧作用下关闭。补偿水桶外表面刻有“低”线和“高”线，补偿水桶内液面应位于两刻线之间。

二、风扇

风扇通常安装在散热器的后面并与水泵同轴驱动，用来提高流经散热器的空气流速和流量，增强散热器的散热能力，同时对发动机其他附件也有一定的冷却作用。

风扇的扇风量主要取决于风扇的直径、转速、叶片形状及安装角等。

目前车用水冷发动机大多采用轴流式风扇（图 7-5）。风扇叶片多用薄钢板压制而成，数目为 4～6 片。为减小叶片旋转时的振动和噪声，叶片之间的夹角一般不相等。叶片与其旋转平面成 30°～45°的安装倾斜角，借以产生吸风能力，使空气沿轴向流动。在轿车及轻型载货汽车上还常使用翼形断面的整体风扇，由铝合金、尼龙等材料制成（图 7-5c），可提高风扇的效率，减小功率消耗，降低噪声。

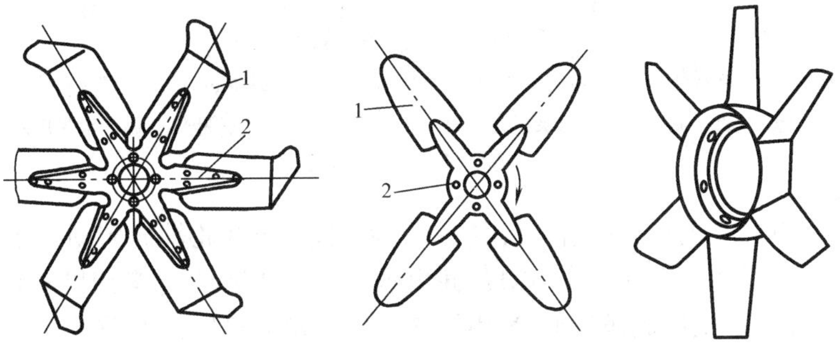

(a)　(b)　(c)

图 7-5　风扇型式

(a)叶尖前弯的风扇　(b)尖窄根宽的风扇　(c)尼龙压铸整体风扇

1—叶片　2—连接板

近年来，有的轿车采用了以蓄电池为动力的电动风扇，其转速与发动机的转速无关。电动机的开关由位于散热器上的温度传感器控制，需要风扇工作时自行起动。这种风扇无动力损失，结构简单，布置方便。

三、水泵

水泵的功用是将冷却系统内的冷却液加压，使冷却液在气缸套和气缸盖的水套、散热器内进行循环（根据冷却液温度高低来确定）。

目前车用发动机绝大多数使用离心式水泵，其结构如图 7-6a 所示。它主要由固定的水泵壳体 10 和安装在水泵轴 2 上的旋转叶轮 12 和水封（夹布胶木垫圈 3、水封弹簧 11、水封皮碗 13）组成。叶轮常有 6～8 个直叶片或弯曲叶片，一般是铝合金压铸件，与水泵轴过盈配合。常见的是水泵安装在发动机前端，大多与风扇同轴，由曲轴通过传动带驱动。

水泵叶轮旋转时，水泵中的冷却液被叶轮带动一起旋转，并在离心力的作用下甩向叶轮外缘，进入泵体的壳内，经壳体上与叶轮成切线方向的出水管 16 被压送到发动机水套中，实现了冷却液在冷却系统的内循环。此时水泵叶轮的中心处（即入口处）压力降低，形成低压区，将冷却液从散热器下贮水室或气缸盖出水口的旁通管吸入，冷却液得以在冷却系统内连续不断地流动，如图 7-6b 所示。

图 7-7 为东风 EQ1090E 型汽车的 6100Q-I 型发动机所用离心式水泵的装配图。水泵轴 12 通过两个球轴承 11 支承在水泵外壳 1 上，轴承间通过隔离套管 16 定位。水泵轴的一端铣

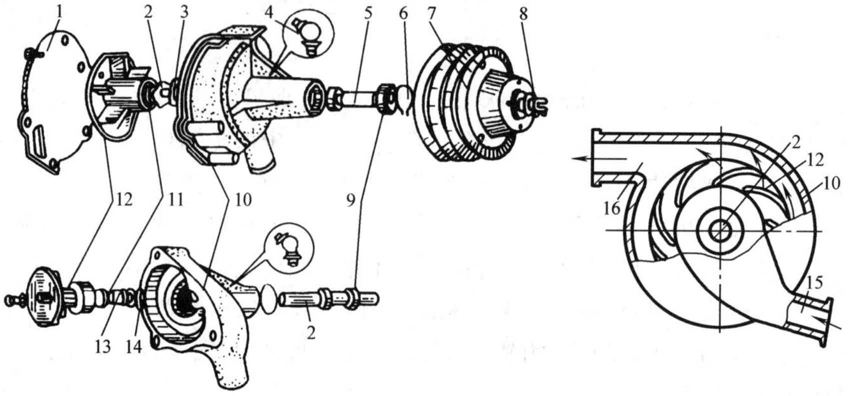

图 7-6　离心式水泵

1—水泵盖　2—水泵轴　3—夹布胶木垫圈　4—油嘴　5—轴承限位套筒　6、14—锁环　7—带轮
8—螺母　9—轴承　10—水泵泵壳　11—水封弹簧　12—旋转叶轮　13—水封皮碗
15—进水管　16—出水管

削成两个平面，与叶轮 2 的孔相配合，并用螺钉 5 紧固，以防叶轮轴向窜动。水泵轴的另一端用半圆键 13 与风扇带轮的凸缘盘 14 连接，并用槽形螺母锁紧，凸缘盘用以安装风扇带轮。水泵壳体多用铸铁或铝合金制成涡壳形状，用螺栓固定在发动机缸体的前端面上。泵盖 9 与衬垫 8 用螺钉装在泵壳后面，泵盖上有出水孔，泵壳上有进水孔 A，用橡胶管与散热器出水管相

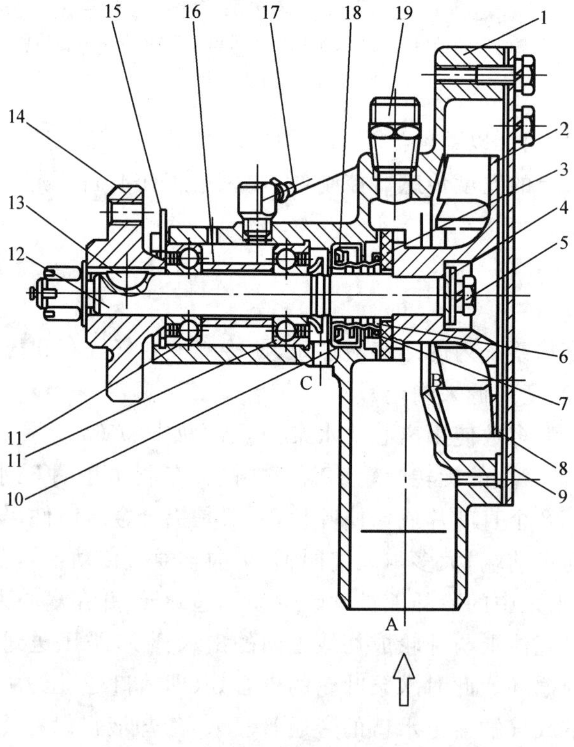

图 7-7　6100Q-I 型发动机的离心式水泵

1—水泵外壳　2—叶轮　3—夹布胶木密封垫圈　4—密封垫圈　5—螺钉　6—水封皮碗　7—弹簧　8—衬垫　9—泵盖
10—水封座圈　11—球轴承　12—水泵轴　13—半圆键　14—凸缘盘(供安装带轮和风扇用)　15—轴承卡环
16—隔离套管　17—滑脂嘴　18—水封环　19—管接头(接气缸盖出水管，供冷却液小循环用)

连。泵壳上面有旁通孔与气缸盖上的出水管连接。当冷却液温度低于349K(76℃)时，部分冷却液由此直接进入水泵。泵壳内是叶轮的工作室，通常铸有隔板把工作室分成进、出水两腔室。进水室B与进水孔、旁通孔相通，出水室(图中未画出)由出水孔与水套相连。当叶轮转动时，冷却液由水泵进水口A进入水泵内腔B，然后经出水腔进入发动机缸体水套。

在叶轮的前端装有水封装置，其通常由密封垫圈4、水封皮碗6和弹簧7等组成。夹布胶木密封垫圈3套在水泵轴上，垫圈上的两个凸缘卡在泵壳水封座的缺口内防止转动，起到定位作用。水封座圈压入外壳内，皮碗用弹簧压紧在垫圈和铜制水封座圈10之间，密封其端面。而另一端压在夹布胶木密封垫圈上，夹布胶木密封垫圈又压在水泵叶轮毂的端面上，以防止水泵内腔的水向前渗出。

离心式水泵具有尺寸小、质量轻、出水量大和结构简单等优点，因此目前广泛应用于汽车发动机上。

四、冷却强度调节装置

汽车发动机冷却系统通常根据发动机在某一常用工况下得到可靠的冷却而设计的，而发动机冷却强度受使用条件的影响，因此发动机的冷却强度应该随其环境条件和运行工况的变化进行调节。常用的冷却强度调整方法有两种：一是改变流经散热器的空气流量和流速，其中包括百叶窗、风扇离合器和电动风扇；二是改变冷却液的流量和循环路线，主要通过使用节温器来实现。

1. 改变流经散热器的空气流量和流速的装置

(1)百叶窗　百叶窗的功用是通过调节流经散热器的空气量来调节冷却系统的冷却强度，使发动机始终在合适的温度下工作。

货车和大型客车在散热器前面安装百叶窗，由许多片活动挡板组成。挡板垂直或水平安装，一般由汽车驾驶员通过装在驾驶室内的手柄操纵调节挡板的开度。也有的发动机则采用调温器自动控制百叶窗的开度。

(2)风扇离合器　汽车在行驶过程中，由于环境条件和运行工况的变化，发动机的热状况也在改变。据统计，轿车用发动机水冷却系统只有25%的时间需要风扇工作，而在冬天仅5%的时间需要风扇工作，大部分时间不需要风扇工作。因此现代汽车发动机上装有风扇的驱动控制装置，借以控制风扇的接合与分离，从而可以降低风扇功率消耗，减少噪声和磨损，防止发动机过冷，降低污染，节约燃料。目前汽车发动机普遍采用硅油风扇离合器。

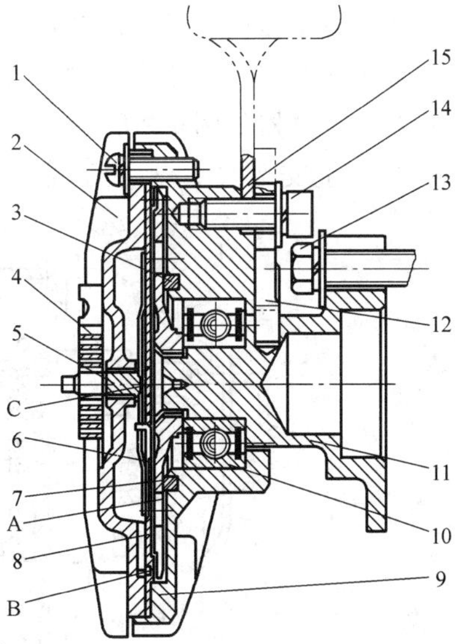

图7-8　硅油风扇离合器

1—螺钉　2—前盖　3—毛毡密封圈　4—双金属感温器　5—阀片轴　6—阀片　7—主动板　8—从动板　9—壳体　10—轴承　11—主动轴　12—锁止板　13—螺栓　14—内六角螺钉　15—风扇　A—进油孔　B—回油孔　C—漏油孔

硅油风扇离合器的结构如图7-8所示，主动板7铆接在主动轴11的端部，主动轴与水泵轴相连。螺钉1将风扇离合器的前盖2、壳体9和从动板8三者组成一体，靠轴承10支撑在主动轴上。风扇15安装在壳体上。从动板和前盖之间的空腔为贮油腔，其中装有硅油(油面低于轴中心线，加入硅油的总量为17mL)。从动板与壳体之间的空腔为工作腔。主动板与工作腔壁有一定间隙，用毛毡圈密封，防止硅油漏出。从动板上有进油孔A，平时由阀片6关闭。若将阀片偏转一定角度，进油孔即可打开。阀片的偏转靠离合器前端的螺旋状双金属感温器4控制。双金属感温器处于散热器后部，感受通过散热器后的冷却空气的温度。从动板外缘有回油孔B，中心有漏油孔C，以防静态时从阀片轴周围泄漏硅油。

当发动机冷起动或在小负荷下工作时，通过散热器的气流温度不高于35℃时，流经散热器内的冷却液温度低或者几乎没有冷却液流过散热器。从动板8上的进油孔A被阀片6关闭，这时贮油腔内的硅油不能进入工作腔，因此工作腔内没有硅油。主动板7的旋转运动不能传给从动板，风扇离合器处于分离状态。这时风扇不转或在毛毡密封圈3及轴承10的摩擦力作用下转得很慢。

当发动机在中、大负荷下工作时，进入散热器中的冷却液温度升高，通过散热器的冷却气流温度大于65℃时，热空气吹在双金属感温器4上使螺旋形双金属片发生变形，并带动阀片轴5使阀片6转过一定的角度，从动板上的进油孔被打开，硅油从贮油腔通过进油孔进入工作腔，并流进从动板与主动板以及主动板与壳体之间的间隙内。由于硅油黏度很大，因此主动板可以通过硅油带动从动板、壳体以及风扇一起高速旋转，这时离合器处于结合状态，进入工作腔的硅油在离心力的作用下被甩向外缘，经回油孔B流回贮油腔，再经进油孔流回工作腔，如此循环不止。当吹过散热器的空气温度降低到35℃以下时，感温器操纵阀片将进油孔封闭。这时硅油不再流入工作腔，先前流入工作腔的硅油在离心力作用下返回贮油腔，直到甩空为止，离合器又处于分离状态。

2. 改变冷却液的流量和循环路线的装置

一般通过节温器调节通过散热器的冷却液流量和循环路线，实现对冷却液温度的自动控制。目前常用的节温器为蜡式双阀节温器。

蜡式双阀节温器如图7-9所示，节温器的上支架3和下支架7与阀座5铆在一起，中心杆11上端固定在上支架的中心，其下部插入橡胶管4的中心孔内，中心杆下端呈锥形。橡胶管

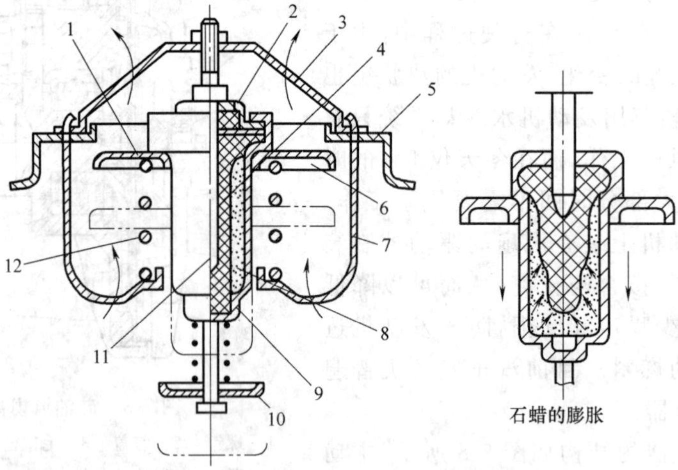

图7-9 蜡式双阀节温器

1—主阀门 2—上盖和密封垫 3—上支架 4—橡胶管 5—阀座 6—通气孔 7—下支架 8—石蜡 9—感应体 10—旁通阀 11—中心杆 12—弹簧

与感应体 9 的外壳之间的空腔里装有石蜡 8。为了提高导热性，石蜡中常掺有铜粉和铝。为防止石蜡外溢，外壳上端向内卷边，并通过上盖和密封垫 2 将橡胶管压紧在感应体壳的台肩上。外壳上下部有联动的主阀门 1 和旁通阀 10。主阀门上有通气孔 6，它的作用是在加冷却液时使水套内的空气经小孔排出，保证能加满冷却液。

常温下石蜡呈固态，冷却液温度低于 349K(76℃)时，主阀门完全关闭，旁通阀完全开启，由气缸盖出来的冷却液经旁通管直接进入水泵，故称小循环(图 7-10a)。由于冷却液只是在水泵和水套之间流动，不经过散热器，且流量小，所以冷却强度弱。

当发动机冷却液温度达到 349K(76℃)左右时，石蜡逐渐变成液态，体积随之增大，迫使橡胶管收缩，从而对中心杆下部锥面产生向上的推力。由于杆的上端固定，故中心杆对橡胶管及感应体产生向下的反推力，克服弹簧 12 的张力，使主阀门逐渐打开，旁通阀开度逐渐减小。

当发动机内冷却液温度升高到 359K(86℃)，主阀门完全开启，旁通阀完全关闭，冷却液全部流经散热器，称为大循环(图 7-10b)。由于此时冷却液流动路线长和流量大，因此冷却强度强。

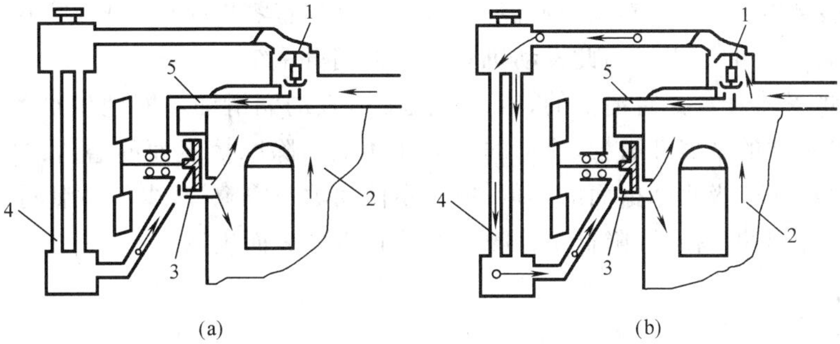

图 7-10　冷却液大小循环

(a)小循环　(b)大循环

1—双阀节温器　2—水套　3—水泵　4—散热器　5—旁通管

当冷却液温度在 349～359K(76～86℃)之间时，大、小循环同时进行。

节温器在冷却系统内的布置有两种方式：一种布置在气缸盖的出水管路上；另一种是布置在气缸体进水管路上。前者为广泛采用的一种布置方式，结构简单，处于冷却系统的最高处，易于排除气泡，但在冷起动和寒冷地区高速行车时，易出现节温器反复开闭的振荡现象，易损坏节温器，并使油耗增加。后者则易于控制冷却液温度，减少节温器的振荡，特别适于冬季或寒冷地区高速行驶的车辆，但排气困难，需在冷却液通道中设置几个排气孔，结构相对复杂。

蜡式节温器的工作介质为石蜡，在固相与液相之间转变，基本可以视为不可压缩介质，因此对冷却系统内的压力变化不敏感，工作可靠性高，使用寿命长，结构简单，制造方便，成本较低。

思　考　题

1. 发动机为什么要冷却？最佳水温范围一般是多少？
2. 水冷却系统中为什么要装节温器？什么叫大循环？什么叫小循环？
3. 冷却系统中冷却液温度过高或过低有哪些危害？
4. 为什么要采用风扇离合器？试述硅油风扇离合器的工作原理。

第八章　发动机润滑系统

第一节　概　　述

一、润滑系统的功用

发动机工作时，相对运动的零件表面之间的直接接触，不仅增大了发动机内部的机械损耗，而且增加了发动机的功率消耗，加速了零部件的磨损，使零部件发热，甚至导致工作表面烧损。因此，为保证发动机的正常工作，必须对相对运动的表面进行润滑，即在两零件的工作表面之间加入一层润滑油（机油），使金属表面间形成油膜，将零件完全隔开，减小摩擦阻力，降低功率消耗和减轻机件的磨损。为此发动机必须设置润滑系统。

润滑系统的基本任务是将清洁的、压力和温度适宜的润滑油不断地供给各运动零件的摩擦表面，以减少零件的摩擦和磨损，流动的润滑油还能清除摩擦表面的磨屑、尘砂和积炭等杂质。此外，润滑油还能吸收摩擦面的热量，填充零件间隙与空隙，减少气体泄漏，帮助活塞环加强密封，减缓零件间冲击振动，降低工作噪声及防止零件表面生锈。

二、润滑方式

由于发动机传动件的工作条件不同，因此对负荷及相对运功速度不同的传动件采用不同的润滑方式。现代汽车发动机润滑多采用压力润滑与飞溅润滑相结合的综合润滑方式。

1. 压力润滑

压力润滑是将润滑油以一定压力输送到摩擦面间隙中形成油膜润滑的方式。压力润滑主要用于负荷大和相对运动速度高的摩擦面，如主轴承、连杆轴承、凸轮轴轴承和配气机构摇臂轴等处。

2. 飞溅润滑

飞溅润滑是利用发动机工作时运动零件飞溅起来的油滴或油雾来润滑摩擦表面。该方式主要用于外露表面和负荷较小的摩擦表面，如气缸壁、活塞销、凸轮、挺柱、偏心轮和连杆小头等。

此外，对于一些负荷较小的发动机的辅助装置，如水泵、起动机和分电器轴等，只需定期定量地加注润滑脂即可。它不属于润滑系统的工作范畴。近年来有的发动机采用含有耐磨润滑材料（如尼龙和二硫化铝等）的轴承来代替加注润滑脂的轴承。

三、润滑系统的组成

润滑系统的组成如图 8-1 所示，主要包括：油底壳 1、机油集滤器 2、机油泵 3、机油滤清器 6、主油道 9、分油道 10（通向凸轮轴轴承）、上油道 8（通向摇臂轴），此外还有机油散热器、机油压力表、机油压力传感器、限压阀和旁通阀等。

(1)机油泵　保证润滑油在润滑系统内循环流动，并在发动机任何转速下都能以足够高的压力向润滑部位输送足够数量的润滑油。

(2)机油滤清器　滤出润滑油中的金属磨屑、机械杂质和润滑油氧化物。

(3)机油集滤器　用金属丝编织的滤网,是润滑系统的进口,用来滤除润滑油中粗大的杂质,防止其进入机油泵。

(4)油底壳　存储润滑油的容器。

(5)机油散热器　在热负荷较高的发动机上装备有机油冷却器,用来降低润滑油的温度。

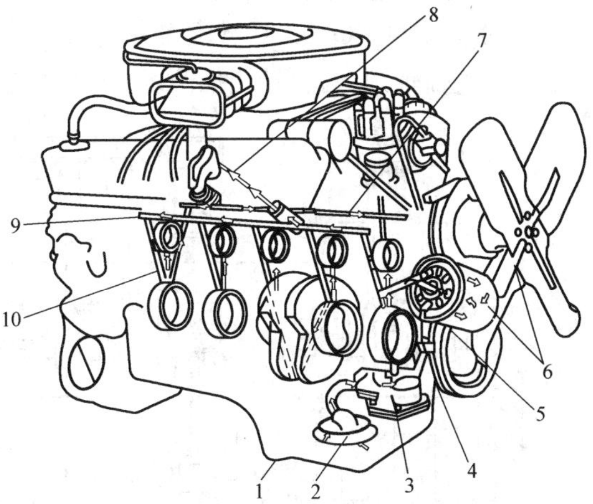

图 8-1　润滑系统的组成

1—油底壳　2—机油集滤器　3—机油泵　4—机油滤清器进油道　5—机油滤清器出油道　6—机油滤清器　7—回油道　8—上油道(通向摇臂轴)　9—主油道　10—分油道(通向凸轮轴轴承)

第二节　润滑系统油路

汽车发动机的润滑油路大致相同,只是由于各种车型的具体结构不同而稍有差别。

一、汽油机润滑油路

图 8-2 为上海桑塔纳轿车 1.8L 汽油发动机的润滑系统油路。当发动机工作时,润滑油从油底壳 4 经集滤器 3 初步过滤后进入机油泵 2,机油经机油泵提高压力后进入机油滤清器 7,如果油压过高,则润滑油经机油泵上的溢流阀 6 返回机油泵入口。全部润滑油经滤清器滤清之后进入主油道 8。滤清器盖上设有旁通阀 1,当滤清器堵塞时,润滑油不经滤清器滤清,而由旁通阀直接进入主油道。润滑油经主油道进入 5 条分油道,分别润滑 5 个主轴承。然后经曲轴内的斜油道流入 4 个连杆轴承润滑曲柄销,机油再经过连杆杆身的油道润滑活塞销,并对活塞进行喷油冷却。主油道中的部分润滑油经第 6 条分油道供入中间轴 11 的后轴承,中间轴的前轴承由机油滤清器出油口的一条油道供油润滑。主油道的另一条分油道直通凸轮轴轴承润滑油道,再通过 5 条分油道分别润滑 5 个凸轮轴轴承。在凸轮轴轴承润滑油道的后段装有最低润滑油压力报警开关。当发动机起动之后,润滑油压力较低,压力报警开关闭合,油压指示灯亮。当润滑油压力大于 0.03MPa 时,低压油压开关断开,警告灯自动熄灭。在机油滤清器上也装有润滑油压力开关。当发动机转速超过 2150r/min 时,如果机油压力低于 0.18MPa,则开关闭合,机油压力警告灯闪烁,蜂鸣器也同时报警。

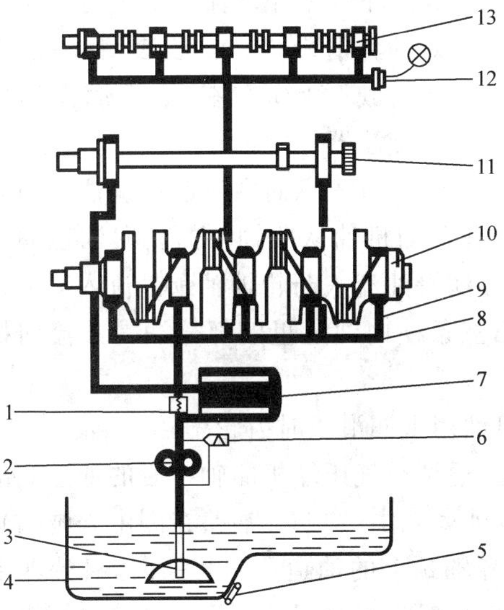

图 8-2　上海桑塔纳轿车发动机润滑系统油路

1—旁通阀　2—机油泵　3—集滤器　4—油底壳　5—放油塞　6—溢流阀　7—机油滤清器　8—主油道　9—分油道　10—曲轴　11—中间轴　12—限压阀　13—凸轮轴

一汽奥迪、捷达、高尔夫、宝来轿车发动机的润滑系统油路与上海桑塔纳轿车完全相同。

图 8-3 为东风 EQ1090E 型汽车发动机润滑系统。它采用综合润滑方式，曲轴主轴颈、连杆轴颈、凸轮轴轴颈、凸轮轴止推凸缘、正时齿轮和分电器传动轴等均采用压力润滑，活塞、活塞环、活塞销、气缸壁、气门、挺杆和凸轮等采用飞溅润滑。

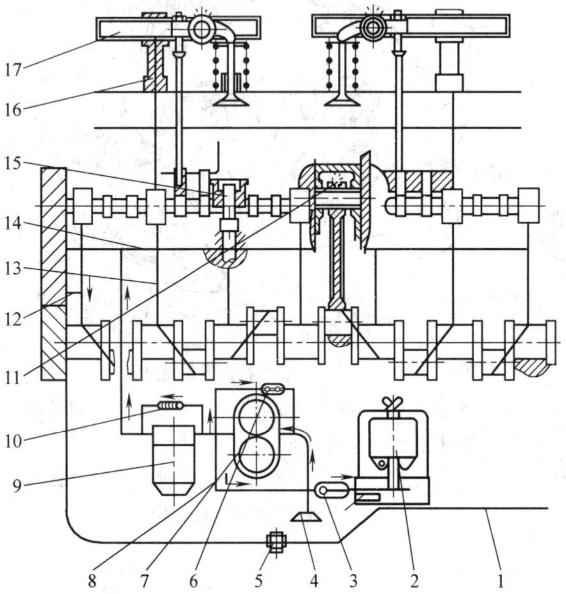

图 8-3　东风 EQ6100-Ⅰ型发动机润滑系统示意图

1—油底壳　2—机油细滤器　3—机油细滤器进油限压阀　4—固定式集滤器　5—磁性放油螺塞　6—限压阀　7—机油泵　8—油管　9—机油粗滤器　10—机油粗滤器旁通阀　11—连杆小头油道　12—喷油嘴　13—横向油道　14—纵向主油道　15—机油泵传动轴　16—上油道　17—摇臂轴

发动机工作时，机油泵 7 将油底壳 1 内的润滑油经固定集滤器 4 初步过滤掉较大的机械杂质后分成两路：大部分机油经机油粗滤器 9 进一步滤去较大的机械杂质，流入纵向主油道 14，另有一小部分润滑油（10%～15%）经机油细滤器的进油限压阀 3 流入机油细滤器 2 内，滤去较细的杂质和胶质后流回油底壳。当机油泵出油压力低于 0.1MPa（本例是此值）时，机油细滤器进油限压阀 3 关闭，以保证机油全部进入主油道。细滤器、粗滤器及主油道并联。虽然采用并联每次经细滤器的油量较少，但润滑油经过不断地循环流动仍然可以取得良好的滤清效果。实践表明，一般汽车每行驶 50km 左右，全部润滑油便通过细滤器一次。

进入纵向主油道的机油经曲轴箱上的 7 条并联的横向油道 13 分别润滑主轴颈。经主轴颈的机油从曲轴中的斜向油道润滑连杆轴颈。其中，第一、二、四、六和七横向油道里的部分润滑油流入凸轮轴轴颈。流入第五道凸轮轴轴承座孔处的润滑油从轴颈上的泄油孔流出，第三条横向油道里的部分润滑油流向机油泵传动轴 15 和分电器传动轴。使这些摩擦表面得以润滑。

由第一条横向油道通过喷油嘴 12 喷射出去的机油用来润滑正时齿轮副。

在第一、二条横向油道之间用油管从主油道接出，通到空气压缩机曲轴中心的油道润滑空气压缩机的曲轴轴颈和连杆轴颈，然后由回油管回到油底壳中（这一支油路在图中未画出）。

当连杆大头对着凸轮轴一侧的小孔与曲轴的连杆轴颈上的油道孔口相通时，机油即由此小孔喷向凸轮表面、气缸壁及活塞等部。其中，润滑推杆球头与气门端的机油顺着推杆表面流到杯形挺杆内，再由挺杆下部的油孔流出，与飞溅的机油共同来润滑凸轮的工作面。飞溅到活塞内部的机油溅落在连杆小头的切槽内，以润滑活塞销。

凸轮轴的第二、四个轴径上设计有两个不通的半圆形节流槽，润滑油经该槽间歇地通过摇臂轴的第一、四支座上的油道输送到两个中空带孔的摇臂轴内，以润滑摇臂孔。

在主油道中还装有机油压力表传感器和机油油压过低的警告灯传感器，并通过导线分别与驾驶室中的机油压力表和机油压力过低警报灯连接，以测量油压及显示润滑系统的工作状态，便于驾驶员掌握车辆润滑系统的工作情况。正常油压应为 0.1～0.4MPa。当主油道内的油压低于 0.1MPa 时，机油压力过低传感器接通并报警。

在机油泵端盖内设置的有柱塞式限压阀 6，用于限制润滑系统的最高油压。如果润滑系统中油压过高（如在冷机起动时，机油黏度大，就有可能出现油压过高的现象），则将增加发动机功率损失，润滑系统的密封处可能漏油，飞溅到活塞与气缸壁的机油量过大从而引起润滑油窜入燃烧室，造成有害排放的增大。因此，当机油泵出油压超过 0.6MPa 时，作用在阀上的机油总压力将超过限压阀弹簧的预紧力，顶开柱塞阀后而使一部分机油流回到机油泵的进油口，使润滑系统内的油压保持正常值。弹簧预紧力可用增加或减少垫片的办法来调整。

东风 EQ6100-Ⅰ型发动机润滑系统中，在机油细滤器的下面还设置了可接机油散热器的阀门。机油散热器一般安装在冷却液散热器的前面。在酷热季节，当发动机长时间在大负荷、高转速下工作时，驾驶员可将阀门打开，使部分机油流入机油散热器进行散热。在寒冷季节或在气温低于 20℃的情况下，汽车行驶于好路面上时，须将阀门关闭。为保证主油道油压不过低，通往散热器的通路是否开通也受到机油细滤器进油限压阀 3 的控制。

二、柴油机润滑油路

由于柴油机与汽油机的结构和工作条件不一样，其润滑系统的组成和油路也各有不同。柴油机的机械负荷和热负荷较大，其活塞一般专设油道进行冷却，所配用的喷油泵、调速器和增压器等也需要润滑，因此要求柴油机的润滑强度较高。为了保证润滑系统能够可靠工作，通常设有机油散热器。由于柴油机不需要驱动分电器，所以机油泵可安装在曲轴箱内第一道或第二道主轴承盖处，由曲轴正时齿轮直接或间接驱动。这样可使机油泵的转速等于或高于发动机转速，以满足柴油机高强度润滑的需要。

图 8-4 所示为 6135Q 型柴油机润滑系统油路。其特点是：机油细滤器与粗滤器并联，机油

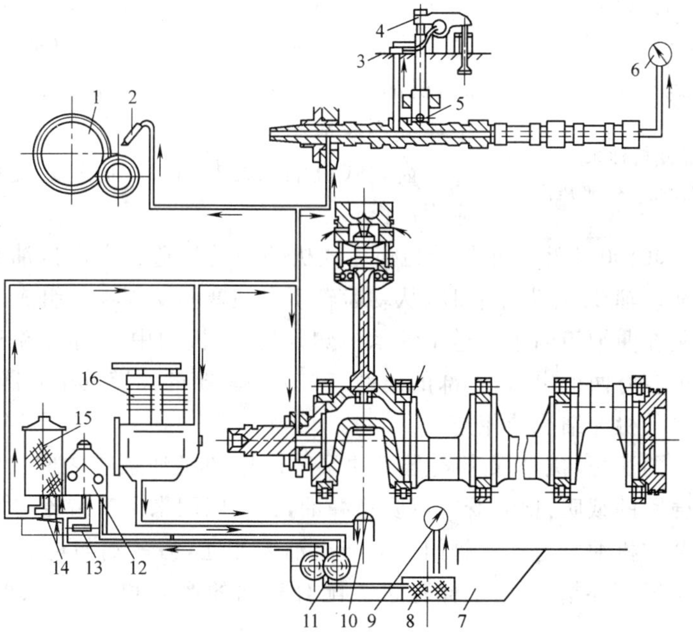

图 8-4　6135Q 型柴油机润滑系统

1—齿轮泵　2—喷嘴　3—气缸盖　4—气门摇臂　5—气门挺柱　6—油压表　7—油底壳　8—机油集滤器　9—温度表　10—加油口　11—机油泵　12—机油细滤器　13—限压阀　14—旁通阀　15—机油粗滤器　16—空气压缩机

泵压出的机油绝大部分经机油粗滤器 15 进入主油道，只有一少部分机油经机油细滤器 12 流回油底壳。曲轴为空心的，其空腔形成润滑油道，机油经此分别润滑各个连杆轴颈。曲轴主轴承为滚动轴承，以飞溅方式润滑。润滑气门传动机构的润滑油是由第二个凸轮轴轴承引出的油道，流经气缸盖上气门摇臂轴的中心油道，再由此流向各个摇臂的工作面，然后顺推杆表面流到杯形的挺柱内。凸轮工作表面由挺柱下部两个油孔流出的机油及飞溅的机油润滑。

第三节 润滑系统主要零部件

一、机油泵

机油泵的作用是将一定数量的机油建立起压力并输送到摩擦表面。汽车发动机常用的机油泵有齿轮式和转子式两种。

1. 齿轮式机油泵

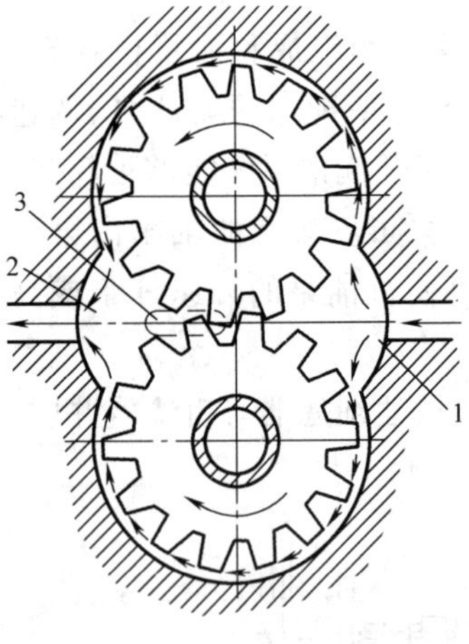

图 8-5 齿轮式机油泵

1—进油腔 2—出油腔 3—卸压槽

齿轮式机油泵的工作原理如图 8-5 所示。在机油泵壳体内装有一对主、从动齿轮。两齿轮与壳体内壁之间的间隙很小。发动机工作时，齿轮按图中所示箭头方向旋转，进油腔 1 因轮齿脱离啮合使其容积增大，产生一定的真空度，润滑油便从进油口被吸入并充满进油腔。随着齿轮旋转，将齿间所存的润滑油带到出油腔 2。由于出油腔齿轮进入啮合状态，齿轮间容积减小，油压升高，机油便经出油口送进发动机油道。机油泵通常由凸轮轴上的斜齿轮或曲轴前端的齿轮驱动。在发动机工作时，机油泵齿轮不断旋转，从而保证润滑油在润滑油路中连续不断地循环。

齿轮式机油泵结构简单、制造方便和工作可靠，故应用广泛。

图 8-6 为东风 EQ6100-Ⅰ型汽车发动机齿轮式机油泵的构造。它由机油泵壳体 13、机油泵盖 6、主动轴 16、从动轴 2、主动齿轮 12、从动齿轮 1 和柱塞阀 4 等零件组成。

整个机油泵安装在曲轴箱内第三道主轴承一侧，浸没在机油中。油泵的进油口用进油管与集滤器相通。出油腔有两个出口，上部的出油口与上曲轴箱的油道及粗滤器的进油口相通，下部的出油口用油管与机油细滤器相连。

为保证产生必要的油压，机油泵齿轮与机油泵体内壁和机油泵盖之间的间隙要求很小。机油泵盖与机油泵壳间的纸质衬垫，既可以防止漏油，又可以用来调整齿轮与机油泵盖间的端面间隙。柱塞阀 4 装在机油泵盖上。阀门一端与出油腔相通，另一端与进油腔相连。柱塞阀的柱塞端头开有一个径向环槽 5，用来储存进入配合表面的磨屑和杂质，以保证柱塞阀运动灵活。

2. 转子式机油泵

转子式机油泵的工作原理如图 8-7 所示，主动的内转子 3 和从动的外转子 4 都装在机油泵壳体 5 内。其中，内转子固定在主动轴 2 上，外转子在油泵壳体内可自由转动，内、外转子之

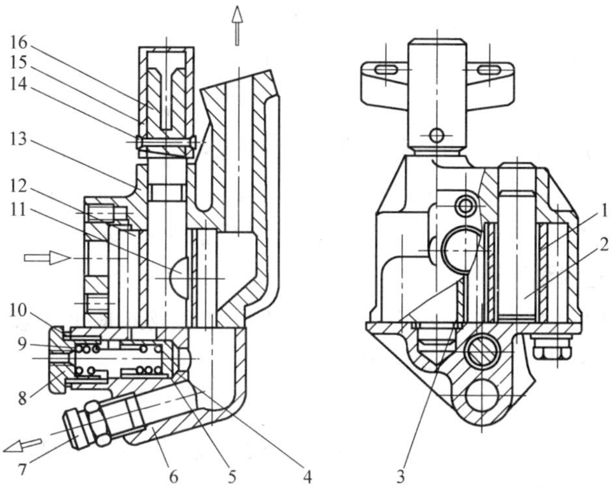

图 8-6 东风 EQ6100-Ⅰ型汽车发动机齿轮式机油泵

1—从动齿轮 2—从动轴 3—钢丝挡圈 4—柱塞阀 5—径向环槽 6—机油泵盖 7—管接头 8—螺塞 9—限压阀弹簧 10—调整垫片 11—半圆键 12—主动齿轮 13—机油泵壳体 14—半圆头铆钉 15—连轴套 16—主动轴

间有一定的偏心距,且内转子比外转子少一个齿。当内转子旋转时,带动外转子也旋转。转子齿形齿廓的设计使得转子转到任何角度时内、外转子每个齿的齿形齿廓线上总能互相成点接触,这样,在内、外转子间便形成 4 个工作腔。当某一工作腔转过进油孔 1 时,其容积增大,产生真空,润滑油便被吸入。随着转子继续旋转,该工作腔与出油孔 6 相通,腔内容积减小,油压升高,润滑油便被压出。

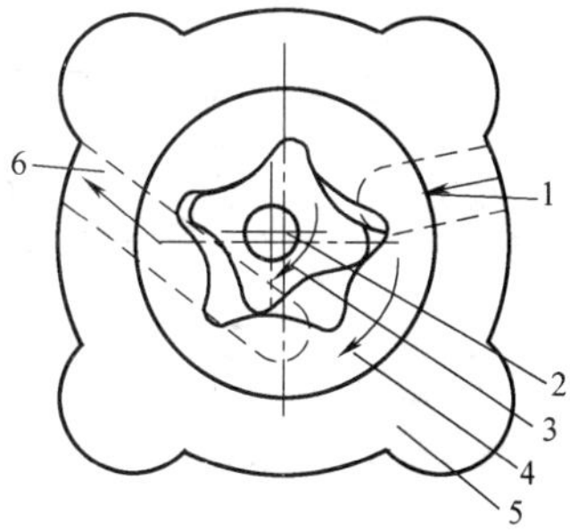

图 8-7 转子式机油泵工作原理

1—进油孔 2—主动轴 3—内转子 4—外转子 5—机油泵壳体 6—出油孔

二、机油滤清器

汽车发动机在运转过程中,由于金属磨屑、尘土、水、积炭等不断地混入润滑油,以及燃烧气体及空气对润滑油的氧化作用,逐渐使润滑油变脏,这不仅会加速运动零件的磨损,而且油污会堵塞油道,造成供油不足从而引起机件损伤等事故。为了减少或清除这些杂质,保持机油的清洁,延长机油的使用寿命,在汽车发动机润滑系统中都装有滤清器。为了保证滤清效果,一般使用多级滤清器,即集滤器、机油粗滤器和机油细滤器。

1. 集滤器

集滤器装在机油泵之前的吸油口端,多采用滤网式,防止粒度大的杂质进入机油泵,汽车发动机使用的集滤器目前分为浮式集滤器和固定式集滤器两种。

(1)浮式集滤器(图 8-8)

浮式集滤器由外罩 1、滤网 2、浮子 3、焊在浮子上的吸油管 4 和固定管 5 组成。滤网通过外罩固定在浮子上,并靠滤网本身的弹力使滤网中心部位的环口压在外罩上,在外罩四周有缺口。浮子是空心密封的,以便漂浮在润滑油的液面上。吸油管与固定管之间是活套在一起的,彼此可相对运动，使集滤器总成在油底壳油池中借浮子的浮力而保持在油面上，并随油面高低自由升降。滤网由金属丝编织而成，有一定弹性，中央有一圆孔，装配时，在滤网弹力的作用下，圆孔紧压在罩上。网孔孔径为 0.1～0.15mm，可滤去进入机油泵前的较大的机械杂质颗粒。

工作时润滑油通过外罩与滤网之间的狭缝被吸入，穿过滤网时，较大的杂质被滤去，然后进入吸油管(图 8-8a)。当滤网被杂质阻塞时，吸油管与滤网上部的真空度加大，克服滤网的弹力而将滤网吸起，使滤网中心的圆孔脱离外罩，这时机油不经滤网直接通过圆孔进入吸油管，以保持机油的正常输送(图 8-8b)。

浮式集滤器工作时飘浮于机油油面上，保证油泵总是吸入最上层较清洁的机油，但油面上的泡沫易被吸入，使机油压力降低，润滑不可靠。

(2)固定式集滤器(图 8-9)

吸油管总成 3 的上端有与机油泵进油孔连接的凸缘，下端与滤网支座中心固定连接。罩 1 的翻边包在支座外缘凸台上，滤网夹装于支座与罩之间。滤网靠自身的弹力紧压在罩上。罩的边缘有 4 个缺口，形成进油通道。当机油泵工作时，润滑油从罩的缺口处经滤网被吸入，粗大的杂质被滤网滤去，然后经吸油管进入机油泵。

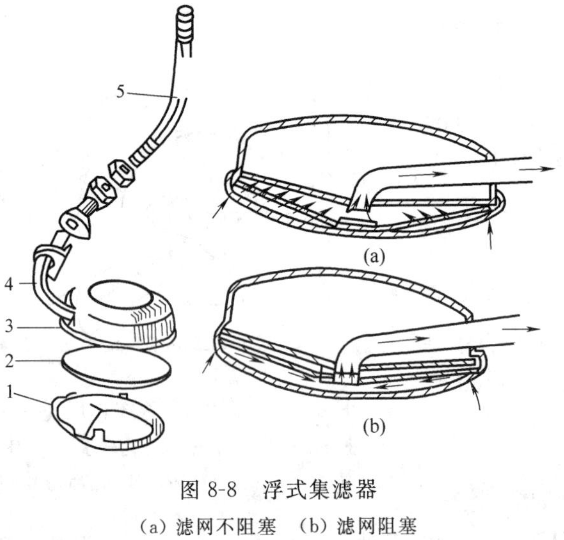

图 8-8 浮式集滤器

(a) 滤网不阻塞 (b) 滤网阻塞

1—外罩 2—滤网 3—浮子 4—吸油管 5—固定管

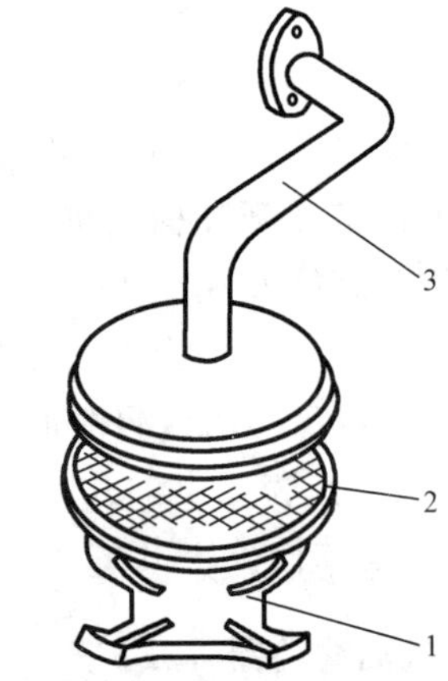

图 8-9 固定式集滤器

1—罩 2—滤网 3—吸油管总成

固定式集滤器装在油面下面，吸入的机油清洁度与浮式集滤器相比稍差一些，但可防止泡沫吸入，润滑可靠，结构简单，故基本取代了浮式集滤器。例如奥迪轿车、解放 CA1091 型载货汽车、东风 EQ1090E 型载货汽车和南京依维柯轻型载货汽车等发动机都采用了固定式集滤器。

2. 机油粗滤器

机油粗滤器用以滤去机油中粒度较大(直径在 0.05～0.1mm 以上)的杂质。它对润滑油流动的阻力较小，一般串联在机油泵与主油道之间。

如图 8-10 所示为纸质滤芯式粗滤器的构造，滤芯由经过树脂处理的微孔滤纸制成，微孔滤纸一般折叠成折扇形或波纹形，以保证在最小体积内有最大的过滤面积。滤芯的两端由环形密封圈 2 和 6 密封，滤芯内装有金属丝网或带有网眼的薄铁皮作为滤芯的骨架，以提高滤芯刚度。粗滤器工作时，润滑油从进油孔进入滤芯周围，经过滤芯滤清后从出油口流出。

滤清器盖上装有旁通阀，当滤芯堵塞，进出油口的压差达到 0.15～0.18MPa 时，旁通阀的球阀 12 被顶开，机油不经滤芯滤清直接进入主油道，以保证主油道所需要的机油量。纸质滤清器结构简单，滤清效果好，更换方便，因而得到广泛应用。

3. 机油细滤器

机油细滤器用以滤除直径 0.001mm 以上的细小机械杂质及胶质。这种滤清器由于润滑油的流动阻力较大，因此与主油道并联，只有 10%～15%的润滑油通过。

机油细滤器有过滤式和离心式两种类型。目前较多汽车(一汽奥迪、捷达、高尔夫，上海桑塔纳，解放 CA1091 载货汽车)发动机都采用离心式机油细滤器。

解放 CA6102 型发动机采用的 FL100 型离心式机油细滤器，构造如图 8-11 所示。由底座 4、转子体 15 和外罩 6 等部分组成。底座上设有低压限压阀 1。带中心孔的转子轴 9 装在底座上，并用转子轴止推片 2 予以锁紧。转子体 15 通过上、下两个转子衬套套在转子轴上，可以自由转动，并由上、下两个弹簧挡圈作轴向定位，转子下端装有两个按中心对称水平安装的喷嘴 3，导流罩 8 套装在转子体上，紧固螺母 12 将转子罩 7 与转子体紧固在一起，形成一个空腔，通过导流罩、转子体及转子轴上对应的径向油孔与转子轴中心孔相通。整个转子用外罩盖住，并通过盖形螺母 14 和垫片 13 将其固定在底座上。

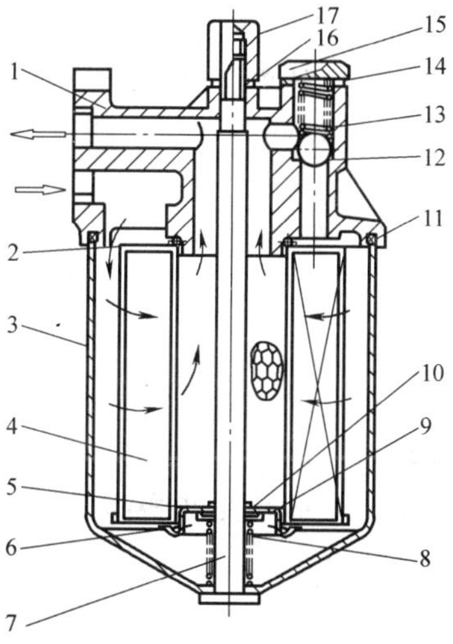

图 8-10　纸质滤芯式粗滤器

1—上盖　2、6—环形密封圈　3—外壳　4—滤芯　5—托板　7—拉杆　8—托簧　9—垫圈　10、11—密封圈　12—球阀　13—弹簧　14—垫圈　15—阀座　16—垫圈　17—螺母

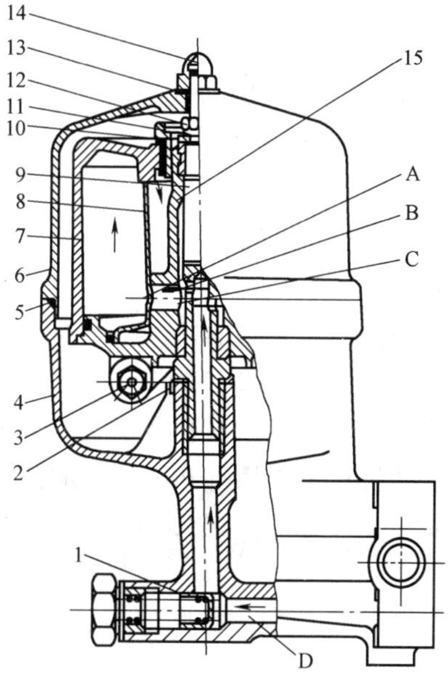

图 8-11　FL100 型离心式机油细滤器

1—低压限压阀　2—转子轴止推片　3—喷嘴　4—底座　5—外罩密封圈　6—外罩　7—转子罩　8—导流罩　9—转子轴　10—止推垫　11—垫圈　12—紧固螺母　13—垫片　14—盖形螺母　15—转子体　A—导流罩油孔　B—转子轴油孔　C—转子体进油孔　D—细滤器进油孔

发动机工作时，从机油泵来的机油进入细滤器进油孔 D，若油压低于 0.147MPa，低压限压阀不开启，机油则不能进入机油细滤器而全部供给主油道，以保证发动机可靠润滑。当油压高于此值时，低压限压阀被顶开，机油沿壳体中的转子轴内的中心油道，经转子轴油孔 B、转子体进油孔 C 和导流罩油孔 A 流入转子罩 7 内腔后，又经导流罩导流从两个喷嘴喷出，此时转

子在喷射反作用力推动下高速旋转。当油压为 0.3MPa 时，转子转速可高达 5000～6000r/min。由于转子内腔的机油随着转子高速旋转，机油中的机械杂质在离心力的作用下被甩向转子壁。洁净的机油不断从喷嘴喷出，并经出油孔流回油底壳。

离心式机油细滤器滤清能力高，通过能力好，且不受沉淀物影响，不需要更换滤芯，只需定期清洗即可，但对胶质滤清效果较差。

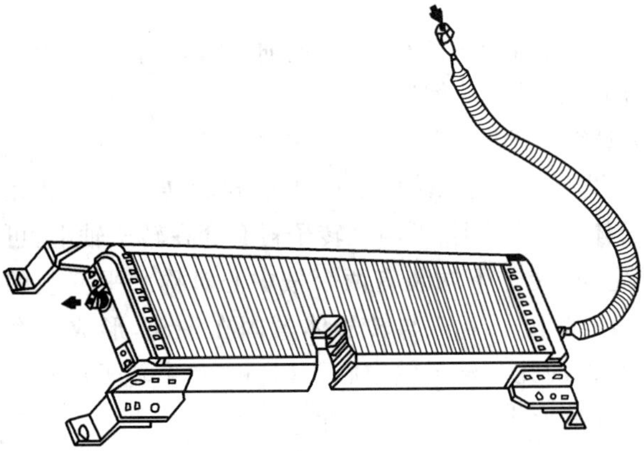

图 8-12 东风 EQ6100-Ⅰ型发动机机油散热器

三、机油散热器

一些热负荷较大的发动机，为使润滑油保持在最有利的温度范围内工作，保持润滑油具有一定的黏度，还装有机油散热器，以对润滑油进行强制性冷却。

机油散热器有风冷式和水冷式两种形式。风冷式一般安装在发动机冷却系统散热器的前面，利用冷却风扇的风力使机油冷却。图 8-12 为东风 EQ6100-Ⅰ型发动机机油散热器。它是管片式结构，与一般冷却系统散热器相类似。水冷式机油散热器（机油冷却器）装在发动机冷却水路中，当油温较高时靠冷却液降温，而起动暖车期间油温较低时，则从冷却液吸热迅速提高机油温度。

思 考 题

1. 发动机润滑系统的基本任务是什么？
2. 发动机润滑方式有哪些？什么是压力润滑？
3. 简述齿轮式机油泵和转子式机油泵的构造和工作原理。
4. 发动机通常采用哪几种机油滤清器？它们与主油道应该串联还是并联，为什么？

第九章　发动机点火系统

在汽油发动机中，气缸内燃料和空气的混合气是采用电火花点燃的，为此在汽油发动机设置了专门的点火装置，称为发动机点火系统。

点火系统的基本功用是在发动机各种工况和使用条件下，将汽车电源供给的低压电转变为高压电，并按发动机的作功顺序和点火时间要求，配送至各缸的火花塞，在其间隙处产生火花，点燃可燃混合气，使发动机作功。

点火系统按点火触发方式不同，又可分为传统点火系统、电子点火系统和微机控制点火系统三大类。随着汽车技术的飞速发展，点火系统已由传统点火系统过渡到电子点火系统，并将发展成微机控制的点火系统。

第一节　传统点火系统

一、传统点火系统的组成

传统点火系统主要由电源、点火开关、点火线圈、分电器和火花塞等部分组成，如图 9-1 所示。各组成部分的功能如下：

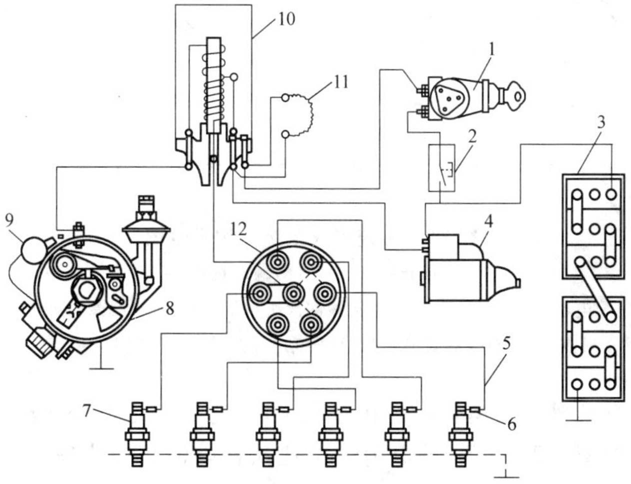

图 9-1　传统点火系统的组成

1—点火开关　2—起动开关　3—蓄电池　4—起动机　5—高压导线　6—阻尼电阻　7—火花塞
8—断电器　9—电容器　10—点火线圈　11—附加电阻　12—配电器

1. 电源及点火开关

电源为蓄电池和发电机，标称电压为 12～14V，其作用是供给点火系统所需的电能。点火开关的作用是接通或断开电源电路。

2. 点火线圈

点火线圈为自耦变压器，将低电压变成能击穿火花塞间隙的高电压。

3. 分电器

分电器由断电器和配电器两部分组成。断电器由触点副和凸轮组成，其作用是用来接通和切断点火线圈的初级电路，使点火线圈在次级产生高电压。配电器将点火线圈产生的高电压按气缸的工作顺序送往各缸的火花塞。

4. 电容器

电容器与断电器触点并联，减小触点分开时产生的电火花，以免触点烧蚀，延长触点的使用寿命。

5. 火花塞

火花塞的作用是将高压电引入气缸燃烧室，产生电火花，点燃混合气。

二、传统点火系统的工作原理

图 9-2 所示为传统点火系统的工作示意图。点火线圈初级绕组 5 的一端经点火开关 6 与蓄电池相连，另一端经分电器壳上的接线柱 11、断电器活动触点臂 7、断电器固定触点 8、断电器底板和分电器壳体搭铁，触点弹簧作用于断电器活动触点臂上，使活动触点与固定触点保持闭合的趋势。电容器 10 与断电器触点并联。点火线圈次级绕组 4 的一端在点火线圈内与初级绕组相连，另一端经高压导线接分电器盖的中心电极。

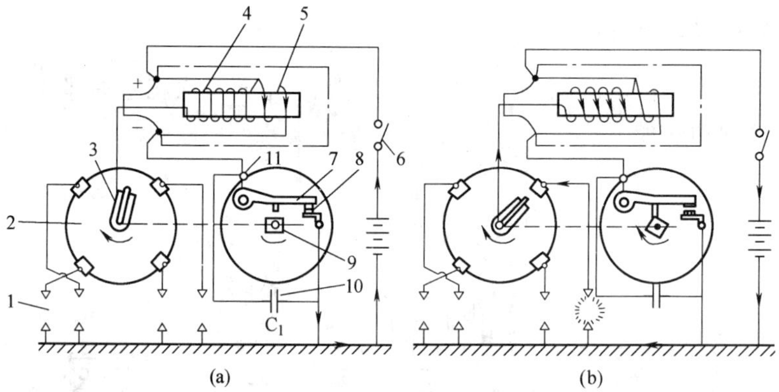

图 9-2　传统点火系统工作示意图

(a)触点闭合　(b)触点断开

1—火花塞　2—配电器　3—分火头　4—点火线圈次级绕组　5—点火线圈初级绕组　6—点火开关　7—断电器活动触点　8—断电器固定触点　9—断电器凸轮　10—电容器　11—分电器接线柱

接通点火开关，发动机开始运转。运转过程中，断电器凸轮不断旋转，使其触点不断地开、闭。当触点闭合时，如图 9-2a 所示，蓄电池的电流从蓄电池正极出发，经点火开关、点火线圈的初级绕组、断电器活动触点臂、触点和分电器壳体搭铁流回蓄电池的负极。此电流称为初级电流，所以这条电路被称为初级电路。当断电器的触点被凸轮顶开时，如图 9-2b 所示，初级电路被切断，点火线圈初级绕组中的电流迅速下降到零，线圈周围和铁芯中的磁场也迅速衰减以至消失，因此在点火线圈的次级绕组中产生感应电压，称为次级电压，其中通过的电流称为次级电流，次级电流流过的电路称为次级电路。由于点火线圈次级绕组的匝数多和导线细，因此次级绕组中所产生的感应电压很高。此高压电经配电器分送到各缸的火花塞，作用于火花塞的中心电极和侧电极之间，当该电压达到火花塞间隙的击穿电压时，火花塞的间隙被击穿，产生电火花，点燃可燃混合气。触点断开后，初级电流下降的速率越高，铁芯中的磁通变化率越大，次级绕组中产生的感应电压越高，越容易击穿火花塞间隙。当点火线圈铁芯中的磁通发生变化时，不仅在次级绕组中产生高压电，同时也在初级绕组中产生自感电压和电流。在触点分开、初级电流下降的瞬间，自感电流的方向与原初级电流的方向相同，其电压高达300V。它将击穿触点间隙，在触点间产生强烈的电火花，这不仅使触点迅速氧化和烧蚀，影响断电器正常工作，同时使初级电流的变化率下降，次级绕组中感应的电压降低，火花塞间隙中的火花变弱，以致难以点燃混合气。为了消除自感电压和电流的不利影响，在断电器触点之间并联有电容器。在触点断开的瞬间，自感电流向电容器充电，可以减小触点之间的火花，加速初级电流和磁通的衰减，并提高了次级电压。

发动机工作时，点火线圈中产生的次级电压的大小，与断电器触点分开瞬间初级电流的大小有关。初级电流越大，铁芯中的磁场越强，当触点分开时磁通的变化率就越大，感应的次级电压也越高。为此，应尽可能地增大流过初级绕组中的电流。但是，在断电器触点闭合和初级电流增长的过程中，由于自感的作用，初级绕组中也产生自感电流，其方向与初级电流的方向相反，阻碍初级电流的增长，使初级电流的增长速度减慢。因此，在触点闭合后，初级电流是按指数规律由零开始逐渐增长的，需要经过一定时间以后才能达到按欧姆定律得出的稳定值。实际上，发动机正常工作时，由于断电器凸轮转速很高，触点每次保持闭合的时间总是小于初级电流增长到稳定值所需要的时间。所以，在触点分开时的初级电流总是小于其最大稳定值。在触点式点火系统中，一个点火周期内触点闭合时间占固定比例，当发动机转速升高时，由于点火周期缩短使触点闭合时间缩短，初级断开电流减小，感应的次级电压下降；反之，发动机转速降低时，由于触点闭合时间延长，初级电流增大，次级电压升高。

三、传统点火系统的构造

（一）点火线圈

点火线圈是将电源的低压电转变为高压电的基本元件，由一次绕组、二次绕组和铁芯等组成。按磁路的结构形式不同，可分为开磁路点火线圈和闭磁路点火线圈两种。

1. 开磁路点火线圈

开磁路点火线圈，通常是在硅钢片叠成的铁芯上绕有次级绕组，在次级绕组的外面又绕有初级绕组。点火线圈的上端装有胶木盖，其中央突出部分为高压接线柱，其他的接线柱为低压接线柱。根据低压接线柱的数目不同，点火线圈有两接线柱和三接线柱之分，其内部结构分别如图9-3所示。

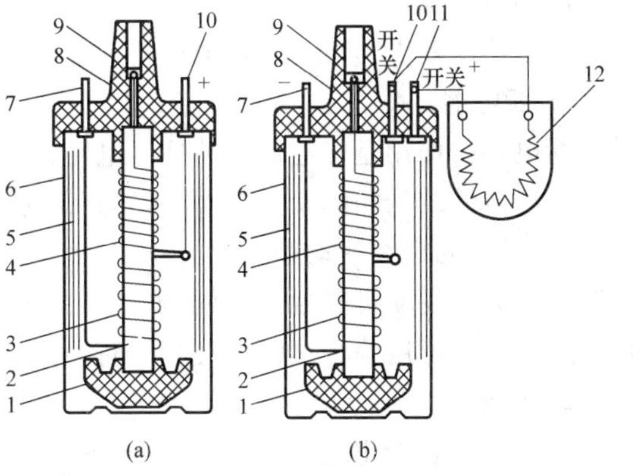

图9-3　开磁路点火线圈

(a)二接线柱式　(b)三接线柱式

1—瓷杯　2—铁芯　3—初级绕组　4—次级绕组　5—钢片　6—外壳　7—接线柱　8—胶木盖　9—高压接线柱　10—“+”或“开关”接线柱　11—“+开关”接线柱　12—附加电阻

铁芯用互相绝缘的硅钢片叠成，外面套有绝缘套管。套管上分层绕有次级绕组，11000～23000匝，其导线为直径0.06～0.10mm的漆包线。为加强绝缘性能和免遭机械损伤，每层导线都用绝缘纸隔开，最外层的绝缘纸层数较多，或者套上纸板套管。初级绕组分层绕在次级绕组外面，以利散热。初级绕组为230～370匝，其导线为直径

0.5～1.0mm 漆包线，外面也包有数层绝缘纸。绕组绕好后在真空中浸以石蜡和松香的混合物，以增强绝缘性能。

三接线柱点火线圈的低压接线柱分别标有“－”、“开关”和“＋开关”的标记。在“开关”和“＋开关”之间接有附加电阻(也称热变电阻)，附加电阻由低碳钢丝、镍铅丝制成，具有受热时电阻迅速增大，冷却时电阻迅速降低的特性，因此，在低速时，由于闭合时间较长初级断开电流较大，附加电阻温度升高，阻值变大，从而限制了初级断开电流不致过大，避免点火线圈过热。高速时，闭合时间较短，初级电流小，故附加电阻的温度降低，电阻值变小，这样就能使初级断开电流下降得少些，从而改善高速点火特性。在安装时，标有“＋开关”和“开关”的两接线柱接至起动机开关的辅助触点上，以便起动时将附加电阻短路，提高起动时的初级电流和次级电压，便于起动发动机。

2. 闭磁路点火线圈

近年来，在汽车的电子点火系统中，采用了能量转换效率较高的闭磁路点火线圈(如图9-4所示)。和传统点火线圈相比，其铁芯为一带有微小气隙的“日”字形状。由于减小了漏磁损失，所以能量转换效率较高，可达 75%。

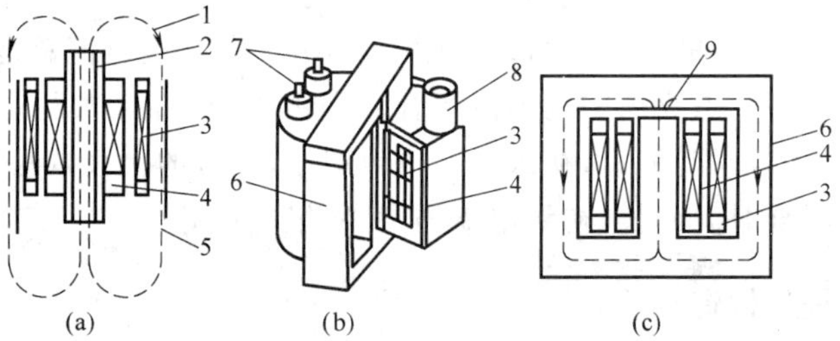

图 9-4 闭磁路点火线圈

(a)开磁路 (b)闭磁路点火线圈外形 (c)闭合磁路

1—磁力线 2—铁芯 3—初级绕组 4—次级绕组 5—导磁钢片

6—“日”字形铁芯 7—低压接线柱 8—高压接线柱 9—空气隙

(二) 分电器

分电器由断电器、配电器、电容器和点火提前装置等组成，其结构如 9-5 图所示。

1. 断电器

断电器的作用是接通和切断低压电路。

断电器的结构如图 9-6 所示，其主要部分为一对钨质的触点(白金)，其中有固定触点搭铁，活动触点固定在活动触点臂的一端，活动触点臂经弹簧片和导线与壳体外的接线柱相联。凸轮的角数和发动机气缸数相同，凸轮由分电器轴驱动运转，从而使触点周期性地开启和闭合。触点间隙可用偏心螺钉 11 进行调整(图 9-5)。

2. 配电器

配电器装在断电器的上方，由分电器盖和分火头组成，如图 9-7 所示。分火头 2 插装在凸轮的顶端，和凸轮一起旋转，其上有金属导电片。分电器盖的中间有高压线座孔，其内装有带弹簧的炭柱 1，压在分火头的导电片上。分电器盖的四周有与发动机气缸数相等的旁电极 1 通至盖上的金属套孔座，以安装高压分线。分火头旋转时，导电片在距离旁电极 0.2～0.8mm 间隙处越过，当触点打开时，高压电自导电片跳至与其相对的旁电极，再经高压线送至火花塞。

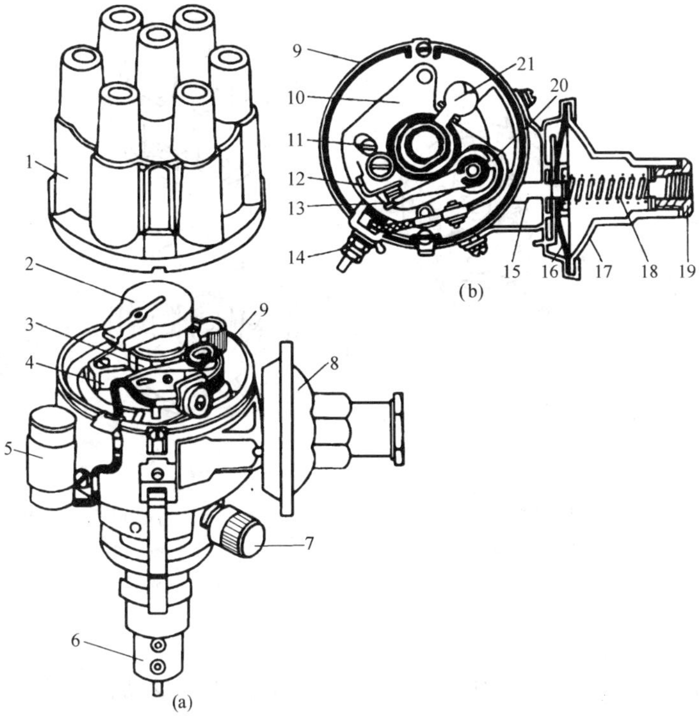

图 9-5　分电器结构

(a)整体结构　(b)内部结构

1—分电器盖　2—分火头　3—凸轮　4—触点及断电器底板总成　5—电容器　6—联轴节　7—油杯　8—真空提前机构　9—分电器壳体　10—活动底板　11—偏心螺钉　12—固定触点与支架　13—活动触点臂　14—接线　15—拉杆　16—膜片　17—真空提前机构外壳　18—弹簧　19—螺母　20—触点臂弹簧片　21—油毡及夹圈

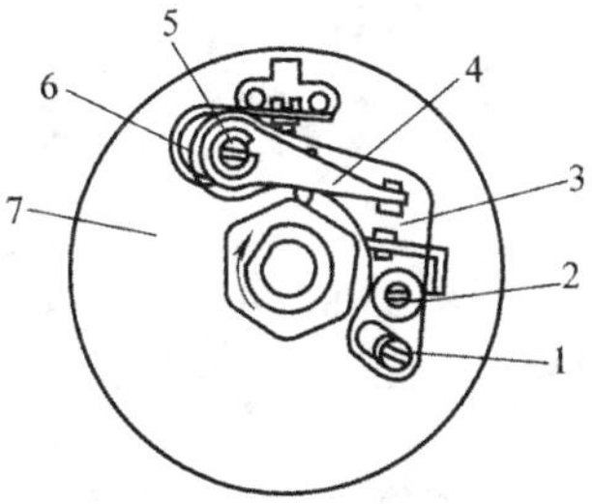

图 9-6　断电器结构示意图

1—螺钉　2—固定螺钉　3—托板　4—活动触点臂　5—销钉　6—片簧　7—固定盘

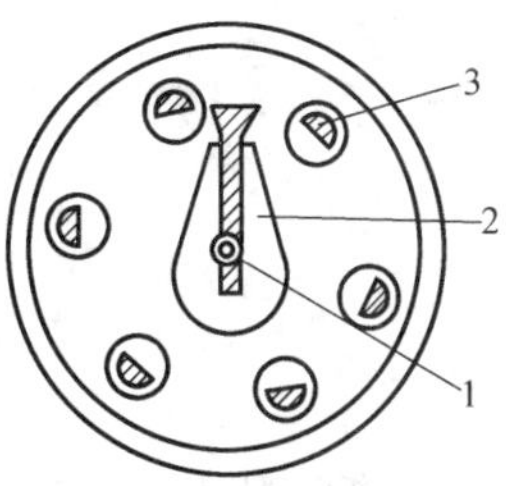

图 9-7　配电器

1—中心电极及带弹簧的炭柱　2—分火头　3—旁电极

3. 点火提前角调节装置

(1)离心点火提前调节装置

这种点火提前调节装置的结构如图 9-8 所示，它能随着发动机的转速变化而自动调节点火提前角的大小。

随着发动机转速的提高，重块 5 的离心力增大，将克服弹簧 6 的拉力而甩开，于是销钉 8 推动拨板 3 及凸轮 2 沿原来旋转方向相对于轴转过一个角度，使凸轮提前顶开触点，点火提前角增大。反之，转速降低时，弹簧将重块拉回，点火提前角减小(如图 9-9 所示)。

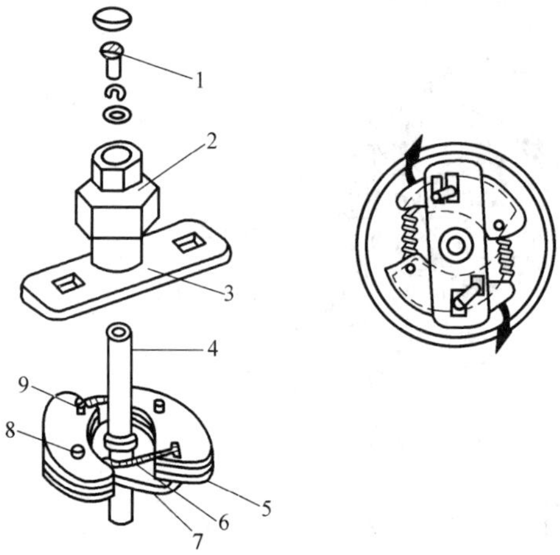

图 9-8 离心点火提前机构

1—凸轮固定螺钉及垫圈 2—凸轮 3—拨板 4—分电器轴 5—重块 6—弹簧 7—托板 8—销钉 9—柱销

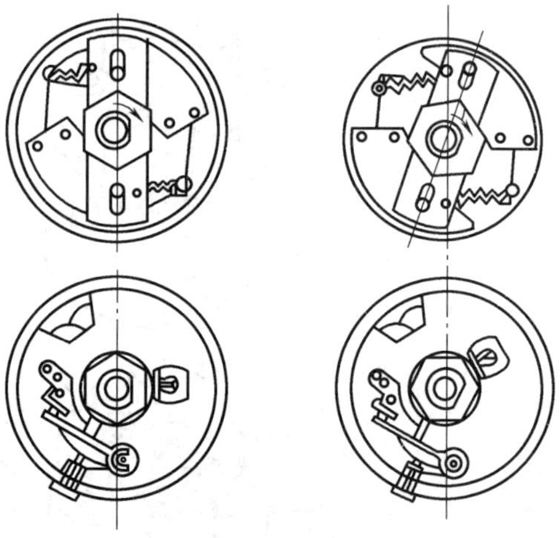

(a) (b)

图 9-9 离心点火提前机构的工作原理

(a)离心提前机构未起作用时

(b)离心提前机构工作,凸轮提前顶开触点

(2)真空点火提前装置

它装在分电器壳体的外侧,结构如图 9-10 所示,它能随着发动机负荷的变化,自动调节点火提前角的大小。当发动机负荷小时,节气门 8 开度小,小孔处的真空度较大,吸动膜片 5 向右拱曲,拉杆 4 拉动活动板带着断电器的触点 3 逆分电器轴旋转方向转动一定角度,使触点提前开启,点火提前角增大。反之,当节气门开度大时,点火提前角自动减小。

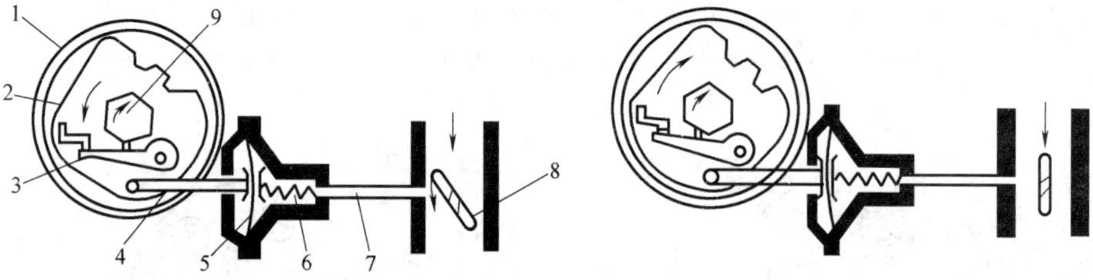

(a) (b)

图 9-10 真空点火提前机构

(a)开度小 (b)开度大

1—分电器壳 2—断电器底板 3—断电器触点 4—拉杆 5—膜片 6—弹簧 7—真空连接管 8—节气门

怠速时,节气门接近全闭,此时化油器空气道中的小孔处于节气门上方。该处的真空度几乎为零,所以点火提前角减小,或基本不提前。

此外,有的发动机为了降低废气排放,采用双真空提前点火调节装置。

(3)辛烷值选择器

为了适应不同汽油的不同抗爆性能,在换用不同品牌的汽油时,常需调整点火时间,为此在分电器壳体上装有辛烷值选择器。辛烷值选择器实际上只是一个刻度盘。当逆着凸轮旋转方向转动分电器壳体时,点火提前角增大。反之,则点火提前角减小。壳体转动的多少,一般可以从刻度板上看出。

4. 电容器

电容器的作用是当触点分开时可减小触点间的火花,防止触点烧蚀,同时由于电容器能吸收触点分开时的电能，使初级电流迅速切断，提高了磁场变化的速率，从而提高次级电压。

电容器装在分电器的壳体上（或壳体内），其结构如图 9-11 所示。它由两条铝箔或锡箔制成，在两条箔带之间夹以绝缘蜡纸，然后卷成筒状在真空中抽去层间的空气，再经浸蜡处理后装在金属外壳中。

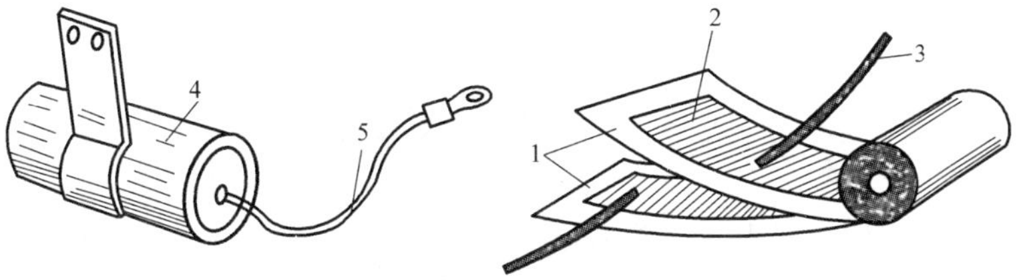

图 9-11　电容器

1—绝缘蜡纸　2—锡箔或铝箔　3—软导线　4—外壳　5—引出线

（三）火花塞

火花塞是点火系统的重要部件，直接装在燃烧室内。它的作用是将点火线圈产生的高压电引入发动机的燃烧室，在其电极间隙中形成电火花，点燃混合气。

火花塞的工作条件极其恶劣，它受到高压、高温以及燃烧产物的强烈腐蚀，因此必须具有足够的力学强度，能够承受冲击性高压电的作用，能承受剧烈的温度变化，具有良好的热特性，并要求火花塞采用难熔耐蚀的材料，以抵抗高温燃气的腐蚀。

火花塞的结构如图 9-12 所示。在钢制壳体 5 的内部固定有高氧化铝陶瓷绝缘体 2，使中心电极 10 与侧电极 9 之间保持足够的绝缘强度。绝缘体孔的上部装有金属杆 3，通过接线螺母 1 与高压分线相连，下部装有中心电极 10。金属杆与中心电极之间用导电玻璃 6 密封。中心电极用镍锰合金制成，具有良好的耐高温、耐腐蚀和导电性能。中心电极与侧电极之间的间隙一般为 0.6～0.7mm（传统点火系统）。火花塞借壳体下部的螺纹旋入气缸盖中，旋紧时密封垫圈 7 受压变形，保证壳体 5 与缸盖之间密封良好。为了适应不同发动机的需要，火花塞因下部的形状和绝缘体裙部长度的不同有多种形式。

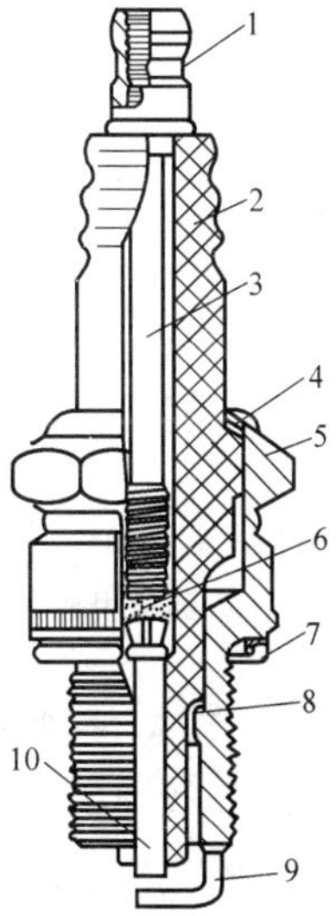

图 9-12　火花塞的结构

1—接线螺母　2—绝缘体　3—金属杆　4—垫圈　5—壳体　6—导电玻璃　7—密封垫圈　8—紫铜垫圈　9—侧电极　10—中心电极

火花塞工作时，周期性地受到高温燃气作用，使绝缘体裙部温度升高，这部分热量主要通过壳体、绝缘体、中心电极和金属杆等传至缸体或散发到空气中。当吸收和散发的热量达到平衡（实践证明，当火花塞绝缘体裙部的温度保持在 500～600℃）时，落在绝缘体上的油滴能立即烧去，不形成积炭，这个温度称为火花塞的自净温度。低于这个温度，火花塞常因产生积炭而漏电，导致不点火；高于这个温度，则当混合气与炽热的绝缘体接触时，可能早燃而引起爆燃，甚至在进气行程中燃烧，产生化油器回火。

火花塞的热特性主要取决于绝缘体裙部的长度。绝缘体裙部长的火花塞，受热面积大，传热距离长，散热困难，裙部温度高，称为热型火花塞；反之，裙部短的火花塞，受热面积小，传热距离短，容易散热，裙部温度低，称为冷型火花塞。热型火花塞适用于低速、低压缩比和小功率发动机；冷型火花塞适用于高速、高压缩比和大功率发动机。

火花塞的热特性常用热值或炽热数表示。我国是以绝缘体裙部长度标定的热值(1～11)表示火花塞的热特性。热值代号1、2、3为热型火花塞，4、5、6为中型火花塞，7、8、9、10、11为冷型火花塞。

第二节 电子点火系统

电子点火系统是在传统点火系统的基础上发展而来的，也是带有分电器的点火系统，也称为晶体管点火系统。它与传统点火系统最大的区别在于它的点火电子组件。点火电子组件由半导体元件(如三极管和可控硅等)组成电子开关电路，根据点火信号发生器产生的点火脉冲信号接通和断开点火线圈初级电路，起着传统点火系统中断电器触点的作用。而点火信号发生器是根据各缸的点火时刻产生相应的点火脉冲信号，控制点火电子组件接通和断开点火线圈初级电路的具体时刻。

目前，国内外汽车上使用的电子点火系统主要分为有触点式电子点火系统和无触点式电子点火系统两大类。

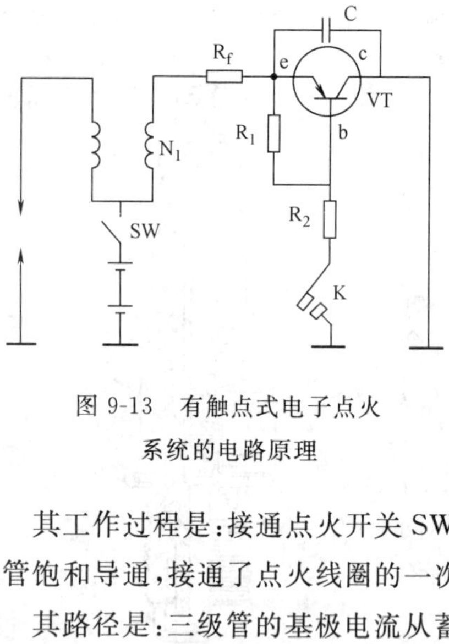

图 9-13 有触点式电子点火系统的电路原理

一、有触点式电子点火系统

有触点式电子点火系统用减少触点电流的方法减少触点火花，改善点火性能。它是一种半导体辅助点火装置，如图9-13所示。除了与传统点火系统一样具有电源、点火开关、分电器、点火线圈和火花塞之外，它还在点火线圈一次绕组的电路中增加了由三级管、电阻和电容等组成的点火控制电路，断电器的触点串联在三级管的基极电路中，控制三级管的导通与截止。

其工作过程是：接通点火开关SW，当断电器触点闭合时，三极管的基极电路被接通，使三级管饱和导通，接通了点火线圈的一次电路。

其路径是：三级管的基极电流从蓄电池“+”→点火开关SW→点火线圈一次绕组N_1→附加电阻R_f→三级管的发射极e、基极b→电阻R_2→断电器触点K→搭铁→蓄电池“−”。点火线圈一次绕组的电流从蓄电池“+”→点火开关SW→点火线圈一次绕组N_1→附加电阻R_f→三级管的发射极e、基极b→搭铁→蓄电池“−”，使点火线圈的铁芯中积蓄了磁场能。

当断电器触点分开时，三极管的基极电路被切断，三极管由导通变为截止，切断了点火线圈一次绕组的电路，一次电流迅速下降到零，在点火线圈二次绕组中产生高压电，击穿火花塞间隙，点燃混合气。

发动机工作时，断电器触点不断地闭合、分开，控制三级管的导通、截止和一次电路的通断，控制点火系统的工作。

二、无触点式电子点火系统

无触点式电子点火系统利用各种传感器代替断电器的触点，产生点火信号，控制线圈的工作，可以克服与触点相关的一切缺点。

无触点式电子点火系统的组成如图 9-14 所示，主要由点火信号发生器(传感器)3、点火控制器 4、点火线圈 5、分电器 2 和火花塞 1 等组成。

点火信号发生器取代了原来断电器中的凸轮，用来判定活塞在气缸中所处的位置，并将非电量的活塞位置信号转变为脉冲电信号输送到点火控制器，从而保证火花塞在恰当的时刻点火。所以点火信号发生器实际上就是一种感知发动机工作状况和发出点火信号的传感器。它的类型很多，目前应用较多的主要有磁脉冲式、霍尔效应式和光电效应式。

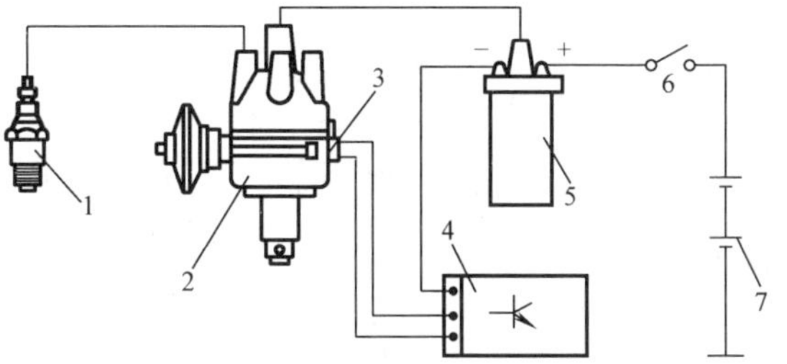

图 9-14　无触点式电子点火系统的组成

1—火花塞　2—分电器　3—点火信号发生器(传感器)　4—点火控制器　5—点火线圈　6—点火开关　7—电源

电子点火控制器取代了原来断电器中的触点，用来根据点火信号发生器送来的脉冲电信号控制点火线圈一次电路的通断。比较完美的点火控制器还具有恒电流控制、闭合角控制和停车断电保护等多项功能。

分电器主要包括配电器和离心提前机构和真空提前机构，它们的作用、结构和工作原理与传统点火系统分电器的对应部分完全相同；点火线圈、火花塞、点火开关和电源等部分的结构和作用与传统点火系统相同。

第三节　微机控制点火系统

20 世纪 70 年代后期，随着计算机技术的飞速发展和发达国家对汽车排放的限制及对其他性能要求的提高，微机开始在汽车上获得应用——用微机控制点火正时，形成微机控制点火系统。由于微机具有响应速度快、运算和控制精度高、抗干扰能力强等优点，通过微机控制点火提前角要比机械式的离心提前机构和真空提前机构的精度高得多，并且微机控制点火系统可以通过各种传感器感知多种因素对点火提前角的影响，使发动机在各种工况和使用条件下的点火提前角都与对应的最佳点火比较接近，还不存在机械磨损等问题，克服了离心提前机构和真空提前机构的缺陷，使点火系统的发展更趋完善，发动机的性能得到一步改善和更加充分的发挥。因此，微机控制点火系统是继无触点的普通电子点火系统之后，点火系统发展的又一次飞跃。

微机控制点火系统按是否配有分电器划分，分为有分电器微机控制点火系统和无分电器微机控制点火系统两种。

一、有分电器微机控制点火系统

有分电器微机控制点火系统一般由传感器、微机控制器(ECU)和点火执行器三部分组成。图 9-15 是常用有分电器微机控制点火系统的组成框图。不同发动机点火系统的结构不同，但其工作原理相似。图 9-16 所示为奥迪 200 型轿车五缸涡轮增压发动机微机控制点火系统结构示意图，其主要工作组成及部分如下。

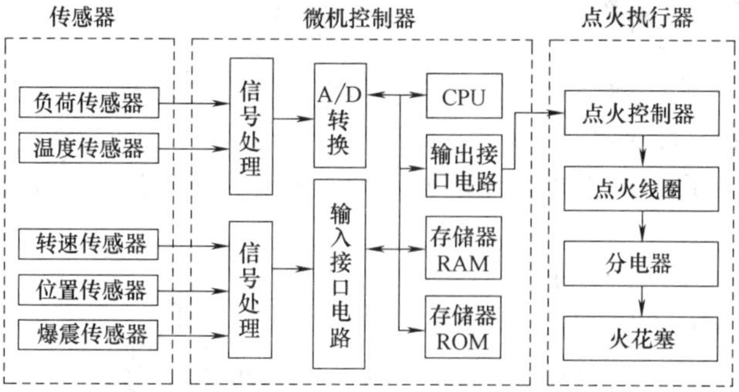

图 9-15 有分电器微机控制点火系统的组成框图

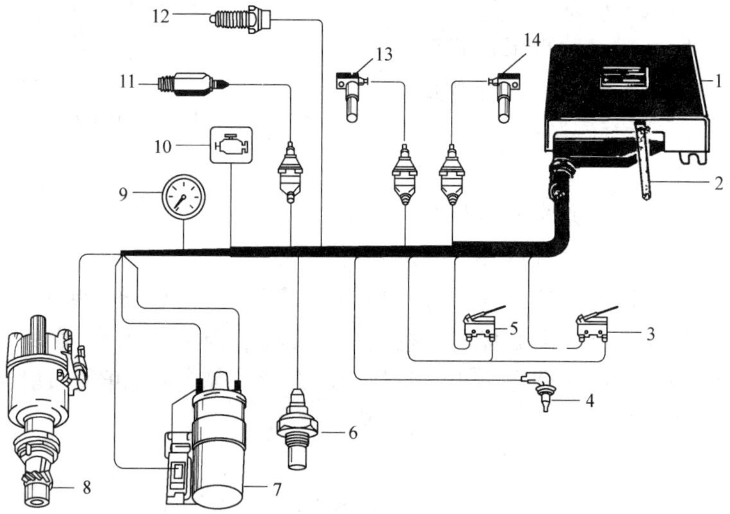

图 9-16 奥迪 200 型轿车的微机控制点火系统结构

1—微机控制部 2—增压传感器连接管 3—全负荷开关 4—进气温度传感器 5—怠速及超速燃油阻断开关 6—冷却液温度传感器 7—点火线圈 8—霍尔分电器 9—速度表 10—故障灯 11—爆震传感器 12—制动灯开关 13—发动机转速传感器 14—点火基准传感器

(1)传感器 在微机控制点火系统中,发动机工作时,传感器不断地检测反应发动机工况的信息,并输入控制器,将这些信息作为控制系统进行运算和控制的依据或基准。传感器主要包括发动机转速传感器、点火基准传感器、霍尔传感器、增压传感器、冷却液温度传感器、爆震传感器、怠速及超速燃油阻断开关、全负荷节气门开关等。

(2)微机控制器 微机控制器简称控制器,或称电子控制单元(ECU)。它是控制系统的中枢,也称电脑。在发动机工作时,控制器根据各传感器输入的反映发动机工况的信息,按特定的程序计算最佳点火提前角和一次电路导通时间,并将计算的结果转变为点火控制信号,控制点火系统的工作。

(3)点火执行器 点火执行器是微机控制器的执行机构,它将微机输出的点火信号进行功率放大,驱动点火线圈工作。

二、无分电器微机控制点火系统

无分电器微机控制点火系统,又称为直接点火系统,它除了具有有分电器微机控制点火系统的优点以外，因为取消了分电器总成，还具有以下优点：

(1)在不增加电能消耗的情况下，进一步增大了点火能量。

(2)对无线电的干扰大幅度降低。

(3)避免了与分电器有关的一些机械故障。

(4)发动机高速运行时点火能量有保证。

(5)节省了安装空间，有利于发动机的合理布置。

(6)无需进行点火正时方面的调整，使用和维护方便。

无分电器微机控制点火系统由低压电源。点火开关、微机控制单元(ECU)、点火控制器、点火线圈、火花塞、高压线和各种传感器等组成，如图 9-17 所示。有的无分电器点火系统还将点火线圈直接安装在火花塞上方，取消了高压线，如图 9-18 所示。无分电器微机控制点火系统根据高压配电方式的不同分为单独点火方式和同时点火方式两种。

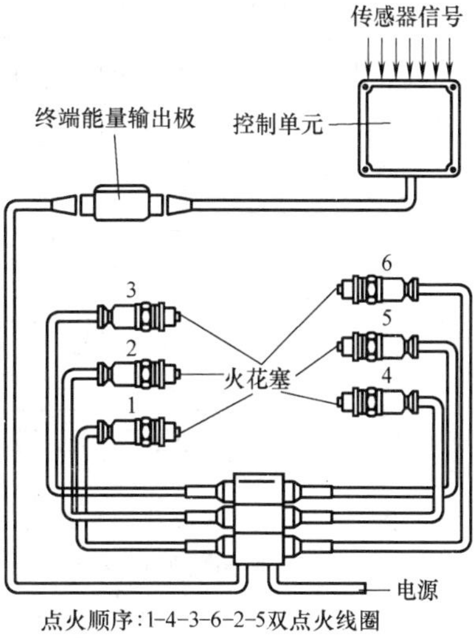

图 9-17　无分电器微机控制点火系统

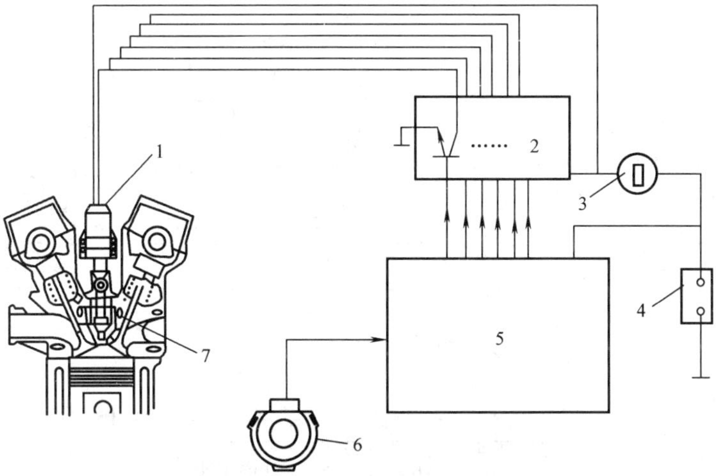

图 9-18　无高压线微机控制点火系统

1—点火线圈　2—点火控制器　3—点火开关　4—蓄电池

5—电子控制单元(ECU)　6—传感器　7—火花塞

1. 无分电器单独点火方式

这种单独点火方式是一个缸的火花塞配一个点火线圈，各个独立的点火线圈直接安装在火花塞上，独立向火花塞提供高压电，各缸直接点火。这种结构的特点是去掉了高压线，因此可以使高压电能的传递损失和对无线电的干扰降低到最低水平。由于一个线圈向一个气缸提供点火能量，因此在发动机转速相同时，单位时间内线圈中通过的电流要小得多，线圈不易发热，所以这种线圈的初级电流可以设计得较大，即使在发动机以 9000r/min 高速运行时，也能够提供足够的点火能量。单独点火方式因车型的不同，其控制电路也存在一定的差异。有些采用一个点火控制器，如图 9-19 所示。

有些则采用多个点火控制器，如图 9-20 所示的奥迪汽车五缸发动机。当发动机工作时，

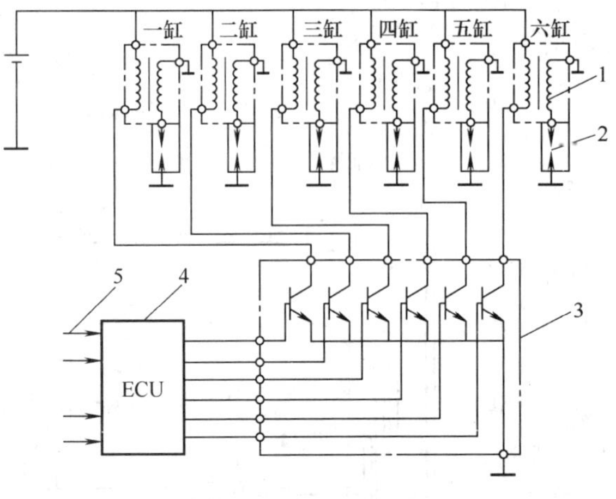

图 9-19 点火线圈独立和共用一个点火控制器的点火系统

1—点火线圈 2—火花塞 3—点火控制器 4—微机控制单元 5—传感器输入信号

微机控制单元(ECU)不断检测传感器的输入信号，根据存储器存储的数据计算并求出最佳点火提前角和通电时间，以点火基准传感器为标准，按照发动机各缸的作功顺序，确定每缸点火线圈的接通时间和通电时间，并将其转换为该缸点火线圈的控制信号，当某缸的控制信号为低电平时，点火控制器中对应此缸的功率晶体管导通，点火线圈通电；当该缸的控制信号变为高电平时，对应的晶体管截止，线圈中电流被切断，次级线圈产生高压电，将火花塞电极击穿后点火。单独点火的点火控制器需要判别的点火气缸的数目多，因此气缸判别电路较复杂。

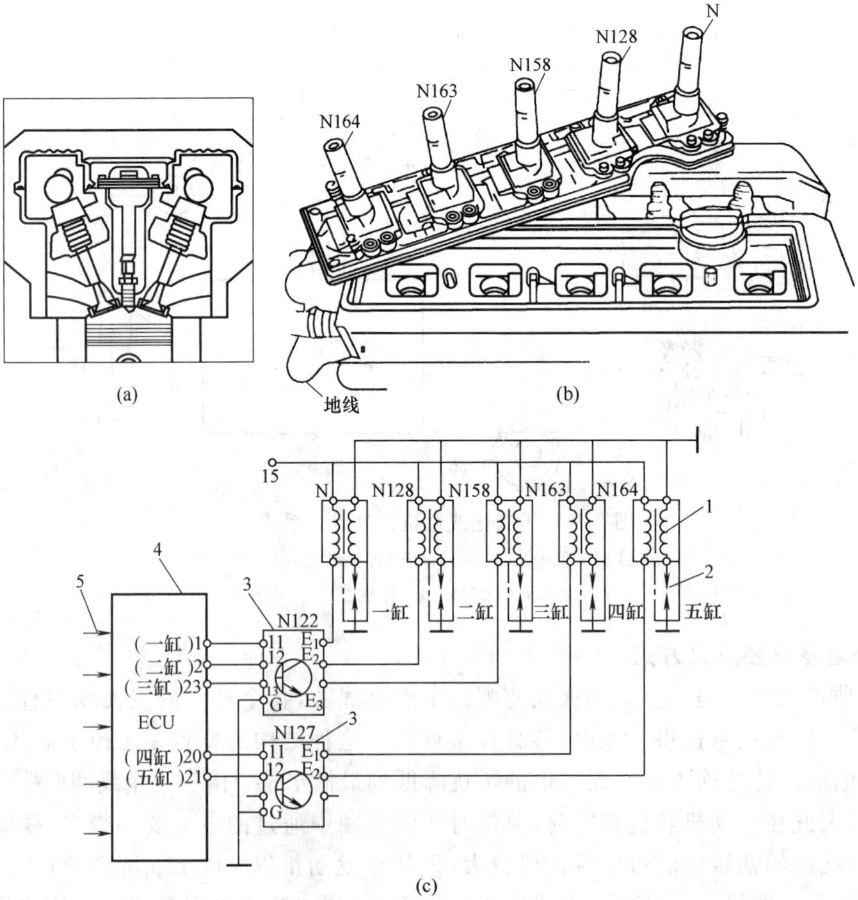

图 9-20 奥迪汽车五缸发动机无分电器单独点火系统

1—点火线圈 2—火花塞 3—点火控制器 4—微机控制单元 5—传感器输入信号

2. 无分电器同时点火方式

无分电器同时点火方式指两个气缸合用一个点火线圈，即一个点火线圈有两个高压输出端，分别与一个火花塞相连，负责对两个气缸进行点火。同时点火的两个气缸中一缸在排气行程末期，另一缸在压缩行程末期。由于点火线圈仍然远离火花塞，所以点火线圈与火花塞之间仍然需要高压线连接。同时点火方式又分为点火线圈配电方式和二极管配电方式两种。

点火线圈配电方式是一种直接用点火线圈分配高压电的同时点火方式。几个相互屏蔽的和结构独立的点火线圈组合成一体，称为点火线圈组件。每个点火线圈供给配对的两个缸的火花塞以高压电。点火控制器中有与点火线圈数量相等的功率三极管，各控制一个点火线圈的工作。点火控制器根据 ECU 提供的点火信号，由气缸判别电路按点火顺序轮流激发功率三极管，使其导通或截止，以此控制点火线圈初级绕组的通断，产生次级电压而点火。有些同时点火线圈配电方式点火系统，在点火线圈的次级绕组中串联一个高压二极管，其作用是防止发动机高速运行时初级绕组导通而产生的次级电压形成误点火，如图 9-21 所示。

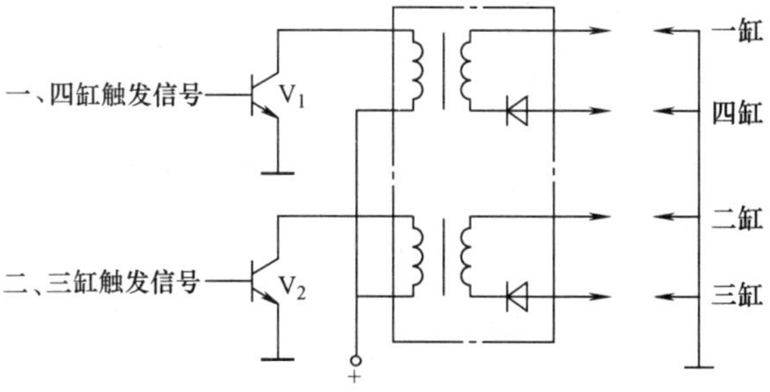

图 9-21　点火线圈配电方式

二极管配电方式是利用二极管的单向导通特性，对点火线圈产生的高压电进行分配的同时点火方式。与二极管配电方式相配的点火线圈有两个初级绕组和一个次级绕组，相当于是共用一个次级绕组的两个点火线圈的组件。次级绕组的两端通过四个高压二极管与火花塞组成回路；其中配对点火的两个活塞必须同时到达上止点，即一个处于压缩行程上止点时，另一个处于排气行程上止点。微机控制单元根据曲轴位置等传感器输入的信息，经计算和处理后输出点火控制信号，通过点火控制器中的两个大功率三极管按点火顺序控制两个初级绕组的电路交替接通和断开。如图 9-22 所示，当一、四缸点火触发信号输入点火控制器时，大功率三极管 V_1 和初级绕组 N_1 断电，次级绕组产生虚线箭头所示方向的高压电动势，此时一、四缸高压二极管正向导通而使火花塞跳火。当二、三缸点火触发信号输入点火控制器时，大功率三极管 V_2 截止，初级绕组 N_1 断电，次级绕组产生实线箭头所示方向的高压电动势，此时二、三缸高压二极管导通，故二、三缸火花塞跳火。二极管配电方式的主要特点是一个点火线圈组件为 4 个火花塞提供高压电，因此适宜于四缸或八缸发动机。

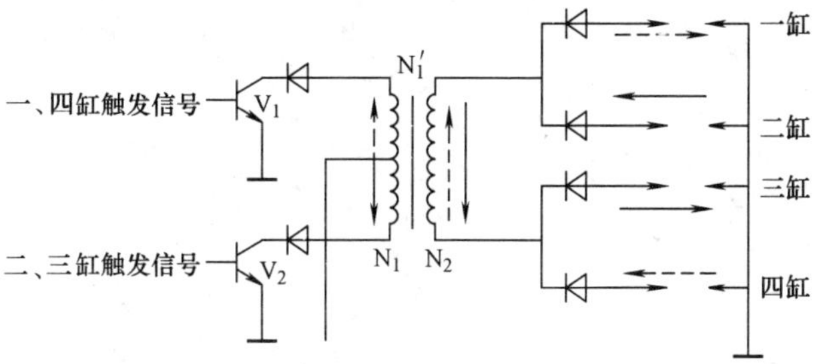

图 9-22　二极管配电方式

思 考 题

1. 传统点火系统的基本组成部件有哪些？其各部分的作用是什么？
2. 点火线圈附加电阻起什么作用？点火线圈有几种类型？
3. 无触点式电子点火系统由哪些部分组成？各组成部分的作用如何？
4. 微机控制电子点火系统的组成及点火器的作用是什么？
5. 无分电器点火系统有几种点火方式？各自的含义是什么？
6. 无分电器点火系统同时点火方式中高压二极管的作用是什么？

第十章 发动机起动系统

起动系统的作用就是在正常使用条件下，通过起动机将蓄电池存储的电能转变为机械能带动发动机以足够高的转速运转，以顺利起动发动机。

发动机起动时，必须克服气缸内被压缩气体的阻力和发动机本身及其附件内相对运动的零件之间的摩擦阻力，克服这些阻力所需的力矩称为起动转矩。能使发动机顺利起动所需要的曲轴转速称为起动转速。为了使汽油发动机在更低温度下迅速起动，要求起动转速不低于50～70r/min。对于车用柴油机的起动，为了防止气缸漏气和热量散失过多，保证压缩终了时气缸内有足够的压力和温度，还要保证喷油泵能建立起足够的喷油压力，使气缸内形成足够强的空气涡流，要求的起动转速较高，可达150～300r/min。此外，柴油发动机的压缩比较汽油机大，因此起动转矩也大，所以起动柴油发动机所需要的起动机功率也比汽油机大。

第一节 起动机

目前汽车上普遍使用的是电力起动机，它是采用装有电磁开关的电动机作为起动动力的。电力起动机一般由三部分组成：

(1)直流串激式电动机　其作用是产生转矩，即将蓄电池的电能转变为机械能的装置。

(2)传动机构(或称啮合机构)　其作用是在发动机起动时，使起动机驱动齿轮啮入飞轮齿环，将起动机转矩传给发动机曲轴；而在发动机起动后，使驱动齿轮打滑并与飞轮齿环自动脱开。

(3)控制装置(即电磁开关)　用来接通和切断电动机与蓄电池之间的电路。在有些汽车上，还具有接入和隔除点火线圈附加电阻的作用。

图 10-1 所示为一典型起动机的结构。

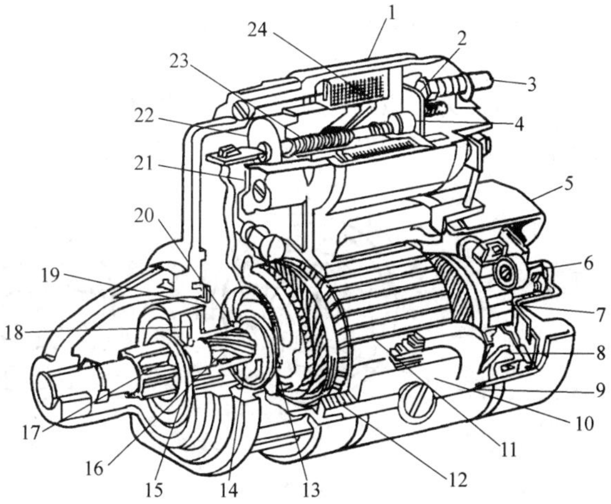

图 10-1　典型起动机结构

1—电磁开关　2—触点　3—蓄电池接线柱　4—动触点　5—前端盖　6—炭刷弹簧　7—换向器　8—炭刷　9—机壳　10—磁极　11—电枢　12—磁场绕组　13—导向环　14—止推环　15—超越离合器　16—电枢轴　17—小齿轮　18—起动机构　19—制动盘　20—啮合弹簧　21—拨叉　22—活动铁芯　23—复位弹簧　24—电磁开关组

一、直流电动机

直流电动机主要由磁极、电枢和换向器等部分组成。

1. 磁极

磁极是由固定在机壳上的铁芯和装在铁芯上的磁场绕组组成。

磁极的作用是建立电动机的磁场。一般装有 4 个(2 对)磁极。在大功率起动机中，为增大起动机的电磁力矩，有的装 6 个(3 对)

磁极。

当电流流过磁场绕组时，便建立强大的和静止的电磁场，磁场根据绕组围绕在极靴的方向，分为南极和北极。磁场绕组的极性对调，便产生相反的磁场，如图 10-3 所示。

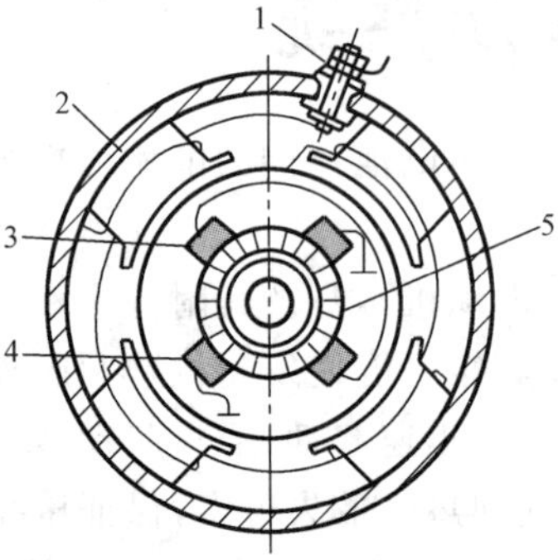

图 10-2 磁极结构

1—绝缘接线柱 2—磁场绕组 3—绝缘电刷 4—搭铁电刷 5—换向器

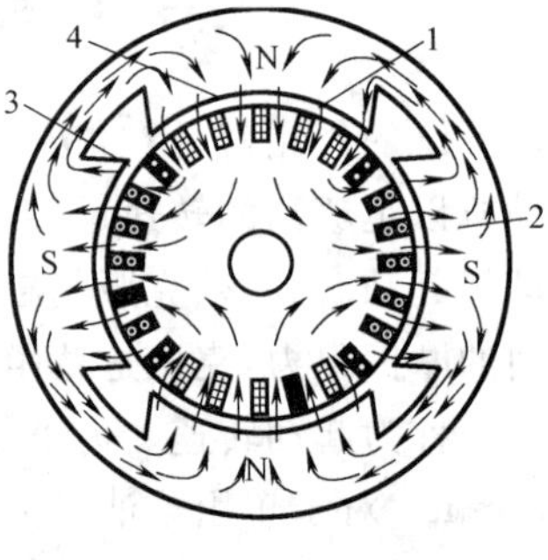

图 10-3 起动机中的磁场

1—电枢绕组 2—极靴 3—电枢 4—气隙

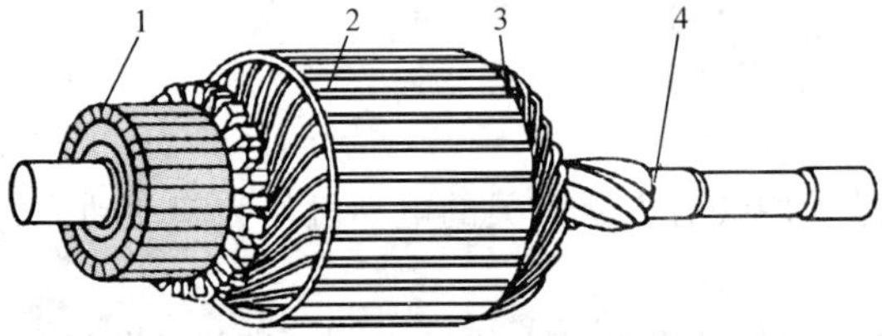

图 10-4 电枢结构

1—换向器 2—电枢铁芯总成 3—绕组 4—电枢轴

2. 电枢

电枢由外圆带槽的硅钢片叠成的铁芯和嵌装在铁芯槽内的电枢绕组组成，如图 10-4 所示。转子铁芯与电枢轴为紧配合。电枢绕组和磁场绕组均采用较粗的矩形裸铜线绕制，以满足几百安培工作电流要求。

为了在起动发动机时起动机能产生强大的电磁转矩，励磁绕组与电枢绕组一般采用串联方式连接，称为串激式直流电动机。串激式直流电动机具有起动转矩大、起动转速低和起动安全可靠等许多优点，适于发动机起动。励磁绕组与电枢绕组可以以不同的方式串联，如图 10-5 所示。

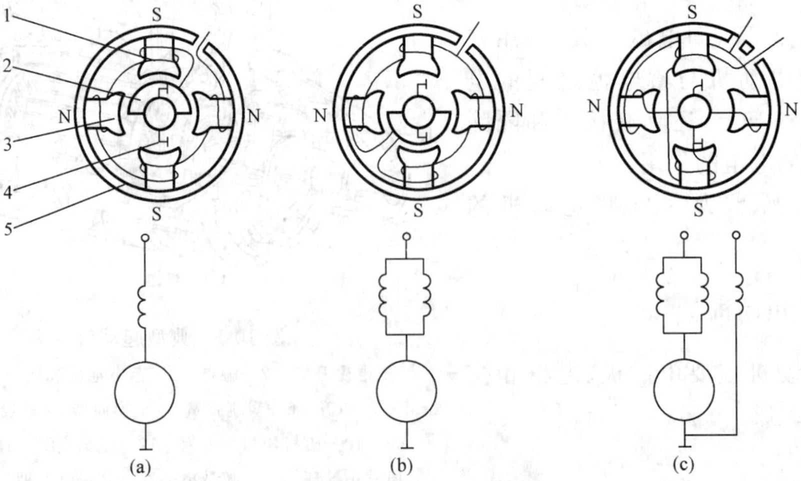

图 10-5 励磁绕组与电枢绕组的连接方式

(a)各励磁绕组串联后与电枢绕组串联 (b)两个串联的励磁绕组并联后与电枢绕组串联

(c)主励磁绕组与电枢绕组串联，辅助励磁绕组与电枢并联

1—励磁绕组 2—换向器 3—磁极铁芯 4—电刷 5—外壳

3. 换向器

换向器由安装在电枢轴上的换向器和电刷组成，其作用是连接磁场绕组、电枢绕组和电源，并保证电枢产生的电磁力矩方向不变，使电机轴能输出固定方向的转矩。其结构如图 10-6 所示，它由一定数量的燕尾形铜片 1 组成，并用轴套 2 和压环 3 组装成一个整体，压装在电枢轴上，各铜片之间以及铜片与轴套、压环之间均用云母或硬塑料片绝缘。电枢绕组各线圈的两端焊接在相应钢片的接线凸缘 4 上，经过绝缘电刷和搭铁电刷分别与起动机磁场绕组一端和起动机壳体连接。电枢轴除了铁芯和换向器外，还制有螺旋槽或花键槽，以便安装传动装置，电枢轴两端通过轴承支撑在起动机前、后端盖上。

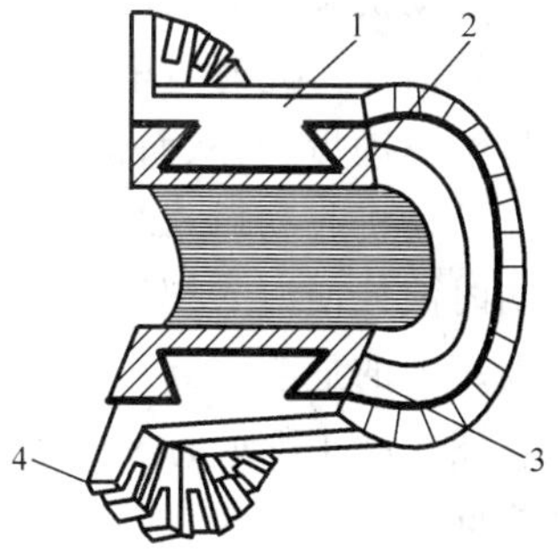

图 10-6　换向器

1—铜片　2—轴套

3—压环　4—接线凸缘

二、起动机的传动机构

传动机构包括单向离合器和拨叉等。单向离合器起着单向传递转矩将发动机起动的作用，同时又能在起动后自动打滑，以防止发动机起动后飞轮带动起动机电枢高速转动而造成事故。拨叉的作用是与移动衬套一起使单向离合器作轴向移动，将驱动齿轮与发动机飞轮啮合。

常用的单向离合器有滚柱式、弹簧式和摩擦片式三种。

1. 滚柱式单向离合器

滚柱式单向离合器的结构如图 10-7a 所示。驱动齿轮 1 与外座圈连成一体，花键套筒 6 与内座圈 3 连成一体，并通过花键套装在起动机电枢的延长轴上。单向离合器的外座圈 2 与内座圈 3 之间的间隙为宽窄不同的楔形槽。这种离合器就是通过改变滚柱在楔形槽中的位置来实现离合的。

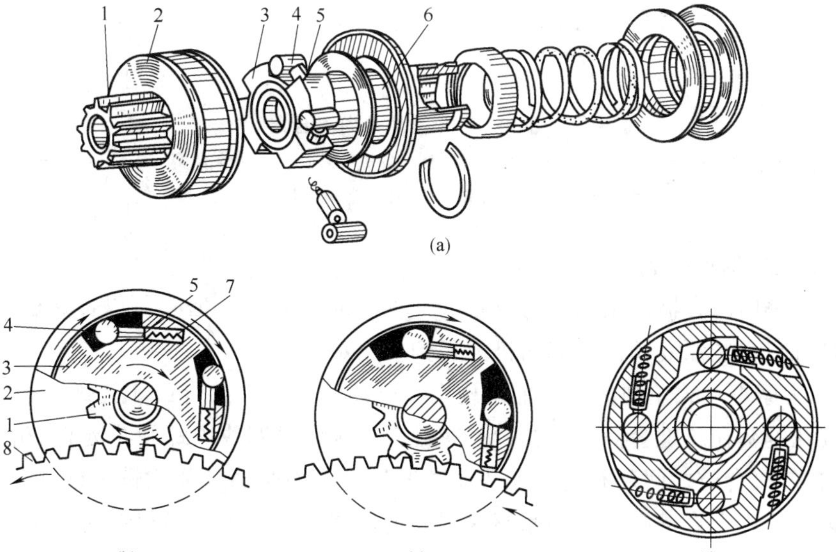

图 10-7　滚柱式单向离台器

(a)零件分解图　(b)起动时　(c)起动后　(d)楔形缺口开在外座圈上的单向离合器

1—驱动齿轮　2—外座圈　3—内座圈　4—滚柱　5—柱塞　6—花键套筒　7—弹簧　8—飞轮齿圈

发动机起动时，如图 10-7b 所示，传动拨叉将单向离合器沿花键推出，驱动齿轮啮入发动机飞轮齿环。此时电枢转动，内座圈随电枢一起旋转，滚柱滚入楔形槽窄的一侧卡住，于是转矩传给驱动齿轮，从而传递转矩，驱动曲轴旋转。

发动机起动后，如图 10-7c 所示，曲轴转速增高，飞轮齿环带动驱动齿轮旋转，速度大于内座圈时滚柱便滚入楔形槽的宽处而打滑。这样，转矩就不能从驱动齿轮传给电枢，从而防止了电枢超速的危险

图 10-7d 所示的滚柱式单向离合器，其楔形缺口开在外座圈上，工作原理与上述单向离合器相同。

2. 弹簧式单向离合器

图 10-8 是弹簧式单向离合器的结构图。它安装在电枢的延长轴上，驱动齿轮 2 的右端空套在花键滑套 7 左端的外圆面上，两个扇形块 4 装入驱动齿轮右端的相应缺口中，并伸入花键滑套 7 左端的环槽内，使驱动齿轮与花键滑套之间既可以一起做轴向移动，又可以相对滑转。离合弹簧 5 在自由状态下的内径小于驱动齿轮 2 和花键滑套 7 相应外圆面的外径，在安装状态下弹簧紧套在外圆面上，离合弹簧 5 与护套 6 之间有间隙。起动时，起动机的电枢带动花键滑套旋转，有使离合弹簧 5 收缩的趋势，弹簧被箍紧在相应外圆面上。于是，起动机的转矩靠弹簧与外圆面之间的摩擦作用传递给驱动齿轮，通过飞轮齿环带动曲轴旋转，使发动机起动。发动机一旦起动，驱动齿轮的转速超过花键滑套的转速，离合弹簧 5 张开，驱动齿轮 2 在花键滑套 7 上滑转，与电枢轴脱开，防止电机超速。

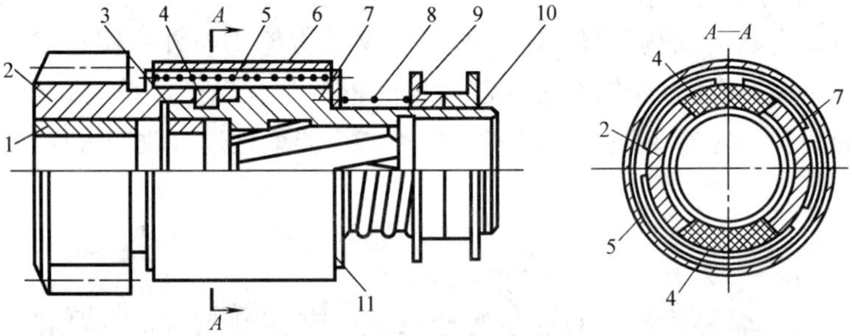

图 10-8 弹簧式单向离合器

1—衬套 2—驱动齿轮 3—限位套 4—扇形块 5—离合弹簧 6—护套
7—花键滑套 8—缓冲弹簧 9—拨叉滑环 10—卡环 11—挡板

3. 摩擦片式单向离合器

摩擦片式单向离合器是结构较为复杂的一种单向离合器。但它可以传递较大扭矩，工作十分可靠，因此，在柴油发动机的起动机上得到应用。

图 10-9 为摩擦片式单向离合器的结构图。驱动齿轮与外接合鼓 1 连成一体，内接合鼓 9 靠三线螺旋花键套在花键套筒 10 的一端，花键套筒则通过四线内螺旋花键套在电机轴的花键部分上。内、外接合鼓之间装有主动和从动摩擦片。主动摩擦片靠内圆上的 4 个突起嵌入内接合鼓外圆上的 4 个直槽中。从动摩擦片则通过外圆上的 4 个突起和外接合鼓上的 4 个直槽套在内、外接合鼓之间。主、从动摩擦片相间排列。

起动时，起动机的电磁转矩传给花键套筒，内接合鼓因惯性而沿着三线花键向左移动，使主动摩擦片与从动摩擦片压紧，电枢轴与驱动齿轮连成一体，将转矩传给飞轮，使发动机起动。

发动机起动后，飞轮带动驱动齿轮高速旋转，当转速超过电机轴的转速时，花键套筒、内接合鼓将沿三线螺旋花键右移，使主动摩擦片和从动摩擦片分开，从而防止电机超速。

三、起动机的控制机构

起动机的控制机构也称为操纵机构，它的作用是控制起动机主电路的通、断和驱动齿轮的移出和退回。起动机的控制机构分为直接操纵式和电磁操纵式两种。直接操纵式控制机构检修方便，且不消耗电能，有利于提高起动转速。但驾驶员的劳动强度大，不易远距离操纵，所以目前已很少应用。

电磁式操纵式控制机构也称为电磁开关，它与电磁式拨叉合装在一起，利用挡铁控制起动机驱动齿轮与飞轮的啮合与分离。用按钮或钥匙控制电磁铁，再由电磁铁控制主电路开关，以接通或切断主电路。由于装有电磁铁，可进行远距离控制，操作省力，因此现代汽车大都采用这种方式。

电磁式操纵式控制机构的结构如图 10-10 所示。

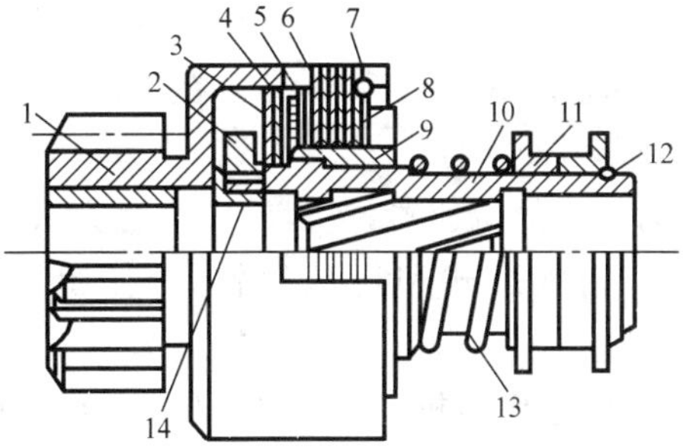

图 10-9　摩擦片式单向离合器结构

1—驱动齿轮与外接合鼓　2—螺母　3—弹簧垫　4—压环　5—调整垫圈　6—从动摩擦片　7—卡环　8—主动摩擦片　9—内接合鼓　10—花键套筒　11—滑套　12—卡环　13—缓冲弹簧　14—挡圈

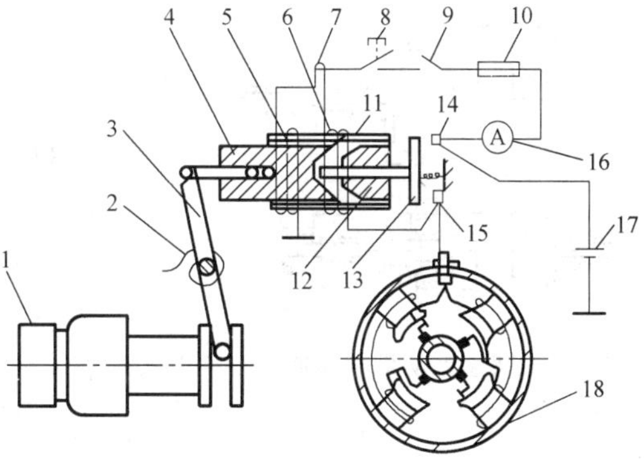

图 10-10　电磁操纵式控制机构结构

1—驱动齿轮　2—回位弹簧　3—拨叉　4—活动铁芯　5—保持线圈　6—吸引线圈　7—接线柱　8—起动按扭　9—起动总开关　10—熔丝　11—黄铜套　12—挡铁　13—接触盘　14、15—主接线柱　16—电流表　17—蓄电池　18—电动机

蓄电池正极→主接线柱 14→电流表 16→熔丝 10→起动总开关 9→起动按钮 8→接线柱 7→{保持线图 5；吸引线圈 6→主接线柱 15→起动机磁场绕组→电枢绕组}→搭铁→蓄电池负极

当合上起动总开关 9，按下起动按钮 8 时，吸引线圈 6 和保持线圈 5 的电路接通。

这时活动铁芯 4 在两个线圈电磁吸力的共同作用下，克服回位弹簧 2 的弹力而向右移动，带动拨叉 3 将驱动齿轮 1 推出与飞轮齿环啮合。这时由于吸引线圈的电流流经磁场绕组和电枢绕组，产生一定的电磁转矩，所以驱动齿轮是在缓慢旋转的过程中啮合的。当驱动齿轮完全啮合时，接触盘 13 将主接线柱 14、15 刚好接通，于是蓄电池的大电流流经起动机的电枢绕组和磁场绕组，产生正常的转矩，带动发动机旋转，起动发动机。与此同时，吸引线圈被短路，齿轮的啮合位置由保持线圈 5 的吸力来保持。

当发动机起动后，在松开起动按钮的瞬间，保持线圈中的电流只能经吸引线圈构成回路。

由于此时两线圈所产生的磁通方向相反，磁力相互抵消，于是活动铁芯在回位弹簧的作用下回至原位，驱动齿轮退出啮合，接触盘 13 脱离接触，切断起动电路，起动机停止运转。

这种电磁操纵机构是利用挡铁与电磁铁芯之间一定的气隙，保证驱动齿轮部分啮入飞轮齿环后才接通起动主电路。它具有操作轻便和工作可靠的优点。

第二节 减速起动机和永磁起动机

一、减速起动机

在电机轴与驱动齿轮之间装有减速器的起动机称为减速起动机。

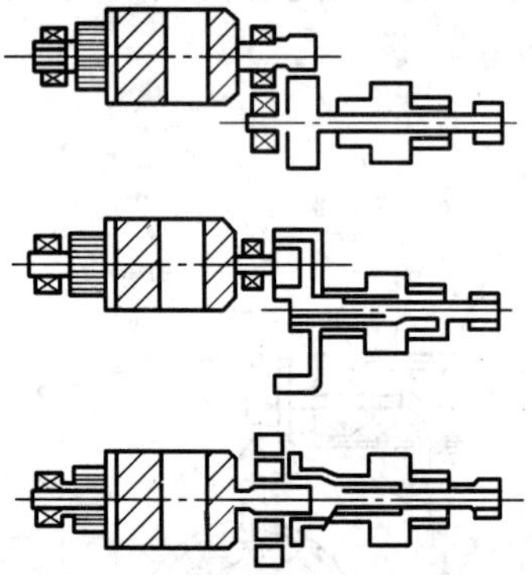

图 10-11 减速起动机减速器的三种形式
(a)外啮合式 (b)内啮合式 (c)行星齿轮式

出现减速起动机的理由是为了解决直流电动机转速高与汽车发动机要求起动转矩大的矛盾。增加一套减速器，直流电动机的允许转速可达 2000r/min。这样，电动机的体积和质量可以减小，特别是高转速低扭矩的直流电动机，其工作电流较小，可大大减轻蓄电池的负担，延长蓄电池的使用寿命。常用减速起动机的减速器转速比约为 4∶1。在国外汽车上，减速电动机的应用较普遍。

减速起动机中的减速器，按齿轮的啮合方式分三种：外啮合式、内啮合式和行星齿轮式，如图 10-11 所示。

外啮合式减速起动机，其主动齿轮轴与从动齿轮轴平行，但两轴中心距较大。优点是结构简单、工作可靠、噪声小和便于维修，缺点是增加了起动机的径向尺寸。图 10-12 为外啮合式减速起动机的结构。

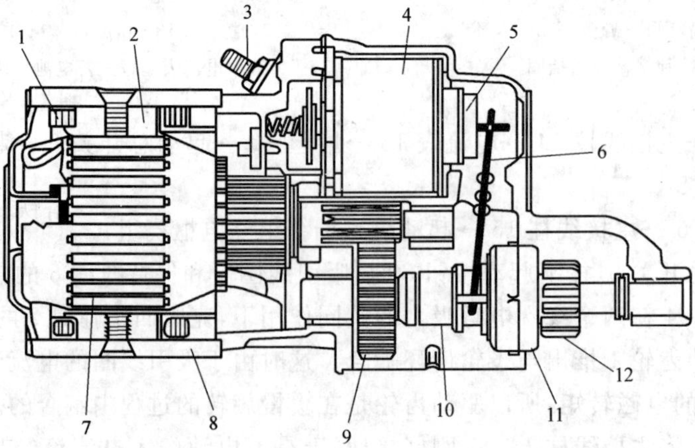

图 10-12 外啮合式减速起动机的结构
1、2—励磁线圈 3—主接线柱 4—电磁线圈 5—活动铁芯 6—拨叉 7—电枢 8—外壳 9—减速齿轮 10—花键轴 11—单向离合器 12—驱动齿轮

内啮合式减速起动机，其特点是两轴中心距离较小，工作可靠，但噪声较大。

行星齿轮减速起动机，其两轴中心距为零，有利于起动机的安装；因为扭力负载平均分布在几个行星齿轮上，故可采用塑料内齿圈和粉末冶金的行星齿轮（图 10-13），既减轻了质量又抑制了噪声，是应用较广泛的一种。

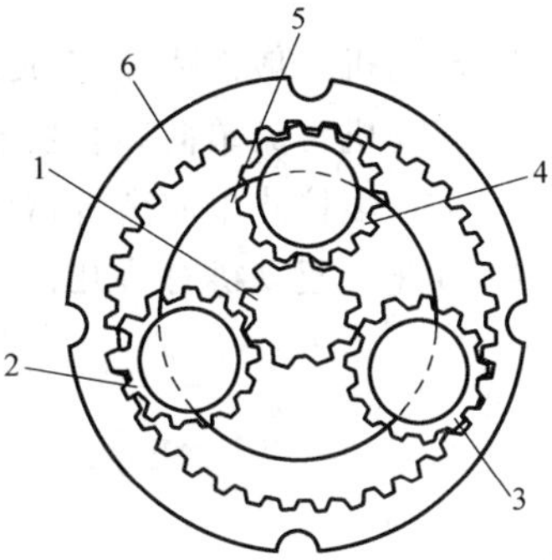

图 10-13　行星齿轮机构

1—太阳轮　2、3、4—行星轮　5—行星架　6—内齿圈

二、永磁起动机

由永磁材料做直流电机的磁极，以取代原有的磁场绕组和磁极铁芯的起动机称为永磁起动机。

图 10-14 为永磁起动机结构示意图。

由于取消了磁场绕组和磁极铁芯，起动机的体积和质量大大减小，机械特性和换向性能得到改善，使换向火花造成的高频干扰减小，起动机的工作可靠性提高。但永磁材料随着使用时间的加长，其去磁作用越发严重，这样就使起动功率随使用期的延长而下降，所以目前仅限于小功率起动机应用。

如果在永磁起动机电枢与驱动齿轮之间加装减速器，就产生了永磁减速起动机。它同时具有永磁起动机和减速起动机的特点。国产奥迪 100 型轿车就使用了永磁减速起动机。

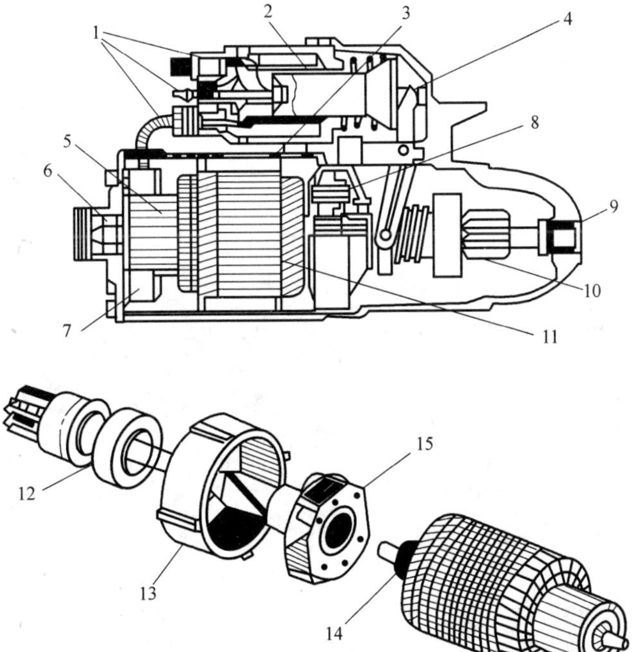

图 10-14　永磁起动机结构

1—接线柱　2—活动铁芯　3—磁极　4—拨叉　5—换向器　6、9—轴承　7—电刷　8—行星齿轮减速器　10、12—单向离合器　11—电枢　13—固定内齿圈　14—主动齿轮　15—行星齿轮架

在电气控制方面，永磁减速起动机与一般磁场绕组的起动机基本相同。永磁齿轮减速起动机一般用 4 或 6 块永久磁铁磁场组件取代磁场绕组。

思 考 题

1. 起动机一般由哪几部分组成？各部分的作用是什么？
2. 起动机常见单向离合器有几种？各有什么特点？
3. 试述滚柱式单向离合器的结构与工作原理。
4. 减速式起动机有哪几种类型？各有什么特点？

第十一章　汽车传动系统概述

一、汽车传动系统的功用与组成

汽车传动系统的基本功用是将发动机发出的动力传给驱动车轮，使汽车行驶。

典型的机械式传动系统的组成及布置式型如图 11-1 所示。发动机发出的动力，经过离合器 1、变速器 2、由万向节 3 及传动轴 8 组成的万向传动装置，以及安装在驱动桥 4 中的主减速器 7、差速器 5、半轴 6，传到驱动车轮。

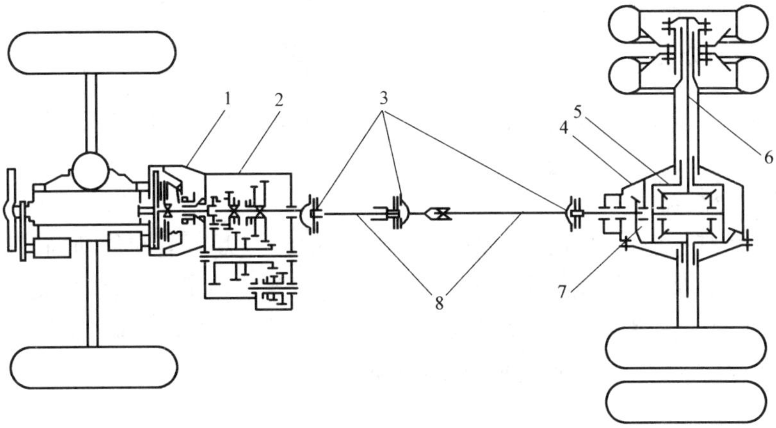

图 11-1　机械式传动系统的组成及布置

1—离合器　2—变速器　3—万向节　4—驱动桥　5—差速器

6—半轴　7—主减速器　8—传动轴

传动系统的功能如下：

1. 降速增矩

汽车正常起步，要求作用在驱动轮上的驱动力足以克服各种外界的阻力。发动机发出的转矩若直接传给驱动轮，驱动轮所得到的驱动力很小，不足以驱动汽车运动；另一方面，发动机的转速较高，一般为每分钟数千转，这一转速直接传到驱动轮上，汽车将达到几百公里的时速，这样高的车速既不实用也不可能。因此，要求传动系统应具有降速增矩的作用，使驱动轮的转速降低到发动机转速的若干分之一，相应地使驱动轮的转矩增大到发动机转矩的若干倍。一般把驱动轮得到的转矩与发动机飞轮输出的转矩之比（或发动机转速与驱动轮转速之比）称为传动系统的传动比。

2. 实现变速及倒向行驶

汽车在使用过程中，其使用条件要求车速和驱动力在很大的范围内不断变化，而发动机的有利转速范围很窄，为了使发动机保持在有利转速范围内工作，且驱动力和转速又可以在足够大的范围内变化，应当使传动系统的传动比在最大值与最小值之间变化，即传动系统应起变速作用。

汽车除了向前行驶外，有时还需要倒向行驶，但发动机不能反向旋转，这就要求传动系统能改变驱动轮的转动方向，以实现汽车的倒向行驶。

3. 中断动力传动

在发动机起动、汽车行驶中换挡及汽车制动时，都要暂时切断动力传递。为此，在发动机与变速器之间设置一个可由驾驶员控制的离开或结合的机构(离合器)。另外，在变速中设置空挡，满足发动机转动时能较长时间中断动力的传递。

4. 差速作用

汽车在转弯行驶时，左、右驱动车轮在同一时间内滚过的距离不同，如果两侧的驱动轮用一根刚性轴驱动，则两轮转动的角速度必然相同，此时必然产生车轮相对地面滑动的现象，并将使转向困难，汽车的动力消耗增加，传动系统内部某些零件和轮胎磨损加剧。为避免这些情况的出现，驱动桥内安装了差速器，可使左、右驱动车轮以不同的角速度旋转，即起差速作用。

二、传动系统的分类

根据汽车传动系统的结构和传动介质的不同，传动系统可分为机械式、液力式和电力式三大类。

1. 机械式传动系统

机械式传动系统一般由离合器、变速器、万向传动装置(万向节和传动轴)和驱动桥(主减速器、差速器、半轴和桥壳)组成。图 11-1 为典型的机械式传动系统(前置后轮驱动)布置示意图。图 11-2 为前置前轮驱动的布置示意图，发动机发出的动力经过离合器 2、变速器 4、主减速器从动齿轮 8、差速器 6 和半轴传递到驱动车轮，使汽车产生运动。

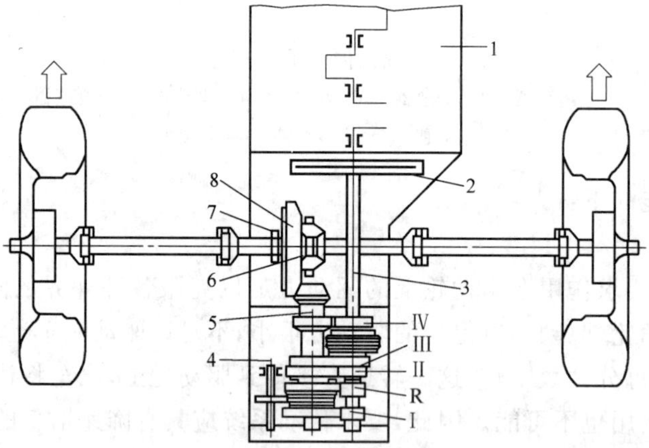

图 11-2 发动机前置前轮驱动的机械传动系统布置

1—发动机 2—离合器 3—变速器输入轴 4—变速器 5—变速器输出轴 6—差速器 7—车速表驱动齿轮 8—主减速器从动齿轮

2. 液力机械式传动系统

液力机械传动系统的特点是将液力传动与机械传动有机地组合起来。液力传动是以液体为传力介质，利用液体在主动元件和从动元件之间的循环流动过程中动能的变化来传递动力。一般采用液力变矩器串联一个有级式机械变速器组成的液力机械式变速器取代机械式传动系统中的离合器和变速器。这种传动系统能根据道路阻力的变化，自动地在若干个车速范围内分别实现无级变速，而且其中的有级式机械变速器还可以实现自动或半自动操纵，使驾驶员的操作大为简化，所以又称为自动变速器。但是，其结构较复杂、造价较高和机械效率较低。目前在轿车和重型汽车上采用较多。

3. 静液式传动系统

静液式传动系统是通过液体传力介质静压力能的变化来传递动力，其结构如图 11-3 所示。主要由发动机驱动的液压泵 7，液压马达 2 和液压自动控制装置 6 等组成。发动机输出的动力（机械能）通过液压泵转换成液压能，然后再由液压马达重新转换为机械能，驱动车轮转动。液压泵的供油量可以在液压控制装置的控制下实现在一定范围内的无级连续变化，液压马达的转速也将在一定范围内连续变化。在图 11-3 所示布置方案中，液压马达将动力传给主减速器，再经差速器和半轴传到驱动轮。还有一种方案是在每个驱动轮上装有一个液压马达，由控制系统来控制各驱动轮的转动，这时可去掉主减速器、差速器和半轴等传动部件。这种传动系统机械效率低，造价高，可靠性较差，因此目前还处于研究之中。

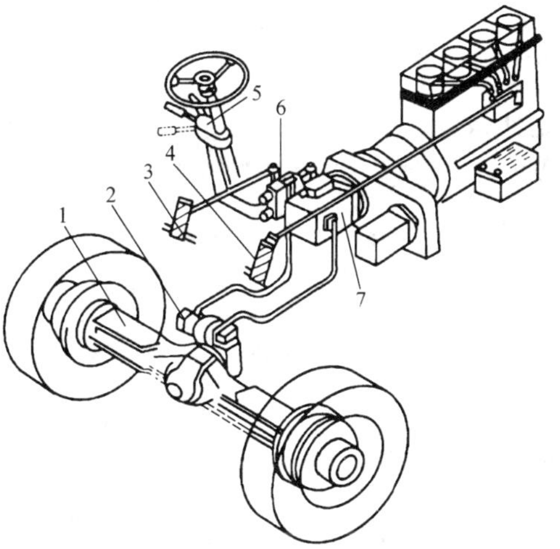

图 11-3　静液式传动系统

1—驱动桥　2—液压马达　3—制动踏板　4—加速踏板
5—变速器操纵杆　6—液压自动控制装置　7—液压泵

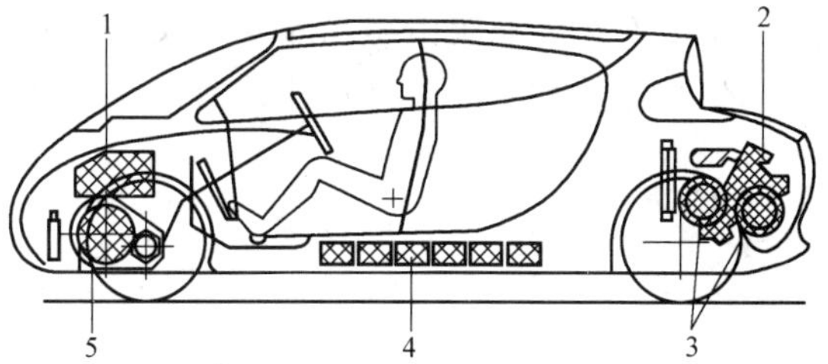

图 11-4　电力式传动系统

1—电动机控制器　2—发动机　3—发电机
4—电池　5—牵引电动机

4. 电力式传动系统

电力式传动系统的组成和布置与静液式传动系统类似，如图 11-4 所示。其主动部件是由发动机 2 驱动的发电机 3，从动部件是牵引电动机 5。牵引电动机发出的动力经传动轴、主减速器传到驱动轮；也可以在每个驱动轮上单独安装牵引电动机，牵引电动机发出的动力也要经过一套减速机构才能传给驱动轮，目的是降速增矩，这套减速机构称为轮边减速器。

三、传动系统的布置型式

传动系统根据汽车的使用要求可以有多种布置型式：发动机前置后轮驱动（FR 方式）、发动机前置前轮驱动（FF 方式）、发动机后置后轮驱动（RR 方式）、发动机中置后轮驱动（MR 方式）和全轮驱动（4WD）等，如图 11-5 所示。

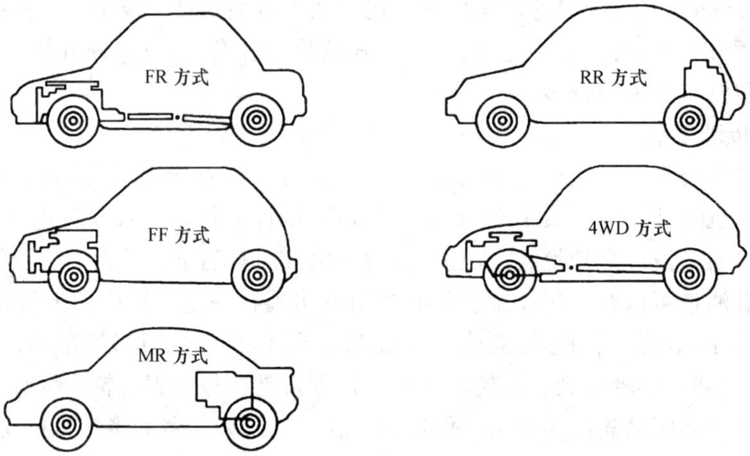

图 11-5　汽车传动系统布置型式

思 考 题

1. 汽车传动系统由哪几部分组成？基本功用是什么？
2. 汽车传动系统由哪几种类型？各有什么特点？

第十二章 离 合 器

第一节 概 述

一、离合器的功用

离合器是汽车传动系统中直接与发动机相连接的部件，用来分离或结合发动机与变速器之间的动力传递。离合器的主要功用如下：

1. 平稳起步

汽车起步前，发动机应在无载荷的情况起动。若没有离合器，发动机与传动系刚性联接，如果将变速器挂入一定的挡位上，正常运转的曲轴将与传动系统在极短的时间内发生接触，曲轴将受到很大的反向冲击，发动机转速会急剧下降到最低稳定转速以下，直至熄火。在发动机与传动系统之间装有离合器，则在汽车起步前，驾驶员先踩下离合器踏板，使发动机与传动系统分开，待挂上适当的挡位后，再柔和地结合离合器，从而逐渐加大对传动系统的作用力矩，避免了对曲轴造成的反向冲击。当驱动轮产生的驱动力足以克服起步阻力时，汽车便由静止开始缓慢地逐渐加速，实现汽车平稳起步。

2. 换挡平顺

汽车在行驶中，为了适应不断变化的行驶条件，经常换用不同的挡位。换挡时，先踩下离合器踏板，切断发动机与变速器的动力传递，使变速器内相啮合的齿轮间或其他啮合副(如齿形花键与接合套)间不再传递动力，并使原挡位啮合副退出传动，待变速器挂入新挡位后再逐渐抬起离合器踏板，踩下加速踏板，使新挡位啮合副的啮合部位的速度趋于相等(同步)，这样可减轻进入啮合的齿轮冲击，保证了变速器平顺换挡。

3. 防止传动系统过载

当车速急剧变化时，传动系统内各转动件将产生很大的惯性力矩，该力矩有可能大大超出发动机正常工作时所输出的转矩，这样对传动系统造成超过其承受能力的载荷，易使机件损坏。有了离合器后，由于离合器所能传递的转矩有限，当出现过大转矩时，其主动部分与从动部分之间将相互打滑，从而避免了传动系统出现过大载荷的可能。

由此可见，离合器的功用是保证汽车平稳起步、换挡平顺和防止传动系统过载。

二、离合器的分类

汽车离合器可分为摩擦离合器、液力偶合器、电磁离合器等几种。摩擦离合器因其结构简单、性能可靠和维修方便，目前被绝大部分汽车所采用。

三、摩擦离合器的组成及工作原理

1. 组成

如图 12-1 所示，离合器主要由主动部分、从动部分、压紧机构和操纵机构四部分组成。

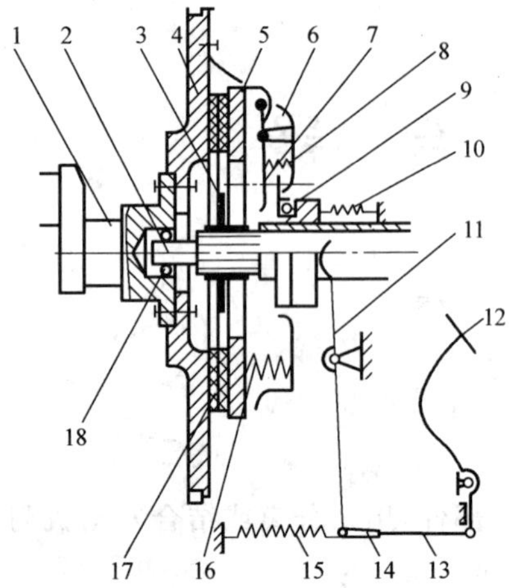

图 12-1 摩擦离合器的基本组成与工作原理示意图
1—曲轴 2—从动轴 3—从动盘 4—飞轮 5—压盘 6—离合器盖 7—分离杠杆 8—弹簧 9—分离轴承 10、15—回位弹簧 11—分离叉 12—踏板 13—拉杆 14—杠杆调节叉 16—压紧弹簧 17—摩擦衬片 18—轴承

(1) 主动部分　离合器的主动部分包括飞轮 4、离合器盖 6 和压盘 5 等。离合器盖用螺钉固定于飞轮上，压盘 5 沿圆周上的凸起伸入离合器盖的窗孔中，并可沿窗孔作轴向滑动。曲轴旋转时，通过飞轮和离合器盖带动压盘一起转动，构成离合器的主动部分。

(2) 从动部分　双面带摩擦衬片 17 的从动盘 3 是离合器的从动部分。从动盘通过滑动花键套在从动轴 2(变速器输入轴)上，轴前端通过轴承支承于曲轴 1 后端的中心孔内。

(3) 压紧机构　沿圆周均布的压紧弹簧 16 是离合器的压紧机构。压紧弹簧装在离合器盖和压盘之间，把压盘和从动盘压向飞轮。

(4) 操纵机构　操纵机构是驾驶员使离合器分离与接合的机构。它是由分离杠杆 7、分离轴承 9、分离套筒、分离叉 11、回位弹簧 10、15 及踏板 12 等机件组成。分离轴承 9 和分离套筒压装成一体，松套在从动轴上。分离杠杆 7 外端和中部分别铰接于压盘和离合器盖上。

2. 离合器的工作原理

(1) 接合状态　离合器处于接合状态时，压紧弹簧将压盘、飞轮及从动盘互相压紧。发动机的转矩经飞轮及压盘通过摩擦面的摩擦力矩传至从动盘，再经从动轴向传动系统输出。

(2) 分离过程　踏下踏板时，拉动分离叉下端向右(后)移动，分离叉上端通过分离轴承推动分离杠杆内端向前移动，分离杠杆外端拉动压盘向后移动，同时压紧弹簧被进一步压缩，从而解除对从动盘的压力，主、从动部分分离，中断动力传递。

(3) 接合过程　当需要恢复动力传递时，缓慢地抬起离合器踏板，回位弹簧 15 拉动分离叉下端向左(前)移动，分离轴承减小对分离杠杆的压力，压盘在压紧弹簧作用下逐渐压紧从动盘，并使所传递的转矩逐渐增大。随着压力的不断增加和汽车的不断加速，离合器主、从动部分的转速差逐渐减小，直到转速相等，滑磨现象消失，离合器完全结合为止。由上可知，汽车平稳起步是靠离合器逐渐接合过程中滑摩程度的变化来实现的。

接合后，在回位弹簧的作用下，踏板回到最高位置，分离叉下端回至最左端位置。分离轴承则在回位弹簧的作用下回至最右端位置。

由于离合器接合过程中存在着滑摩现象，从动盘、压盘和飞轮长期使用磨损后，压盘会向前(飞轮方向)移动，分离杠杆外端也要相应地向前移动。如果安装时分离杠杆内端与分离轴承间不留间隙，则磨损后分离杠杆内端将由于压在分离轴承上而不能自由地后移，使外端牵制压盘不能前移，从而不能压紧从动盘。这将造成离合器打滑，不能保证传递发动机的最大转矩。因此离合器在接合状态下，分离杠杆内端与分离轴承间应留有一个自由间隙。这个自由间隙反映到离合器踏板上使踏板产生一个空行程，称之为踏板的自由行程。为了保证自由间隙值，踏板自由行程是可以调整的。

第二节　摩擦离合器

摩擦离合器分为湿式和干湿两种。目前，与手动变速器相配合的绝大多数离合器为干式摩擦离合器。湿式摩擦离合器一般为多盘式，浸在油中以便于散热。

按其从动盘的数目划分，可分为单片式、双片式和多片式。

按压紧弹簧的形式与布置划分，分为周布弹簧式、中央弹簧式和膜片弹簧式。目前，汽车上广泛采用的是膜片弹簧离合器。

一、膜片弹簧离合器

1. 膜片弹簧离合器的组成及工作原理

膜片弹簧式离合器的主动部分是离合器盖 1、压盘 5、传动片 7 和飞轮，如图 12-2 所示。传动片两端用铆钉 8 连接离合器盖和压盘，从而将离合器盖传来的发动机动力传给压盘，驱动压盘转动。

如图 12-3 所示，从动部分是由从动盘本体 5、摩擦片 4、从动盘毂 11 和减振器盘 10 等组成。离合器从动盘本体、从动盘毂和减振器盘都开有 6 个长方孔，每个孔中装有一个减振器弹簧 9。从动盘本体和减振器盘上圆周方向的长方孔边处制有翻边，将减振器弹簧卡在长方孔中。减振器盘与从动盘本体是用铆钉铆接在一起的，并将从动盘毂及其两侧的减振器阻尼片 7 夹在中间。在从动盘毂上与铆钉隔套所对应的位置开有缺口，缺口宽度比铆钉隔套外径要大一些，这样就允许从动盘毂与从动盘本体及减振器盘之间可以相对转动一个角度。离合器接合时，发动机输出的转矩经飞轮和压盘传到了从动盘两侧的摩擦片，继而带动从动盘本体和减振器盘转动。从动盘本体和减振器盘又通过 6 个减振器弹簧把转矩传给了从动盘毂。因为有减振弹簧的作用，所以传动系统受到的来自发动机的冲击可以在此得到缓和。由于路面不平使汽车传动系统出现角速度的突然变化，造成传动系统中的扭转振动，使从动盘毂相对于从动盘本体和减振器盘来回转动，其扭转振动是依靠夹在它们之间的阻尼片摩擦来衰减的。

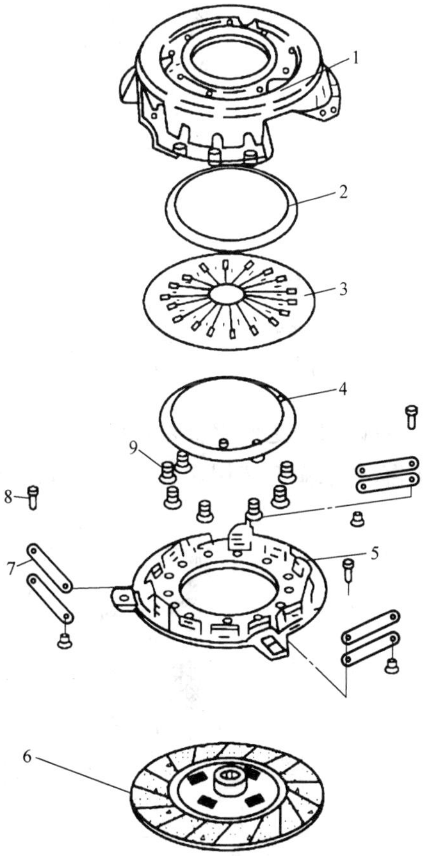

图 12-2　膜片弹簧离合器

1—离合器盖　2、4—钢丝支承圈　3—膜片弹簧　5—压盘　6—从动盘　7—传动片　8—铆钉　9—支承铆钉

如图 12-4 所示，膜片弹簧离合器的压紧与分离机构由膜片弹簧 4、支承圈 5、7 和分离钩 6 组成。碟形膜片弹簧用优质钢板制成，其形状见图 12-2，其上开有若干个径向切槽，切槽的内端开通，外端为圆

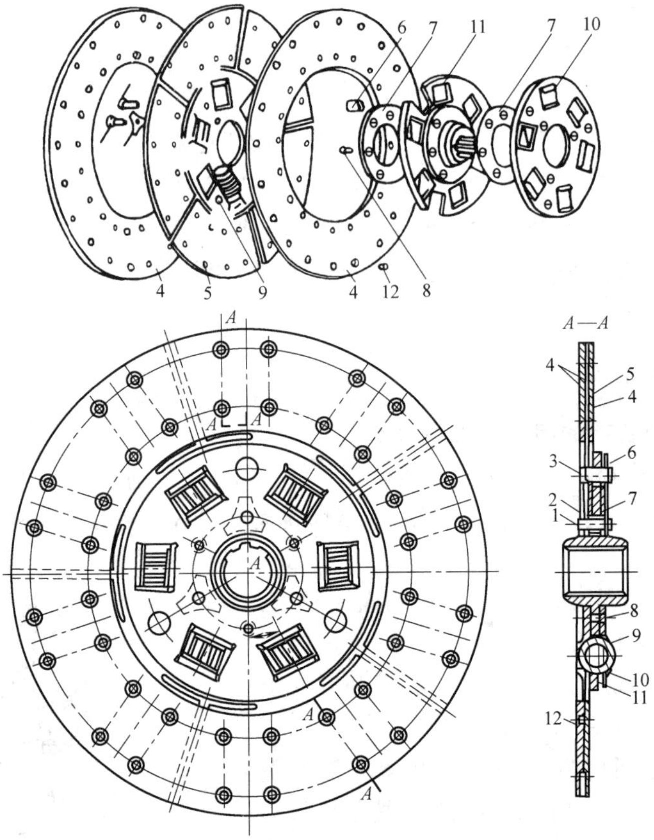

图 12-3 离合器从动盘

1—阻尼弹簧铆钉 2—减振器阻尼弹簧 3—从动盘铆钉 4—摩擦片 5—从动盘本体 6—从动盘铆钉隔套 7—减振器阻尼片 8—阻尼片铆钉 9—减振器弹簧 10—减振器盘 11—从动盘毂 12—摩擦片铆钉

孔。每两切槽之间钢板形成一个弹性杠杆，它既是压紧弹簧又是分离杠杆。膜片弹簧中间的两侧有支承圈5、7用铆钉装在离合器盖上。支承圈为膜片弹簧工作时的支点。在离合器盖未

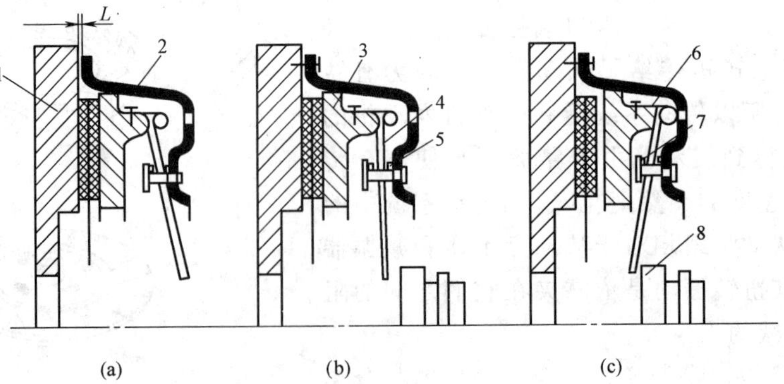

图 12-4 膜片弹簧离合器工作原理

(a)安装的位置 (b)接合位置 (c)分离位置

1—飞轮 2—离合器盖 3—压盘 4—膜片弹簧 5、7—支承圈 6—分离钩 8—分离轴承

装到飞轮 1 上时，膜片弹簧不受力，处于自由状态(图 12-4a)，此时离合器盖与飞轮之间有一距离 L。当把离合器盖靠向飞轮时(图 12-4b)，支承圈 5 压迫膜片弹簧，使之发生弹性变形(锥角变小)。这样，膜片弹簧的反弹力使其外缘对压盘及从动盘产生压紧力，从而使离合器处于压紧状态。分离离合器时，分离轴承 8 左移(图12-4c)，膜片弹簧被压在支承圈 7 上，膜片弹簧内缘前移，其径向截面以支承圈为支点转动(膜片弹簧呈反锥形)，其外缘通过分离钩 6 拉动压盘使离合器分离。

2. 膜片弹簧离合器的特性

膜片弹簧具有非弹性特性。膜片弹簧与螺旋弹簧的弹性特性曲线如图 12-5 所示。曲线 2 为螺旋弹簧弹性特性曲线，其压紧力与压缩变形量呈线性关系。曲线 1 为膜片弹簧弹性特性曲线。设新装配离合器时，两种弹簧的压紧力均为 F_a，压紧变形量均为相同的值。当摩擦衬片磨损量达到极限值 ΔL_2 时，此时膜片弹簧的压紧力 F_c 几乎等于 F_a，而螺旋弹簧的压紧力直线下降到 F'_c。分离离合器时，弹簧被进一步压缩变形。若变形量达到最大值 ΔL_1 时，螺旋弹簧的弹簧力将达 F'_b，而膜片弹簧的弹簧力反而降到 F_b，即膜片弹簧离合器分离时的作用力小于接合时的压力，膜片弹簧离合器操纵轻便。

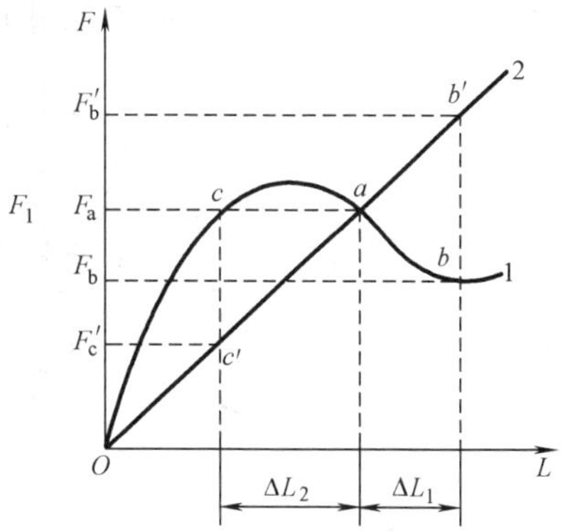

图 12-5　两种压紧弹簧的特性曲线

1—膜片弹簧　2—螺旋弹簧

ΔL_1—分离时弹性变形量

ΔL_2—磨损后弹簧伸长量

膜片弹簧兼起压紧弹簧及分离杠杆的双重作用，从而使离合器结构简化，缩短了离合器的轴向尺寸；膜片弹簧与压盘以整个圆周相接触，对压盘的压力分布均匀，使摩擦面接触良好，磨损均匀；膜片弹簧在汽车高速行驶时不会因离心力产生弯曲而导致弹簧压紧力下降，即汽车高速行驶时压紧力稳定。

总之，膜片弹簧离合器具有结构简单、轴向尺寸小，弹性特性好、操纵轻便、压紧力分布均匀、摩擦衬片磨损均匀和弹力不受离心力影响等优点。因此，膜片弹簧离合器近些年来得到了广泛的应用。

二、单片螺旋弹簧式离合器

单片螺旋弹簧离合器多用于中型或轻型载货汽车上。东风 EQ1090E 型载货汽车装用的是单片摩擦式离合器，如图 12-6 所示。

单片螺旋弹簧离合器主要由离合器盖 19、压盘 16、从动盘本体 4、压紧弹簧 31、分离叉 30、分离轴承 26 和分离套筒 28 等组成。

离合器盖用螺栓固定在飞轮 2 上，压盘上有 3 个凸起部，装在离合器盖的窗口处。离合器盖与压盘之间嵌有压紧弹簧 31，使压盘将从动盘摩擦衬片 5 压紧在飞轮上，与飞轮一起旋转，并可相对飞轮作轴向移动。从动盘摩擦衬片一面接受压盘的压力，另一面压在飞轮上，这样便在飞轮与从动盘之间产生摩擦力，把发动机飞轮的转矩传到从动盘上，再传至变速器第一轴上。

分离杠杆 25 外端装在压盘上，内端分布在变速器第一轴周围。分离杠杆承受分离轴承 26 压力时，分离杠杆便绕其支点(在离合器盖上)转动，分离杠杆外端带着压盘向后运动，压盘压缩了压紧弹簧，使从动盘与飞轮分离，从而切断了动力传递。

分离轴承 26 装在分离套筒 28 上，平时在分离套筒回位弹簧 27 的作用下拉向回位。分

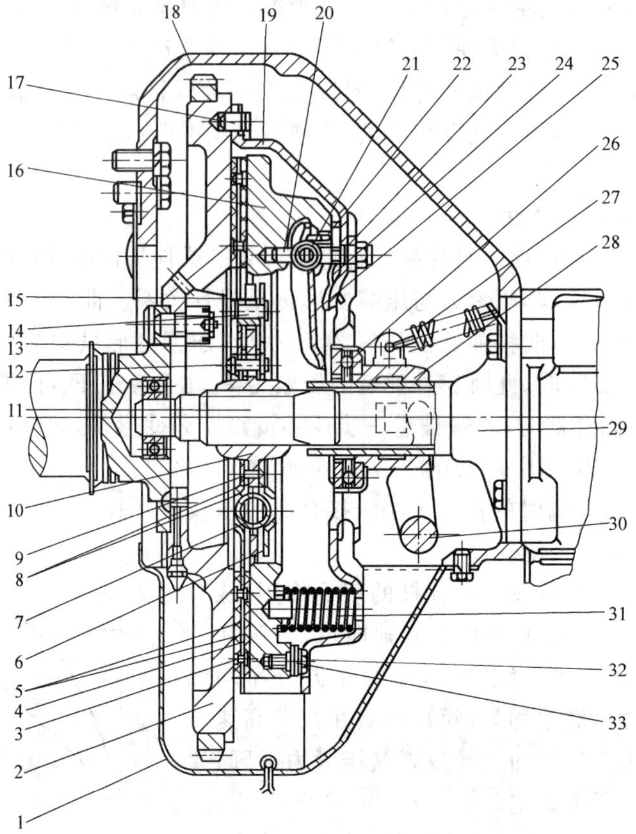

图 12-6 东风 EQ1090E 型载货汽车单片摩擦离合器

1—离合器壳底盖 2—飞轮 3—摩擦片铆钉 4—从动盘本体 5—从动盘摩擦衬片 6—减振器盘 7—减振器弹簧 8—减振器阻尼片 9—阻尼片铆钉 10—从动盘毂 11—变速器第一轴（离合器从动轴） 12—阻尼弹簧铆钉 13—减振器阻尼弹簧 14—从动盘铆钉 15—从动盘铆钉隔套 16—压盘 17—离合器盖定位销 18—飞轮壳 19—离合器盖 20—分离杠杆支承柱 21—摆动支片 22—浮动销 23—分离杠杆调整螺母 24—分离杠杆弹簧 25—分离杠杆 26—分离轴承 27—分离套筒回位弹簧 28—分离套筒 29—变速器第一轴轴承盖 30—分离叉 31—压紧弹簧 32—传动片铆钉 33—传动片

离杠杆 25 内端与分离轴承有一定的间隙(反映在离合器踏板上有一空行程),可保证摩擦衬片磨损后不致因分离杠杆内端与分离轴承端面抵住使压盘不能向前移动,从而造成离合器打滑。

三、双片螺旋弹簧离合器

双片螺旋弹簧离合器的工作原理与单片螺旋弹簧离合器相同,不同的部分是多了一个压盘(称为中间压盘)和一个从动盘。工作情况如图 12-7 所示。由于双片离合器采用两个从动盘和两个压盘,摩擦面积比单片离合器增加一倍,可传递较大的发动机转矩,因此应用在中、重型载货汽车上。

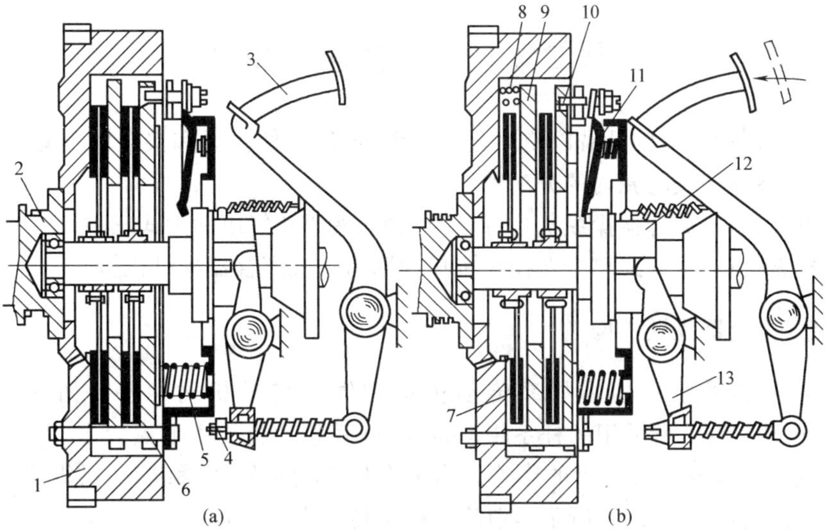

图 12-7　双片螺旋弹簧式离合器工作情况

(a)分离　(b)结合

1—飞轮　2—曲轴　3—离合器踏板　4—调整螺母　5—压紧弹簧　6—传动销　7—中间从动盘　8—支撑弹簧　9—中间压盘　10—隔热垫　11—分离杠杆　12—分离轴承　13—分离叉

四、中央弹簧离合器

有些重型汽车装用中央弹簧离合器。其特点是只有一个张力较强的压紧弹簧11(图 12-8)布置在离合器的中央。压紧弹簧有螺旋圆柱形和螺旋圆锥形两种。由于锥形弹簧的轴向尺寸小,可缩短离合器的轴向尺寸,因此应用较多。

中央弹簧式离合器的压紧弹簧 11 不是直接作用在压盘上,而是通过压紧杠杆10 将弹簧的张力放大数倍后作用在压盘5 上。另外,中央弹簧式离合器的压紧力是可调的。在压板 8 和离合器盖之间有若干厚度不等的调整垫片 7,当从动盘摩擦片磨损后,弹簧座 12 要向右移动,增大了它与支承盘 9 之间的距离,使弹簧伸长,压紧力下降。若要恢复原来的预紧力,可减薄调整垫片 7 的厚度,使支承盘 9左移,其弹簧座在压紧杠杆的作用下向左移动数倍于(压紧杠杆比)支承盘的移动距离,从而恢复弹簧座与支承盘之间的距离。由于弹簧座左移,增大了与分离轴承的间隙,需要调整踏板自由行程。

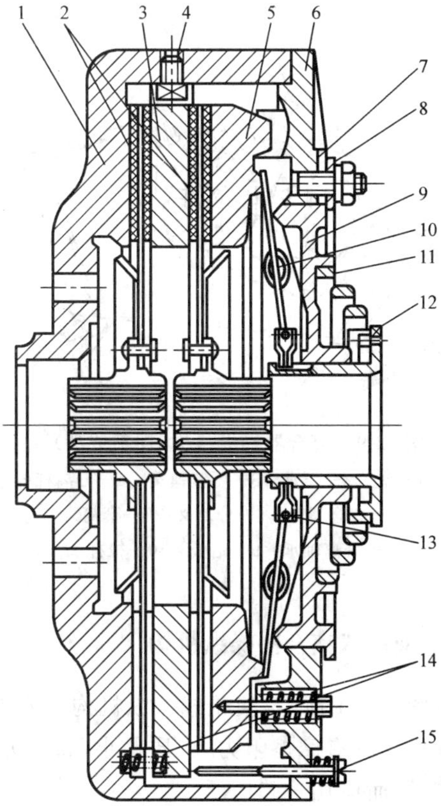

图 12-8　中央弹簧离合器

1—飞轮　2—从动盘　3—中央压盘　4—传动销　5—压盘　6—离合器盖　7—调整垫片　8—压板　9—支承盘　10—压紧杠杆　11—压紧弹簧　12—弹簧座　13—钢球及座圈　14—压盘分离弹簧　15—中间压盘限位螺钉

第三节　离合器操纵机构

离合器操纵机构是驾驶员借以使离合器分离，尔后又使之柔和接合的一套机构。它起始于离合器踏板，终止于飞轮壳内的分离轴承。

按传动方式划分，离合器操纵机构可分为机械、液压和气压助力式三种。本节主要介绍机械式离合器操纵机构、液压式离合器操纵机构和助力式式离合器操纵机构。

一、机械式离合器操纵机构

机械式离合器操纵机构有杆系传动机构和绳索传动机构两种。如图 12-9 为东风 EQ1090E 型汽车离合器所采用的杆系传动机构，杆系传动机构中节点较多，因而摩擦损失较大。其工作受到车身或车架变形的影响。当离合器需要远距离操纵时，操纵机构较难布置。而绳索式操纵机构(如图 12-10 所示)，消除了杆系传动中节点较多的缺点，绳索传动机构结构简单，布置灵活，不受车身和车架变形的影响。但是绳索寿命较短，拉伸刚度较小，传递的力比较小。

机械式离合器操纵机构结构简单、成本低和故障少，但传动效率低，踏板行程损失过大。

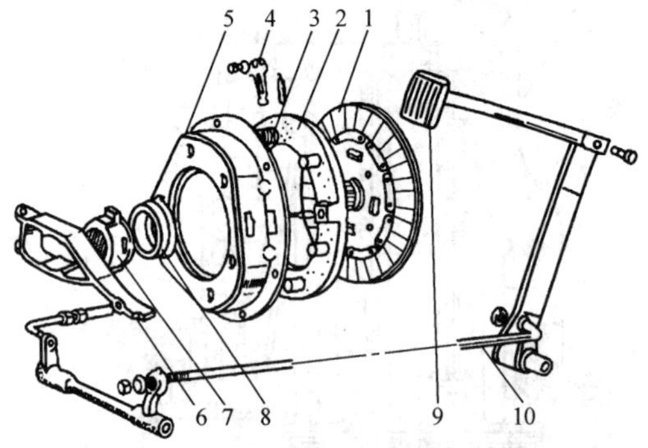

图 12-9　离合器操纵机构(杆系传动)

1—从动盘　2—压盘　3—压紧弹簧　4—分离杠杆　5—离合器盖　6—分离叉　7—套筒　8—分离轴承　9—踏板　10—拉杆

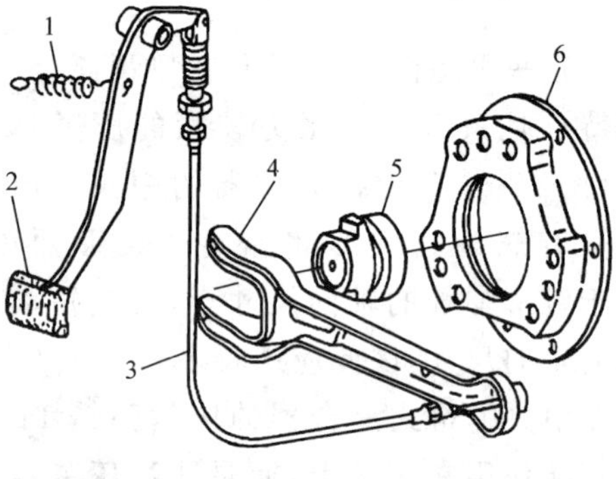

图 12-10　离合器操纵机构(绳索传动)

1—踏板回位弹簧　2—踏板　3—绳索　4—分离叉　5—分离轴承　6—离合器盖

二、液压式离合器操纵机构

如图 12-11 所示，液压式操纵机构主要由主缸 1、工作缸 7 及管路系统组成。液压式离合器操纵机构具有摩擦阻力小、质量小、布置方便和接合柔和等特点，并且不受车身和车架变形的影响，因而应用日趋广泛。

1. 主缸

如图 12-12 所示，主缸借补偿孔 A、进油孔 B 与储油室相通。主缸体内装有活塞 3，活塞中部较细，使活塞右方的主缸内腔形成环形油室。活塞两端装有密封圈 2 与皮碗 5，顶部有沿圆周分布的 6 个小孔，活塞回位弹簧 6 将皮碗、活塞垫片 4 压向活塞，盖住小孔，形成单向阀，并把活塞推到最后位置，使皮碗位于补偿孔 A 与进油孔 B 之间，两孔均开放。

2. 工作缸

工作缸内装有活塞 4(图 12-13)、皮碗 3 和活塞限位块 2。为防止活塞自工作缸体内脱出，在缸体右端装有挡环 5。工作缸体 1 左端装有进油管接头 9 与放气螺钉 8，当管路内有空气存在而影响离合器操纵时，可拧出放气螺钉 8 进行放气。

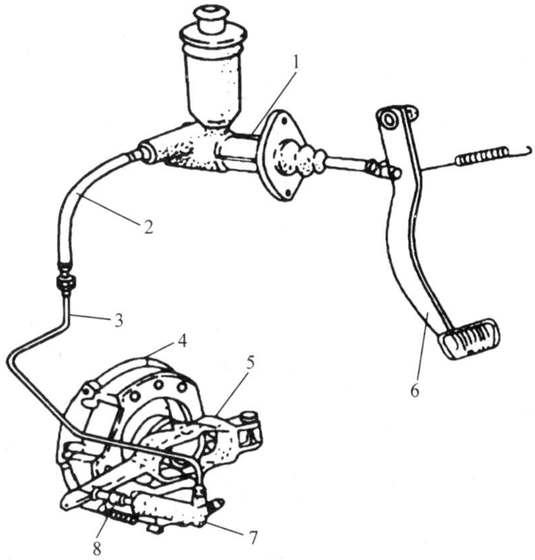

图 12-11　液压操纵机构

1—主缸　2—软管　3—硬管　4—离合器盖　5—分离叉　6—踏板　7—工作缸　8—推杆

驾驶员踩下离合器踏板时，主油缸推杆推动主油缸活塞向左移动，主油缸回位弹簧被压缩。当皮碗将补偿孔 A(图 12-12)关闭后，管路中油压升高，在油压作用下，工作油缸活塞右移，推动分离叉推杆也右移，使分离叉转动，从而带动分离轴承和分离套筒，使离合器分离。

当迅速放松离合器踏板时，主缸回位弹簧使主缸活塞快速右移，由于管道中阻尼的影响，油液回流较迟缓，因而在主缸活塞的左腔会产生一定的真空度，这样在活塞前、后腔压力

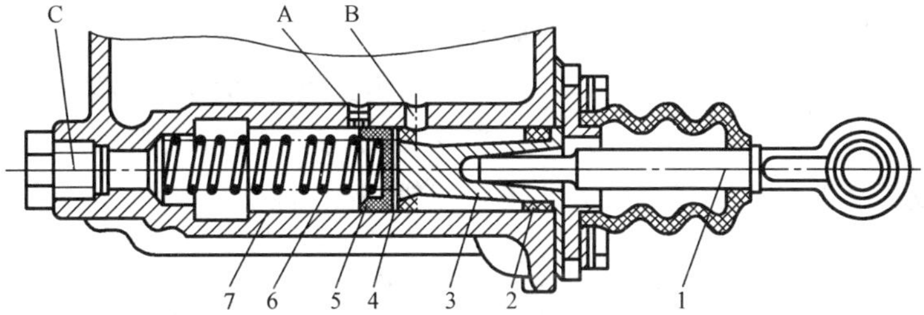

图 12-12　离合器主缸

1—推杆　2—密封圈　3—活塞　4—活塞垫片　5—皮碗　6—活塞回位弹簧　7—主缸体

A—补偿孔　B—进油孔　C—出油口

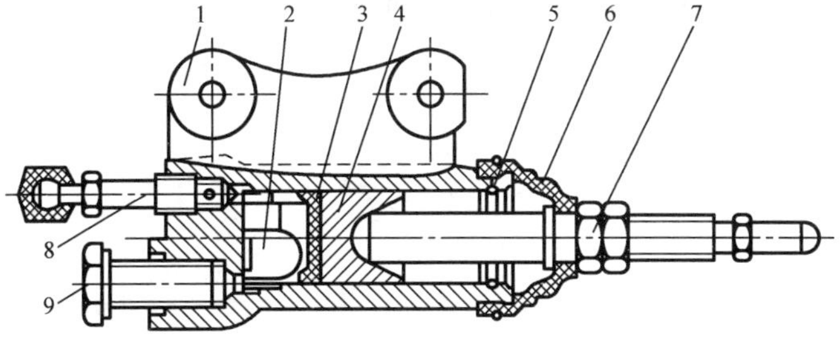

图 12-13　离合器工作缸

1—工作缸体　2—活塞限位块　3—皮碗　4—活塞　5—挡环　6—护罩

7—分离叉推杆总成　8—放气螺钉　9—进油管接头

差的作用下，少量油液经过进油孔 B(图 12-12)，推开活塞垫片所形成的单向阀，经 6 个小孔和皮碗的间隙流到活塞的左腔而填补真空。当原先已由主缸流到工作缸去的油液重又流回主缸时，多余的油液可由补偿孔流回到储油室。同理，由于温度的变化引起系统内油液体积发生变化时，同样可通过补偿孔 A(图 12-12)适时地使系统中的油量得到调节，从而保证正常的油压和液压系统工作的可靠性。

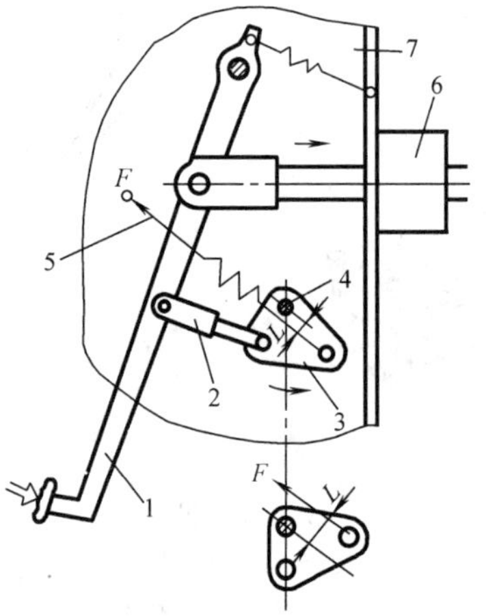

图 12-14　弹簧助力式离合器操纵机构

1—离合器踏板　2—长度可调推杆

3—可转三角板　4—销轴

5—助力弹簧　6—主缸

7—支架板

三、助力式离合器操纵机构

图 12-14 为弹簧助力式离合器操纵机构示意图。助力弹簧 5 分别固定在支架板 7 和可转三角板 3 的两个支承销上。可转三角板可绕销轴 4 转动。在离合器踏板完全放松离合器处于接合状态时，助力弹簧的轴线位于可转三角板销轴的下方。踩下离合器踏板时，通过长度可调推杆 2 推动可转三角板 3 绕其销轴逆时针转动。此时，助力弹簧的拉力对销轴的力矩实际上是阻碍踏板和可转三角板运动的反力矩，该反力矩随着离合器踏板下移而减小。当可转三角板转到使助力弹簧轴线通过销轴中心时，弹簧反力矩为零。踏板继续下移到使助力弹簧的拉力对可转三角板销轴的力矩方向转为与踏板力对踏板轴的力矩方向一致时，就可起到助力作用。在踏板处于最低位置时，这一助力作用最大。

弹簧助力式离合器操纵机构结构简单，工作可靠，但助力效果有限，一般只有踏板力的 20%～30%，因此这种助力机构只应用在载质量较小的汽车上。重型载货汽车多采用气压助力式离合器机械操纵机构。

思　考　题

1. 汽车传动系统中为什么要装离合器？
2. 简述离合器的功用、组成与工作原理。
3. 为何离合器从动部分的转动惯量要尽可能小？
4. 膜片弹簧式离合器有何特点？
5. 离合器的操纵机构有哪几种？具体应用如何？

第十三章 变速器与分动器

第一节 概 述

一、变速器的功用与类型

1. 变速器的功用

目前汽车上广泛使用的活塞式发动机，其输出的转矩和转速变化范围很小，而汽车在行驶时所遇到的复杂的道路条件和使用条件要求汽车的驱动力和车速能在相当大的范围内变化。为此，在汽车的传动系中设置了变速器。

变速器的主要功用是：

（1）在较大范围内改变汽车行驶速度和汽车驱动轮上的转矩。

（2）在汽车发动机曲轴旋转方向不变的前提下，利用倒挡实现汽车倒向行驶。

（3）在发动机不熄火的情况下，利用空挡中断动力传递，可以使驾驶员松开离合器踏板离开驾驶位置，且便于汽车起动、怠速、换挡和输出动力。

2. 变速器分类

（1）按传动比变化方式划分，汽车变速器可分为有级式、无级式和综合式三种。

1）有级式变速器　采用齿轮传动，具有若干个定值传动比，变速器挡数是指其前进挡数。按所采用传动轮系形式不同，分为轴线固定的普通齿轮传动和部分齿轮轴线旋转的行星齿轮传动两种。有级式变速器应用得最为广泛。

2）无级式变速器　变速器的传动比可以在一定范围内连续变化。常见的有电力式和液力式两种。

3）综合式变速器　由液力变矩器和齿轮式的有级变速器组成的液力机械式变速器，其传动比可在最大值和最小值之间的几个间断的范围内作无级变化，目前应用比较广泛。

（2）按操纵方式划分，汽车变速器可分为强制操纵式、自动操纵式和半自动操纵式三种。

1）强制操纵式变速器　驾驶员直接操纵变速杆换挡。

2）自动操纵式变速器　变速器传动比选择（换挡）是自动进行的，驾驶员只需操纵加速踏板，变速器就可以根据发动机的负荷信号和车速信号控制执行元件，实现挡位的变换，即可控制车速。

3）半自动操纵式变速器　可以分为两类，一类是部分挡位自动换挡和部分挡位手动换挡；另一类是预先按钮选定挡位，在踩下离合器踏板或松开加速踏板时，由执行机构自动换挡。

二、普通齿轮式变速器的工作原理

一对齿数不同的齿轮啮合传动时，若小齿轮为主动齿轮，它的转速经大齿轮输出时就会降低。若大齿轮为主动齿轮，带动小齿轮传动时转速就会升高。这就是齿轮传动的变速原理。汽车变速器就是利用若干齿数不同的齿轮搭配啮合传动来实现变速的。

1. 变速原理

如图 13-1 所示，发动机的转矩经输入轴Ⅰ输入，经齿轮 1、2 和 3、4 两对齿轮传动，由输出轴Ⅱ输出，假设第一对的主动齿轮 1 的转速为 n_1、齿数为 z_1，从动齿轮 2 的转速为 n_2、齿数为 z_2，第二对的主动齿轮 3 的转速为 n_3、齿数为 z_3，从动齿轮 4 的转速为 n_4、齿数为 z_4，根据传动比定义得：

$$i_{12}=\frac{n_1}{n_2}=\frac{z_2}{z_1} \qquad i_{34}=\frac{n_3}{n_4}=\frac{z_4}{z_3}$$

齿轮 2、3 在同一中间轴Ⅲ上转速相同，即 $n_2=n_3$，总传动比为：

$$i_{14}=\frac{n_1}{n_4}=\frac{z_2 z_4}{z_1 z_3}=i_{12}i_{34}$$

同理，多级齿轮传动的传动比为：

$$\text{传动比}=\frac{\text{所有主动齿轮的转速的连乘积}}{\text{所有从动齿动的齿数的连乘积}}=\frac{\text{所有从动齿轮的转速的连乘积}}{\text{所有主动齿轮的齿数的连乘积}}$$

$$=\text{各级齿轮传动比的连乘积}$$

汽车变速器某一挡位的传动比为这一挡位各级齿轮传动比的连乘积。传动比与转矩的关系为：

$$i=\frac{n_{\text{输入}}}{n_{\text{输出}}}=\frac{M_{\text{输出}}}{M_{\text{输入}}}$$

可见，传动比既是变速比又是变矩比。降速则增矩，增速则降矩。汽车变速器就是通过改变传至驱动轮上的转速和转矩来适应道路条件和使用条件的要求。

2. 变矩原理

若将图 13-1 中的齿轮 3 与齿轮 4 脱开，再将齿轮 5 与齿轮 6 啮合，传动比变化，输出轴Ⅱ的转速与转矩也随之发生变化，即挡位改变。当齿轮 4、5 都不与中间轴上的齿轮 3、6 啮合时，动力不能传到输出轴，这就是变速器的空挡。

3. 变向原理

汽车发动机在工作过程中是不能逆转的。为了能使汽车倒退行驶，在变速器中设置了倒挡。倒挡传动机构是在主动齿轮与从动齿轮之间增加一个中间齿轮，利用中间齿轮来改变输出轴的转动方向。

如图 13-2 所示，相啮合的一对齿轮旋向相反，每经一级传动，其轴的转向改变一次。图 13-2a 所示为两对齿轮传动(1 和 2、3 和 4)。其输出轴与输入轴的转向相同，这是普通三轴式

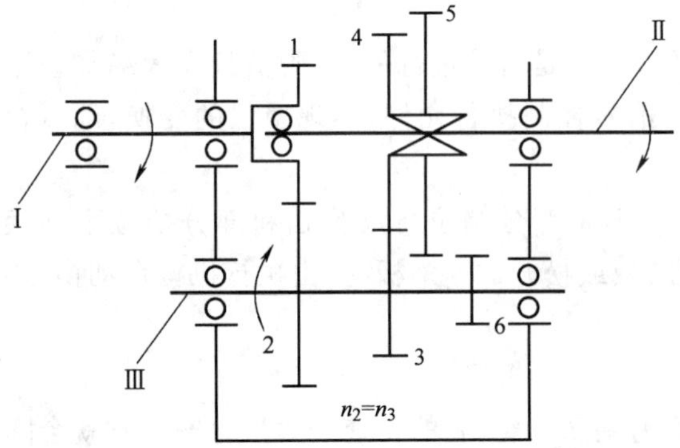

图 13-1 两级齿轮传动变速器

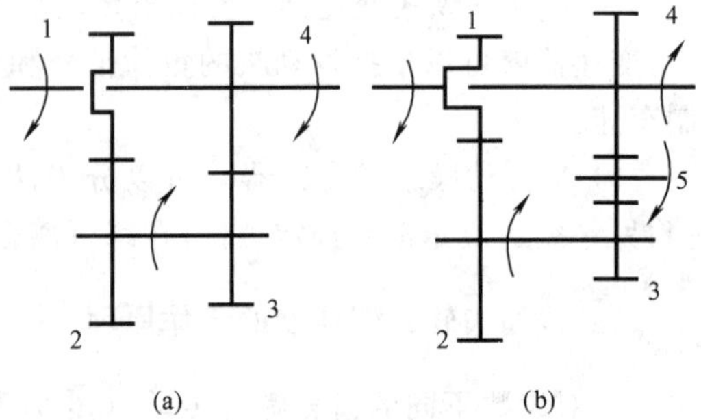

图 13-2 齿轮传动的转向关系

(a)前进挡 (b)倒挡

变速器前进挡的传动情况。图 12-2b 所示的齿轮 5 装在中间轴与输出轴之间的倒挡轴上，三对传动副(1 和 2、3 和 5、4 和 5)传递动力，输出轴与输入轴的转向相反，这是三轴式变速器倒挡的传动情况。齿轮 5 称为倒挡转向齿轮。

第二节 变速器的变速传动机构

普通齿轮变速器主要分为两轴式变速器和三轴式变速器两类，它们是由变速传动机构和变速操纵机构两部分组成。

一、两轴式变速器

两轴式变速器的输入轴与输出轴平行，在输入轴与输出轴之间增设一个倒挡齿轮轴。图 13-3 是一汽奥迪 100 型轿车变速器，该变速器具有五个前进挡和一个倒挡。输入轴 2 通过一个球轴承和两个滚子轴承三点支承在前、后壳体上。输出轴 20 则通过两个圆锥滚子轴承支承在上述壳体上。倒挡中间轴 26 的两端支承在变速器后壳体上。

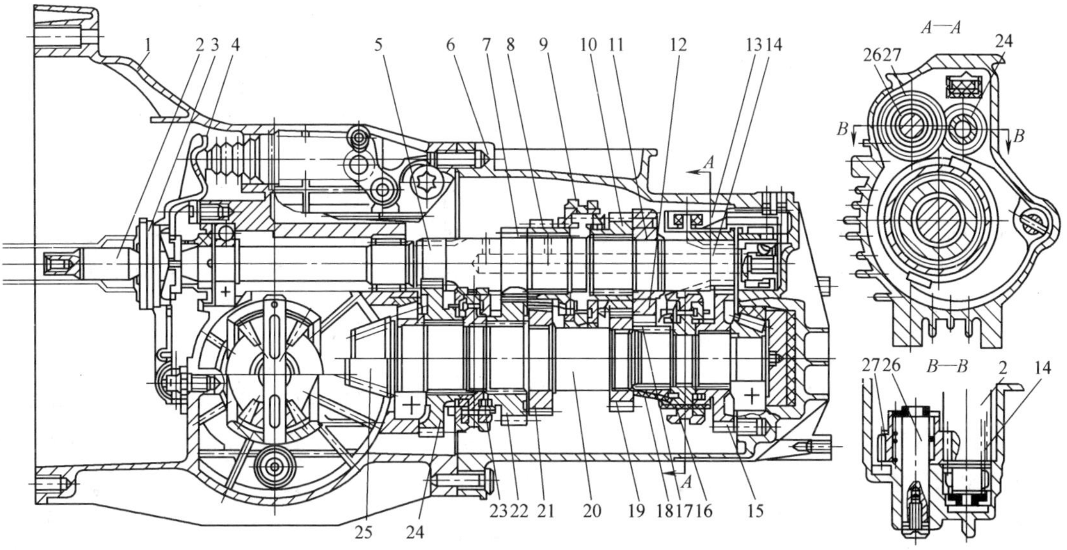

图 13-3 一汽奥迪 100 型轿车二轴变速器

1—变速器前壳体 2—输入轴 3—分离轴承 4—分离杠杆 5—输入轴一挡齿轮 6—变速器后壳体 7—输入轴二挡齿轮 8—输入轴三挡齿轮 9、16、23—接合套 10—输入轴四挡齿轮 11、18—隔离套 12—输入轴五挡齿轮 13—集油器 14—输入轴倒挡齿轮 15—输出轴倒挡齿轮 17—输出轴五挡齿轮 19—输出轴四挡齿轮 20—输出轴 21—输出轴三挡齿轮 22—输出轴二挡齿轮 24—输出轴一挡齿轮 25—主减速器主动锥齿轮 26—倒挡中间轴 27—倒挡中间齿轮

变速器输入轴与一挡齿轮 5、二挡齿轮 7 和倒挡齿轮 14 制成一体。三挡齿轮 8 和四挡齿轮 10 分别通过滚针轴承套在输入轴 2 上，三、四挡同步器接合套 9 与该轴花键毂配合。五挡齿轮 12 与输入轴为过盈配合。输出轴与主减速器主动锥齿轮 25 制成一体，前端借圆锥滚子轴承支承在变速器前壳体上，后端用小圆锥滚子轴承支承在变速器后壳体上。中间装有五个前进挡和一个倒挡的从动齿轮 24、22、21、19、17 和 15。一、二挡同步器和五挡、倒挡同步器的

花键毂与输出轴过盈配合，除三、四挡齿轮 21、19 以花键与输出轴过盈配合外，其他各挡齿轮均通过滚针轴承自由地松套在输出轴上。该变速器各个挡位齿轮均为斜齿圆柱齿轮，通常情况下均处于常啮合状态。在各个挡位接合或脱开时全部采用同步器操纵。

各挡的动力传递路线如图 13-4 所示。图 13-4 所示是该变速器的空挡位置。当输入轴 1 旋转时，一、二、五挡及倒挡的主动齿轮 2、3、10、11 与之同步旋转。三、四挡主动齿轮 4 和 9 处于自由状态，进行空转（汽车行驶时随输出轴的旋转而转动），也可不动（汽车静止）。一、二、五挡和倒挡从动齿轮 28、23、20、13 随输入轴的旋转而在输出轴 12 上空转，输出轴不被驱动，汽车处于空挡位置。

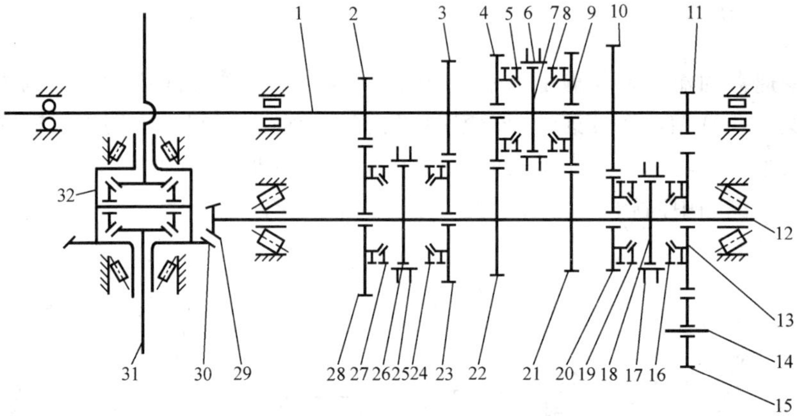

图 13-4 变速器动力传递示意图

1—输入轴 2、3、4、9、10—一、二、三、四、五挡主动齿轮 5、8、16、19、24、27—同步器锁环 6、17、25—同步器接合套 7、18、26—同步器花键毂 11、13—倒挡主、从动齿轮 12—输出轴 14—倒挡齿轮轴 15—倒挡中间齿轮 20、21、22、23、28—五、四、三、二、一挡从动齿轮 29—主减速器主动锥齿轮 30—主减速器从动锥齿轮 31—半轴 32—差速器壳体

挂一挡时，通过拨叉向左移动接合套 25，经一挡同步器锁环 27 作用，使之与一挡齿轮 28 上的接合齿圈接合，这样从离合器传来的发动机转矩经输入轴 1 通过齿轮 2、28 及其接合齿圈、接合套 25、花键毂 26 传给输出轴，直至传到主减速器。其传动比为：

$$i_1=\frac{z_{28}}{z_2}=\frac{39}{11}=3.545$$

挂二挡时，通过拨叉向右移动接合套 25，经二挡同步器锁环 24 作用，使之与二挡齿轮 23 上的接合齿圈接合，发动机传来的转矩经输入轴 1 通过齿轮 3、23 及其接合齿圈、接合套 25、花键毂 26 传给输出轴。其传动比为：

$$i_2=\frac{z_{23}}{z_3}=\frac{40}{19}=2.105$$

挂三挡时，通过拨叉向左移动接合套 6，经三挡同步器锁环 5 作用，使之与三挡齿轮 4 上的接合齿圈接合，发动机传来的转矩经输入轴 1 通过花键毂 7、接合套 6、齿轮 4 上的接合齿圈及齿轮 4、齿轮 22 传给输出轴。其传动比为：

$$i_3=\frac{z_{22}}{z_4}=\frac{39}{30}=1.300$$

挂四挡时，通过拨叉向右移动接合套 6，经四挡同步器锁环 8 作用，使之与四挡齿轮 9 上的接合齿圈接合，发动机传来的转矩经输入轴 1 通过花键毂 7、接合套 6、齿轮 9 上的接合齿圈及齿轮 9、齿轮 21 传给输出轴。其传动比为：

$$i_4=\frac{z_{21}}{z_9}=\frac{33}{35}=0.945$$

挂五挡时，通过拨叉向左移动接合套 17，经五挡同步器锁环 19 作用，使之与五挡齿轮 20 上的接合齿圈接合，发动机传来的转矩经输入轴 1 通过齿轮 10、20 及其接合齿圈、接合套 17、花键毂 18 传给输出轴。其传动比为：

$$i_5=\frac{z_{20}}{z_{10}}=\frac{30}{38}=0.789$$

挂倒挡时，通过拨叉向右移动接合套 17，经倒挡同步器锁环 16 作用，使之与倒挡齿轮 13 上的接合齿圈接合，发动机传来的转矩经输入轴 1 通过倒挡主动齿轮 11、倒挡中间齿轮 15、倒挡从动齿轮 13 及其接合齿圈、接合套 17、花键毂 18 传给输出轴。其传动比为：

$$i_R=\frac{z_{15}}{z_{11}}\times\frac{z_{13}}{z_{15}}=\frac{z_{13}}{z_{11}}=\frac{35}{10}=3.500$$

倒挡传动比之所以比各前进挡的传动比大，是考虑倒车行驶的安全，希望倒车时速度尽可能低些。

两轴式变速器各前进挡的动力均经过一对齿轮传递，因此，传动效率高，换挡迅速，操纵轻便，同时也减少了接合时齿轮的冲击和噪声。因为只有输入和输出两根轴传动，故没有直接挡。一些零件具有一件多功能的特点，使零件数较少和结构紧凑。两轴式变速器适用于发动机前置前轮驱动或发动机后置后轮驱动的中级和普通级轿车上。如红旗 CA7220 和捷达/高尔夫、桑塔纳、富康型轿车均装用二轴式变速器。

二、三轴式变速器

三轴式变速器主要有三根轴：第一轴（输入轴）、中间轴和第二轴（输出轴）。第一轴和第二轴在同一轴线上，并且与中间轴平行。此外，还有一根倒挡轴。图 13-5 所示为解放 CA1092 型汽车变速器，它有六个前进挡和一个倒挡。第一轴的前端通过离合器与发动机曲轴相连，第二轴的后端通过凸缘与万向传动装置相连。齿轮 2 与第一轴制成一体，与齿轮 38 构成常啮合传动齿轮副。齿轮 29、33、34、35、36 和 37 均固联在中间轴上，而齿轮 8、9、16、17、22 和 25 则空套在第二轴上。花键毂 13、27、28 和 40 以其内花键与第二轴上的外花键相连接，并且不能做轴向移动（用卡环锁止），而它们的外表面上均制有与其相邻齿轮的接合齿圈齿形完全相同的外花键，分别与相应的具有内花键的各个接合套相接合，并可沿花键毂轴向滑动。在该变速器中，除一挡和倒挡外，均采用同步器换挡。

图 13-6 为解放 CA1092 型汽车变速器传动示意图，如图 13-6 所示，当第一轴旋转时，通过齿轮 2 带动中间轴及其上的各齿轮旋转。由于齿轮 8、9、16、17、22 和 25 是空套在第二轴上的，第二轴不能被驱动，故为变速器的空挡位置。

欲挂一挡时，通过拨叉向右移动接合套 20，使之与一挡齿轮接合齿圈 21 接合，这样动力从第一轴通过齿轮 2、38、中间轴 30、齿轮 33、22、接合齿圈 21、接合套 20、花键毂 28 传给第二轴，其间经过两对齿轮传递动力，其传动比为：

$$i_1=\frac{z_{38}}{z_2}\times\frac{z_{22}}{z_{33}}=\frac{43}{22}\times\frac{43}{11}=7.640$$

向左或向右拨动接合套 5、12、20，可挂上二至五挡。与一挡相同，它们都通过两对齿轮传递动力，传动比分别为：

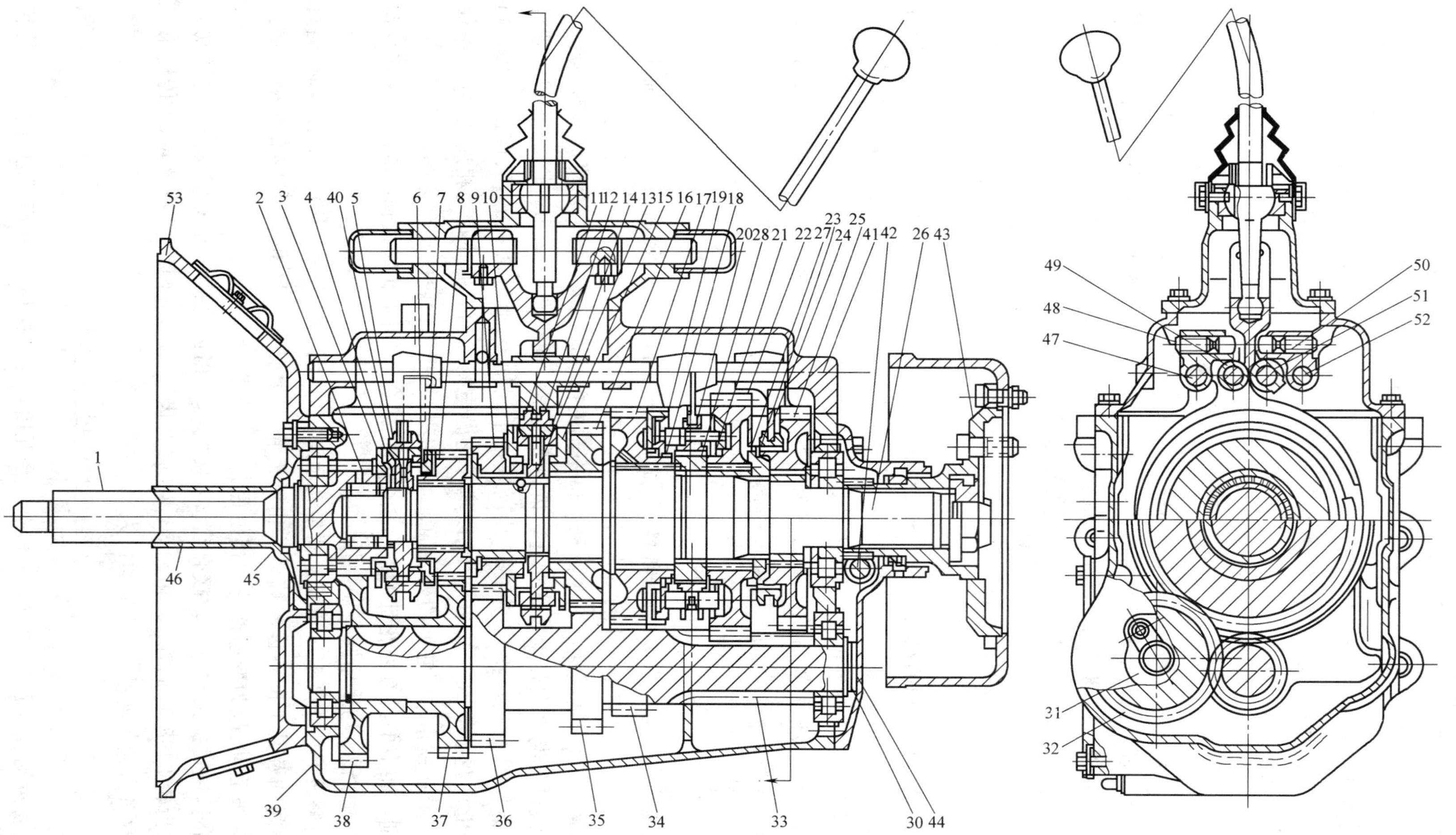

图 13-5　六挡变速器结构

1—第一轴　2—第一轴常啮合齿轮　3—第一轴齿轮齿圈　4—六挡同步器锁环　5、12、20、23—接合套　6—五挡同步器锁环　7—五挡齿轮齿圈　8—第二轴五挡齿轮　9—第二轴四挡齿轮　10—四挡齿轮齿圈　11—四挡同步器锁环　13、27、28、40—花键毂　14—三挡同步器锁环　15—三挡齿轮结合齿圈　16—第二轴三挡齿轮　17—第二轴二挡齿轮　18—二挡齿轮齿圈　19—二挡同步器锁环　21—一挡齿轮齿圈　22—第二轴一挡齿轮　24—倒挡齿轮齿圈　25—第二轴倒挡齿轮　26—第二轴　29—中间轴倒挡齿轮　30—中间轴　31—倒挡轴　32—倒挡中间齿轮　33—中间轴一挡齿轮　34—中间轴二挡齿轮　35—中间轴三挡齿轮　36—中间轴四挡齿轮　37—中间轴五挡齿轮　38—中间轴常啮合齿轮　39—变速器壳体　41—变速器盖　42—车速表驱动蜗杆　43—第二轴凸缘　44—变速器后盖　45—第一轴油封　46—第一轴轴承盖　47—倒挡拨叉轴　48—倒挡锁销　49—一、二挡拨叉轴　50—五、六挡锁销　51—三、四挡拨叉轴　52—五、六挡拨叉轴　53—离合器盖

$$i_2=\frac{z_{38}}{z_2}\times\frac{z_{17}}{z_{34}}=\frac{43}{22}\times\frac{47}{19}=4.835$$

$$i_3=\frac{z_{38}}{z_2}\times\frac{z_{16}}{z_{35}}=\frac{43}{22}\times\frac{38}{26}=2.857$$

$$i_4=\frac{z_{38}}{z_2}\times\frac{z_9}{z_{36}}=\frac{43}{22}\times\frac{32}{33}=1.895$$

$$i_5=\frac{z_{38}}{z_2}\times\frac{z_8}{z_{37}}=\frac{43}{22}\times\frac{26}{38}=1.337$$

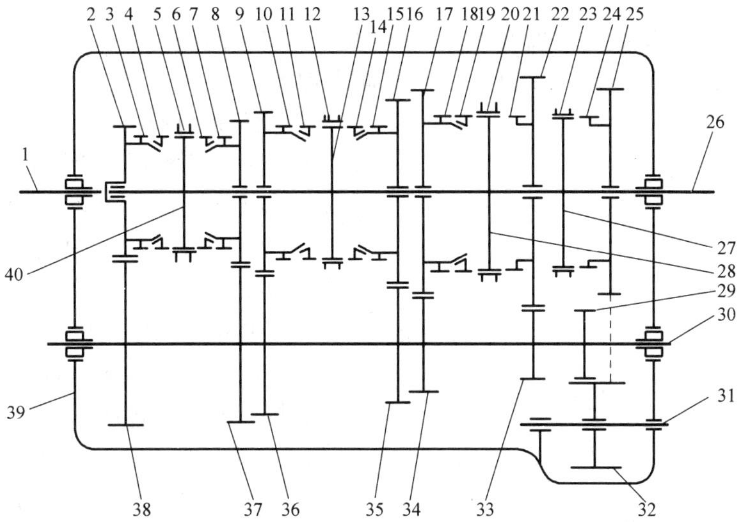

图 13-6 解放 CA1092 型汽车变速器传动示意图

1—第一轴 2—第一轴常啮合传动齿轮 3—第一轴齿轮接合齿圈 4—六挡同步器锁环 5、12、20、23—接合套 6—五挡同步器锁环 7—五挡齿轮接合齿圈 8—第二轴五挡齿轮 9—第二轴四挡齿轮 10—四挡齿轮结合齿圈 11—四挡同步器锁环 13、27、28、40—花键毂 14—三挡同步器锁环 15—三挡齿轮接合齿圈 16—第二轴三挡齿轮 17—第二轴二挡齿轮 18—二挡齿轮接合齿圈 19—二挡同步器锁环 21—一挡齿轮接合齿圈 22—第二轴一挡齿轮 24—倒挡齿轮接合齿圈 25—第二轴倒挡齿轮 26—第二轴 29—中间轴倒挡齿轮 30—中间轴 31—倒挡轴 32—倒挡中间齿轮 33—中间轴一挡齿轮 34—中间轴二挡齿轮 35—中间轴三挡齿轮 36—中间轴四挡齿轮 37—中间轴五挡齿轮 38—中间轴常啮合传动齿轮 39—变速器壳体

若使接合套 5 左移到与第一轴齿轮 2 的接合齿圈 3 接合，则换入六挡，此时动力从第一轴经齿轮 2、接合齿圈 3、接合套 5 和花键毂 40 直接传给第二轴，称为直接挡。因为直接挡不经过齿轮传动，故它的传动效率最高，其传动比为：

$$i_6=1$$

倒挡中间齿轮 32 同时与第二轴倒挡齿轮 25 和中间轴倒挡齿轮 29 啮合，为常啮合斜齿轮，随第一轴一起转动。若使接合套 23 右移与接合齿圈 24 接合，即得到倒挡。动力从第一轴经过齿轮 2、38、中间轴 30、齿轮 29、32、25、接合齿圈 24、接合套 23 和花键毂 27 传到第二轴，实现汽车倒向行驶。倒挡传动比为：

$$i_R=\frac{z_{38}}{z_2}\times\frac{z_{32}}{z_{29}}\times\frac{z_{25}}{z_{32}}=\frac{43}{22}\times\frac{23}{11}\times\frac{40}{23}=7.107$$

与两轴式变速器相比较，三轴式变速器的各挡多了一对齿轮传动，因而机械效率低，噪声变大，但它的直接挡机械效率最高，而两轴式变速器是不可能有直接挡的。三轴式变速器适用于传统的发动机前置后轮驱动的布置形式，广泛应用于中、轻型货车上。

第三节 同 步 器

一、无同步器时变速器的换挡过程

图 13-7 为未装同步器时五挡变速器的四、五挡(四挡为直接挡，五挡为超速挡)齿轮示意图。现以该变速器中四、五挡的互换过程为例加以说明。

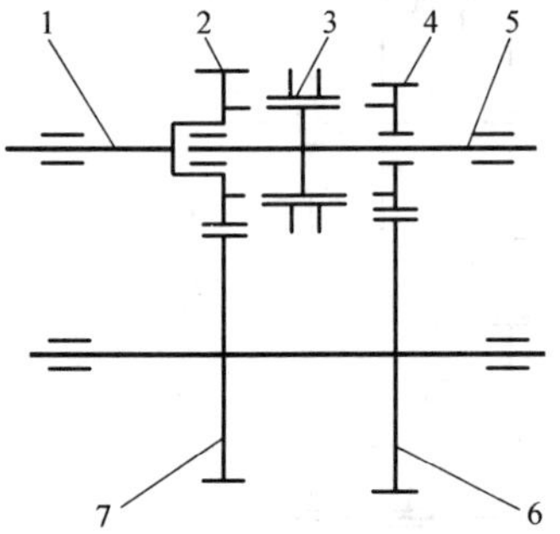

图 13-7 五挡变速器的四、五挡齿轮示意图
1—第一轴 2—第一轴常啮合齿轮 3—接合套 4—第二轴五挡齿轮 5—第二轴 6—中间轴五挡齿轮 7—中间轴常啮合齿轮

1. 低挡换高挡(四挡换五挡)

变速器在四挡工作时，结合套 3 与第一轴常啮合齿轮 2 上的接合齿圈接合，二者的花键齿圆周速度 n_3 和 n_2 显然相等。欲从四挡换入五挡，驾驶员应先踩下离合器踏板，使离合器分离，随即通过变速杆将接合套 3 右移进入空挡位置。当接合套 3 与第一轴常啮合齿轮 2 脱离的瞬间，仍然是 $n_2=n_3$。由于第二轴五挡齿轮 4 的转速比第一轴常啮合齿轮 2 转速高，故 $n_4>n_2$，即 $n_4>n_3$，此时不同步而难以挂入五挡。为避免产生冲击，须在空挡位置停留片刻。此时，因发动机到传动系统的动力被切断，接合套 3 和齿轮 4 的转速都将下降，因汽车传动系统惯性大，使接合套 3 的速度(与二轴转速相同)下降较慢，而第二轴五挡齿轮 4 只与中间轴及其齿轮、第一轴和离合器从动盘相联系，惯性很小，故 n_4 下降较快。待到 $n_3=n_4$ 时，便可平顺换入五挡。图 13-8a 中 A 点称为同步时机，此时将接合套 3 右移与第二轴五挡齿轮 4 的齿圈啮合挂上五挡，不会产生齿轮冲击。

2. 高挡换低挡

变速器在五挡工作时或由五挡换入空挡的瞬间，接合套 3 的转速与第二轴五挡齿轮 4 的转速相等，即 $n_3=n_4$，因为 $n_4>n_2$，所以 $n_3>n_2$(图 13-8b)。退入空挡后，由于 n_2 下降得比 n_3 快，故根本无法实现 $n_3=n_2$，相反，停留在空挡的时间越长，二者差值越大。所以驾驶员应在接合套退入空挡并抬起离合器踏板的同时踩一下加速踏板，使第一轴常啮合齿轮 2 的转速高于接合套 3 的转速，即 $n_2>n_3$，然后再分离离合器，待 $n_2=n_3$ 时，即可平顺地挂入四挡。

由上述可知，欲使一般变速器换挡时不产生齿轮间的冲击，需要进行比较复杂的操作，并应在短时间内完成。这对于即使是技术很熟练的驾驶员，也易造成疲劳。因此，要求在变速器结构上采取措施，既保证挂挡平顺，又使操作简化，以减轻驾驶员的劳动强度，这便产生了同步器。

二、同步器构造及工作原理

同步器的作用是使接合套与待接合的齿圈迅速同步，并阻止在同步前进行接合，从而既缩短了换挡时间，又防止产生接合齿间的冲击。目前广泛采用的有惯性式锁环同步器和惯性式

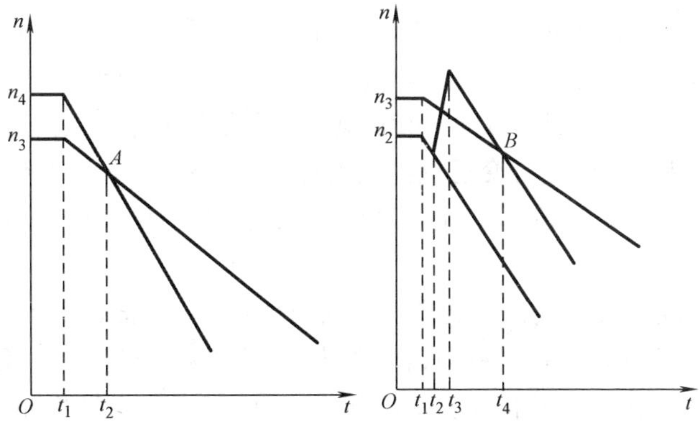

(a) (b)

图 13-8 无同步器换挡示意图

n_3—接合套圆周速度 n_4—五挡齿轮圆周速度 t_1—圆周速度开始下降时间 t_3—同步时间 A—同步时机 n_2—第一轴齿轮圆周速度 n_3—接合套圆周速度 t_1—圆周速度开始下降时间 t_2—空挡开始加油时间 t_3—第一轴速度达最大时间 t_4—同步时间 B—同步时机

锁销同步器。

1. 锁环式惯性同步器

(1) 构造

锁环式惯性同步器的结构如图 13-9 所示，花键毂 7 用内花键套装在第二轴外花键上，用垫圈、卡环轴向定位。花键毂 7 两端分别与第一轴三挡齿轮 1 和第二轴二挡齿轮 4 之间各装有青铜制成的锁环(即同步环)9 和 5。锁环上有短花键齿圈，其花键齿的尺寸和齿数与花键毂、齿轮 1 和 4 的外花键齿均相同。两个齿轮和锁环上的花键齿在靠近接合套 8 的一端都有倒角(即锁止角)，且与接合套齿端的倒角相同。锁环有内锥面，与齿轮 1、和 4 的外锥面锥角相同。在锁环内锥面上制有细密的螺纹，当锥面接触后，它能及时破坏油膜，增加锥面间的摩擦力。锁环内锥面摩擦副称为摩擦件，外沿带倒角的齿圈是锁止件，锁环上还有三个均布的缺口 12。三个滑块 2 分别装在花键毂上三个均布的轴向槽 11 内，沿槽可以轴向移动。滑块被两个弹簧圈 6 的径向力压向接合套，滑块中部的凸起部位压嵌在接合套中部的环槽 10 内。滑块和弹簧是推动件。滑块两端伸入锁环的缺口中，滑块窄，缺口宽，两者之差等于锁环的花键齿宽。锁环相对滑块顺转和逆转都只能转动半个齿宽，且只有当滑块位于锁环缺口的中央时，接合套与锁环才能接合。

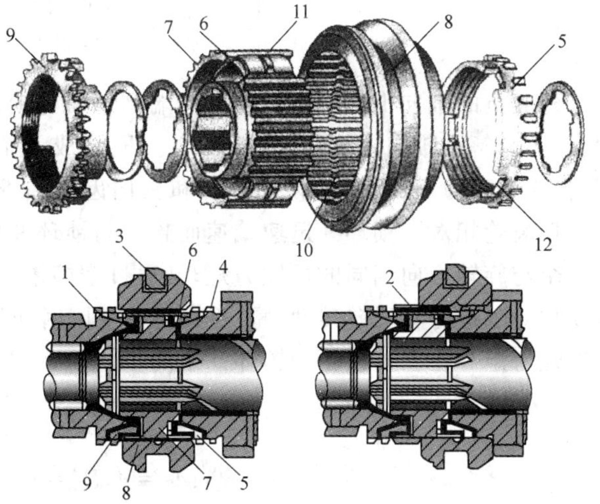

图 13-9 锁环式惯性同步器

1—第一轴三挡齿轮 2—滑块 3—拨叉 4—第二轴二挡齿轮 5、9—锁环 6—弹簧 7—花键毂 8—接合套 10—环槽 11—三个轴向槽 12—缺口

（2）工作原理

二挡换三挡同步器的工作原理如图 13-10 所示。

1）空挡位置　接合套 8 刚从二挡退空挡时（图 13-10a），三挡齿轮、接合套、锁环 9 以及与其有关联的运动件因惯性作用沿原方向继续旋转（图示箭头方向）。设三挡齿轮、接合套、锁环 9 的转速分别为 n_1、n_8 和 n_9，因接合套通过滑块前侧（图中下侧）推动锁环一起旋转，所以 $n_9=n_8$，因 $n_1>n_8$，故 $n_1>n_9$。此时锁环是轴向自由的，其内锥面与三挡齿轮的外锥面没有摩擦（图示虚线）。

2）摩擦力矩的形成与锁止过程　欲换入三挡（直接挡）时，推动接合套连同滑块一起向左移动（图 13-10b），滑块又推动锁环 9 移向齿轮 1，使锥面接触。驾驶员作用在接合套上的轴向推力使两锥面有正压力，又因两者有转速差（n_1-n_9），所以产生摩擦力矩。通过摩擦作用，三挡齿轮带动锁环 9 相对于接合套向前转动一个角度，使锁环缺口靠在滑块的另一侧（上侧）为止，此时结合套的内齿与锁环 9 上的齿错开了约半个齿宽，接合套的齿端倒角面与锁环的齿端倒角面互相抵住，锁止作用开始，接合套暂不能前移进入啮合。

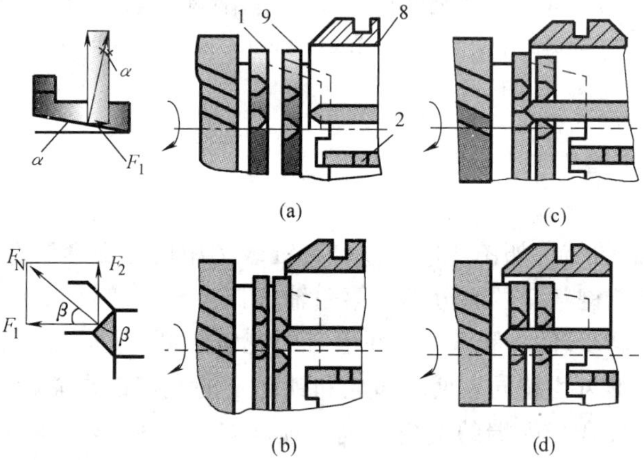

图 13-10　锁环式惯性同步器工作过程

1—第一轴三挡齿轮　2—滑块　8—接合套　9—锁环

驾驶员的轴向推力使接合套的齿端倒角面与锁环的齿端倒角面之间产生正压力 F_N，正压力 F_N 可分解为轴向力 F_1 和切向力 F_2。F_2 形成一个企图拨动锁环 9 相对于接合套反转的力矩，称为拨环力矩 M_2。F_1 使锁环 9 和三挡齿轮的锥面进一步压紧，两锥面间的摩擦力矩 M_1 使三挡齿轮相对于锁环 9 迅速减速而趋向与锁环 9 同步，三挡齿轮以及与其相关联的零件产生一个与旋转方向相同的惯性力矩，又通过摩擦锥面以摩擦力矩的方式传到锁环 9 上，阻碍锁环 9 相对于接合套反向转动。可见锁环 9 上同时作用着方向相反的两个力矩，即拨环力矩 M_2 和惯性力矩。在三挡齿轮和锁环 9 未同步之前，惯性力矩在数值上等于摩擦力矩 M_1，即：

$$M_1=F_N\mu R_1=\frac{F_1}{\sin\alpha}\mu R_1 \tag{13-1}$$

$$M_2=F_2R_2=F_1\tan\beta R_2 \tag{13-2}$$

式中　R_1——摩擦锥面的平均半径；

R_2——齿端拨环力作用半径；

μ——摩擦锥面的静摩擦因数；

α——摩擦锥面的锥角；

β——锁环齿端倒角。

同步器要产生有效的锁止作用即在同步前防止挂上挡，必须满足的条件是 $M_1>M_2$，即

$$\frac{F_1}{\sin\alpha}\mu R_1>F_1\tan\beta R_2$$

$$\frac{\mu R_1}{\sin\alpha}>\tan\beta R_2 \tag{13-3}$$

上述关系式由设计保证。从式(13-3)可以看出，在达到同步之前无论驾驶员施加多大的操纵力都不会挂上挡，推力的加大只能同时增大作用在锁环上的两个力矩，缩短同步时间。由于锁止作用是靠作用在锁环上的惯性力矩产生的，所以称为惯性式同步器。

3) 同步啮合　随着驾驶员施加于接合套上的推力加大，摩擦力矩 M_1 不断增加，使三挡齿轮的转速迅速降低。当三挡齿轮、接合套和锁环 9 达到同步时，作用在锁环 9 上的惯性力矩消失。此时在拨环力矩 M_2 的作用下，锁环 9、三挡齿轮以及与之相连的各零件都相对于接合套反转一角度(因轴向力 F_1 仍存在，使两锥面以静摩擦方式贴合在一起)，滑块处于锁环 9 缺口的中央(图 13-10c)，两花键齿不再抵触，锁环 9 的锁止作用消除。接合套压下弹簧继续左移(滑块脱离接合套的内环槽而不能左移)，与锁环 9 的花键齿圈进入啮合。由于作用在锁环齿圈的轴向力和滑块推力都不存在，锥面间的摩擦力矩消失。若接合套花键齿三挡齿轮的齿端相抵触(图 13-10c)，则靠齿端倒角面上的切向分力拨动三挡齿轮，且相对于锁环 9 和接合套转过一角度，让接合套与三挡齿轮进入啮合(图 13-9d)，即换入三挡。

考虑结构布置的合理性、紧凑性及锥面间摩擦力矩大小等因素，锁环式惯性同步器多用在小型汽车上，有的中型汽车变速器的中、高速挡也采用这种同步器。

2. 锁销式惯性同步器

(1) 构造　图 13-11 为五挡变速器的四、五挡锁销式惯性同步器。两个带有内锥面的摩擦锥盘 2，以其内花键分别固装在带有接合齿圈的第一轴五挡齿轮 1 和第二轴四挡齿轮 6 上，随齿轮一起转动。两个有外锥面的摩擦锥环 3，其上有圆周均布的三个锁销 8、三个定位销 4 与接合套 5 装在一起。定位销中部切有一小段环槽，接合套钻有斜孔，内装弹簧 11，将钢球 10 顶向定位销中部的环槽，使接合套处于空挡位置，定位销随接合套能轴向移动。定位销两端伸入两摩擦锥环内侧面的弧线形浅坑中，定位销与浅坑有周向间隙，摩擦锥环相对接合套在一定范围内作轴向摆动。锁销中部环槽的两端和接合套相应孔两端切有相同的倒角(锁止角)。锁销与孔对中时，接合套才能沿锁销轴向移动，锁销两端铆接在锥环相应的孔中。可见，两个锥环(即摩擦件，其上有螺纹槽)、三个锁销(锁止件)、三个定位销(推动件)和接合套(接合件)构成一个部件，套在花键毂 9 的齿圈上。

(2) 工作原理　锁销式惯性同步器的工作原理与锁环式惯性同步器相似，如图 13-11 所示。当接合套受到轴向推力 F_1 作用时，通过钢球、定位销推动摩擦锥环向前移动，即欲换入五挡。因摩擦锥环与锥盘有转速差，故接触后在摩擦作用下使锥环和锁销相对于接合套转过一个角度，锁销与接合套上相应孔的中心线不再同心，锁销中部倒角与接合套孔端的锥面相抵住，在同步前，作用在摩擦面的摩擦力矩总大于切向分力 F_2 形成的拨销力矩，接合套被锁止不能前移，防止在同步前接合套与齿圈进入啮合。同步后惯性力矩消失，拨销力 F_2 使锁销、摩擦锥盘和相应的齿轮相对于接合套转过一个角度，锁销与接合套的相应孔对中，接合套克服弹簧的张力压下钢球并沿锁销继续向前移动，顺利地换入五挡。

总之，锥环与锥盘的摩擦力矩较大，多用在中、重型载货汽车上。

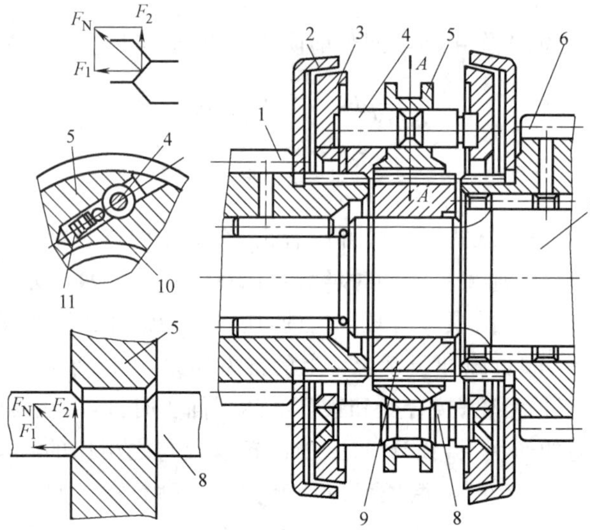

图 13-11 锁销式惯性同步器

1—第一轴五挡齿轮 2—摩擦锥盘 3—摩擦锥环 4—定位销 5—接合套 6—第二轴四挡齿轮 7—第二轴 8—锁销 9—花键毂 10—钢球 11—弹簧

第四节 变速器操纵机构

一、变速器操纵机构的功用与要求

变速器操纵机构的功用是驾驶员可根据汽车使用条件，随时将变速器换上或摘下某个挡位。为了保证在任何情况下变速器都能准确、安全和可靠地工作，变速器操纵机构应满足以下要求：

(1) 为防止变速器自动换挡和自动脱挡，操纵机构中应设置自锁装置。

(2) 为防止变速器同时挂入两个挡位，产生运动干涉而损坏零部件，操纵机构中应设置互锁装置。

(3) 为防止汽车前进时误挂倒挡，发生安全事故，操纵机构中应设置倒挡锁装置。

二、变速器操纵机构的构造及工作过程

按变速杆与变速器的相互位置，变速器操纵机构可分为远距离操纵式和直接操纵式两类。

(1) 远距离操纵式 当驾驶员座位离变速器较远或变速杆布置在转向盘下方(某些轿车)的转向管柱上时，通常在变速杆与换挡拨叉之间增加若干个传动件，组成远距离操纵机构。图 13-12 所示为本田汽车公司阿科德牌轿车 H2J4 型变速器的远距离操纵机构。

(2) 直接操纵式 大多数汽车的变速器布置在驾驶员座位附近，变速杆由驾驶室底板伸出，驾驶员可直接操纵。这种操纵机构一般由变速杆、拨块、拨叉、拨叉轴以及安全装置等组成，多集装于变速器上盖或侧盖内。图 13-13 所示为解放 CA1092 型汽车六挡变速器操纵机构图。拨叉轴 7、8、9 和 10 两端均支承于变速器盖上的相应孔中，可以轴向移动。所有拨叉和拨块都以弹性销固定于相应的拨叉轴上，三挡和四挡拨叉 2 的上端有拨块。拨叉 2 的上端和

拨块 3、4、14 的顶部有凹槽。变速器处于空挡时，各凹槽在横向平面内对齐。叉形拨杆 13 的球头即伸入这些凹槽中，选挡时可使变速杆绕其中部球形支点横向摆动，则其下端推动叉形拨杆绕换挡轴 11 的轴线转动，从而使叉形拨杆下端球头对准所选挡位相应的拨块，然后使变速杆纵向摆动，带动拨叉轴向前或向后移动，即可实现挂挡。例如，扳动变速杆使叉形拨杆下端伸入拨块顶凹槽中，再纵向扳动变速杆，拨块连同一、二挡拨叉轴 8 和一、二挡拨叉 5 沿纵向向左移动一定距离便可挂入二挡，若向右移动一定距离，则挂入一挡。若使叉形拨杆下端球头伸入倒挡拨块 4 的凹槽中，并使其向右移动一定距离，便可挂入倒挡。

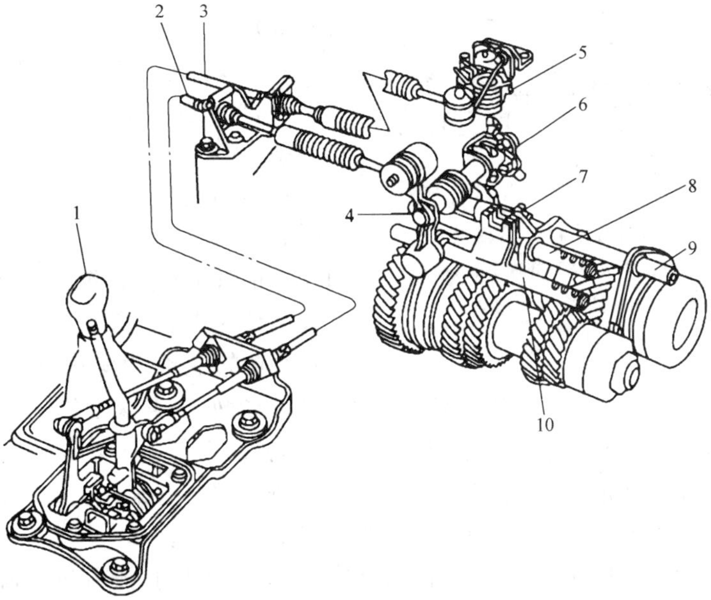

图 13-12　H2J4 型变速器的远距离操纵机构

1—变速杆　2—换挡拉线　3—选挡拉线　4—换挡臂轴　5—选挡复位弹簧　6—倒挡锁装置　7—换挡拨块　8—三、四挡拨叉轴　9—五挡、倒挡拨叉轴　10—一、二挡拨叉轴

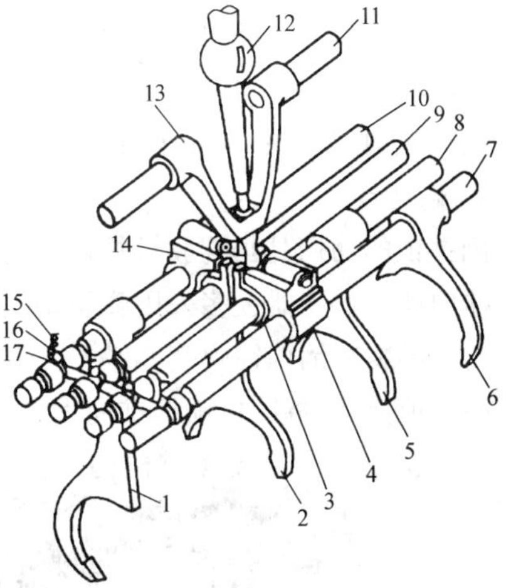

图 13-13　CA1092 型汽车变速器操纵机构

1—五、六挡拨叉　2—三、四挡拨叉　3—一、二挡拨块　4—倒挡拨块　5—一、二挡拨叉　6—倒挡拨叉　7—倒挡拨叉轴　8—一、二挡拨叉轴　9—三、四挡拨叉轴　10—五、六挡拨叉轴　11—换挡轴　12—变速杆　13—叉形拨杆　14—五、六挡拨块　15—自锁弹簧　16—自锁钢球　17—互锁销

三、变速器操纵机构的锁止装置

1. 自锁装置

变速器操纵机构的自锁装置如图 13-14 所示。在变速器盖 3 前端凸起部位钻有三个深孔，位于三根拨叉轴 6 的上方。每根拨叉轴的上表面沿轴向分布有三个凹槽（凹槽深度小于钢球半径），中间的凹槽为空挡定位，中间凹槽至两侧凹槽的距离等于滑动齿轮（或接合套）由空挡换入相应挡位（保证全齿长啮合）的距离。当任何一根拨

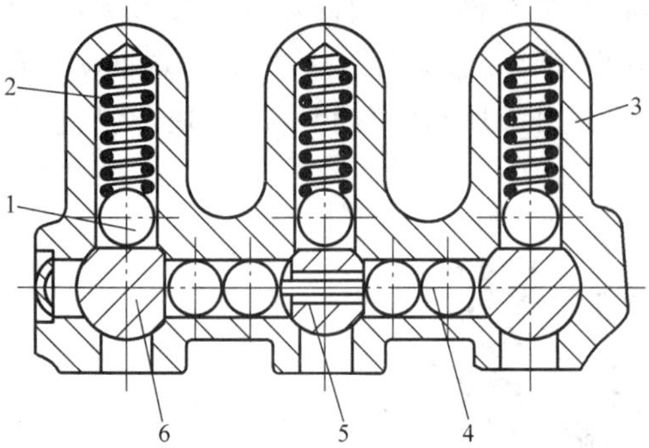

图 13-14 变速器自锁和互锁装置

1—自锁钢球 2—自锁弹簧 3—变速器盖(前端) 4—互锁钢球 5—互锁销 6—拨叉轴

叉轴连同拨叉轴向移动到空挡或某一工作挡位的位置时，一个凹槽正好对准自锁钢球，于是自锁钢球在弹簧压力作用下嵌入该凹槽内，拨叉轴的轴向即被固定，从而拨叉连同滑动齿轮(或接合套)固定在空挡或某一工作挡位上，不能自行脱出。换挡时，驾驶员对拨叉轴施加一定的轴向力，克服弹簧的压力将钢球由拨叉轴的凹槽中挤出推回孔中，拨叉轴和拨叉轴向移动。

2. 互锁装置

如图 13-14 所示为锁销式互锁装置，主要由互锁钢球 4 及互锁销 5 组成。互锁销装在中间拨叉轴的孔中。其长度等于拨叉轴直径减去互锁钢球的半径，互锁钢球装于变速器盖 3 的横向孔中。在空挡位置时，左、右拨叉轴在对着互锁钢球处开有深度等于互锁钢球半径的凹槽，中间拨叉轴则左、右均开有凹槽，凹槽中开有装锁销的孔。这种互锁装置可以保证变速器只有在空挡位置时驾驶员才可以移动任何一个拨叉轴挂挡。若某一拨叉轴被移动而挂挡时，另外两个拨叉轴便被互锁装置固定在空挡位置而不能轴向移动。

互锁装置的工作原理如图 13-15a 所示。变速器处于空挡时，所有拨叉轴的侧面凹槽同互锁钢球和互锁销都在同一条直线上。当移动中间拨叉轴 6 时，拨叉轴 6 两侧的内钢球从其侧面凹槽中被挤出，而两互锁钢球 2 和 4 则分别嵌入拨叉轴 1 和 5 侧面的凹槽中，因而将拨叉轴 1 和 5 刚性地锁止在其空挡位置。若欲移动拨叉轴 5，则应先将拨叉轴 6 退回到空挡位置，于是，在移动拨叉轴 5 时，互锁钢球 4 便从拨叉轴 5 的凹槽中被挤出，同时通过互锁销 3 和其他互锁钢球将拨叉轴 6 和 1 均锁止在空挡位置上，如图 13-15b 所示。同理，当移动拨叉轴 1 时，则拨叉轴 6 和 5 被锁止在空挡位置上。由此可见，互锁装置的功用是，当驾驶员用变速杆推动某一拨叉轴时，自动锁止其他所有拨叉轴。

3. 倒挡锁

倒挡锁的功用是当驾驶员挂倒挡时，必须对变速杆施加较大的力换上倒挡，起提醒作用，以防误挂倒挡。变速器上多采用弹簧销式倒挡锁，主要由倒挡锁销 7 和倒挡锁弹簧 8 组成。倒挡锁销的杆部装有倒挡锁弹簧，如图 13-15b 所示。挂挡时，驾驶员必须用较大的力使变速杆下端压缩倒挡锁弹簧，将倒挡锁销推向下方后才能使变速杆下端进入倒挡拨块的凹槽内，挂入倒挡。

直接操纵式变速器操纵机构结构简单，变速操作手感好。

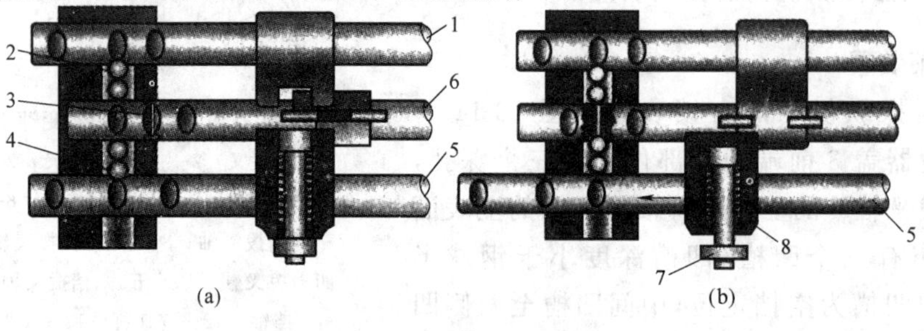

图 13-15 互锁装置工作原理示意图

1、5、6—拨叉轴 2、4—互锁钢球 3—互锁销 7—倒挡锁销 8—倒挡锁弹簧

第五节 分 动 器

一、分动器的功用

分动器主要用于多轴驱动的越野汽车上。其功用是将变速器输出的动力分配到各驱动桥,多数越野汽车装用两挡分动器。分动器兼起副变速器的作用。

二、分动器的构造

分动器由齿轮传动机构和操纵机构两部分组成。

1. 齿轮传动机构

图 13-16 为东风 EQ2080 型越野汽车装用的三输出轴式分动器结构示意图。

该分动器可将动力分别传给前桥、中桥和后桥。当换挡接合套 4 向右移动与齿轮 8 的接合齿圈相接合时,便挂上了低速挡。此时变速器第二轴的动力经万向传动装置传给分动器的输入轴 1,经齿轮 5 和 8 及换挡接合套传给中间轴 10,中间轴后端的齿轮 9 再驱动齿轮 6 和 12,因而使通往后桥的输出轴 7 及通往中桥的输出轴 11 被驱动,此时若前桥接合套 14 也先被向后移动,与中桥的输出轴前端的齿圈接合,则动力便由中桥输出轴通过前桥接合套传递给前桥输出轴 15。同理,换挡接合套向左移动使之与齿轮 13 的结合齿圈相结合,分动器挂上高速挡。

2. 操纵机构

分动器的操纵机构由操纵杆、传动杆、摇臂及轴等组成,如图 13-17 所示。

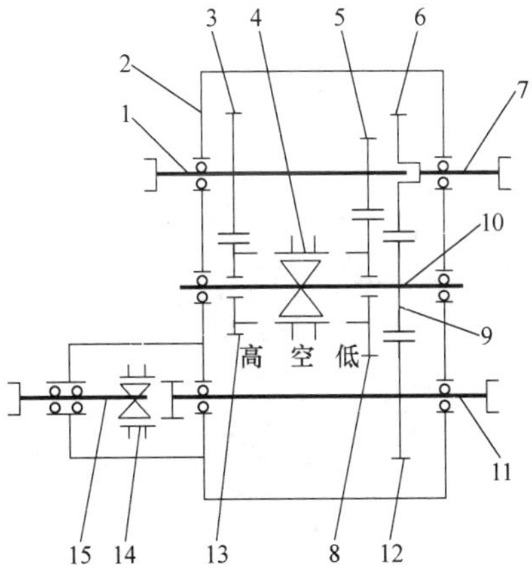

图 13-16 三输出轴式分动器结构示意图

1—输入轴 2—分动器壳 3、5、6、8、9、12、13—齿轮 4—换挡接合套 7—后桥输出轴 10—中间轴 11—中桥输出轴 14—前桥接合套 15—前桥输出轴

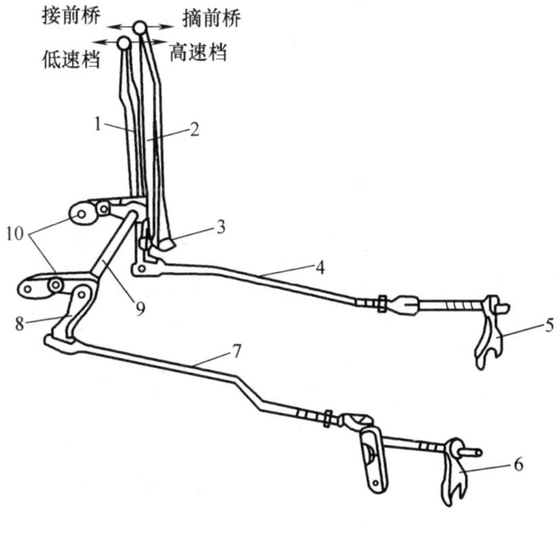

图 13-17 分动器的操纵机构

1—换挡操纵杆 2—前桥操纵杆 3—螺钉 4、7—传动杆 5—换挡拨叉 6—前桥接合套拨叉 8—摇臂 9—轴 10—支承臂

操纵分动器换入低速挡时,输出转矩较大。为避免中、后桥超载,前桥需参加驱动,以分担一部分载荷。为此,分动器的操纵机构应保证:非先接上前桥,不得挂上低速挡;非先退出低速挡,不得摘下前桥。

为满足上述对分动器操纵机构的要求，由螺钉互锁装置予以保证，如图 13-17 所示。两个支承臂 10 固定在分动器壳体上，轴 9 与前桥操纵杆 2 固定在一起可在支承臂上转动。换挡操纵杆 1 松套在轴 9 上。前桥操纵杆下端有互锁螺钉 3，其头部顶靠在换挡操纵杆的下部。只有前桥操纵杆向前移动接上前桥后，换挡操纵杆才能换低挡。同理，先退出低速挡，才能摘下前桥驱动，以避免中、后桥超载。

思 考 题

1. 变速器有何功用？有哪些类型？
2. 两轴式变速器由哪些零件组成？其工作过程是怎样的？有何特点？
3. 同步器有何功用？惯性式同步器有哪两种类型？
4. 锁环式惯性同步器的结构和工作过程是怎样的？
5. 变速器操纵机构的定位锁止装置有哪些？各有何功用？
6. 分动器的功用是什么？对其操纵机构有何要求？

第十四章　自动变速器

第一节　概　　述

自动变速器即自动操纵式变速器。自动变速器可根据汽车行驶速度和发动机负荷自动改变传动系统传动比，使汽车获得良好的动力性和经济性，并减少发动机排气污染。

一、自动变速器的特点

与传统的手动机械变速器相比，自动变速器有以下几个明显的特点：

(1) 消除了离合器操作和频繁换挡，使驾驶员操作简单和省力，提高了行车的安全性；

(2) 能自动适应汽车行驶阻力的变化，在一定范围内实现无级变速，提高了汽车的动力性和平均车速；

(3) 汽车起步和加速更加平稳，能吸收和衰减换挡过程中的振动与冲击，提高了乘坐舒适性；

(4) 因采用液力传动，发动机和传动系统是“弹性”连接，能缓冲接合冲击，减轻传动系统的负荷，延长零件的使用寿命；

(5) 可避免因外界负荷突增而造成发动机熄火的现象，减少发动机启动次数，提高燃油经济性，降低排放污染；

(6) 结构复杂，制造精度和成本高；

(7) 传动效率较机械变速器低(一般低 8%～12%)；

(8) 由于结构复杂，在使用、修理及故障排除等方面要求技术水平较高。

二、自动变速器的分类

1. 按操纵方式分

(1) 半自动变速器　仅在汽车起动和部分挡位自动换挡，不能在全部挡位范围内自动换挡。

(2) 全自动变速器　在变速器全部挡位范围内均能实现自动改变变速器的速比。

2. 按变速控制方式分

(1) 液控液压自动变速器　在手控制阀选定位置后，换挡时靠液压信号直接控制换挡阀进行换挡。

(2) 电控液压自动变速器　在手控制阀选定位置后，由电子控制单元控制液压阀和液压执行机构进行换挡。

三、自动变速器的组成

电控液压自动变速器主要由液力变矩器、行星齿轮变速系统、液压操纵系统和电子控制系统四部分组成，如图 14-1 所示。

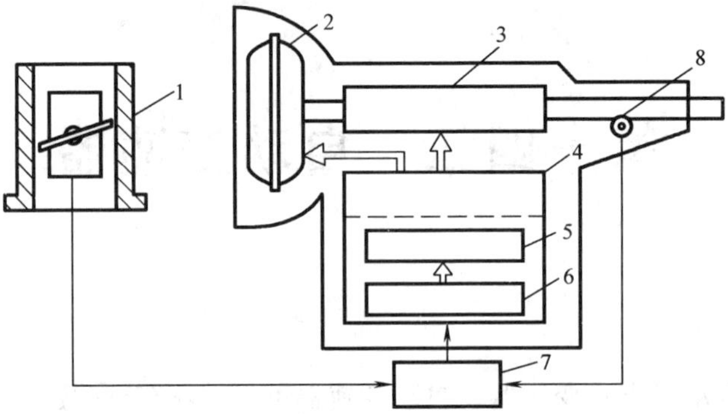

图 14-1　电控液压自动变速器组成框图

1—节气门体　2—液力变矩器　3—行星齿轮变速器　4—液压控制操纵系统　5—换挡阀门　6—电磁阀　7—电控单元　8—车速传感器

第二节　液力变矩器

1. 液力变矩器的组成

如图 14-2 所示,液力变矩器主要由泵轮 4、涡轮 3 和固定不动的导轮 5 组成。泵轮与发动机飞轮相连,为主动件。泵轮内部径向装有许多曲面叶片,固定在变速器壳体 2 内,与发动机曲轴同步转动。涡轮内部径向也装有若干片曲面叶片,通过其内花键与变速器输入轴连接,为从动件。导轮介于泵轮与涡轮之间,通过导轮固定套管 6(图 14-3)固定不动,其上也有叶片。叶片的内圆有导流环,可促进油液的循环。泵轮、涡轮及导轮装配后成为一个整体,其轴线断面一般为圆形,称为循环圆。泵轮、涡轮及导轮工作时封闭在一个壳体里,里面充满着油液(工作介质)。

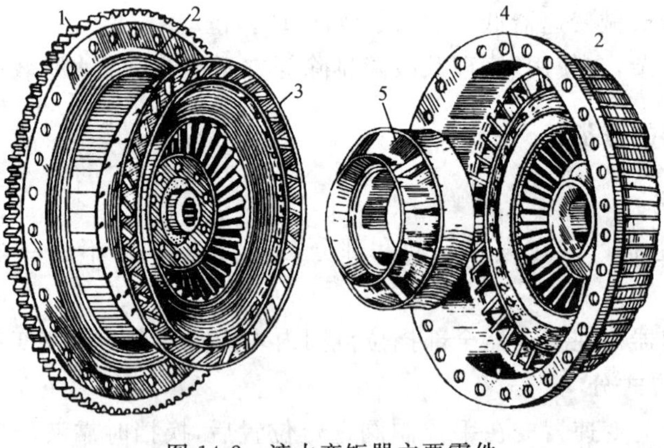

图 14-2　液力变矩器主要零件

1—起动齿圈　2—变速器壳体　3—涡轮　4—泵轮　5—导轮

2. 液力变矩器的工作原理

为了便于说明变矩器的工作原理,将循环圆上的中间流线(此流线将液流通道断面分割成面积相等的内、外两部分)展开成一直线,各循环圆中间流线均在同一平面上,于是在展开图上泵轮 B、涡轮 W 和导轮 D 便形成三个环形平面,且工作轮的叶片角度也清楚地显示出来,如图 14-4 所示。

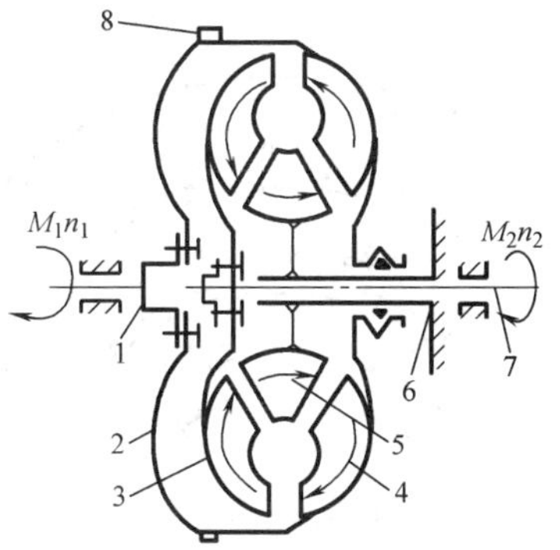

图 14-3　液力变矩器组成示意图

1—发动机曲轴　2—变矩器壳体　3—涡轮　4—泵轮　5—导轮
6—导轮固定套管　7—从动轴　8—起动齿圈

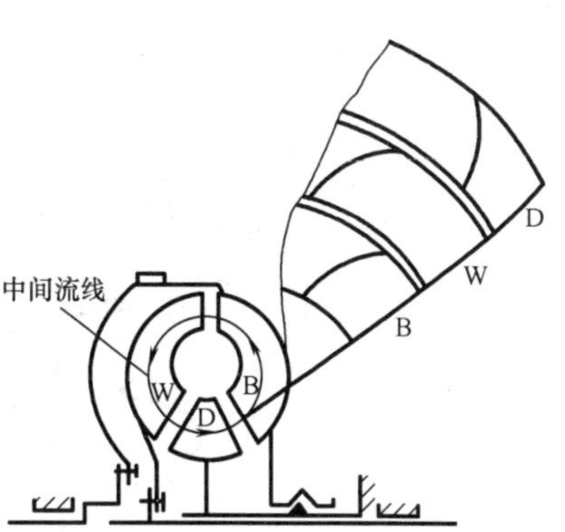

图 14-4　液力变矩器工作轮展开示意图

B—泵轮　W—涡轮　D—导轮

设发动机转速及负荷不变，即变矩器泵轮转速 n_b 和转矩 M_b 为常数。汽车起步时，$n_w=0$（图 14-5a）。工作液在泵轮叶片带动下，以一定的绝对速度沿图中箭头 1 的方向冲向涡轮叶片。因 $n_w=0$，液流将沿叶片流出涡轮并冲向导轮，液流方向如图中箭头 2 所示。然后液流再从固定不动的导轮叶片沿箭头 3 方向流入泵轮中。当液体流过叶片时，受到叶片的作用力，其方向发生变化。设泵轮、涡轮和导轮对液流的作用转矩分别为 M_b、M'_W 和 M_d。根据液流受力平衡条件，则 $M'_w=M_b+M_d$。由于液流对涡轮的作用转矩 M_w（即变矩器输出转矩）与 M'_W 大小相等、方向相反，因而在数值上，涡轮转矩 M_w 等于泵轮转矩 M_b 与导轮转矩 M_d 之和。显然，此时涡轮转矩 M_w 大于泵轮转矩 M_b，即液力变矩器起了增大转矩的作用。

当变矩器输出的转矩经传动系传到驱动轮上所产生的驱动力足以克服汽车起步阻力时，汽车即起步并开始加速。与之相连的涡轮转速 n_w 也由零逐渐增加，这时液流在涡轮出口处不仅具有沿叶片方向的相对速度 w，而且还有沿圆周方向的牵连速度 u，故冲向导轮叶片的液流的绝对速度 v 应是二者的合速度，如图 14-5b 所示。因设泵轮转速不变，起变化的只是涡轮转速，故涡轮出口处相对速度 w 不变，只是牵连速度 u 起变化。由图 14-5b 可见，冲向导轮叶片的液流的绝对速度 v 将随着牵连速度 u 的增加（即涡轮转速 n_w 的增加）而逐渐向左倾斜，使导轮上所受转矩值逐渐减小。当涡轮转速增大到某一数值时，由涡轮流出的液流（图 14-5b 中 v 所示方向）正好沿导轮出口方向冲向导轮时，由于液体流经导轮时方向不改变，故导轮转矩 M_d 为零，于是涡轮转矩与泵轮转矩相等，即 $M_w=M_b$。

若涡轮转速 n_w 继续增大，液流绝对速度 v 的方向继续向左倾斜（图 14-5b 中 v' 所示方向），导轮转矩方向与泵轮转矩方向相反，则涡轮转矩为前二者转矩之差 $M'_w=M_b-M_d$，即变矩器输出转矩反而比输入转矩小。当涡轮转速 n_w 与泵轮转速 n_b 相等时，工作液在循环圆中的循环流动停止，将不再传递扭矩。

3. 液力变矩器的特性

变矩器在泵轮转速 n_b 和转矩 M_b 不变的条件下，涡轮转矩 M_w 随其转速 n_w 变化的规律即液力变矩器的特性，可用图 14-6 表示。

从图 14-6 中可看出，液力变矩器的输出转矩是随其转速的改变而连续变化的，即在发动机转速和转矩不变的情况下，涡轮的输出转矩和转速是随汽车的行驶阻力的大小而变化的。汽车行驶阻力增大，其速度自动降低，涡轮输出转矩相应增大，以适应汽车不同行驶工况的需要。

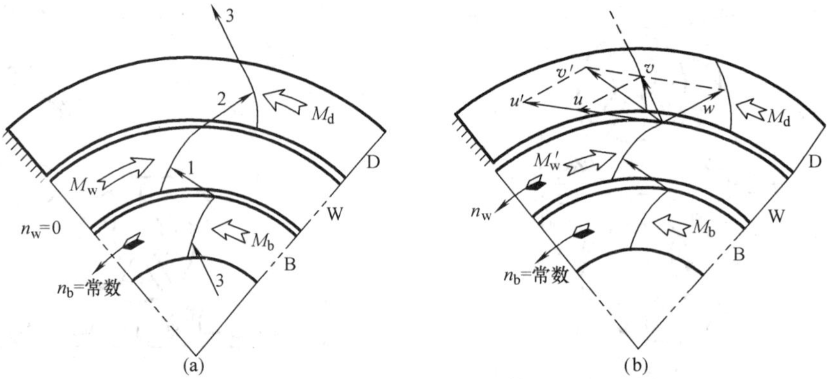

图 14-5 液力变矩器工作原理图

(a) 当 n_b = 常数、n_w = 0 时 (b)当 n_b = 常数、n_w 逐渐增加时

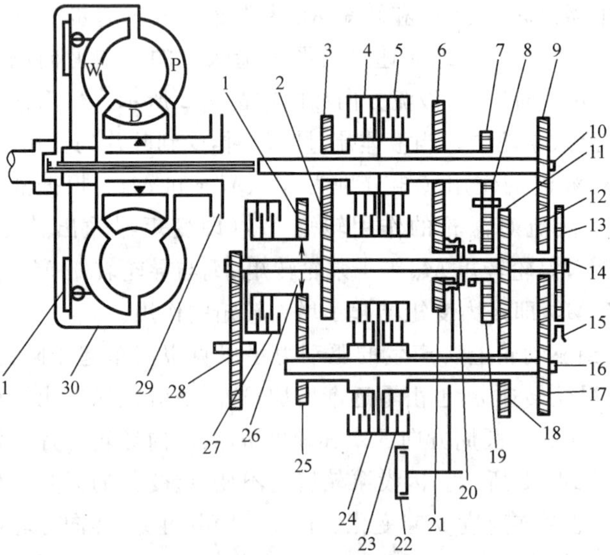

图 14-6 液力变矩器特性

涡轮的输出转矩与泵轮的输入转矩之比称为液力变矩器的变矩系数，用 K 表示，即 $K = M_w/M_b$。

涡轮转速与泵轮转速之比称为液力变矩器的传动比，通常用 i 表示，即 $i = n_w/n_b \leqslant 1$。

液力变矩器的传动效率 η 等于涡轮的输出功率 P_w 与泵轮的输入功率 P_b 之比，即等于变矩系数 K 与传动比 i 的乘积：

$$\eta = \frac{P_w}{P_b} = \frac{M_w n_w}{M_b n_b} = Ki$$

4. 典型液力变矩器

为了更好地了解综合式液力变矩器，首先简要介绍液力耦合器的结构及特性。液力耦合器与液力变矩器结构上的不同之处在于液力耦合器没有导轮，如图 14-7 所示，是由泵轮 3 和涡轮 4 两个工作轮组成的。泵轮 3 通过螺栓与曲轴连接并一起旋转，为液力耦合器主动件。涡轮 4 通过花键与输出轴 2 相连，为液力耦合器从动件。

发动机曲轴驱动泵轮旋转时，泵轮 3 内部工作液被叶片带动一起旋转，工作液在离心力的作用下，沿着泵轮叶片间的通道由内缘向外缘流动。如果此时充满工作液的涡轮 4 处于静止状态，或者其转速低于泵轮的转速，则泵轮外缘处工作液的能量大于涡轮外缘处工作液的能量。在此能量差的作用下，离开泵轮后的高速液流便随后流入涡轮，并作用于涡轮叶片，当能克服涡轮转动所产生的阻力时，便推动涡轮转动，经输出轴 2 输出，将液体的动能转换为涡轮输出轴上的机械能。

根据液力耦合器的结构和工作原理可知，液体在循环流动过程中，除了与泵轮和涡轮之间的作用外，没有受到任何的其他外力，因此工作液作用在涡轮上的转矩应等于泵轮作用于工作液上的转矩，即发动机传给泵轮上的转矩与涡轮所承受并传给从动轴的转矩相等。所以液力耦合器只起传递转矩的作用，而不能改变转矩的大小。

液力耦合器的传动效率 η 等于涡轮的输出功率 P_w 与泵轮的输入功率 P_b 之比，即：

$$\eta=\frac{P_w}{P_b}=\frac{M_w n_w}{M_b n_b}$$

因为液力耦合器只起传递转矩的作用而不改变转矩的大小，即 $M_w=M_b$，则有：

$$\eta=\frac{n_w}{n_b}=i$$

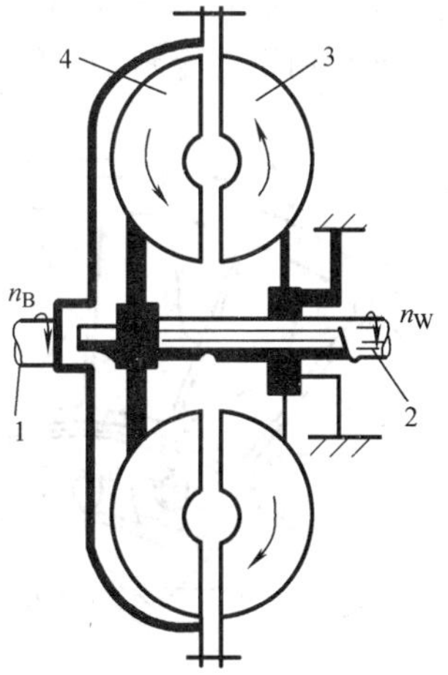

图 14-7　液力耦合器

1—输入轴　2—输出轴

3—泵轮　4—涡轮

液力耦合器正常工作时，泵轮转速大于涡轮转速，由上式可知，其传动效率随涡轮与泵轮之间的转速差而变化。两者转速差越大，传动效率越低；反之，两者转速差较小时，传动效率较高。这是液力耦合器的一个重要性质，即传动效率随传动比增大而提高。但必须指出的是，若泵轮转速与涡轮转速相等(此时传动比 $i=1$，传动效率 $\eta=100\%$)，泵轮叶片出口与涡轮叶片入口处液体压差为零，工作液沿循环圈的流动停止，此时，液力耦合器已失去传递转矩的作用，传动效率突然降为零。图 14-8 是液力耦合器传动效率 $i=n_w/n_b\leqslant1$ 特性图。液力耦合器在高传动比情况下具有较高的传动效率，这种特性在综合式液力变矩器中得到了充分利用。

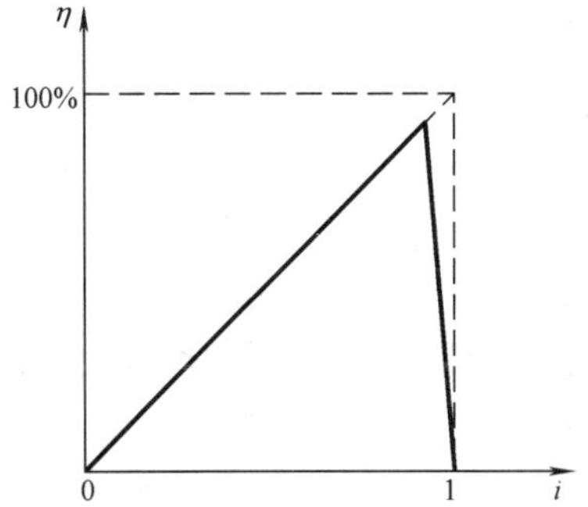

图 14-8　液力耦合器传动效率特性

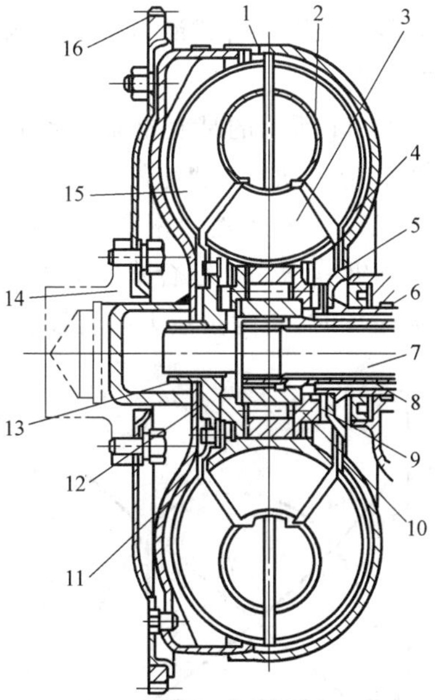

图 14-9　三元件液力变矩器

1—变矩器壳体　2—泵轮　3—导轮　4—单向离合器外座圈　5—单向离合器内座圈　6—泵轮轮毂　7—变矩器输出轴　8—导轮固定套管　9—推力垫片　10—单向离合器盖　11—滚柱　12—垫片　13—涡轮轮毂　14—曲轴凸缘　15—涡轮　16—启动齿圈

目前自动变速器广泛采用三元件或四元件液力变矩器。图 14-9 是轿车上广泛采用的三元件液力变矩器。三元件液力变矩器主要由泵轮 2、涡轮 15 和导轮 3 组成，最大变矩系数为 1.9 ～ 2.5。

变矩器壳体由前、后两半焊接而成。壳体前端连接着装有起动齿圈 16 的托盘，并用螺钉固定在曲轴后端的凸缘 14 上。

泵轮 2 装有径向平直叶片。焊在泵轮外壳上的泵轮轮毂 6 可自由转动。涡轮 15 有倾斜的曲面叶片。与涡轮壳体用铆钉连接的涡轮轮毂 13，以花键与变矩器输出轴 7 相连。

泵轮及涡轮的叶片和壳体均为钢板冲压件，叶片和内环采用点焊连接，与外壳采用铜焊连接。导轮用铝合金铸造，并与单向离合器外座圈 4 固定连接。

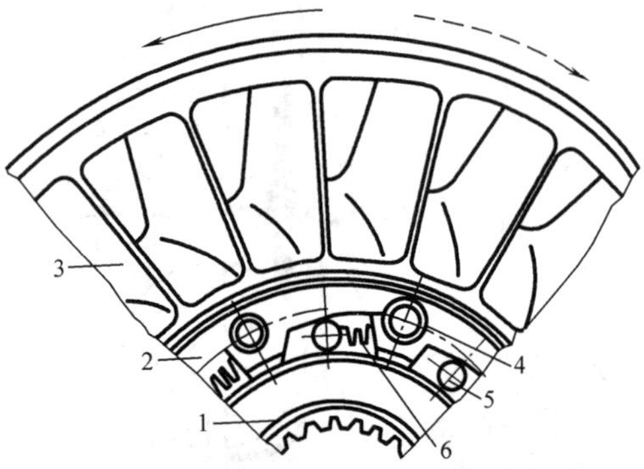

图 14-10　液力变矩器的滚柱式单向离合器
1—内座圈　2—外座圈　3—导轮　4—铆钉
5—滚柱　6—叠片弹簧

液力变矩器的滚柱式单向离合器的构造如图 14-10 所示。它由外座圈 2、内座圈 1、滚柱 5 及不锈钢叠片弹簧 6 等组成。导轮 3 用铆钉 4 铆在外座圈 2 上(也可用花键连接)。内座圈 1 和固定套管用花键连接，因而内座圈是固定不动的。外座圈 2 的内表面有若干个偏心的圆弧面。滚柱 5 经常被叠片弹簧 6 压向内、外座圈之间滚道比较狭窄的一端，而将内、外座圈楔紧。

当涡轮与泵轮转速差较大时，从涡轮流出的液流冲击导轮叶片力图使导轮 3 顺时针方向(虚线箭头所示)旋转。由于滚柱 5 楔紧在滚道的窄端，导轮便同单向离合器外座圈 2 一起被卡紧在内座圈 1 上而固定不动，此时液力变矩器起增大转矩的作用。当涡轮转速升高到一定程度，液流对导轮的冲击力反向，于是导轮自由地相对于内座圈按实线箭头方向与涡轮同向转动。这时变矩器就转入耦合器的工作状况。这种可以转入耦合器工况的变矩器称为综合式液力变矩器。采用综合式液力变矩器的目的在于，利用耦合器在高传动比时相对变矩器有较高效率的特点。

图 14-11 所示的是变矩器效率 η_b 与耦合器效率 η_0 随传动比 i 变化的规律，图中还作出变矩系数 K 随传动比 i 变化的曲线。由图可知，在传动比 $i<i_{K=1}$(变矩系数 $K=1$ 时的传动比)范围内，液力变矩器的效率高于液力耦合器；当 $i>i_{K=1}$，变矩器效率 η_b 迅速下降，而耦合器的效率 η_0 却继续增高。综合式液力变矩器在其转速较低时，按液力变矩器特性工作，而当传动比达到 $i_{K=1}$ 时，转为按液力耦合器特性工作，从而扩大了高效率的范围，如图中实线所示。

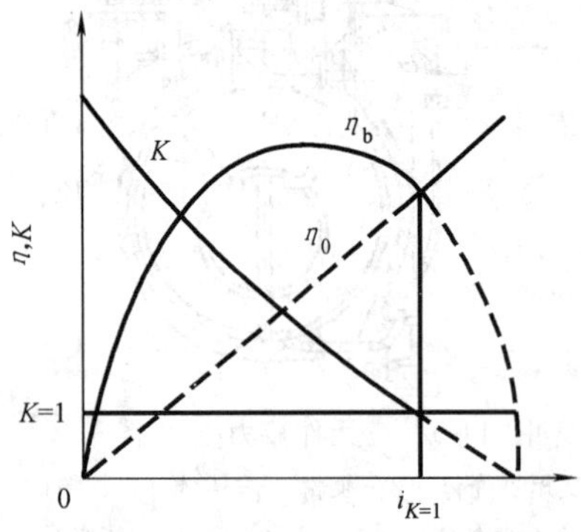

图 14-11　三元件综合式液力变矩器特性

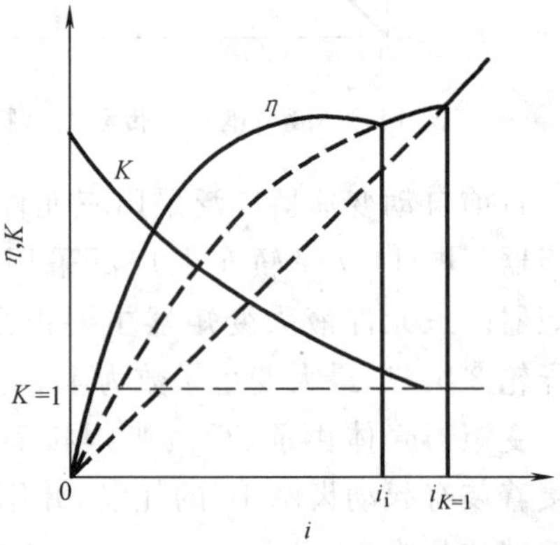

图 14-12　四元件综合式液力变矩器特性

为了使液力变矩器的工作效率在进入液力偶合区前不至于显著下降，可将一个导轮分割成两个，分别装在各自的单向离合器上，这就形成了四元件综合式液力变矩器。四元件综合液力变矩器的特性是两个液力变矩器特性和一个液力偶合器特性的综合(图 14-12)。传动比在

$0 \sim i_i$区段（涡轮处于较低转速时），两个导轮固定不动，二者的叶片组成弯曲程度更大的叶片，以保证获得较大的变矩系数。

传动比在 $i_i \sim i_{K=1}$ 区段（涡轮转速上升），第一导轮首先导通并随涡轮同向旋转，此时得到较高的传动效率。当传动比 $i_i = i_{K=1}$ 时，第二导轮也被导通，液力变矩器转入耦合器工况，传动效率按线性规律增长。

第三节　液力机械变速器

液力变矩器虽然能在一定范围内自动地、无级地改变转矩比和传动比，但存在着变矩能力与传动效率之间的矛盾，且目前应用的变矩器的变矩系数都不够大，难以满足汽车使用的要求，故在汽车上广泛采用的是液力变矩器与齿轮式变速器组成的液力机械式变速器。由于行星齿轮变速器具有体积小、结构简单、操作容易和变速比大等优点，因此，在现代汽车自动变速器上，与变矩器配合使用的齿轮式变速器多数是行星齿轮变速器，也可以是固定轴线式齿轮变速器。

一、液力机械自动变速器的行星齿轮机构

1. 单排行星齿轮机构

(1) 单排行星齿轮机构的组成及结构

单排行星齿轮机构是由一个太阳轮、一个齿圈、一个行星架和几个行星齿轮组成，称为一个行星排，如图 14-13 所示。太阳轮 1、齿圈 2 及行星架 3 有一个共同的固定轴线，行星齿轮 4 支承在固定于行星架的行星齿轮轴上，并同时与太阳轮和齿圈啮合。当行星齿轮机构运转时，空套在行星架上的几个行星齿轮，一方面可以绕自己的轴线旋转，另一方面又可以随行星架一起绕着太阳轮旋转。在行星排中，具有固定轴线的太阳轮、齿圈和行星架称为行星排的三个基本元件。

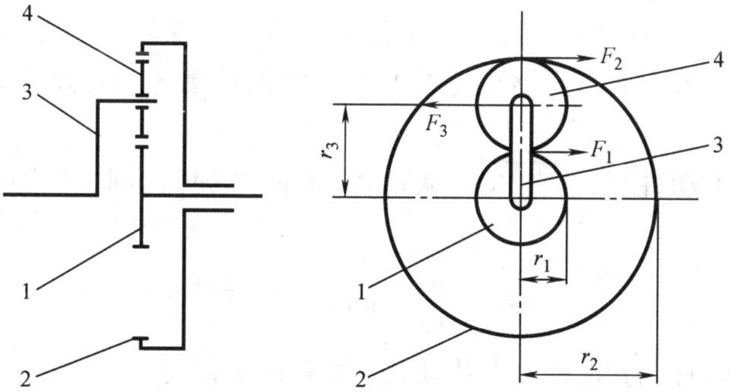

图 14-13　单排行星齿轮机构结构示意图

1—太阳轮　2—齿圈　3—行星架　4—行星齿轮

(2) 单排行星齿轮机构的工作原理

图 14-13 为单排行星齿轮机构的示意图，图上标出了行星齿轮 4 所受到的作用力。

作用于太阳轮 1 的力矩：$M_1 = F_1 r_1$

作用于齿圈 2 上的力矩：$M_2 = F_2 r_2$

作用于行星架 3 上的力矩：$M_3 = F_3 r_3$

令齿圈和太阳轮的齿数比为 α，则：

$$\alpha=\frac{z_2}{z_1}=\frac{r_2}{r_1}$$

即：

$$r_2=\alpha r_1$$

又：

$$r_3=\frac{r_1+r_2}{2}=\frac{1+\alpha}{2}r_1$$

式中 r_1、r_2——分别是太阳轮和齿圈的节圆半径；

r_3——行星齿轮与太阳轮的中心距；

z_1、z_2——分别是太阳轮和齿圈的齿数。

由行星齿轮的受力平衡条件可得：

$$F_1=F_2$$

$$F_3=2F_2$$

因此，太阳轮、齿圈和行星架上的力矩分别为：

$$\begin{cases}M_1=F_1r_1\\M_2=\alpha F_1r_1\\M_3=-(1+\alpha)F_1r_1\end{cases}\tag{14-1}$$

根据能量守恒定律，三个元件上的输入和输出功率的代数和应等于零，即：

$$M_1\omega_1+M_2\omega_2+M_3\omega_3=0\tag{14-2}$$

式中 ω_1、ω_2、ω_3——分别为太阳轮、齿圈和行星架的角速度。

将式(14-1)代入式(14-2)，得：

$$\omega_1+\alpha\omega_2-(1+\alpha)\omega_3=0$$

若用转速代替角速度，则上式可写成：

$$n_1+\alpha n_2-(1+\alpha)n_3=0\tag{14-3}$$

该式为单排行星齿轮机构一般运动规律的特性方程式。

由式(14-3)可以看出，在太阳轮、齿圈和行星架这三个元件中，可任选两个分别作为主动件和从动件，而使另一元件固定不动(即用执行元件使该元件转速为零)或使其运动受一定的约束(即该元件的转速为定值)，则整个轮系即以一定的传动比传递动力。下面分别讨论各种情况：

1) 太阳轮 1 为主动件，行星架 3 为从动件，齿圈 2 固定。此时式(14-3)中 $n_2=0$，故传动比：

$$i_{13}=\frac{n_1}{n_3}=1+\alpha=1+\frac{z_2}{z_1}$$

2) 齿圈 2 为主动件，行星架 3 为从动件，太阳轮 1 固定。此时式(14-3)中 $n_1=0$，故传动比：

$$i_{23}=\frac{n_2}{n_3}=\frac{1+\alpha}{\alpha}=1+\frac{z_1}{z_2}$$

3) 太阳轮 1 为主动件，齿圈 2 为从动件，行星架 3 固定。此时式(14-3)中 $n_3=0$，故传动比：

$$i_{12}=\frac{n_1}{n_2}=-\alpha=-\frac{z_2}{z_1}$$

在此情况下，n_1 与 n_2 符号相反，即表示主动轴与从动轴旋转方向相反，故为倒挡传动情况。

4）若使 $n_1=n_2$，则：　$n_3=\frac{n_1+\alpha n_1}{1+\alpha}=n_1=n_2$

在 $n_1=n_3$ 或 $n_2=n_3$ 时，同样可得 $n_1=n_2=n_3$。故若使三元件中的任何两个元件连成一体转动，则第三个元件的转速必然与前两者转速相等，即行星齿轮系中所有元件（包括行星轮）之间都没有相对运动，从而形成直接挡传动，传动比 $i=1$。

如果所有元件都不受约束，即都可以自由转动，则行星齿轮机构完全失去传动作用。

由多排行星齿轮机构组成的行星齿轮变速器，其传动比可根据上述单排行星齿轮机构特性方程式推导出来。

2. 复合式行星齿轮机构

单排行星齿轮机构所提供的适用传动比数目是有限的，为了获得较多的挡数，可采用两排或多排行星齿轮机构。一般具有三、四个前进挡的自动变速器至少需要两排行星齿轮机构。在现代汽车的自动变速器中，目前广泛采用两种典型的复合式行星齿轮机构：辛普森（Simpson）式和拉威挪（Ravigneaux）式。

（1）辛普森（Simpson）式行星齿轮机构

它是由两排行星齿轮机构共用一个太阳轮组成的复合式行星齿轮机构，如图 14-14a 所示。

辛普森式行星齿轮传动机构有四个换挡执行元件：两个离合器 C_1、C_2 和两个制动器 B_1、B_2。每换一个挡位需要操纵两个执行元件。

根据单排行星齿轮机构的一般运动规律的特性方程式（14-3），可以写出辛普森式行星齿轮机构运动规律方程式：

$$n_{B_1}+\alpha n_2-(1+\alpha)n_{B_2}=0 \tag{14-4}$$

$$n_{B_1}+\alpha n_S-(1+\alpha)n_2=0 \tag{14-5}$$

$$n_{C_1}=n_1-n_S \tag{14-6}$$

$$n_{C_2}=n_1-n_{B_1} \tag{14-7}$$

式（14-6）和式（14-7）表示离合器的两构件的运动方程式。当离合器完全接合时，n_{C_1} 或 n_{C_2} 等于零，表示与其相连接的两构件的转速应相等。

辛普森行星齿轮机构具有 3 个自由度，因为构件数为 7 个（1、2、B_1、B_2、C_1、C_2、S），而计算方程式有 4 个，因此每挂一个挡需要同时使用两个执行元件（如离合器和制动器等）。

辛普森行星齿轮机构各挡传动比如下：

一挡（图 14-14b），离合器 C_1 被接合，单向离合器 F_W 被卡住，相当于制动器 B_1 起作用。在其他挡位时，第一排行星架的旋转方向与一挡时相反，这时单向离合器被脱开。设置单向离合器后，在一挡可省去控制制动器 B_2 的油路，简化了液压系统。

当 $n_{C_1}=0$ 时，$n_1=n_S$，单向离合器被卡住，$n_{F_W}=n_{B_2}$，通过上述方程组可求得一挡传动比

$$i_1=\frac{n_1}{n_2}=\frac{1+2\alpha}{\alpha}$$

二挡（图 14-14c），接合离合器 C_1 和制动器 B_1，此时齿圈为主动件，行星架为从动件，太阳轮被固定，则二挡传动比为：

$$i_2=\frac{1+\alpha}{\alpha}$$

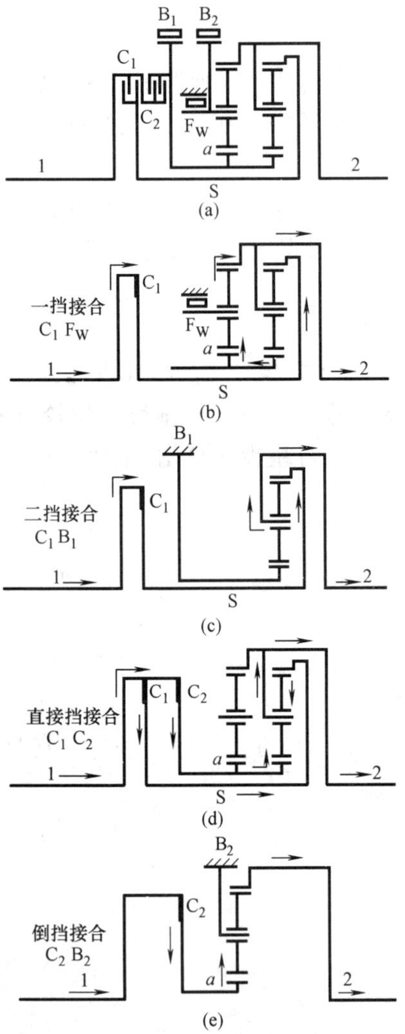

图 14-14　辛普森式行星齿轮机构及各挡传动路线示意图

1—输入轴　2—输出轴　C_1、C_2—离合器　B_1、B_2—制动器　F_W—单向离合器　S—构建

三挡(图 14-14d),接合离合器 C_1 和 C_2,则辛普森行星齿轮机构被连成一体,为直接传动,其传动比为:

$$i_3=1$$

倒挡(图 14-14e),接合离合器 C_2 和制动器 B_2,则第二排行星齿轮起作用,此时太阳轮为主动件,齿圈为从动件,行星架固定,其传动比为

$$i_R=-\alpha$$

辛普森式行星齿轮机构与一个单排行星齿轮机构(超速挡行星齿轮机构)串联可组合成 4 个前进挡和 1 个倒挡的行星齿轮变速器。例如,通用汽车公司的 4T6OE 型、丰田汽车公司的 A140E 型和 A340E 型、宝马汽车公司的 ZF4HP22 型以及克莱斯勒汽车公司的 AW-4 型四挡行星齿轮变速器均采用了这种组合方式。

(2) 拉威挪(Ravigneaux)式行星齿轮机构

图 14-15 为拉威挪式行星齿轮机构的结构示意图。它的特点是两排行星齿轮机构共用一个齿圈 3 和一个行星架 4。行星架上的长行星轮 2 与前排行星齿轮机构的大太阳轮 8 啮合,同时还与后排行星齿轮机构的短行星轮 5 相啮合。短行星轮还与小太阳轮 7 啮合。它可以组成三个前进挡和一个倒挡的行星齿轮变速器。

拉威挪式行星齿轮机构的结构紧凑,所用构件少,且由于相互啮合的齿较多,故可传递较大的转矩。但与辛普森式相比较,其结构较复杂,传动效率略低。目前在许多轿车的自动变速器中,有不少采用这种结构形式的行星齿轮机构。例如帕萨特、捷达及宝来轿车等。

二、液力机械自动变速器的定轴式齿轮机构

汽车液力机械自动变速器绝大多数是采用行星齿轮变速器,也有一些车型采用平行轴式定轴齿轮变速器,如本田(HONDA)汽车和部分福特(FORD)汽车等。

图 14-16 是本田(HONDA)ACCORD 轿车上采用的 MAXA 型自动变速器的结构示意图。该变速器采用带锁止离合器的液力变矩器与平行轴式齿轮变速器来传递动力和实现换挡。该变速器有三根平行轴:即第一轴 10、第二轴 14 及中间轴 16,第一轴前端用花键与液力变矩器的涡轮(W)相连,其上面安装着三挡、四挡、倒挡齿轮 3、6、7 和三挡、四挡离合器 4、5。第二轴上安装着一挡固定离合器 27 和一挡、二挡、三挡、四挡及倒挡齿轮 1、11、2、21 及 19。第二轴上与第一轴上的对应齿轮为常啮合。中间轴上安装有一挡、二挡齿轮 25、18 和一挡、二挡离合器 24、23。中间轴上的齿轮与第二轴上的对应齿轮为常啮合。三根轴上各安装有惰轮 9、12、17。

该自动变速器共有五个换挡离合器和一个单向离合器。各挡位的变换是利用液压驱动离合器中的活塞压紧主、从动摩擦片以传递动力的。

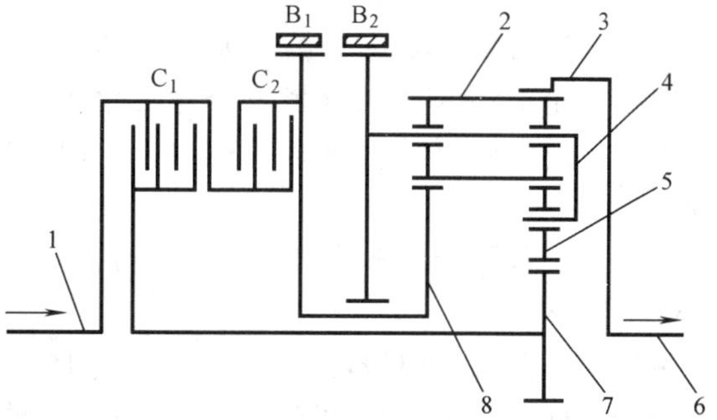

图 14-15　拉威挪式行星齿轮机构

1—输入轴　2—长行星轮　3—齿圈　4—行星架　5—短行星轮　6—输出轴　7—小太阳轮　8—大太阳轮　C_1、C_2—离合器　B_1、B_2—制动器

广州本田轿车的 MAXA 型自动变速器有四个前进挡、一个倒车挡、一个驻车挡和一个空挡。各挡动力传递路线如下：

一挡　液力变矩器 30→第一轴 10→第一轴惰轮 9→第二轴惰轮 12→中间轴惰轮 17→中间轴 16→一挡固定离合器 27→中间轴一挡齿轮 25→第二轴一挡齿轮 1→单向离合器 26→第二轴 14→主减速器齿轮副 28。

二挡　液力变矩器 30→第一轴 10→第一轴惰轮 9→第二轴惰轮 12→中间轴惰轮 17→中间轴 16→二挡离合器 23→中间轴二挡齿轮 18→第二轴二挡齿轮 11→第二轴 14→主减速器齿轮副 28。

三挡　液力变矩器 30→第一轴 10→三挡离合器 4→第一轴三挡齿轮 3→第二轴三挡齿轮 2→第二轴 14→主减速器齿轮副 28。

四挡　液力变矩器 30→第一轴 10→四挡离合器 5→第一轴四挡齿轮 6→第二轴四挡齿轮

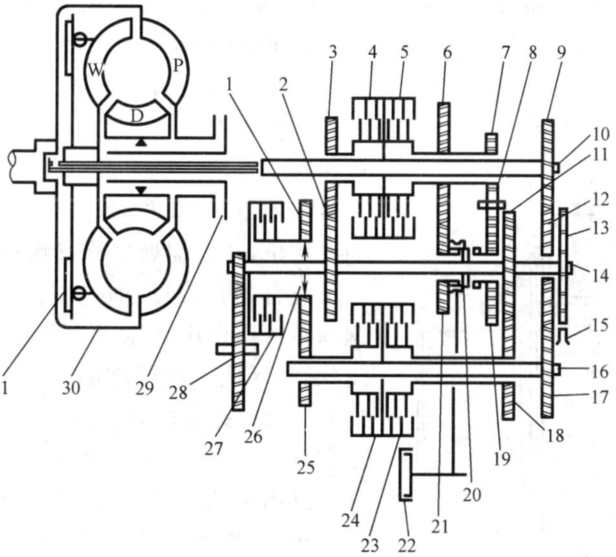

图 14-16　本田轿车的 MAXA 型自动变速器

1—第二轴一挡齿轮　2—第二轴三挡齿轮　3—第一轴三挡齿轮　4—三挡离合器　5—四挡离合器　6—第一轴四挡齿轮　7—第一轴倒挡齿轮　8—倒挡惰轮　9—第一轴惰轮　10—第一轴　11—第二轴二挡齿轮　12—第二轴惰轮　13—驻车挡齿轮　14—第二轴　15—驻车锁销　16—中间轴　17—中间轴惰轮　18—中间轴二挡齿轮　19—第二轴倒挡齿轮　20—倒挡啮合套　21—第二轴四挡齿轮　22—伺服阀　23—二挡离合器　24—一挡离合器　25—中间轴一挡齿轮　26—单向离合器　27— 一挡固定离合器　28—主减速器齿轮副　29—油泵　30—液力变矩器　31—锁止离合器

P—泵轮　W—涡轮　D—导轮

21→第二轴 14→主减速器齿轮副 28。

倒挡　液力变矩器 30→第一轴 10→四挡离合器 5→第一轴倒挡齿轮 7→倒挡惰轮 8→第二轴倒挡齿轮 19→倒挡啮合套 20→第二轴 14→主减速器齿轮副 28。

空挡　液力变矩器 30→第一轴 10。此时,液压油不作用在离合器上,动力不能传递到第二轴上。

驻车挡　各离合器不接合,动力不能传递到第二轴。第二轴上的驻车挡齿轮 13 被驻车锁销 15 锁止。

单向离合器的作用是,当动力由中间轴 16 上的一挡齿轮 25 传递给第二轴上的齿轮 1 时,单向离合器处于锁止状态,可传递动力。反之,单向离合器处于自由状态,不传递动力。

液力机械自动变速器因使用操纵离合器换挡,故不存在齿轮冲击问题,所以齿轮变速器在同液力变矩器配合工作的情况下,不需要保留摩擦式主离合器。

三、液力机械自动变速器换挡执行机构

换挡执行机构有离合器、制动器和单向离合器。

1. 离合器

离合器的作用是连接输入轴、中间轴、输出轴和多排行星齿轮元件,并传递转矩。

换挡使用的离合器多采用湿式多片离合器,如图 14-17 所示。主要由离合器鼓 6、离合器钢片 5、离合器摩擦片 4、活塞 3 和回位弹簧 1 等组成。离合器钢片和离合器摩擦片交替排列安装在离合器鼓内侧。离合器钢片有外花键齿,与离合器鼓的内花键齿圈连接,并可轴向移动。离合器摩擦片则以内花键与花键毂 8 的外花键槽配合,也可轴向移动。

如图 14-17 所示,离合器鼓与行星齿轮机构的某个基本元件相连(图 14-17 中与太阳轮相连),花键毂 8 与变速器输入轴相连。液压油经油道进入活塞 3 左面的液压缸时,克服回位弹簧 1 的预紧力使活塞右移,将所有离合器钢片压紧在离合器摩擦片上,即离合器接合。当控制阀将作用在离合器液压缸上的液压油压力撤出后,在回位弹簧作用下,活塞左移,并将液压缸内的液压油从进油孔排出,离合器处于分离状态。

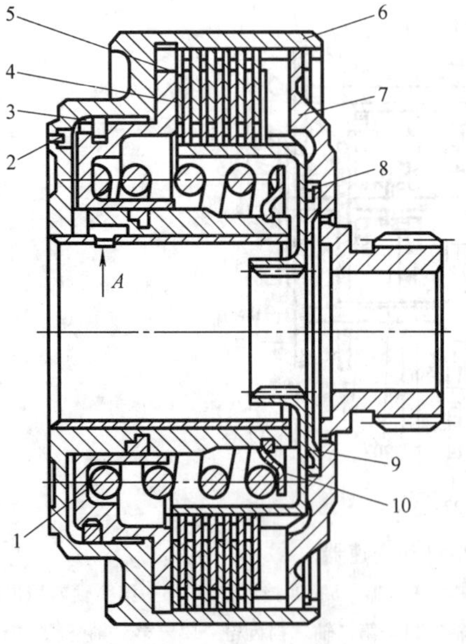

图 14-17　湿式多片离合器

1—回位弹簧　2—安全阀　3—活塞　4—离合器摩擦片　5—离合器钢片　6—离合器鼓　7—连接太阳轮　8—花键毂　9—卡环　10—回位弹簧座

离合器在液压油进入液压缸时,安全阀 2 中的钢球在油压作用下压紧在阀座上,安全阀 2 处于关闭状态,保证了液压缸的密封。当液压缸内的液压油通过油路排出时,液压缸内的油压降低,安全阀钢球在离心力作用下离开阀座,安全阀处于开启状态,液压缸内的液压油在离心力的作用下从安全阀的阀孔中排出,使离合器彻底分离。

2. 制动器

制动器的作用是用来制动行星齿轮机构三元件(太阳轮、齿圈和行星架)中任一元件,改变齿轮的组合。常用的制动器有湿式多片制动器和带式制动器两种类型。

(1) 湿式多片制动器

如图 14-18 所示,湿式多片制动器由制动器鼓、

活塞 4、回位弹簧 7、钢片 2、摩擦片 1 及制动器毂 6 等组成。

它的结构和工作原理与湿式多片离合器基本相同，只是其钢片通过外花键安装在变速器壳体的内花键齿圈上，摩擦片则通过内花键齿和制动器毂上的外花键槽连接。制动器毂与行星齿轮机构的元件相连。当液压缸中没有压力油时，制动器毂可以自由旋转。当压力油进入制动器的液压缸后，通过活塞将钢片和摩擦片压紧在一起，制动器毂以及与其相连的行星齿轮机构的某一元件被固定住而不能旋转。

当压力油从油缸排出时，回位弹簧将活塞复位至原始位置，制动解除，如图 14-19 所示。

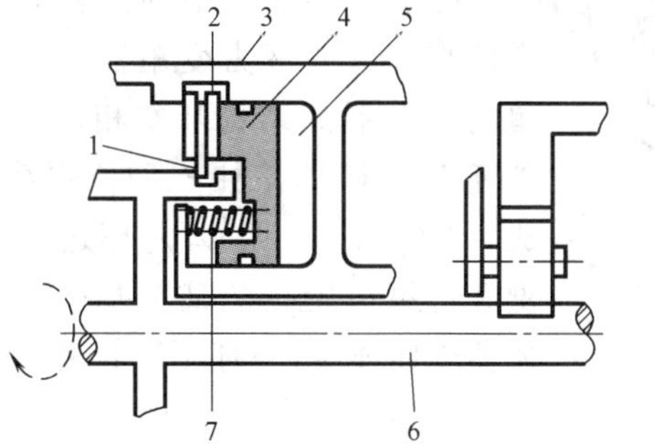

图 14-18　湿式多片制动器制动过程

1—摩擦片　2—钢片　3—变速器壳体　4—活塞
5—油缸　6—制动器毂(太阳轮)　7—回位弹簧

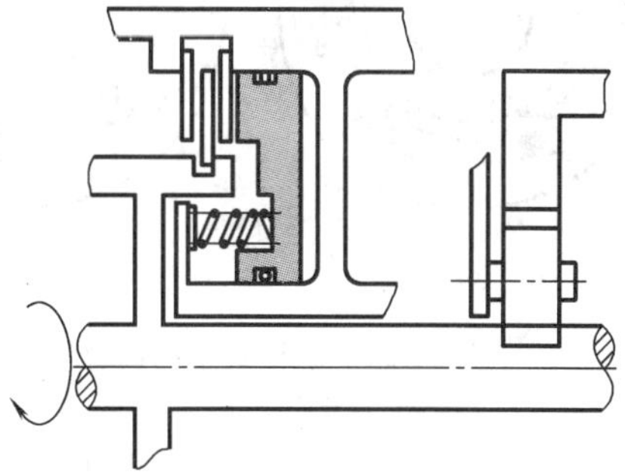

图 14-19　湿式多片制动器制动解除过程

湿式多片制动器的工作平顺性较好，还能通过增减摩擦片的片数来满足不同排量发动机的要求。因此近年来在轿车自动变速器中使用得越来越多。

(2) 带式制动器

带式制动器是执行机构中的锁止元件，由制动带及其伺服装置(控制液压缸)组成。汽车自动变速器中的带式制动器，采用内敷摩擦材料的制动带包绕在制动鼓的外圆表面上，制动带的一端固定在变速器壳体上，另一端则与制动液压缸中的活塞相连，如图14-20所示。

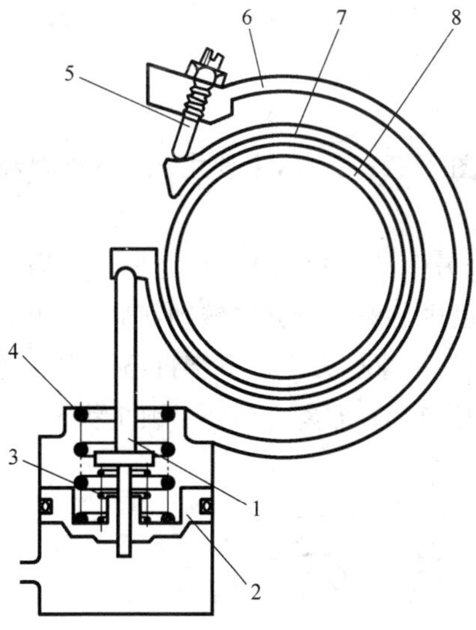

图 14-20　带式制动器

1—推杆　2—活塞　3—内弹簧　4—外弹簧
5—调整螺钉　6—壳体　7—制动带
8—制动鼓

制动时，当液压施加于活塞 2 时，活塞 2 及推杆 1 上移，压缩外弹簧 4，消除制动带 7 和制动毂 8 的间隙，并使制动带箍紧制动毂，因而与制动毂相连的行星齿轮机构中的某一元件被制动，使之挂上某一挡位。

因为此时制动鼓以高速旋转，制动带受到来自制动鼓的旋转反作用力。如果活塞和推杆为整体结构，这个反作用力会使活塞产生振动。为防止这种现象发生，活塞是通过一内弹簧 3 安装在推杆上。当制动带受到反作用力时，推杆被推回，压缩内弹簧，以缓冲这个反作用力。

解除制动时，液压油卸除，活塞在外弹簧 4 的作用下复位，即摘下某一挡位。

3. 单向离合器

单向离合器广泛应用在行星齿轮机构及综合式液力变矩器中。行星齿轮变速器中的单向离合器用来控制行星齿轮机构中的某些元件只能作单一方向的转动，而不能反转，让行星齿轮机构组成不同传动比的挡位。目前最常见的单向离合器有滚柱式和楔块式两种。

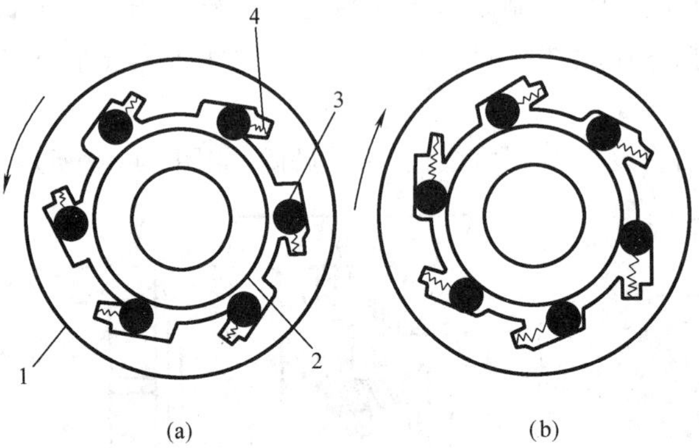

图 14-21 滚柱式单向离合器

（a）自由状态 （b）锁止状态

1—外环 2—内环 3—滚柱 4—回位弹簧

(1) 滚柱式单向离合器

行星齿轮机构中的滚柱式单向离合器与综合式液力变矩器中的滚柱式单向离合器的结构基本相同。也是由外环 1、内环 2、滚柱 3、回位弹簧 4 等组成，如图 14-21 所示，内环通常用内花键和行星齿轮排的某个基本元件或变速器壳体连接，外环则通过外花键与行星排的另一个基本元件或变速器外壳连接。在外环的内表面制有与滚柱相同数目的楔形槽。内、外环之间的楔形槽内装有滚柱和弹簧。弹簧的弹力将各滚柱推向楔形槽较窄的一端。当外环相对于内环顺时针方向转动时，滚柱便在摩擦力和弹簧弹力的作用下被卡死在楔形较窄的一端，于是内、外环互相连接成一个整体，不能相对转动，此时单向离合器处于锁止状态(图 14-21b)，与外环连接的基本元件被固定住或者和与内环相连接的元件连成一个整体。当外环相对于内环逆时针方向转动，滚柱在摩擦力的作用下，克服弹簧的弹力，滚向楔形槽较宽的一端，出现打滑现象，外环相对于内环可以作自由滑转，此时单向离合器脱离锁止而处于自由状态(图 14-21a)。

单向离合器的锁止方向取决于外环上楔形槽的方向。在装配时不得装反，否则，会改变其锁止方向，使行星齿轮变速器不能正常工作。

(2) 模块式单向离合器

行星齿轮变速器采用楔块式单向离合器，其结构如图 14-22 所示，主要由内、外座圈和置于内、外座圈之间的楔形块组成。

楔形块的形状特殊，其一条对角 A—A 的长度略大于另一条对角线 B—B 的长度。当外圈相对于内圈顺时方向转动时，楔形块在摩擦力作用下绕自己中心顺时针方向转动而倾斜，单向离合器锁止作用解除，即外圈可以相对内圈转动。反之，楔形块在摩擦力作用下绕自己的中心逆时针方向转动而立起卡死在内、外圈之间，使外圈无法相对内圈转动，即离合器处于锁止状态。

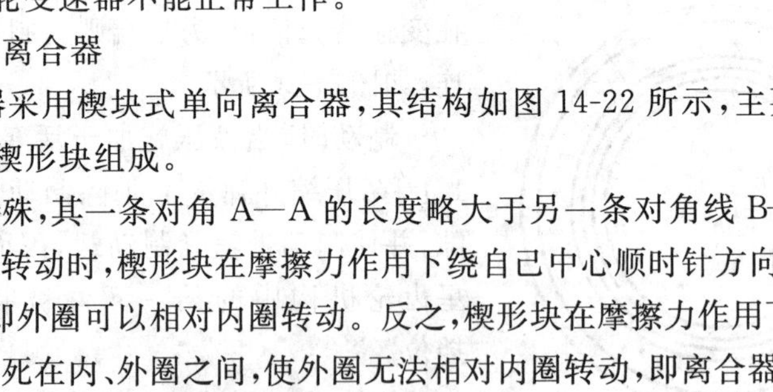

图 14-22 楔块式单向离合器

第四节　自动变速器的操纵控制系统

自动变速器的操纵系统是指汽车行驶时，根据车速和发动机负荷的变化，使变速器自动换入不同挡位的一套系统。

操纵系统包括动力源、执行机构和控制机构三部分。前两部分均为液压式，因此按控制机构的形式划分，操纵系统可分为液控液压式和电控液压式两种。

一、液压控制操纵系统

1. 液压控制操纵系统的组成

图 14-23 为某一自动变速器液压控制操纵系统示意图。

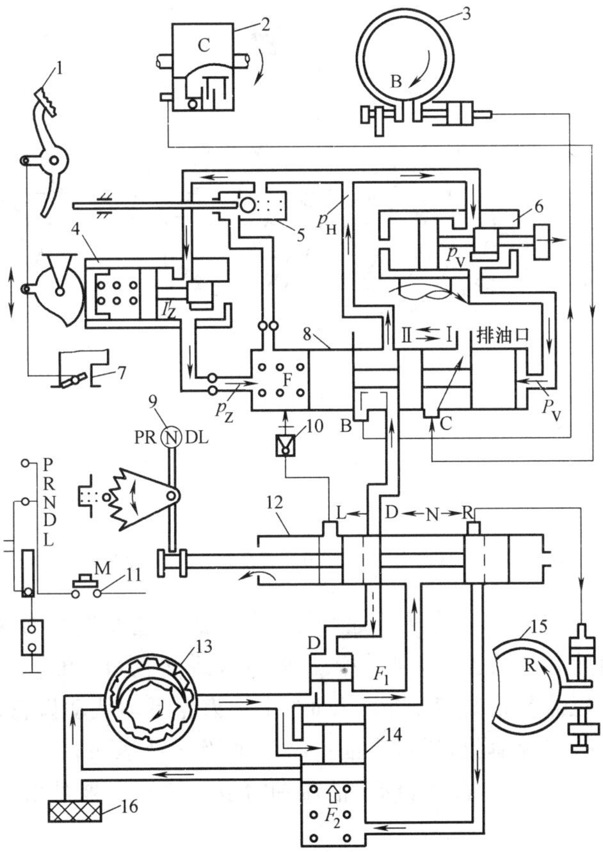

图 14-23　自动变速器液控液压控制操纵系统示意图

1—加速踏板　2—直接挡离合器　3—低挡制动器　4—节气门阀　5—强制低挡阀　6—调速阀　7—节气门　8—换挡阀　9—换挡手柄　10—单向阀　11—空挡起动开关　12—手控制阀　13—液压泵　14—主油路调压阀　15—倒挡制动器　16—滤网

（1）动力源

动力源是液力变矩器泵轮驱动的内啮合的齿轮式液压泵 13。液压泵向控制机构和执行机构提供压力油以实现换挡，同时还向液力变矩器供应工作油液和向行星齿轮变速器供应润滑油。

（2）执行机构

执行机构包括直接挡离合器 2，低挡制动器 3 和倒挡制动器 15。这些装置受控制机构的控制产生不同的动作，从而使变速器得到不同的工作挡位。

（3）控制机构

控制机构由主油路系统、换挡信号系统、换挡阀系统、缓冲安全系统和滤清冷却系统组成，这些装置按驾驶员和各传感器发出的控制信号，将液压泵输出的压力油加以精确调节，并输入执行机构。

换挡手柄 9 上有五个(PRNDL)位置，分别是“停”、“倒”、“空”、“前”和“低”，手控制阀 12 也有相应的低速挡、前进挡(包括低速挡和直接挡，由换挡阀 8 和调速阀 6 控制)、空挡和倒挡位置。

2. 液压控制操纵系统主要元件的结构与原理

（1）液压泵

自动变速器使用的液压泵有齿轮式、转子式和叶片式三种类型。应用较为广泛的是内啮合齿轮式液压泵(图 14-24)，主要由主动齿轮 2、从动齿轮 3、月牙形隔板 7 和液压泵泵体 4 组成。

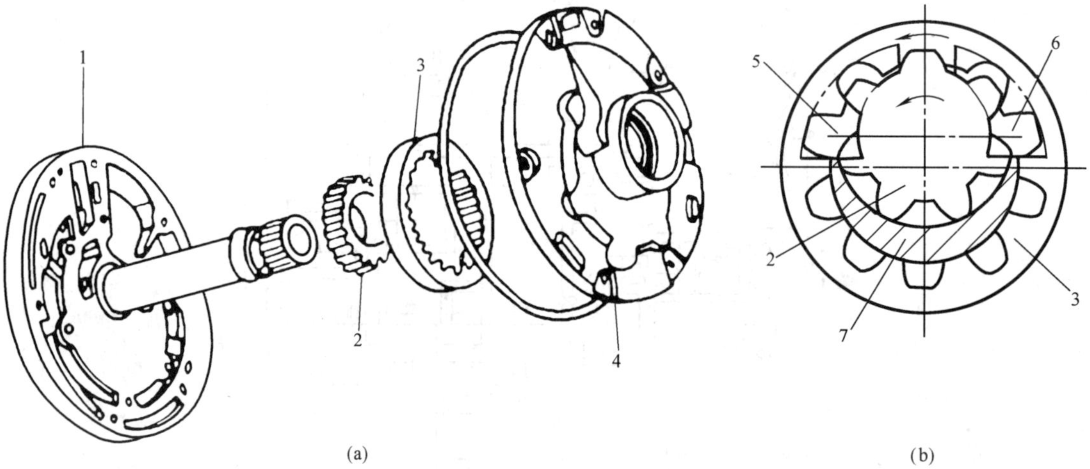

图 14-24 内啮合齿轮式液压泵

1—液压泵盖 2—主动齿轮 3—从动齿轮 4—液压泵泵体 5—进油腔 6—出油腔 7—月牙形隔板

在液压泵泵体上有进油口与滤网相通，其出油口处通过通道与有关的液压控制阀相通。月牙形隔板将主动齿轮和从动齿轮之间的工作腔分成进油腔和出油腔。

液压泵在液力变矩器泵轮的带动下工作时，主动齿轮带动从动齿轮以相同的方向旋转，在齿轮脱离啮合的一端形成吸油腔，通过进油口将油液吸入液压泵；在主、从齿轮进入啮合的一端，即出油腔，其容积由大变小，油压升高，液压油将以一定压力被泵出。

（2）主油路调压阀

主油路调压阀的作用是根据发动机转速和节气门开度自动地调节整个液压控制系统的油压，保证各系统的油压稳定，并控制油压在一定的范围内。

主油路调压阀结构如图 14-25 所示，主要由阀芯 4、柱塞套筒 3 和调压弹簧 5 组成。该调压阀为阶梯式滑阀，它可接受多路油压的变化，以满足各种工况的需要。

当液压泵输出的油压升高，阀芯上部的油液压力(F_1)增大，推动阀芯下移并压缩调压弹簧，出油口打开，部分油液被推出。通过调节出油口的面积，使油液压力(p_H)调到规定值。

若加大节气门开度，发动机转速提高，液压泵转速随着加快，液压泵输出的油压也升高，作用在阀芯 B 面上的作用力增大，起初有一部分油液(图中虚线箭头所示)经泄油口流出调压阀，使得主油路油压 p_H 有所下降，但同时节气门阀油压也升高（图中未画出调压阀与节气门阀之间的油路接口），使得 F_2 增加（此时 F_2 为调速弹簧预紧力与节气门阀油压之和），使阀芯又上移，p_H 增加，因此调压阀保证了主油路的油压稳定。

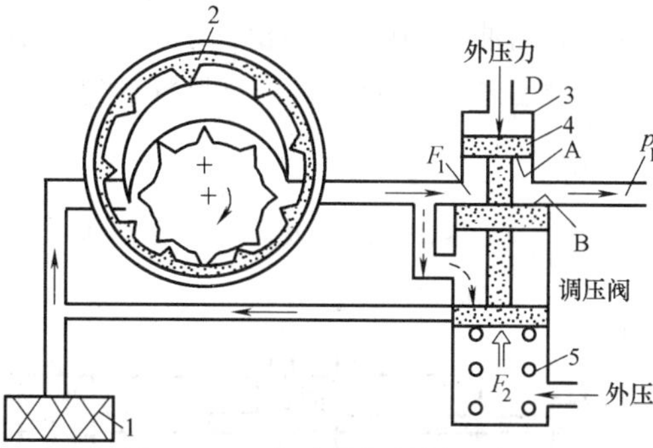

图 14-25　主油路调压阀和液压泵

1—滤网　2—液压泵　3—柱塞套筒　4—阀芯　5—调压弹簧

在调压阀的上、下两端可分别施加两个独立的由手控制阀作用的油压。当手控制阀将变速器挂入 D 挡（前进挡）时，在调压阀的上端相当于加上外加压力 D，此时阀芯下移，泄油口打开，主油路油压下降。当手控制阀将变速器挂入 R（倒挡）挡时，在调压阀的下端相当于加上外加压力 D，F_2 增加，阀芯上移，出油口关小，主油路油压升高，从而满足倒挡时所需要的油压回路压力。

（3）换挡阀

换挡阀也叫自动式滑阀。其作用是控制变速器从一个挡位换至另一个挡位。换挡阀的数量取决于自动变速器的挡位数，如一个四挡变速器需要用三个换挡阀，即一、二挡换挡阀，二、三挡换挡阀，三、四挡换挡阀。换挡阀在节气门阀油压 p_Z 和调速阀油压 p_V（图 14-26）的作用下，决定滑阀位置，并接通相应挡位油路的换向阀。换挡阀一般具有两个稳定的工作位置，每一个工作位置得到一个主压力工作油路，因此一个换挡阀可以实现两个挡位间的自动换挡。多个换挡阀组合，可实现多个挡位间的自动互换。

图 14-26 为换挡阀的结构和工作原理示意图。其中 B 口与低挡制动器油道相通，C 口与直接挡离合器油道相通（参见图 14-23），p_Z 为节气门阀油压，p_V 为调速阀油压，p_H 为主油路油压，F 为调速弹簧预紧力。

图 14-26a 表示变速器在低速挡位置，此时 $p_Z+F>p_V$，主油路的油压 p_H 通过 B 口通往低挡制动器伺服装置（液压缸），使低速挡制动器制动，而与直接挡离合器伺服装置相同的 C 口与排油口相通，即直接挡离合器处于释放状态。图 14-26b 为变速器处于直接挡位置，此时 $p_Z+F<p_V$，C 口充油，B 口排油。

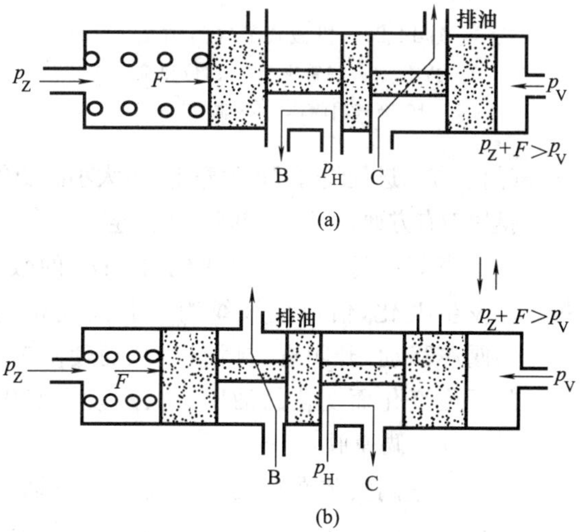

图 14-26　换挡阀的工作原理

（a）低速挡位置　（b）直接挡位置

由以上可知，换挡阀是在节气门阀油压 p_Z 与调速阀油压 p_V 共同控制下，自动使滑阀移动，实现制动器和离合器的油路转换（充油和排油），以实现挡位互换。

（4）手控制阀

手控制阀用钢丝等直接与驾驶室内的换挡杆相连。它的作用是根据驾驶员的意愿，将主油路的油液送到换挡阀或直接送到执行机构（如 R 挡制动器）进行换挡。此外，它还有泄油路，在需要时可排泄管路中不使用的具有一定压力的液压油。

如图 14-27 所示，为某一手控制阀示意图，它主要由阀杆 4 和阀体 5 等组成。阀体上有多个油孔，其中一个油孔与液压泵主油路相通(p_H)，其他为出油孔，分别通到换挡手柄 3 上 P、R、N、D、L 挡位相应的换挡阀中阀芯位置所处的油路或直接通往换挡执行元件的伺服液压缸。

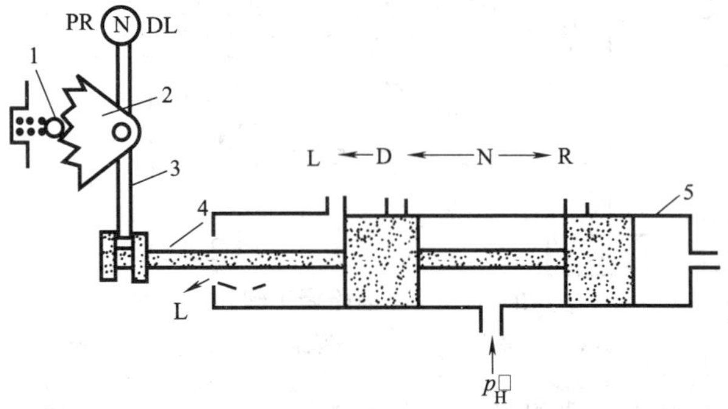

图 14-27 手控制阀

1—钢球 2—拨板 3—换挡手柄 4—阀杆 5—阀体

换挡手柄通过拨板拨动阀杆 4，使其移动，阀杆有五个位置，即"停"、"倒"、"空"、"前"和"低"。其中"前"为低速挡和直接挡之间自动换挡；"低"为手动低速挡。钢球 1 可使阀杆处在准确可靠的位置。手控制阀处在空(N)挡位置时，拨板接通起动电路，可起动发动机。

(5) 节气门阀

节气门阀的作用是获得与节气门开度成正比的输出油压，控制换挡阀，实现自动换挡。

根据节气门开度信号输入方式的不同，将节气门开度大小变换为控制液压信号的方式有两种，即机械式和真空式。

图 14-28 所示为机械式节气门阀，它由凸轮 1、回位弹簧 3、阀芯 5 和节气门阀体 4 等组成，其中 a 口与主油路相通，b 口为出油口(与换挡阀相应油口相通)。

凸轮通过钢丝与加速踏板(油门)机械相连。加速踏板位置发生变化时，通过凸轮和弹簧座 2 对回位弹簧施加大小不同的预紧力 F，使其与阀芯右端的油压 p_Z 在不同的位置相平衡。即发动机怠速时，节气门开度最小，加速踏板通过钢丝使凸轮转动的角度也最小，弹簧座对回位弹簧的预紧力 F 也最小，使阀体上的进油口开度最小，因此输出的油压 p_Z 也很低；反之，节气门开度最大时，阀体上的进油口开度也最大，输出的油压也最高。

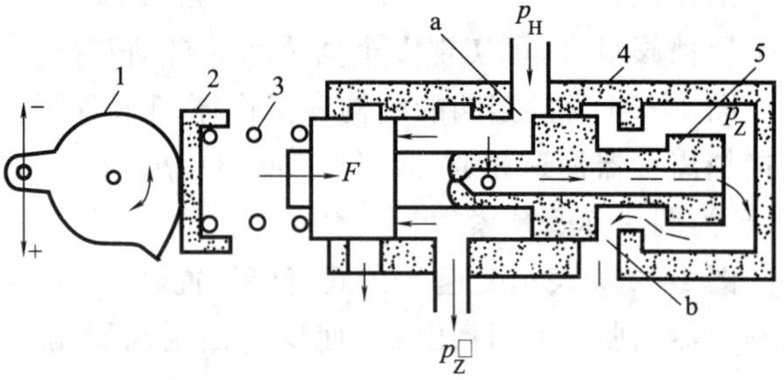

图 14-28 机械式节气门阀

1—凸轮 2—弹簧座 3—回位弹簧

4—节气门阀体 5—阀芯

真空式节气门阀如图 14-29 所示。Δp_X 来自于节气门下方的进气歧管，随节气门开度大小而变化，膜片 1 右方通大气，并与阀芯 2 相连。

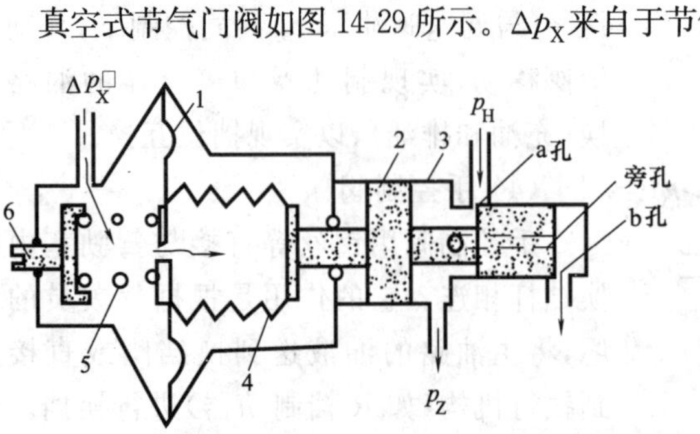

图 14-29 真空式节气门阀

1—膜片 2—阀芯 3—阀体 4—波纹筒

5—弹簧 6—调压螺钉

当节气门开度发生变化时，Δp_X 的数值也发生变化，借以使波纹筒 4 长度变化，拉动阀芯移动，开闭进、排油口，从而使随节气门开度变化而变化的油压 p_H、p_Z 发生变化。

(6) 调速阀

调速阀安装在自动变速器的输出轴上。其作用是产生与车速成正比的油压，与节气门阀产生的油压共同作用在换挡阀上，实现变速器的自动换挡。

调速阀的基本工作原理是利用随变速器输出轴转速变化的离心力与调速器壳体里面的回位弹簧预紧力相互平衡，获得与变速器输出轴相对应的油压。

目前使用较多的是双级式调速器，其组成如图 14-30 所示，主要包括回位弹簧 1、调速器滑阀 2、调速器壳体 5 和调速器轴 3 等。a 孔的油压 p_H 与主油路油压相同，b 孔为排油孔，p_V 是该调速器的输出油压。

在汽车停驶时，由于变速器输出轴没转动，重块 4 和调速器滑阀 2 均处于自由状态，输出油压 p_V 为零。

汽车低速行驶时，随着变速器输出轴转速的增加，离心力 p_C 使重块和调速器滑阀一起向上移动(图中所示位置)，此时重块和调速器滑阀构成一体。进油口 a 开大，排油口 b 关小，主油路的油液(p_H)进入调速器滑阀内腔，并以压力 p_V 输出，且 p_V 的数值随车速的升高而迅速增大。

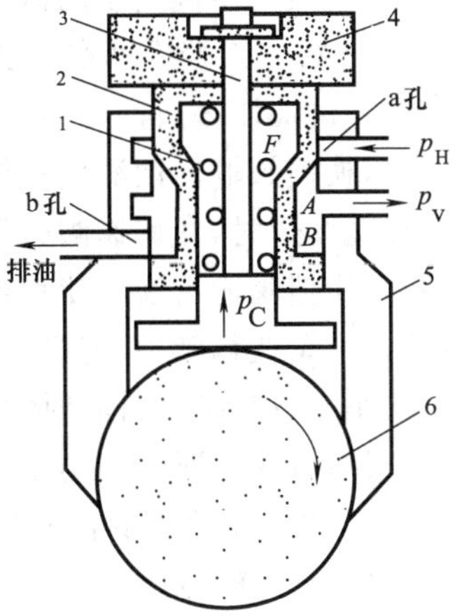

图 14-30　双级式调速器工作原理

1—回位弹簧　2—调速器滑阀
3—调速器轴　4—重块
5—调速器壳体
6—动力输出轴

当汽车车速升高到一定数值后，调速器轴移动到被调速阀壳体卡住，重块的离心力被调速器壳体承受，此时调速器滑阀向上移动仅靠自身的离心力，调速器输出油压 p_V 随变速器输出轴转速的升高缓慢增大，这样可防止在高速区频繁换挡，使车速稳定。

由以上可知，调速器输出的油压 p_V 与动力输出轴转速的关系是分两级的，即用两个重块所产生的离心力不同，使输出油压 p_V 有一个转折点，提高了汽车低速时的换挡性能。

除了上述主油路调压阀、换挡阀、手控制阀、节气门阀和调速阀外，在控制阀阀体上还装有变矩器阀、缓冲阀、强制低挡阀和单向阀等。

3. 自动变速器的换挡过程

(1) 自动变速器手柄位置

各种自动变速器的挡位数是不同的，手柄位置可以是：

P、R、N、D、L；

P、R、N、D、2、L；

P、R、N、D、S、L。

各符号的含义是：

P：驻车挡，机械锁止变速器输出轴，但发动机可以起动或运转；

R：倒车挡；

N：空挡，起动发动机时用该挡；

D：前进挡；

L：低速挡，多用于坏路行驶，不能升降挡；

2：两速挡，只在 1 挡和 2 挡之间互换；

S：经济挡，若锁在 D1 挡，挡位不能升降。

另外，有的自动变速器还设有超速(O/D)挡，用电磁阀单独控制。

(2) 自动换挡过程

借助图 14-23 简单介绍自动变速器的换挡过程。

1) N、P 挡　换挡手柄在 N、P 挡位时，液压泵将液压油压入主油路调压阀，主油路油压受手控制阀的作用无法进入控制油路。此时,离合器和制动器伺服液压缸中的油液与排油孔相通,控制油路中无油液。

2) R挡　换挡手柄在R挡位时,液压泵将主油路油压 p_H 经手控制阀直接送入倒挡制动器伺服液压缸,使倒挡制动器起作用,自动变速器挂上倒挡。此时,主油路油液不进入换挡阀。

3) D挡　换挡手柄在D挡位时,液压泵将主油路油压 p_H 经手控制阀送入换挡阀后,换挡阀阀芯左侧油压 p_Z 与回位弹簧预紧力 F 之和大于阀芯右侧油压 p_V,即 $p_Z+F>p_V$,所以阀芯右移,换挡阀输出油液使直接挡离合器分离,低速挡制动器结合,自动变速器挂入低速。

提高车速时,在调速阀的作用下,换挡阀阀芯右侧油压 p_V 增加,当 $p_V>p_Z+F$ 时,换阀阀芯左移,换挡阀输出油液使直接挡离合器接合,低速挡制动器释放,自动变速器挂入直接挡(高速挡)。汽车在行驶中,若又出现 $p_Z+F>p_V$ 时,自动变速器会自动地换入低速挡。

汽车在以直接挡行驶时,若道路阻力越来越大,车速会逐渐降低,此时可将加速踏板踩到底,在很短时间内通过强制低挡阀5(图14-23)强制地换入低速挡,增加驱动力,提高车速。

4) L挡　换挡手柄在L挡时,相当于自动变速器1挡的锁止挡,液压泵的油液通过手控制阀经单向阀送入换挡阀阀芯的左侧,此时换挡阀阀芯左、右两端的油压关系式为:$p_Z+F+p_L>p_V$,换挡阀阀芯右移,换挡阀处在1挡位置,且上述关系式是不能改变的(其中 p_L 表示经单向阀进入换挡阀阀芯左端的附加油压)。换挡手柄若再换入D挡,由单向阀进入换挡阀阀芯左侧的附近油压 p_L 为零,又可进行自动换挡。

一般四挡自动变速器中的第四挡为“超速挡”(传动比小于1)。挂“超速挡”时,需用专门的电磁阀和单独的超速挡(O/D)开关控制。

二、电子控制系统

目前,电子控制自动变速器(简称电控自动变速器)是在液压控制基础上增加微机控制技术,提高了自动变速器的各项性能。

电子控制系统的作用是,利用各种传感器将反映发动机节气门位置、汽车行驶速度及影响发动机、变速器工作的各个非电量参数转换成电信号,送至电子控制系统中,经过微机对输入信号进行处理,并与微机内储存的数据进行比较,发出正确的操作指令,控制液压系统的电磁动作,改变换挡阀液压回路的液体压力,控制离合器和制动器的动作,实现自动换挡。

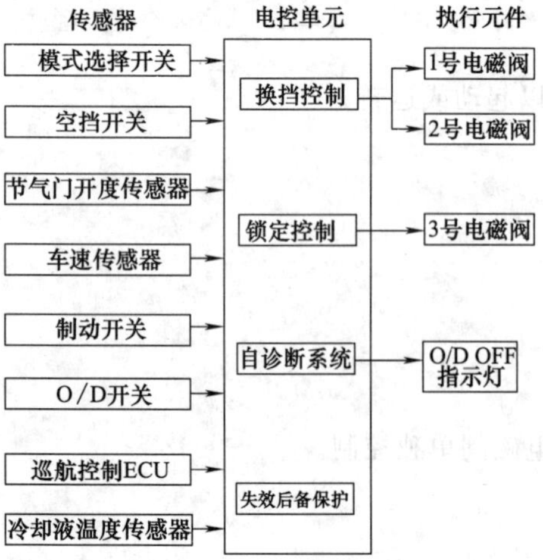

图14-31　电子控制系统组成

电子控制系统主要由电控单元、传感器及执行元件三部分组成,如图14-31所示。

1. 电控单元

电子控制系统的核心件是电控单元。电控单元的作用是,根据微机中存储的程序对各种传感器及控制开关输入的各种信号进行运算、分析和判断,发出相应的控制指令,使执行器产生相应的动作,实现自动换挡;另外,电控单元还对整个电子控制系统实行监测,一旦出现故障,即发出警告,便于维修该系统。

电控单元由微处理器、输入转换电路、输出驱动电路及恒定电源组成。

微处理器可接受、存储、处理和发送信息,用户通过程序设定就可达到特定的功能要求。程序设定是指微机对外的输出指令，该输出指令是由微机处理器根据接收到的外部信息进行分析判断后作出的。

输入转换电路是微处理器与外界联系的通道。另外，可将模拟信号转换为数字信号（微处理器无法接收模拟信号）。

输出驱动电路起联系、协调微处理器和执行器的作用。微机输出的是数字信号，而驱动执行器的信号既有模拟信号又有数字信号。微处理器输出的数字信号，需由输入转换电路转换成模拟信号，并使转换后的信号放大，以提高驱动执行器的能力。

2. 传感器

自动变速器电子控制系统装用的传感器主要有节气门位置传感器、车速传感器、变速器油温传感器、发动机水温传感器及空挡开关、制动灯开关、模式选择开关、超速挡开关及强制降挡开关等。

（1）节气门位置传感器　自动变速器采用线性节气门位置传感器，它用于检测节气门的开启角度。

（2）车速传感器　车速传感器的作用是检测汽车行驶速度。车速传感器有电磁感应式、舌簧开关式和光电式等几种。

（3）空挡开关　空挡开关可保证只有换挡手柄在“N”或“P”位置时，发动机才能起动。

（4）制动灯开关　在踩下制动踏板时，制动灯开关接通制动灯电路，同时使液力变矩器锁止离合器处于分离状态。

（5）模式选择开关　模式选择开关亦称为程序开关，用来选择变速器的换挡规律。通过模式选择开关可选择手动模式、普通模式、动力模式及经济模式。模式选择开关通常安装在换挡手柄杆旁。手动模式可满足不同使用者的要求；普通模式的换挡规律介于动力模式和经济模式之间，兼顾汽车行驶的动力性和经济性；动力模式是以获得汽车最高动力性为控制目标的，选择此模式可使汽车行驶时发动机总是处在最大功率区内工作；经济模式是以获得汽车最佳燃油经济性为控制目标的，选择此模式可使汽车行驶时发动机经常在最经济的转速范围内运转。

（6）超速挡（O/D）开关　驾驶员根据道路条件选择此开关，用来切断和接合超速挡。选用超速挡可使汽车在高速行驶时降低传动比，提高汽车行驶的经济性能。在电子控制系统中，此开关提供一个电信号，电控单元收到此信号后，再参考其他信息，适时发出指令，通过换挡电磁阀完成超速挡的转换。

（7）强制降挡开关　强制降挡开关可检测加速踏板的位置变化。当电控单元收到节气门开度超过全开位置信号时，按照已设定的程序，将变速器自动地换入低速挡，提高发动机的输出转矩，改善汽车的动力性。

（8）水温传感器　水温传感器用来检测发动机冷却水温。电控单元感知冷却水温较低时，发出指令，防止液力变矩器中的锁止离合器进入锁止状态，同时延长升挡时间。当冷却水温度较高时，电控单元发出指令提前锁止液力变矩器。

3. 执行元件

执行元件的作用是执行电控单元的指令，把电控单元输出的电信号转换成控制系统所需要的力或位移，实现自动控制。执行元件主要指电磁阀，通过电磁阀实现机械运动、液压调节或改变液流方向。在电控液压自动变速器中，电磁阀控制换挡阀，控制方式有加压控制和泄压控制两种。加压控制时电磁阀通过开启或关闭换挡阀的进油孔控制换挡阀的工作；泄压控制时电磁阀通过开启或关闭换挡阀的泄油孔控制换挡阀的工作。

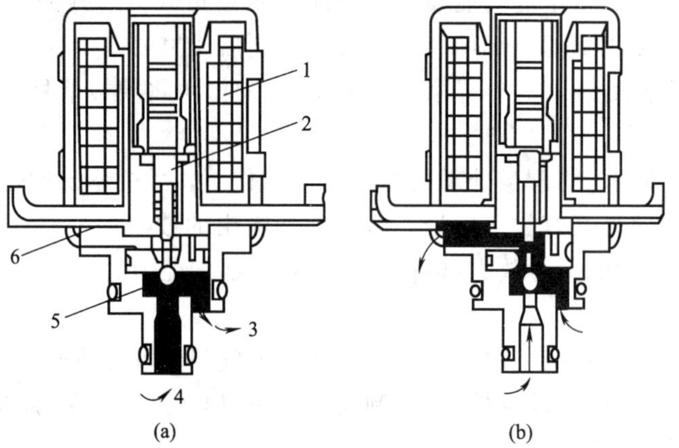

图 14-32 电磁阀

1—电磁线圈 2—衔铁与铁芯 3—控制油路 4—主油路 5—止回阀 6—泄油孔

开关型电磁阀的结构如图 14-32 所示，主要由电磁线圈 1、止回阀 5 及衔铁与铁芯 2 组成。电磁线圈通电时(图 14-32b)产生电磁力使衔铁与铁芯 2 克服弹簧(图中未画出)预紧力上移，止回阀 5 开，并打开泄油孔 6 进行卸压。电磁线圈断电时(图 14-32a)，在弹簧预紧力的作用下，衔铁与铁芯下移，止回阀关闭泄油孔，使由主油路 4 来的高压油经电磁阀的控制油路 3 通往换挡执行元件，并对其进行加压。

第五节 机械式无级变速器

一、机械式无级变速器的工作原理

20 世纪 70 年代中后期，荷兰的 Van Doorne's Transmission b. v. 公司(简称 VDT)，研究成功一种新型无级变速传动——金属带式无级传动(Continously Variable Transmission，简称 CVT)，并于 1987 年开始投放市场。通常将这种变速器称为 VDT-CVT。该变速器具有结构紧凑、工作可靠、寿命长、效率高且噪声低等优点。

金属带式无级自动变速器结构示意图如图 14-33 所示。它由金属带 10、工作轮、液压泵 1、起步离合器 5 和控制系统等组成。变速系统中的主、从动轮各由固定部分 2、7 和可动部分 3、12 组成，工作轮的固定部分和可动部分间形成 V 形槽，金属带 10 在槽内与它啮合。当主、从动轮的可动部分作轴向移动时，即可改变传动带与工作轮的啮合半径，从而改变了传动比。工作轮可动部分的轴向移动是根据汽车的行驶工况，通过控制系统进行连续地调节而实现的，从而实现无级变速传动。其动力传递路线：发动机飞轮 6→起步离合器 5→主动轮固定部分 2→主动轮可动部分 3→金属带 10→从动轮可动部分 12→从动轮固定部分 7→中间减速器 8→主减速器与差速器 9，最后传给驱动轮。可见，该系统使汽车具有无级自动变速的功能。

二、金属带式无级变速器主要零部件的结构特点

1. 金属带

金属带由多个金属片和两组金属环组成，如图 14-34 所示。每个金属环在两侧工作轮的

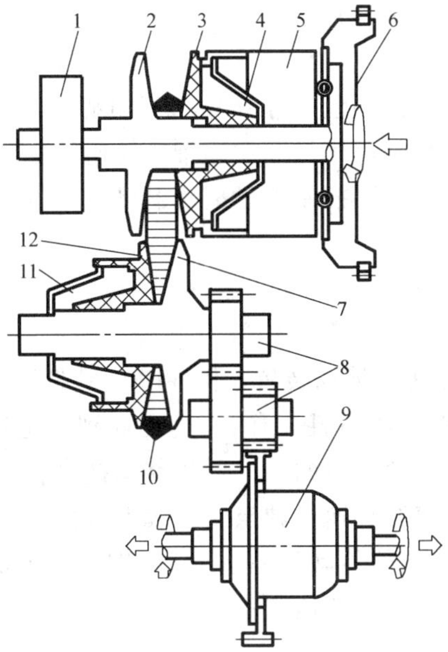

图 14-33 金属带式无级自动变速器结构

1—液压泵 2—主动轮固定部分 3—主动轮可动部分 4—主动轮液压缸 5—起步离合器 6—发动机飞轮 7—从动轮固定部分 8—中间减速器 9—主减速器与差速器 10—金属带 11—从动轮液压缸 12—从动轮可动部分

挤压下传递动力，在动力传递过程中，它正确地推动引导金属片。

2. 工作轮

主、从动轮由可动部分和固定部分组成(图 14-33)，其工作面为直线锥面体。在控制系统的作用下，可动部分依靠钢球一滑道结构作轴向移动，可连续地改变金属带传动的工作半径，从而实现无级自动变速传动。

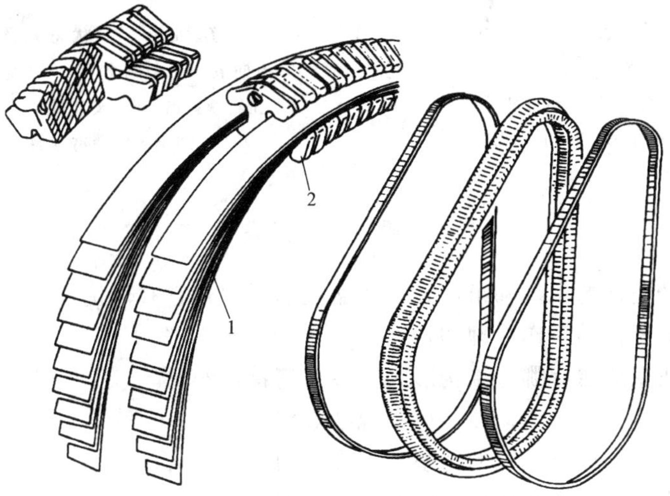

图 14-34 金属带

1—金属环 2—金属片

3. 液压泵

液压泵为系统控制的液压源，其类型有齿轮泵和叶片泵两种。

4. 控制系统

图 14-35 所示为一种电液控制的 CVT 电子控制系统。系统中包括电磁离合器 2 的控制和主、从动带轮 6、7 的速比控制。速比由发动机节气门信号和主动带轮转速所决定，电控单元根据发动机转速、车速、节气门位置和换挡控制信号等，控制电磁离合器以及主、从动带轮上伺服液压缸的压力，从而实现无级变速。

三、应用实例

在汽车上单独采用无级传动的较少，常配置其他传动装置。图 14-36 是双状态无级变速传动示意图。当汽车起步或低速行驶时按液力变矩器特性工作，车速提高到一定数值后按液力偶合器特性工作。汽车起步或车速较低时，液力变矩器的动力通过传动链 8 传至差速器 7。因为有液力变矩器参加工作，起步特别平稳。当汽车加速行驶至接近液力偶合器点工况时，转换离合器 3 开始工作，CVT 也开始工作。传动链 8 的传动比基本上与 CVT 钢带低速传动时的传动比相同。因此，从液力机械传动转换为机械无级变速非常平顺。

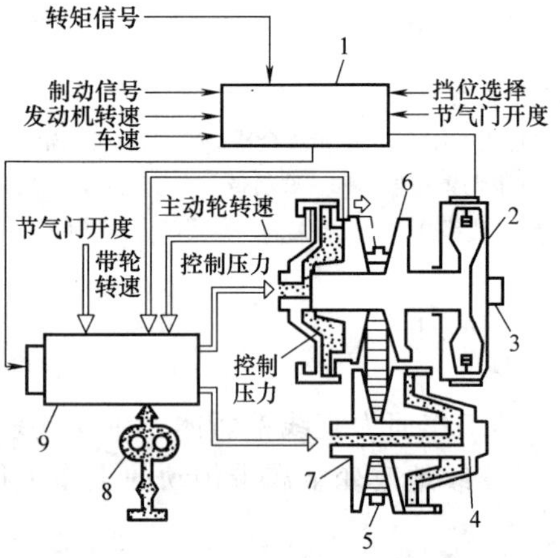

图 14-35 CTV 电子控制系统

1—电控单元 2—电磁离合器 3—输入轴 4—输出轴 5—金属带 6—主动带轮 7—从动带轮 8—液压泵 9—液压控制单元

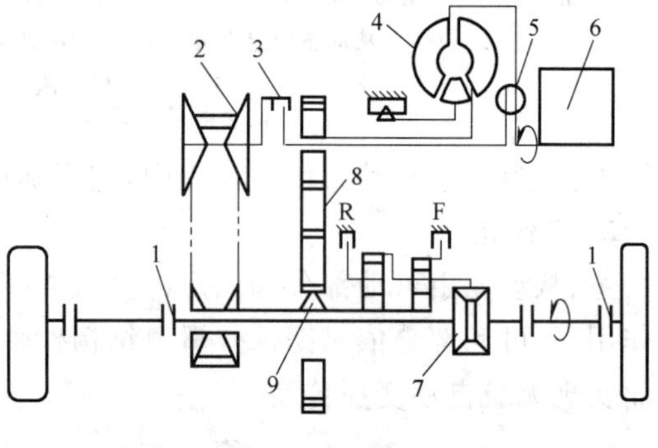

图 14-36 双状态无级变速传动

1—万向节 2—工作轮 3—转换离合器 4—变矩器 5—扭转减振器 6—发动机 7—差速器 8—传动链 9—单向轮 R—倒挡禽合器 F—前进挡离合器

思 考 题

1. 简述自动变速器的类型和组成。与普通变速器比较它有何优点？
2. 试述液力变矩器的工作原理和特性。
3. 液力机械式变速器有哪些结构形式？各有何特点？
4. 试述综合式液力机械变速器如何实现高效传动的。
5. 简述自动变速器操纵系统的类型及各类型的组成。
6. 简述金属带式无级变速器的组成和工作原理。

第十五章　万向传动装置

第一节　概　　述

一、万向传动装置的组成和功用

万向传动装置一般由万向节和传动轴组成，有时还加装中间支承。其功用是能在轴间夹角及相互位置经常发生变化的转轴之间传递动力。

二、万向传动装置在汽车上的应用部位

1. 变速器与驱动桥之间

在发动机前置后轮驱动的汽车上，将发动机、离合器和变速器连成一个总成固定在车架上，驱动桥通过弹性悬架与车架相连接。这样，变速器输出轴与主减速器输入轴之间不但轴线不重合，而且在汽车行驶中，由于地面不平还会引起弹性元件变形，使两个轴的相对位置不断变化。因此，为保证二者之间在任何情况下均能传递动力，必须采用万向传动装置。对于轴距较大的汽车，由于变速器与驱动桥距离较远，将传动轴分为两段，即中间传动轴 3 和主传动轴 5，并设置了中间支承 4(图 15-1a)。

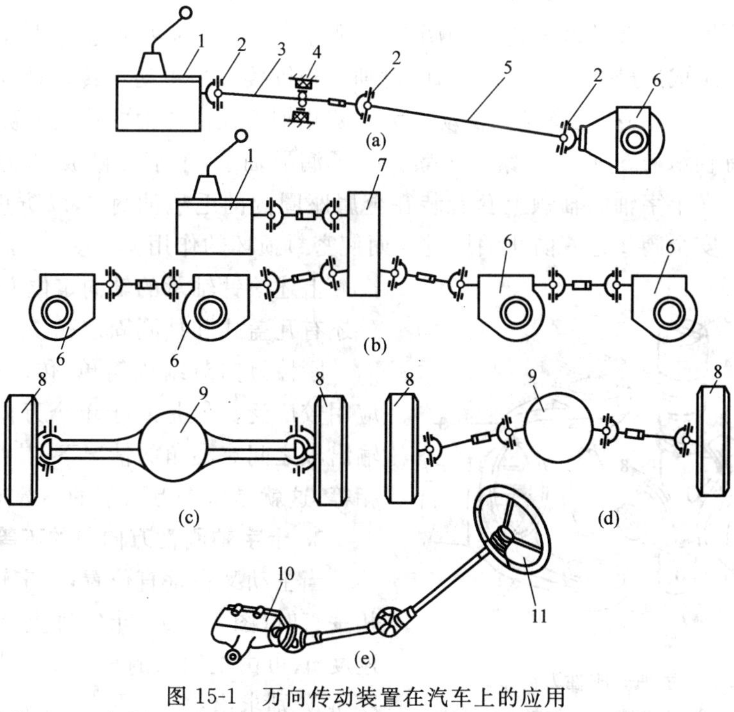

图 15-1　万向传动装置在汽车上的应用
1—变速器　2—万向节　3—中间传动轴　4—中间支承　5—主传动轴　6—驱动桥　7—分动器
8—驱动轮　9—主减速器　10—转向器　11—转向盘

2. 变速器与分动器之间

在多轴驱动的越野汽车上，在分动器与各驱动桥之间；驱动桥与驱动桥之间；当变速器与分动器分开布置时，变速器与分动器之间。它们之间的动力传递都是靠万向传动装置来实现的（图 15-1b）。

3. 转向驱动桥上

转向轮在偏转时仍要传递动力，这时的半轴不能制成整体而要分成两段，且用万向节连接，以适应汽车行驶时半轴各段的交角不断变化的需要。若采用非独立悬架，只需在转向轮附近装一个万向节（图 15-1c）。若采用独立悬架，则在靠近主减速器处也需要有万向节（图 15-1d）。

4. 转向操纵机构中

有些汽车的转向操纵机构受整体布置的限制，转向盘轴线与转向器输入轴轴线不能重合，因此，转向操纵机构中也常采用万向传动装置，如图 15-1e 所示。

第二节 万 向 节

万向节分为刚性万向节和挠性万向节。刚性万向节又分为不等速万向节（十字轴式）、准等速万向节（双联式、三销轴式等）和等速万向节（球笼式、球叉式等）。

一、十字轴式刚性万向节

1. 构造

十字轴式刚性万向节在汽车传动系中应用最为广泛。它一般由一个十字轴、两个万向节和四个滚针轴承组成，允许相邻两轴的最大交角为 15°～20°。

十字轴式刚性万向节的基本构造如图 15-2 所示，万向节的两对孔通过四个滚针轴承（由滚针 4 和套筒 5 组成）分别与十字轴 9 的两对轴颈相铰接。当主动轴转动时，从动轴既可随之转动，又可绕十字轴中心在任意方向摆动。为了防止轴承在离心力的作用下被甩出，万向节叉上用螺钉固定有轴承盖 6，并用锁紧垫锁紧。为了润滑轴承，十字轴做成中空的，并开有润滑油道通向轴颈。在十字轴的轴颈上套着装在金属座圈内的毛毡油封 3，以防止润滑油流失或灰尘进入轴承。安全阀 2 起着防止油压过高而使密封损坏的作用。

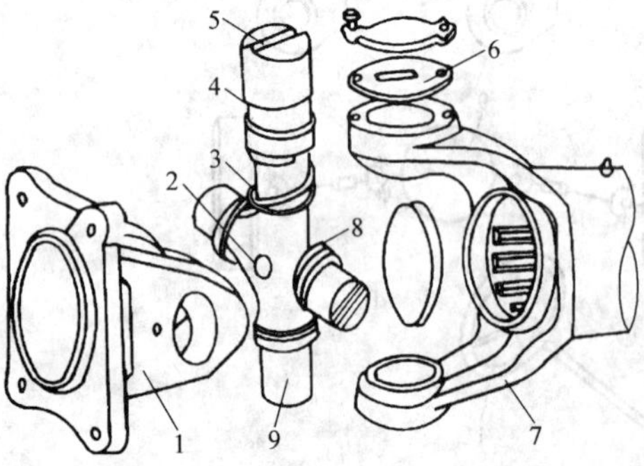

图 15-2 十字轴式刚性万向节

1、7—万向节叉 2—安全阀 3—油封 4—滚针 5—套筒 6—轴承盖 8—油嘴 9—十字轴

上述滚针轴承的轴向定位方式为盖板式，此外还有瓦盖式和挡圈固定式。

刚性万向节结构简单，传动效率较高，因此应用较广泛。但是对于单个万向节在输入轴和输出轴之间有夹角的情况下，其两轴的角速度不相等，这就是单个万向节的不等速性。

2. 十字轴刚性万向节的不等速性

当主动叉在垂直位置，十字轴平面与主动轴相垂直时（图 15-3a），十字轴上 A 点的瞬时圆周速度 v_A 可由主动叉的角速度 ω_1 与从动叉的角速度 ω_2 分别求出：

$$v_A=\omega_1 r=\omega_2 r\cos\alpha$$

$$\omega_2=\omega_1/\cos\alpha$$

此时 $\omega_2>\omega_1$，即从动轴的转速大于主动轴的转速。

当主动叉转到水平位置，十字轴平面与从动轴相垂直时(图 15-3b)，十字轴上 B 点的瞬时圆周速度 v_B 可由下式分别求出：

$$v_B=\omega_1 r\cos\alpha=\omega_2 r$$

$$\omega_2=\omega_1\cos\alpha$$

此时 $\omega_2<\omega_1$，即从动轴的转速小于主动轴的转速。

通过上述两个特殊位置分析可以看出，当主动叉 1 以等角速度转动时，从动叉 2 是不等角速度转动的，即主动轴与从动轴的瞬时角速度不相等。这就是十字轴式刚性万向节的不等速性。主动轴从图 15-3a 位置到图 15-3b 位置转动了 90°，从动叉 2 的角速度由最大值 $\omega_1/\cos\alpha$ 变为最小值 $\omega_1\cos\alpha$，再转 90°又回到图 15-3a 的位置，从动轴的角速度 ω_2 又由最小值变为最大值。可见，从动轴角速度的变化以 180°为一个周期，在 180°内时快时慢，且不等速程度随轴间夹角 α 的增大而增大。但两轴的平均速度相等。所谓“传动的不等速性”是指从动轴在转动一周内其角速度不均匀而言。

单万向节传动的不等速性，将使从动轴及与其相连的传动部件产生扭转振动，影响部件使用寿命。因此在变速器的输出轴和驱动桥的输入轴之间，常采用如图 15-4 所示的双十字轴式万向节传动，第一万向节的不等速效应可以被第二万向节的不等速效应所抵消，从而实现两轴间的等角速度传动。但要达到这一目的，必须满足以下两个条件：

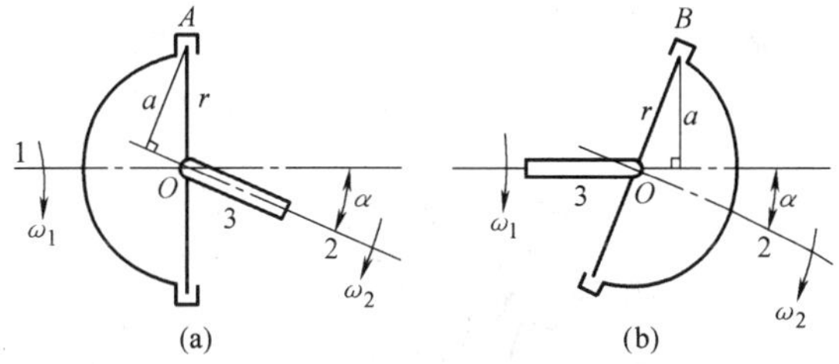

图 15-3　十字轴式刚性万向节角速度分析

1—主动叉　2—从动叉　3—十字轴

r—十字轴旋转半径($r=OA=OB$)

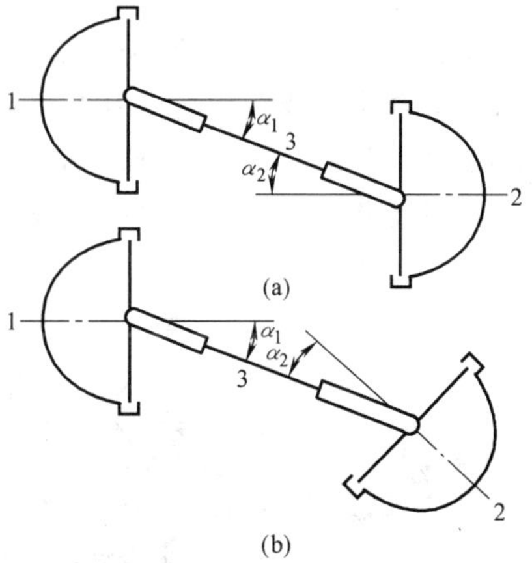

图 15-4　双十字轴刚性万向节等速传动布置

(a)平行排列　(b) 等腰三角形排列

1—输入轴　2—输出轴　3—传动轴

(1)第一万向节两轴间夹角 α_1 与第二万向节两轴间夹角 α_2 相等。

(2)第一万向节的从动叉与第二万向节的主动叉处于同一平面内。

二、准等速万向节

准等速万向节是根据上述双十字轴万向节实现等速传动的原理设计的，常见的有双联式和三销轴式。

1. 双联式万向节

双联式万向节实际上是一套传动轴长度缩减至最小的双万向节等速传动装置。图 15-5 中的双联叉 3 相当于两个在同一平面上的万向节叉。欲使轴 1 和轴 2 的角速度相等，应保证 $\alpha_1=\alpha_2$，为此，在双联式万向节结构中装有分度机构，以使双联叉的对称线平分所连两轴的夹角。

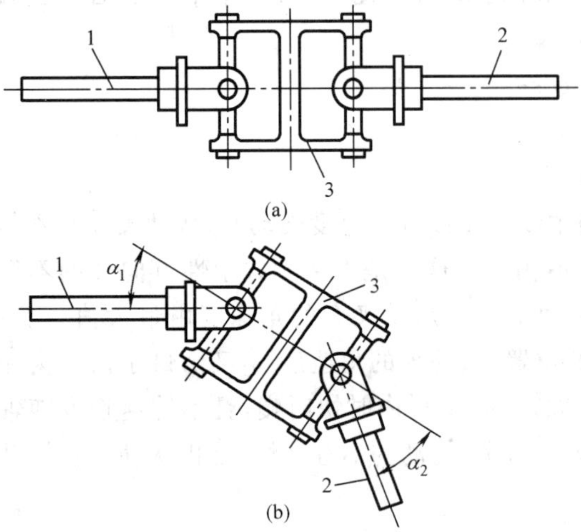

图 15-5 双联式万向节示意图

1、2—轴 3—双联叉

双联式万向节用于转向驱动桥时，可以没有分度机构，但必须在结构上保证双联式万向节中心位于主销轴线与半轴轴线的交点，以保证准等速传动。

双联式万向节允许有较大的轴间夹角，且具有结构简单、制造方便和工作可靠等优点，故在转向驱动桥中的应用逐渐增多。北京切诺基、延安 SX2150 和瑞典斯泰尔等汽车均采用了这种万向节。

2. 三销轴式万向节

三销轴式万向节是由双联式万向节演变而来的一种准等速万向节，图 15-6 所示为东风 EQ2080 型汽车转向驱动桥中的三销轴式万向节。它主要由主动偏心轴叉 2、从动偏心轴叉 4 和三销轴 1、3 组成。主、从动偏心轴叉 2 和 4 分别与转向驱动桥的内、外半轴制成一体。叉孔中心线与叉轴中心线互相垂直但不相交。两轴叉由三销轴 1 和 3 连接。三销轴的大端有一穿通的轴承孔，其中心线与小端轴颈中心线重合。靠近大端两侧的两个轴颈，其中心线与小端轴颈中心线垂直并相交。装配时每一偏心轴叉的两叉孔与一个三销轴大端的两轴颈配合，而两

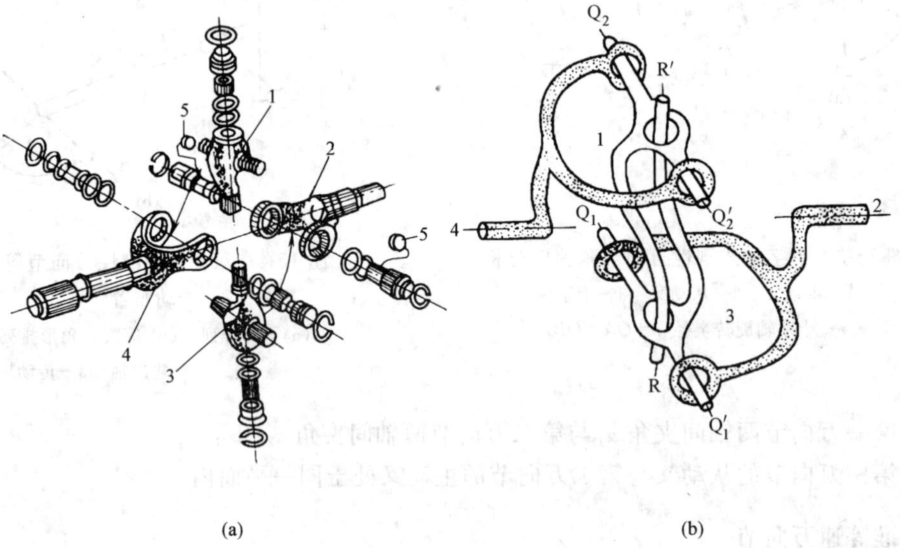

图 15-6 三销轴式准等速万向节

(a) 零件形状 (b) 装配示意图

1、3—三销轴 2—主动偏心轴叉 4—从动偏心轴叉 5—推力垫片

个三销轴小端的轴颈互相插入对方的大端轴承孔内，这样便形成了 Q_1-Q_1'、Q_2-Q_2' 和 $R-R'$ 三根轴线。

在与主动偏心轴叉 2 相连的三销轴 1 的两个轴颈端面和轴承座之间装有推力垫片 5，其余各轴颈端面均无推力垫片，且断面与轴承座之间留有较大的空隙，以保证在转向时三销轴万向节不发生运动干涉现象。

三销轴式万向节的最大特点是允许相邻两轴有较大的交角，最大可达 45°，在转向驱动桥中采用这种万向节，可使汽车获得较小的转弯半径，提高汽车的机动性。其缺点是所占的空间较大。

三、等速万向节

等速万向节的基本原理是，从结构上保证万向节在工作中的传力点始终位于两轴交角的平分面上，图 15-7 为一对大小相同的锥齿轮传动示意图。两齿轮的接触点 P 位于两齿轮轴线交角 α 的平分面上，由 P 点到两轴的垂直距离都等于 r。在 P 点处两齿轮的圆周速度是相等的，即两齿轮旋转角速度也相同。若万向节在工作中，其传力点始终在两轴夹角的平分面上，这种万向节就是等速万向节。目前在汽车上应用较广泛的等速万向节有球笼式和球叉式等速万向节。

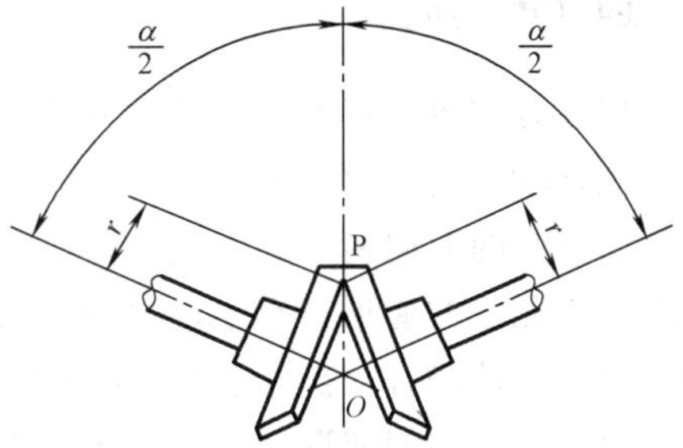

图 15-7　等速万向节的工作原理

球笼式等速万向节如图 15-8 所示，它主要由六个钢球 6、星形套 7、球形壳 8 和保持架（球笼）4 组成。星形套 7 以其内花键与主动轴 1 连接，星形套外表面有六条弧形凹槽滚道，球形壳的内表面有相应的六条凹槽，六个传力钢球分别装在各条凹槽中，由球笼 4 使其保持在同一平面内。

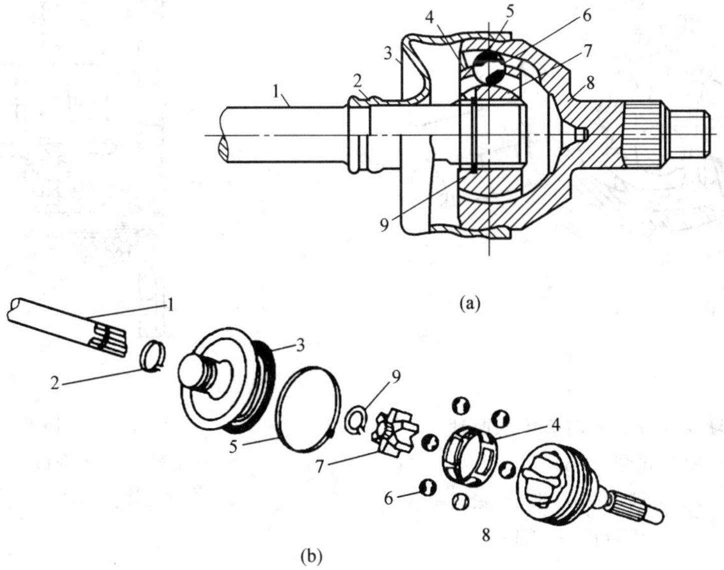

图 15-8　球笼式等速万向节

1—主动轴　2、5—钢带箍　3—外罩　4—保持架（球笼）　6—钢球　7—星形套（内滚道）　8—球形壳（外滚道）　9—卡环

动力由主动轴1、钢球6、球形壳8输出。

等角速传动原理如图15-9所示。外滚道的中心A与内滚道的中心B分别位于万向节中心O的两侧，并且到O点的距离相等。钢球中心C到A、B两点的距离也相等。保持架的内、外球面，以及内环的外球面和外环的内球面均以万向节中心为球心。当两轴交角变化时，保持架可沿内、外球面滑动，以保持六个钢球在同一个平面上。由于OA＝OB，CA＝CB，CO是公共边，则三角形COA与三角形COB为全等三角形，故∠COA＝∠COB，即传力钢球始终处于α角的角平分面上，确保了钢球中心到主动轴与从动轴的距离a和b始终相等，从而使主动轴和从动轴以相等的角速度旋转。

球笼式等速万向节受力均匀，承载能力强，可允许两轴最大夹角为42°，在各种轿车（一汽奥迪100、捷达/高尔夫、红旗CA7220等）的转向驱动桥中得到广泛的应用。

四、挠性万向节

挠性万向节的特点是其传力元件采用夹布橡胶盘、橡胶块和橡胶环等弹性元件，从而保证在相交两轴间传动时不发生运动干涉。图15-10是上海SH3540A型自卸汽车发动机与变速器之间安装的万向传动装置，它由一个十字轴式刚性万向节、传动轴和一个挠性万向节组成。由于弹性元件的变形量有限，故挠性万向节一般用于夹角较小（3°～5°）的两轴间和有微量轴向位移的传动场合。例如，安装在车架上的两个部件之间，可方便装配，不需轴向严格对正，并能消除工作中车架变形对传动的不利影响。挠性万向节不仅结构简单、不需要润滑，而且具有缓冲和减振作用。

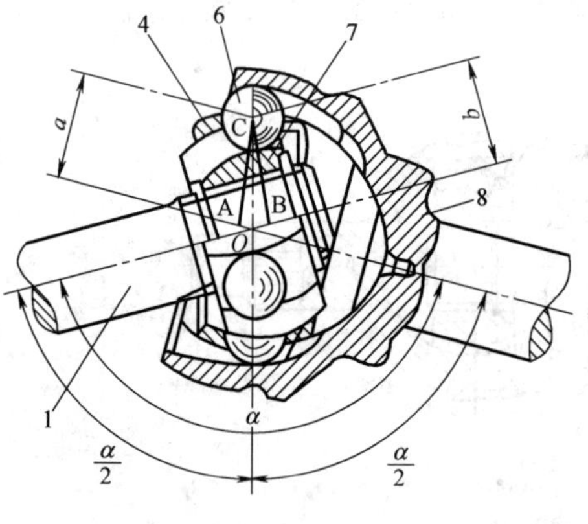

图15-9 球笼式等速万向节传动原理
（图注同图15-8）
O—万向节中心 A—外滚道中心 B—内滚道中心
C—钢球中心 α—两轴交角（指钝角）

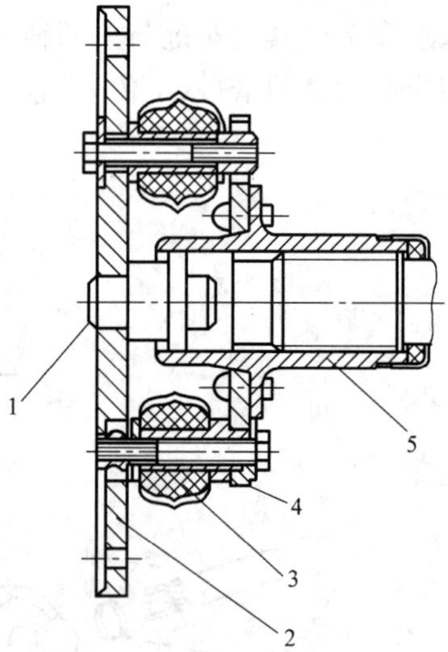

图15-10 挠性万向节
1—中心轴 2—大圆盘 3—弹性连接件
4—连接圆盘 5—花键毂

第三节 传动轴和中间支承

传动轴的功用是把变速器的转矩传递到驱动桥上。

由于汽车在行驶过程中由万向传动装置连接的部件在位置上经常发生变化，为了避免运动干涉，往往在传动轴上设置有可以轴向伸缩滑动的花键，以适应传动轴改变长度的需要。花键由花键轴和滑动套配合而成，为了减小两者的轴向滑动阻力和磨损，提高使用寿命，在结构上设有加注润滑脂的油嘴，以及密封用的油封、堵盖和防尘套。

传动轴在高速旋转时，由于离心力的作用将产生剧烈振动。因此，当传动轴与万向节装配后，必须满足动平衡要求。如图 15-11 所示，中间传动轴 4 上的平衡片 3 即为平衡用的零件。平衡后在万向节滑动叉 13 与主传动轴 16 上刻有装配位置标记 21，以便拆卸后重新安装时保持二者的相对角位置不变。传动轴过长时，自振频率较低，易产生共振。通常将传动轴分成两段并加中间支承。前段称中间传动轴 4，后段称主传动轴 16。

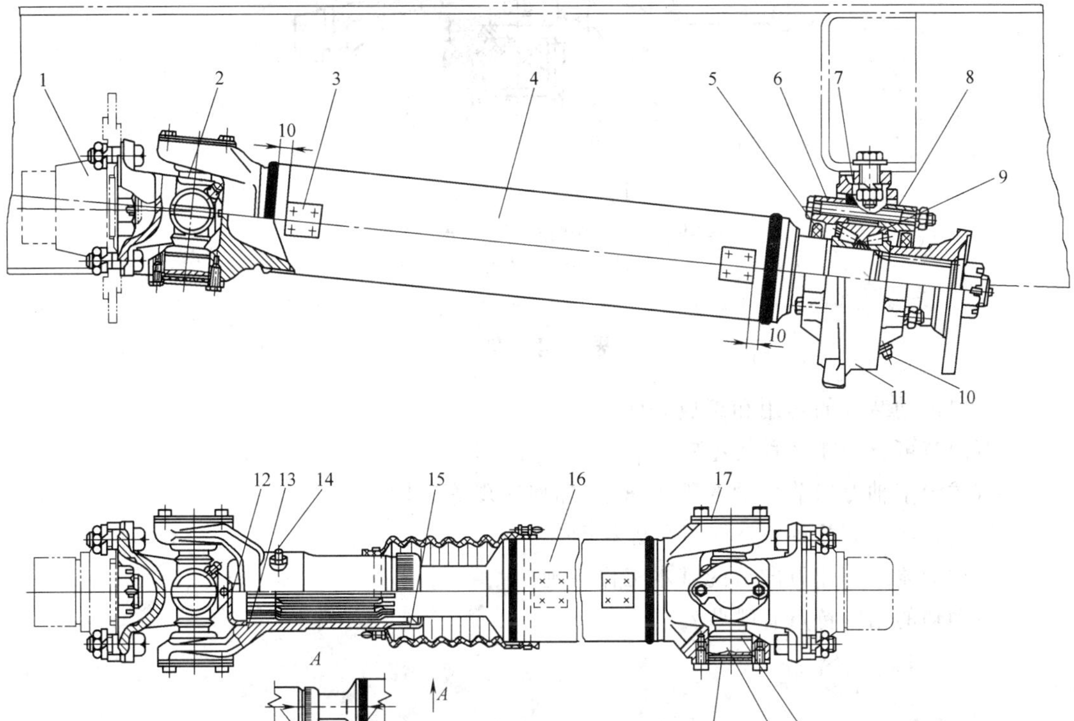

图 15-11 解放 CA1091 型汽车传动轴

1—凸缘叉 2—万向节十字轴 3—平衡片 4—中间传动轴 5、15—油封 6—中间支承前盖 7—橡胶垫环 8—中间支承后盖 9—双列圆锥滚子轴承 10、14—注油嘴 11—支架 12—堵盖 13—万向节滑动叉 16—主传动轴 17—锁片 18—滚针轴承油封 19—万向节滚针轴承 20—滚针轴承轴承盖 21—装配位置标记

中间支承通常安装在车架横梁上，中间支承应能补偿传动轴轴向和角度方向的安装误差，以及车辆行驶过程中由于发动机窜动或车架等变形所引起的位移。

东风 EQ1090E 型汽车的中间传动轴采用蜂窝软垫式中间支承(图 15-12)与车架相连接。轴承 3 可在轴承座 2 内滑动。由于蜂窝软垫 5 的弹性作用，能适应安装误差和行驶中出现的位移。此外，还可以吸收振动，减小噪声。蜂窝软垫式中间支承结构简单，效果良好，应用较为广泛。

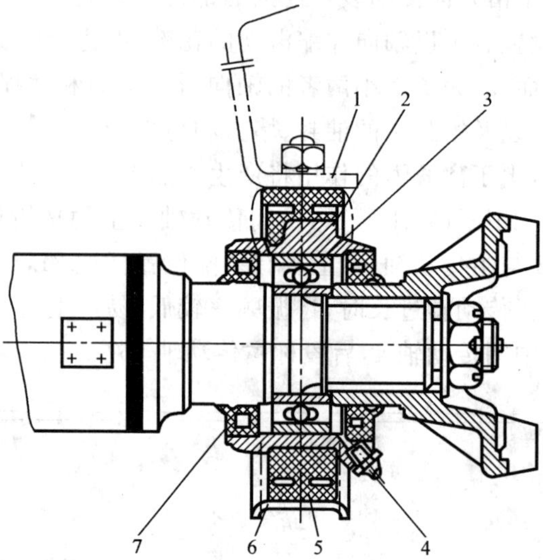

图 15-12 中间支承

1—车架横梁 2—轴承座 3—轴承 4—注油嘴

5—蜂窝软垫 6—U 形支架 7—油封

思 考 题

1. 万向传动装置的功用和组成如何?
2. 万向节可分为哪几种类型?
3. 试述十字轴万向节传动的不等速性,如何实现等速传动?
4. 等速万向节有几种?分别用在哪些场合?
5. 试述球笼式等速万向节的基本工作原理。
6. 传动轴的结构特点有哪些?

第十六章 驱 动 桥

第一节 概 述

汽车驱动桥的功用是把由万向传动装置或直接由变速器传来的转矩传递给左、右驱动车轮，实现降速增扭和改变转矩的传递方向，并可实现两侧车轮的差速，承受作用于路面和车架或车身之间的各向力。

一、驱动桥的组成

一般汽车驱动桥由主减速器、差速器、半轴和驱动桥壳等组成，如图 16-1 所示。

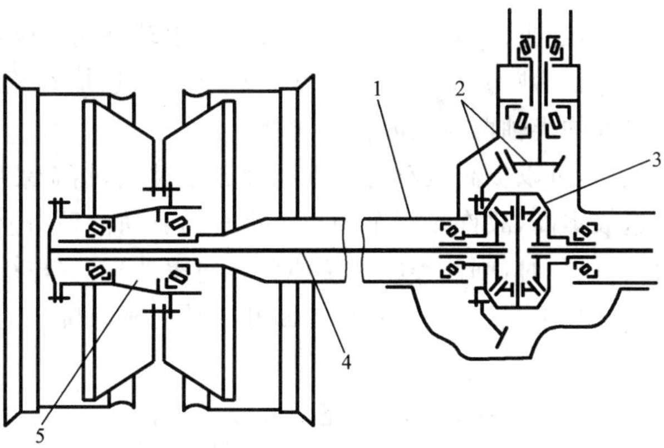

图 16-1 非断开式驱动桥

1—驱动桥壳 2—主减速器 3—差速器 4—半轴 5—轮毂

发动机的动力经离合器、变速器（或分动器）和万向传动装置输入驱动桥，首先传到主减速器 2，增大转矩降低转速后，再由差速器 3 分配给左、右半轴 4，最后通过半轴外端的凸缘盘传至驱动车轮的轮毂 5。驱动桥壳 1 由主减速器壳和半轴套管组成。轮毂借助轴承支承在半轴套管上。

二、驱动桥的类型

驱动桥按其半轴套管与主减速器壳体的连接方式可分为非断开式（整体式）驱动桥和断开式驱动桥两种。

在非断开式驱动桥（图 16-1）中，半轴套管与主减速器壳刚性连接成一体，整个驱动桥通过非独立弹性悬架与车架连接，故左、右半轴和驱动轮相对主减速器没有相对运动，也称为整体式驱动桥。其结构简单，但平顺性差，一般多用于普通车辆。

如图 16-2 所示，左、右半轴 2 的内端通过万向节与主减速器 1 相连，外端通过万向节与驱动轮相连，主减速器固连于车架上，而左、右驱动轮则分别通过悬架与车架相连。这样，两侧驱

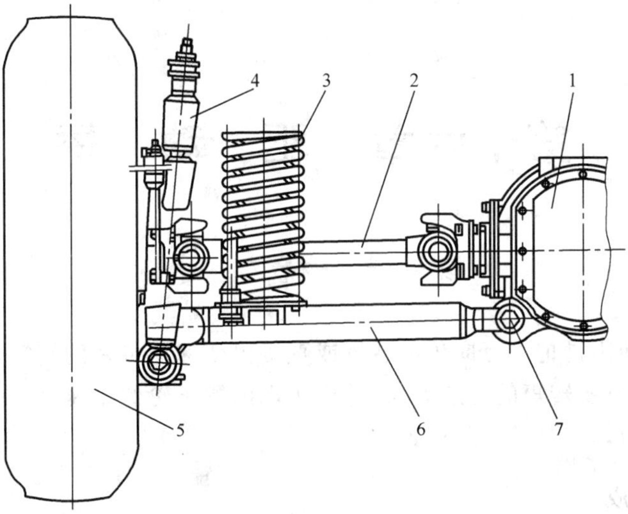

图 16-2 断开式驱动桥

1—主减速器 2—半轴 3—弹性元件 4—减振器 5—车轮 6—摆臂 7—摆臂轴

动轮就可以彼此独立地相对于主减速器上下跳动。因此,驱动桥壳分成左、右两段并通过铰接与半轴连接,故称这种驱动桥为断开式驱动桥。这种驱动桥为适应车轮绕摆臂轴 7 上下跳动的需要,差速器与轮毂之间的半轴两端用万向节连接。

断开式驱动桥的优点是可以提高汽车行驶平顺性和通过性,相应采用的悬架为独立悬架。其缺点是结构复杂,制造成本高,故许多轿车和越野汽车的驱动桥采用独立悬架。

若驱动桥同时兼作转向桥时,则此类驱动桥称为转向驱动桥,它与车架之间可以是非独立悬架式连接,也可以是独立悬架式连接,后者称为断开式转向驱动桥。

第二节 主减速器

主减速器的功用是将输入的转矩增大并相应降低转速,以及当发动机纵置时改变传动方向。

主减速器的种类繁多,按主减速器所处的位置划分可分为中央主减速器和轮边减速器;按参加减速传动的齿轮副数目划分可分为单级式主减速器和双级式主减速器;按主减速器速比的变化划分可分为单速主减速器和双速主减速器两种;按齿轮副结构形式划分可分为圆柱齿轮式和圆锥齿轮式两种。

一、单级主减速器

单级主减速器只有一对锥齿轮传动,它具有结构简单、质量轻、体积小和传动效率高等特点。所以单级主减速器应用非常广泛。

图 16-3 为东风 EQ1090E 型汽车主减速器。主减速器的减速传动机构为一对双曲面锥齿轮 18 和 7,其传动比为 6.33。

为保证主动锥齿轮有足够的刚度,主动锥齿轮 18 与轴制成一体,前端支承在互相贴近而小端相向的两个圆锥滚子轴承 13 和 17 上,后端支承在圆柱滚子轴承 19 上,形成跨置式支承。从动锥齿轮 7 用螺栓固装在差速器壳 5 上,与差速器壳一起通过两个圆锥滚子轴承 3 支承在

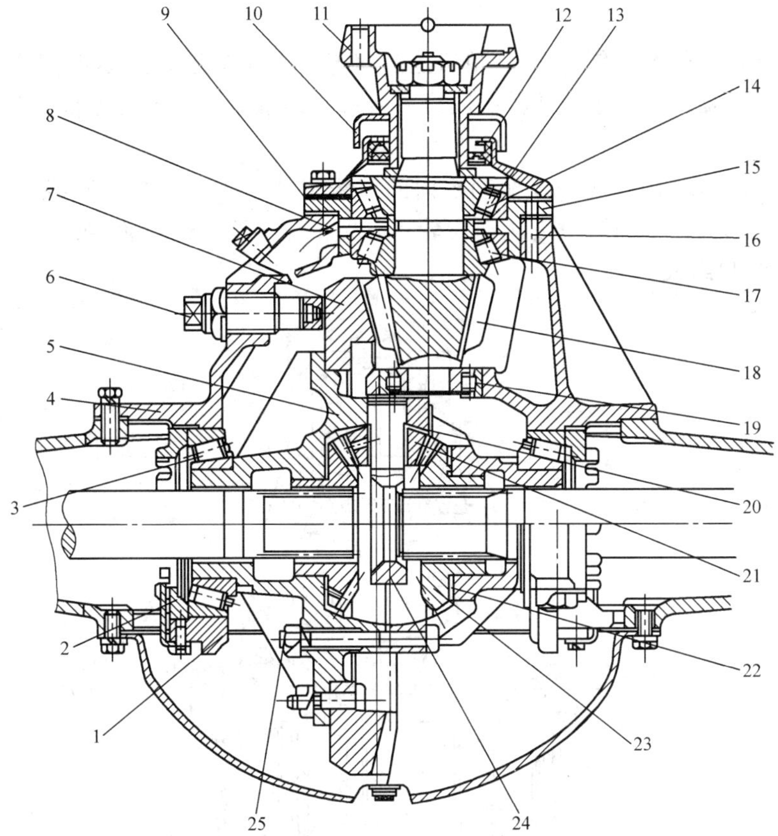

图 16-3　单级主减速器及差速器

1—差速器轴承盖　2—轴承调整螺母　3、13、17—圆锥滚子轴承　4—主减速器壳　5—差速器壳　6—支承螺栓　7—从动锥齿轮　8—进油道　9、14—调整垫片　10—防尘罩　11—叉形凸缘　12—油封　15—轴承座　16—回油道　18—主动锥齿轮　19—圆柱滚子轴承　20—行星齿轮垫片　21—行星齿轮　22—半轴齿轮推力垫片　23—半轴齿轮　24—行星齿轮轴(十字轴)　25—螺栓

主减速器壳 4 上。在从动齿轮的背面,装有支承螺栓 6,以限制其过度变形而影响齿轮的正常工作。装配时,支承螺栓与从动锥齿轮端面之间的间隙为 0.3～0.5mm。

主减速器中所贮存的齿轮油,靠从动齿轮转动时甩到各齿轮、轴和轴承上进行润滑。为保证主动齿轮轴前端的圆锥滚子轴承 13 和 17 得到可靠润滑,在主减速器壳体中铸出了进油道 8 和回油道 16。齿轮转动时,飞溅起的润滑油从进油道 8 通过轴承座 15 的孔进入两圆锥轴承小端之间,在离心力作用下,润滑油自轴承小端流向大端。流出圆锥滚子轴承 13 大端的润滑油经回油道 16 流回主减速器内。在主减速器壳体上装有通气塞,防止桥壳内气压过高而使润滑油渗漏。

万向传动装置传来的动力经叉形凸缘 11 传给主动锥齿轮 18,经从动锥齿轮 7 减速改变方向后,由螺栓传给差速器壳 5,最后由差速器半轴齿轮 23 及半轴传到两侧驱动轮,使驱动轮旋转。

红旗 CA7220、一汽奥迪 100、捷达/高尔夫和上海桑塔纳等轿车均采用单级式主减速器。

二、双级主减速器

当主减速器要求较大的传动比时，单级主减速器已不能满足要求，这时需要用由两对齿轮传动的双级主减速器。双级主减速器一般第一级采用螺旋锥齿轮或准双曲面锥齿轮，第二级采用圆柱齿轮。

图 16-4 为解放 CA1091 型汽车驱动桥内的双级主减速器。该主减速器是由一对螺旋锥齿轮(第一级主动齿轮 11 和第一级从动齿轮 16)及一对斜齿圆柱齿轮(第二级主动齿轮 5 和第二级从动齿轮 1)组成。

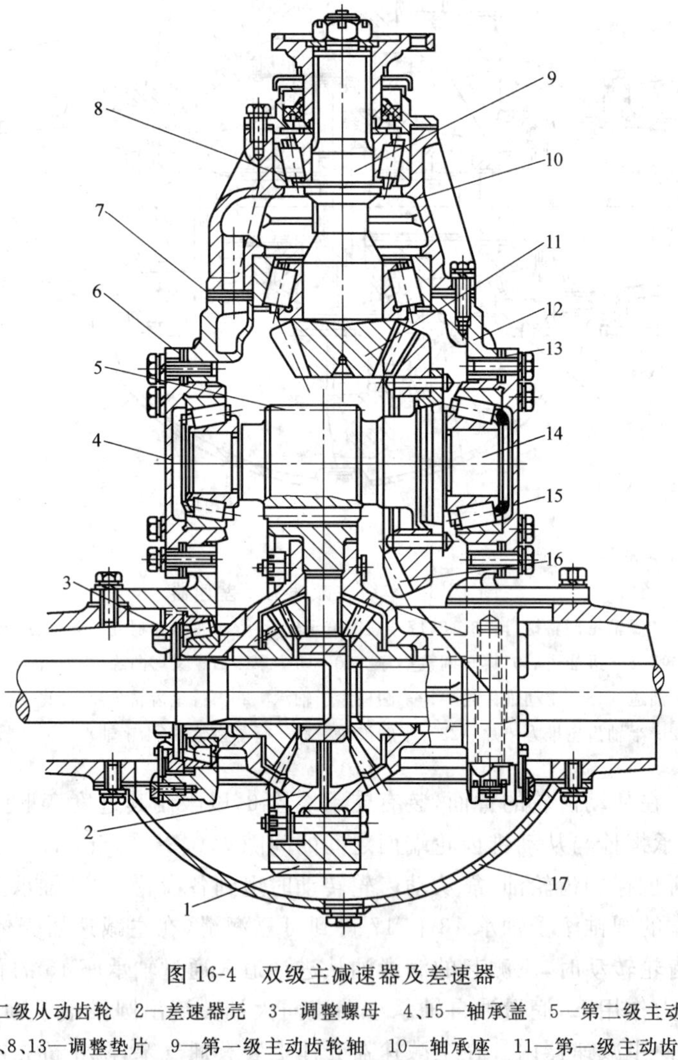

图 16-4　双级主减速器及差速器

1—第二级从动齿轮　2—差速器壳　3—调整螺母　4、15—轴承盖　5—第二级主动齿轮　6、7、8、13—调整垫片　9—第一级主动齿轮轴　10—轴承座　11—第一级主动齿轮　12—主减速器壳　14—中间轴　16—第一级从动齿轮　17—后盖

第一级主动齿轮轴 9 与第一级主动齿轮 11 制成一体，采用悬臂式支承在两个圆锥滚子轴承上。这种支承形式结构比较简单，但支承刚度不如跨置式的。中间轴 14 与第二级主动齿轮 5 制成一体，与第一级从动齿轮 16 铆接。第一级从动齿轮 16 装在中间轴的右侧，是为了保证在变速器挂前进挡时汽车向前运动。而前述单级主减速器从动锥齿轮一般是装在左侧的。中间轴两端的圆锥滚子轴承通过轴承盖 4、15 支承在主减速器壳 12 上，调整垫片 6 和 13 的总厚

度可调整两轴承的松紧度。

三、轮边减速器

在重型货车、越野车或大型客车上，当要求有较大的主传动比(通常大于10)和较大的离地间隙时，往往将双级主减速器中的第二级减速齿轮机构制成同样的两套，分别安装在两侧驱动车轮的近旁，称为轮边减速器，而第一级即称为主减速器。这样可使第一级中央主减速器外形尺寸减小，从而提高了离地间隙，与轮边减速器配合获得较大的速比。实际上轮边减速器也属于双级主减速器，有时与双级主减速器构成三级减速器。

轮边减速器可采用行星齿轮传动，也可采用圆柱齿轮传动。

图16-5所示为上海SH3540A型自卸汽车轮边减速器的结构示意图。轮边减速为一行星齿轮机构，齿圈6与半轴套管1固定在一起，半轴2传来的动力经太阳轮3、行星齿轮4、行星齿轮轴5和行星架7传给车轮。总传动比为18.64。

采用轮边减速器可使驱动桥主减速器尺寸减小，以保证足够的离地间隙，并可得到比较大的主传动比。由于半轴在轮边减速器之前，所承受的扭矩大为减少，因而半轴和差速器等零件尺寸可以减小。但是需要两套轮边减速器，结构较复杂，制造成本较高。

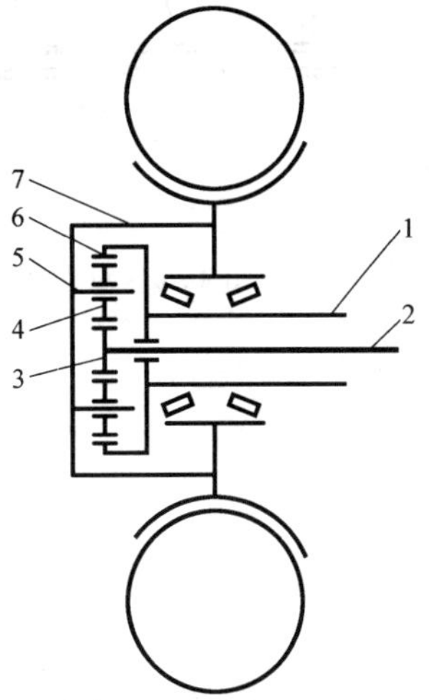

图16-5　汽车轮边减速器结构

1—半轴套管　2—半轴　3—太阳轮　4—行星齿轮　5—行星齿轮轴　6—齿圈　7—行星架

四、贯通式主减速器

有些多轴驱动的汽车，分动器仅用一套万向传动装置即可同时驱动四个驱动桥。如图16-6所示，前面(或后面)两驱动桥的传动轴是串联的，传动轴从距分动器较近的驱动桥中穿过，通往另一驱动桥。在这种万向传动装置的布置方案中，传动轴必须从驱动桥中穿过，两驱动桥中的主传动器的主动轴是用万向传动装置连接起来的。这种驱动桥为贯通式驱动桥，其主减速器称为贯通式主减速器。

贯通式主减速器又分单级式和两级式两种。单级式主要是为了实现贯通传动，双级式还可以获得较大的减速比。贯通式双级主减速器，一般也由一对圆锥齿轮副和一对圆柱齿轮副构成。圆锥齿轮副可前置作为第一级减速齿轮副，也可以后置作为第二级减速齿轮副。前者因纵向高度较大，但可得到较大的速比，故适用于载质量较大的载货汽车；后者第一级减速齿轮采用圆柱齿轮副，一般减速比都很小，多数为1∶1。

斯太尔汽车贯通式驱动桥的结构示意图如图16-7所示。它由主减速器10、过渡箱齿轮4、轴间差速器3、轮间差速器9、输入轴凸缘1、输出轴7、半轴6和8及桥壳等组成。动力从输入轴凸缘1输入，并通过轴间差速器3将动力分配给过渡箱齿轮4和输出轴7。传给过渡箱齿轮4的动力再经主减速器10、轮间差速器9传给半轴6和8。其中，输出轴7又称为贯通轴，它将动力传给后面的驱动桥。该桥上还装有轴间差速锁2和轮间差速锁5。

贯通式主减速器主要用于中型多轴驱动车辆。其优点在于可使结构简化，零、部件通用性好，便于形成系列产品；车桥的高度降低了，即降低了汽车重心高度。有些中型多轴越野车，为了与同级货车驱动桥的零部件通用和简化传动轴的布置，也可采用贯通式双级主减速器。

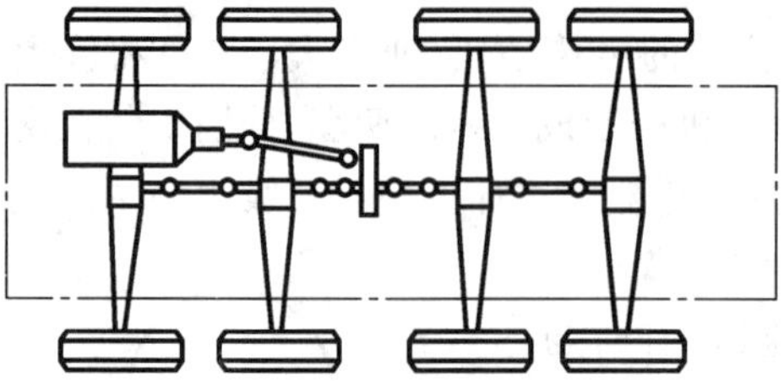

图 16-6　贯通式驱动桥

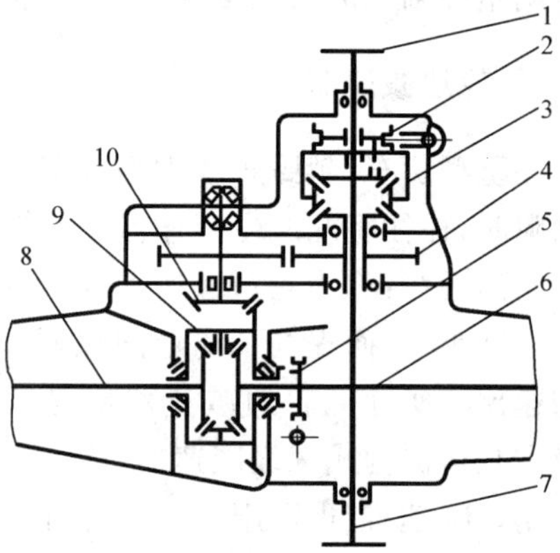

图 16-7　斯太尔汽车贯通式驱动桥结构

1—输入轴凸缘　2—轴间差速锁　3—轴间差速器　4—过渡箱齿轮　5—轮间差速锁　6、8—半轴　7—输出轴　9—轮间差速器　10—主减速器

第三节　差　速　器

汽车行驶过程中，车轮对路面的相对运动有滚动和滑动两种状态，其中滑动又有滑转和滑移两种。汽车转弯行驶时，两侧车轮在同一时间内驶过的路程不等，外侧车轮驶过的路程较内侧车轮长。若两侧车轮用一根轴刚性连接，则两轮转速必然相等，而两轮却要在同一时间内驶过不同路程，车轮必然不是纯滚动，外轮边滚动边滑移，内轮边滚动边滑转。必然会使轮胎磨损加剧、转向困难和发动机油耗增加等。为消除车轮的滑动现象，在驱动轮之间应设置差速器。差速器的功用是允许左、右车轮以不同的转速旋转，使车轮在地面上做纯滚动；把主减速器传来的转矩平均分配给左、右半轴，使左、右驱动轮产生相等的驱动力。

差速器按用途可分为轮间差速器和轴间差速器；按工作特性可分为普通锥齿轮差速器和防滑差速器。

一、普通锥齿轮差速器

常用的普通锥齿轮差速器主要由四个行星齿轮 6、十字轴(行星齿轮轴)9、两个半轴齿轮 4 及差速器左、右外壳 2 和 8 等组成(图 16-8)。差速器右外壳 8 用螺栓或铆钉与主减速器从动齿轮 7 相连接，差速器左外壳 2 用螺栓 10 与右外壳 8 相连。十字轴 9 的四个轴颈上通过滑动轴承(衬套)装着四个行星齿轮 6，四个行星齿轮的两侧各与一个半轴齿轮 4 相啮合，行星齿轮与半轴齿轮均装在差速器壳内。垫片 3 和垫圈 5 用来减少齿轮与差速器壳的磨损。十字轴 9 装在差速器的左外壳 2 和右外壳 8 装配时形成的四个圆孔内。

来自主减速器的动力传给差速器壳、行星齿轮轴(十字轴)、行星齿轮和半轴齿轮，再经左、右两半轴至驱动轮。根据左、右两驱动轮遇到阻力的情况不同，差速器可使其等速转动或不等速转动。

由于中级以下轿车(一汽红旗 CA7220、奥迪 100、捷达/高尔夫及上海桑塔纳等)传递转矩不大，行星齿轮只有两个，相应的十字轴为一字轴，而差速器壳做成两边开孔的整体式。

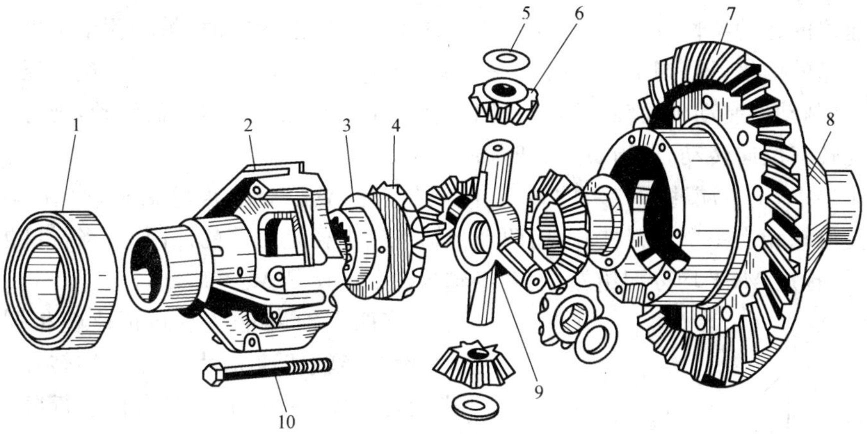

图 16-8　对称式锥齿轮差速器

1—轴承　2—左外壳　3—垫片　4—半轴齿轮　5—垫圈　6—行星齿轮

7—主减速器从动齿轮　8—右外壳　9—十字轴　10—螺栓

如图 16-9 为对称式锥齿轮差速器的工作原理图。设主动件差速器壳的角速度为 ω_0，从动件半轴齿轮 1、2(图 16-9a)的角速度为 ω_1 和 ω_2，行星齿轮自转角速度为 ω_4。A、B 两点分别为行星齿轮 4 与两半轴齿轮的啮合点。行星齿轮的中心点为 C，A、B、C 三点到差速器旋转轴线的距离均为 r。

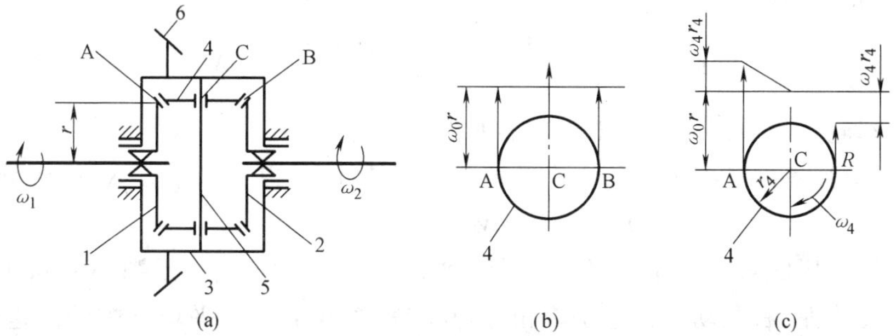

图 16-9　差速器工作原理

1、2—半轴齿轮　3—差速器壳　4—行星齿轮　5—行星齿轮轴　6—主减速器从动齿轮

当行星齿轮只是随同行星架绕差速器旋转轴线公转时，A、B、C 三点的圆周速度显然相等(图 16-9b)，其值为 $\omega_0 r$。所以有 $\omega_1=\omega_2=\omega_0$，或 $n_1=n_2=n_0$。

当行星齿轮除公转外，还绕行星齿轮轴 5 以角速度 ω_4 自转(如图 16-9c 所示)时，啮合点 A 的圆周速度为 $\omega_1 r=\omega_0 r+\omega_4 r_4$，啮合点 B 的圆周速度为 $\omega_2 r=\omega_0 r-\omega_4 r_4$。于是有：

$$\omega_1 r+\omega_2 r=(\omega_0 r+\omega_4 r)+(\omega_0 r-\omega_4 r)$$

即：

$$\omega_1+\omega_2=2\omega_0$$

或：

$$n_1+n_2=2n_0$$

上式为两半轴齿轮直径相等的对称式锥齿轮差速器的运动特性关系式。它表明左、右两半轴齿轮的转速之和等于差速器壳转速的两倍，而与行星齿轮转速无关。因此，在汽车转弯行驶或在其他行驶情况下，都可以借助行星齿轮以相应转速自转，使两侧驱动车轮以不同转速在地面上滚动而无滑动。

由差速器的运动特性可知，当任何一侧半轴齿轮的转速为零时，另一侧半轴齿轮的转速为差速器壳转速的两倍，即：当 $\omega_1=0$ 时，$\omega_2=2\omega_0$；当 $\omega_2=0$ 时，$\omega_1=2\omega_0$；当差速器壳转速为零时（如使用中央制动器制动传动轴时），若一侧半轴齿轮受其他外来力矩而转动，则另一侧半轴齿轮即以相同转速反向转动，即当 $\omega_0=0$ 时，$\omega_1=-\omega_2$。

在差速器中，由主减速器传来的转矩 M_0，经差速器壳、行星齿轮轴和行星齿轮传给半轴齿轮。行星齿轮相当一个等臂杠杆，而两个半轴齿轮半径是相等的。因此，当行星齿轮没有自转时，总是将转矩 M_0 平均分配给左、右两半轴齿轮，即 $M_1+M_2=M_0/2$。

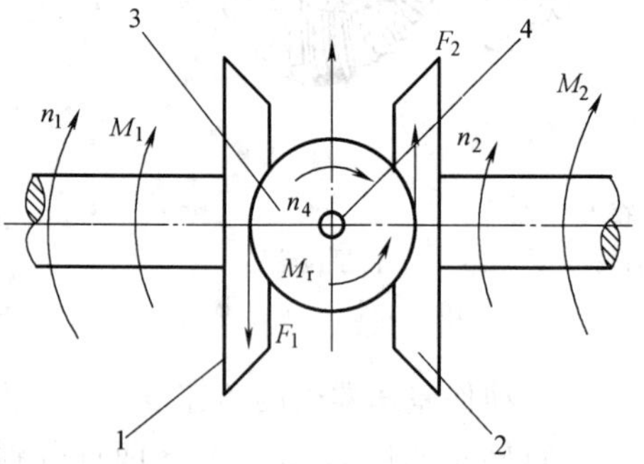

图 16-10 差速器转矩分配

1、2—半轴齿轮 3—行星齿轮 4—行星齿轮轴

当两半轴齿轮以不同转速朝相同方向转动时，设左半轴转速 n_1 大于右半轴转速 n_2，则行星齿轮将按图 16-10 上 n_4 的方向绕行星齿轮轴 4 自转，此时行星齿轮孔与行星齿轮轴轴颈间以及齿轮背部与差速器壳之间都产生摩擦。行星齿轮所受的摩擦力矩 M_r 方向与其转速方向相反。此摩擦力矩使行星齿轮分别对左、右半轴齿轮附加作用了大小相等而方向相反的圆周力 F_1 和 F_2。F_1 使传到转得快的左半轴上的转矩 M_1 减小，而 F_2 却使传到转得慢的右半轴上的转矩 M_2 增加。因此，当左、右驱动车轮存在转速差时，$M_1=(M_0-M_r)/2$，$M_2=(M_0+M_r)/2$，则有：

$$M_2-M_1=\frac{(M_0+M_r)-(M_0-M_r)}{2}=M_r$$

即左、右车轮上的转矩之差等于差速器的内摩擦力矩 M_r。

为了衡量差速器内摩擦力矩的大小及转矩分配特性，常以锁紧系数 K 表示，定义为：

$$K=(M_2-M_1)/M_0=M_r/M_0$$

目前，广泛使用的对称式锥齿轮差速器内摩擦力矩很小，锁紧系数 $K=0.05\sim0.15$，因此，可以认为无论左、右驱动轮转速是否相等，其转矩基本上总是平均分配的。这样的分配比例对于汽车在好路面上直线或转弯行驶时都是满意的。但当汽车在坏路面行驶时，却严重影响了通过能力。例如，当汽车的一个驱动车轮接触到泥泞或冰雪路面时，在泥泞路面上的车轮原地滑转，而在好路面上的车轮静止不动。这是因为，在泥泞路面上车轮与路面之间的附着力很小，路面只能对半轴作用很小的反作用转矩，虽然另一车轮与好路面间的附着力较大，但因对称式锥齿轮差速器平均分配转矩的特点，使这一个车轮分配到的转矩只能与传到滑转的驱动轮上的很小的转矩相等，致使总的驱动力不足以克服行驶阻力，汽车便不能前进。

二、防滑差速器

防滑差速器可以消除上述对称锥齿轮式差速器的弊病。它可以在一侧驱动轮滑转空转的同时，将大部分或全部转矩传给不滑转的驱动轮，以利用这一驱动轮的附着力产生较大的驱动力矩使汽车行驶。常用的防滑差速器有强制锁止式和自锁式两大类。

1. 强制锁止式差速器

强制锁止式差速器是在对称式锥齿轮差速器上加一差速锁。工作时，由驾驶员操纵差速锁，使差速器不起差速作用，相当于把两根半轴连成一体。差速锁主要由离合器及其操纵装置组成，其结构如图 16-11 所示。在半轴 6 的花键上套着可轴向移动的内、外接合器 10 和 9，差速器左半壳固装一锁圈 8。控制差速锁的操纵机构为电控气动式。

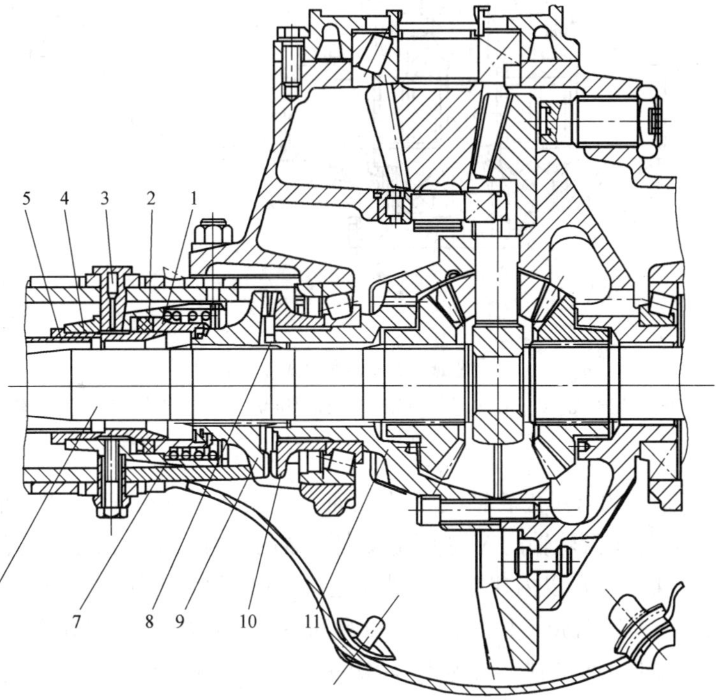

图 16-11　强制锁止式差速器

1—活塞　2—活塞皮碗　3—气路管接头　4—工作缸　5—套管　6—半轴　7—压力弹簧　8—锁圈　9—外接合器　10—内接合器　11—差速器壳

当汽车的一侧驱动轮在坏路面上滑转时，驾驶员通过操纵机构使外接合器 9 右移与内接合器 10 接合。此时左半轴 6 与差速器壳 11 连成一个整体，差速器不再起差速作用，即左、右两半轴被锁成一体一同旋转。此时，由主减速器传来的转矩便可全部分配给在良好路面上的驱动轮，使汽车得以正常行驶。

当汽车由坏路驶上好路时，驾驶员通过操纵机构使外接合器 9 左移回到分离位置。

强制锁止式差速器使用时务必在汽车到达坏路之前停车锁止差速锁，通过坏路以后再停车及时脱开差速锁。过早接上或过晚摘下差速锁，也即在良好路面上左、右驱动轮仍刚性连接，将产生如前所述的无差速器情况下的危害。因此，有些越野汽车采用了在行使过程中能根据路面状况自动改变驱动轮间转矩分配的自锁式差速器。

2. 自锁式差速器

自锁式差速器的特点是在两驱动轮或两驱动桥转速不同时，不需人力操纵，而是自动向慢转的驱动轮或驱动桥较多地分配转矩，以提高汽车的通过性。

自锁式差速器有摩擦片式、凸轮滑块式和托森差速器等几种。

(1)摩擦片式自锁差速器

摩擦片式自锁差速器是在对称式锥齿轮差速器中装置摩擦片以增大内摩擦力矩的自锁式差速器(图 16-12)。为增加差速器内摩擦力矩，在半轴齿轮与差速器壳 1 之间装有摩擦片 2。十

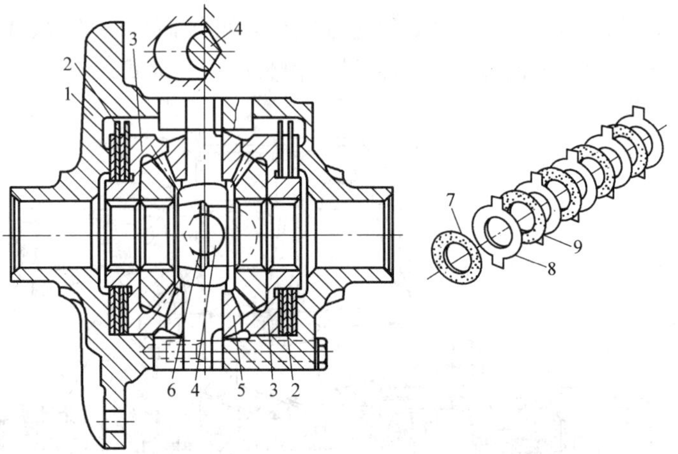

图 16-12 摩擦片式差速器

1—差速器壳 2—主、从动摩擦片 3—推力压盘 4—十字轴 5—行星齿轮 6—V形斜面 7—薄钢片 8—主动摩擦片 9—从动摩擦片

字轴4由两根互相垂直的行星齿轮轴组成，其端部均切出凸V形斜面6，相应地差速器壳孔上也有凹V形斜面，两根行星齿轮轴的V形面是反向安装的。每个半轴齿轮的背面有推力压盘3和主、从动摩擦片2。推力压盘以内花键与半轴相连，而其轴颈处用外花键与从动摩擦片连接。主动摩擦片则用花键与差速器壳1相连。推力压盘和主、从动摩擦片均可做微小的轴向移动。

当汽车直线行驶时，两半轴无转速差，转矩平均分配给两半轴，由于差速器壳通过斜面对行星齿轮轴压紧，斜面上产生的轴向力迫使两行星齿轮轴分别向左、右方向(向外)略微移动，通过行星齿轮使推力压盘压紧摩擦片。此时转矩经两条路线传给半轴：一路经行星齿轮轴、行星齿轮和半轴齿轮将大部分转矩传给半轴，另一路则由差速器壳经主、从动摩擦片和推力压盘传给半轴。

当一侧车轮在路面上滑转或汽车转弯时，行星齿轮自转，起差速作用，左、右半轴齿轮的转速不等。由于转速差的存在和轴向力的作用，主、从动摩擦片间在滑转，同时产生摩擦力矩。其数值大小与差速器传递的转矩和摩擦片数量成正比，转向与快转半轴的旋向相反，与慢转半轴的旋向相同。较大数值内摩擦力矩作用的结果使慢转半轴传递的扭矩明显增加。

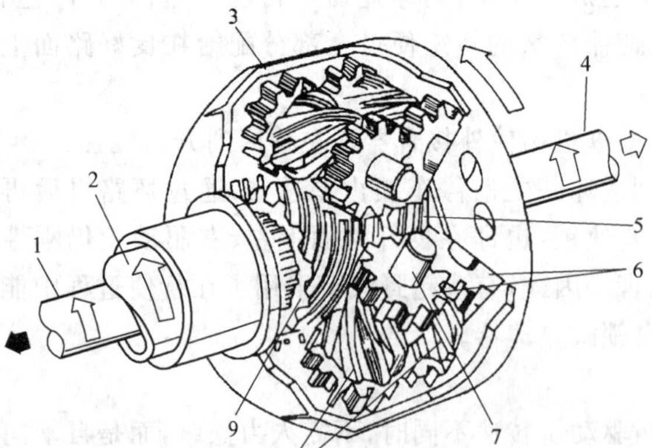

图 16-13 托森差速器结构

1—差速器齿轮轴 2—空心轴 3—差速器外壳 4—驱动轴凸缘盘 5—后轴蜗杆 6—直齿圆柱齿轮 7—蜗轮轴 8—蜗轮 9—前轴蜗杆

(2)托森差速器

全轮驱动奥迪200轿车的轴间差速器装用托森(Torsen)差速器，如图16-13所示。

主要由差速器外壳3、后轴蜗杆5、前轴蜗杆9、蜗轮轴7、蜗轮8及直齿圆柱齿轮6等组成。差速器外壳3与变速器输出轴(空心轴)2通过花键相连而一起转动。蜗轮 8 通过键与蜗轮轴 7 固连，蜗轮轴安装在差速器壳上，三对蜗杆分别与前轴蜗杆 9、后轴蜗杆 5 相啮合，每个蜗轮轴上固装两个直齿圆柱齿轮 6。前轴蜗杆 9 和前驱动桥差速器齿轮轴为一体。后轴蜗杆 5 和后驱动桥的驱动轴凸缘盘 4 为一体。

当差速器只传递动力而不起差速作用时，发动机输出的转矩经变速器输入轴、相应挡位的齿轮副、空心轴 2、差速器外壳 3、蜗轮轴 7 及蜗轮 8、前、后轴蜗杆 9 和 5，分别传给前桥差速器齿轮轴 1 和后桥驱动轴凸缘盘 4，最后传给前、后驱动桥。此时，各蜗轮、蜗杆与差速器壳成整体旋转。即蜗轮仅随差速器壳绕差速器旋转轴线公转而无自转。

当汽车转弯或在不平道路上行驶时，前、后驱动轴出现转速差。此时蜗轮除公转外，还绕自身轴线自转，通过常啮合的直齿圆柱齿轮相对转动，使一个驱动轴转速加快，另一驱动轴转速减慢，实现差速作用。转速低的驱动轴转矩增大，转速高的驱动轴转矩减小。

第四节　半轴与桥壳

一、半轴

半轴是差速器与驱动轮之间传递转矩的实心轴，如图 16-14 所示。其内端一般通过花键与半轴齿轮连接，外端以凸缘与轮毂连接。根据其支承形式不同，半轴可分为全浮式半轴和半浮式半轴。

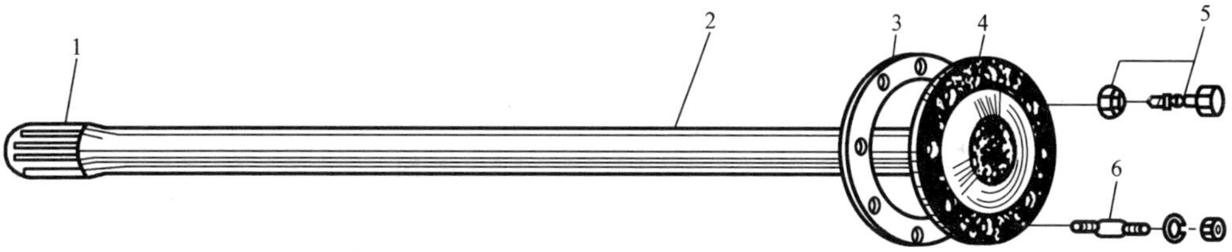

图 16-14　半轴

1—花键　2—杆部　3—垫圈　4—凸缘　5—半轴起拔螺栓　6—半轴紧固螺栓

1. 全浮式半轴支承(图 16-15a)

全浮式半轴支承广泛应用于货车上。全浮式半轴的外端安装轮毂，轮毂通过两个相距较远的轴承支承在桥壳上。由于轮胎所受路面的反作用力：驱动力 F_X、垂直力 F_Z、侧向力 F_Y 以及由这些力所引起的弯矩全都经过轮毂、轴承传给桥壳；半轴的内端用花键与差速器的半轴齿轮连接，半轴齿轮的轴部支承于差速器壳两侧轴颈的孔内，而差速器壳又以其两侧轴颈借轴承直接支承在桥壳上。因此，半轴内端作用在差速器半轴齿轮的中心花键上的力及弯矩全部由桥壳承受，与半轴无关。因此，采用这种半轴支承形式，半轴只承受转矩，而两端不承受任何力和弯矩，故称为全浮式支承。

全浮式半轴支承的驱动桥的外端结构比较复杂，轮毂尺寸较大，制造成本较高；但半轴工作可靠，且易于拆装，只需拧下半轴凸缘上的螺栓即可抽出半轴，而车轮与桥壳仍可支承汽车。

2. 半浮式半轴支承(图 16-15b)

半浮式半轴一端用花键与装在差速器壳内的半轴齿轮连接，另一端直接支承在半轴壳外端内孔中的轴承上，而内部则以圆锥面的轴颈及键与驱动轮轮毂相固定。因此，半浮式半轴除

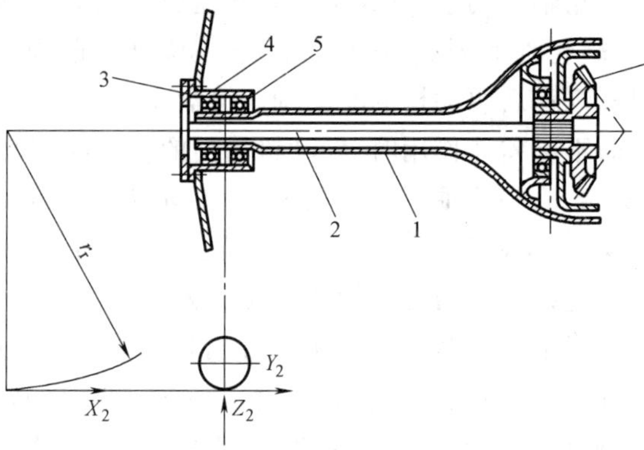

(a)

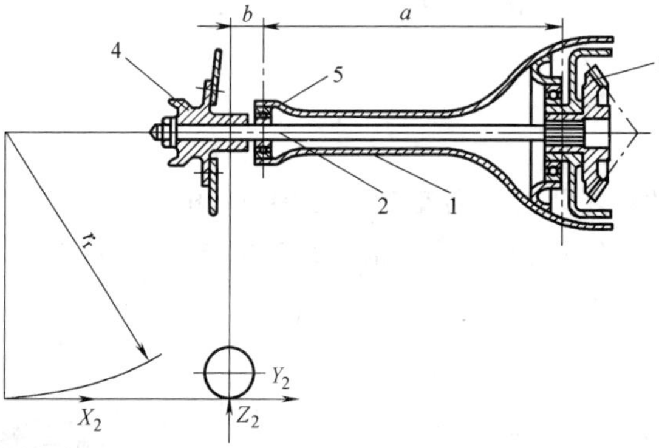

(b)

图 16-15 半轴支承形式及受力简图

(a)全浮式半轴 (b)半浮式半轴

1—桥壳 2—半轴 3—半轴凸缘 4—轮毂 5—轴承 6—主减速器从动齿轮

传递转矩外，还要承受车轮传来的驱动力 F_X、垂直力 F_Z 和侧向力 F_Y 所引起的全部弯矩。因为这种支承形式只能使半轴内端免受弯矩，而外端却承受全部弯矩，故称半浮式支承。

由此可见，半浮式半轴承受的载荷复杂，但它具有结构简单、质量轻和造价低等优点，多用于反力及弯矩较小的轿车和轻型货车上。

在转向驱动桥或断开式驱动桥中，半轴应断开并采用等角速万向节连接。

二、桥壳

驱动桥壳的功用是支承并保护主减速器、差速器和半轴等部件；与从动桥一起支承车架及其上的各总成质量；并承受汽车行驶时由车轮传来的各种反力及力矩，经悬架传给车架。驱动桥壳有整体式和分段式两种。

1. 整体式桥壳

整体式桥壳的特点是桥壳与主减速器壳分开制造，二者用螺栓连接。如图 16-16 所示为东风 EQ1090E 型汽车的驱动桥壳。半轴套管 1 压入后桥壳 2 中。桥壳上部装有通气孔 8，保证高温条件下气体畅通。该驱动桥壳为整体铸造桥壳，具有刚度大、强度高和易铸造等优点，但质量大，制造质量不易保证。多用于中、重型汽车。

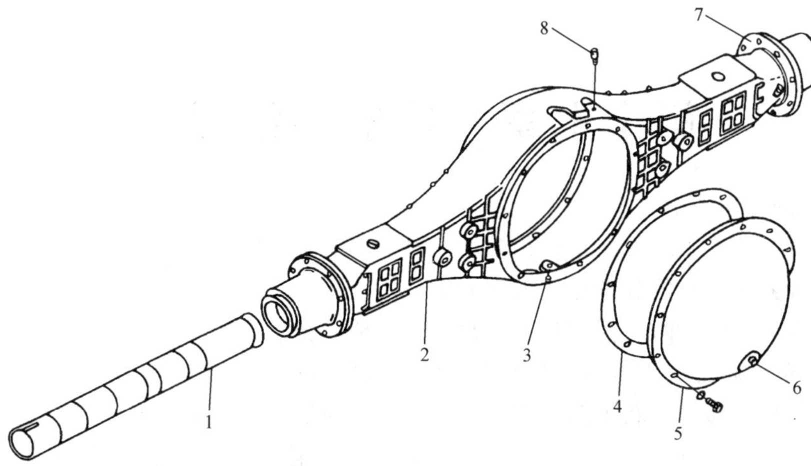

图 16-16　整体式桥壳

1—半轴套管　2—后桥壳　3—放油孔　4—后桥壳垫片　5—后盖　6—油面观察孔　7—凸缘盘　8—通气孔

2. 分段式桥壳

分段式驱动桥壳分为左、右两段，如图 16-17 所示。它是由主减速器壳 10、盖 13、两个半轴套管 4 及凸缘盘 8 等组成。分段式驱动桥壳易于铸造，加工简单，但维修时必须将驱动桥整体从车上拆下来。目前较少采用。

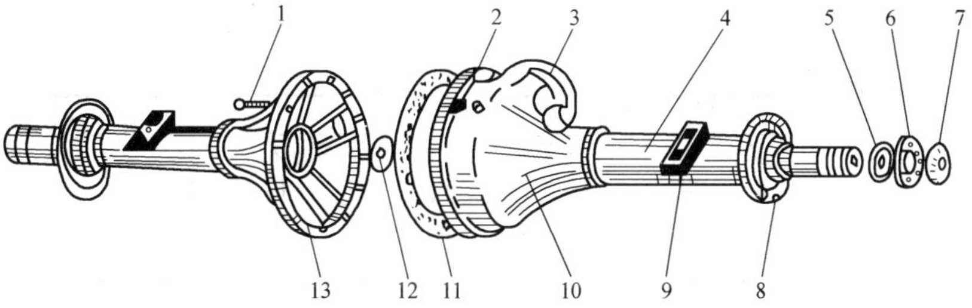

图 16-17　分段式驱动桥壳

1—螺栓　2—注油孔　3—主减速器壳颈部　4—半轴套管　5—调整螺母　6—止动垫片　7—锁紧螺母　8—凸缘盘　9—弹簧座　10—主减速器壳　11—垫片　12—油封　13—盖

思　考　题

1. 简述汽车驱动桥的功用及组成。
2. 简述主减速器的功用和分类。
3. 对称式锥齿轮差速器由哪些零件组成？其速度特性和转矩分配特性如何？
4. 什么叫全浮式半轴和半浮式半轴？各有何特点？
5. 简述桥壳的功用和分类。

第十七章　行驶系统概述

行驶系统的功用如下：

(1)把来自于传动系统的扭矩转化为地面对车辆的牵引力；

(2)承受外界对汽车的各种作用力和力矩；

(3)减少振动，缓和冲击，保证汽车正常和平顺地行驶。

行驶系统的结构形式因行驶条件和车型的不同而有所差异。绝大多数的汽车采用轮式行驶系统。此外，还有履带式和水路两用式等。本章只介绍轮式行驶系统。

轮式行驶系统一般由车架1、车桥3、6、车轮4、5和悬架2、7等组成，如图17-1所示。车轮安装在车桥上，车桥通过悬架与车架相连接。车架是全车的装配基体，它把汽车的各相关总成连为一体。汽车的总重力 G_0 通过前、后车轮传到地面上，引起地面支反力 Z_1 和 Z_2。当驱动轮4受到驱动扭矩 M_k 作用时，通过车轮与路面的附着作用，即轮缘作用于地面一个向后的力，同时，路面对轮缘产生向前的纵向反力——牵引力 F_t。牵引力除用以克服驱动轮的滚动阻力外，其余大部分经过桥壳和悬架传到车架上，其中一部分用于克服空气阻力和上坡阻力，另一部分由车架经前悬架传到从动桥，作用在从动轮中心，使从动轮克服滚动阻力向前滚动，于是整个汽车便向前运动。

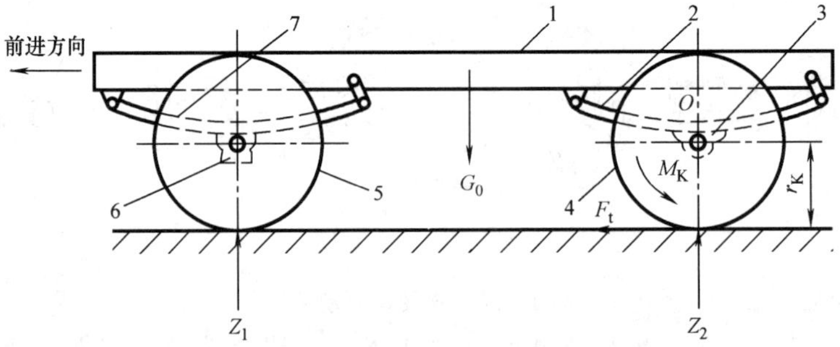

图17-1　轮式汽车行驶系的组成和受力情况

1—车架　2—后悬架　3—驱动桥　4—驱动轮　5—从动轮　6—从动桥　7—前悬桥

由于牵引力 F_t 是作用在轮缘上的，此力对驱动轮中心形成一个反力矩 $F_t r_k$，使驱动桥壳前端向上抬起，这将导致万向传动装置中万向节卡死不能工作，甚至损坏。同时，牵引反力矩经后悬架传给车架，结果使车架连同整车前部都有向上抬起的趋势。由此导致了前轮上的垂直载荷减少而后轮上的垂直载荷增加。

同理，汽车制动时，制动力与驱动力方向相反，其作用结果恰好相反。

汽车在弯道上或横向坡道上行驶时，车轮与路面之间将产生侧向力，此力也是由行驶系统承受和传递的。

综上所述，路面作用于车轮上的所有外力都必须通过行驶系的零部件传给车架，使汽车行驶、制动或转向。同时，这些力和力矩又使车架和车桥等基础件产生变形、裂纹、连接件松动及各总成相对位置改变。此外，这些力还会使配合副之间产生冲击和振动，出现噪声和密封件损坏等。

第十八章　车　　架

第一节　概　　述

一、车架的功用与要求

车架是整个汽车装配的基础，用于支承、连接汽车的各零部件和总成，并承受来自车内、外的各种载荷。

1. 车架功用

(1)安装汽车的各总成和部件，并使它们保持正确的相对位置；

(2)承受来自车上和地面的各种静、动载荷。

2. 车架的要求

车架的结构首先应满足汽车总体布置的要求。其次，车架在承受各种静、动载荷时应不至于被破坏和发生大的弯扭变形。但为了保证汽车在不平路面上行驶的适应性，其扭转刚度又不能过高。因此，要求车架应具有：

(1)足够的强度和适当的刚度，以满足承受各种静、动载荷之要求；

(2) 车架结构简单，质量应尽可能小，便于机件拆装和维修；

(3) 车架的结构形式尽可能有利于降低汽车质心和获得大的转向角，以提高汽车行驶的稳定性和机动性。这一点对轿车和客车更为重要。

二、车架的类型

现代汽车绝大多数都装有独立的车架，只有部分轿车和一些大客车以车身兼起车架的作用，即将所有部件固定在车身上。这种车身称为承载式车身(也称为无梁式车架)。汽车车架按其结构形式有以下几种类型：

(1)边梁式车架；

(2)中梁式车架；

(3)综合式车架和承载式车身。

第二节　边梁式车架

边梁式车架由两根位于两边的纵梁和若干根横梁组成，如图 18-1 所示。通常用铆接或焊接将纵梁和横梁连接成坚固的刚性构架。纵梁常用低碳合金钢板冲压而成，采用抗弯能力较强的槽形断面，也有的制成 Z 字形或箱形断面。根据车型不同及总成结构布置的要求，纵梁可以制成在水平面内或纵向垂直平面内弯曲的形状。其横断面可以是等断面的，也可以是不等断面的。横梁的设置不仅需要车架具有扭转刚度和承受一定的纵向载荷，而且还需要承担着连接汽车上的各主要部件及总成的任务。因此，横梁的数量、结构形式及在纵梁上的布置应

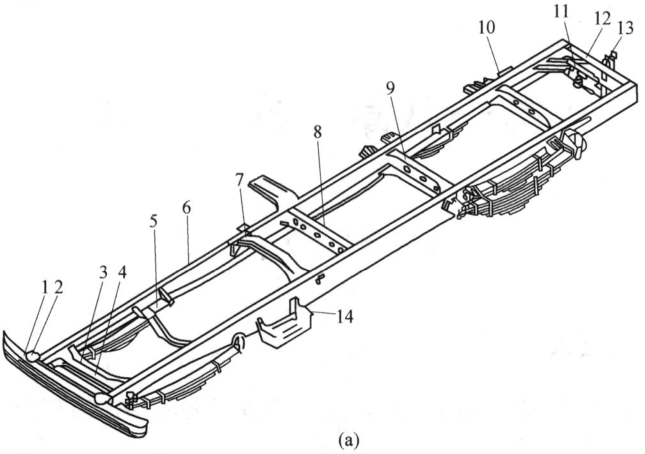

(a)

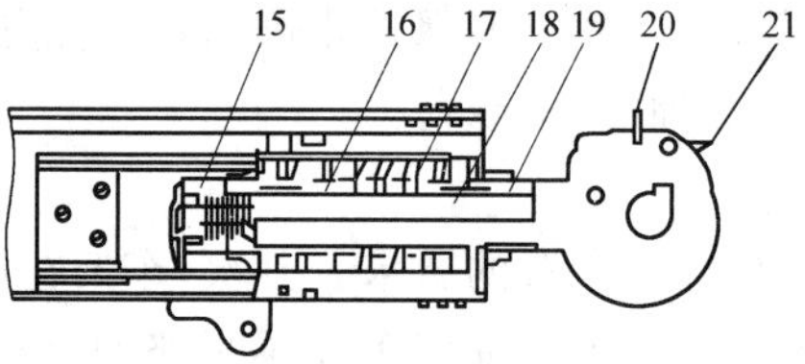

(b)

图 18-1 东风 EQ1090E 型汽车车架

(a)车架总成 (b)拖钩部件

1—保险杠 2—挂钩 3—前横梁 4—发动机前悬置横梁 5—发动机后悬置右(左)支架和横梁 6—纵梁 7—驾驶室后悬置横梁 8—第四横梁 9—后钢板弹簧前支架横梁 10—后钢板弹簧后支架横梁 11—角撑横梁组件 12—后横梁 13—拖钩部件 14—蓄电池托架 15—螺母 16、18—衬套 17—弹簧 19—拖钩 20—锁块 21—锁扣

该满足汽车总体布置的需要和车架刚度、强度的要求。

通常载重汽车上采用五根或五根以上的横梁。图 18-1 所示车架采用八根横梁与两根纵梁铆接而成。采用边梁式车架有利于汽车的改装变形和发展多品种汽车，因而广泛用在载货汽车、改装客车和特种车辆上。

在货车车架前端或轿车车架的前、后两端，装有一缓冲件——保险杠。当汽车受到撞击时，它可以保护车身、翼子板及散热器，使之免受损伤。轿车上的保险杠还同时起着美化汽车外观的作用。汽车车架前端还装有简单的挂钩(如 18-1a)，以便在汽车发生故障或陷入泥坑时可以由别的汽车来拖带。货车后横梁上装有拖带挂车用的拖钩(如图 18-1b)，为使拖钩能承受很大的作用力，通常以角支撑使其加强。轿车车速较高，为保证其稳定地高速行驶和乘坐的舒适性，应使其重心尽量降低，为此从车架着手将高度降低。同时，为不影响前轮转向时的转角空间，车架的前端做得比较窄，后端局部向上弯曲。采用 X 形高断面的横梁，可以提高车架的扭转刚度，特别是对于短而宽的车架，其效果尤为明显，如图 18-2 所示。

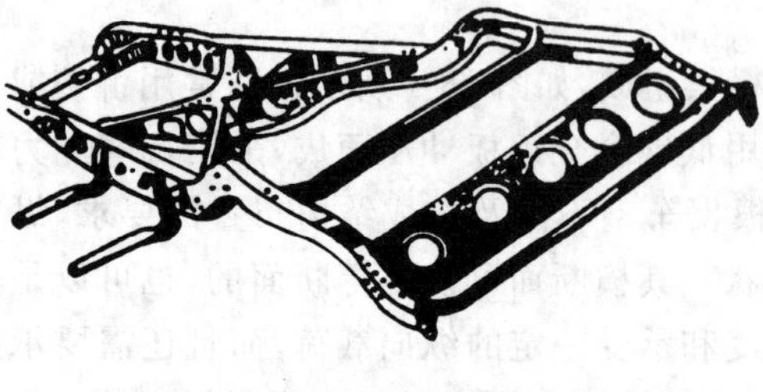

图 18-2 轿车(X形高断面横梁)车架

第三节　中梁式车架

边梁式车架有结构简单、部件的安装固定方便等优点，但其最大的缺点是扭转刚度小。为提高车架的扭转刚度，在一些轿车和载货汽车中采用了中梁式车架（也称脊骨式车架）的结构形式，如图 18-3 所示。这种梁的特点是中部由一根大断面（圆形或矩形）的纵梁和副梁托架等组成。传动轴由中梁内孔通过（适用于闭式传动轴）。纵梁的前端做成叉形支架，用来安装发动机。主减速器壳固定在中梁的尾端，形成断开式驱动桥。

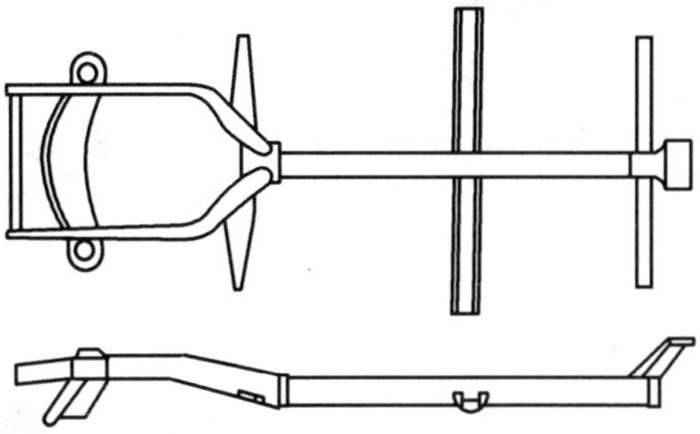

图 18-3　中梁式（脊骨式）车架结构

中梁式车架的优点：与同吨位的货车相比，其车架较轻，减少了整车质量；重心较低，行驶稳定性好；车架的刚度和强度较大；车轮运动空间足够大，前轮转向角大；便于采用独立悬架系统（断开式驱动桥），适用于闭式传动轴等特点。但这种车架制造工艺复杂，精度要求高，给保养和维护带来诸多不便。另外，横梁是悬臂梁，弯矩大，易在根部损坏。

轿车上采用的中梁式车架，中梁为管形截面，传动轴装在管内，主减速器固定在中梁的尾部并形成断开式驱动桥。中梁的前端用于固定变速器，发动机就安装于前端伸出的专门支架上。这种车架具有扭转刚度大、质量轻、转向轮有较大转向空间，并且有支架位置很低等优点。由于其制造工艺较复杂，精度要求高，维护不便，因而采用得并不广泛。

第四节　综合式车架和承载式车身

综合式车架是中梁式车架的变型。纵梁前部是边梁式的，用以安装发动机；中后部是中梁式的，如图 18-4 所示。

部分轿车和一些大型客车取消了车架，而以车身兼起车架的作用，将所有部件固定在车身上，所有的力也由车身来承受，这种车身称为承载式车身。目前，大多数轿车都是采用承载式车身，如上海桑塔纳轿车、一汽大众的捷达和奥迪 100 以及一汽的红旗 CA7220 型轿车等，车身均为这种结构形式。

目前，在某些高级轿车上采用了一种 ISR 型车架，如图 18-5 所示。后部车架与前部车架用活动铰链连接，后驱动桥总成（主减速器、差速器）安装在后车架上，半轴与驱动轮之间用万向节连接。后独立悬架连接在后车架上。这样，不仅由于独立悬架可使汽车获得良好的行驶

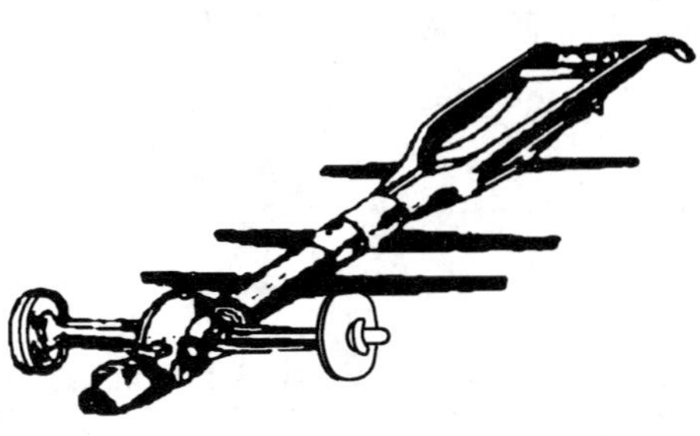

图 18-4　综合式车架

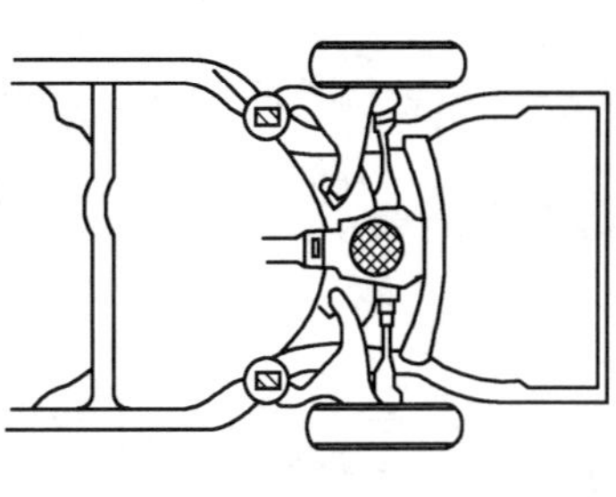

图 18-5　ISR 型车架

平顺性，而且活动铰链点处的橡胶衬套也使整车获得一定的缓冲，从而进一步提高了汽车行驶的平顺性。

图 18-6 为承载式轿车车身壳体。承载式车身由于无车架，可以减轻整车质量；可以使地板高度降低，使上下车方便。但是，传动系统、悬架的振动和噪声会直接传入车内，为此应采取隔声和防振措施。

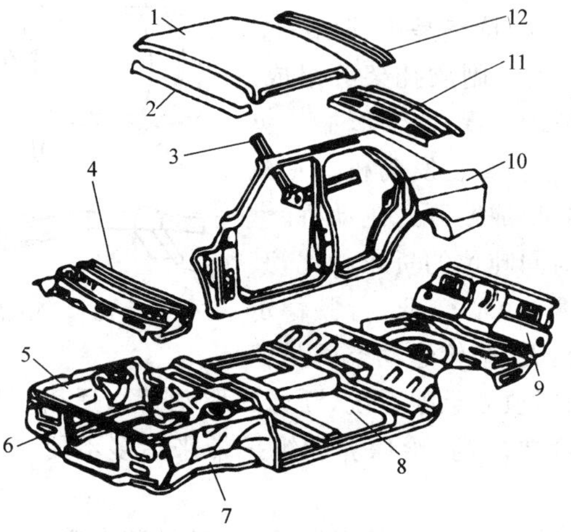

图 18-6 承载式轿车车身壳体

1—顶盖 2—前风窗框上部 3—加强撑 4—前围外板 5—前挡泥板 6—散热器框架 7—底板前纵梁 8—底板部件 9—行李箱后板 10—侧门框部件 11—后围板 12—后风窗上部

思 考 题

1. 为什么说车架是整个汽车的基体？其功用和结构特点是什么？
2. 何谓边梁式车架？为什么这种结构的车架应用更广泛？
3. 中梁式车架和边梁式车架的主要区别在哪儿？脊骨式车架有什么优缺点？
4. 轿车采用的 ISR 车架及承载式车架的主要优点是什么？

第十九章　车　　桥

车桥（也称车轴）通过悬架和车架（或承载式车身）相连，它的两端安装车轮，其作用是传递车架与车轮之间各方向的作用力及其力矩。

根据悬架结构的不同，车桥分为整体式车桥和断开式车桥两种。整体式车桥中部是刚性的实心或空心梁，它与非独立悬架配用；而断开式车桥则采用活动关节式结构，它与独立悬架配用。

根据车桥上车轮的作用不同，车桥又可分为转向桥、驱动桥、转向驱动桥和支持桥四种类型。其中，转向桥和支持桥属于从动桥。一般汽车多以前桥为转向桥，而以后桥或中、后桥为驱动桥。有些现代轿车和越野汽车的前桥则为转向驱动桥，转向驱动桥兼有转向和驱动两种功能。对于单桥驱动的三轴汽车（6×2 汽车），中桥（或后桥）为驱动桥，则后桥（或中桥）为支持桥。

第一节　转　向　桥

转向桥是利用车桥中的转向节使车轮可以偏转一定角度，以实现汽车的转向。它除承受垂直载荷外，还承受纵向力和侧向力以及这些力产生的力矩。转向桥通常位于汽车前部，因此也常称为前桥。各种车型的整体式转向桥结构基本相同，主要由前梁及转向节组成，如图 19-1 所示。

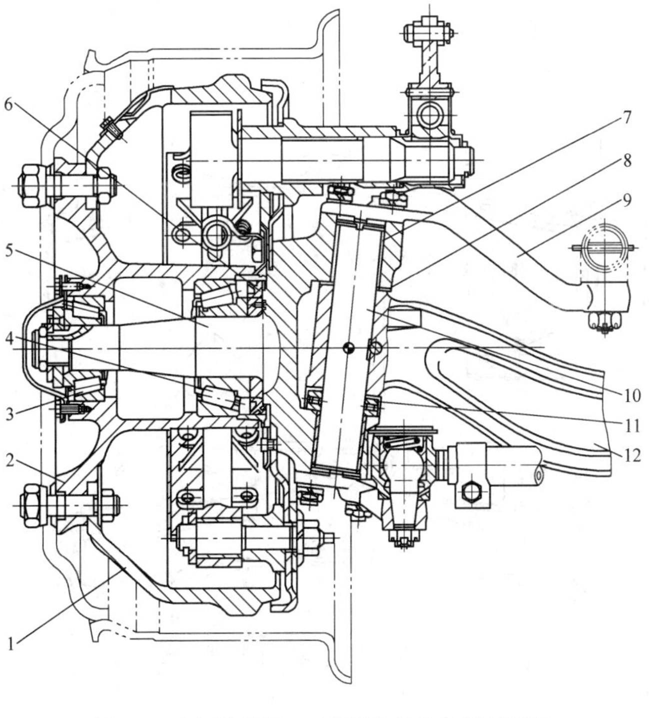

图 19-1　东风 EQ1090E 型汽车转向桥（前桥）

1—制动板　2—轮毂　3、4—圆锥滚子轴承　5—转向节　6—油封　7—衬套

8—调整垫片　9—转向节臂　10—主销　11—推力滚子轴承　12—前梁

作为主体零件的前梁12是用钢材锻造的，其断面是工字型以提高抗弯强度。为提高抗扭强度，接近两端略成方形。中部向下弯曲，使发动机位置得以降低，从而降低汽车重心，扩展驾驶员视野，并减小传动轴与减速器输出轴之间的夹角。前梁两端各有一个加粗部分，呈拳形，其中有通孔，主销10即插入此孔内。用带有螺纹的楔形锁销将主销固定在拳部孔内，使之不能转动。转向节5上有销孔的两耳通过主销与前梁的拳部相连，使前轮可以绕主销偏转一定角度而使汽车转向。为了减小磨损，转向节销孔内压入青铜衬套7，衬套上的润滑油槽在上面端部是切通的，用装在转向节上的油嘴注入润滑脂润滑。为使转向灵活轻便起见，在转向节下耳与前梁拳部之间装有推力滚子轴承11，在转向节上耳与拳部之间装有调整垫片8，以调整其间的间隙。

在左转向节的上耳上装有与转向节臂9制成一体的凸缘，在下耳上则装着与转向梯形臂制成一体的凸缘，这两个凸缘上均只有一矩形键，因此在左转向节的上、下耳上都有与之配合的键槽。转向节通过矩形键及带有锥形套的双头螺栓与转向节臂及梯形臂相连。在键槽端面间装有条形的橡胶密封垫。车轮轮毂2通过圆锥滚子轴承3和4支撑在转向节外端轴颈上。轴承的松紧度可用装于轴承外端的调整螺母加以调整。轮毂外端用冲压的金属罩盖住。轮毂内则装有油封6，如果油封漏油，则外面的挡油盘仍足以防止润滑进入制动器内，转向节上靠近主销孔的一端有方形的凸缘，以固定制动底板。

断开式转向桥在轿车和微型客车上得到广泛采用，它与独立悬架相配置，组成了性能优良的转向桥。由于它有效地减少了非簧载质量，降低了发动机的质心高度，从而提高了汽车的行驶平顺性和操纵稳定性。

图19-2所示为JL6360型微型客车的断开式转向桥的结构图。该断开式转向桥（前桥）主

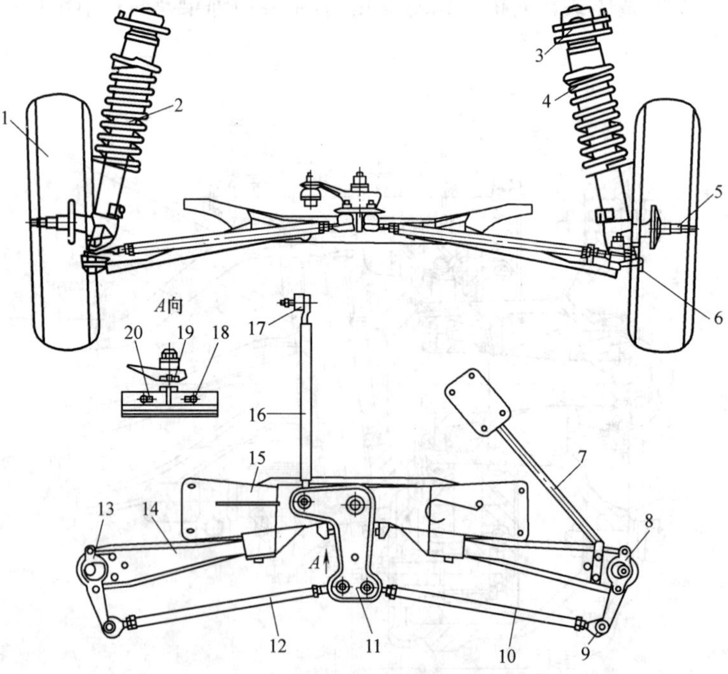

图19-2 JL6360型微型客车断开式转向桥

1—车轮 2—减振器 3—上支点总成 4—缓冲弹簧 5—转向节 6—大球头销总成 7—横向稳定杆总成 8—左梯形臂 9—小球头销总成 10—左横拉杆 11—主转向臂 12—右横拉杆 13—右梯形臂 14—悬臂总成 15—中臂 16—纵拉杆 17—纵拉杆球头 18—转向限位螺钉座 19—转向限位杆 20—转向限位螺钉

要有车轮 1、减振器 2、上支点总成 3、缓冲弹簧 4、转向节 5、大球头销总成 6、横向稳定杆总成 7、左右梯形臂 8 和 13、主转向臂 11、中臂 15、左右横拉杆 10 和 12、悬臂总成 14 等组成。其中有些零件也属于转向和前悬臂总成。中臂、主转向臂、悬臂均为薄钢板焊接结构，主转向臂与中臂是通过螺栓与橡胶衬套联结的(参看图 19-3)，左右转向梯形臂用大球头销总成 6 与悬臂总成 14 连接。

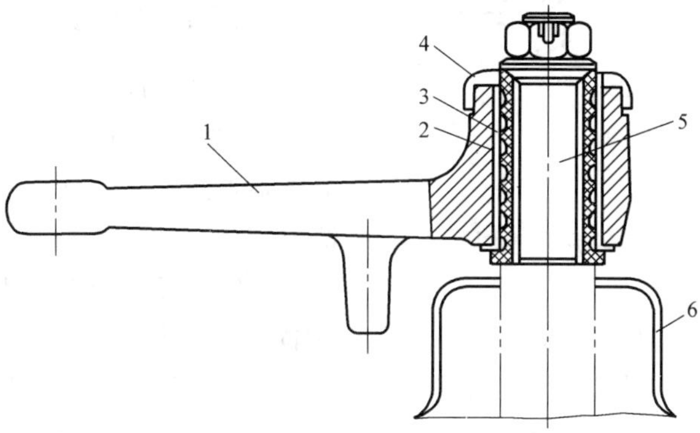

图 19-3 主转向臂总成

1—主转向臂 2—衬套 3—橡胶衬套总成 4—主转向臂罩 5—螺栓 6—中臂

该断开式转向桥和前述整体转向桥一样，在具有承载传力功用的同时，还应具有实现转向的功能，它与转向机配合，通过图 19-2 中的纵拉杆 16、主转向臂 11、中臂 15、左右横拉杆 10、12 以及左右梯形臂 8、13 使车轮偏转以实现汽车转向。

第二节 转向轮定位

转向桥在保证汽车转向功能的同时，应使转向轮有自动回正作用，以保证汽车稳定直线行驶。即当转向在偶遇外力作用发生偏转时，一旦作用的外力消失后，应立即自动回到原来直线行驶的位置。这种自动回正作用是由转向轮的定位参数来保证的，也就是转向轮、主销和前轴之间的安装应具有一定的相对位置。转向轮的定位参数有主销后倾角、主销内倾角、前轮外倾角和前轮前束。

一、主销后倾角

设计转向桥时，使主销在汽车的纵向平面内，其上部有向后的一个倾角 γ，即主销轴线与地面垂线在汽车纵向平面内的夹角，如图 19-4 所示。主销后倾的作用是保证汽车直线行驶的稳定性，并力图使转弯后的前轮自动回正。当主销具有后倾角 γ 时，主销轴线与路面的交点 a 将位于车轮与路面接触点 b 的前面，如图 19-4 所示。当汽车直线行驶时，若转向轮偶然受到外力作用而稍有偏转(例如向右偏转如图中箭头所示)，将使汽车行驶方向向右偏离。这时，由于汽车本身离心力的作用，在车轮与路面接触点 b 处，路面对车轮作用着一个侧向反作用力 F_y。反力 F_y 对车轮形成绕主销轴线作用的力矩 F_yL，其方向正好与车轮偏转方向相反。在此力矩作用下，将使车轮回到原来的中间位置，从而保证汽车稳定直线行驶，故此力矩称为稳定力矩。但此力矩也不宜过大，否则在转向时为了克服该稳定力矩，驾驶员要在转向盘上施加较大的力(即所谓转向沉重)。因稳定力矩的大小取决于力臂 L 的数据，而力臂 L 又取决于后

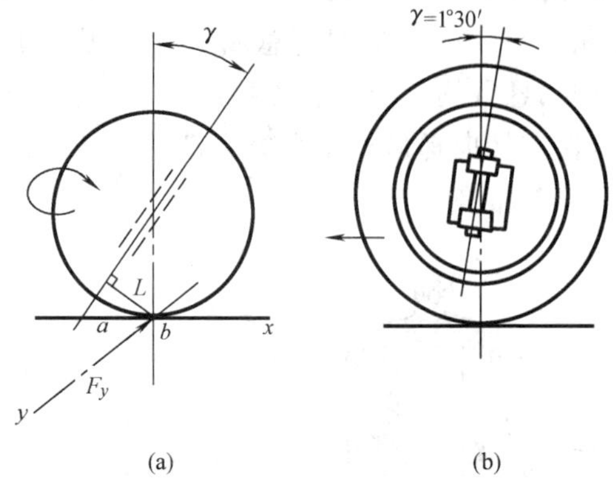

图 19-4 主销后倾角作用示意图

倾角 γ 的大小。现在一般采用的 γ 角不超过 2°～3°。现代高速汽车由于轮胎气压降低和弹性增加而引起稳定力矩增大，因此 γ 角可以减小到接近于零，甚至为负值。图 19-4b 为解放 CA1091 型汽车的主销后倾角示意图。

二、主销内倾角

在设计转向桥时，主销在汽车的横向平面内，其上部向内倾斜一个 β 角(即主销轴线与地面垂直线在汽车横向平面内的夹角)称为主销内倾角，如图 19-5a 图示。

主销内倾角 β 也有使车轮自动回正的作用，如图 19-5b 所示。当转向轮在外力作用下由中间位置偏转一个角度(为了解释方便，图中画成 180°，即转到如双点划线所示位置)时，车轮的最低点将陷入路面以下。但实际上车轮下边缘不可能陷入路面以下，而是将转向车轮连同整个汽车前部向上抬起一个相应的高度。这样，汽车本身的重力有使转向轮回到原来中间位置的效应。

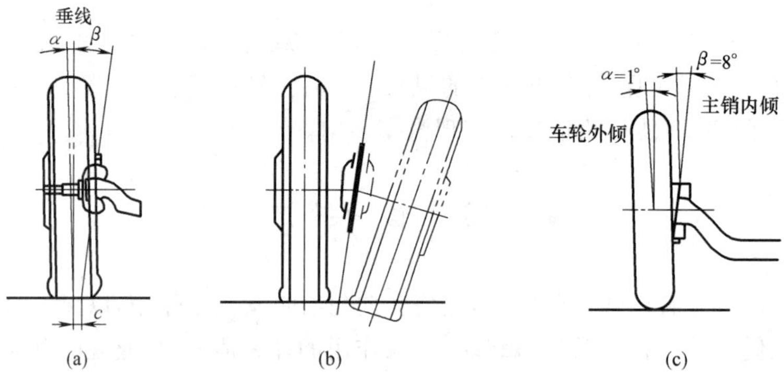

图 19-5 主销内倾角作用示意图及前车轮外倾角

此外，主销的内倾还使得主销轴线与路面交点到车轮中心平面与地面交线的距离 c 减小(图 19-5a)，从而可减小转向时驾驶员加在转向盘上的力，使转向操纵轻便，同时也可减小从转向轮传到转向盘上的冲击力。但 c 值也不宜过小，即内倾角不宜过大，否则在转向时车轮绕主销偏转的过程中，轮胎与路面间将产生较大的滑动，因而增加了轮胎与路面间的摩擦阻力。这不仅使转向变得沉重，而且加速了轮胎的磨损。因此，一般内倾角 β 不大于 8°，距离 c 一般为 40～60mm。图 19-5c 所示为解放 CA1091 型汽车的主销内倾角和前轮外倾角 α。

主销内倾角是在前梁设计中保证的，由机械加工来实现。加工时，将前梁两端主销孔轴线上端向内倾斜就形成内倾角 β。

三、车轮外倾角

除上述主销后倾角和内倾角两个角度保证汽车稳定直线行驶外，前轮外倾角 α 也具有定位作用。α 是通过车轮中心的汽车横向平面与车轮平面的交线与地面垂线之间的夹角，如图 19-5c 所示。如果空车时车轮的安装正好垂直于路面，则满载时车桥将因承载变形可能出现车轮内倾，这将加速汽车轮胎的偏磨损。另外，路面对车轮的垂直反作用力沿轮毂的轴向分力，将使轮毂压向轮毂外端的小轴承，加重了外端小轴承及轮毂紧固螺母的负荷，降低了它们的使用寿命。因此，为了使轮胎磨损均匀和减轻轮毂外轴承的负荷，安装车轮时应预先使车轮有一定的外倾角，以防止车轮内倾。同时，车轮有了外倾角也可以与拱形路面相适应。但是，外倾角也不宜过大，否则会使轮胎产生偏磨损。

前轮的外倾角是在转向节设计中确定的。设计时使转向节轴颈的轴线与水平面成一角度，该角度即为前轮外倾角 α（一般 α 为 $1°$左右）。

四、车轮前束

车轮有了外倾角后，在滚动时就类似于滚锥，从而导致两侧车轮向外滚开。由于转向横拉杆和车桥的约束使车轮不可能向外滚开，车轮将在地面上出现边滚边滑的现象，从而增加了轮胎的磨损。为了消除车轮外倾带来的这种不良后果，在安装车轮时，使汽车两前轮的中心面不平行，两轮前边缘距离 B 小于后边缘距离 A，$A-B$ 之差称为前轮前束，如图 19-6 所示。这样可使车轮在每一瞬间滚动方向接近于向着正前方，从而在很大程度上减轻和消除了由于车轮外倾而产生的不良后果。

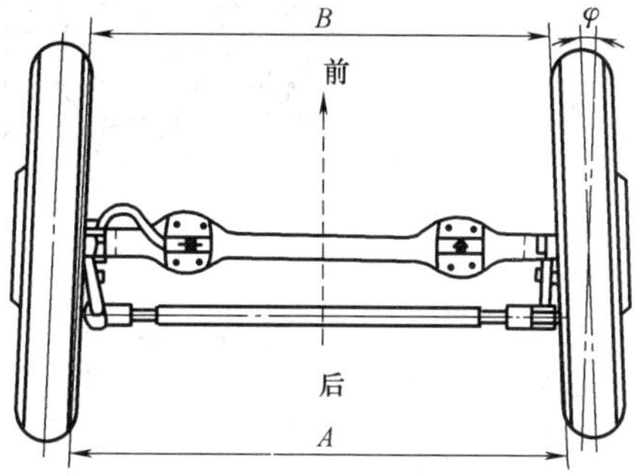

图 19-6 车轮前束（俯视）

前轮前束可通过改变横拉杆的长度来调整。调整时，可根据各厂家规定的测量位置，使前后距离差 $A-B$ 符合规定的前束值。一般前束值为 0～12mm。测量位置除图示位置外，还通常取两轮胎中心平面处的前后差值，也可以选取两车轮钢圈内侧面处前后的差值。此外前束也可用角度——前束角表示，如图 19-6 中的 φ 角。

五、后轮的外倾角和前束

车轮定位参数通常都指汽车的前转向轮而言。但是，现代汽车不仅前转向轮有外倾角和前束，有些汽车的后轮也有外倾角和前束。如红旗 CA7220 型轿车，后轮设置有前束角和外倾角。该车为发动机前置和前驱动形式，后轮则是驱动轮。汽车的驱动力 F 通过纵臂作用于后轴上（图 19-7），如果车轮没有前束角，当汽车行驶时，在驱动力的作用下，后轴将产生一定弯曲，使车轮出现前张现象，而预先设置的前束角就是用来抵消这种前张的。后轮外倾角有两个作用：(1)由于外倾角是负值，可增加车轮接地点的跨度，增加汽车的横向稳定性；(2)负外倾角是用来抵消当汽车高速行驶且驱动力较大时车轮出现的负前束（前张），以减少轮胎的磨损。该车轮前束角和外倾角均不可调整。

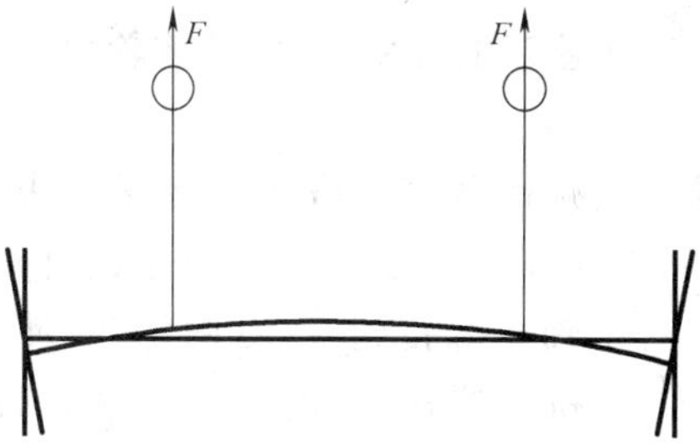

图 19-7 驱动力作用在后轴上

某些后轮驱动的重型汽车上，由于采用独立悬架和脊骨式车架，为了保证加载后汽车行驶时轮胎处于正确的接地位置，较少磨损，后轮也设计成有一定的正外倾角，如太脱拉 138 型汽车。

第三节 转向驱动桥

在许多轿车和全轮驱动的越野车上，前桥除作为转向桥外，还兼起驱动桥的作用，故称为转向驱动桥，如图 19-8 所示。

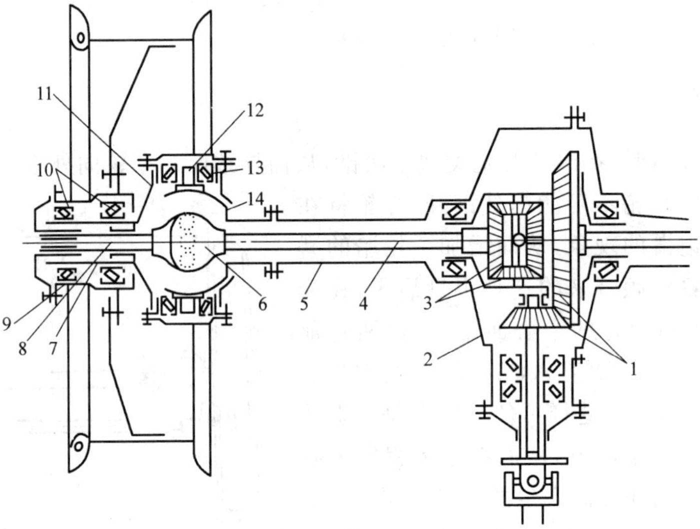

图 19-8 转向驱动桥示意图

1—主减速器 2—主减速器壳 3—差速器 4—内半轴 5—半轴套管 6—万向节 7—转向节轴颈 8—外半轴 9—轮毂 10—轮毂轴承 11—转向节壳体 12—主销 13—主销轴承 14—球形支座

它同一般驱动桥一样，有主减速器 1 和差速器 3。但由于转向时车轮需要绕主销偏转一个角度，故与转向轮相连的半轴必须分为内、外两段（内半轴 4 和外半轴 8），其间用万向节 6（一般多用等角速万向节）连接，同时主销 12 也因而分制成上、下两段。转向节轴颈部分做成中空的，以便外半轴穿过其中。目前，许多现代轿车采用了发动机前置前驱动的布置形式，其前桥就是转向驱动桥。该类型转向驱动桥多与麦弗逊式独立悬架配合使用，因其前轮内侧空间较大，便于布置，具有良好的接近性和维修方便性。

图 19-9 所示为上海桑塔纳轿车前转向驱动桥总成。主减速器和差减速器在图中未画出。其动力经主减速器和差速器传至左、右内半轴及左、右半轴（传动轴）3、9 和左、右内等角速万向节，并经球笼式左、右外等角速度万向节及左、右半轴凸缘传到左、右两轮毂，使驱动车轮旋转。当转动转向盘时，通过齿轮齿条式转向器 14 和横拉杆 16 而使前轮偏转，以实现转向。捷达、奥迪和红旗 CA7220 型等轿车的前桥均是转向驱动桥，其构造与上述结构类似。

东风 EQ2080E 型 6×6 汽车的前桥为与非独立悬架配合使用的转向驱动桥，其构造如图 19-10 所示。内半轴 1 与外半轴 9 通过三销轴式等角速万向节 3 连接在一起。当前桥驱动时，转矩由差速器、内半轴 1、等角速万向节 3、外半轴 9 以及凸缘盘 10 传到车轮轮毂 14 上。转向节通过两个滚针轴承和球碗及钢球支承在转向节支座 2 上，分成两段的主销 4 与转向节支座固装成一体，其上、下两段的轴线必须在同一直线上。

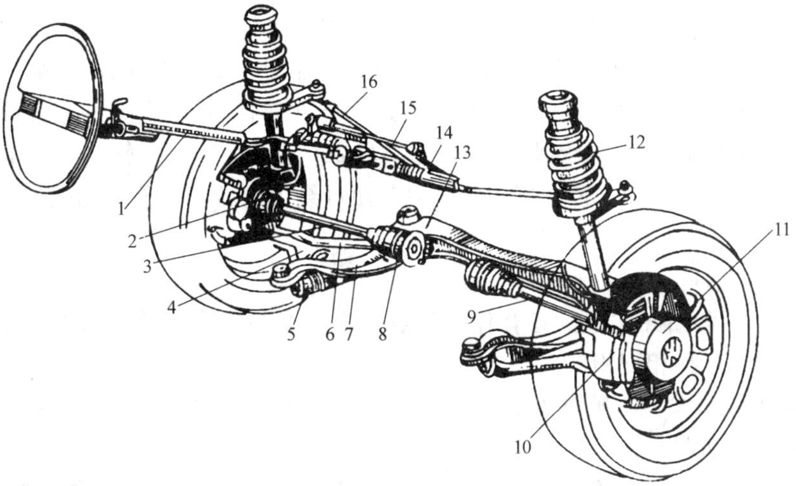

图 19-9　上海桑塔纳(Santana)轿车转向驱动桥

1—转向柱　2—外等角速度万向节　3—左(半轴)传动轴　4—悬架摆臂　5—悬架臂后端的橡胶金属轴　6—横向稳定杆　7—发动机悬置　8—内等角速万向节　9—右(半轴)传动轴　10—制动钳　11—外半轴凸缘　12—减速器支柱　13—橡胶金属支架　14—齿轮齿条式转向器　15—转向减速器　16—横拉杆

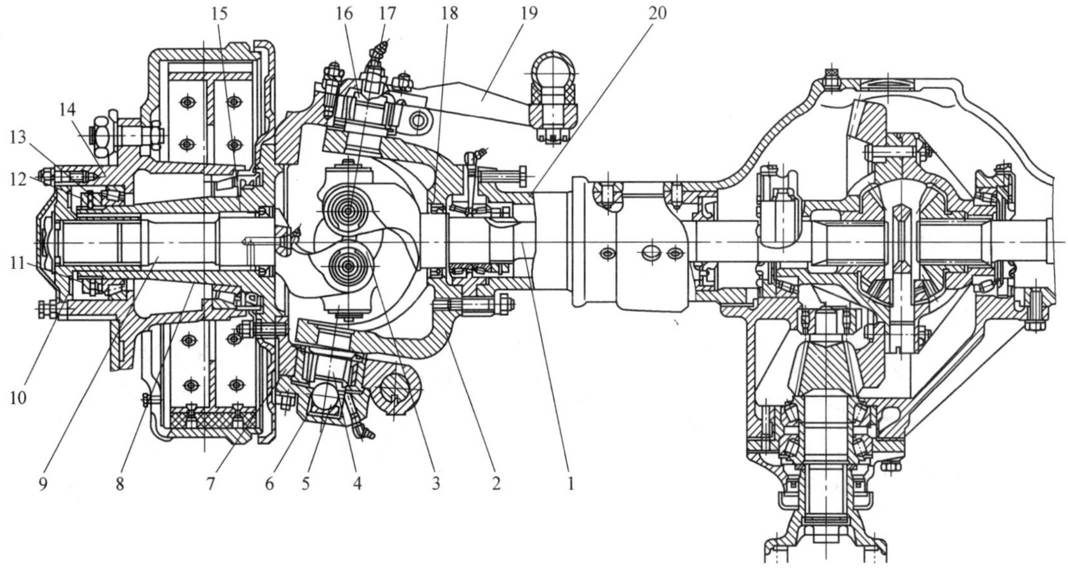

图 19-10　东风 EQ2080E 型汽车转向驱动桥

1—内半轴　2—转向节支座　3—三销轴式等角速万向节　4—主销　5—钢球　6—下轴承盖　7—转向节外壳　8—转向节轴颈　9—外半轴　10—凸缘盘　11—锁紧螺母　12—锁止垫圈　13—调整螺母　14—轮毂　15—青铜衬套　16—球碗　17—止推螺钉　18—油封　19—转向节臂　20—半轴套管

主销轴承用下轴承盖 6 及转向节臂 19(左边的上轴承盖与转向节臂是一体)压紧在转向节外壳 7 上。下轴承盖 6 内装有一个钢球及两个球腕,以承受主销的轴向载荷。上轴承盖内装有一个止推螺钉,并通过球碗 16 顶住主销,以防止主销轴向窜动。拧紧止推螺钉的预紧力不要太大,否则会使转向沉重。转向节支座下端面与主销下轴承座油封罩间应有一定间隙

(1～2mm)。间隙过小(如小于0.2mm)可能引起转向沉重,此时应在钢球下球碗的下面加装垫片(厚1mm)。转向节支座用螺钉与半轴套管20相连接。转向节做成转向节外壳7和转向节轴颈8两段,用螺钉连接成一体。轮毂14通过两个锥轴承装在转向节轴颈上,轮毂轴承用调整螺母13、锁止垫圈12和毂14通过两个锥轴承装在转向节轴颈上,轮毂轴承用调整螺母13、锁止垫圈12和锁紧螺母11固紧。在转向节轴颈内压装一个青铜衬套15,以便支承外半轴9。当通过转向节臂19推动转向节时,转向节便可绕主销转动而使前轮偏转。

思 考 题

1. 整体式车桥和断开式车桥各有什么特点?为什么整体式车桥通常配用非独立悬架而断开式车桥与独立悬架相配用?

2. 转向轮的定位参数有哪些?各起什么作用?主销后倾角为什么在某些轿车上出现负值?前束如何测量和调整?

3. 转向驱动桥在结构上有什么特点?其转向和驱动两个功能是由哪些零部件实现的?

4. 为什么现代轿车上广泛采用发动机前置、前驱动形式?

第二十章　车轮与轮胎

车轮与轮胎是汽车行驶系统中的重要部件，其功用是：支承整车；缓和由路面传来的冲击力；通过轮胎同路面间存在的附着作用来产生驱动力和制动力；汽车转弯行驶时产生平衡离心力的侧抗力，在保证汽车正常转向行驶的同时，通过车轮产生的自动回正力矩，使汽车保持直线行驶方向；承担越障提高通过性的作用等。

第一节　车　　轮

车轮是介于轮胎和车轴之间承受负荷的旋转组件，通常由两个主要部件轮辋和轮辐组成。轮辋是在车轮上安装和支承轮胎的部件，轮辐是在车轮上介于车轴和轮辋之间的支承件。轮辋和轮辐可以是整体式的、永久连接式的或可拆卸式的。车轮除上述部件外，有时还包含轮毂。

一、车轮的类型

按照轮辐的构造，车轮可分为辐板式和辐条式两种主要形式；按车轴一端安装一个或两个轮胎，车轮又分为单式车轮和双式车轮。目前，轿车和货车上广泛采用辐板式车轮和辐条式车轮。此外，还有对开式车轮、可反装式车轮、组装轮辋式车轮和可调式车轮。

1. 辐板式车轮

图 20-1 为典型的货车辐板式车轮。它是由挡圈 1、嵌入轮胎的轮辋 3、安装在车轴上的辐板 2 和气门嘴孔 4 组成。轮辋 3 与辐板 2 通过焊接方式连接成一体，辐板 2 通过中心孔和周围分布的螺栓孔安装在轮毂上。为了方便安装时车轮与轮毂中心重合，辐板 2 上的螺栓孔和螺栓及紧固螺母的端面都加工有定位曲面（凸面或凹面）。此外，为了减轻车轮的质量，有利于制动鼓（盘）散热，方便拆装，还在辐板的外边缘制成几个通孔。

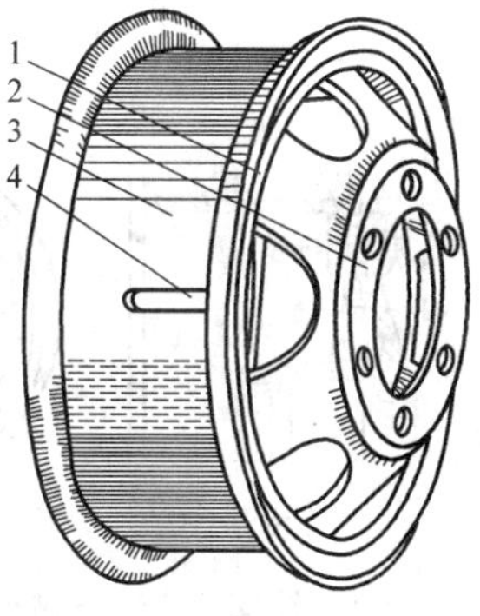

图 20-1　辐板式车轮
1—挡圈　2—辐板　3—轮辋
4—气门嘴孔

轿车的车轮辐板所用钢板较薄，常冲压成起伏多变的形状，如图 20-2b 所示，以提高刚度。有些轿车为了减轻车轮的重量和有利于制动鼓的散热，采用了铝合金铸造加工。为了保证高速行驶的平衡性能，还加有平衡块。红旗 CA7220 型轿车的车轮和轮胎总成如图 20-2 所示。轮辋 7 和辐板 5 焊接在一起，并用螺栓 2 将其安装在车轮轮毂或制动毂上，组成车轮。用平衡块 8 对车轮进行动平衡，车轮装饰罩 4 装在辐板外面。

2. 辐条式车轮

这种车轮的轮辐是钢丝辐条（图 20-3a）或是与轮毂铸成一体的铸造辐条（图 20-3b ）。钢丝辐条车轮由于价格昂贵，维修安装不便，故仅用于赛车和某些高级轿车上（如美国别克轿车）。铸造辐条式车轮常用于装载质量较大的重型汽车上，其轮辋 1 是用螺栓 3 和特殊形状的衬块 2 固

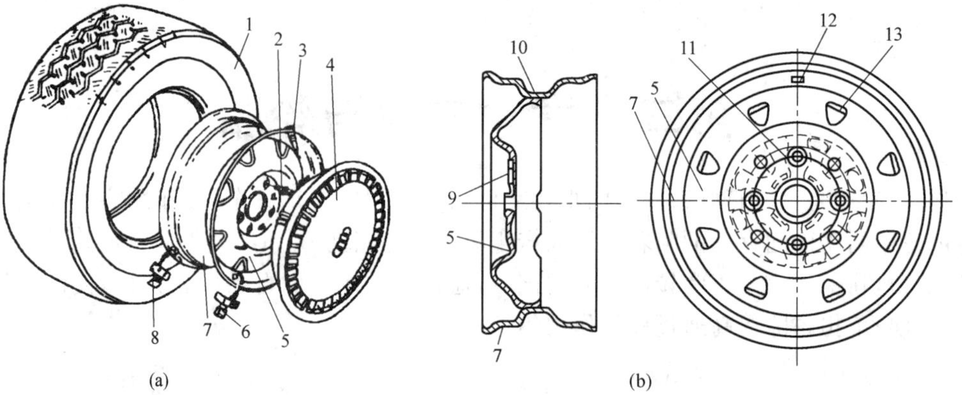

图 20-2　红旗 CA7220 型轿车车轮和轮胎

1—轮胎　2—螺栓　3—气门嘴　4—车轮装饰罩　5—辐板　6—平衡块定位弹簧　7—轮辋　8—平衡块　9—螺栓孔　10—焊缝　11—车轮螺母座凸台　12—气门嘴孔　13—通风孔

定在辐条 4 上的，为了使轮辋与辐条很好的对中，在轮辋和辐条上都加工出配合锥面 5。

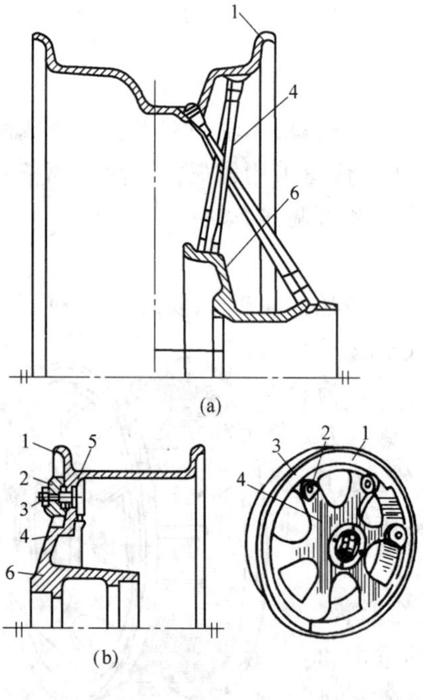

图 20-3　辐条式车轮

1—轮辋　2—衬块　3—螺栓　4—辐条　5—配合锥面　6—轮毂

二、轮辋的类型

轮辋是轮胎的装配和固定基础，当轮胎装入不同轮辋时，其变形位置与大小也发生变化。因此，每一种规格的轮胎，最好配用规定的标准轮辋，必要时也可配用规格与标准轮胎相近的轮辋。如果轮辋选用不当，会造成轮胎早期损坏，特别是轮胎装配在过窄的轮辋上时，更易损坏。轮辋的常见的形式主要有两种：深槽轮辋和平底轮辋，如图 20-4 所示。此外，还有对开式轮辋、半深槽轮辋、深槽宽轮辋、平底宽轮辋及全斜底轮辋等。

1. 深槽轮辋

如图 20-4a 所示，这种轮辋是整体的，其断面中部为一深凹槽，主要用于轿车及轻型越野车上。它有带肩的凸缘，用以安放外胎的胎圈，其肩部通常略向中间倾斜，其倾斜度一般是 5°±1°。倾斜部分的最大直径称为轮胎胎圈与轮辋的着合直径。断面中部的深凹槽是为便利外胎拆装而设计的。深式轮辋的结构简单，刚度大，质量较轻，对于小尺寸弹性较大的轮胎最适宜。但是，尺寸较大又较硬的轮胎，则很难装进这样的整体式轮辋内。

2. 平底轮辋

它有多种结构形式，图 20-4b 所示是我国货车常用的一种形式。挡圈 1 是整体的，而用一个开口弹性锁圈 2 来防止挡圈的脱出。在安装轮胎时，先将轮胎套在轮辋上，而后套上挡圈，并将它向内推，直至越过轮辋上的环形槽，再将开口的弹性锁圈嵌入环形槽中。此轮辋适用于

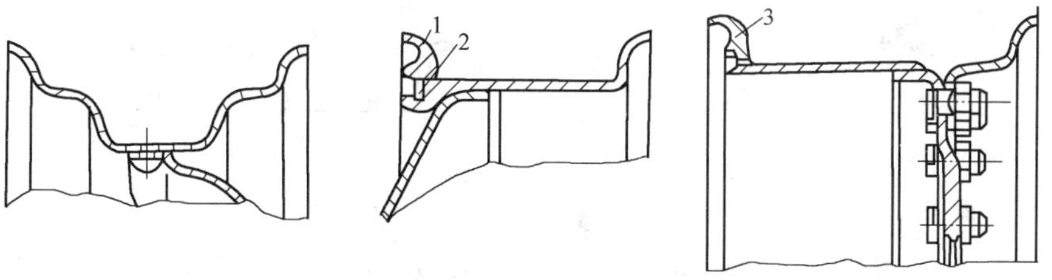

(a)　　(b)　　(c)

图 20-4　轮辋断面

(a)深槽轮辋　(b)平底轮辋　(c)对开式轮辋

1、3—挡圈　2—锁圈

尺寸较大而弹性较小的轮胎。东风 EQ1090E 型和解放 CA1091 型汽车车轮均采用这种形式的轮辋。

3. 对开式轮辋

这种轮辋由内、外两部分组成，如图 20-4c 所示，其内、外轮辋的宽度可以相等，也可以不等，两者通过螺栓连接，因此，拆装轮胎较方便。拆卸轮胎时，只要拆卸螺母，将轮辋内、外分开，轮胎即可拆下。对开式轮辋多用于越野车上。图 20-4c 所示挡圈 3 是可拆的。有的无挡圈，而有与内轮辋制成一体的轮缘代替挡圈的作用，内轮辋与辐板焊接在一起。东风 EQ2080 和延安 SX2150 型汽车车轮即采用这种形式的轮辋。

由于轮辋是轮胎的装配和固定基础，当轮胎装入不同轮辋时，其变形位置与大小也发生变化。因此，每一种规格的轮胎，最好配用规定的标准轮辋，必要时也可配用规格与标准轮胎相近的轮辋(容许轮辋)。如果轮辋选用不当，特别是使用过窄的轮辋，会造成轮胎早期损坏。

近年来，为了提高轮胎负荷能力的需要，开始采用宽轮辋。实验表明，采用宽轮辋可以提高轮胎的使用寿命，并可以改善汽车的通过性和行驶稳定性。

三、国产轮辋规格的表示方法

1. 国产轮辋轮廓类型及其代号

目前轮辋轮廓类型有 7 种，深槽轮辋：代号 DC(图 20-5a)；深槽宽轮辋：代号 WDC(图 20-5b)；半深槽轮辋：代号 SDC(图 20-5c)；平底轮辋：代号 FB(图 20-5d)；平底宽轮辋：代号 WFB(图 20-5e)；全斜底轮辋：代号 TB(图 20-5f)；对开式轮辋：代号 DT(图 20-5g)。

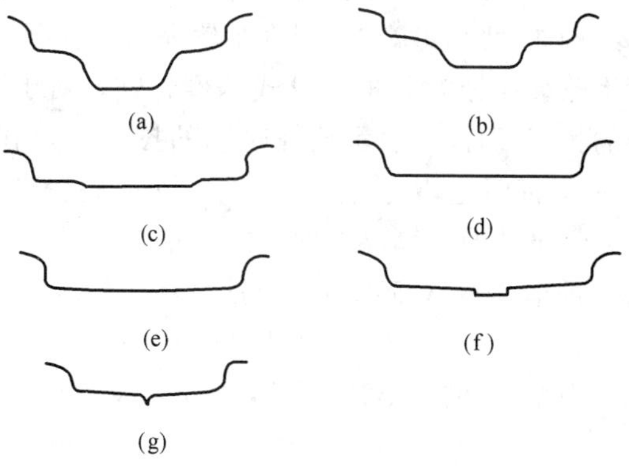

图 20-5　轮辋轮廓类型及代号

(a)深槽轮辋(DC)　(b)深槽宽轮辋(WDC)

(c)半深槽轮辋(SDC)　(d)平底轮辋(FB)

(e)平底宽轮辋(WFB)　(f)全斜底轮辋(TB)

(g)对开式轮辋(DT)

轮辋的结构形式，根据其主要由几个零件组成可分为：一件式轮辋、二件式轮辋、三件式轮辋、四件式轮辋和五件式轮辋。一件式轮辋具有深槽的整体式结构，如图 20-6a 所示。二件式轮辋可以拆卸为轮辋体和弹性挡圈两个主要零件，如图 20-6b 所示。三

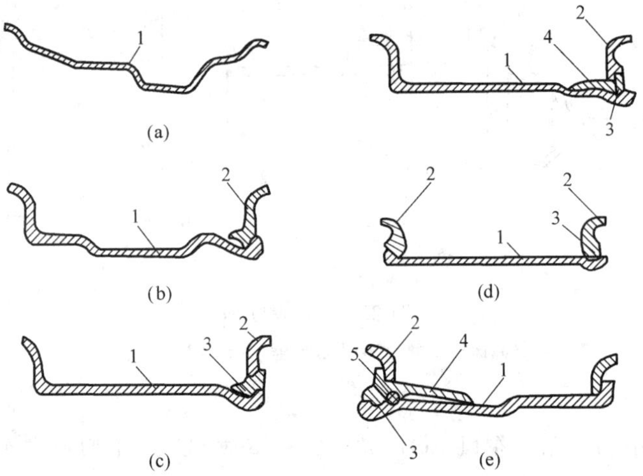

图 20-6 轮辋结构形式

(a)一件式轮辋 (b)二件式轮辋 (c)三件式轮辋 (d)四件式轮辋 (e)五件式轮辋

1—轮辋体 2—挡圈 3—锁圈 4—座圈 5—密封环

件式轮辋可以拆卸成轮辋体、挡圈和锁圈三个主要零件，如图 20-6c 所示。四件式轮辋可以拆卸为轮辋体、挡圈、锁圈和座圈四个主要零件，如图 20-6d 所示。五件式轮辋可以拆卸为轮辋体、挡圈、锁圈、座圈和密封环五个主要零件，如图 20-6e 所示。

2. 国产轮辋的规格代号

国产轮辋规格用轮辋名义宽度代号、轮缘高度代号、轮辋结构形式代号、轮辋名义直径代号和轮辋轮廓类型代号来共同表示。轮辋名义宽度和轮辋名义直径均用数字表示，单位以 in(英寸)表示(当新设计轮胎以 mm 表示直径时，轮辋直径用 mm 表示)。直径数字前面的符号表示轮辋结构形式代号，符号"×"表示该轮辋为一件式轮辋；符号"—"表示该轮辋为两件或两件以上的多件式轮辋。在轮辋名义宽度代号之后的拉丁字母表示轮缘的轮廓(E、F、J、JJ、KB、L、V 等)。有些类型的轮辋(如平底宽轮辋)，其名义宽度代号也代表了轮缘轮廓，不再用字母表示。最后面的代号表示了轮辋轮廓类型代号。

例如：北京 BJ2020 型汽车轮辋为 4.50E×16，表示该轮辋名义宽度 4.5in，名义直径 16in，轮缘轮廓代号为 E 的一件式深槽轮辋。对于平底式宽轮辋，只有表示轮辋名义宽度和名义直径的数字，而没有表示轮缘轮廓的拉丁字母代号。例如，解放牌 CA1092 型汽车轮辋规格为 6.5-20，说明轮辋的名义宽度为 6.5in，轮辋名义直径为 20in 的多件式轮辋；

新设计的轮辋以下列方式表示：

轿车：10×3.50C，15×6JJ。

轻型货车：15×5.5JJ，16.5×6.00，15-5.50F(SDC)。

中型、重型货车：20-7.5，22-8.00V，22.5×8.25。

第二节 轮 胎

一、轮胎的功用

现代汽车几乎都采用充气轮胎。轮胎由橡胶制成，安装在轮辋上，直接与地面接触，它的作用是：

(1)和汽车悬架共同来缓和汽车行驶时所受到的冲击，并衰减由此而产生的振动，以保证汽车有良好的乘坐舒适性和行驶平顺性；

(2)保证车轮和路面有良好的附着性，以提高汽车的牵引性、制动性和通过性；

(3)承受汽车的重力，并传递其他方向的力和力矩。

因此，轮胎内部通常充有气体，使其具有一定的承受载荷的能力和适宜的弹性；轮胎的外部有较复杂的花纹，以提高与路面的附着性。此外，车轮滚动时，轮胎在所承受的重力和由于道路不平而产生的冲击载荷作用下受到压缩。压缩消耗的功，在载荷去除后并不能完全回收，有一部分消耗于橡胶的内摩擦，结果使得轮胎发热。温度过高将严重影响橡胶的性能和轮胎的组织，大大增加轮胎的磨损从而缩短轮胎的使用寿命。

二、轮胎的分类

汽车轮胎按用途分，可分为载货汽车轮胎和轿车轮胎；而载货汽车轮胎又可分为重型、中型和轻型载货汽车轮胎。

汽车轮胎按胎体结构不同可分为充气轮胎和实心轮胎。现代汽车绝大多数采用充气轮胎。

充气轮胎按组成结构不同又可分为有内胎轮胎和无内胎轮胎两种。

充气轮胎按胎体中帘线排列的方向不同，还可分为普通斜交胎、带束斜交胎和子午线胎。普通斜交胎和子午线胎在汽车上得到了广泛应用，特别是子午胎的应用最为广泛。

1. 有内胎的充气轮胎

这种轮胎由内胎2、外胎1和垫带3组成，如图20-7所示。内胎中充满着压缩空气，它是一个环形橡胶管，应具有良好的弹性，并能耐热和不漏气。为使内胎在充气状态下不产生褶皱，其有效尺寸应稍小于外胎内壁尺寸；外胎是用以保护内胎使其不受外来损害的强度高而富有弹性的外壳；垫带放在内胎与轮辋之间，防止内胎被轮辋及外胎的胎圈擦伤和磨损。

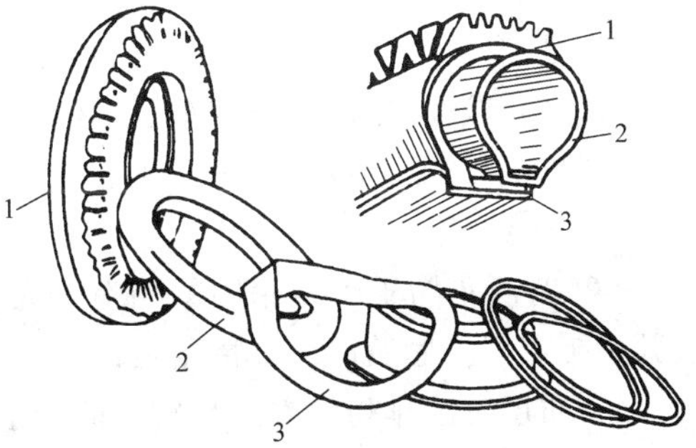

图20-7 充气轮胎的组成

1—外胎 2—内胎 3—垫带

按胎内的空气压力大小，充气轮胎可分为高压胎、低压胎和超低压胎三种。过去，一般气压在0.5～0.7MPa范围内为高压轮胎，在0.15～0.45MPa范围内为低压轮胎，在0.15MPa以下的为超低压轮胎。但由于制造轮胎用的骨架材料不断发展，如尼龙、人造丝和钢丝帘布线的使用，轮胎负荷能力大幅度提高，相应的气压也提高了，而轮胎的缓冲性能仍在某种程度保持了原来同种规格低压胎的性能。因此，按过去的标准已属于高压胎气压范围的轮胎，现在国内、外将其归于“低压胎”范围，如国产9.00-20的14层级尼龙胎，载荷容量为2185kg(22300N)，气压0.67MPa，仍属“低压胎”。

目前，轿车和货车几乎全都采用低压胎。因为低压胎弹性好，断面宽，与道路接触面大，壁薄而且散热性好。这些特点提高了汽车行驶平顺性和转向操纵的稳定性。此外，道路和轮胎本身的寿命也得以延长。

(1)普通斜交轮胎

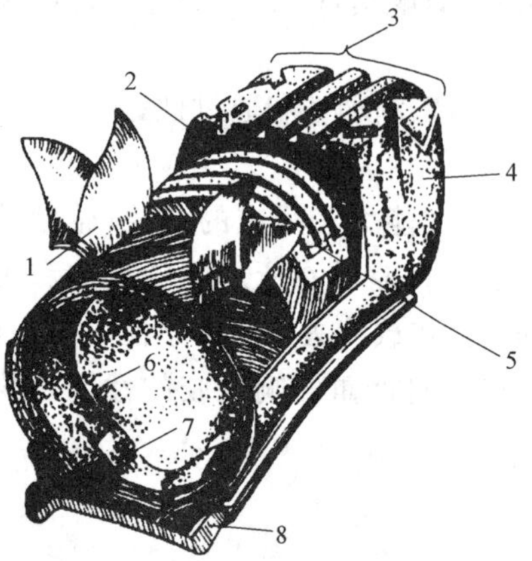

图 20-8 有内胎的普通斜交轮胎的构造
1—帘布层 2—胎肩 3—胎冠 4—胎侧
5—缓冲层 6—内胎 7—垫带 8—胎圈

帘布层与缓冲层各相邻层帘线交叉且与胎中心线呈小于 90°角排列的充气轮胎,称为普通斜交轮胎。图 20-8 所示为有内胎的普通斜交胎构造。外胎由胎冠 3、帘布层 1、缓冲层 5 及胎圈 8 组成。帘布层是外胎的骨架,用以保持外胎的形状和尺寸,通常由成双数的多层挂胶帘布用橡胶贴合而成。帘布的帘线与轮胎子午断面的交角(胎冠角)一般为 52°～54°,相邻层帘线相交排列。帘布层数越多,强度越大,但弹性降低。在外胎表面上注有帘布层数。

帘布由纵向的强韧的经线和放在各经线之间的少数纬线织成。帘线可以是棉线、人造丝线、尼龙线和钢丝。人造丝的强度和弹性大,它可使同样尺寸的轮胎增加载荷容量;尼龙丝比人造丝耐用性高。我国已大量采用人造丝和尼龙丝帘线,近来也开始采用钢丝帘线,但因价高和质脆而没有得到广泛应用。

缓冲层位于胎面与帘布层之间,是用胶片和两层或数层挂胶稀帘布制成,故弹性较大,能缓和汽车在行驶时所受到的不平路面的冲击,并防止汽车在紧急制动时胎面与帘布层脱离。

胎面是外胎最外一层,可分为胎冠 3、胎侧 4 和胎肩 2 三部分,如图 20-8 所示。胎冠用耐磨的橡胶制成,它直接承受摩擦和全部载荷,能减轻帘布层所受冲击,并保护帘布层和内胎免受机械损伤。为使轮胎与地面有良好的附着性能,防止纵、横向滑移等,在台面上有各种形状的凹凸花纹。

胎肩是较厚的胎冠与较薄的胎侧间的过渡部分,一般也制有花纹,以利散热。

胎侧橡胶较薄,用以保护帘布层侧壁免受潮湿和机械损伤。

胎圈使外胎牢固地装在轮辋上,有很大的刚度和强度,由钢丝圈、帘布层包边和胎圈包布组成。

(2)子午线轮胎

图 20-9 所示为子午线轮胎的构造。它由帘布层 2、带束层 3、胎冠 4、胎肩 5 和胎圈 1 组成,并以带束层箍紧胎体。其特点是:

1)帘布层帘线排列的方向与轮胎的子午断面一致,因此其强度得到充分利用。子午线轮胎的帘布层数一般比普通斜交胎减少 40%～50%,胎体较柔软。

2)帘线在圆周方向上只靠橡胶来联系,因此,为了承受行驶时产生的较大切向力,子午线轮胎具有若干层帘线与子午断面呈大角度(交角为 70°～75°)、高强度和不易拉伸的周向环形的类似缓冲层的带束层。带束层通常采用强度较高、拉伸变形很小的织物帘布(如玻璃纤维和聚酰胺纤维等高强度材料)或钢丝帘布制造。

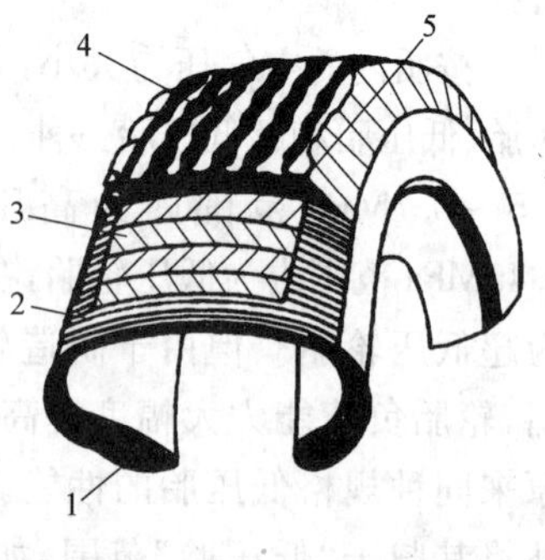

图 20-9 子午线轮胎
1—胎圈 2—帘布层 3—带束层
4—胎冠 5—胎肩

子午线轮胎的优点:接地面积大,附着性能好,胎面滑移小,对地面单位压力小,因而滚动阻力小,使用寿命长;胎冠较厚且有坚硬的带束层,不易刺穿;行驶时变形小,可降低油耗 3%～8%;因帘布层数少,胎侧薄，所以散热性能好；径向弹性大，缓冲性能好，负荷能力较大。

子午线轮胎的缺点：因胎侧较薄，胎冠较厚，在其与胎侧的过渡区易产生裂口；侧面变形大导致汽车的侧向稳定性差，制造技术要求高，成本也高。

由于子午线轮胎明显优越于普通斜交胎，因此在轿车上已普遍采用，在货车上也越来越多地采用了子午线轮胎，如东风 EQ1090E 型、EQ2080E 型、解放 CA1091 型、黄河 JN1182 型等载货汽车和越野汽车上的轮胎均为子午线轮胎。

2. 无内胎的充气轮胎

无内胎轮胎近年来在轿车和一些货车上的使用日益广泛。它没有内胎和垫带，空气直接压入外胎中，因此，要求轮胎与轮辋之间有很好的密封性。

无内胎轮胎在外观上和结构上与有内胎轮胎近似，所不同的是无内胎轮胎的外胎内壁上附加了一层厚度为 2～3mm 的专门用来封气的橡胶密封层 1，其结构如图 20-10 所示。它是用硫化的方法粘附上去的。在密封层正对着胎面的下面还贴着一层用未硫化橡胶的特殊混合物制成的自粘层 2。当轮胎穿孔时，自粘层能自行将刺穿的孔粘合，故又名自粘层的无内胎轮胎。

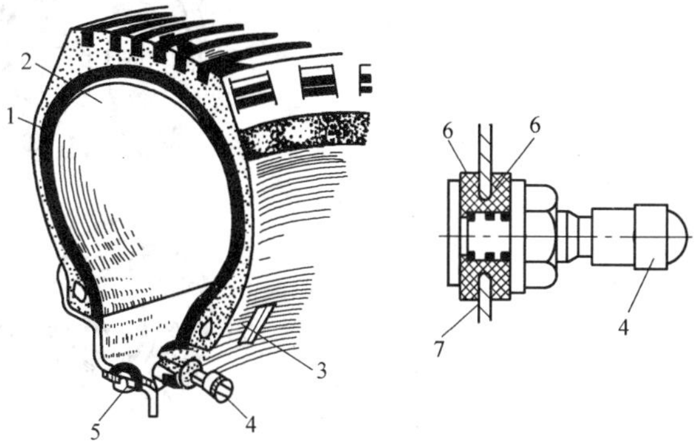

图 20-10　无内胎的充气轮胎

1—橡胶密封层　2—自粘层　3—槽纹　4—气门嘴　5—铆钉　6—橡胶密封衬垫　7—轮辋

在胎圈上做出多道同心的环形槽纹 3。在轮胎内空气压力的作用下，槽纹 3 能使胎圈可靠地紧粘在轮辋边缘上，从而保证轮胎和轮辋之间的气密性。

气门嘴 4 直接固定在轮辋 7 上，其间垫以密封用的橡胶密封衬垫 6。铆接轮辋和轮辐的铆钉 5 自内侧塞入，并涂上一层橡胶。

无内胎轮胎的优点是：轮胎穿孔时压力不会急剧下降，仍然能继续安全行驶；无内胎轮胎中由于没有内胎，故不存在内、外胎的摩擦和夹卡而引起的损坏；它气密性较好，可以直接通过轮辋散热，所以轮胎工作温度低，使用寿命长；无内胎轮胎结构简单，质量较小。

无内胎轮胎的缺点是：途中修理较为困难；此外，自粘层只有在穿孔尺寸不大时方能粘合；天气炎热时自粘层可能软化而向下流动，从而破坏车轮平衡。因此，一般多采用无自粘层的无内胎轮胎。它的外胎内壁只有一层密封层，当轮胎穿孔后，由于其本身处于压缩状态而紧裹着穿刺物，故能长期不漏气。即使将穿刺物拔出，无内胎轮胎只有在轮胎爆胎时才会失效。

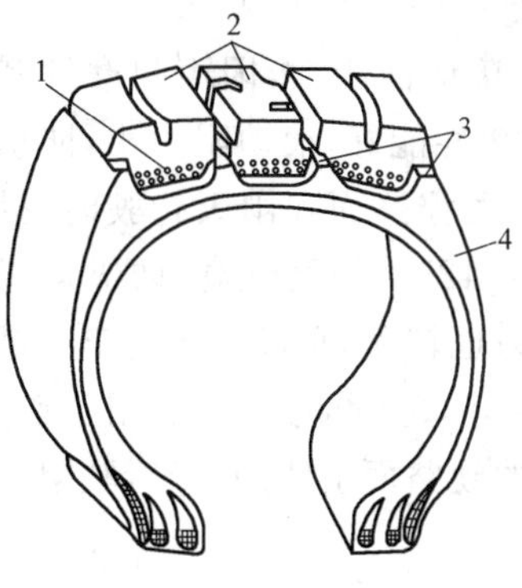

图 20-11　活胎面轮胎

1—钢丝纤维　2—胎面环　3—凸缘　4—胎体

3. 活胎面轮胎

有些车辆装用了活胎面轮胎，如图 20-11 所示。它由钢丝纤维 1、胎面环 2、凸缘 3 和胎体 4 组成。胎体通常为子午线排列，其上有可更换的胎面。在胎冠部分，有较厚的橡胶层，并沿轮胎圆周方向制有三条平行的沟槽。活胎面由三个单独的胎面环组成。胎面环有帘线加强层起缓冲作用。加强层由两层钢丝帘布构成，帘线沿圆周方向排列。胎面嵌入胎体上的沟槽内，并依靠胎体充气后产生径向伸张而固着于胎体上。胎体上三条沟槽侧面的凸棱可防止胎面环发生侧向位移，胎面环和地面接触表面有花纹。

活胎面轮胎的最大优点是在花纹磨损严重或磨光后可以单独更换胎面，也可以根据不同使用条件更换不同花纹的胎面。其缺点是重量大，使用中可能出现胎体和胎面环之间磨损，胎面环橡胶与钢丝体脱层。

三、轮胎花纹

轮胎花纹主要有普通花纹、混合花纹和越野花纹，如图 20-12 所示。花纹按方向可分为横向花纹和纵向花纹。

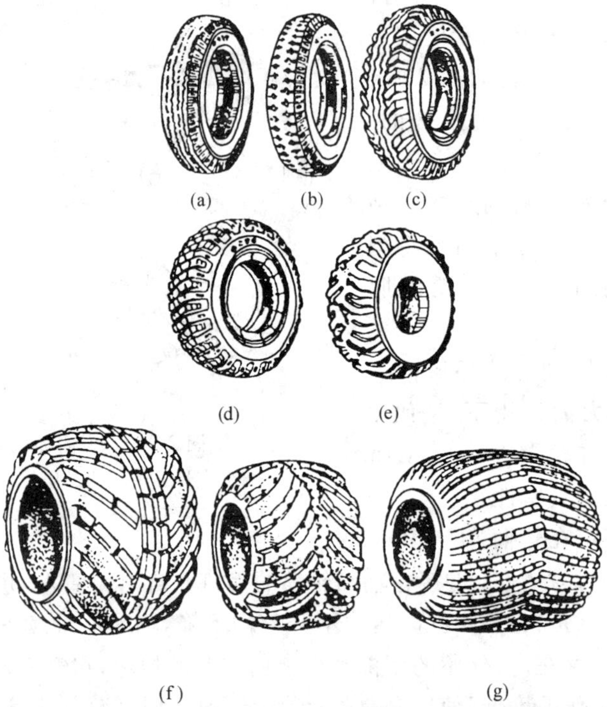

图 20-12 轮胎花纹

(a)、(b)普通花纹 (c)混合花纹 (d)、(e)越野花纹 (f)拱形胎花纹 (g)低压特种花纹

普通花纹轮胎(图 20-12a、b)的特点是花纹细而浅，花纹块接地面积大，因而耐磨性和附着性好，适用于较好的硬路面。其中，纵向花纹(图 20-12a)，散热性能好，滚动阻力小，防横向滑移性能好，而且操纵性能好、噪声小，但防纵向滑移性能差，在泥泞路面和雨天行驶时，排水性能差，并且容易夹石，适用于高速行驶的车辆；横向花纹(图 20-12b)，耐磨性高，防纵向滑移性能好，不易夹石，但散热性能和防横向滑移性能较差，滚动阻力也较大，它仅用于货车。越野花纹(图 20-12d、e)，其凹部深而宽，在软路面上与地面的附着性好，越野能力强，适用于矿山、建筑工地以及其他一些松软和坏路面上行驶，但是如果在较好的硬路面上使用，因行驶阻力加大，反而会加速花纹的磨损。

越野花纹又可分为无向花纹和有向花纹(人字花纹)两种。有向花纹在安装时必须注意花纹方向，当其用做驱动轮时，花纹的尖端应与车轮旋转方向一致(人字向后)，这样车轮在软路面上行驶时，泥土从花纹间排出，提高了轮胎在软路面上的附着力。用做从动轮时，应当反向安装，这样可减少滚动阻力和轮胎磨损。如果驱动轮方向装反，在泥泞的软路面上行驶时，泥土会堵满花纹，使轮胎成为泥轮而打滑。

混合花纹（图 20-12c）的特点介于普通花纹和越野花纹之间，兼顾了两者的使用要求，中部为菱形、纵向为锯齿形或烟斗形花纹，两边为横向越野花纹，适用于在城市、乡村之间的路面上行驶的汽车轮胎。现代货车驱动轮胎也多采用这种花纹。

拱形胎花纹（图 20-12f）和低压特种花纹（图 20-12g）有更宽的断面和更低的接地比压，附着性好，主要用于软地面行驶的特种车辆。

轮胎花纹对汽车使用性能影响很大，选用时应给予足够的重视和仔细考虑。近年来，轮胎生产厂也在胎面花纹设计上不断地进行研究和开发。

四、轮胎规格标记方法

充气轮胎的尺寸代号如图 20-13 所示。D 为外胎直径、d 为轮胎内径、H 为轮胎断面高度、B 为轮胎断面宽度。目前，充气轮胎一般习惯用英制表示，但欧美国家则常用公制表示法。个别国家也有用字母作代号来表示轮胎的规格尺寸。我国轮胎规格标记采用英制计量单位。

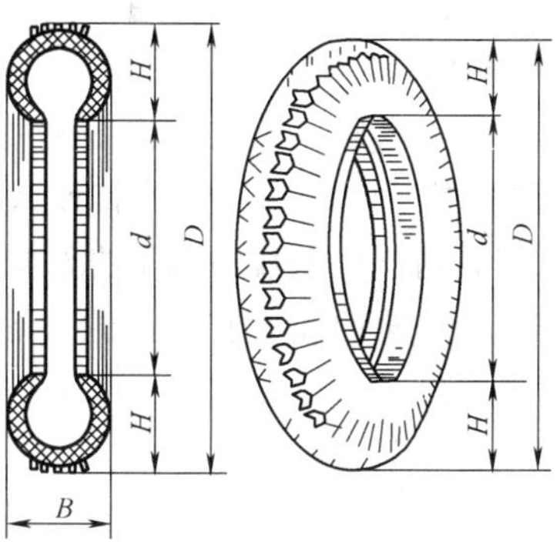

图 20-13　轮胎尺寸标记

高压胎一般用 $D\times B$ 来表示，单位均为 in，如 32×6 和 34×7 等，高压胎在汽车上很少使用；低压胎一般用 B-d 来表示，单位均为 in，如 6.50-16、9.00-20 和 12.00-20 等。若是子午线轮胎，则用 BRd 来表示，如 6.50R16、9.00R20 和 12.00R20 等，其中 R 代表子午线轮胎（即“Radial”的第一个字母）；超低压胎一般也用 B-d 来表示，单位均为 in，如 6.70-15 和 185/70－R14 等。

1. 斜交轮胎规格

我国采用国际标准，斜交轮胎的规格用 B-d 表示，载重汽车斜交轮胎和轿车斜交轮胎的尺寸 B 和 d 均用 in 为单位。

2. 子午线轮胎规格

国产子午线轮胎规格用 BRd 表示，其中 R 代表子午线轮胎（即“Radial”的第一个字母）。国产轿车子午线轮胎断面宽 B 已全部改用公制单位 mm；载货汽车轮胎断面宽 B 有英制单位 in 和公制单位两种。而轮辋直径 d 的单位仍为 in。

由于轮胎断面轮廓不断演变和发展，原来的传统标记法已经不能适应新的要求，所以国际标准作出明确规定，采用新的轮胎规格标记法。除保留规格仍用原标记外，新的国际标准以轮胎断面宽度（mm）、轮胎扁平率（%）、轮胎结构代号（如 R 代表子午线结构）和轮辋直径代号（in）4 项表示，如 185/70—R14，其中，轮胎宽度为 185mm，轮胎扁平率为 70%，“—”表示低压胎，“R”为子午线轮胎，轮辋直径为 14in。

轮胎按其扁平率——高宽比划分系列，目前国产轿车子午线轮胎有 80、75、70、65 和 60 五个系列，数字分别表示断面高 H 是断面宽 B 的 80%、75%、70%、65%和 60%。显然，数字越小，胎越矮，即轮胎越扁平。

3. 无内胎轮胎规格

按国标 GB 2977—89 规定，载货汽车普通断面子午线无内胎轮胎规格用 BRd 表示。有些子午线轮胎，采用在规格中加“TL”标志。例如：轮胎195/70SR14TL表示轮胎的断面宽度为195mm，$H/B\times 100=70$，即扁平率为70%，轮胎速度等级为S级，子午线轮胎，轮辋直径为14in，最后“TL”表示无内胎轮胎。

此外，目前国产轿车均使用子午线无内胎轮胎。普通桑塔纳轿车使用轮胎规格为185/70SR13；桑塔纳2000轿车使用轮胎规格为195/60R1485H。神龙福康轿车使用轮胎规格为165/70R14。普通捷达轿车使用轮胎规格为175/70R13T；捷达王轿车使用轮胎规格为185/60R14H。

思考题

1. 试分析在轿车上多采用深式轮辋而在货车上主要使用平底轮辋的原因。
2. 轮辋轮廓类型及代号有哪些？其结构形式又有几种？国产轮辋规格代号是如何规定和表示的？
3. 子午线轮胎和普通斜交胎相比，有什么区别和特点？为什么子午线轮胎得到越来越广泛的使用？
4. 无内胎轮胎在结构上是如何实现密封的？为什么在轿车上得到广泛使用？有自黏层和无自黏层的无内胎轮胎有什么不同？应用如何？
5. 国产轮胎规格标记方法如何表示？
6. 车轮的通风和平衡的目的何在？在结构上是如何实现的？

第二十一章 悬　　架

第一节 概　　述

汽车悬架是连接车桥(或车轮)与车架(或承载式车身)的弹性传力装置,是一切传力连接装置的总称。它主要功用如下:

(1) 将路面作用于车轮上的各种作用力及这些力形成的力矩传递到车架(或承载车身)上,以保证汽车的正常行驶;

(2) 缓和路面与车轮间的冲击;

(3) 减振并且使振动迅速衰减;

(4) 悬架中某些传力构件还承担着使车轮按一定轨迹相对于车架和车身跳动的任务,即起到了导向的作用,以保证汽车的操纵稳定性。

一、悬架的组成

汽车悬架有各种不同的结构形式,但是一般都由弹性元件 1、减振器 3 和导向机构(纵、横向推力杆 2、5)三部分组成,如图 21-1 所示。

当汽车在凸凹不平的路面上行驶时,路面作用于车轮上的垂直反力是冲击性的,尤其是在坏路面上高速行驶时,这种冲击会很大,可能引起汽车机件的早期损坏和所载货物的损伤。为了缓和冲击,车架与车桥之间需作成弹性连接。

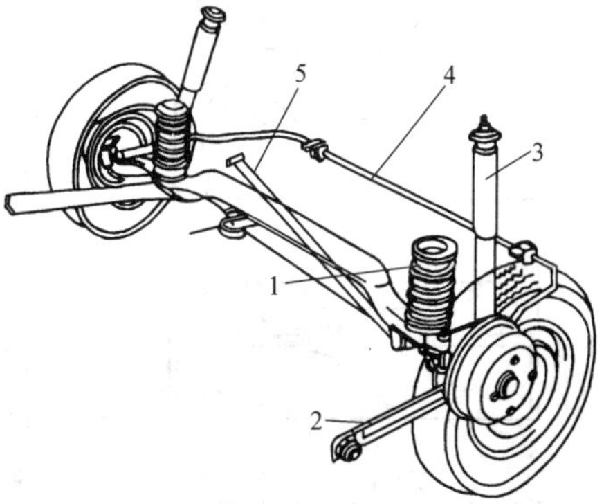

图 21-1　汽车的悬架组成示意图

1—弹性元件　2—纵向推力杆　3—减振器　4—横向稳定器　5—横向推力杆

但因弹性系统在受到冲击后,将产生振动,持续不断的振动易使乘员感到不适或疲劳,故悬架还应具有减振作用,使振动逐渐衰减。为此,在许多结构形式的汽车悬架中都设有专门的减振器。

车轮相对于车架和车身跳动时,车轮(特别是导向轮)的运动轨迹应符合一定的要求,否则对汽车的某些行驶性能(特别是操纵稳定性)有不利的影响。因此,悬架中某些传力构件同时还承担着使车轮按一定轨迹相对于车架和车身跳动的任务,即起到了导向的作用,故称导向机构。

在大多数轿车和客车上,为了防止车身在转弯行驶等情况下发生过大的倾斜,在悬架中还设有辅助弹性元件——横向稳定器。

由此可见,汽车悬架的功能可概括为传力、缓冲、减振和导向四大功能。应当指出,悬架要具备上述功能,在结构上并非一定要设置满足上述各功能的单独的装置。例如常见的钢板弹簧,除了具有缓冲作用外,还具有传力、导向和减振作用,因而可不设置导向机构,也可以不装减振器。

由悬架刚度和悬架弹簧支承的质量(簧载质量)所决定的车身固有频率(亦称为振动系统

的自由振动频率），是影响汽车行驶平顺性的悬架重要性能指标之一。人体所习惯的垂直振动频率是步行时身体上下运动的频率，为 1～1.6Hz。车身固有频率应当尽可能地处于或接近这一频率范围。根据力学分析，如果将汽车看成一个在弹性悬架上作单自由振动的质量，则悬架系统的固有频率为：

$$n=\frac{1}{2\pi}\sqrt{\frac{C}{M}}=\frac{1}{2\pi}\sqrt{\frac{g}{f}}$$

式中 g——重力加速度；

f——悬架挠度；

M——悬架簧载质量；

$C(C=Mg/f)$——悬架刚度，即车轮中心相对于车架和车身向上移动的单位距离所需的加于悬架上的垂直载荷。

由上式可见：

(1) 在悬架所受垂直载荷一定时，悬架刚度越小，车身固有频率越低。但是，当载荷一定时，悬架刚度越小，悬架的挠度就越大，即车轮上下跳动所需空间就越大，这对于簧载质量大的货车在结构上难以保证，所以实际上货车车身的固有频率远远大于通过上式计算所得的频率范围。

(2) 当悬架刚度一定时，簧载质量越大，悬架的挠度越大，车身固有频率越低，即空车行驶时的车身固有频率比满载行驶时高。

为使车身固有频率不随簧载质量的变化而变化或变化很小，应将悬架刚度做成可变的，即悬架刚度随载荷增加而增加。如气体弹簧，其本身刚度随簧载质量的变化而变化；又如扭杆弹簧，虽然其本身刚度不变，但是安装在悬架中之后，可使整个悬架具有可变的刚度。

二、悬架的类型

悬架按导向机构的基本形式来分有独立悬架和非独立悬架两大类，如图 21-2 所示。

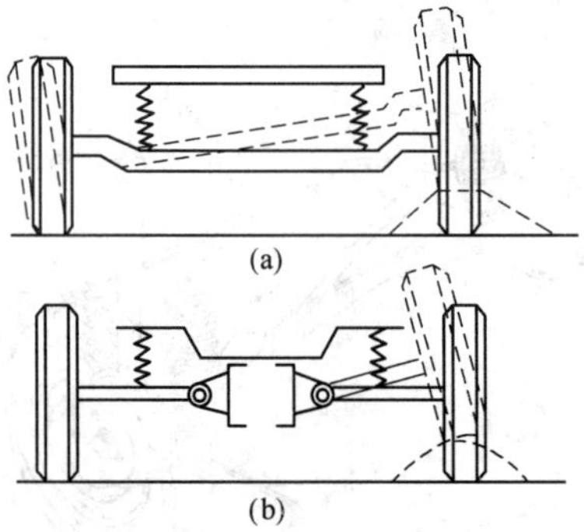

图 21-2 非独立悬架与独立悬架

(a)非独立悬架 (b)独立悬架

非独立悬架如图 21-2a 所示。它的结构特点是两侧的车轮由一根整体式车桥相连，车轮连同车桥一起通过弹性悬架与车架连接。当一侧车轮因道路不平而发生跳动时，必然引起另一侧车轮在汽车横向平面内发生摆动，故称为非独立悬架。这种悬架广泛应用于中、重型汽车上。

独立悬架如图 21-2b 所示。它的结构特点是车桥做成断开的，每一侧的车轮可以单独地通过弹性悬架与车架连接，两侧车轮可以单独跳动，互不影响，故称为独立悬架。它广泛应用于轿车上。

第二节 减 振 器

汽车在不平道路上行驶时，车身将产生振动，为了加速车架与车身振动的衰减，改善汽车的行驶平顺性，在大多数汽车悬架系统内都装有与弹性元件并联安装的减振器，如图 21-3 所示。汽车悬架系统中采用的减振器多为液力减振器，其工作原理是：当车架（或车身）和车桥间受振动出现相对运动时，减振器内的活塞上下移动，减振器腔内的油液便反复地从一个腔经过不同的孔隙流入另一个腔内。此时孔壁与油液间的摩擦及液体分子内摩擦便形成对振动的阻尼力，使车身和车架的振动能量转化为热能被油液和减振器壳体所吸收，然后散到大气中。在油液通道截面等因素不变时，阻尼力随车架与车桥（或车轮）之间相对运动速度的增减而增减，它还与油液黏度有关，要求油液的黏度受温度变化的影响尽可能小，且具有抗汽化、抗氧化以及对各种金属和非金属零件不起腐蚀作用等性能。

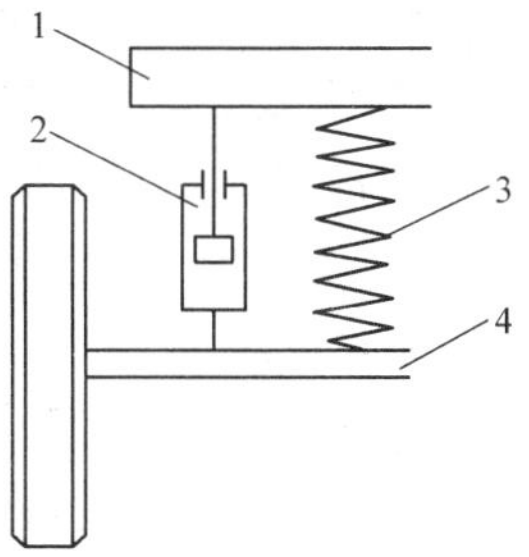

图 21-3 减振器和弹性元件的安装示意图

1—车架 2—减振器 3—弹性元件 4—车轴

减振器的阻尼力越大，振动消除得越快，但却使并联的弹性元件的作用不能充分发挥，同时，过大的阻尼力还可能导致减振器连接零件及车架损坏。为解决弹性元件和减振器之间的这一矛盾，对减振器提出如下要求：

(1) 在悬架压缩行程（车桥与车架相互靠近）内，减振器阻尼力应较小，以便充分利用弹性元件的弹性来缓和冲击；

(2) 在悬架伸张行程内，阻尼力应较大，以求迅速减振；

(3) 当车桥（或车轮）与车架的相对速度较大时，减振器应当能自动加大液流通道截面积，使阻尼力始终保持在一定限度之内，以避免承受过大的冲击载荷。

汽车悬架系统广泛采用筒式减振器，若在压缩和伸张两个行程中均能起减振作用，则称为双向作用式减振器；仅在伸张行程内起作用，则称为单向作用式减振器。还有采用新式减振器的，它包括充气式减振器和阻力可调式减振器。

一、双向作用筒式减振器

根据双向作用式减振器的结构形式，它可分为筒式和摇臂式两种。由于筒式减振器的质量小、性能稳定和工作可靠，因此被广泛应用。

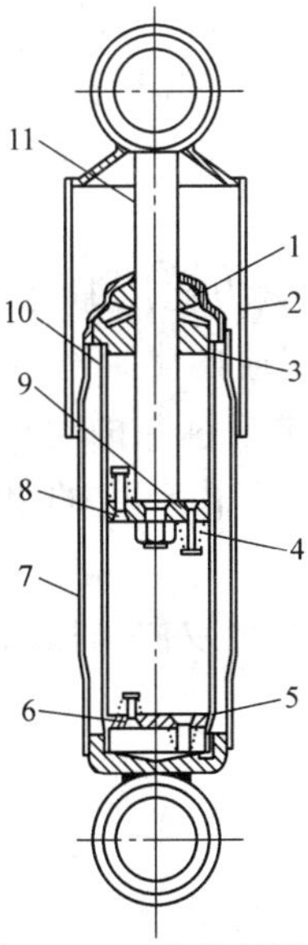

图 21-4 双向作用筒式减振器示意图

1—油封 2—防尘罩 3—导向座 4—流通阀 5—补偿阀 6—压缩阀 7—贮油缸筒 8—伸张阀 9—活塞 10—工作缸筒 11—活塞杆

1. 筒式减振器的结构

双向作用筒式减振器的结构如图 21-4 所示。外面的钢筒为防尘罩 2，中间的钢筒为贮油缸筒 7，内部装满油液。工作缸筒内装着活塞杆 11，其上端穿过密封装置与防尘罩、吊环制成一体，活塞杆下端用压紧螺母固定着活塞 9。在活塞上装有伸张阀 8 和流通阀 4，在工作缸筒 10 下端的支座上装有压缩阀 6 和补偿阀 5。流通阀和补偿阀是单向阀，其弹簧很软，较小的油压就可将它打开或关闭。压缩阀和伸张阀是卸载阀，其弹簧较硬，预紧力较大，需要较大的油压才能打开；当油压稍有降低时，阀即可立刻关闭。

2. 筒式减振器的工作原理

双向作用筒式减振器的工作原理，分压缩和伸张两个行程加以说明。

(1) 压缩行程

当汽车车轮滚上凸起和滚出凹坑时，车轮移近车架（车身），减振器被压缩。减振器活塞 9 下移使其下方腔室容积减小，油压升高。这时油液经过流通阀 4 进入活塞上方腔室。

由于活塞杆 11 占去上腔一部分容积，故上腔室增加的容积小于下腔室减小的容积，致使下室油液不能全部流入上室，而多余的油液则压开压缩阀 6 进入贮油缸筒 7。由于流通阀和压缩阀的特殊结构(弹簧较软，通道较大)，能使油液流动的阻尼不致过大，所以在压缩行程时能使钢板弹簧充分发挥它的缓冲作用。

(2) 伸张行程

当车轮滚进凹坑或滚离凸起时，车轮离开车架，减振器被拉长。此时减振器活塞 9 上移，使其上方腔室容积减小，油压升高，流通阀 4 关闭。这时，上室油液推开伸张阀 8 流入下室。同样由于活塞杆的存在，自上腔流来的油液还不足已充满下腔所增加的容积，致使下室形成一定的真空度，这时贮油缸筒内的油液在真空度作用下推开补偿阀 5 流入下腔进行补充。由于伸张阀弹簧的刚度和预紧力比压缩阀的大，且伸张行程时，油液通道截面也比压缩行程小，所以减振器在伸张行程内产生的最大阻尼远远超过了压缩行程内的最大阻尼。减振器这时充分发挥减振作用，保护钢板弹簧不被拉坏。

压缩阀的节流阻力应随活塞运动速度的不同而变化。当车架或车身振动缓慢(即活塞向下运动速度低)时，油压不足以克服压缩阀弹簧的预紧力而推开阀门。此时，多余部分的油液便经一些常通的缝隙(图中未画出)流回贮油腔。当车身振动激烈，即活塞向下运动的速度高时，则活塞下腔油压骤增，达到能克服压缩阀弹簧的预紧力时，便推开压缩阀，使油液在很短的时间内通过较大的通道流回贮油缸。这样，油压和阻尼力都不至超过一定限度，以保证压缩行程中弹性元件的缓冲作用得到充分发挥。

同样，伸张行程中减振器的阻尼力也应随活塞运动速度的不同而变化。当车轮向下运动速度不大时(即活塞向上的运动速度不大)，油液经伸张阀的常通孔隙(图中未画出)流入下腔，由于通道截面积很小，便产生较大的阻尼力，从而消耗了振动能量，使振动迅速衰减。当车身振动剧烈时，活塞上移速度增大到使油压足以克服伸张阀弹簧的预紧力时，伸张阀开启，通道截面积增大，使油压和阻尼力保持在一定限度内。这样，可使减振器及悬架系统的某些零件不会因超载而损坏。

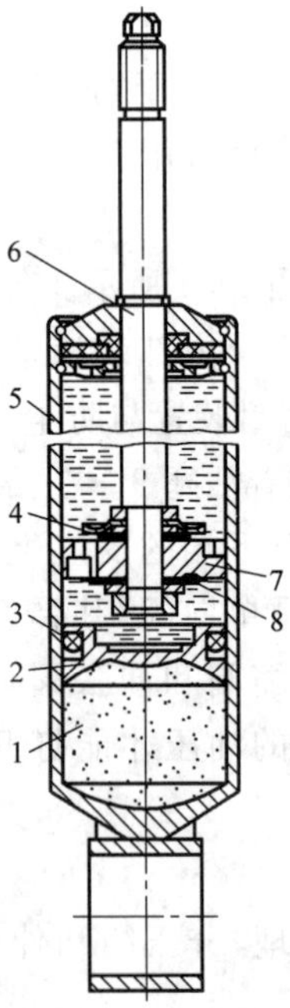

图 21-5 充气式减振器

1—密闭气室 2—浮动活塞 3—O 形密封圈 4—压缩阀 5—工作缸 6—活塞杆 7—工作活塞 8—伸张阀

由于伸张阀弹簧的刚度和预紧力比压缩阀的大，在同样的油压力作用下，伸张阀及相应的常通缝隙的通道截面积总和小于压缩阀及相应的常通缝隙的通道截面积总和，这就保证了减振器在伸张行程内产生的阻尼力比压缩行程内产生的阻尼力大得多。

根据上述工作原理所设计的各种双向作用筒式减振器的结构均大同小异。

二、新型减振器

1. 充气式减振器

充气式减振器是 20 世纪 60 年代发展起来的一种新型减振器。如图 21-5 所示为一种轿车上用的充气式减振器。其结构特点是在缸筒的下部装有一个浮动活塞 2，在浮动活塞与缸筒一端形成的密闭气室 1 中，充有高压的氮气。在浮动活塞的上面是减振器油液。浮动活塞上装有大断面的O形密封圈3，它把油和气完全分开，故此活塞亦称封气活塞。工作活塞7上装有随其运动速度大小而改变通道面积的压缩阀4和伸张阀8。此二阀均由一组厚度相同、直径不等、由大到小排列的弹簧钢片组成。

当车轮上下跳动时，减振器的工作活塞在油液中作往复运动，使工作活塞的上腔和下腔之间产生油压差，压力油便推开压缩阀或伸张阀来回流动。由于阀对压力油产生较大的阻尼力，使振动衰减。

由于活塞杆的进出而引起的缸筒容积的变化，则由浮动活塞的上下运动来补偿。因此，这种减振器不需储液缸，所以，亦称单筒式减振器。

2. 阻力可调式减振器

实验研究证明，悬架系统中理想的阻力特性应该是随着使用因素（如道路条件、载荷）的变化而改变，即减振器的阻力应和悬架系统的参数有适当的匹配关系。

当悬架系统的某一参数发生变化时，减振器的阻力也应随之而改变，从而保证悬架系统有良好的振动特性。

图21-6所示为某些高级轿车上采用的阻力可调式减振器示意图。

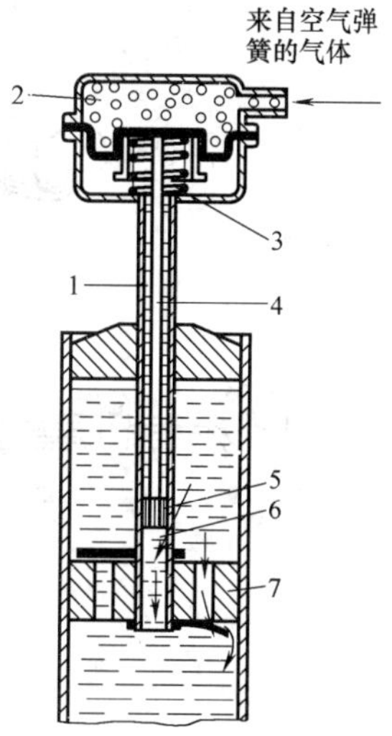

图21-6　阻力可调式减振器

1—空心连杆　2—气室　3—弹簧　4—柱塞杆　5—柱塞　6—节流孔　7—活塞

装有这种阻力可调式减振器的悬架系统采用了刚度可变的空气弹簧。其工作原理是，当汽车的载荷增加时，空气囊的气压升高，则气室2内的气压也随之升高，膜片向下移动与弹簧3产生的压力相平衡。与此同时，膜片带动与它相连的柱塞杆4和柱塞5下移，因而使得柱塞相对空心连杆1上的节流孔6的位置发生变化，结果减小了节流孔的通道截面积，也就是减少了节流孔的流量，从而减小了油液的流动阻力。反之，当汽车载荷减小时，柱塞上移，增大了节流孔的通道截面积，从而减小了油液的流动阻力。因此，达到了随着汽车载荷的变化而改变减振器阻力的目的。这种阻力可调式减振器正在被日益重视，将有可能逐步推广应用到各种车辆上去。

第三节　弹性元件

一、钢板弹簧

钢板弹簧是汽车悬架中应用最广泛的一种弹性元件。它是由若干片等宽但不等长（厚度可以相等、也可以不等）的合金弹簧组合而成的一根近似等强度的弹性梁，其一般构造如图21-7所示。钢板弹簧3的第一片（最长的一片）称为主片，其两端弯成卷耳1，内装青铜或塑料、橡胶、粉末冶金制成的衬套，以便用弹簧销与固定在车架上的支架或吊耳作铰链连接。钢板弹簧的中部，一般用U形螺栓固定在车桥上。中心螺栓4用以连接各弹簧片，并保证装配时各片的相对位置。中心螺栓距两端卷耳的距离可以相等，也可以不等。用以连接各弹簧片的构件，除中心螺栓外，还有若干个弹簧钢夹2，其主要作用是当钢板弹簧反向变形（即反跳）时，使各片不至于分开，以免主片单独承载，此外，还可防止各片横向错动。弹簧夹用铆钉铆接在与之相连的最下面弹簧片的端部。弹簧夹的两边用螺栓5连接，在螺栓上有套管6顶住弹簧夹的两边，以免将弹簧片夹得过紧。在螺栓套管与弹簧片之间有一定的间隙，以保证弹簧变形时各片可以相互滑移。

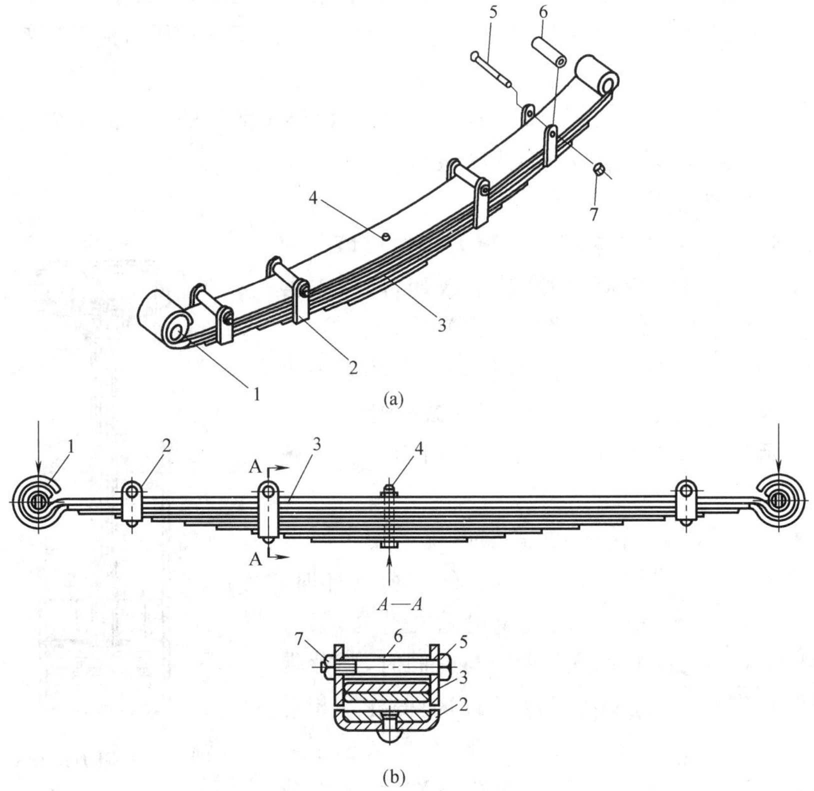

图 21-7 钢板弹簧

(a)对称式钢板弹簧 (b)非对称式钢板弹簧

1—卷耳 2—弹簧夹 3—钢板弹簧 4—中心螺栓 5—螺栓 6—套管 7—螺母

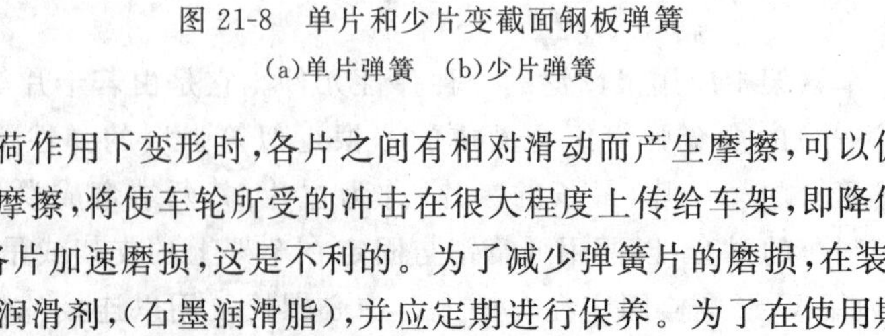

图 21-8 单片和少片变截面钢板弹簧

(a)单片弹簧 (b)少片弹簧

钢板弹簧在载荷作用下变形时，各片之间有相对滑动而产生摩擦，可以促使车架振动的衰减。但各片间的干摩擦，将使车轮所受的冲击在很大程度上传给车架，即降低了悬架缓和冲击的能力，并使弹簧各片加速磨损，这是不利的。为了减少弹簧片的磨损，在装合钢板弹簧时，各片间须涂上较稠的润滑剂，(石墨润滑脂)，并应定期进行保养。为了在使用期间长期储存润滑脂和防止污染，有时将钢板弹簧装在护套内。

为了保证在弹簧片间产生定值摩擦力以消除噪声，可在弹簧片之间夹入塑料片。某些高级轿车(例如红旗CA7560型轿车)的后悬架钢板弹簧即采用这种结构。

目前，在国内外越来越多的汽车上采用了变截面钢板弹簧，这种少片变截面钢板弹簧是由单片或2～3片变厚度断面的弹簧片构成，如图21-8所示。其弹簧片的断面尺寸沿长度方向是变化的，片宽保持不变。这种少片变截面钢板弹簧克服了钢板弹簧质量大、性能差(由于片间摩擦的存在，影响了汽车的行驶平顺性)的缺点。据统计，在两种弹簧寿命相等的情况下，少片变截面钢板弹簧可减少质量40％～60％。因此，这种弹簧对车辆的轻量化、节约能源和节约合金弹簧钢材具有积极的意义，应用越来越广泛。

二、螺旋弹簧

螺旋弹簧是现代汽车上用得最多的弹簧。它的吸收冲击能力强，弹簧本身质量小，乘坐舒适性好；缺点是长度较大，占用空间多，安装位置的接触面也较大，使得悬架系统的布置难以做到很紧凑。

螺旋弹簧多用于独立悬架，特别是前轮独立悬架中。在有些轿车的后轮非独立悬架中，也采用螺旋弹簧。由于螺旋弹簧本身只能承受轴向载荷，不能承受横向载荷，所以在独立悬架中不得不采用四连杆螺旋弹簧等复杂的组合机构。

三、扭杆弹簧

扭杆弹簧本身是一根由弹簧钢制成的扭杆1，其断面通常是圆形，少数为矩形或管形，它的两端可以制成花键，也可以做成方形、六角形或带平面的圆柱形等，以便一端固定在车架上，另一端固定在摆臂2上，摆臂与车轮相连，如图21-9所示。当车轮跳动时，摆臂便绕着扭杆轴线摆动，使扭杆产生扭转弹性变形，以保证车轮与车架的弹性连接。有的扭杆由一些矩形断面的薄条(扭片)组合而成，使弹簧更加柔软。

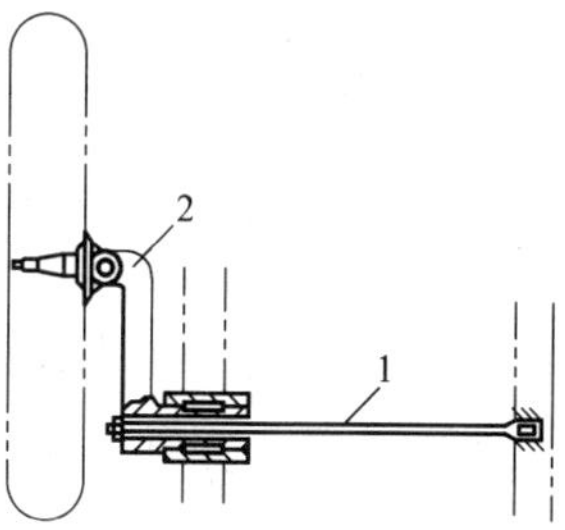

图21-9　扭杆弹簧
1—扭杆　2—摆臂

为减少扭杆弹簧工作时的实际应力，延长使用寿命，制造时使它预先产生一个永久的扭转变形，使其具有一定的预应力。左、右扭杆的预加扭转变形方向与扭杆承受工作载荷时的扭转方向应相同。若将左、右扭杆换位安装，将导致扭杆弹簧的实际工作应力加大，寿命缩短。为保证正确安装，左、右扭杆都刻有不同的标记。

扭杆弹簧单位质量的储能量是钢板弹簧的3倍，也比螺旋弹簧高，因此采用扭杆弹簧的悬架重量轻，结构比较简单，不需润滑，而且可以通过调整扭杆弹簧固定端的安装角度实现车身高度的自动调节。另外，扭杆弹簧在车上布置比较方便，可以与汽车纵轴线平行布置，也可以横向布置。

四、气体弹簧

气体弹簧主要有空气弹簧和油气弹簧两种。气体弹簧是以空气做弹性介质，即在一个密闭的容器内装入压缩空气(气压为0.5～1MPa)，利用气体的可压缩性实现弹簧的作用。这种弹性元件叫空气弹簧，它有囊式空气弹簧和膜式空气弹簧两种。这种弹簧随着载荷的增加，容器内压缩空气压力升高，使其弹簧刚度也随之增加；载荷减少，弹簧压力也随空气压力减少而下降，因而这种弹簧具有比较理想的变刚度特性。

1. 囊式空气弹簧

囊式空气弹簧由夹有帘线的橡胶气囊和密闭在其中的压缩空气构成。气囊的内层用气密

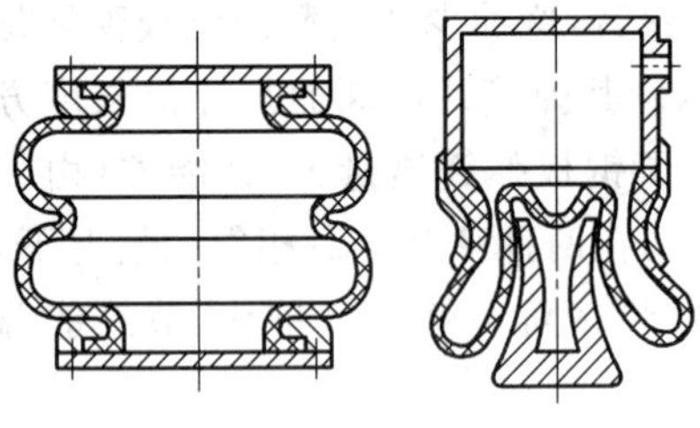

图 21-10 空气弹簧
(a)囊式空气弹簧 (b)膜式空气弹簧

性的橡胶制成，而外层由耐油橡胶制成。气囊可做成单节或多节，节数越多，弹性越好，一般做成如图21-10a)所示的两节。节与节之间围有钢质腰环，使中间部分不致有径向扩张，防止两节之间相互摩擦。气囊上下盖板将空气密封于室内。

2. 膜式空气弹簧

膜式空气弹簧由橡胶膜片和金属压制件组成，如图 21-10b)所示。它比囊式空气弹簧的弹性特性曲线更为理想，车身固有频率更低些，行驶平顺性好，且尺寸小，便于布置，因而多用于轿车上，但制造较为困难，造价高，寿命较短。

不同种类空气弹簧的使用区别如下：

(1) 膜式空气弹簧

1) 有效面积变化率较小，因此其刚度较低，易于得到较低的固有频率；

2) 通过改变活塞底座的形状和利用活塞底座的空心内腔增加储气空间，优化其刚度特性，从而获得理想的非线性特性；

3) 结构较为简单，便于大量生产；

4) 橡胶气囊的工作条件更为苛刻，耐久性和使用寿命比囊式空气弹簧低。

(2) 囊式空气弹簧

1) 由于底部没有活塞，囊式空气弹簧的标准高度可比膜式空气弹簧低；

2) 有效承压面积变化率在工作时较大，弹簧的刚度较大、固有频率较高。

通过增加气囊的节数和设置辅助气室可以减小弹簧刚度和降低空气悬架固有频率，但是增加气囊节数或设置辅助气室，将使几何尺寸变化较大，因此气囊节数和辅助气室结构要受整车总结构布局的限制。

3. 油气弹簧

油气弹簧以气体(一般为惰性气体氮)作为弹性介质，用油液作为传力介质。它一般是由气体弹簧和相当于液力减振器的液压缸所组成的。

油气弹簧的形式有单气室、双气室以及两级压力式等。单气室油气弹簧又分为油气分隔式和油气不分隔式等，如图 21-11 所示。

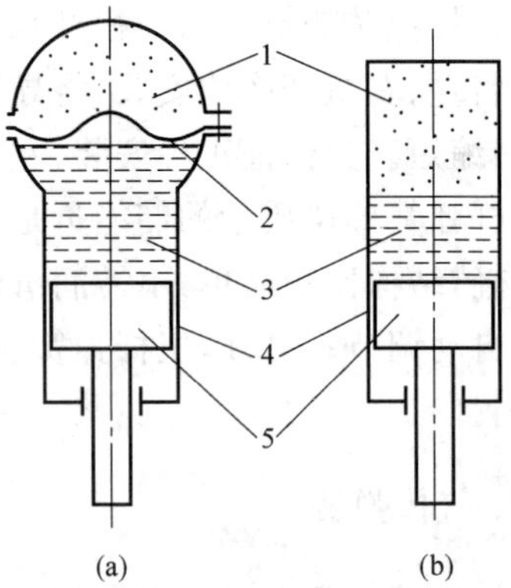

图 21-11 单气式油气弹簧示意图
(a)油气分隔式 (b)油气不分隔式
1—气体 2—油气隔膜 3—油液
4—工作缸 5—活塞

(1) 单气室油气分隔式油气弹簧

单气室油气分隔式油气弹簧的球形气室固定在工作缸 4 上，其内腔用橡胶油气隔膜 2 隔开，一侧充入高压氮气，构成气体弹簧，另一侧与工作缸的内腔相通，并充满了工作介质(减振油液)，相当于液力减振器。油气隔膜的作用在于把高压氮气和工作油液分开，以避免工作油液乳化，同时也便于充气和保养。在球形气室上装有充气阀。油气弹簧上端的球形气室和下端的活塞杆分别通过上、下球座固定在车架和车桥上。

当载荷增加时，车架与车桥之间的距离缩短，活塞5上移，使充满工作液的内腔容积减小，迫使工作液推动橡胶油气隔膜向具有一定压力的氮气室移动，使气室容积减小，氮气压力升高，弹簧刚度增大，车架下降缓慢。当外界载荷等于氮气压力时，活塞便停止上移，这时车架与车桥的相对位置不再变化，车身高度也不再下降。当载荷减小时，油气隔膜在高压氮气压力的作用下向油室一侧移动，推动活塞下移，从而使弹簧刚度减小，车架与车桥之间距离变长，车架减缓上升，当外界载荷与氮气压力相平衡时，活塞停止下移，车身高度也不再上升。汽车在行驶的过程中，油气弹簧所受的载荷是变化的，因此活塞在工作缸中的位置也在变化。它具有结构简单，工作可靠，寿命长，平顺性好，且刚度可变的特点。

(2) 单气室油气不分隔式油气弹簧

图21-12所示为单气室油气不分隔式油气弹簧，其工作缸2固定在车架上，管形活塞1的下端与转向节相连。该油气弹簧不仅是前悬架的弹性元件和减振元件，而且还兼作转向主销。管形活塞内腔以及活塞与工作缸壁间形成的环形腔3内都充满着工作油液。在管形活塞头的上面有一油层，既可以润滑活塞又可以作为气室的密封。油层上方的空间即为高压气室，其中充满高压氮气，气体和油液之间没有任何隔离装置。

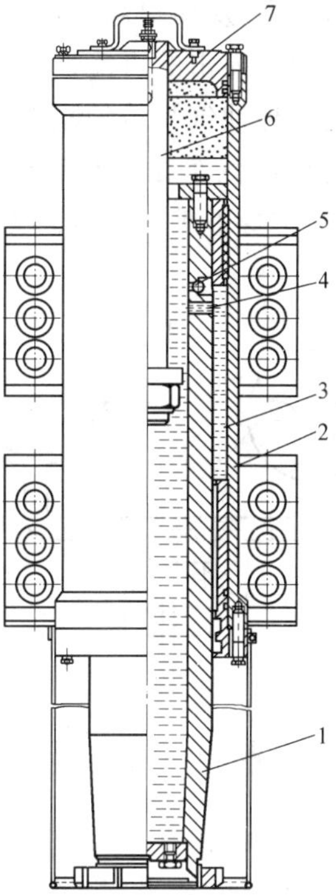

图21-12　单气室油气不分隔式油气弹簧

1—管形活塞　2—工作缸　3—环形腔　4—常通孔　5—单向球阀　6—伸张行程限制器　7—工作缸盖

在悬架压缩行程中，管形活塞在工作缸内向上移动，高压气室容积缩小，氮气被进一步压缩。此时，油压升高，并迫使一部分油液经管形活塞上的常通孔4和推开单向阀5流入容积增大的环形腔3内。当载荷减小时(伸张行程)，管形活塞向下移动，高压气室的容积增大，气体压力和油压都下降，环形腔容积缩小，这时单向阀关闭，其内部的油液只能经过通孔返回管形活塞内腔。这就增加了伸张行程的阻尼力。此种弹簧的工作缸盖上还装有一个拉伸行程限制器6(伸进管形活塞内腔)，用以防止活塞与缸体底部碰撞或从缸体中脱出。

(3) 双气室油气弹簧

双气室油气弹簧比单气室油气弹簧多一个作用力方向相反的反压气室B和一个浮动活塞2，如图21-13所示。当弹簧处于压缩行程时，主气室中的活塞1上移，使主气室内的气压增高，弹簧的刚度增大。此时浮动活塞下面的油液在反压气室的气体压力作用下经通道流入主气室的活塞下面，补充活塞上移后空出的容积，而反压气室内的气压下降；当弹簧处于伸张行程时，主活塞下移，主气室内的气压降低，主活塞下面的油液受挤压，经通道流回浮动活塞的下面，推动浮动活塞上移，而使反压气室

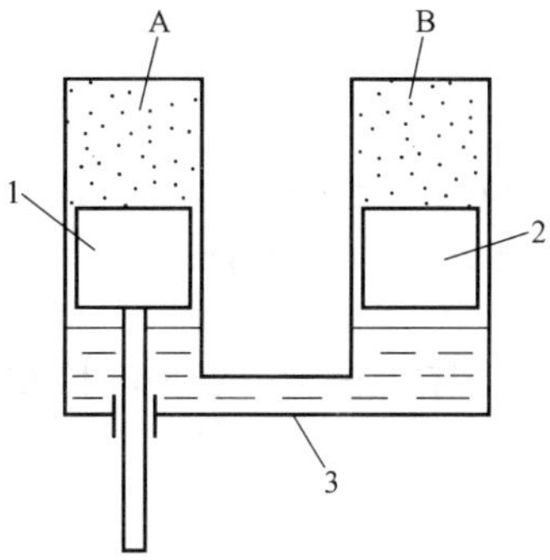

图21-13　双气室油气弹簧示意图

1—主活塞　2—浮动活塞　3—通道

A—主气室　B—反压气室

内的气压增高，从而提高了伸张行程的弹簧刚度。这种油气弹簧消除了在伸张行程中活塞与缸体底部发生撞击的可能性。

上述两种油气弹簧的刚度比较小，当弹簧载荷变化时，悬架系统的自然振动频率变化幅度较大。若保证汽车在空载和满载的情况下，悬架都具有较低的自然振动频率，其结构将会很大，使其在车身下难以布置。为此，研制了刚度幅度变化较大的两级压力式油气弹簧。

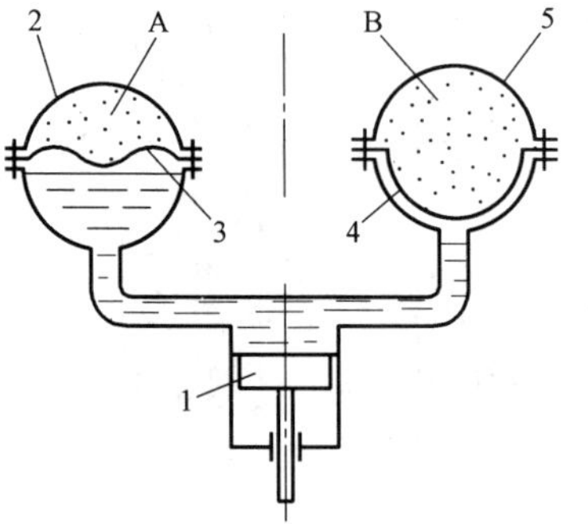

图 21-14 两级压力式油气弹簧示意图
1—工作活塞 2—第一级压力缸
3、4—橡胶油气隔膜 5—第二级压力缸
A—主气室 B—补偿气室

(4) 两级压力式油气弹簧

图 21-14 所示为两级压力式油气弹簧示意图。此种弹簧工作活塞 1 的上方设有两个并列的气室，但两气室的工作压力不同。主气室 A 内的气压与单气室油气弹簧的气室压力相近，而补偿气室 B 内的气压则较高。因此，两气室不同时参加工作。其作用相当于钢板弹簧的主簧和副簧的作用。当弹簧载荷较小时，主气室首先参加工作，其中的气压随着载荷的增加而逐渐升高。当油气弹簧所承受的载荷增加到使主气室的气压稍超过补偿气室内的气压时，补偿气室才参加工作。此时，若弹簧上的载荷继续增加时，补偿气室和主气室共同工作。

这种结构使弹簧刚度的变化更加符合悬架性能的要求，从而保证汽车满载和空载时悬架系统都有大致相等的固有频率。

气体弹簧和螺旋弹簧一样，只能承受转向载荷，故气体弹簧悬架中必须设置纵向和横向推力杆等导向机构。

空气弹簧的质量比任何弹簧都小，寿命较长，但高度尺寸较大，布置上有一定的困难。此外，因其密封环节多，易漏气。

油气弹簧用于重型汽车上时，其体积和质量较钢板弹簧小。但它对气体和油液的密封要求很高，因而对加工和装配的精度要求及对相对滑动的工作表面粗糙度和耐磨性要求都很高。此外，油气弹簧不易维护。

五、橡胶弹簧

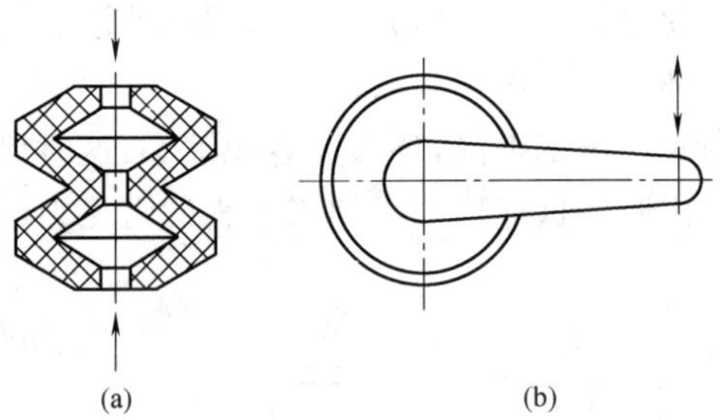

图 21-15 橡胶弹簧
(a)受压缩载荷 (b)受扭转载荷

橡胶弹簧是利用橡胶本身的弹性来起弹性元件的作用的。它可以承受压缩载荷与扭转载荷，如图 20-15 所示。其优点是单位质量的储能量较金属弹簧多，隔声性能好，工作无噪声，不需要润滑。由于橡胶弹簧的内摩擦较大，橡胶弹簧具有一定的减振能力。橡胶弹簧多用做悬架的副簧和缓冲块。

第四节 非独立悬架

非独立式悬架因其结构简单和工作可靠被广泛用于货车的前、后悬架。在少数轿车中，非独立悬架仅用做后悬架。由于纵置钢板弹簧本身可兼起导向机构的作用，不需要加装导向杆件，因而在非独立悬架中大多采用钢板弹簧作为弹性元件。而其他采用螺旋弹簧、空气弹簧(主要用于大客车上)的非独立悬架都必须设置能约束车轴运动的导向杆。

一、纵置板簧式非独立悬架

采用钢板弹簧的非独立悬架结构简单、造价低廉，并且转向时钢板弹簧的偏角很小。板簧式非独立悬架主要由钢板弹簧和减振器组成，钢板弹簧的连接主要有吊耳支架式、滑板支承式和橡胶块支承式。

图 21-16 所示为解放 CA1091 型汽车的前悬架。钢板弹簧 2 的中部用两个 U 形螺栓 3 固定在前轴的工字梁上。弹簧前端卷耳用钢板弹簧销 15 与前支架 1 相连，形成固定铰链支点；后端卷耳通过钢板弹簧吊耳销 14 与用铰链挂在吊耳支架 10 上可以自由摆动的吊耳 9 相连接。由于吊耳可以前后摆动，保证了弹簧变形时两卷耳中心线间的距离可以改变。双向作用筒式减震器 8 的上、下两吊环通过橡胶衬套和减振器连接销 13 分别与固定在车架和车桥上的上、下支架 7、12 相连接。在板簧盖板 4 上装有橡胶缓冲块 5，以限制弹簧的最大变形并防止弹簧直接撞击车架。钢板弹簧销 15 钻有轴向油道，通过油嘴将锂基润滑油脂 2 号加至衬套处进行润滑。

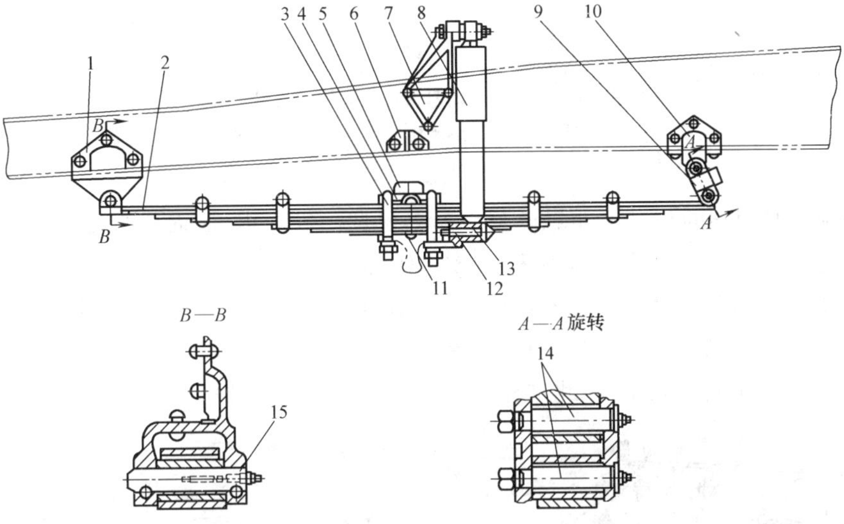

图 21-16 解放 CA1091 型汽车的前悬架

1—钢板弹簧前支架 2—前钢板弹簧 3—U 形螺栓 4—前板簧盖板 5—缓冲块 6—限位块 7—减振器上支架 8—减振器 9—吊耳 10—吊耳支架 11—中心螺栓 12—减振器下支架 13—减振器连接销 14—前板簧吊耳销 15—钢板弹簧销

图 21-17 所示为东风 EQ1090E 型汽车的前悬架。钢板弹簧 2 的前端为固定铰接，而后端则采用滑板式支承来代替吊耳式结构。由于钢板弹簧变形时，主片与弧形滑块 7 的接触点是变动的，因而由于弹簧工作长度的变化，其刚度略有变化。为避免钢板弹簧变形时直接摩擦支架，在后支架 8 上装有滑块 7 和两侧的垫板 9。弹簧第二片后端带有直角弯边，弹簧下落时借此直角弯边支靠于支架下端的限位螺栓上，以防止钢板弹簧从支架中脱出发生事故。滑板式支承，除刚度可变外，结构简单，装拆方便，且不需润滑，因此，在货车上的应用较为广泛。但工作时噪声大，滑板磨损严重。

图 21-18 所示为橡胶块支承式。钢板弹簧没有卷耳，其两端插入厚壁的橡胶支承垫 3 和

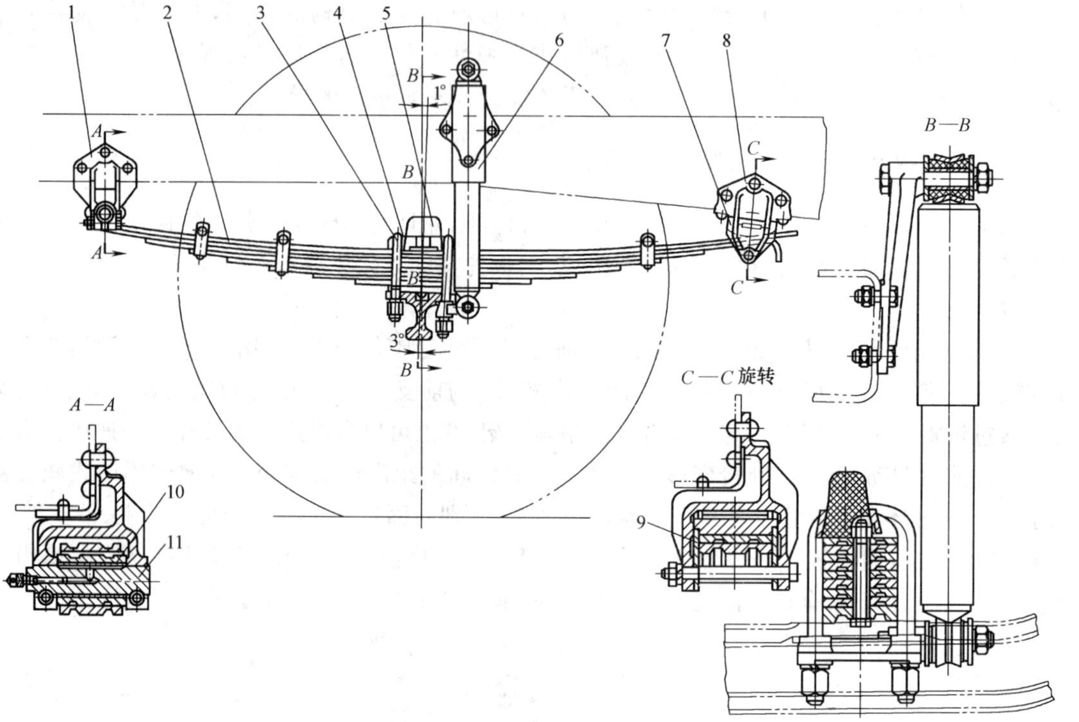

图 21-17　东风 EQ1090E 型汽车前悬架

1—前支架　2—钢板弹簧　3—U 型螺栓　4—盖板　5—缓冲块　6—减振器

7—滑块　8—后支架　9—垫板　10—塑料衬套　11—钢板弹簧销

15 中，弹簧变形时两端的相对移动靠橡胶变形来保证。纵向力、侧向力直接由橡胶支承垫传至车架。固定钢板弹簧的两个 U 形螺栓 11 之间的距离应尽可能小，而且是倾斜的，否则会减少钢板弹簧的有效工作长度。在弹簧盖板 10 及车架上分别装有主、副缓冲块 9 和 12，以限制弹簧的最大变形。该结构的优点是主片不易损坏，不需润滑，有良好的消除噪声的能力，但钢板弹簧的纵向移动量受到限制，因此这种结构只有在比较长而且刚度较大的钢板弹簧上采用。

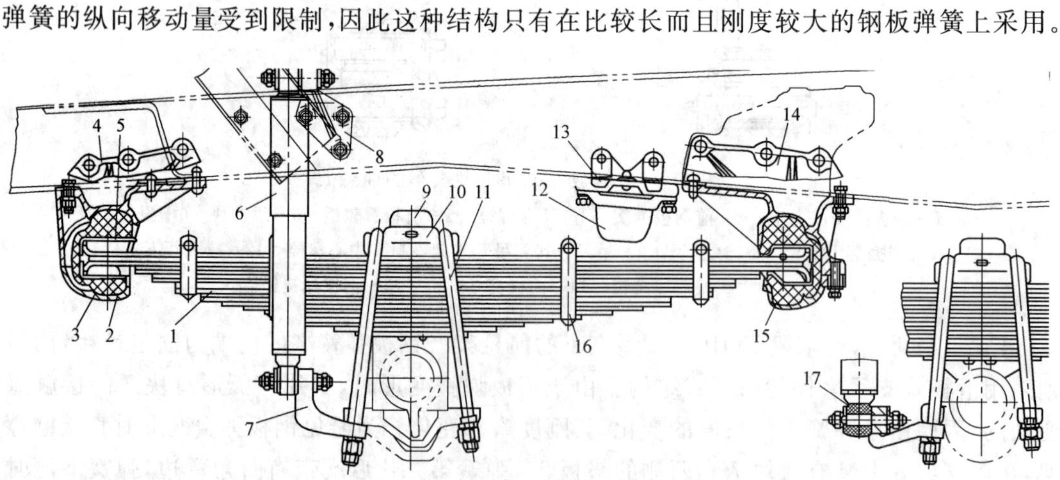

图 21-18　钢板弹簧两端采用橡胶块支承的前悬架

1—钢板弹簧　2—前支架　3、15—橡胶支承垫　4—前支架　5—支承盘　6—筒式减振器　7—减振器下支架

8—减振器上支架　9—主缓冲块　10—盖板　11—U 形螺栓　12—副缓冲块　13—副缓冲块支架

14—后支架　16—弹簧夹　17—橡胶衬套

图 21-19 所示的 CA1040 系列轻型载货汽车前悬架采用的是少片变截面钢板弹簧悬架。前钢板弹簧总成由夹箍把各片连接在一起，通过 U 形螺栓固定于前轴上，形成刚性连接。钢板弹簧前卷耳通过前弹簧销及前支架总成 1 与车架相连，形成以前弹簧销为中心的固定转动支承端。钢板弹簧后卷耳通过吊耳总成 9 及后支架总成 8 与车架相连，形成摆动支承端。由钢板弹簧总成传递各向力和力矩。在车架上装有橡胶缓冲块总成 5，以限制钢板弹簧的最大变形，并具有一定的缓冲作用。钢板弹簧销衬套采用了橡胶衬套，它靠橡胶的扭转变形来形成卷耳对弹簧销的转动，而橡胶和金属的接触面没有相对滑动，因此工作中无磨损，不需润滑，且无噪声。橡胶衬套多用于轿车、轻型客车和轻型载货车上。

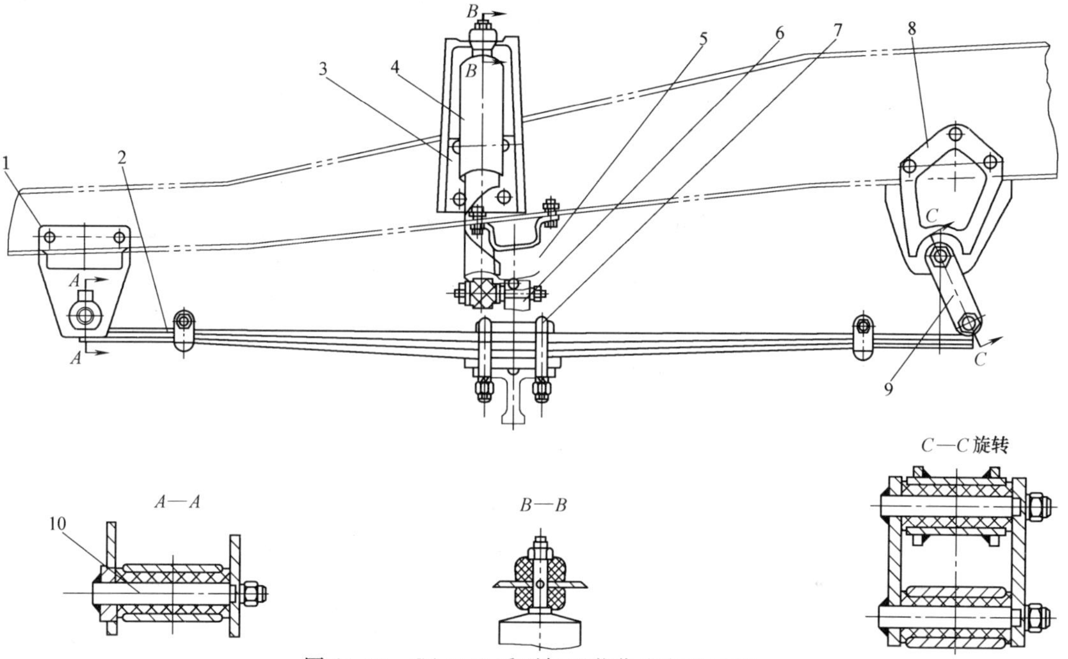

图 21-19 CA1040 系列轻型载货汽车前悬架

1—前支架总成 2—钢板弹簧总成 3—减振器上支架 4—减振器 5—缓冲块总成 6—减振器下支架 7—U 形螺栓 8—后支架总成 9—吊耳总成 10—前钢板弹簧销总成

图 21-20 所示为东风 EQ1090E 型汽车后悬架。它由主钢板弹簧 2 和副钢板弹簧 1 叠合而成，是中型货车后悬架常用的结构形式。当汽车空载或实际装载质量不大时，副簧不承受载荷，由主簧单独工作，悬架刚度小；当重载和满载情况下，车架相对车桥下移，使车架上的副簧滑板式支座与副簧接触，主、副簧同时参加工作，悬架刚度大，以保证车身振动频率不致因载荷增大而变化过大。这种结构的缺点是刚度的增加很突然，对汽车行驶平顺性不利。

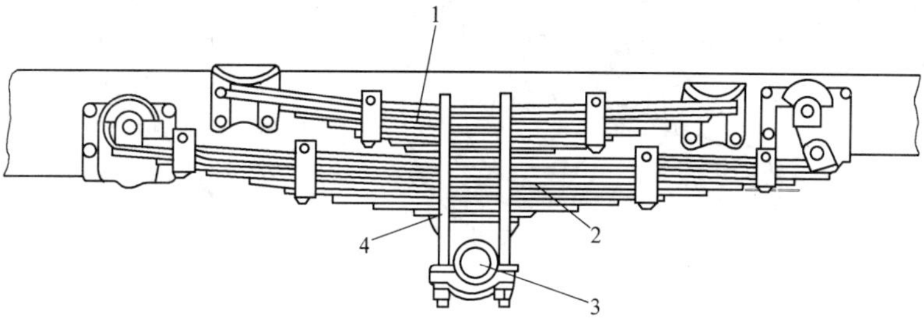

图 21-20 东风 EQ1090E 型汽车后悬架

1—副钢板弹簧 2—主钢板弹簧 3—车轴 4—U 形螺栓

为提高汽车的行驶平顺性，有的轻型货车后悬架采用将副簧置于主簧之下的渐变刚度钢板弹簧，如图 21-21 所示。

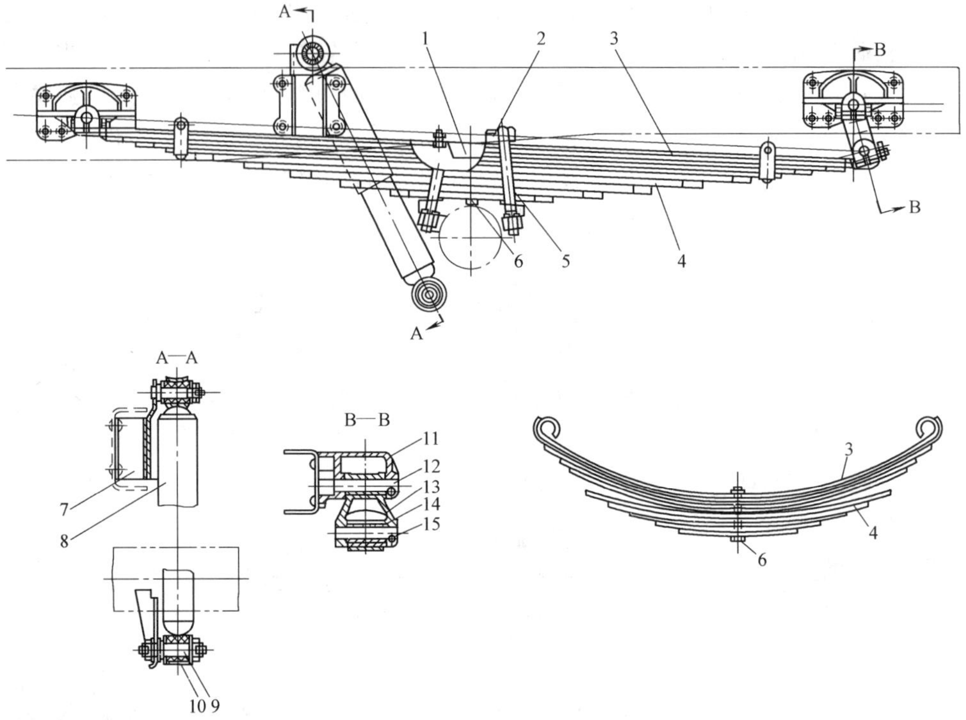

图 21-21　渐变刚度钢板弹簧后悬架

1—缓冲块　2—上盖板　3—主簧　4—副簧　5—U 形螺栓　6—中心螺栓　7—减振器支架　8—筒式减振器　9—减振器下轴销　10—橡胶衬套　11—支架　12—吊耳销　13—吊耳　14—尼龙衬套　15—钢板弹簧销

其主簧由五片较薄的弹簧钢片叠加而成，副片由五片较厚的弹簧钢片叠加而成，它们用中心螺栓固定在一起。载荷小时，仅主簧起作用，当载荷增加到一定值时，副簧开始与主簧接触，悬架刚度随之相应提高，弹簧特性变为非线性。当副簧全部接触后，弹簧特性又变为线性的。这种渐变刚度钢板弹簧的特点是副簧逐渐起作用，因此悬架刚度的变化比较平稳，从而改变了汽车行驶的平顺性。

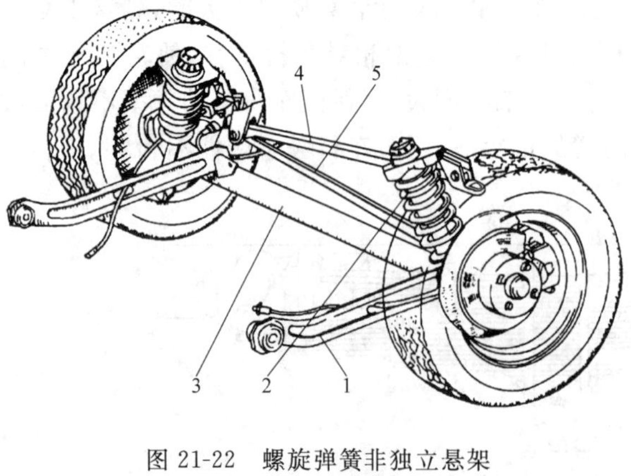

图 21-22　螺旋弹簧非独立悬架

1—纵向推力杆　2—螺旋弹簧　3—后轴　4—加强杆　5—横向推力杆

二、螺旋弹簧非独立悬架

螺旋弹簧非独立悬架一般只用做轿车的后悬架。因为螺旋弹簧作为弹性元件只能承受垂直载荷，而且它减振功能较小，所以其悬架系统要加设纵、横向推力杆和减振器。图 21-22 所示为红旗 CA7220 和奥迪 100 型轿车后悬架。

两端车轮用一根整体后轴 3 相连，螺旋弹簧 2 的上端装在车架上的特制支座上，而下端则固定于后桥壳的座上。纵向推力杆 1 的一端和车轴固定在一起，另一端头部有孔，连接螺栓穿过孔内橡胶衬套和车身相连，车桥用纵向推力杆和车架相连，用以传递牵引力、制动力及其力矩。用横向推力杆 5 与车架相连，用以传递横向力，防止车身相对于车桥的横向错动。加强杆 4 的作用是加强横向推力杆的安装强度，并可使车身受力均匀。

螺旋弹簧非独立悬架大多都是螺旋弹簧和筒式减振器的复合结构形式。

三、空气弹簧非独立悬架

图 21-23 所示为空气弹簧非独立悬架示意图。囊式空气弹簧 5 的上、下端分别固定在车架和车桥上。由压缩机 1 产生的压缩空气经油水分离器 10 和压力调节器 9 进入储气筒 8。压力调节器可使储气筒中的压缩空气保持一定压力。储气罐 6 通过管路与两个（或几个）空气弹簧相通。储气罐和空气弹簧中的空气压力由车身高度控制阀 3 控制。空气弹簧只传递垂直力，其综向力和横向力及其力矩由悬架中的纵向推力杆和横向推力杆来传递。这种悬架中也装有减振器。

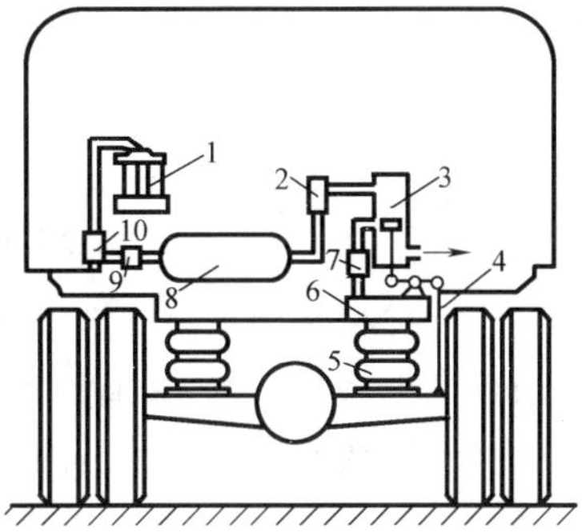

图 21-23　空气弹簧非独立悬架
1—压缩机　2、7—空气滤清器
3—车身高度控制阀　4—控制杆
5—囊式空气弹簧　6—储气罐
8—储气筒　9—压力调节器
10—油水分离器

汽车在行驶时由于载荷和路面的变化，要求悬架刚度随着变化。当空车时车身被抬高，满载时车身则被压得很低，会出现撞击缓冲块的情况。因而对于不同类型汽车提出不同的要求：重型矿用车及大型客车、重型货车和挂车，要求空载与满载时的车身高度变化不大；对于轿车要求在好路上降低车身高度以便高速行驶，在坏路上提高车身高度，增大通过能力。因而要求车身高度随使用要求进行调节，采用空气弹簧非独立悬架容易对车身高度实现自动调节。

在装有空压机的车辆上，一般用随载荷的不同而改变空气弹簧内的空气压力的方法达到此目的。高度控制阀 3 固定在车架上，通过控制杆 4 与车桥相连。高度控制阀阀体内有两个阀：通气源的充气阀和通大气的放气阀。这两个阀均由控制杆操纵。当车辆载荷增加，车桥移近车架时，控制杆上升，通过摇臂机构打开充气阀，压缩空气便进入空气弹簧，使车架与车身升高，直到恢复车身与车桥的原定距离为止；而当载荷减小，车桥远离车架时，控制杆下移，打开放气阀，则空气弹簧内的空气排入大气，车身与车架随即降低到原来位置。

空气弹簧具有较理想的弹性特性，对客车而言，使用空气弹簧悬架可以提高乘坐舒适性；对货车或挂车而言，使用空气悬架可以更好地保护货物。目前欧、美地区 95%的客车、80%的货车和 40%的挂车都已使用空气悬架系统，而我国仍处于起步阶段，空气悬架系统只应用在一些豪华客车、高级轿车和少部分重型货车和挂车上。

四、油气弹簧非独立悬架

如图 21-24 所示，油气弹簧 1 的两端分别固定在前桥上的支架 10 和纵梁上的支架 2 上。左、右两侧各有一根下纵向推力杆 11，装在前桥 6 和纵桥 4 之间。一根上纵向推力杆 8 安装在前桥上的支架 9 和纵梁 4 的内侧支架上。上、下两纵向推力杆构成平行四边形，既可传递纵向力，承受制动力引起的反作用力矩，又可保证车轮上下跳动时主销后倾角不变，有利于汽车操纵的稳定性。一根横向推力杆 3 装在左侧纵梁与前桥右侧的支架上，传递侧向力。在两纵梁下面装有缓冲块 7，以避免在很大的冲击载荷作用下前桥直接碰撞车架。

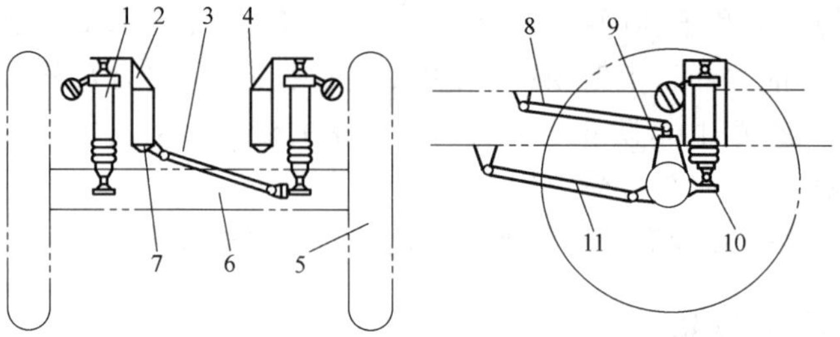

图 21-24 汽车油气弹簧非独立悬架示意图

1—油气弹簧 2、9、10—支架 3—横向推力杆 4—纵梁 5—车轮 6—前桥
7—缓冲块 8—上纵向推力杆 11—下纵向推力杆

采用油气弹簧的非独立悬架具有变刚度特性，可保证汽车具有良好的平顺性，特别是工地和矿山用的大型自卸车，其道路条件和装载条件都很恶劣，采用油气悬架后，可显著地缓和冲击，减少颠簸，从而改善驾驶员的劳动条件和提高平均车速；油气弹簧纵向尺寸小，对整车总布置有利；通过改变缸筒工作腔的油量和气室的充气压力，可得到不同的变刚度特性，从而使油气弹簧的主要部件可以在不同吨位的汽车上通用。

第五节 独立悬架

随着汽车速度的不断提高，非独立悬架已不能满足行驶平顺性和操纵稳定性等方面的要求。独立悬架因其具有车轮触地性良好、乘坐舒适性、操纵稳定性大幅提升和左、右两轮可自由运动等优点得到很大发展。其使用特点如下：

(1) 在悬架弹性元件一定的变形范围内，两侧车轮可以单独运动而互不影响，因此，在不平道路上行驶时，可以减少车架和车身的振动，而且有助于消除转向轮不断偏摆的不良现象；

(2) 减少了汽车的非簧载质量(即不由弹簧支承的质量)。在道路条件和车速相同时，非簧载质量越小，则悬架所受到的冲击载荷也越小，因此采用独立悬架可以提高汽车平均行驶速度；

(3) 采用断开式车桥，发动机总成的位置可以降低和前移，使汽车重心下降，提高了汽车行驶的稳定性。同时能给予车轮较大的上下运动空间，因而可以将悬架刚度设计得较小，使车身振动频率降低，以改善行驶的平顺性。

独立悬架因具有以上优点，被广泛应用在现代汽车上，特别是轿车的转向轮普遍采用了独立悬架。但是，独立悬架结构复杂，制造成本高；保养维修不便；在一般情况下，车轮跳动时，由于车轮外倾角与轮距变化较大，轮胎磨损严重。

独立悬架中多采用螺旋弹簧和扭杆弹簧作为弹性元件，其结构类型很多，主要可按车轮运动形式分为三类：

(1) 车轮在汽车横向平面内摆动的横臂式独立悬架，如图 21-25a 所示。

(2) 车轮在汽车纵向平面内摆动的纵臂式独立悬架，如图 21-25b 所示。

(3) 车轮沿主销移动的独立悬架，其中包括烛式悬架，如图 21-25c 所示；麦弗逊式悬架，如图 21-25d 所示。

一、横臂式独立悬架

横臂式独立悬架是指车轮在汽车横向平面内摆动的独立悬架，按横臂数量的多少又分为

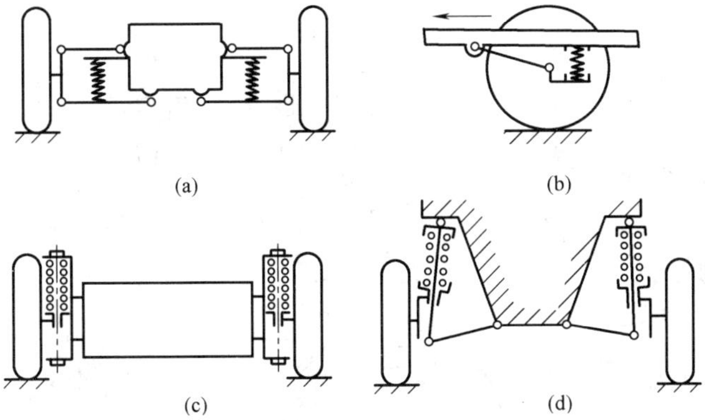

图 21-25 三种基本类型的独立悬架
(a)横臂式 (b)纵臂式 (c)烛式 (d)麦弗逊式

双横臂式和单横臂式悬架。

1. 单横臂式独立悬架

单横臂式独立悬架具有结构简单，侧倾中心高，有较强的抗侧倾能力的优点。但随着现代汽车速度的提高，侧倾中心过高会引起车轮跳动时轮距变化大，轮胎磨损较严重。此外，这种悬架用于转向轮时，会使主销内倾角和车轮外倾角发生较大的变化，对于转向操纵有一定影响，故目前在前悬架中很少采用。单横臂式独立悬架多应用在后悬架上，但由于不能适应高速行驶的要求，目前应用不多。

2. 双横臂式独立悬架

双横臂式独立悬架按上、下横臂是否等长，又分为等长双横臂式和不等长双横臂式两种悬架，如图 21-26 所示。等长双横臂式悬架在车轮上下跳动时能保持主销倾角不变，但轮距变化大(与单横臂式相类似)，造成轮胎磨损严重，现已很少用。

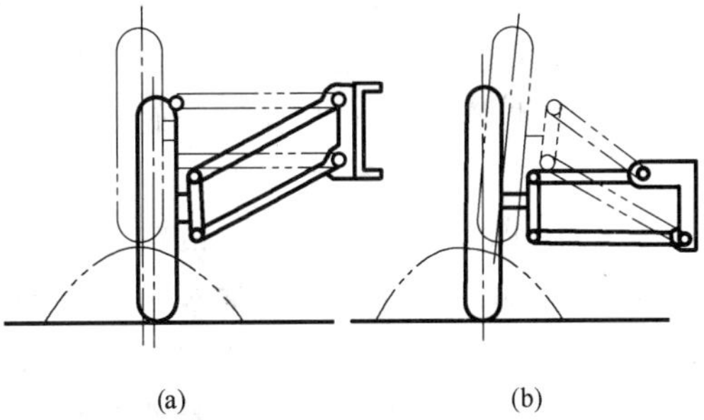

图 21-26 双横臂式独立悬架
(a)两摆臂等长的悬臂 (b)两摆臂不等长的悬架

对于不等长双横臂式悬架，只要适当选择、优化上下横臂的长度，并通过合理的布置，就可以使轮距及前轮定位参数的变化都不太大。不太大的轮距变化在轮胎变软时可以由轮胎变形来适应，目前轿车的轮胎可容许轮距的改变在每个车轮上达到 4～5mm 而不致沿路面滑移，能够保证汽车具有良好的行驶稳定性，因此，不等长双横臂式悬架已广泛应用在轿车的前轮上，部分运动型轿车及赛车的后轮也采用这一悬架结构。

我国一汽生产的 CA7560 型轿车的前轮采用了不等长双横臂式螺旋弹簧独立悬架，如图 21-27 所示。上摆臂 11 和下摆臂 4 的内端分别通过摆臂轴 15 和 1 与车架铰接，二者的外端分别通过上球头销 14 和下球头销 3 与转向节 9 连接。螺旋弹簧 5 的上、下端分别通过橡胶垫圈 7 支承在车架横梁上的支承座内和下摆臂上的支承盘内。双向作用筒式减震器 6 的上、下两端分别通过橡胶衬垫与车架和下摆臂的支承盘相连。上摆臂与上球头销是铆接不可拆式连接，其内装有弹簧 13，以消除球头销与销座间的磨损间隙。下摆臂和下球头销是可拆连接，若下球头销因磨损出现间隙时，可用减少垫片 2 进行调整。该轿车采用球头结构代替主销，属于

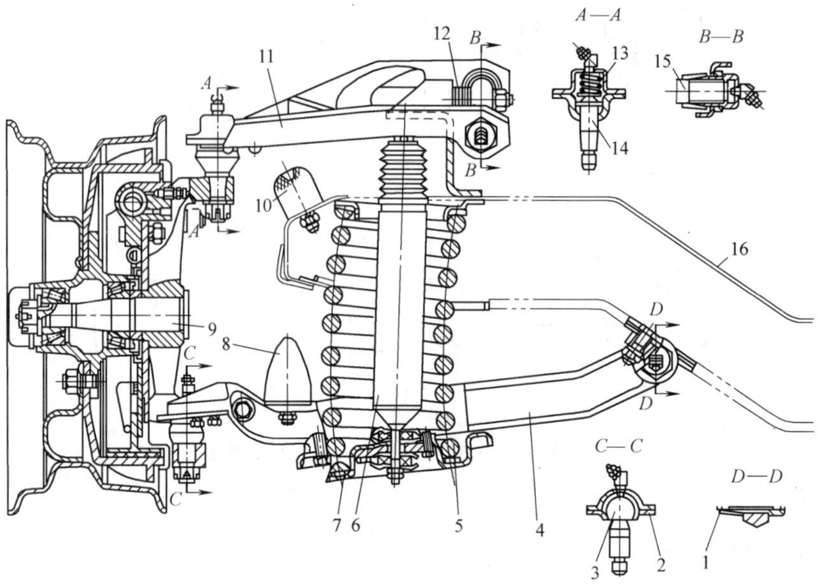

图 21-27 红旗 CA7560 型轿车的前悬架

1—下摆臂轴 2—垫片 3—下球头销 4—下摆臂 5—螺旋弹簧 6—筒式减振器 7—橡胶垫圈 8—下缓冲块 9—转向节 10—上缓冲块 11—上摆臂 12—调整垫片 13—弹簧 14—上球头销 15—上摆臂轴 16—车架横轴

无主销结构，上、下球头销的连心线相当于主销轴线，转向时车轮即围绕此轴线偏转。主销后倾角通过移动上摆臂在摆臂轴上的位置来调整，前轮外倾角由加在上摆臂轴与固定支架间的调整垫片 12 调整，主销内倾角和车轮外倾角的关系已被转向节的结构确定，所以，调整车轮外倾角以后，主销内倾角自然正确。

悬架的最大变形由上下分置的缓冲块 10 和 8 限制。

路面对车轮的垂直力依次通过转向节、下球头销、下摆臂和螺旋弹簧传到车架。纵向力、侧向力及其力矩均由转向节及导向机构(上、下摆臂及上、下球头销)来传递。为了可靠地传递纵向力、侧向力及其力矩，必须使悬架具有足够的纵向和侧向刚度。为此，上、下两摆臂都是叉形的刚性架，其内端为宽端，外端为窄端。

二、纵臂式独立悬架

纵臂式独立悬架是指车轮在汽车纵向平面内摆动的悬架结构，又分为单纵臂式和双纵臂式两种形式，如图 21-28 所示。

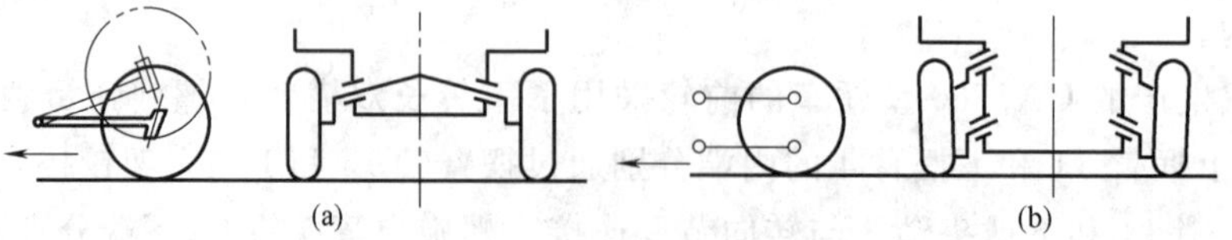

(a) (b)

图 21-28 纵臂式独立悬架

(a)单纵臂式 (b)双纵臂式

1. 单纵臂式独立悬架

如果转向轮采用单纵臂式独立悬架，车轮上下跳动将使主销后倾角产生很大变化。因此，单纵臂式独立悬架一般不用于转向轮。

雷诺-5 型轿车的后悬架是单纵臂式扭杆弹簧独立悬架，如图 21-29 所示。其悬架的纵臂 4 是一箱形构件，一端用花键与车轮的心轴 5 相连，而另一端与套筒 1 固装成一体。扭杆 2 装在套筒内，其外端用花键固定在套管内的花键套中，扭杆的另一端借花键与车架的另一侧纵梁连接。套管 1 的两端用宽橡胶衬套 3 支承在车架纵梁上的套筒中，并以此为活动铰链。当车轮上下跳动时，纵臂以套管的轴线为中心摆动，使扭杆弹簧产生扭转变形，以缓和不平路面产生的冲击。

在图 21-29b 中，图形上面的局部放大图是该悬架的机械调整车身高度装置。它是用偏心轮转动扭杆弹簧，使扭杆本身增加或减小预加载荷来实现车身高度的调节的。

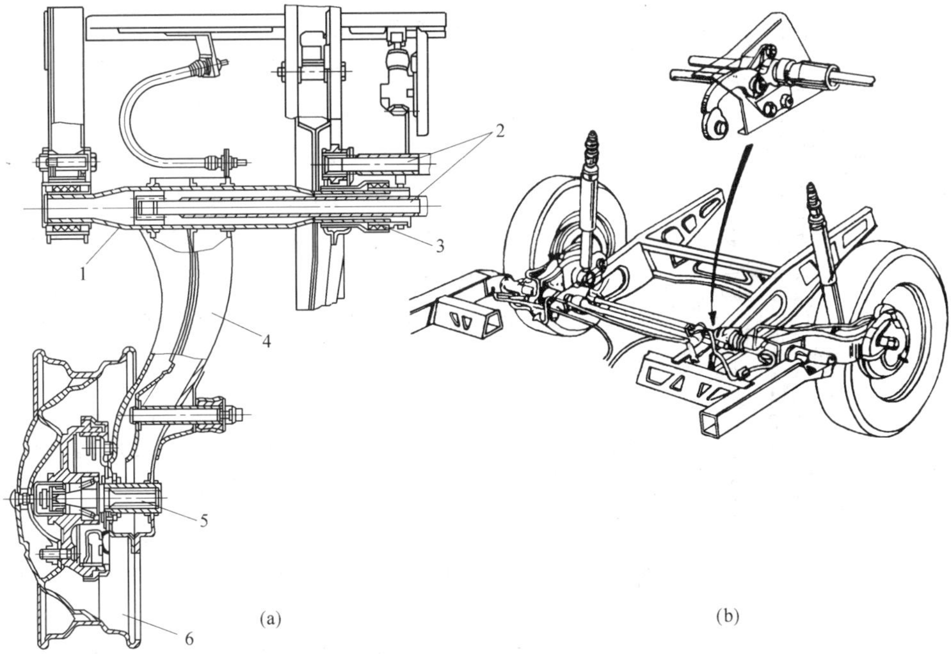

图 21-29 雷诺-5 型轿车的后悬架

(a)左后轮悬架结构 (b)悬架整体

1—套管 2—扭杆 3—橡胶衬套 4—纵臂 5—心轴 6—车轮

2. 双纵臂式独立悬架

双纵臂式独立悬架的两个纵臂长度一般做成相等的，形成平行四连杆机构。车轮上下跳动时，主销的后倾角保持不变，这种形式的悬架适用于转向轮。

双纵臂式扭杆弹簧前独立悬架如图 21-30 所示。转向节和两个等长的纵臂 1 作铰链式连接。在车架的两根管式横梁 4 内部装有若干层矩形断面的薄弹簧钢片叠成的扭杆弹簧 6。两根扭杆弹簧的内端用螺钉 5 固定在横梁 4 中部，而外端则插入摆臂轴 2 的矩形孔内。摆臂轴用衬套 3 支承在管式横梁内。摆臂轴和纵梁为刚性连接。另一端车轮的悬架与之完全相同而且对称。

三、车轮沿主销移动的悬架

车轮沿主销移动的悬架分为两类，一种是车轮沿固定不动的主销轴线移动的烛式悬架，另

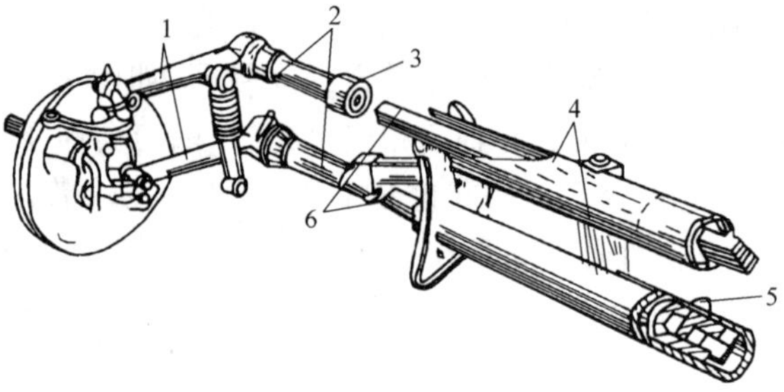

图 21-30 双纵臂式扭杆弹簧前独立悬架

1—纵臂 2—摆臂轴 3—衬套 4—横梁 5—螺钉 6—扭杆弹簧

一种是车轮沿摆动的主销轴线移动的麦弗逊式悬架。

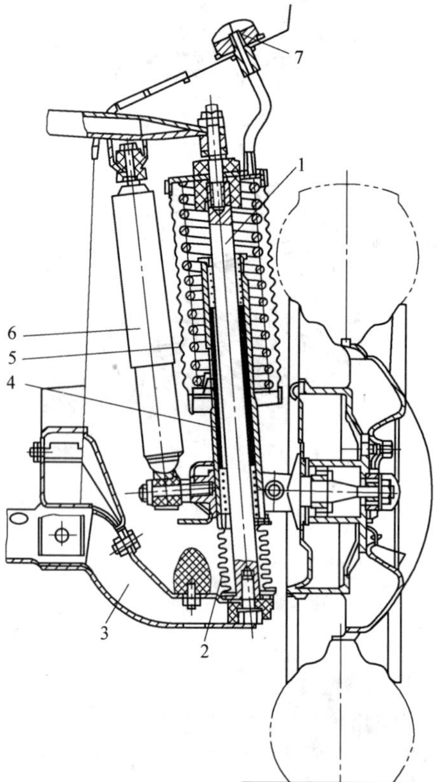

图 21-31 烛式悬架

1—主销 2、5—防尘罩 3—车架 4—套管 6—减振器 7—通气管

1. 烛式悬架

烛式悬架如图 21-31 所示，主销 1 刚性地固定在悬架上，转向节与套筒 4 连接在一起。当车轮跳动时，转向节与套筒一起沿主销轴线移动。其优点是当悬架变形时，主销的定位角不会发生变化，仅轮距、轴距稍有改变，有利于汽车的转向操纵性和行驶稳定性。缺点是侧向力全部由套筒和主销承受，二者间的摩擦阻力大，磨损严重。因此，这种结构形式目前很少采用。

2. 麦弗逊式悬架

麦弗逊式（滑柱摆臂式）悬架系统只有下横臂和减振器—弹簧组两个机构连接车轮与车身，其优点是结构简单、质量小、占用空间小、上下行程长等，缺点是由于减振器——弹簧组充当了主销的角色，使它同时也承受了地面作用于车轮上的横向力，因此，这种悬架系统在上下运动时阻力较大，其磨损也相对较大。此外，当车辆急转弯时，由于车身侧倾，左、右两车轮也随之向外侧倾斜，出现不足转向，弹簧越软这种倾向越大。但是，它具有很强的道路适应能力和良好的行驶稳定性，是一种经济实用、安全可靠的独立悬架。因此，在现代轿车的前悬架中应用最为广泛，目前绝大部分国产中低档轿车（如夏利、奇瑞、捷达、桑塔纳、富康、伊兰特、赛欧、比亚迪等）的前悬架均采用这种悬架系统。

图 21-32 所示为富康轿车的麦弗逊式悬架。筒式减振器 2 为滑动立柱，其上端与车身连接，下端固定在转向节 3 上，而转向节通过球铰链与下摆臂 6 连接。车轮所受的侧向力通过转向节大部分由下摆臂承受，其余部分由减振器活塞和活塞杆承受。螺旋弹簧 1 套在筒式减振器的外面。主销的轴线为上、下铰链中心的连线。当车轮上下跳动时，因减振器的下支点随下摆臂摆动，故主销轴线的角度是变化的。这说明车轮是沿着摆动的主销轴线运动的。因此，这种悬架在变形时，使得主销的定位角和轮距都有些变化。然而，如果适当调整杆系的位置，可

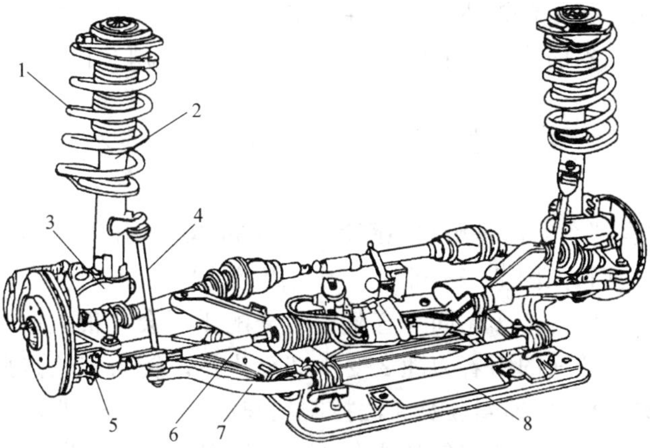

图 21-32　富康轿车前悬架

1—螺旋弹簧　2—筒式减振器　3—转向节　4—连接杆　5—球头销
6—下摆臂　7—横向稳定杆　8—前托架

使车轮的这些定位参数变化极小。

四、横向稳定器

近代轿车的悬架一般都很软，在高速行驶中转向时，车身会产生很大的横向倾斜和横向角振动。为减少这种横向倾斜，往往在悬架中加设横向稳定器，用得最多的是杆式横向稳定器。

杆式横向稳定器如图 21-33 所示。主要由支杆 1、套筒 2、U 形横向稳定杆 3 和弹簧支座 4 组成。稳定杆 3 中部的两端自由地支承在两个橡胶套筒 2 内，而套筒固定在车架上。横向稳定杆的两侧纵向部分的末端通过支杆 1 与悬架下摆臂上的弹簧支座 4 相连。

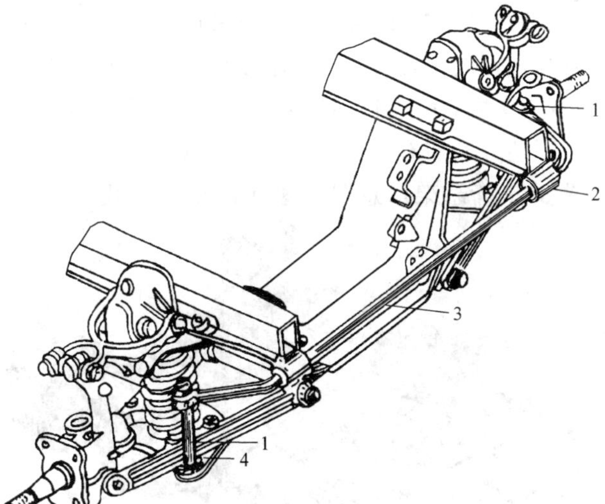

图 21-33　横向稳定器的安装

1—支杆　2—套筒　3—横向稳定杆　4—弹簧支座

当车身只作垂直移动而两侧悬架变形相等时，横向稳定杆在支座的套筒内自由转动，横向稳定杆不起作用。当两侧悬架变形不等而车身相对于路面横向倾斜时，车架的一侧移近弹簧支座，稳定杆的该侧末端相对于车架向上移；车架的另一侧远离弹簧支座，稳定杆的另一侧末端相对于车架下移，从而稳定杆被扭转。弹性稳定杆所产生的扭转内力矩妨碍了悬架弹簧的变形，起到了阻止车身倾斜的作用，因而减小了车身的横向倾斜和横向角振动。

第六节　多轴汽车的平衡悬架

如果多轴车辆的全部车轮都是单独地刚性悬挂在车架上，在不平道路上行驶时将不能保证所有车轮同时接触地面，如图 21-34 所示。当使用弹性悬架而道路不平度较小时，虽然不一定会出现车轮悬空现象，但各个车轮间垂直载荷的分配比例会有很大改变。当车轮垂直载荷变小甚至为零时，车轮对地面的附着力随之变小甚至为零。转向车轮遇此情况将使汽车操纵能力大大降低，以致失去操纵，即驾驶员无法控制汽车的行驶方向；驱动车轮遇此情况将不能产生足够的驱动牵引力。此外，还会使其他车桥及车轮有超载的危险。

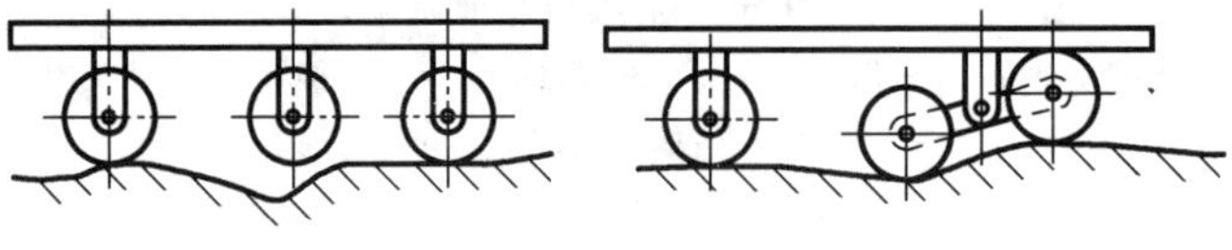

(a)　(b)

图 21-34　三轴汽车在不平道路上的行驶情况示意

如果全部车轮都采用独立悬架，可以保证所有车轮与地面的良好接触，但将使汽车结构变得复杂，对于全轮驱动的多轴汽车尤其是如此。

如果将两个车桥(如三轴汽车的中桥与后桥)装在平衡杆的两端，而将平衡杆的中部与车架作铰链式连接，一个车桥抬高将使另一车桥下降。由于平衡杆两臂等长，使两个车桥上的垂直载荷在任何情况下都相等，这种能保证中、后桥车轮垂直载荷相等的悬架称为平衡悬架。

等臂式平衡悬架是三轴和四轴越野汽车上普遍采用的一种平衡悬架结构形式，如图 21-35 所示。钢板弹簧 8 为等长臂的平衡杆，中部借助毂 7 与车架连接，钢板弹簧 8 的两端分别插入中、后桥左、右的弹簧支座内，用这种连接传递侧向力。为传递纵向力并平衡纵向力产生的力矩，在中、后桥的上、下还分别装有导向杆 1、3 和 6、9。

图 21-36 所示为摆臂式平衡悬架示意图。这种悬架主要用于 6×2 型的货车上。这种车

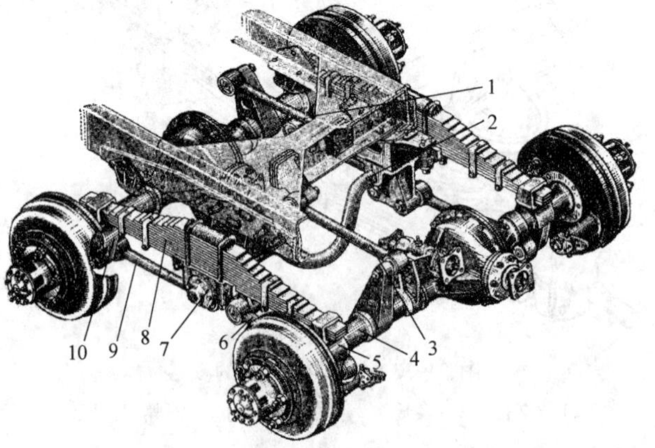

图 21-35　三轴汽车中、后桥平衡悬架的外观

1、3、6、9—导向杆　2—平衡悬架心轴　4—中桥　5—弹簧支座

7—心轴轴承毂　8—钢板弹簧　10—后桥

型的结构特点是前桥为转向桥，中桥为驱动桥，后桥是可以升降的支持桥。当汽车在轻载或空载行驶时，可操纵举升油缸，通过杠杆机构将后轮(支持轮)举起，使 6×2 汽车变为 4×2 汽车。这不仅可以减少轮胎的磨损和降低油耗，同时还可以增加空车行驶时驱动轮上的附着力，以免由于牵引力不足而使驱动轮发生滑转的现象。为适应这种汽车总体布置的需要，中(驱动)桥和后(支持)桥就有必要采用摆臂式平衡悬架。中桥的旋架采用普通纵置半椭圆钢板弹簧，后吊耳不与车架相连接，而是与摆臂 5 的前端相连。摆臂轴支架固定在车架上。摆臂的后端与汽车的后桥(支持桥)相连。左、右后支持轮之间没有整轴联系。摆臂相当于一个杠杆，中、后桥上垂直载荷的分配比例，取决于摆臂的杠杆比及钢板弹簧前、后端长度之比。这种平衡悬架结构简单，多数零部件还能与原 4×2 汽车通用。一汽解放 $CA1140K_2T_2$ 和东风 EQ1130F 型汽车都采用了这种平衡悬架。

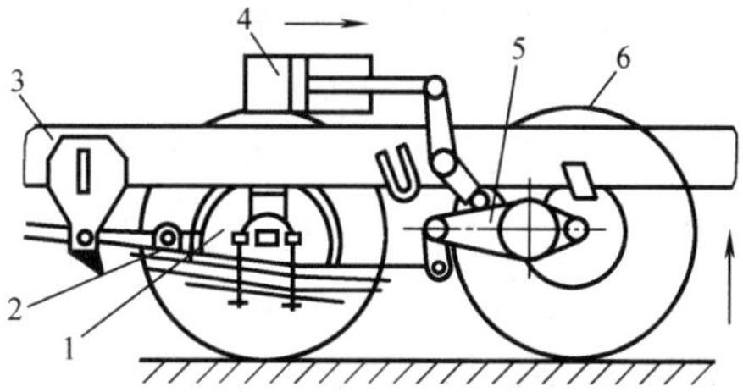

图 21-36　摆臂式平衡悬架示意图

1—驱动桥　2—钢板弹簧　3—车架　4—液压缸　5—摆臂　6—支持轮

第七节　主动悬架和半主动悬架

一、主动悬架

大多数汽车的悬架系统装有弹簧和减振器，悬架系统内无能源供给装置，其弹性和阻尼不能随外部工况变化，因此称这种悬架系统为被动悬架。在被动悬架系统中，平衡运动性与舒适性这对不可调和的矛盾成为了困扰汽车厂商最大的难题。主动控制式悬架从诞生至今，已形成液力、空气和油气悬架三种类型，很好地解决了运动性与舒适性这对不可调和的矛盾。

车辆主动悬架系统是在悬架系统中附加一个可控制作用力的装置，通常由执行机构、测量机构、反馈控制系统和能源系统四部分组成。执行机构的作用是执行控制系统的指令，一般为力发生器或转矩发生器(液压缸、气缸、伺服电动机和电磁铁等)。测量系统的作用是测量系统各状态，为控制系统提供依据，包括各种传感器。控制系统的作用是处理数据和发出各种控制指令，其核心部件是电子计算机。能源系统的作用是为以上各部分提供能源。

主动悬架系统按其是否包含动力源可分为全主动悬架(有源主动悬架)和半主动悬架(无源主动悬架)系统两大类。全主动悬架就是根据汽车的运动状态和路面状况，适时地调节悬架的刚度和阻尼，适应各种复杂的行驶工况对悬架的不同要求，从而使车辆的行驶平顺性和驾驶性能得到较大的提高。半主动悬架不考虑改变悬架的刚度，而只考虑改变悬架的阻尼。

20 世纪 70 年代，丰田和沃尔沃等汽车公司作了成功试验，使主动悬架控制系统以优越的减振性能满足了多种车辆的性能要求。近年来，日产、丰田和沃尔沃公司在轿车上成功地应用了液力主动悬架控制系统。但是，该悬架系统在实际应用中还存在许多问题，如在高频率下的行驶平顺性、能量消耗、价格、可靠性、振动、噪声以及维修等。此外，为了最终实现这种先进的悬架控制系统，还需进一步发展更精确的传感器和高灵敏度的执行器。

通常一套控制堪称精密的电控式主动悬架不论制造成本还是维护保养费用都不菲，所以更多时候我们只能在豪华车型上发现它的身影，也难怪这类车型的乘坐感受与众不同。

1. 主动式油气悬架系统

悬架的主动控制就是根据汽车在行驶过程中的实际需要,对悬架弹簧的刚度和阻尼进行动态地自适应调节,从而使汽车达到最佳的行驶平顺性和乘坐舒适性。一般来说,低速时希望悬架软点,高速时希望悬架硬点,但汽车在高速行驶时,为了提高行驶稳定性,悬架应变软以降低车身高度。当车身垂直振动位移过大时,悬架系统的刚度和阻尼应增加以使悬架变硬。即主动悬架就是根据汽车的行驶条件自适应地改变悬架的软、硬状态。硬状态称为"运动状态",软状态则称为"舒适状态"。

图 21-37 所示为一种以油气弹簧为弹性元件的主动式悬架。四个车轮上的油气弹簧通过油路相连形成全封闭式环路控制系统。它将车身或车轮的振动量经传感器变换成一种信息传给控制阀,由控制阀调整弹性元件的高度和刚度,以达到调节车身高度和保证良好行驶平顺性的目的。

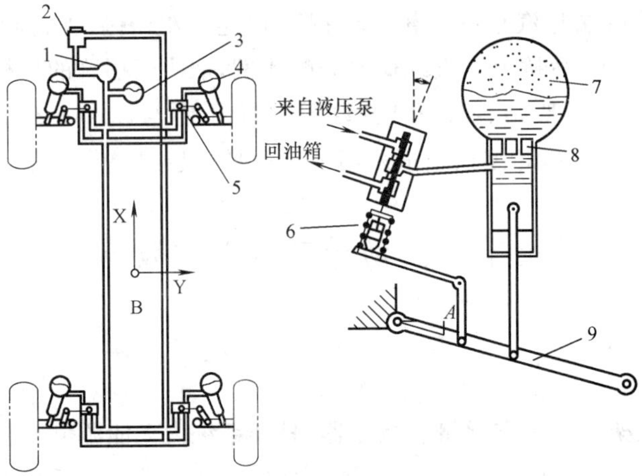

(a) (b)

图 21-37 主动式油气悬架工作原理简图

(a)全封闭环路系统 (b)控制阀工作原理

1—液压泵 2—贮油箱 3—贮压器 4—油气弹簧 5—控制阀

6—传感器 7—气体弹簧 8—减振器 9—摆臂

2. 主动式空气悬架系统

空气悬架电子控制系统的工作原理是用空气压缩机形成压缩空气,并将压缩空气送到弹簧和减振器的空气室中,以此来改变车辆的高度。在前轮和后轮的附近设有车高传感器,按车高传感器的输出信号,微机判断出车辆高度,再控制压缩机和排气阀,使弹簧压缩或伸长,从而控制车辆高度。在减振器内设有电动机,电动机受微机的信号控制。利用电动机可以改变通气孔的大小,从而改变了衰减力的大小。

图 21-38 所示为日本三菱汽车公司生产的三菱轿车的主动空气悬架系统的组成与布置。该系统由空气弹簧、螺旋弹簧、阻尼可调减振器、电子控制装置(ECU)、车速传感器、转角传感器、节气门开度传感器和阻尼力转换执行器、高度传感器、电磁阀、空气压缩机和贮气筒等组成。各传感器检测汽车的行驶状态,电子控制装置根据各传感器的输入信号控制电磁阀的开闭,以控制空气弹簧中的空气压力,使汽车车身保持合适的行驶状态。

一般说来,主动式空气悬架的控制内容包括车身高度、减振器衰减力、弹簧弹性系数等三项:车高的控制分为标准、升高和只升高后轮三种工作状态;减振器的衰减力控制分为低、中、高三档;空气弹簧的弹性系数控制分为软、硬两档。

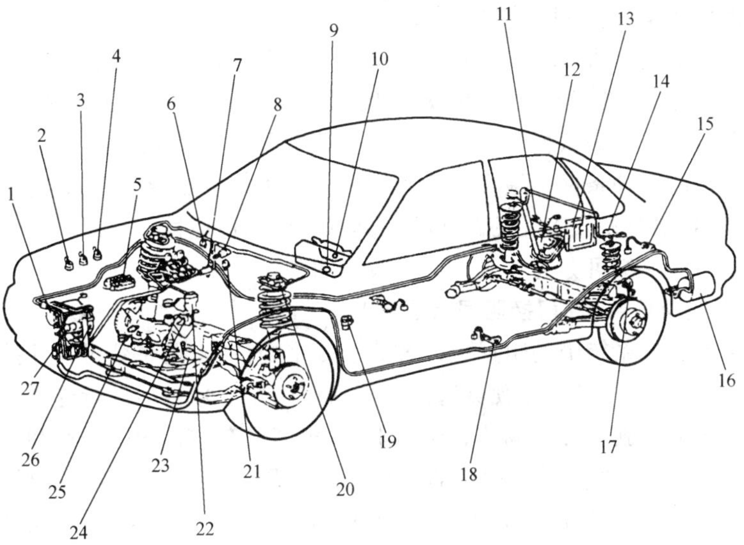

图 21-38 三菱轿车的主动空气悬架系统

1—前贮气筒 2—回油泵继电器 3—空气压缩机继电器 4—电磁阀电源继电器 5—ECS 电源继电器 6—加速度计开关 7—节气门位置传感器 8—制动灯开关 9—车速传感器 10—转角传感器 11—右后车门开关 12—后电磁阀总成 13—电子控制装置(ECU) 14—阻尼力转换执行器 15—左、右车门开关 16—后贮气筒 17—后高度传感器 18—左前车门开关 19—ECS 开关 20—阻尼力转换执行器(步进电机型) 21—加速度计位置 22—空气压缩机总成 23—G 传感器 24—前高度传感器 25—系统禁止开关 26—空气干燥器 27—流量控制电磁阀总成

3. 主动式液力悬架系统

电子控制的主动式液力悬架能根据悬架的质量和加速度等,利用液压部件主动地控制汽车的振动。主动式液力悬架在轿车上的布置如图 21-39 所示,在汽车重心附近安装有纵向、横向加速度传感器和横摆陀螺仪传感器,用来采集车身振动、车轮跳动、车身高度和倾斜状态等信号,这些信号被输入到控制单元 ECU,ECU 根据输入信号和预先设定的程序发出控制指令,控制伺服电机并操纵前后执行器液压缸工作。

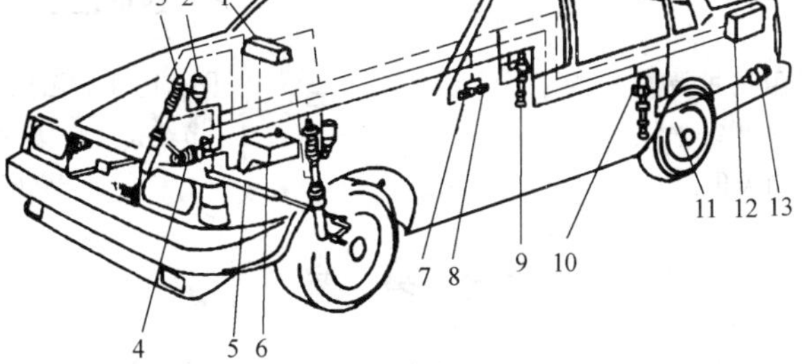

图 21-39 主动式液力悬架系统

1—控制面板 2、13—蓄能器 3、9—前、后作动器液压缸 4—液压泵 5—转向角传感器 6—油箱 7—横摆陀螺仪 8—纵向加速传感器 10—伺服阀门 11—轮毂加速度传感器 12—控制计算机

二、半主动悬架

与主动悬架相比,半主动悬架不需要油泵、过滤器、储油室、冷却器及输油管等附件,因而结构简单、价格相对便宜。半主动悬架系统除了驱动电磁阀或施加电场需要耗费能量外,并不

需向悬架系统提供能量，因此附加的能耗和质量可以很小。

半主动悬架是由美国人 Crosby 和 Karnopp 等人于 20 世纪 70 年代提出来的，其应用始于 80 年代初期，因为改变减振器阻尼特性较改变弹簧刚度更容易，所以半主动悬架主要由不可变刚度的弹簧和可变阻尼减振器组成。它虽然不能随外界的输入进行最优控制，但它可以按照存储在计算机中的各种条件下最优弹簧和减振器的优化参数指令来调节弹簧的刚度和减振器的阻尼状态，使悬架对复杂多变的路面状况具有较好的适应性。

半主动悬架按阻尼级可分为有级式和无级式两种。

1. 有级式半主动悬架(可切换阻尼式悬架)

有级式半主动悬架系统中的阻尼可设置 2 至 3 个挡位，阻尼系数可在几挡之间切换，切换的时间通常为 10～20ms。可由驾驶员选择或根据传感器信号自动进行选择所需要的挡位，即根据路面状况和车辆行驶状态来调节悬架的阻尼，提高汽车的行驶平顺性和操纵稳定性。

图 21-40 所示为装在半主动悬架中的三级阻尼可调减振器的旁路控制阀。它是由调节电动机来带动阀芯转动，使控制阀孔处于关闭、小开和大开三个位置，产生三个阻尼值。该减振器应用于 Opel Senator 和 Opel Omega 轿车上。

2. 无级式半主动悬架(连续可调式悬架)

无级式半主动悬架可根据汽车的行驶状况无级调节减振器的阻尼以适应路面的变化。图 21-41 所示为一种无级式半主动悬架示意图。微处理机 3 从速度、位移和加速度等传感器处接收信号，计算出系统相应的阻尼值，并发出控制指令到步进电动机 2，经阀杆 4 调节阀门 5，使其改变节流孔的通道截面积，从而改变系统的阻尼。

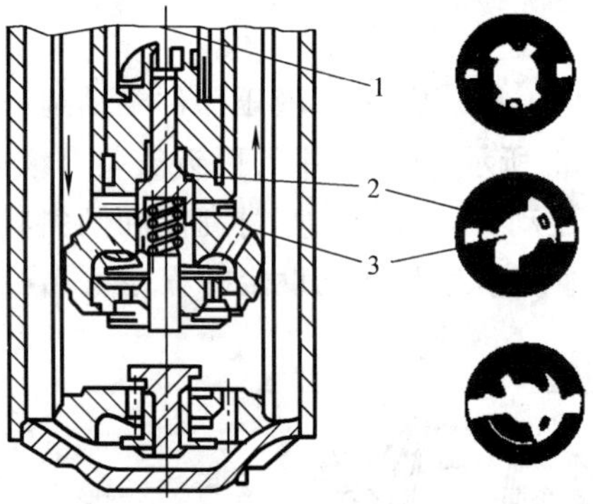

图 21-40　三级阻尼可调减振器

1—调节电动机　2—阀芯

3—控制阀孔

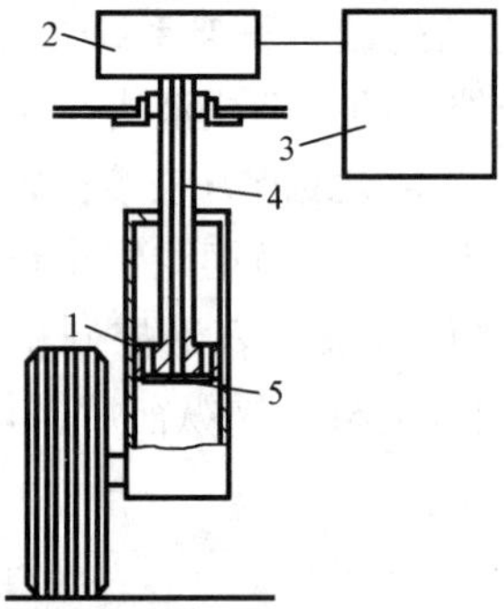

图 21-41　无极式半主动悬架系统

1—节流孔　2—步进电动机　3—微处理机

4—阀杆　5—阀门

思　考　题

1. 汽车上为什么设置悬架总成？一般它是由哪几部分组成的？

2. 汽车悬架中的减振器和弹性元件为什么要并联安装？对减振器有哪些要求？

3. 双向作用筒式减振器的压缩阀、伸张阀、流通阀和补偿阀各起什么作用？压缩阀和伸张阀的弹簧为什么较强？预紧力为什么较大？

4. 常用的弹性元件有哪几种？试比较它们的优缺点。

5. 何谓独立悬架、非独立悬架？钢板弹簧能否作为独立悬架的弹性元件？螺旋弹簧、扭杆弹簧以及气体弹簧等能否作为非独立悬架的弹性元件？

第二十二章　转 向 系 统

汽车转向系统是指汽车行驶过程中，驾驶员控制汽车转向轮偏转和回正的一整套机构，或者说用来改变或恢复汽车行驶方向的专设机构。

第一节　概　　述

一、转向系统的类型和组成

汽车转向系统可按转向能源的不同分为机械转向系统和动力转向系统。

1. 机械转向系统

机械转向系统是以驾驶员的体力作为转向能源，其中所有传力件都是机械的。机械转向系统是由转向操纵机构、转向器和转向传动机构三大部分组成。

如图 22-1 所示，当汽车转向时，驾驶员对转向盘 1 施加的转向力矩通过转向轴 2、转向万向节 3 和转向传动轴 4 输入转向器 5。力矩经转向器放大并减速后，传到转向摇臂 6，再经过转向直拉杆 7 传给固定于左转向节 9 上的转向节臂 8，使左转向节和其所支承的左转向轮偏转。通过转向梯形，使右转向节 13 和其所支承的右转向轮随之同相偏转相应角度。转向梯形是由固定在左、右转向节上的梯形臂 10、12 和两端与梯形臂作球铰链连接的转向横拉杆 11 组成。

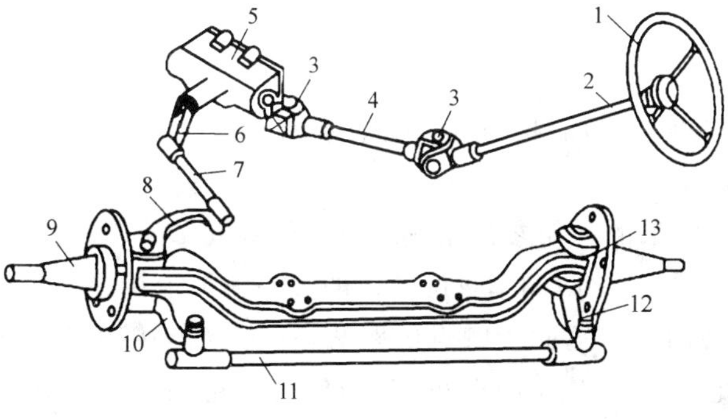

图 22-1　机械转向系统

1—转向盘　2—转向轴　3—转向万向节　4—转向传动轴　5—转向器　6—转向摇臂　7—转向直拉杆　8—转向节臂　9—左转向节　10、12—梯形臂　11—转向横拉杆　13—右转向节

从转向盘到转向传动轴的一系列零部件属于转向操纵机构。由转向摇臂至转向梯形的一系列零件属于转向传动机。

2. 动力转向系统

动力转向系统是兼用驾驶员的体力和发动机动力为转向能源的转向系。在正常情况下，汽车转向所需要的能源大部分由发动机通过转向加力装置提供，只有一小部分由驾驶员提供，并且在动力转向装置失效时由驾驶员独立承担汽车转向任务。动力转向是在机械转向的基础

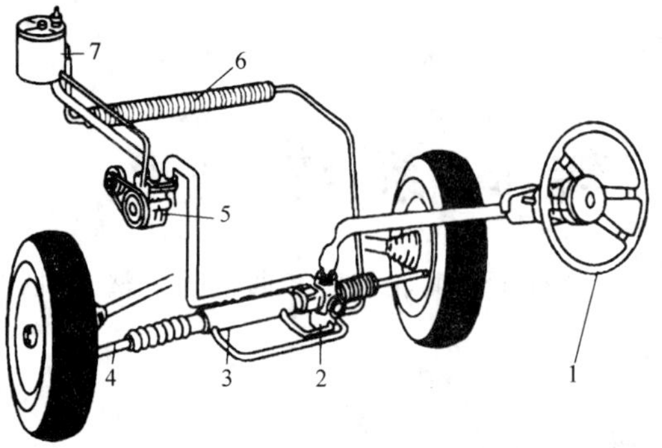

图 22-2 动力转向系统
1—转向盘 2—机械转向器与转向控制阀 3—转向动力缸 4—转向横拉杆 5—转向液压泵 6—液压油散热器 7—转向油罐

上加设一套动力转向装置而组成的，如图22-2所示。其中属于转向加力装置的部件有：转向油罐7、转向液压泵5、转向控制阀2和转向动力缸3。转向控制阀与机械转向器安装在一起并联动，保证转向助力的同步。当驾驶员逆时针转动转向盘1时，机械转向器带动转向控制阀转动，使转向动力缸的右腔接通转向油罐，液压泵的高压油进入转向动力缸的左腔，于是转向动力缸的活塞上受到向右的液压作用力便经推杆施加在转向横拉杆4上，也使之右移，带动转向梯形臂移动，从而带动车轮偏转。这样，驾驶员施于转向盘上很小的转向力矩，便可克服地面作用于转向轮上的转向阻力矩，从而实现转向。

二、转向轮的运动规律

为了避免在汽车转向时产生的路面对汽车行驶的附加阻力和轮胎过度磨损，要求转向系统在汽车转向时，所有车轮作纯滚动，显然，只有在所有车轮的轴线都交于一点时才能实现。此交点 O 称为转向中心，如图22-3所示。因此，内转向轮偏转角 β 和外转向轮偏转角 α 理想关系式应为：

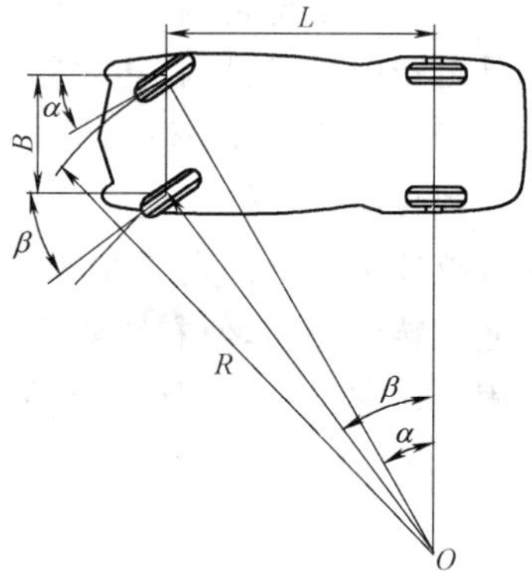

图 22-3 双轴汽车转向时理想的两侧转向轮偏转角的关系

$$\cot\alpha=\cot\beta+\frac{B}{L}$$

式中 B——两侧主销轴线与地面相交点之间的距离；

L——汽车轴距。

上述关系式由转向梯形的几何参数保证。但是所有汽车的转向梯形实际上都只能设计得在一定的车轮偏转角范围内，使两侧车轮偏转角的关系大体上接近于理想关系。

转向中心 O 到外转向轮与地面接触点的距离，称为汽车转弯半径 R。转弯半径越小，则汽车转向所需要的场地越小。如图22-3可知，当外转向轮偏转角达到最大值时，转弯半径为最小。在图示理想情况下，最小转弯半径 $R_{\min}$ 与 $\alpha_{\max}$ 的关系为：

$$R_{\min}=\frac{L}{\sin\alpha_{\max}}$$

三、转向系统角传动比

转向盘的转角增量与转向摇臂转角的相应增量之比 $i_{\omega1}$ 称为转向器角传动比。转向摇臂转角的增量与转向盘所在一侧的转向节转角相应增量之比 $i_{\omega2}$ 称为转向传动机构角传动比。转向盘转角增量与同侧转向节相应转角增量之比 i_ω 称为转向系统角传动比，显然 $i_\omega=i_{\omega1}i_{\omega2}$。

转向系统角传动比 i_ω 越大，则克服一定的地面转向阻力矩所需的转向盘上的转向力矩越小，驾驶员应加于转向盘上的手力也越小。但是 i_ω 过大，将导致转向操纵不够灵敏。所以，选取 i_ω 时应适当兼顾转向省力和转向灵敏的要求。

第二节　转向器及转向操纵机构

一、转向器

1. 转向器的功用和类型

转向器是转向系统中减速增矩传力装置。即增大转向盘传到转向节上的力，并改变力的传递方向。按传动副的结构形式分类，目前在汽车上广泛采用的有齿轮齿条式、循环球—齿条齿扇式和蜗杆曲柄指销式等几种结构形式。

2. 转向器的传动效率及自由行程

转向器的输出功率与输入功率之比，称为转向器的传动效率。功率由转向轴输入，由转向摇臂输出的情况下求得的传动效率称为正效率。而功率由转向摇臂输入，由转向轴输出的情况下求得的传动效率称为逆效率。逆效率很高的转向器称为可逆式转向器，逆效率很低的转向器称为不可逆式转向器，逆效率略高于不可逆式的转向器称为极限可逆式转向器。

可逆式转向器的正、逆传动效率都很高，有利于汽车转向后转向轮和转向盘自动回正，但也容易将坏路面对车轮的冲击力传到转向盘，出现“打手”现象。不可逆式转向器不能将不平路面对转向轮的冲击载荷传到转向盘，冲击载荷是由转向器的转动副承受的，使得驾驶员没有“路感”，无法据以调节转向力矩。极限可逆式转向器反向传力性能介于可逆式和不可逆式之间，而接近于不可逆式。采用这种转向器时，驾驶员有一定的路感，转向轮自动回正也可以实现，而且只有路面冲击很大时，才能部分的传到转向盘上。现代汽车上一般不采用不可逆式转向器，经常在良好路面上行驶的汽车多采用可逆式转向器，极限可逆式转向器多用于中型以上越野汽车和工矿用自卸汽车。

在整个转向系统中各传动件之间都必然存在着装配间隙，而且这些间隙将随着零件的摩损而增大，反映到转向盘上会产生空转角度，转向盘在空转阶段中的行程称为转向盘自由行程。转向盘自由行程对于缓和路面冲击及避免使驾驶员过度紧张是有利的，但不宜过大，否则将使转向灵敏性降低。一般转向盘从相应于汽车直线行驶的中间位置向左或向右空转角度不大于 10°～15°。当零件磨损严重到使转向盘自由行程超过 25°～30°时，则必须进行调整。通过调整转向器传动副的啮合间隙和轴承间隙来实现。

3. 转向器的结构

（1）齿轮齿条式转向器

齿轮齿条式转向器的齿轮齿条直接啮合，并可安装转向助力机构。齿轮齿条式转向器的正效率与逆效率都很高，属于可逆式转向器，其自动回正能力强。

如图 22-4 所示为齿轮齿条式转向器。传动副主动件转向齿轮 4 安装在转向器壳体 3 中，与水平布置的转向齿条 5 相啮合。压紧弹簧 8 通过压块 6 将转向齿条压靠在转向齿轮上，保证无间隙啮合。弹簧的预紧力可用调整螺栓 7 调整。当转向盘转动时，转向齿轮转动，使与之啮合的转向齿条沿轴向移动。从而使左、右横拉杆带动转向节左右移动，使转向

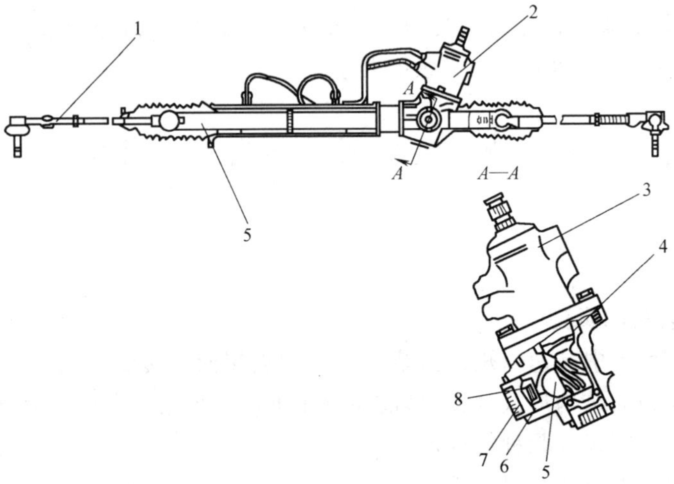

图 22-4 齿轮齿条式转向器

1—横拉杆 2—转向器 3—转向器壳体 4—转向齿轮 5—转向齿条 6—压块 7—调整螺栓 8—压紧弹簧

车轮偏转。

齿轮齿条式转向器结构简单(不需要转向摇臂和转向直拉杆等),加工方便,工作可靠,使用寿命长,不需要调整齿轮齿条的间隙,所以得到了广泛的应用。如一汽捷达、红旗 CA7220 和上海桑塔纳轿车等均采用齿轮齿条式转向器。

(2) 循环球—齿条齿扇式转向器

循环球—齿条齿扇式转向器中有两级传动副,第一级是螺杆螺母传动副,第二级是齿条齿扇传动副,如图 22-5 所示。转向螺杆 3 的轴颈支承在两个推力角接触球轴承 2 上。转向螺母 4 外侧的下平面上加工成齿条,与齿扇轴 20(摇臂轴)上的齿扇啮合。可见转向螺母既是第一级传动副的从动件,也是第二级传动副的主动件。

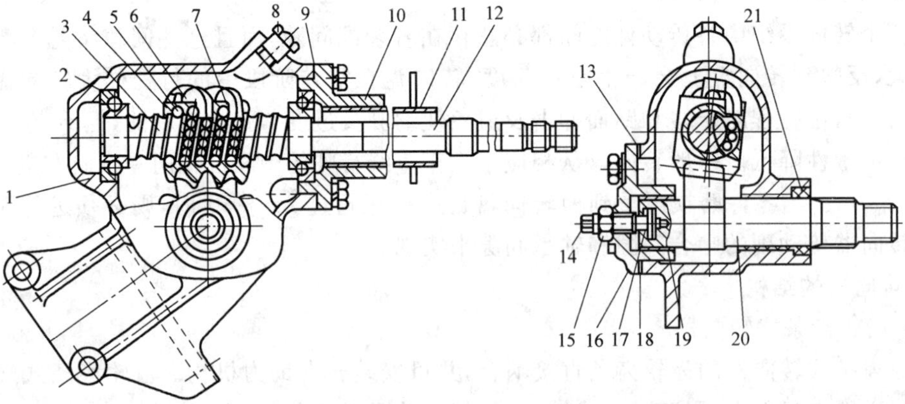

图 22-5 循环球—齿条齿扇式转向器

1—转向器壳体 2—推力角接触球轴承 3—转向螺杆 4—转向螺母 5—钢球 6—钢球导管卡 7—钢球导管 8—六角头锥形螺塞 9—调整垫片 10—上盖 11—转向柱管总成 12—转向轴 13—转向器侧盖衬垫 14—调整螺钉 15—螺母 16—侧盖 17—孔用弹簧挡圈 18—垫片 19—摇臂轴衬套 20—齿扇轴 21—油封

为了减少转向螺杆和螺母之间的摩擦，二者之间的螺纹不直接接触。转向螺杆和螺母上都加工出断面轮廓为两段或三段不同心圆弧组成的近似半圆的螺旋槽。两者的螺旋槽配合形成近似圆形断面的螺旋管状通道。螺母侧面有两对通孔，可将钢球从此孔塞入螺旋形通道内。两根U形钢球导管7的两端插入螺母侧面的两对通孔中。导管内也装满了钢球。这样，两根导管和螺母内的螺旋管状通道组合成两条各自独立的封闭的钢球“流道”。

转向螺杆转动时，通过钢球将力传给转向螺母，使螺母沿轴向移动。螺母下表面上的齿条与齿扇啮合，使齿扇绕其轴转动，即摇臂绕摇臂轴摆动。螺母沿螺杆轴向移动的同时，在螺杆与螺母两者和钢球间的摩擦力偶作用下，所有钢球便在螺旋管状通道内滚动，形成“球流”。钢球在管状通道内绕行1.5周后，流出螺母而进入导管的一端，再由导管另一端流回螺旋管状通道。因此，在转向器工作时，两列钢球只是在各自的封闭流道内循环，而不致脱出。

循环球式转向器的正效率很高（最高可达90%～95%），操纵轻便，使用寿命长。但逆效率也较高，可将地面对转向轮的冲击力传给转向盘。经常在良好道路上行驶的汽车，上述缺点影响不大。国产汽车如解放CA1091、北京BJ1041、BJ2023和黄河JN1181C13等汽车都采用这种转向器。

(3) 蜗杆曲柄指销式转向器

蜗杆曲柄指销式转向器如图22-6所示，以转向蜗杆3为主动件，装在摇臂轴1曲柄端部的指销2为从动件。转向蜗杆转动时，与之啮合的指销即绕转向摇臂轴轴线沿圆弧运动，并带动转向摇臂轴转动。东风EQ1090E载货汽车采用蜗杆曲柄指销式转向器。

二、转向操纵机构

转向操纵机构分为普通转向操纵机构、缓冲转向操纵机构和位置可调整转向操纵机构。

1. 普通转向操纵机构

转向操纵机构主要由转向盘、转向管柱、转向轴、上万向节、下万向节和转向传动轴等组成，如图22-1所示。转向管柱安装在车身上，转向轴从转向管柱中穿过，并连接转向盘和转向器，并传递它们之间的转矩。

2. 缓冲转向操纵机构

缓冲转向操纵机构有网状管柱式、波纹管柱式。如图22-7所示为波纹柱管式缓冲转向操

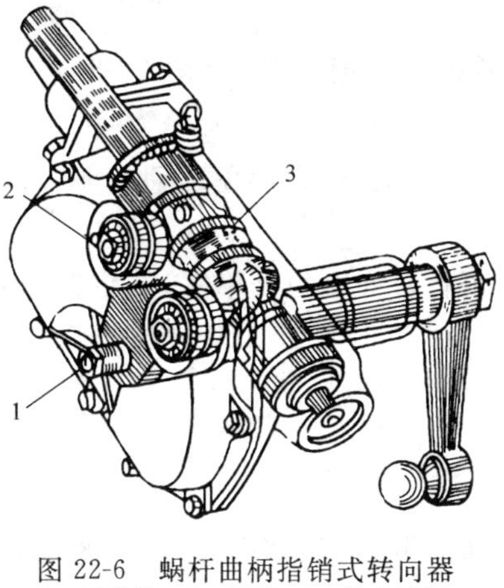

图22-6 蜗杆曲柄指销式转向器
1—摇臂轴 2—指销 3—转向蜗杆

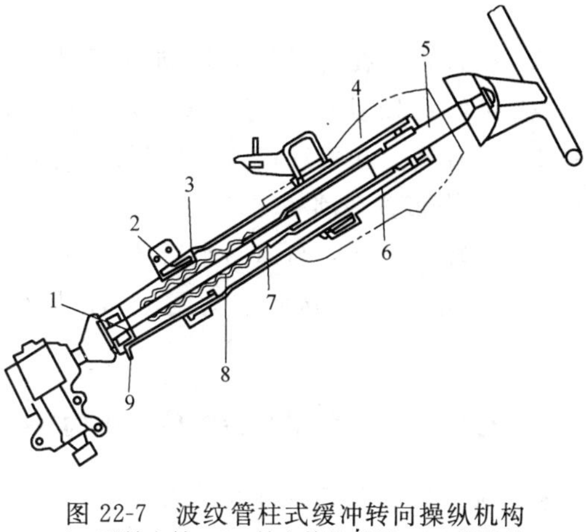

图22-7 波纹管柱式缓冲转向操纵机构
1—下转向轴 2—转向管柱压圈 3—限位块
4—转向管柱护盖 5—上转向轴 6—上转向管柱
7—细齿花键 8—波纹管 9—下转向管柱

纵机构。它的转向轴和转向管柱都被制造成上、下两段。上转向轴 5 和下转向轴 1 通过细花键连接,用以传递转矩,同时可以相对地作轴向滑动,在下转向轴的外边装有波纹管 8,波纹管在受到一定的轴向压力时能够产生轴向的压缩变形,消耗冲击能量。当汽车受到碰撞产生第一次冲击时,下转向管柱倾斜向上移动,在冲击力的作用下,限位块 3 首先被剪裂,在剪断过程中消耗了能量,与此同时,转向管柱和转向轴都产生轴向的收缩。当驾驶员在惯性的作用下向前移动产生第二次冲击时压缩波纹管,波纹管的收缩变形消耗了冲击能量,减小驾驶员的伤害程度。

第三节 转向传动机构

转向传动机构的功用是将转向器输出的力和运动传到转向桥两侧的转向节,使两侧转向轮偏转,并使两转向轮偏转角按一定关系变化,以保证汽车转向时车轮与地面的相对滑动尽可能小。

一、与非独立悬架配用的转向传动机构

与非独立悬架配用的转向传动机构如图 22-8 所示,包括转向摇臂 2、转向直拉杆 3、转向节臂 4 和由转向横拉杆 6 与两个梯形臂 5 组成的转向梯形机构。这种转向传动机构的布置形式有以下三种:

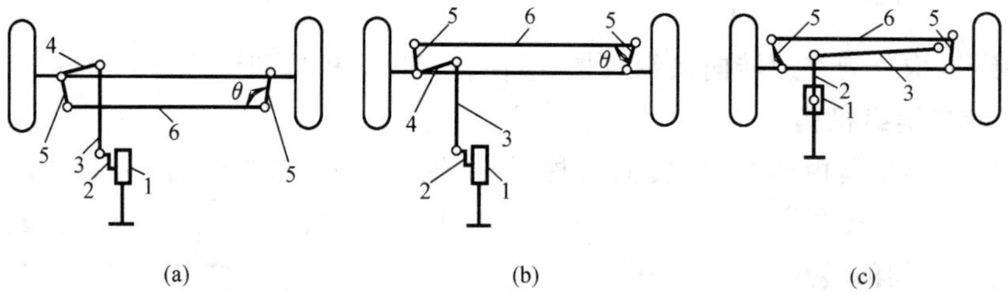

图 22-8 与非独立悬架配用的转向传动机构

1—转向器 2—转向摇臂 3—转向直拉杆 4—转向节臂 5—转向梯形臂 6—转向横拉杆

(1) 后置式。在前桥仅为转向桥情况下,将转向梯形布置在前桥之后(图 22-8a)。解放 CA1091 和东风 EQ1090E 等汽车上均采用这种机构。

(2) 前置式。在发动机位置较低或转向桥兼为驱动桥的情况下,为避免运动干涉,通常将转向梯形机构布置在前桥之前(图 22-8b)。

(3) 当转向摇臂在与道路平行的平面内左右摇摆时,可将转向直拉杆横置,并借助球头销直接带动转向横拉杆,从而推动两侧梯形臂转动(图 22-8c)。北京 BJ2020N 型越野汽车采用这种机构。

二、与独立悬架配用的转向传动机构

采用独立悬架的转向轮可以相对于车架单独运动,因而其转向桥必须是断开式的,而转向传动机构中的转向梯形也必须分成两段(图 22-9a)或三段(图 22-9b)。转向摇臂 1 在平行于路面的平面上摆动,直接带动或通过转向直拉杆 2 带动转向梯形运动。

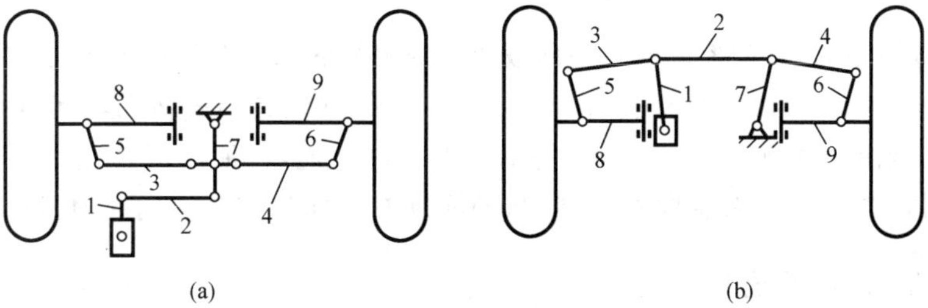

图 22-9　与独立悬架配用的转向传动机构示意图

1—转向摇臂　2—转向直拉杆　3—左转向横拉杆　4—右转向横拉杆　5—左梯形臂
6—右梯形臂　7—摇杆　8—悬架左摆臂　9—悬架右摆臂

第四节　动力转向装置

动力转向系统由机械转向器和动力转向装置组成。

按传能介质不同划分，动力转向系统分为气压式和液压式两种。气压动力转向系统主要应用于一部分前轴最大轴载质量为 3～7t，并采用气压制动系统的载货汽车和客车。液压动力转向系统的工作压力高达 10MPa 以上，其部件尺寸很小。液压系统工作时无噪声，工作滞后时间短，而且能吸收来自不平路面的冲击，因此液压动力转向系统已在各类各级汽车上获得广泛应用。本节只讨论液压动力转向系统。

一、液压动力转向系统的一般组成、功用和工作原理

液压动力转向系统是在机械转向系统的基础上加装一套动力转向装置而成的，一般组成如图 22-10 所示。

1. 转向油罐

用于储存、滤清和冷却油液，常与液压泵形成一体。转向油罐 5 有进、出油管接头，通过油管分别与转向液压泵 6 和转向控制阀 2 连接。

2. 转向液压泵

安装在发动机上，由曲轴通过传动带驱动并向外输出液压油。

3. 转向控制阀

根据转向盘的操纵方向、转角范围与力矩大小来改变液压动力的传递路线及油液压力与通道面积的大小。转向控制阀中的阀与阀体以轴向移动来控制油路的称为滑阀式。转向控制阀中的阀与阀体以旋转运动来控制油路的称为转阀式。

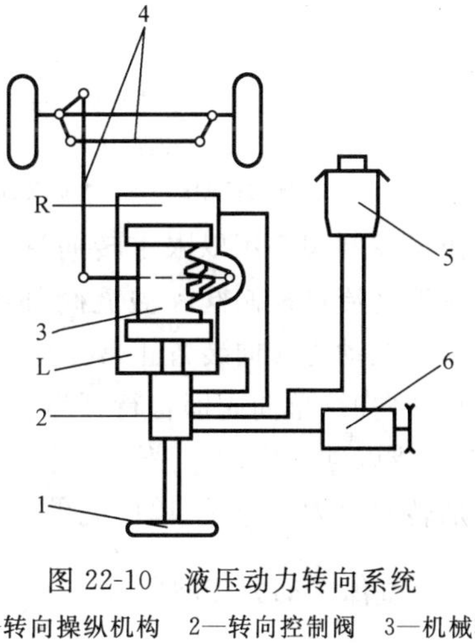

图 22-10　液压动力转向系统

1—转向操纵机构　2—转向控制阀　3—机械转向器与转向动力缸总成　4—转向传动机构
5—转向油罐　6—转向液压泵
R—转向动力缸右腔　L—转向动力缸左腔

4. 机械转向器与转向动力缸总成

机械转向器与转向动力缸总成内有左、右两个工作腔 R 和 L 腔，它们分别通过油道与转向控制阀连接。转向动力缸是转向的加力机构，借助于液压及活塞对机械转向器起助力作用。机械转向器通常采用齿轮齿条式或循环球式转

向器。

当汽车直线行驶时，转向控制阀将转向液压泵泵出来的工作液与油罐接通，转向液压泵处于卸荷状态，动力转向器不起助力作用。汽车向右转向时，驾驶员向右转动转向盘，转向控制阀将转向液压泵泵出来的工作液与R腔接通，将L腔与油罐接通，在油压的作用下，活塞向下移动，通过转向传动机构4使左、右轮向右偏转，从而实现右转向。向左转向时，情况与上述相反。

二、液压动力转向系统的类型

在液压动力转向系统中，按机械转向器、转向控制阀和转向动力缸三者的组合及相对位置分为三种结构形式，如图22-11所示。

机械转向器9和转向动力缸10设计成一体，并与转向控制阀8组装在一起，称为整体式动力转向器，如图22-11a所示。将转向控制阀同机械转向器组合成一个整体部件，转向动力缸则作为独立部件分别进行装配，称为半整体式动力转向器，如图22-11b所示。机械转向器作为独立部件，而将转向控制阀和转向动力缸组合成一个部件，称为转向加力器，如图22-11c所示。

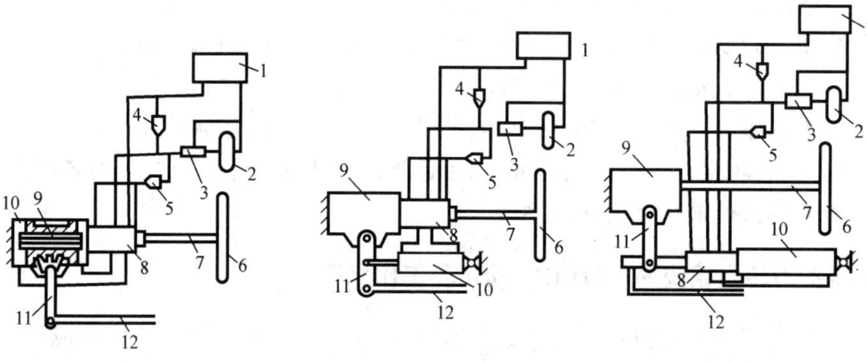

图22-11 液压动力转向系统的结构布置方案

(a)整体式动力转向器 (b)半整体式动力转向器 (c)转向加力器

1—转向油罐 2—转向液压泵 3—流量控制阀 4—溢流阀 5—单向阀 6—转向盘 7—转向轴 8—转向控制阀 9—机械转向器 10—转向动力缸 11—转向摇臂 12—转向直拉杆

流量控制阀3用以限定转向液压泵的最大流量。液压泵输出的最高压力由溢流阀4限制。一般将流量控制阀和溢流阀都组装在转向液压泵内，以使结构紧凑并减少管路及接头。单向阀5在动力转向装置正常工作的情况下总是关闭的。在动力转向装置失效而不得不靠人力进行转向时，单向阀即自行开启，使转向油罐中的油液得以经单向阀流入转向动力缸的吸油腔，否则将因油罐中的油液不能通过不运转的液压泵流入动力缸吸油腔填补真空，而造成很大的附加转向阻力。可见，单向阀的作用是将不工作的液压泵短路，故有时称之为短路阀。

三、整体式动力转向器

1. 液压动力转向器结构

如图22-12所示为一种采用循环球式机械转向器与动力缸和转阀式转向控制阀组合的液压整体式动力转向器。该动力转向器的下部(图中的左部)为机械式循环球转向器及转向动力缸，上部(图中的右部)为转向控制阀。其中的循环球式机械转向器的结构与图22-5所示的结构基本相同，不同之处是转向器中的转向螺母33兼起动力缸活塞的作用。转向螺母的下圆柱表面(图中的左圆柱表面)上有一环形槽，在槽上装有密封圈34，以保证动力缸密封。转向螺

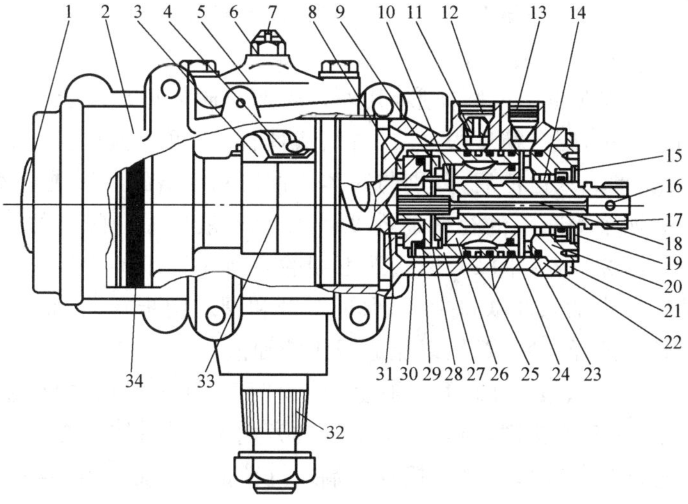

图 22-12　液压整体式动力转向器

1—转向器端盖　2—壳体　3—循环球导管　4—导管压紧板　5—侧盖　6、21—锁紧螺母　7—调整螺钉　8、23—向心滚针轴承　9—定位销　10、16、30—锁销　11—单向阀　12—进油口　13—出油口　14—滚针轴承　15—卡环　17—短轴　18—扭杆　19—骨架油封　20—调整螺塞　22、24、25、29、34—密封圈　26—阀芯　27—阀体　28—下端轴盖　31—转向螺杆　32—转向摇臂轴　33—转向螺母(齿条—活塞)

母将动力缸分成上、下两个密封腔，即图中的右腔和左腔。上、下两密封腔又分别通过设在转向器壳体上的油道与位于转向器上部的转向控制阀相通。

位于动力转向器上部的转向控制阀如图 22-13 所示，主要由阀体 3、阀芯 4 及扭杆组件等组成。如图 22-14 所示，控制阀阀体呈圆桶形，其外圆柱形表面上制有三道宽且深的油环槽和三道窄且浅的密封环槽。油环槽的底部开有与内壁相通的油孔，中间油环槽的四个油孔 6 直径较大，是进油通道，与转向液压泵相通；两侧油环槽各有四个直径较小的油孔 1 和 2，分别与动力缸的左、右腔相通。密封环槽用于安装密封圈组件(图 22-12 中的 25)。阀体的内表面制有八条不贯通的纵槽 7，形成八道槽肩 5。在阀体下部内表面固定有锁销 8(图 22-12 中的 9)，此锁销的外端埋在外圆表面以下，内端伸出少许，与扭杆组件下端轴盖外圆上的缺口相配合，使二者不能相对转动。转向螺杆(图 22-12 中的 31)上端的法兰部分的外圆滑配在阀体的下端

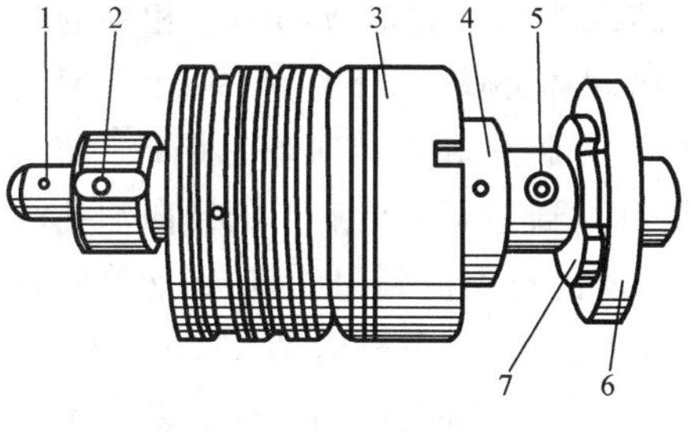

图 22-13　转向控制阀组件

1—扭杆　2、5—锁销　3—阀体(阀套)　4—阀芯　6—轴盖　7—短轴

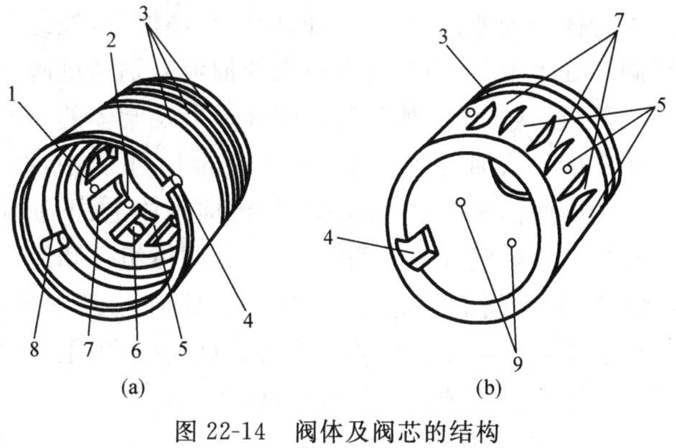

图 22-14　阀体及阀芯的结构

(a)阀体　(b)阀芯

1—小孔(通动力缸前腔)　2—小孔(通动力缸后腔)　3—环槽　4—缺口　5—槽肩　6—孔(通进油口)　7—纵槽　8—锁销　9—孔(通回油口)

止口中，阀体的下边缘开有矩形缺口 4，此缺口与转向螺杆用锁销（图 22-12 中的 30）相配合，形成阀体和驱动螺杆的传力连接。

如图 22-14b 所示，阀芯也制成圆桶形，其外圆表面与阀体滑动配合，二者可以相对转动。阀芯与阀体配合间隙很小，配合精度很高，二者组成偶件，不可单独更换。阀芯外表面上也制有八条不贯通的纵槽，形成八道槽肩，分别与阀体的槽肩和纵槽配合形成液体流动间隙。在阀芯的不同槽肩上开有四个等间隔的径向通孔 9，用以流通液压油。阀芯的上端外表面开有环槽，用来安装密封圈（图 22-12 中的 24）。阀芯下端的内圆柱面开有一个缺口，短轴下端安装的锁销（图 22-12 中的 10）即插入此缺口中，以保证短轴和阀芯同步转动，而不发生相对角位移。阀芯和短轴间留有较大的径向间隙，用以流通回流的油液。

在图 22-12 中，短轴 17、扭杆 18、下端轴盖 28、锁销 16 和 10 组成扭杆组件。短轴为空心管，其上端外表面制有三角形花键，与转向轴下端的万向节相连，转向盘的转矩由此输入。短轴下端有带两个对称缺口的扇形凸缘。扭杆上端通过锁销 16 与短轴固定在一起，下端通过三角形花键与下端轴盖 28 固定。下端轴盖前端为圆盘形，其外圆与阀体 27 下端采用止口滑配，并用定位销 9 定位。下端轴盖的圆盘辐板上开有两个对称的腰形槽孔，转向螺杆 31 上端法兰部分的叉形凸块穿过此腰形槽孔与短轴的扇形凸缘的缺口配合，两者之间间隙较大，允许有一定的相对角位移，以保证扭杆有一定程度的扭转变形。

为了对转向控制阀进行轴向定位，并使之具有一定的预紧度，转向器壳体设有调整螺塞 20。调整螺塞内部装有滚针轴承 14 支承着短轴，下端装有向心滚针轴承 23 使阀体可旋转，并且使阀体定位销 9 和锁销 30 与下端轴盖 28 和转向螺杆 31 的法兰盘轴向靠紧。在转向螺杆法兰盘下面还装有向心滚针轴承 8，以保证螺杆和转阀组件转动灵活和轴向定位。

在动力转向器上部设有进油口 12 和出油口 13，通过油管分别与转向液压泵和转向油罐相连接。在进油口处设有进油阀座和单向阀 11，进油口与阀体的中间油环槽相通。出油口和短轴与阀芯形成的回油腔相通。在转向器壳体上开有两条贯通的油道，一条上端与阀体的下油环槽相通，下端与动力缸上腔相通，另一条上端与阀体的上油环槽相通，下端与动力缸的下腔相通。

2. 动力转向过程

当汽车直线行驶时，转阀处于中间位置，如图 22-15 所示。来自转向液压泵的工作液从转向器壳体的进油口流到阀体的中间油环槽中，经过其槽底的通孔进入阀体和阀芯之间。此时因阀芯处于中间位置，所以进入的油液分别通过阀体和阀芯纵槽与槽肩形成的两边相等的间隙，再通过阀芯的纵槽和阀体的纵槽以及阀体的径向孔流向阀体外圆上、下油环槽，然后通过壳体中的两条油道分别流到动力缸的上、下腔中，即左转向动力腔 L 和右转向动力腔 R。流入阀体内腔的油液在通过阀芯纵槽流向阀体上、下油环槽的同时，通过阀心槽肩上的径向油孔流到阀芯与扭杆组件之间的空隙中，经阀体组件和调整螺塞之间的空隙流到回油口，经油管回到油罐中去，形成了常流式油液循环。此时上、下腔油压相等且很小，齿条—活塞 33（图 22-12）既没有受到转向螺杆的轴向推力，也没有受到上、下腔因压力差造成的轴向推力，所以齿条—活塞处于中间位置，不产生助力作用。

当汽车左转弯时，转动转向盘使短轴 17 逆时针转动，并通过短轴下端锁销 10 带动阀芯同步转动。同时，作用在转向盘上的转矩通过具有弹性的扭杆 18 传给下端轴盖 28，下端轴盖边缘上的缺口通过固定在阀体上的锁销 30 带动阀体转动，阀体通过其下端缺口和定位销 9，把转向力矩传给转向螺杆 31。由于转向阻力的存在，要有足够的转向力矩才能使转向螺杆转

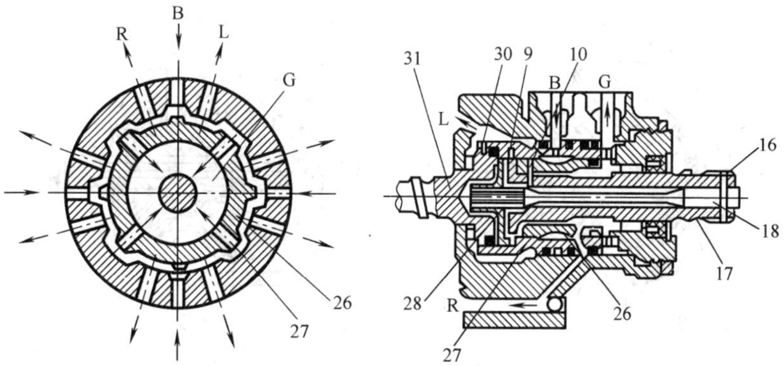

图 22-15　汽车直线行驶时转阀的工作情况

9—定位销　10、16、30—锁销　17—短轴　18—扭杆　26—阀芯　27—阀体　28—下端轴盖　31—转向螺杆
R—接右转向动力腔　L—接左转向动力腔　B—接转向液压泵　G—接转向油罐

动。这个力矩促使扭杆发生弹性扭转，造成阀体的转动角度小于阀芯的转动角度，两者产生相对角位移，如图 22-16 所示。通下动力腔的进油缝隙减小（或关闭），回油缝隙增大，油压降低；通上动力腔的进油缝隙增大而回油缝隙减小（或关闭），油压升高。齿条—活塞 33（图 22-12）便在上、下腔油压差的作用下移动，产生助力作用。此时来自转向液压泵的压力油通过槽隙流向动力缸上腔，动力缸下腔的油则通过阀体径向孔、槽隙、阀芯径向孔和回油口流向储油罐。

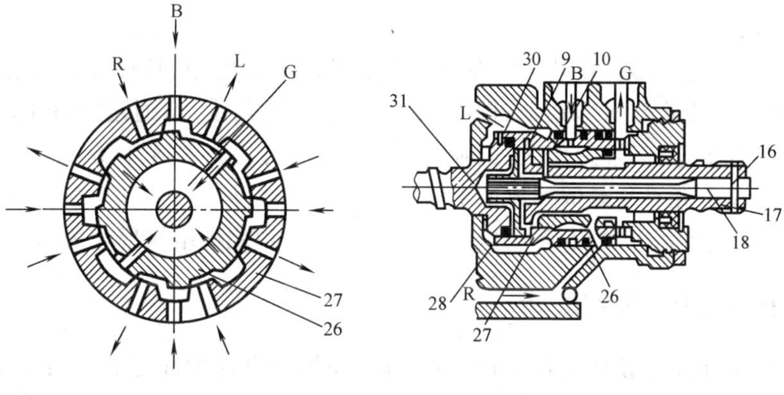

图 22-16　汽车左转弯时转阀的工作情况

9—定位销　10、16 、30—锁销　17—短轴　18—扭杆　26—阀芯　27—阀体　28—下端轴盖　31—转向螺杆
R—接右转向动力腔　L—接左转向动力腔　B—接转向液压泵　G—接转向油罐

汽车右转弯时，转阀的工作情况基本上与左转弯时相似，如图 22-17 所示。不同的是由于转向方向相反，造成的阀体与阀芯的角位移相反，齿条—活塞下腔压力升高而上腔油压降低，产生向右的转向助力。

如图 22-15 所示，当转向盘停在某一位置不再继续转动时，此时阀体随转向螺杆在液力和扭杆弹力的作用下，沿转向盘转动方向旋转一个角度，使之与阀芯相对角位移量减小，上、下动力腔油压差减小。但仍有一定的助力作用，此时的助力力矩与车轮的回正力矩相平衡，使车轮维持在某一转向位置上。

转向过程中，若转向盘转动的速度快，阀体与阀心的相对角位移量也大，上、下动力腔的油压差也相应加大，车轮偏转的速度也加快；若转向盘转动的速度慢，车轮偏转的速度也慢；若转向盘转到某一位置上不动，对应着车轮也转到某一相应的位置上不动。这就是转向控制阀所

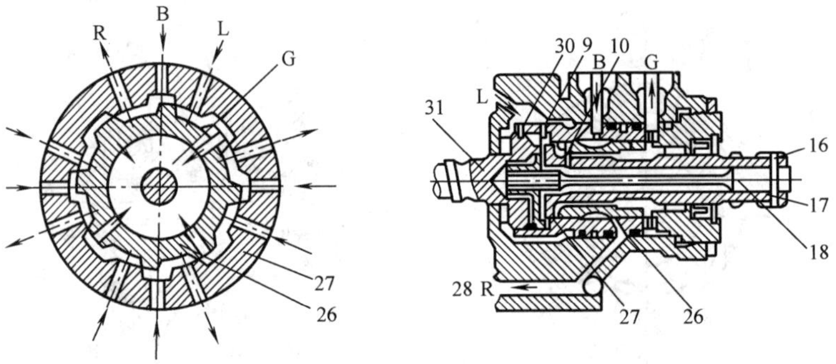

图 22-17 汽车右转弯时转阀的工作情况

9—定位销 10、16、30—锁销 17—短轴 18—扭杆 26 阀芯 27—阀体 28—下端轴盖 31—转向螺杆
R—接右转向动力腔 L—接左转向动力腔 B—接转向液压泵 C—接转向油罐

谓的"渐进随动原理"。

转向后需回正时,驾驶员放松转向盘,阀芯回到中间位置,失去了助力作用,此时车轮在回正力矩的作用下自动回位。若驾驶员同时回转转向盘,转向助力器助力,帮助车轮回正。

当汽车直线行驶偶遇外界阻力使车轮发生偏转时,阻力矩通过转向传动机构、转向螺杆、螺杆与阀体的锁销作用在阀体上,使之与阀芯之间产生相对角位移,这样使动力缸上、下腔油压不等,产生了与车轮转向相反的助力作用。在此力的作用下,车轮迅速回正,保证了汽车直线行驶的稳定性。

一旦液压助力装置失效,该动力转向器即变成机械转向器,此时转动转向盘,带动短轴转动,短轴下端法兰盘边缘有弧形缺口(图 22-13),转过一定角度后,通过螺杆上端法兰盘的凸块带动螺杆旋转保证汽车转向。不过这时转向盘的自由行程加大,转向沉重。

目前国产轿车上几乎毫无例外地采用了转阀式的整体动力转向器。例如,一汽生产的红旗 CA7220、奥迪、捷达以及二汽生产的富康等轿车,均采用此种结构形式的动力转向系统。

四、电子控制动力转向系统

传统动力转向系统在设计时存在着一些矛盾,如果所设计的固定放大倍率是为了减小汽车在停车或低速行驶状态下转动转向盘的力,则当汽车高速行驶时,会使转动转向盘的力显得太小,不利于对高速行驶的汽车进行方向控制。反之,如果所设计的固定放大倍率是为了增加汽车在高速行驶时的转向力,则当汽车停驶改低速行驶时,转动转向盘就会显得非常吃力。

电子控制动力转向系统 Electronic Control Power Steering(简称 EPS),根据动力源不同可分为液压式电子控制动力转向系统(液压式 EPS)和电动式电子控制动力转向系统(电动式 EPS)。本节只介绍液压式电子控制动力转向系统。

液压式 EPS 是在传统的液压动力转向系统的基础上增设了控制液体流量的电磁阀、车速传感器和电控单元等,如图 22-18 所示。电控单元根据检测到的车速信号,控制电磁阀,使转向动力放大倍率实现连续可调,从而满足高、低速时的转向助力要求。

根据控制方式的不同,液压式电子控制动力转向系统又可分为流量控制式、反力控制式和阀灵敏度控制式三种形式。

1. 流量控制式 EPS

流量控制式 EPS 是根据车速传感器信号调解动力转向装置供应的压力油液,改变油液的输入输出流量，以控制转向力的方法。其优点是在原来动力转向功能上再增加压力油液流量控制功能。缺点是当流向动力转向机构的压力油液降低到极限值时，将改变转向控制部分的刚度，使其下降到接近转向刚度。这样，在低供给油量区域内，对于快速转向会产生压力油量不足，降低了适应性。

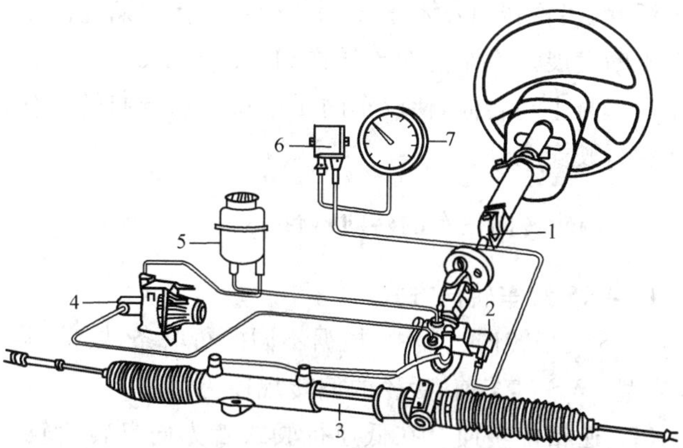

图 22-18 液压式电子控制动力转向系统

1—万向节 2—车速传感器 3—齿轮齿条式转向器 4—液压泵 5—储油罐 6—电控单元 7—车速表

图 22-19 所示为丰田凌志轿车流量控制动力转向系统。该系统主要由车速传感器 5、电磁阀 2、整体式动力转向控制阀 3、动力转向液压泵 1 和电控单元 4 等组成。电磁阀安装在通向转向动力缸活塞两侧油室的油道之间，当电磁阀的阀针完全开启时，两油道就被电磁阀旁路。流量控制式动力转向系统的电控单元根据车速传感器的信号控制电磁阀阀针的开启程度，从而控制转向动力缸活塞两侧油室的旁路液压油流量，来改变转向盘上的转向力。车速越高，流过电磁阀电磁线圈的平均电流值越大，电磁阀阀针的开启程度越大，旁路液压油流量越大，而液压助力作用越小，使转动转向盘的力也随之增加。

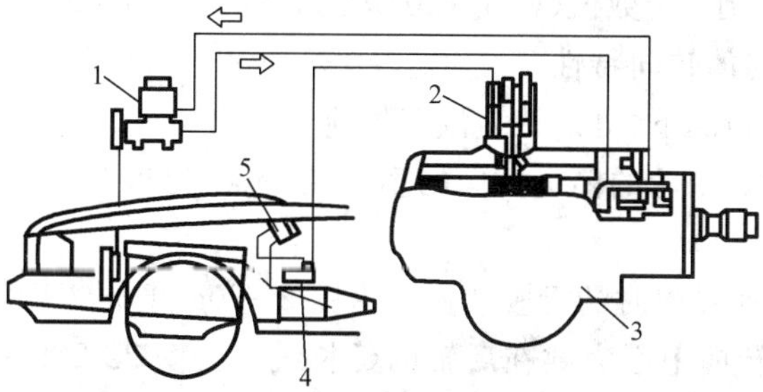

图 22-19 凌志轿车的流量控制动力转向系统

1—动力转向液压泵 2—电磁阀 3—动力转向控制阀 4—电控单元 5—车速传感器

2. 反力控制式 EPS

反力控制式 EPS 是根据车速大小控制反力室油压，从而改变输入、输出增益幅度以控制转向力的方法。它具有较大的选择转向力的自由度，转向刚度大，驾驶员能感受到路面情况，可以获得稳定的操作手感等优点。其缺点是结构复杂和价格较高。

第五节 四轮转向系统

现代汽车多采用前轮转向，能够基本满足汽车的转向行驶。随着现代道路交通系统和先进汽车技术的发展，汽车速度在不断提高，两轮转向汽车在高速行驶时，相对于一定的转向盘转角增量，车身横摆角速度和横向加速度的增量也增大，从而在汽车高速行驶时的转向操纵性能和稳定性变差，为满足汽车在各种行驶工况下的转向操纵性能，提高高速行驶安全性和转弯的灵活性，四轮转向技术于 20 世纪 80 年代中期在汽车上得到应用，并随着现代汽车工业的发展而不断发展。汽车的四轮转向(Four Wheel Steering，简称 4WS)是指汽车在转向时，后轮可相对车身主动转向，使汽车的 4 个车轮都能起转向作用，以改善汽车的转向机动性、操纵稳定性和行驶安全性。

一、四轮转向汽车的转向特性

1. 4WS 汽车转向方式

4WS 汽车转向过程中，根据不同的行驶条件，前、后轮转向角之间应遵循一定的规律。目前，典型 4WS 汽车前、后轮的偏转规律为：

(1) 逆相位转向　在低速行驶或者方向盘转角较大时，前、后轮实现逆相位转向，即后轮的偏转方向与前轮的偏转方向相反，且偏转角度随方向盘转角增大而在一定范围内增大(后轮最大转向角一般为 5°左右)。这种转向方式可改善汽车低速时的操纵轻便性，减小汽车的转弯半径，提高汽车的机动灵活性，便于汽车掉头转弯、避障行驶、进出车库和停车场。

(2) 同相位转向　在中、高速行驶或转向盘转角较小时，前、后轮实现同相位转向，即后轮的偏转方向与前轮的偏转方向相同(后轮最大转角一般为 1°左右)。这种转向方式可使汽车车身的横摆角速度大大减小，并能减小汽车车身发生动态侧偏的倾向，保证汽车在高速超车、进出高速公路、高架引桥及立交桥时处于不足转向状态。

现在有许多 4WS 汽车把改善汽车操纵性能的重点放在提高汽车高速行驶的操纵稳定性上，而不过分要求汽车在低速行驶时的转向机动灵活性。其工作特点是，低速时汽车只采用前轮转向，只在汽车行驶速度达到一定数值(如 50km/h)后，后轮才参与转向，进行同相位四轮转向。

2. 4WS 汽车低速时的转向特性

汽车在低速转向的情况下，可以认为汽车的前进方向和车的朝向是大体一致的，所以各车轮上几乎不产生转向力。四轮的前进方向的垂线在一点相交，而汽车以此交点(转向中心)为中心进行转向。

图 22-20 所示为低速转向时的行驶轨迹。由图 22-20a 可知，2WS 车(前轮转向操纵)的情况是后轮不转向，所以转向中心大致在后轴的延长线上。图 22-20b 所示的 4WS 车的情况是对后轮进行逆向转向操纵，转向中心比 2WS 车的超前，并在靠近车体处。在低速转向时，若前轮转向角相同，则 4WS 车的转向半径更小，内轮差也更小，所以转向性好。对小轿车而言，如果后轮逆向转向 5°，则可减少最小转弯半径约 0.5m，内轮差约为 0.1m。

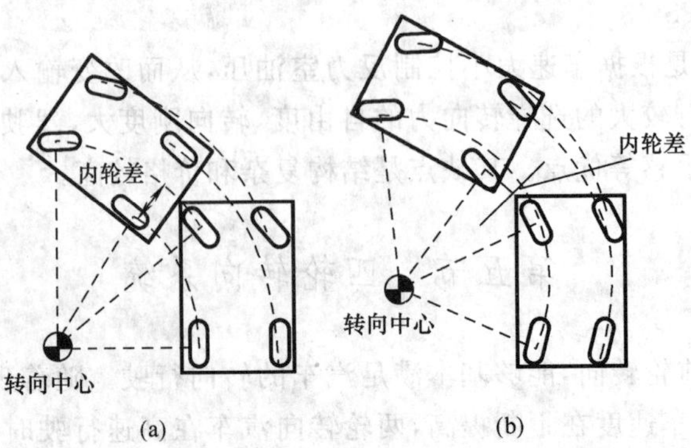

图 22-20　低速转向时的行驶轨迹

(a)2WS 汽车　(b)4WS 汽车

3. 4WS 汽车高速时的转向特性

直行汽车的转向是由汽车的质心点绕改变前进方向的转向中心的公转和绕质心点的自转运动两个运动合成的。

图 22-21 为高速转向时 2WS 车的运动状态。前轮转向时，前轮产生侧偏角，并产生旋转向心力使车体开始自转。当车体出现偏向时，后轮也出现侧偏角，也产生旋转向心力。四轮分担自转和公转的力，一边平衡一边转向。但是，车速越高，离心力就越大，所以必须给前轮更大的侧偏角，使它产生更大的旋转向心力，从而使后轮也产生与此相对应的侧偏角，使车体有更大的自转运动。但是，车速越高，车体的自转运动就越不稳定，容易引起车辆的旋转或侧滑。

理想的高速转向运动状态是尽可能使车体的方向和前进方向一致，以防多余的自转运动，使前、后轮产生足够的旋转向心力。在 4WS 的车上通过对后轮的同相转向操纵，使后轮也产生侧偏角，使它与前轮的旋转向心力相平衡，从而抑制自转运动。这样就有可能得到车体方向与车辆前进方向相一致的稳定转向状态，如图 22-22 所示。

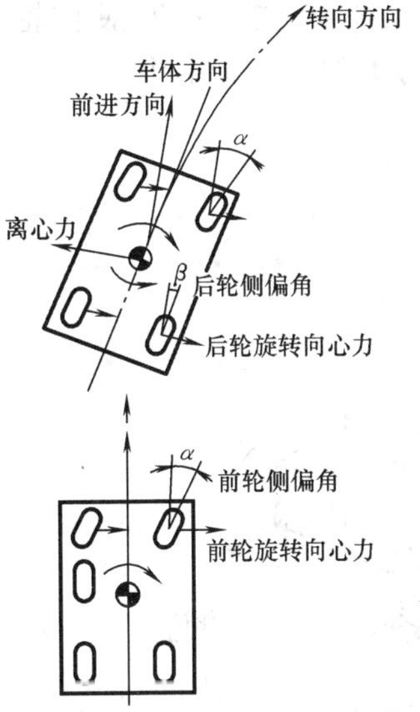

图 22-21　高速转向时 2WS 车的运动状态

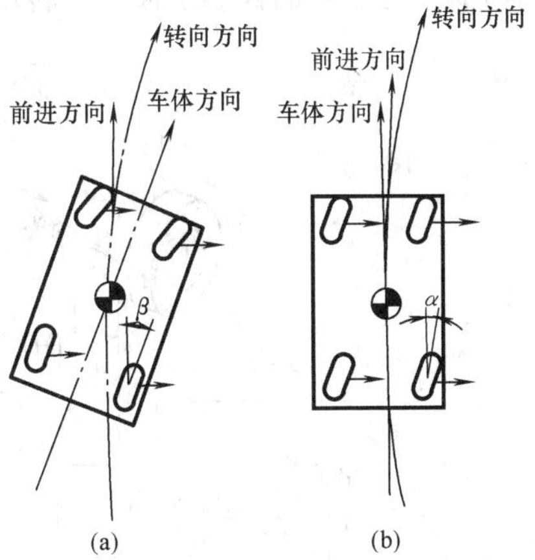

图 22-22　高速转向时的 2WS 汽车与 4WS 汽车运动状态比较
(a)2WS 汽车　(b)4WS 汽车

二、四轮转向系统的类型

四轮转向系统是在前轮转向机构的基础上增加后轮转向机构组成的。

1. 按照控制和驱动后轮转向的方式分类

后轮转向装置主要有后轮转向驱动装置(后转向器)和后轮转向控制装置。按照控制和驱动后轮转向的方式可分为机械式(驾驶员通过机械传动控制并驱动后轮转向)、液压式(借助液压来控制并驱动后轮转向)、电动式(借助电力来控制并驱动后轮转向)。

机械式后轮转向装置的结构简单，多用于轻、微型汽车上，液压式后轮转向装置适合于各种汽车使用，但结构较复杂，并且主要用于改善汽车高速行驶的操纵稳定性，电动式 4WS 系统结构简单、布置容易和控制效果好，是 4WS 汽车的发展趋势。

2. 按照控制后轮转向的方法分类

后轮转向装置从控制方法上可分为转角随动型四轮转向装置和车速感应型四轮转向

装置。

（1）转角随动型四轮转向。后轮偏转受前轮偏转控制，作被动转向，即后轮偏转方向和转角大小受转向盘转动的方向和转角大小的控制。结构上通过一根后轮转向传动轴将前、后轮转向机构相连，一般都采用机械式传动和人力直接控制。

（2）车速感应型四轮转向。车速感应型四轮转向一般为液压式、电控液压式、电控机械液压式和电控电动式。其后轮偏转是由液力驱动的，后轮偏转方向和转角大小受转向盘转角大小和转动方向的限制，但主要受车速高低的限制。车速感应型四轮转向汽车在转向行驶时，当车速低于 v_1 时，后轮相对于前轮反相偏转，并且车速越低，其偏转角度越大，当车速超过 v_1 时，后轮随前轮同相偏转。

三、机-电控制的四轮转向系统

机-电控制的四轮转向系统如图 22-23 所示。前、后转向机构由机械连接。转向盘 1 的转动传到前轮的转向器（齿轮齿条式）中的齿条上，齿条带动横拉杆 20 左右移动，使前轮转向。同时，前转向器中的被动小齿轮 2 转动，并通过连接轴 3 将转动传到后转向器中。

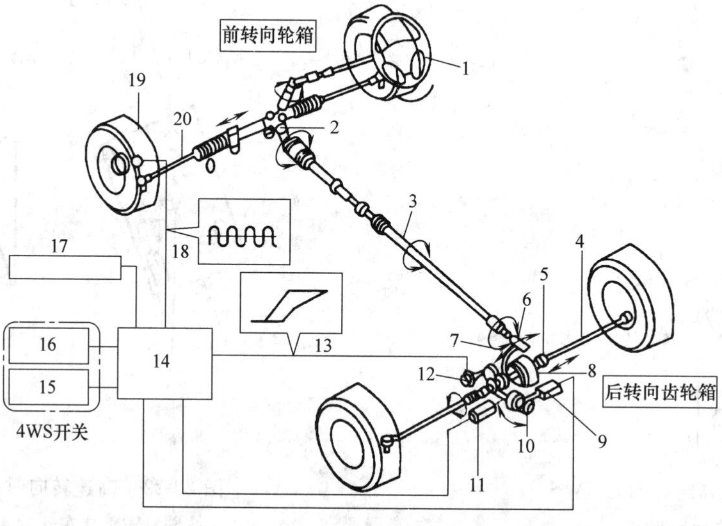

图 22-23 机-电控制的四轮转向系统

1—转向盘 2—被动小齿轮 3—转向连接轴 4—后横拉杆 5—连接杆 6—驱动小齿轮 7—扇形小齿轮 8—转向轴 9—辅助电动机 10—4WS 变换器 11—主电动机 12—转角比传感器 13—转角信号 14—转向控制计算机 15—模式切换开关 16—REVS2WS 开关 17—车速信号（SP_1） 18—车速信号（SP_2） 19—车速传感器（SP_2） 20—横拉杆

后转向器中的转向轴为一大轴承，如图 22-24a 所示。其外圈与扇形齿轮一体，可绕转向轴左右旋转中心偏转。内圈与一个凸出在连接杆上的偏心轴相连。连接杆由 4WS 转换器中的电动机驱动，绕其转动中心可正反向运动，并使偏心轴在转向轴内可上下旋转约 55°。

当转向盘通过连接轴使驱动小齿轮向左或向右旋转时，带动扇形小齿轮转动，扇形小齿轮带动转向轴通过偏心轴使连接杆左右移动，连接杆又带动后转向横拉杆以及后转向节臂转动，实现后轮转向。

四轮转向的电控单元根据车速信号控制主电动机驱动连接杆，从而改变偏心轴与转向轴的相对位置。当偏心轴的前端与转向轴左右旋转中心一致时，转向轴即使向左右倾斜，连接杆也不发生轴向移动，此时，后轮处于中间位置，当偏心轴的前端位于转向轴旋转中心上方或下

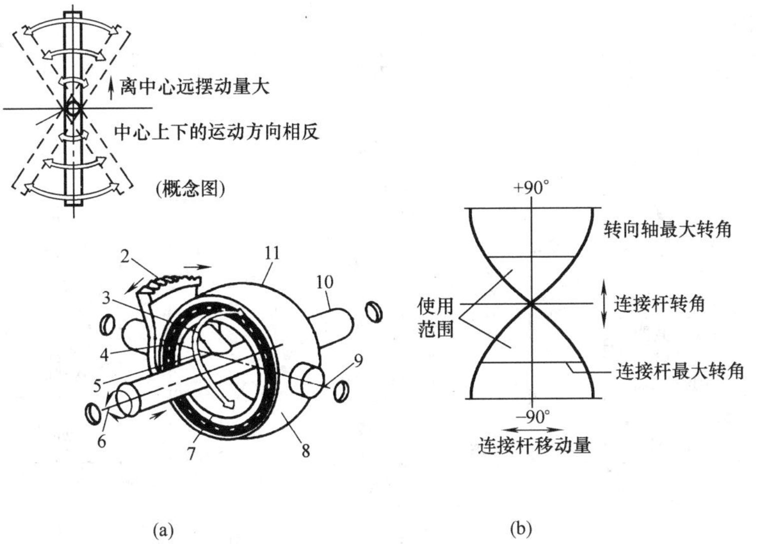

图 22-24　转向轴总成构造和运动关系

(a)转向轴总成构造　(b)转向轴转角与变换杆位移量的关系

1—转动中心　2—扇形齿轮　3—连接部位　4—偏心轴　5—偏心轴轨迹　6—连接杆转动中心　7—内圈　8—外圈　9—转向轴左右转动中心　10—连接杆　11—转向轴

方，偏离转向轴中心时，转向轴的左右倾斜将使连接杆产生轴向位移。当偏心轴前端分别位于转向轴上、下方时，后轮相对于前轮分别做反向与同向转动，转向轴转角与连接杆的转角左右移动量的关系如图 22-24b 所示。

当转向盘通过连接轴使驱动小齿轮向左或向右旋转时，带动扇形小齿轮转动，扇形小齿轮带动转向轴通过偏心轴使连接杆左右移动，连接杆又带动后转向横拉杆以及后转向节臂转动，实现后轮转向。

四轮转向的电控单元根据车速信号控制主电动机驱动连接杆，从而改变偏心轴与转向轴的相对位置。当偏心轴的前端与转向轴左右旋转中心一致时，转向轴即使向左右倾斜，连接杆也不发生轴向移动，此时，后轮处于中间位置，当偏心轴的前端位于转向轴旋转中心上方或下方偏离转向轴中心时，转向轴的左右倾斜将使连接杆产生轴向位移。当偏心轴前端分别位于转向轴上、下方时，后轮相对于前轮分别做反向与同向转动，转向轴转角与连接杆的转角左右移动量的关系如图 22-24b 所示。

4WS 轿车的变换器如图 22-25 所示，主要由驱动部分(主电动机与辅助电动机)、减速部分(行星齿轮以及使连接杆转动的蜗杆)组成。主电动机输出轴与行星齿轮相连，辅助电动机的输出轴与行星齿轮机构中的太阳轮相连，行星齿轮机构中的齿圈则为变换器的输出轴。一般情况下，主电动机工作，辅助电动机不工作。平时太阳轮固定，与主电动机相连的行星齿轮转动，即行星齿轮边随太阳轮公转边自转，带动齿圈转动，使变换器输出轴转动。当主电动机不工作时，行星齿轮则为中间惰轮，只自转不公转，直接将辅助电动机的转动传给齿圈，

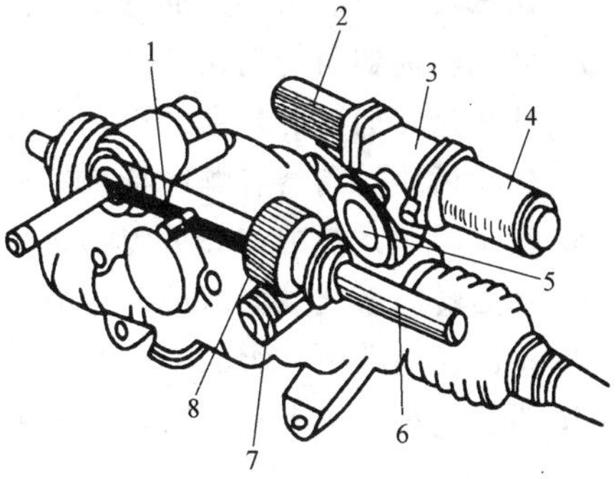

图 22-25　4WS 变换器

1—偏心轴　2—辅助电动机　3—4WS 变换器　4—主电动机　5—4WS 变换器输出轴　6—连接杆　7—蜗轮　8—转角比检测用齿轮

带动连接杆同向转动。

4WS电控系统框图如图22-26所示。电控单元根据转角传感器、车速传感器的输入信号进行各项控制。

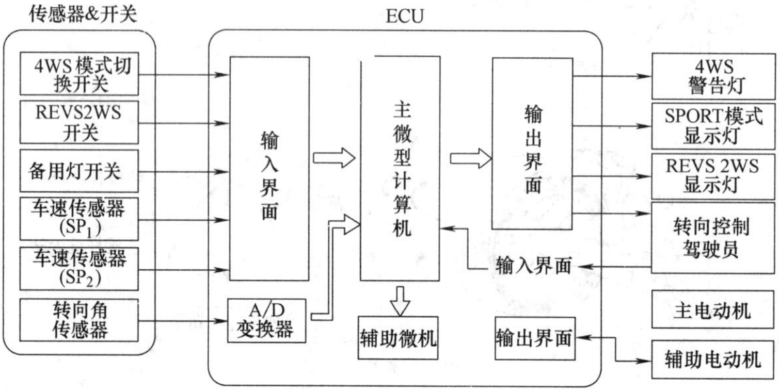

图22-26 4WS控制系统框图

(1) 车速信号主要来自车速表的速度传感器，另外，任一前轮车速传感器中的车速信号将作为反馈信号输入给控制系统。由转角比传感器检测出的后转向器中连接杆的转动角信号和由横摆运动产生的车身回转角模拟电压信号也输入至电控单元，进行反馈控制。

(2) 驾驶员使用4WS模式切换开关，可选择“NORMAL”或“SPORT”模式。

(3) 当变速器处于倒挡时，接通2WS开关，锁住后转向，保持直线行驶状态，便于倒车。

(4) 当系统出现异常时，防误操作控制系统将使驾驶室内的4WS警示灯点亮，同时将故障存入ECU。

目前，在成型的4WS汽车中主要采用电控液压式4WS系统。虽然电控电动式4WS系统发展较晚，相应的技术还不够成熟，存在动力小、电控单元复杂和成本高等不足之处，但随着现代电子技术、电机技术的飞速发展和应用，电控电动式4WS系统在技术上将不断完善，在转向控制性能、系统布置和节能等方面也将越来越显示出其优越性，其应用前景广阔，必将取代电控液压式4WS系统，并成为4WS系统发展的主流。

思 考 题

1. 机械转向系统由哪几部分组成？各起什么作用？
2. 何谓转向器角传动比、转向传动机构角传动比和转向系角传动比？三者关系如何？
3. 什么是转向盘的自由行程？它的一般范围有多大？
4. 齿轮齿条转向器有哪些特点？
5. 汽车转向系统中一般采用哪些防止驾驶员身体受伤害的安全防护措施？
6. 动力转向系统是如何进行分类的？它们的特点有哪些？
7. 动力转向器中转阀的工作原理怎样？
8. 为什么现代汽车采用四轮转向系统？四轮转向汽车有哪些转向特性？

第二十三章　汽车制动系统

第一节　概　　述

一、制动系统的功用

为了提高运输生产率，汽车的平均行驶速度不断提高，加之道路情况越来越复杂、因此在各种汽车上都设有专用的制动机构以在技术上保证汽车的行驶安全。制动系统的功用是使汽车以适当的减速度降速行驶直至停车；在下坡行驶时，使汽车保持适当的稳定车速；使汽车可靠地停在原地或坡道上。制动装置可分为行车、驻车、应急和辅助制动四种装置。

二、制动系统的类型

1. 按制动系统的功用分类

(1) 行车制动系统——使行驶中的汽车减低速度甚至停车的一套专门装置。它是在行车过程中经常使用的。

(2) 驻车制动系统——使已停驶的汽车驻留原地不动的一套装置。

(3) 第二制动系统——在行车制动系统失效的情况下保证汽车仍能实现减速或停车的一套装置。在许多国家的制动法规中规定第二制动系统也是汽车必须具备的。

(4) 辅助制动系统——汽车下长坡时用以稳定车速的一套装置。例如经常行驶在山区的汽车，若单靠行车制动系统来达到下长坡时稳定车速的目的则可能导致行车制动系统的制动过热而降低制动效能，甚至完全失效。故山区用汽车还应具备起缓速作用的辅助制动系统。

制动力矩和制动力的大小可以在驾驶员的控制下，在一定范围内逐渐变化的制动称为渐进制动。显然，行车制动系统必须能实现渐进制动。驻车制动系统则无此必要。过去，第二制动系统也称为应急制动系统或备用制动系统，其作用有的是渐进的有的则是非渐进的。但按国际标准化组织(ISO)规定的定义第二制动系统的作用必须是渐进的。故本书中将那种只在行车制动系统失效时使用但其作用是非渐进的制动系统仍称为应急制动系统，以资区别。

2. 按制动系统的制动能源分类

(1) 人力制动系统——以驾驶员的肌体作为唯一的制动能源的制动系统。

(2) 动力制动系统——完全靠由发动机的动力转化而成的气压或液压形式的势能进行制动的制动系统。

(3) 伺服制动系统——兼用人力和发动机动力进行制动的制动系统。

3. 按制动能量的传输方式分类

制动系统又可分为机械式、液压式、气压式和电磁式等。同时采用两种以上传能方式的制动系统可称为组合式制动系统。

4. 按制动回路数目分类

制动系统又可分为单回路制动和双回路制动。其传动装置采用单一的气压或液压回路的制动系统为单回路制动。这种制动系统中只要有一处损坏而漏气(油)整个系统即行失效。故自 20 世纪 60 年代中期以来,越来越多的汽车在行车制动系统中采用了双回路结构。在双回路制动系统中,所有行车制动器的气压或液压管路分属于两个彼此隔绝的回路。这样,即使其中一个回路失效还能利用另一回路获得较原来小的制动力。

三、制动系统的工作原理

一般制动系统的工作原理可用图 23-1 所示的一种简单的液压制动系统示意图来说明。一个以内圆面为工作表面的金属制动鼓 8 固定在车轮轮毂上随车轮一同旋转。在固定不动的制动底板 11 上有两个支承销 12 支承着两个弧形制动蹄 10 的下端。制动蹄的外圆面上又装有一般是非金属的摩擦片 9。制动底板上还装有液压制动轮缸 6,用油管 5 与装在车架上的液压制动主缸 4 相连通。主缸中的活塞 3 可由驾驶员通过制动踏板 1 来操纵。

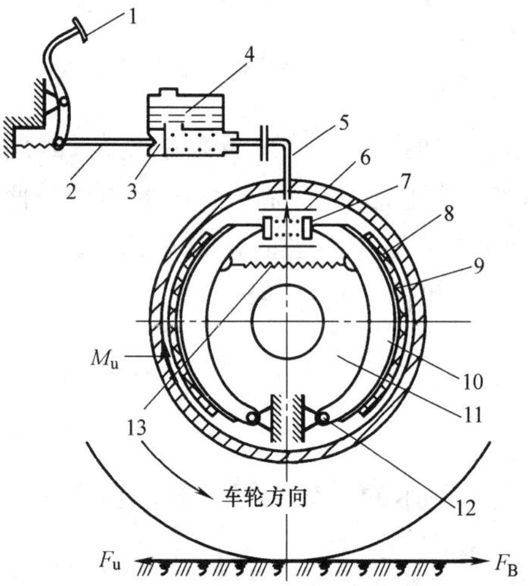

图 23-1 制动系统工作原理示意图

1—制动踏板 2—推杆 3—制动主缸活塞 4—制动主缸 5—油管 6—制动轮缸 7—轮缸活塞 8—制动鼓 9—摩擦片 10—制动蹄 11—制动底板 12—支承销 13—制动蹄复位弹簧

制动系统不工作时,制动鼓的内圆面与制动蹄摩擦片的外圆面之间保持有一定的间隙,使车轮和制动鼓可以自由旋转。

要使行驶中的汽车减速,驾驶员应踩下制动踏板 1,通过推杆 2 和主缸活塞 3 使主缸内的油液在一定压力下流入轮缸,并通过两个轮缸活塞 7 推动两制动蹄绕支承销转动,上端向两边分开使摩擦片压紧在制动毂的内圆面上。这样,不旋转的制动蹄就对旋转着的制动鼓作用一个摩擦力矩 M_u。其方向与车轮旋转方向相反。制动鼓将该力矩 M_u 传到车轮后由于车轮与路面间有附着作用,车轮对路面作用一个向前的周缘力 F_u,同时路面也对车轮作用着一个向后的反作用力,即制动力 F_B。制动力 F_B 由车轮经车桥和悬架传给车架及车身,迫使整个汽车产生一定的减速度。制动力越大,则汽车减速度也越大。当放开制动踏板时,复位弹簧 13 即将制动蹄拉回复位,摩擦力矩 M_u 和制动力 F_B 消失,制动作用即行终止。

图 23-1 所示的制动系统中,主要由制动鼓 8、摩擦片 9 的制动蹄 10 构成的对车轮施加制动力矩(摩擦力矩 M_u)以阻碍其转动的部件称为制动器。

显然阻碍汽车运动的制动力 F_B 不仅取决于制动力矩 M_u,还取决于轮胎与路面间的附着条件。如果完全丧失附着,则这种制动系统事实上不可能产生制动汽车的效果。不过在讨论制动系统的结构问题时一般都假定具备良好的附着条件。

四、制动系统的组成

任何制动系统都具有以下 4 个基本组成部分:

(1) 供能装置——包括供给调节制动所需能量以及改善传能介质状态的各种部件。其中产生制动能量的部分称为制动能源。人的肌体亦可作为制动能源,如图 23-1 所示。

(2) 控制装置——包括产生制动动作和控制制动效果的各种部件。图 23-1 中的制动踏板机构 1 就是最简单的一种控制装置。

(3) 传动装置——包括将制动能量传输到制动器的各个部件。如图 23-1 中的制动主缸 4 和制动轮缸 6。

(4) 制动器——产生阻碍车辆的运动或运动趋势的力(制动力)的部件,其中也包括辅助制动系统中的缓速装置。

较为完善的制动系统还具有制动力调节装置以及报警装置、压力保护装置等附加装置。

五、对制动系统的要求

为了保证汽车能在安全的条件下发挥出高速行驶的能力,制动系统需满足下列要求:

(1) 足够的制动能力,包括行车制动能力和驻坡能力。行车制动能力一般用一定制动初速度下的制动减速度和制动距离两项指标来评定。国外法规中规定:进行效能试验时的最低要求减速度,对乘用车为 $5.8\sim7m/s^2$;对商用车为 $4.4\sim5.5m/s^2$。

驻坡能力是指汽车在良好路面上能可靠地停驻的最大坡度。

(2) 行车制动至少要有两套独立的驱动制动器的管路。当其中的一套管路失效时,另一套完好管路应保证汽车制动能力不低于没有失效时规定值的 30%。

汽车至少装有行车和驻车两套制动装置。行车制动装置都由脚操纵,其他的制动装置(例如驻车制动装置)多用手操纵。

(3) 在任何速度下制动,汽车都不应当丧失操纵性和方向稳定性。由汽车理论可知,前轮抱死时汽车丧失操纵性,后轮抱死时汽车丧失方向稳定性。只有在汽车前、后轮制动器的制动力有合理的分配比例,并且能随各轴间载荷转移情况而变化的情况下,才有可能比较满意地解决这个问题。采用 ABS 系统可以比较好地解决这个问题。另外,同一轴上左、右车轮制动力应该尽可能相同,它们的制动力差值最大不得超过 15%,以免发生制动跑偏。

(4) 要求制动能力的水稳定性好。能防止水和污泥进入制动器工作表面,摩擦片浸水后恢复摩擦因数的能力要好。

(5) 要求制动能力的热稳定性好。

(6) 操纵轻便,并具有良好的随动性。

紧急制动次数只占制动总次数的 5%~10%,所以最大制动踏板力允许比离合器踏板力大得多。各国法规规定的最大踏板力一般为 500(乘用车)~700N(商用车)。设计时,乘用车的最大制动踏板力可以在 200~300N 的范围内选取,商用车的在 350~550N 范围内选取,采用伺服制动或动力制动应该取其中较小值。手柄拉力,在应急制动时应不大于 500~700N,其中,乘用车取小值。

(7) 作用滞后时间应尽可能短(包括产生制动和解除制动的滞后时间)。

(8) 一旦牵引车和挂车之间的连接制动管路损坏,牵引车应有防止压缩空气进一步漏失的装置。在行驶过程中,若牵引连接机构脱开,列车之间的制动管路应立即断气,而且挂车应能自动停驻。挂车一旦摘挂,也应使用驻车制动将其停住。

(9) 为提高汽车列车的制动稳定性,列车各轴应有正确的制动力分配,还应使主、挂车之间各轴制动开始起作用的时间相协调。

(10) 摩擦副磨损后应有能消除因磨损而产生的间隙的机构,且调整间隙工作容易进行,最好设置自动调整间隙机构。

(11) 当制动驱动装置的任何元件发生故障时,应有报警装置。

(12) 减少公害。制动系统工作时噪声要低。制动衬片的材料在制造和使用过程中,尽量减少对环境的污染。

第二节 制 动 器

如前节所述,制动器是制动系统中用以产生阻碍车辆的运动或运动趋势的力的部件,后一提法适用于驻车制动器。除了辅助制动装置是利用发动机排气或其他缓速措施对下长坡的汽车进行减缓或稳定车速以及高速赛车通过张开活动翼板以增加空气阻力的空气动力缓速装置以外,汽车制动器几乎都是机械摩擦式的,即通过固定元件与旋转元件工作表面间的摩擦对旋转元件施加制动力矩,使后者的旋转角速度降低,同时依靠车轮与路面的附着作用,产生路面对车轮的制动力,以使汽车减速。

凡利用固定元件与旋转元件工作表面的摩擦而产生制动力矩的制动器都称为摩擦制动器。除各种级速装置以外,行车、驻车及第二(或应急)制动系统所用的制动器几乎都属于摩擦制动器。

汽车制动器按其在汽车上的位置分为车轮制动器和中央制动器,前者是安装在车轮处,后者则安装在传动系的某轴上,例如变速器第二轴的后端或传动轴的前端。摩擦式制动器按其旋转元件的形状又可分为鼓式和盘式两大类。

鼓式制动器又分为内张型鼓式制动器和外束型鼓式制动器。内张型鼓式制动器的固定摩擦元件是一对带有摩擦蹄片的制动蹄,后者又安装在制动底板上,而制动底板则又紧固于前梁或后桥壳的凸缘上(对车轮制动器)或变速器壳或与其相固定的支架上(对中央制动器);其旋转摩擦元件为固定在轮毂上或变速器第二轴后端的制动鼓,并利用制动鼓的圆柱内表面与制动蹄摩擦片的外表面作为一对摩擦表面在制动鼓上产生摩擦力矩,故又称为蹄式制动器。外束型鼓式制动器的固定摩擦元件是带有摩擦片且刚度较小的制动带;其旋转摩擦元件为制动鼓,并利用制动鼓的外圆柱表面和制动带摩擦片的内圆弧面作为一对摩擦表面,产生摩擦力矩作用于制动鼓,故又称为带式制动器。在汽车制动系中,带式制动器曾仅用做某些汽车的中央制动器,现代汽车已很少采用。由于外束型鼓式制动器通常简称为带式制动器,而且在汽车上已极少采用,所以内张型鼓式制动器通常简称为鼓式制动器,而通常所说的鼓式制动器即指这种内张型鼓式结构。

盘式制动器的旋转元件是一个垂向安放且以两侧面为工作面的制动盘,其固定摩擦元件一般是位于制动盘两侧并带有摩擦片的制动块。当制动盘被两侧的制动块夹紧时,摩擦表面便产生作用于制动盘上的摩擦力矩。盘式制动器常用做轿车的车轮制动器,也可用做各种汽车的中央制动器。

车轮制动器主要用做行车制动装置,有的也兼作驻车制动之用;而中央制动器则仅用于驻车制动,当然也可起应急制动的作用。

鼓式制动器和盘式制动器的结构型式也有多种,其主要结构型式如图 23-2 所示。

一、鼓式制动器

鼓式制动器根据促动装置不同,可以分为轮缸式制动器、凸轮式制动器和楔式制动器等。

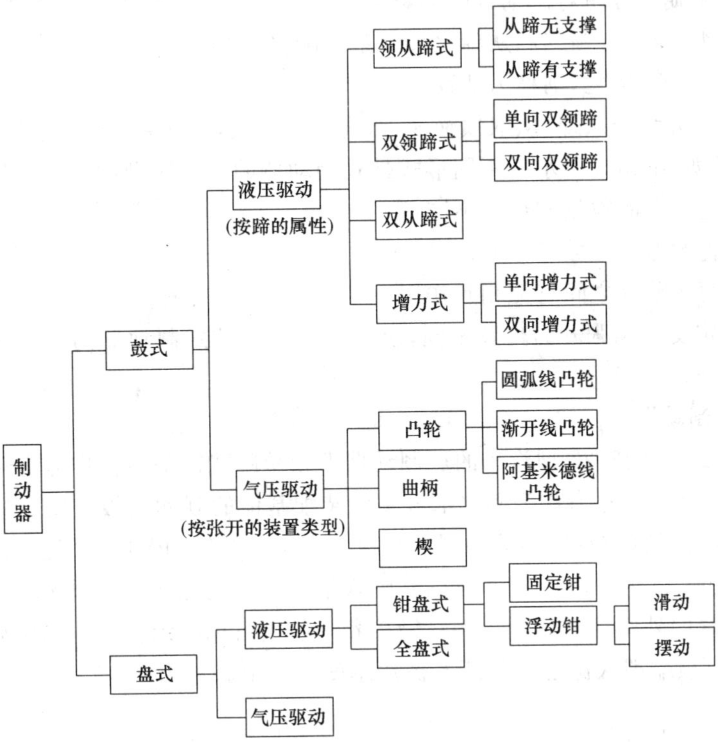

图 23-2　制动器结构型式

(一) 轮缸式制动器

所谓轮缸式制动器是指以液压制动轮缸作为制动蹄促动装置的制动器。

鼓式制动器可按其制动蹄的受力情况分类(见图 23-3),它们的制动效能、制动鼓的受力

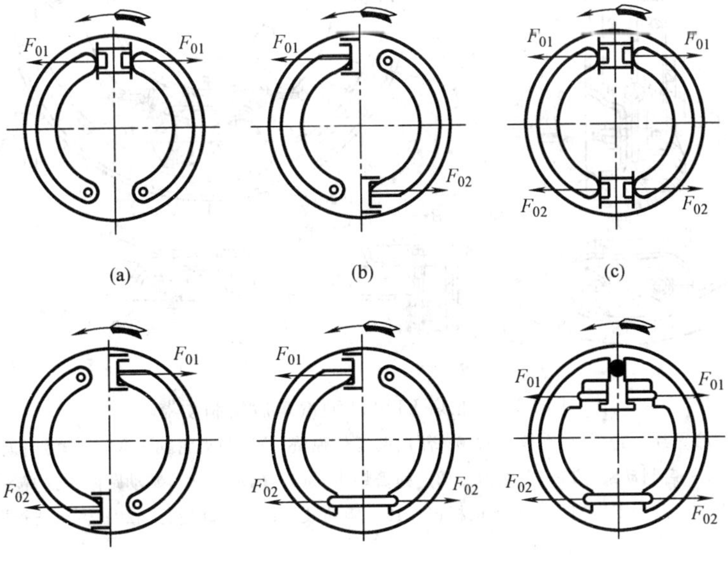

图 23-3　鼓式制动器

(a)领从蹄式　(b)单向双领蹄式　(c)双向双领蹄式　(d)双从蹄式　(e)单向增力式　(f)双向增力式

平衡状况以及车轮旋转方向对制动效能的影响均不同。制动蹄按其张开时的转动方向和制动鼓的旋转方向是否一致，有领蹄和从蹄之分。制动蹄张开的转动方向与制动鼓的旋转方向一致的制动蹄，称为领蹄；反之，则称为从蹄。

鼓式制动器可分为领从蹄式、双领蹄式、双向双领蹄式、双从蹄式、单向增力式和双向增力式等，其结构形式如图 23-3 所示。不同形式鼓式制动器的主要区别如下：

(1) 蹄片固定支点的数量和位置不同；

(2) 张开装置的形式和数量不同；

(3) 制动时两块蹄片之间有无相互作用。

因蹄片的固定支点和张开力位置不同，使不同形式的鼓式制动器的领、从蹄数量有差别，制动效能也不一样。

1. 领从蹄式制动器

图 23-4 所示北京 BJ2023 型汽车的后制动器即领从蹄式制动器。作为旋转元件的制动鼓 18 固装在车轮轮毂的凸缘上；作为固定部分零件装配基体的制动底板 3 用螺栓与后驱动桥壳半轴套管上的凸缘连接（前轮制动器的制动底板则应与前桥转向节的凸缘连接）。用钢板料焊接成 T 形截面的前、后两制动蹄 1 和 9，以其腹板下端的孔分别同两支承销 11 上的偏心轴颈作动配合。制动蹄的外圆面上用埋头铆钉铆接着一般用石棉纤维及其他物质混合压制而成的摩擦片 2。铆钉头顶端埋入深度约为新摩擦片厚度的一半。

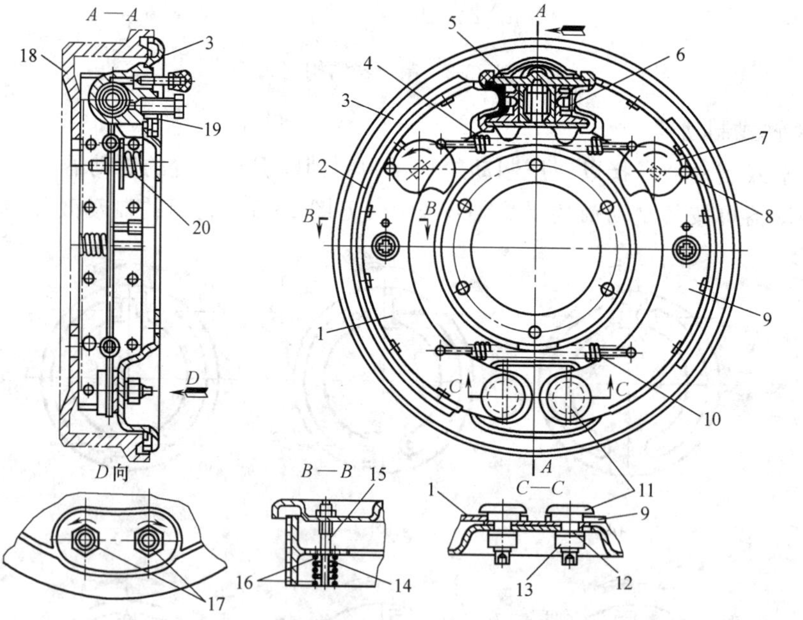

图 23-4 北京 BJ2023 型汽车后轮制动器

1—前制动蹄 2—摩擦片 3—制动底板 4、10—制动蹄复位弹簧 5—制动轮缸活塞 6—活塞顶块 7—调整凸轮 8—调整凸轮锁销 9—后制动蹄 11—支承销 12—弹簧垫圈 13—螺母 14—制动蹄限位弹簧 15—制动蹄限位杆 16—弹簧盘 17—支承销内端面上的标记 18—制动鼓 19—制动轮缸 20—调整凸轮压紧弹簧

属于液压传动装置的制动轮缸 19 直接作为制动蹄促动装置，也用螺钉装在制动底板上，因而在结构上它又成为制动器不可分割的组成部分。制动蹄腹板的上端松嵌入压合在轮缸活塞 5 上的顶块 6 的直槽中。两制动蹄由复位弹簧 4 和 10 拉拢，并以焊在腹板上的锁销 8 紧靠

着装在制动底板上的调整凸轮 7。限位杆 15 借螺纹旋装在制动底板上。弹簧 4 使制动蹄腹板靠着限位杆 15 中部的台肩，借以防止制动蹄的轴向窜动。

制动时，两蹄在轮缸的液压推力作用下，各自绕其支承销偏心轴颈的轴线向外旋转，紧压到制动鼓上；解除制动时，轮缸卸压，两蹄便在弹簧 4 和 10 的作用下复位。

设汽车前进时制动鼓旋转方向如图 23-4 中箭头所示（这称为制动鼓正向旋转），沿箭头方向看去，制动蹄 1 的支承点在其前端，轮缸所施加的促动力作用于其后端，因而该制动蹄张开时的旋转方向与制动鼓的旋转方向相同，故制动蹄 1 为领蹄。与此相反，制动蹄 9 的主承点在后端，促动力加于其前端，其张开时的旋转方向与制动鼓的旋转方向相反，故制动蹄 9 为从蹄。当汽车倒驶，即制动鼓反向旋转时，蹄 1 变成从蹄，蹄 9 则变成领蹄。这种在制动鼓正向旋转和反向旋转时，都有一个领蹄和一个从蹄的制动器即称为领从蹄式制动器。

在图示的结构实例中，轮缸中的两个活塞都可在轮缸内轴向浮动，且二者直径相同。因此，制动时两个活塞对两个制动蹄所施加的促动力永远是相等的。故凡两蹄所受促动力相等的领从蹄制动器都可称为等促动力制动器。

等促动力制动器的制动蹄受力情况见图 23-5。制动时，领蹄 1 和从蹄 2 在相等的促动力 F 的作用下，分别绕各自的支承点 3 和 4 旋转到紧压在制动鼓 5 上。旋转着的制动鼓，即对两制动路分别作用着微元法向反力的等效合力（以下简称法向反力）F_1 和 F_2。以及相应的微元切向反力（即微元摩擦力）的等效合力（以下简称切向反力）F_1' 和 F_2'。为解释方便起见，姑且假定这些力的作用点和方向如图 23-5 所示。由图 23-5 可见，领蹄上的切向合力对支点 3 的力矩与促动力绕同一支点的力矩是同向的。所以力 F_1' 的作用结果是使领蹄 1 在制动鼓上压得更紧，即力 F_1' 变得更大，从而力 F_1 也更大。这表明领蹄具有增势作用。与此相反，切向合力 F_2' 则使从蹄 2 有放松制动鼓，即有使 F_2 和 F_2' 本身减小的趋势，故从蹄具有减势作用。

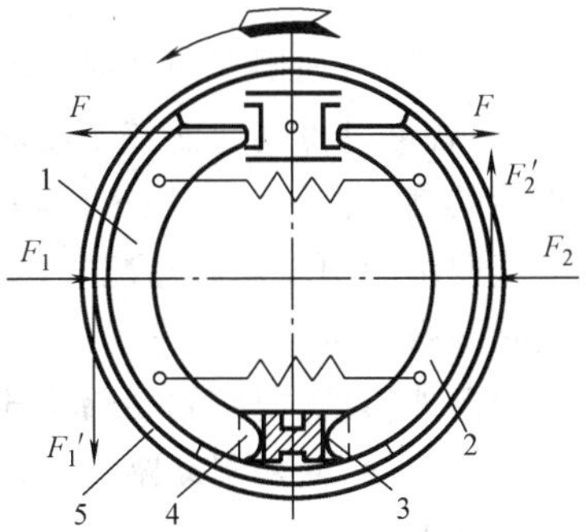

图 23-5　领从蹄式制动器受力分析
1—领蹄　2—从蹄　3、4—支承销　5—制动鼓

由上述可见虽然领蹄和从蹄所受促动力相等，但制动鼓所受法向压力 F_1 和 F_2 却不相等，且 $F_1>F_2$，相应地 $F_1'>F_2'$。故二制动蹄对制动鼓所施加的制动力矩不相等。一般说来，领蹄制动力矩约为从蹄制动力矩的 2～2.5 倍。倒车制动时，虽然蹄 2 变成领蹄，蹄 1 变成从蹄，但整个制动器的制动效能还是同前进制动时一样。

显然由于领蹄与从蹄所受法向反力不等，在两蹄摩擦片工作面积相等的情况下领蹄摩擦片上的单位压力较大，因而磨损较严重。为了使领蹄和从蹄的摩擦片寿命相近，有些领从蹄制动器的领蹄摩擦片的周向尺寸设计得较大，但这样将使得二蹄摩擦片不能互换，从而增加了零件种数和制造成本。

此外，领从蹄式制动器的制动鼓所受到的来自两蹄的法向力（数值上分别等于 F_1 和 F_2）不相平衡。则此二法向力之和只能由车轮的轮毂轴承的反力来平衡。这就对轮毂轴承造成了附加径向载荷使其寿命缩短。凡制动鼓所受来自二蹄的法向力不能互相平衡的制动器均属于非平衡式制动器。

领从蹄式制动器的效能和效能稳定性在各式制动器中居中游；前进、倒退行驶的制动效果不变；结构简单，成本低；便于附装驻车制动驱动机构；易于调整蹄片与制动鼓之间的间隙。但领从蹄式制动器两蹄片上的单位压力不等（在两蹄上摩擦衬片面积相同的条件下），使两蹄衬片磨损不均匀、寿命不同。此外，因只有一个轮缸，两蹄必须在同一驱动回路作用下工作。领从蹄式制动器在乘用车和总质量较小的商用车的后轮制动器中用得较多。

2. 双领蹄式制动器和双向双领蹄式制动器

当汽车前进时，若两制动蹄均为领蹄的制动器，称为双领蹄式制动器。但这种制动器在汽车倒车时，两制动蹄又都变为从蹄，因此，它又称为单向双领蹄式制动器。如图 23-3b 所示，两制动蹄各用一个单活塞制动轮缸推动，两套制动蹄、制动轮缸等机件在制动底板上是以制动底板中心作对称布置的，因此两蹄对制动鼓作用的合力恰好相互平衡，故属于平衡式制动器。

汽车前进制动时，两个蹄都是领蹄，故这种制动器的制动效能相当高，仅次于增力式制动器。由于有两个轮缸，故可以用两个各自独立的分路分别驱动两蹄片。当倒车时，由于两蹄片皆为从蹄，制动效能明显下降。与领从蹄制动器相比，由于多了一个轮缸，结构略显复杂。

这种制动器适用于前进制动时前轴动轴荷及附着力大于后轴，而倒车制动时则相反的汽车前轮上。它之所以不用于后轮，还因为两个互相成中心对称的轮缸难以附加驻车制动驱动机构。

可以设想，在倒车制动时，如果能使上述制动器的两个制动蹄的支承点和促动力作用点互换位置，就可以得到与前进制动时相同的制动效能，即当制动鼓正向和反向旋转时两制动蹄均为领蹄的制动器，称为双向双领蹄式制动器，如图 23-3c 所示。

其两蹄的两端均为浮式支承，不是支承在支承销上，而是支承在两个活塞制动轮缸的支座上或其他张开装置的支座上。当制动时，油压使两个制动轮缸的两侧活塞或其他张开装置的两侧均向外移动，使两制动蹄均压紧在制动鼓的内圆柱面上。制动鼓靠摩擦力带动两制动蹄转过一小角度，使两制动蹄的转动方向均与制动鼓的旋转方向一致；当制动鼓反向旋转时，其过程类同但方向相反。因此，制动鼓在正向、反向旋转时两制动蹄均为领蹄，所以制动效果高而且不变。由于制动器内设有两个轮缸，所以适用于双回路驱动系统。另外，双向双领蹄式制动器的两蹄片上单位压力相等，因而磨损均匀，寿命相同。双向双领蹄式制动器因有两个轮缸，故结构上复杂，且难以调整蹄片与制动鼓之间的间隙，若用于后轮还需另设中央驻车制动器。

3. 单向和双向增力式制动器

1）单向增力式制动器。

如图 23-3e 所示，两蹄下端以顶杆相连接，第二制动蹄支承在其上端制动底板上的支承销上。当汽车前进制动时，第一制动蹄被单活塞的制动轮缸推压到制动鼓的内圆柱面上。制动鼓靠摩擦力带动第一制动蹄转过一小角度，进而经顶杆推动第二制动蹄也压向制动鼓的工作表面并支承在其上端的支承销上。显然，第一制动蹄为一增势的领蹄，而第二制动蹄不仅是一个增势领蹄，而且经顶杆传给它的推力要比制动轮缸给第一制动蹄的推力大很多，使第二制动蹄的制动力矩比第一制动蹄的制动力矩大 2～3 倍之多。由于制动时两蹄的法向反力不能互相平衡，因此属于一种非平衡式制动器。

汽车前进制动时，两蹄片皆为领蹄，次领蹄上不存在轮缸张开力，而且由于领蹄上的摩擦力经推杆作用到次领蹄，使制动器效能很高，居各式制动器之首。与双向增力式制动器比较，这种制动器的结构比较简单。因两块蹄片都是领蹄，所以制动器效能稳定性相当差。倒车制动时，两蹄又皆为从蹄，结果制动器效能很低。因两蹄片上单位压力不等，造成蹄片磨损不均匀,寿命不一样。这种制动器只有一个轮缸,故不适合用于双回路驱动机构;另外由于两蹄片下部联动,使调整蹄片间隙工作变得困难。

2）双向增力式制动器。

如图 23-3(f)所示,将单向增力式制动器的单活塞制动轮缸换以双活塞式制动轮缸,其上端的支承销也作为两蹄可共用的,则成为双向增力式制动器。对双向增力式制动器来说,不论汽车前进制动或倒退制动,该制动器均为增力式制动器。只是当制动鼓正向旋转时,前制动蹄为第一制动蹄,后制动蹄为第二制动蹄;而反向旋转时,第一制动蹄与第二制动蹄正好对调。第一制动蹄是增势领蹄,第二制动蹄不仅是增势领蹄,而且经顶杆传给它的推力要比制动轮缸给第一蹄或第二蹄的推力大很多。但制动时作用于第二蹄上端的制动轮缸推力起着减小第二蹄与支承销间压紧力的作用。双向增力式制动器也是属于非平衡式制动器。

双向增力式制动器在高级轿车上用得较多,而且往往将其作为行车制动与驻车制动共用的制动器,但行车制动是由液压通过制动轮缸产生制动蹄的张开力进行制动,而驻车制动则是用制动操纵手柄通过钢索拉绳及杠杆等操纵。另外,它也广泛用于汽车中央制动器,因为驻车制动要求制动器正、反向的制动效能都很高,而且驻车制动若不用于应急制动时不会产生高温,因而热衰退问题并不突出。

上述制动器的特点是用制动器效能、效能稳定性和摩擦衬片磨损均匀程度来评价。双向增力式制动器效能最高;双领蹄式次之;领从蹄式又次之;而双从蹄式制动器效能最低。但是,双向增力式制动器效能稳定性最差,而双从蹄式制动器效能稳定性最好。可以看出,制动器效能与其稳定性是有矛盾的。另外应当指出,鼓式制动器的效能除与结构形式、参数和摩擦因数有关外,还受其他因素的影响。例如,蹄与鼓的接触情况就影响较大,而且制动器的效能因数越高,其效能受接触情况的影响也就越大。因此,正确的调整对高效能制动器尤其重要。应该指出,双领蹄式和双从蹄式制动器,由于结构的中心对称性,两蹄对制动鼓的法向压力和单位面积摩擦力的分布也是中心对称的,因而两蹄对鼓作用的合力恰好平衡,故这两种都属于平衡式制动器。其余各种鼓式制动器都不能保证这种平衡,因而是非平衡式的。非平衡式制动器将对轮毂轴承造成附加径向载荷,而且领蹄(或次领蹄)摩擦衬片表面单位压力大于从蹄(或主领蹄),磨损较严重。为使磨损均匀,可在设计上采取一些措施,使各蹄的单位压力趋于一致,从而使磨损趋于一致。

4. 制动器间隙的调整

制动蹄在不工作的原始位置时,其摩擦片与制动鼓之间应该保持合适的间隙,其设定值由汽车制造厂规定,一般在 0.25～0.5mm 之间。制动器摩擦副中的这一间隙(以下简称制动器间隙)如果过小,就不易保证彻底解除制动,造成摩擦副的拖磨;过大又会使制动踏板行程过长,使得驾驶员操作不便,推迟制动器作用时刻,影响行车安全。制动器在工作过程中摩擦衬片的磨损必将导致制动器间隙逐渐增大,严重时,即使将制动踏板踩到极限位置,也无法产生足够的制动力矩。制动器间隙的调整有手动调整和自动调整两种方法。

1）手动调整装置。

① 凸轮调整式　制动鼓磨损到一定程度时,需重新加工修整工作内圆面。在进行修理作业后重新装配制动器时,为保证蹄鼓的正确接触状态和间隙值,应当全面调整制动器间隙。全面调整除靠转动调整凸轮以外,还要转动制动蹄下的支承销。

② 调整螺母式　如图 23-6 所示为红旗 7560 型轿车的制动器间隙的调整。用一字旋具 5 拨动调整螺母 1 的齿槽 4,使螺母转动,带动螺杆的可调支座 3 向内或向外作轴向移动。因此

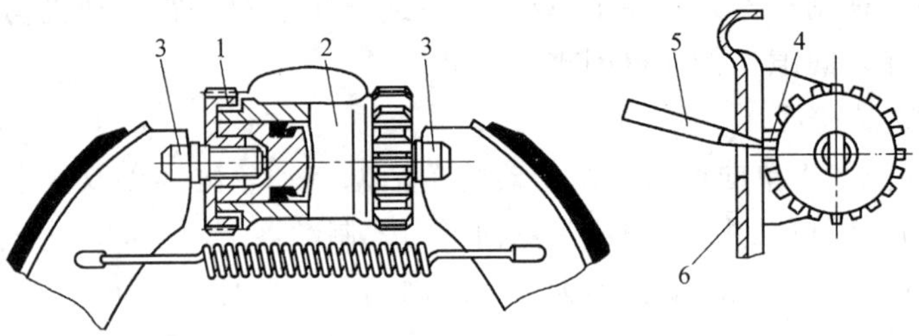

图 23-6 用调整螺母调整制动器间隙

1—调整螺母 2—制动轮缸 3—可调支座 4—齿槽 5—一字旋具(螺丝刀) 6—制动底板

可使制动蹄上端靠近或远离制动鼓,则制动间隙减小或增大。间隙调整好后,用锁片插入调整螺母的齿槽使螺母的角位置固定。

③ 调整可调顶杆长度式 如图 23-7 所示,可调顶杆由顶杆体 3、调整螺钉 1 和顶杆套 2 组成。顶杆套一端具有带齿的凸缘,套内制有螺纹,调整螺钉借螺纹旋入顶杆套内,顶杆套与顶杆体作间隙配合。当拨动顶杆套带齿的凸缘,可使调整螺钉沿轴向移动,因此就改变了顶杆的总长度,从而就调整了制动器间隙。

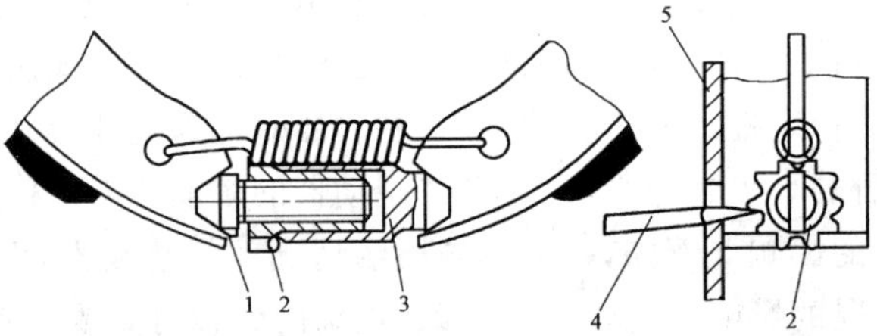

图 23-7 用改变顶杆长度来调整制动器间隙

1—调整螺钉 2—顶杆套 3—顶杆体 4—一字旋具(螺丝刀) 5—制动底板

2) 自动调整装置。

为了减少或消除制动器间隙调整的工作量,制动器间隙的自动调整装置(以下简称间隙自调装置)得到迅速发展。其结构形式有摩擦式限位式间隙自调装置、阶跃式间隙自调装置、楔块式间隙自调装置等类型,下面以楔块式间隙自调装置为例说明其工作原理。如图 23-8 所示,间隙自调装置的楔形调节块 4 夹在与前制动蹄 3 固定在一起的斜支承和驻车制动推杆 8 之间形成的切槽中。制动推杆两端有缺口,其右端缺口的端面压在楔形调节块 4 的齿形面上,楔形调节块的另一侧齿形面压在斜支承上。在制动推杆内弹簧 7 的作用下,制动推杆紧紧压在楔形调节块和斜支承上。制动推杆左端的头部有一凸耳,它与驻车制动杠杆 9 的外侧面之间有一设定间隙 Δ(0.2～0.3mm)。制动推杆外弹簧 5 使制动杠杆 9 与制动推杆左端缺口的端面紧紧贴在一起。

当制动蹄未磨损,在正常的制动间隙(设定间隙 Δ)内进行行车制动时,两制动蹄在轮缸活塞的推力作用下,外弹簧 5 被拉伸,使两蹄压靠到制动鼓上,施以制动。由于内弹簧 7 的刚度大于外弹簧,故不被拉伸。它同驻车制动推杆 8 始终压住楔形调节块 4,并与前制动蹄一起左移压靠到制动鼓上。此时制动杠杆 9 与制动推杆凸耳不会接触(因未超过设定间隙Δ 值)。

当制动蹄磨损、制动间隙超过设定值 Δ、施以制动时,两蹄在轮缸活塞推力的作用下,外弹簧首先被拉伸到一定程度后,内弹簧也被拉伸,使制动杠杆与制动推杆凸耳不仅接触,并且外

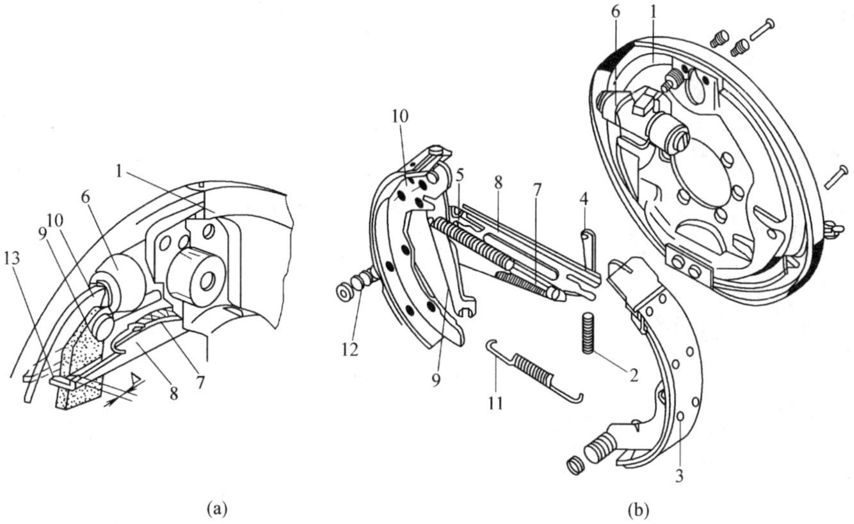

图 23-8　楔块式间隙自调装置

(a)设定间隙 Δ 示意图　(b)制动器零件分解图

1—制动底板　2—制动间隙调节弹簧　3—前制动蹄　4—楔形调节块　5—驻车制动推杆外弹簧　6—制动轮缸　7—驻车制动推杆内弹簧　8—驻车制动推杆　9—驻车制动杠杆　10—后制动蹄　11—制动蹄复位弹簧　12—限位弹簧　13—推杆凸耳

移。此时，驻车制动推杆与前制动蹄斜支承间形成的切槽与楔形调节块间便产生了间隙，于是楔形调节块被弹簧 2 往下拉，直到调节块与切槽两侧面重新接触为止，从而补偿了制动器的过量间隙。

制动器中的过量间隙并不完全是由于摩擦副磨损所致，还有一部分是由于制动鼓热膨胀直径增大所致。制动时所需活塞行程增大到超过间隙 Δ 所限定的数值，原因也不仅是制动器的过量间隙，还有鼓和蹄的弹性变形。所以，确定冷态制动器间隙自调装置中的间隙 Δ 时，就尽量将可能产生的制动蹄和制动鼓的弹性变形和热变形考虑在内。但是，为了不使制动踏板行程增加过多，确定 Δ 值时并没有计入上述种种变形的最大值。因此，当出现过大的上述各项变形时，一次调准式自调装置将不加区别地一律随时加以补偿，造成“调整过头”。这样，当制动器恢复到冷态时，即使完全放松制动踏板，制动器也不会彻底放松，而是发生“拖磨”甚至“抱死”，因为自调整装置只能将间隙调小而不能调大。

（二）凸轮式制动器

在目前国产汽车和部分进口汽车的气压制动系统中，一般均采用凸轮促动的车轮制动器，而且大部分设计成领从蹄式。凸轮促动的双向自增力式制动器只宜用做中央制动器。凸轮式制动器制动凸轮工作表面轮廓有偏心圆弧和 S 形渐开线两种。东风 EQ1090E 型汽车采用了偏心圆弧式凸轮制动器(前轮)，如图 23-9 所示。

这种制动器除了用制动凸轮作张开装置外，其余部分结构与液压制动系的领从蹄制动器大体相同。可锻铸铁铸成的两制动蹄 10 的一端套在偏心支承销 12 上，支承销下面有支承销座 11，固定在制动底板上。制动蹄的另一端靠回位弹簧 14 拉拢并使之紧靠在制动凸轮 9 上。凸轮与凸轮轴 6 制成一体，凸轮轴安装在制动底板 8 的支架 7 内，轴端有花键与制动调整臂内的蜗轮 5 相连。调整臂的另一端则和制动气室 1 的推杆连接叉 2 相连。在制动蹄的外圆弧面

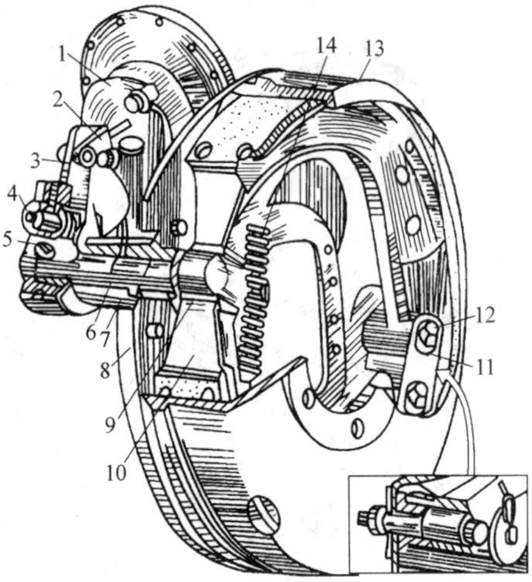

图 23-9 东风 EQ1090E 型汽车前轮制动器

1—制动气室 2—连接叉 3—制动调整臂 4—蜗杆 5—蜗轮 6—凸轮轴 7—支架 8—制动底板 9—制动凸轮 10—制动蹄 11—支承销座 12—支承销 13—制动鼓 14—回位弹簧

上铆有两块石棉摩擦衬片。不制动时，摩擦衬片和制动鼓 13 之间留有适当的间隙，使制动鼓能随车轮自由转动。

制动时，压缩空气进入制动气室，通过推杆及连接叉使制动调整臂转动，调整臂带动凸轮轴转动，凸轮迫使两制动蹄张开并压紧在制动鼓上，产生相应的制动作用。当放松制动踏板时，制动气室中的压缩空气排出，膜片在回位弹簧作用下回位，并通过推杆、连接叉、制动调整臂带动凸轮轴回位，同时，两制动蹄在回位弹簧的作用下，以其上端支承面靠紧于制动凸轮的两侧，制动蹄鼓间保持一定的间隙，制动作用解除。

这种由轴线固定的凸轮促动的领从蹄式制动器是一种等位移制动器。若制动器两蹄摩擦片的相应点与制动鼓间的间隙已调整到完全一致，作用于两蹄上的法向反力和由此产生的制动力矩应分别相等。但是，制动鼓对蹄的摩擦使得领蹄端部力图离开制动凸轮，同时又使从蹄端部更加靠紧制动凸轮。凸轮对从蹄的促动力大于对领蹄的促动力。因此，虽然领蹄有增势作用，从蹄有减势作用，单就等位移制动器而言，由于这一差别造成了制动效能高的领蹄的促动力小于制动效能低的从蹄的促动力，从而使得两蹄制动力矩相等。然而应当指出，等位移式制动器由于结构上不是中心对称的，两蹄作用于制动鼓的微元法向力的等效合力虽然大小相等，但却不在一条直线上，不可能相互平衡，故这种制动器仍然是非平衡式的。

制动器的间隙可以根据需要进行局部或全面的调整。局部调整只是利用制动调整臂来改变制动凸轮轴的原始角位置。制动调整臂的结构如图 23-10 所示。在调整臂体 6 和两侧的盖 8 所包围的空腔内装有调整蜗轮 2 和调整蜗杆 7。单线的调整蜗杆，借细花键与制动凸轮轴的外花键相结合。转动蜗杆，即可在制动调整臂与制动气室推杆 10 的相对位置不变的情况下，通过蜗轮使制动凸轮轴转过一定角度，从而改变制动凸轮的原始角位置。在图 23-10a 中，蜗杆轴一端的轴颈上，沿周向有六个均布的凹坑。当蜗杆每转到有一个凹坑对准位于制动调整臂体内的锁止球 3 时，锁止球便在弹簧作用下嵌入凹坑，使蜗杆轴角位置保持不变。

在图 23-10b 中，蜗杆轴与制动调整臂的相对位置是靠锁止套 11 和锁止螺钉 12 来固定的。将具有六角孔的锁止套按入制动调整臂体的孔中，即可转动调整蜗杆。蜗杆每转 1/6 周，放开锁止套，弹簧 5 即将锁止套推回与蜗杆六角头接合的左极限位置。后一种锁止装置更为可靠。进行全面调整时，还应同时转动带偏心轴颈的支承销 12(见图 23-9)。第二汽车制造厂确定了东风 EQ1090E 型汽车制动器间隙标准值，靠近支承销的一端为 0.25～0.40mm，靠近制动凸轮的一端为 0.40～0.55mm。

二、盘式制动器

按摩擦副中固定元件的结构划分，盘式制动器可分为钳盘式和全盘式两大类。

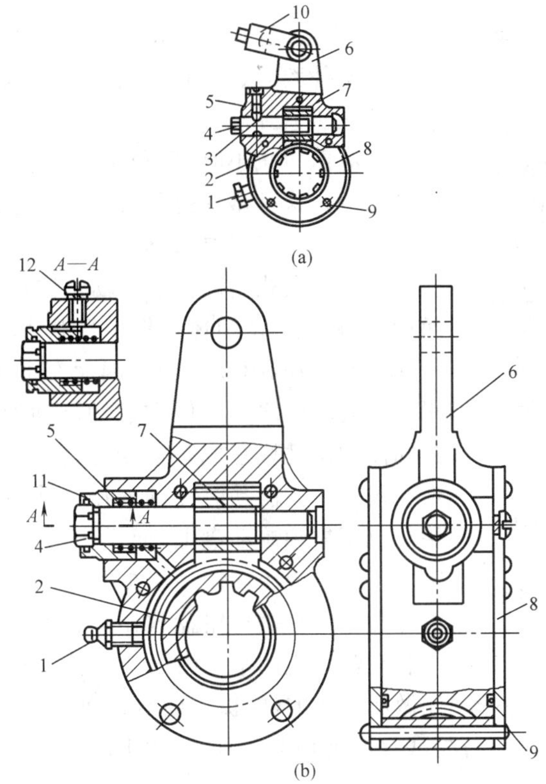

图 23-10　凸轮式制动器的制动调整臂

1—滑脂嘴　2—调整蜗轮　3—锁止球　4—蜗杆轴　5—弹簧　6—制动调整臂体
7—调整蜗杆　8—盖　9—铆钉　10—制动气室推杆　11—锁止套　12—锁止螺钉

钳盘式制动器的旋转元件是圆盘形(制动盘),固定元件是制动衬块,装在与车轴相连、但不能绕车轴轴线旋转的制动钳中。制动衬块与制动盘接触面较小,这种制动器也称为点盘式制动器。全盘式制动器的摩擦副的固定元件及旋转元件都是圆盘形,制动时各盘摩擦表面全部接触,作用原理如离合器,故又称为离合器式制动器。全盘式制动器中用的较多的是多片全盘式制动器。

钳盘式制动器按制动钳的结构划分,主要有定钳盘式(图 23-11a)、浮动钳盘式(图 23-11b、c)。

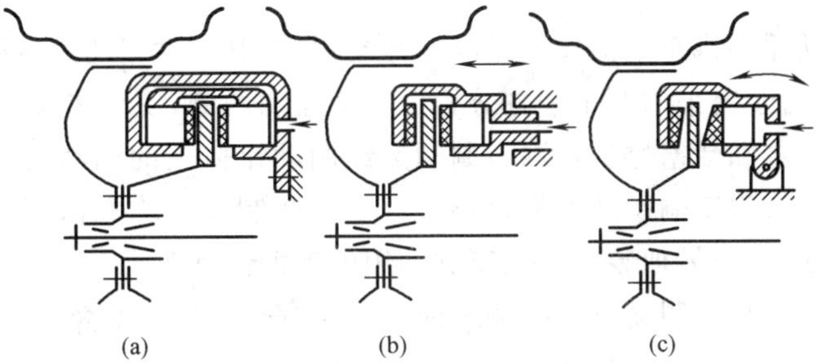

图 23-11　钳盘式制动器

(a)定钳盘式　(b)滑动钳盘式　(c)摆动钳盘式

1. 定钳盘式制动器

如图 23-12 所示，在制动钳体上有两个液压油缸，各装有一个活塞。当压力油液进入两个油缸活塞外腔时，推动两个活塞向内将位于制动盘两侧的制动块总成压紧到制动盘上，从而将车轮制动。当放松制动踏板使油液压力减小时，回位弹簧又将两制动块总成及活塞推离制动盘。这种型式也称为对置活塞式或浮动活塞式。

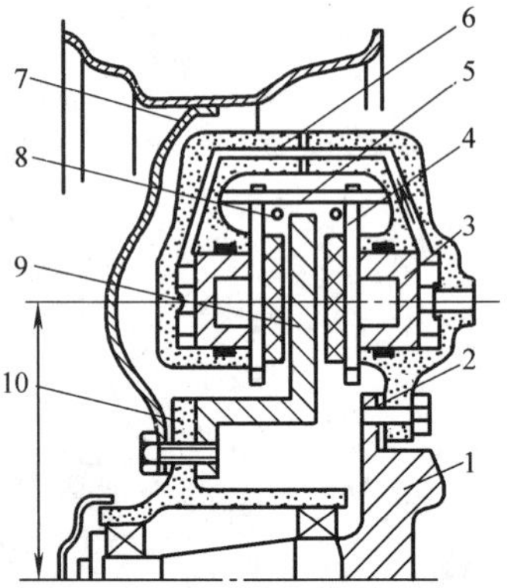

图 23-12　定钳盘式制动器

1—转向节(或桥壳)　2—调整垫片　3—活塞　4—制动块总成　5—导向支承销　6—制动钳体　7—轮辐　8—回位弹簧　9—制动盘　10—轮毂

2. 浮动钳盘式制动器

浮动钳盘式制动器的制动钳体是浮动的。其浮动方式有两种，一种是制动钳体可作平行滑动；另一种是制动钳体可绕一支承销摆动(图 23-13)。因而有滑动钳盘式制动器和摆动钳盘式制动器之分。但它们的制动油缸均为单侧的，且与油缸同侧的制动块总成是活动的，而另一侧的制动块总成则固定在钳体上。制动时在油液压力作用下，活塞推动活动制动块总成压靠到制动盘上，而反作用力则推动制动钳体连同固定制动块总成压向制动盘的另一侧，直到两制动块总成受力均等为止。对摆动钳盘式制动器来说，钳体不是滑动而是在与制动盘垂直的平面内摆动。这样就要求制动摩擦衬块应预先做成楔形的(摩擦表面对背面的倾斜角为 6°左右)。在使用过程中，摩擦衬块逐渐磨损到各处残存厚度均匀(一般约为 1mm)后即应更换。

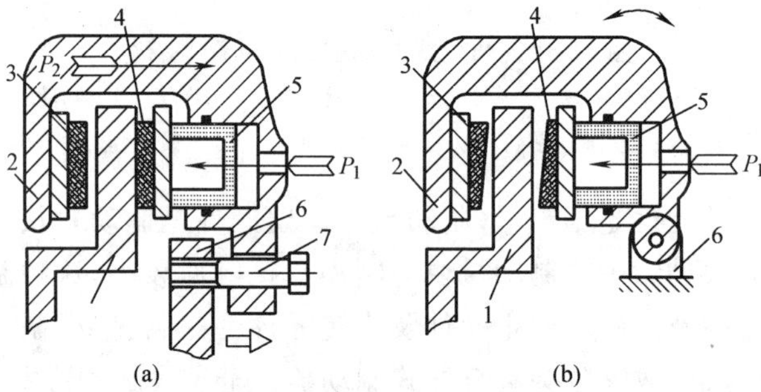

图 23-13　浮动钳盘式制动器工作原理

(a)滑动钳盘式制动器　(b)摆动钳盘式制动器

1—制动盘　2—制动钳体　3—制动块总成　4—带磨损警报装置的制动块总成　5—活塞　6—制动钳支架　7—导向销

固定钳盘式制动器在汽车上的应用是早于浮动钳的，其制动钳的刚度好，除活塞和制动块外无其他滑动件，但由于需采用两个油缸分置于制动盘的两侧，使结构尺寸较大，布置较困难；需两组高精度的液压缸和活塞，成本较高；制动热经制动钳体上的油路传给制动油液，易使其由于温度过高而产生气泡影响制动效果；另外，由于两侧制动块均靠活塞推动，难于兼用于由机械操纵的驻车制动，必须另加装一套驻车制动用的辅助制动钳。

浮动钳盘式制动器只在制动盘的一侧装油缸，结构简单，造价低廉，易于布置，结构尺寸紧凑，可以将制动器进一步移近轮毂，同一组制动块可兼用于行车和驻车制动。浮动钳由于没有跨越制动盘的油道或油管，减少了受热机会，单侧油缸又位于盘的内侧，受车轮遮蔽较少使冷却条件较好，另外，单侧油缸的活塞比两侧油缸的活塞要长，也增大了油缸的散热面积，因此制动液温度比用固定钳式低 30～50℃，气化的可能性较小。但由于制动钳体是浮动的，必须设法减少滑动处或摆动中心处的摩擦、磨损和噪声。

桑塔纳 LX 型乘用车前轮制动器的结构如图 23-14 所示。

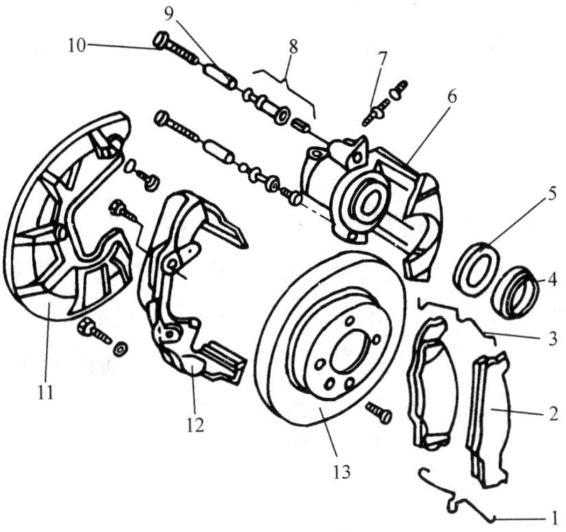

图 23-14　桑塔纳 LX 型乘用车前轮制动器的结构

1—定位弹簧　2—制动蹄　3—定位弹簧　4—防尘罩　5—密封圈　6—制动钳体　7—放气螺钉　8—塑料衬套　9—导向销　10—螺栓　11—防溅盘　12—制动钳支架　13—制动盘

与鼓式制动器相比，盘式制动器有如下优点：

(1) 热稳定性好。由于其没有自行增力作用，衬块表面压力分布较鼓式的衬片更均匀。此外，制动鼓在受热以后膨胀，工作半径增大，使其只能与蹄的中部接触，从而降低制动效能，这称为机械衰退。而制动盘在轴向的热膨胀极小，几乎没有机械衰退。因此，前轮采用盘式制动器，汽车制动时不易跑偏。

(2) 水稳定性好。制动衬块对盘的单位压力高，易于把水挤出，因而浸水后性能降低不多。又由于离心力的作用，出水后只需经一两次制动即能恢复正常。而鼓式制动器则需经十余次制动才能恢复正常。

(3) 制动力矩与汽车行驶方向无关。一些鼓式制动器的制动力矩与行驶方向有关，例如双领蹄式制动器，当汽车倒行时，其两个蹄都变成了从蹄，使制动力矩减小。

(4) 易于构成双回路制动系统，使系统有较高的可靠性和安全性。

(5) 制动盘的热膨胀不会造成制动踏板的行程损失。而当制动鼓受热膨胀时，会引起制动踏板行程的损失，为补偿这种损失，需要采用比较复杂的间隙自动调整机构。

(6) 衬块比制动蹄上的摩擦衬片更容易更换，一般保养作业比较简单。

(7) 衬块与制动盘之间的间隙小(0.05～0.15mm)，有助于缩短制动协调时间。

(8) 易于实现间隙自动调整。

盘式制动器的缺点如下：

(1) 难以完全防止尘污和锈蚀。

(2) 兼作驻车制动器时，所需要的手驱动机构比较复杂。

(3) 在制动驱动机构中必须装用助力器。

(4) 因衬块工作面积小，所以磨损快，使用寿命低，需用高材质的衬块。

盘式制动器尤其是浮动钳盘式制动器已十分广泛地用于轿车的前轮。与鼓式后轮制动器配合，也可使后轮制动器较容易地附加驻车制动的驱动机构，兼作驻车制动器之用。有些轿车的前、后轮都采用盘式制动器，主要是为了保持制动力分配系数的稳定。

盘式制动器也开始用于某些不同等级的客车和载货汽车上。有些重型载货汽车采用多片全盘式制动器以获得大的制动力矩，但制动盘的冷却条件差，温升较大。

第三节 人力制动系统

人力制动系统的制动能源仅仅是驾驶员的肌体。按其传动装置的结构形式，人力制动系统有机械式和液压式两种。在汽车发展的早期，行车制动系统和驻车制动系统都是机械式的。20世纪初，行车制动系统开始采用液压传动装置，但多数还仅用于前轮制动。在20世纪30年代末，美国车的人力行车制动系统已全部改成液压式，但就世界范围而言，直到50年代初，机械式行车制动系统才全被淘汰。不过应当指出，在此以前，汽车的液压制动系统已并非全属人力制动系统，早已有一部分属于伺服制动系统了。然而机械传动装置还保留至今，主要用于驻车制动。

一、机械制动系统

机械式驻车制动系统的控制装置和传动装置主要由杠杆、拉杆、轴、摇臂等机械零件组成。其制动器可以是与行车制动系统共用的车轮制动器（如红旗CA7220型、奥迪100型、桑塔纳轿车以及黄河JNl81C13型货车等）也可以是专设的中央制动器（如CA1040系列轻型货车、北京BJ2023、解放CA1091和东风EQ1090E等型汽车用的驻车制动器）。

图23-15所示为红旗CA7220型轿车制动系统布置图。其中驻车制动系统是机械式的，并且与真空伺服式行车制动系统共用后轮制动器。施行驻车制动时，驾驶员将驻车制动操纵杆9向上扳起，便通过调整拉杆11、平衡杠杆21将驻车制动操纵缆绳拉紧，从而促动两后轮制动器施行驻车制动。此时由于棘爪的单向作用，棘爪6与棘爪齿板啮合，操纵杆不能回转，整个驻车机械制动杆系能可靠地被锁定在制动位置。欲解除制动，须先将操纵杆9扳起少许，再压下操纵杆端头的压杆按钮1，通过棘爪压杆4使棘爪6离开棘爪齿板8，然后将操纵杆9向下推到解除制动位置。此时缆绳17放松，驻车制动解除，随后应立即放松操纵杆端按钮1使棘爪得以将整个驻车机械制动系统锁止在解除制动位置。

驻车制动系统必须可靠地保证汽车在原地停驻，并在任何情况下不致自动滑行。这一点只有用机械锁止方法才能实现，这便是驻车制动系统多用机械式传动装置的主要原因。

二、人力液压制动系统

1. 人力液压制动系统的组成和工作原理

人力液压制动系统的基本组成和回路见图23-16。作为制动能源的驾驶员所施加的控制力通过作为控制装置的制动踏板机构4传到容积式液压传动装置的主要部件——制动主缸5。制动主缸属于单向作用活塞式油泵，其作用是将自踏板机构输入的机械能转换成液压能，液压能通过油管3、8、6输入前、后轮制动器1和7中的制动轮缸2。制动轮缸属于单向作用活塞式油缸，其作用是将输入的液压能再转换成机械能，促使制动器进入工作状态。

制动踏板机构和制动主缸都装在车架上。因车轮是通过弹性悬架与车架联系的，而且有

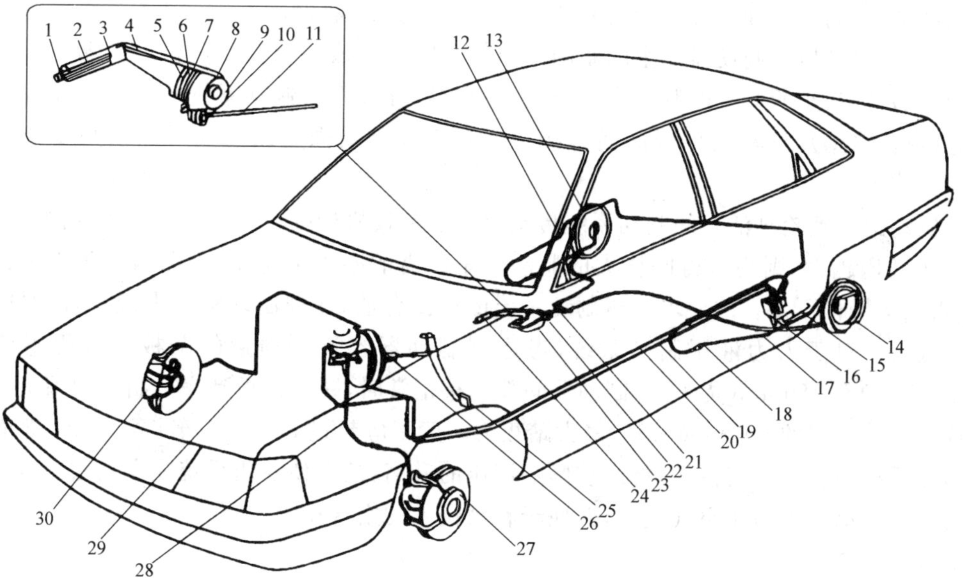

图 23-15 红旗 CA7220 型轿车制动系统布置

1—驻车制动压杆按钮 2—弹簧 3—限位块 4—棘爪压杆 5—O 形圈 6—棘爪 7—棘爪销 8—棘爪齿板 9—驻车制动操纵杆 10—滚轮 11—调整拉杆 12—调节阀接右后制动器油管 13—右后制动器 14—左后制动器 15—感载弹簧 16—制动压力调节阀 17—驻车制动操纵缆绳 18—调节阀接左后制动器油管 19—主缸主动腔经调节阀接左后制动器油管 20—主缸主动腔经调节阀接右后制动器油管 21—平衡杠杆 22—防尘套 23—支架 24—驻车制动操纵杆手柄 25—制动踏板 26—真空助力器 27—左前盘式制动器 28—主缸从动腔接左前盘式制动器油管 29—主缸主动腔接右前盘式制动器油管 30—右前盘式制动器

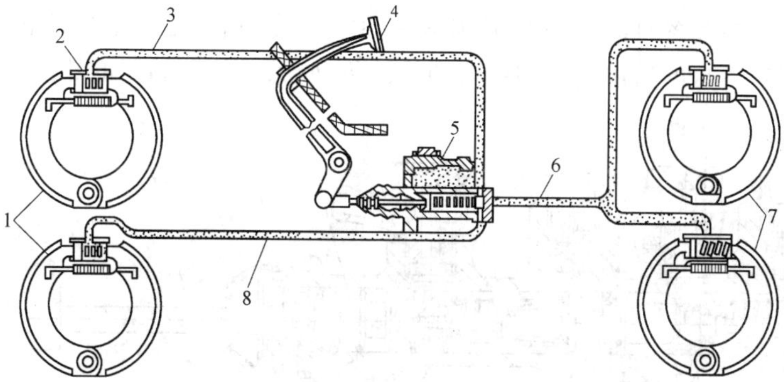

图 23-16 人力液压制动系统

1—前轮制动器 2—制动轮缸 3、6、8—油管 4—制动踏板机构 5—制动主缸 7—后轮制动器

的还是转向轮，主缸与轮缸的相对位置经常变化。故主缸与轮缸间的连接油管除金属管（铜管）外还有特制的橡胶制动软管。各液压元件之间及各段油管之间还有各种管接头。制动前整个液压系统中应当充满专门配制的制动液。

踩下制动踏板，制动主缸即将制动液经油管压入前、后制动轮缸，将制动蹄推向制动鼓。在制动器间隙消失之前，管路中的液压不可能很高，仅足以平衡制动蹄复位弹簧的张力以及油液在管路中的流动阻力。在制动器间隙消失并开始产生制动力矩时，液压与踏板力方能继续增长直到完全制动。从开始制动到完全制动的过程中，由于在液压作用下油管（主要是橡胶软管）的弹性膨胀变形和摩擦元件的弹性压缩变形，踏板和轮缸活塞都可以继续移动一段距离。

放开制动踏板，制动蹄和轮缸活塞在复位弹簧作用下复位，将制动液压回主缸。

显然，管路液压和制动器产生的制动力矩是与踏板力成线性关系的。若轮胎与路面间的附着力足够，则汽车所受到的制动力也与踏板力成线性关系。制动系统的这项性能称为制动踏板感（或称路感），驾驶员可因此而直接感觉到汽车制动强度以便及时加以必要的控制和调节。

自制动踏板到轮缸活塞的制动系统传动比等于踏板机构杠杆比乘以轮缸直径同主缸直径之比。传动比越大，则为获得同样大的制动力矩所需的踏板力越小，但路板行程却因此而越大，使得制动操作不便。故要求液压制动系统传动比合适，保证制动踏板力较小，同时踏板行程又不太大。对于人力液压制动系统，考虑到制动器容许磨损量的踏板全行程不应超过150mm（轿车）至180mm（货车）。制动器间隙调整正常时，踩下踏板到完全制动的踏板工作行程不应超过全行程的50％～60％。最大踏板力一般不应超过350N（轿车）至550N（货车）。

液压系统中若有空气侵入，将严重影响液压的升高，甚至使液压系统完全失效。因此在结构上必须采取措施以防止空气侵入，并便于将已侵入的空气排出。

2. 制动主缸

为了提高汽车行驶的安全性，并根据交通法规的要求，现代汽车的行车制动系统都采用了双回路制动系统。也就是采用串列双腔主缸（单腔制动主缸已被淘汰）组成的双回路液压制动系统。目前采用双回路液压制动系统的几乎都是伺服制动系统或动力制动系统。但是，在某些微型或轻型汽车上，为使结构简单，在制动踏板力不超出驾驶员体力范围的情况下，也有一些车型只采用串列双腔制动主缸而组成双回路液压制动系统，但并非是伺服制动系统或动力制动系统。例如，图23-17所示就是人力液压制动系统中采用的串列双腔制动主缸。该主缸相当于两个单腔制动主缸串联在一起。储液灌（图中未示出）中的油液经每一腔的空心螺栓9（其内腔形成储液室）和各自的旁通孔7、补偿孔8流入主缸前、后腔。在主缸前、后工作腔内产生的液压分别经各自的出油阀5和各自的管路传到前、后轮制动器的轮缸。

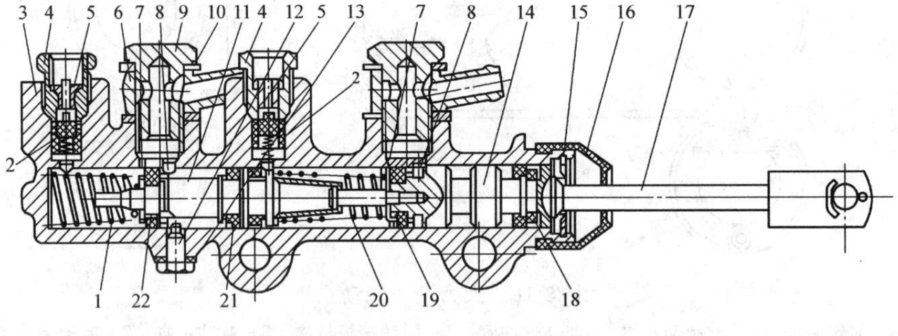

图23-17 串联双腔制动主缸

1—前缸弹簧 2—回油阀 3—主缸缸体 4—出油阀座阀 5—出油阀 6—进油管接头 7—旁通孔 8—补偿孔 9—空心螺栓 10—密封垫 11—前缸（第二）活塞 12—定位螺钉 13—密封垫 14—后缸（第一）活塞 15—挡圈 16—护罩 17—推杆 18—后缸密封圈 19—后活塞皮碗 20—后缸弹簧 21—前缸密封圈 22—前活塞皮碗

主缸不工作时，前、后两工作腔内的活塞头部与皮碗正好位于前、后腔内各自的旁通孔7和补偿孔8之间。

当踩下制动踏板时，踏板传动机构通过推杆17推动后缸（第一）活塞14前移，到皮碗掩盖住旁通孔后，此腔液压升高。在后腔液压和后缸弹簧力的作用下，推动前缸（第二）活塞11向前移动，前腔压力也随之升高。当继续下踩制动踏板时，前、后腔的液压继续升高，使前、后轮制动器制动。

撤除踏板力后，制动踏板机构、主缸前、后腔活塞和轮缸活塞，在各自的复位弹簧作用下回位，管路中的制动液借其压力推开回油阀门 2 流回主缸，于是解除制动。

当迅速放开制动踏板时，由于油液的黏性和管路阻力的影响，油液不能及时流回主缸并填充因活塞右移而让出的空间，因而在旁通孔 7 开启之前，压油腔中产生一定的真空度。此时进油腔液压高于压油腔，因而进油腔的油液便从前、后缸活塞的前活塞皮碗 22 和后活塞皮碗 19 的边缘与缸壁间的间隙流入各自的压油腔以填补真空。与此同时，储液室中的油液经补偿孔 8 流入各自的进油腔。活塞完全复位后，旁通孔 7 已开放，由制动管路继续流回主缸而显多余的油液便可经成前、后缸的旁通孔流回储液室。液压系统中因密封不良而产生的制动液漏泄和因温度变化而引起的制动液膨胀或收缩，都可以通过补偿孔和旁通孔得到补偿。

若与前腔连接的制动管路损坏并漏油时，则在踩下制动踏板时只在后腔中能建立液压，前腔中无压力。此时在液压差作用下，前缸(第二)活塞 11 迅速前移到前缸活塞前端顶到主缸缸体上。此后，后缸工作腔中液压方能升高到制动所需的值。

若与后腔连接的制动管路损坏并漏油时，则在踩下制动踏板时，起先只是后缸(第一)活塞 14 前移，而不能推动前缸(第二)活塞 11，因后缸工作腔中不能建立液压。但在后缸活塞直接顶触前缸活塞时，前缸活塞前移，使前缸工作腔建立必要的液压而制动。

由上述可见，双回路液压制动系统中任一路失效时主缸仍能工作，只是所需路板行程加大，将导致汽车的制动距离增长，制动效能降低。

装备有制动防抱死装置(ABS)的制动系统，在行车制动时，由于制动压力调节器的作用使主缸内液压发生波动，主缸活塞产生前后窜动，其液压变化频率可达 4～10 次/s，缸内高压可达 20MPa。这样，处在补偿孔和旁通孔之间的活塞皮碗就会发生过度磨损，甚至发生切削现象，使皮碗早期损坏。为此，在普通串联双腔制动主缸中取消了补偿孔和旁通孔，而由中心单向阀代替两孔的作用。见图 23-18。

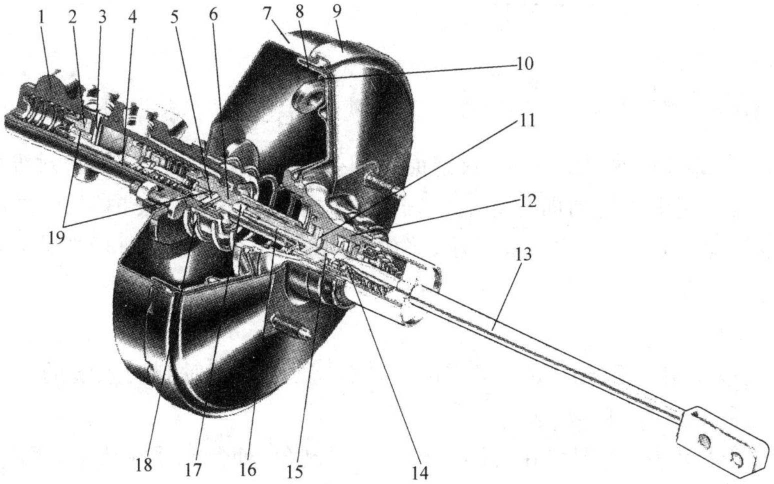

图 23-18　带中心单向阀的主缸和真空助力器

1—主缸缸体　2—第二活塞　3—垂直定位销　4—密封圈　5—水平定位销　6—第一活塞　7—真空助力器前壳体　8—真空助力器膜片　9—真空助力器后壳体　10—膜片托板　11—橡胶反作用盘　12—控制阀　13—推杆　14—控制阀组件　15—控制阀柱塞　16—制动主缸顶杆　17—顶杆头　18—膜片复位弹簧　19—中心单向阀

我国生产的桑塔纳2000GSI、捷达王都市先锋、红旗世纪星(CA7220E3)以及红旗名仕(CA7180E)等轿车均采用这种结构。

3. 制动轮缸

制动轮缸有双活塞式和单活塞式两类。图23-19所示为双活塞式制动轮缸。缸体1用螺栓固定在制动底板上,缸内有两个活塞2。二者之间的间隙形成轮缸内腔。每个活塞上装有一个皮圈3,以使内腔密封。制动时,制动液自油管接头和进油孔10进入内腔,活塞在液压作用下外移,通过顶块5和支承盖7推动制动蹄,使车轮制动。防护罩6除防尘外,还可防止水分进入,以免活塞和轮缸生锈而卡住。

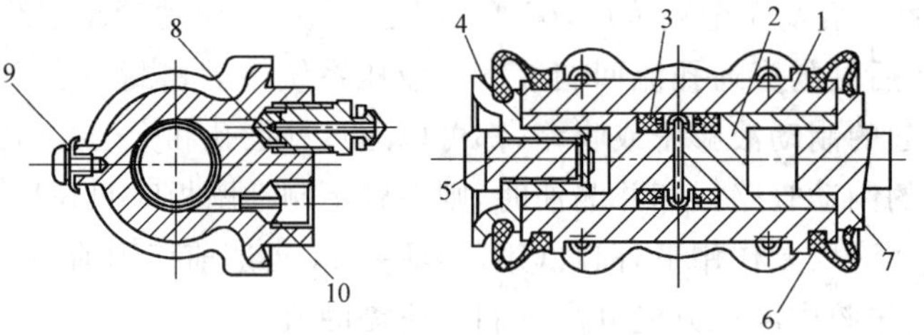

图23-19 双活塞式制动轮缸

1—缸体 2—活塞 3—皮圈 4—调整轮 5—顶块 6—防护罩
7—支承盖 8—放气螺钉 9—调整轮锁片 10—进油孔

图23-20所示为单活塞式制动轮缸,它是为双领蹄制动器配用的制动轮缸。借活塞端面凸台保持的进油间隙形成轮缸内腔。

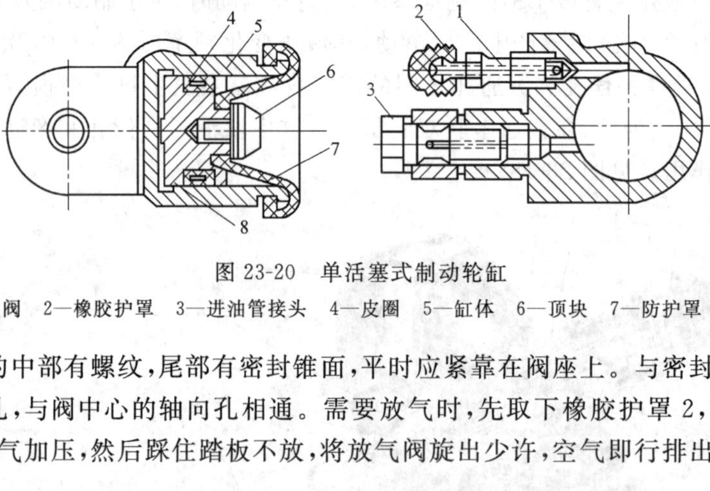

图23-20 单活塞式制动轮缸

1—放气阀 2—橡胶护罩 3—进油管接头 4—皮圈 5—缸体 6—顶块 7—防护罩 8—活塞

放气阀1的中部有螺纹,尾部有密封锥面,平时应紧靠在阀座上。与密封锥面相连的圆柱面两侧有径向孔,与阀中心的轴向孔相通。需要放气时,先取下橡胶护罩2,再连踩几下制动踏板,对缸内空气加压,然后踩住踏板不放,将放气阀旋出少许,空气即行排出。空气排尽后再将放气阀旋闭。

4. 制动液

制动液也是液压制动系统的重要组成部分,它的质量好坏对制动系统的工作可靠性有很大影响。为此对制动液有如下要求:

(1) 高温下不易汽化,否则将在管路中产生气阻现象,使制动系统失效;

(2) 低温下有良好的流动性;

(3) 不会使与之经常接触的金属(铸铁、钢、铝或铜)件腐蚀,或橡胶件发生膨胀、变硬和损坏;

(4) 能对液压系统的运动件起良好的润滑作用;

(5) 吸水性差而溶水性良好，即能使渗入其中的水汽形成微粒而与之均匀混合，否则将在制动液中形成水泡而大大降低汽化温度。

国内过去普遍使用的制动液是植物制动液，用50%左右的蓖麻油和50%左右的溶剂(丁醇、酒精或甘油等)配成。用酒精作溶剂的制动液黏度小，汽化温度只有70℃左右，用丁醇作溶剂时汽化温度可达100℃。但植物制动液的汽化温度都不高，且在70℃的低温下都易凝结，蓖麻油又是贵重的化工原料。因此，近年来国内外研制的合成制动液和矿物制动液取代了植物制动液。我国生产的合成制动液的汽化温度已超过190℃，在－35℃的低温下流动性良好，适用于高速汽车制动器，特别是盘式制动器。此外，合成制动液对金属件(铝件除外)和橡胶件都无害，溶水性也很好，但目前成本还较高。矿物制动液在高温和低温下性能都很好，对金属也无腐蚀作用，但溶水性较差，且易使普通橡胶膨胀。故采用矿物制动液时活塞皮碗及制动软管等都必须用耐油橡胶制成。

第四节　伺服制动系统

伺服制动系统是在人力液压制动系统的基础上加设一套动力伺服系统而形成的，即兼用人体和发动机作为制动能源的制动系统。在正常情况下，制动能量大部分由动力伺服系统供给，而在动力伺服系统失效时，还可全靠驾驶员供给(即由伺服制动转变成人力制动)。

伺服制动系统的类型：

(1) 按伺服系统的输出力作用部位和对其控制装置的操纵方式不同，伺服制动系统可分为助力式(直接操纵式)和增压式(间接操纵式)两类。前者中的伺服系统控制装置用制动踏板机构直接操纵，其输出力也作用于液压主缸，以助踏板力之不足；后者中的伺服系统控制装置用制动踏板机构通过主缸输出的液压操纵，且伺服系统的输出力与主缸液压共同作用于一个中间传动液缸(辅助缸)，使该液缸输出到轮缸的液压远高于主缸液压。

(2) 伺服制动系统又可按伺服能量的形式分为真空伺服式、气压伺服式和液压伺服式3种，其伺服能量分别为真空能(负气压能)、气压能和液压能。

一、助力式(直接操纵式)伺服制动系统

1. 真空助力伺服制动系统

一汽的红旗CA7220型、一汽大众的捷达、奥迪100型、北京切诺基以及上海大众的桑塔纳等轿车都采用了真空助力伺服制动系统。

图23-21为一汽红旗CA7220型和奥迪100型轿车的真空助力伺服(直接操纵真空伺服)制动系统示意图，它采用的是对角线布置的双回路液压制动系统，即左前轮缸与右后轮缸为一液压回路，右前轮缸与左后轮缸为另一液压回路。串列双腔制动主缸4的前腔通往左前轮盘式制动器的轮缸10，并经感载比例阀9通向在后轮鼓式制动器上的轮缸13。主缸4的后腔通往右前轮盘式制动器的轮缸12，并经感载比例阀通向左后轮鼓式制动器的轮缸11。真空伺服气室3和控制阀2组合成一个整体部件，称为真空助力器。制动主缸4直接装在真空伺服的气室前端，真空单向阀7直接装在伺服气室上。真空伺服气室工作时产生的推力，也同踏板力一样直接作用在制动主缸4的活塞推杆上。感载比例阀9属于制动力调节装置。

红旗CA7220型和奥迪100型轿车的真空助力器见图23-22a。其中如图23-22b和c所示，真空伺服气室用螺栓5和17固定在车身前围板上，并借调整叉13与制动踏板机构连接。

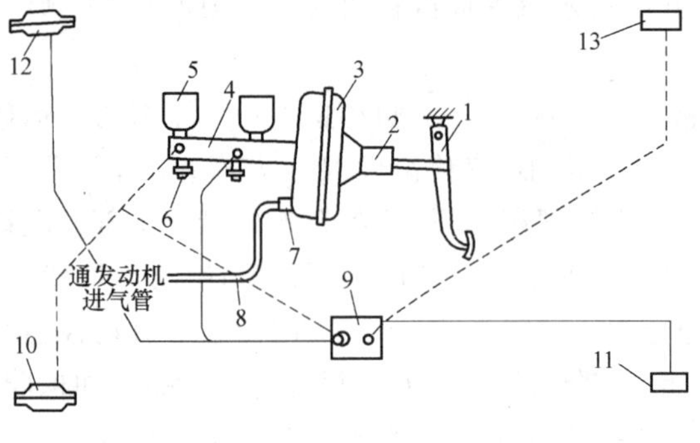

图 23-21 红旗 CA7220 型轿车真空助力伺服制动系统

1—制动踏板机构 2—控制阀 3—真空伺服气室 4—制动主缸 5—储液罐 6—制动信号灯液压开关 7—真空单向阀 8—真空供能管路 9—感载比例阀 10—左前轮缸 11—左后轮缸 12—右前轮缸 13—右后轮缸

伺服气室前腔经真空单向阀通向发动机进气管。外界空气经过滤环 11 和毛毡过滤环 14 滤清后进入制动气室后腔。

伺服气室膜片的塑料座 8 内有用以连通伺服气室前腔和控制腔的通道 A，以及用以连通伺服气室后腔和控制阀的通道 B。带有密封套的橡胶阀门 9 与在膜片座 8 上加工出来的阀座组成真空阀，又与控制阀柱塞 18 的大气阀座 10 组成大气阀。控制阀柱塞是同控制阀推杆 12 借后者的球头铰接。真空助力器不工作时(图 23-22b)，弹簧 15 将推杆 12 连同柱塞 18 推到后极限位置(即真空阀开启)，阀门 9 被弹簧 16 压紧在大气阀座 10 上(即大气阀关闭位置)。伺服气室前、后两腔经通道 A、控制阀腔和通道 B 互相连通，并与大气隔绝。在发动机开始工作，真空单向阀被吸开后，伺服气室左、右

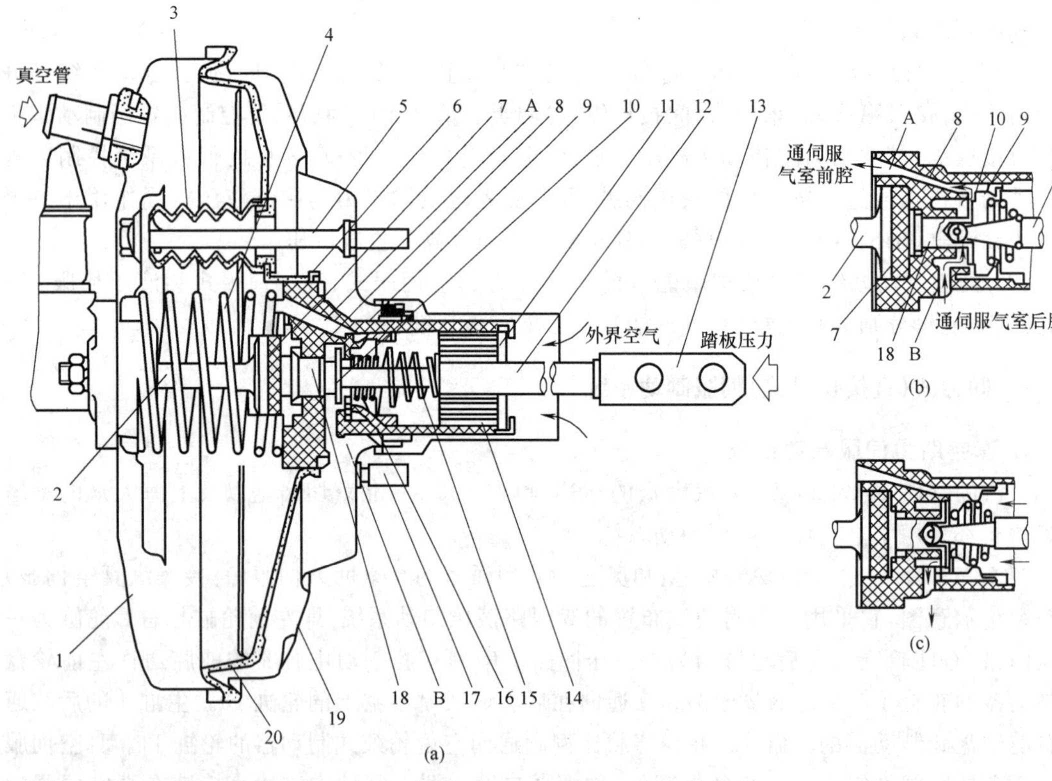

图 23-22 真空助力器

1—伺服气室前壳体 2—制动主缸推杆 3—导向螺栓密封套 4—膜片复位弹簧 5—导向螺栓 6—控制阀 7—橡胶反作用盘 8—伺服气室膜片座 9—橡胶阀门 10—大气阀座 11—过滤杯 12—控制阀推杆 13—调整叉 14—毛毡过滤杯 15—控制阀推杆弹簧 16—阀门弹簧 17—螺栓 18—控制阀柱塞 19—伺服气室后壳体 20—伺服气室膜片 A、B—通道

两腔内都产生一定的真空度。

将制动踏板踩下时，起初伺服气室尚未起作用，膜片座 8 固定不动，故来自踏板机构的控制力可以推动控制阀推杆 12 和控制阀柱塞 18 相对于膜片座前移，当柱塞与橡胶反作用盘 7 之间的间隙消除后，控制力便经反作用盘传给制动主缸推杆 2(图 23-22c)。

橡胶反作用盘 7 装在由控制阀柱塞 18、膜片座 8 和制动主缸推杆 2 形成的密闭空间内。因为橡胶是体积不可压缩的柔性材料，具有同液体一样的传递压力的性质，故经橡胶反作用盘的传动后，推杆 2 从反作用盘得到的力大于柱塞 18 加于反作用盘上的力，但推杆 2 的位移则小于柱塞的位移。此时，主缸内的制动液以一定压力流入制动轮缸。与此同时，阀门 9 也在弹簧 16 的作用下随同控制阀柱前移，直到与膜片座 8 上的真空阀座接触，从而使伺服气室后腔同前腔，也就是同真空源隔绝为止。然后，推杆 12 继续推动柱塞 18 前移到其后端的大气阀座 10 离开阀门 9 一定距离。于是外界空气即经过滤杯 11、14、控制阀腔和通道 B 充入伺服气室后腔(图 23-22b)，使其中真空度降低。在此过程中，膜片与阀座也不断前移，直到阀门重新与大气阀座接触而达到平衡状态为止。因此，在任何一种平衡状态下，伺服气室后腔中的稳定真空度均与踏板行程成递增函数关系。这就体现了控制阀的随动作用。

伺服气室两腔真空度差值造成的作用力，除一部分平衡复位弹簧 4 的力以外，其余部分都作用在反作用盘上。因此制动主缸推杆所受的力为膜片座 8 和柱塞 18 二者所施作用力之和。这意味着驾驶员所施加的踏板力不仅要足以促动控制阀，并使制动主缸产生一定液压，而且还要足以平衡与伺服气室作用力成正比的经反作用盘反馈过来的力。这样，驾驶员便可以通过所加踏板力的大小来感知伺服气室的作用力大小，即驾驶员有一定的踏板感。

2. 气压助力伺服制动系统

图 23-23 所示为轿车气压助力伺服(直接操纵气压伺服)制动系统示意图。其中液压和气压系统都是双回路式。

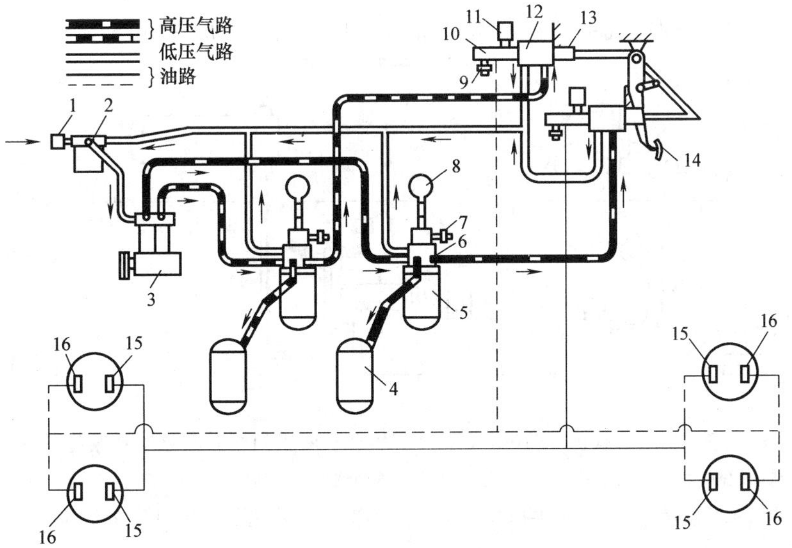

图 23-23 气压助力伺服制动系统

1—空气滤清器 2—防冻器 3—空压机 4—副储气筒 5—主储气筒 6—调压阀 7—低压报警灯开关 8—压力表 9—制动信号灯开关 10—制动主缸 11—贮液罐 12—气压伺服气室 13—控制阀 14—制动踏板机构 15、16—制动轮缸

外界空气经空气滤清器 1 和防冻器 2 被吸入空压机 3。空压机的两个气缸的出气管路分别通向两个主储气筒 5 顶端的调压阀 6。压缩空气经调压阀中的单向阀充入主储气筒。在主储气筒压力升高到 0.85～0.9MPa 时，位于调压阀的副储气筒充气阀方开启，副储气筒 4 因而开始被充气。当主、副储气筒压力升高至 1.0～1.2MPa 时，调压阀便起作用，使空压机的出气管路与回气管路连通。于是来自空压机的压缩空气不再进入主、副储气筒，而是经回气管路流回空压机的进气口，空压机因而卸荷空转。在储气筒压力降低到 0.8MPa 时，调压阀又使回气管路与空压机出气管路隔绝，从而恢复充气。

主储气筒压力高于副储气筒时，气压伺服气室 12 由主储气筒供气。若主储气筒压力低于副储气筒，后者即向前者充气，并对气压伺服气室供气。

当储气筒气压因耗气过甚或漏气而降低到 0.5～0.6MPa 时，开关 7 即接通，开亮低压报警灯。此时应立即停车检查。

空压机卸荷空转时输出的空气，以及解除制动时自气压伺服气室排出的空气，都用回气管路引入防冻器，由此再流入空压机进气口。采用这种封闭式循环气路可消除排气噪声。但在空压机不运转时，上述各处排出的空气则通过防冻器中的排气阀经空气滤清器排入大气。

两个单腔制动主缸 10 分别接装在两个由气压伺服气室 12 和控制阀 13 组成的气压助力器上。二气压助力器可由制动踏板机构 14 通过平衡杠杆操纵。

二、增压式(间接操纵式)伺服制动系统

1. 真空增压伺服制动系统

图 23-24 所示为南京跃进 NJ1061A 型汽车的真空增压伺服(间接操纵真空伺服)双回路制动系统示意图。由图可见，这种伺服制动系统比人力液压制动系统多一套真空伺服系统，其中包括：由发动机进气管 12(真空源)、真空单向阀 11、真空罐 10 组成的供能装置；作为控制装置的控制阀 6；作为传动装置的真空伺服气室 8；与液压制动系统共用的中间传动液缸——辅助缸 5。辅助缸、真空伺服气室和控制阀通常组合装配成一个部件，可称之为真空增压器。

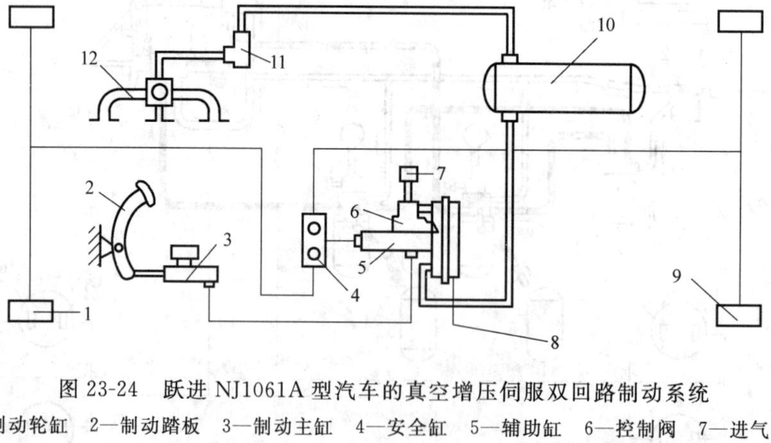

图 23-24 跃进 NJ1061A 型汽车的真空增压伺服双回路制动系统

1—前制动轮缸 2—制动踏板 3—制动主缸 4—安全缸 5—辅助缸 6—控制阀 7—进气滤清器 8—真空伺服气室 9—后制动轮缸 10—真空罐 11—真空单向阀 12—发动机进气管

发动机工作时在进气管 12 中的真空度作用下，真空罐 10 中的空气经真空单向阀 11 被吸入发动机，因而罐中也产生并积累一定的真空度作为制动伺服的能源。伺服系统中工作真空度最高可达 0.07MPa。

踩下制动踏板时，制动主缸的输出液压首先传入辅助缸 5，由此一面作为制动促动压力传

入制动轮缸 1 和 9，一面又作为控制压力输入控制阀 6。控制阀在主缸液压控制下，使真空伺服气室的工作腔通真空罐或通大气，并保证伺服气室输出力与主缸液压与制动踏板力和踏板行程成递增函数关系。真空伺服气室输出力与自主缸传来的液压作用力一同作用于辅助缸活塞，因而辅助缸输送至轮缸的压力高于主缸压力。

柴油发动机进气管中一般无节气门，管中真空度不高，因而柴油车要采用真空伺服制动时，必须装设由发动机驱动的真空泵，或在进气管中加装引射器作为真空能源。

该制动系统中，虽然液压制动系统和真空伺服系统都是单管路的，但是由于在真空增压器之后装设了一个双腔安全缸 4，使得在安全缸以后的前、后轮制动促动管路之一损坏并漏油时，该管路上的安全缸腔即自动将该管路封堵，保证另一促动管路仍能保持压力。故可认为该制动系统是一种局部双回路制动系统。

图 23-25 所示为一种真空增压器的构造，它由辅助缸、控制阀和真空伺服气室等三部分组成。辅助缸内腔被活塞 19 分隔成两部分，左腔经出油接头 22 通向前、后制动轮缸；右腔经进油接头 16 通向制动主缸。推杆 15 的前端嵌装着球阀 18，其阀座在辅助缸活塞 19 上。推杆后端与伺服气室膜片回位弹簧 14 连接。伺服气室不工作时，活塞和推杆分别在弹簧 21 和 14 的作用下处于右极限位置。球阀门与阀座保持一定距离，从而保持辅助缸两腔连通。

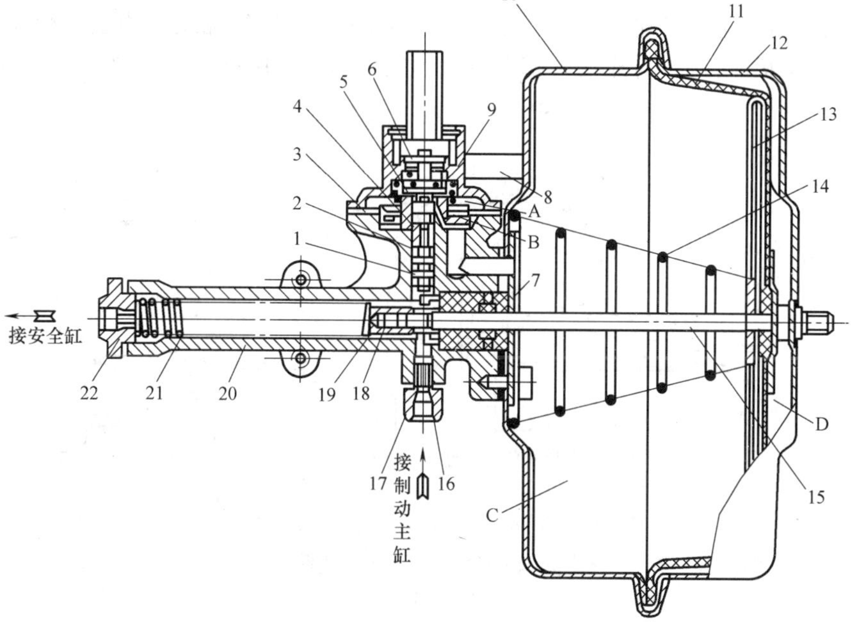

图 23-25　真空增压器(66-Ⅳ型)

1—控制阀活塞　2—皮圈　3—控制阀膜片　4—膜片座　5—真空阀　6—大气阀　7—连接块　8—通气管　9—控制阀体　10—伺服气室壳体　11—伺服气室膜片　12—伺服气室后壳体　13—膜片轮盘　14—伺服气室膜片回位弹簧　15—推杆　16—进油接头　17—活塞限位座　18—球阀　19—辅助缸活塞　20—辅助缸体　21—辅助缸活塞回位弹簧　22—出油接头

真空伺服气室被其中的膜片 11 分隔成左、右两腔。左腔 C 经前壳体 10 端面的真空管接头(图中已剖去)通向真空罐，且经由辅助缸体 20 中的孔道与控制阀下气室 B 相通；其右腔 D 则经焊接在后壳体圆柱面上的气管 8 通到控制阀上腔 A。

控制阀是由真空阀 5 和大气阀 6 组成的阀门组件。大气阀座在控制阀体 9 上；真空阀座则在膜片座 4 上。膜片座下面与控制阀活塞 1 连接。不制动时，如图 23-26b 所示，大气阀关闭，真空阀开启。控制阀上腔 A 和下腔 B 连通。这样，控制阀上腔 A 和伺服气室右腔 D 便具有与控制阀下腔 B 和伺服气室左腔 C 同等的直空度。

踩下制动踏板时(图 23-26a)，制动液即自制动主缸输入辅助缸，经过活塞 19 上的孔进入各制动轮缸，轮缸液压即等于主缸液压。与此同时，输入液压还作用在控制阀活塞 1 上，推动膜片座 4 上移，先关闭真空阀 5，使上腔 A 和下腔 B 隔绝，接着再开启大气阀 6。于是外界空气便经进气滤清器流入控制阀上腔 A 和伺服气室右腔 D，降低其中的真空度(即提高其中压力)。此时控制阀下腔 B 和伺服气室左腔 C 中的真空度仍保持原值不变。在 D、C 两腔压力差作用下，膜片 11 带动推杆 15 左移，使球阀 18 关闭。这样，制动主缸便与辅助缸左腔隔绝。此时在辅助缸活塞 19 上作用着两个力，即主缸液压作用力和伺服气室输出的推杆力。因此，辅助缸左腔及各轮缸的压力高于主缸压力。

在 A 和 D 两腔真空度降低的过程中，膜片 3 和阀门组逐渐下移。A、D 两腔真空度下降到一定值时，即因大气阀 6 落座而保持稳定。这个稳定值取决于输入控制压力(即主缸压力)，而后者又取决于踏板力和踏板行程。

使制动踏板回升一定距离时(图 23-26b)，主缸液压即下降一定值，控制阀平衡状态被破坏，活塞 1 连同膜片座 4 下移，使真空阀 5 开启。于是 A、D 两腔中的空气有一部分又被吸入真空罐，因而伺服气室 D、C 两腔的压力差也有所减小。辅助缸输出压力也就保持在较低值。完全放开制动踏板时，则所有运动件都在各自的复位弹簧作用下回复到图 23-26b 所示位置。

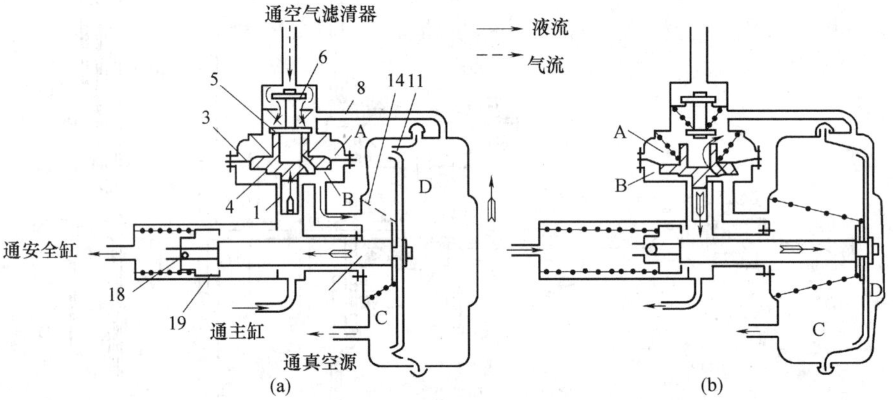

图 23-26 真空增压器工作示意图

(a)踩下制动踏板时 (b)制动踏板回升时

(图注同图 23-25)

在真空管路无真空度或真空增压器失效的情况下，辅助缸中的球阀 18 将永远开启，保证制动主缸和各制动轮缸之间的油路畅通。这样，整个制动系统同人力液压制动系统一样工作。当然此时所需的踏板力比有真空伺服作用时要大得多。

当发动机停止运转或其进气管中的真空度低于真空罐的真空度时，真空单向阀即行关闭，使真空罐中真空度不遭受损失。这样，真空罐便能在无真空能补充的情况下，起到若干次制动伺服作用。

许多采用真空伺服制动系统的轿车，由于车身下方空间的限制，不能设置真空罐，只能单靠真空单向阀来保持真空伺服气室的真空度，使之还能在真空能源丧失的情况下起到一次制动伺服作用。

2. 气压增压伺服制动系统

图 23-27 为日本日产 T80 系列汽车气压增压伺服双回路制动系统示意图。其中由辅助缸 6、气压伺服气室 5 和控制阀 4 组装而成的部件可称为气压增压器。必要时，控制阀也可作为一个独立部件单独安装。气压增压器之后的液压促动管路中分别装设有一个单腔安全缸 9，用以实现局部双回路。限于篇幅原因，具体结构不再赘述。

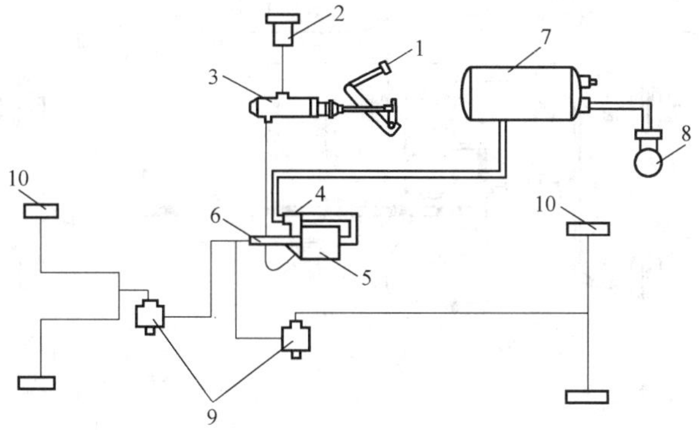

图 23-27　日产 T80 系列汽车气压增压伺服双回路制动系统
1—制动踏板　2—贮液罐　3—制动主缸　4—控制阀　5—气压伺服气室　6—辅助缸　7—储液罐　8—空压机　9—单腔安全缸　10—制动轮缸

第五节　动力制动系统

动力制动系统中，用以进行制动的能源是由空气压缩机产生的气压能，或是由油泵提供的液压能，而空气压缩机或油泵则由汽车发动机驱动。所以，动力制动系统是以汽车发动机为唯一的制动初始能源的。但就制动系统范围而言，可认为制动能源是空气压缩机或油泵。在动力制动系统中，驾驶员的肌体仅作为控制能源，而不是制动能源。

动力制动系统有气压制动系统、气顶液制动系统和全液压动力制动系统 3 种。

气压制动系统是发展最早的一种动力制动系统。其供能装置和传动装置全部为气压式。其控制装置大多数是由制动踏板机构和制动阀等气压控制元件组成的，也有的在踏板机构和制动阀之间还串联有液压式操纵传动装置。

气顶液制动系统的供能装置、控制装置与气压制动系统的相同但其传动装置则包括气压式和液压式两部分。

全液压动力制动系统中除制动踏板机构以外，其供能、控制和传动装置全是液压式的。

一、气压制动系统

1. 气压制动回路

我国生产的中型以上货车或客车一般都采用气压制动系统，其回路和液压制动系统一样采用双回路或多回路制动系统。

图 23-28 所示为解放 CA1091 型汽车的双回路气压制动系统示意图。由发动机驱动的双缸活塞式空气压缩机(简称空压机)1 将压缩空气经单向阀 3 首先输入湿储气筒 5(湿储气筒上装有安全阀 7、取气阀 4 和油水排出阀 6)，压缩空气在湿储气筒内冷却并进行油水分离之后，

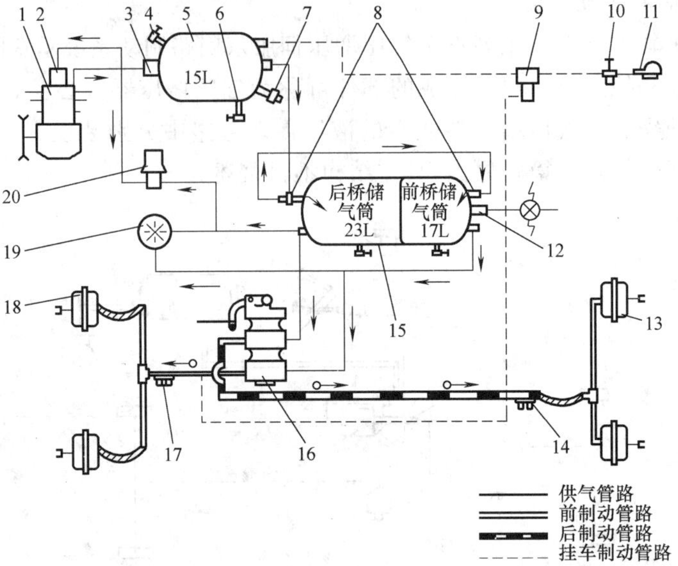

图 23-28 解放 CA1091 型汽车的双回路气压制动系统

1—空气压缩机 2—卸荷阀 3—单向阀 4—取气阀 5—湿储气筒 6—油水排出阀 7—安全阀 8—单向阀 9—挂车制动控制阀 10—分离开关 11—连接头 12—气压报警开关 13—后轮制动气室 14、17—制动灯开关 15—储气筒 16—串联双腔式制动阀 18—前轮制动气室 19—空气压力表 20—气压调节阀

再分别经两个单向阀 8 进入储气筒 15 的前、后腔。储气筒前腔与单列双腔活塞式的制动阀 16 上腔相通，可以向后制动气室充气。储气筒后腔与制动阀 16 下腔相连，可以向前制动气室充气。此外，储气筒两腔的气压都经三通管分别通向双指针空气压力表 19 中的两个传感器腔，使两个指针分别指示储气筒两腔的气压。而且储气阀后腔还通过气管与调压阀 20 相连，当该腔气压增大到规定值时，调压阀便使空压机空转而停止向储气筒供气。储气筒最高气压为 0.8MPa。

当踩下制动踏板时，通过拉杆机构操纵制动阀，使制动阀 16 上、下两腔的进气口分别与本腔的出气口相通，使储气筒 15 前、后腔的压缩空气得以分别通过制动阀的上、下腔进入后制动气室和前制动气室，从而促动制动器进入工作。当放松制动踏板时，制动阀使制动气室通大气以解除制动。制动气室内建立的气压越高，则制动器所产生的制动力矩越大。故为了保证行车制动的渐进性，制动阀应具有随动作用，即保证制动气室压力与踏板行程成一定的递增函数关系。

在采用动力制动系统的情况下，驾驶员所施加的踏板力只用来操纵控制装置。而不能像采用人力制动系统时那样直接造成制动器促动装置的工作压力。故制动阀还应当能使制动气室压力与踏板力也成一定的递增函数关系，以保证驾驶员有足够强的踏板感。

气压系统各元件之间的连接管路(由钢管、橡胶软管和各种管接头组成)有 3 种：①供能装置各组成件(空压机、储气筒)之间和供能装置与控制装置(如制动阀)之间的连接管路，即供能管路 a；②控制装置与制动器促动装置(如制动气室)之间的连接管路，即促动管路 b；③一个控制装置与另一个控制装置之间的连接管路称为操纵管路 c。解放 CA1091 型汽车制动系统中只有一个气压控制装置——制动阀，故无操纵管路。

当双回路气压制动系统中的一个回路发生故障失效时，另一回路仍能继续工作，以维持汽车具有一定的制动能力，从而提高了汽车行驶的安全性。但是，切不可这样仅利用一个制动回路长时间行车，以防止发生意外。

在某些气压制动系统中，在制动阀至后制动气室之间装有快放阀。其作用是当松开制动踏板时使后轮制动气室放气路线和时间缩短，保证后轮制动器迅速解除制动。

前、后制动回路的储气筒上都装有低压报警器。当储气筒中的气压低于 0.35MPa 时，便接通装在驾驶室内转向柱支架内侧的蜂鸣器的电路，使之发出断续鸣叫声，以警告驾驶员，注意储气筒内气压过低。

2. 供能装置

气压制动系统的供能装置包括：①产生气压能的空压机和积储气压能的储气筒；②将气压限制在安全范围内的调压阀及安全阀；③改善传能介质（空气）状态的进气滤清器、排气滤清器、管道滤清器、油水分离器、空气干燥器和防冻器等；④在一个回路失效时用以保护其余回路，使其中气压能不受损失的多回路压力保护阀等部件。

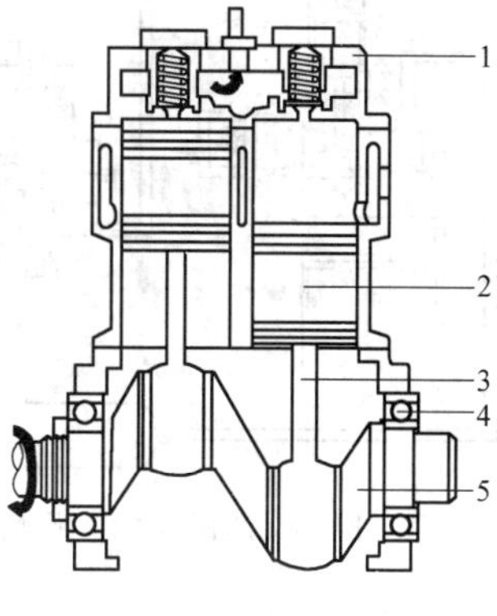

图 23-29　解放 CA1092 型汽车风冷式双缸空气压缩机

1—气缸　2—活塞　3—连杆　4—轴承　5—曲轴

(1) 空压机

解放 CA1091 型汽车的风冷双缸空气压缩机的构造见图 23-29。它固定在发动机气缸盖的一侧，由发动机通过风扇皮带轮和三角皮带驱动。

空压机具有与发动机类似的曲柄连杆机构。气缸体是铸铁的，带有散热肋片。每个气缸都有弹簧压闭的进气阀片和排气阀片。进气室经进气管接头借钢质气管通向进气滤清器；出气室经气管通向湿储气筒。

发动机运转时，空压机即随之运转。当活塞下行时，外界空气经空气滤清器自进气管接头和进气阀门被吸入气缸。活塞上行时，缸内空气即被压缩，压力升高，克服排气阀门弹簧的预紧力而使排气阀门开启。压缩空气便经出气室、气管充入湿储气筒。

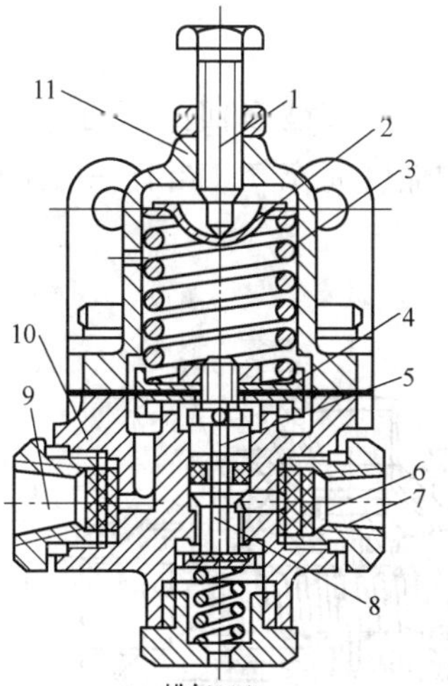

图 23-30　东风 EQ1090E 型汽车调压阀

1—调压螺钉　2—弹簧座　3—调压弹簧　4—膜片组件　5—芯管　6—接卸荷室管接头　7—密封圈　8—阀门　9—接储气罐管接头　10—阀体　11—盖

当储气筒中的气压升高到 0.78～0.81MPa 时，来自储气筒的压缩空气便能经调压阀进入空压机的卸荷装置的卸荷气室中进行卸荷，空压机停止向储气筒供气；当储气筒内气压下降到 0.64～0.67MPa 时，卸荷阀复位，空压机继续产生压缩空气。

东风 EQ1090E 型汽车的空压机是单缸风冷式的。在进气阀门上方也设置了利用调压阀控制的卸荷装置。在空压机向储气罐正常充气的过程中，柱塞上方的卸荷气室经调压阀通大气。柱塞被弹簧顶推到上极限位置，其杆部与进气阀之间保持一定间隙，卸荷装置因而不起作用。

(2) 调压阀

东风 EQ1090E 型汽车的调压阀见图 23-30。管接头 6 接空压机卸荷装置；管接头 9 接储气罐。阀体 10 与盖 11 之间夹装有膜片组件 4。膜片组件中心借螺纹连接着与阀体中央孔作动配合的芯管 5，其上部有径向孔，与其轴向孔道相通。其预紧力由调整螺钉 1 调定的调压弹簧 3 将膜片连同芯管压推到下极限位量。芯管下端面(出气阀座)紧密压住阀门 8,并使之离开阀体上的排气阀座,也就是说,调压阀的排气阀开启,出气阀关闭。此时空压机卸荷气室与储气筒隔绝,而经调压阀的排气口与大气相通。

在空压机向储气筒充气的过程中,若储气筒气压尚低则调压阀不起作用。当储气筒气压升高到 0.7~0.74MPa 时,膜片下方气压作用力即足以克服调压弹簧预紧力而推动膜片向上拱曲,使芯管和阀随之上移到排气阀关闭而出气阀开启的位置(图 23-31)。于是储气筒中的压缩空气便沿图中箭头所标明的路线充入空压机的卸荷气室,迫使卸荷柱塞下移,将空压机进气阀门压下,使之保持在开启位置不动。这样,空压机虽然在运转,但并不产生压缩空气,即空压机卸荷空转。当储气筒气压下降到 0.56~0.6MPa 时调压阀的膜片、芯管、阀门重又上移到图 23-30所示的出气阀关闭而排气阀开启的位置。空压机卸荷气室中的压缩空气乃经调压阀排气口 A 排入大气。卸荷柱塞在弹簧作用下向上复位。于是空压机恢复向储气筒充气。解放 CA1091 型汽车的调压阀结构及工作原理与上述相似。

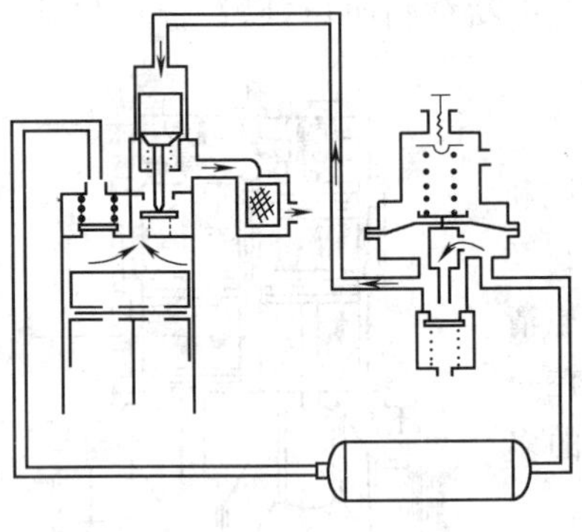

图 23-31 调压器的工作情况

由上述可见调压阀和空压机的卸荷装置都是供能装置内的控制装置。因此,二者之间的连接管路是供能装置回路内的操纵管路。

有不少汽车的空压机上并不设置专门的卸荷装置,而是配用另一种结构形式的调压阀,以便在储气筒压力超过规定值时,空压机出气口即经调压阀直通大气,将压缩空气放出而中止对储气筒充气。这种调压阀过去常设计成单独部件,但目前则多与油水分离器组合成一个部件,即滤气调压阀。

(3) 多回路压力保护阀

在动力制动系统中,按国家标准 GB 12676—1999 的要求必须安装多回路压力保护阀。来自空压机的压缩空气可经多回路压力保护阀分别向各回路的储气筒充气。当有一回路损坏漏气时,压力保护阀能保证其余完好回路继续充气。

图 23-32 所示为国产某重型汽车的双回路压力保护阀。平时两活塞阀门 4 在弹簧 2 作用下分别将出气口 B_1、B_2 封闭。通过的气调压阀和防冻泵输送来的压缩空气由进气口 A 进入,经两侧气道 C 分别流入左、右气腔 D 和 E。当气腔 D 和 E 中压力超过 0.52MPa 时,两侧气压作用力超过弹簧 2 的预紧力,推力使两活塞阀门 4 离开出气接头 5 上的阀座,压缩空气乃经出气口 B_1 和 B_2 分别充入两回路储气筒。当出气压力达到 0.6MPa 时,两活塞阀门都被推靠到挡圈 6 上,阀的开度达到最大(此时弹簧的压缩变形量最大)。因为一个活塞阀门上的气压作用力可以经弹簧传到另一个上,所以有可能

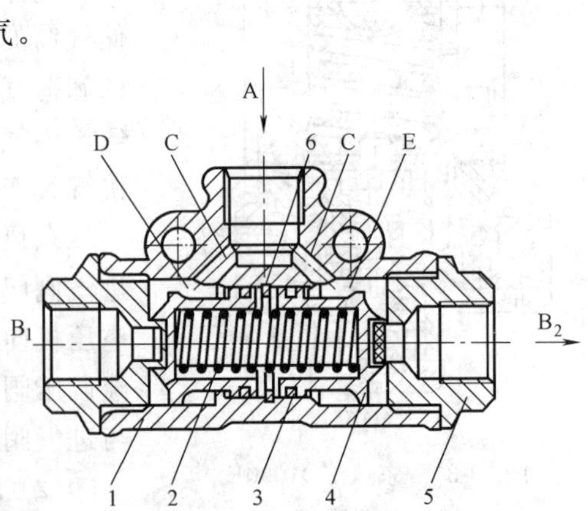

图 23-32 双回路压力保护阀

1—阀体 2—弹簧 3—密封圈 4—活塞阀门

5—出气接头(阀座) 6—挡圈

A—进气口 B_1、B_2—出气口 C—气道 D、E—阀腔

因两出气口的反压力不同而使得两活塞阀门的开启有先有后。当两活塞阀门均开启时，前、后两制动储气筒连通，二者可互相进行压力补偿。

若在正常充气过程中有一回路突然损坏并漏气，即有一端出气口，例如 B_1 处压力突然降低，甚至降为大气压力，则在开始瞬间，自进气口 A 输入的和由出气口 B_2 倒流回来的压缩空气都流向出气口 B_1，导致 D、E 两腔压力均下降，两活塞阀门都关闭。以后随着空压机不断供气，D、E 两腔气压又渐渐升高。因为右活塞阀门所承受的 B_2 口处气压高于左活塞阀门所受的 B_1 口处气压，右活塞阀门开启所需的 E 腔气压低于左活塞阀门开启所需的 D 腔气压，所以右活塞阀门将首先重新开启，即与 B_2 口相通的完好回路将继续充气。不过所能达到充气压力较低，一般只可达 0.5～0.55MPa，因为压力若超过此值，左活塞阀门亦将重新开启而放气。

此外，还有四回路压力保护阀、六回路压力保护阀，能在任一回路损坏漏气时，保证其他回路能以稍低的压力正常工作。

3. 控制装置

（1）制动阀

制动阀是气压行车制动系统中的主要控制装置，用以起随动作用并保证有足够强的踏板感，即在输入压力一定的情况下，使其输出压力与输入的控制信号——踏板行程和踏板力成一定的递增函数关系。其输出压力的变化在一定范围内应该是渐进的。制动阀输出压力可以作为促动管路压力直接输入到作为传动装置的制动气室，但必要时也可作为控制信号输入另一控制装置（如继动阀）。

解放 CA1091 型汽车的气压制动系统所用的串列双腔活塞式制动阀的构造示于图 23-33。整个制动阀以其上盖借螺栓固定于车架上。操纵摇臂的中部借销轴支于上盖的两片肋板上，其上端通过拉杆等与制动踏板机构相连。下阀体 13 上有通储气筒的进气口 A_1、A_2 和分别通向前、后轮气动制动气室的出气口 B_1、B_2。

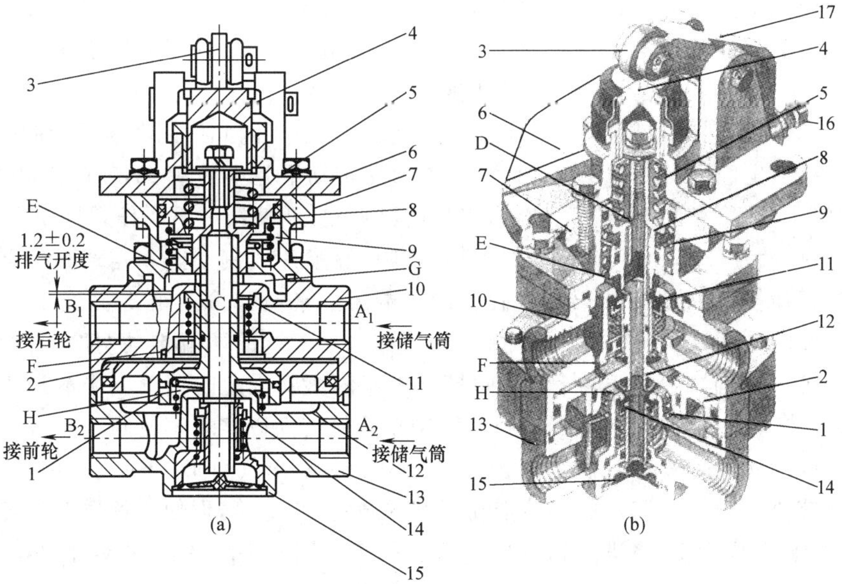

图 23-33　解放 CA1091 型汽车串列双腔活塞式制动阀

1—下腔小活塞复位弹簧　2—下腔大活塞　3—滚轮　4—推杆　5—平衡弹簧　6—上盖　7—上阀体　8—上腔活塞　9—上腔活塞复位弹簧　10—中阀体　11—上腔阀门　12—下腔小活塞　13—下阀体　14—下腔阀门　15—防尘片　16—调整螺钉　17—操纵摇臂

驾驶员将制动踏板踩下一定距离，使操纵摇臂绕销轴转动，其上端通过滚轮3、推杆4使平衡弹簧5及上腔活塞8向下移动，消除排气间隙而推开上腔阀门11，此时从储气筒前腔来的压缩空气经阀门11与中阀体10上的进气阀座间的进气间隙进入G腔，并经出气口B_1进入后制动气室，使后轮制动。与此同时，进入G腔的压缩空气通过通气孔F进入大活塞2及下腔小活塞12的上方，使其下移推开下腔阀门14，此时从储气筒后腔来的压缩空气经下腔阀门14与下阀体13的阀座之间形成的进气间隙进入H腔，并经出气口B_2充入前制动气室，使前轮制动。

当驾驶员踩下制动踏板保持在某一位置时，压缩空气在进入G腔的同时由通气孔E进入上腔活塞8的下方，并推动上腔活塞上移，使G腔中的气压作用力与复位弹簧9的力之和与平衡弹簧5的压紧力相平衡。与此同时，H腔中的气压作用力与复位弹簧1的力之和与大活塞上方的气压作用力相平衡。此时上腔阀门11和下腔阀门14均关闭，G、H腔中的气压保持稳定状态，即为制动阀的平衡位置。

若驾驶员感到制动强度不足，可以将制动用板再踩下一些，上述的上腔阀门11和下腔阀门14重行开启，使中阀体10的G腔和下阀体13的H腔以及制动气室进一步充气，直到G腔中气压又一次与平衡弹簧的压力平衡，而H腔中的压缩空气对大活塞的压力又重新与大活塞上方的压缩空气对大活塞向下作用的压力平衡时为止。在此新的平衡状态下，制动气室所保持的稳定压力比以前更高，同时，平衡弹簧的压缩量和踏板力也比以前更大。

当放开制动踏板时，操纵摇臂17复位，平衡弹簧恢复到原来装配长度，上腔活塞8上移使下端与上腔阀门11之间形成排气间隙。后制动气室的压缩空气经G腔和所形成的排气间隙以及通过下腔小活塞12上的排气孔D和下面的排气口C排入大气；与此同时，一方面，下腔大活塞2及下腔小活塞12受复位弹簧1伸张力的作用而上升，使下腔阀门14与下阀体13的阀座接触，从而关闭储气筒与前制动气室的通路；另一方面，由于下腔大活塞2及下腔小活塞12的上移，使小活塞的下端与下腔阀门14之间也形成排气间隙，前制动气室的压缩空气经H腔及所形成的排气间隙以及下腔阀门14和排气口C排入大气中。

当前制动管路断裂时，制动阀上腔仍能按上述方式工作，因此后制动器仍能起作用。当后制动管路断裂时，上腔平衡弹簧及上腔活塞8将直接推动下腔小活塞12，使前制动器起作用。

调整螺钉16是用来调整排气间隙的，出厂时已调整好，使用中不要任意拧动。

图23-34所示为东风EQ1090E型汽车的并列双腔膜片式制动阀。当驾驶员踩下制动踏板时，通过拉杆使拉臂1绕轴28转动。拉臂的一端压下平衡弹簧上座2，并经平衡弹簧3、弹簧下座5、钢球6、推杆8和钢球10使平衡臂9下移。平衡臂的两端推动两腔内的膜片下凹，并经芯管16，首先将排气阀座F关闭，继而打开进气阀座G。此时储气筒中的压缩空气经进气阀座G充入制动气室，推动制动气室膜片使制动凸轮转动以实现车轮制动。

由前、后制动储气筒来的压缩空气经进气口A_1、A_2和出气口B_1、B_2充入前、后制动气室的同时，还经节流孔D进入膜片的下腔推动两腔的芯管16上移，促使平衡臂9等零件向上压缩平衡弹簧3，此时阀门18将进气阀座G和排气阀座F同时关闭，制动阀处于平衡状态，压缩空气保留在制动气室中。当驾驶员感到制动强度不足时，可继续下踩制动踏板到某一位置，制动气室进气量增多，气压升高。当气压升高到一定值，进、排气阀座又同时关闭，此时制动阀又处于新的平衡状态。

当放松制动踏板时，拉臂1回行，平衡弹簧伸张，压力减小，则膜片14在复位弹簧15的作

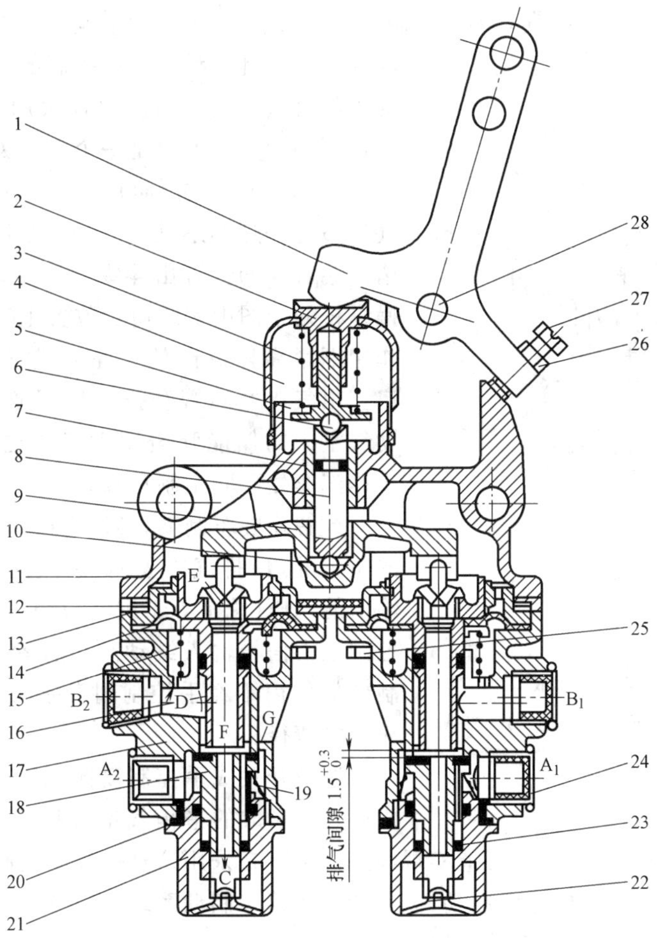

图 23-34　东风 EQ1090E 型汽车制动阀

1—拉臂　2—平衡弹簧上座　3—平衡弹簧　4—防尘罩　5—平衡弹簧下座　6—钢球　7、12、23、24—密封圈　8—推杆　9—平衡臂　10—钢球　11—上体　13—钢垫　14—膜片　15—膜片复位弹簧　16—芯管　17—下体　18—阀门　19—阀门复位弹簧　20—密封垫　21—阀门导向座　22—防尘堵片　25—防尘堵塞(运输及储存时用)　26—锁紧螺母　27—调整螺钉　28—拉臂轴

A_1—进气口(通前制动储气筒)　A_2—进气口(通后制动储气筒)　B_1—出气口(通前制动气室及挂车空气管)　B_2—出气口(通后制动气室)　C—下部排气口　D—节流孔　E—上部排气口　F—排气阀座　G—进气阀座

用下上凸，并带动芯管 16 等零件上移，排气阀座 F 被打开，制动气室及制动管路内的压缩空气经芯管 16 内孔道上部的排气口 E、阀门 18 内孔道及下部排气口 C 排出。当踏板放松到某一位置不动时，在平衡弹簧 3 的作用下，阀门 18 又将进气阀座 G 和排气阀座 F 同时关闭，制动阀又处于新的平衡状态。当制动踏板完全放松时，制动作用完全解除。

由此可知，制动阀之所以能起到随动作用，保证制动的渐进性，主要是因为推杆与芯管之间是依靠平衡弹簧来传力的，而平衡弹簧的工作长度和作用力则随自制动阀到制动气室的促动管路压力而变化。故只要自踏板传到推杆的力大于平衡弹簧预紧力，不论踏板停留在哪个工作位置，制动阀都能自动达到并保持以进气阀和排气阀二者都关闭为特征的平衡状态。这也是现有的各种动力制动系统和伺服制动系统中的控制阀等随动装置的基本工作原理。

（2）手控制动阀

手控制动阀可用以控制汽车的驻车制动和第二制动（或应急制动），以及挂车的驻车制动。因为对驻车制动没有渐进控制的要求（过去对应急制动也没有这个要求），所以仅仅用以控制驻车制动的手控制动阀实际上只是一个气开关。

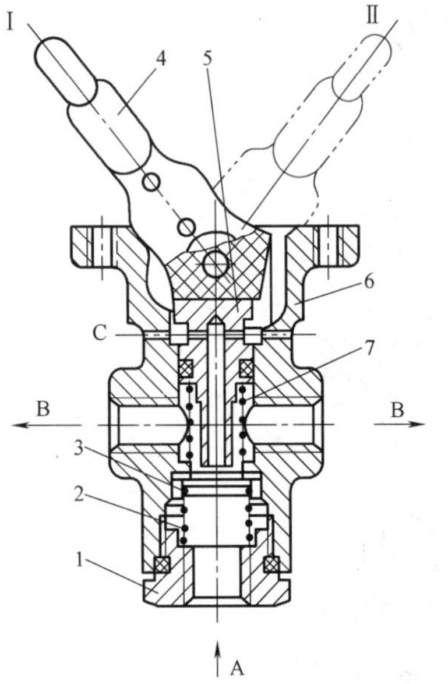

图 23-35 手动控制阀

1—螺塞 2—阀门弹簧 3—阀门 4—操纵杆 5—芯管 6—阀体 7—芯管弹簧 A—进气口 B—出气口 C—排气口

图 23-35 中，进气口 A 通驻车制动储气筒；两出气口 B 之一通向继动阀。另一个出气口不用，可以封堵。芯管 5 的位置由操纵杆 4 下端的凸轮控制。当操纵杆处于图中实线所示位置Ⅰ时，芯管在弹簧 7 的作用下紧靠操纵凸轮。此时进气阀关闭，排气阀开启。出气口经芯管和排气口 C 通大气，同时复合制动气室中的储能弹簧制动气室也经继动阀通大气。于是汽车处于驻车制动状态。

欲解除驻车制动，必须将操作杆扳至假想线所示的位置Ⅱ，使排气阀关闭，进气阀开启。由出气口 B 输出的气压（总是等于进气口 A 的输入气压）便作为控制压力信号输入继动阀。后者便开放一条由驻车制动储气筒不经手控制阀直接向储能弹簧制动气室充气的捷径。

这种开关式手控制动阀没有平衡弹簧和由膜片或活塞所形成的平衡气室，因而不可能保持一个进、排气阀都关闭的平衡状态，即不可能实现渐进制动。在采用这种手控制动阀的情况下，储能弹簧制动气室也能用于临时的应急制动，但不能用于第二制动系统，因为第二制动系统同行车制动系统一样，必须能起渐进制动的作用。

（3）快放阀与继动阀（加速阀）

储气筒和制动气室二者一般只通过制动阀（含手控制动阀，下同）用管路连接。这样，储气筒向制动气室充气以及制动气室内压缩空气排入大气，都必须迂回流经制动阀。在储气筒、制动气室都与制动阀相距较远的情况下，这种迂回充气和排气将导致制动和解除制动的滞后时间过长，不利于汽车的及时制动和制动过后的及时加速。

在制动阀到制动气室的管路上靠近制动气室处，设置如图 23-36 所示的快放阀，可以保证解除制动时制动气室迅速排气。快放阀的进口 A 通制动阀，两出气口 B 可分别通向左、右两侧制动气室。制动时，由制动阀输送过来的压缩空气自进气口 A 流入，将阀门 4 推离进气阀座，进而使之压靠阀盖内端的排气阀座，然后自出气口 B 流向制动气室。此时，快放阀的作用有如一个三通管接头。解除制动时，进气口 A 经制动阀通大气，阀门在弹簧 3 作用下回位（即关闭进气阀），制动气室内的压缩空气即就近经排气口 C 排入大气，而无须迂回流经制动阀。

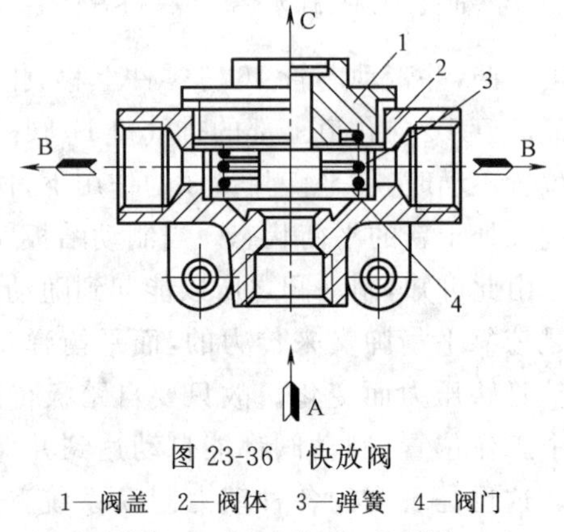

图 23-36 快放阀

1—阀盖 2—阀体 3—弹簧 4—阀门 A—进气口 B—出气口 C—排气口

继动阀的作用也是使压缩空气不流经制动阀而直接充入制动气室，以缩短供气路线，减少制动滞后时间。图 23-37 所示为一般形式的膜片式继动阀。在一般情况下，进气口 A 直接通储气筒；出气口 B 通向制动气室；孔口 C 则与制动阀的出气口相通。当孔口 C 处于大气压力下时，芯管 5 在自身重力作用下压靠阀门 3，同时阀门也在弹簧 4 的作用下压靠阀体 1 上的阀座。这意味着继动阀的进气阀和排气阀都关闭。踩下制动踏板时，制动阀的输出气压作为继动阀的控制压力自孔口 C 输入。膜片 2 在此控制压力作用下连同芯管向下移动，将进气阀推开。于是压缩空气便由储气筒直接通过进气口 A 和出气口 B 充入制动气室，而无须流经制动阀。这就大大缩短了制动气室的充气管路，加速了气室充气过程。因此，过去多将用在这种场合的继动阀称为加速阀。

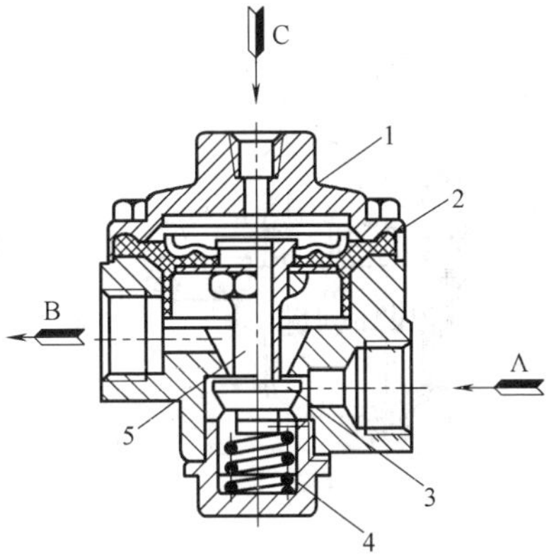

图 23-37　继动阀(加速阀)

1—阀体　2—膜片　3—阀门　4—弹簧　5—芯管

A—进气口　B—出气口　C—控制气压输入口

孔口 C 处的控制压力撤除后，膜片在下方气压作用下向上拱曲，使排气阀开启。于是制动气室中的压缩空气便经芯管 5 和孔口 C 流向制动阀，并经制动阀排气口排入大气。

继动阀具有平衡膜片和平衡气室，所以只要输入的控制压力是渐进变化的，则继动阀对本身输出压力的控制也是渐进的。

(四)制动气室

单就气压系统而言，制动气室是执行装置，其作用是将输入的气压能转换成机械能而输出。但从整个制动系统来看，制动气室还是属于传动装置，其输出的机械能还要传到制动凸轮之类的促动装置，使制动器产生制动力矩。

解放 CA1091 型汽车和东风 EQ1090E 型汽车都采用膜片式制动气室。东风 EQ1090E 型汽车的制动气室见图 23-38。夹布层橡胶膜片 1 的周缘用卡箍 7 夹紧在壳体 3 和盖 2 的凸缘之间。盖与膜片之间为工作腔，借橡胶软管与有制动阀接出的钢管连通，膜片右方则通大气。弹簧 4 通过焊接在推杆 5 上的支承盘 10 将膜片推到图示的左极限位置。推杆的外端借连接叉 6 与制动器的制动调整臂相连。

踩下制动踏板时，压缩空气自制动阀充入制动气室工作腔，使膜片向右拱，将推杆推出，使制动调整臂和制动凸轮转动而实现制动。放开制动踏板，工作腔则经由制动阀的排气口通大气。膜片与推杆都在弹簧 4 作用下复位而解除制动。

二、气顶液制动系统与全液压动力制动系统

1. 气顶液制动系统

气压制动系统作为一种动力制动系统，比人力液压制动系统更容易满足在踏板力不过大而踏板行程又不过长的条件下产生较大制动力的要求。但气压系统的工作压力比液压系统的低得多，因而其部件的尺寸和质量都比液压系统的相应部件大得多。例如，液压轮缸可以装在制动器内直接作为制动蹄促动装置，而尺寸很大的制动气室则只能装在制动器外，必须通过制动臂和制动凸轮轴等一系列零件来促动制动蹄，这些零件及其支承座都很笨重，而且属于非簧载质量，有损于汽车行驶的平顺性。其他气压部件，如空压机和储气筒等也都比相应的油泵和

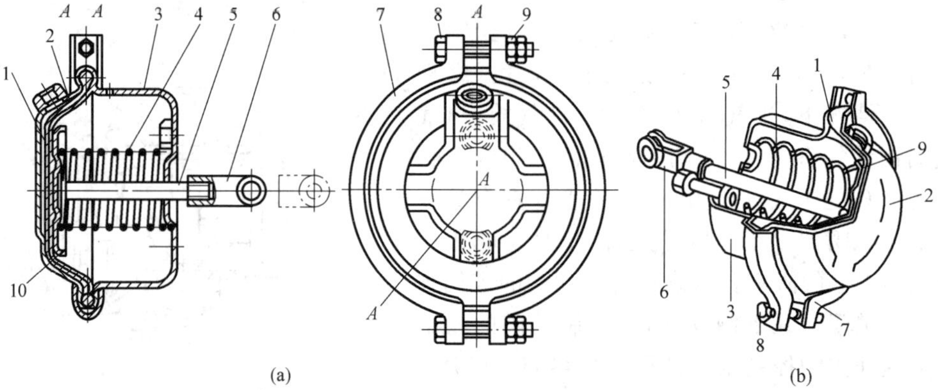

图 23-38 膜片式制动气室

(a)结构图 (b)轴侧图

1—橡胶膜片 2—盖 3—壳体 4—弹簧 5—推杆 6—连接叉 7—卡箍 8 螺栓 9—螺母 10—支承盘

储能器等液压部件更大更重。因此，气压制动系统只宜用于中型以上，特别是重型的货车和客车。此外，在踩下和放开制动踏板时，气压系统中工作压力的建立和撤除，都比液压系统缓慢得多。一般说来气压制动系统的工作滞后时间约 3 倍于液压制动系统。

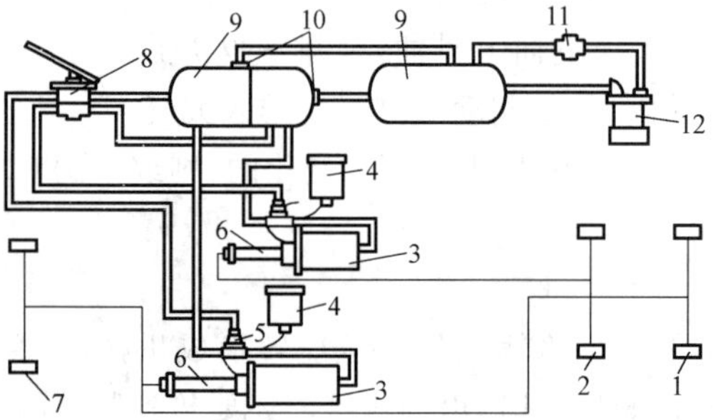

图 23-39 气顶液制动系统

1、2、7—制动轮缸 3—动力气室 4—贮液罐 5—气压继动阀 6—液压主缸 8—串列双腔气制动阀 9—储气罐 10—单向阀 11—气调压阀 12—空压机

为了兼取气压系统和液压系统二者之长，有些重型汽车采用了图 23-39 所示的气顶液式动力制动系统。在图示的双回路制动系统中，供能装置和液压主缸转换为液压能。这样，气压系统可以布置得尽量紧凑些，以缩短管路长度和滞后时间。用液压轮缸作为制动器促动装置大大减少了非簧载质量。

使用气顶液制动系统的汽车用来牵引挂车时，挂车可用气压制动，也可用液压制动。此外，这种气压和液压系统兼备的汽车的各个车桥的制动器有可能分别采用液压促动和气压促动。

2. 全液压动力制动系统

全液压动力制动系统是以储能器储存的液压能或限制液流循环而产生液压作用的动力制动装置。其制动系统的液压系统，同动力转向液压系统一样，也有常压式(闭式)和常流式(开式)两种，二者的制动能源都是汽车发动机驱动的油泵。但目前汽车用的全液压动力制动系统多用常压式，因为设有储能器，可以积蓄液压能，以备在发动机或油泵停止运转，或是泵油管路损坏的情况下，仍能进行若干次完全制动。

图 23-40 所示为一种较简单的全液压双回路动力制动系统。若以之与图 23-28 所示的气压制动系统比较，不难发现，二者的各组成元件在功能上都一一相当。油泵 3 相当于空压机；储能器 5 和 9 相当于储气罐；液压制动阀 10 相当于气压制动阀；盘式制动器 1 和 11 中的油缸(轮缸)相当于制动气室。不过，气压制动系统的传能介质是取之不竭的空气，除了有必要消除排气噪声的情况以外，一般都不设回气管路。液压系统的传能介质是特别的制动液，接触制动时由轮缸经液压制动阀排出的低压油液必须通过回油管加以回收。

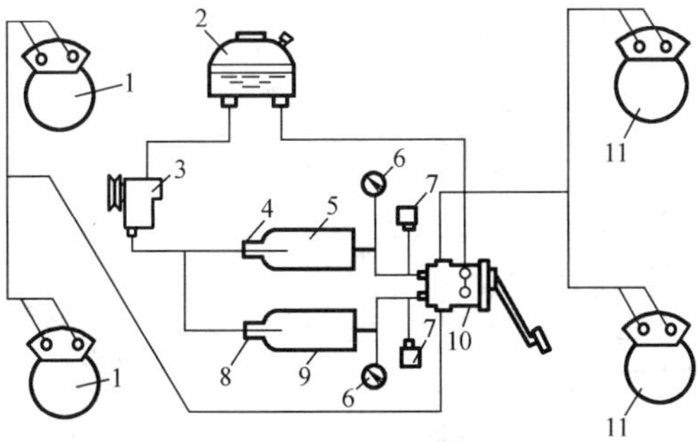

图 23-40 全液压双回路动力制动系统

1—前轮制动器(盘式) 2—贮液罐 3—油泵 4、8—单向阀
5—后轮制动储能器 6—压力表 7—低压报警灯开关
9—前轮制动储能器 10—并列双腔液压制动阀
11—后轮制动器(盘式)

第六节 制动力调节装置

前已述及,制动力 F_B最大值受到轮胎与路面之间附着力 F_μ 的限制。即当 F_B一旦达到 F_μ 时,车轮便停止转动并被抱死。有试验得知,车轮一旦被抱死便会失去抗侧滑的能力,这意味着路面对车轮的侧向反力为零。这样,当前轮(转向轮)制动抱死滑移而后轮还在滚动,此时,则汽车不可能在制动过程中转向。因为保证汽车转向的力只能是路面对偏转了一定角度的转向轮的侧向反力,所以转向轮一旦滑移而丧失侧向附着,转向即不可能进行。如果后轮制动到抱死滑移,而前轮还在滚动,则汽车在制动过程中,即使受到不大的侧向干扰力(例如侧向风力、路面凸起对车轮侧面的冲击力等),也会绕其垂直轴线旋转(甩尾),严重时甚至会转过 180°左右(掉头)。无论是前轮还是后轮单独滑移,都极易造成车祸,尤其是因后轮单独滑移而发生甩尾现象所造成的交通安全事故更多,其后果也更为严重。所以应当尽量避免制动时后轮先抱死滑移。

要使汽车能得到尽可能大的总制动力,又能保证制动时的行驶方向稳定性(既不丧失转向操作性,又不甩尾),就必须将制动系统设计得能够将前、后车轮制动到同步滑移。其同步的条件是前、后车轮制动力之比等于前、后车轮对路面垂直载荷之比。但在制动过程中,随着装载量的不同和汽车制动时减速度引起载荷的转移不同,汽车前、后车轮的实际垂直载荷比是变化的。另外,轮胎气压、胎面花纹磨损状况不同而使前、后车轮的附着系数也不同,因此很难使汽车前、后轮都获得最理想的制动力。在一些汽车上,主要是采用各种压力调节装置来调节前、后轮制动器的输入压力,以改变前、后轮制动力分配,使之接近理想分配以获得尽可能高的制动性能。

一、限压阀

限压阀(图 23-41a)装于制动主缸与后轮制动器的油路中或装在制动阀与后制动气室之间的气路中,其作用是当前、后促动管路的液压或气压 P_1、P_2 由零同步增长到一定值后,即自动将 P_2 限定在该值不变。其静特性如图 23-4b 上的折线 OAB 所示。图中的曲线 1 与 2,分别为汽车满、空载时的理想的前、后制动管路压力分配特性曲线,图中拐点压力 P_s 为限压压力。

限压阀的滑阀平时在弹簧力的作用下保持开启状态,由制动主缸来的液压或由制动阀来的气压以与前制动管路压力 P_1 相等的压力输入限压阀,通过开启着的滑阀输往后制动轮缸

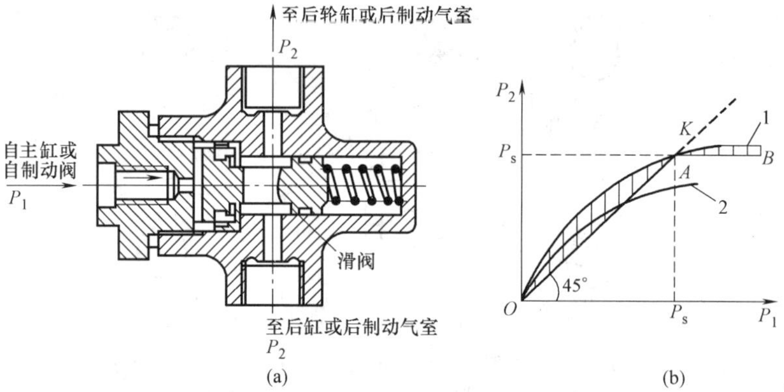

图 23-41 限压阀及其静特性

(a)结构 (b)静特性

1—满载理想特性 2—空载理想特性

或后制动气室。设输出压力为 P_2，则此时 $P_2=P_1$。输入压力 P_1 同时也作用于滑阀，当 P_1 升至某一定值 P_s时，其对滑阀的作用力克服弹簧的预紧力并压缩弹簧，使滑阀将限压阀的入口关闭，切断了制动主缸与后轮缸或制动阀与后制动气室的通路。此后，前制动管路液压或气压 P_1 即使继续升高，后制动管路液压或气压 P_2 仍保持为上述定值 P_s不变，使限压阀的静特性线接近于理想特性曲线的 OAB 折线。图中与坐标轴成 45°夹角的直线 OK 为不用制动力分配调节装置时的实际制动管路液压或气压分配静特性线。采用限压阀后，在理想特性曲线与实际特性曲线之间的阴影区域均为前轮先抱死的区域。实际特性线的 OA 段与不带限压阀时的相同。A 点以后的 AB 段与理想特性线越接近，则附着系数利用率越高。

由于这种限压阀的弹簧预紧力为定值，因此限压作用起始点 A 的压力 P_s也是恒定的。这对于满载与空载理想特性曲线 1、2 相距较远的载货汽车不利。而感载限压阀(图 23-42)的限压作用起始点压力 P_s 能随汽车实际装载情况的变化而自动改变。这是因为引进了悬架静挠度值作为控制参数，使滑阀弹簧的推力 Q 随汽车装载情况的不同而变化所致。

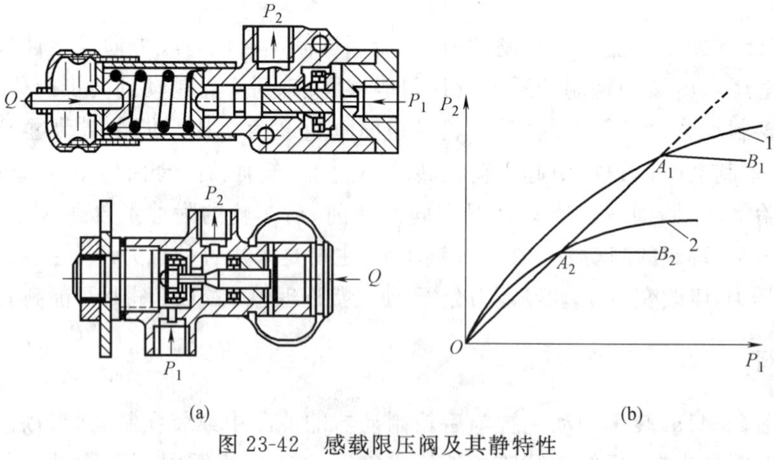

图 23-42 感载限压阀及其静特性

(a)结构图 (b)静特性

1—满载理想特性 2—空载理想特性

二、比例阀

比例阀(亦称 P 阀)也是串联于液压或气压制动回路的后促动管路中的。

比例阀与限压阀的区别在于，在其进入工作后，当制动主缸或制动阀出口及前制动管路压力 P_1 继续增大时，后制动管路压力 P_2 亦随之增大，但其增量小于 P_1 的增量。比例阀也有非感载式和感载式两种，它们的静特性如图 23-43 所示。如果合理地选择有关参数，可使其特性曲线接近于理想分配曲线。

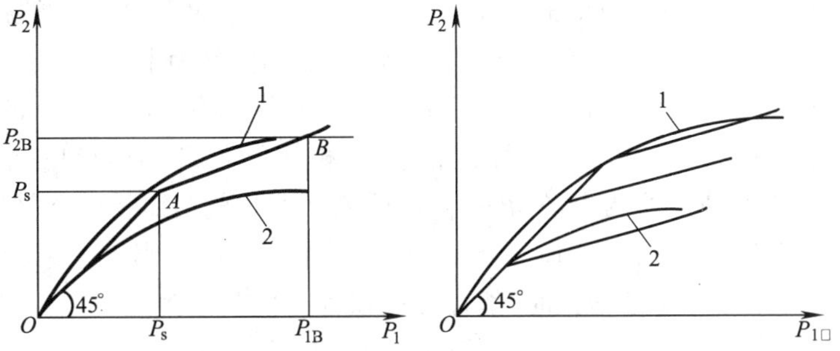

图 23-43　比例阀的静特性

1—满载理想特性　2—空载理想特性

理想的制动力分配曲线与汽车的总质量及质心高度有关。因此，对于载荷变化较大的汽车，应采用感载式比例阀进行调整，使阀的工作特性更接近于理想分配曲线。而对于满载和空载时的理想分配曲线非常接近的一些乘用车，采用结构较简单的非感载式比例阀也是可行的。

比例阀一般采用阶梯形滑阀或称差压活塞，其结构如图 23-44 所示。其入口与制动总泵或制动阀出口相连，输入压力 P_1 与前制动轮缸或前制动气室的压力相等；出口与后制动轮缸或后制动气室相接，其输出压力为 P_2。输入压力 P_1 的作用面积 $A_1=\pi(D^2-d^2)/4$，输出压力 P_2 的作用面积 $A_2=\pi D^2/4$。若忽略阀门 2 的弹簧 4 对滑阀的影响，则滑阀上部受液压 P_2 的作用，而底部受液压 P_1 和弹簧 3 的推力的共同作用。

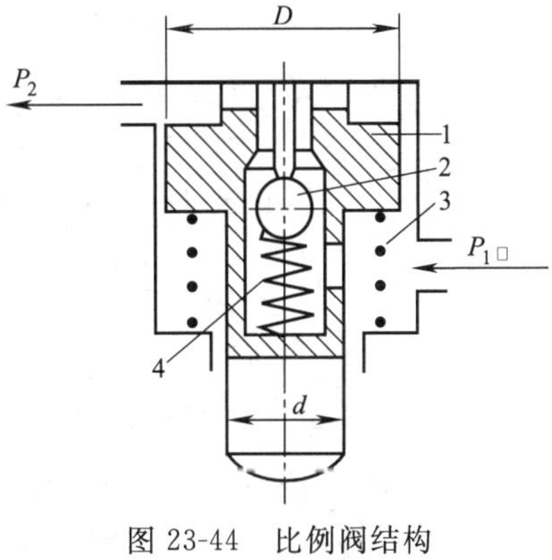

图 23-44　比例阀结构

1—滑阀　2—阀门　3—滑阀弹簧　4—阀门弹簧

三、惯性阀

惯性阀又称为 G 阀，是一种用于液压制动系统的制动力自动调节装置。其特性曲线形状和感载阀的相似，但其调节作用起始点的控制压力值 P_s 取决于汽车制动时作用于汽车重心处的惯性力，即 P_s 不仅与汽车总质量或其装载质量有关，而且与汽车的制动减速度有关。惯性阀亦有惯性限压阀与惯性比例阀之分。

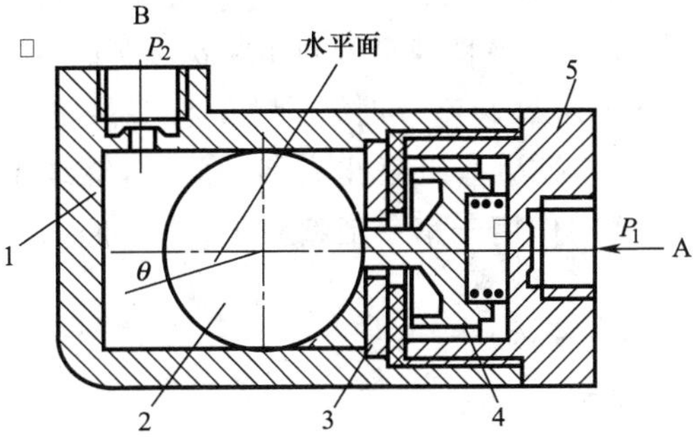

图 23-45　惯性限压阀

1—阀体　2—惯性球　3—阀座　4—阀门　5—阀盖

1. 惯性限压阀

惯性限压阀内有一个作为惯性质量的惯性球 2，该球的支承面相对于水平面的倾角 θ 必须大于零即为仰角，惯性阀方可起作用，如图 23-45 所示。汽车在水平路面上时，θ 应为 $10°\sim13°$。

只要 $\theta>0$，惯性球即在其本身重力作用下处于下极限位置，并将阀门 4 推至与阀盖 5 接触，使阀门 4 与阀座 3 之间保持一定间隙，即阀门开启。此时，进油口 A 即与出油口 B 连通。即限压阀不起限压作用。

当汽车在水平路面上进行制动时，来自制动主缸的制动液即由进液口 A 输入惯性阀，再由出液口 B 进入后促动管路。输出液压 P_2 即等于输入控制液压 P_1。当路面对汽车车轮的制动力使汽车产生减速度时，显然作为汽车上的惯性球也必然有相同的减速度。当控制压力 P_1 较低、减速度较小和惯性球向前的惯性力沿支承面的分力不足以平衡球的重力沿支承面的分力时，阀门会仍然保持开启状态，P_2 也依然与 P_1 相等。当 P_1 增大到一定值 P_s，使制动力和减速度增大到足以实现上述两力平衡时，阀门弹簧便通过阀门将惯性球推向前上方，使阀门压靠阀座，即使阀门关闭，切断液流通路，开始起限压作用。此后当 P_1 继续增大，前轮制动力增大，从而使汽车总制动力继续增大时，惯性球的惯性力使其滚到上极限位置不动。阀门对阀座的压紧力也因 P_1 的增大而加大，而 P_2 仍保持 P_s 值不变。

当汽车在上坡路上制动时，因支承面仰角 θ 增大，使惯性球重力沿支承面的分力亦增大，使惯性阀开始起作用所需的控制压力值 P_s 亦更大。这正与汽车上坡时后轮附着力加大相适应。当汽车在下坡路上制动时，后轮附着力减小，惯性阀所限定的 P_2 值也正好会相应减小。

2. 惯性比例阀

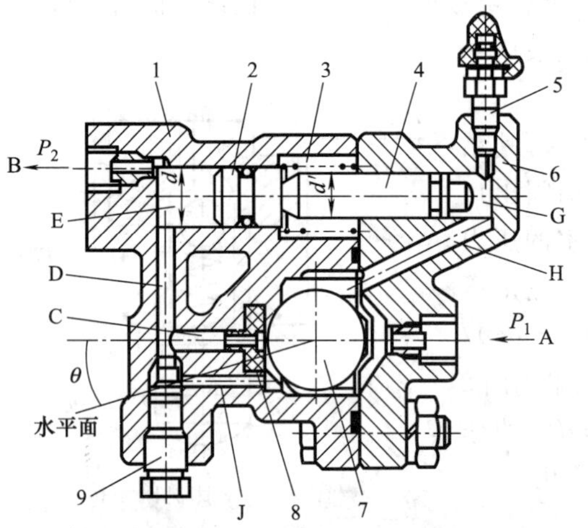

图 23-46 惯性比例阀

1—前阀体 2—第一活塞 3—弹簧 4—第二活塞 5—放气阀 6—阀体 7—惯性球 8—阀座 9—旁通锥阀

A—进油口 B—出油口 C、D、H—油道 E、G—油腔

惯性比例阀的结构实例如图 23-46 所示。惯性球 7 的前方为阀座 8，惯性球亦兼作阀门。阀体 1 与 6 的上腔为两个同心但直径不等的油腔 E 与 G。与出油口 B 连通而具有较大直径 d 的 E 腔中的第一活塞 2，同通过油道 H 与进油口 A 连通且具有较小直径 d' 的 G 腔中的第二活塞 4 组成差径活塞组。在输入压力 P_1 和输出压力 P_2 同步增长的初始阶段，惯性球保持在后极限位置不动，进油口 A 与出油道 C、D 相通，故 $P_2=P_1$。此时，差径活塞组两端的液压作用力不等，其差值由弹簧 3 平衡。当该力大于弹簧预紧力时，差径活塞组便进一步压缩弹簧 3 而右移。当 P_1、P_2 同步增长到同一定值 P_s，惯性球沿倾斜角为 θ 的支承面向上滚到压靠阀座 8 时，油腔 E 与 G 便相互隔绝，差径活塞组停止右移。此后，继续增大的输入压力 P_1 对第二活塞 4 的作用力与弹簧力 F 之和作用于第一活塞 2 上，使 E 腔内的压力亦随之增大，此时，P_1 与 P_2 之间的关系式为

$$P_2=(\frac{d'}{d})^2\cdot P_1+\frac{4F}{\pi d^2}$$

由上式可知，在惯性比例阀起作用之后，输出压力 P_2 的增量与输入压力 P_1 的增量之比值等于 $(d'/d)^2$，小于 1。

汽车装载的不同也使其总质量不同。在总质量不同的情况下，当总制动力相同时，重载汽

车的减速度比空载汽车的减速度要小。而同一惯性阀的倾角 θ 是一定的，即开始起作用的减速度值也一定（当在水平位置时）。因此，满载汽车的相应于调节作用起始点的控制压力值 P_s 比空载汽车的相应压力要大。即调节作用起始点的控制压力随载重而变化，汽车载重越大，其调节作用起始点的控制压力也越大，即调节作用起始点的控制压力 P_s 与汽车总质量成正比。现可证明如下。

设惯性球的质量为 m，汽车制动减速度为 j，重力加速度为 g，球的支承面相对于水平面的仰角为 θ，则惯性球的重力沿支承面的分力为 $mg\sin\theta$，球的惯性力沿支承面的分力为 $mj\cos\theta$，则惯性阀开始起作用时的汽车减速度 j_s 可由上述二分力相等的条件求得。汽车装载的不同也使其总质量不同。在总质量不同的情况下，当总制动力相同时，重载汽车的减速度比空载汽车的减速度要小。而同一惯性阀的倾角 θ 是一定的，即开始起作用的减速度值也一定（当在水平位置时）。因此，满载汽车的相应于调节作用起始点的控制压力值 P_s 比空载汽车的相应压力要大。即调节作用起始点的控制压力随载重而变化，汽车载重越大，其调节作用起始点的控制压力也越大，即调节作用起始点的控制压力 P_s 与汽车总质量成正比。

一般在水平路面上使 $\theta=10°\sim13°$。汽车上坡制动时，惯性阀将在 P_1 值更大时方起作用（即 P_s 值升高），而在 $\tan\theta\geqslant cP_{1\max}/G_a$ 时惯性阀将完全不起作用。这是与上坡时后轴载荷增大相适应的。反之，当下坡制动时，P_s 值则减小。当下坡路的坡度正好等于 $\tan\theta_0$，即 $\theta=0°$ 时，$P_s=0$，这意味着惯性阀在任何制动强度下均处于工作状态。

惯性阀实质上也是一种感载式限压阀或比例阀。其特点仅在于惯性阀是通过汽车减速度而不是通过后悬架挠度来感载的，故其结构简单，既可用于调节单个轴上的制动力，也便于调节整个汽车的总制动力。某些具有抗点头性悬架的汽车采用惯性阀作为制动力调节装置可能更为适宜。

当在某种情况下无需惯性比例阀起作用时，可将旁通锥阀 9 旋出，使旁通油道 H 与出油道 D 相通，如图 23-46 所示。这样，阀门即被短路，差径活塞亦失效。

第七节　防抱死制动系统（ABS）

车轮防抱死制动系统简称 ABS（Antilock Braking System），是基于汽车轮胎与路面之间的附着特性而开发的高技术制动系统。它从防止汽车在应急制动过程中特别是在湿滑路面上车轮“抱死”而出现侧滑的要求出发，来达到提高汽车行驶稳定性和方向操纵性为目的的主动安全性装置。这里所谓的车轮“抱死”是指制动时车轮被抱住并停止转动，而车辆因惯性仍在路面上滑移这一现象。

安装车轮防抱死制动装置的汽车，在正常的制动条件下，司机可照常操纵制动器。然而在湿滑的路面上或应急制动时，当司机操纵制动器引起车轮趋于抱死时，车轮防抱死制动系统便开始起作用，该系统独立地调节车轮的制动力，防止车轮抱死，而与司机踩制动踏板的力无关。

通常，车轮防抱死制动系统应达到下述要求：

（1）在所有的制动、载荷和路面条件下，均能防止车轮抱死；

（2）使汽车具有最小的制动距离；

（3）保持汽车的行驶稳定性以及转向能力和可操纵性。

在干燥路面上使用车轮防抱死制动装置的试验表明，在某些情况下，制动距离会略有增加；而在其他情况下，制动距离又略有减少。但是，车轮防抱死制动系统的主要作用是改善汽车制动时的行驶稳定性，防止汽车侧滑以及转向的可操纵性。

除 ABS 外，还有驱动过程中防止驱动车轮滑转的控制系统（Acceleration Slip Regulation，ASR），因其是通过牵引力控制来实现驱动车轮滑转控制，又称为牵引力控制系统（Traction Control System，TCS）。现代高级乘用车一般将 ABS 和 TCS 结合为一体，组成汽车的统一的防滑控制系统。

一、ABS 基本原理和理想的制动控制过程

对汽车制动性能的要求可概括如下：

(1)汽车在任一行驶速度下，均能以适当的制动减速度使汽车平稳减速至期望值；

(2)在应急制动（包括直线制动和转弯制动）工况下，均能以尽可能短的制动距离停车，且在制动过程中汽车不得发生侧滑甩尾，并具有转向能力；

(3)在正常的行车路面上（包括有一定坡度的路面上）能平稳驻车。

防抱死制动系统（ABS）正是为适应应急制动工况而开发的有效技术装置。它所依据的基本工作原理如下。

1. 附着系数与滑移率特性

汽车在行驶过程中，车轮在路面上的纵向运动可有滚动与滑动两种形式，车轮相对于路面的滑动又可分为滑移与滑转两种形式。实验表明，当轮胎在路面上滑移时，将改变轮胎与路面间的附着系数，因而也改变了汽车的制动力。在各路面上附着系数 φ 与滑移率 λ 之间的关系如图 23-47 所示。滑移率 λ 定义为车速与轮速之差对车速的百分比，即

$$\lambda=\frac{v-\omega r_r}{v}\times 100\%$$

式中　v——汽车车速(m/s)；ω——车轮角速度(rad/s)；r_r——车轮滚动半径(m)。

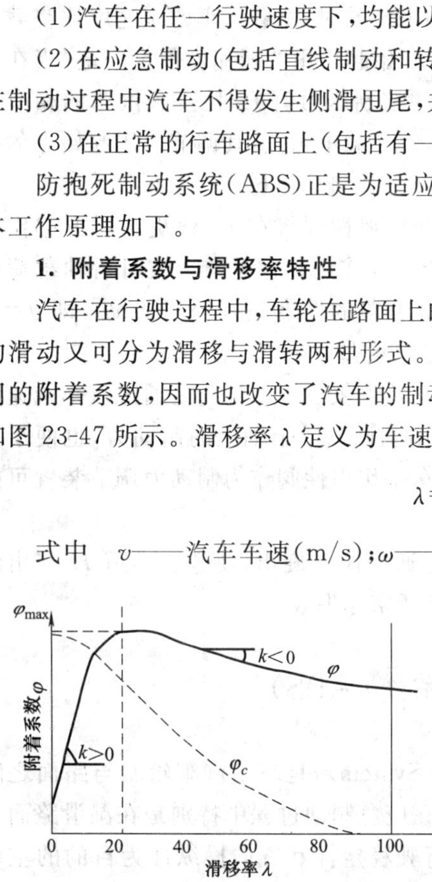

图 23-47　附着系数与滑移率特性

滑移率反映了车轮在制动过程中的滑移程度，$\lambda=0$ 时车轮处于纯滚动状态；$\lambda=100\%$时，车轮处于纯滑动状态，即车轮抱死。

由图 23-47 给出的试验曲线可知，当汽车车轮的滑移率 λ 为 15%～20%时，轮胎与路面间有最大的纵向附着系数 φ，这时的侧向附着系数 φ_c 也较大。在峰值 φ_{max} 下的滑移率左侧，φ 随 λ 作近似线性增长。即在这一区段，路面附着力能随汽车制动力矩的增大而提供足够的地面制动力（矩）。并且，此时的侧向附着系数 φ_c 也较大，具有足够的抗侧滑能力，故一般称为稳定区。在峰值 φ_{max} 下，由于附着系数 φ 随滑移率 λ 以负斜率($k<0$)变化，即随着作用于车轮制动力矩的继续增大，地面制动力（矩）反而在逐渐减小。此差值的急剧扩大，意味着车轮的旋转将迅速减速而趋向停转，即“抱死”。值得注意的是：从峰值 φ_{max} 下的滑移率 λ 增大到 100%几乎是瞬间完成的，约为 0.1s。当滑移率 λ 达到 100%时，纵向附着系数 φ 降低 1/3～1/4，而侧向附着系数 φ_c 则降至接近于零。这样，不但将增大汽车的停车制动距离，并使车辆丧失了抗侧滑能力，故一般称为不稳定区。

显然，为了使应急制动具有最大的制动效能，应充分利用峰值附着系数 φ_{max}，以产生最大的制动减速度。但由于控制过程存在迟滞效应，故应急制动过程应循环工作于峰值附着系数

φ_{max}左右侧附近的稳定区和不稳定区之间，以获得最大的制动力以及较大的抗侧滑能力。

由此可知，根据图 23-47 所示的 φ 附着特性，可用滑移率 λ 作为参数调节制动压力，以控制车轮转速，达到防抱死制动的目的。采用制动防抱死装置(ABS)即可满足这一要求。ABS 通过控制制动管路中的压力，使车轮滑移率 λ 保持在一定范围内，通常为 20%左右。此时，轮胎纵向附着系数达到最大，制动效果也最好。

2. 汽车制动与车轮的旋转

汽车制动时，影响车轮旋转的主要因素是制动力矩及车轮转矩。所谓的车轮转矩就是作用于轮胎和地面间的地面摩擦力，即地面制动力使车轮向制动力矩相反方向旋转的力矩。

显然，车轮滚动时的地面制动力就等于制动器制动力，且随踏板力的增长成正比地增长。但地面制动力是滑动摩擦的约束反力，其值不能超过附着力，最大地面制动力 F_B 等于附着力 F_φ，即最大车轮转矩等于附着力矩 T_φ。

制动力矩与车轮转矩的大小决定了车轮的两种旋转状态：

(1)当制动力矩大于车轮转矩时，轮速降低，车轮减速度与制动力矩和车轮转矩之差成正比；

(2)当制动力矩小于车轮转矩时，轮速增高，车轮加速度与车轮转矩和制动力矩之差成正比。

汽车作应急制动时，车轮的运动状态和抱死过程如图 23-48 所示，其特点如下：

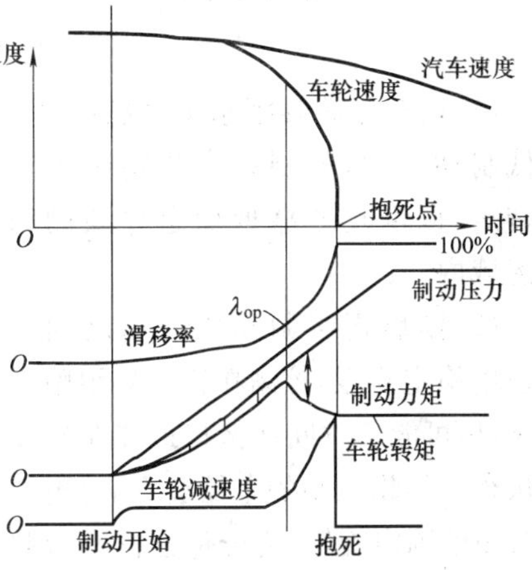

图 23-48 车轮抱死过程

(1)在达到峰值 φ 下的滑移率 λ_{op} 以前，地面附着力矩或车轮转矩与制动力矩同步增长。此时，车轮减速度与制动力矩的增长速度成正比，车轮稳定旋转。

(2)当继续增大制动力矩，使滑移率超过峰值 φ 下的滑移率 λ_{op} 后，因附着系数 φ 下降，地面附着力矩与制动力矩之差值急剧增大，轮速急速减小，车轮减速度以较大的斜率上升。由于此阶段的轮速对制动力矩很敏感，故控制的实时性和正确性将降低，车轮极易抱死。由此可知，车轮运动参数中的峰值 φ 下的滑移率 λ_{op} 和车轮圆周加速度 a(以下简称车轮加速度)比较明确、清晰地描述了车轮抱死的趋势和过程。

根据上述情况，可以得出如下结论：

(1)在滑移率达到 λ_{op} 之前，能够通过制动力矩即通过制动压力来控制车轮稳定旋转。当滑移率 $\lambda > \lambda_{op}$ 之后，车轮转速对制动力矩很敏感，不能通过制动压力控制车轮的旋转，车轮很容易被抱死。

(2)若将制动过程的滑移率 λ 控制在 λ_{op} 处，则 φ 可保持最大值，制动距离可缩短。因为当汽车开始制动的初速度为 v_{a0} 时，制动距离为：

$$S_b = \frac{v_{a0}}{2\varphi g}$$

式中 g——重力加速度。

(3)如图 23-47 所示，若滑移率 λ 保持在 λ_{op} 处，则侧向附着系数亦可保持较大的值，确保汽车的方向稳定性和操纵性。如图 23-48 所示，当滑移率超过 λ_{op} 时车轮就很容易被抱死。故将 $0 \leqslant \lambda \leqslant \lambda_{op}$ 称为稳定区域，将 $\lambda_{op} < \lambda \leqslant 100(\%)$ 称为非稳定区。实际上，试验表明，当 λ 超过

λ_{op}后车轮会立即抱死，故采集 $\lambda_{op}<\lambda\leqslant100(\%)$这一非稳定区间的数据是很困难的。

3. 理想的制动控制过程

由上述事实可以看出，理想的制动控制过程如图 23-49 所示：制动开始时让制动压力骤升，使滑移率 λ 达到 λ_{op} 的时间即达到最大附着系数 φ_{max} 的时间 T 最小，当 $T=0$ 时，制动距离最短。这种制动控制称为最佳控制。

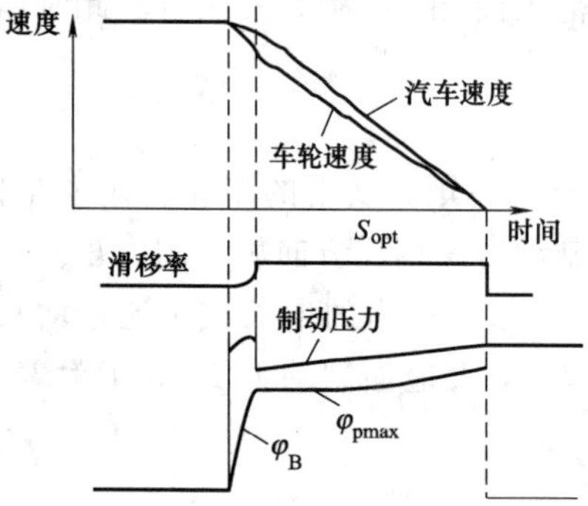

图 23-49 理想的制动控制过程

但普通轮胎与路面的附着系数 φ_{max} 随路面的不同变化范围很大，在结冰的道路上约为 0.1，在干混凝土路面上为 0.8。在变化范围如此大的道路条件下行驶，要得到理想制动过程单靠人为控制是不可能的。采用车轮防抱死制动系统则可最大限度地发挥机电一体化的优势，使实际制动控制过程接近于理想制动控制过程成为可能。ABS 是能够自动重复如下动作的理想制动控制装置，如图 23-50 所示，其控制过程如下所述。

（1）当车轮旋转刚刚超过稳定界限即由稳定区域进入非稳定区域时，对车轮迅速而适当地降低制动压力，使制动力矩略小于车轮转矩，以恢复至靠近稳定界限的稳定区域内。

（2）随后再将制动压力提高到稍微超出稳定界限，控制在稳定界限附近工作，尽可能长时间地保持最佳车轮旋转状态。如此控制的车轮能在 λ_{op} 附近的狭小范围内旋转，充分保证汽车行驶的操纵性和方向稳定性，并可获得最短的制动距离。

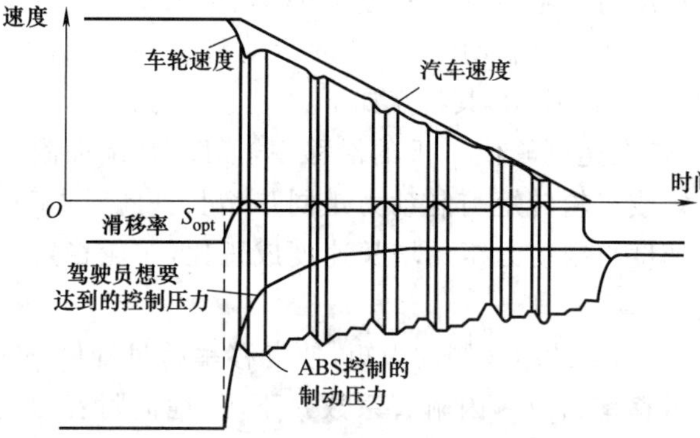

图 23-50 ABS 的理想制动控制过程

二、ABS 的结构组成

ABS 一般由轮速传感器、电子控制器（ECU）和电磁调节阀（液压电磁调节阀或气压电磁调节阀）3 部分组成，如图 23-51 所示。

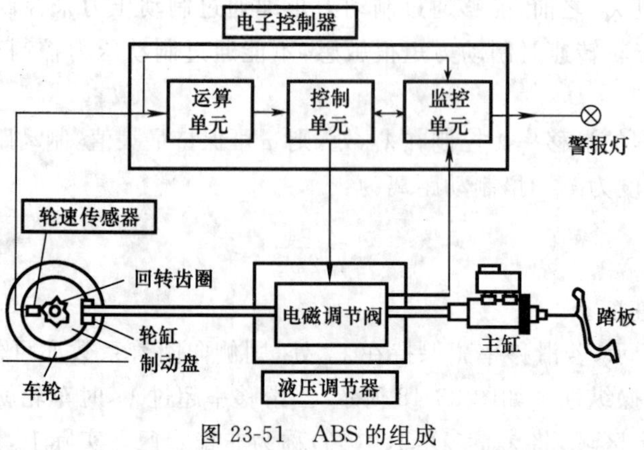

图 23-51 ABS 的组成

1. 轮速传感器

轮速传感器的组成及工作原理如图 23-52 所示，它由永久磁铁、磁极、线圈及齿圈组成。齿圈安装在车轮或车轴处并与车轮或车轴一起转动。轮速传感器固定于制动底板或转向节支架上，以间隙方式对准齿圈，它相对于车轮和驱动轴静止不动。当齿圈转动时，轮速传感器可以测出与车轮或驱动轴共同旋转的齿圈转过的齿数，产生与车轮转速成正比的交流感应信号，并将该信号输送给电子控制器。

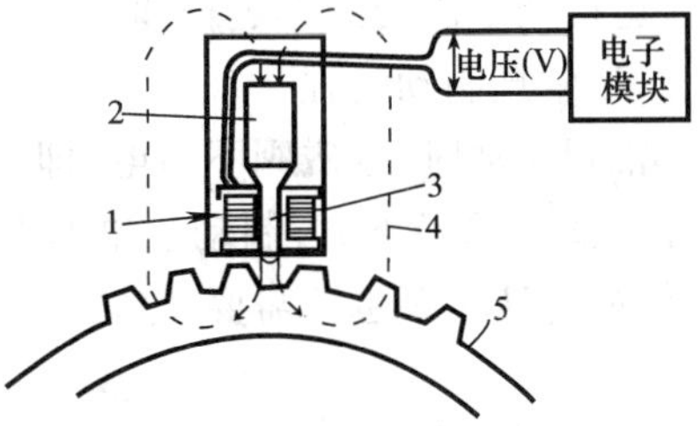

图 23-52 轮速轮感器的组成及工作原理

1—线圈 2—磁铁 3—磁极

4—磁通 5—齿圈

2. 电子控制器

电子控制器(ECU)具有运算功能，在接收轮速传感器的交流电压信号后，就可计算出车轮速度、滑移率和车轮的加、减速度。同时，它将运算得到的结果与对应的一组设定值进行比较判断后，对电磁调节阀发出控制指令，以便对制动压力进行调控。此外，电子控制器对其他部件还具有监控功能。当其中有部件发生异常时，指示灯或蜂鸣器便发出警报信号，使整个制动防抱死系统停止工作，并恢复到常规的制动方式。

3. 电磁调节阀

在液压制动系统中，电磁调节阀与液压泵组成液压电磁调节阀，即液压式制动压力调节器，简称为液压调节器，并安装在制动主缸与制动轮缸之间。液压式制动压力调节器接收电子控制器的指令，由电磁调节阀、液压泵和驱动电机直接或间接地控制制动轮缸油压的增减。其中直接控制的制动压力调节器称为循环式调节器，间接控制的制动压力调节器称为可变容积式调节器。

在气压制动系统中，气压电磁调节阀通常也是一个由电磁控制的压力控制阀或称压力调节阀(PCV 阀)、压力调节器。前轮的 PCV 阀设置在快放阀和前轮制动气室之间，后轮的 PCV 阀设置在继动阀和后轮制动气室之间，控制制动气室的压力。

液压制动系统中，循环式制动压力调节器的电磁阀多采用三位三通电磁阀(3/3 电磁阀)。如图 23-53 所示，电磁阀由电磁线圈、固定铁芯和可动铁芯组成。当给电磁线圈通电时，在线圈中心产生磁场。磁场强度与线圈匝数及通电电流之乘积成正比。线圈带有铁心，铁芯就会变成磁力很强的磁铁，产生吸引力。电磁线圈受 ECU 的控制，通过改变通向线圈的电流改变磁场力，可以控制两铁芯之间的吸引力，该力与弹簧力方向相反，从而可控制柱塞的位置。

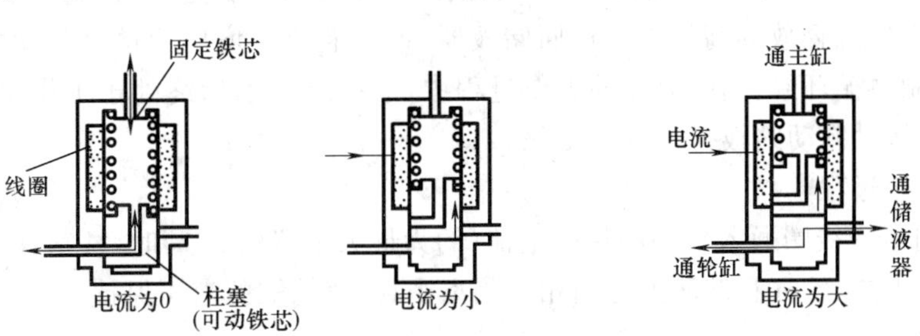

图 23-53 3/3 电磁阀的结构简图与工作原理

电磁线圈流过的电流受 ECU 控制，能使阀处于“升压”、“保压”和“减压”三种位置，此即所谓“三位”；柱塞上设有通向储液器、制动主缸和制动轮缸的 3 个液流通道，即所谓“三通道”。

柱塞位置决定了液流通道的开闭。根据电流的大小,可将柱塞控制在三个位置,改变三个阀口之间的通路。

电磁调节阀的工作过程如下:

(1)常规制动过程

常规制动时,电磁阀不通电,即 ABS 未进入工作状态,柱塞处于如图 23-54a 所示的位置,即处于图示的最下方,制动主缸与制动轮缸油路相通,主缸可随时控制制动油压的增减。这时,电机与液压泵也不需要工作。

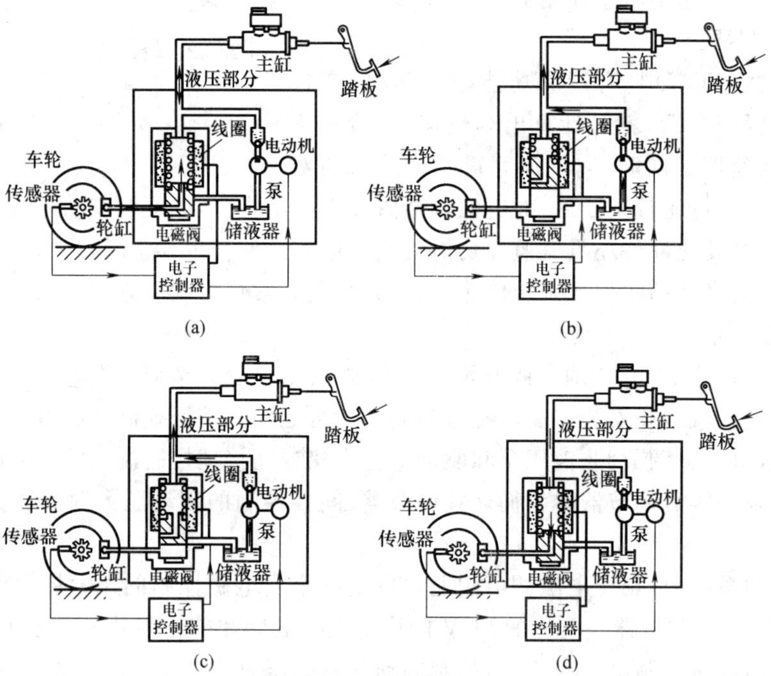

图 23-54 ABS 工作原理

(a)ABS 不工作 (b)减压过程 (c)保压过程 (d)增压过程

(2)轮缸减压过程

当电磁阀输入额定最大电流时,柱塞移至上部电磁线圈内,制动轮缸与储液器接通,制动液回流储液器,制动轮缸减压。与此同时,电机与泵启动工作,将储液器中的低压油加压后输送至制动主缸,为下一个制动周期做好准备,如图 23-54b 所示。这种再循环工作方式的作用是把减压过程中轮缸释放的高压油液送回储液器,再由液压泵增压后送至制动主缸。因此这种液压泵又叫做再循环泵。在 ABS 的工作过程中,液压泵必须始终处于工作状态,这样也可以防止 ABS 工作时制动踏板行程发生变化。

(3)轮缸保压过程

当 ECU 向电磁线圈通入较小的保持电流(约为最大电流的 1/2)时,柱塞移至如图 23-54c 所示位置,此时主缸、轮缸和储液器之间相互隔离密封,使轮缸的液压保持不变。

(4)轮缸增压过程

电磁阀断电后,柱塞在回位弹簧的作用下又回到初始位置,如图 23-54d 所示,主缸与轮缸再次相通。如制动踏板维持压力不变,主缸的高压制动液重新进入轮缸,使轮缸液压回升,车轮又趋于接近抱死状态。

三、ABS在汽车上的配置

所谓ABS的配置，是指汽车车轮或车轴的制动力矩是否直接受控于防抱死制动系统及其控制方式，以及ABS的轮速传感器、电磁调节阀的安装数量及安装部位的配置设计。本章主要介绍液压制动系统汽车的ABS配置形式。

按照轮速传感器的数量和由液压电磁调节阀所形成的液压控制通道的数目来分，ABS的配置有以下几种形式。

1. 四传感器四通道式/四轮独立控制系统

如图23-55所示，此系统具有4个轮速传感器和4个控制通道，对各个车轮进行独立控制。此系统在各种道路条件下均能充分利用路面的附着系数，具有较高的制动效能。这种系统的制动距离和操纵性最好。但在左、右路面不同的情况下，由于作用于前、后、左、右轮上的制动力不同，汽车的偏转力矩较大，方向稳定性不太好。由于后轴侧偏力矩应限制在一定范围之内，需要进行修正控制，增加了软硬件成本，性能价格比有所降低。但对轴距较长、整车绕垂直轴的转动惯量较大的汽车影响较小。因此，四轮独立控制一般只用于高级乘用车。

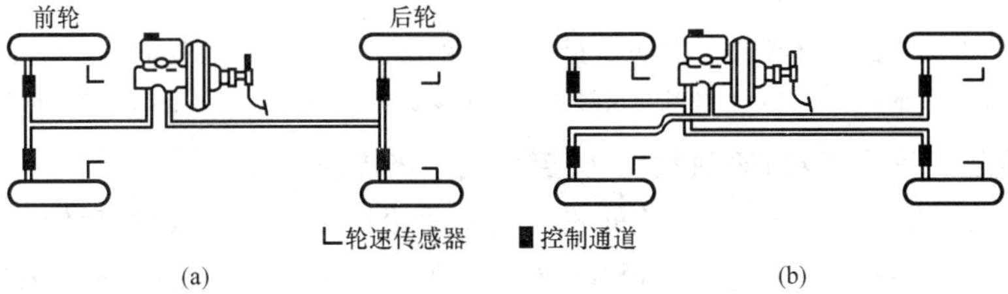

图23-55　四传感器四通道式/四轮独立控制系统
(a)前后制动管路　(b)X形制动管路

2. 四传感器四通道式/前轮独立控制、后轮低选择控制系统

根据两前轮的轮速传感器信号，使两前轮分别作独立控制，而两后轮则按选择方式控制，一般采用低选择，即以易抱死的车轮为标准，给两个后轮施加相等的制动压力，控制车轮转动。此种控制方法用于X形制动管路汽车的ABS控制系统，因为左、右后轮不是同一制动管路，因此需采用四个通道。此种形式的操纵性和稳定性较好，但制动效能稍差。

3. 四传感器三通道式/前轮独立控制、后轮低选择控制系统

该系统用于制动管路前后布置的后轮驱动汽车，如图23-56所示。采用4个轮速传感器，两前轮分别为独立控制，两后轮则为低选择控制，其性能与控制方式2相同，即操纵性和稳定性较好，制动效能稍差。

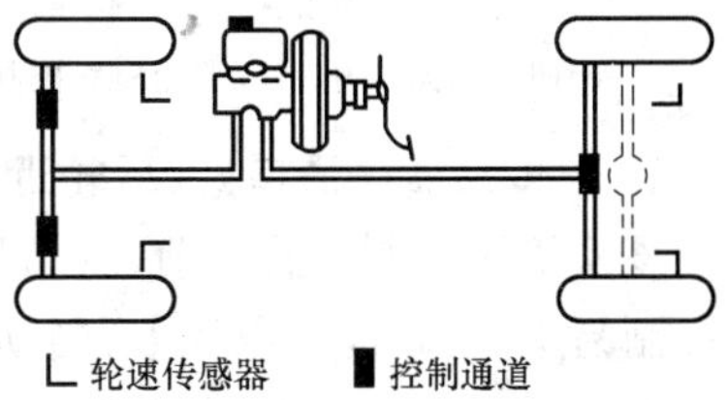

图23-56　四传感器三通道式/前轮独立控制、后轮低选择控制系统

4. 三传感器三通道式/前轮独立控制、后轮低选择控制系统

该系统用于制动管路前后布置的后轮驱动汽车，如图23-57所示。前轮各有1个轮速传感器并各有自己的通道，实现独立控制；而后轮轮速则由装于差速器上的1个测速传感器检测，按低选择的控制方式用1个通道即1条液压管路对后轮进行制动控制。其性能与控制方式与方式3相近。

5. 四传感器二通道式/前轮独立控制系统

这是X形制动管路汽车采用的简易控制系统，如图23-58所示。前轮独立控制，制动液通

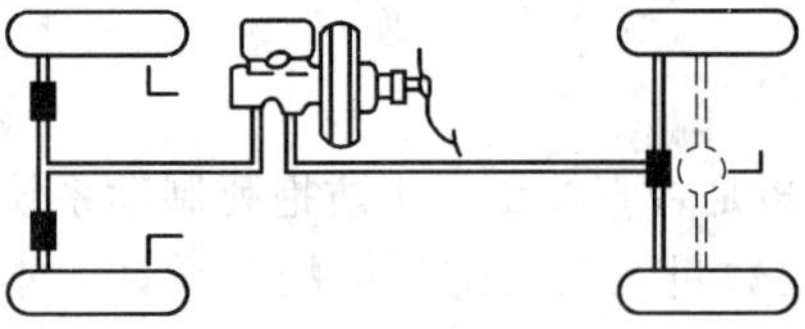

图 23-57 三传感器三通道式/前轮独立控制、后轮低选择控制系统

过减压阀(PC 阀)按一定比例减压后传至对角后轮。这种控制方式的汽车在附着系数左右不对称的路面上制动时,高附着系数路面一侧前轮产生的高压通过管路传至低附着系数另一侧的后轮,该侧后轮则抱死。而低附着系数路面一侧前轮的液压较低,则使高附着系数侧路面的后轮不抱死。这样可提高汽车制动时的方向稳定性,如图 23-58b 所示。但本系统与三通道、四通道的控制系统相比,其后轮制动力稍有不足,制动距离有所加长,但后轮滑移较小,制动稳定性好。

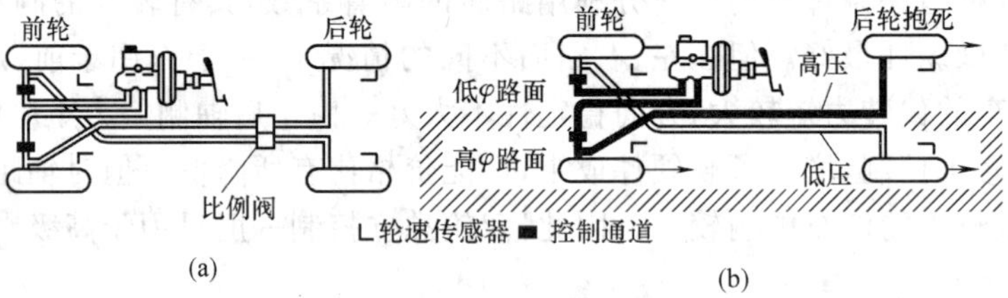

图 23-58 四传感器二通道式/前轮独立控制系统及其在不对称路面的制动情况

(a)四传感器二通道式/前轮独立控制系统 (b)该系统在左右路面 φ 不同时的制动情况

6. 四传感器二通道式/前轮独立控制、后轮低选择控制系统

为了避免出现如图 23-58b 所示的低 φ 一侧的后轮抱死现象,在通往后轮的两通道上增设一个如图 23-59 所示的一个低选择阀(SLV 阀),控制高 φ 侧前轮的高压不直接传至低 φ 侧后轮,而通过低选择阀只升至与低 φ 侧前轮相同的压力,这样即可避免该侧后轮抱死,如图 23-59b 所示。与无选择阀的相比,带低选择阀的系统更接近于三通道甚至四通道的控制效果。

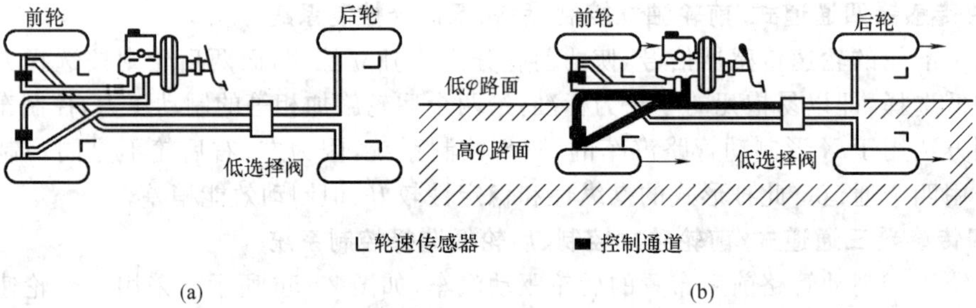

图 23-59 四传感器二通道式/前轮独立控制、后轮低选择控制系统

a)四传感器二通道式/前轮独立控制、后轮低选择控制系统 (b)该系统在左右路面 φ 不同时的制动情况

7. 一传感器一通道式/后轮近似低选择控制系统

该系统用于制动管路前、后布置的汽车,且只对后轮进行控制,如图 23-60 所示。其前轮无控制易抱死,转向操纵性差,制动距离较长,只是在均匀路面上方向稳定性较好。

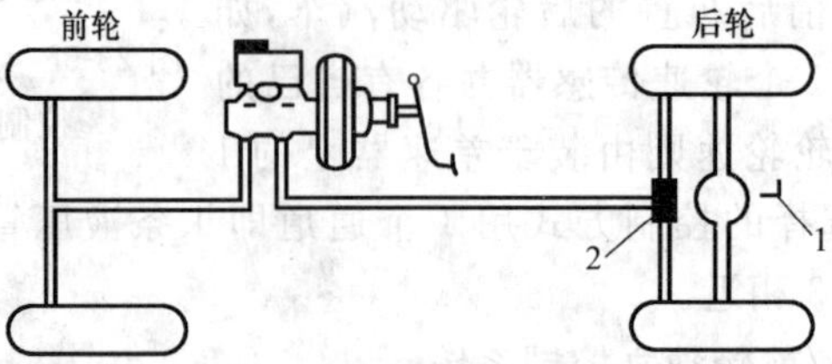

图 23-60 一传感器一通道式/后轮近似低选择控制系统

1—轮速传感器 2—控制通道

思　考　题

1. 试以简图说明制动力是如何产生的。

2. 鼓式制动器有几种形式？它们各具有什么特点？

3. 制动器的间隙为何要调整？

4. 盘式制动器与鼓式制动器比较有哪些优缺点？

5. 何谓人力制动系统、动力制动系统和伺服制动系统？动力制动系统和伺服制动系统的区别何在？

6. 简述串列双腔制动阀的随动作用。

7. 增压式伺服制动系统和助力式伺服制动系统各具有什么特点？

8. 汽车制动时前轮或后轮先抱死会产生什么后果？

9. 试述 ABS 的基本组成及工作原理。

10. 按控制通道数和传感器数量划分 ABS 有哪几种布置形式？各有什么优缺点？

第二十四章　车身与附属设备

第一节　概　　述

一、车身的功用与组成

汽车车身是容纳乘客、货物和驾驶员工作的场所。车身应具备使乘客或货物免受尘土、雨雪、振动、噪声、废气侵蚀以及为驾驶员提供工作便利的条件。车身上的一些结构措施和设备还应保证行车安全和减轻事故后果。

车身的造型应能保证有效地引导周围的气流，以减少空气阻力和燃料消耗。且有助于提高汽车行驶稳定性和改善发动机冷却条件，保证车身内部通风良好。

汽车车身主要包括：车身壳体、车门、车窗、前、后板制件、车身附件、车身内、外装饰件、座椅、通风、暖气、冷却和空调装置等。货车和专用汽车上还包括车厢和其他专用设备。

二、车身的造型

车身是汽车的基本骨架，也是最大的部件，它决定汽车的基本形状、大小和用途。

车身壳体是一切车身零、部件的安装基础。通常指纵、横梁和立柱等主要承力元件以及与它们相连的板制件共同组成的刚性空间结构。其分类如下：

1. 按结构形式分

(1)骨架式　有完整的骨架，车身蒙皮固定在其上。

(2)半骨架式　有部分骨架，如单独的立柱、拱形梁及其他加固件。各骨架可彼此相连或借蒙皮相连。

(3)无骨架式　即没有骨架，代替骨架的是格蒙皮板相互连接时所形成的加强肋或板壳。

2. 按受力情况分

(1)非承载式　其特点是保留车架，车身与车架通过弹簧或橡胶柔性连接。车架的刚度大，它承受发动机及底盘各部件的重力以及它们工作时通过支架传递的力、汽车行驶时由路面通过悬架传来的力。车身承受本身重力与所装载的客货重力以及汽车行驶时所引起的惯性力和空气阻力。

(2)半承载式　特点是保留车架，车身与车架刚性连接，车身除承受非承载式中所述各载荷外，还分担车架的部分载荷。车身对车架有加固作用。

(3)承载式　特点是无车架，车身便作为发动机和底盘各总成的安装基础，上述各种载荷均由车身承受。

三、附属设备的组成

汽车附属设备有汽车仪表、风窗刮水器、风窗洗涤器、遮阳板、玻璃升降器、各种密封件、门锁、门铰链、后视镜、拉手、点烟器、微波炉、小型电冰箱、通风、取暖、冷气及空调装置等。

第二节　车身壳体结构及门窗

一、轿车车身

轿车车身类型如图 24-1 所示。

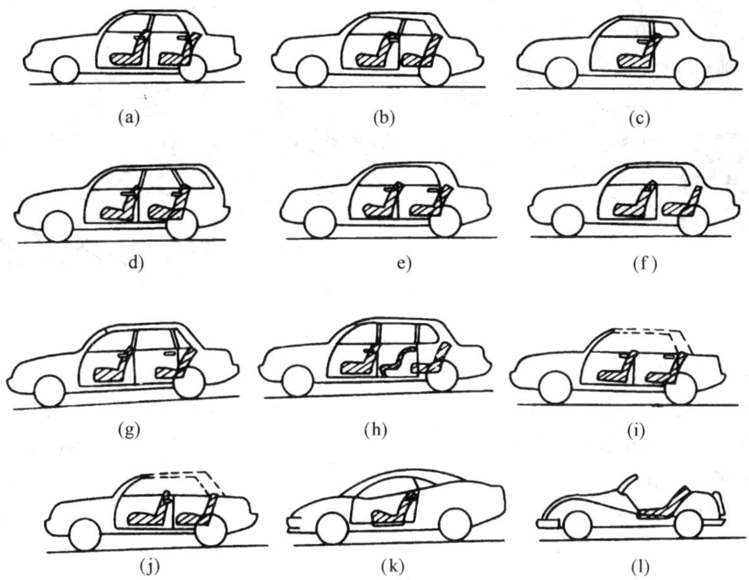

图 24-1　轿车车身的类型

(a)四门轿车　(b)双门轿车(两排座位)　(c)双门轿车(单排座位)　(d)旅行车　(e)四门硬顶轿车　(f)双门硬顶轿车　(g)高级轿车(两排座位)　(h)高级轿车(三排座位)　(i)四门敞篷车　(j)双门敞篷车　(k)跑车　(l)运动车

轿车车身无明显骨架,它由外部覆盖件和内部板制件焊接成空间结构。轿车车身一般采用承载式(图 24-2)或非承载式(图 24-3)。

从图 24-2 和图 24-3 可看出,承载式车身地板有较完整的纵、横承力元件,前部有较粗大的前纵梁 7(图 24-2),通常与两侧的前挡泥板 9 和前面的散热器固定框 8 焊接,构成一刚性较好的空间框架,为发动机、前悬架等部件的安装提供了坚实可靠的基础。而非承载式车身,其车前板制件往往不是焊接在车身壳体上,而是用螺钉连接并安装在其车架上。因此,非承载式车身前面较薄弱。但是高级轿车,为乘坐舒适,仍多采用非承载式车身。

二、客车车身

客车车身的类型如图 24-4 所示。

由于客车的外形规则,客车往往具有完整的骨架。图 24-5 所示是将半承载式车架横梁加宽并与车身侧壁骨架刚性连接的半承载式结构。

图 24-6 所示为一整体式承载结构,该结构设计使得车身壳体构件(包括内、外蒙皮)都参与承载,各构件承载时相互牵连与协调,材料的最大潜力得以发挥。降低了整车高度(与上述结构相比)和减轻了车身质量(可取消贯通前后底架的纵、横梁)。

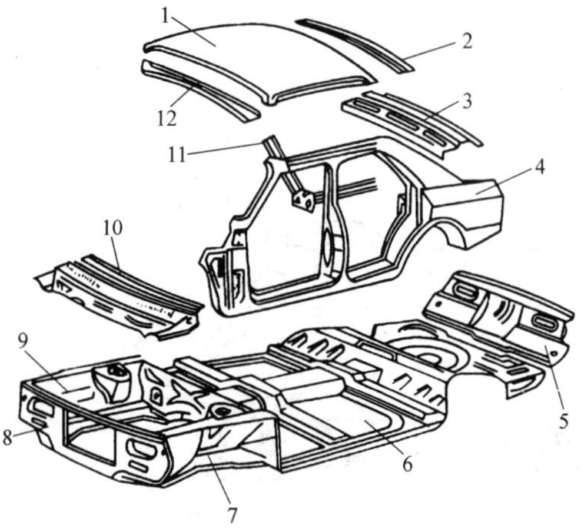

图 24-2 典型的承载式轿车车身壳体

1—顶盖 2—后窗框上横梁 3—后围上盖板 4—侧门框总成 5—后围板 6—地板总成 7—前纵梁 8—散热器固定框 9—前挡泥板 10—前围上盖板 11—加强撑 12—前风窗框上横梁

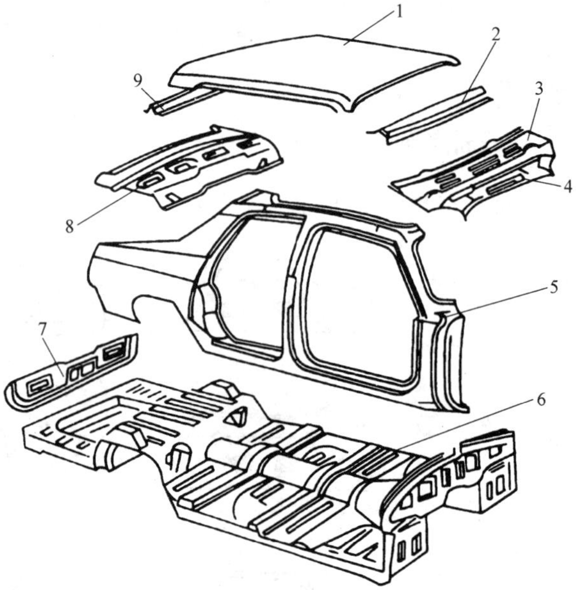

图 24-3 典型的非承载式轿车车身壳体

1—顶盖 2—后窗框上横梁 3—前围上盖板 4—前围内盖板 5—侧门框总成 6—地板总成 7—后围板 8—后围上盖板 9—周围框上横梁

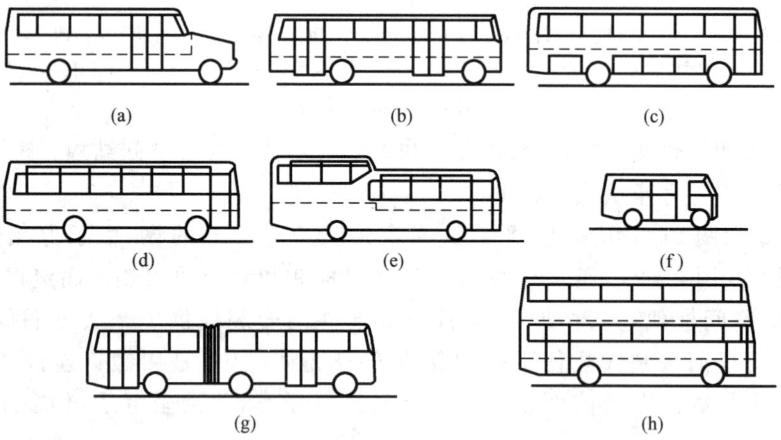

图 24-4 客车车身的类型

(a)长头客车 (b)城市公共客车(地板低、车门多) (c)长途客车(地板下部设行李箱) (d)游览客车(车窗尺寸大、视野开阔) (e)游览客车(阶梯状地板) (f)轻型客车 (g)铰接式客车 (h)双层客车

三、货车车身

1. 货车驾驶室

绝大多数货车驾驶室都是非承载式结构。因为驾驶室只占汽车长度较小部分,不宜采用

承载式结构。驾驶室通常以三点或四点式置于车架上。由于悬置采用了橡胶衬垫或弹簧，故减轻了驾驶室振动和车架歪扭变形对驾驶室的影响。

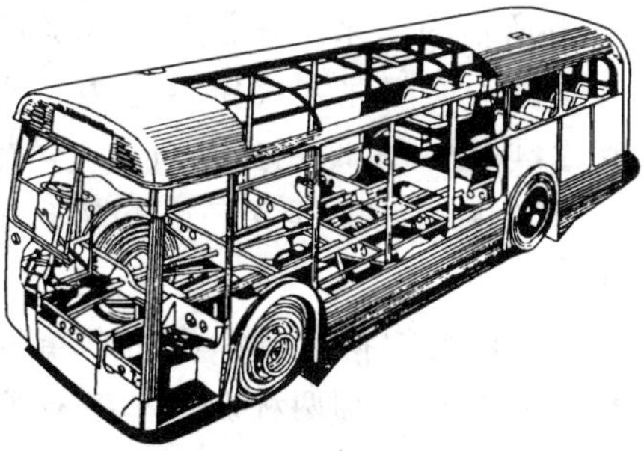

图 24-5　客车半承载式(组合式)车身骨架及底盘

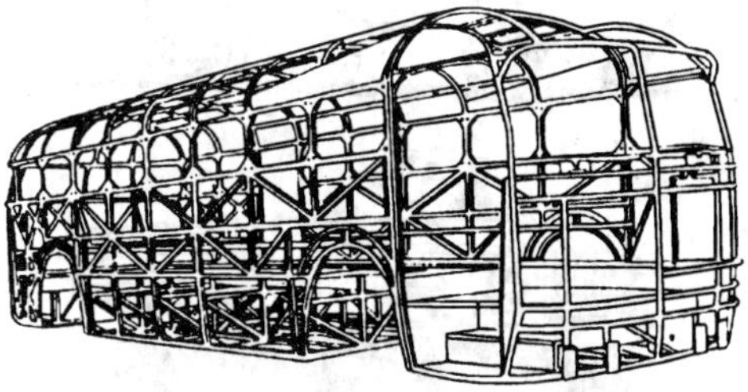

图 24-6　整体承载式客车车身骨架

图 24-7 所示为解放 CA1092 型货车驾驶室，该车是长头式货车。平头式货车驾驶室与长头式货车驾驶室相比，除轮罩部结构差别较大外，其余基本相似。该驾驶室壳体的纵向承力构件有：左门槛 13 和上边梁 7；横向承力构件有：前风窗框上横梁 5、前风窗框下横梁 4、后围上横梁 8 和地板后横梁 10；垂直承力构件有：左前立柱 14 和左后立柱 11。驾驶室壳体主要板件有：地板 12、前围板 2、前围上盖板 3、前围左侧盖板 1、顶盖 6 和后围板 9 等。驾驶室壳体各个零件按预定的顺序点焊连接，最后由地板总成、后围总成、前围总成和顶盖等拼装焊合而成。

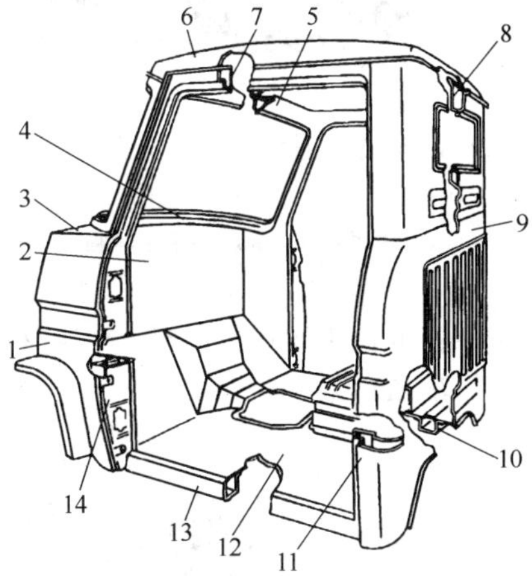

图 24-7　解放 CA1092 型货车驾驶室壳体

1—前围左侧盖板　2—前围板　3—前围上盖板　4—前风窗框下横梁　5—前风窗框上横梁　6—顶盖　7—上边梁　8—后围上横梁　9—后围板　10—地板后横梁　11—左后立柱　12—地板　13—左门槛　14—左前立柱

2. 货车车箱

由于运载的货物种类不同，车箱的结构亦不相同；各类车箱如图 24-8 所示。

(1)栏板式货箱

普通栏板式货箱一般有四块高度为 30～500mm 的栏板(前板、后板和左、右边板)和一底板。底板通过横梁支于下面的纵梁上。车箱纵梁借若干个 U 形螺栓夹紧在车架纵梁上。车箱的栏板又分为三面开和一面开两种形式。三面开车箱(图 24-8a 和图 24-8b)的左、右边板和后板均借若干个铰链安装在底板上，并用栓杆和栓钩互相扣紧。一面开车箱又称低底板式车箱(图 24-8c)，其底板离地高度较低，汽车的轮罩突入底板内并与两侧边板连接，仅后板可打开。多数普通栏板式货箱的前面装有保险架，其作用是减轻翻车事故的后果并可运载少量超长货物。

图 24-9 所示的一种高栏板式车箱称为万能式车箱。车箱的两块边板中部可放平而形成折叠式条凳，还可以加帆布篷的撑杆。这种车箱可运载各种货物和人员，农用和军用车辆最宜于采用这种形式。

普通栏板式货箱常用的有木结构、钢结构和钢木结构 3 种。

(2)专用车箱

专用车箱的种类较多。

(a)

(b)

(c)

图 24-8 装有普通栏板式车箱的载货汽车

(a)三面开木车箱 (b)三面开钢木车箱

(c)一面开(低底板式)全钢车箱

运输日用货物、食品等易损货物常用普通闭式车箱，如图 24-10a 所示。

图 24-10b 所示为用来运送散粒货物的罐式汽车。粒状货物从顶部注入气密容罐内。汽车备有压气装置，以便卸货时用压缩气体(空气或发动机废气)使散粒货物悬浮并经由容罐下部的橡皮管排出。

运送沙土矿石类货物的自卸汽车车箱见图 24-10c，车箱有后翻和侧翻两种。汽车备有液压举升机构以便使车箱倾斜成必要的角度而实现卸货。

图 24-11 是集装箱运输车。集装箱有多种规格，其外廓尺寸和吊装尺寸都应符合国家标准或国际标准，集装箱由两个侧壁、两个端壁、顶板和底板组成。其边缘上的四根侧梁、四根端梁和四根角柱与八个角件牢固连接，在集装箱的侧壁上开有装卸货物的门。每个角件的三面都开有标准尺寸的孔洞以便吊装机具操作，下面两根侧梁中部还开有供叉车搬运的叉槽。集装箱运输车的车架上设有专用的转锁，可把集装箱下部四个角件扣紧在车架上。

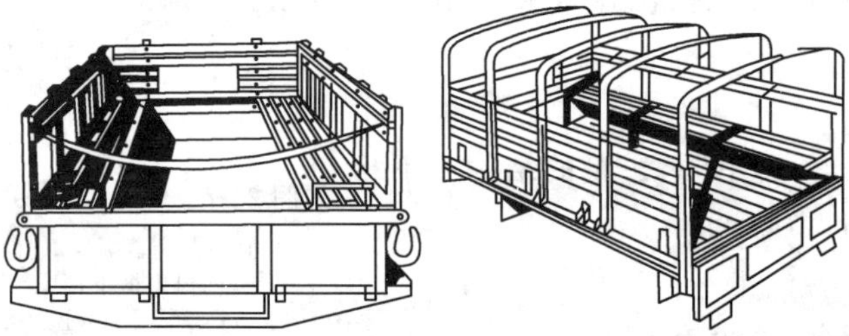

图 24-9 万能式车箱

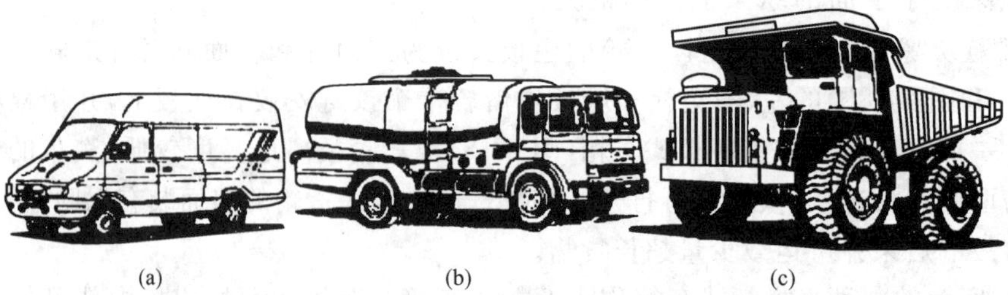

(a) (b) (c)

图 24-10 装有专用车箱的汽车

(a)闭式车箱汽车 (b)气力吹卸式散装水泥罐汽车 (c)自卸汽车

四、车门、车窗及附件

车门是车身上重要的部件之一，它用门铰链安装在车身上。车门的开度应保证在倾斜路面上车门能顺利打开。另外，车门的安装位置可与车身本体的曲面相匹配。

图 24-11　集装箱运输车

车门按其开启方式可分为顺开式、逆开式、水平移动式、折叠式和上掀式等几种(图 24-12)。

1. 顺开式和逆开式车门

顺开式车门在汽车行驶时有借助气流自动关闭车门的趋势，这种方式既安全又便于驾驶员倒车时向后观察，因此被广泛采用。逆开式车门在行车中若关闭不严，有被迎面气流冲开的危险，以致破坏汽车的安全性，故较少采用(一般是为了改善上、下车方便性及适应迎宾礼仪需要才被采用)。

图 24-12　车门的形式

1—逆开式　2—顺开式　3—折叠式　4—水平移动式　5—上掀式

2. 水平移动式车门

这种车门开启用上、中、下三道滑轨控制车门运动，可像拉窗或拉门那样横向沿开，也有靠转臂摆出的转动式。优点是开启时占用空间小，当车身侧壁与障碍物距离较小时仍能全部开启。

3. 折叠式车门

广泛用于大、中型客车上。

4. 上掀式或飞翼式车门

该种车门广泛用于轿车及小型客车、救护车等的后门，也可用于低矮汽车的前门。

车门借铰链安装在车身壳体上。由于在汽车行驶时，车身壳体将产生反复扭转变形，车门与门框之间应有较大的间隙，以防止相互摩擦产生噪声，其间隙靠橡胶密封条来密封。

轿车、货车驾驶室的车门以及客车驾驶员出入的车门通常由门外板 3(图 24-13)、门内板 2 和窗框(有的车上还装有三角窗)等组成。门外板安装门锁外手柄 7，门内板是各种附件的安装基体，其上装有：门铰链 14、升降玻璃 4 及其导轨、玻璃升降器、门锁 8、车门开度限位器 13 等附件。有的轿车门内还布置有暖气通风管道和立体声收音机的扬声器等。

有的客车为保证车门安全，将车门的开闭与制动器联动，如果车门未关好，车辆便处于制动状态，发动机也处于怠速状态，且蜂鸣器鸣响，告知驾驶员采取措施。

不同部位的车窗通常采用不同形状和不同材质的玻璃。

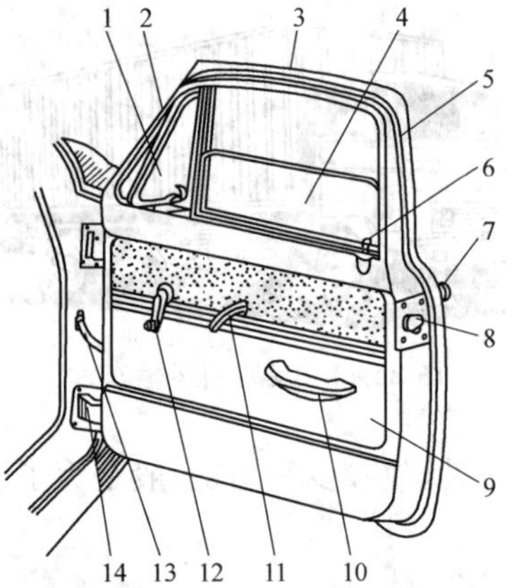

图 24-13 车门及其附件

1—三角窗 2—门内钣 3—门外钣 4—升降玻璃 5—密封条 6—内部锁止按钮 7—门锁外手柄 8—门锁 9—车门内部板 10—拉手 11—门锁内手柄 12—玻璃升降器手柄 13—车门开度限位器 14—门铰链

汽车的前、后车窗通常采用有利于视野而又美观的曲面玻璃。现代汽车前车窗广泛采用较安全的夹层玻璃。若采用普通玻璃，车窗玻璃在撞车打碎时会刺伤驾驶员。树脂状车窗打碎时虽很安全，但车窗上容易产生划痕，光反射紊乱，像磨花玻璃那样影响视野。钢化玻璃当尖锐物刺伤某一部分时，整张玻璃便出现裂纹，破裂的裂纹非常细密，丧失了视野。因此，车前窗多采用夹层玻璃。夹层玻璃中间夹有树脂薄膜，具有较高冲击强度，受冲击后只是产生蜘蛛网状的裂纹，不像钢化玻璃那样丧失视野。中间的树脂膜可防止玻璃碎片的飞溅，减少了玻璃打坏后乘员被刺伤的二次伤害。后车窗可用钢化玻璃。汽车前、后车窗均为固定式，用橡胶密封条嵌在窗框上或用专用的黏合剂粘贴在窗框上。

为便于自然通风，汽车的侧窗玻璃通常可上下或前后移动。上下移动时，在车门内安装有手动或电动玻璃升降器。手动升降器是用手摇动车门内侧的手柄，使玻璃升降器工作。电动升降器的内部装有小型电机，通过开关操作即可开闭车窗。具有完善的冷暖气、通风空调的高级客车，侧窗玻璃通常不可移动，以提高车身的密封性。在玻璃与导轨之间装有呢绒或植绒橡胶等材料的密封槽。某些汽车的侧窗还采用有利于汽车布置的圆柱形玻璃。侧窗玻璃采用茶色或隔热层可使室内保温并具有宁静的舒适感。

第三节 车身内部装置

一、座椅

在车内装备中，座椅是最引人注目的装置，往往很重视它的造型。从乘坐舒适性和保证驾驶等人体工程学来看，它是重要的装置。

座椅最重要的作用是支承驾驶员和乘客身体。

为在汽车减速时不使身体向前移，座椅的前方设计得稍高一些。尤其是注重运动型的汽车，采用将身体深深包起的凹背式座椅。在不改变姿势长时间乘坐时，往往认为驾驶员座椅柔软些好。但在座椅适合自己体形的前提下，表面硬一些的座椅不容易使人产生疲劳。而与自己体形不符的硬座椅会压迫身体的某一部分，使疲劳成倍增加，严重时会感到疼痛。

根据汽车的形式，后排座椅性能的要求不同，高级车重视后座椅的舒适性。

座椅表面最好包有毛绒织物等纤维布料及乙烯面人造革或皮革。

座椅表皮最好使用不光滑的、柔软的以及吸湿性良好的材料。以前的轿车大多采用乙烯面人造革作蒙皮的座椅。虽然这种蒙皮具有成本低及用抹布即可清理的优点，但它的吸湿性不好，缺乏质感，现在只用于客车或商用低价车。

羊绒织物等布制座椅蒙皮是现代轿车使用比较多的材料。虽然有的材料存在着容易起毛不便于清理的问题，但具有柔软感及吸湿性好的优点。

高级轿车采用真皮座椅，其质感最佳。但是它在使用中不容易护理，日光长时间照射会损伤皮革。

驾驶员座椅是决定驾驶位置的重要部件。但是，汽车是由各种体格和体型的驾驶员驾驶的，不能分别为他们制造适合他们的座椅。因此驾驶员座椅装有位置调整机构。

座椅基本的调整机构有倾斜机构和座椅滑动机构。倾斜机构可将座椅靠背调整到任意倾斜角度。座椅靠背通常是利用棘轮机构分级调整，有的高级轿车的座椅靠背可拧动旋钮进行无级调整。座椅滑动机构可调整座椅前后方向的移动。

电动座椅与上述座椅相同，除了在座椅内装有多个调整机构外，还装有多个电动机（图24-14），全部操作均为电动式。

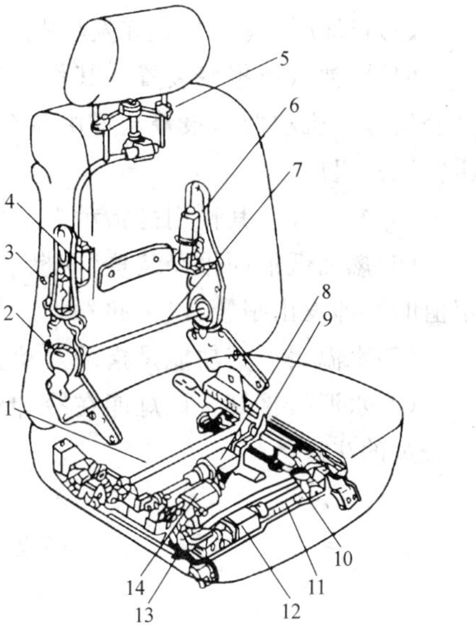

图 24-14　驾驶员座椅驱动机构

1—连杆（后方上下用）　2—倾斜调整机构　3—电动机（倾斜用）　4—电动机（头枕用）　5—头枕调整机构　6—电动机（腰支撑用）　7—连杆（倾斜用）　8—电动机（后方上下用）　9—电动机支架　10—连杆前方上下　11—电动机支架　12—电动机（座椅滑动用）　13—前方上下调整机构　14—电动机（前方上下用）

二、仪表及附件

汽车仪表是驾驶员通过视觉了解汽车工作状态的必备部件，其种类很多，大致分为读取数值的仪表（如车速表）和判断车况是否正常的仪表（或装置）。这些仪表安装在驾驶员最容易看得见的驾驶员座椅对面的仪表板上（图24-15）。

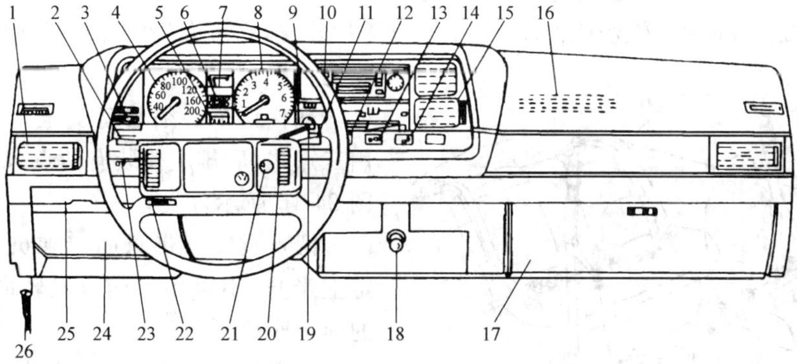

图 24-15　上海桑塔纳型轿车仪表板

1、15—出风口　2—灯光开关　3—阻风门与制动信号灯　4—车速里程表　5—电子钟　6—报警灯　7—水温表　8—带有燃油表的发动机转速表　9—暖风及通风控制杆　10—收音机　11—空格　12—雾灯开关　13—后风窗加热开关　14—紧急灯开关　16—喇叭放音口　17—杂物箱　18—点烟器　19—风窗刮水器及风窗洗涤器拨杆　20—喇叭按钮　21—转向器锁与点火开关　22—阻风门拉手　23—转向信号及变光灯拨杆开关　24—熔断器保护壳　25—小杂物盒　26—发动机盖锁钩脱开手柄

主要仪表及附件的作用如下：

(1)车速里程表　它由指示汽车行驶速度的车速表和记录汽车所行驶过的距离的里程表组成，它们装在一个共同的壳体中，由同一根轴驱动或由车速脉冲计数。

(2)车速报警装置　它是为保证行车安全而在车速表内设的音响报警系统。

(3)机油压力表　它是在发动机工作时指示发动机润滑系统主油道中机油压力大小的仪表。

(4)机油低压报警装置　其作用是当发动机润滑系统主油道中的油压低于正常值时发出报警信号。机油低压报警装置由装在仪表板上的机油低压报警灯和装在发动机主油道上的油压传感器组成。

(5)燃油表　其作用是指示汽车燃油箱内存油量的相对体积数。

(6)燃油低油面报警装置(即燃油液位报警灯)其作用是当燃油箱内的燃油量少于某一规定值时立即发出报警,以引起驾驶员的注意。

(7)水温表　其功能是指示发动机水套内冷却液的工作温度。

(8)水温报警灯　该灯能在冷却液温度升高到接近沸点(例如 95～98℃)时发亮,以引起驾驶员的注意。

第四节　安全防护装置

一、安全带

随着轿车工业的发展,汽车安全问题日益为人们所重视。人们采取了各种措施以提高汽车的安全性能。其中,安全带的使用是提高汽车安全性的重要措施之一。

汽车行驶时,乘员以与汽车相同的速度运动。当汽车发生碰撞紧急刹车时,由于惯性作用乘员被抛向前方,这种突如其来的惯性力非常大,即使在 20km/h 的车速下发生很轻的碰撞,靠人的腕力也不能支撑身体。而座椅安全带通过高强度的织带约束乘员的运动,减轻或避免乘员与其他物体碰撞损伤。同时,当汽车失去平衡、倾覆或翻滚时,安全带将人体约束在座椅上,使其避免在车内翻滚而造成二次或多次碰撞。

大量使用实践证明,安全带是最有效的安全防护装置,它可大幅度降低碰撞事故的受伤率和死亡率。

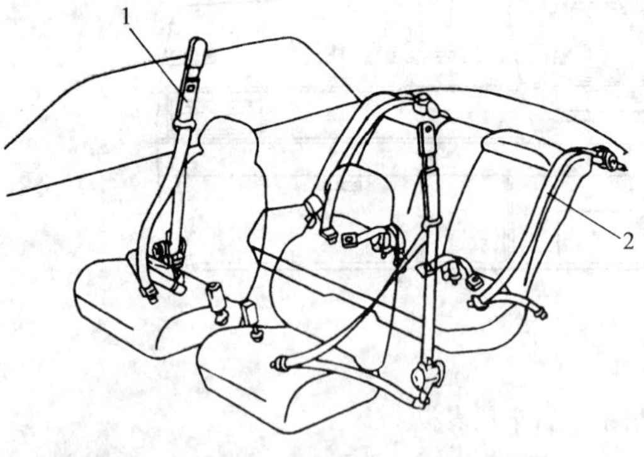

图 24-16　前、后排座椅安全带的布置

1—可调式肩带固定装置　2—后排座椅用带 ELR(紧急锁紧式伸缩装置)的三点式安全带

现代轿车必须装备安全带,前排座椅装用三点式,后排座椅装有两点式或三点式,如图 24-16 所示。

两点式安全带只固定乘员的腰部,不固定上半身,不可用于前方有转向盘和前挡板的前排座椅。

三点式安全带是在两点式安全带的基础上,加上一根斜跨到肩部的固定上半身的带子,固定带子的固定点有三处,故称为三点式。因三点式可固定乘客上半身,大大提高了行车安全性。

三点式安全带各组成部分如图 24-17 所示。在座椅的外侧和内侧地板上各有一个外侧地板固定点 4 和内侧地板固定点 3,第二个外侧上部固定点 10 位于座椅外侧车身支柱的上方。绕过上方固定点的环状导向板 9,带子伸入车身支柱内腔卷在支柱下端的收卷器 5 内。带子由结实的合成纤维组成,包括斜跨前胸的肩带 8,绕过人体的胯部的腰带 6。乘员胯部内侧附近有一个插扣，插扣由插板 1（松套在带子上）和锁扣 2（与内侧地板固定点相连）两部分组成，该两部分插合后即可将乘员约束在座椅上。按下插扣的彩色按钮就能解除约束。在正常情况下，这种结构的安全带对人体上部并不起约束作用。当乘员向前弯腰时带子可从收卷器 5 经由上方固定点的导向板 9 被拉出；而当乘员回复正常坐姿时，收卷器又会自动将带子收起使带子随时与人体保持贴合。但在紧急情况下，亦即汽车减速度超过预定数值时或车身严重倾斜时，收卷器会将带子卡住从而对乘员产生有效的约束。

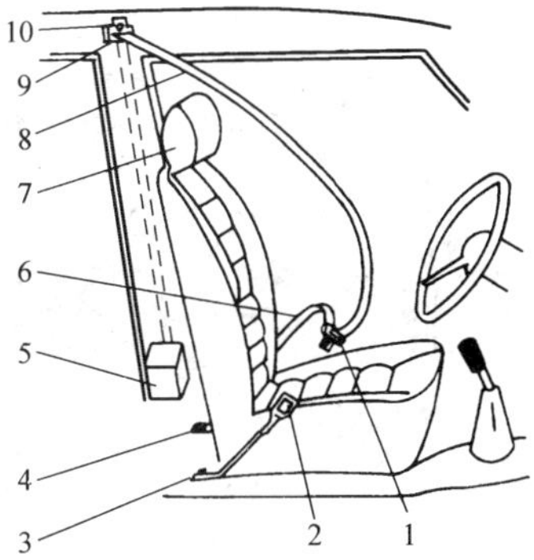

图 24-17　三点式安全带及头枕

1—插板　2—锁扣　3—内侧地板固定点　4—外侧地板固定点　5—收卷器　6—腰带　7—头枕　8—肩带　9—导向板　10—外侧上部固定点

二、安全气囊

现在，越来越多的汽车都装备有安全气囊。其目的是辅助保护乘员，基本前提是佩戴安全带。

由于汽车撞车时产生的冲击力很大，即使佩戴了安全带，驾车者的脸部有时也会撞打在转向盘或前方其他物体上。安全气囊系统可弥补佩戴安全带后仍不能固定身体使之得以充分保护之不足。一般当汽车以大于 20km/h 的运行速度在正前方±30°的范围内发生撞击时，安全气囊就会迅速自动充气弹开，瞬间充起一个很大的气囊，犹如缓冲垫填在驾驶员和转向盘之间（图 24-18），从而减轻驾驶员（或乘员）头部及胸部的伤害。

安装于转向盘中的安全气囊系统一般由气体发生器、防护盖、气囊、约束件、溢气孔等组成。其结构如图 24-19 所示。气囊一般用轻而张度大的尼龙布作材料。内壁涂上一层聚丁橡胶，通常折叠成一定形状置于方向盘上，也可视需要置于其他部位。

图 24-18　安全气囊的保护作用

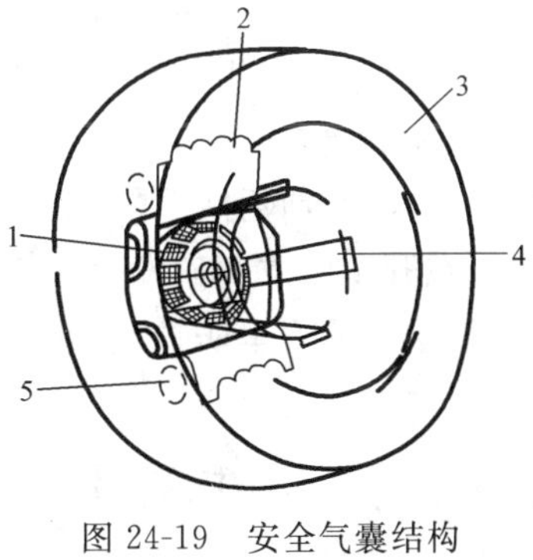

图 24-19　安全气囊结构

1—气体发生器　2—防护盖　3—气囊　4—约束件　5—溢气孔

约束件 4 位于气囊 3 内部的筋条上，其作用是使气囊充气时形成圆形气垫，气囊充足气时体积约为 80L，气压为 103～106kPa，驾驶员压向气囊时最大压力可达 158～161kPa。在气囊的背面有四个溢气孔 5，当驾驶员头及胸部压向气囊时，使气体缓慢均匀地溢出，从而吸收冲击能量。

气体发生器 1 装于叠紧的气囊底部，当发生撞击时，车辆减速度达到约 17.64m/s^2（1.8g）时，在电子装置的控制下，产生足量的气体充入气囊，气体发生器的结构如图 24-20 所示。

当电子控制装置产生信号时，引信 3 引爆炸药 1，从而点燃固体燃料 5，产生足量的氮气，经金属滤网 4 过滤后，30～50ms 内使气囊充满。

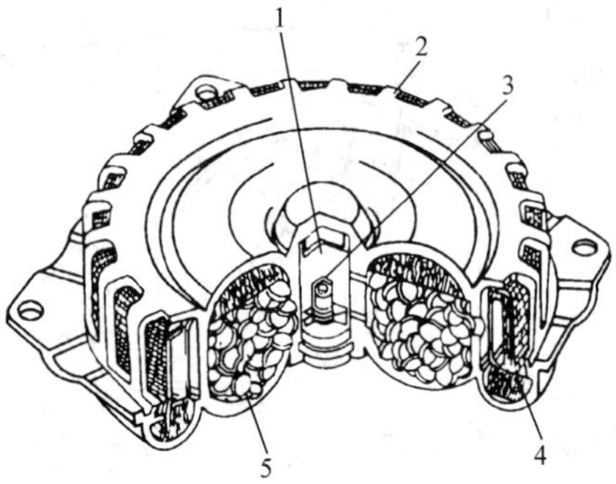

图 24-20 气体发生器的结构
1—炸药 2—外壳 3—引信 4—金属滤网 5—固体燃料

安全气囊研制之初是为前方碰撞保护而设计的，追尾撞车或侧面碰撞则无效。现在已经开发出了侧面碰撞防护系统(SIPS)，并在新款轿车上使用。它能将车辆侧面撞击中所承受的力量有效地分散出去，使侵入车辆的外力大幅度降低。从而避免对乘员的直接伤害。

侧面气囊主要包括头部、胸部及头部与胸部结合的气囊。头部气囊一般安装在客舱的上部，胸部气囊安装在门饰内或座椅靠背上。汽车发生碰撞时，无论座椅是向前滑，还是向后滑，气囊总是与乘员保持最佳位置。

三、其他安全防护装置

头枕是在汽车后部受撞击时限制人的头部向后运动的装置，该装置能够有效的控制由于追尾碰撞而造成的头部前后甩动，以避免头部、颈椎受伤害。

车门带有门锁机构，汽车行驶中，万一车门打开便非常危险，现代汽车的门锁和门铰链都制作得十分牢固可靠，发生碰撞时不会因车身和车门的变形使车门轻易打开，碰撞后，门锁不会影响车门的正常开启。行驶中，为防止儿童顽皮误操作车门突然打开，儿童门锁与普通门锁不同，从车门内侧操作不能打开车门，儿童误操作也不能解除门锁的安全机构。有的车门还设有车门未锁报警开关。

车窗玻璃的性能不仅影响驾驶员及乘员的视野，也关系到安全。前述夹层玻璃或局部钢化玻璃便兼顾了这两方面的问题。因此，它也是一种安全措施。

在现代汽车上，车身内部一切有可能与人体撞击的构件应避免采用尖角、凸棱或小圆弧过渡的形状，而且车身内广泛采用软材料包垫。室内软化不仅是为了满足舒适性要求，更重要的是为了安全防护性能的要求。

保险杠是安装在汽车前后防止轻度碰撞时损坏汽车及乘员、行人的部件；横装于轿车侧面的侧面防护条，可在开车门或侧面发生碰撞时，利用防护条保护车身；车身可靠、合理的强度和刚度是汽车及乘员重要的安全防护装置。

第五节 照明与信号装置

一、照明装置

1. 装在车身外部的照明装置

(1)前大灯 在车前面两边分别各装一只或两只前大灯，用于汽车夜间行驶时照明前方道路，它能发出远光和近光两种光束，如图 24-21 所示。远光的功用是增大照明距离，保证在车前 100m 或更远的路上得到均匀明亮的照明，在无对方来车的道路上，汽车以较高速度行驶时使用。会车时，若用远光灯会使迎面来车的驾驶员产生目眩，此时应该将较强的远光转变成光度较弱而且光束下倾的近光。因此，会车和在市区明亮的道路上行驶时使用近光。近光应能确认前方 40m 以内的障碍物。

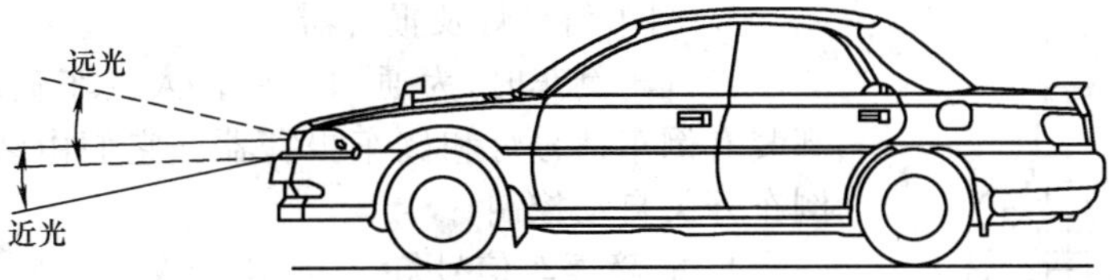

图 24-21　远光及近光

前大灯可分为两灯式或四灯式，两灯式前大灯的灯泡内装有远光用和近光用两根灯丝（双丝），四灯式则分别安装近光灯和远光灯，近光灯采用双丝灯泡。

半封闭式前大灯的结构如图 24-22 所示，前大灯主要由灯泡组件 6、反光罩 2 和透光玻璃 1 组成。

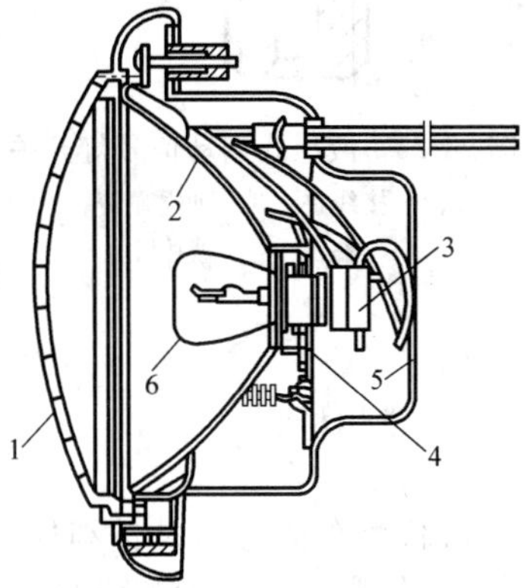

图 24-22　汽车前大灯总成

1—透光玻璃　2—反光罩　3—接线器　4—灯外壳　5—插座　6—灯泡组件

（2）前小灯　主要在夜间会车行驶时使用。使对方能判断本车的外廓宽度，因此又称示宽灯。前小灯也可用于近距离照明。不少公共汽车在车身顶部装有一个或两个标高灯，若有两个则同时兼起示宽作用。

（3）后灯（尾灯）　装在汽车尾部，玻璃为红色。可警示后面车辆保持车距，以免当前车突然制动时发生碰撞。

（4）雾灯　光色为黄色或橙色，装在汽车前部，为雾天汽车行驶时照明道路。由于高速公路的发展，汽车尾部也装有雾灯。

（5）防空灯　防空灯在越野汽车前部设置，其灯上部有伸出的灯罩，以防被空中发现。

2. 装在车身内部的照明装置

车身内部照明灯有：驾驶室顶灯、仪表板照明灯、车箱照明灯、车门灯和行李箱灯等。

其他辅助灯有：为方便汽车夜间检修用的工作灯，该灯应备有足够长的灯线，使用时将其插头插入专用的插座中。多数车还为了方便夜间检修发动机，在发动机罩下设置小灯，称为发动机罩下灯。

二、信号装置

1. 转向信号灯

黄色转向信号灯分装在车身前、后端的左、右两侧，转向前为了通知行人及其他车辆，驾驶员根据汽车的转向，开亮该车相应侧的转向信号灯。为引人注目，转向灯不仅亮度很强，且在其电路中装有使信号灯光闪烁的转向信号闪烁器。闪烁式信号灯可单独设置，也可与前小灯（或后小灯）合成一体，此情况下一般用双丝灯泡。

2. 制动信号灯及开关

制动信号灯装在汽车后部，开关装在制动回路中，根据制动能源的不同，开关可以是液压式或气压式，液压式制动信号灯开关的结构如图 24-23 所示。当驾驶员踩下制动踏板时，液压（或气压）管路中的压力增强，使膜片 5 上拱，接通开关触点 4，制动信号灯发出强烈的红光，以提醒后车驾驶员注意。

对采用气压制动的车辆，若制动气压降低到某一数值，制动机构便会失灵，可能造成大事故，因此有的车辆装有制动低气压报警灯。

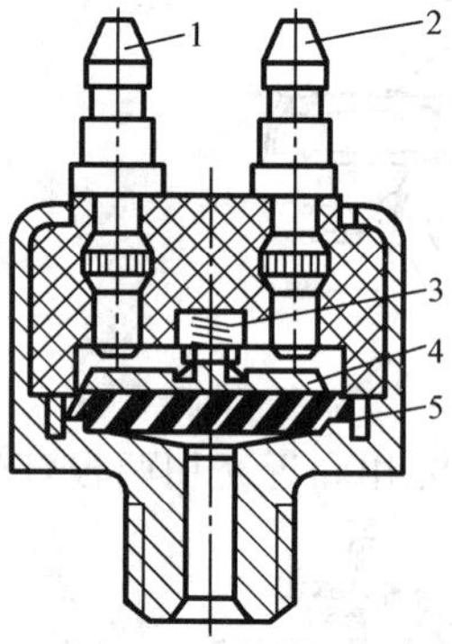

图 24-23　液压式制动信号灯开关
1、2—接线柱　3—回位弹簧
4—触点　5—膜片

3. 倒车信号灯及报警器

当汽车倒车时，为通知车后行人及车辆驾驶员，有些车后部装有倒车信号灯和倒车报警器。它们由装在变速器盖上的倒车开关自动控制。

4. 故障停车信号灯

汽车行驶中因出现故障而停车，为引起其他行驶车辆注意，使汽车前部或后部的左、右两侧转向信号灯同时发亮并闪烁，表示故障停车。

5. 喇叭

喇叭的作用是警告行人和其他车辆驾驶员注意安全。

喇叭按发音动力划分有气压振动式和电振动式。气压振动式喇叭是用气流使金属膜片振动产生音响。电振动式喇叭是用电磁使金属膜片振动而产生音响，其声音悦耳，广泛用于各种类型的汽车。

三、常用标识符号

现代汽车的电器设备和仪表比较多，为了便于识别和控制它们，在汽车驾驶室的仪表、操纵杆、按钮和开关等处通常标有各种醒目的形象化的符号，常用的标识符号如图 24-24 所示。

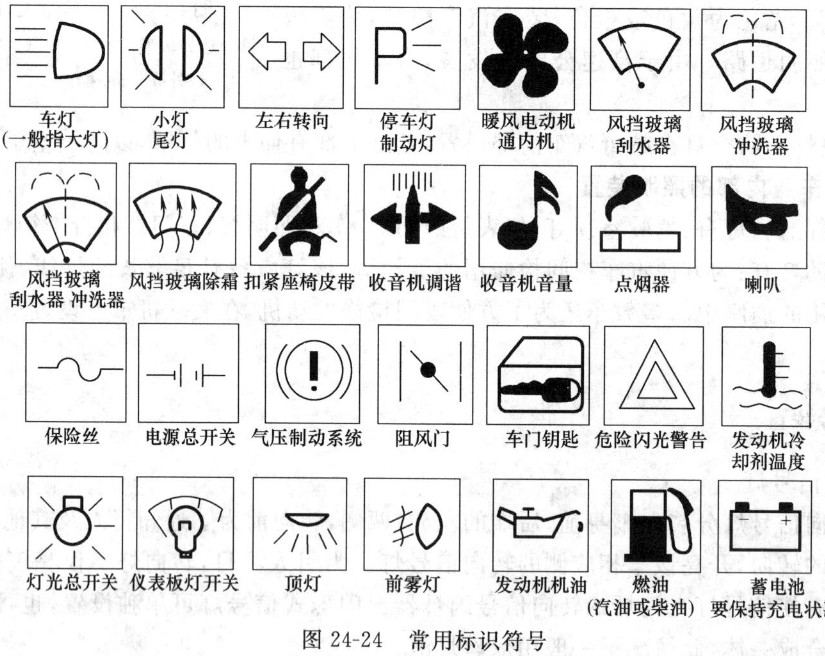

图 24-24　常用标识符号

第六节　暖风空调装置

现代汽车大都装备有车用暖风装置和车用空调来提高车内乘坐的舒适性。

一、暖风装置

水冷式发动机的暖气装置是一个利用发动机工作时产生的热量为热源的暖风机。

如图 24-25 所示，外部空气由送风机吸入，发动机的高温冷却水在循环途中，部分导入暖风机，经暖风机的热交换器将空气加热，再将加热的空气送入车内进行取暖和车窗除霜等。

通过调节向暖风机输入的冷却水循环量及调节送风机转速来增减外部空气的吸入量，便可控制暖风的温度。

这种暖风装置多用于普通级和中级轿车或载货汽车驾驶室。

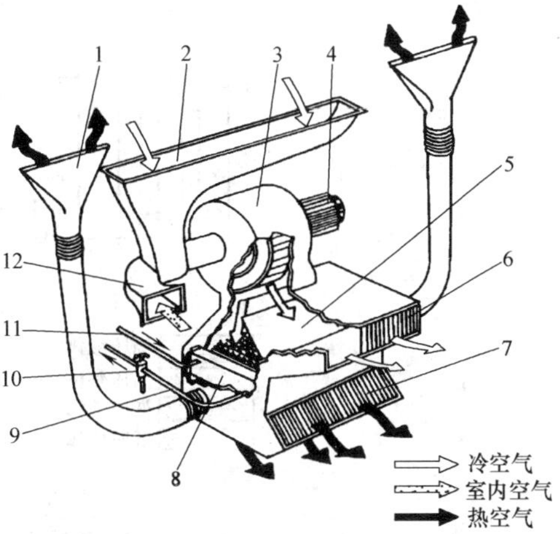

图 24-25　典型的通风取暖联合装置

1—除霜喷嘴　2—冷空气进口　3—鼓风机　4—电动机　5—冷热变换阀门　6—冷空气出口　7—热空气出口　8—散热器　9—回水管　10—放水开关　11—进水管　12—内循环空气进口

二、空调装置

车用空调装置由暖风装置和冷气装置一起构成。高级轿车、客车都装有制冷装置，有人把制冷装置称为空调装置。

制冷装置的制冷原理是：液体汽化时要吸收热量，气体液化时则放出热量。因此，制冷循环分两步进行：第一步是降低压力，使制冷剂从液态变为气态吸热，即制冷过程；第二步是将低压气态的制冷剂压缩、冷凝成液态。如此反复进行制冷循环。

制冷装置由蒸发器、空气压缩机、冷凝器、储液罐和膨胀阀等组成。其循环过程是：储存在储液罐的液体制冷剂，由罐内部的干燥剂和滤清器除去制冷剂中的水分和异物后，在空气压缩机的作用下，经膨胀阀（膨胀阀是一种节流阀，其作用是使制冷剂经过阀后成为喷雾状），雾状的制冷剂再经蒸发器时气化而吸热，使得蒸发器周围空气变冷，再用鼓风机将蒸发器周围冷空气吹出与车内空气进行热交换。蒸发器中已变成低压气态的制冷剂由压缩机吸走并压缩升温，再经带有散热片的冷凝器散热后还原成液体再流回储液罐。图 24-26 为空调循环示意图。图 24-27 为制冷剂的气、液态转化及压力、温度的变化的大致数值。

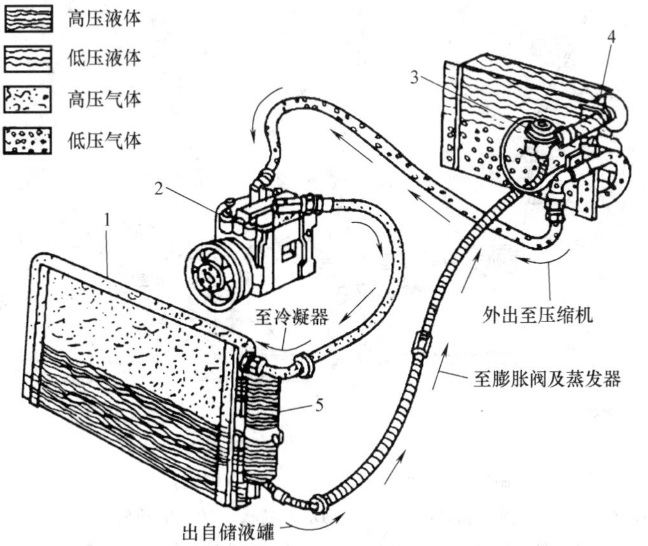

图 24-26　空调循环示意图

1—冷凝器　2—压缩机　3—膨胀阀　4—蒸发器　5—储液罐

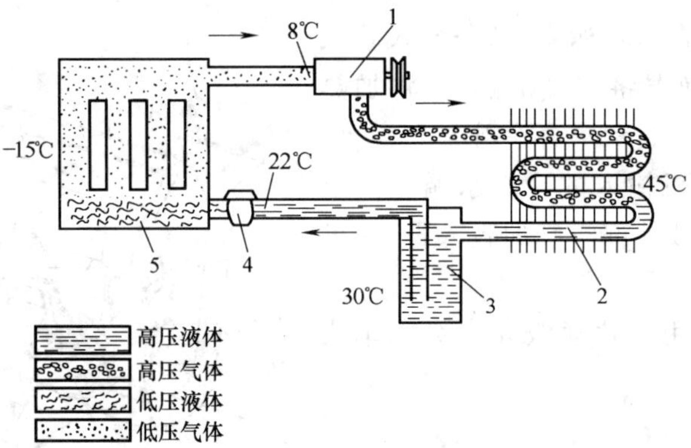

图 24-27 汽车冷气装置示意图

1—压缩机 2—冷凝器 3—储液罐 4—膨胀阀 5—蒸发器

第七节 风窗刮水器与风窗洗涤器

一、风窗刮水器

为确保驾驶员视野，汽车都装有风窗刮水器，以刮去附着在车窗玻璃上的雨水、雪花或尘土。目前汽车上所采用的刮水器有电动式和气动式两类。

靠电动机驱动的电动风窗刮水器的结构如图 24-28 所示，电动机 11 驱动减速机构 12 摆动，再经驱动杆系 13 作往复运动，从而带动刮水刷臂 2 和刮水刷片总成 3 做扇形左右摇动来完成刮水动作。刮水刷片总成被刮水刷臂压靠在风窗玻璃上，与玻璃接触部分由橡胶制作，露

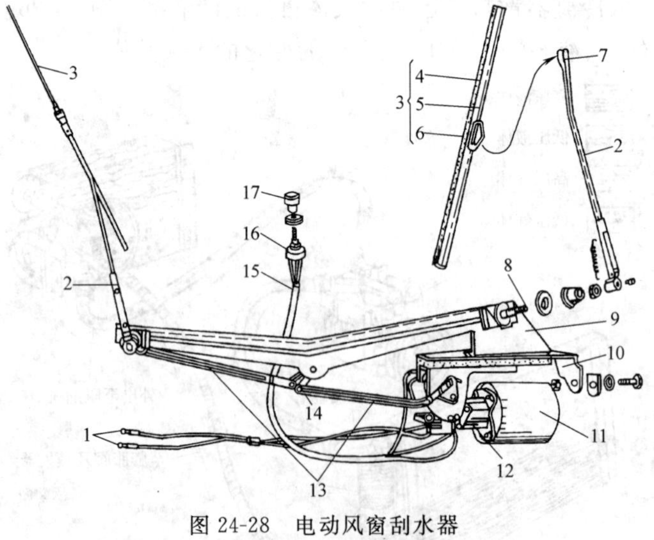

图 24-28 电动风窗刮水器

1—电线插头 2—刮水刷臂 3—刮水刷片总成 4—橡胶刷片 5—刷片杆 6—刷片支座 7—刷片支持器 8—刮水刷臂心轴 9—刮水器底板 10—电动机安装架 11—电动机 12—减速机构 13—驱动杆系 14—驱动杆铰链 15—电线束 16—刮水器开关 17—刮水器开关旋钮

在车外，它们的动作是联动的。

刮水器工作速度由电动机的高低转速实现，电动机的高低转速通常是利用永磁三刷电动机获得，其结构如图 24-29 所示。解放 CA1091、东风 EQ1090E 型载货汽车均采用这种刮水电动机。

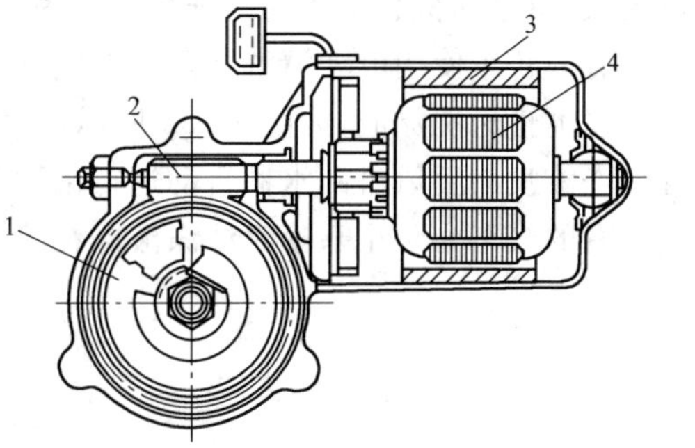

图 24-29　永磁式双速电动机

1—蜗轮　2—蜗杆　3—磁极　4—电枢

刮水器的低、高速运转及停机复位的工作原理(图 24-30)是：当电源开关 8 接通，刮水器变速开关 10 接到“Ⅰ”挡时，电流由蓄电池 9 正极、电源开关 8、熔断器 7、电刷 6、电枢、电刷 12 到变速开关“Ⅰ”挡搭铁，最后回到蓄电地负极。这时电枢在永久磁场作用下转动，转速较低。

当刮水器变速开关 10 拨到“Ⅱ”挡位置时，电流由蓄电池 9 正极、电源开关 8、熔断器 7、电刷 6、电枢、电刷 11 到变速开关“Ⅱ”挡回到蓄电地负极。此时电刷 11 比电刷 12 偏转了一个角度，使电枢电流增大，电动机转速升高。

当刮水器变速开关 10 拨到“0”时，如果刮水刷片没有停到适当位置，此时触片 3 与滑片 1 接触，电流从蓄电池 9 正极、电源开关 8、熔断器 7、电刷 6 和 12、触片 3、滑片 1 搭铁，电动机继续转动。当刷臂停在应停位置时，触片 3 与滑片 1 脱开，同时触片 4、3 和滑片 2 接触，使电枢短路，刮水刷片停到适当位置。

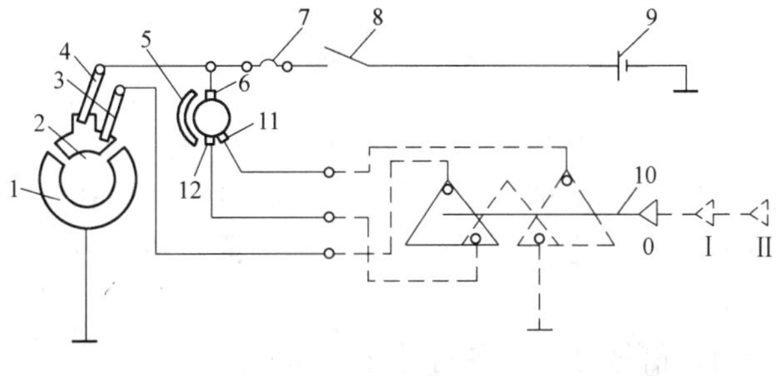

图 24-30　永磁式电动机刮水器工作原理

1、2—滑片　3、4—触片　5—永久磁铁　6、11、12—电刷　7—熔断器

8—电源开关　9—蓄电池　10—刮水器变速开关

当汽车在毛毛细雨或浓雾天气行驶时，因风窗玻璃表面形成的是不连续的水滴，如果刮水器的刮片按一定速度连续刮拭，那么微量的水分和灰尘就会形成一个发黏的表面，不仅不能将风窗玻璃擦拭干净，相反使玻璃模糊不清，留下斑污，影响驾驶员的视线。为此多数汽车刮水器中设置了间歇工作装置，若遇到上面提及的行驶条件时，只需将刮水开关打到间歇工作档位，使刮水器按设定的时间周期停止和刮拭，便可使风窗刮净，为驾驶员获得良好的视野。

二、风窗洗涤器

当用刮水器刮拭车窗仍不能保证良好视野时，可用清洁水或洗涤液喷射到车窗上，再用刮水器来清除脏物。

洗涤器由电动机及洗涤液泵 1(图 24-31)、洗涤液罐 2 和喷嘴 3 等组成。洗涤液泵一般为齿轮式，由电动机直接驱动。洗涤液罐为树脂容器。洗涤液为专用液体，稀释后使用。

有的轿车使用电动清洗器。只要按动控制开关，电动机便带动洗涤液泵转动，以一定的压力向喷嘴输送洗涤液，如图24-32所示。喷嘴有单孔和双孔之分，喷嘴的喷射角度可调整，并且洗涤液喷出后风窗刮水器自动进行刮擦和清洗工作。

有的汽车为防止寒冷时洗涤液冻在喷嘴中，便在喷射管路中装有防冷加热器。

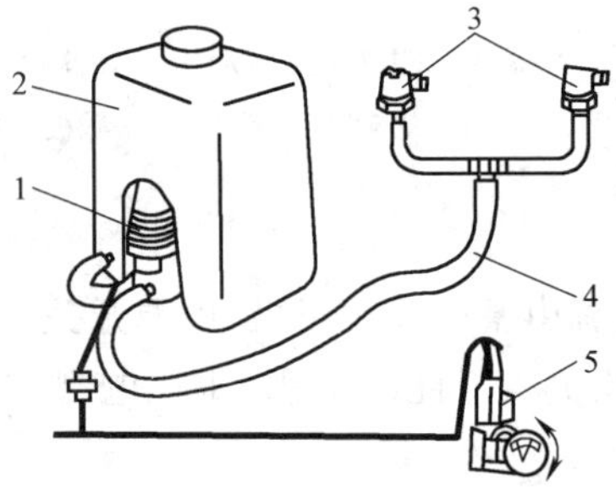

图24-31 风窗洗涤器图

1—电动机及洗涤液泵 2—洗涤液罐 3—喷嘴 4—聚乙烯管 5—控制开关

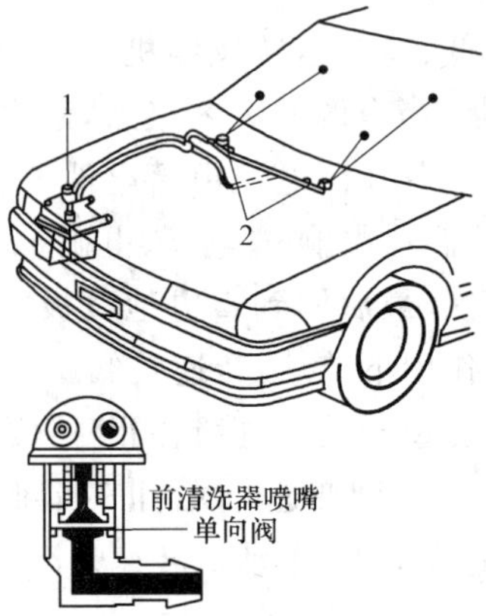

图24-32 前车窗清洗器

1—清洗罐 2—前清洗器喷嘴

思考题

1. 车身按受力情况可分为哪几种类型？各有何特点？

2. 车门按其开启方法分为哪几种？各有什么特点？分别应用在哪种车身上？

3. 汽车正面碰撞时驾驶员是怎样受伤的？安全气囊的结构及起保护作用的过程是怎样的？

4. 汽车上有哪些照明及信号灯具？各有什么功用？

5. 汽车信号装置有哪些？各自的功用是什么？

6. 试述汽车空调装置的制冷原理。

7. 电动风窗玻璃刮水器由哪些部分组成？它们是怎么工作的？